高等院校应用型本科规划教材

材料科学基础

刘东亮　邓建国　编　著

華東理工大學出版社
EAST CHINA UNIVERSITY OF SCIENCE AND TECHNOLOGY PRESS
·上海·

图书在版编目(CIP)数据

材料科学基础/刘东亮,邓建国编著.—上海:华东理工大学出版社,2016.9

ISBN 978-7-5628-4747-2

Ⅰ.①材… Ⅱ.①刘…②邓… Ⅲ.①材料科学—高等学校—教材 Ⅳ.①TB3

中国版本图书馆CIP数据核字(2016)第172701号

编　　著 / 刘东亮　邓建国
策划编辑 / 周　颖
责任编辑 / 崔婧婧
装帧设计 / 吴佳斐
出版发行 / 华东理工大学出版社有限公司
地　址:上海市梅陇路130号,200237
电　话:(021-64250306)
网　址:www.ecustpress.cn
邮　箱:zongbianban@ecustpress.cn
印　　刷 / 常熟市华顺印刷有限公司
开　　本 / 787 mm×1092 mm　1/16
印　　张 / 29
字　　数 / 739千字
版　　次 / 2016年9月第1版
印　　次 / 2016年9月第1次
书　　号 / ISBN 978-7-5628-4747-2
定　　价 / 65.00元

前言

“材料科学基础”是材料类本科生的一门重要专业基础课，其基本原理基于凝聚态物理学、物理化学等基础学科。这门课是连接物理、化学、物理化学和数学等基础学科与材料学科的一座桥梁。因此，在学习本课程前，读者应先学完高等数学、普通物理、物理化学及材料力学等课程。

材料科学基础的主要任务是将基础学科的理论用于阐述材料结构、性能及两者之间的关系。尤其是材料结构方面的基础理论是这门课要重点阐述的内容。尽管如今各种材料得到了突飞猛进的发展，但这些基础理论在材料领域的新成果和新进展中都或多或少地有所反映。这主要是因基础理论具有普遍性和相对稳定性。无论材料的工艺、设备如何更新，其基本理论的变化相对不大。

本书是我们在多年教学讲义的基础上，吸取同类教材的优点编著而成的。在编著过程中，首先我们尽量将材料的共性抽取出来做讲解，而不是将它们分开来单独介绍。其次，我们尽可能按照一定的逻辑顺序和相关性将这些共性串联起来，以使读者明白所讲内容的关联性。这样读者才能更好地把握所学内容。这里的逻辑顺序和相关性主要表现为：人的认识是由表及里、由宏观到微观、由定性到定量、由现象到本质。比如，前人首先从晶体外形对称逐渐深入到微观层次来认识晶体结构，故本书的介绍顺序依次为几何晶体学基础、晶体结构基础、晶体结构中的缺陷、表面与界面基础、玻璃结构基础、扩散、相平衡、相变等。本书内容采取以上安排方式还有一个重要原因，即原子和晶体学说、相平衡及显微组织的研究是材料科学得以诞生的三个必要条件。

材料科学基础的涉及面非常广。本书的每一章，甚至每个问题都可作为一个课题深入研究下去。在学科分类越来越详细的形势下，一个研究人员或教师不可能对本书的每个问题都了如指掌。因此，我们只针对其中最基础的问题做介绍，而且还对这些内容做了一定程度的取舍。在对这些基础理论的介绍中，我们尽可能把一个理论的来龙去脉做一叙述，包括问题的提出及其背景，并且不留空白地讲清楚其中的重要基础知识。此外，在语句的运用上，我们吸收了英语科技论文的准确、简洁、清楚和逐渐引入专业知识等优点，目的是使专业知识浅显易懂以便于读者自学而激起读者对材料学科的兴趣。如果读者学完本书能初步看懂一些专业文献或对某个问题产生了兴趣，而后采取查阅专著或专业期刊，甚至以做实验的方式来进一步学习、实践，那么就达到了我们的目的。本书中没有编著习题，主要由于这类习题集很多，读者朋友容易从图书馆获取。但请注意，做习题是检验所学知识不可缺少的一种重要手段，尤其是涉及基础理论的课程。因此，请读者朋友重视本门课程的习题练习。简言之，本书的独特性在于对内容的选择及其安排和表现方式。

在编著本书以及平时备课的过程中，我们发现某个资料对一个问题未讲清楚时，其他资料却可能讲得清楚明白。此外，针对同一问题，不同资料的看法可能还不一致。因此，读者朋友，当你们在遇到这类问题时，要多查阅资料、多思考、多比较，有条件的话还要做实验。单单抱着一本教材而不针对所学问题进行思考，不去搜集更多的资料或进行实验，则只能学个皮毛。“一多翻，就有了比较。比较是医治受骗的好方子”(鲁迅语)。请读者朋友在使用本书时也采用这种方法。只有这样，你们才会在学习的过程中有所收获。

最后，需要强调的是本书介绍的基础理论是我们今天改善传统材料、开发新材料的一些必要条件，而不是充分条件。也就是说没有这些基础理论的指导，我们今天不太可能在改善传统材料和开发新材料方面有所创新。创新不是从零开始，也不是没有根基的胡思乱想、异想天开。创新是站在巨人“肩膀”上做出的。材料科学等学科的基础理论就是创新的根基、巨人的“肩膀”。这些根基和“肩膀”是前人留给我们的宝贵财富。然而，掌握了这些基础理论并不是说我们就一定能大大改善传统材料、开发出新材料。正因为我们在学校学习的基础理论不是充分条件，所以有些读者就觉得从课堂上或书本上学习的东西无用。殊不知，这些基础理论要转变成生产力，还受多方面的影响。除个人的潜能外，这些影响因素还包括市场、资金、管理及国家政策等。

此外，为便于读者查找本书中的图、表资料，我们以“(引自×××，年份)”的形式给出了资料来源。读者可在文末的参考文献中找到这些文献。未注明的图、表，要么是编者作的，要么是公认的基础知识。此外，本书还涉及到许多为材料领域做出重要贡献的学者，我们也给出了他们的英文姓名、出生及去世年份。这有助于读者在相关数据库中查找他们的论文来阅读。

本书的出版得到了四川理工学院教材建设基金的资助。四川理工学院罗宏教授在阅读了本书稿后提出了许多宝贵意见。在此，我们一并表示衷心感谢。同时，我们也向古往今来为材料科学做出过大大小小贡献的学者们致敬！没有他们的工作，我们今天的生活不可能这么精彩。

读者朋友在阅读本书的过程中，若发现不足，甚至错误，请不吝赐教，我们将感激不尽。我们的联系邮箱为 liu_dong88@163. com。

刘东亮　邓建国

2016 年于自贡

目　录

第1章　绪　　论

1.1　材料及其重要性

1.1.1　什么是材料

首先来了解一下原料(raw materials)。原料一般是天然的、未经加工过的物质，如铁矿石。经过各层次的加工，原料可变成材料。比如，铁矿石经高温还原后可得到铁这种材料。材料经进一步的处理可变成另一种材料，如在铁里引入一些物质可形成钢这种材料。那什么是材料?

各领域所指的材料，其意义不同。一般地，在材料学科中，材料是经加工后可被用于制造建筑物、机器、器件等产品的物质。因此，不是所有物质都是材料学科所指的材料。比如，燃料、食物和药物，通常都不是我们所指的材料。另外，由于炸药和固体推进剂属于火炮或火箭的组成部分，因此它们被称为“含能材料”。表1.1示意了原料、材料和产品间的关系。

表1.1　原料、材料和产品间的关系示例

原　　料	材　　料	产　　品
铁矿石	铁、不锈钢	铁丝、不锈钢杯子
黏土、石英、长石等	瓷	瓷碗、瓷杯
树	木	家具
石油	聚乙烯	聚乙烯薄膜

1.1.2　材料的重要性

材料是人类赖以生存和发展的基础。在人类历史的发展过程中，每一种材料的发现和广泛使用都会使人类的生产力水平得到提高及改变人们的生活。

在农业出现的初期，作为谷物储藏、饮水搬运的工具，陶器为人类生活史开辟了新纪元。后来，烧制陶器的窑炉得到改进。这些改进不仅使陶器的烧制温度提高到1 000℃以上，还为金属(如Cu、Fe等)的冶炼创造了条件。金属材料出现后，人们用它们制造出钱币和工具等。这些金属制品改变了当时人与人、国与国之间的关系。20世纪，Ni基超合金的出现，使金属材料的使用温度由原来的700℃提高到900℃，从而导致超音速飞机的问世。而高温陶瓷的出现则促进了表面温度高达1 000℃以上的航天飞机的发展。半导体材料则为今天的信息产业奠定了基础。我们身边基于半导体材料的信息产品，如手机、电脑则在一定程度上改变了我们的生活方式(如网上购物)。因此可以说，材料是人类社会与经济发展的基础物质，它一直伴随着时代的前行而进步。

1970年代，人们将材料与信息、能源一起称作现代文明的三大支柱。进入1990年代，人们又把新材料、信息技术和生物技术并列为新技术革命的标志。如今，材料更是与国民经济、国防建设和人们的生活密切相关。因而许多国家都将新材料产业作为促进经济和社会发展的战略产业之一。为更好地发展材料产业、培养材料产业需要的人才，材料科学与工程学科应运而生。

1.2 材料科学与工程

1.2.1 概念

材料科学大约诞生于1950年代的美国。该门学科是在冶金学基础上逐渐发展起来的。首先，冶金学、金属学、陶瓷学和聚合物科学的独立发展为材料科学的形成奠定了坚实基础。其次，数学、物理化学、固体物理和化学、地质学、矿物学、晶体学及X射线学等学科知识的积累推动了人们对材料本质的了解。因此，材料科学的形成是在诸多学科的基础上发展起来的。为了把材料科学的基础理论用于指导材料的生产而制备出具有实用价值的材料，人们又提出材料工程的概念。现在，人们通常将这两者合称为材料科学与工程（Materials Science and Engineering, MSE）。

由上述可见，材料科学与工程是一门跨领域的交叉学科。它涉及的面很广，既有基础学科（如数学、物理化学、物理等），也有工程应用（如工艺、技术等）。那这门学科究竟是做什么的呢？1986年，美国MIT（Massachusetts Institute of Technology）科学家主编的《材料科学与工程百科全书》认为MSE主要研究材料的组成、结构、制备工艺与材料性能和用途关系的知识产生及其运用。1989年MIT的Merton C. Flemings教授提出MSE的四个基本要素：结构/组成（structure and composition）、合成/制备（synthesis and processing）、性质（properties）和使用效能（performance）。以上四个基本要素之间的关系如图1.1(a)所示。后来，我国学者将四要素中的结构和组成分开，并考虑到材料设计和工艺设计因素，而提出MSE的五要素模型，如图1.1(b)所示。

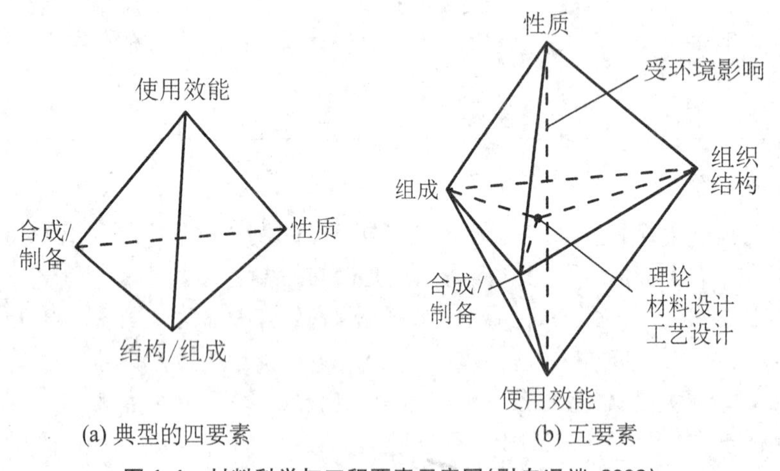

图1.1 材料科学与工程要素示意图（引自冯端，2002）

下面，我们将材料科学与材料工程做一粗略区分。材料科学主要关注材料的组织、结构与性能的关系，并建立相关理论。这属于探索自然规律的基础研究。只有更好地理解材料的本质，才有可能制备出合乎要求的材料。因此，建立与材料相关的理论是材料学科不可缺少的一个环节。材料工作者们正不断以新的实验数据和工程经验，结合自然科学基础理论，并运用更多的数学知识得出材料学科的基本理论。

材料工程面向应用，为经济建设服务。因此，材料工程主要利用材料科学的理论，研发制备新材料或改善现有材料的工艺，从而制备出有实用价值的工程材料。

大多数材料专业的读者以后面临的领域是材料工程而非材料科学。但是，材料发展至今，其制备越来越离不开理论的指导。当然，没有这些理论知识，也能在一定程度上生产材料。但是，知道如何制备材料是一回事，知道为什么要这样做却是另一回事。材料科学的基础理论可以使我们知道材料工程中的"所以然"，这有助于材料的研发和生产控制。更重要的是，这些基础理论如今已成为我们在材料领域有所创新的必要条件，故工科材料专业的读者学习这些基础理论是很有必要的。

1.2.2 两大类主要任务

由于科学和技术的发展，我们往往需要不断地开发出具有特殊性能的新材料。从各国将新材料作为战略产业可看出这一点，然而新旧是相对的。新材料出现一段时间后，即变成旧材料。通常没有旧材料这一说法，人们常称其为传统材料。如前文所述，材料科学与工程主要是通过深入理解材料的结构、加工、性质和使用效能之间的关系，进而在一定工艺措施下制备出符合要求的新材料和传统材料。

在大力提倡新材料的今天，一提到传统材料产业，人们往往将其与"夕阳产业"联系在一起。殊不知，在新材料得到发展的同时，传统材料仍与国民经济的支柱产业密不可分。比如钢铁，它曾经是衡量国家实力的一个重要标志。虽然今天的钢铁工业已进入微利时代，然而钢铁仍是不可缺少的工程结构材料，其产量占整个金属材料的95%以上。四大类传统无机非金属工业(生产水泥及混凝土、玻璃、陶瓷、耐火材料)也是国家不可或缺的基础工业。传统的金属、无机非金属和聚合物材料是建筑、汽车及机械制造等行业的重要组成部分，因此我们在研发新材料的同时，对传统材料也不能忽视。

传统材料发展至今，它们的生产的确带来了一些问题，如能耗大、污染较严重等。换个角度看，这些问题也是传统材料发展的机遇。这是因为首先，传统材料经过多年的发展，其技术较成熟；其次，传统材料涉及的产业多；最后，传统材料产业往往是规模效益型，即靠产量大来获得效益。因此，包括以上问题的任何微小的改进、发明或创新都将给这些产业带来巨大效益。据估计，世界易拉罐每年消耗量以600亿计，其每个罐的造价降1分，则有6亿元的效益。

传统材料有诸多问题并不可怕。一个没有任何问题的行业，才是真正的"夕阳产业"。只有在问题的驱动下，传统材料和新材料才会取得长足进步。而要解决传统材料生产中遇到的问题，使之再次焕发活力，只有在传统材料产业中注入高新技术。而高新技术的产生、应用是离不开材料等学科基础理论的指导的。

在基础理论、高新技术的帮助下，我们通过改进传统材料的生产工艺、充分利用低品位和废旧资源、降低能耗和污染来提高产品的附加价值，从而使传统材料更好地为我们服务。对传统陶瓷和玻璃而言，除了运用科学理论、高新技术外，艺术元素的引入也是提高单件产品附加值的一个重要方法。比如，将稀土引入传统陶瓷的釉中可制得变色釉。这种釉能在不同波长的光的照射下呈现不同颜色。变色釉的制备既有基础理论的指导，也有艺术的融入。

总之，材料科学与工程的两大主要任务可概括为新材料的研发、传统材料的改善。目前，这两项任务主要采取理论结合经验，再通过实验的方法实现。随着人们对物质结构的认识逐步深入、计算技术的发展，在理论和实验的基础上，人们开始预先设计，然后通过计算来预测材料的性能。于是，一个新的学科——计算材料学逐渐形成了。

1.2.3 计算材料学与材料信息学

我们已经清楚材料的化学组成和结构决定材料的性能(图1.1)。因此，在材料的研究和制备中，我们总希望有目的地合成具有某种性能的结构，以达到按需制备的目的。然而材料的组成、结构与性能并不是一一对应的关系。因而人们至今仍采用实验的方法（如反复调整配方和工艺）直至制备出相对较好的材料。实验方法的周期长，耗费人力、物力和财力，更糟的是它具有很大的盲目性。计算材料学的出现为材料按需制备带来了一线曙光。

计算材料学通常是指以计算机为手段，通过理论与计算来研究材料固有性质、结构与组分、使用性能及合成加工的一门学科。该学科有以下特点。

（1）可减少或替代部分实验。也就是我们在计算机上做“实验”以筛选出有意义的影响因素及其水平。然后，我们再采用传统实验方法做进一步的实验。这样可缩短材料的研发周期，降低人力、物力和财力，而且目的性也较强。

（2）前瞻性和创新性。计算机上的“实验”有利于我们在更广泛的范围内探索并预测材料的组成、结构和性能。这方面的最佳例子就是 β-C_3N_4 的预言及制备。

1999 年，材料工作者们受到生物信息学、计算机领域的专家系统和人工神经网络的启发提出材料信息学（materials informatics）的概念。它是一门利用信息科学和计算机技术对材料学科的信息进行收集、存储、加工、检索、提取、分析、传输、研究、应用、评价等以实现材料信息的共享和有效知识的挖掘，并揭示材料的内在本质、促进新材料研发的学科。其中，材料数据库的建立非常重要，也是最基本的。

2011 年，美国发起的“材料基因组计划”（The Materials Genome Initiative，MGI）更是将数据处理、计算工具和实验工具列为材料创新的三个基础设施。这将会有力地推动材料结构和性能的预测、筛选出具有优秀“基因”的材料。

1.3 本书主要内容

组成、工艺和结构影响材料的性能，而材料的性能决定其用途。比如，我们用金刚石而不是金属刀具来切割硬而脆的玻璃，这是因为金刚石非常硬。其高硬度主要是来自 C—C 共价键这种结构。结构是一定组成的物质在加工过程中形成的。金刚石与石墨都是由 C 元素组成的，但由于形成条件不同而产生了不同的结构。以上关系可用一条主线来表示：

$$\text{化学组成、工艺} \xrightarrow{\text{决定}} \text{结构} \xrightarrow{\text{决定}} \text{性能} \xrightarrow{\text{决定}} \text{用途}$$

材料学科的本科教学即是在四要素或五要素的基础上，按照以上主线进行的。化学组成和工艺的内容，读者主要在化学课、加工设备和工艺课中学习；在材料物理性能和力学性能课中学习性能部分的内容；在材料科学基础和结构表征课中学习结构部分内容。

本书主要针对结构部分做介绍，但不涉及结构表征。材料学科的结构主要是指原子电子结构、晶体结构和显微结构三个层次。无论对材料性质的理解，还是对材料性能的表征，材料学科都必须深入到微观层次才能阐明材料结构与性能的本质联系。而且，材料科学家 Robert W. Cahn（1924—2007 年）还将原子和晶体学说、相平衡及显微组织的研究看成材料科学得以诞生的三个必要条件。由于读者在化学课中学习过原子电子结构，故本书主要介绍材料的晶体结构和显微结构。接下来我们从原子堆砌的晶体结构开始本课的学习。

推荐读物

[1] Cahn R W. The history of physical metallurgy and materials science [J]. Acta Metallurgica Sinica, 1997,

33(2):157 - 164.
[2] 严东生.高性能无机材料——现状与展望[J].世界科技研究与发展,1996(3):27 - 30.
[3] Lu K. The future of metals [J]. Science, 2010,328:391 - 320.
[4] 师昌绪.中国材料科学技术现状与展望[J].功能材料信息,2009(3):11 - 13.
[5] 赵继成.材料基因组计划简介[J].自然杂志,2014,36(2):89 - 104.

第2章　几何晶体学基础

我们在逛商场时可能会看到有单晶、多晶冰糖出售。那么什么是晶体？我们在自然界看到的石头是晶体吗？晶体为什么会有平整的面、规整的棱和角？晶体学对材料学科有何意义呢？

2.1　晶体概述

2.1.1　晶体的最初概念

在河边捡起脚下的碎石时，我们常会发现这些碎石中镶嵌着一些颜色各异的小颗粒。这些小颗粒有平整的面、规整的棱和角。冬天到了，天上还会纷纷扬扬地飘着雪花。在它融化前，如果仔细观察，也会发现它的形状比较规整。碎石中的小颗粒和雪花都属于晶体(crystal)。

人们在认识晶体结构很早以前就在使用晶体了。考古资料表明，在旧石器时代，周口店的北京猿人就用石英作工具。从古至今，世界各地的人们都在用晶体作装饰物，如钻石。有些甚至把如无机晶体材料一类的宝石当作权力和财富的象征。人们最初使用晶体材料，或许是由于它们的美丽，特别是大的晶体又稀少的缘故。这些晶体还常与神话传说联系在一起，如有些晶体用来诅咒、有些晶体用来保佑。距今4 000年前，在今天英国所在位置的史前部落，就有人使用水晶球占卜。自古希腊、罗马时代开始，晶莹剔透的抛光水晶球在西方文化里一直被用来看见过去、预测未来。这是西方电影里比较常见的镜头，也给晶体增添了一些神秘色彩。由于最初使用的这些后来叫作晶体的东西不仅美丽还比较规整，于是人们就把这种具有棱和面，且具有多面体形态的天然固体称作晶体。

在经历了15世纪到17世纪的地理大发现后，地质旅行和探险的兴起使人们积累了许多矿物标本。这些标本为后续研究奠定了基础。在地质学领域，人们想弄清楚这些矿物的成因，而天然矿物与晶体性质又最接近。因此，对晶体的研究是从研究天然矿物开始的。后来，晶体学成为矿物学的一个分支，故晶体学始于人类的矿业活动。今天，晶体学虽然已从矿物学独立出来，但它们之间的联系仍十分密切。可以说，晶体学和矿物学是一对难解难分的孪生姐妹。

2.1.2　晶体微观结构的早期探索

古代学者们在思考物质的起源时，美观、漂亮的晶体作为大自然的物质，不可避免地会进入学者们的视野。他们思考晶体的构成，尤其是它们为什么会形成棱、角、平整的面。比如雪花为什么是六角形，且只有六角形一种吗？中国西汉时期的韩婴就发现：凡草木花多五出，雪花独六出。但他只叙述了现象，没有进一步探索雪花为什么是这种形状。在西方，Johannes Kepler (1571—1630年)、Robert Hooke (1635—1703年)、Rene Descartes (1596—1650年)都研究过雪花。1637年，Descartes第一次详述了雪花的外形：除了有不同形态的六边形外，雪花还有12条腿等其他形状。与此同时，Hooke用显微镜描述了雪花的结晶状态。读者朋友，请勿小看雪花，它在物理、化学、数学、材料学的相变等方面有很多有趣的研究。有兴趣的读者可去查阅雪花史方面的相关文献。

至于晶体的结构，17 世纪左右的一些学者认为晶体内部是由一些相同的实心“基石”通过重复地规则排列而成的，并且内部毫无空隙。矿物学家 Haüy (1743—1822 年)在一次偶然中，不慎把冰晶石碰倒在地。冰晶石碎裂后，他发现所有细小的碎片与原来大晶体的形状一样。结合对方解石破裂面的观察，Haüy 提出整体分子的思想：每个小晶体是一个很小的整体分子，大晶体由这种分子堆垛成(图 2.1)。但后来研究者发现的同晶、混晶现象推翻了 Haüy 整体分子的思想。在此期间或更早，一些科学家已经认识到可以用球形或椭球形原子的规则堆砌来构成平坦的晶体表面。Kepler 和 Christiaan Huygens (1629—1695 年)是最早用原子堆砌来研究晶体对称性的学者。但若用球或椭球原子来堆砌晶体，则内部会出现空隙，这与之前晶体内部没有空隙的看法产生了抵触。

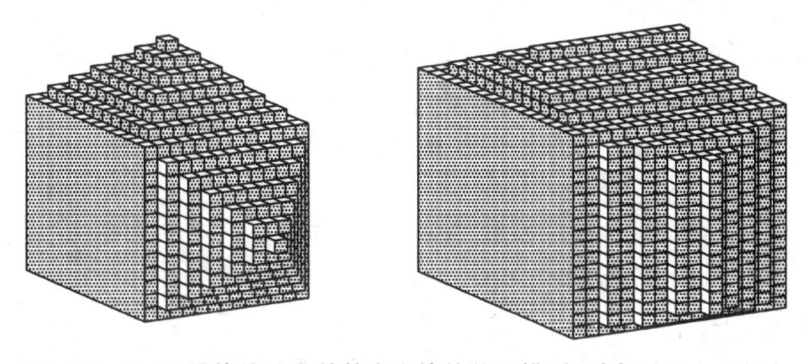

图 2.1　Haüy 晶体外形及其基本砌块的关系模型(引自 Kittle, 2005)

但在整个 17 世纪，赞成球形微粒或原子堆砌成晶体的学者还是比较多。提出了晶体面角守恒的学者 Steno (1638—1686 年)在其博士论文中承认了原子存在的可能性。这一时期，Hooke 和 Huygens 用球形颗粒的堆积画出了假想晶体的结构(图 2.2)。1741 年 Mikhil Vasilievich Lomonosov (1711—1765 年)创立了物质结构的原子分子学说。该学说认为微粒(分子)由极小的粒子——原子所组成。在此基础上，Lomonosov 提出晶体是由球形分子堆砌而成的，并解释了 $NaNO_3$ 晶体的六角形断面形状。

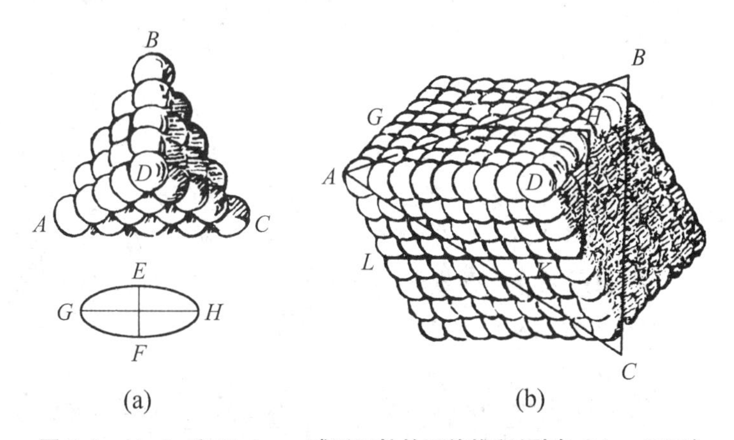

图 2.2　Hooke 和 Huygens 球形颗粒的可能堆积(引自 Cahn, 2008)

在 18 世纪早期，学者们开始从数学方面而不是从微观结构来研究晶体，因为简单的对称性足以解释晶体外貌。因此，之前的球或椭球原子堆积成晶体的假说被完全遗忘了。但到了 18 世纪中期，简单球形原子堆砌成晶体的提法又重新出现。

纵观19世纪以前的近200年时间，虽然对晶体内部构造有很多说法，但球形微粒的堆砌还是逐渐被学者们接受。他们也在尝试把古希腊时的原子概念应用到晶体微观结构的构造和宏观晶面平整性的解释中。但在这约200年的时间里，晶体微观方面的成就还是没有宏观方面的成就大。晶体微观结构的理论在19世纪才得以迅速发展，从而最终形成晶体结构学说。在该学说的指引下，晶体由微粒在空间按一定方式排列的观点才逐渐被认可。到20世纪初，原子被证实后，晶体才被正式认可为由球形原子或原子基团按一定规则堆砌而成。

2.1.3 晶体学的内容

根据研究内容，晶体学如今主要有几何晶体学、晶体结构学、晶体化学、晶体生长学和晶体物理学这几个分支。本书主要讨论前面三个分支的部分基础内容。

几何晶体学(geometrical crystallography)研究晶体外部形态的几何关系及其规律，如晶面、晶棱的规律。它是晶体学的经典部分，是整个晶体学的基础。

晶体结构学(crystallology)研究晶体内部构造的规律及结构缺陷。无机矿物晶体构造的理论工作在19世纪末就已完成。

晶体化学(crystallochemistry)主要探究离子、原子或分子在晶体内的分布规律，从而阐明化学成分与晶体结构及晶体的物理和化学性质之间的关系。

2.1.4 学习晶体学的意义

无机非金属、金属材料通常都是晶体。聚合物也有晶相。国民经济的发展往往离不开晶体材料。晶体在国民经济中和材料科学中的作用主要体现在以下几方面。

(1) 大多数天然矿物晶体是重要的工业原料。比如金刚石、刚玉硬度高，可作耐磨材料；萤石是光学材料；石英是半导体硅的原料来源。

(2) 晶体学理论有助于我们理解、控制材料的生产。比如钢的冶炼，人造金刚石和红宝石的合成。晶体学理论还可用于研究地质成矿机理，并指导我们寻找矿产资源。

(3) 晶体学是材料科学的基础，也是材料科学家常常使用的研究工具。结晶材料的许多物理性质受到晶体内部结构，尤其是缺陷(如杂质原子)的影响，而研究这些缺陷又必须要以晶体结构为基础。

2.2 面角守恒定律

前面已经指出，最初人们把具有规则多面体形态的固体称作晶体。但实际上，大多数天然晶体并非完全是非常规则的多面体形态。即使是同一物质，也会呈现各种形态的多面体。比如氯化钠的外形可以是立方体、八面体，也可以是立方体和八面体的混合体(图2.3)。石英也有各种外形(图2.4)。在研究晶体的初期，学者们还不知道这是什么原因造成的。我们今天已经知道这主要是由于生长条件或环境等因素造成的。

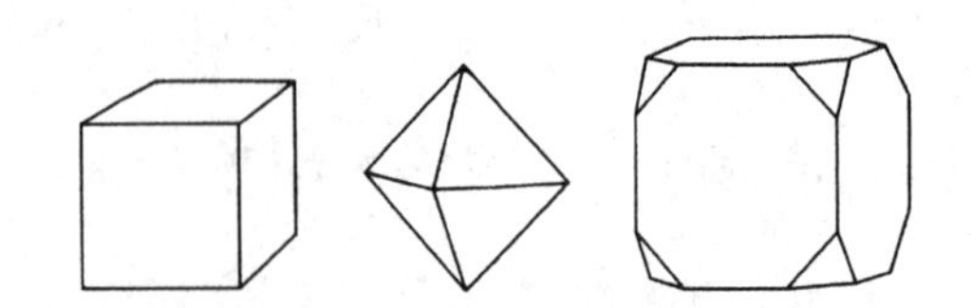

图2.3 氯化钠晶体的不同外形(引自方俊兴，1980)

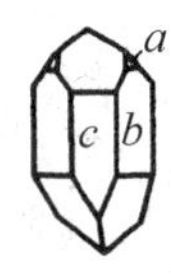

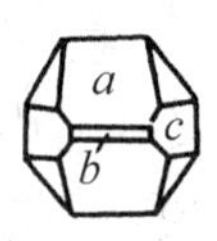

图 2.4　石英晶体的不同外形(引自方俊兴,1980)

晶体形态的千变万化使人们很难准确鉴定晶体矿物,这给人们认识晶体的本质带来了困难。到了 1669 年,在研究了石英和赤铁矿晶体后,Steno 预言同种矿物各个晶体的大小、形态虽然不同,但它们对应晶体表面间的夹角是不变的。如图 2.4 所示,石英外形的 a、b 面间的夹角总是 141°47′;b、c 面间的夹角总是 120°00′;a、c 面间的夹角总是 113°08′。如果所有晶体的表面角都如此恒定的话,那晶面的相对大小、形状就显得不那么重要了,而重要的是晶面的相对位置。这时,我们就可以用晶面的法线取向来表示晶面方位,即用法线间的夹角来表征晶面间的夹角。如图 2.5 所示,晶面法线的夹角 α 称为面角,β 称为晶面夹角。

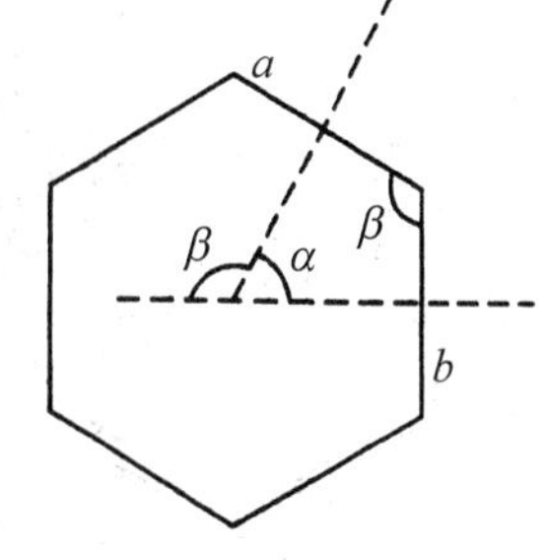

图 2.5　晶面 a、b 的法线夹角 α 与晶面夹角 β (引自赵珊茸,2004)

虽然 Steno 在 17 世纪就预言了晶面夹角的恒定性,但把它上升为定律还得归功于后来晶体测量技术的进步,以及 18 世纪的法国学者 Rome de l'Isle (1736—1790 年)。Rome de l'Isle 利用晶体测量技术,经过二十余年的晶体测角工作,确定了晶体面角恒定现象的普遍性,建立了面角恒定规律,实现了 Steno 的预言。Rome de l'Isle 把这些规律归纳为面角守恒定律(law of constancy of angle),该定律指出:在相同温度和压力下,成分和构造相同的所有晶体,它们对应晶面间的面角恒等。

这一定律的发现,对晶体学、矿物学有着深远意义。它把纷繁复杂的晶体外形恢复到了理想状态。它的确立使人们从千变万化的实际晶体中找到了晶体外形所固有的规律,为后来晶体宏观对称性的研究奠定了基础。该定律也为晶体内部结构的探索提供了有益启发。由于在同温同压下,成分和构造相同的所有晶体对应晶面的面角不变,所以矿物学家把在未知晶体上所测的角度和已知资料中的晶体所测角度做对比,以此来鉴定未知晶体属于何种矿物。在 X 射线等方法出现前,这种方法在矿物鉴定方面还是有一定效果的。

但是近代晶体结构的研究表明:由于晶体在生长过程中,晶面受到环境影响,产生各种缺陷;或晶体生长经过无数次溶解、再生等原因,即使在相同温度和压力下,化学组成和内部结构相同的晶体,它们对应晶面的面角也可能不等。但这种偏差及其微小,往往不及 1°。这种微小偏差只有通过精确测量才会发现。Steno 和 Rome de l'Isle 时期的晶体测量精度没有现在高,所以发现不了这个偏差。总之,面角守恒是相对的,它在一定精度范围内还是有效的。

2.3　整数定律

在探索晶体内部结构方面,除了面角守恒定律外,还有整数定律。1690 年 Huygens 提出方解石的菱面体解理是因方解石是由扁椭球堆积而造成的。几十年后,在测量晶体面角时,Rome de l'Isle 认为一种物质的不同晶形组成一个系列。其中,每个晶体由一种基本砌块堆砌而成。理论上,这种堆积方式是无限的。堆积产生的晶面间的角度也可以是任意的。后来 Haüy 发现这种堆积方式是有限的。1773 年,Bergmann (1743—1822 年)发现方解石可解理成菱面体,而且晶面间的夹角是恒定的。Bergmann 认为这些菱面体可堆积出许多形貌的方解石晶体。而 Haüy 却假定所有晶体都有这种解理。在此基础上，Haüy 还假定解理出来的小块就是堆积成晶体的如同 Rome de l'Isle 提出的基本砌块。Haüy 称这些基本砌块为整体分子。他认为整体分子堆砌产生晶体一排排的晶面；每排的分子数目是简单的整数；一排或多排分子的减少会使某些晶面有规律地消失。这些排列解释了晶体形态为什么会有平整的面、直的棱。形成的晶面像台阶一样。从宏观看，这些台阶组成一系列晶面(图 2.6)。

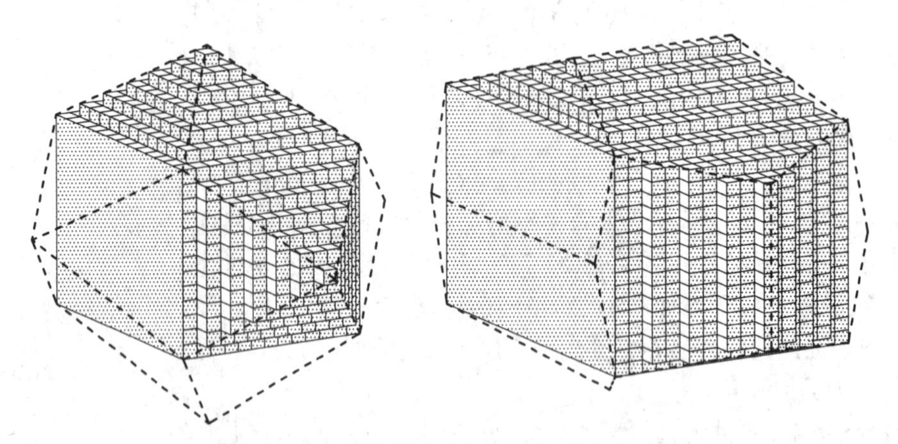

图 2.6 基本砌块堆砌成台阶而形成晶面示意图

根据这种堆砌，Haüy 在 1784 年提出：同物质的晶面不会任意占据一个位置，而是遵照一定的规律，即简单的有理数关系。该发现成了晶体学最重要的定律，即有理数截距定律(the law of rational intercepts、law of rational indices)或整数定律、有理指数定律。Haüy 的这个发现还可这样理解，如果选取晶体的三个不平行棱边作坐标轴，那么晶体的任何一个面在这三个轴上的截距系数呈简单的整数比关系。这个结论是 Haüy 仅从晶体外形上得出的。他当时还不知道我们今天说的轴率 a、b、c。整数定律为后来晶面符号的建立提供了一个依据，并规定了晶体定向的基本原则，促进了晶体内部结构几何理论的发展。

根据晶体外形，前人还得出许多规律。其中，最重要的规律就是晶体的宏观对称性。而我们在阅读材料类文献时还常看到某种材料属于某种晶系，如 Al_2O_3 属于三方晶系。晶系是什么意思？其实晶系起源于晶体的宏观对称性研究。

2.4 晶体宏观对称性

2.4.1 对称简介

面角守恒定律把晶体恢复到了理想形态，再加上整数定律的提出，于是人们发现晶体在一定的动作下有相同的面、棱重复出现。于是对矿物晶体外形对称性的研究也就迅速发展起来。这类研究在数学的帮助下使晶体的对称理论在 19 世纪中后期得以成熟。

关于对称(symmetry)，我们并不陌生：衣服的花纹、房间的装饰品、周围的建筑、树叶、花等都有对称现象。人类为什么那么喜欢对称呢？一个原因是人们认为对称体现了各部分比例之和谐美。球的对称性最高，所以古希腊很多学者都喜欢球。那个时候，他们就已把地球及其他天体看成是球形。另外，如果有一台仪器，今天上午 10:00 使它正常工作。三天以后，上午 10:00 在同样条件下也使它正常工作，这与对称有关吗？一个原子可以用同一类的另一个原子来替换，这也与对称有关吗？其实，这些也是对称。

那究竟什么是对称？从本质上说，对称不是数字，也不是形状，而是一种变换(transformation)。如果一个物体或其性质经变换后与先前相同，那这个变换就是对称。比如常见的图形对称：正方形转动90°后，看起来与先前是相同的，故转动是一种变换。

对称理论的发展其实不是通过几何学演变的。它是从解代数方程发展起来的。读者应该解过一元一次、一元二次甚至某些特殊的一元三次方程。这些方程早就有了求解方法或公式，但人们一直没有找到求解一元五次方程的代数公式。1821年，一个年轻人Niels Henrik Abel(1802—1829年)证明了五次方程无法用代数方法求解，但他没有真正解释为什么。揭示五次方程为何不可能用代数方法求解的是另一个年轻人Évariste Galois (1811—1832年)。Galois方法表明Abel提出的"不可能"来自方程的对称性。如果方程的对称性通过了Galois检验，方程就有代数公式求解。反之，就没有代数公式来解这个方程。一般的五次方程都没有代数公式可以求解，因为它们的对称性有问题。Galois的发现引出了一个叫群的概念。他把代数这一古老数学改造成了研究对称的工具。经发展后，群论这门学科就形成了。19世纪末，俄国结晶学家、现代结晶学奠基人Evgraf Stepanovich Fedorov (1853—1919年)用群论方法导出了晶体结构一切可能的对称要素的组合共230个，称为230个空间群(space group)。现在，空间群已成为晶体结构，尤其是晶体物理学研究的基础。20世纪初，群论进入基础物理学。本教材只讨论晶体在几何方面的对称。

2.4.2　晶体宏观对称要素

前面我们已经提到对称其实是一种变换。在几何晶体学上，这种变换有旋转、像镜子一样的反映等。在图2.7中，一块牌子上写着两行数字。我们将其平行于纸面旋转180°后，发现上下两排的数字没有发生变化，即相同部分重复出现了。

可见要使图形相同部分重复，必须要有一定的动作。这种使图形相同部分重复出现的动作称作对称操作。上面说的旋转就是一种对称操作。我们在旋转图2.7时，它是不是像在绕一根想象中的"轴"旋转？这根"轴"就是我们在做对称操作时应用到的辅助要素，即对称要素。对称要素在晶体中主要是面、线、点。

61981
18619

图2.7　旋转对称示意图

1. 对称面(symmetry plane)

对称面是一通过晶体中心的假想平面。它将晶体分为互为镜像的两个相等部分。相应的对称操作是对此平面的反映或镜像，如图2.8(a)中垂直于纸面的对称面P_1、P_2。尽管图中的AC也将图形分成两个相等部分，但与$\triangle ABC$成镜像反映的其实是$\triangle AB_1C$，故AC面不是对称面，如图2.8(b)所示。

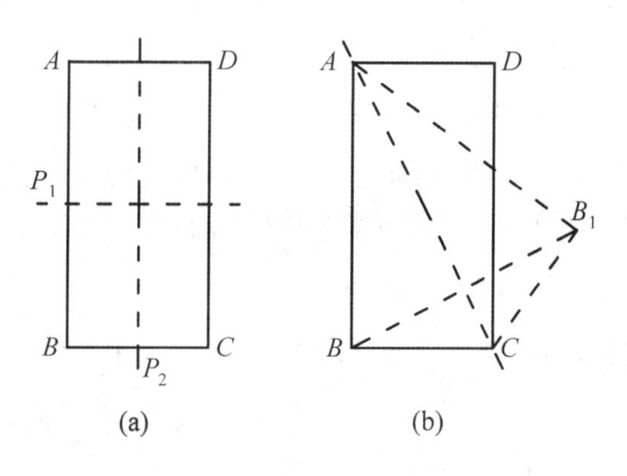

图2.8　对称面与非对称面对比(引自赵珊茸，2004)

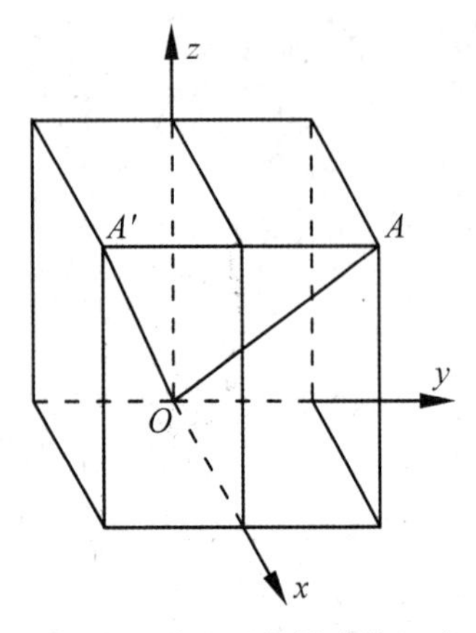

图2.9 对称面线性变换示意图

晶体中的对称操作在数学上表现为线性变换，因此我们可以用矩阵方法表示与对称面对应的操作。如图 2.9 所示，在直角坐标系中有一点 A，其坐标为(x_1, y_1, z_1)。以 $y=0$ 面(即 xOz 面)为对称面，则反映到对称面另一边有一点 A'。A'的坐标为(x_2, y_2, z_2)，其中只有 y 轴上的值发生了变化，x、z 轴上的值相对于 A 点没有变化，所以 $x_2=x_1$；$y_2=-y_1$；$z_2=z_1$。用矩阵表示这种变换如下：

$$\begin{pmatrix} x_2 \\ y_2 \\ z_2 \end{pmatrix} = \begin{pmatrix} 1 & 0 & 0 \\ 0 & -1 & 0 \\ 0 & 0 & 1 \end{pmatrix} \begin{pmatrix} x_1 \\ y_1 \\ z_1 \end{pmatrix} \tag{2-1}$$

令

$$A = \begin{pmatrix} 1 & 0 & 0 \\ 0 & -1 & 0 \\ 0 & 0 & 1 \end{pmatrix} \tag{2-2}$$

A 叫作线性变换（即晶体以 $y=0$ 面作镜像对称）在基(x_1, y_1, z_1)下的矩阵。同理还可以分别写出以 $x=0$，$z=0$ 面作镜像对称时的矩阵。晶体中，对称面可能存在的位置有：①垂直并平分晶面；②垂直晶棱并通过它的中心；③包含晶棱。

对称面以符号 P 表示。在一个晶体中可以没有对称面，也可以有一个或多个对称面。在描述中，一个对称面用 P 表示，m 个对称面表示为 mP。如立方体有 9 个对称面，记作 $9P$。

2. 对称轴(symmetry axis)

对称轴是一条假想直线。相应的对称操作为绕此直线的旋转。晶体绕该直线旋转一定角度后，可使相同部分重复出现。旋转 360°重复出现的次数为轴次 n，重复出现时旋转的最小角度为基转角 θ。n 与 θ 的关系为 $n=360/\theta$，旋转一周出现 n 次，表示为L^n。任何物体都有L^1，即一次对称轴，故一次对称轴无实际意义。

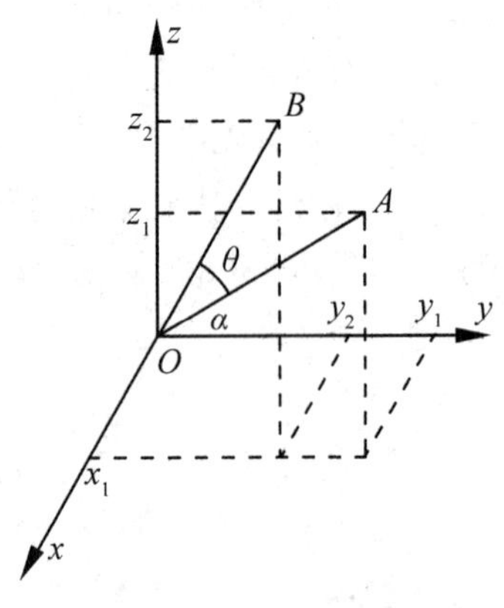

图 2.10 对称轴线性变换示意图

如图 2.10 所示，向量 $\boldsymbol{OA}$ 以 O 为定点绕 x 轴逆时针旋转 θ 角后成$\boldsymbol{OB}$。A 点坐标(x_1, y_1, z_1)，B 点坐标(x_2, y_2, z_2)。因为 $\boldsymbol{OA}$ 只是绕 x 轴旋转，所以 A、B 点在 x 轴上的坐标没有发生变化，即$x_2=x_1$。而 A、B 点在 y 轴，z 轴上的坐标发生了变化。这与 $\boldsymbol{OA}$ 在 yOz 面上的投影 $\boldsymbol{OA}'$绕 x 轴旋转的效果一样。设 $\boldsymbol{OA}$ 长度为 r，$\boldsymbol{OA}'$的长度为 r'，则

$$y_1 = r\cos\beta\cos\alpha,\ z_1 = r\cos\beta\sin\alpha$$

β 为 $\boldsymbol{OA}$ 与 yOz 面的夹角，是一定值，$r\cos\beta = r'$。α 为 $\boldsymbol{OA}'$ 与 y 轴的夹角。根据 $\boldsymbol{OB}$ 的位置，$\boldsymbol{OA}(\boldsymbol{OA}')$ 绕 x 轴旋转 θ 角后，有：

$$y_2 = r\cos\beta\cos(\alpha+\theta),\ z_2 = r\cos\beta\sin(\alpha+\theta)$$

用三角公式的积化和差公式将 y_2，z_2 两式展开，再将 y_1，z_1 代入得

$$y_2 = y_1\cos\theta - z_1\sin\theta$$
$$z_2 = y_1\sin\theta + z_1\cos\theta$$

而 $x_2 = x_1$，则有下式：

$$\begin{pmatrix} x_2 \\ y_2 \\ z_2 \end{pmatrix} = \begin{pmatrix} 1 & 0 & 0 \\ 0 & \cos\theta & -\sin\theta \\ 0 & \sin\theta & \cos\theta \end{pmatrix} \begin{pmatrix} x_1 \\ y_1 \\ z_1 \end{pmatrix} \tag{2-3}$$

$$A = \begin{pmatrix} 1 & 0 & 0 \\ 0 & \cos\theta & -\sin\theta \\ 0 & \sin\theta & \cos\theta \end{pmatrix} \tag{2-4}$$

A 叫作线性变换(即晶体绕 x 轴的对称操作)在基(x_1, y_1, z_1)下的矩阵。同理也可导出绕 y 轴，z 轴旋转 θ 角后的矩阵。

在 1805—1809 年间，德国学者 Christian Samuel Weiss(1780—1856 年)以实验方法确定了晶体中不同的旋转轴，继而总结了晶体对称定律，并在 1813 年将晶体做了分类。

晶体对称定律：晶体中可能出现的对称轴只能是 L^1、L^2、L^3、L^4、L^6，不可能存在 L^5 及高于六次的对称轴。

为什么会是这样的呢？这是因为晶体的周期性对旋转对称加上了严格的限制。现做一简单证明，如图 2.11 所示。

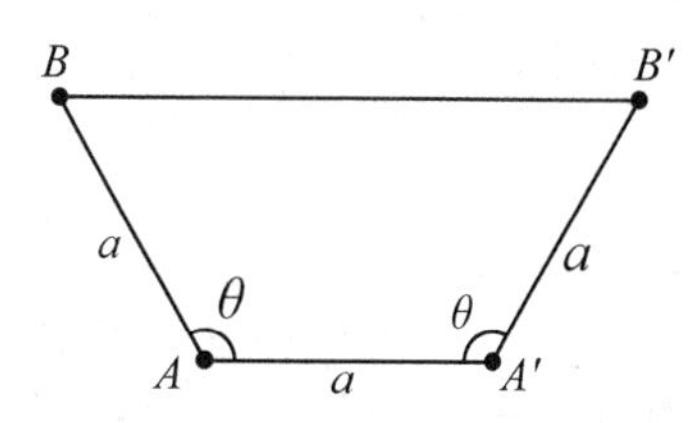

图 2.11　对称定律的证明图解(引自冯端，2003)

在晶格中选一格点 A，让一个 N 重旋转轴垂直纸面通过该点。在 A 点的相邻点中选一点记为 A'。以 A 点为矢量起点，A' 点为矢量终点，记为 $\boldsymbol{AA'}$。$\boldsymbol{AA'}$ 的模 $|\boldsymbol{AA'}|=a$，a 比其他平行于 $\boldsymbol{AA'}$ 的矢量之模要小。对 $\boldsymbol{AA'}$ 做 N 重旋转操作(旋转角记为 θ)使 A' 点转到 B 点。另外，也可以把 $\boldsymbol{A'A}$ 看做一个矢量(以 A' 为矢量起点，A 为终点)，则对 A 点做同样操作，使 A 点转到 B' 点。由于晶体周期性的原因，$\boldsymbol{BB'}$ 的模 $|\boldsymbol{BB'}|$ 应是 $\boldsymbol{AA'}$ 的模 $|\boldsymbol{AA'}|$ 的整数倍，假设为 p 倍，则由 $|\boldsymbol{BB'}|=p|\boldsymbol{AA'}|$ 得：

$a + 2a\sin\left(\theta - \dfrac{\pi}{2}\right) = pa \Longrightarrow a - 2a\cos\theta = pa$，整理后得

$$\cos\theta = \frac{1-p}{2}$$

由 $\cos\theta \in [-1, 1]$ 得

$$-1 \leqslant \cos\theta = \frac{1-p}{2} \leqslant 1$$

在 $p \geqslant 0$ 且为整数的条件下，解得 $p = 3, 2, 1, 0$。

根据对称性限制，旋转的最小角度(基转角) θ 只可能在 $[0, \pi]$ 之间，则 p 对应的角度分别是 π, $2\pi/3$, $\pi/2$, $\pi/3$。综上所示，基转角 θ 可写成 $\theta=2\pi/n$，其中 n 为转轴的次数，n 只能取 2、3、4、6。因此，晶体只可能具有 2、3、4、6 重旋转轴(图 2.12)。任何物体都有一次对称轴，其基转角为 2π，无实际意义。需注意：当旋转角度分别是 2、3、4、6 重旋转轴对应基转角的任意整数倍时，仍然会出现相同部分的重复。

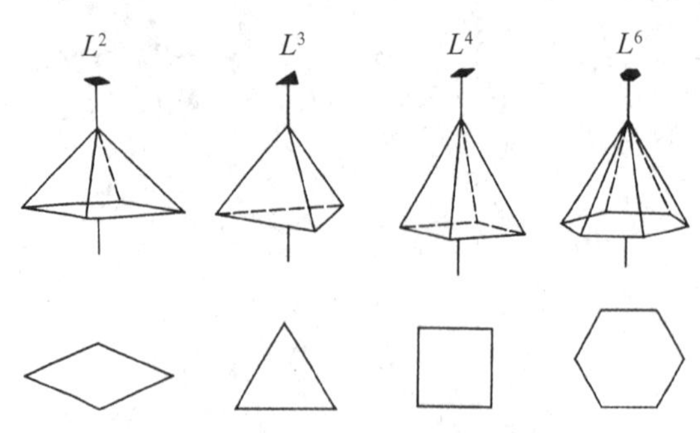

图 2.12 晶体中的对称轴(引自赵珊茸,2004)

3. 对称中心(center of symmetry)

对称中心是一假想点,它所对应的操作为反伸或反演。通过该点作任意直线,则在此直线上距对称中心等距离的位置必有相同部分。对称中心用字母 C 来表示。

图 2.13 所示是一个具有对称中心的图形,C 点为对称中心。在通过 C 点所作的直线上,在 C 两端等距离的位置可以找到对应点,如 A 和 A_1、B 和 B_1。"反伸操作"可与"反映操作"对比,两者不同点仅在于反伸凭借一个点,反映凭借一个面。

反伸线性变换在基(x_1, y_1, z_1)下的矩阵 A 可表示为

$$A=\begin{pmatrix}-1 & 0 & 0\\ 0 & -1 & 0\\ 0 & 0 & -1\end{pmatrix} \tag{2-5}$$

一个具有对称中心的图形,其相对应的面、棱、角都体现为反向平行。如图 2.14(a)所示,C 为对称中心,$\triangle ABD$ 与 $\triangle A_1B_1D_1$ 为反向平行;图 2.14(b)中,因 $ABCD$ 与 $A_1B_1C_1D_1$ 各自存在对称中心,所以两者既为反向平行,也为正向平行。一个晶体可以没有对称中心,若有则只能有一个。

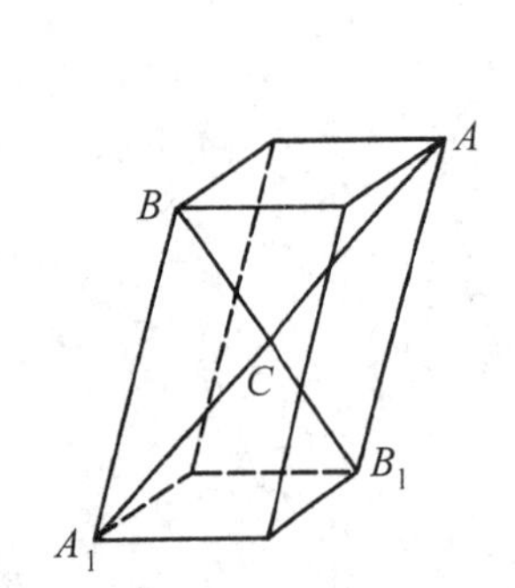

图 2.13 具有对称中心的图形(引自赵珊茸,2004)

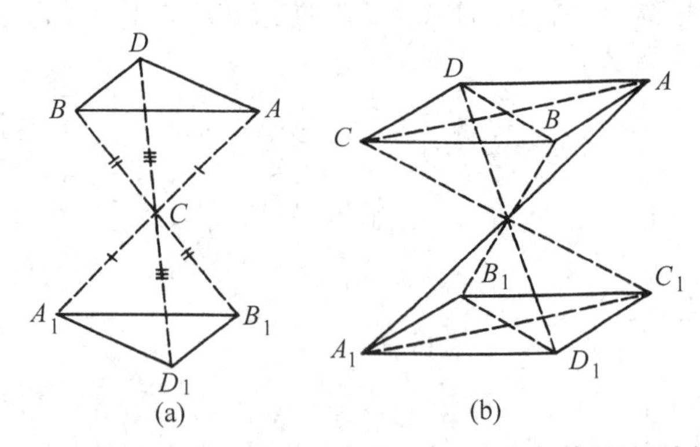

图 2.14 由对称中心联系起来的两个反向平行的图形(引自赵珊茸,2004)

有对称中心的晶体,其晶面必然成对分布。每对晶面都是两两平行而且同形等大。这一点可以作为判别晶体有无对称中心的判据。判断方法:先将晶体的某个晶面平置于桌上,观察上面的晶面是否有与它呈反向平行而形状和大小相同的晶面。将每个晶面都做上述检查,

若每个晶面都有与它呈反向平行而形状和大小相同的晶面，则说明该晶体有对称中心。否则哪怕只有一个晶面不是的，则说明该晶体无对称中心。

4. 旋转反伸轴(roto-inversion axis)

旋转反伸轴是通过晶体中心的一根假想直线。对应的对称操作是晶体绕此直线旋转一定角度后，再经此直线上的定点做反伸，可使晶体相同部分重复。旋转反伸是一复合操作，它们是紧密相连且不可分割的整体。

旋转反伸轴用L_i^n表示，轴次 n 为 1、2、3、4、6，相应的基转角为 360°、180°、120°、90°、60°，如图 2.15 所示。

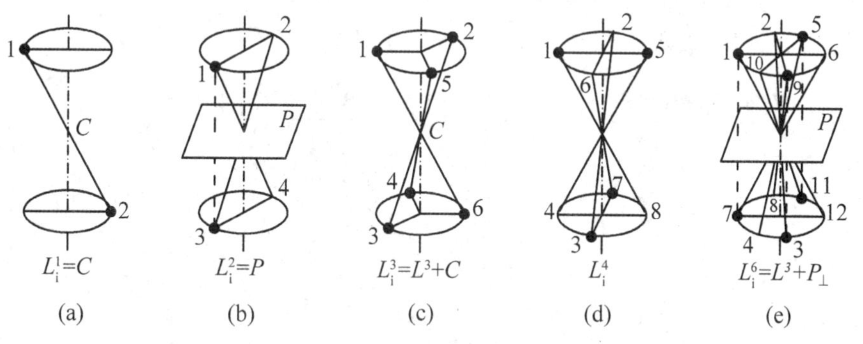

图 2.15　旋转反伸轴图解

L_i^1相应的对称操作为旋转 360°后再反伸。如图 2.15(a)所示，点 1 绕L_i^1旋转 360°后回到起始位置；再以 C 为对称中心做反伸后，与点 2 重合。因此L_i^1的对称操作与单纯一个对称中心的反伸操作效果一样，即 $L_i^1=C$。

L_i^2相应的对称操作为旋转 180°后再反伸。如图 2.15(b)所示，点 1 围绕L_i^2旋转 180°后至位置 2(位置 2 是过渡位置。在此位置，实际的点是不存在的)。接着由点 2 经L_i^2上的一点做反伸与相同点 3 重合。点 3 旋转 180°后至位置 4(点 4 也是过渡位置)，接着又反伸回到起始点 1。实际上，我们凭借垂直于L_i^2的对称面 P 的反映，也同样可以使点 1 与点 3 重合。因此，$L_i^2=P$。

L_i^3的相应对称操作为旋转 120°后再反伸。如图 2.15(c)所示，点 1 绕L_i^3旋转 120°至位置 2(虽然此时 2 处有一个点，但它对 1 点的旋转反伸而言仅是过渡位置)，再凭借L_i^3轴上的一点反伸与相同点 3 重合；如此下去，依次在 1、3、5、6、2、4 位置处重复出现相同点。这些点还可用一个L^3操作分别在 1、2、5 处重复出现三次，再通过对称中心 C 的作用又分别在 6、3、4 位置处出现相同点。这与由L_i^3所获得的效果完全相同。因此，$L_i^3=L^3+C$。

L_i^4的相应对称操作为旋转 90°后再反伸。如图 2.15(d)所示，从点 1 开始，绕L_i^4旋转 90°后依次在 1、3、5、7 处出现四个相同点。L_i^4不能用任何其他简单的对称要素或它们的组合来代替，所以它是一个独立对称要素。

L_i^6的相应对称操作为旋转 60°后再反伸。如图 2.15(e)所示，从点 1 开始，绕L_i^6旋转 60°后依次在 1、3、5、7、9、11 处重复出现相同点。这还可用一个L^3的作用在 1、5、9 处出现相同点，再用一个垂直于L^3的对称面 P 反映，又分别在 7、11、3 处出现相同点。因此，$L_i^6=L^3+P_\perp$。

由此可见，旋转反伸轴中的反伸操作是凭借一个反伸点(类似对称中心)进行的。但此反伸点仅是构成旋转反伸轴的一个组成部分。一般情况下它并不能够以独立的对称中心的形式存在。除 $L_i^3 = L^3 + C$ 外，一般说来，一个旋转反伸轴并不等于一个旋转轴加上对称中心的组合。

由于旋转反伸轴与简单的对称要素及其组合有等效关系，因此我们在实际应用中既可采用旋转反伸轴，也可采用与它们等效的简单对称要素或这些简单要素的组合。但有实际意义的只有L_i^4和L_i^6。这是因为L_i^4永远是独立对称要素，不能用其他要素或组合来代替。虽然L_i^6与$L^3 + P_\perp$等效，但它在对称分类中有特殊意义（采用L_i^6可将轴次提高一倍），所以一般不用$L^3 + P_\perp$来代替L_i^6。

综上所述，旋转反伸轴有：$L_i^1 = C$；$L_i^2 = P$；$L_i^3 = L^3 + C$；L_i^4；$L_i^6 = L^3 + P_\perp$。

表 2.1 列出了晶体宏观对称轴和旋转反伸轴基转角及符号。

表 2.1 晶体宏观对称轴和旋转反伸轴基转角及符号（引自赵珊茸，2004）

名　称	符号	基转角	作图符号	国际符号
一次对称轴	L^1	360°		1
二次对称轴	L^2	180°	⬮	2
三次对称轴	L^3	120°	▲	3
四次对称轴	L^4	90°	◆	4
六次对称轴	L^6	60°	⬢	6
三次旋转反伸轴	L_i^3	120°	△	$\bar{3}$
四次旋转反伸轴	L_i^4	90°	◇	$\bar{4}$
六次旋转反伸轴	L_i^6	60°	⬡	$\bar{6}$

除了以上几种宏观对称要素外，还有一种叫旋转反映轴的对称要素。旋转反映轴也是通过晶体中心的一根假想直线。晶体绕此直线旋转一定角度后，再经过垂直于此直线的一个假想平面作反映，即可使晶体相同部分重复。旋转反映轴用L_s^n表示，轴次 n 为 1、2、3、4、6。相应的基准角为 360°、180°、120°、90°、60°，如图 2.16 所示。

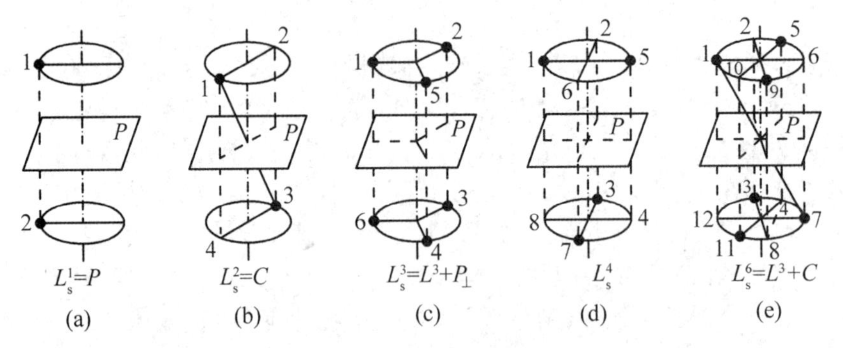

图 2.16 旋转反映轴图解

以L_s^2为例，如图 2.16(b)所示，点 1 绕L_s^2旋转 180°到位置 2，再借助垂直于L_s^2的平面，通过反映与相同点 3 重合。点 3 绕L_s^2旋转 180°到位置 4，再借助垂直于L_s^2的平面反映回到点 1。同样点 1 凭对称中心 C 的反伸亦可与相同点 3 重合，所以 $L_s^2 = C$。它与L_i^1 的效果也一样，$L_s^2 = C = L_i^1$。实际上，旋转反映轴都可用与之等效的旋转反伸轴来代替：$L_s^1 = P = L_i^2$；$L_s^2 = C =$

L_i^1；$L_s^3 = L^3 + P_{\perp} = L_i^6$；$L_s^4 = L_i^4$；$L_s^6 = L^3 + C = L_i^3$。此外，旋转反映轴在对称分类时颇为不便，故在晶体的对称及其表达符号中，已较少使用。

5. 晶体的对称型

晶体可以有一个对称要素，也可以有若干个对称要素。很多对称要素同时出现称为对称要素的组合。根据这些组合定理及其推论，人们已导出晶体形态中可能存在的对称要素及其组合规律。人们把不同对称要素按照一定规律的组合称为对称型。

对称型表示单个晶体中，其全部对称要素的组合。对称型的记录格式是：对称轴在前（先高次轴，再低次轴），接着是对称面，最后是对称中心。比如氯化钠晶体的对称型为$3L^4 4L^3 6L^2 9PC$。晶体的全部对称要素会相交于晶体中的一点，因此我们在对晶体做对称操作时，至少有一点是不动的。并且各对称操作又构成一个群，这符合数学中群的概念，所以又称为点群。对称型与点群是一一对应的。当我们强调对称要素时常称对称型；强调对称操作时常称点群。点群的概念在晶体物理学中应用较多。

按照纯数学观点，对称要素的组合方式有无穷多种。而实际上，这些组合要受到晶体结构等多方面的制约，如上文的对称要素组合定理。此外，晶体的多面体是有限图形、对称要素有共同交点、对称要素必须符合晶体内部的堆砌规律……所以对称要素的组合不是无限的。

早在 1830 年，德国医生、矿物学教授 Johann Friedrich Christian Hessel（1796—1872 年）就已推导出晶体外形在欧氏空间可能有 32 种对称要素的组合，即对称型。但这一成果直到 1897 年才被注意到。法国科学家 Auguste Bravais（1811—1863 年）在 1849 年、俄国结晶学家 Alex V. Gadolin（1828—1892 年）在 1867 年都用数学方法对对称型做了推导。这些推导的结果表明世界上一切晶体的对称型不会超过 32 种。有趣的是，他们的推导都是根据晶体外观形貌而不是内部结构建立起来的。

6. 对称型的意义

（1）根据晶体对称特点完成了晶体的合理分类，总结了晶体分布和形状等规律，为几何晶体学的进一步发展奠定了基础。

（2）对称型是恢复晶体理想形状的又一个依据。对称型在外形上主要表现在晶面、晶棱和晶顶上。这有助于从晶体外形上鉴定矿物。

（3）利用对称型、根据矿物光学性质用偏光显微镜鉴定矿物。高级晶族是均质体矿物，中级晶族是一轴晶矿物，低级晶族是二轴晶矿物。在现代分析方法出现前，对称型、面角守恒定律、莫氏硬度、条痕、颜色等物理手段和一些简单的化学方法都是鉴定晶体矿物的手段。今天，在缺乏现代仪器的地方如野外，这些方法还是鉴定矿物的初步手段，尤其是莫氏硬度、条痕、颜色。

（4）晶体的对称型对晶体的利用也有直接的指导意义。工业上的雷达、海底探测仪和一些传感器所需要的压电晶体是用那些不具有对称中心的晶体所制备的。因为无对称中心的晶体才能在其对应两侧呈现不同的异号电荷。如 α 石英（$L^3 3L^2$）具有压电性。在 32 个宏观对称型中，有 21 个没有对称中心。在这 21 个没有对称中心的晶类中，目前已发现 20 个有压电效应，只有$3L^4 4L^3 6L^2$尚未发现有压电效应。在压电效应方面，应用价值大的晶类在自然界出现的概率小，所以需要人工合成。

2.4.3 晶体的对称分类

Weiss 在 1805—1809 年总结出晶体对称定律后，又于 1813 年左右首先将晶体分为六大晶系。在 Gadolin 等完成 32 种对称型的推导后，人们开始根据晶体对称特点将晶体做了系统分类。

首先，把属于同一对称型的晶体归为一类，称为晶类。有 32 种对称型就有 32 个晶类。鉴于此，通常将对称型与晶类视为同义语。其次，把 32 个晶类按照是否有高次轴、高次轴的多少分为三大晶族，即低级晶族、中级晶族和高级晶族。最后，在每一个晶族中，又按照对称特点划分出晶系：三斜晶系、单斜晶系、正交晶系、三方晶系、四方晶系、六方晶系、立方晶系共七个晶系。具体分类见附录 1。

至此，晶族、晶系理论已形成。它们与 1844 年美国矿物学家 James Dwight Dana(1813—1895 年)提出的矿物化学分类一起标志着经典矿物晶体学及晶体宏观理论的成熟。当然，微观理论同时也在进步。叙述到这里，你理解了 Al_2O_3属于三方晶系是什么意思吗?

2.4.4 晶带定律

德国学者 Weiss 在 1805—1809 年、1813 年左右相继提出了晶体对称定律并将晶体做了分类后，还提出了晶带定律。晶带定律又阐明了晶体的什么规律呢?

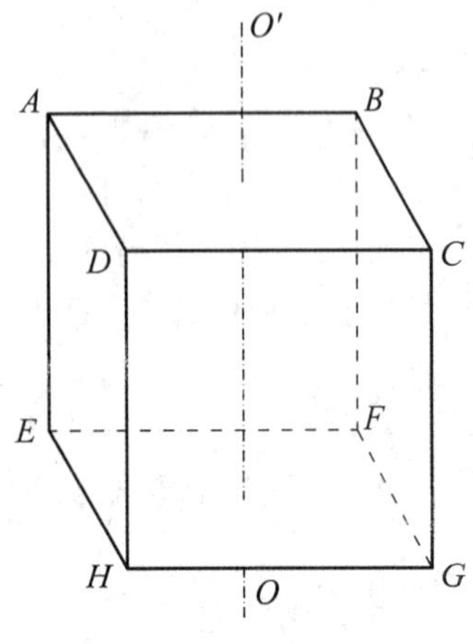

图 2.17 晶带定律示意图

我们先来了解一下晶棱。晶棱是晶体的晶面两两相交形成的一条直线。这种相交可以是实际存在的，也可以是实际并未相交，但延展晶面后可以相交。晶带是晶体晶棱互相平行的一组晶面的组合，即在晶体上晶棱互相平行的一组晶面，如图 2.17 所示的立方体(NaCl 晶体的一种外形)。我们可把 $ADHE$、$EABF$、$FBCG$、$GHDC$ 看成是晶面。这些晶面两两相交形成的线条 AE、BF、CG 和 DH 为晶棱。这些晶棱互相平行，所以这四个晶面组成一个晶带。这样晶面就可由平行晶棱表示。但由于平行晶棱的数量多，在实际晶体中很难把握它们的规律。人们就用一根与这些晶棱平行的直线表示或统辖这些晶棱。这根直线(也被称作晶带轴)与这些晶棱平行并通过晶体中心。如图2.17所示，直线 $O'O$ 就是前面说的四个晶面组成的晶带之晶带轴。因此，众多晶面就可由一根晶带轴来表示。

晶带定律的内容：一个晶面至少属于两个晶带(图 2.17 中还可找到两个与 $O'O$ 垂直的晶带轴)；同时属于两个晶带的公共平面，必定是晶体上的一个可能晶面；一个晶体无论其晶面数目是多少，都必定可以通过晶带的关系把所有晶面相互联系起来(见 2.6.5 节)。该定律也叫 Weiss 定律(Weiss zone law)。

根据这一定律，我们可以由若干已知晶面或晶带推出晶体上一切可能的晶面位置。在晶体定向、投影和运算中，晶带和晶带定律得到了广泛的应用。利用晶带轴的夹角可帮助我们确定晶系，如立方晶系主要晶带轴夹角一般为 90°、45°；三方、六方晶系为 90°、60°；四方晶系为 90°；正交晶系为 90°；单斜、三斜一般不等于 90°。

晶带定律和整数定律分别以不同的形式阐述了晶面与晶棱相互依存的几何关系。

2.5 布拉维格子

上文提到，17 世纪的学者们就已开始对晶体的内部构造进行了探索，比如 Kepler、Hooke、Huygens 用球或椭球原子堆砌成晶体的假说。在研究晶体宏观对称性的过程中，Huygens 于 1690 年还提出，晶体中质点的有序排列会导致晶体具有某种多面体外形的理论。但晶体微观理论的巨大进步还是出现在 19 世纪中后期。这时，晶体的宏观理论已取得突破性进展，而且学者们认为宏观外形应是内部结构的体现。于是，宏观理论的成就促使人们再次思考晶体的内部构造。他们在物质构成有一个始端的理念和古希腊原子思想的指引下开始进一步探索晶体的内部构造。19 世纪初，虽然 John Dalton(1766—1844 年)在化学领域提出了原子学说，但他没有把该学说用于晶体微观构造的解释上。与此同时，以 Auguste Bravais (1811—1863 年)为代表的一批晶体学家们发展了 Huygens 的理论。然而，没有确切的文献表明学者们当初是如何把构成晶体的基本单元想象成点的。他们可能把晶体看成是由球形刚性原子堆砌而成的，并在此基础上发挥想象力而将这些原子抽象成数学上的点，进而构造出今天我们见到的空间格子。最后，Bravais 等发展出了晶体的点阵结构学说。

1845 年左右，德国结晶学家 Moritz Ludwig Frankenheim(1801—1869 年)提出晶体构造是以点为单位在三维空间周期性重复排列而成的。他还推出了 15 种可能的空间格子形式。1848 年，Bravais 对其做了修正，并用数学方法推导出晶体结构的 14 种空间格子。按照 Bravais 空间点阵学说，晶体内部结构可概括为由一些相同的点在空间有规则地做周期性无限分布。这些点构成的阵列称为点阵。Bravais 的学说正确地反映了晶体内部结构的长程有序特征。这已被后来的晶体 X 射线衍射所证实。其后的空间群理论又充实了该学说，进而形成了近代关于晶体几何结构的完备理论。

2.5.1　结点

结点是点阵学说所指的点。它代表晶体结构中相同的位置。这主要是为了避开晶体中原子、离子和分子的纷繁复杂的排布。将晶体抽象成结点、空间格子后，复杂晶体的重复规律就容易明了。在将晶体抽象成结点时需注意：每个结点周围的环境是一样的。结点可以是相应原子所处的位置，也可以不是；它仅表示相同的位置，不代表原子、离子或分子。图 2.18(a)表示 NaCl 结构中 Cl^-、Na^+ 的二维分布。图中的黑点表示结点，这些结点周围的环境是一样的。由这些结点抽象出的点阵如图 2.18(b)所示。当然在该图中，结点也可以选择在 Cl^- 或 Na^+ 的中心，但如果选在 Cl^- 中心，那么所有结点都得在 Cl^- 中心，只有这样才能使每个结点周围的环境保持一样。总之，结点的选取是任意的，只要每个结点周围的环境是一样的即可。抽象出的图 2.18(b)比图 2.18(a)更容易发现 NaCl 内部结构的重复规律。

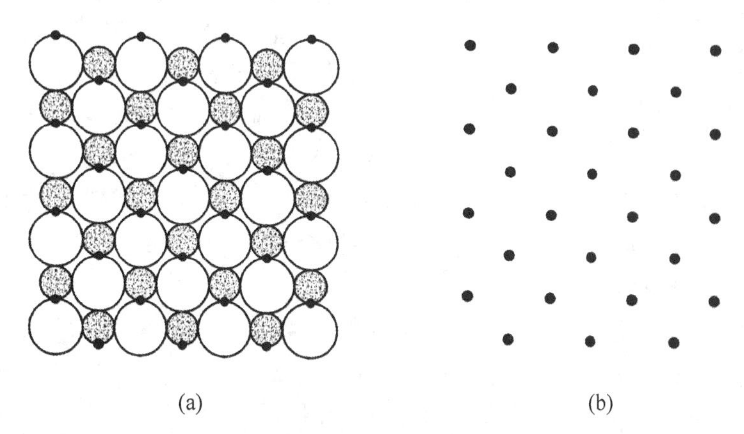

图 2.18　NaCl 平面结构示意图及导出的空间点阵(大球：Cl^-；小球：Na^+；黑点：结点)(引自王萍，2006)

结点在平面内的分布形成晶体结构的平面点阵，在三维空间的排列分布形成空间点阵，再用直线连接这些点就构成空间格子。空间格子是表示晶体内部结构中质点周期性重复排列规律的几何图形。为了研究晶体内部的重复规律而不受晶体自身大小的影响，我们假设结点在三维空间是无限重复排列的，即空间格子是无限图形。而晶体自身是有大小的，实际晶体的外形是有限图形。

2.5.2 行列

分布在同一直线上的结点构成行列，如图 2.19 所示。空间格子中任意两个结点的连线构成一条行列。在行列中，相邻两个结点的距离为该行列的结点间距。同一行列的结点间距相等；相互平行的行列结点间距也相等；不同方向的行列，结点间距一般不等。如图 2.20 所示，OA、OB 为两条行列。OA、OB 的结点间距分别为 a、b。图中还可以画出很多行列，而且有些行列结点分布密，另一些则稀疏。

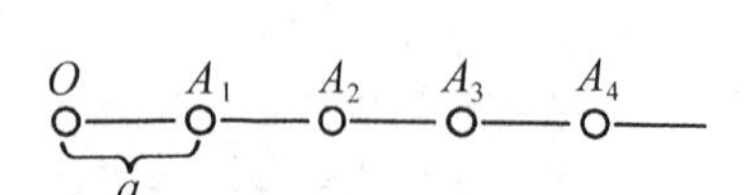

图2.19 空间格子的行列(引自赵珊茸,2004)

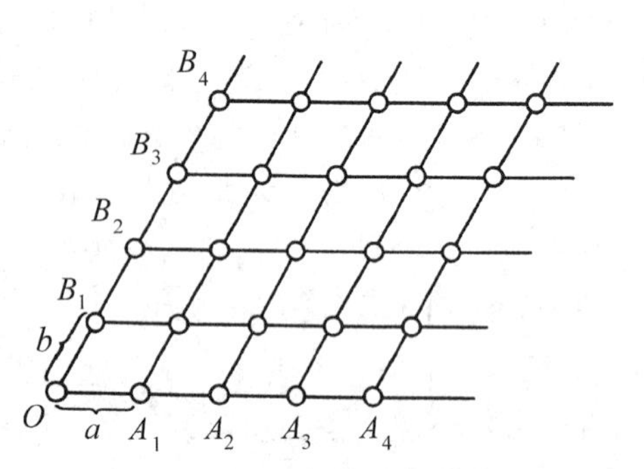

图 2.20 空间格子的面网(引自赵珊茸,2004)

2.5.3 面网

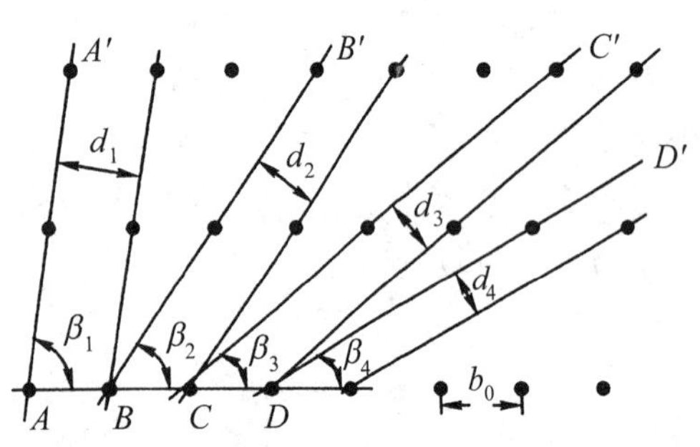

图 2.21 面网密度与面网间距示意图(引自赵珊茸,2004)

结点在平面上的分布构成面网。空间格子中不在同一行列的任意三个结点可构成一个面网，或者说任意两条相交的行列决定一个面网，图 2.20所示就可看成是由 OA、OB 行列构成的一个面网。同行列一样，不同面网上的结点分布也不同，有些面网结点分布密，另一些则稀疏。在面网上，单位面积的结点数称为面网密度(个/平方米)。相互平行的面网，面网密度相同；互不平行的面网，面网密度一般不同。图 2.21 中，AA'、BB'、CC'、DD'可看成是垂直于纸面的可能面网。从结点 A 到 A'有三个结点。同样，分别从 B 到 B'、C 到 C'、D 到 D'也有三个结点，但 AA'、BB'、CC'、DD'之间的长度不同，即面网的面积不同。从 AA'到 DD'面积逐渐增加。由此可得，AA'的面网密度最大。

d_1、d_2、d_3、d_4分别为各相互平行的面网间的距离。这些相邻平行面网间的垂直距离称为面网间距。据图 2.21 所示，面网间距可表示为

$$d_i = b_0 \sin \beta_i \tag{2-6}$$

由此可见，随着β_i减小，面网间距也减小。结合面网密度可以得出：面网密度大，相应的面网间距也大；面网密度小，相应的面网间距也小。

2.5.4 平行六面体

平行六面体由六个两两平行而且相等的面网所围成，如图 2.22 所示。整个空间格子可看

成是由无数个相同的平行六面体在三维空间通过平移，毫无间隙地堆垛而成。这是不是与17世纪一些学者认为的晶体内部由相同实心“基石”毫无空隙地重复排列而成的想法相似？

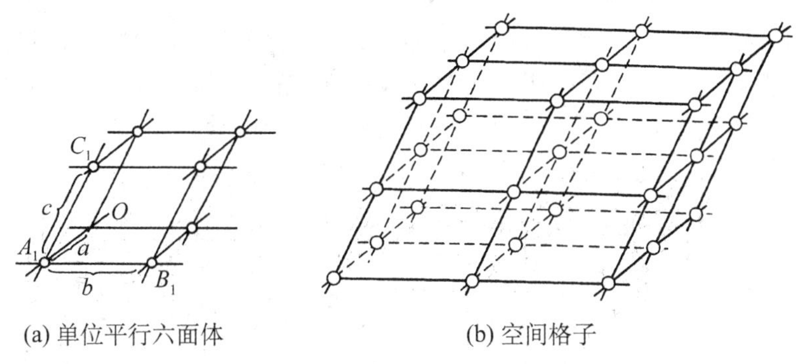

(a) 单位平行六面体　(b) 空间格子

图2.22　空间格子(引自赵珊茸，2004)

2.5.5　晶体的定义

前面提到过，人们最初把有棱、有面，且具有多面体形态的天然固体称作晶体。今天，晶体的定义一般是：内部质点(原子、离子或分子)在三维空间周期性重复排列的固体物质。我们已经知道晶体的这种周期性重复排列规律可用空间格子来表示。因此，晶体又叫具有空间格子构造的固体。

2.5.6　平行六面体的选择

与行列、面网相似，平行六面体的选择也是人为的。同一晶体的空间格子可以有很多种形式的平行六面体，但只能从中选出一种既简单，又能反映晶体格子构造基本特征的平行六面体作代表。这种平行六面体又叫单位平行六面体。它的选择原则主要有：①所选单位平行六面体不仅要充分反映整个空间格子的对称性，还要包括晶体所固有的对称性，即点对称和平移对称；②在不违反对称的前提下，应选棱与棱之间直角关系最多的平行六面体；③在遵守以上两个前提下，所选平行六面体的体积应最小。

这里以平面图形来说明单位平行六面体的选择(事实上平面图也可看成是立体图的投影)。在图2.23(a)中选择对称型为$L^4 4P$的图形。其中有1、2、3、4、5、6等多种形式供选择。4、5、6因无L^4，所以不符合。3的轮廓虽然符合$L^4 4P$，但结合内部结点的分布考虑，也不符合。只有1、2符合。而1的面积，即立体图的体积最小，所以1对应的立体图形为所选单位平行六面体。在图2.23(b)中选择对称型为$L^2 2P$的图形。其中的5、6、7与对称型不

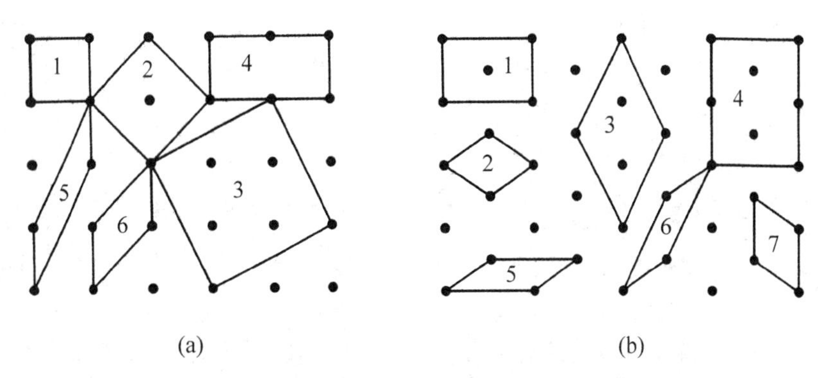

(a)　(b)

图2.23　单位平行六面体的选取示意图(引自王萍，2006)

符，因为它们无对称面 $2P$。2、3 虽然都符合对称特点，且 2 的面积又最小，但它们不符合棱与棱之间直角关系最多的条件。1、4 既符合对称特点又符合直角关系最多，其中 1 的体积最小，所以选 1 对应的立体图形为单位平行六面体。

需注意：单位平行六面体是对空间格子而言的。根据结点的选取，我们可知空间格子由无任何物理、化学特征的几何点构成。但对晶体而言，晶体内部结构则由实际质点（原子、离子、分子或它们的组合）构成。虽然如此，但空间格子毕竟是由晶体结构抽象出来的。因此，空间格子与晶体结构既有区别，又相互统一。它们有如下对应关系：

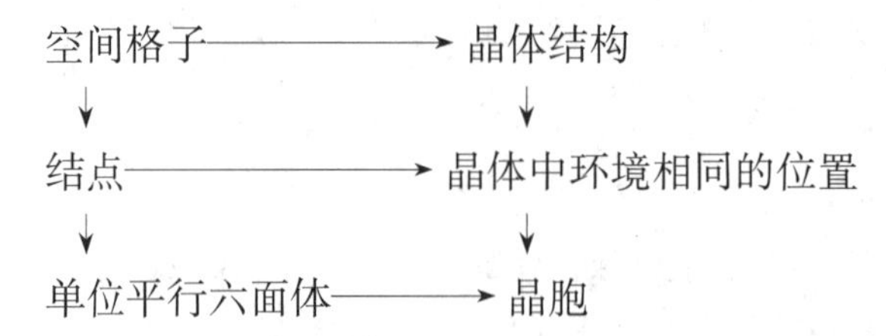

如果在晶体结构中引入相应于单位平行六面体的划分单位，那这样的划分单位称为单位晶胞，也叫结晶学晶胞，简称晶胞（它与凝聚态物理学中的物理学晶胞有所不同。一个物理学晶胞只有一个原子。本书只讨论结晶学晶胞）。晶胞是指能充分反映晶体结构特征（即周期性、对称性）的最小构造单位。晶体就是由晶胞在三维空间通过平移而毫无间隙地重复堆砌而成。一种晶体只有一种晶胞。请注意该特点与后面介绍的准晶之间的区别。

2.5.7 单位平行六面体的形状、大小

根据前面介绍的原则，我们选出了单位平行六面体，就可定出它的三根棱长 a、b、c 及这些棱之间的夹角 α、β、γ。实际上这也就确定了空间格子的坐标系。其三根棱便是三个坐标轴，棱之间的夹角即是坐标轴之间的夹角。a、b、c 和 α、β、γ 便是表征单位平行六面体形状、大小的参数。在晶体结构中，a、b、c 和 α、β、γ 叫晶胞参数、晶格常数或晶体常数。现今，用 X 射线衍射可以测出这些晶格常数。晶胞坐标系的选择与下文要介绍的晶体定向坐标系的选择是一致的。

由于单位平行六面体的特征必须与空间格子的特征符合，所以它也必定与相应晶体的结构和外形相适应。这样，七个晶系就有七种不同形状和大小的单位平行六面体，如图 2.24 所示。它们的晶体常数限制条件如下。

(1) 立方晶系：$a = b = c$；$\alpha = \beta = \gamma = 90^\circ$。

(2) 四方晶系：$a = b$；$\alpha = \beta = \gamma = 90^\circ$。

(3) 六方及三方晶系（六角坐标，四轴定向）：$a = b$；$\alpha = \beta = 90^\circ$，$\gamma = 120^\circ$。

(4) 三方晶系（菱形单胞，R 坐标，三轴定向）：$a = b = c$；$\alpha = \beta = \gamma$。

(5) 正交晶系：$\alpha = \beta = \gamma = 90^\circ$。

(6) 单斜晶系：$\alpha = \gamma = 90^\circ$。

(7) 三斜晶系：没有限制条件。

其中三方晶系常用菱面体坐标，即 R 坐标系，三轴定向。

这里需注意的是：有些资料在边、角关系中有“$\neq$”出现，如三斜晶系 $a \neq b \neq c$；$\alpha \neq \beta \neq \gamma$。这里的“$\neq$”是指对称条件不要求这里是等号，并不是说不允许相等，即可以相等，也可以不等。相应的对称性对其相等与否没有要求。故边角关系中的等号准确说是限制条件。

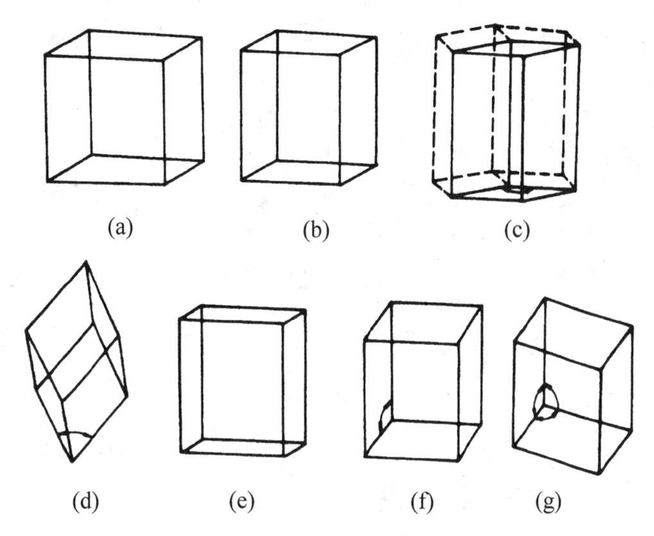

图 2.24 七个晶系的单位平行六面体(引自赵珊茸,2004)

(a)立方格子;(b)四方格子;(c)六方格子;(d)三方菱面体格子;(e)正交格子;(f)单斜格子;(g)三斜格子

2.5.8 平行六面体中的结点分布

根据单位平行六面体的选择原则,结点的分布只能有四种可能的情况。与此对应,空间格子可分为四种类型,如图 2.25 所示。

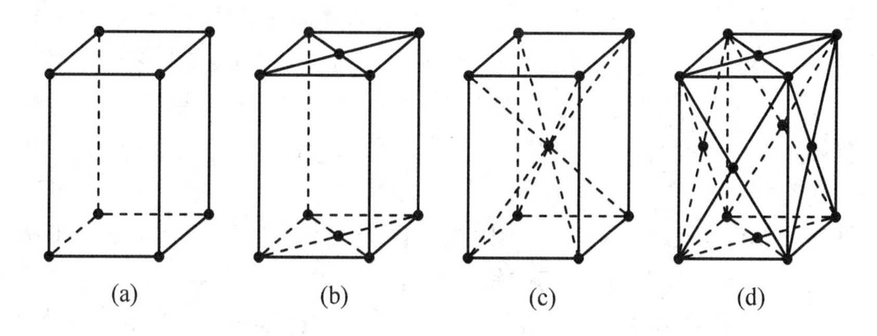

图 2.25 单位平行六面体中结点分布的四种类型(引自赵珊茸,2004)

(a)简单格子(P);(b)底心格子(C);(c)体心格子(I);(d)面心格子(F)

1. 简单格子(P)

结点分布在平行六面体的八个角顶上。由于角顶上的每个结点分别属于邻近八个平行六面体,故每个简单格子的单位平行六面体内只含一个结点,即

$$8\times\frac{1}{8}=1$$

2. 底心格子(C)

除了角顶分布有结点外,平行六面体某一对面的中心还各有一个结点。它有三种情况:C 心格子——结点分布于角顶和(001)面中心;A 心格子——结点分布于角顶和(100)面中心;B 心格子——结点分布于角顶和(010)面中心。一般称作的底心格子是指 C 心格子。通常,应尽可能将 A 心、B 心格子转换为 C 心格子。特殊情况下,也可以不转换。由于底心上的结点

属于邻近两个平行六面体,故每个底心格子的单位平行六面体内含有两个结点,即

$$8\times\frac{1}{8}+2\times\frac{1}{2}=2$$

3. 体心格子(I)

除了角顶分布有结点外,平行六面体的体心位还各有一个结点。处于体心的结点只属于这个单位平行六面体,故每个体心格子的单位平行六面体内含有两个结点,即

$$8\times\frac{1}{8}+1=2$$

4. 面心格子(F)

除了角顶分布有结点外,平行六面体六个面的中心(即面心位)还各有一个结点。每个面心格子的单位平行六面体内含有四个结点,即

$$8\times\frac{1}{8}+6\times\frac{1}{2}=4$$

单位平行六面体的结点分布情况只有上述四种。如果出现其他分布的话,或者不符合单位平行六面体的选择原则,或者违反空间格子规律。

2.5.9 布拉维格子

综合考虑单位平行六面体的七种形状和四种结点分布类型,七种晶系应有 7×4=28 种不同形式的格子。这 28 种格子中有些不符合单位平行六面体的对称特点;有些不符合平行六面体的选择原则;有些还可以改换划分方式。最终只剩下 14 种形式的格子,称为布拉维格子(bravais lattices),其中的阵列也叫布拉维点阵,见附录 2。布拉维格子是空间格子的基本组成单位。只要知道了格子的结点分布情况,以及 a、b、c 和 α、β、γ 等参数后,就可以知道整个空间格子的一切特征。

需再次强调,空间格子或布拉维格子中的点是晶体结构的几何学抽象。布拉维格子代表晶体中原子分布规律的结点之集合,其中每个结点周围的环境是相同的。这与晶体结构中质点(如原子、离子等)的排列方式是无限的有所不同。通常说某某结构时常常指的是晶体结构,而说某某点阵时常常指的是空间格子的点阵类型。晶体结构与点阵既有联系又有区别。点阵是晶体结构抽象出来的。在某些情况下,点阵中的结点位置可以是晶体结构原子的位置。这时晶体结构与点阵没有差别,一些简单金属,如图 2.26 中的 Cu 是面心立方点阵,也是面心立方结构(常用 fcc 表示)。图 2.27 中的 Cr 是体心立方点阵,也是体心立方结构(常用 bcc 表示)。但在大多数情况下,晶体结构是不同于点阵的。晶体结构与点阵的关系可表示为:点阵+基元=晶体结构。

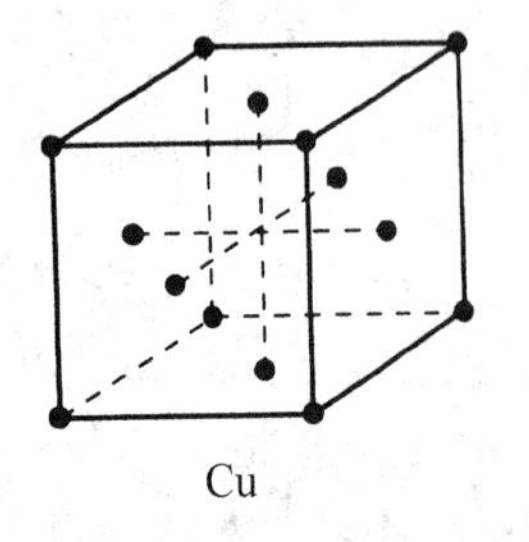

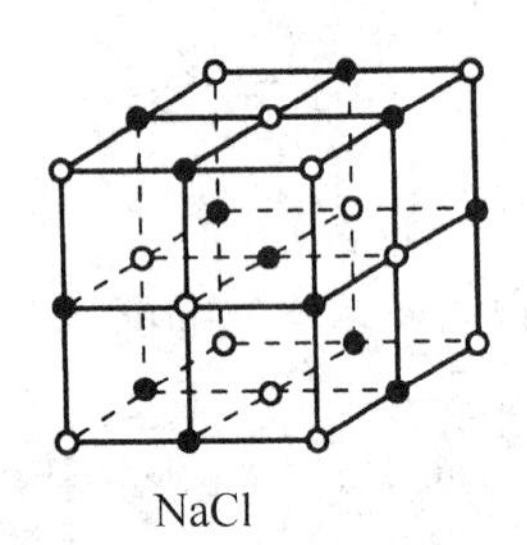

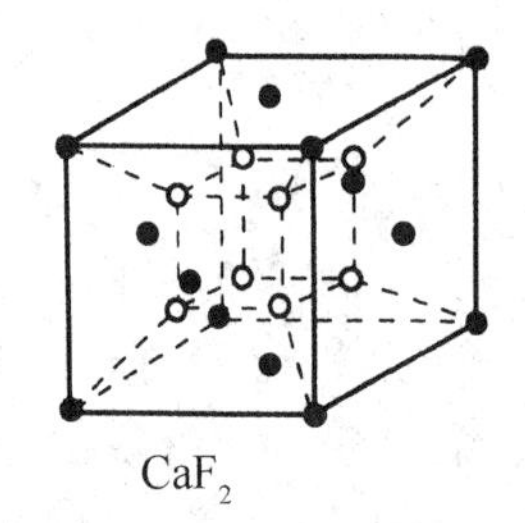

图 2.26 具有相同点阵的晶体结构(引自蔡珣,2010)

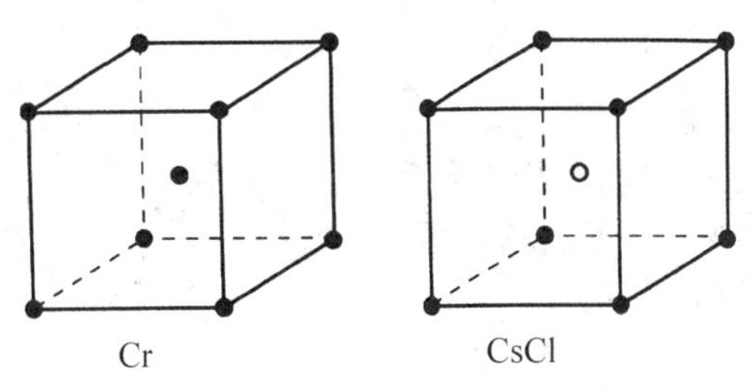

图 2.27 晶体结构相同而点阵不同

基元是指数种原子构成的基本结构单元。比如 NaCl 晶体，一个 Na－Cl 原子或离子对可构成基元。把一个个的基元重新按规律放回点阵中的结点位置就是晶体结构。可见，这是把晶体结构抽象成点阵的逆过程。

图 2.26 表示了 Cu、NaCl、CaF_2 三种晶体结构。这三种结构有很大差异，属于后文要介绍的不同晶体结构类型。但是，它们都属于面心立方格子或点阵。图 2.27 中的 Cr、CsCl 的晶体结构都是体心立方结构，但 Cr 属于体心立方格子，CsCl 属于立方原始格子或简单立方格子。

2.6 晶体定向

至此，我们已知晶体外形具有对称性。然而，仅仅根据对称性，我们还不能完整地描述一个晶体的形态。比如在图 2.28 中，两个晶体的对称型都是 $L^4 4L^2 5PC$，但它们的形态却有很大差异。也就是说，用对称型描述晶体的具体形状比较困难。对称型相同而晶体的形态存在差异主要是由于晶面在空间的相对分布而引起的。与点阵中的面网、行列相似，在晶体结构中，穿过晶体的原子面（平面）称为晶面，连接晶体中任意原子的直线方向称为晶向。不同的晶面、晶向有不同的原子排列。晶体的许多性质与晶面、晶向有很大的关系。比如晶体的折射率，在不同方向有不同的值。

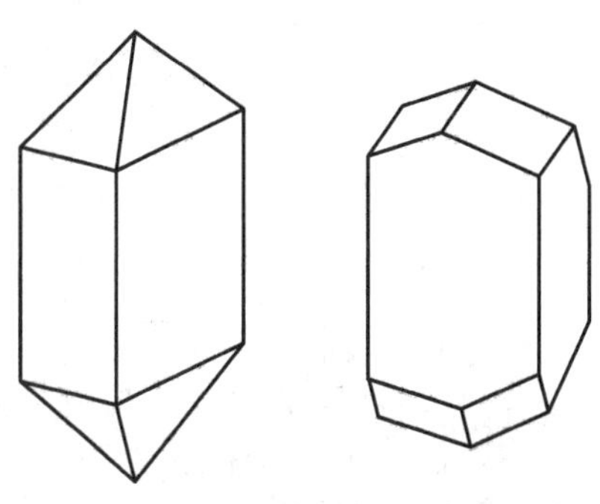
图 2.28 对称型相同而形态各异的晶体示意图

此外，Haüy 提出的整数定律、Weiss 提出的晶带定律都是从晶体外观总结出的结论。要用晶体的微观空间格子理论证明这些结论也需要晶体定向。因此，不仅研究晶体形态、性质和矿物鉴定需要晶体定向，而且晶体内部构造的研究也需要定向。

2.6.1 坐标系的选择

确定晶体各部分在空间位置的工作称为晶体定向。要定向，就需要坐标系。在晶体中选择坐标系包括选择坐标轴（晶轴）、确定轴单位和轴率。晶体中的坐标系与数学中的直角坐标系有相似之处，但也有不同之处。

1. 晶轴的选择

晶轴的选择首先要符合晶体自身的对称性。其选择顺序为：晶体有对称轴的，选对称轴为晶轴；没有对称轴的选对称面法线方向为晶轴；若两者皆无或它们的数量不够则选择平行于晶棱方向的直线为晶轴。各晶轴的交点应在晶体中心。因晶棱不通过晶体中心，所以选择晶棱时，可以设想将其平移至晶体中心。还有晶轴彼此之间要尽可能垂直。

晶体定向时，因晶体自身对称性的原因有两种定向方法：一是三轴定向，二是四轴定向。六方晶系采用四轴定向，其余晶系采用三轴定向。三轴定向采用 x、y、z 轴。晶轴符合右手螺旋关系：z 轴直立，上端为正；x 轴前后伸展，前端为正；y 轴左右伸展，右端为正。三轴之间的夹角（轴角）：y 与 z 轴间的夹角 α，z 与 x 轴间的夹角 β，x 与 y 轴间的夹角 γ，如图 2.29 所示。

四轴定向采用 x、y、u、z 轴。z 轴直立，上端为正。x、y、u 为水平轴，彼此正向间的夹角为 120°，如图 2.30 所示。

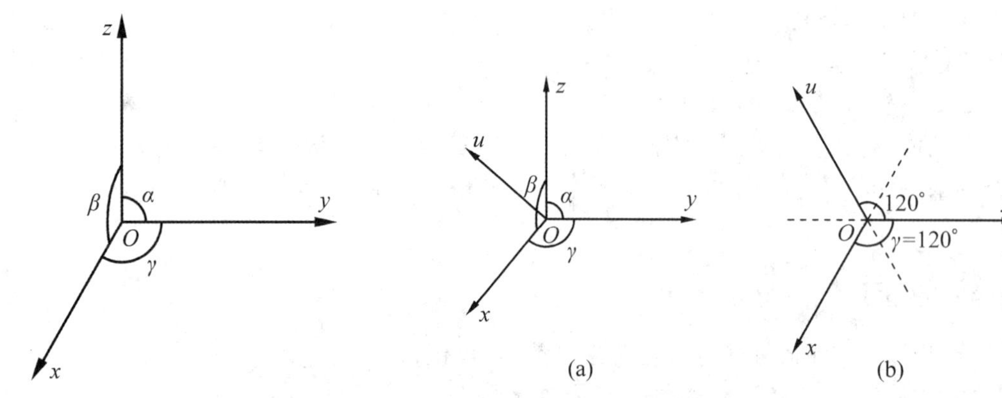

图 2.29 三轴定向的晶轴和轴角

图 2.30 (a)四轴定向的晶轴和轴角；(b)四轴定向水平晶轴间的关系

2. 轴单位、轴率

轴单位是晶轴的度量单位，是格子构造中平行晶轴的行列结点间距。它们的绝对长度是晶胞的三根棱长 a、b、c，故用 a、b、c 分别表示 x、y、z 轴的轴单位。该值实际很小，现在可以借助于 X 射线衍射来测定。对于晶体外形来说，重要的不是三个轴单位的具体长度，而是它们的比率——轴率。比如，某晶面在三根轴上的截距为 $5a$、$5b$、$5c$，那么截距比率为 $a:b:c$。轴率通常写成以 b 为 1 的比例式，例如橄榄石的轴率为 0.465 75 ∶ 1 ∶ 0.586 51。

3. 晶体常数

晶体的轴角 α、β、γ 和轴率 $a:b:c$ 合称为晶体常数。这是表示晶体坐标系特征的一组参数。它们与晶体内部结构研究中的晶胞参数相同。知道晶体常数后，可以知道晶胞的形状。如果再用 X 射线衍射测得轴单位具体长度，就可知道晶胞大小。例如橄榄石，其轴率为 $a:b:c = 0.465\,75:1:0.586\,51$，$\alpha=\beta=\gamma=90°$，所以晶胞形状是长方体。闪锌矿 $a:b:c=1:1:1$，$\alpha=\beta=\gamma=90°$，所以晶胞形状是立方体。

如今，绝大多数晶体的结构都已测定完毕。除非是新晶体材料，一般不需要我们去选择晶轴、确定轴角和轴率。但是，我们必须掌握这方面的知识，以便能够理解、运用前人已经得出的晶体定向资料。在晶体定向中，各晶系选择晶轴的原则及晶体常数特点见表 2.2。

表 2.2　各晶系选择晶轴的原则及晶体常数特点

晶系	晶轴的选择	晶体常数的特点或限制条件
立方晶系	以相互垂直的 3 根 L^4 或 3 根 L_i^4 为 x、y、z 轴。无 L^4 或 L_i^4 时选择相互垂直的 $3L^2$ 为晶轴	$a=b=c$； $\alpha=\beta=\gamma=90°$
四方晶系	以 L^4 或 L_i^4 为 z 轴，以垂直 z 轴并相互垂直的 L^2 或两个 P 的法线为 x、y 轴。无 L^2 或 P 时，则 x、y 轴平行晶棱选取	$a=b$； $\alpha=\beta=\gamma=90°$
三方及六方晶系	以唯一的高次轴 L^3、L^6、L_i^6 为 z 轴，以垂直于 z 轴并彼此正向以 120°相交的 $3L^2$ 或 $3P$ 的法线为 x、y、u 轴。无 L^2 及 P 时 x、y、u 轴平行晶棱选取	$a=b$； $\alpha=\beta=90°$，$\gamma=120°$
正交晶系	以相互垂直的三个 L^2 为 x、y、z 轴； 在 L^22P 对称型中以 L^2 为 z 轴，$2P$ 法线为 x、y 轴	$\alpha=\beta=\gamma=90°$
单斜晶系	以 L^2 或 P 的法线为 y 轴，以两根垂直于 y 轴的主要晶棱方向为 x、z 轴	$\alpha=\gamma=90°$
三斜晶系	以不在同一平面内的三个主要晶棱的方向为 x、y、z 轴	没有限制条件

2.6.2　布拉维法则

有了坐标系，就可以建立晶体符号了。晶体符号包括晶面符号、晶棱符号等。在建立晶面符号之前有必要了解一下晶面形成的规律。根据空间格子的建立，我们知道空间格子和晶体结构中有无穷多的面网和晶面。那么，在外观上显露出的平整晶面是任意的吗？从 Haüy 提出的有理数截距定律来看，宏观上显露在外的晶面应该是有规律可循。

在研究晶体外观特性、内部构造的同时，有些学者也在研究晶体的生长。他们通常把在单位时间内，垂直于晶面向晶体外推移的距离称为晶体的生长速度。Bravais 在对此做了研究后提出：实际晶体往往被面网密度大的晶面所包围，这称为布拉维法则(law of Bravais)。

图 2.31 为一晶体空间格子的切面。AB、BC、CD 分别为三个垂直于纸面的晶面面网。设竖直、水平方向的结点间距分别为 a、b，且 $a>b$。因面网间距大，面网密度也大，故 AB、BC、CD 三个晶面面网密度的大小关系为 $AB>CD>BC$。新质点不断黏附在不同晶面面网上，使面网往其法线方向移动，进而产生晶体生长。新质点容易黏附在哪里，取决于所处位置的质点对它的引力大小和能量高低。引力大小与质点数目和质点间的距离有关。一般地，新

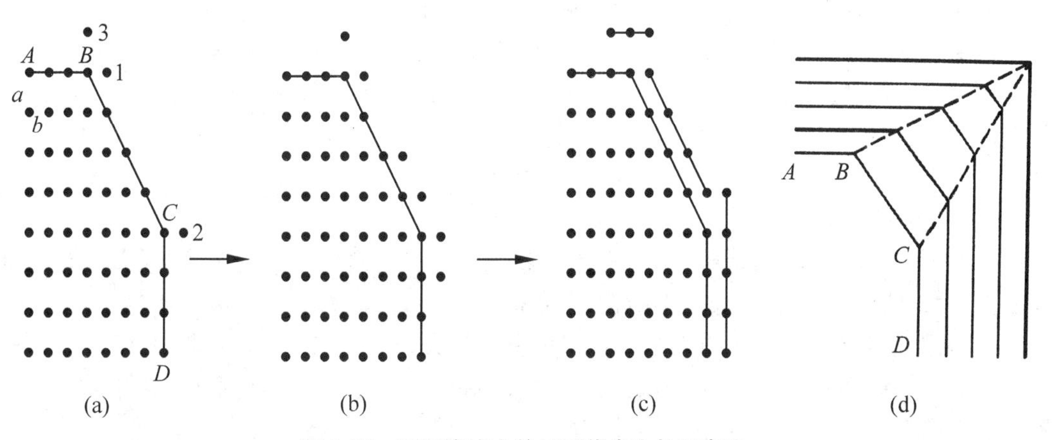

图 2.31　面网密度小的晶面优先生长示意图

质点与面网上的质点距离小，且面网上这类质点的数量多，则新质点受到的引力大而易被吸附。角、棱处的能量相对较高(即产生黏附过程越过的能垒 ΔG 低)；面位置的能量较低，能垒 ΔG 大。故新质点往往容易被黏附在与面网质点距离小、数量多的角，其次是棱，最后是面。从二维面上看，图 2.31 中 1、2、3 都在角位置，能量较高，新质点都易于黏附在此。但与 1 位置最近的两个点的距离为 a、b；与 2 位置最近的两个点的距离为 $\sqrt{a^2+b^2}$、b；与 3 位置最近的两个点的距离为 a、$\sqrt{a^2+b^2}$。可见，1 位置的新质点与面网上已有质点的距离最近，容易首先黏附在这里，结果导致 BC 面往其法线方向移动(请注意，此处说的不容易黏附，不等于不能黏附)。因此，这三个面最容易往其法线方向移动的是 BC，其次是 CD，向法线方向移动最慢的是 AB。朝面网法线方向的移动使 BC 面减小，直至消失，如图 2.31(b)～(d)所示。以上情况说明：生长最快的晶面，容易消失；而生长最慢的，即面网密度大的晶面保留下来了，这就是布拉维法则论述的内容。自然界同种晶体之间，大晶体的晶面一般数量少且简单，而小晶体则晶面多而复杂即是布拉维法则的体现。

然而，布拉维法则未考虑环境(如温度、压力、组分浓度、杂质、介质涡流等)等因素对晶体生长的影响，所以实际晶体有偏离布拉维法则的现象。甚至在有些情况下，消失的晶面会重新长出来，而且生长快的晶面不一定会消失。因此，后来有人对该法则做了修正，提出了唐纳-哈克原理(Donnay-Harker law)和吉布斯-居里-吴里夫定理(Gibbs-Curie-Wulff theorem)。不过，就总的定性趋势来看，布拉维法则仍是有效的。

在布拉维法则提出前很久，Haüy 就已根据晶体外形(后来称作晶面)总结出了有理数截距定律或整数定律(见 2.3 节)。那整数定律是否能用空间格子理论加以证明呢？

2.6.3 整数定律的推导

前文已叙述，整数定律的内容是：晶面在晶轴上的截距系数之比为简单整数比。该内容包含两个方面的问题，一是简单，二是整数比。我们首先来看看整数比。

1. 整数比的问题

晶面是晶体构造最外面的一层面网。面网由分布在一个平面上的结点构成。晶轴是晶体构造中的行列，所以晶面与晶轴相交的地方是结点所在的位置。故晶面在晶轴上的截距是晶轴上结点间距的整数倍。截距系数之比也就成了整数比。

如果晶面与晶轴相交不在结点上，此定律也成立。如图 2.32(a)所示，设 x 轴、y 轴上的结点间距分别为 a、b。现有一垂直于纸面、平行于 z 轴的晶面 Kb_5。它在 y 轴上的截距为 Ob_5，在 x 轴上的截距为 OK。K 不在结点上。但因面网由结点组成，在众多结点中，总可以找到与行列相交的结点，假设相交在 b_1' 点。三角形 $OKb_5 \sim b_1b_1'b_5$，所以 $OK/Ob_5 = b_1b'_1/b_5 = 2a/4b$，其截距系数比呈 1/2 的整数比。需要注意的是，这里只考虑系数之比，而不是具体的长度之比。

2. 简单性的问题

如图 2.32(b)所示，假设平行于 z 轴有一系列面网。它们与 x 轴相交于结点 a_1，与 y 轴分别相交于结点 b_1，b_2，b_3，b_4，…，b_n。从结点间距看，$a_1b_1 < a_1b_2 < a_1b_3 < a_1b_4 < \cdots < a_1b_n$；从面网密度看，$a_1b_1$ 对应的晶面，其面网密度最大，a_1b_n 对应的晶面，其面网密度最小。面网密度大小关系简写为 $a_1b_1 > a_1b_2 > a_1b_3 > a_1b_4 > \cdots > a_1b_n$。这些面网的截距之比、截距系数之比见表 2.3。

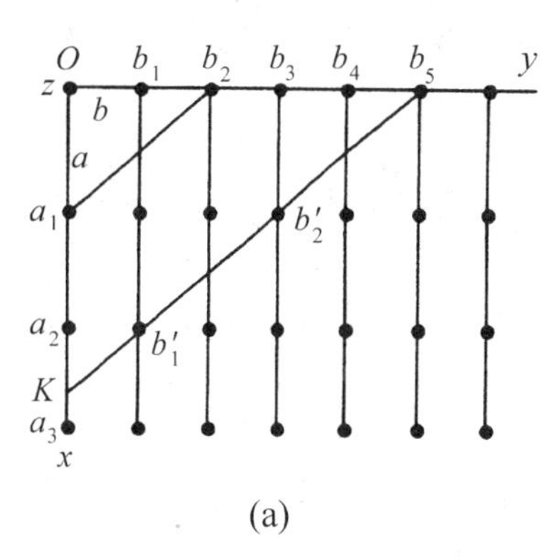

(a)

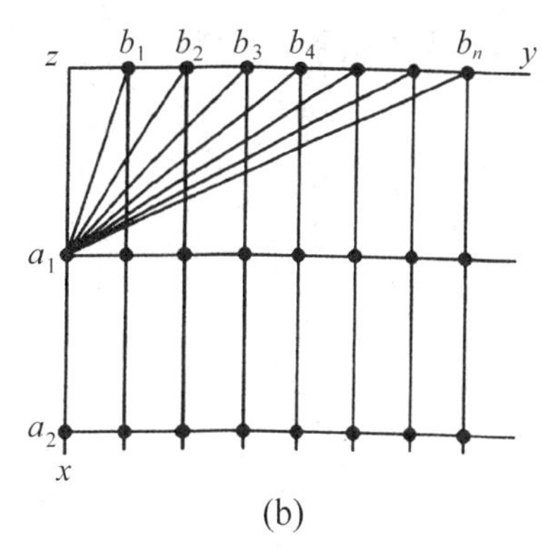

(b)

图2.32　整数定律的证明示意图(引自赵珊茸,2004)

表2.3　面网的截距、截距系数之比

面网	a_1b_1	a_1b_2	a_1b_3	a_1b_4	a_1b_n
截距之比	$1a:1b$	$1a:2b$	$1a:3b$	$1a:4b$	$1a:nb$
截距系数之比	1∶1	1∶2	1∶3	1∶4	$1:n$

a_1b_1晶面的截距系数之比为非常简单的1∶1。而a_1b_n晶面的截距系数之比为相对复杂的$1:n$。由此可见,截距系数之比随着面网密度增大而越简单。根据布拉维法则,晶体往往被面网密度较大的晶面所包围。因此,晶面的截距系数之比越简单,该晶面在晶体上越常出现。

了解以上这些,那这些面网密度较大的简单晶面怎么用符号区分它们、表示它们的相对位置关系呢?

2.6.4　晶面符号、晶向符号

1. 晶面符号

用一些简单的数字来表示不同的晶面,这些数字即晶面符号或晶面指数。晶面符号的种类很多。不过,现代晶体学中通常采用米氏符号。该符号是英国剑桥大学矿物学教授William Hallowes Miller(1801—1880年)于1839年所创,所以也叫米勒指数(Miller index)。晶面符号是用晶面在晶轴上的截距系数的倒数比表示。它有两种表达方式:三轴、四轴。

1) 三轴定向

如图2.33所示,设有一晶面HKL,它在x、y、z轴上的截距分别是$OH=2a$,$OK=3b$,$OL=6c$,其中2、3、6为截距系数。截距系数的倒数比为$1/2:1/3:1/6$,化简后为$3:2:1$。去掉比例符号,加圆括号则为(321)。(321)为晶面HKL的晶面符号。通常情况下,我们用(hkl)表示晶面的一般符号。

图2.34为立方晶系的一个晶体。通过晶体中心的三根L^4轴分别作x、y、z轴。三根轴交于晶体中心。轴单位为a、b、c。由于该晶体属于立方晶系,故$a=b=c$。晶面$ABCD$与y、z轴平行,截距为∞;与x轴相截,截距为轴单位的一半即$a/2$。据此,晶面$ABCD$与三根轴的截距系数为1/2、∞、∞。截距系数的倒数为2、0、0。因此,$ABCD$晶面符号或晶面指数为(200),还可进一步化简为(100)。同理,其他晶面的晶面符号也可得出。

读者在使用晶面符号时需注意以下几个问题。

(1) 晶面符号是按照x、y、z轴的顺序排列的。上文的(321)、(100)不能写成(213)、(010)等形式。

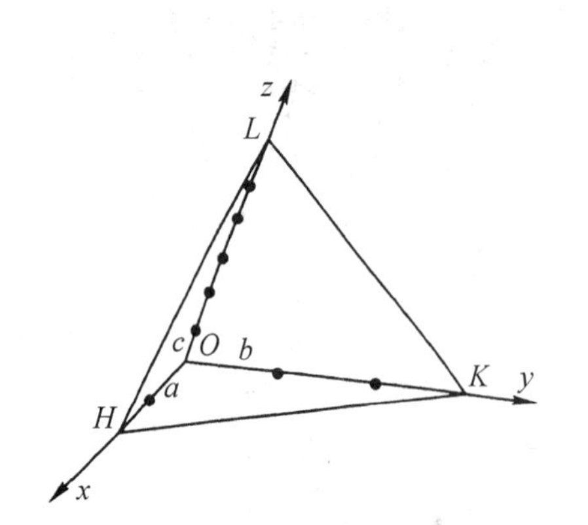

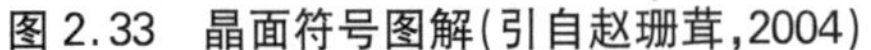
图 2.33 晶面符号图解(引自赵珊茸,2004)

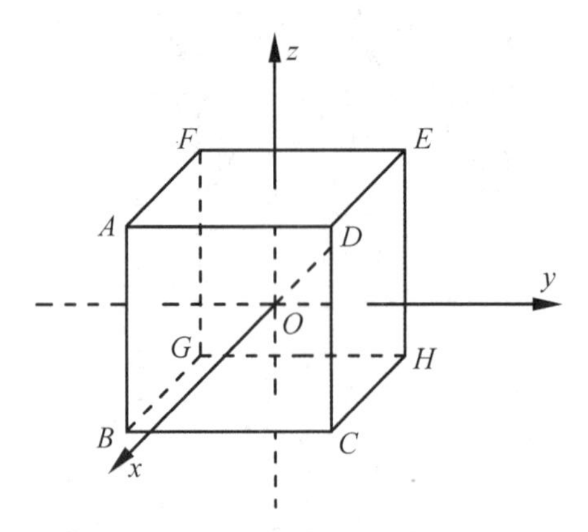

图 2.34 晶面符号示例

(2) 晶面符号是截距系数的倒数比。因此,晶面在晶轴上的截距系数越大,则在晶面符号中与该轴相对应的数字越小。平行于晶轴,则在该轴上的截距为∞,晶面符号为 0,如(301)晶面表示该晶面平行于 y 轴。

(3) 晶面符号可表示出在各晶轴所截轴单位的数目之比。(111)表明晶面与三个晶轴所截轴单位的数目相等。(321)表明晶面所截轴单位的数目不等,分别是 1/3、1/2 和一个轴单位。

(4) 由于晶轴有正、负端,因而晶面符号也要根据晶面截于晶轴正端还是负端来表示。如$(\bar{3}21)$表示晶面与 x 轴负端相截。图 2.34 中,$EFGH$ 晶面的晶面符号可表示为$(\bar{1}00)$。

(5) 同一晶体中,与晶轴分别相交于坐标原点两端,且截点与原点间的距离分别相等的任何两个互相平行的晶面,它们的晶面符号之绝对值都是相等的,但正、负号彼此相反。如图 2.34所示,$ABCD$、$EFGH$ 的晶面符号分别是(100)、$(\bar{1}00)$。再比如$(1\bar{2}3)$与$(\bar{1}2\bar{3})$面。

(6) 任意一个单形(单形是指各晶面形状相同、大小相等的晶体,如 NaCl 的立方晶形),不论晶面数是多少,其晶面符号中的数字的绝对值都相等,只是正负号和顺序的变化。图2.34中六个晶面的晶面符号分别是(100)、(010)、$(\bar{1}00)$、$(0\bar{1}0)$、(001)和$(00\bar{1})$。

(7) 晶面族。如(6)中所述,在高度对称的晶体中(如立方晶体等单形)存在一些位向不同,但原子排列完全相同的晶面。这些晶面构成晶面族,用$\{hkl\}$表示。比如:立方晶体的{100}晶面族包括(100)、(010)、(001)等晶面;{111}晶面族有(111)、$(\bar{1}11)$、$(1\bar{1}1)$和$(11\bar{1})$等晶面。

(8) 晶面符号为(111)的为单位晶面。它在三根晶轴上的截距都是一个轴单位。如图 2.34中的 FBH 面。在中、低晶族中,我们往往要利用单位晶面去比较和确定其他晶面的晶面符号。

2) 四轴定向

三轴定向对于六方晶系存在一个缺点:不能显示晶体的六次对称及等同晶面关系。在六方晶系中,晶体学上等价的晶面、晶向用三轴定向表示的晶面符号看起来相差较大,如图 2.35 (a)中的六方晶系,其六个竖直面实际是等同的,但用三轴定向晶面符号分别是(100)、(010)、$(\bar{1}10)$、$(\bar{1}00)$、$(0\bar{1}0)$和$(1\bar{1}0)$。这些符号不如立方晶系的(100)、(010)等那么相似。所以有必要引入第四根晶轴。

四轴定向中,晶面符号的获得与三轴定向一致,也是将截得的轴单位数目取倒数,再化简而得到。不同之处就是多了一根 u 轴。晶面符号表示为$(hkil)$顺序依次为 x、y、u、z 轴。将

图2.35(a)中平行于y、z轴的晶面$ABCD$，往z轴(c方向)负方向投影。经此投影后，晶面$ABCD$成为图2.35(b)中的AB线。$ABCD$面与x轴、u轴的截距都是3个轴单位。但交于x轴正方向，交于u轴的负方向。该晶面与x、y、u、z轴的截距分别是：$3a$、∞、$-3u$、∞。截距系数的倒数分别是1/3、0、−1/3、0，化简后为1、0、−1、0，故$ABCD$的晶面符号为$(10\bar{1}0)$。其他晶面符号也可同理得出。

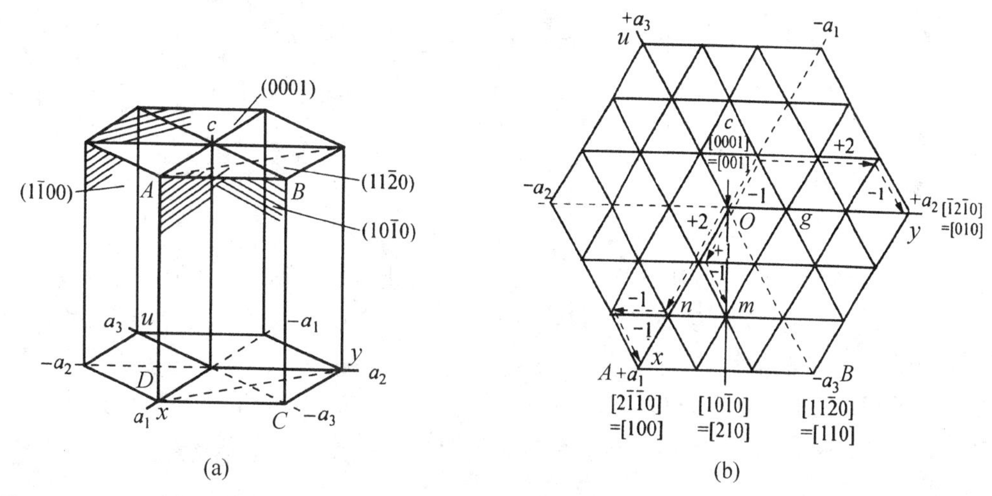

图2.35　(a)六方晶系的晶面符号；(b)六方晶系晶向符号(c轴与纸面垂直，任意两个最近邻交点相距一个轴单位)(引自蔡珣，2010)

四轴定向的晶面符号$(hkil)$中，前三个指数之和永远是零，即$h+k+i=0$。它被称为晶面指数总和定理。现证明如下，如图2.36所示，图中虚线表示各轴负方向。

设一晶面与x、y、u轴所在平面的交线为AB(此处不考虑z轴)，则该晶面在x、y、u轴上的截距分别是$OA=h'a$、$OB=k'b$、$OC=i'u$，其中a、b、u分别是各晶轴的轴单位。h'、k'、i'分别表示晶面在各轴上的截距系数。图2.36中，过点C作$CD /\!/ OB$。因为x、y、u轴的正向分别相交成120°，所以$\triangle OCD$是正三角形，$OC=OD=DC$，且$\triangle ACD \backsim \triangle ABO$。

则$OA/OB=AD/DC=(OA-OD)/DC=(OA-OC)/OC$，

进一步写成：

$$\frac{h'a}{k'b}=\frac{h'a-i'u}{i'u}=\frac{h'a}{i'u}-1 \tag{2-7}$$

两端同时除以$h'a$：

$$\frac{1}{k'b}=\frac{1}{i'u}-\frac{1}{h'a} \tag{2-8}$$

移项：

$$\frac{1}{h'a}+\frac{1}{k'b}-\frac{1}{i'u}=0 \tag{2-9}$$

考虑到图2.36中晶面在u轴上的截距为负值，即$i'<0$，令$i'=-i''$，式(2-9)可写成

$$\frac{1}{h'a}+\frac{1}{k'b}+\frac{1}{i''u}=0 \tag{2-10}$$

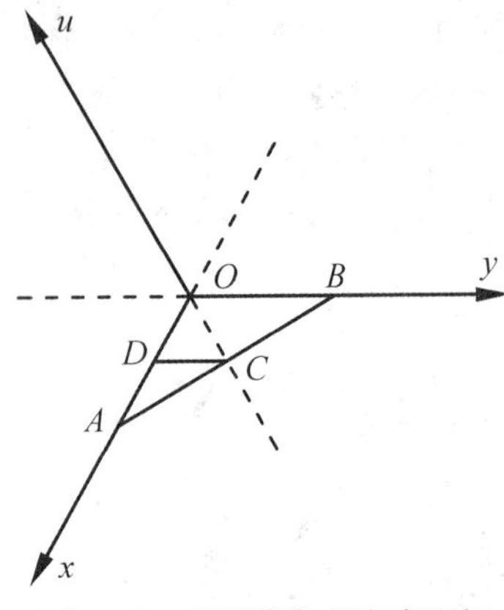

图 2.36 晶面指数总和定理证明示意图

如图 2.35(b)所示，根据六方晶系的对称性、结点排布特点，我们可知 x、y、u 轴的轴单位是相等的，即 $a=b=u$。则式(2-10)可化简为

$$\frac{1}{h'}+\frac{1}{k'}+\frac{1}{i''}=0 \tag{2-11}$$

式(2-11)中的每一项恰好是晶面在 x、y、u 轴上截距系数的倒数，令 $1/h'=h$、$1/k'=k$、$1/i''=i$，则有

$$h+k+i=0 \tag{2-12}$$

所以晶面在 x、y、u 轴上的截距系数的倒数之代数和为 0。

有以下几点说明。

(1) 在三个水平轴的指数中，如果有一个为 0，则其他两个指数大小相等、符号相反。

(2) 若三个水平轴指数都不为 0，则其中一个指数的绝对值等于另两个指数的绝对值之和，如图 2.35(a)中的晶面符号。

(3) 由于四轴定向的晶面符号($hkil$)中 $h+k+i=0$，故知道其中任意两个指数，其他一个必然也知道了。因此，四轴定向的晶面符号也可写成三轴定向的形式(hkl)。如图 2.35(a)中的(0001)可写成(001)；$(11\bar{2}0)$可写成(110)。

2. 晶向符号

与晶面一样，在材料研究中，我们也需要知道晶体中的某些方向。因为不同的方向，有不同的结点间距和面网密度。这些不同会导致材料不同方向的性质有所差异。

由空间解析几何可知，空间中的任何直线方向可用向量表示。只要知道任意两点坐标，就可知道该向量，进而知道向量指示的方向。由于晶体的晶棱也可表示方向，故晶向符号也称为晶棱符号。晶向符号只涉及方向不涉及具体位置，因此任何晶棱或直线都可设想为将其平移通过晶轴的交点 O(即坐标系原点)，其方向是不变的。

如图 2.37 所示，晶棱 $O'P'$ 为晶体的一条晶棱，将其平移至 O 点成为 OP。在 OP 上任取一点 M。向量$\boldsymbol{OM}$的方向就是晶棱 $O'P'$ 和 OP 的方向。O 点坐标为(0, 0, 0)，M 点的坐标为(a, $2b$, $3c$)，故只用 M 点的坐标即可确定晶向符号。同晶面符号一样，取其系数 1、2、3 后化简，然后加方括号后，即[123]。[123]即晶棱 $O'P'$、OP 代表的方向。

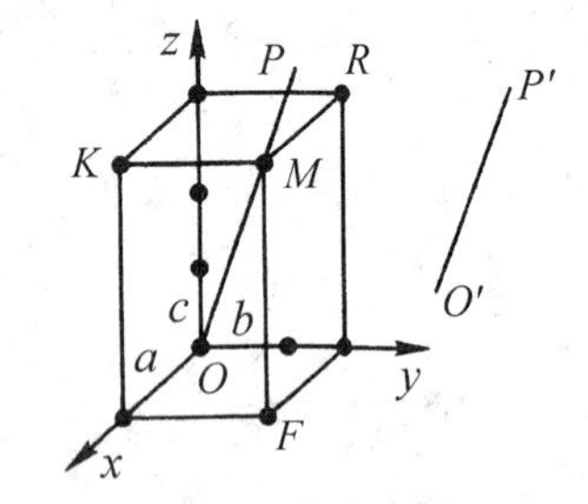

图 2.37 晶向符号的表示(引自赵珊茸，2004)

对于晶棱符号，应当注意以下几点。

(1) 与晶面符号一样，数字的排列顺序为 x、y、z 轴。三个系数应化为最简单的整数。系数同样有正负之分，如$[1\bar{2}3]$。但此处的系数不用取倒数，这一点与晶面符号不同。

(2) 所有平行晶棱的方向是一样的。

(3) 同一晶棱的方向指向两端，但代表同一方向。代表两端的晶棱符号，其数字完全反号，如[123]与$[\bar{1}\bar{2}\bar{3}]$代表同一晶棱方向。这与数学上的向量不同。

(4) 平行于晶轴的晶棱符号即为该晶轴的符号，如平行于 x 轴的方向为[100]、平行于 y

轴为[010]、平行于 z 轴的为[001]。

（5）六方晶系的晶向符号有两种表示方法：一是采用四轴定向，二是采用三轴定向。采用四轴定向常用平移法来确定。如图 2.35 中的 Om 方向，从 O 指向 m，起点在 O，沿着 x 轴的正方向移动一个单位(见图 2.35 中虚线)，再沿平行于 u 轴的方向，向 u 轴负方向移动一个单位，到达终点 m。在此过程中，没有平行于 y、z 轴的移动，所以在 y、z 轴上的移动距离为 0。取其在每个晶轴上的系数：1、0、－1、0，化简后，写成晶向符号$[10\bar{1}0]$。则$[10\bar{1}0]$就表示 Om 所指的方向。根据以上介绍的平移法来确定四轴定向的晶向符号，我们还有很多种平移方式都能把起点、终点联系起来，指向同一方向，故同一方向有很多种表示方法。但是这为我们的工作带来了不便。为了与晶面符号的指数总和定理相协调，人们常选取前三个指数之代数和为 0 的符号表示晶向，如上文的$[10\bar{1}0]$和图 2.35(b)中的其他晶向符号。六方晶系的晶向符号还可采用三轴定向表示，即只用 x、y、z 轴上的系数比。以上文的$[10\bar{1}0]$为例，见图 2.35(b)。过 m 点作 y 轴的平行线，与 x 轴正方向交于 n，$On=2a$；再过 m 点作 x 轴平行线，与 y 轴正方向交于 g，$Og=b$。由于 Om 在 xOy 平面，因此没有平行于 z 轴的移动。故 Om 在 x、y、z 轴上的坐标系数分别为 2、1、0，化简后写成[210]，所以三轴定向表示的晶向符号[210]与四轴定向表示的晶向符号$[10\bar{1}0]$是同一方向。实际上，三轴定向与四轴定向表示的晶向符号可相互转化。用$[RST]$表示三轴定向的晶向符号，$[rstw]$表示四轴定向的晶向符号。它们的关系可用下式换算：$R=r-t$；$S=s-t$；$T=w$。如$[10\bar{1}0]$，则 $r=1$，$s=0$，$t=-1$，$w=0$。利用换算关系有：$R=1-(-1)=2$，$S=0-(-1)=1$，$T=w=0$，故三轴定向的晶向符号为[210]。此外，无论是采用四轴定向还是三轴定向，某一晶棱在 z 轴上的系数都是相同的，故我们在上文的例子中未提到 z 轴系数。

（6）晶向族。与晶面族类似，等价的晶向构成晶向族，用〈uvw〉表示。等价的晶向具有等价的晶向指数。如立方晶体的〈100〉晶向族包含[100]、[010]、[001]、$[\bar{1}00]$、$[0\bar{1}0]$和$[00\bar{1}]$共六个晶向。此外还有〈110〉、〈111〉、〈112〉等晶向族。晶向族中的各晶向数字的绝对值都相等，只是正负号和顺序发生变化。

至此，我们已经知道了面网密度、面网间距及晶面符号、晶向符号的表示方法。这些概念和符号给我们了解晶体的性质带来了很大帮助，比如在受到外力作用时，晶体会在有些晶面上沿着某些方向优先滑动，产生变形。那它们是哪些晶面、哪些方向呢？一般来说，面网间距大，晶面之间的作用力较弱，容易分开。所以面心立方(*fcc*)、体心立方(*bcc*)等晶体结构的晶体，其面网密度大的晶面总是容易沿着最密集的方向滑动。原子在最密集的方向上滑动很短的距离就能达到先前的受力平衡状态。图 2.26 中的 Cu 属于面心立方晶体结构。Cu 的(111)面是密排面，故 Cu 容易沿着最密排的[110]方向滑动变形。当然，晶体的滑动变形还与温度、成分等有关，这里不做讨论。滑移面和滑移方向组成滑移系统。滑移系统越多，晶体材料越容易发生变形而不开裂。金属材料的滑移系统往往比无机非金属材料的滑移系统多。这是金属往往比无机非金属材料容易变形的原因之一。

晶面与相关的晶向是否能用一个数学关系统一起来呢？其实，2.4.4 节介绍的晶带定律就总结出了这个规律。下面对此做一推导。

2.6.5　晶带轴定理推导

从晶向观点看，图 2.17 中晶棱 AE、DH、CG、BF 与通过晶体中心的 $O'O$ 都是一个方向。因此，我们可用晶带轴 $O'O$ 的晶向把图 2.17 中的四个晶面联系起来。这也是 Weiss 定律陈述的内容之一。图 2.17 中 $ADEH$、$DCGH$、$BCGF$、$BFEA$ 面组成一个晶带，该晶带轴

$O'O$方向的晶向符号表示为$[rst]$。

1. 晶带轴定理的证明

(1) 因为晶带轴$O'O$//晶带上的所有晶面，所以晶带上的所有晶面(hkl)位于晶带$[rst]$上。从空间解析几何的观点看，晶带轴方向$[rst]$与晶面(hkl)平行，所以$[rst]$代表的向量与(hkl)的法线相垂直。$[rst]$的向量为

$$\boldsymbol{a} = r\boldsymbol{i} + s\boldsymbol{j} + t\boldsymbol{k} \tag{2-13}$$

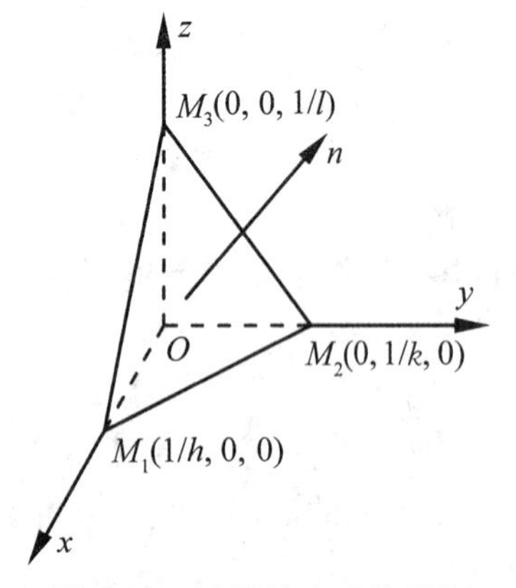

图 2.38 晶带轴定理的证明示意图

(2) 晶面(hkl)法线向量$\boldsymbol{n}$的求解：

因为晶面符号是用晶面在晶轴上的截距系数的倒数比表示的，所以(hkl)晶面在晶轴x、y、z上的截距系数分别为$1/h$、$1/k$、$1/l$。如图 2.38 所示，晶面$M_1M_2M_3$在x轴上的交点为$M_1(1/h, 0, 0)$，y轴上的交点为$M_2(0, 1/k, 0)$，z轴上的交点为$M_3(0, 0, 1/l)$。$M_1M_2M_3$面的法线向量为$\boldsymbol{n}$。因为两个相交的向量决定一平面，所以先找两个向量：

$$\boldsymbol{M_1M_2} = \left(-\frac{1}{h}, \frac{1}{k}, 0\right) \tag{2-14}$$

$$\boldsymbol{M_1M_3} = \left(-\frac{1}{h}, 0, \frac{1}{l}\right) \tag{2-15}$$

这两个向量的叉积为它们决定的平面的法线向量$\boldsymbol{n}$。

$$\boldsymbol{n} = \begin{vmatrix} \boldsymbol{i} & \boldsymbol{j} & \boldsymbol{k} \\ -\frac{1}{h} & \frac{1}{k} & 0 \\ -\frac{1}{h} & 0 & \frac{1}{l} \end{vmatrix} = \frac{1}{kl}\boldsymbol{i} + \frac{1}{hl}\boldsymbol{j} + \frac{1}{hk}\boldsymbol{k} \tag{2-16}$$

又因为向量$\boldsymbol{a}=r\boldsymbol{i}+s\boldsymbol{j}+t\boldsymbol{k}$与平面的法线向量$\boldsymbol{n}$垂直，所以$\boldsymbol{a}$与$\boldsymbol{n}$的点积为0，即

$$\boldsymbol{a} \cdot \boldsymbol{n} = 0 \tag{2-17}$$

$$(r\boldsymbol{i} + s\boldsymbol{j} + t\boldsymbol{k}) \cdot \left(\frac{1}{kl}\boldsymbol{i} + \frac{1}{hl}\boldsymbol{j} + \frac{1}{hk}\boldsymbol{k}\right) = 0 \tag{2-18}$$

即

$$\frac{r}{kl} + \frac{s}{hl} + \frac{t}{hk} = 0 \tag{2-19}$$

等号两边同乘以hkl即得

$$hr + ks + lt = 0 \tag{2-20}$$

式(2-20)为晶带轴定理或晶带方程。

例如，图 2.34 的立方晶体在[001]晶带上有四个晶面与之平行。这四个晶面的符号是(100)、(010)、$(\bar{1}00)$、$(0\bar{1}0)$。它们都符合$hr + ks + lt = 0$的关系。但另外两个面(001)、$(00\bar{1})$不在[001]晶带上，故不符合$hr + ks + lt = 0$的关系。请读者自己检验。

2. 根据 $hr+ks+lt=0$ 关系式，还可做如下运算和推导：

(1) 求晶面(hkl)和晶面(mnp)所决定的晶带$[rst]$

因为晶面(hkl)、(mnp)都在晶带上，有

$$hr+ks+lt=0$$
$$mr+ns+pt=0$$

以上两式可写成矩阵形式：

$$\begin{pmatrix} h & k & l \\ m & n & p \end{pmatrix}\begin{pmatrix} r \\ s \\ t \end{pmatrix}=0$$

根据齐次线性方程组的解法，得

$$\frac{s}{t}=\frac{ml-ph}{hn-mk}$$

将 $t=\dfrac{hn-mk}{ml-ph}s$ 代入 $hr+ks+lt=0$ 中，得

$$\frac{r}{s}=\frac{pk-ln}{ml-ph}$$

综上所述，$r:s:t=(pk-ln):(ml-ph):(hn-mk)$

此比例可写成行列式值之比：

$$\begin{vmatrix} k & l \\ n & p \end{vmatrix}:\begin{vmatrix} l & h \\ p & m \end{vmatrix}:\begin{vmatrix} h & k \\ m & n \end{vmatrix}$$

为记忆、理解方便，我们可分别把 h、k、l、m、n、p 写两次，排成两排，如下：

$$\begin{array}{c|ccccc|c} h & k & & l & & h & & k & l \\ & & \times & & \times & & \times & & \\ m & n & & p & & m & & n & p \end{array}$$

rst 的比值只取竖线中间的值，按照行列式计算方式获得，如其中的 $\begin{matrix} k & & l \\ & \times & \\ n & & p \end{matrix}$ 表示 $pk-ln$。比如求(100)与(010)所决定的晶带：

$$\begin{array}{c|ccccccc|c} 1 & 0 & & 0 & & 1 & & 0 & 0 \\ & & \times & & \times & & \times & & \\ 0 & 1 & & 0 & & 0 & & 1 & 0 \end{array}$$

求得 $r=0$，$s=0$，$t=1$，因此晶带符号应为[001]。

(2) 求位于晶带$[rst]$和晶带$[mnp]$相交处的晶面(hkl)

因为(hkl)晶面在两个晶带上，所以

$$hr+ks+lt=0$$
$$hm+kn+lp=0$$

方法同上，有

$$\begin{array}{c|ccccc|c} r & s & & t & & r & s & t \\ & & \times & & \times & & \times & \\ m & n & & p & & m & n & p \end{array}$$

即 $h = sp - nt$，$k = tm - pr$，$l = rn - ms$。

比如求位于[010]和[001]两晶带相交处的晶面。

$$\begin{array}{c|ccccc|c} 0 & 1 & & 0 & & 0 & 1 & 0 \\ & & \times & & \times & & \times & \\ 0 & 0 & & 1 & & 0 & 0 & 1 \end{array}$$

求得 $h = 1$，$k = 0$，$l = 0$，即(100) 面。

晶带轴定理或晶带方程主要用于单晶体的 X 射线衍射、电子衍射的数据分析。

2.7 晶体微观对称简介

晶体外形有 32 种宏观对称型。在获得晶体宏观对称性的同时，甚至更早，就有人想到了晶体外形的对称与其内部构造有关。后来的实验也证实了晶体外形的对称取决于内部构造的对称。晶体外形只占有限空间，是一个有限图形，且是内部结构的外在表现形式。晶体的宏观对称要素相交于一点。而晶体结构属于微观范畴，质点间的距离极小。在一定的宏观范围内，质点会重复无数次，故可把晶体内部构造作为无限图形。这样，晶体内部对称就属于微观无限图形的对称，简称微观对称。微观对称性除了包括宏观外形所具有的对称性外，还有外形所不具备的平移对称性，相应的操作为平移操作。通过平移操作，质点平移一定的距离后，其环境不变，相同部分重复。因此，平移对称性是晶体内部结构周期性的表现。

晶体微观对称性与宏观对称性的不同点主要表现在：①微观对称性中，任意一个对称要素均有无穷多个与之平行的对称要素存在，且对称要素不相交于一点；②微观对称性不仅具有宏观对称要素，还有特有的对称要素——平移轴、螺旋轴、滑移面。因而晶体内部构造的对称要素比宏观对称要素多且复杂，这使得微观对称要素的组合也是多而复杂。在一种晶体中，一切对称要素(含宏观和微观)的组合构成对称群，即空间群。

2.7.1 空间群

对称要素在组合成空间群时要受到晶体空间格子构造规律的限制，故它们的组合方式不是无限的。1879 年，德国数学家 Leonhard Sohncke(1842—1897 年)就已列出了 65 种空间群。俄国数学家、晶体学家和现代晶体学奠基人 Evgraf Stepanovich Fedorov(1853—1919 年)和德国学者 Arthur Moritz Schoenflies(1853—1928 年)都注意到了 Sohncke 的这个研究。1891 年，Fedorov 首先推导出晶体结构的空间群，但他忽略了 2 个，重复了一个。同年，Fedorov 的这项工作在俄国得到发表，然而该工作在俄国并未得到应有的重视。很快，Schoenflies 也推导出了相应的空间群，但他忽略了 4 个，重复了一个。1892 年，Fedorov 和 Schoenflies 两人都对此做了修正，进而获得正确的结果。这一理论现已成为晶体构造研究的基础。如今空间群共 230 种。

通过空间群，我们可得知晶体结构的信息。这为研究晶体结构与性能而建立其晶胞奠定了基础。有关晶体空间群及结构方面的数据可查阅无机晶体结构数据库(http://www.fiz-karlsruhe.de/icsd.html)，也可查阅国际晶体学联合会的网站 http://www.iucr.org/。

2.7.2 X 射线晶体学

空间群理论是以 Fedorov 和 Schoenflies 为代表的一批数学家、晶体学家建立起来的。该理论的建立标志着晶体结构的理论研究已基本完成，只待证实。然而，在空间群理论建立 20 年后，科学家们才发现分析晶体结构的实验方法。该实验方法就是晶体的 X 射线衍射。至此，空间群理论才得到证实。随后，晶体学的研究开始从传统向现代晶体学转变。

应该说，将X射线用于晶体衍射，进而演变出X射线晶体学是科学争论的副产品。这个争论就是X射线究竟是波还是粒子。当X射线被发现后，其性质是令人费解的。其发现者Wilhelm Conrad Röntgen(1845—1923年)认为X射线是波，但其他人的实验又支持X射线是粒子。X射线究竟是波还是粒子？最有力的判据就是干涉和衍射是否存在。但当时最精致的衍射光栅都不能显示X射线能发生干涉和衍射。这时，物理学家Max Von Laue(1870—1960年)可能知道了矿物学领域晶体结构的研究成果，即晶体中的原子不但呈周期性排列，而且还堆垛得非常紧密。这样，晶体就可作为天然光栅来使用。但另一个物理学家Arnold Johannes Wilhelm Sommerfeld(1868—1951年)开始时不同意Laue的这种看法。Sommerfeld认为在室温下，晶体中的原子热振动很大，周期性排列会被破坏，所以用晶体作光栅不可能成功。但Sommerfeld的两个学生发觉Laue的想法很有意义，值得一试。于是这两个学生在Laue的指导下，用X射线照射$CuSO_4$、闪锌矿晶体。1912年，他们得到了第一张X射线衍射斑点图。该图证实了X射线的波动性和晶体格子构造的真实性。大约在同一时期，William Henry Bragg(1862—1942年)和他的儿子William Lawrence Bragg(1890—1971年)也用X射线衍射方法确定了许多简单的晶体结构，最早就是NaCl，然后是硅酸盐等晶体。

然而，X射线的发现和早期研究主要是在物理学领域。物理学家作为X射线衍射技术的使用和管理者。而传统上，晶体学属于矿物学家的领域。当时学者们的研究大都局限在自己学科领域内。这导致了矿物学家们很晚才获得必需的X射线研究知识和技巧。一直到X射线衍射被发现16年后(1928年)，用X射线分析晶体结构的工作才开始起飞。1962年，国际晶体学联合会(IUCr)发表专辑*Fifty Years of X-Ray Diffraction*纪念X射线衍射50周年。该专辑由德国结晶学家和物理学家Paul Peter Ewald(1888—1985年)编辑，有兴趣的读者可下载阅读(http://www.iucr.org/publ/50yearsofxraydiffraction)。今天，现代晶体学研究主要分析晶体对各种电磁波束或粒子束的衍射图像。除了X射线衍射外，还有中子衍射和电子衍射。这些衍射决定性地支持了晶体是由原子(团)的周期阵列组成的。

然而，科学是在不断向前发展的，自从Fedorov等推导出230个空间群之后，晶体对称理论停滞了约半个世纪。20世纪50年代，苏联结晶矿物学家A. V. Shubnikov(1887—1970年)将对称理论向前推进了一步，提出正负对称型(又称反对称、黑白对称或双色对称)的概念，创立了对称理论的非对称学说。其他人又将230个空间群发展为1 651个Shubnikov黑白对称群。这些理论已在晶体学、矿物学、晶体物理学领域中得到了应用。

至此，我们介绍了晶体的宏观和微观结构的对称性、周期性等特征和定向方法。在讲宏观对称性时，我们提到晶体没有5次对称轴；而在微观对称性中，晶体除了具有宏观对称中的旋转对称外，还具有平移对称。实际上，人们也发现了晶体具有5次和6次以上对称轴，以及无平移对称的晶体。下面介绍这方面的内容。

2.8　准晶

2.8.1　准晶的发展简介

根据Weiss总结的晶体对称定律，我们知道晶体中可能出现的对称轴只能是2、3、4、6次，不可能存在5次及高于6次的对称轴。

在按照对称要素组合定理推导宏观对称型时，若高次轴L^n、L^m(n、$m>2$)多余一个，且相交于一点O，那么在L^n周围必有n个L^m。分别在每个L^m上距O点等距离处取一点，连接这些点，会得到一个正 n 边形。L^n 位于正 n 边形的面中心，L^m 分布于正 n 边形角顶。每个角顶周围，有 m 个正 n 边形围成一个多面角（多面角是指有公共端点并且不在同一平面内的 s 条射线，$s \geqslant 3$，以及相邻两条射线间的平面部分所组成的图形），所以两个高次轴相交必然产生凸正多面体。立体几何学已证明：一个凸多面体的多面角至少需要三个面构成，且一个多面角角度之和小于 360°。因此，围成正多面体的正多边形只能是正三角形（内角 60°）、正方形（内角 90°）和正五边形（内角 108°）。在古希腊时代，就已证明了这些正多边形围成的多面体只有正四面体、正八面体、正方体、五角正十二面体及三角正二十面体五种。按照推导对称型的方法，五角正十二面体和三角正二十面体会出现 5 次对称轴。这与晶体对称不符而被舍弃。结果，晶体中允许的对称轴组合只有 11 种。在这 11 种的基础上，考虑对称面、对称中心，再除去重复的，即得到前文所述的 32 种宏观对称型或点群。

5 次对称轴真的不能出现吗？花瓣不就经常以 5 次旋转对称轴的形式出现？事实上，晶体中的对称与平移，以及图形是否能密排而不出现空隙有关。读者可能注意到家里的地砖、墙砖，广场上的地砖大都是正六边形、正四边形而不是正五边形铺就。现以正六边形为例说明晶体的平移对称性。

在图 2.39(a)所示的晶体二维投影面中，所有的正六边形都具有相同的取向。将正六边形的中心沿着某方向连成一系列虚线。则这些虚线相互平行，且间距相等。若将虚线 1 上的一串正六边形沿箭头方向平移到另一平行虚线 2、3、4 或 5 上时，正六边形完全重合。我们称这种特性为长程平移对称性。

在图 2.39(b)中，正五边形具有五次旋转对称性。若用它来铺砌地面，则要么留有空隙，要么图案重叠。我们不可能像图 2.39(a)那样通过平移正五边形来将整个平面铺满而不留有空隙。同样，用具有五次旋转对称性结构的正十二面体和正二十面体也不能将整个三维空间填满。在单位平行六面体或晶胞选择一节，我们已知每种晶体是由一种晶胞在三维空间通过平移而毫无间隙地堆砌而成的。而晶体是由许多原子周期性地堆积而成的。如果晶体中的原子不能密排，那图 2.39(b)所示的空隙是什么呢？因此，经典晶体学不允许有 5 次旋转对称性。花瓣有 5 次旋转对称轴除了基因的因素以外，可能还因为它不需要密排，是一朵朵分开的。

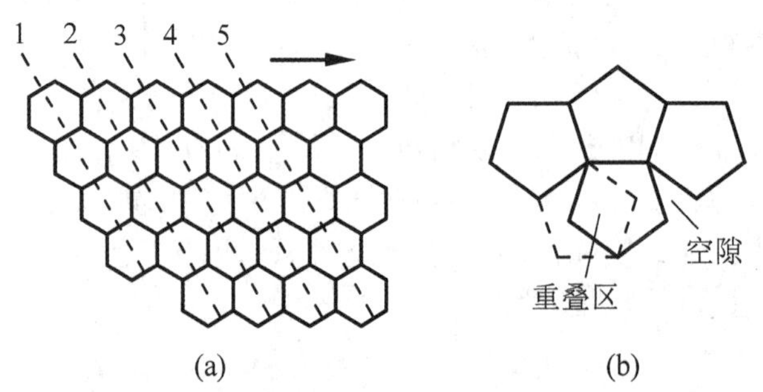

图 2.39 (a)晶体的二维平移对称性示意图；(b)准晶的旋转对称性示意图(引自陈波，2012)

平移对称性是经典晶体学的定律，不仅进入了晶体的经典定义，还体现出自然规律的魅力。如果原子堆砌成的物质不需要它满足平移对称性，并且作为结构单元的“晶胞”在一种晶体中有多种而不是一种（以铺满空间而不留空隙），那这种物质就不是经典晶体学中的晶体了。

对晶体平移对称性的第一个冲击来自调制结构。在调制结构中，有一个稳定周期的结构。如图2.40所示，假设该结构在一维方向上的稳定周期为 $T_1=2$，每隔2个单位重复一次。另外，由于成分、畸变等原因产生另一种周期，设为 $T_2=3$，即每隔3个单位重复一次。T_1 与 T_2 有公倍数，其最小公倍数是6，所以这两个周期每隔6个单位相遇或重复一次。这样，我们就可以用它们周期的公倍数来描述整个晶体，即晶体具有周期性。但如果 $T_1=1$、$T_2=\sqrt{2}$，那这两个周期的公倍数不是有理数，或者说是不可公度的。因此整个晶体也可能不是周期性的。如 $MnSi_2$ 合金的调制结构，Mn、Si 原子在 c 轴方向的排列周期就是不可公度的。

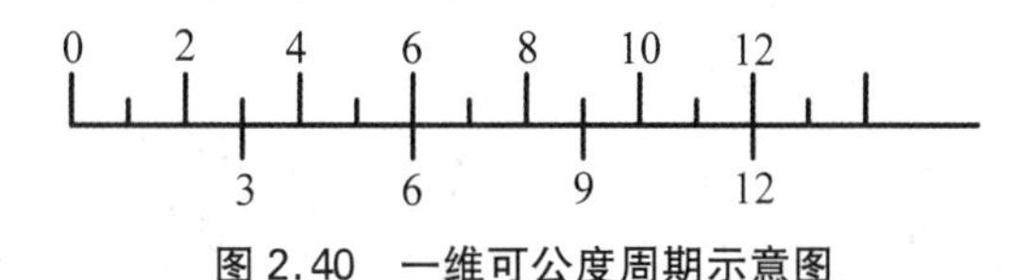

图2.40 一维可公度周期示意图

对晶体平移对称性的第二个冲击来自嵌套在晶体结构中的五次对称单元。1952年，Linus Carl Pauling(1901—1994年)等在确定 $Mg_{32}(Al, Zn)_{49}$ 的晶体结构时发现了二十面体对称的多壳层结构。1960年代，C. B. Shoemaker 在 Pauling 实验室里测定高合金钢的金属间化合物时，也发现了大量原子处于二十面体中。

对晶体平移对称性的第三个冲击来自研究各种单元无限堆砌的数学晶体学家。1974年，英国数学家 Roger Penrose 用锐角为36°和72°的两种菱形拼接出了具有5次对称，且无空隙的二维图案(图2.41)。1982年，英国晶体学家 Alan Mackay 将两种菱面体非周期地堆砌于三维空间，并用准晶格这个词来描述这种有两种长度、有一定规律的图形。Mackay 还用实验阐明了准晶格具有明锐的5次对称斑点衍射花样。

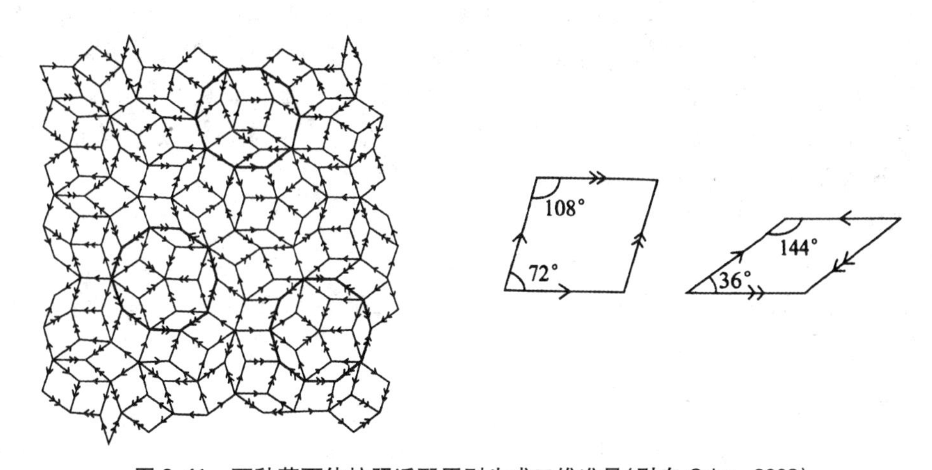

图2.41 两种菱面体按照适配原则生成二维准晶(引自 Cahn, 2008)

冲破传统晶体学平移周期性观念的关键一步是由以色列材料学家 Dan Shechtman 完成的。1982年，他在观察 Al-Mn 合金时发现一种具有二十面体点群对称的合金相。在用电子衍射法分析时，他得到了具有明锐布拉格散射斑的图像。但同事告诉他，这可能是多重孪晶的衍射图。Shechtman 等经进一步研究后断言其内部结构是非周期分布的。他们以"具有长程有序而无平移对称的金属相"为题发表了该项研究。

这个时候，Pennsylvania 大学的物理学家 Paul Steinhardt 与他已毕业的学生 Dov Levine

正沉迷于 Penrose 铺砌。在得知 Shechtman 等的研究结果时，他们意识到这是对他们理论研究最有力的实验支持。两人遂将 Penrose 拼图及 Mackay 菱面体三维堆砌中的定点坐标写出来。经傅里叶变换，他们得到 5 次、3 次旋转对称衍射图，并指出 Shechtman 的结果就是二十面体准晶。该研究以“准晶：一类新的有序结构”为题发表。从此，“准晶”(quasicrystal)一词正式亮相。

1987 年，法、日科学家成功地在实验室中应用缓冷技术制得了准晶体。该准晶体达到了几毫米。它足够大到可以做 X 射线衍射分析。随着高分辨电子显微镜的出现，我们已经可以直观地判断 5 次对称衍射是来自准晶还是孪晶，于是准晶存在的论断最终被全球同行所公认。

在二十面体这样的三维准晶发现后，人们还陆续发现了大量的二维准晶。这些二维准晶是三维物理空间的材料，原子在其中二维结构上呈准周期分布的，而在另外一维结构上呈周期分布。如今，人们已经发现具有 5 次、8 次、10 次和 12 次等旋转轴的二维准晶。

起初，准晶体获得的条件比较苛刻，如元素要简单、原子半径要相近的金属等。Steinhardt 在准晶发现 10 多年后，突发奇想，他认为准晶存在的合金体系很普通，急冷、缓冷都会有准晶出现，那么以前有人也许错过了对准晶的认定。以往结构的测定主要靠 X 射线，准晶的谱线未被认识。现在用已知准晶的 X 射线谱去对比，说不定可以发现些什么。2009 年，他们在一距今 2 亿年的古老岩石中发现了天然准晶化合物，其成分为 $Al_{63}Cu_{24}Fe_{13}$，原来自然界早已存在准晶。

2004 年，中国晶体学家郭可信指出二十面体准晶在 1980 年代被发现有其历史必然性。首先，二十面体密堆理论在 1950 年代就已成熟，并广泛用于非晶体的结构研究中。其次，电子衍射和高分辨电子显微成像技术在 20 世纪 70 年代兴起并在 80 年代得到普及推广。最后，就是航空航天的发展需要强度更高的铝、镁合金和镍基高温合金。这些需求使科学家们开始采用非传统冶金技术来生产新合金。在此过程中，最先被发现的是急冷凝固形成的 Al－Mn 准晶。

同当初原子的争论一样，准晶在最初出现时也受到很大的争议。特别是 Pauling，他是测定晶体结构起家的，曾发表过很多关于晶体结构的文章，是地地道道的晶体学家。Pauling 想方设法要把 Shechtman 的准晶纳入传统晶体学领域。他辛辛苦苦地写文章捍卫他的正统晶体学观点，还曾认为准晶是胡说。

2.8.2 准晶结构的主要特点

Mackay 和 Steinhardt 等将两种菱面体非周期地堆砌于三维空间而得到具有二十面体对称的准晶。这种准晶的基本结构单元是长菱面体和扁菱面体，如图 2.42 所示。现在知道的准晶结构主要有以下一些特点。

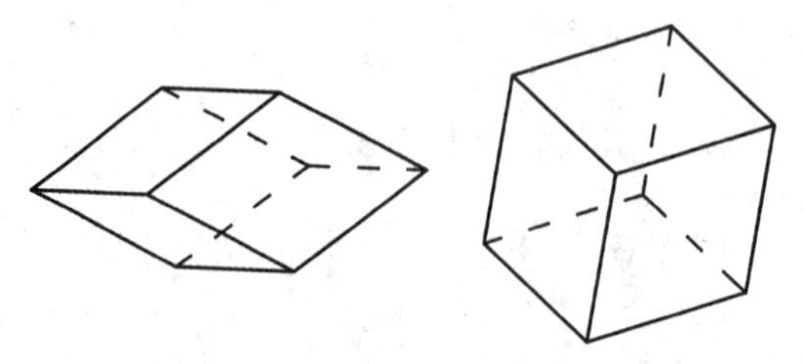

图 2.42 构成三维 Penrose 拼砌的两种菱面体晶胞
(引自冯端，2003)

1. 取向长程有序

近邻原子或原子团间的键角取向具有长程有序。准晶体不是平移对称式的长程有序，而是旋转对称式的长程有序。

2. 准周期平稳有序

准晶体中，原子按一定方式以两个周期长度排列，这两个周期之比为无理数。

3. 原子位置之间有最小间隔

存在两个大于零的实数 $R > r > 0$，任何两个最近邻原子的间隔都处于这两个实数之间。

4. 自相似

原子的排列可以通过某一变换规则变成另一原子间隔不同，但结构相似的排列。

5. 多种单胞组成

一种结构的准晶至少有两种晶胞。而传统晶体，每种结构只有一种晶胞。

6. 具有传统晶体不容许的对称性

如 5 次及 6 次以上的对称轴。

准晶出现后，人们把固体物质结构分为有序结构和无序结构。有序的无公度结构又进一步分为周期调幅结构、准周期调幅结构(统计意义上的无规自相似性)及准周期结构(数学上的严格有规自相似性)。

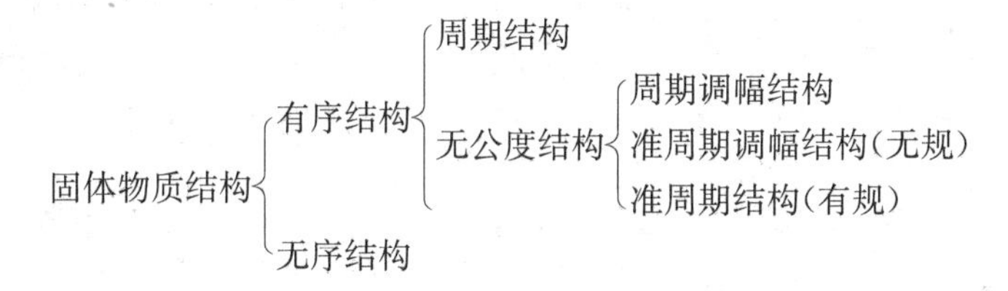

2.8.3 准晶的一些性质

准晶体的性能是目前人们最为关注而又知之较少的。人们预测它可能与晶体一样，具有均一性、各向异性、对称性、自限性、最小内能性、稳定性等基本性质。

1987 年，日本科学家首次发现了热力学上稳定的准晶相 $Al_{65}Cu_{20}Fe_{15}$。它不需要快速凝固就可形成块体。这样，人们就可以很容易检测其性能。结果表明，这样的合金非常硬、而且脆，具有非常小的摩擦系数。于是有人想到它在摩擦学上的应用，以期获得高硬度与低摩擦系数相组合的材料。

至于准晶还有哪些有趣的性能，这还有待进一步发掘。

2.8.4 晶体的再次定义

在 2.1.1 节、2.5.5 节，我们分别给出了晶体的初步定义和经典晶体学中的常用定义。准晶出现后，晶体学界开始讨论，晶体的定义是否有必要做修正。按照经典定义，准晶不属于晶体，但也不属于非晶体。准晶的发现打破了人们把“周期性”与“长程平移序”等同起来的观念。因此，在准晶发现之初，一些科学期刊用“晶体定律瓦解了吗”为题做了报道。国际晶体学联合会建议将晶体定义为：晶体是能够给出明锐衍射的固体。2002 年，曾将两种菱面体非周期地堆砌于三维空间，并造出准晶格的 Mackay 提出了他的晶体定义：晶体是比它自身结构还小的结构。这个定义富于哲理，但没有得到积极的反应。德国晶体学杂志以“什么是晶体”为主题，在 2007 年第 6 期一连发表 7 篇文章公开地进行了“争鸣”。读者可在其网站免费下载来阅读。

总之，准晶的出现不但没有使晶体学定律瓦解，反而丰富了晶体学的内容，扩大了它的范畴。

本章结语

我们以对称性、周期性为主线介绍了几何晶体学的基本内容。晶体性质的对称，请读者参阅晶体物理学著作。实际上，世界处于对称与不对称之中。对称是相对的。对称不仅体现在晶体微观尺寸中，在艺术领域更是经常得到利用。在艺术中，对称意味着静止和约束，不对称意味着运动和松弛；对称有秩序和规律，不对称表示任意和偶然；对称拘于形式、刻板，不对称有生气。材料中的铁艺、陶艺和玻璃艺术品可把材料与艺术有机地结合在一起。

从晶体抽象出的空间格子反映了晶体质点周期性重复排列的规律。格子中的每个结点，其周围的环境是相同的；结点不代表晶体中的质点。晶面指数和晶向指数是本章重点，也是理解后续章节的基础。

推荐读物

[1] 周公度. 关于晶体学的一些概念[J]. 大学化学，2006，21(6)：12－19.
[2] 赵珊茸，王勤燕，肖平. 关于晶体学教学内容中的几个问题[J]. 人工晶体学报，2007，36(1)：238－241.
[3] 陈敬中，潘兆橹. 正多面体的结晶学分类[J]. 地球科学(中国地质大学学报)，1993，18(S)：71－74.
[4] 董闯，王英敏，羌建兵，等. 准晶：奇特而又平凡的晶体——2011年诺贝尔化学奖简介[J]. 自然杂志，2011，33(6)：322－327.
[5] Crystalline Material. 2007，222(6)：308－318. 这是讨论晶体定义的7篇文章，网址：http://www.degruyter.com/view/j/zkri.2007.222.issue-6/zkri.2007.222.issue-6/zkri.2007.222.issue-6.xml

第3章　晶体结构基础

在上一章，我们介绍了晶体的对称规律、点阵结构及晶面和晶向指数等。那原子又是通过什么方式堆积成晶体的呢？材料的晶体结构有哪些类型？目前具有特定晶体结构的晶体，其应用主要集中在哪些领域？这些问题都属于晶体化学的范畴。晶体化学主要探究离子、原子或分子在晶体内的分布规律，并阐明化学成分与晶体结构，以及晶体的物理和化学性质之间的关系。

3.1　晶体化学的发展简介

与几何晶体学相似，晶体化学的产生也与人们对矿物的探索有很大关系。1844年，美国矿物学家James Dwight Dana(1813—1895年)提出了矿物化学分类。该分类与第2章介绍的晶系、晶族理论一起标志着经典矿物学的成熟。19世纪中后期，矿物学产生了两个主要研究领域：一是以晶体几何形状为基础的晶体学；二是以矿物化学成分为主要内容的矿物化学。矿物大量存在于地球尤其是地壳中，科学家们研究地球上矿物的形成、分布及成分主要是想了解地球的形成和演变。根据这些研究，科学家们还可以将其推广到地外天体，以了解这些天体的形成和成分。

随着显微镜的完善、元素周期表的出现和X射线衍射的使用，科学家们开始对矿物的成分、成因有了一定的了解。当初，X射线进入矿物学是比较晚的。不仅如此，那时候晶体结构分析的科学新思想对化学家来说也比较艰难。在X射线的判决实验中，Bragg父子最早用X射线测定了NaCl的晶体结构。他们的这项工作使一些化学家感到不安。1927年，William Lawrence Bragg指出：NaCl晶体中并不存在以“NaCl”为代表的分子，而是等数量的Na、Cl原子占据在如同国际象棋棋盘一样的格子上。该观点受到了一位化学家的冷嘲热讽。该化学家要同行们看好化学，避免对假神的崇拜。

与此同时，挪威学者、地球化学家Victor Moritz Goldschmidt(1888—1947年)也注意到了原子结构和X射线等新发现。1920年代左右，他将这些新发现和物理化学、Gibbs相律等理论引入到自己的研究中。Goldschmidt把化学、矿物学和地质学融合在一起，用他天才般的无机化学分析技巧研究了地球元素的分布状态，并使其系统化。在此过程中，他建立了地球化学的理论和方法。那时，Lawrence Bragg等正在研究SiO_2、硅酸盐晶体结构。Bragg等的研究为晶体化学的形成奠定了一定的基础。Goldschmidt在这方面的主要工作完成于1923—1929年。他在开始分析矿物结构时，就意识到自己知识、仪器有限，不能像Bragg等那样去分析硅酸盐一类的复杂矿物。于是，Goldschmidt就研究化学式形如AX、AX_2的矿物。这些矿物大多是岩石的组成成分，如CsCl、金红石(TiO_2)、萤石(CaF_2)、刚玉(Al_2O_3)等。用了几个月的时间，他就分析了75种元素构成的约200种晶体结构。Goldschmidt在其研究中还提出了离子半径和配位数等概念以及晶体化学第一定律，并发现了镧系收缩。他用离子尺寸解释了晶体结构的变化。随后，他还研究了金属、合金，并提出了金属原子半径的概念。由此，他被称为现代合金化学的奠基人。因此，Goldschmidt对晶体化学做出了关键性贡献。晶体化学可以说是由他创立的一门科学。不久之后，Goldschmidt 的这些理论和想法与 Bragg 等建立起的理论一起由 Linus Carl Pauling(1901—1994 年)加以发展。1929 年，Pauling 提出了解释离子晶体结构的五个规则。这些理论和规则一并进入了晶体化学。

3.2 原子的堆积

3.2.1 原子间的作用力

Bravais 点阵代表了晶体内部质点的重复规律，其中的阵点不是原子。当我们把各种原子重新按规律放回点阵时，晶体结构就形成了。准晶也是如此，只不过其最小重复单位及对称性不在常规晶体的范围内。

原子是如何堆积成晶体的呢？Huygens 等在 17 世纪就提出了用球形、椭球形原子堆积成晶体的说法。后来又有了原子堆积的理论。而晶体又不是由原子松散地聚集在一起形成的。那在晶体中，原子之间为什么能结合？又是以何种方式结合呢？

1812 年，瑞典化学家 Jöns Jacob Berzelius(1779—1848 年)根据电学中正负电荷相互吸引的原理提出：所有元素可分为带正电荷和负电荷的两种原子；原子间靠静电引力结合在一起。1834 年，Michael Faraday(1791—1867 年)根据熔融苛性碱能够电解，并在阴极获得金属 Na、K 的事实而提出阳离子(cation)和阴离子(anion)的概念。同时，Faraday 还认为化学作用就是电。这些概念使人们觉得似乎物质是由带相反电荷的两种成分结合而成的。在原子被证实、原子结构逐渐被揭开的情况下，德国科学家 Walther Ludwig Julius Kossel(1888—1956 年)于 1916 年提出离子键(ionic bond)理论。Kossel 认为原子通过得失电子成为正、负离子而相互吸引在一起。同年，美国化学家 Gilbert Newton Lewis(1875—1946 年)提出共价键(covalent bond)理论。对于金属，其原子中的价电子可自由地从一个原子流到另一个原子，即价电子被所有原子共用而将金属原子结合在一起。金属原子间的这种作用称为金属键(metallic bond)。离子键、共价键和金属键这三种键合理论后来在量子力学基础上都得到了进一步的发展。尤其是在 1930 年代，Pauling 在化学键方面做出了卓越的贡献。他把这些内容写进了《化学键的本质》一书中，还提出了电负性的概念。在这样一些键的作用下，原子结合在一起从而形成晶体、准晶等物质。原子的这种结合也简称为堆积。

3.2.2 原子的紧密堆积

关于球体的三维堆积，Kepler 在 1611 年就提出过。今天，科学家们认为原子通过堆积形成的最稳定晶体结构是这样的：原子堆积最紧密，并同时满足每个原子的价键数、原子大小和价键的方向等要求。因此，原子在堆积成晶体时，总是尽可能紧密地排列而使它们之间的自由空间最小或电子轨道有最大限度的重叠，方能使晶体稳定存在。有哪些方式可使离子、原子达到最紧密的堆积呢？要理解这一点，先要做近似处理。离子键、金属键没有方向性和饱和性，可近似地把离子、原子当成刚性球。这样，根据球的直径就有等径球堆积和非等径球堆积。

1. 等径球堆积

1) 基本堆积方式

首先，球以最紧密的方式排出第一层。在这一层，每个球周围有六个球与之相切，且有六个空隙。如图 3.1 中，虚线球表示第一层堆积。第一层球用小写字母表示。图 3.1(a)中，以 m 球为例，其周围有 a、b、c、d、e、f 六个球与之相切。而且，m 球周围还有 1、2、3、4、5、6 共六个空隙。

第二层球用实线、大写字母表示。第二层球放在第一层的空隙上。相对于第一层的每个球而言，第二层球只占据了三个空隙。图 3.1(b)中，A、F、H 球分别堆砌在 m 球的 1、3、5 空隙上方。此时，2、4、6 空隙上方并无第二层球。

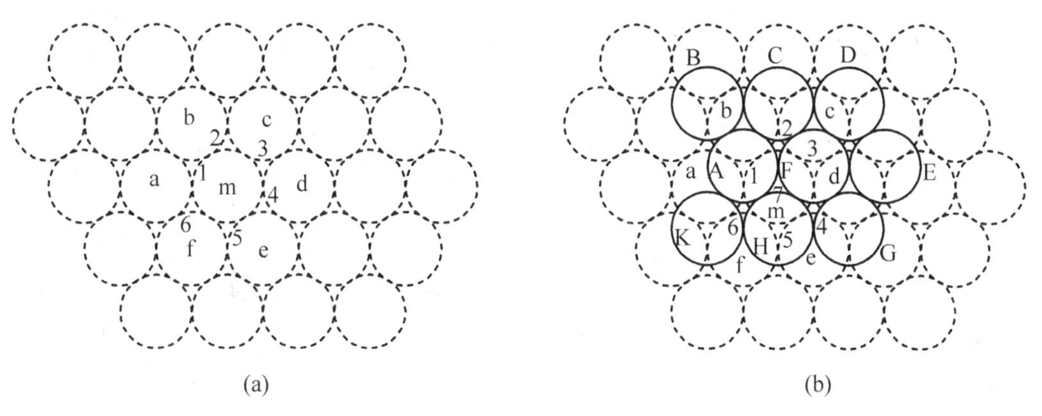

图 3.1　等径球最紧密堆积示意图(未画出第三层球)

接下来的第三层球有以下两种放置法。

(1) 正好放在第一层的上方。对 m 球而言，第三层球在其上方由 A、F、H 球堆积成的空隙 7 处。与 7 类似的空隙还有：分别由 ABC、CDF、FGE…三个球堆积成的空隙。这样的堆积，就成了 ABAB…的重复方式。球在空间的分布与六方格子相对应，人们把这种堆积称为六方最紧密堆积(hexagonal closest packing，简称 hcp)。图 3.2 示意了这种堆砌，其中的数字、符号与图 3.1 表示的意思一致。图 3.2 中的实心球表示第二层。空心球表示第一、三层。Mg、Ti 等金属的[001]晶向通常是 ABAB…式的六方密堆。

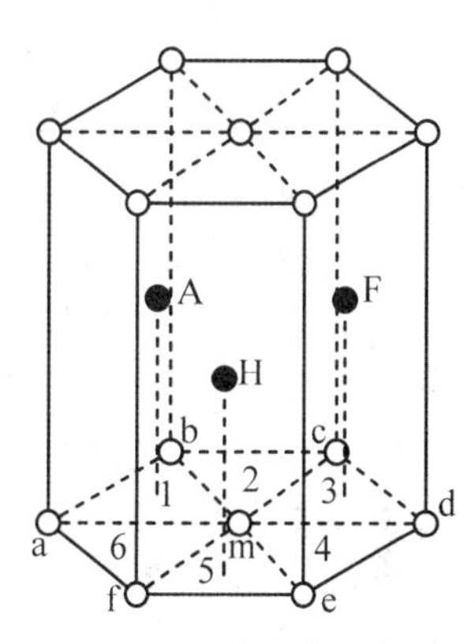

图 3.2　六方密堆示意图

(2) 第三层球与第一、二层球错开，放在第一层的另三个空隙位置的上方。对 m 球而言，第三层球在第一层 2、4、6 空隙的上方。第四层球正好放在第一层球的上方。这就成了 ABCABC…的重复方式。球在空间的分布与面心立方格子相对应，人们把这种堆积称为立方最紧密堆积(cubic closest packing，简称 ccp)。面心立方晶体结构的晶胞，其体对角线即[111]方向就是这种堆积方式，如图 3.3 所示。图 3.3 中的 a3、b3、c3 表示第三层

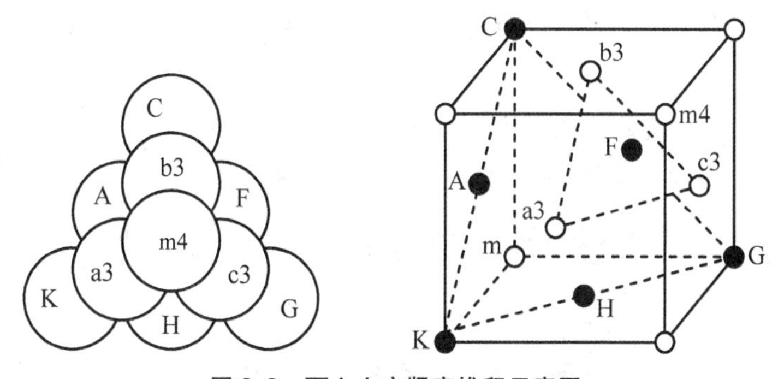

图 3.3　面心立方紧密堆积示意图

球，m4 表示第四层且在第一层 m 球正上方的球。其余数字、符号与图 3.1 一致。面心立方结构的 Cu、Al 等金属，其[111]晶向属于这种堆砌。

由上述可见，hcp、ccp 堆积的差异在第三层。由于在平面上表示的这两种堆砌较难理解，我们建议读者用像乒乓球一类的球进行堆砌，这有助于深入理解等径球的这两种最紧密堆积。

2) 堆积系数

六方密堆和立方密堆都是最紧密的堆积方式。我们可以算出其堆积密度 ξ(亦称堆积系数或紧密系数)：$\xi = V'/V$，其中 V' 表示一个晶胞中所有原子的体积；V 表示一个晶胞的体积。首先，需要确定一个晶胞中原子的个数。原子个数的算法与第 2 章 2.5.8 节中平行六面体结点数的算法一样。图 3.2 中，一个六方晶胞的三个实心球只属于该晶胞。上、下两个面上的两个空心球分别属于两个晶胞。对这两个空心球而言，该晶胞实际拥有的原子个数为 $1\times(1/2)\times 2 = 1$ 个。此外，每个角顶的空心球分别属于六个晶胞。故对角顶而言，该晶胞实际拥有的原子个数为 $1\times(1/6)\times 12 = 2$ 个。所以，一个六方晶胞拥有的原子个数为 $3+1+2=6$ 个。其次，计算晶胞体积 V。这需要读者运用立体几何方面的知识。我们已经假设原子是刚性球、等大且相切。在此基础上，设原子半径为 R，即可算出其晶胞体积 $V = 24\sqrt{2}R^3$。6 个原子的总体积 $V' = 6\times 4\pi R^3/3$，最后获得堆积系数 $\xi = 0.74$。

一个面心立方晶胞共 4 个原子(图 3.3)。在一个面上，其对角线的三个原子相切，以此计算立方体边长而得晶胞体积 $V = 16\sqrt{2}R^3$。4 个原子的总体积 $V' = 4\times 4\pi R^3/3$，堆积系数 $\xi = 0.74$。由此可见，六方和立方最紧密堆积的堆积系数都为 0.74。

3) 其他堆积方式

以上介绍的六方密堆和立方密堆是最基本、最常见的堆积方式。在此基础上，原子堆积还可衍生出许多其他堆积方式。人们已经发现的有四层一重复的堆积，其堆积层序为 ABCBABCB…；还有九层一重复的堆积，其基本堆积层序 ABABCBCAC…。这些堆积会产生同质多象的特殊形式——多型(polytypism)，见 3.13 节。

另外，在密堆结构中还可能出现错乱，这导致局部的不正常堆积层序，但不影响紧密堆积。比如立方密堆的正常次序是 ABCABC…，将某一 C 层原子抽走后就成了 ABCAB/ABCABC…。斜线“/”处的 C 层原子被抽走了。于是，在“/”处出现了堆垛层错(stacking fault)。同理，在 hcp 堆积中，也可以在 A、B 层间插入一个 C 层。因此，层错的基本类型可分为抽出型和插入型。层错会使晶体的 X 衍射线变宽或产生位移，这已在冷加工的 α-黄铜(fcc 结构)中观察到。

还有一种比较常见的堆积方式，如图 3.4(a)所示。第一层为虚线球。它们的排列方式与图 3.1 所示的六方和立方密堆有所不同。第二层实线球 A 在第一层球形成的空隙上方。第

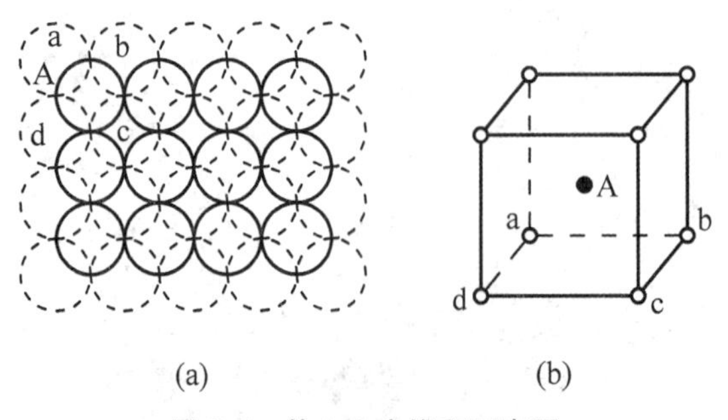

图 3.4 体心立方堆积示意图

三层球正好在第一层球的上方。其晶胞示意图如图 3.4(b)所示,A 球在立方晶胞的体心位置。这种堆砌称为体心立方堆积。图 2.27 中,Cr 的晶体结构就属于体心立方(bcc)结构。一个体心立方晶胞有两个原子,体积 $V' = 2 \times 4\pi R^3/3$。体对角线上的三个原子相切。由此,可计算出一个体心立方晶胞的体积 $V = 64R^3/(3\sqrt{3})$,故体心立方晶胞的堆积系数 $\xi = 0.68$。体心立方的堆积系数小于六方和立方的,因此它不是最紧密堆积。

结合第 2 章晶体定向,读者朋友可计算一下体心立方和面心立方(100)、(110)、(111)面的晶面原子密度、面网间距。

4) 堆积空隙

在球的堆积中,球与球之间还有空隙,故堆积系数都小于 1,最大的堆积系数也仅达到 0.74。那这些空隙又有何特征?

图 3.1 中,m 球周围有六个空隙。在填第二层时,球分别在 1、3、5 空隙上方。空隙 1 实际是由周围 a、b、m、A 四个球围成的。用线连接这四个球的中心就形成了正四面体,故这四个球围成的空隙称为四面体空隙。图 3.1(b)中,m 球周围的 1、3、5、7 空隙属于四面体空隙。在虚线球的另一边,即以第一层为对称面,与 1、3、5、7 空隙相对应,m 球周围还有四个这种空隙,所以 m 球周围共有八个四面体空隙。但这八个四面体空隙并不都属于 m 球。以空隙 1 为例,它由 a、b、m、A 四个球围成,m 球只占该空隙的 1/4。所以,m 球对其周围的八个四面体空隙实际拥有的个数为 8×1/4=2 个。因此,在最紧密堆积中,一个球周围有 2 个四面体空隙。

m 球周围还有 2、4、6 三个空隙。以空隙 2 为例,A、F、c、b 球形成一个正方形。在该正方形两侧有 C、m 两个球。这六个球 C－AFcb－m 围成空隙 2。用线连接这六个球的中心就形成了正八面体。2、4、6 三个空隙都是 m 球周围的正八面体空隙。同样,在虚线球的另一边,m 球周围还有三个这样的正八面体空隙。因此,m 球周围共有六个八面体空隙。同四面体空隙相似,八面体空隙由六个球围成,一个 m 球只占每个八面体空隙的 1/6。m 球对其周围的六个八面体空隙实际拥有的个数为 6×1/6=1 个。因此,在最紧密堆积中,一个球周围有一个八面体空隙。这样,在 n 个球堆积的结构中,四面体空隙有 $2n$ 个,八面体空隙有 n 个。读者可自行分析这两种空隙在图 3.4 中的情况。

四面体空隙和八面体空隙的大小如何呢?我们假设有一半径为 r 的小球分别填充在这两个空隙中,且与周围半径为 R 的大球相切。这样,我们利用立体几何知识计算出四面体空隙中,小球的半径 $r = 0.225R$;八面体空隙中,小球的半径 $r = 0.414R$。可见,八面体空隙要大于四面体空隙。如果原子完全按照只有四面体空隙的方式堆积,则堆积密度还可能进一步提高。但纯四面体空隙的堆积和晶体周期性结构不相容,只有插入一定数量的八面体空隙才能构成周期性的晶体结构。然而,人们也发现有些合金具有四面体空隙式的密堆结构。这种合金往往具有一种大原子和一种小原子构成的高配位环,即 12 个或 14 个原子环绕一个原子。这种合金的局部区域往往有二十面体对称性。这和后来发现的准晶有一定联系。

单质金属由同一种原子组成,而且金属键没有方向性、饱和性,因此我们可以把这类金属近似看成是等径球堆积。对于那些由不同大小的原子组成的晶体,我们就不能把它们当成是这种等径球堆积,而是当作不等径球的堆积看待。

2. 不等径球堆积

等径球做最紧密堆积时有四面体空隙和八面体空隙,而且它们的大小也不同。因此,对于由不同大小的原子组成的晶体，如离子晶体，我们人为地认为大球(如负离子)做紧密堆积；小球(如阳离子)填充空隙中。小球的大小决定了它填充在哪种空隙中更稳定。稍小的球填充在四面体空隙，稍大的填充在八面体空隙较稳定。如果小球半径更大，填入空隙位后使负离子堆积变形，偏离紧密堆积，这会产生不同结构，如 ZnS 除了闪锌矿、纤锌矿外还有几百种变体。

刚性球紧密堆积模型是在不考虑晶体质点(如原子、离子或分子等)相互作用的前提下，从纯几何观点对晶体结构的一种描述。实际上，晶体的质点在结合时，其质点间的相对大小、配位关系、极化及温度和压力等都对晶体结构有影响。此外，共价键晶体，因键有方向性、饱和性，晶体的质点堆积系数要远小于 0.74，但体系仍是稳定的。

3.3 影响晶体结构的主要因素

3.3.1 配位数与配位多面体

配位数(Coordination Number, CN)是指一个原子或离子的周围，与它直接相邻而结合的原子个数或所有异号离子的个数。金属单质晶体可近似地当作等径球堆积。这样，其每个原子周围有 12 个原子与其紧密接触。因此，做等径球最紧密堆积的晶体结构中，每个原子的配位数是 12(图 3.1)。如果原子不做最紧密堆积，则其配位数一般小于 12。在离子晶体结构中，较小的阳离子一般处于较大的阴离子做紧密堆积形成的四面体、八面体空隙中。阳离子的配位数是 4 或 6。如果阴离子不做最紧密堆积，则阳离子还可能有其他配位数。对以共价键为主而结合的晶体而言，其原子的配位数不受球体最紧密堆积规则的支配。其配位数一般较低，且不大可能超过 4。

无论是以哪种化学键结合的晶体，其原子周围总有与它直接相邻而结合的原子。我们把这些原子的中心用线连接起来，就会形成一个几何多面体。这种多面体被称为配位多面体。通常，较小的原子处于配位多面体中心。各配位原子的中心处于配位多面体的角顶。图 3.5 给出了几种常见的配位方式及相应的配位多面体。需注意：配位数相同，配位多面体也可能不同，如 CN=6 时，配位多面体可以是八面体，也可以是三方柱。配位多面体有助于我们理解晶体的结构，如金红石 TiO_2 中，Ti 离子位于[TiO_6]八面体中心，硅酸盐结构中存在[SiO_4]四面体、[AlO_6]八面体和[MgO_6]八面体。

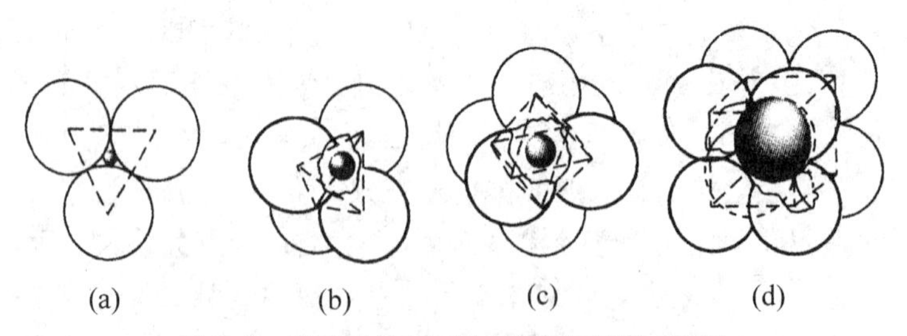

图 3.5 常见配位多面体(引自宋晓岚，2006)

(a)三角形配位；(b)四面体配位；(c)八面体配位；(d)立方体配位

图 3.5 所示的是理想情况下的配位，即中心原子与配位原子刚好接触。若中心原子增大，则其配位原子被撑开，原来未与中心原子直接接触的原子会向中心原子靠近。这会引起中心原子的配位数增加。相反，若中心原子减小，原来的配位原子会因相互间的斥力而远离中心原子，结果中心原子的配位数会下降。因此，中心原子与配位原子的相对大小对配位数、配位多

面体有影响。

3.3.2 质点的相对大小

组成晶体的质点在一定条件下达到平衡时，质点间保持一定的距离。该距离反映了质点的相对大小。我们在前面用刚性球模拟了原子的堆积，但实际上原子不是刚性球，而且电子云也没有明确的界限，因此人们对原子大小的概念是模糊的。X 射线出现后，人们可根据晶体的 X 射线衍射测出晶胞参数。虽然这些质点不是刚性球，但为使问题简化、抓住主要问题，人们还是假设它们是刚性球，且最近邻质点相切。这样，最近邻质点间的距离就分别等于这两个质点的半径之和。

金属和共价晶体中的原子半径定义为两个最近邻原子核间距的一半，但原子半径又不是一个确定值。在共价晶体中，原子半径取决于是单键、双键还是三键。在金属晶体中，原子半径与配位数有关。这给分析、比较元素对晶体结构的影响带来不便。为此，对共价晶体人们通常采用单键共价的原子半径。对金属晶体，采用配位数为 12 的同素异构体中的原子半径，该半径被称为 Goldschmidt 原子半径。例如，面心立方结构的 Al，CN=12，用 X 射线衍射测出晶胞参数 $a=404.96$ pm，由此可计算出 Al 的原子半径为 $R=143.2$ pm。

对离子晶体，一般采用正、负离子的半径r^+、r^-表示，但 X 射线衍射只能测出正、负离子的核间距 $r=r^+ + r^-$。比如用 X 射线可测得 NaCl 晶体晶胞的边长是 564.02 pm。由 NaCl 晶体结构（图 2.26），我们知道这一距离是一个 Na^+ 与一个Cl^- 中心间距的两倍，即 $r=2(r^+ + r^-)=564.02$ pm，即$r^+ + r^- = 282.01$ pm，但正负离子的半径r^+、r^- 无法准确确定。1923 年，J. A. Wasastjerna 根据折射指数与离子相对体积的关系，定出了一些离子的半径。1927 年 Goldschmidt 采用 Wasastjerna 的数据，从离子晶体得出的平衡距离数据，推出了八十多种离子的半径。Goldschmidt 和 Wasastjerna 采用的 O^{2-} 的半径都为 132 pm。后来，Pauling 在《化学键的本质》一书中提出基于有效核电荷的离子半径，给出的 O^{2-} 的半径为 140 pm。1976 年，Shannon 根据离子的配位数、自旋态等提出 Shannon 离子半径。

尽管不同的学者给出了不同的离子半径，但这些半径都反映了质点间存在相对距离这一实质。原子和离子半径还与多种因素有关。配位数不同，原子半径往往也不同。如 Si^{4+}，CN=4 时，$r^+=26$ pm；CN=6 时，$r^+=40$ pm。温度升高，质点间的距离增加，原子半径增大；压力增加，质点间的距离减小，原子半径也减小。在材料学中，离子半径常采用 Shannon 的数据，见附录 3。

现在若知道 MgO 的晶体结构与 NaCl 一样，即 Mg 占据 Na 的位置，O 占据 Cl 的位置，Mg^{2+}、Cl^-的半径分别为 78 pm、132 pm，你能估算出 MgO 的密度吗？

3.3.3 离子极化、电负性

由于离子不是点电荷，其电子云会受到其他离子的影响而产生相互极化。离子间的极化使电子云的重叠程度增加，这导致键的共价成分增加、键长缩短。晶体结构也随之发生变化。AgI 在理论上是 NaCl 型结构。极化使其由离子键过渡到共价键，晶体结构也由六配位 NaCl 型转变为四配位的立方 β-ZnS 型。

电负性对晶体结构也有影响。元素间的电负性差值大，晶体的离子键成分高。反之，则以共价键成分为主。极化和电负性的意义请参阅化学教材。

3.3.4 鲍林规则

Goldschmidt 在研究晶体结构时，结合以上几个影响因素提出了 Goldschmidt 结晶化学定律：一个晶体的结构取决于其组成单位的数量、相对大小和极化性质。在此基础上，1928 年，

Pauling根据对硅酸盐和含氧酸的研究提出了离子化合物结构的五条规则，即鲍林规则。(Pauling's rule)。

1. 配位多面体规则

晶体结构中，每个阳离子周围的阴离子形成一个配位多面体；阴、阳离子之间的距离由它们的半径之和决定；阳离子的配位数由阴、阳离子的半径比决定。该规则表明阳离子的配位数取决于阴、阳离子的半径比，而并非它们本身的半径。图3.6示意了离子半径比与配位数的情况。当阴、阳离子刚好接触时是稳定的。若阳离子过小，阴、阳离子不能接触，阴离子之间的斥力使阳离子配位数下降；若阳离子过大，会撑开阴离子，阳离子配位数增加。由离子的刚性球模型，可以计算出阳离子在一定配位数时的阴、阳离子的半径比的临界值：

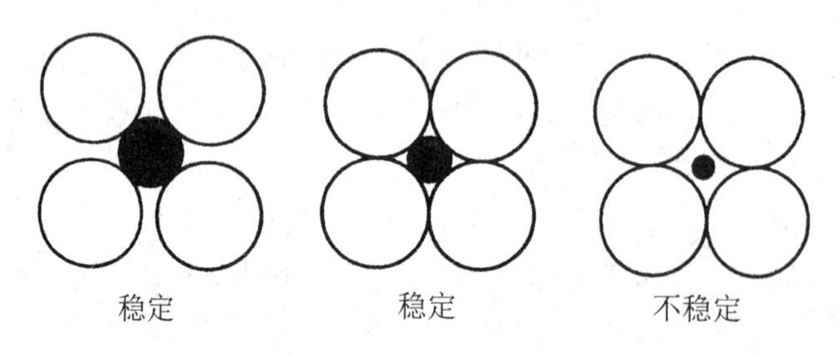

图3.6 稳定与不稳定配位构型(引自Kingery, 2010)

$r^+/r^- \in (0, 0.155)$，阳离子配位数CN=2，配位多面体为直线或哑铃型；

$r^+/r^- \in [0.155, 0.225)$，阳离子配位数CN = 3，配位多面体为等边三角形；

$r^+/r^- \in [0.225, 0.414)$，阳离子配位数CN = 4，配位多面体为四面体；

$r^+/r^- \in [0.414, 0.732)$，阳离子配位数CN = 6，配位多面体为八面体；

$r^+/r^- \in [0.732, 1)$，阳离子配位数CN = 8，配位多面体为立方体；

$r^+/r^- = 1$，阳离子配位数CN = 12，等径球紧密堆积。

大多数离子晶体的阳离子配位数CN在4～8之间，而且还不是一个定值，如Al离子，有$[AlO_4]$，也有$[AlO_6]$。由于晶体结构受多种因素影响，实际晶体结构还会出现不符合这一规则的情况。特别是阴离子不做最紧密堆积时，阳离子配位数CN可以是5、7、9、11等。

2. 静电价规则

一个稳定的结构，不仅在宏观上是电中性，在原子尺度上也必须是电中性。该规则是计算局部电中性的基础。阳离子价电荷数Z除以其配位数CN得到的值定义为阳离子给予一个配位阴离子的静电键强度S，其中$S=Z/CN$。萤石CaF_2，Ca^{2+}的CN=8，即一个Ca^{2+}周围有八个F^-。一个Ca-F键的静电键强度$S=+2/8=+1/4$，即一个Ca^{2+}分配到一个F^-的电荷为$+1/4$。而F^-的电荷为-1，故为保持电中性，一个F^-周围需要有4个Ca^{2+}。该规则指出：在稳定结构中，从所有最近邻阳离子到一个阴离子的静电键强度S的总和等于该阴离子电价。该规则对我们理解晶体结构有一定帮助。

如$[SiO_4]$，Si^{4+}给每个O^{2-}的$S=+4/4=+1$，而O呈-2价，所以O^{2-}还可与其他$[SiO_4]$的Si^{4+}或金属离子结合，如2个$[SiO_4]$可共用1个O。在$[AlO_6]$中，Al^{3+}给O^{2-}的$S=+3/6=+1/2$，故1个$[SiO_4]$可与2个$[AlO_6]$共用1个O，这两个$[AlO_6]$称为二八面体。在$[MgO_6]$中，Mg^{2+}给O^{2-}的$S=+2/6=+1/3$，故1个$[SiO_4]$可与3个$[MgO_6]$共用1个O，这三个$[MgO_6]$称为三八面体。

3. 配位多面体的连接方式

在一个配位结构中，两个阴离子配位多面体以共棱，特别是共面方式存在时，结构的稳定性降低。这种效应对于电价高而配位数小的阳离子(如 Si^{4+})较明显。当阴、阳离子的半径比接近该配位多面体稳定的下限值时，此效应更显著。多面体共棱，特别是共面时，中心阳离子相距较近，斥力大，结构很不稳定。以四面体为例，图 3.7(a)表示四个四面体分别共 A、B、C、D 四个顶点；图 3.7(b)表示两个四面体共 AB 棱；图 3.7(c)表示两个四面体共 ABC 面。在硅酸盐结构中，[SiO_4]只能共顶，而[AlO_6]可以共棱。刚玉结构中的[AlO_6]还可共面。

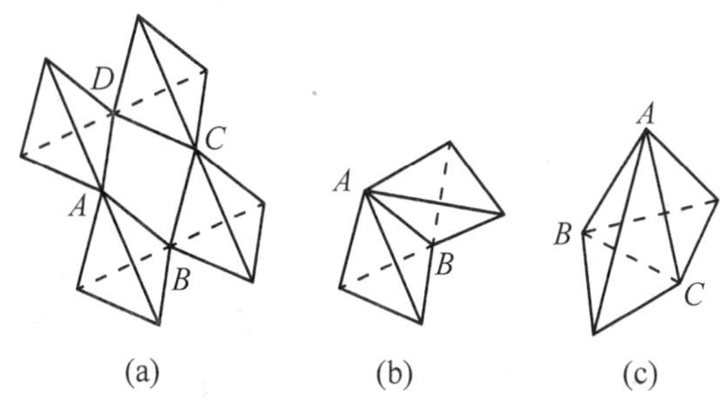

图 3.7　四面体共顶、共棱、共面示意图(引自 Askeland, 2005)

4. 不同配位多面体的连接

在一个含有不同阳离子的晶体中，电价高而配位数小的那些阳离子，不趋向于相互共有配位多面体的要素。这条规则是第三条规则的延伸。所谓共有配位多面体的要素，是指共顶、共棱和共面。如果在一种晶体结构中，有多种阳离子存在，则高电价、低配位数阳离子的配位多面体趋向于尽可能互不相连，至多也只能以共顶方式相连，如橄榄石结构有[SiO_4]和[MgO_6]。Si^{4+} 电价高、配位数低，因此[SiO_4]彼此之间无连接，它们由[MgO_6]隔开。

5. 节约规则

在一个晶体中，本质不同的结构组元，其种类趋向于为数最少，此规则称为节约规则。例如在硅酸盐晶体结构中，不会同时出现[SiO_4]四面体和[Si_2O_7]双四面体结构基元，尽管它们符合鲍林其他四条规则。第五条规则是由晶体结构的周期性和对称性决定的。如果组成晶体结构的基元较多，每一种基元都要形成自己的周期性、对称性，则它们之间会相互干扰。这不利于晶体结构的形成。

鲍林规则是由离子晶体结构归纳出来的。它符合大多数离子晶体的结构情况。但它不完全适用于过渡元素的离子晶体，更不适合非离子晶格的晶体。过渡元素的离子晶体和非离子晶格的晶体需要用晶体场、配位场理论来说明。

3.4　晶体结构的描述

3.4.1　Pearson 符号

Pearson 符号由物理学家、晶体学家 W. B. Pearson(1921—2005 年)创立。符号中第一个为小写字母，代表所属晶系；第二个为大写字母，代表点阵类型；最后用数字表示一个晶胞内原子的个数，如金刚石型结构为 cF8，金红石型结构为 tP6。菱方晶系的晶胞用 R 作为其点阵类型符号(见表 3.1)。

表 3.1 Pearson 符号

晶 系	符 号	点阵类型	符 号
三斜	a	简单	P
单斜	m	底心	A, B, C
正交	o	体心	I
六方	h	面心	F
四方	t	菱方	R
立方	c		

Pearson 符号不能唯一地表示晶体结构的空间群。比如氯化钠型结构(空间群：$Fm\bar{3}m$)和金刚石型结构(空间群：$Fd\bar{3}m$)，它们的 Pearson 符号都是 cF8。

3.4.2 Strukturbericht 符号

Strukturbericht 符号是一种根据化学式将结构分类，并用"大写字母＋数字"来表示结构类型的符号。但最后的数字并不表示晶胞内的原子个数，仅仅是序号。因此，这种符号也叫结构编号。

A：表示单质，如 A1 为 Cu 型结构；B：表示 AB 型化合物，如 B1 为 NaCl 型；C：表示 AB_2 型化合物，如 C1 为 CaF_2 型；D：表示 A_mB_n，如 $D5_1$ 为刚玉型；E～K：复杂化合物；L：合金；O：有机物；S：硅化物。一些晶体结构的 Strukturbericht 结构编号和 Pearson 符号，请参见附录 4。

3.4.3 坐标系方法

坐标系方法给出了单位晶胞中每个质点的空间坐标。这有助于了解晶体结构及每个质点的位置。特别是在用计算材料学方法研究晶体材料时，这些坐标有助于我们在晶胞中的相应位置添加原子。坐标系有笛卡儿坐标和分数坐标两种形式。笛卡儿坐标常用来表示非周期结构和晶格中质点的绝对位置，比如金属 Cr 属于体心立方结构(图 2.27)，$a=b=c=2.88$ Å，其体心位 Cr 原子的坐标为(1.44, 1.44, 1.44)。采用这种方式，我们需要知道具体的晶格常数 a、b、c。而具有同样晶体结构的晶体，其晶格常数不同，如 CsCl 晶体结构也是体心立方，其 $a=b=c=4.11$ Å，但其体心位原子的坐标却为(2.055, 2.055, 2.055)，所以用笛卡儿坐标来描述同一类型的晶体结构不方便。

在笛卡儿坐标的基础上，人们采用分数坐标来表示质点在晶胞中的相对位置，而不是绝对位置。以体心立方结构为例，体心位原子在三个轴上的坐标分别是晶胞每条边长的一半，于是我们用 0.5 表示其相对位置。这样，体心原子坐标就成了(0.5, 0.5, 0.5)。体心位原子的这种表示不仅可用于 Cr、CsCl 晶胞，而且还可用于所有体心立方晶体结构。再比如 Cu 晶胞的四个原子，其分数坐标分别为(0, 0, 0)、(0, 0.5, 0.5)、(0.5, 0, 0.5)、(0.5, 0.5, 0)。用分数坐标描述晶体结构显得简单明了。

3.4.4 其他描述法

1. 配位多面体及其连接方式

配位多面体概括了原子最近邻环境的情况。整个晶体结构可看成由配位多面体连接而成，如 NaCl 结构就是由 Na－Cl 八面体以共棱方式连接而成(图 3.8)。图 3.8 中，实心球为 Cl^-，空心球为 Na^+。为清楚起见，我们在该图中删除了部分实心球和空心球。我们可看到该图中的三个八面体分别共 AB 和 BC 棱。该方法有助于我们认识和理解结构复杂的晶体，如硅酸盐晶体,因而其应用比较广泛。前面介绍的鲍林规则就论述了这方面的问题。

2. 球体紧密堆积方法

这种方法就是我们在 3.2.2 节介绍的原子紧密堆积,在此不再赘述。

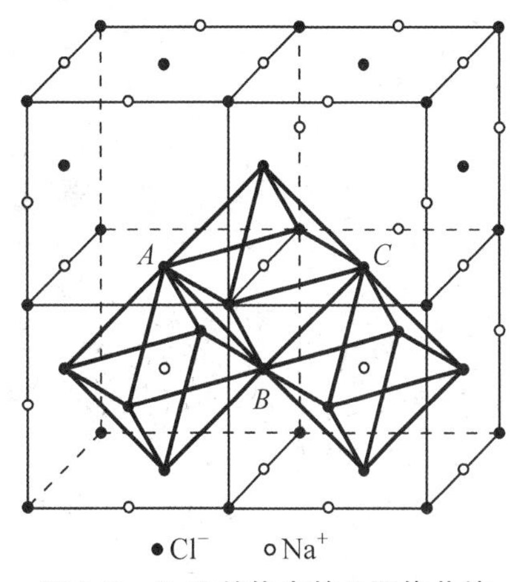

图 3.8　NaCl 结构中的八面体共棱示意图

3.5　单质晶体结构

单质晶体包括金属晶体、共价晶体和分子晶体。我们重点介绍材料中的一些金属晶体和共价晶体。

3.5.1　Cu 型

图 2.26 中的 Cu 晶胞示意了该类晶体结构。它属于面心立方点阵(fcc)、等轴晶系,空间群为 $Fm\bar{3}m$。其 Strukturbericht 符号为 A1, Pearson 符号为 cF4。每个晶胞有 4 个原子,表示为 $Z=4$。这四个原子的坐标分别是(0, 0, 0)、(0.5, 0.5, 0)、(0, 0.5, 0.5)、(0.5, 0, 0.5)。该型晶体的滑移系统由最密排面{111}和最密排方向〈110〉方向组成。该类晶体有 4 个不同取向的(111)面,每个面上有 3 个密排方向,因此它共有 12 个晶体学上的滑移系统。当然,滑移系统还与温度、合金元素有关。属于这种结构的晶体有 Ag、Au、Al、γ-Fe、Cu、Ni 等。

铜(Cu)是有色金属,其全世界产量仅次于 Fe、Al,晶格常数 $a=3.61$ Å,熔点为 1 084℃,密度为 8.96 g/cm³。工业上使用的纯铜,其铜的质量分数为 99.70%~99.95%。通常它呈玫瑰红,当表面形成 Cu_2O 膜时呈紫红色,故又称为紫铜。纯铜坚韧、柔软、富有延展性。1 g 铜可以被拉成 3 000 m 长的细丝,或压成十几平方米几乎透明的铜箔。纯铜具有优良的导电性和导热性。这些性能仅次于 Ag。它还有良好的耐蚀性(抗大气和海水腐蚀)。因此,铜主要用于制作各种导电材料(电线)、导热材料(冷却水管)及各种铜合金(黄铜、青铜、白铜等)。

黄铜(brass)是以 Zn 为主要合金元素的铜锌合金,因色黄而得名。黄铜的机械性能和耐磨性能都很好,可用于制造精密仪器、枪炮的弹壳等。黄铜敲起来声音好听,因此锣、铃等乐器都用黄铜制作。白铜(copper-nickel alloy)是以 Ni 为主要合金元素的铜镍的合金,其色泽和银一样且不易生锈。白铜常用于制造硬币、仪表。青铜(bronze)是以 Zn、Ni 以外的其他元素为主要合金元素的铜合金。青铜一般具有较好的耐腐蚀性、耐磨性而常用于制造精密轴承、船舶上抗海水腐蚀的机械零件等。世界上现存的罕见大型青铜器——后母戊鼎说明我国在商代时的青铜冶炼技术已比较发达。

铝(Al)也是有色金属。工业纯铝含铝量为 99%~99.99%。其晶格常数 $a=4.05$ Å,熔点为 660℃,密度为 2.70 g/cm³。纯铝的导电性、导热性很高,仅次于 Ag、Au、Cu。铝的反射性能好,既可反射可见光,也可反射紫外线。在空气中,铝的表面可生成致密氧化膜,故在大气中,铝有良好的耐蚀性。纯铝主要用于:代替贵重铜合金制作导线;配制各种铝合金以及制作要求质轻、导热或耐大气腐蚀但强度要求不高的器具。铝合金的比强度(即强度/密度)达 214 kN·m/kg 左右,通过加工硬化可提高铝合金的强度。

铁(Fe)属于黑色金属。α-Fe、γ-Fe 和碳是钢铁材料中的常见物质。其中,γ-Fe 属于 Cu 型结构,其晶格常数 $a=3.65$ Å。α-Fe 与 γ-Fe 之间的转变,以及碳原子在它们内部空隙中的变化使得钢铁材料的性能(如强度、韧性等)比较优越。少量碳溶于 γ-Fe 中称为奥氏体

(austenite)。理论上碳原子可进入 γ-Fe 中的全部八面体空隙。碳原子在 γ-Fe 中的质量分数理论上可达 17.6%。但由于碳原子半径大,不能进入所有八面体空隙,故碳原子在 γ-Fe 中的质量分数只能达到 2.11%。与 α-Fe 相比,γ-Fe 的溶碳能力较大,加上 fcc 晶体滑移系统较多,形成的奥氏体可塑性强,硬度较高(布氏硬度约 160～200 HB),因而奥氏体具有一定韧性,但无磁性。

3.5.2 α-W 型

图 2.27 中的 Cr 结构示意了 α-W 型晶体结构。它属于体心立方点阵(bcc)、等轴晶系,空间群为 Im3m。Strukturbericht 符号为 A2,其 Pearson 符号为 cI2。每个晶胞有 2 个原子,$Z=2$。这两个原子的坐标分别是(0, 0, 0)、(0.5, 0.5, 0.5)。该型晶体的滑移面可能有(110)、(112)、(123)及[111]滑移方向。属于这种晶体结构的晶体有 α-W、α-Fe、δ-Fe、Cr、Mo 等。

钨(W),符号 W 来自德文 wolfram。它是 1781 年发现的新元素。两年以后,金属钨被分离出来。α-W 的晶格常数 $a=3.16$ Å。钨的熔点高达 3 422℃,这是所有纯金属中最高的。其密度高达 19.25 g/cm^3。含有少量杂质的钨硬而脆,很难采用传统的机械加工来处理。很纯的钨,虽然也很硬,但还是可以锻造。钨的加工方法有锻造、拉伸和挤压。钨制品还常采用与陶瓷制备方法相似的烧结法来加工。

钨因非常坚硬、紧密,可用作装甲和散热片。在子弹中,人们使用钨来取代铅。碳化钨(WC)是很硬的物质之一,也是金属陶瓷的重要原料。以 WC 和 Co 为主要原料的金属陶瓷常被用作切削刀具的材料(可切削不锈钢)、穿甲弹弹芯等。在化学性能方面,钨的防腐性能非常好,大多数无机酸对其的侵蚀都很小。在空气中,钨的表面会形成一层保护性氧化物。但是在高温下,钨会发生氧化。

α-Fe,其晶格常数 $a=2.87$ Å。α-Fe 在 910℃以下是热力学稳定的;在 910～1 390℃,γ-Fe是稳定的;在 1 390～1 539℃,δ-Fe 是稳定的。少量碳溶于 α-Fe 中称为铁素体(ferrite)。α-Fe 具有铁磁性,是钢铁磁性的来源。与 γ-Fe 相比,α-Fe 属于 bcc 晶体结构。虽然 α-Fe 的致密度低,但原子晶格间距和最大空隙半径小,所以也很难溶进碳原子。727℃时,碳原子在 α-Fe 中的最大溶解度约为 0.022%(质量分数)。铁素体的力学性质和纯铁相似。它的强度与硬度都是钢铁组织中最低的,布氏硬度只有约 80 HB。然而,铁素体富有延展性而适合采用压力加工。由于奥氏体的密度较铁素体大,因此奥氏体转变为铁素体时,钢铁会发生一定程度的膨胀。

3.5.3 Mg 型

图 3.9 示意了 Mg 型晶体结构。它属于六方点阵(hcp)、六方晶系,空间群为 $P6_3/mmc$。

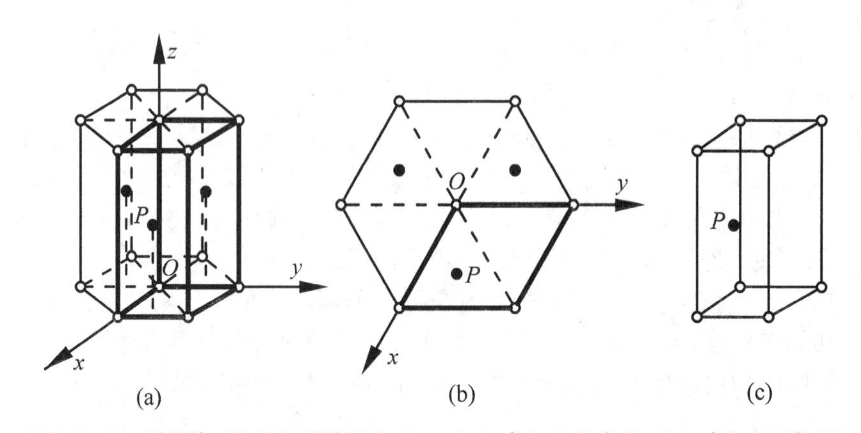

图 3.9 Mg 型晶体结构及晶胞选取方式一(空心球为 A 层堆积,实心球为 B 层堆积)

其 Strukturbericht 符号为 A3，Pearson 符号为 hP2。Mg 原子按照 ABAB…型堆砌。其晶胞选取有两种方式，但每个晶胞都有 2 个原子，即 $Z=2$。图 3.9(a)(b)中的粗线表示了第一种晶胞的选取。图 3.9(c)为选取的晶胞。根据几何知识，可得到该晶胞中典型原子的坐标分别是 $O(0, 0, 0)$、$P(2/3, 1/3, 1/2)$。另一种常见的晶胞选取如图 3.10 所示。它是在图 3.9 的基础上，将晶胞先作平移(把图 3.9 晶胞的原点 O 平移到 A 层重心位)。然后，再将晶胞沿 z 轴方向平移 $1/4c$ 晶胞单位。这样获得晶胞如图 3.10(c)所示。这种晶胞中原子的坐标分别是 $K(1/3, 2/3, 1/4)$、$J(2/3, 1/3, 3/4)$。

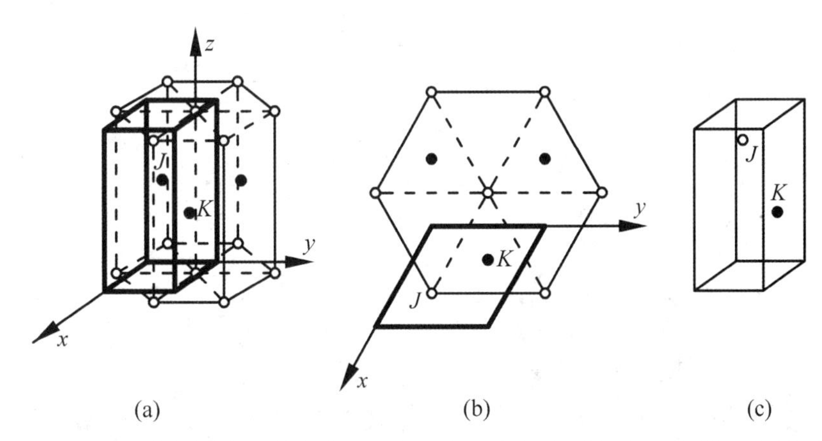

图 3.10 Mg 型晶体结构及晶胞选取方式二(空心球为 A 层堆积，实心球为 B 层堆积)

与 fcc、bcc 的金属晶体相比，hcp 金属晶体的滑移面和滑移方向较少，因而表现出相对较脆的特性。hcp 结构的金属晶体，其 c/a 常偏离理想值 1.633(表 3.2)，而且滑移系统与 c/a 有关系。c/a 较大的晶体如 Zn，其密排面是(001)，滑移系统为(001)面和[110]方向，共三个等价滑移系统；c/a 较小的晶体如 Mg、α-Ti，其滑移面除了(001)外还有(100)和(101)面，因为它们的原子面密度相差不大。属于 Mg 型晶体结构的晶体有 Mg、α-Ti、Zn、Cd 等。

表 3.2 hcp 金属的轴比 c/a

金属	c/a	金属	c/a
Cd	1.886	α-Zr	1.589
Zn	1.856	α-Ti	1.587
Mg	1.624	α-Be	1.568

镁(Mg)，晶格常数 $a = b = 3.21$ Å，$c = 5.21$ Å。Mg 无同素异构转变，熔点为 650℃，密度为 1.738 g/cm^3。与 Al 一样，Mg 属于轻金属，但比 Al 轻。Mg 的表面有氧化膜保护。通常条件下，Mg 的抗蚀性接近 Al，但暴露在盐分环境中，抗蚀性大大下降。此外，其抗磨和抗疲劳性弱；浇注时，易与氧结合燃烧；高温蠕变较大，这些性能限制了镁的使用。但加入合金元素成为镁合金后，强度提高且有延展性而成为重要结构材料。镁合金是金属结构材料中最轻的，其比强度约为 158 kN·m/kg。镁合金的消费次于铝合金，被广泛用于航空、航天、汽车零部件等领域。

钛(Ti)，α-Ti 的晶格常数 $a = b = 2.95$ Å，$c = 4.68$ Å，熔点为 1 668℃，密度为 4.506 g/cm^3。钛的比强度达 288 kN·m/kg。钛具有同素异形体。882℃ 以下，钛呈密排六方结构，即

α-Ti。高于882℃，α-Ti转变成体心立方结构的β-Ti。钛有良好的抗腐蚀能力，具有好的延展性(尤其是在无氧环境下)。钛合金常被用于航空器、舰艇和航天器上。我国国家大剧院椭球形穹顶即钛合金产品，Ti-Ni合金可用作形状记忆材料，Ti-Nb合金可作超导材料。

3.5.4 金刚石型

图3.11为金刚石型晶体结构，图3.11(b)是图3.11(a)的俯视图。它属于面心立方点阵fcc，空间群为Fd3m。其Strukturbericht符号为A4，Pearson符号为cF8，$Z=8$。该结构可看成是在Cu型结构的基础上增加了4个原子。图3.11中的1、2、3、4即为增加的原子。设图中A原子坐标为(0, 0, 0)，则这四个原子的分数坐标分别是(0.25, 0.25, 0.25)、(0.75, 0.75, 0.25)、(0.25, 0.75, 0.75)、(0.75, 0.25, 0.75)。这种结构不是最紧密堆积，堆积系数$\xi=0.34$。属于这种结构的主要有金刚石、Si和Ge。

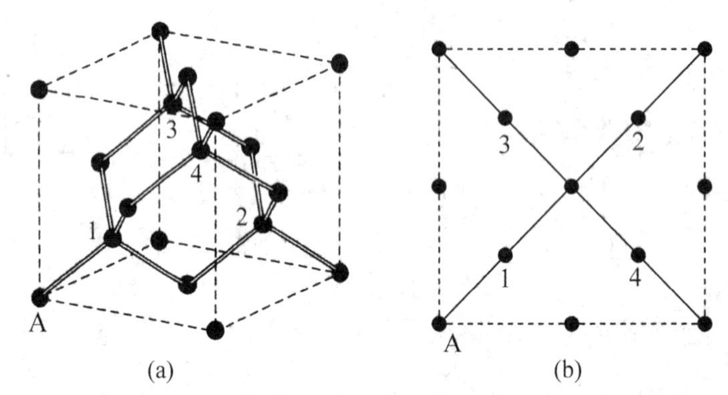

图3.11 金刚石型晶体结构示意图[图3.11(b)为图3.11(a)的俯视图]
(引自Kittle, 2005)

金刚石的晶格常数$a=b=c=3.567$ Å，密度为3.15～3.53 g/cm^3。提起金刚石，读者可能会首先想到钻石。宝石级金刚石经人工琢磨成各种多面体后就成为钻石。金刚石是碳的亚稳定态，即常温、常压下不稳定，有自动向稳定态转变的趋势。

金刚石中的C以共价键(sp^3杂化)与周围4个C相连，键角为109°28′，形成四面体配位。C—C键强大。金刚石晶体中无自由电子。其结构特征赋予其高硬度、熔点可达4 500 K、热导率大(300 K时，达900～2 320 W·m^{-1}·K^{-1})的特点，它比Ag的热导率还大(Ag的热导率约430 W·m^{-1}·K^{-1})。

金刚石有很高的经济价值。宝石级金刚石，人们主要利用它的高硬度、光彩诱人的色泽。南非的金伯利城因1871年发现钻石而建立，城名则取自当时英国驻南非总督Kimberley伯爵。金伯利是世界上著名的钻石中心，其最大的金伯利矿早在1914年就已关闭。人们还用工业级金刚石制作仪表轴承、玻璃刀、金刚石薄膜、散热片等；利用其半导性(能隙5.47 eV)制作整流器和三极管。

当今典型的信息材料——Si(Silicon)属于金刚石型晶体结构。它是典型的半导体材料。1948年之前，人们对Si半导性的研究还处于零散状态。因Si的带隙为1.1 eV，比Ge的带隙0.67 eV宽，这样可防止温度升高时，有大量电子进入导带而使半导体的性能下降。因而在开始研究半导体时，人们就认为Si比Ge好。但由于当初半导体Si所需的纯度比Ge高得多，且冶炼Si的温度高达1 451℃(Ge为937℃)等原因，人们采用的晶体管材料主要是Ge。后来，由于提纯Si的技术取得进展，加上Si表面的氧化物稳定、耐高温等原因，半导体材料由Ge转向了 Si。如今,我们已离不开 Si 了,如手机、电脑中的芯片材料。

3.5.5　石墨型

图 3.12 示意了石墨型晶体结构。它属于六方点阵 hcp,空间群为 $P6_3/mmc$。其 Strukturbericht 符号为 A9, Pearson 符号为 hP4。每个原子以 sp^2 杂化方式和相邻的 3 个原子连接成层状结构。每一层中的原子按六方环状排列成蜂窝状。图 3.12(a)表示了石墨型结构的一个晶胞。图 3.12(b)为图 3.12(a)的俯视图。图 3.12(b)示意了(a)中 *ABCDE* 层的原子结合及晶胞选取,其中,虚线交点代表原子位置,实线代表晶胞的选取。每个石墨型结构的晶胞有 4 个原子,即 $Z=4$。以图 3.12(a)中的 *O* 为原点,则四个原子的坐标为 *D*(0, 0, 3/4)、*G*(0, 0, 1/4)、*E*(2/3, 1/3, 3/4)、*F*(1/3, 2/3, 1/4)。

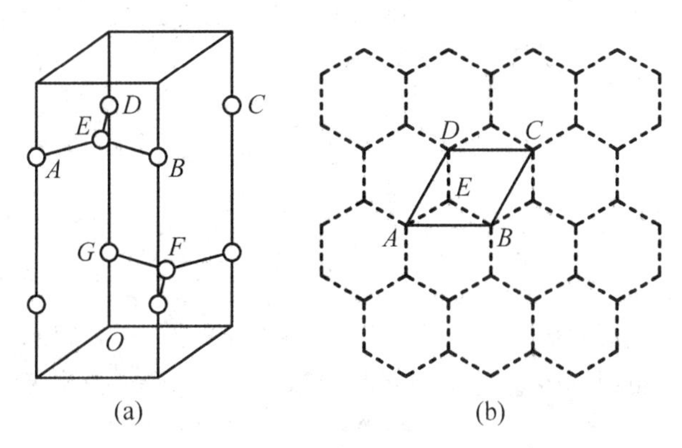

图 3.12　石墨型晶体结构的晶胞示意图

石墨(graphite), $a=b=2.462$ Å, $c=6.708$ Å。它是常温常压下碳的稳定相。层内 C—C 键长1.42 Å。层间每个 C 原子未参加杂化的 p 轨道彼此平行重叠,形成离域大 π 键。大 π 键内的电子可以在整个 π 键内自由移动,故 π 键有金属性。层内金属键使石墨具有某些金属性:金属光泽、良好的导电和导热性(300 K 时的热导率约 335 $W \cdot m^{-1} \cdot K^{-1}$),熔点高达 4 200 K,层间距离大(层间 C—C 键长 3.35 Å),故层间为分子键,作用弱。这导致石墨层间易滑动。

石墨的应用主要有,可作为高温坩埚、润滑剂、电极、原子反应堆中的中子减速剂。它还是人工合成金刚石的原料。

3.5.6　富勒烯和碳纳米管

1. 富勒烯(buckminster fullerene)

富勒烯的发现与天体物理的研究有一定关系。1970 年以前,天体物理学家为了研究星球的形成和毁灭而开始收集宇宙尘埃。在收集的尘埃中,他们发现有片段较小的分子,如 HCN、HC_3N、HC_5N 等。但英国科学家 Harold W. Kroto(1939—2016 年)想找到或合成大一点的分子片段,如 $HC_{33}N$。1985 年,Kroto 和美国科学家 Richard E. Smalley、Robert F. Curl 一起用激光轰击石墨靶,以尝试用人工方法合成这些宇宙中的长 C 链分子。在对实验的质谱图数据分析时,他们发现应该有一种由 60 个 C 原子组成的稳定分子。但他们又对偶数个 C 原子组成的结构感到费解。若 60 个 C 原子按照金刚石的四面体,或石墨的层状来排列,则会有许多未成键的悬键。这会引起结构的不稳定,也就不会出现测试数据显示的稳定信号。在讨论这 60 个 C 原子的结合方式时,Kroto 想起了 1967 年加拿大蒙特利尔世博会中的拱形圆顶。

该圆顶由正五边形和正六边形构成，它由美国建筑师 R. Buckminster Fuller 设计。Kroto 认为 60 个 C 原子按照这种圆顶方式结合，才可解释质谱图的稳定信号。C_{60}中，C 原子组成的 32 面体与足球(12 个正五边形、20 个正六边形)相像。为纪念那位建筑师，Kroto 等把 C 的这种新结构命名为富勒烯。

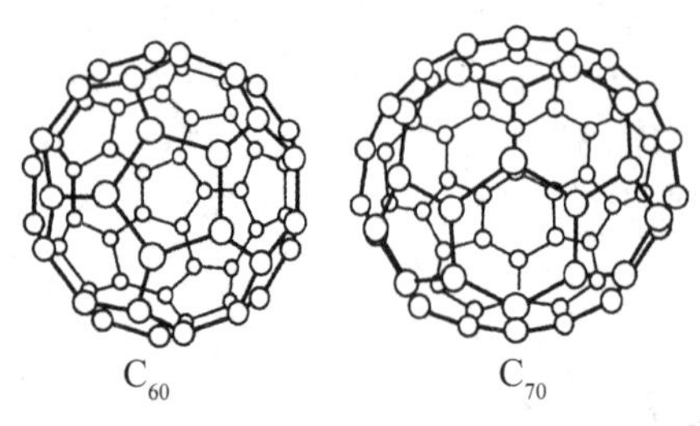

图3.13 两种富勒烯分子(引自 Cahn, 2008)

但 Kroto 等对 C_{60}分子的结构仅是猜测。1990 年，W. Krätschmer 等改变以往的制备方法，获得了较多的 C_{60}分子。随后他们用 X 射线衍射、红外光谱等现代分析方法证实了 C_{60}的笼型结构。接着，人们还发现了由 C 组成的其他球状分子 C_{70}、C_{50}、C_{36}等。图 3.13 示意了 C_{60}、C_{70}两种富勒烯分子的形貌。1996 年，Kroto、Smalley 和 Curl 三人因发现富勒烯而获得诺贝尔化学奖。

C_{60}晶体由 C_{60}分子紧密堆积而成，等轴晶系，立方面心格子，$a = 14.02 \sim 14.14$ Å，$Z = 4$。C_{60}晶体不是一种独立的晶体结构类型，它是 Cu 型结构的一种演变。把 Cu 型结构中的一个个原子分别换成 C_{60}分子就是 C_{60}晶体。C_{60}晶体中，C_{60}分子之间以范德瓦尔斯力结合，故 C_{60}晶体属分子晶体。C_{60}分子可在格点上自由转动，这使得 C_{60}晶体成为继锗、硅之后的又一种新型半导体材料。C_{60}分子中有空腔，可以填入金属原子而形成超原子分子，这已被实验所证实。掺钕(Nd)后的 C_{60}晶体具有超导性。在 C_{60}分子中，每个 C 的笼外挂一个 F 原子，形成的 $C_{60}F_{60}$是一种可耐 700℃的润滑剂。

1985 年以前，人们一直认为 C 的结晶态只有金刚石和石墨两种，富勒烯或 C_{60}晶体的出现改变了人们的看法。

2. 碳纳米管(carbon nanotubes)

1991 年，当 C_{60}等富勒烯的研究正掀起热潮时，日本电气株式会社(NEC Corporation)的 Sumio Iijima 在用高分辨透射电子显微镜观测 C_{60}时，看到了中空的碳纳米管。随后，他用电子显微镜和电子衍射表征了碳纳米管，并系统描述了其结构、形态。据此，后来的许多文献把他当成碳纳米管的发现者。其实，在 Iijima 发现碳纳米管之前，已经有人看到甚至制备出了碳纳米管，但由于受到知识局限和研究手段的限制，而没有认识到这是碳的一种新形态。

碳纳米管与之前的碳丝、碳纤维相似，它们都有很大的长径比。而人们早就能制备并应用碳丝、碳纤维了，如爱迪生就曾用碳丝制出了第一个灯丝灯泡。但在光学显微镜下，人们看不到丝状碳纤维的中空管道。1939 年，出现的第一台商用透射电镜，其分辨能力比光学显微镜提高了几十倍。后来的高分辨透射电镜更是可直接看到原子的像。这些显微技术为碳纳米管的发现提供了基础。1952 年，苏联科学家 L. V. Radushkevich 和 V. M. Lukyanovich 在《苏联物理化学杂志》上发表了多幅管状碳纤维的电子显微像，管壁含有 10 余层石墨片层。由于冷战的原因，加上该文用俄语写成，他们的工作未受到西方科学家的广泛关注。1958 年，物理学家 Roger Bacon(1926—2007 年)制出了高性能碳纤维。Bacon 发现这些纤维是由石墨层卷曲形成的，这与 Iijima 发现的封闭纳米管有所不同。1976 年，A. Oberlin 等公布了一幅直径大于 5 nm 的中空碳纤维照片。受放大倍数的限制，Oberlin 等未能在管壁分辨出石墨层。以上这些工作主要发表在材料类期刊中，因而未受到物理学家们的重视。Iijima 的文章刊登在著名科学期刊《*Nature*》上，适逢 C_{60}等富勒烯刚发现不久，其研究正掀起热潮。因而，Iijima 的发现对科学界的冲击正当其时，并很快激发了科学家们的兴趣。由此可以发现，适当的材料、相关理论的发展及研究工具的进步和科学理念的深入促使了碳纳米管的发现。这与其他许多科学成就一样，不是突然冒出来的。它的出现再次体现了创新绝不是从零开始，它是站在前人肩膀上的进步。

碳纳米管可看成是石墨原子层卷曲360°而成的中空管。它有单壁、多壁之分。图3.14示意了两种单壁碳纳米管。单壁管由一层石墨原子层卷曲而成，其直径约0.4～10 nm，通常为1～3 nm，长径比可达1 000以上。多壁碳纳米管结构较复杂。它包含两层以上的石墨原子层。层间距离为0.34～0.40 nm，这与石墨层间距处于同一数量级。也可将多壁碳管看作是不同直径的单壁碳管套装而成，如同俄罗斯套娃。碳纳米管的两端可以是开口的，也可以是封闭的。两端封闭的碳纳米管，其两端的结构比管身要复杂，且有多种形式。

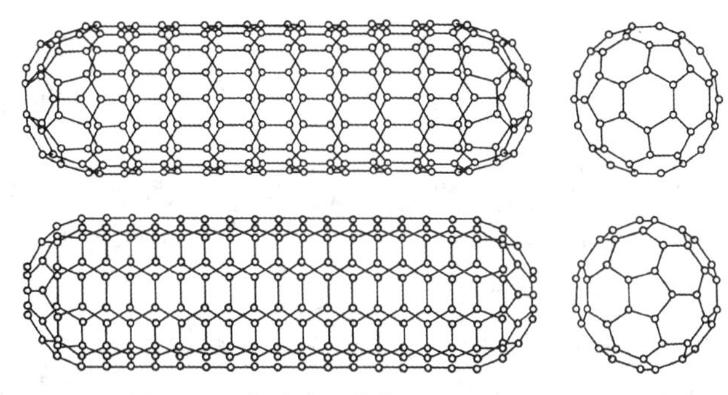

图3.14 单壁碳纳米管(引自Cahn，2008)

与石墨原子采取sp^2杂化一样，碳纳米管也有大π键，电子可在片层中运动。但在碳纳米管中，电子在径向和轴向的运动行为完全不同而显示出特殊的量子效应。就导电性而言，它可以是金属性的，也可以是半导体性的，甚至同一碳纳米管的不同部位会呈现不同的导电性。力学性质方面，理论计算表明：单壁碳纳米管的强度为钢的100倍，而密度只有钢的1/6，即比强度很高。尽管不同的计算方法，这些值有差异，但都显示碳纳米管有很高的比强度。碳纳米管的应用主要有：扫描隧道显微镜的柔韧性探针针尖；2000年，清华大学机械工程系马仁志等制备出了基于碳纳米管的超级电容器；制作气体传感器；作储氢材料。

3.5.7 石墨烯

石墨的层状结构在1916—1924年间就已弄清。碳纳米管又可看成是石墨原子层卷曲而成的中空管。那我们可不可以一层一层地把石墨分开，直至最后只有一层？这个问题，科学家们也早就想过了。1947年，P. R. Wallace为了解三维石墨的电子性能，以二维石墨(后来称作石墨烯，graphene)作起点在理论上计算了石墨层的电子结构。结果他发现石墨烯具有奇特的线性色散关系。后来，石墨烯被广泛用于描述各种碳基材料的性能。1956年，J. W. McClure导出了石墨烯的波函数方程。1984年，G. W. Semenoff等讨论了McClure导出的波函数方程与Dirac方程的相似性。结果，他们发现石墨烯具有优异的凝聚态物质(2+1)维量子电动力学现象。然而，在2004年以前，科学家们认为可以单独存在的稳定石墨烯片是不可能的。比如，早在20世纪30年代，物理学家Lev Davidovich Landau(1908—1968年)等就认为严格的二维晶体在热力学上是不稳定的。因此，科学家们一直把石墨烯当作一种假设性的结构或理论模型来加以研究。

石墨烯片层真的不能分开吗？我们手中的铅笔就含有成分不同的石墨。当铅笔在纸上滑动时，石墨不就分开成薄层，并留在纸上形成文字或图案等痕迹吗？这些痕迹可能就存在有几层甚至单层的石墨。所以我们获得很薄的片层状石墨应该并不困难，困难在于如何有效地分开成较大的片层以测试其性质。2004 年，Manchester 大学的 Andre Geim 和 Kostantin Novoselov 采用透明胶带剥离了仔细选择的石墨晶体。结果他们获得了单原子厚的石墨层——石墨烯，并相继发现了石墨烯具有一系列新奇的物理性质。Geim 和 Novoselov 的工作随即引发了全球科学家对石墨烯广泛而深入的研究，并开辟了其他二维原子晶体研究的新方向，如 BN、MoS_2 二维晶体。

石墨烯是一种由碳原子以 sp^2 杂化轨道组成六角型呈蜂窝晶格的平面原子层。它是只有一个碳原子厚度的二维材料。其中，C—C 键长 1.42 Å，这与石墨层内 C—C 键长一致。据 Nobel 奖委员会提供的资料，石墨烯密度为 0.77 mg/m^2，计算出的石墨烯断裂强度达 42 N/m。把钢的断裂强度换算成二维的话，其值在 0.084～0.4 N/m 之间，即石墨烯的强度是钢的 100 倍以上。石墨烯的热导率大约为 5 000 $W \cdot m^{-1} \cdot K^{-1}$，是铜的十倍。其他有趣的性能及应用还有待发掘。

根据以上的介绍，读者朋友，你是不是觉得碳这种物质很有趣呢？把 C 与 Si 相比，也有一些有趣的现象。在元素周期表中，它们都属于ⅣA 族，都能形成金刚石结构。Charles Kittle 在其著作《固体物理导论》中就曾提出过这样的疑问：为什么 C 产生了生物现象，而 Si 却与地质现象、半导体技术密切相关？但经科学家们的研究，C 也开始逐渐向曾经属于 Si 的领地进军。C 不仅在生物领域产生重要影响，也开始在材料领域发挥重要作用。用 C_{60} 的发现者 Kroto 在诺贝尔奖获奖演说中提到的“碳的确不寻常”来总结碳确实不为过。

3.6 AX 型

3.6.1 NaCl 型

NaCl 型或岩盐结构(rock salt)见图 2.26。它属于面心立方点阵、等轴晶系，空间群为 Fm3m。其 Pearson 符号为 cF8，Strukturbericht 符号为 B1。我们可以这样理解该型结构：半径大的离子做立方紧密堆积，半径小的离子填充在全部八面体空隙中。每个晶胞有 8 个原子，4 个 NaCl“分子”，即 $Z=4$。晶胞中原子的位置：Cl(0，0，0)、(0，0.5，0.5)、(0.5，0，0.5)、(0.5，0.5，0)；Na(0.5，0.5，0.5)、(0.5，0，0)、(0，0.5，0)、(0，0，0.5)。这种结构中的键力在三维方向上的分布较均匀，故 NaCl 型晶体无明显解理。该结构很少产生衍生结构。过渡金属因外层电子多，很难形成化学计量的化合物，如正离子缺位 $Ni_{1-x}O$、$Co_{1-x}O$；正离子间隙 $Zn_{1+x}O$、$Cd_{1+x}O$。常见 NaCl 型结构的晶体及其晶胞参数见表 3.3。

表 3.3 常见 NaCl 型结构的晶体及其晶胞参数

(引自 Kobayashi，2001；Zaoui，2005 和陆佩文，1991)

化合物	晶胞参数 a/Å	化合物	晶胞参数 a/Å
MgO	4.20	TiC	4.33
FeO	4.33	ZrC	4.70
NiO	4.17	HfC	4.64

续表

化合物	晶胞参数 a/Å	化合物	晶胞参数 a/Å
VC	4.22	HfN	4.52
NbC	4.47	VN	4.14
TaC	4.46	NbN	4.39
TiN	4.24	TaN	4.42
ZrN	4.58		

MgO(Magnesium oxide)。Mg^{2+}填充在氧离子的全部八面体空隙中。MgO可从矿物(菱镁矿$MgCO_3$)和海水中获取。MgO的密度为3.58 g/cm³;熔点高达2 800℃,但在2 300℃以上易挥发,因此MgO制品常在2 200℃以下使用;MgO陶瓷有良好的电绝缘性;MgO属于弱碱性物质,几乎不被其他碱性物质所侵蚀;它对碱性金属熔渣有较强抗侵蚀能力,与许多金属如Fe、Ni、Zn、Al、Cu、Mg等不产生作用,故常用作冶炼这些金属的坩埚;MgO还可作热电偶保护管、镁质耐火材料;MgO瓷也常用作某些镁质功能陶瓷的主晶相,但MgO瓷在潮湿空气中易潮解。

过渡金属的碳、氮化物(主要是Ti、Zr、Hf、V、Nb、Ta的单碳化物和单氮化物)可以看作是金属离子做紧密堆积,C、N原子填充在全部八面体空隙中。由于金属离子间有一定的键合作用,所以它们的碳、氮化物呈现一定的金属性。此外,它们也具有较强的离子性和共价性。这些键性赋予了过渡金属碳、氮化物许多优良的性能,如高硬度、高熔点、导电性好等。过渡金属的碳、氮化物常用于耐磨、耐蚀涂层,机械加工的切削工具及微电子领域,尤其是HfC、TaC的熔点接近4 000℃,而被看作是潜在的超高温陶瓷材料。

3.6.2　CsCl型

CsCl型结构(Caesium chloride)的示意图如图2.27所示。它属于简单立方点阵、等轴晶系,空间群为$Pm\bar{3}m$。其Strukturbericht符号为B2,Pearson符号为cP2。Cl原子位于8个角顶,Cs原子占据体心位。Cs、Cl原子的配位数都是8。每个晶胞有2个原子,1个CsCl"分子",即$Z=1$。晶胞中原子的位置:Cl(0, 0, 0)、Cs(0.5, 0.5, 0.5)。具有这种结构的材料比较少,主要是β'-CuZn、β'-AgZn、β'-AuZn、FeAl等金属间化合物。

β'-CuZn与β-CuZn有一定联系(图3.15)。图3.15(a)为β-CuZn,它属于体心立方点

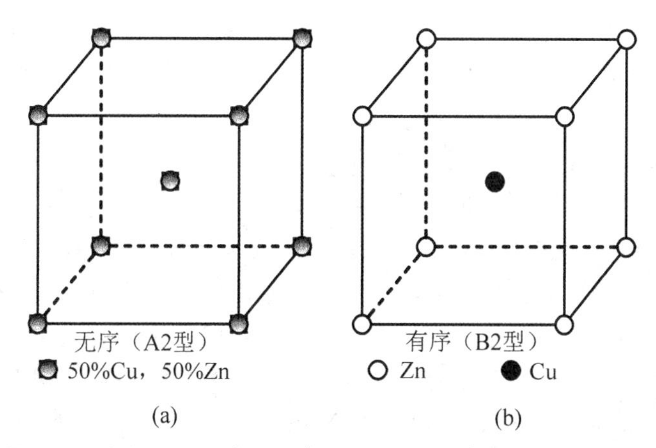

图3.15　(a)β-CuZn与(b)β'-CuZn结构示意图(50%表示原子占据此位的概率)(引自蔡珣,2010)

阵。该结构中，每个原子位置被一个 Cu 或 Zn 原子占据的概率为 50%，故原子排布成无序态。而 β′-CuZn 中的原子排布为有序态，如图 3.15(b)所示，因而晶体结构保持了 CuZn 的化学式(在面心立方点阵的晶体结构中也有类似现象，如 Cu_3Au 为有序、$Cu_{1-x}Au_x$ 为无序)。室温下 β′-CuZn 较脆、强度高、延展性低。460℃以上转化为 β-CuZn，其强度、延展性、韧性都较好，故含有 β-CuZn 的黄铜适宜压力加工。而一定数量的 β′-CuZn 会使普通黄铜塑性下降、强度提高。当 Zn 的质量分数大于 45%时，β′相使黄铜强度、塑性急剧下降，故无实用价值。

3.6.3 闪锌矿型

图 3.16 为闪锌矿型(zinc blende)的晶体结构示意图。它属于面心立方点阵，空间群为 $F\bar{4}3m$，其 Strukturbericht 符号为 B3，Pearson 符号为 cF8。每个晶胞有 8 个原子，4 个 ZnS "分子"，即 $Z=4$。晶胞中原子的位置：S(0, 0, 0)、(0.5, 0.5, 0)、(0.5, 0, 0.5)、(0, 0.5, 0.5)；Zn(0.25, 0.25, 0.25)、(0.75, 0.75, 0.25)、(0.25, 0.75, 0.75)、(0.75, 0.25, 0.75)。S、Zn 原子的配位数都是 4。

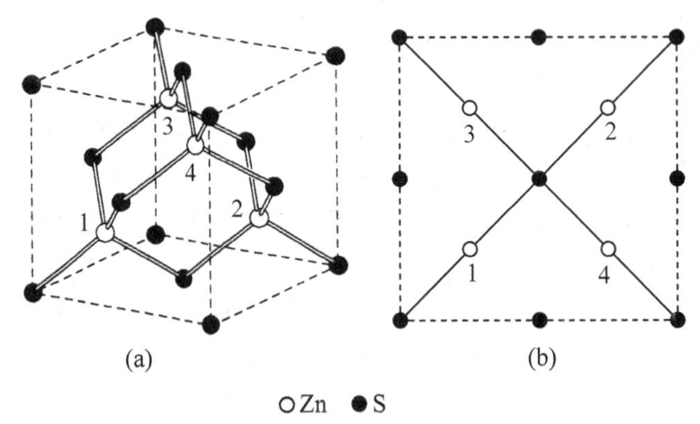

图 3.16 闪锌矿型结构示意图[图 3.16(b)为图 3.16(a)的俯视图]
(引自 Kittle, 2005)

闪锌矿型结构可看成是金刚石型结构的演变。晶胞的八个角顶和六个面心位被 S 占据，四个交错的四面体空位被 Zn 占据。Zn 只占据了 1/2 的四面体空位，还有一半的四面体空位和全部八面体空隙未被占据。属于这种晶体结构的晶体有：ⅢA～ⅤA 族化合物 GaAs、InSb、GaP、InAs、InP；ⅡB～ⅥA 族化合物 CdTe、ZnSe、ZnS；Ⅳ族化合物 β-SiC。

19 世纪初，SiC(Silicon carbide)就已被合成出来。19 世纪末，SiC 开始成为一种有用的材料。如今，它有 170 多种多型结构，但最主要的有 α-SiC、β-SiC 两种晶型。β-SiC 属闪锌矿结构，在 2 100℃以下是稳定的，常表示为 3C。β-SiC 的晶格常数为 4.36 Å，密度为 3.21 g/cm^3。早期，SiC 主要用作磨料和耐火材料。1950 年代，人们用添加剂热压烧结法制备出了致密 SiC。致密 SiC 有优异的力学性能(高强度、高硬度、耐磨损)、热学性能(耐高温、低膨胀系数和抗热震性)及化学稳定性，因而它是一类重要的高温结构陶瓷。热压烧结 SiC 的维氏硬度为 2 500 kg/mm^2，仅次于金刚石、立方 BN 和 B_4C 等少数几种材料。它的热导率高，在 300 K 时可达 270 W/(m·K)，其热膨胀系数也较低(为 4.0×10^{-6} K^{-1})。而且，从室温升到 1 400℃时，SiC 的强度无明显下降。因此，它具有优异的高温强度和抗高温蠕变能力。基于以上性能，SiC 可用于磨料和切割工具、防弹陶瓷、宇航等工业需要的各种喷嘴，高温窑具和静态热机部件；SiC 连续纤维和晶须还常用作先进复合材料的增强体。电学性能方面，SiC 的禁带宽度在2.86 eV以上，比Si的禁带宽度1.11 eV宽，这使其成为宽能带半导体。加上SiC比晶体硅有更高的热导率、电场击穿强度和最大电流密度，SiC有望在高功率的半导体材料和微电子领域得到广泛应用。

化学性能方面，SiC在1 500℃以下可与氧反应而在表面形成与其结合牢固且致密的SiO_2层。SiO_2层可阻碍氧向SiC内部进一步扩散，故其抗氧化性好。为提高超高温陶瓷ZrB_2的抗氧化性，人们还常常在ZrB_2中加入一定量的SiC。在高温下，产生的液态硼硅质玻璃渗入ZrO_2空隙中，可阻碍氧的扩散。此外，它还可作为非均相催化剂的载体。

GaAs(Gallium arsenide)，晶格常数为5.65 Å，密度为5.32 g/cm^3，300 K时的禁带宽度为1.43 eV。以GaAs、InP等为代表的化合物半导体为直接带隙半导体，Si为间接带隙型。直接带隙半导体材料的发光效率高，还具有电子饱和漂移速度高、耐高温、抗辐照等特点。

简介一下宽带隙半导体。宽带隙半导体主要指禁带宽度大于2.7 eV的半导体材料，如SiC、ZnO、GaN和金刚石等。今天，90%以上的电子器件是以半导体Si为基础的。随着极大规模集成电路的发展，对半导体材料的要求越来越高。早在20世纪50年代，Si和Ⅲ～Ⅴ族化合物半导体在微电子领域就获得了很大进展。这也使半导体激光器获得了广泛应用。但产生的激光大都在红外区，而很少在可见光的红光区、绿光区。这主要是缺少合适的宽禁带半导体。后来，人们对以GaN、ZnSe为代表的宽带隙半导体进行了深入研究。在1990年代，GaN材料的研究取得了重要突破，并推动了相关技术的发展。

在宽带隙半导体中，有一类是高温半导体。军事和宇航等工业要求电子器件的工作温度在500～600℃，而半导体Si的工作温度一般不超过200℃。为提高半导体器件的工作温度，这些领域的半导体材料，其带隙要宽，高温性能才较稳定。其中，SiC是最早得到研究的一种高温半导体材料。如今，SiC和人造金刚石薄膜都是高温半导体材料的代表。

3.6.4　纤锌矿型

图3.17示意了纤锌矿型(wurtzite)的晶体结构。该类结构属于简单六方点阵。空间群$P6_3mc$，其Strukturbericht符号为B4，Pearson符号为hP4。每个晶胞有4个原子，即$Z=2$。晶胞中的原子位置：S(0，0，0)、(2/3，1/3，1/2)；Zn(0，0，3/8)、(2/3，1/3，7/8)。S做紧密堆积，Zn填充其中的1/2四面体空隙。S、Zn原子的配位数都是4。属于这种晶体结构的晶体有：Ⅲ～Ⅴ族化合物AlN、BN、GaN、InN；Ⅱ～Ⅵ族化合物ZnO、ZnS、CdS、BeO；Ⅳ族化合物α-SiC。

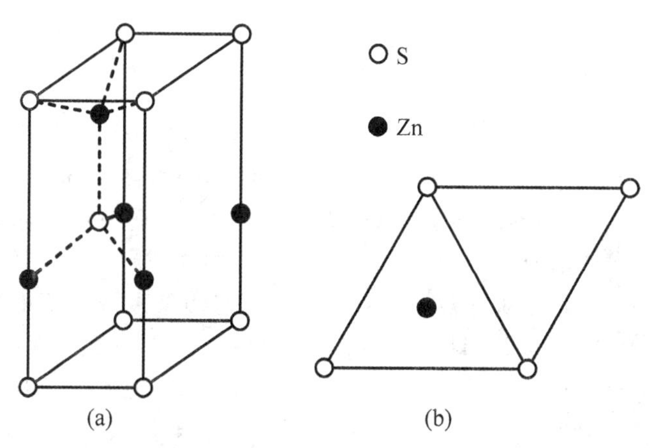

图3.17　纤锌矿型结构示意图[图3.17(b)为图3.17(a)的俯视图]

α - SiC 属高温稳定性。α - SiC 有多种变体，常见的是 4H、6H。4H(α - SiC)表示单位晶胞包含四层，其原子排列次序为 ABACABAC…。Pearson 符号为 hP8，晶格常数 $a = b = 3.07$ Å、$c = 10.05$ Å。6H(α - SiC)表示单位晶胞包含六层，其原子排列次序为 ABCACBABCACB…。Pearson 符号为 hP12，晶格常数 $a = b = 3.08$ Å，$c = 15.12$ Å。

ZnO(zinc oxide)，晶格常数 $a = b = 3.25$ Å，$c = 5.2$ Å，密度为 5.61 g/cm^3。它是典型的宽带隙半导体材料，其禁带宽度为 3.37 eV。与其他半导体材料相比，ZnO 具有极好的抗辐照性能和低的外延生长温度等优势，而有望用于室温、高效发光器、紫外发光二极管及生物传感器等。近 10 年来，ZnO 发展迅速，成为Ⅱ～Ⅵ族宽带隙半导体的主要代表，故 ZnO 越来越受到人们的广泛重视。

BeO(beryllium oxide)，晶格常数 $a = b = 2.70$ Å，$c = 4.38$ Å，密度为 3.02 g/cm^3。在 2 050℃以上，BeO 转变成金红石结构(密度为 2.69 g/cm^3)。它是目前热导率最高的陶瓷材料，室温下热导率达 310 W/(m·K)，这与 Al 的热导率接近。温度升高，BeO 的热导率下降较快，1 000℃时热导率在 20.3 W/(m·K)左右，因此其高温绝缘性好。透明 BeO 可作仪器的高温观察窗。此外，它对中子的减速能力强而用作防辐射材料。BeO 的热膨胀系数不大，室温至 1 000℃时的平均值为(5.0～8.9)×10^{-6} K^{-1}。BeO 粉末及蒸气有毒，但烧结后无毒。基于以上一些性能，BeO 主要用于大功率散热元件、高温绝缘材料、冶炼稀有金属(Be、Pt、V)的坩埚、中子减速剂和防辐射材料、大功率半导体材料等。

GaN(Gallium nitride)，晶格常数 $a = b = 3.19$ Å，$c = 5.19$ Å，密度为 6.15 g/cm^3，带隙 3.4 eV。它是蓝光发光二极管(LED)的重要材料。在红色、绿色 LED 出现后的很长一段时间，蓝色 LED 一直没有发明出来。因此用 LED 获得白光成为科学家和企业界追求的目标。1990 年代早期，日本科学家 Isamu Akasaki、Hiroshi Amano 和 Shuji Nakamura 用掺杂 GaN 制备出了发蓝光的 LED，这使得用 LED 获得白光成为可能。他们因此而获得 2014 年的 Nobel 物理学奖。

由上述可见，属于闪锌矿型和纤锌矿型结构的化合物是重要的新型的化合物半导体材料。这类结构的材料还属于宽带隙半导体。因此，人们对它们的研究也越来越多。但需注意：前面介绍的几种晶体结构，以及后面将要介绍的结构是指晶体在一定的热力学条件(如温度、压力等)下的稳定结构。当条件变化时，也可能出现另外的结构，如 ZnO 也可以有闪锌矿型结构，TiC 也可以有 CsCl 型结构。

3.7 AX_2型

3.7.1 CaF_2型

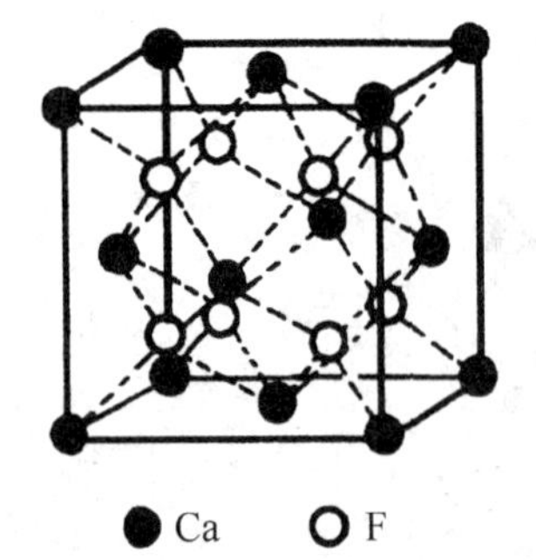

图 3.18 CaF_2 结构示意图(引自陆佩文,1991)

CaF_2型(fluotite)晶体的结构如图 3.18 所示。它属于立方晶系、面心立方格子。空间群 Fm3m，其 Strukturbericht 符号为 C1，Pearson 符号为 cF12，Z=4。该类结构可看作是半径大的 Ca 做面心立方堆积，F 填充于全部四面体空隙中。比四面体空隙大的八面体空隙未被填充，这为小半径原子或离子的扩散提供了条件。Ca 的配位数都是 8、F 的配位数都是 4。晶胞中 Ca 的坐标(0, 0, 0)、(0.5, 0.5, 0)、(0, 0.5, 0.5)、(0.5, 0, 0.5)；F 的坐标(0.25, 0.25, 0.25)、(0.75, 0.75, 0.25)、(0.25, 0.75, 0.75)、(0.75, 0.25, 0.75)。属于这种结构的晶体有立方 ZrO_2 (c - ZrO_2)、ThO_2、

UO_2、CeO_2等。

ZrO_2有三种晶型：①高温稳定的立方相$c-ZrO_2$。$a=b=c=5.08$ Å，密度为5.68～5.91 g/cm³；②中温稳定的四方相$t-ZrO_2$。$a=b=3.64$ Å，$c=5.27$ Å，密度为6.10 g/cm³；③低温稳定的单斜相$m-ZrO_2$。$a=5.17$ Å，$b=5.23$ Å，$c=5.34$ Å，$\beta=99°15'$，密度为5.56 g/cm³。$m-ZrO_2$的结构相当于变了形的萤石结构。这三种晶型间的转变如下：

$$m \xrightarrow{1\,170℃} t \xrightarrow{2\,370℃} c \xrightarrow{2\,680℃} L\text{液相}$$

其中，四方相转变为单斜相时的温度有滞后，转变温度约为950℃。这些转变在材料中有何应用呢？我们先来看看陶瓷材料的脆性这一特点，因为ZrO_2有助于改善陶瓷的脆性。

脆性是无机非金属材料的一个致命缺点。所谓脆性，简略地说，就是材料在断裂时产生很少甚至肉眼觉察不出变形的性质。大量的实验表明：实际材料除了一些极细纤维、晶须外，其实际断裂强度比理论值小很多。1920年，Griffith为此提出了微裂纹理论。后来，该理论经发展而成为断裂力学的奠基石。Griffith微裂纹理论认为实际材料中总有许多细小裂纹或缺陷。在外力作用下，应力集中现象就出现在这些裂纹或缺陷附近，尤其在裂纹尖端。当应力达到甚至超过原子间的结合力时，裂纹扩展而使材料产生断裂。计算结果表明，在其他条件一定时，裂纹尺寸越小，实际断裂强度越高，故实际材料有一个临界裂纹尺寸。只有实际裂纹尺寸大于临界尺寸，裂纹才迅速扩展，直至材料断裂。此外，材料本身的塑性能吸收能量、阻止裂纹扩展。金属材料的塑性强，因此在同样外力作用下，金属材料的临界裂纹尺寸比陶瓷材料内的裂纹尺寸大2～3个数量级。如果在微裂纹周围产生压力使裂纹呈闭合趋势，或使超过临界尺寸的裂纹变小。那么，裂纹就不易扩展，断裂韧性就会得到提高。

由于不同晶型的密度不同，故晶型转变时ZrO_2有体积变化。特别是单斜相和四方相间的转变引起的体积变化较大。因此，我们很难制备出致密而又不开裂的ZrO_2陶瓷制品。早期，科学家们用加CaO、Y_2O_3等物质的方法把$c-ZrO_2$稳定到室温，使其不发生转变。但这样的材料，其膨胀系数大、导热性不好，导致其耐热冲击性差。后来在$c-ZrO_2$中引入部分$m-ZrO_2$使其热稳定性得到提高。但它的断裂韧性又低、抗弯强度不高。1975年，澳大利亚科学家Garvie等人在《*Nature*》杂志发表了题为"Ceramic steel"的文章。该文报道了他们利用相变增韧部分稳定的ZrO_2。这种陶瓷的力学性能大幅提高。自此，全球陶瓷工作者们产生了研究ZrO_2的兴趣。该增韧原理主要是使小于临界晶粒尺寸的$t-ZrO_2$在稳定剂的作用下不发生转变。当含有这种ZrO_2的陶瓷受到外力作用时，裂纹尖端的应力使$t-ZrO_2$转变为$m-ZrO_2$，并伴随体积膨胀。一方面，体积膨胀使裂纹受压应力而呈闭合趋势不扩展。另一方面，体积膨胀可能会产生一些小于临界尺寸的微裂纹。这些微裂纹吸收主裂纹的能量或使主裂纹分散成小裂纹，从而有效抑制主裂纹扩展，断裂韧性得到提高。其中，Y_2O_3稳定的$t-ZrO_2$（YZP）在现有陶瓷材料中具有最优的综合力学性能，其断裂韧性达20 MPa·$m^{0.5}$，抗弯强度达2.0 GPa。随后，科学家们把ZrO_2的这种转变引入其他陶瓷材料中，如Al_2O_3、Si_3N_4、SiC、莫来石等，其中ZrO_2增韧Al_2O_3（ZTA）的断裂韧性可达11～15 MPa·$m^{0.5}$。

除了用于增韧陶瓷，ZrO_2还常用作研磨介质、轴承、牙齿材料、基于固体电解质的测氧探头、航空航天中的热障涂层材料等。

3.7.2 金红石型

金红石（TiO_2）型晶体的结构如图3.19所示。它属于四方晶系、简单四方格子。空间群

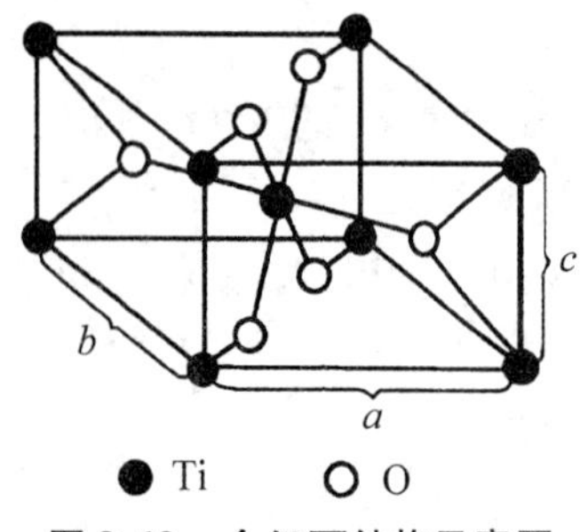

图 3.19 金红石结构示意图
(引自陆佩文,1991)

$P4_2/mnm$,其 Strukturbericht 符号为 C4, Pearson 符号为 tP6, $Z=2$。我们可把该结构看作是 O 做近似六方紧密堆积。Ti 位于变形的八面体空隙中而构成[TiO_6]八面体,但 Ti 只占据一半的八面体空隙。晶胞中 Ti 的坐标(0, 0, 0)、(0.5, 0.5, 0.5);O 的坐标(0.31, 0.31, 0)、(0.69, 0.69, 0)、(0.81, 0.19, 0.5)、(0.19, 0.81, 0.5)。具有这种结构的晶体主要有金红石、SnO_2、WO_2、PbO_2。

TiO_2有三种常见的晶型:金红石型(rutile)、锐钛矿型(anatase)和板钛矿型(brookite)。其中,金红石分布最广、结晶状态稳定。金红石的晶格常数 $a=b=4.59$ Å, $c=2.96$ Å。

TiO_2是冶炼金属 Ti 的矿物原料。Ti 合金广泛用于军工、航空航天技术。冶炼金属 Ti 可用氯化冶金的方法。Ti 与氯元素结合形成易挥发的 $TiCl_4$。$TiCl_4$挥发而与脉石分离。回收后的 $TiCl_4$经 Mg 在一定温度下还原得到金属 Ti。该反应过程示意如下:

$$TiO_2 \xrightarrow{\text{氯化剂}} TiCl_4 \xrightarrow{Mg} Ti$$

金红石的介电常数高。因此,金红石瓷成了一种利用较早的高介电材料而用作无线电电容器陶瓷。金红石的折射率也很大(达到 2.6~2.9),故可被用于制备光学材料。它也常用于陶瓷工业的乳浊剂以增强釉的遮盖能力。

锐钛矿结构的 TiO_2加热到 550~1 000℃时可转变为金红石型 TiO_2。锐钛矿型 TiO_2的光催化能力较强而常被作光催化材料。这种光催化材料可去除水和空气中的污染物,也可在陶瓷上形成自清洁表面。TiO_2在工业中通常称作钛白粉。钛白粉可用于油漆、涂料的白色颜料及纸张填料。

金红石结构的 SnO_2(Tin dioxide),其晶格常数 $a=b=4.74$ Å, $c=3.19$ Å。SnO_2是一种半导体材料,禁带宽度为 3.6 eV。SnO_2陶瓷是最常见的气敏材料之一,1968 年就已经商品化。加入一定催化剂的 SnO_2陶瓷,可检测某些气体。比如加微量 $PdCl_2$的 SnO_2陶瓷可检测 CH_4、CO;加微量 Pt 的 SnO_2陶瓷可检测 CO。

3.7.3 AlB_2型

该型晶体属于六方晶系、简单六方格子,晶胞如图 3.20 所示。空间群 P6/mmm,其 Strukturbericht 符号为 C32, Pearson 符号为 hP3。Al 原子占据六棱柱角顶和底心位置;B 原子处于 Al 原子构成的三角形重心上方。金属原子层与 B 原子层交替排列。原子坐标 Al(0, 0, 0); B(1/3, 2/3, 1/2)、(2/3, 1/3, 1/2), $Z=1$。结构中的离子键、共价键和金属键赋予这类晶体很高的硬度和高温稳定性及良好的导电性和导热性。具有这种结构的晶体有 TiB_2、ZrB_2、HfB_2、TaB_2、MgB_2、AlB_2等,其中 ZrB_2和 HfB_2被看作是很有应用前景的超高温陶瓷材料。

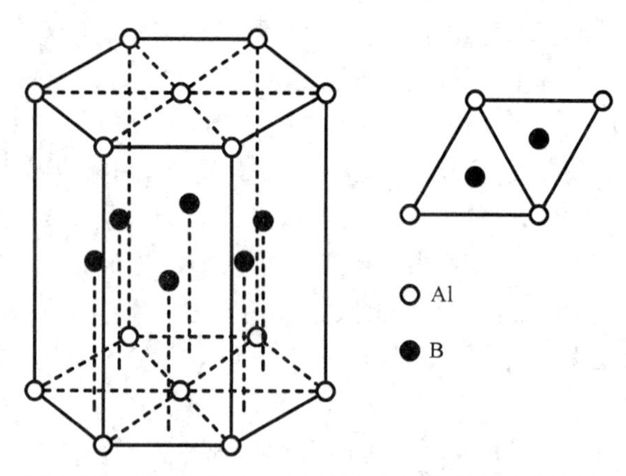

图 3.20 AlB_2 型结构示意图(右上图为其晶胞俯视图)

超高温陶瓷(ultrahigh temperature ceramics, UHTCs)是指能在1 600℃,尤其是2 000℃以上时,在反应气氛中能够保持其物理、化学稳定性的一类陶瓷材料。它属于高温材料的一种。从1960年代后期开始,高温陶瓷材料的研究主要集中在SiC、Si_3N_4上。随着新型燃气发动机的出现和超音速飞行器速度的提高,飞行器的羽翼边缘、尖锐的鼻部前端和发动机等部位的温度急剧增加。在1 s内,这些部位的温度会迅速升到2 000℃左右。这迫切需要一种更耐高温的材料以保护这些部位。首先,这些材料的熔点要高,通常要高于2 000℃。其次,要有一定的抗氧化能力。因为飞行器的飞行环境及发动机的燃料燃烧环境中具有氧化性气氛的气体。第三,热震稳定性等其他性能要好。熔点超过2 000℃的材料有300多种。氧化物的熔点高、可抗氧化,但脆性大,且温度超过2 000℃时,氧化物易挥发。ThO_2有放射性;BeO有毒;ZrO_2、HfO_2虽然熔点高、不易挥发,但其相变会产生裂纹,而且ZrO_2、HfO_2不易烧结达到致密化。金属中,铼(Re)的熔点仅次于钨(W)。温度升高,铼的抗张强度从室温时的1 172 MPa,下降到2 700℃时的50 MPa。铼的应用受限主要原因还有成本高、密度大(22 g/cm^3)、不易机械加工、高温下的抗氧化性也不好。TiC、ZrC、HfC、TaC熔点高无相变,但它们氧化后的金属氧化物不易烧结,易粉化剥落。碳化物氧化产生的CO或CO_2会离开表面,氧化持续进行。C/C复合材料熔点高、质量轻,但在超高温下更易被氧化。

与前面几种材料相比,过渡金属的二硼化物,尤其是ZrB_2、HfB_2特别受到人们的关注。ZrB_2、HfB_2在高温下氧化成ZrO_2、HfO_2、B_2O_3。ZrO_2、HfO_2构成骨架,液态B_2O_3填充于骨架中,可阻止氧进一步向内部扩散,还能促进ZrO_2、HfO_2的烧结。然而,随着温度的升高,B_2O_3开始挥发,抗氧化性减弱。因而大多数硼化物只在较低温度(1 200~1 400℃)下具有相对好的抗氧化性,故超高温陶瓷的氧化成了制约其发展的一个瓶颈。Clougherty等在1960年代开始把SiC引入ZrB_2、HfB_2中。他们的最初目的是细化晶粒、提高强度。然而,在高温下形成了液态硼硅玻璃,其挥发性没有B_2O_3大,而且硼硅玻璃与底层氧化物(ZrO_2、HfO_2)的润湿性较好、黏附性较强,抗氧化性得到了提高。因此,人们对掺入了SiC的ZrB_2和HfB_2的研究至今仍如火如荼。但是,当温度高于2 000℃时,液态硼硅玻璃也很快挥发,失去保护作用。因此,对超高温陶瓷材料的抗氧化性研究仍是今后很长一段时间需要研究的课题。表3.4列出了ZrB_2、HfB_2部分性能参数。

表3.4 ZrB_2、HfB_2部分性能参数(引自Justin, 2011)

	a /Å	c /Å	ρ /(g/cm^3)	熔点 /℃	热导率 ($W \cdot m^{-1} \cdot /℃^{-1}$)	热膨胀系数 /$℃^{-1}$
ZrB_2	3.17	3.53	6.10	3 245	60	5.9×10^{-6}
HfB_2	3.14	3.47	11.20	3 380	104	6.3×10^{-6}

3.8 刚玉型

刚玉(corundum)型结构的晶体(图3.21)属于三方晶系、菱面体格子。空间群$R\bar{3}c$,其Strukturbericht符号为$D5_1$, Pearson符号为hR10, $Z=2$。菱面体晶胞中的原子坐标Al(0.333, 0.667, 0.018 7), O(0.361, 0.333, 0.083 3)。O做紧密堆积,Al填充于2/3的八面体空隙中,形成[AlO_6]八面体。根据Pauling规则,为避免过多的[AlO_6]八面体共面而降低结构稳定性,同层或层间的Al的相互距离应保持最大。结合Al、O的排布,每12个Al、O层为一个重复周

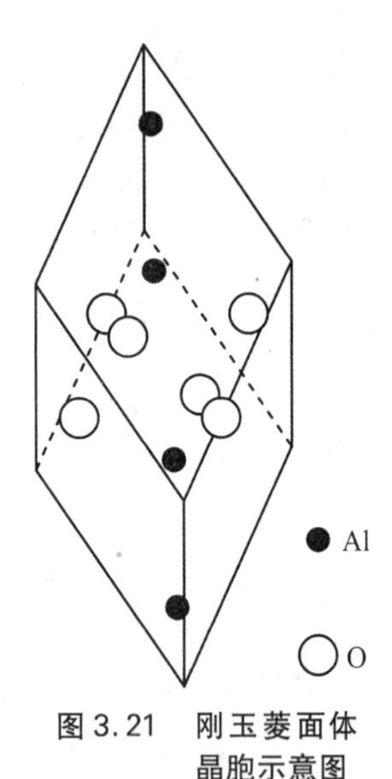

图3.21 刚玉菱面体晶胞示意图

期。具有刚玉结构的晶体主要有 $\alpha-Al_2O_3$、$\alpha-Fe_2O_3$、$\alpha-Cr_2O_3$等。

$\alpha-Al_2O_3$菱面体晶胞的晶格常数 $a=b=c=5.14$ Å，$\alpha=\beta=\gamma=55°17'$。它是氧化铝的高温稳定型结构。在温度高于1 300℃时，$\gamma-Al_2O_3$可转变为$\alpha-Al_2O_3$。$\alpha-Al_2O_3$的力学性能优异、硬度高，其莫氏硬度为9，仅次于金刚石。莫氏硬度是1812年奥地利矿物学家Fridrich Mohs提出的以10种硬度递增的矿物为标准来测定的相对硬度，表3.5。

$\alpha-Al_2O_3$可作氧化铝瓷的主晶相。工业上，人们常按Al_2O_3的质量分数来命名氧化铝瓷，如Al_2O_3的质量分数在75%左右，则称作75瓷。此外还有95瓷、99瓷等。氧化铝瓷的机电性能优良，而常用作结构材料，如切削金属的刀具、轴承球和研磨介质等。利用其优良的电绝缘性能来作陶瓷基板、真空开关和绝缘陶瓷。氧化铝生物陶瓷在1963年就开始用在外科手术中，那是因为其生物相容性较好之故。迄今，氧化铝瓷已在假牙、人工中耳骨等领域获得了应用。透明氧化铝瓷因对可见光、红外线有良好的透过性，而被用在高压钠灯和红外检测窗口上。

表3.5 莫氏硬度等级及标准矿物

莫氏硬度等级	标准矿物	莫氏硬度等级	标准矿物
1	滑石	6	正长石
2	石膏	7	石英
3	方解石	8	黄玉
4	萤石	9	刚玉
5	磷灰石	10	金刚石

氧化铝在珠宝领域也占有非常重要的地位。大家经常听说的红宝石、蓝宝石，其主晶相为$\alpha-Al_2O_3$。红宝石含有少量的Cr^{3+}，色泽随Cr^{3+}的质量分数不同而变化。红宝石中的极品被称为“鸽血红”，它含Cr^{3+}的质量分数在1%左右。红宝石还被誉为“爱情之石”、七月诞生石和结婚四十周年的纪念石。1920年，人们就已制造出了人工红宝石。人工红宝石可作为激光材料和工业应用。除红宝石外，蓝宝石是其他颜色的刚玉宝石之通称，其主要成分为$\alpha-Al_2O_3$，常伴有Ti、V、Fe、Mn、Ni等过渡族的金属元素。蓝宝石中，蓝色蓝宝石被视为瑰宝，它的显色是因存在Fe^{2+}和Ti^{4+}之故；黄色蓝宝石主要由Fe^{3+}或色心致色。

3.9 ABO_3型

ABO_3型结构可看成是A_2O_3型刚玉结构的变体。刚玉结构中A位置的Al被一个+2价和一个+4价离子取代就成了$FeTiO_3$（钛铁矿）；A位置的Al被一个+1价和一个+5价离子取代就成了$LiNbO_3$一样的结构。图3.22示意了刚玉、钛铁矿和$LiNbO_3$结构中阳离子的排布。ABO_3型结构中，A离子与O^{2-}尺寸大小相近形成了$CaTiO_3$（钙钛矿）结构；A离子与O^{2-}尺寸大小相差较大就形成了$FeTiO_3$（钛铁矿）结构；若高价B离子很小，则B不能被氧八面体包围，就形成了$CaCO_3$结构。

3.9.1 $LiNbO_3$

$LiNbO_3$晶体的空间群R3c，菱面体格子，其六方晶胞晶格常数 $a=b=5.15$ Å，$c=1.39$

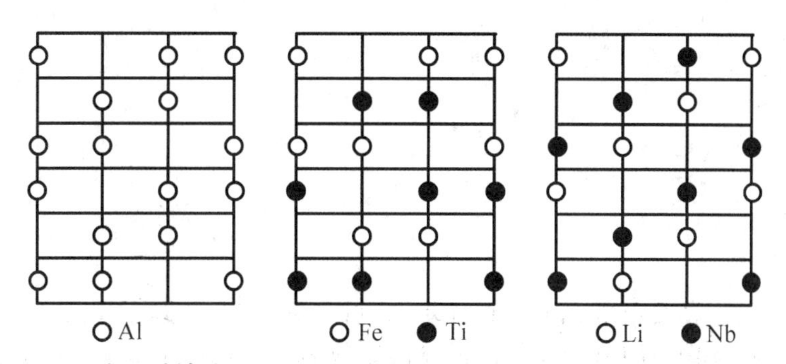

图3.22　刚玉、钛铁矿和 $LiNbO_3$ 结构中阳离子排布示意图(引自宋晓岚,2006)

Å。$LiNbO_3$晶体是目前用途比较广泛的新型无机材料。它常用作压电换能材料、铁电材料和电光材料等。作为电光材料,$LiNbO_3$晶体在电场作用下,其折射率会发生变化。利用该特性,我们把 $LiNbO_3$晶体用作电光调制器,在光通信中起到光调制作用。

3.9.2　$CaTiO_3$

$CaTiO_3$在600℃以下为正交晶系,空间群 Pcmm, $a=5.37$ Å, $b=7.64$ Å, $c=5.44$ Å, $Z=4$。600℃以上为简单立方格子,立方晶系,空间群 Pm3m, $a=3.85$Å, $Z=1$。我们常说的钙钛矿结构大都指的是立方晶系结构,如图 3.23 所示。它是以俄国矿物学家 L. A. Perovski (1792—1856 年)的姓来命名的。

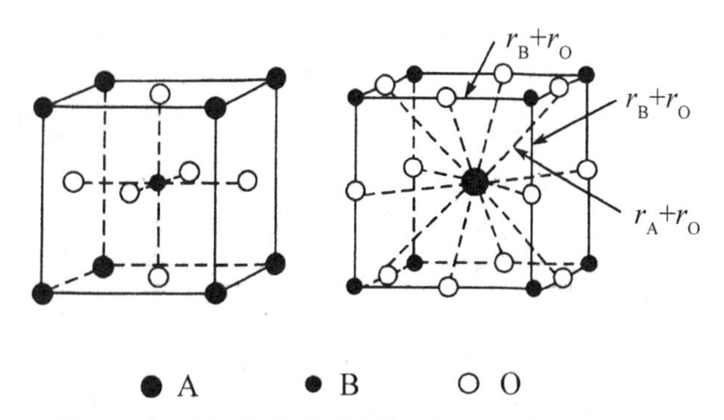

图 3.23　ABO_3 钙钛矿型结构示意图(引自周玉,2004)

钙钛矿结构中,O 和半径较大的 Ca 共同组成立方紧密堆积,Ti 填充在 1/4 的八面体空隙中,构成[TiO_6]八面体。立方钙钛矿结构中原子的位置 A(0, 0, 0), B(0.5, 0.5, 0.5), O(0, 0.5, 0.5)。钙钛矿结构的晶体在高温时属于立方晶系,降温时会在某个临界温度以下产生结构畸变,对称性下降,如图 3.24 所示。立方晶系的钙钛矿结构可变为四方、正交或三方等晶系的结构。属于钙钛矿结构的 $BaTiO_3$可发生如下变化:

$$\text{三方晶系}\xrightarrow{-80℃}\text{正交晶系}\xrightarrow{5℃}\text{四方晶系}\xrightarrow{120℃}\text{立方晶系}\xrightarrow{1\,460℃}\text{六方晶系}\xrightarrow{1\,612℃}\text{熔体}$$

正是这些结构的变化赋予了一些有钙钛矿结构的晶体产生超导性、庞磁阻效应及铁电性。这里介绍一下铁电性(ferroelectricity),我们先从介电性(dielectricity)开始。

正负电荷中心重合的无极性分子(如 H_2分子)在外电场的作用下,正负电荷中心分开而形成电偶极子的现象称为电子位移极化。本身正负电荷中心就不重合的极性分子(如 H_2O 分子)存在固有偶极子。极性分子在外电场的作用下,固有偶极子的方向转向外电场的方向,这

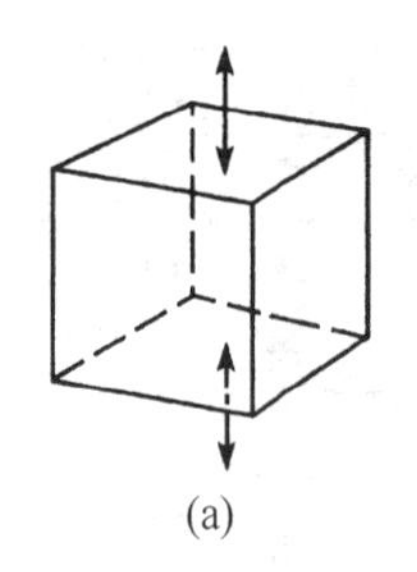
(a)
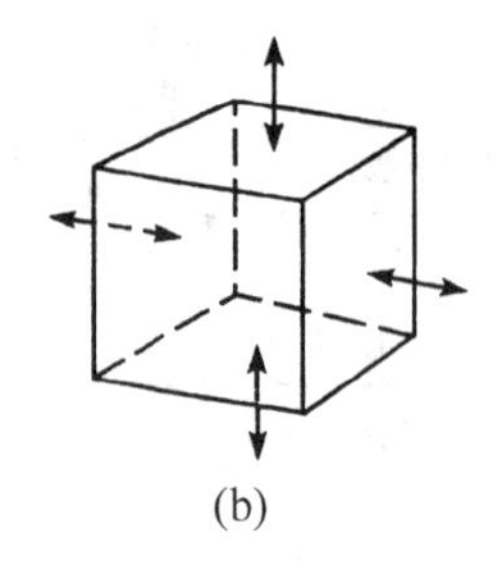
(b)
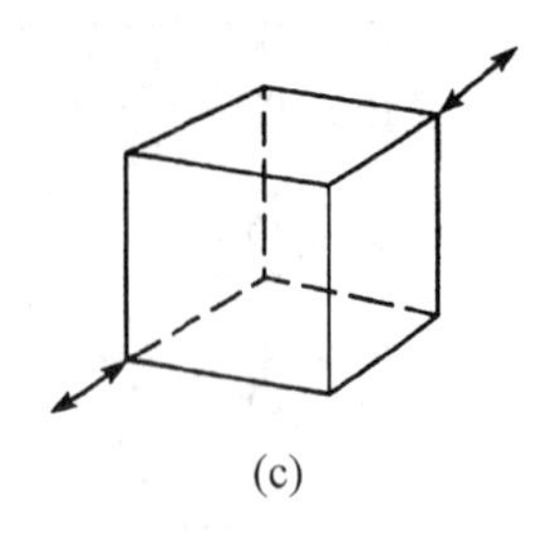
(c)

图3.24 立方钙钛矿结构变形时形成的晶系(引自周玉,2004)

(a)单轴方向变形→四方晶系;(b)双轴方向变形→正交晶系;(c)对角线方向变形→三方晶系

称作取向极化。外电场场强越强,偶极子排列越整齐。在外电场的作用下,能产生极化的物质称作电介质。电介质与外电场的方向相垂直的两个端面分别有未被抵消的正负电荷,它们被称作感应电荷或束缚电荷。束缚电荷不能自由移动。单位体积内,电偶极矩矢量和为极化强度 P。通常,电介质的极化强度 P 与宏观场强 E 成正比,即 P 与 E 呈线性关系。

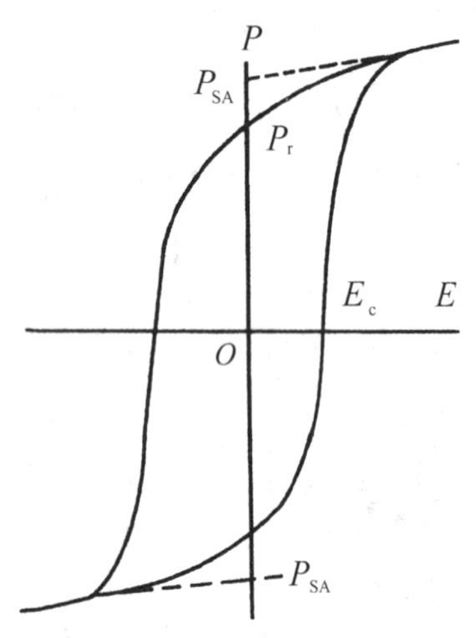

图3.25 电滞回线示意图 P_{SA}:无电场时单畴自发极化强度;P_r:剩余极化强度;E_c:矫顽电场(引自殷之文,2003)

但有一类电介质,其 P 与 E 呈非线性关系。这类晶体的每个晶胞正负电荷中心不重合,存在固有偶极矩。这类晶体称作极性晶体。若极性晶体中的固有偶极矩自发地朝一个方向整齐排列称作自发极化,自发极化方向相同的区域叫电畴。铁电晶体就是在一定温度范围内含有自发极化,并且自发极化方向可随外电场做可逆转变的晶体。因此,铁电晶体一定是极性晶体,但极性晶体不一定是铁电晶体。在外电场作用下,各电畴的自发极化方向趋于一致,P 与 E 具有如图 3.25 所示的电滞回线关系。

如何理解自发极化呢?早在1950年,John Clarke Slater(1900—1976年)就认为 $BaTiO_3$ 的自发极化机理源于其中的 $[TiO_6]$ 八面体空隙大于 Ti^{4+} 的体积。Ti^{4+} 在空隙中有一定的位移空间。当温度高于120℃时,Ti^{4+} 的热振动能大,接近周围六个 O^{2-} 的概率一样。其结构仍保持高度的对称性。统计上,晶胞正负电荷中心重合,无电偶极矩,故自发极化强度为零。当温度低于120℃时,Ti^{4+} 的热振动能下降,且不足以克服 Ti^{4+} 与 O^{2-} 之间的电场作用。结果 Ti^{4+} 向某个 O^{2-} 靠近,这就使得晶胞正负电荷中心分离,且 Ti^{4+} 还使 O^{2-} 的电子云发生偏移而出现电子位移极化。在此过程中,晶胞还出现沿 c 轴拉长,a,b 轴缩短而使 $BaTiO_3$ 从立方结构变成四方结构。这些变化导致 $BaTiO_3$ 晶胞产生自发极化。Slater 的这种看法解释了自发极化的产生,对理解铁电性有很大帮助。现在对铁电性的认识已发展出了更好的“软模理论”。请有兴趣的读者自行阅读这方面的资料。图 3.26 示意了晶体的铁电性与热电性、压电性及介电性之间的关系。这几种性质都涉及晶胞正负电荷中心是否重合及产生极化。

从对称型来看,在32种宏观对称型中,21个无对称中心。在这无对称中心的21个对称型中,20种有压电性。压电性是指晶体的电偶极矩因晶体的弹性形变而改变,即应变导致极化的性质。在压电晶体中有10种对称型具有唯一的自发极化轴,可以出现自发极化,这种自发极化还可因温度的改变而发生变化。因而,这10类晶体称作热释电体。在热释电体中,又

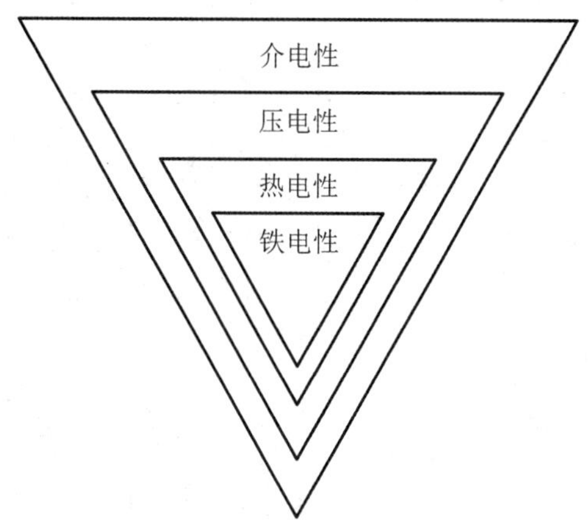

图 3.26　晶体铁电性、热电性、压电性及介电性之间的关系示意图(引自李世普,1990)

有一部分晶体的自发极化可在电场作用下改变方向,存在电滞回线,即铁电体。

1920年,Joseph Valasek发现罗息盐(化学名称为酒石酸钾钠)晶体在外电场E作用下,其极化强度P有如图3.25所示的关系。罗息盐的这种特性最初被称作Seignette电性。因罗息盐的$P-E$曲线与当时已知的铁磁体$B-H$磁滞回线很相似,故把Seignette电性称作铁电性,具有铁电性的物体称作铁电体(分别对应磁学中的铁磁性、铁磁体)。实际上,铁电性与铁没有关系。1925年,人们发现钛酸盐有很高的介电常数。为了寻找高介电常数的陶瓷作电容器,1945年,人们找到了$BaTiO_3$,其介电常数高达1 000~3 000。随后,人们又发现了$BaTiO_3$也具有铁电性。不久,Slater解释了其机理。在今天已知的一千多种铁电晶体中,$CaTiO_3$结构的铁电体是数目最多的一类。而铁电性又是多铁材料(multiferroic materials)的一类。多铁材料是指含有一种以上初级铁性性质的化合物。初级铁性是指铁电性、铁磁性(ferromagnetism)、铁弹性(ferroelasticity)。如今,多铁材料已成为物理和材料领域的研究热点。

我们再回到ABO_3型的$CaTiO_3$结构。理想的$CaTiO_3$结构,其A、B和O的离子半径满足关系$r_A+r_B=\sqrt{2}(r_B+r_O)$。但实际晶体与此有偏差,结构存在畸变,因而产生介电性能。引入容差因子t来描述非理想的$CaTiO_3$结构$r_A+r_B=t\sqrt{2}(r_B+r_O)$。$t=1$时为理想结构;$t>1$时,$r_A$过大,$r_B$过小;$t<1$时,$r_A$过小,$r_B$过大。一般而言,$CaTiO_3$结构的$t$值范围为$t\in(0.7, 1.0)$。据此,可选择掺杂元素。这在材料设计、改善材料性能方面显得非常重要,如具有优异铁电、压电及电光性能的透明铁电陶瓷$Pb_{1-x}La_x(Zr_yTi_{1-y})_{1-x/4}O_3$,以及La、Dy共掺杂的$SrTiO_3$热电材料都运用到了这种关系。$CaTiO_3$结构的晶体(表3.6)主要应用于铁电、压电、热释电及电光等领域。

表 3.6　常见$CaTiO_3$结构的晶体(引自陆佩文,1991)

化合物 (1+5)	化合物 (2+4)		化合物 (3+3)	
$NaNbO_3$	$CaTiO_3$	$PbTiO_3$	$YAlO_3$	$LaMnO_3$
$KNbO_3$	$BaTiO_3$	$BaZrO_3$	$LaAlO_3$	$LaFeO_3$
	$SrTiO_3$	$PbZrO_3$	$LaCrO_3$	

注:"化合物"文字下的数字分别表示A、B位原子的化合价。

3.10 AB_2O_4型

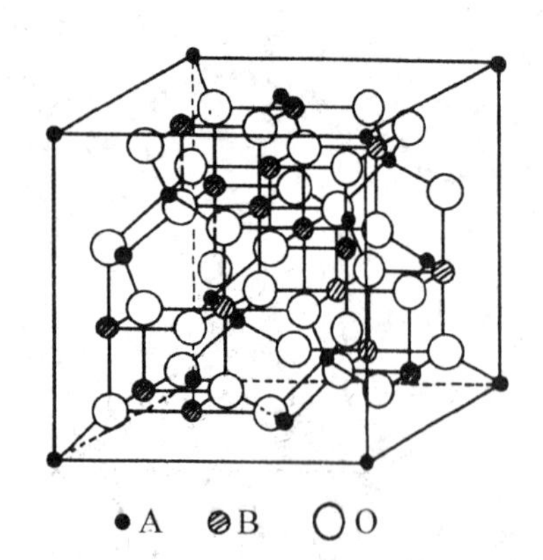

图 3.27 AB_2O_4 尖晶石型结构示意图(引自周玉,2004)

AB_2O_4型结构(图 3.27)也叫尖晶石结构(spinel),其空间群 $Fd\bar{3}m$,面心立方格子,等轴晶系。晶胞中的原子坐标 A(0, 0, 0),B(0.125, 0.625, 0.125),O(0.11, 0.39, 0.11),$Z=8$。一般而言,A 为+2 价的 Mg^{2+}、Fe^{2+}、Zn^{2+}、Mn^{2+}等;B 为+3 价的 Fe^{3+}、Al^{3+}、Cr^{3+}等,如 $MgAl_2O_4$。但也有 A 为+4 价,B 为+2 价的,如 $TiMg_2O_4$。尖晶石结构很早就由 Lawrence Bragg 于 1915 年确定了。在该结构中,O 做立方紧密堆积,单位晶胞有 64 个四面体空隙,32 个八面体空隙。根据 A、B 在结构中分布的不同,尖晶石结构有三种类型:一是正尖晶石结构,即 A 分布在 1/8 四面体空隙中,形成$[AO_4]$配位,B 分布在 1/2 八面体空隙中,形成$[BO_6]$配位,如 $MgAl_2O_4$;二是反尖晶石结构,A 分布在八面体空隙中,一半的 B 分布在四面体空隙,另一半的 B 在八面体空隙中,如磁铁矿 $Fe^{3+}[Fe^{3+}Fe^{2+}]O_4$(即 Fe_3O_4),$[Fe^{3+}Fe^{2+}]$表示 Fe^{3+}、Fe^{2+}都分布在八面体空隙中;三是混合型,即 A、B 在四面体和八面体空隙中都有分布,通式可表示为 $A_{1-x}B_x[A_xB_{2-x}]O_4$,如锰铁矿 $MnFe_2O_4$,表示为$(Mn^{2+}Fe^{2+})(Fe^{3+}Mn^{3+})_2O_4$。尖晶石结构还常常根据 B 离子(+3 价)的不同,划分出 3 个系列:铝系尖晶石($MgAl_2O_4$、$BeAl_2O_4$、$FeAl_2O_4$);铁系尖晶石($CuFe_2O_4$、$MnFe_2O_4$、$TiFe_2O_4$);铬系尖晶石($FeCr_2O_4$、$MgCr_2O_4$)。表 3.7 列出了具有尖晶石结构的常见晶体。

表 3.7 具有尖晶石结构的常见晶体(陆佩文,1991)

$MgAl_2O_4$	$CuFe_2O_4$	$CoFe_2O_4$	$FeCr_2O_4$	$TiMg_2O_4$
$BeAl_2O_4$	$MnFe_2O_4$	$MgFe_2O_4$	$MgCr_2O_4$	VMg_2O_4
$FeAl_2O_4$	$TiFe_2O_4$	$ZnFe_2O_4$	$NiCr_2O_4$	$ZnMn_2O_4$
$MnAl_2O_4$	$FeFe_2O_4$		$ZnCr_2O_4$	$MnMn_2O_4$

$FeFe_2O_4$为磁铁矿的主要晶相,也表示为 Fe_3O_4或 $Fe^{2+}Fe_2^{3+}O_4^{2-}$,也看作由 Fe_2O_3和 FeO 的有机结合成 $Fe_2O_3 \cdot FeO$。Fe^{3+}分布在四面体和八面体空隙中,Fe^{2+}只分布在八面体空隙中。Fe_3O_4的晶格常数 $a=8.396$ Å。它属于反尖晶石结构的铁氧体,且具有最佳的软磁性能。铁氧体(ferrite,英文名与金属中的铁素体相同)可以看成是以铁的氧化物为主要成分的一种陶瓷材料。大部分铁氧体具有磁性。

对铁氧体的研究,我们可追溯至 1909 年。那年,S. Hilpert 首次系统报道了各种铁氧体化学成分与其磁性的关系。1932 年,日本 Takei 和 Kato 的研究组首次获得了由 Fe_3O_4和 Co 铁氧体复合的商用磁性材料。他们也发现反尖晶石铁氧体具有很强的磁性。接着,Philips 公司也开始研究铁氧体。该公司的研究人员在铁氧体科学和技术领域都做出了重要贡献。在 Philips 公司,研究人员已认识到铁芯电磁铁和变压器中的涡流损耗。他们认为如果用电绝缘磁性材料代替铁芯将会为工业带来巨大财富。于是,研究人员从磁铁矿($Fe_2O_3 \cdot FeO$)开始寻找形如 $Fe_2O_3 \cdot MeO$ 的磁性氧化物(Me 是指 Cu、Zn、Co 等二价金属)。很快,这类材料被命名为铁氧体,并发现它们具有尖晶石结构。然而,商用铁氧体材料在早期并未引起世人的注意。那是因为这些铁氧体的磁学性能远不如具有铁磁性的合金。1950年代,随着收音机、电视和计算机等的出现,人们对铁氧体的兴趣再次被激起。虽然铁氧体的一些磁性能不如磁性合金,但它具有高频适用性、耐热、耐腐蚀、价廉等特性,而且反尖晶石铁氧体通常具有最佳的软磁性能。

铁氧体材料的结构有六种：尖晶石型、石榴石型、磁铅石型、钙钛矿型、钛铁矿型和钨青铜性。其中重要的是尖晶石型、石榴石型和磁铅石型三种。铁氧体材料通常可作为无线电电子的装置元件、记忆元件及永久磁石等。此外,自然界中的尖晶石,如果结晶完整、光泽性好则可作为宝石。其中,由 Cr、Fe 形成的红尖晶石最受青睐。

3.11　金属间化合物结构概述

纯金属的性能(如强度)大都满足不了需求。人们往往要在纯金属中加入其他组元来形成合金(alloy)。合金各组元间存在复杂的物理、化学作用,这导致出现成分和结构不同的合金相。合金相可分为固溶体和金属间化合物。固溶体的内容,我们将在下一章介绍。金属间化合物(intermetallic compound)是由金属与金属,或金属与准金属构成的材料。金属间化合物不仅晶体结构和成分与组元不同,而且成分还可在一定范围内波动。多数金属间化合物具有金属键性质。

Goldschmidt 在1920年代研究共价晶体和金属间化合物时发现这两类物质遵循不同的规则,通常的化合价规则对金属间化合物不适用。而且,在 Cu-Zn 体系中,随着 Zn 含量的增加,β、γ、ε 型合金会相继出现。对此,学化学出身的 Willanm Hume-Rothery(1899—1968年)研究了这种现象后,经验性地建立了一系列金属间化合物的预测方法。其中,电子浓度是他提出的一个判据。而另一位学物理出身的 Harry Jones 从理论上解释了稳定结构类型与合金浓度的关系。这两人在将固体电子理论引入冶金学方面做出了重要贡献。

3.11.1　电子化合物

Hume-Rothery 的经验规则表明金属间化合物的成分如果不用质量分数或摩尔分数,而用电子浓度表示的话,则有相同或相近电子浓度的金属间化合物都有相同或近似结构。这类金属间化合物被称为电子化合物。它主要由ⅠB族与ⅡB、ⅢA、ⅣA族元素结合形成。电子浓度 e/a=价电子数/原子数,它表示金属间化合物中每个原子所占有的价电子数。$e/a = Z_1C_1 + Z_2C_2 + \cdots + Z_iC_i$,式中 Z_i 表示 i 原子的价电子数,C_i 表示 i 原子的原子分数。

大多数电子化合物晶体结构与电子浓度有如下对应关系：当 e/a 为 3/2 时,具有体心立方结构,即 β 相,比如 β-CuZn,$1\times(1/2)+2\times(1/2)=3/2$,如图3.15(a)所示。当 e/a 为 21/13 时,具有复杂立方结构,即 γ 相,如 Cu_5Zn_8,$1\times(5/13)+2\times(8/13)=21/13$。当 e/a 为 7/4 时,具有密排六方结构,即 ε 相,如 $CuZn_3$,$1\times(1/4)+2\times(3/4)=7/4$。在计算电子浓度时,非ⅠB、ⅡB族的过渡金属在形成金属间化合物时不提供价电子。因而其价电子视为零,如 FeAl、Fe 的价电子视为零,则其电子浓度为 $0\times(1/2)+3\times(1/2)=3/2$。表3.8列出了一些常见电子化合物及其结构。

表 3.8 常见电子化合物及其结构(引自蔡珣,2010)

e/a 为 3/2			e/a 为 21/13	e/a 为 7/4
体心立方结构	复杂立方 β-Mn 结构	密排六方结构	γ 黄铜结构	密排六方结构
CuZn	$CoZn_3$	AgCd	Cu_9Al_4	Cu_3Si
Cu_3Zn		Ag_3Al	Cu_9Ga_4	$AgZn_3$
Cu_5Sn		Au_5Sn	Au_5Zn_8	Ag_5Al_3
FeAl			Ni_5Be_{21}	$AuCd_3$
NiAl			$Na_{31}Pb_8$	Au_5Al_3

电子化合物主要含金属键,具有金属特性。其硬度较高,但塑性差,可作为合金材料中的强化相。

3.11.2 尺寸因素化合物——密排相

这类金属间化合物的晶体结构主要由组元的原子半径比决定。金属键因无方向性和饱和性,故金属原子的配位数(CN)应尽可能高。纯金属晶体可看作是等径球密堆而成,其中 CN=12,堆积系数为 0.74。结构中存在四面体和八面体空隙。如果晶体结构全由四面体堆积而成,那空间利用系数会提高。但这样只能提高局部空间的利用率,而其他地方却有更大的空隙,且不能获得长程有序排列,故纯金属中不会出现全由四面体配位的多面体堆积而成。而合金有大小不同的原子,所以可能出现配位数大于 12 的情况,故合金结构全由四面体堆积的可能性要比纯金属大。人们把这种由高配位、密堆积而成的晶体结构称为拓扑密排相,简称 TCP(Topologically Closed-Packed)。TCP 由密排四面体按一定的次序堆垛而成。典型的密排相有 Laves 相、σ 相和 Cr_3Si 相等。

首次描述 Laves 相结构的是德国化学家 Fritz Laves(1906—1978 年)。二元合金的 Laves 相具有形如 AB_2 型的化学式。在已探明结构的 125 种 AB_2 型化合物中,有 82 种属于 Laves 相。Laves 相的形成条件:①A 原子半径r_A略大于 B 原子半径r_B。r_A/r_B的理论值为 1.225,实际值在 1.05~1.68 之间;②电子浓度。一定的结构对应一定的电子浓度。典型的 Laves 相有 $MgCu_2$、$MgZn_2$ 和 $MgNi_2$。Laves 相中,A 原子配位数可达到 16、B 原子配位数可达到 12,故该类结构可看作由配位数是 16 和 12 的两种配位多面体堆积而成。Laves 相在 Mg 合金中主要作强化相。在铁基和镍基高温合金中,较多的 Laves 相会降低合金性能。

σ 相具有复杂四方结构,轴比 $c/a \approx 0.52$。每个晶胞含 30 个原子。σ 相在常温下硬而脆,故通常对合金有害。不锈钢中的 σ 相易引起晶间腐蚀和脆性。

3.11.3 尺寸因素化合物——间隙相

间隙相由半径较大的过渡金属和半径较小的 H、B、C、N 和 Si 形成的金属间化合物。其中较小的原子填充在过渡金属堆积形成的间隙中,故叫间隙相。Gunnar Hägg 研究了这类化合物后提出 Hägg 规则:原子的半径比不同,结构也不同。设r_X为小原子的半径,r_M为大原子的半径。

当$r_X/r_M<0.59$时形成简单间隙相,如 Me_4X——Nb_4C;Me_2X——W_2C、Ti_2H;MeX——TiC;MeX_2——ZrH_2(Me 为金属)。TiC 等过渡金属的碳、氮化合物属于 NaCl 结构,在金属学领域,人们把它们划到这一类别中。

当$r_X/r_M>0.59$时形成复杂间隙相。主要是 Cr、Mn、Fe、Co 和 Ni 的碳化物及 Fe 的 B

化物,如 Me_3C——Fe_3C;Me_7C_3——Cr_7C_3;$Me_{23}C_6$——$Cr_{23}C_6$;Me_6C——Fe_3W_3C。

间隙相通常具有高熔点、高硬度而称作硬质合金,可作为切削刀具和高温结构材料。但它们性脆,不宜用金属的挤压、拉拔工艺来加工,而通常用粉末冶金法。粉末冶金法是先把物质制成粉末,成型后经一定的高温处理而获得制品的一种方法。

Fe_3C,简单正交格子,空间群 Pnma,$a = 5.08$ Å,$b = 6.73$ Å,$c = 4.51$ Å。其 Pearson 符号为 oP16,Strukturbericht 符号为 $D0_{11}$,$Z = 4$。晶胞中的原子坐标 C(0.881,0.250,0.431),Fe(0.044,0.250,0.837)、(0.181,0.063,0.337)。Fe_3C 是碳钢中一种很重要的组织,也叫渗碳体(cementite)。它的硬度极高,布氏硬度达 800 HB,而塑性和韧性几乎为零,因此硬而脆。实验和理论计算都表明 Fe_3C 的力学性质很稳定。在钢中,它与柔软铁素体交替重叠成片层状结构的组织——珠光体(pearlite)。珠光体结合了铁的塑性和韧性及 Fe_3C 的强度,故珠光体既有塑性、韧性,又有较高的强度。正因碳钢中有较高强度的 Fe_3C 和柔软的铁素体,碳钢才具有优异的力学性能。其实,Fe_3C 属于一种陶瓷材料,故从一定意义上说,碳钢是金属与陶瓷组成的一种复合材料。

总之,金属间化合物含有较多金属键,此外还有一定成分的共价键和离子键。这些键,尤其是共价键和离子键使得金属间化合物的硬度和熔点极高、塑性差,所以工程材料常将它们当作提高金属材料强度的物质。在功能材料方面,它们的作用也越加重要,比如 TiNi 可作形状记忆合金;$MgNi_2$ 可作储氢材料;稀土元素与 Co 的化合物是新一代的永磁材料如 $SmCo_5$;Nb_3Al 还是一种高温超导材料。因而,金属间化合物是新型材料的一个宝库。

3.12 硅酸盐晶体结构

3.12.1 概述

硅酸盐(silicates)晶体的结构与前面介绍的晶体结构相比,既复杂又简单。复杂是因为硅酸盐晶体结构不像 NaCl、TiO_2 等那样容易识别、化学式也比较难分辨、晶胞中的原子数量和种类较多;简单是因为其主体结构由[SiO_4]相互连接而成。

在中学化学课中,我们已经知道地壳中 O、Si 和 Al 元素的分布很广、质量分数居前三位。实际上,这是美国地球化学家 Frank Wigglesworth Clarke(1847—1931 年)等在 1924 年根据 5 000多个岩浆岩、600 多个沉积岩数据计算出的地壳(尤其是大陆地壳)平均化学组成。其时,人们正在研究地球的形成和组成。包括 Clarke 在内的很多地球化学家都在研究地球的成分和矿物,如 Goldschmidt 的研究就为晶体化学奠定了坚实的基础。根据 Clarke 等的研究,我们知道 O、Si 和 Al 占地壳总重量的 81.3%。由它们形成的硅酸盐和铝硅酸盐是地壳中的优势矿物。我们在野外看到的很多岩石、土壤都含有硅酸盐。而且,很多工业还常以硅酸盐矿物作原料,如水泥、玻璃、陶瓷、冶金、造纸和医药等。此外,许多硅酸盐晶体还是宝石,如祖母绿。

1. 硅酸盐晶体结构特点

[SiO_4]是硅酸盐晶体结构的基本单元。[SiO_4]以共顶的方式形成硅酸盐晶体的骨架。相邻[SiO_4]只能共顶,而且[SiO_4]的顶点最多被 2 个[SiO_4]共用。根据 Pauling 规则,[SiO_4]中 +4 价的 Si 赋予每个 O^{2-} 一个单位的正电荷,则 O^{2-} 还剩一个单位的负电荷。因此,O^{2-} 还可以与另一个 Si 相连,或与其他阳离子结合。Si 电价高,故 Si^{4+} 间应相隔较远。结果,[SiO_4]孤立地被其他阳离子包围,或以共顶的方式相互连接起来形成各种形式的硅氧骨干。在这些情形中,连接两个 Si 的 O,因无剩余电荷而被称作桥氧或惰性氧。只与一个 Si 相连的 O,还有剩余电荷被称作活性氧。

2. 铝的作用

Al 在硅酸盐晶体中起着双重作用。一方面,它可以代替部分 Si,进入四面体空隙,形成四面体配位,如钾长石 $K[AlSi_3O_8]$,这称为铝硅酸盐。另一方面,它还可像 Mg、Fe 等元素的阳离子一样,形成六配位,构成$[AlO_6]$八面体,这就是铝的硅酸盐,如高岭石 $Al_4[Si_4O_{10}](OH)_8$。甚至在一些硅酸盐晶体中,以上两种情况都存在,如白云母 $KAl_2[AlSi_3O_{10}](OH)_2$中的 Al。

3. 硅酸盐晶体中的化学键

硅酸盐晶体含有 Si—O—Me 键(Me 为$[SiO_4]$骨干外的金属离子)。通常,Me 的离子半径大于 Si 的离子半径,而且 Me 的化合价也常低于 Si 的化合价。根据库仑定律,与 Si—O 键相比,O—Me 键作用力小,故硅酸盐晶体在受到外力作用时,O—Me 键往往先断裂。

4. 类质同象

类质同象(isomorphism)是指在一定条件下,晶体中的某种质点被类似质点所取代,而晶体结构类型不变的现象。菱镁矿 $MgCO_3$中,Mg 被 Fe 取代后,结构仍是 $MgCO_3$的结构,只是晶格常数稍有变化。在这种结构中,Mg、Fe 可以相互取代而产生类质同象。随着 Fe 的增多,菱镁矿逐渐向菱铁矿过渡:$MgCO_3$(菱镁矿)$\rightleftharpoons$(Mg, Fe)$CO_3$$\rightleftharpoons$(Fe, Mg)$CO_3$$\rightleftharpoons$$FeCO_3$(菱铁矿),括号中是相互替代的元素,质量分数多的写在前面。

硅酸盐晶体中,类质同象比较常见。橄榄石 Mg_2SiO_4中,Mg 被 Fe 部分取代形成(Mg,Fe)SiO_4,云母 $AB_2[AlSi_3O_{10}](OH)_2$中,A 可以是 K、Na 等一种或几种,B 可以是 Mg、Fe、Al、Mn 等一种或几种。

5. 组成表示

由于硅酸盐晶体的组成和结构比较复杂,如前文的白云母 $KAl_2[AlSi_3O_{10}](OH)_2$。故为了在不同场合用起来方便,人们常采用下面三种方式表示硅酸盐晶体的组成。

(1) 氧化物法。把硅酸盐晶体理解成以氧化物的形式构成的,如 K_2O、Al_2O_3、SiO_2等。这样,人们按构成它的氧化物以一定顺序排列出化学式。排列时,从低价到高价逐一写出,如钾长石 $K_2O \cdot Al_2O_3 \cdot 6SiO_2$。若有水,则将水的化学式写在最后,如高岭石 $Al_2O_3 \cdot 2SiO_2 \cdot 2H_2O$。但这种方法并没有表示出其中的离子是如何结合在一起的,也不是说把 K_2O、Al_2O_3和 SiO_2按物质的量之比 1∶1∶6 混合在一起就是钾长石了。但它为实验室合成这类晶体提供了配方上的帮助。

(2) 简写法。它是在氧化物法基础上的进一步简化。取每种氧化物首位字母做排列;再把氧化物按照物质的量之比的数字写在各字母的下标处。如钾长石 $K_2O \cdot Al_2O_3 \cdot 6SiO_2$,取首位字母则为 KAS;这三种氧化物的物质的量之比是 1∶1∶6,故钾长石的简写法就是 KAS_6。与化学式的写法相似,其中的 1 不用写出。再比如 CS——$CaO \cdot SiO_2$(硅酸钙),C_2S——$2CaO \cdot SiO_2$(硅酸二钙),A_3S_2——$3Al_2O_3 \cdot 2SiO_2$(莫来石)等。

(3) 无机络盐法。为克服氧化物法的缺点,表示出离子间的结合方式,人们根据金属阳离子的化合价,从低价到高价逐一写出,结合在一起的离子用[]将络离子括起来,最后是 OH 离子。这种写法表示出了离子的结合形式,反映了晶体的结构,故也称为结构式。根据钾长石结构式 $K[AlSi_3O_8]$,我们可知 Al 取代了$[SiO_4]$中的一个 Si。Al、Si 和 O 是紧密结合在一起的。

3.12.2 岛状结构

岛状硅酸盐(nesosilicates 或 island silicates)晶体中$[SiO_4]$之间无直接连接,形似孤岛一样,如图 3.28 所示。众多$[SiO_4]$是通过与其他金属阳离子的结合而间接连在一起的。金属阳离子给予氧一定的电荷,使$[SiO_4]$中的氧达到电平衡。在这种岛状$[SiO_4]$中,Si 和 O 物质的

量之比为 1∶4。这类晶体有橄榄石族 $X_2[SiO_4]$（$X=Mg^{2+}$、Fe^{2+}、Mn^{2+}、Ni^{2+}、Co^{2+}、Zn^{2+}）；石榴子石族 $A_3B_2[SiO_4]$（$A=Mg^{2+}$，Fe^{2+}，Mn^{2+}，Ca^{2+}；$B=Al^{3+}$，Fe^{3+}，Cr^{3+}）；锆英石 $Zr[SiO_4]$、黄玉 $Al_2[SiO_4](F, OH)_2$ 等。

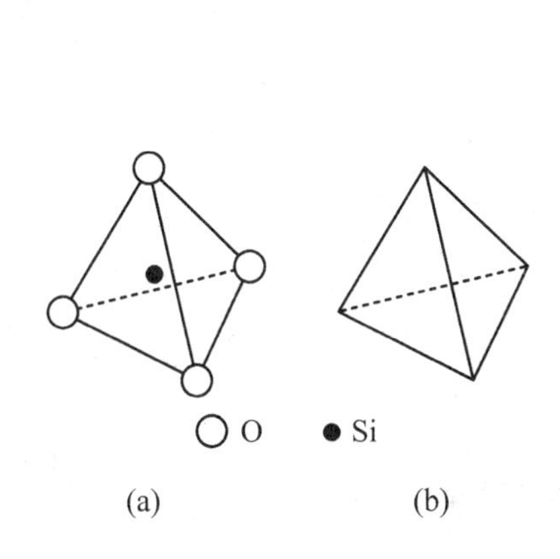

图 3.28　孤立状硅氧四面体$[SiO_4]$示意图[图 3.28(b)为配位四面体]

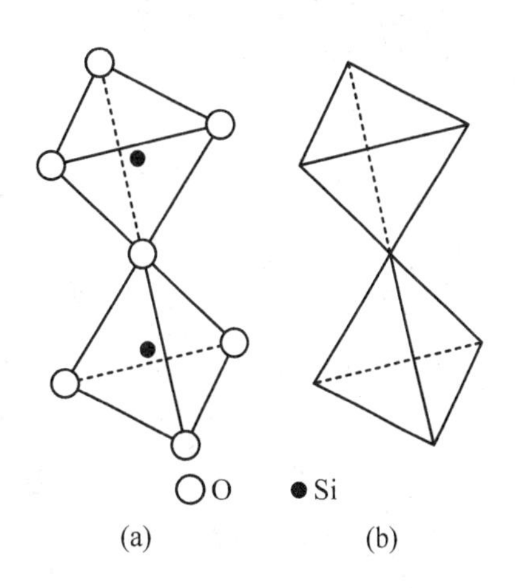

图 3.29　双硅氧四面体$[Si_2O_7]$示意图[图3.29(b)为配位四面体]

两个$[SiO_4]$共用一个氧而结合成双四面体岛状结构（sorosilicates 或 double island silicates），如图 3.29 所示。其余活性氧用来结合其他阳离子。在这种双岛状$[SiO_4]$中，Si、O 的物质的量之比为 2∶7 而写作$[Si_2O_7]$。这类晶体有异极矿 $Zn_4[Si_2O_7](OH)_2$、方柱石 $Ca_2Mg[Si_2O_7]$。还有些晶体，既具有单一孤岛状$[SiO_4]$，又有双四面体岛状$[Si_2O_7]$，如绿帘石 $Ca_2(Fe^{3+}, Al_2)[SiO_4][Si_2O_7]O(OH)$。

镁橄榄石（Olivine）$Mg_2[SiO_4]$，因其颜色酷似橄榄绿而得名。它常与铁发生类质同象 $(Mg, Fe)_2[SiO_4]$。镁橄榄石属于正交晶系，空间群 Pbnm。O 在平行于(100)面的方向上做近似六方最紧密堆积，Si 填充于 1/8 四面体空隙。阳离子填充在 1/2 八面体空隙中，形成$[MgO_6]$。这一点与尖晶石结构一样。实际上，镁橄榄石与尖晶石都是 AB_2O_4 型物质。在高压下，橄榄石型结构会转变成尖晶石结构。镁橄榄石的熔点为 1 890℃，但铁的存在会降低其耐火度，所以含镁丰富的橄榄石可作镁质耐火材料。而透明、晶粒粗大的镁橄榄石可作宝石。$Mg_2[SiO_4]$还是镁橄榄石瓷的主晶相。镁橄榄石瓷的介电损耗低，而且随频率变化小，在微波范围内也不增加。其膨胀系数在$(8\sim10)\times10^{-6}℃^{-1}$左右，这与某些玻璃、合金及金属 Ti 的热膨胀系数接近。因此，人们将其用于电真空器件中陶瓷与金属的封接。但镁橄榄石瓷较大的热膨胀系数，使得其热稳定性较差。

锆英石 $Zr[SiO_4]$，属四方晶系，空间群 $I4_1/amd$。孤立的$[SiO_4]$通过 Zr 离子连接起来。它是提炼金属 Zr 的主要原料。金属 Zr 耐高温、抗腐蚀，在国防工业中有重要应用。由于 Zr、Hf 化学性质接近，$Zr[SiO_4]$中常混入 Hf、HfO_2等，故人们可从 $Zr[SiO_4]$中综合利用 Hf 等物质。因锆英石有较高的折射率，在陶瓷工业中，人们把它加到釉里可提高釉的白度。它在釉中产生具有较高折射率的细小晶粒对光有较强散射，这使釉产生不透明性（即乳浊）。故乳浊釉能遮盖陶瓷坯体中我们不希望看到的颜色。

3.12.3 环状结构

环状结构(cyclosilicates 或 ring silicates)中的[SiO_4]以共顶形式连接成封闭的环。根据环中[SiO_4]的数目,环状结构有三方、四方和六方环之分(图 3.30)。环与环之间依靠金属阳离子连接。环状结构中,Si 和 O 的物质的量之比为 1∶3。

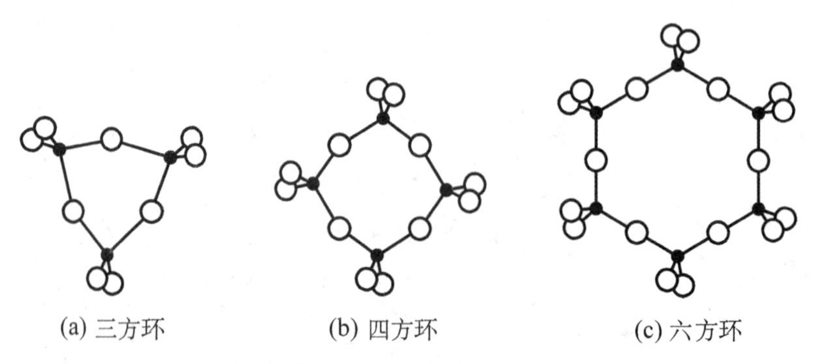

图 3.30 环状结构示意图(引自 Kingery, 2010)

三方环：三个惰性氧,六个活性氧。这是最简单的环,络阴离子[Si_3O_9]如兰锥石 $BaTi[Si_3O_9]$;四方环：四个惰性氧,八个活性氧,该类环很少,络阴离子[Si_4O_{12}]如 $Ca_2Cu_2Al_2[Si_4O_{12}](OH)_6$;六方环：六个惰性氧,十二个活性氧,这类环比较普遍,络阴离子[Si_6O_{18}],如绿柱石 $Be_3Al_2[Si_6O_{18}]$。

绿柱石(beryl) $Be_3Al_2[Si_6O_{18}]$,六方晶系,P6/mcc。[SiO_4]组成的六方环与 c 轴垂直,上下两个环相互错开 25°。Be、Al 离子都在环外,形成[AlO_6]、[BeO_4],以此连接两个环。环内有较大空腔。绿柱石是提炼金属 Be 的重要矿物。色泽美丽且无瑕者可作宝石,其中祖母绿最佳。

堇青石(cordierite)$(Mg, Fe)_2Al_3[AlSi_5O_{18}]$,正交晶系。它也是六方环状,只是[$Si_6O_{18}$]中的一个 Si 被一个 Al 取代了。环外 Mg、Fe 离子发生类质同象,但大多数堇青石富含 Mg。堇青石最大的特点是热膨胀系数小。这是由其环状结构引起的。

环状结构特别是六方环,内部排列不紧密,有较大空腔。在直流电场作用下,较小的 K^+、Na^+ 等可穿过这些空腔,从而产生离子导电现象。通常,晶体温度升高,原子热振动的振幅增加,原子间的距离也增加。如果晶体非常紧密,晶体内部可容纳原子的空间很小、受到向外的斥力大。原子则向晶体外振动,故体积增加产生膨胀现象。反之,如果晶体内部空旷、有大的空腔,则其内部有较大的原子活动空间、受到向外的斥力小。此时,宏观尺寸变化小,即热膨胀系数小。因此,堇青石中的大空腔使其具有很低的热膨胀系数。堇青石陶瓷属于低膨胀陶瓷,在 273～1 273 K 的温度区间,堇青石瓷的热膨胀系数为$(1.1\sim2.0)\times10^{-6}K^{-1}$。由于热膨胀系数低,堇青石陶瓷可经受多次急冷急热的变化而不损坏,故堇青石陶瓷可用作汽车尾气净化用的催化剂载体、红外辐射材料及窑炉中使用的窑具。

以上介绍的岛状和环状硅酸盐结构由有限个[SiO_4]通过共顶结合而成的,而很多个[SiO_4]则可结合成下面几种结构。

3.12.4 链状结构

链状结构(inosilicates 或 chain silicates)。[SiO_4]共顶连接成向一维方向无限延伸的链状硅氧骨干。骨干中部分 Si 常被 Al 所取代。链状硅氧骨干主要有单链、双链形式,每种链又有多种形式。图 3.31 列出了部分链状硅氧骨干。单链形式的有辉石族、硅灰石族;双链形式的有角闪石族、硅线石族,其中辉石族、角闪石族分布更广。辉石族矿物晶体结构中[Si_2O_6]呈单链状,单链间靠金属阳离子连接。单链中的硬玉 NaAl[Si_2O_6](jadeite)为翡翠(chalchuite)的主晶相。锂辉石 LiAl[Si_2O_6]是提炼 Li 的原料之一。

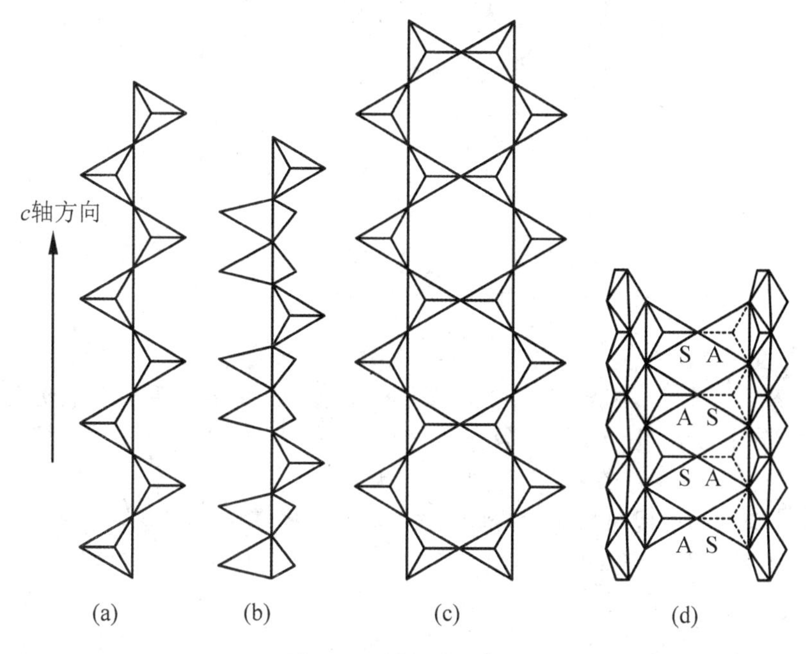

图 3.31 链状硅氧骨干

(a) 辉石单链[Si_2O_6];(b)硅辉石单链[Si_3O_9];(c)角闪石双链[Si_4O_{11}](引自赵珊茸,2004);(d)硅线石双链[$AlSiO_5$](A 为[AlO_4]、S 为[SiO_4])(引自 Schneider, 2008)

在岛状结构中有一红柱石族,化学成分皆为 Al_2SiO_5。它有三种变体:红柱石 $Al^{VI}Al^{V}$[SiO_4]O、蓝晶石 $Al^{VI}Al^{VI}$[SiO_4]O 和硅线石 Al^{VI}[$Al^{IV}SiO_5$](罗马数字为配位数)。Si 全部在四面体空隙中,[SiO_4]呈孤立状。其中一个 Al 在八面体空隙中形成[AlO_6]。[AlO_6]共棱连接且平行于 c 轴,延伸成[AlO_6]链。另一个 Al 在三种变体中配位数不同。红柱石中是[AlO_5],蓝晶石中是[AlO_6],硅线石中是[AlO_4]。这样红柱石中只有一条[AlO_6]链;蓝晶石中有两条[AlO_6]链;硅线石中有[AlO_6]、[SiO_4]和[AlO_4]链,其中的[SiO_4]与[AlO_4]相间排列四面体双链。因此,单独看[SiO_4],以上三个变体皆属于岛状硅酸盐。把[SiO_4]、[AlO_4]与[AlO_6]结合起来看,它们又属于链状结构。因此,有文献把硅线石分在岛状结构中,也有文献把它分在链状结构中。

硅线石(sillimanite)。Al^{VI}[$Al^{IV}SiO_5$]或写作 $Al_2O_3 \cdot SiO_2$,正交晶系,空间群 Pbnm。其中的[SiO_4]和[AlO_4]交替排列成双链[$AlSiO_5$]$^{3-}$,[AlO_6]在链的外侧,如图 3.31(d)所示。在硅线石的四面体双链中,若再有 Al 取代 Si 进入四面体间隙,则成为莫来石(mullite)结构。为维持电中性,每两个 Al 取代两个 Si,则会移去一个连接两个四面体的 O,产生一个空位:$2Si^{4+} + O^{2-} = 2Al^{3+} + \square$,$\square$为空位。故莫来石的化学式为$Al_2^{VI}[Al_{2+2x}^{IV}Si_{2-2x}]O_{10-x}$,$x$ 为氧的空位数,且 $x \in 0.17 \sim 0.59$。图 3.32 示意了硅线石与莫来石不同的四面体配位。但固相反应获得的莫来石,其 $x \in 0.25 \sim 0.40$。当 $x = 0.25$ 时,就是我们经常在文献中看到的莫来

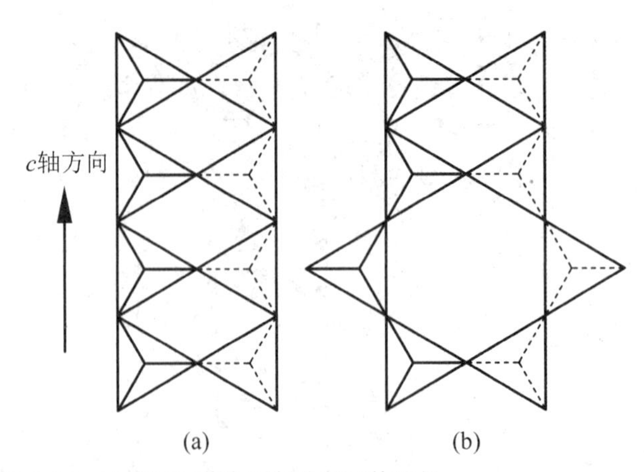

图 3.32 硅线石与莫来石部分四面体配位

(a)硅线石；(b)莫来石(根据 Schneider，2008 和 Angel，1986)

石化学式 $Al_6Si_2O_{13}$，或写作 $3Al_2O_3 \cdot 2SiO_2$，也称作 3/2-莫来石；$x=0.40$ 时，则称为 2/1-莫来石。3/2-莫来石和 2/1-莫来石属正交晶系，空间群皆为 Pbam。莫来石最初是在苏格兰北部高地一个叫 Mull 的小岛上发现的，故命名为 mullite。但自然界中尚未发现有工业价值的莫来石矿床。硅线石、高岭土在高温下可产生片状和针状莫来石。

普通陶瓷在高温下合成时形成的针状莫来石有利于提高陶瓷的机械强度。莫来石熔点在 1 800℃以上。致密莫来石陶瓷的高温强度优异，在 1 300℃时的抗弯强度显著增加。它有良好的抗高温蠕变性、抗热震性。莫来石的化学稳定性也好，它对气体的抗腐蚀性要优于 ZrO_2。此外，莫来石纤维和晶须集晶体材料和纤维材料的特性于一体，故它们作为复合材料的增强体，可大幅提高金属、聚合物及陶瓷基复合材料的综合性能。

3.12.5 层状结构

层状硅酸盐(phyllosilicates 或 sheet silicates)晶体中，每个[SiO_4]都有三个角顶分别与相邻三个[SiO_4]相连。连接后向二维方向无限延伸成平面层。每个[SiO_4]还有一个活性氧。这些活性氧可以都指向一方，也可以指向相反方向。活性氧一般和 Al^{3+}、Mg^{2+}、Fe^{3+} 和 Fe^{2+} 等离子相连，构成[AlO_6]、[MgO_6]等八面体。这些四面体层与八面体层有两种基本连接方式：一是四面体层和八面体层各一层，称为 1∶1 型或 TO 型；二是两层四面体中间夹一层八面体层，称为 2∶1 型或 TOT 型(图 3.33)。在[SiO_4]组成的六方环内有三个八面体。当这三个八

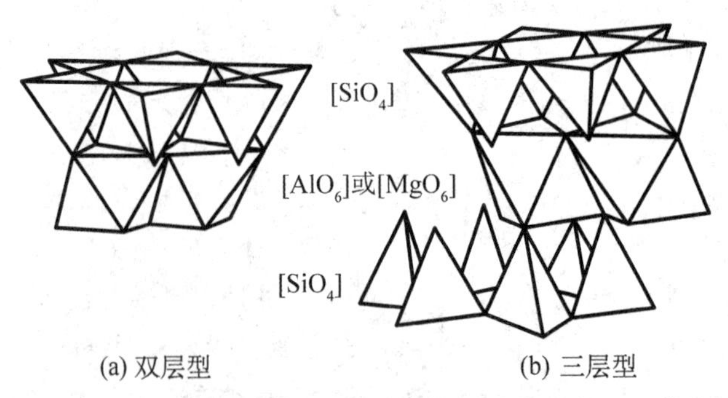

图 3.33 层状硅酸盐结构硅氧四面体和阳离子配位八面体连接示意图(引自王萍，2006)

面体中心都由二价阳离子如 Mg^{2+} 占据时，形成三八面体结构；若由三价阳离子如 Al^{3+} 来占据八面体中心，由于电价平衡的原因，则有一个八面体空着，而形成二八面体结构(图 3.34)。读者可根据 3.3.4 节的 Pauling 规则来理解这两种结构。不论哪种八面体，总有一些 O^{2-} 的电价不平衡。在层状结构中，这常常由 H^+ 来平衡，所以层状硅酸盐中都有 OH^- 出现。因此，$[SiO_4]$、含有 OH^- 的铝氧和镁氧八面体构成层状硅酸盐结构的基本单元。

如果$[SiO_4]$中部分 Si^{4+} 被 Al^{3+} 取代，或$[AlO_6]$中有部分 Al^{3+} 被 Mg^{2+}、Fe^{2+} 取代，则不平衡电荷由层间电价低、离子半径大的离子，如 K^+、Na^+ 来平衡，甚至会吸附一定量的水分子、有机分子进入层间域如图 3.34(c)所示。层间域有无离子或分子都会影响矿物物性及晶胞参数，故层间域是层状硅酸盐矿物的一个重要研究领域。

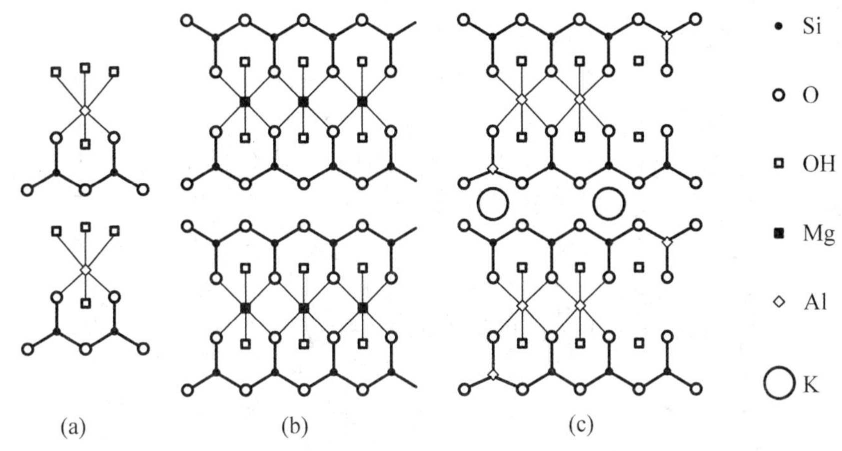

图 3.34 高岭石、滑石和白云母结构示意图

(a)高岭石；(b)滑石；(c)白云母

层状硅酸盐晶体是构成黏土的主要矿物。黏土主要由黏土矿物和其他矿物组成，并具有可塑性等特性的土状岩石，其中矿物粒径大多小于 2 μm。可塑性是指材料在外力作用下变形而不开裂，去掉外力后，仍保持有外力时的变形状态之性质。简单而言，材料可塑性强，我们就越容易使材料获得一定的形状。层状硅酸盐矿物主要有高岭石类、蒙脱石类和伊利石类等。

高岭石类矿物有高岭石、地开石、珍珠陶土和多水高岭石等。它们的结构与高岭石相似，主要差别在于晶胞参数略有不同。高岭石(kaolinite)的化学式为 $Al_4[Si_4O_{10}](OH)_8$ 或 $Al_2O_3 \cdot 2SiO_2 \cdot 2H_2O$，其结构属于 1∶1 型层状硅酸盐，如图 3.34(a)所示。高岭石的层间以氢键连接。较强的氢键使得层间不易吸附水分子，但氢键与化学键相比又较弱，故层间易滑移而裂开。如果层间充满取向排列的水分子(即层间水)，则其晶胞在 c 轴方向的厚度增大。这种高岭石叫多水高岭石，化学式为 $Al_2O_3 \cdot 2SiO_2 \cdot nH_2O(n = 4 \sim 6)$。

高岭石的纯度越高，则耐火度越高，烧后越洁白，而且生成的莫来石晶体也多。莫来石晶体多，则在一定程度上，材料的机械强度、热稳定性和化学稳定性越好。高岭石在高温下转变为莫来石的反应式如下：

$$\underset{\text{高岭石}}{3(Al_2O_3 \cdot 2SiO_2 \cdot 2H_2O)} \xrightarrow{>1\,050℃} \underset{\text{莫来石}}{3Al_2O_3 \cdot 2SiO_2} + 4SiO_2 + 6H_2O$$

在制瓷原料中，有一种原料叫高岭土，也叫瓷土，它是以高岭石为主要矿物的黏土。高岭石或高岭土是普通陶瓷的主要原料，也被用于橡胶、造纸、建材等工业中。

高岭石的名称与法国传教士 FrancoisXavier d'Entrecolles(1664—1741 年)有关，其中文名字为殷弘绪。他以传教士身份，在景德镇收集制瓷技术。随后，他把制瓷原料和工艺写信传回法国。因景德镇浮梁县高岭村盛产制瓷所用的黏土。后来，殷弘绪在他的书中，就用“kaolin”称呼中国制瓷原料中的黏土。于是，kaolin、kaolinite 就成了国际性名词。如今，高岭村早已没有高岭土开采，反而成了全国重点文物保护单位和旅游景点。

蒙脱石(montmorillonite)最早于 1847 年在法国的 Montmorillon 被发现，故以此命名。它的理论化学式为 $Al_4[Si_8O_{20}](OH)\cdot nH_2O$。实际上，蒙脱石的化学成分很复杂。这主要是由于层内离子交换的原因，如$[SiO_4]$中的 Si^{4+} 有少部分被 Al^{3+}、Fe^{3+} 和 P^{5+} 等置换，$[AlO_6]$中的 Al^{3+} 也常常有部分被 Mg^{2+}、Fe^{2+} 和 Zn^{2+} 等置换。置换引起电价不平衡，进而会吸附一些如 Ca^{2+}、Na^{+} 等阳离子进入作用力较弱的层间。

蒙脱石结构属于 2∶1 型，即单元结构层由两层$[SiO_4]$夹一层$[AlO_6]$构成，类似于图 3.34(c)。与高岭石相比，蒙脱石单元结构层间的作用力很小，水分子和其他分子、离子容易进入层间，故蒙脱石的吸水性很强。水进入单元结构层间会引起蒙脱石沿 c 轴有较大的膨胀，因此，主要由蒙脱石构成的黏土又叫膨润土(bentonite)。蒙脱石失水后，又有较大的收缩，所以它的干燥收缩性很强。蒙脱石的颗粒极细，通常小于 0.5 μm，故蒙脱石又叫微晶高岭石。

蒙脱石的可塑性和结合性很强，因而可用作普通陶瓷的黏土类原料；利用其膨胀性、吸附性，石油、纺织等工业可用它来作吸附剂，或污水处理；此外，还将它用于橡胶、塑料和油漆中；医药上，还用它来作止泻剂治疗成人及儿童急、慢性腹泻，如非处方药蒙脱石散剂。蒙脱石还常用在插层复合材料上。

插层(intercalation)现象在 1841 年就已发现。当时，人们将石墨浸入硫酸、硝酸混合物中后，发现其 c 轴膨胀有一倍之多。随后，人们发现插层化合物的物理、化学性质，如导电性、光学性质等有很大变化。有的化合物沿某个方向的电导率还超过铜，这为探索人造金属提供了一个途径。插层反应还可制造具有较大比表面积的化合物，而在催化方面获得应用。插层化合物或复合材料可改善材料性能而在密封材料、电化学储能、催化剂载体等领域有重要应用前景。由此，插层开始受到人们的关注。

有机-无机纳米插层复合材料就是其中一种。它是利用无机物层间作用力弱，且存在空隙而将聚合物插入层状无机物的层间而成的复合材料。因无机物层间距离在纳米数量级，故采用插层法可获得纳米复合材料。1990 年代中期，层状黏土作为强化相开始被加到聚合物中形成有机-无机纳米材料。蒙脱石具有层间易吸附分子、离子，比表面积大、阳离子交换量也大等特性，这为层间复合和插入反应提供了有利条件，故蒙脱石常用作插层复合的主体。比如把尼龙 6、聚对苯二甲酸乙二酯(PET)、聚乙烯(PE)等插入蒙脱石层间形成有机-无机纳米复合材料，从而达到改进材料性能的目的。图 3.35 示意了插层复合的部分形式。

层状结构的无机材料除了层状硅酸盐外还有石墨、过渡金属二硫化物(MoS_2、TaS_2)、过渡金属二硼化物(TiB_2)、层状钛酸盐、层状钙钛矿、层状氢氧化物如 $Mg(OH)_2$ 等多种。这些物质的插层都引起了研究者们的兴趣。在插层复合的过程中，聚合物是如何做到只进入层间而不是把层状无机物包裹起来？有兴趣的读者可思考并查阅资料了解。

层状硅酸盐还有滑石、伊利石和云母等晶体矿物，在此不再叙述。

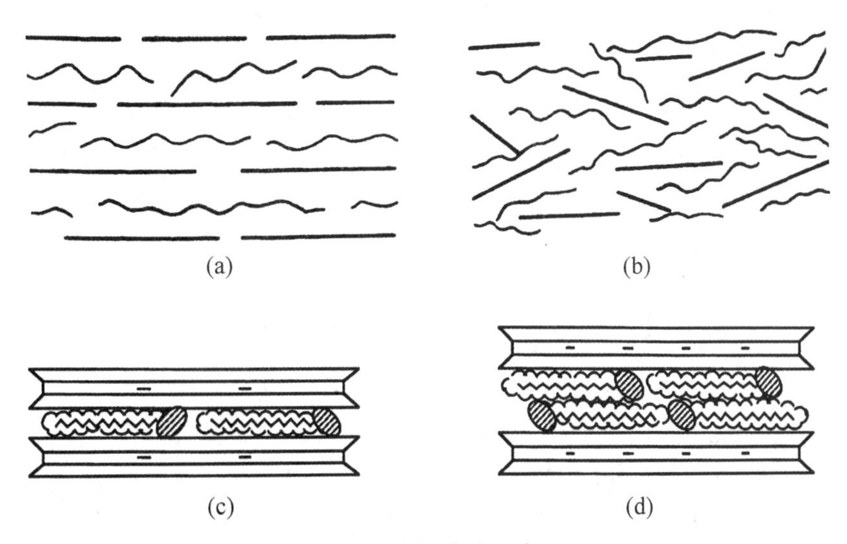

图 3.35 插层复合示意图

(a)层间插入型;(b)层间分散型,直线代表无机物层,曲线代表聚合物(引自王世敏,2002);(c)单分子插入层;(d)双分子插入层(引自 LeBaron, 1999)

3.12.6 架状结构

硅酸盐晶体从岛状、环状和链状到层状,$[SiO_4]$中的活性氧越来越少。如果$[SiO_4]$中的氧全为桥氧,活性氧个数为零,则晶体就成了架状硅酸盐(tectosilicates 或 framework silicates)结构。架状硅酸盐晶体中的$[SiO_4]$,其角顶处的氧分别被两个$[SiO_4]$共用,进而向三维空间无限扩展。这种结构中的每个氧皆为惰性氧,且电荷已达平衡,如石英。如要形成架状结构的铝硅酸盐,$[SiO_4]$中的部分 Si 必须被 Al^{3+} 或其他离子取代,形成如$[AlO_4]$一样的四面体配位,但这会产生不平衡电荷,通常不平衡电荷较少。这些不平衡电荷由其他阳离子来平衡。架状结构中还有较大空隙,故低电价、大半径和高配位数的离子,如 K^+、Ca^{2+} 等常常进入架状硅酸盐晶体中。架状硅酸盐晶体主要有石英、长石等。

长石(feldspar)主要有钾长石 $K[AlSi_3O_8]$、钠长石 $Na[AlSi_3O_8]$、钙长石 $Ca[Al_2Si_2O_8]$等多种种类。这些长石矿物约占地壳总重量的 50%,它们是极其重要的造岩矿物。自然界中的钾长石(orthoclase)在 CO_2、日光和雨水的长期作用下会发生化学风化。风化后的产物就有我们前面介绍的高岭石,其风化的化学反应可简写为

$$4K[AlSi_3O_8] + 2H_2O + 2H_2CO_3 \longrightarrow Al_4[Si_4O_{10}](OH)_8 + 8SiO_2 + 2K_2CO_3$$

反应生成的 K_2CO_3 可被水冲走,所以高岭土中常有石英存在。高岭石继续风化会产生水铝石($Al_2O_3 \cdot nH_2O$)和蛋白石($SiO_2 \cdot nH_2O$)。长石主要用于玻璃、陶瓷工业。它可以降低烧成温度、促进莫来石晶体的形成和长大。陶瓷坯体中有了长石,则可以在较低温度下产生液相。液相可填充坯体中的空隙、增大坯体致密度,进而提高产品机械强度、透光性和介电性能。

石英(quartz)是以 SiO_2 为主要成分的一族矿物的统称。其成分简单,类质同象混入物极少。它是岩浆岩中最重要的一种氧化物。石英的变体有很多,其中石英、鳞石英(tridymite)、方石英(cristobalite)是基本结构。这三种基本结构的转变如图 3.36 所示。

对化学成分相同而结构不同的变体,矿物学常根据它们形成温度的高低来命名。温度从

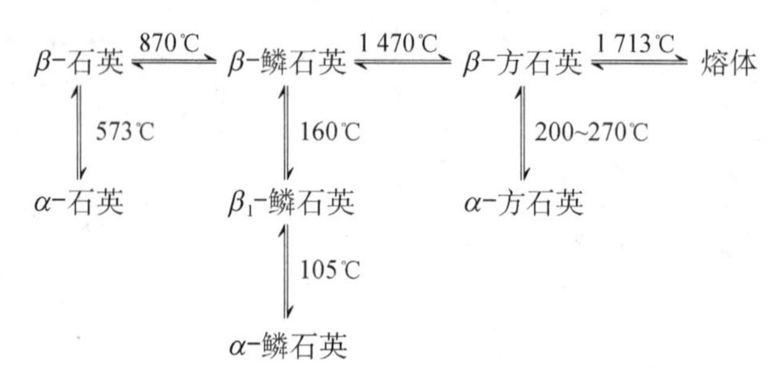

图 3.36 石英的几种晶型转变(引自 Kingery, 2010)

低到高依次是α、β型。因此α-石英是低温变体、β-石英是高温变体。石英在压力作用下,同样也会引起结构的变化。图 3.36 仅表示了石英在低压下随温度转变的情形。在低压下,这些石英变体有各自稳定存在的温度范围,如α-石英在低于 573℃是稳定的。这里说的稳定是指热力学稳定,并不代表某些类型的石英在其他条件下就不能存在。关于这一点,我们将在后面的相平衡和相变一章做介绍。

α-石英是我们在自然界中常常看到的石英形态,因此在提到石英而又未加特别说明时,通常指α-石英。Willianm bragg 等在 1925 年就用 X 射线测出了α-石英和β-石英的晶体结构。α-石英属于三方晶系,其空间群为 $P3_121$ 或 $P3_221$,晶格常数 $a=b=4.91$ Å, $c=5.41$ Å, $Z=3$,密度 $\rho=2.65\ g/cm^3$。$[SiO_4]$角顶相连平行于 c 轴呈线状分布,Si—O—Si 键角为 143°。α-石英具有压电性,可作石英谐振器。其振荡频率比较稳定,所以把该谐振器用在石英手表上,手表的走时精度比机械表的高。人们利用其对红外、紫外光有良好的透明性作光学材料。石英类矿物是玻璃、陶瓷、水泥等工业的重要原料。以α-石英为主要成分的玛瑙、紫水晶等还是宝石的原料。石英类矿物中的 SiO_2 是半导体 Si 的重要来源。制备半导体 Si 的工艺大致如下:

$$SiO_2+C(焦炭)\xrightarrow{1\,600\sim1\,800℃}Si(纯度\ 98\%\ 左右)$$

$$Si+HCl\xrightarrow{200\sim300℃}SiHCl_3,然后提纯\ SiHCl_3,$$

$$高纯度\ SiHCl_3+高纯度\ H_2\xrightarrow{1\,000℃}Si,然后再后续加工成半导体单晶硅。$$

β-石英属于六方晶系,其空间群为 $P6_222$ 或 $P6_422$,晶格常数 $a=b=5.02$ Å, $c=5.48$ Å, $Z=3$,密度 $\rho=2.53\ g/cm^3$。Si—O—Si 键角为 153°。图 3.37 为α和β石英晶胞示意图,

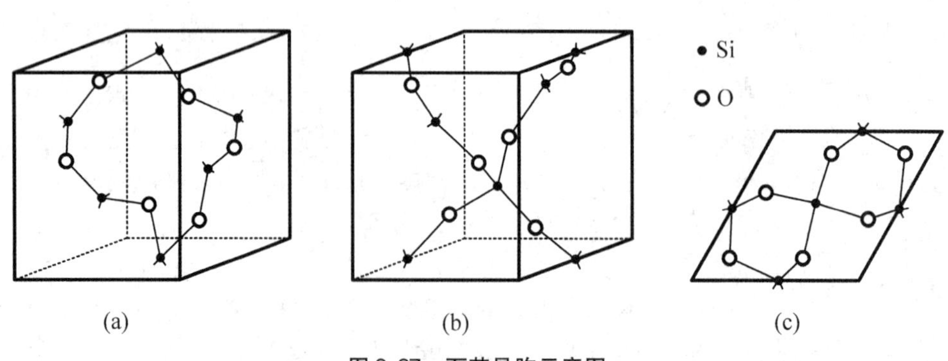

图 3.37 石英晶胞示意图

(a)α-石英;(b)β-石英;(c)两种晶胞俯视图

它们的晶胞俯视图是一样的。α-石英与β-石英的相互转变仅仅是质点在位置上稍有移动、键角有所改变。其中不涉及键的断裂和重建，故称α-石英与β-石英的转变为位移性转变。图3.36中，石英、鳞石英和方石英各自的α与β型转变都是位移性转变。位移性转变迅速且可逆，而石英、鳞石英和方石英间的相互转变涉及键的断裂和重建，而且转变较慢。由于工业生产中的升温、降温速度往往不是非常慢，因此石英、鳞石英和方石英之间在转变时常常形成亚稳态，如β-鳞石英在降温，特别是快速降温时往往形成中间型或α-鳞石英，而不是β-石英。

这里要强调一下α-石英与β-石英的转变，因为普通陶瓷原料常含有α-石英。理论上，陶瓷坯体升温到573℃时，α-石英转变为β-石英。烧成后，降温到该温度时发生相反的过程。因两种石英的密度不同，故它们的转变会引起体积变化即$\Delta V/V$。结合它们在升温时产生的膨胀，α-石英在573℃转变为β-石英时，体积增大0.82%。尽管体积增大很小，但转变很快。如果坯体受热不均匀，有的地方转变了，而其他地方又未转变，在转变与未转变的交界区域就会因体积变化产生拉应力或压应力。若应力超过坯体的承受极限，坯体就会破裂而成废品。因此，为了避免该情况的出现，在500～700℃温度段，人们常采取缓慢升温、降温，而β-石英转变为β-鳞石英时，体积增大16%。但因转变慢，加上温度高，且有液相出现，体积变化产生的应力会得到削弱。故在700℃以上，升温速度可以比在500～700℃区间时大。

此外，α-石英与β-石英在一定的常压下，转变温度是一定的。这在地质上有助于推测它们存在的地质体形成时的温度，因此β-石英也叫地质温度计，若在岩石中有β-石英就能知道岩石的形成温度高于573℃。

3.13 晶体结构间的联系

上文介绍了一些典型的晶体结构。这些结构之间看似无关，实则有千丝万缕的联系。类质同象与同质多象是这些结构产生联系的纽带。

类质同象与同质多象是晶体结构中经常存在的现象。我们已在硅酸盐晶体结构一节介绍过类质同象。它是晶体中的某种质点被其他类似质点所取代，而晶体结构类型保持不变的现象。因此，类质同象把不同成分的晶体通过相同结构联系起来了。链状、层状、架状硅酸盐结构的$[SiO_4]$中的Si常常被Al取代就属于这种情况。

同质多象(polymorphism)也叫多晶型，是指化学组成相同，在不同热力学条件下形成不同的晶体结构。因此，同质多象把不同晶体结构通过相同成分联系起来了。对不同的多晶型，人们常按它们形成的温度从低到高命名为α、β等类型，如α-石英与β-石英、α-Fe与γ-Fe，还有大家早就熟悉的金刚石和石墨都属于这种现象。如果我们把原子做无序排列或有序排列，则会形成不同结构，产生同质多象，如图3.15所示的β-CuZn与β'-CuZn。

同质多象中的每一种变体都有各自的热力学稳定条件。温度引起的转变如图3.36所示。通常，温度升高，原子的活动范围增加，所以同质多象朝配位数和相对密度都降低的变体转变。压力增加，同质多象朝配位数和相对密度都增加的变体转变。而变体周围的环境，如成分、杂质和酸碱度对同质多象变体的形成也有影响。例如ZnS的闪锌矿和纤锌矿结构，当含有质量分数在17%左右的Fe时，它们之间的转变温度从1 020℃降为880℃。

从能量观点来看，在封闭体系中，当物理化学条件改变时，变体相对于该条件能稳定存在的自由能与先前的自由能相比，发生了变化。如图3.38所示，设变体1在状态1时的自由能为G_1，变体2在状态2时的自由能为G_2。若$\Delta G_{1\to2}=G_2-G_1<0$，则变体1有自动向变体2发生同质多象转变的趋势。但转变的快慢及转变是否能发生则与转变要越过的势垒E_a的大

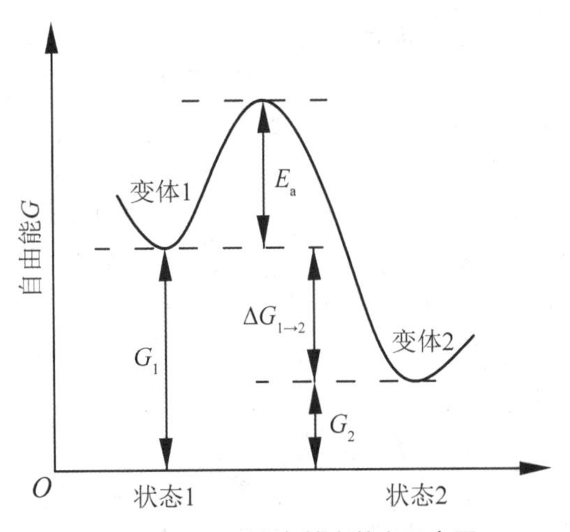

图 3.38 同质多象转变势垒示意图

小有关。而晶体结构会影响 E_a：若两个变体的结构差异小，则 E_a 小，转变容易，如 α-石英与 β-石英；若两个变体的结构差异大，则 E_a 大，转变不容易，如石英与鳞石英。在某些情况下即使 $\Delta G_{1\to2}<0$，也存在不能越过势垒而发生转变的情形。这时变体 1 就长期处于亚稳态。这就是热力学不稳定，而动力学稳定，如我们通常见到的窗户玻璃，有自动结晶的趋势，但使用很多年直到它破损后都还未结晶。

同质多象还有一种特殊形式——多型。它是一种元素或化合物在原子、离子或分子堆砌成晶体的过程中，有两种或两种以上堆积层结构的现象。它们的基本堆积方式相同但重叠顺序不同，从而产生多种变体。在 3.2.2 节原子的等径球密堆中，我们知道有 ABABAB…和 ABCABC…两种堆积方式。A、B、C 三种基本堆积层可组成不同的重复周期从而产生多型现象，比如 ZnS 的阴离子以 ABC 为重复周期做堆砌就是闪锌矿结构，多型用 3*C* 表示；阴离子以 AB 为重复周期做堆砌就是纤锌矿结构，多型中用 2*H* 表示。纤锌矿结构中，还有以 ABCB 为重复周期，用 4*H* 表示；以 ABCBCACAB 为重复周期，则是 9*R* 多型。纤锌矿还有其他堆积方式。在多型的表示符号中，数字表示重复周期的层数，拉丁字母表示晶系，*C*(立方)、*H*(六方)、*R*(三方菱面体格子)、*Q*(四方)、*O*(正交)、*M*(单斜)。石墨有 2*H*、3*R* 两种多型。3*R* 型石墨的原子排列更接近金刚石，故用它来合成金刚石更合适。(注：此处晶系的符号与表 3.1 不同。为区分堆积层中的 A、B、特别是 C 层的符号，多型中晶系的符号用大写且倾斜的拉丁字母表示)

那成分和结构都不同的晶体又有何联系呢？我们已知原子在堆砌时会产生四面体、八面体、立方体等空隙。在这些空隙中，按照不同方式填入一些原子，就会演变出另一种结构。比如在等径球面心立方密堆结构中，另一些原子填入全部八面体间隙后，NaCl 型结构就形成了。同样在面心立方密堆结构中，其一半的四面体间隙有序填入另一些原子后就成了闪锌矿型；而全部四面体间隙被另一些原子填入，则为萤石型；两种离子有序填入全部四面体间隙后的结构为 CuMgSb 型。

了解晶体结构之间的这些联系，可以为我们合成具有某种性能的结构奠定一定基础。因为先进无机材料，特别是功能材料，是结构敏感的。所谓结构敏感是指晶体结构有细微变化，就能引起晶体物理性质的显著改变，如白宝石、红宝石与蓝宝石。我们可以用一种或多种合适的原子按照不同比例做类质同象取代；改变温度、压力等条件产生多晶型结构；或填充不同种类和数量的空隙产生不同结构等。这些为我们采用如掺杂等方式对结构进行改制提供了一些思路，也为我们研发新材料、改进现有材料的性能提供了一种途径。

本章结语

我们以刚性球模型为基础，介绍了原子通过堆砌而形成一定的晶体结构。原子的相对大小、离子的极化和电负性等因素会导致结构的变化。许多晶体结构看似不同，实则有一定的联系。这些联系及差异为材料研发指明了一些方向。然而，在介绍这些晶体结构时，我们默认其原子严格按照晶体对称性和周期性而排布。也就是说每种晶体结构都处于理想状态。事实上，晶体结构往往并非处于理想态：有些原子的位置或被其他原子占据着，或空着。但正是这些偏离理想结构的晶体赋予了材料多姿多彩的性能，如半导体和钢铁。

推荐读物

[1] Geim A K, Novoselov K S. The rise of graphene [J]. Nature Materials, 2007,6(3):183 - 191.

[2] 章永凡，林伟，王文峰，等. 3d 过渡金属碳化物相稳定性和化学键的第一性原理研究[J]. 化学学报，2004，62(11):1041 - 1048.

[3] Davis R J, Pearce R, Hume-Rothery W. The structure of an α/β brass [J]. Acta Crystal, 1952,5:36 - 38.

[4] 刘东亮，金永中，邓建国. 超高温陶瓷材料的抗氧化性[J]. 陶瓷学报，2010,31(1):151 - 157.

[5] 叶大年，布沙诺夫斯基 D，施倪承，等. 论硅酸盐晶体结构中配位多面体的功能性替代[J]. 中国科学(D辑)，2001,31(11):938 - 943.

[6] 蒋平. 层状结构化合物研究的进展[J]. 物理学进展，1982,2(2):202 - 227.

第 4 章　晶体结构中的缺陷

读者朋友，你可曾思考过：同样是以 Al_2O_3 为主要成分的白宝石、红宝石和蓝宝石，为什么颜色各异？钢的硬度和强度为什么都比纯铁的大？同样成分的低碳钢，在经过拉拔、锻打后，强度为什么会提高？这些现象都与晶体结构中的缺陷有关。可以说，没有晶体结构中的缺陷，就不会有众多色彩斑斓的宝石和性能各异的材料。

4.1　概述

4.1.1　什么是晶体的缺陷

一提到缺陷，我们常常把它当作贬义词，如人的性格缺陷，再如汽车某方面的设计有缺陷而需要召回，那晶体中的缺陷指的是什么呢？在第 2、3 章中，我们讲到原子等质点严格按照每种晶体应有的周期性、对称性而堆砌成各种晶体。这样的晶体具有理想结构。按照热力学第三定律，在温度为 0 K 时，纯物质的晶体质点排列成完全有序的点阵结构。而且，晶体质点均处于最低能级，其熵为零。但通常，温度远高于 0 K。故晶体质点的能量较高，其在平衡位置附近振动范围较大。个别能量较高的质点能挣脱其他质点对它的束缚，离开平衡位置，这就打乱了其原来所处位置的周期性。于是，晶体的一种缺陷产生了。今天，我们已经知道，即使温度在 0 K，实际晶体中的质点也不是严格按照周期性排布的。根据能量最低原理，晶体中有一定的缺陷，尤其是热缺陷，会使系统能量在一定程度上达到最低，晶体最稳定。而无任何缺陷的晶体和缺陷过多的晶体，能量高，不稳定。这一点，我们将在后文讨论，故理想晶体结构在自然界是不存在的。

人们常把晶体中偏离理想结构的位置或区域称作晶体结构中的缺陷(crystal defects)。但不是所有偏离理想状态的排列都是缺陷。比如，由弹性变形造成原子排列改变的晶体结构；在一定温度下，原子以其理想晶格为中心的振动都不是缺陷。此外，理想晶体是无穷大的，而通常的晶体具有有限性，故晶体的有限性也是一种缺陷。与日常生活中我们提到的缺陷不同，晶体的缺陷是一个中性词。在有些情况下，缺陷对材料的性能有益，如钢和红宝石中的缺陷；而在有些情况下，缺陷又是有害的，如材料中的原子空位对金属的电阻是不利的，此外还有裂纹和空洞等诸多有害缺陷。

既然晶体结构总存在缺陷，那为什么我们在上一章不直接介绍有缺陷的晶体，而要先讨论理想的晶体结构呢？

4.1.2　晶体结构中的理想国

人的认识是受到一定历史条件等因素限制的。我们对事物的认识往往是由浅入深、由简单到复杂。比如，在亚里士多德(公元前 384—前 322 年)时代，人们通过观察而认识到要使一个物体运动，就需要对其施加作用力。后来伽利略(1564—1642 年)忽略一些因素(如空气阻力等)而突出其他事实，把现象理想化后提出：所受合力为零的物体将以匀速直线方式运动或静止。把现象抽象化、理想化是数学的两个基本特征。从伽利略开始至今，抽象化和理想化也广泛应用于许多学科中。试想，在研究直线时，既考虑它的颜色，又考虑它的宽度和材质，我们还能深刻理解直线的性质吗？同样，一开始就讨论有缺陷的实际晶体，各种因素都加以考虑，我们不但很难抓住晶体结构的本质，而且还无从下手。理想化的晶体，其结构相对简单，便于认识。这样，我们就可利用晶体质点堆砌的周期性来认识对称性和晶面的规则性等性质。

从古至今，人们往往梦想着理想的世界。柏拉图就在其《理想国》中描述了其心目中的理想世界。他认为我们的现实世界是理想世界的不完美摹本。科学家们也在试图寻找他们心目中的理想世界：理想气体、最纯材料、最完美无瑕的晶体等。在这些理想化的条件下，可探寻世界的真正奥妙。比如，金属电阻的产生。最初，物理学家们认为电阻是晶体点阵热振动对电子的散射引起的，温度升高，电阻升高。这与当时观察到的金属电阻随温度的变化相符。照此推理，温度降到 0 K，电阻应为零。但后来发现，温度降到非常接近 0 K 时，金属仍具有一定的电阻。在认识到晶体中存在缺陷后，科学家们提出晶体缺陷对电子的散射与金属电阻有关。于是，他们采取各种方法企图得到绝对纯净、毫无缺陷的晶体。经过努力，把热振动、缺陷控制在最小范围后，在接近 0 K 时，他们得到了近乎无电阻的金属。当然，我们今天对电阻已经有了更进一步的认识。

由于理想化的抽象数学模型，仅仅反映了物质实体的少量性质，因而我们在运用这些模型时，可能与实际情况相去甚远。但这种方法有助于我们从事十分基础的研究、探索世界的本源、把握事物的本质。由此产生的相关理论对材料的生产会起到方向性的指导作用。而且，在这些理想化模型的建立过程中，我们还可以学习理性思考的科学精神。

4.1.3 材料的结构敏感性

尽管晶体总含缺陷，但与晶体体积相比，晶体中缺陷的总体积还是十分小的。因此，缺陷的存在并不影响晶体基本结构的对称性。比如，红宝石与蓝宝石的晶体结构仍是刚玉型。而且，我们已经获得的许多物质性质：铁电性、压电性和导电性等都是建立在晶体点阵结构的块材基础上的。这些块材含有数量有限的缺陷。虽然缺陷少，但它们对晶体的某些性能有很大影响。

按照缺陷对材料性能的影响程度，人们常将材料的性能分为结构敏感型和非结构敏感型。结构敏感性是指材料中有少量缺陷，或缺陷浓度变化少许，以及晶体结构的其他细微变化就会使某些性能产生较大变化，如半导体的电阻率、金属材料的塑性。而功能材料的许多性能常常是结构敏感性的。结构敏感性常常会导致同一批相同材料、不同样品的某些性能有较大差异。非结构敏感性是指在一定范围内，缺陷浓度的波动对材料性能影响不大，甚至不易察觉，如材料的密度、弹性模量和热膨胀。同一批相同材料的不同样品，其非结构敏感性的性能差异不显著，甚至与理想无缺陷晶体的理论计算结果基本相符。

实际上，结构敏感性是一个相对概念。缺陷的存在及多少，以及结构的细微变化对材料的性能都有或多或少的影响，仅仅是对不同性能的影响程度不同而已。

4.1.4 研究缺陷的意义

由于缺陷对晶体的某些性能有很大影响，故了解这些缺陷的特点、产生与其之间的相互作用有利于我们有目的地利用某些缺陷、避免或减少另一些缺陷。无机非金属材料常常需要在一定温度下发生固相反应才能合成。而缺陷的存在会提高这些固相反应的活性，使材料顺利合成。缺陷的存在还有利于功能材料发挥其在电、光、磁等方面的特性。虽然没有缺陷的金属丝，其强度比有缺陷的金属丝高 10^4 倍以上，但有较多的缺陷也会提高金属材料的强度，这是金属材料采用压力加工的一个原因。金属材料的冶炼同样离不开缺陷的作用。金属的腐蚀过程也与缺陷有关，如晶界腐蚀、点腐蚀。

因此,可在一定程度上说,控制了材料的缺陷浓度,就可以控制材料的性质;能控制材料的缺陷,就等于拿到了控制实际晶体的钥匙。如今,材料缺陷已成为材料科学与工程、缺陷物理和缺陷化学的重要研究内容。

缺陷物理和化学是把材料中的缺陷(主要是点缺陷)当作化学反应的实物,并用热力学理论来研究缺陷的产生、迁移及相互作用等问题的学科。在研究缺陷的过程中,Carl Wagner(1901—1977年)首先把缺陷及其运动与材料的性质联系起来。当然,缺陷物理和化学所涉及的缺陷,其浓度是很低的。后面我们会看到,纳米材料的缺陷浓度非常高,这已不属于通常缺陷物理和缺陷化学的研究范畴。

4.1.5 缺陷的类型

晶体结构的缺陷,常有以下几种分类方式。

1. 按缺陷的几何形态分

(1) 点缺陷(point defects):它在三维空间的尺度都远小于晶体或晶粒的尺度,通常处于原子数量级,也叫零维缺陷,如正常格点失去原子产生的空位。点缺陷与功能材料的电学、光学等性质密切相关。

(2) 线缺陷(line defects):它在二维空间的尺度都远小于晶体或晶粒的尺度,只在某一方向的尺寸与晶体或晶粒的尺度相当,也叫一维缺陷,如位错。金属材料的韧性、强度等与此有关。

(3) 面缺陷(surface defects):它在一维空间的尺度远小于晶体或晶粒的尺度,在其他二维方向上的尺寸与晶体或晶粒的尺度相当,也叫二维缺陷,如表面、晶界。材料的韧性、强度会受到其中晶界的影响。

(4) 体缺陷(body defects):它在三维空间的尺度都与晶体或晶粒的尺度相当,也叫三维缺陷,如气孔、磁畴。

2. 按缺陷的来源分

(1) 热缺陷:也叫本征缺陷(intrinsic defects)。通常,晶体内原子的正常格点未被占据,则此位置称为空位。进入正常结点之间间隙位置的原子称为间隙原子(interstitial atom)。由于温度高于0 K时,晶格内的部分原子由于热振动的能量起伏而离开正常位置产生的缺陷叫热缺陷,如空位、间隙原子。但空位、间隙原子并不都是热缺陷,也可以由其他因素如掺杂引起。热缺陷的基本形式有弗仑克尔缺陷(Frenkel defect)和肖特基缺陷(Schottky defect)两种。

(2) 掺杂缺陷:也叫杂质缺陷、非本征缺陷(extrinsic defects)。它是由不同于晶体本身的外来原子进入晶体而产生。外来原子可以进入间隙位形成间隙原子;也可取代晶体固有原子而进入正常结点位置。这种接纳外来原子的晶体类似溶液中的溶剂,因此把吸纳了外来原子的晶体称为固体溶液,简称固溶体。固溶体中杂质原子的量在未超过一定值时,杂质缺陷与温度无关。加入外来原子的过程称为掺杂。

掺杂(doping)是目前改善材料性能的一个主要措施。虽然引入外来原子的过程可称为掺杂,但它主要是指在高纯物质中加入不同于基体的外来原子,如在高纯Si中掺B形成半导体。掺杂所引入的外来原子的量通常都很小。最先认识到微量掺杂作用的是冶金学家,其次是研究半导体的物理学家,最后才是陶瓷学家。金属材料领域,通常不是在高纯物质中加入外来原子,所以一般不用“掺杂”这个词。但添加外来元素改善金属材料性能仍是很重要的一种途径。比如,在碳钢基础上加入合金元素(如Cr、Ni)形成合金钢。与碳钢相比,合金钢的强度、耐蚀性和抗氧化性均有显著提高。

(3) 非化学计量缺陷：晶格上的原子在外界环境的作用下逸出晶格或吸收环境中的原子进入晶格而产生的缺陷。外界环境主要是指周围气氛的性质和其分压大小。由此产生的缺陷往往导致晶体的组成偏离化学定比定律。比如 TiO_2 在氧分压较小的环境下，晶格中的氧逸出到周围环境中，使晶体中出现了氧空位，化学式成为 TiO_{2-x}。ZnO 在锌蒸气中加热，过剩的金属离子进入间隙位置，化学式为 $Zn_{1+x}O$。这种缺陷的浓度除了与温度有关外，还与周围气氛的性质和其分压大小有关。

(4) 外部其他作用引起的缺陷：在机械力、辐射、电场及磁场等作用下产生的缺陷。比如，金属材料经压力加工会产生许多位错和点缺陷等。金属材料在高能粒子(如中子)的照射下，把原子从正常格点撞击出来，形成的空位和间隙原子。

3. 按热力学状态分

(1) 可逆缺陷：也叫热平衡缺陷。在温度高于 0 K 或周围存在一定的气氛下，有些原子离开正常格点形成空位或间隙原子。这种缺陷与晶体所处的温度、气氛及其分压有关。它们的产生和复合在一定的温度和气氛下达成热力学平衡。与气氛及其分压有关的这类缺陷，我们可通过改变分压来改变缺陷浓度。比如在氧分压较小的环境下产生的 TiO_{2-x}，我们提高氧分压，环境中的氧又可回到晶格。这些缺陷可产生，也可复合，所以是可逆的。

(2) 不可逆缺陷：它与晶体所处的环境温度、气氛及其分压无关。如金属材料经压力加工产生的位错；在制备某些合金材料或半导体材料时，采用离子注入技术产生的点缺陷等。这些缺陷一旦产生，要重新复合是很困难的，故称为不可逆缺陷。

下面我们按缺陷的几何形态，重点介绍点缺陷、线缺陷和面缺陷的一些基本特征及其对材料性能的一些重要影响。

4.2　点缺陷

4.2.1　点缺陷简史

矿物学家们很早就注意到了水晶里的裂缝、泡影等宏观缺陷。在注意到这些缺陷对晶体的物理性能产生的影响后，人们开始重视晶体中的缺陷。对晶体微观缺陷的研究始于 20 世纪初。那时，无人知道晶体中可以有少量原子空位存在。当 X 射线出现后，Max Von Laue(1870—1960 年)在 1912 年以晶体点阵为光栅做 X 射线衍射实验。两年后，Charles Galton Darwin(1887—1962 年)观察到：晶体的衍射强度与根据 X 射线衍射理论得出的理想晶体的衍射强度有偏差，于是开始怀疑晶体的不完整性，并提出镶嵌理论。

到了 1920 年代，人们已知道空位的存在是晶体热力学平衡下的结果。1926 年，苏联物理学家 Yakov Frenkel(1894—1952 年)为解释离子晶体导电的实验事实，提出晶体的点缺陷理论。他认为原子可以离开其平衡位置，进入间隙位。形成的空位和间隙原子后来被称为弗仑克尔缺陷(Frenkel defect)。其中，空位还有利于原子在晶体中的扩散。这也为解决当时及后来的一个疑问“原子是否能在无晶体缺陷的情况下，就能简单交换点阵位置而产生扩散”提供了帮助。在 1920 年代后期，德国科学家 Walter Schottky(1886—1976 年)和 Carl Wagner(1901—1977 年)为解决固体中物质的传输也提出了缺陷机制，其中的本征缺陷被称为肖特基缺陷。Wagner 因在这方面的研究一直处于领先地位，而被称作缺陷化学之父。

在离子晶体中，一个点缺陷周围的电子浓度要么过剩，要么缺乏，即存在电子或电子空穴。当可见光照射到这些离子晶体上时，电子或电子空穴会吸收部分可见光，产生跃迁而使晶体呈现不同颜色。这类吸收可见光的点缺陷称为色心。色心和空位一样，在 20 世纪早期也受到人们的关注。对此，德国哥廷根大学的 Robert Pohl(1884—1976 年)等系统地研究了碱金属卤化物中光的吸收峰波长与添加的杂质种类和浓度的关系。他们也研究了 X 射线照射晶体的情况。但当时的一些物理学家都在致力于纯物质的研究(如同我们在 4.1.2 节介绍的寻找他们心目中的理想世界)。那些物理学家认为杂质会使问题变得复杂，在理论上无法处理。因此，获得的发现没有任何意义。Wolfgang Ernst Pauli(1900—1958 年)就认为 Pohl 等的工作与猪在污水里打滚没有什么两样。可是，话音刚落，贝尔实验室就发明了晶体管。如今，微量掺杂已成为应用物理和材料领域改进材料性能的一个重要手段。

到了 1934 年，Schottky 提出色心是一种电子-空位对，即一个离子空位及其捕集的一个多余电子。1940 年代，美国科学家 Frederick Seitz(1911—2008 年)在研究雷达磷光材料(后来用作电视机显像管材料)及曼哈顿工程材料的辐照损伤后澄清了色心的物理性质。Seitz 的工作从一个方面表明，理论在这时候已是有计划、有目的地引导实验的主导力量。随后，他又鉴别了 12 种色心，但后来证实有些是错的。

1950 年代开始，原子能反应堆技术取得进展，高能粒子对固体的辐照效应引起了科学家们的重视。这些工作推动了对晶体点缺陷全面而深入的研究。

4.2.2 点缺陷的类型及符号

为了描述晶体中的点缺陷，并研究它们之间的作用，人们采用一定的符号对其进行表示。表示点缺陷的方法很多，但最受欢迎的还是 F. A. Kröger 和 H. J. Vink 提出的符号。该符号的基本形式为D_s^z，D 表示缺陷的种类，s 为缺陷所在位置，z 为缺陷所带电荷。缺陷带一个单位正电荷用一个“•”表示，一个单位负电荷用一个“′”表示，以此类推。不带电用“×”表示，也可空着。下面用离子晶体 MX 为例说明点缺陷符号的意义，设 M 为+2 价，X 为−2 价。

1. 电子和电子空穴

如果电子、电子空穴不局限于一个特定位置，其表示方法：电子用“e'”表示；缺少一个电子即电子空穴用“$h^{\cdot}$”表示。而如果电子、电子空穴只局限在一个特定位置，如空位，则用带电的空位来表示。

2. 空位(vacancy)

M、X 原子不带电，从晶格中去掉一个原子，留下的空位也不带电，故原子空位的符号为$V_M^{\times}$，$V_X^{\times}$或V_M，V_X。V 为 vacancy 的首字母。

如果从正常晶格中去掉一个离子，则会在空位上留下一定的电荷。比如，从正常晶格中去掉一个 M^{2+}，则会在原来位置上留下 2 个电子，即空位带有两个单位负电荷V_M''。V_M''实际由空位与束缚在该空位上的电子复合而成，写作$V_M''=V_M+2e'$。同理，去掉一个 X^{2-}，则同时带走 2 个电子，空位带有两个单位正电荷$V_X^{\cdot\cdot}$。负离子空位少了电子，产生电子空穴，电子空穴也束缚在该空位上，故可写作$V_X^{\cdot\cdot}=V_X+2h^{\cdot}$。

3. 间隙缺陷

不在正常格点上的原子或离子为间隙原子(interstitial atom)或间隙离子(interstitial anion)。M^{2+} 和 X^{2-} 进入间隙位，把相应的电荷也带入该处，符号为$M_i^{\cdot\cdot}$、X_i''。右下标的 i 表示缺陷在间隙位，是 interstitial 的首字母。比如，理想的 MgO 晶体中，四面体空隙全空，Mg^{2+}、O^{2-}进入四面体空隙就成了间隙离子$Mg_i^{\cdot\cdot}$、O_i''。同样，外来离子进入间隙位，也同样如此表示：Al^{3+}进入 MgO 晶体中的间隙位$Al_i^{\cdot\cdot\cdot}$。

当然，间隙位的原子是不带电的，则表示为$M_i^{\times}$，$X_i^{\times}$或M_i，X_i。在离子晶体的点缺陷研究中，与空位的情况相似，人们常常把它们当作离子来处理。而在金属固溶体中，则常以原子及其空位来对待点缺陷，这一点需要注意。

4．错位缺陷

M^{2+}占据X^{2-}的位置而形成的缺陷称作错位缺陷。X^{2-}的空位为$V_X^{\cdot\cdot}$，电价+2价，M^{2+}进入该空位后形成的错位缺陷，其电荷为+4价，表示为$M_X^{\cdot\cdot\cdot\cdot}$，或$X^{2-}$占据$M^{2+}$的位置$V_M''$，而成为$X_M''''$。这种情况会使系统的能量增加较多，不是很稳定，故通常对这种情况不做讨论。

5．杂质置换缺陷

外来杂质离子如L^{3+}占据正常点阵位置，分别取代M^{2+}或X^{2-}，即占据它们的空位V_M''、$V_X^{\cdot\cdot}$。L^{3+}是+3价，M^{2+}空位V_M''为-2价，复合后表示为$L_M^{\cdot}$。比如，Mg^{2+}取代Al_2O_3中的Al^{3+}，表示为Mg_{Al}'。

不同电性的离子取代会使系统不稳定，为使系统稳定，故一般是阳离子取代阳离子，阴离子取代阴离子。

6．缔合中心

一个带电点缺陷与另一个带相反电荷的点缺陷缔合成一组或一群，形成缔合中心，如(V_M'' $V_X^{\cdot\cdot}$)、($Mg_i^{\cdot\cdot}$ O_i'')。NaCl晶体中，最近邻的钠空位与氯空位可能缔合成空位对($V_{Na}'V_{Cl}^{\cdot}$)。

以上这些晶格中的点缺陷，破坏了原有原子(离子)间的作用力平衡，引起周期性势场的改变。这会使点缺陷周围的原子(离子)做微量位移，产生晶格畸变(图4.1)。

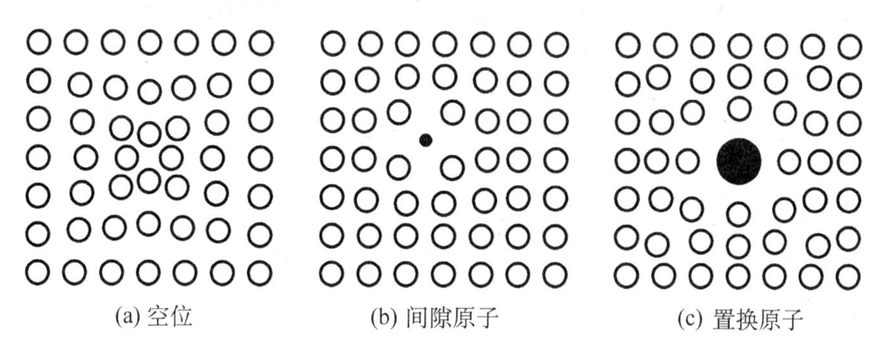

图4.1　点缺陷及其引起的一些晶格畸变示意图(引自刘培生，2010)

4.2.3　热平衡点缺陷的统计理论

在4.1.1节，我们提到，晶体中总是有一定量的缺陷存在。现在我们从热力学角度分析体系为什么有少量缺陷才是稳定的。

1．热力学依据

在一定温度下，一个原子可能会离开正常点阵位置，产生空位。如果这个原子离空位较近，则又可很快回到原来的空位上产生复合。这样就不会有缺陷产生。然而有一些原子能量较高，可以离空位较远，不会很快复合而保持很长时间。同时新的热缺陷还在不断出现，已有热缺陷也在消失。单位时间内产生和消失的热缺陷数目相同时，达到动态平衡。为什么这些热缺陷不会全部消失呢？

根据点缺陷统计理论，我们可将晶体点缺陷的形成看成是等温、等容过程。在其他非体积功$W'=0$、组成不变的情况下，体系要自发朝自由能降低的方向移动，必须满足亥姆霍尔兹

(Helmholtz)自由能 $\Delta A \leqslant 0$，即 $\Delta A = \Delta U - T\Delta S \leqslant 0$。若体积变化不能忽略，则由吉布斯(Gibbs)自由能作判据，使 $\Delta G = \Delta H - T\Delta S \leqslant 0$（适用条件为等温、等压，其他非体积功 $W' = 0$，组成不变）。

产生热缺陷，要么需要断键，要么这些缺陷周围有畸变现象(图 4.1)。这会引起体系内能 U 或焓 H 增加，即 $\Delta U > 0$ 或 $\Delta H > 0$。根据熵判据，在封闭体系中，自发变化总是朝熵增加的方向发生。与理想晶格相比，产生缺陷，增大了晶体中原子的无序度。系统原子重新布局，构型熵增加，即 $\Delta S > 0$。以上两方面的综合结果，决定了整个晶体体系以什么结构稳定存在。

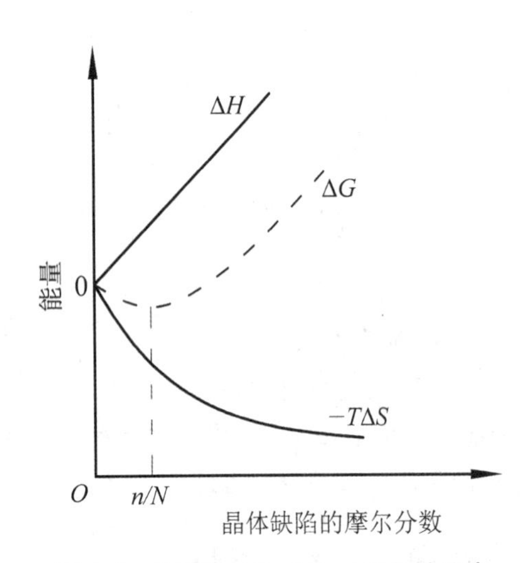

图 4.2　体系的 ΔS、ΔH、ΔG 与缺陷摩尔分数 n/N 的关系（缺陷数目为 n，晶体原子数为 N）（引自刘培生，2010）

当缺陷很少，特别是理想晶体产生微量缺陷时，与 ΔU、ΔH 相比，熵的增量很大，即 ΔS 值较大。这就导致 $\Delta A = \Delta U - T\Delta S \leqslant 0$ 或 $\Delta G = \Delta H - T\Delta S \leqslant 0$，体系自由能降低而处于稳定态。但随着缺陷量的增多，ΔU、ΔH 之值逐渐大于 ΔS，体系能量反而增加，使得 ΔA、ΔG 开始大于 0，体系变得不稳定。图 4.2 表示了在一定温度下，晶体体系的 Gibbs 自由能与缺陷摩尔分数的关系。在体系自由能 ΔG 的最低处，缺陷摩尔分数达成动态平衡，此时的缺陷数目 n 为平衡数目。可见，少量的缺陷可维持体系自由能最低，而无缺陷和过多的缺陷都会使系统能量升高。比如，纳米材料，其缺陷远超过缺陷物理和缺陷化学的研究范畴。这些缺陷使得纳米材料很不稳定，容易团聚在一起以降低能量。但也正是它的缺陷很多，表现出与常规材料不同的性能而引起人们的关注。

根据以上分析，我们可知，无缺陷的晶体材料很难获得，或者说没有无缺陷的实际材料存在。

2. 热缺陷的形成及种类

(1) 弗仑克尔缺陷

弗仑克尔缺陷是因温度高于 0 K 而形成的点缺陷。在离子晶体中，人们常认为半径大的阴离子作密堆，半径小的阳离子填充在堆积形成的空隙中。因此，是否能形成弗仑克尔缺陷，与结构中的空隙和离子之相对大小有关。比如 NaCl 型的 MgO，其中较大的八面体空隙全部被填满，只剩下较小的四面体空隙。较大的 O^{2-} 进入间隙位需要的能量高，因此，较难形成 O_i''。但对于 CaF_2 结构，较大的八面体空隙全空，F^- 较小，故可形成 F_i' 和 $V_F^{\bullet}$。因而 CaF_2 结构比 NaCl 结构更易形成弗仑克尔缺陷。弗仑克尔缺陷的间隙、空位是成对出现的，故空位和间隙原子数目相等。

离子晶体的弗仑克尔缺陷为离子空位和间隙离子，如 MgO 晶体中的 $Mg_i^{\bullet\bullet}$ 和 V_{Mg}''。图 4.3(a)表示离子晶体中弗仑克尔缺陷的形成。金属单质晶体中的弗仑克尔缺陷为金属原子空位和在间隙位的金属原子，如图 4.4(a)所示。有时，晶体表面的原子由于热运动也可进入邻近的间隙位，并在晶体中保持下来。这种间隙原子缺陷也属于弗仑克尔缺陷，如图 4.4(c)所示。

(2) 肖特基缺陷

原子脱离晶格后，不留在晶体点阵间的间隙位，而是迁移到表面的正常点阵位置，构成新的表面原子层，并在晶体内部阵点处留下空位，如图 4.3(b)所示。这种因温度原因引起的空位称为肖特基缺陷。在一定温度下，内部空位与表面原子(离子)达成动态平衡。此外，晶体阵点上的原子还可迁移到位错或晶界处。

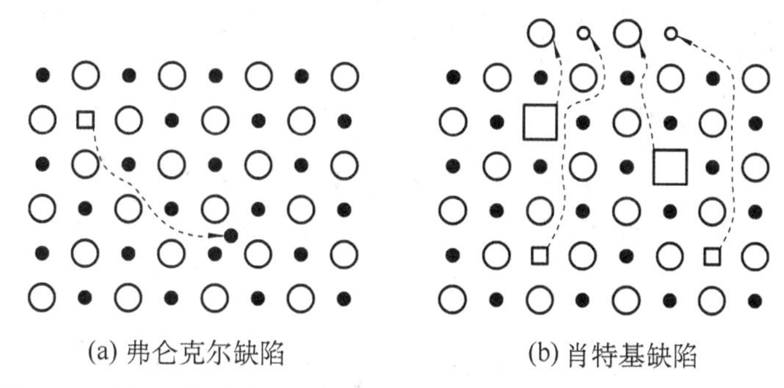

图 4.3　离子晶体的弗仑克尔缺陷和肖特基缺陷示意图(空心球表示大半径离子；实心球表示小半径离子；大、小方框分别代表它们的空位)(引自 Kingery, 2010)

对于离子晶体，由于局部电中性的要求，肖特基缺陷为等电量的正、负离子空位。比如，NaCl 晶体，肖特基缺陷为一个钠离子空位V_{Na}'和一个氯离子空位$V_{Cl}^{\bullet}$。而 Al_2O_3 晶体中的肖特基缺陷为两个铝离子空位V_{Al}'''和三个氧离子空位$V_O^{\bullet\bullet}$。金属晶体中的肖特基缺陷为金属原子的空位，如图 4.4(b)所示。

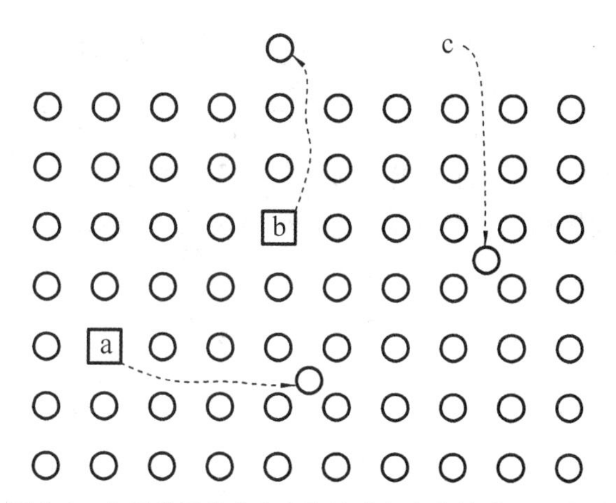

图 4.4　金属单质的弗仑克尔缺陷和肖特基缺陷示意图(a 为弗仑克尔缺陷；b 为肖特基缺陷；c 为只有间隙原子的弗仑克尔缺陷；方框代表空位)

综上所述，基本热缺陷有两大类：弗仑克尔缺陷为“空位＋间隙原子”，或只有间隙原子；肖特基缺陷为“空位”。实际上，这两种缺陷可能同时存在于一个晶体中。而且，其中的空位还可通过迁移而形成两个或多个空位结合在一起的双空位或空位团。

3. 热缺陷的平衡摩尔分数

在热平衡条件下，热缺陷的多少与温度有关，故可用热力学自由能的最小原理计算热缺陷的平衡摩尔分数。假设各点缺陷之间无相互作用，且点缺陷对点阵振动频率无影响；热缺陷数目 $n \ll$ 晶体原子数 N。在等温、等压过程中，热缺陷的产生引起的 Gibbs 自由能变化为 $\Delta G=$

$\Delta H - T\Delta S$。如图4.2所示，对ΔG求导，获得极值并求出平衡时热缺陷数目与晶体原子数之比n/N，即平衡摩尔分数。

1）弗仑克尔缺陷

（1）先求$\Delta G = \Delta H - T\Delta S$中的熵增$\Delta S$。由于缺陷很少，我们从微观状态来求$\Delta S$。其中，熵$S$可由Boltzmann熵定理求得

$$S = k_B \ln W \tag{4-1}$$

其中k_B为Boltzmann常数；W为粒子总的组合方式数，在统计热力学中称为总微态数。

设某一单质晶体有N个相同原子，N'个间隙位，有n个原子脱离正常点阵进入间隙位$n \ll N'$。在这N个点阵位置中，产生n个空位的组合方式有C_N^n种，即

$$W' = C_N^n = \frac{N!}{(N-n)!n!} \tag{4-2}$$

n个原子在N'个间隙位的组合方式有$C_{N'}^n$种，即

$$W'' = C_{N'}^n = \frac{N'!}{(N'-n)!n!} \tag{4-3}$$

综合空位和间隙原子各自的组合，总的组合方式数，即总微态数有$W = W'W''$种，即

$$W = W'W'' = \frac{N!}{(N-n)!n!}\frac{N'!}{(N'-n)!n!} \tag{4-4}$$

产生n个间隙位、n个空位后的晶体，相对于理想晶体，其熵的增量为

$$\Delta S = S - S_0 \tag{4-5}$$

S为产生n个间隙位、n个空位后晶体的熵；S_0为理想晶体的熵。对于特定的某种晶型，其理想结构中的原子只有一种排布方式，即$W=1$。根据式(4-1)，$S_0 = k_B \ln 1 = 0$。故$\Delta S = S - 0 = S$，即

$$\Delta S = S - S_0 = k_B \ln W \tag{4-6}$$

将式(4-4)代入式(4-6)得

$$\Delta S = k_B \ln(W'W'') = k_B \ln\left[\frac{N!}{(N-n)!n!}\frac{N'!}{(N'-n)!n!}\right] \tag{4-7}$$

$$\Delta S = k_B[\ln N! - \ln(N-n)! - \ln n! + \ln N'! - \ln(N'-n)! - \ln n!] \tag{4-8}$$

根据Stirling公式$\ln x! \approx x\ln x - x$，改写式(4-8)并整理得

$$\Delta S = k_B[N\ln N - (N-n)\ln(N-n) - n\ln n + N'\ln N' - (N'-n)\ln(N'-n) - n\ln n] \tag{4-9}$$

（2）接着求$\Delta G = \Delta H - T\Delta S$中的$\Delta H$

设把一个原子从正常点阵位置移到较远间隙位置，产生一个弗仑克尔缺陷所做的功为h_F（含同时产生一个间隙原子所需能量，也就是形成能），则产生n个弗仑克尔缺陷的焓变为

$$\Delta H = nh_F \tag{4-10}$$

将式(4－9)和式(4－10)代入 $\Delta G=\Delta H-T\Delta S$，晶体的吉布斯自由能增量为

$$\Delta G = nh_F - k_B T[N\ln N-(N-n)\ln(N-n)-n\ln n+ N'\ln N'-(N'-n)\ln(N'-n)-n\ln n] \tag{4-11}$$

则在一定温度下，对式(4－11)中的 ΔG 求导，$\partial\Delta G/\partial n=0$ 获得极值，整理后得

$$\frac{\partial\Delta G}{\partial n} = h_F - k_B T\ln\frac{(N-n)(N'-n)}{n\cdot n}=0 \tag{4-12}$$

即

$$h_F = k_B T\ln\frac{(N-n)(N'-n)}{n\cdot n} \tag{4-13}$$

因为缺陷很少，且 $n\ll N$，$n\ll N'$，所以 $N-n\approx N$，$N'-n\approx N'$，上式变为

$$h_F = k_B T\ln\frac{NN'}{n\cdot n} \tag{4-14}$$

$$n^2 = NN'\exp\left(-\frac{h_F}{k_B T}\right) \tag{4-15}$$

两边同除以N^2，得

$$\frac{n^2}{N^2} = \frac{N'}{N}\exp\left(-\frac{h_F}{k_B T}\right) \tag{4-16}$$

再开方，得

$$\frac{n}{N} = \sqrt{\frac{N'}{N}}\exp\left(-\frac{h_F}{2k_B T}\right) \tag{4-17}$$

这就是单质晶体(如纯金属)在一定温度下产生 n 个弗仑克尔缺陷的平衡摩尔分数。

对于二元以上的晶体，如离子晶体，其中的每种离子都可形成弗仑克尔缺陷，且平衡摩尔分数也符合式(4－17)。但相对而言，哪种离子的弗仑克尔缺陷形成能h_F低，那么在晶体中这种离子的弗仑克尔缺陷就占优势。

2) 肖特基缺陷

同样，先考虑单质晶体。肖特基缺陷只有空位，没有间隙原子。我们仍然作和弗仑克尔缺陷一样的假设则在 N 个点阵位置中，产生 n 个空位的组合方式也如式(4－2)所示。与弗仑克尔缺陷不同的是，没有间隙原子的排布，故产生 n 个空位的 ΔS 为式(4－9)的前三项

$$\Delta S = k_B[N\ln N-(N-n)\ln(N-n)-n\ln n] \tag{4-18}$$

在求 ΔH 时，假设产生一个肖特基空位的形成能为h_S，则产生 n 个空位所需能量为

$$\Delta H = nh_S \tag{4-19}$$

将式(4－18)和式(4－19)代入 $\Delta G=\Delta H-T\Delta S$，晶体的吉布斯自由能增量为

$$\Delta G = nh_S - k_B T[N\ln N-(N-n)\ln(N-n)-n\ln n] \tag{4-20}$$

在一定温度下达成平衡时，求极值：

$$\frac{\partial \Delta G}{\partial n} = h_S - k_B T \ln \frac{N-n}{n} = 0 \qquad (4-21)$$

同样，$n \ll N$，所以 $N-n \approx N$，式(4-21)变为

$$h_S = k_B T \ln \frac{N}{n} \qquad (4-22)$$

整理后得

$$\frac{n}{N} = \exp\left(-\frac{h_S}{k_B T}\right) \qquad (4-23)$$

式(4-23)为单质晶体在一定温度下产生 n 个肖特基缺陷的平衡摩尔分数。

而对于离子晶体，正、负离子空位成对出现。在推导它们的肖特基缺陷时，与弗仑克尔缺陷类似，要考虑正离子空位和负离子空位的排布引起的熵增，总的微态数可表示为 $W = W_+ W_-$。请读者自行推导，其缺陷的平衡摩尔分数为

$$\frac{n}{N} = \exp\left(-\frac{h_S}{2k_B T}\right) \qquad (4-24)$$

3) 只有间隙原子的弗仑克尔缺陷

如图4.4(c)所示，假设晶体有 N' 个间隙位，有 n 个间隙原子，$n \ll N'$。n 个原子在 N' 个间隙位的组合方式有 $C_{N'}^n$ 种。结果，其 ΔS 为式(4-9)的后三项，即

$$\Delta S = k_B[N' \ln N' - (N'-n)\ln(N'-n) - n\ln n] \qquad (4-25)$$

假设产生一个间隙原子的形成能为 h_i，则产生 n 个间隙原子所需能量为

$$\Delta H = n h_i \qquad (4-26)$$

将式(4-25)和式(4-26)代入 $\Delta G = \Delta H - T\Delta S$，晶体的吉布斯自由能增量为

$$\Delta G = n h_i - k_B T[N \ln N' - (N'-n)\ln(N'-n) - n\ln n] \qquad (4-27)$$

由 $\partial \Delta G / \partial n = 0$，且 $n \ll N'$，得

$$\frac{n}{N'} = \exp\left(-\frac{h_i}{k_B T}\right) \qquad (4-28)$$

综合式(4-17)、式(4-23)、式(4-24)和式(4-28)，热缺陷的平衡摩尔分数可统一写成

$$\frac{n}{N} = A\exp\left(-\frac{u}{k_B T}\right) \qquad (4-29)$$

与 Arrhenius 方程 $A\exp(-E_a/(k_B T))$ 作对比，u 为缺陷活化能；根据前面的推导，我们可知热缺陷的活化能与形成能有联系。由式(4-17)知，弗仑克尔缺陷的活化能为形成能的一半即 $u = h_F/2$；由式(4-23)知，单质晶体的肖特基缺陷活化能就是其形成能 $u = h_S$；由式(4-24)知，二元离子晶体的肖特基缺陷活化能为其形成能的一半即 $u = h_S/2$；由式(4-28)知，只有间隙原子的弗仑克尔缺陷，其活化能为其形成能 $u = h_i$。

式(4-29)中，A 为材料常数，它与缺陷附近的原子振动频率之变化对熵的贡献有关。我们在前文做了点缺陷对点阵振动频率无影响的假设，故这部分的 ΔS 为零，由此得到 $A = 1$。

如果要考虑除前面介绍的构型熵外的其他熵增，则 A 值在大多数情况下处于 1～100 之间。

4）影响热缺陷平衡摩尔分数的主要因素

由式(4-29)我们可知这些主要因素有以下几方面。

(1) 温度。温度升高，热缺陷平衡摩尔分数也增加，故通过控制温度来控制晶体中的热缺陷是一种常用方法。

(2) 缺陷形成能。形成能大，说明形成缺陷所需能量高，比较难形成。而形成能主要与晶体结构、晶体组成和离子极化等因素有关。NaCl 结构比较致密，只有较小的四面体空隙空着，故较难生成弗仑克尔缺陷，弗仑克尔缺陷在 NaCl 结构中的形成能约 7～8 eV。即使在 2 000℃，间隙离子的浓度也难以测量。而 CaF_2 结构中的八面体空隙全空着，生成间隙离子较容易。生成间隙 F 离子 F_i' 的形成能为 2.8 eV，而生成肖特基缺陷的形成能为 5.5 eV。

通常，弗仑克尔缺陷因有间隙原子产生，其形成能较肖特基缺陷大，特别是结构比较致密的晶体。因此，肖特基缺陷的形成比较容易。

例 4.1　Cu 晶体单原子的肖特基空位形成能为 0.9 eV。计算 500℃时，每立方米 Cu 的平衡空位的摩尔分数及空位数目。A 取 1，Cu 的摩尔质量 M=63.54 g/mol，密度为 8.96×10^6 g/m³。

解： 根据式(4-23)，25℃时肖特基缺陷的平衡摩尔分数为

$$\frac{n}{N}=\exp\left(-\frac{h_S}{k_B T}\right)=\exp\left(-\frac{0.9\times 1.602\times 10^{-19}}{1.38\times 10^{-23}\times 773}\right)=1.35\times 10^{-6}$$

即在 500℃时，每 100 万个原子中才有约 1.35 个空位。由此可见，热缺陷确实非常少。

要计算空位数目 n，根据平衡摩尔分数的关系式 n/N，我们需要知道总原子数 N。由密度关系式：

$$\rho=\frac{m}{V}=\frac{M}{V}\frac{N}{L}$$

式中，L 为阿伏伽德罗常数；$V=1$，则总原子数 N 为

$$N=\frac{\rho VL}{M}=\frac{8.96\times 10^6\times 6.023\times 10^{23}}{63.54}=8.49\times 10^{28}(\text{个 / 立方米})$$

则空位数目 $n=8.49\times 10^{28}\times 1.35\times 10^{-6}=1.15\times 10^{23}$(个 / 立方米)。

例 4.2　MgO 晶体中，肖特基缺陷的形成能为 6 eV，分别计算在 25℃和 1 600℃时的肖特基缺陷平衡摩尔分数，其中 A 取 1。

解： 根据式(4-24)，25℃时肖特基缺陷平衡摩尔分数为

$$\frac{n}{N}=\exp\left(-\frac{h_S}{2k_B T}\right)=\exp\left(-\frac{6\times 1.602\times 10^{-19}}{2\times 1.38\times 10^{-23}\times 298}\right)=1.76\times 10^{-51}$$

1 600℃时肖特基缺陷平衡摩尔分数为

$$\frac{n}{N}=\exp\left(-\frac{h_S}{2k_B T}\right)=\exp\left(-\frac{6\times 1.602\times 10^{-19}}{2\times 1.38\times 10^{-23}\times 1\,873}\right)=8.41\times 10^{-9}$$

由上述可见，在低温下，热缺陷非常少。随着温度升高，热缺陷增加较多。

除了这些本征热缺陷外，在材料学科领域，更重要的是掺杂引入的杂质缺陷。引入的杂质

原子不仅会进入间隙位，还会取代基体材料中正常格点处的原子。我们可把晶体(尤其是离子晶体)中的点缺陷看作是一种化学物质。这样就可像化学反应一样，用热力学函数、质量作用定律、平衡常数之类的概念来研究缺陷。既然要像化学反应式一样来研究缺陷，就需要一个缺陷之间的反应式，即缺陷反应式。

4.2.4 缺陷反应式

与化学反应式一样，缺陷反应式也需要一些规则，这些规则有以下四种。

1. 位置关系

晶体中原子的位置数比例要保持不变。这主要是因少量的缺陷并未改变主晶相的结构，比如化合物 M_aX_b，M 与 X 的位置数之比始终是 $a:b$。

需注意：这里指的是位置数的比例不变，而不是原子数或它们的位置数量不变。TiO_2 中 Ti、O 位置数之比为 1∶2。当它在还原性气氛中时，氧会逸出晶格，化学式变为 TiO_{2-x}，其原子数之为 1∶(2−x)，但 Ti、O 位置数之比仍是 1∶2。我们也可这样理解：晶体中的每个格点始终属于无缺陷时原来原子的位置，不会因为产生了缺陷，那个位置就属于别的原子了。比如在 MgO 中引入少量 Al_2O_3，Al^{3+} 置换 Mg^{2+} 产生缺陷$Al_{Mg}^{\cdot}$，这个缺陷的位置还是 Mg^{2+} 的位置，而不是 Al^{3+} 的位置。

2. 位置增殖

缺陷的产生可能会引起空位数的变化，而位置数之比又要保持不变。故有引起位置数增加的缺陷：M_M、M_X、X_X、X_M、V_X、V_M对位置数目的增加有贡献；而 M_i、X_i、e'、$h^{\cdot}$ 不在正常格点位置上，对位置数无影响。

质点移动到表面(如肖特基缺陷)，位置数增加；质点从表面移动到内部格点上，表面位置消失，因此位置数减少。当一个原子 M 从晶体内部迁移到表面时常用符号 M_s表示。

3. 质量平衡

与化学反应方程一样，方程两边质量要保持平衡。在配平方程时要注意缺陷符号的下标表示的是谁的位置，不代表质量。比如$Al_{Mg}^{\cdot}$，在配平时，只考虑 Al 的质量和数量，不考虑 Mg。空位对质量平衡也无意义，不予考虑。

4. 电荷守恒

晶体必须保持电中性。反应方程两边的有效电荷数要相等。

5. 本征热缺陷方程

(1) 弗仑克尔缺陷

以 AgBr 为例，Ag^+ 半径小，进入间隙位有

$$Ag_{Ag} + V_i \rightleftharpoons Ag_i^{\cdot} + V'_{Ag} \tag{4-30}$$

简写为

$$nil \rightleftharpoons Ag_i^{\cdot} + V'_{Ag} \tag{4-31}$$

其中 nil 表示无缺陷。

利用化学课中学的质量作用定律(the law of mass action)也可得出缺陷的平衡摩尔分数。质量作用定律表明当化学反应在一定温度和压力下达成平衡时，生成物和反应物各组元摩尔分数的乘积之比为一常数，即平衡常数 K。由式(4-31)得

$$K = [Ag_i^{\cdot}][V'_{Ag}] = K'_0 \exp\left(-\frac{h_F}{k_B T}\right) \tag{4-32}$$

其中$[Ag_i^{\cdot}]$、$[V_{Ag}']$分别为$Ag_i^{\cdot}$和V_{Ag}'的平衡摩尔分数，K_0'为常数。而$[Ag_i^{\cdot}]=[V_{Ag}']$，设h_F为缺陷形成能，则

$$[Ag_i^{\cdot}] = K_0 \exp\left(-\frac{h_F}{2k_B T}\right) \tag{4-33}$$

其中$K_0=\sqrt{K_0'}$。式(4-33)与式(4-17)是一致的，K_0相当于式(4-17)中的$\sqrt{N'/N}$。

(2) 肖特基缺陷

以 MgO 为例，Mg^{2+}，O^{2-}迁移到表面，在内部留下空位，则

$$Mg_{Mg} + O_O \rightleftharpoons V_{Mg}'' + V_O^{\cdot\cdot} + Mg_s + O_s \tag{4-34}$$

简写为

$$nil \rightleftharpoons V_{Mg}'' + V_O^{\cdot\cdot} \tag{4-35}$$

$$K = [V_{Mg}''][V_O^{\cdot\cdot}] = K_0' \exp\left(-\frac{h_S}{k_B T}\right) \tag{4-36}$$

同样，缺陷的平衡摩尔分数有以下关系：

$$[V_{Mg}''] = [V_O^{\cdot\cdot}]$$

设h_S为缺陷形成能，有

$$[V_{Mg}''] = [V_O^{\cdot\cdot}] = K_0 \exp\left(-\frac{h_S}{2k_B T}\right) \tag{4-37}$$

这也和式(4-24)一致。除了热缺陷外，晶体中还有掺杂产生的缺陷。

6. 掺杂缺陷反应式

掺杂缺陷反应式的基本形式可表示为

$$杂质 \xrightarrow{基体} 缺陷$$

缺陷反应式在掺杂、固溶体中有重要应用，下面举例对此说明。杂质进入基体时，杂质的正、负离子分别占据基体正、负离子的位置，这样产生的畸变小。

在上一章萤石结构部分，我们提到ZrO_2的单斜相与四方相在转变过程中，有约9%的体积变化，而难以获得稳定的ZrO_2陶瓷。如果在ZrO_2中引入少量CaO、Y_2O_3则可以获得稳定ZrO_2。它们的缺陷反应式有多种写法。第一种写法，我们先满足基体ZrO_2中阳离子的位置数：Zr与O的位置数之比为1∶2，即先满足1。每引入一个CaO，就有一个Ca^{2+}、O^{2-}进入基体中。Ca^{2+}占据Zr^{4+}位置，产生一个Zr^{4+}位置Ca_{Zr}''，引入的O^{2-}占据氧的位置O_O。由于ZrO_2中Zr与O的位置数之比为1∶2，故还需要一个氧的位置。根据前述位置增殖，我们可知：氧的空位可以提供一个位置$V_O^{\cdot\cdot}$，因此其缺陷反应式如下：

$$CaO \xrightarrow{ZrO_2} Ca_{Zr}'' + O_O + V_O^{\cdot\cdot} \tag{4-38}$$

位置数之比符合1∶2，电荷和质量也守恒。

第二种写法，我们先满足基体ZrO_2中阴离子的位置数，即1∶2中的2。每引入一个CaO只能引入一个O^{2-}，所以需引入2个CaO，产生两个氧位置O_O。两个氧位置只需一个Zr^{4+}位置，这由Ca^{2+}占据Zr^{4+}位置来提供，结果产生缺陷Ca_{Zr}''。剩下的一个Ca不产生位置，只有进入间隙位$Ca_i^{\cdot\cdot}$。其缺陷反应式如下：

$$2CaO \xrightarrow{ZrO_2} 2O_O + Ca''_{Zr} + Ca_i^{\cdot\cdot} \tag{4-39}$$

位置数之比符合 1∶2,电荷和质量也守恒。

这两种写法比较常见。实际上,我们还可以有其他写法。只要符合我们在前面介绍的规则,写出的缺陷反应式都是可行的。至于其中哪种写法符合实际,只有通过实验检测。但我们可通过第 3 章结构部分的相关知识做一个初步判断。结构紧密的晶体中,半径大的原子很难形成间隙缺陷。通常情况下,除了萤石结构可出现间隙阴离子外,其他结构很难出现间隙阴离子。这和热缺陷的形成相似,因间隙缺陷的形成能通常要大于空位形成能。把少量 CaO 引入 ZrO_2 中的两种写法,实验结果表明式(4-38)的缺陷反应更常见。

再比如,把 Y_2O_3 引入 ZrO_2 中的缺陷反应式为

$$Y_2O_3 \xrightarrow{ZrO_2} 2Y'_{Zr} + 3O_O + V_O^{\cdot\cdot} \tag{4-40}$$

式(4-38)和式(4-40)表明引入少量 CaO、Y_2O_3 后,在 ZrO_2 中有氧空位 $V_O^{\cdot\cdot}$ 产生。$V_O^{\cdot\cdot}$ 使 O^{2-} 在高温下容易移动。所以这种稳定型的 ZrO_2 常作氧敏感元件来检测冶炼金属中的氧浓度、控制汽车燃料燃烧时的空气和燃料的比例。掺杂 ZrO_2 还是固体氧化物燃料电池的电解质材料。

德国科学家 Carl Wagner(1901—1977 年)首先研究了这种稳定 ZrO_2。他在 1943 年首先认识到 ZrO_2 是离子导电而不是电子导电,即 ZrO_2 主要通过空位的运动而导电,它是一种有离子导电性质的固体。但纯 ZrO_2 仅靠温度引起的热缺陷,特别是氧空位 $V_O^{\cdot\cdot}$ 少,因此不能用作测量元件。

采用两种及两种以上电价不同的化合物,掺杂形成固溶体是获得离子半导体的一种有效方法。有关离子电导,请读者结合材料物理性能课程,或参阅清华大学出版社的《无机材料物理性能》来学习。下面我们列举一些缺陷反应,供读者参考。

TiO_2 掺杂 Nb_2O_5:

$$2TiO_2 \xrightarrow{Nb_2O_5} 2Ti'_{Nb} + 4O_O + V_O^{\cdot\cdot} \tag{4-41}$$

$$5TiO_2 \xrightarrow{Nb_2O_5} 4Ti'_{Nb} + 10O_O + Ti_i^{\cdot\cdot\cdot\cdot} \tag{4-42}$$

Nb_2O_5 掺杂 TiO_2:

$$2\,Nb_2O_5 \xrightarrow{TiO_2} 4Nb_{Ti}^{\cdot} + 10O_O + V''''_{Ti} \tag{4-43}$$

$$Nb_2O_5 \xrightarrow{TiO_2} 2Nb_{Ti}^{\cdot} + 4O_O + O''_i \tag{4-44}$$

Cr_2O_3 掺杂 Al_2O_3:

$$Cr_2O_3 \xrightarrow{Al_2O_3} 2Cr_{Al} + 3O_O \tag{4-45}$$

由于 Cr、Al 化合价相同,故没有产生带电缺陷。纯刚玉中的所有电子皆已配对,对白光无吸收,所以呈无色。但引入 Cr^{3+} 后,有未配对电子。当可见光照射红宝石时,对短波长的光有吸收而呈红色,这就是红宝石颜色的来源。

在掺入外来原子时,杂质原子分别进入基体的相应位置。这与在水里溶解盐,形成溶液的情形相似。而且整个体系最后是以固体的形式存在,故我们把它称作固体溶液,简称固溶体

(solid solution)。

4.2.5 固溶体与高熵合金

1. 固溶体的概念

我们在第3章提到在纯金属中加入其他组元可形成合金。合金中具有相同成分、结构和性能的部分或区域称为合金相。合金相有金属间化合物和固溶体。在离子晶体和共价晶体中加入其他组元,也可形成固溶体或化合物。实际上,当两种或两种以上的组元相互以原子尺寸混合在一起,在一定的温度、压力等条件下可形成固溶体或化合物。若组元按一定比例结合在一起,相互作用后系统能量大大降低,产生一个不同于各组元晶体结构的新晶体,则此晶体为化合物。化合物可用一个化学式表示。比如,MgO 与 Al_2O_3结合形成不同于两者结构的新晶体——尖晶石 $MgAl_2O_4$。金属间化合物也是如此,如 Cu、Zn 形成的 β-CuZn、γ-Cu_5Zn_8、ε-$CuZn_3$(见图3.15和3.11节)。金属间化合物虽然可用一个化学式表示,但其成分往往有一个很小的波动范围。

一种组元中的原子进入另一组元中原子的正常格点位或间隙位而形成的晶态固体称为固溶体,如图4.1(b)(c)所示。固溶体的结构为其中一种组元的晶体结构,这一点与化合物不同,如 Cr_2O_3掺入 α-Al_2O_3形成的宝石结构为 α-Al_2O_3型。形成固溶体能使系统的能量降低,但降低幅度不如形成化合物。通常,我们将其中质量分数较大的组元称为溶剂(或主晶相),质量分数较小的称为溶质。溶质组元在一定量溶剂组元中的极限溶解度称为固溶度。这与 NaCl 于常温、常压下,在一定量的水中有一定溶解度的情形相似。此外,固溶体的成分也有一定的波动。金属基固溶体的成分波动范围往往比金属间化合物大。固溶体的化学式可以在基体材料的基础上引入一个变量 x 来表示,如 ZrO_2掺入 $PbTiO_3$中形成的固溶体,其化学式可表示为 $Pb(Zr_xTi_{1-x})O_3$ $(0<x<1)$,此式称为固溶式。实际使用的绝大多数金属材料、无机功能材料都是固溶体。因此,对固溶体的研究有着重要意义。

2. 固溶体的热力学分析

材料可容纳一定量外来杂质的原因可从热力学方面得到解答。在等温、等压、非体积功 $W'=0$ 及组成不变的条件下,整个体系混合前后的 Gibbs 自由能的变化为 $\Delta G=\Delta H-T\Delta S$。$\Delta H$ 在很大程度上由结构能决定。若外来杂质使体系混合后的结构能大大降低,则 ΔG 的变化主要受 ΔH 的影响,此时会形成化合物。若外来杂质使体系混合后的结构能变化不大,则熵的变化 ΔS 占主导作用。外来杂质通常会使体系的无序度增加,即 $\Delta S>0$,这使得容纳外来杂质后,体系自由能下降,当 $\Delta G<0$ 时形成比较稳定的固溶体结构,故材料中有一定量的杂质能使其在热力学上比较稳定。正因如此,将高纯材料进一步提纯是很困难的,因为需要对其做很多功。这一点与4.2.3节我们讲到的热缺陷的情形很相似(图4.2)。

3. 高熵合金

人们通常所说的固溶体大多是以一种或两种晶体为主,在此基础上添加多种其他外来组元而形成,即有溶质和溶剂之分。比如,红宝石是以 α-Al_2O_3为主晶相;传统合金系统:钢以铁为主;铜合金是以铜为主;铝合金以铝为主;钛合金以钛为主等。

传统合金的发展表明在一种或两种主晶相中添加少量合金元素可改善性能。过多的合金元素种类会引起脆性金属间化合物的出现,进而导致合金性能的恶化。但如果不再以一种或两种金属元素为主,而是以多种主要元素为主做成的合金会是什么样呢?1995年,我国学者叶均蔚研究组提出了新的合金设计理念。在此理念的指引下,他们制备出单相多主元高混乱度的固溶体合金,即多主元高熵合金。比如,将等物质的量的 Al、Co、Cr、Fe、Ni 加以熔炼得到五元等物质的量之比高熵合金 AlCoCrFeNi。等物质的量之比合金可以是四元、五元、六元、七元等。以七元等物质的量之比为例，若在可相容的 13 种元素中任取 7 种，将可产生 1 716种合金；若再考虑非等物质的量之比的组成，或添加微量合金元素来改性，则高熵合金难以计数。高熵化后的合金表现出意外的规律，金属间化合物全部消失而只形成 bcc 或 fcc 相固溶体或非晶体。

高熵合金具有高温热稳定性、耐蚀性、高强度、高硬度、高抗氧化性及优异的磁电等性能，因而其应用前景广阔。高熵合金的设计思想是一种全新的概念，这可能会引发人们在这方面做更多的探索。由于高熵合金还在如火如荼地发展中。本书介绍的固溶体还是局限在传统固溶体领域。传统固溶体合金可看成是低熵合金。

4. 固溶体的特点、形成

1）固溶体的特点

（1）主晶相晶体结构保持不变。固溶体中不同组元是以原子尺度相互混合的。溶质原子要么进入主晶相中原子间的间隙位，要么取代主晶相原子而占据正常格点位。由于溶质组元较少，故这种原子尺度的混合不会破坏溶剂组元即主晶相的晶体结构。比如，少量的 C 溶解在 α - Fe 中形成的固溶体称为铁素体。其中，C 原子位于 α - Fe 的八面体间隙中。而铁素体的晶体结构仍是 α - Fe 的 bcc 结构。

（2）固溶体成分有一定的波动范围。溶质组元在主晶相中的固溶度是一个变量。这个量与溶质组元和主晶相的结构及温度等条件有关。

（3）结构的微不均匀性。固溶体在原子尺度混合，故在金相显微镜下观察是均匀的，即溶质原子的分布在宏观上是均匀的。但从原子尺寸来看，固溶体却呈现出微观不均匀性。图 4.5 为固溶体中溶质原子在溶剂组元中的几种分布示意图。事实上，完全无序的固溶体是不

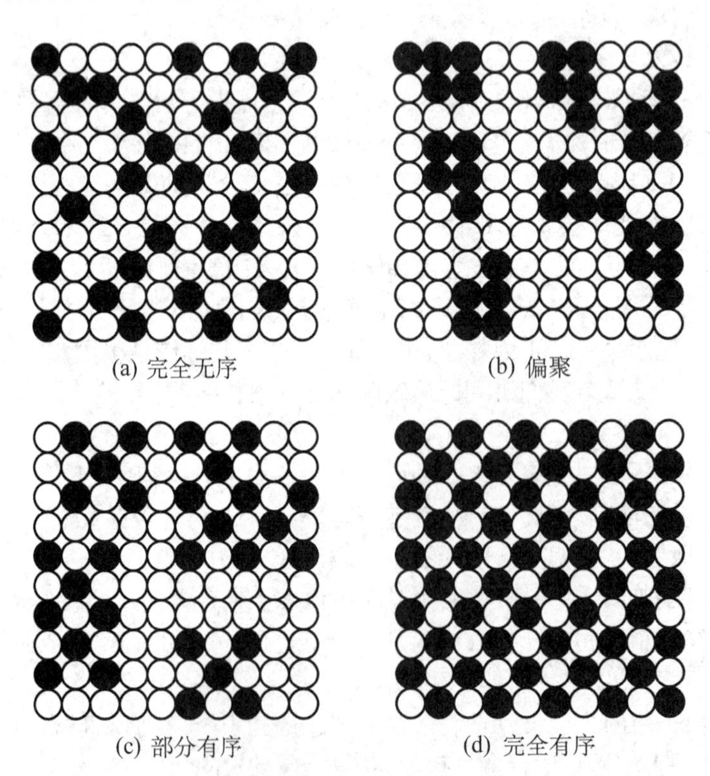

图 4.5 固溶体中溶质原子分布示意图（引自蔡珣，2010）

存在的。溶质原子究竟采取哪种方式分布，这主要取决于同类原子间的结合能与异类原子间的结合能的相对大小。假设A溶解于B中，A原子间的结合能为E_{AA}、B原子间的结合能为E_{BB}、A和B原子间的结合能为E_{AB}。若$E_{AA} \approx E_{BB} \approx E_{AB}$，则溶质原子倾向于无序分布；若$(E_{AA}+E_{BB})/2<E_{AB}$，则溶质原子倾向于偏聚分布；若$(E_{AA}+E_{BB})/2>E_{AB}$，则溶质原子呈部分有序或完全有序。其中，有序固溶体和无序固溶体可相互转变。通常，在低温下为有序固溶体，高温下为无序固溶体。

(4) 晶格畸变和点阵常数发生变化。由于溶质原子与主晶相原子存在尺寸差异，因此，溶质原子进入主晶相原子间的间隙位或正常格点位都会使主晶相原子的规则排列受到干扰，从而产生晶格畸变，如图4.1(b)、4.1(c)所示。这种晶格畸变会导致主晶相的点阵常数发生改变。Vegard定律指出：固溶体晶格常数与任一组元的成分变化呈线性关系，即图4.6(a)所示的点阵常数与组元B的摩尔分数之关系。该定律是挪威物理学家Lars Vegard(1880—1963年)在1921年提出的。

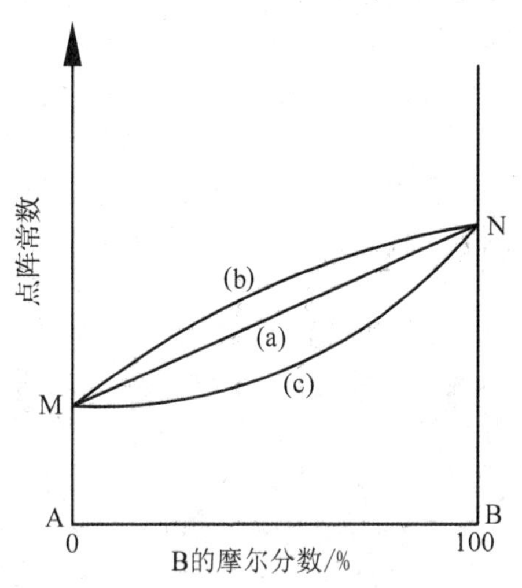

图4.6　固溶体点阵常数与成分的关系示意图(引自潘金生,2011)

然而，完全符合Vegard定律的固溶体却很少。这类固溶体主要是由Mo、W、Ta、Nb等相互形成的固溶体。大多数固溶体对Vegard定律有所偏离。实际点阵常数大于Vegard定律计算值的为正偏离，即图4.6(b)线，如Cu-Au、Cu-Ag系固溶体；实际点阵常数小于Vegard定律计算值的为负偏离，即图4.6(c)线，如Ag-Au、Co-Ni系固溶体。这主要是因为除了尺寸因素外，电子浓度、电负性等也是影响固溶体结构的因素。这些因素的综合作用使得固溶体点阵常数偏离Vegard定律。

对于间隙固溶体来说，进入间隙位的原子总是使固溶体的点阵常数增大。

2) 固溶体的形成

固溶体可以在晶体生长过程中产生，也可以在溶液或熔体结晶时形成，还可以通过烧结由原子扩散形成。自然界中的硅酸盐固溶体、红宝石等大多是在高温下结晶形成。Cu合金、钢等固溶体是在熔体凝固时形成的。

5. 固溶体的类型

1) 连续型和有限型

这是根据溶质组元的固溶度来划分的。连续型固溶体是指溶质和溶剂组元可以按任意比例相互固溶。任一组元的成分范围均在[0, 100%]这个区间。所以，连续型固溶体又叫完全互溶固溶体、无限固溶体。它就像水与乙醇可以任意比例互溶而不分层一样。MgO、NiO同属NaCl型结构，可形成连续型固溶体，其固溶式可写为$Mg_xNi_{1-x}O$($x=0\sim1$)。Si、Ge基半导体材料一般是连续型固溶体。金属中的Cu-Ni系、Cr-Mo系、Mo-W系、Ti-Zr系等在室温下都能无限互溶，形成连续固溶体。

有限型固溶体是指溶质组元在溶剂组元中的固溶度是有限的，超过这一限度就会析出。比如，CaO溶入MgO中形成MgO基固溶体。在2 000℃时，大约可溶解质量分数为3%的CaO。CaO的量超过这个值，就有CaO基固溶体析出。金属中Cu溶于Zn形成的η固溶体、

Fe-C 系中的 α、γ 固溶体都是有限固溶体。

2）置换型和间隙型

这是按照溶质原子在主晶相中的位置来分类的。置换型固溶体是指溶质原子进入主晶相中的正常格点位置。它是形成固溶体的一般情形。大部分固溶体都属于这种类型。金属氧化物中，置换主要发生在金属离子的位置上，比如式(4-38)。一般金属与金属间形成的固溶体也是置换型的，如 Zn 溶于 Cu 形成的 α 固溶体。我们在 3.12.1 节中介绍的类质同象实际就是置换型固溶体，如菱镁矿 $MgCO_3$ 中，Mg 被 Fe 取代后形成置换型固溶体 $Mg_{1-x}Fe_xCO_3$（$x=0\sim1$）。

间隙型固溶体是溶质原子进入晶格中的间隙位。由于负离子通常比阳离子大，所以离子型间隙固溶体中，一般是阳离子填充在负离子或负离子团形成的间隙中。式(4-39)中，Ca^{2+} 进入间隙位，形成间隙固溶体。金属晶体中，H、B、C、N 等小原子进入晶体结构中的间隙位置而形成间隙固溶体。C 进入 γ-Fe 的八面体空隙形成的奥氏体是最重要的一种间隙固溶体。

金属中的置换型和间隙型固溶体容易区分。但离子晶体在形成间隙固溶体时，往往既有置换又有间隙点缺陷，如式(4-39)中有置换型Ca''_{Zr}，也有间隙型$Ca_i^{\cdot\cdot}$。为加以区分，在离子型晶体的固溶体中，人们通常把有间隙缺陷的固溶体称为间隙固溶体，而只有置换缺陷的称为置换固溶体。因此，按式(4-39)产生的固溶体为间隙型，按式(4-38)产生的固溶体为置换型。

3）有序型和无序型

这是按照固溶体中各组元原子分布的规律性来分类的。这方面的问题，我们在上一小节固溶体结构的微不均匀性中提到过。无序固溶体是各组元的原子随机分布。比如，含有 5% Al 原子的 Fe 基置换式无序固溶体中，每个点阵既可被 Al 原子，也可被 Fe 原子占据。晶体结构中某特定位置发现 Al 原子的概率为 5%，而在相同位置发现 Fe 原子的概率是 95%。离子型材料中，阴、阳离子完全无序在能量上是不利的。也就是说，阴离子不会占据阳离子的位置，当然阳离子也不会占据阴离子位置，故离子晶体不会形成完全无序的固溶体。离子晶体中的有序-无序现象只是分别针对阴离子或阳离子位置而言的，如 Cr_2O_3溶入 Al_2O_3形成的固溶体中，阳离子通常是无序的。

有序固溶体是各组元的原子优先占据某些位置而形成超点阵。比如，Fe、Al 按照物质的量之比 3∶1 形成的固溶体在低温下，3/4 的点阵位置由 Fe 原子优先占据，1/4 的点阵位置由 Al 原子优先占据。

金属中的有序固溶体结构与图 3.15 中的金属间化合物 β'-CuZn 的情形相似。不同之处在于有序（无序）固溶体具有溶剂组元的晶体结构，金属间化合物不具有任一组元的晶体结构，如 β'-CuZn 的晶体结构与其组元 Cu、Zn 是不同的，故它不是固溶体。

6. 影响固溶体形成的主要因素

1930 年代，固体电子理论还未对冶金学家形成冲击。化学家 William Hume-Rothery (1899—1968 年)，其博士课题就是研究金属间化合物的结构与性能。Hume-Rothery 还研究了 Cu、Ag 和 Au 的二元相图，找到了一些经验规则，并建立了预测金属间化合物的方法。他还追随 Goldschmidt 的想法，研究了原子尺寸对固溶度的影响。在这些研究中，Hume-Rothery 提出了预测固溶度的经验规则(Hume-Rothery rules)。

1）置换固溶体

(1) 原子尺寸。相互替代的质点，它们的尺寸越接近，固溶体越稳定。形成固溶体的原子

半径之差超过 14%～15%，则固溶度有限。这也称为 15%规则，即

$$\delta = \frac{|d_A - d_B|}{d_A} \times 100\% > 14\% \sim 15\% \tag{4-46}$$

其中d_A，d_B分别为主晶相和溶质原子直径。将这一规律应用于金属氧化物时，通常将离子半径代入上式。当 $\delta<15\%$时，可以形成连续固溶体。MgO－NiO 系，Mg^{2+} 和 Ni^{2+} 的半径分别是 0.072 nm 和 0.069 nm，其 δ 值为 4.2%，故 MgO 与 NiO 可形成连续固溶体。而 Mg^{2+} 和 Ca^{2+} 的 δ 值达 28%（Ca^{2+} 半径为 0.100 nm），所以 MgO 与 CaO 不易形成固溶体，仅在高温下有少量固溶。

（2）电负性。组元中各元素的电负性相近有利于固溶体的形成。如果电负性相差很大，组元间易形成化合物。Hume-Rothery 的经验规则认为，如果合金组元的 Gordy 电负性相差 0.4 以上时，固溶度极小。

以上这两个规则是 Hume-Rothery 经验规则最基本的内容。而且，这两个基本规则是否定规则，只指出在什么条件下不可能有显著的固溶度，但没有指出在什么条件下肯定有显著的固溶度。这两个规则还是定性的。人们通常认为固溶度大于 5%（摩尔分数）就是显著的。

（3）晶体结构类型。两组元形成连续固溶体的必要条件是它们具有相同晶体结构，也就是说晶体结构不同，不会形成连续固溶体。结构类型不同的两种晶体最多只能形成有限固溶体，比如 Cu－Ni 系（都为 Cu 型）、Cr－Mo 系（都为 α－钨型）、Ti－Zr 系（都为 Mg 型）。它们可形成连续固溶体。NiO－MgO 都具有 NaCl 型晶体结构，且 $\delta<15\%$，故可形成连续固溶体。但结构相同，不一定就形成连续固溶体，如 $\alpha-Fe_2O_3$ 与 $\alpha-Al_2O_3$ 都是刚玉性，但 $\delta>15\%$，故只能形成有限固溶体。

（4）电价因素。形成固溶体时，离子间可以等价置换也可以不等价置换。只有等价置换才可能形成连续固溶体，如 $Al_2O_3-Cr_2O_3$、NiO－MgO 等。

但在不等价置换（异价类质同象）中，若两种以上不同离子组合置换，达到电中性，也可能形成连续固溶体。$PbTiO_3$ 与 $PbZrO_3$ 都是 ABO_3 型，用半径相差不大的离子置换其中 A 位的 Pb^{2+} 或 B 位的 Ti^{4+} 和 Zr^{4+} 可得一系列不同性能的压电陶瓷（见 3.9.2 节）。比如：一个 Na^+ 和一个 Bi^{3+} 置换 2 个 A 位 Pb^{2+} 得到$(Na_{0.5}Bi_{0.5})TiO_3$；一个 Fe^{3+} 和一个 Nb^{5+} 置换 2 个 B 位 Zr^{4+} 得到 $Pb(Fe_{0.5}Nb_{0.5})O_3$。在硅酸盐晶体中，常发生复合离子的等价置换，如钙长石 $Ca[Al_2Si_2O_6]$ 中的 Ca^{2+} 与 Al^{3+} 和钠长石 $Na[AlSi_3O_8]$ 中的 Na^+ 与 Si^{4+} 可相互共同置换形成连续固溶体，即 $Ca^{2+}+Al^{3+} \rightleftharpoons Na^+ + Si^{4+}$。钙长石和钠长石的这种置换产生的连续固溶体系列称为斜长石。

不等价离子化合物生成固溶体时，为保持电中性，会产生空位或间隙。这是不等价置换只能形成有限固溶体的根本原因。在不等价置换（异价类质同象）的情形下，不等价置换的能力主要取决于电荷的平衡，而离子半径的大小退居次要地位。

对合金固溶体，两个给定元素的相互固溶度与它们各自的原子价有关。高价元素在低价元素中的固溶度大于低价元素在高价元素中的固溶度，这称为相对价效应。当尺寸因素较为有利时，在一些一价金属（Cu、Ag、Au）为基的固溶体中，溶质原子价越高，其溶解度越小。比如，Zn^{2+}、Ga^{3+}、Ge^{4+}、As^{5+}溶入在 Cu^+ 中形成固溶体，在一定温度下，其固溶度摩尔分数分别是 38%、20%、12%、7%。

（5）离子类型和键性。相互置换的离子，其外层电子构型相同，容易形成固溶体。化学键

性质相近，则取代前后，离子周围的键性相近，故易形成固溶体。

(6) 其他因素。温度、压力、凝固时的冷却速度等加工方式对固溶体的形成和固溶度也有很大影响。大多数情况下，温度升高有利于固溶体形成，固溶度增加。

2) 间隙固溶体

(1) 原子尺寸。由15%规则知道在$\delta>30\%$时，不易形成置换型固溶体，在$\delta>40\%$时，溶质原子就可能进入间隙位而形成间隙固溶体。原子尺寸小，易形成间隙固溶体。在合金中，形成间隙固溶体的溶质原子通常是H、B、C、N原子。

(2) 晶体结构。原子尺寸与晶体结构共同对间隙固溶体的形成起到很重要的作用。一定程度上，溶剂晶体结构中的间隙大小起了决定性的作用。一般地，晶体中的空隙大、结构疏松，则小尺寸原子易进入间隙位。比如$\gamma-Fe$中的八面体间隙大于$\alpha-Fe$中的八面体间隙，故C原子在$\gamma-Fe$中的溶解度为2.11%(质量分数)，而在$\alpha-Fe$中的溶解度为0.021 8%(质量分数)。MgO晶体中的氧八面体间隙都已被Mg离子占满，只有氧四面体间隙是空的；在金红石中，有1/2的八面体空隙是空的；在萤石结构中，全部八面体空隙是空的；架状硅酸盐片沸石结构中的空隙更大，所以这几类晶体中形成间隙固溶体的难易程度依次为片沸石>萤石>金红石>MgO。

(3) 电价因素。形成间隙固溶体也必须保持结构中的电中性。这时，可以通过生成空位，产生部分取代或离子的价态变化来保持电价平衡。例如YF_3加入CaF_2中：

$$YF_3 \xrightarrow{CaF_2} Y_{Ca}^{\cdot} + F_i' + 2F_F \tag{4-47}$$

当F^-进入间隙位时，产生负电荷，由Y^{3+}进入Ca^{2+}位置来保持位置关系和电价的平衡。

前面介绍的电负性因素对间隙固溶体仍适用。元素间的电负性相差很大，组元间易形成化合物而不易形成固溶体。

(4) 其他因素。温度、压力等对间隙固溶体的形成同样有很大影响。

间隙式固溶体的生成，一般都使晶格常数增大，增加到一定的程度，使固溶体变成不稳定而离解。而且晶体中的间隙是有限的，容纳杂质质点的能力通常不超过10%，故填隙型固溶体不可能是连续固溶体。

4.2.6 固溶体的研究方法

固溶体中存在多种点缺陷：置换原子、间隙原子、空位。通过对其影响因素的评估，我们可以初步判断一个系统是否能形成固溶体，以及固溶体的组成范围和结构。若系统完全处于热力学平衡态，则固溶体的形成可以参考相图来分析(请参阅本书第8章)。但由此得出的结论是否正确，以及实际固溶体中究竟是哪种点缺陷，还无法从热力学上做出准确判断，更多是由实验来确定的。

无论哪种类型的固溶体，都会引起材料结构和性能的变化，故我们可以通过X射线衍射(XRD)、电子衍射等方法来测定固溶体晶胞参数、点阵类型及组分。我们还可用热分析等方法来了解固溶体性质的变化。这方面的内容请结合后续课程《材料现代分析方法》进一步学习。我们在此重点介绍常用的密度对比法。

1. 金属基固溶体

首先用XRD等方法测出固溶体的点阵常数和主晶相的晶体结构类型。根据结构类型和点阵常数，我们可以得出纯主晶相一个晶胞中的原子数Z和晶胞体积V，如3.5.1节介绍的

Cu，属 fcc 结构，每个晶胞有 4 个铜原子，即 $Z=4$；晶格常数 $a=3.61$ Å。据此，读者应该能算出一个 Cu 晶胞的体积。再由下式算出主晶相的理论密度ρ_0（g/cm^3）：

$$\rho_0=\frac{Z\overline{M}}{VL} \tag{4-48}$$

式中，L 为阿伏伽德罗常数；$\overline{M}$为固溶体平均摩尔质量（g/mol）。另一方面，通过实验直接测出对应固溶体的实际密度 ρ。然后，将理论密度与实际密度作对比来判断固溶体类型。

$$\frac{\rho}{\rho_0}\begin{cases}>1 \text{ 间隙型}\\ =1 \text{ 置换型}\\ <1 \text{ 空位型}\end{cases} \tag{4-49}$$

空位型固溶体是指有些点阵上无原子。

在密度计算的基础上，我们还可用固溶体晶胞内的实际原子数 Z' 与主晶相晶胞内的原子数 Z 的比值做判断。实际原子数 Z' 的计算式可由式（4－48）演变而来：

$$Z'=\frac{\rho VL}{\overline{M}} \tag{4-50}$$

其中 ρ 为实际密度。

$$\frac{Z'}{Z}\begin{cases}>1 \text{ 间隙型}\\ =1 \text{ 置换型}\\ <1 \text{ 空位型}\end{cases} \tag{4-51}$$

2. 金属氧化物固溶体

金属氧化物固溶体类型的密度判别与金属基固溶体相似。不同之处在于，我们先要写出生成不同类型固溶体的缺陷反应方程。根据缺陷方程计算固溶体的理论密度，然后再与实际密度对比。其基本步骤如下。

（1）由 XRD 等方法获得固溶体的点阵常数和主晶相的结构类型，并算出晶胞体积。立方晶系、四方晶系和六方晶系晶胞的体积比较容易获得：立方晶系 $V=a^3$、四方晶系 $V=a^2c$ 和六方晶系 $V=\frac{\sqrt{3}}{2}a^2c$。

（2）写出可能的缺陷反应式，得出固溶体化学式，即固溶式。

（3）根据固溶式计算晶胞质量 m：

$$m=\frac{\sum_i m_i}{L}=\frac{\sum_i(i\text{ 原子的相对原子质量}\times\text{固溶式中该原子的下角标})}{L}\times Z \tag{4-52}$$

Z 是我们在第 3 章各结构类型中介绍的每个晶胞中的“分子”数。对于纯金属如 Cu，一个晶胞有四个 Cu 原子，故其原子个数和其“分子”个数相同。而金属氧化物晶体，一个纯主晶相晶胞中的原子数和“分子”数是不同的，如每个 MgO 晶胞有四个 MgO“分子”。

（4）由$\rho_0=m/V$ 得出固溶体理论密度。

（5）把理论密度ρ_0与实际测定的密度 ρ 做对比。理论密度ρ_0与实际密度 ρ 相近的固溶式是合乎实际的。

该方法也可用于金属基固溶体。实际表明，对于不同类型的固溶体，密度值有很大的不同。用密度对比法可以较准确地确定固溶体的类型。

例 4.3 一奥氏体钢固溶体中 Mn、C、Fe 的质量分数分别是 12.30%、1.34%、86.36%。用 XRD 测得其晶胞参数为 0.362 4 nm，实验测得其密度为 7.83 g/cm^3，试判断此固溶体的类型。Mn、C、Fe 的相对原子质量分别是 54.94、12.01、55.85。

解： 奥氏体钢固溶体的主晶相为 Cu 型结构的 γ-Fe，$Z=4$。请读者自己根据式(4-48)～式(4-51)做判断。这里我们用与金属氧化物固溶体相同的办法来做判断，因为判断金属基固溶体和金属氧化物固溶体类型的方法是统一的。取 100 g 这种固溶体作基准，其中 Mn、C、Fe 的物质的量分别是 0.224 mol、0.112 mol、1.546 mol。

(1) 假设 Mn、C 都是间隙原子，则 γ-Fe 晶胞的正常格点上全是 Fe 原子。我们仿照金属氧化物固溶式的写法写出奥氏体钢的固溶式。铁的化学式 Fe_1（下标 1 常被忽略），而且晶胞中的 Fe 原子没有被置换，故有 $Fe_1Mn_xC_y$。根据三者物质的量之比，我们可得出 $x=0.224/1.546=0.145$，$y=0.112/1.546=0.072$。因此，固溶式为 $FeMn_{0.145}C_{0.072}$。

由晶胞参数得晶胞体积为 $V=a^3=(0.362\,4\times10^{-7})^3=47.6\times10^{-24}\,cm^3$。由式(4-52)得晶胞质量：

$$m=\frac{55.85\times1+54.94\times0.145+12.01\times0.072}{6.02\times10^{23}}\times4(g)$$

理论密度ρ_0为

$$\rho_0=\frac{m}{V}=\frac{55.85\times1+54.94\times0.145+12.01\times0.072}{6.02\times10^{23}\times47.6\times10^{-24}}\times4=9.03(g/cm^3)$$

该密度与实际密度 7.83 g/cm^3 相差较大。我们再做第二种假设。

(2) 由于 Mn 原子比 C 原子大，假设 C 是间隙原子，而 Mn 进入正常格点产生置换。设有 x 个 Mn 原子置换了 Fe，则 Fe 在化学式中就少了 x 个，这部分的化学式可表示为 $Fe_{1-x}Mn_x$。加上间隙位的 C，总的固溶式为 $Fe_{1-x}Mn_xC_y$。根据这三者物质的量之比有 $x/(1-x)=0.224/1.546$，得出 $x=0.127$，因为 $y/x=0.112/0.224$，得出 $y=0.064$，故固溶式为 $Fe_{0.873}Mn_{0.127}C_{0.064}$。这种固溶体的理论密度$\rho_0$为

$$\rho_0=\frac{m}{V}=\frac{55.85\times0.873+54.94\times0.127+12.01\times0.064}{6.02\times10^{23}\times47.6\times10^{-24}}\times4=7.89(g/cm^3)$$

由上述可见，这种情形的理论密度很接近实际密度。如果 Mn 原子与 C 原子都进入正常格点，其理论密度又如何呢？

(3) 假设 Mn、C 都进入正常格点产生置换，则 γ-Fe 晶胞的正常格点由 Fe、Mn、C 原子所占据。设有 x 个 Mn 原子和 y 个 C 原子置换了 Fe，则 Fe 在化学式中就少了$(x+y)$个，固溶式可表示为 $Fe_{1-x-y}Mn_xC_y$。此时的 x、y、$1-x-y$ 实际就是固溶体中 Mn、C、Fe 的摩尔分数，其值分别是 0.119、0.060、0.821，故固溶式为 $Fe_{0.821}Mn_{0.119}C_{0.060}$。其理论密度$\rho_0$为

$$\rho_0=\frac{m}{V}=\frac{55.85\times0.821+54.94\times0.119+12.01\times0.060}{6.02\times10^{23}\times47.6\times10^{-24}}\times4=7.41(g/cm^3)$$

把这三种方法获得的密度值与实际测得的密度 7.83 g/cm^3 相比，我们看到第二种假设的

密度 7.89 g/cm³ 与实际非常接近。所以题目所给固溶体的类型是 C 原子进入间隙位，而 Mn 原子进入晶体正常格点产生置换。

除了这三种情形，Mn 也可能进入间隙，C 也可能进入正常格点产生置换。用同样的方法，请读者算一下后两种可能固溶体的密度，看看是否与实际密度接近。当然，读者在尝试了式(4-48)～式(4-51)的方法后会发现，对于金属基固溶体，我们例子中的方法比较复杂。但它容易判别哪种原子在间隙位或正常格点位。

例 4.4 把摩尔分数为 15% 的 CaO 加入立方 ZrO_2 中，在 1 600℃形成固溶体。实验测得固溶体的晶胞参数为 0.513 nm，固溶体密度为 5.477 g/cm³，试计算说明固溶体的类型。元素的相对原子质量 O = 16.00，Ca = 40.08，Zr = 91.22。

解： 立方 ZrO_2 属萤石结构，$Z = 4$。其晶胞体积 $V = a^3 = (0.513\times10^{-7})^3 = 1.35\times10^{-22}(\text{cm}^3)$。CaO 加入立方 ZrO_2 中有两种可能的缺陷反应。

(1) 第一种可能的缺陷反应：

$$\begin{array}{cccc} \text{CaO} \xrightarrow{ZrO_2} & \text{Ca}_{Zr}'' + & \text{O}_O + & \text{V}_O^{\bullet\bullet} \\ 1 & 1 & 1 & 1 \\ x & x & x & x \end{array}$$

按此反应式，反应物 CaO 与生成物 Ca_{Zr}''、O_O、$\text{V}_O^{\bullet\bullet}$ 的物质的量之比为 1∶1∶1∶1。每引入 1 个 CaO“分子”，晶胞中就会少 1 个 Zr 和 1 个 O，故固溶式可写作 $Zr_{1-x}Ca_xO_{2-x}$。Ca 离子、Zr 离子共同占据 ZrO_2 晶胞中 Zr 离子的位置。根据固溶式中的下角标，我们可知 Ca 离子在正常晶格中的摩尔分数为 $x/(1-x+x)$。当引入摩尔分数为 15% 的 CaO 时，固溶式中的 x 即为 0.15，固溶式为 $Zr_{0.85}Ca_{0.15}O_{1.85}$。根据式(4-52)，可计算出这种固溶体的理论密度：

$$\rho_0 = \frac{m}{V} = \frac{91.22\times0.85 + 40.08\times0.15 + 16\times1.85}{6.02\times10^{23}\times1.35\times10^{-22}}\times4 = 5.569(\text{g/cm}^3)$$

(2) 第二种可能的缺陷反应：

$$\begin{array}{cccc} 2\text{CaO} \xrightarrow{ZrO_2} & 2\text{O}_O + & \text{Ca}_{Zr}'' + & \text{Ca}_i^{\bullet\bullet} \\ 2 & 2 & 1 & 1 \\ x & x & 0.5x & 0.5x \end{array}$$

与前种情形类似，每引入 1 个 CaO“分子”，晶胞中就会少 0.5 个 Zr，故其固溶式为 $Zr_{1-0.5x}Ca_xO_2$。引入摩尔分数为 15% 的 CaO 时，固溶式中的 x 为 0.15，固溶式变为 $Zr_{0.925}Ca_{0.15}O_2$。这种固溶体的理论密度为

$$\rho_0 = \frac{m}{V} = \frac{91.22\times0.925 + 40.08\times0.15 + 16\times2}{6.02\times10^{23}\times1.35\times10^{-22}}\times4 = 6.024(\text{g/cm}^3)$$

把以上两个理论密度与实际密度 5.477 g/cm³ 相比，我们发现，第一种固溶体的理论密度与实际密度很接近。这说明在 1 600℃时，形成氧离子空位型固溶体是合乎实际的。但第二种缺陷反应形成的阳离子间隙型固溶体也可形成。图 4.7 对此做了证实。

图 4.7(a)为 1 600℃时 CaO 加入立方 ZrO_2 中，两种模型的数据与实际测定的数据做比较。CaO 的摩尔分数在 5%～25% 内，阴离子空位型的数据与实测密度很接近，而与阳离子间隙型的数据相差较大。这说明在 1 600℃时，固溶体以阴离子空位型存在，即例 4.4 中的第(1)

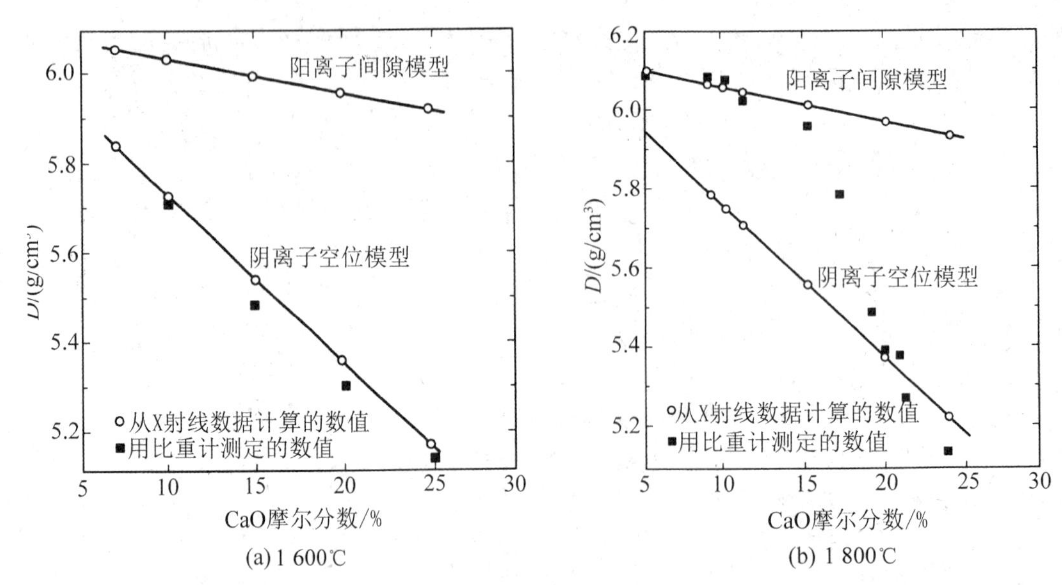

图 4.7 添加 CaO 形成的 ZrO_2 固溶体密度与 CaO 摩尔分数的关系(引自 Kingery, 2010)

种缺陷反应。

图 4.7(b)为 1 800℃时 CaO 加入立方 ZrO_2 中两种模型的比较。CaO 的摩尔分数在 5%～15%内,阳离子间隙型的数据与实测值接近;而摩尔分数在 20%～25%内,阴离子空位模型的数据与实测密度很接近。这说明:在更高的温度下,掺入较少的 CaO 还是可以形成阳离子间隙型固溶体的,即例 4.4 中第(2)种缺陷反应在条件合适时,还是可能发生。这也表明在不同的温度和摩尔分数条件下,固溶体可以有不同类型的形式存在。

我们已重点介绍了本征缺陷、掺杂形成的点缺陷和固溶体。在分析这些缺陷的过程中,我们总认为主晶相和掺杂物服从定比定律。那有没有不符合定比定律的化合物呢?

4.2.7 非化学计量化合物

我们在化学课中学到的定比定律是法国化学家 Joseph Louis Proust(1754—1826 年)根据 1798—1804 年间的实验总结出的。定比定律指出含有两种或两种以上元素的化合物,其组成元素的质量呈一定的比例关系,或者说每一种化合物的组成是一定的。不久之后,John Dalton(1766—1844 年)提出了倍比定律。以上两个定律为原子论的提出及后来的化学式奠定了基础。定比定律、倍比定律和质量守恒定律构成了化学计量的基础。在化学计量基础上的化学式,其下角标都是简单的整数比,如 FeO、ZrO_2、$MgAl_2O_4$ 等。

然而,化合物实际上并不符合化学计量,即组成化合物的元素数量会发生变化,晶格上的原子要么多于要么少于化学式中的理论值。这表现在化学式上,就是下角标不是简单且固定的整数比。我们在讨论固溶体时,引入的杂质会使主晶相晶格上的原子数量发生变化。比如例 4.3, Mn 进入 γ-Fe 晶格形成固溶体时,晶格上的 Fe 减少了。铁符合化学计量的化学式为 Fe,此例中的化学式变为 $Fe_{0.873}Mn_{0.127}$。例 4.4 中固溶体晶格上的 O 也减少了,化学式变为 $Zr_{0.85}Ca_{0.15}O_{1.85}$,这也不符合 ZrO_2 的化学计量。所以,我们已经在前面接触到了不符合化学计量的物质。当实际化合物中有少量的成分偏离化学计量时(即如 $Zr_{1-x}Ca_xO_{2-x}$ 和 $Fe_{1-x}Mn_x$ 中的 x 很小一样),主晶相结构并未改变。此时,我们把它们认为是固溶体或化合物都可以。在此情况下,固溶体与化合物的界限就模糊了。故在本段开始处,我们把固溶体当成了化合物来举例介绍非化学计量。

一般地，实际化合物的非化学计量缺陷很少。因此，我们仍把它们看作是符合化学计量的化合物。这也是我们在本节以前讨论点缺陷和固溶体的基础。在那里，我们认为基体材料(或主晶相)和掺杂物符合化学计量。然而，实际化合物总是偏离理论组成的，但这种非化学计量不是我们在这里讨论的范畴。我们在这里讨论的非化学计量化合物(nonstoichiometric compounds)是指在一定温度下，符合理论组成的物质与周围环境有物质交换而产生的化合物或固溶体。它是缺陷化学里的一个重要概念。这类非化学计量化合物常常是无机非金属化合物。

缺陷化学里的非化学计量化合物，其特点主要为：①它的产生及缺陷浓度与气氛、温度等有关；②这类非化学计量化合物都是半导体。产生导电的荷电粒子——载流子为电子 e' 或电子空穴 $h^{\cdot}$。除了掺杂产生离子导电形成半导体以外，非化学计量化合物为半导体的制备开辟了又一个新途径。

非化学计量化合物的形成有两种主要方式：一是掺杂；二是在同种离子的高、低价之间产生不等价置换，如 Fe^{2+} 与 Fe^{3+}。

1. 掺杂非化学计量化合物

这是由外来离子，产生不等价置换形成的非化学计量化合物，也叫杂质非化学计量化合物(extrinsic nonstoichiometry)。

在固溶体和缺陷反应式一节，我们介绍了掺杂会产生带电点缺陷。这些点缺陷的电荷由离子性缺陷如：正负离子空位、正负间隙离子来补偿。但缺陷化学认为这类由离子型缺陷来补偿因掺入异价离子引起的不平衡电荷，而形成的固溶体(含主晶相和杂质)符合化学计量。这正是我们在固溶体、缺陷反应部分介绍的主要内容。

现在，我们来看前面提到的缺陷反应式式(4-44)，它是高价置换低价：

$$Nb_2O_5 \xrightarrow{TiO_2} 2Nb_{Ti}^{\cdot} + 4O_O + O_i''$$

这是符合化学计量的写法。若环境中氧分压较低或 O_i'' 过多，O_i'' 以 O_2 形式从晶体中逸出，则会在晶体中留下两个电子，此时的缺陷反应式为

$$Nb_2O_5 \xrightarrow{TiO_2} 2Nb_{Ti}^{\cdot} + 4O_O + \frac{1}{2}O_2 + 2e' \tag{4-53}$$

其中的电子 e' 与其周围的 Ti^{4+} 作用形成 Ti^{3+}。但它并不属于哪个特定离子，而称为准自由电子。在电场作用下，该准自由电子会移动形成电流。由于电流因电子运动产生，故有这种缺陷的材料为 n 型半导体。

再比如 Al_2O_3 掺入 TiO_2，这是低价置换高价，缺陷反应式为

$$Al_2O_3 \xrightarrow{TiO_2} 2Al_{Ti}' + 3O_O + V_O^{\cdot\cdot} \tag{4-54}$$

当周围环境中氧分压较高时，环境中的氧进入晶体中的 $V_O^{\cdot\cdot}$，使原来氧空位上多了两个单位正电荷，即电子空穴 $h^{\cdot}$。此时的缺陷反应式为

$$Al_2O_3 + \frac{1}{2}O_2 \xrightarrow{TiO_2} 2Al_{Ti}' + 4O_O + 2h^{\cdot} \tag{4-55}$$

同样，电子空穴 $h^{\cdot}$ 并不属于哪个特定位置，在电场作用下会移动形成电流。有这种缺陷的材

料为 p 型半导体。

从这两个例子，我们可知掺杂非化学计量化合物的产生与外来不等价离子的引入和环境中的气氛有关，并与外界有物质交换。再来看两个例子。在 $BaTiO_3$ 中添加少量稀土元素可形成半导体。比如添加 La_2O_3 在 $BaTiO_3$ 中，并在空气气氛中烧成，这是高价置换低价：

$$La_2O_3 \xrightarrow{BaTiO_3} 2La_{Ba}^{\cdot} + 2O_O + \frac{1}{2}O_2 + 2\,e' \tag{4-56}$$

每引入一个 La^{3+}，晶体中就多余一个正电荷。为保持电中性，引入的一部分氧离子以 O_2 形式进入环境中而留下两个准自由电子，故这种材料为 n 型半导体。

在 NiO 中加入少量 Li_2O，在空气中烧成。这是低价置换高价：

$$Li_2O + \frac{1}{2}O_2 \xrightarrow{NiO} 2Li_{Ni}' + 2O_O + 2\,h^{\cdot} \tag{4-57}$$

低价 Li^+ 占据高价 Ni^{2+} 的空位，多出一个负电荷。周围环境中的氧进入而从晶格上的 Ni^{2+} 上获得电子来补偿多出的负电荷，使 Ni^{2+} 成为 Ni^{3+}。该 Ni^{3+} 相当于正常晶格上的 $Ni^{2+}+h^{\cdot}$。这种材料是 p 型半导体。

杂质非化学计量化合物的基体材料常含有变价元素，如 Ti、Ni、Zn 等。而且，这些变价元素往往是过渡金属。在掺杂形成半导体时，化合价往往要发生变化(如 Ni^{2+} 变为 Ni^{3+})，故常把它们形成的半导体称作价控半导体。价控半导体可作传感器元件的材料。

2. 本征非化学计量化合物

这种化合物的形成不需要掺杂。它的产生是因气氛、温度等原因引起的，故称为本征非化学计量化合物(intrinsic nonstoichiometry)。它相当于在不等价的同种离子间发生置换而产生。因此我们也不妨把它看作是一种固溶体，而且是一种“掺杂”不等价同种离子的特殊固溶体。这类化学计量化合物主要有以下四种类型。

(1) 负离子空位型

这类化合物有 TiO_2、ZrO_2、CeO_2 和 Nb_2O_5 等。它们的非化学计量化学式可写作 TiO_{2-x}、ZrO_{2-x}、CeO_{2-x} 和 Nb_2O_{5-x}。x 的大小与环境中氧分压大小有关。

以 TiO_2 为例。TiO_2 在缺氧的环境中，晶格上的氧会逸出而进入周围环境。此时，晶体中出现氧离子空位 $V_O^{\cdot\cdot}$。由于电中性的要求，在 $V_O^{\cdot\cdot}$ 周围会束缚两个电子，如图 4.8(a)所示。这种电子与其附近的 Ti^{4+} 作用而使 Ti^{4+} 成为 Ti^{3+}。该电子并不属于某个固定的 Ti^{4+}，而是束缚在 $V_O^{\cdot\cdot}$ 周围的准自由电子。在电场作用下，这种电子可从一个 Ti^{4+} 迁移到另一个 Ti^{4+} 而成为自由电子，并产生电子电导。故具有这种缺陷的材料是一种 n 型半导体。TiO_2 的这种缺陷可用以下缺陷反应式表示：

$$2TiO_2 \rightleftharpoons 2\,Ti_{Ti}' + V_O^{\cdot\cdot} + 3O_O + \frac{1}{2}O_2\uparrow \tag{4-58}$$

此式左边还可按前述缺陷符号的表达方式写作：

$$2\,Ti_{Ti} + 4O_O \rightleftharpoons 2\,Ti_{Ti}' + V_O^{\cdot\cdot} + 3O_O + \frac{1}{2}O_2\uparrow \tag{4-59}$$

Ti^{4+} 与周围的准自由电子作用后形成 Ti^{3+}。此 Ti^{3+} 占据原来的 Ti^{4+} 空位而成为 Ti_{Ti}'。Ti_{Ti}' 与 Ti 原子晶格束缚一个电子的效果一样：

$$Ti'_{Ti} = Ti_{Ti} + e' \tag{4-60}$$

综合式(4-58)、式(4-59)和式(4-60)可得

$$O_O \rightleftharpoons V_O^{\cdot\cdot} + 2e' + \frac{1}{2}O_2 \uparrow \tag{4-61}$$

式(4-61)的平衡常数 K：

$$K = \frac{[V_O^{\cdot\cdot}][e']^2[p_{O_2}]^{1/2}}{[O_O]} \tag{4-62}$$

由式(4-61)我们可知，准自由电子的浓度是氧空位浓度的两倍，即$[e']=2[V_O^{\cdot\cdot}]$。将其代入式(4-62)后整理得：$[V_O^{\cdot\cdot}] = \frac{1}{2}[e'] \propto [p_{O_2}]^{-1/6}$，即电子浓度$[e']$(或氧空位的浓度$[V_O^{\cdot\cdot}]$)与氧分压的1/6次方成反比。可见，氧分压高，电子浓度$[e']$低，电导率下降，故我们可通过控制氧分压p_{O_2}来控制材料的电导率。

在氧分压p_{O_2}不变的情况下，由$[e']=2[V_O^{\cdot\cdot}]$和式(4-62)还可得到$[e']\propto K^{1/3}$。结合化学反应平衡常数与 Gibbs 自由能变化的关系 $\Delta G = -RT\ln K$，有$[e']\propto K^{1/3} = \exp[-\Delta G/(3RT)]$，$R$为摩尔气体常数，等于8.314 J/(mol·K)。故材料的电导率随温度的升高而呈指数增加。

TiO_{2-x}除了在电导率上有变化外，其颜色也有变化。这主要是由束缚在$V_O^{\cdot\cdot}$周围的两个准自由电子吸收一定波长的可见光所致。这种由负离子空位与其束缚的电子所组成的缺陷称为F色心，它是一种最常见的色心，也是研究最详细的色心。通常，色心是指俘获电子空穴的阳离子空位或俘获电子的阴离子空位。色心也是一些宝石颜色产生的原因，如白色的黄宝石可以通过辐照和热处理而变成蓝色、褐色或绿色就是因色心所致。目前，对晶体色心的研究也是凝聚态物理和材料科学的一个重要研究领域。

(2) 正离子空位型

这类化合物在氧分压较高时的氧化气氛中，环境中的氧进入晶格的正常格点位，即增加了一个氧位置。为保持晶体中正、负离子位置数的比例不变，正离子位置的数量需要增加。为此，部分正离子格点上出现空位。

带负电的正离子空位在其周围捕获带正电的电子空穴$h^{\cdot}$以保持晶体的电中性。这种电子空穴$h^{\cdot}$也未固定在特定的正离子周围。在电场作用下，它会迁移而导电。因此，具有这种缺陷的材料为p型半导体。这类化合物主要有$Fe_{1-x}O$、$Cu_{2-x}O$、$Mn_{1-x}O$和$Ni_{1-x}O$等。以FeO为例，一个氧进入晶格，就少一个Fe^{2+}，出现一个氧空位。其缺陷反应式如下：

$$2FeO + \frac{1}{2}O_2 \rightleftharpoons 2\,Fe_{Fe}^{\cdot} + V''_{Fe} + 3O_O \tag{4-63}$$

V''_{Fe}束缚的电子空穴$h^{\cdot}$与周围的Fe^{2+}作用产生Fe^{3+}，如图4.8(b)所示。因此，$Fe_{Fe}^{\cdot}$相当于在FeO中掺入Fe^{3+}形成的缺陷，$Fe_{1-x}O$可看作是在FeO中掺入Fe_2O_3形成的固溶体。请读者自己写一下它们的缺陷反应式，看看生成的缺陷是否与式(4-63)相同。

与前面TiO_2可写作$Ti_{Ti}+2O_O$一样，FeO也可写作$Fe_{Fe}+O_O$，$Fe_{Fe}^{\cdot}$可写为$Fe_{Fe}+h^{\cdot}$，则式(4-63)变为

$$\frac{1}{2}O_2 \rightleftharpoons 2\,h^{\cdot} + V_{Fe}'' + O_O \tag{4-64}$$

式(4-64)的平衡常数 K 为

$$K = \frac{[h^{\cdot}]^2[V_{Fe}''][O_O]}{[p_{O_2}]^{1/2}} \tag{4-65}$$

由于 $[h^{\cdot}] = 2[V_{Fe}'']$，将其代入式(4-65)并整理，得 $[h^{\cdot}] = 2[V_{Fe}''] \propto [p_{O_2}]^{1/6}$。氧分压升高，铁离子的空位浓度 $[V_{Fe}'']$ 和电子空穴浓度 $[h^{\cdot}]$ 也增加，这导致电导率升高。这种正离子空位与电子空穴缔合成的缺陷称为 V 色心。

(3) 正离子间隙型

氧化物在缺氧或氧分压低的环境中，晶格处的氧向环境中挥发而导致晶格处的氧减少，并增加了氧的位置数，这导致晶格处的正离子过剩。为保持晶格处正、负离子位置数的比例不变，正离子也离开正常格点来增加正离子位置数。而间隙位不算位置数，故正离子进入间隙位。间隙正离子会束缚一定数目的准自由电子以保持电中性。这类电子在电场作用下同样也可运动产生电流，所以这类材料是 n 型半导体。$Zn_{1+x}O$、$Cd_{1+x}O$ 是这种类型的代表。以 ZnO 为例，它在 Zn 蒸气中加热，氧挥发而 Zn 进入间隙位，如图 4.8(c)所示。缺陷反应式为

$$ZnO \rightleftharpoons Zn_i^{\cdot} + e' + \frac{1}{2}O_2\uparrow \tag{4-66}$$

或

$$ZnO \rightleftharpoons Zn_i^{\cdot\cdot} + 2e' + \frac{1}{2}O_2\uparrow \tag{4-67}$$

由于 Zn 原子第二个电子的电离能较高，需更高温度，所以式(4-66)为主要存在形式。式(4-67)的平衡常数为

$$K = \frac{[Zn_i^{\cdot}][e'][p_{O_2}]^{1/2}}{[ZnO]} \tag{4-68}$$

方法同前，整理后有 $[e'] = [Zn_i^{\cdot\cdot}] \propto [p_{O_2}]^{-1/4}$。缺陷浓度随氧分压升高而降低。

在 Zn 蒸气中，设 Zn 进入间隙位并失去一个电子而离解成 Zn^+。失去的电子属于准自由电子，在电场作用下可运动产生电流。其缺陷反应也可写作：

$$Zn(g) \rightleftharpoons Zn_i^{\cdot} + e' \tag{4-69}$$

平衡常数

$$K = \frac{[Zn_i^{\cdot}][e']}{[p_{Zn}]} \tag{4-70}$$

即 $[e'] = [Zn_i^{\cdot}] \propto [p_{Zn}]^{1/2}$。此式表示了缺陷浓度与 Zn 蒸气压的关系。

(4) 负离子间隙型

负离子由于体积通常较大，不易进入间隙位，所以这种类型很少见。目前，只发现萤石型结构的 UO_2 可形成 UO_{2+x} 非化学计量化合物。

UO_2 在氧分压较高的气氛中，一部分氧进入晶体间隙位并从正离子处获得电子，而形成过

剩负离子。U^{4+}电价升高成U^{6+}。这相当于在U^{4+}晶格上束缚了 2 个电子空穴，如图 4.8(d)所示。此电子空穴也不局限于某个特定U^{4+}。在电场作用下同样也可运动产生电流，故这种材料为 p 型半导体，缺陷反应式为

$$UO_2 + \frac{1}{2}O_2 \rightleftharpoons U_U^{\cdot\cdot} + O_i'' + 2O_O \tag{4-71}$$

$U_U^{\cdot\cdot} = U_U + 2[h^{\cdot}]$，代入式(4-71)并整理，得

$$\frac{1}{2}O_2 \rightleftharpoons O_i'' + 2\,h^{\cdot} \tag{4-72}$$

平衡常数为

$$K = \frac{[O_i''][h^{\cdot}]^2}{[p_{O_2}]^{1/2}} \tag{4-73}$$

由式(4-72)可知$[h^{\cdot}] = 2[O_i'']$。同样可得$[h^{\cdot}] = 2[O_i''] \propto [p_{O_2}]^{1/6}$。缺陷浓度随氧分压升高而升高。

当然，UO_{2+x}也可看成是UO_3掺入UO_2形成的固溶体。此时的缺陷反应可写作$UO_3 \xrightarrow{UO_2} U_U^{\cdot\cdot} + 2O_O + O_i''$。与式(4-71)相比，产生的缺陷是一样的。但实际上，我们并未掺入UO_3。

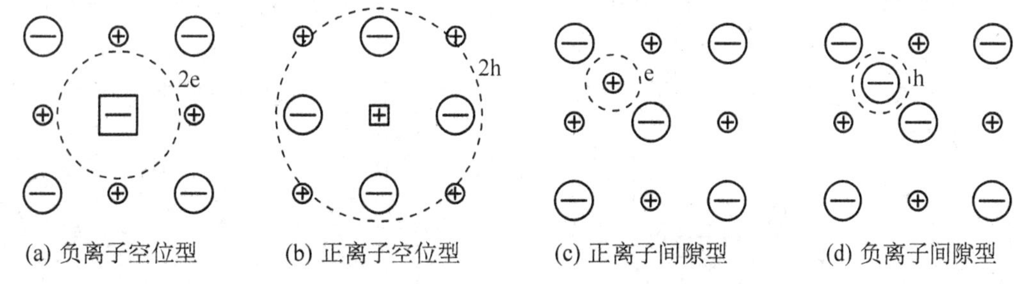

图 4.8　非化学计量缺陷结构示意图(图中大、小方框分别代表负、正离子空位。虚线表示这些缺陷周围束缚了电子缺陷)

以上四种本征非化学计量化合物，其缺陷的产生仅仅是由于气氛和温度引起的。气氛和温度的改变会使缺陷的量增加或减少，即它们是可逆的，故在它们的缺陷反应式中，人们采用可逆符号“$\rightleftharpoons$”。而掺杂非化学计量化合物的形成和以离子性缺陷来补偿不平衡电荷形成的固溶体缺陷反应是不可逆的，故人们用单箭头“$\longrightarrow$”表示。

需注意：缺陷的生成可写出符合化学计量的缺陷反应，也可写出非化学计量的反应。比如Nb_2O_5掺杂TiO_2，式(4-43)、式(4-44)为化学计量反应；式(4-53)为非化学计量反应。究竟哪种符合实际呢？只有通过实验来确定。其中，固溶体是经式(4-43)还是式(4-44)获得的，则常由前文的密度对比法确定。而固溶体是式(4-43)、式(4-44)的离子导电型还是式(4-53)的电子导电型，则由霍尔效应或电解效应来确定。

点缺陷，尤其是非化学计量缺陷最初是在离子晶体材料中得到发展和应用。随着人们对点缺陷认识的深入，这些缺陷在金属材料领域也获得了应用，特别是非化学计量缺陷在金属的氧化腐蚀上。

4.2.8 点缺陷与金属的氧化腐蚀

除了在功能材料和金属力学性能方面有重要应用外，点缺陷还对金属的氧化有很大影响。

金属的氧化(特别是高温氧化)是金属材料与周围环境中的气体(如 O_2)发生的一系列反应过程。通过氧化，金属表面形成一层氧化膜。金属离子与氧离子通过氧化膜的相互扩散控制着金属的进一步氧化，所以金属的氧化涉及正、负离子的扩散。

在金属的氧化过程中，金属氧化物与环境有气体物质交换，故纯金属的氧化是产生本征非化学计量化合物的过程。这些氧化物往往是 n 型或 p 型半导体，即它们是电子半导体，而非离子导体。

1. 纯金属的氧化机理

在纯金属 M 与氧接触的瞬间，金属表面迅速生成一层氧化物膜。设该氧化物的化学式为 MO。接下来就是离子在膜内的传输。由于正、负离子在膜内的扩散很慢，远低于电子和电子空穴的传输速率，故正、负离子的扩散控制着金属氧化。首先，O_2 向 O_2 与 MO 交界面(O_2/MO 界面)扩散，并以物理吸附的形式吸附在该界面处。随后物理吸附的 O_2 变成原子氧。

氧化膜为 p 型半导体的氧化物有 $Fe_{1-x}O$、$Ni_{1-x}O$ 等。以 FeO 为例，反应式为式(4-63)。表面的原子氧从周围 Fe^{2+} 上获得电子呈 O^{2-}，并在表面占据 FeO 中 O 的正常格点位置。为保持晶体中正、负离子位置数的比例不变，Fe^{2+} 的位置数量需要增加。为此，部分 Fe^{2+} 迁移到表面与 O^{2-} 结合，原来的 Fe^{2+} 格点上出现空位 V_{Fe}''，所以 FeO 膜向环境一侧移动而增厚。当 Fe^{2+} 向表面移动时，V_{Fe}'' 向 FeO/Fe 界面处移动。Fe^{2+} 及其空位的移动方向相反，如图4.9(a)所示。在 FeO/Fe 界面的 Fe 原子失去电子成 Fe^{2+}。Fe^{2+} 借助于 FeO 膜内的 V_{Fe}'' 向表面移动。同时，失去的电子也向表面移动，在表面与原子氧结合成 O^{2-}。该过程中的主要缺陷反应式为前述式(4-64)：

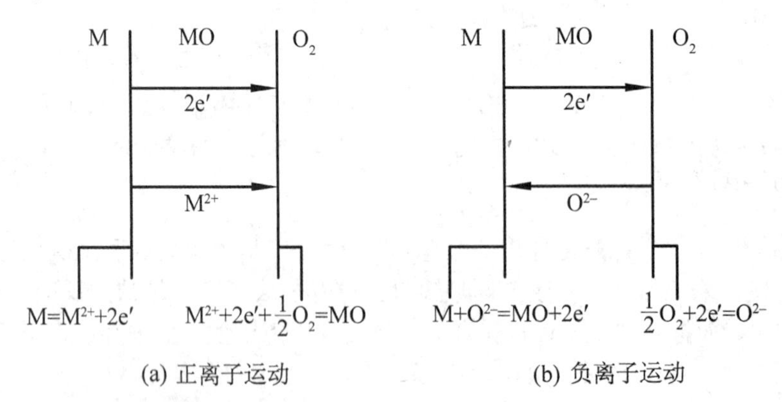

图 4.9 金属氧化过程中的相界反应和粒子传输(引自刘培生，2010)

$$\frac{1}{2}O_2 \rightleftharpoons 2\,h^{\cdot} + V_{Fe}'' + O_O$$

对于氧化膜为 n 型半导体的氧化物，我们以 $Zn_{1+x}O$ 为例。在 ZnO/Zn 界面处，ZnO 中的 O^{2-} 丢掉电子后再与 Zn 原子结合。原来 ZnO 膜内的氧减少了，相当于缺氧环境。为保持正、负离子位置数的比例不变，Zn 离子进入间隙位，故在氧化膜内留下正、负离子空位。在氧进入金属 Zn 原子一侧时，氧空位向膜表面即 O_2/ZnO 界面移动，同时 O^{2-} 丢掉的电子也向 O_2/ZnO 界面移动。在 O_2/ZnO 界面处，原子氧获得移动到表面的电子并借助于氧空位向 ZnO/

Zn界面处移动，使氧化继续进行，如图4.9(b)所示。可见，ZnO膜的增厚发生在ZnO/Zn界面处。该过程中的主要缺陷反应式，即为式(4-66)或式(4-67)：

$$ZnO \rightleftharpoons Zn_i^{\cdot\cdot} + 2e' + \frac{1}{2}O_2 \uparrow$$

2. 合金的氧化

合金高温氧化的影响因素太多而远比纯金属复杂，尚无普适性的理论。在众多理论中，Hauffe-Wagner掺杂原理对此做了一些解释，有一定的参考价值。该原理的假设有：合金生成单相致密氧化膜，金属或氧化剂离子与电子经由氧化物晶格缺陷的扩散反应而使氧化膜生长；氧化膜的生长速率最慢；膜中晶格缺陷的浓度决定膜的生长速率等。

对于n型金属过剩的$Zn_{1+x}O$膜，缺陷反应见式(4-67)。当在Zn中加入少量Al而形成Zn-Al合金时，氧化膜内有高价Al^{3+}。这就相当于在ZnO中掺杂Al_2O_3。根据Hauffe-Wagner原理的假设和金属的氧化物大多数是电子半导体，掺杂Al_2O_3的非化学计量缺陷反应为

$$Al_2O_3 \xrightarrow{ZnO} 2\,Al_{Zn}^{\cdot} + 2\,e' + 2O_O + \frac{1}{2}O_2 \tag{4-74}$$

每掺入一个Al^{3+}就放出一个电子，Zn-Al合金体系中的电子浓度增加。根据勒夏特列原理(Le Chatelier's principle)，在式(4-67)中，电子浓度增加，反应向左移动，$Zn_i^{\cdot}$浓度减小，氧化速率降低。这可解释Zn-Al(含质量分数为1%Al)合金在400℃空气中氧化速率的数量级为10^{-12}，该氧化速率比纯金属Zn的氧化速率之数量级(10^{-10})要小。

我们再来看看，在Zn中加入低价金属(如Li)又是何种情形，其缺陷反应为

$$Li_2O + \frac{1}{2}O_2 \xrightarrow{ZnO} 2Li_{Zn}' + 2O_O + 2\,h^{\cdot} \tag{4-75}$$

产生的电子空穴与式(4-67)中的电子结合成无缺陷状态：

$$nil \rightleftharpoons h^{\cdot} + e' \tag{4-76}$$

nil表示无缺陷。电子空穴与电子的结合使式(4-67)的反应向右移动，Zn的氧化速率增加。实验表明Zn-Li(含质量分数为0.4%Li)氧化速率的数量级为10^{-7}，这比纯金属Zn的氧化速率之数量级(10^{-10})要大。

而对于p型金属不足的$Ni_{1-x}O$膜，其缺陷反应与式(4-64)相似。比如，在Ni中加入Cr形成Ni-Cr合金。氧化膜内有高价Cr^{3+}。Cr^{3+}掺入NiO中的缺陷反应：

$$Cr_2O_3 \xrightarrow{NiO} 2\,Cr_{Ni}^{\cdot} + 3O_O + V_{Ni}'' \tag{4-77}$$

Cr的引入使Ni^{2+}空位增加。按照勒夏特列原理，金属离子空位的增加使式(4-64)向左移动(此例中是V_{Ni}''，而非V_{Fe}'')，氧化速率降低。然而，由于V_{Ni}''的增加，Ni离子的扩散更容易，这方面的作用更显著，所以Cr的引入造成NiO的氧化速率加快而不是降低。

在NiO中加入低价金属，如Li，其缺陷反应式为式(4-75)相似而没有离子空位。低价元素的引入使电子空穴的浓度增加。同样，根据勒夏特列原理，式(4-64)向左移动，NiO的氧化速率降低。

综上所述，要降低合金的高温氧化速率，可采用掺杂方式。当氧化膜为金属过剩型的非化

学计量化合物时,可掺高价金属(如在 Zn 中掺 Al);而氧化膜为金属不足型非化学计量化合物时,应掺低价金属(如在 Ni 中掺 Li),所以我们可以应用 Hauffe-Wagner 掺杂原理来设计二元合金,使合金表面形成保护性的氧化膜。

如前所述,影响合金的氧化因素有很多,机理复杂且有待继续探索。而掺杂对合金氧化动力学的影响是有限的,它仅仅是目前众多控制方法之一。工程上最有意义的还是通过选择致密氧化物膜(如 Cr_2O_3、Al_2O_3、SiO_2)来抑制膜下的金属继续发生氧化。

尽管以掺杂形成点缺陷来抑制金属氧化的作用有限,但从点缺陷的形成和传输角度来理解金属的氧化并寻找抗氧化措施,这难道没有为我们提供一种思路来解决金属的氧化吗?以前点缺陷更多的是在无机非金属功能材料上得到应用。现在,把点缺陷的一些理论(如非化学计量化合物)用到金属的氧化上,体现了点缺陷在无机非金属材料基础上的一个拓展。

4.2.9 点缺陷对晶体主要性能的影响

点缺陷对晶体性能的影响是多方面的。我们仅从以下四个方面来做概括。

1. 对电性能的影响

根据前面几节对点缺陷的介绍,我们已经知道点缺陷带有一定电荷(尤其是离子晶体中的点缺陷)会导致晶体电性能的变化。

金属晶体的载流子是其自由电子,它在电场作用下定向移动而产生电流。电子在定向运动过程中会受到点缺陷的散射作用。散射会引起电阻的增大。在金属基固溶体中,溶质浓度增加,电阻率也增加。这就是我们在 4.1.2 节提到的科学家们在采取各种方法把缺陷控制在最小范围后,在接近 0 K 时,得到了近乎无电阻的金属。当然引起金属电阻率增加的缺陷不仅是点缺陷,还有线缺陷和面缺陷等。但若某一成分下的合金呈有序态,则电阻率会急剧下降,因为有序合金中的电势场也呈严格周期性,此时电子波受到的散射小。

而对于无缺陷的共价晶体(如 Si)和离子晶体,其本身就没有自由电子,通常情况下是绝缘体。但在温度升高、掺入异价离子或产生非化学计量后,产生了点缺陷(如离子空位、间隙离子、准自由电子和电子空穴)。在电场作用下,这些点缺陷也能定向移动而形成电流,所以在一定范围内,溶质浓度增加,电导率也增加。这一点与金属不同。比如在高纯 Si 中掺入微量三价 B,当 10^5 个 Si 原子中有 1 个 B 原子时,电导率增加 10^3 倍。利用该特性,这类材料常用作半导体元件。

2. 对光学性能的影响

离子晶体中的点缺陷常带有电荷,故这些点缺陷可以束缚电子或电子空穴。当受到可见光照射时,被束缚的电子或电子空穴会吸收一部分可见光,从而使晶体呈现一定的颜色(即色心),如 TiO_2 在较低的氧分压环境中烧成时呈现灰黑色。

掺入外来杂质离子,尤其是过渡金属离子常常使晶体呈现一定的颜色。因为过渡金属离子往往带有未配对电子,容易吸收可见光而使晶体呈色,如红宝石。掺入过渡金属离子还会使晶体材料具有激光性能,比如没有激光性能的纯 $\alpha-Al_2O_3$,在加入少量 Cr_2O_3 后成为一种性能稳定的固体激光材料。

3. 对力学性能的影响

点缺陷对力学性能的影响在金属材料领域特别明显。引入杂质形成固溶体,特别是间隙固溶体的间隙原子往往择优分布在位错(线缺陷)上。这些间隙原子将位错牢牢地吸引住,阻止了位错的运动。而位错的运动使金属有一定的塑性。间隙原子阻止了位错的运动后,固溶体的强度、硬度增加,塑性降低。在 Fe 中加入不同量的 C 而形成机械强度各异的高、中、低碳钢,这主要是由于间隙C原子阻止位错运动的结果。择优分布的某些置换式溶质原子也有同样的效果。比如,fcc的18Cr-8Ni不锈钢中,Ni择优分布在{111}面扩展位错的层错区而使位错运动十分困难(有关位错的内容见线缺陷一节)。

这种因形成固溶体而使材料的强度、硬度高于各组元,塑性则降低的现象称为固溶强化(solid solution strengthening)。固溶强化是提高金属材料强度的方法之一。此外,金属受到辐照产生的点缺陷(如空位、间隙原子)也会使金属的塑性降低,强度增加,甚至变脆。

4. *在化学反应方面的影响*

(1) 活化晶格、促进烧成

点缺陷使晶格产生畸变而导致局部处于高能量状态(图4.1)。这些局部高能量之处在化学反应时断键所需能量低(即活化能低)或空位为原子的扩散提供了通道等。因此,点缺陷多的材料,其反应容易、原子扩散能力大。实际应用中,我们往往利用形成的固溶体或多晶转变和热分解等过程刚刚形成的生成物或中间产物作为下一个反应的原料。因为固溶体、刚刚形成生成物或中间产物含有包括点缺陷在内的多种缺陷,而且晶体结构松弛,这些都有利于下一步的反应和原子的扩散。比如,用轻烧的Al_2O_3和在较高温度下烧成且达到比较致密的死烧Al_2O_3作原料合成$CoAl_2O_4$。使用轻烧Al_2O_3的反应速率是用死烧Al_2O_3的10倍。此外,Al_2O_3的熔点高达2 050℃,不利于致密化。加入少量不等价TiO_2后,形成有阳离子空隙的固溶体。这些空隙有利于扩散,故在1 600℃就可达到致密化。

(2) 阻止晶型转变

形成固溶体能稳定晶格,阻止某些晶型转变。比如,ZrO_2从高温冷却到室温的过程中会从立方晶型向四方和单斜晶型转变。这些转变伴随着很大的体积效应,而使ZrO_2制品可能开裂。如果能利用这种效应,使基体中产生微裂纹或挤压微裂纹,则可提高脆性材料的韧性。于是,人们想把ZrO_2的立方、四方晶型稳定到室温,在材料受到外力作用产生裂纹时,它才发生转变而吸收主裂纹的能量,达到增韧效果。如果ZrO_2晶型较早发生转变,在受到外力作用产生裂纹时,增韧效果就差。ZrO_2的亚稳四方和立方相主要靠掺入CaO、Y_2O_3等形成的氧离子空位,以及引入的阳离子尺寸、产生的电荷和空位浓度来得以稳定的,反应式如式(4-38)和式(4-40)。

至此,我们介绍了零维点缺陷的产生、特点及它们对材料性能的主要影响。下面,我们介绍晶体材料中典型的一维线缺陷——位错。

4.3 线缺陷之位错

在介绍具体的位错内容之前,我们先来了解一下晶体在受到外力作用时,其体积和形状产生的变化。当我们施加不是很大的力去拉橡皮筋时,橡皮筋会变长、变细。而去掉外力时,我们会发现橡皮筋又恢复了原状。这种可消失的变形,我们称之为弹性变形(elastic deformation)。所有材料都有这种现象。但当我们施加在这些材料上的力超过一定限度,材料变形而又未开裂或断裂的情况下,去掉外力后,之前产生的变形不会消失。这种不可消失的变形我们称之为塑性形变或范性变形(plastic deformation)。比如,我们使劲拉一根弹簧,根据力的大小有弹性变形,也可能有塑性形变。从宏观上看,固体的塑性形变有很多,如弯曲、扭转、伸长等。而从微观上看,单晶体塑性形变的基本方式只有两种:滑移(slip或glide)和孪生(twinning),如图4.10所示。

单晶体的塑性形变是理解多晶体塑性形变的基础。而且,滑移现象在晶体中最为常见。

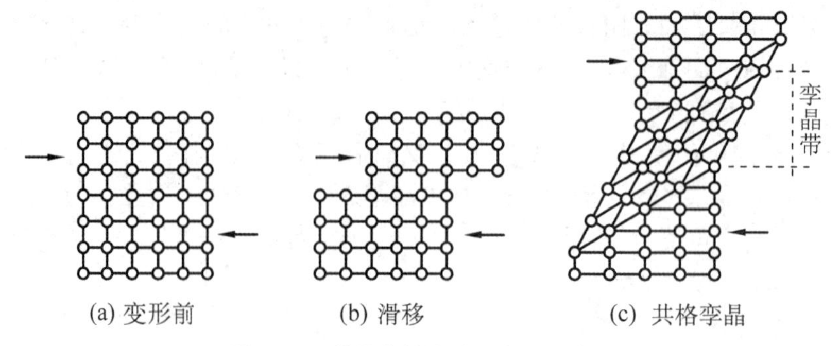

图 4.10 单晶体的滑移和孪晶示意图

因此，我们主要介绍晶体的滑移。这部分的内容需要读者具备材料力学的基本知识，我们对此不再赘述。

4.3.1 单晶体的滑移

滑移是指在剪应力(shear stress)作用下，晶体相邻的两部分沿着一定的晶面和晶向产生相对滑动。产生相对滑动的相邻两部分间的交界面称为滑移面(glide plane)。滑移的结果是在晶体表面形成许多小台阶，称为滑移带。台阶之间的线条称为滑移线，亦即滑移面与未滑移区或晶体表面的交线，如图 4.11 所示。

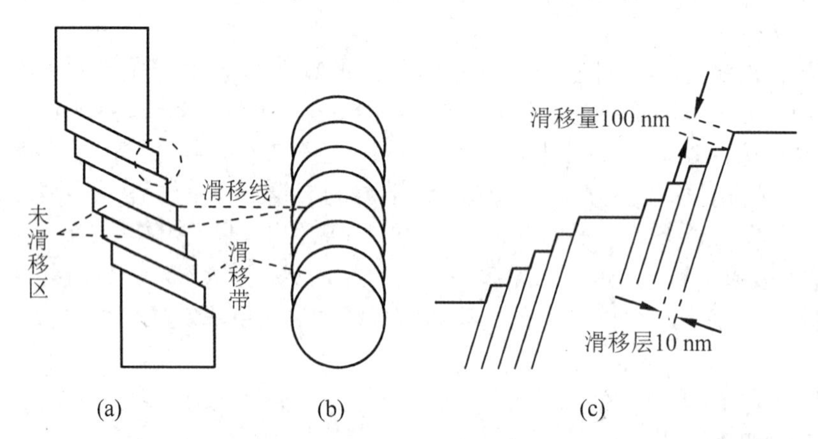

图 4.11 单晶金属圆棒试样拉伸后的自由滑移变形示意图

[(a)宏观模型；(b)为(a)的俯视图；(c)为(a)中圆圈区域的放大示意图。为使图清晰，我们使(b)(c)与(a)的比例有所不同。图 4.11(a)中的倾斜平行线为滑移带，在电子显微镜下它由一系列平行线组成，即图 4.11(c)中构成滑移层的细平行实线。这些细平行实线实际上是滑移面在二维图上的投影，也即图 4.11(c)中的细平行实线表示滑移面。根据(潘金生，2011)和(蔡珣，2010)画出]

滑移是在剪切应力的作用下产生的。那在某个面上产生滑移，最小需要施加多大的剪切应力呢？剪切应力是指作用在单位滑移面面积上的力，且该力的方向与滑移面的法线方向正交，即力的方向与滑移面平行。如果剪切应力均匀地分布在滑移面(或剪切面)上，则名义剪切应力 τ 可表示为 $\tau = F/A$，其中 F 为作用在滑移面上的作用力，A 为滑移面面积。每个滑移面有最大能承受的剪切应力 τ_C'。当实际产生的剪切应力达到甚至超过 τ_C' 时，滑移就产生了。τ_C' 称为临界剪切应力(critical shear stress)，不同的滑移面、滑移方向，其临界剪切应力不同。下面对此做一推导。

设一横截面面积为A_0的圆柱形单晶受轴向拉力F_0的作用，如图4.12所示。ϕ为某个滑移面的法线与外力F_0方向的夹角；λ为滑移方向(glide direction)与外力F_0方向的夹角。根据名义剪切应力的定义，要分别求出作用在滑移面上的作用力F和滑移面面积A。由图4.12可知，滑移面面积$A = A_0/\cos\phi$，平行于滑移面的力$F = F_0\cos\lambda$，故在此滑移面上的名义剪切应力为

$$\tau = \frac{F}{A} = \frac{F_0\cos\lambda}{A_0/\cos\phi} = \frac{F_0\cos\lambda\cos\phi}{A_0} = \frac{F_0}{A_0}\cos\lambda\cos\phi \tag{4-78}$$

式中，F_0/A_0为作用在圆柱形单晶轴向的拉应力，常用σ表示。故上式可写作：

$$\tau = \sigma\cos\lambda\cos\phi \tag{4-79}$$

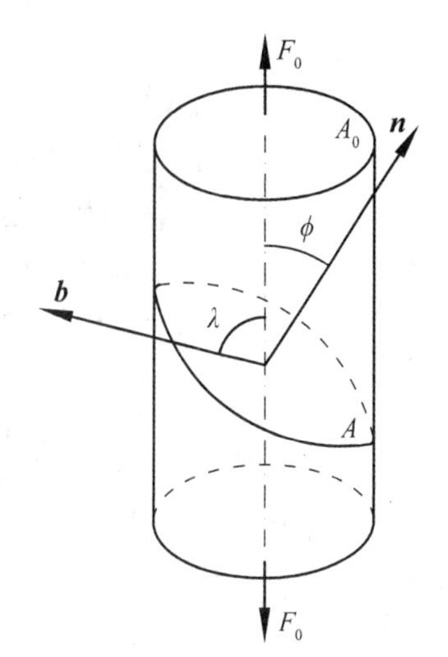

图4.12 圆柱形单晶滑移面上剪应力的确定(**n**为滑移面法线矢量，**b**为滑移方向的矢量)(引自关振铎，2011)

τ是轴向应力σ在滑移方向上的剪切应力分量，故也叫分切应力(resolved shear stress)。

物理学家Erich Schmid(1896—1983年)发现同种材料但不同取向的单晶试棒在拉伸时，它们开始滑移的分切应力都相同。1935年，他和冶金学家Walter Moritz Boas(1904—1982年)一起在他们出版的一本书中论述了这方面的问题。人们把式(4-79)称为Schmid定律(Schmid's Law)。

滑移现象表明：塑性变形在晶体中呈不均匀分布(与λ、ϕ有关)。滑移只在部分晶面产生。在一个晶面，滑移是逐步进行的。滑移总是沿原子密度大的晶面和晶向发生。原子密度大的晶面其晶面间距大，点阵阻力小，容易在这些面上发生滑移。在原子堆积密度大的方向，原子间距最短，只要移动较小距离，就能找到平衡位置，因此也容易在这些方向产生滑移。滑移面和滑移方向一起称为滑移系统。fcc结构的Cu，其{111}面和<110>方向为常见的滑移系统。滑移系统多，可能的滑移取向也多，滑移容易发生，晶体易变形，即塑性好。金属的滑移系统比较多，如bcc结构的Fe，其滑移系统有48种之多。而无机非金属的滑移系统很少，所以金属的塑性往往要优于无机非金属的。但随着温度的升高，滑移系统可能增多，比如Al_2O_3在高温下有滑移现象产生。金属铝在高温下还可能出现{001}和<110>组成的滑移系统。

下面对Schmid定律做一些讨论。

(1) 首先发生滑移的系统，其分切应力τ大于该滑移系统的临界分切应力τ_C。

由Schmid定律$\tau = \sigma\cos\lambda\cos\phi$，我们可获得某个滑移系统的$\tau_c$。在受拉力初期，可把外力$F_0$和单晶截面积$A_0$看作不变，则拉应力$\sigma$不变。那么分切应力$\tau$就与方向有关，即与$\cos\lambda\cos\phi$值有关。在确定的滑移面上，$\phi$值是固定的。平行于滑移面的分切应力有很多方向，只有λ与ϕ在同一个平面内时，λ最小，$\cos\lambda$值才达到最大。也即$\lambda+\phi=90°$时，该方向的分切应力最大。当该分切应力达到甚至超过该滑移系统的临界值τ_C时，滑移现象产生。

(2) 多滑移。

若一个晶体具有两个或两个以上的滑移系统，它们的$\cos\lambda\cos\phi$值相同，则必有多个滑移系统同时开动，产生双滑移、多滑移甚至交滑移。晶体在滑移变形时，晶面还会发生转动，这会导致另一些滑移面上的分切应力逐渐增加，甚至超过其临界值，所以随着滑移的进行，滑移系

统可能会增加。

根据完整晶体模型,可计算出单晶体产生塑性形变所需的临界分切应力τ_C,其值约为$G/30$,其中G为晶体的切变模量(或剪切模量)。但是,实验测得实际晶体的屈服强度要比$G/30$低3~4个数量级。为何相差这么大?为解释这种差异,许多人都提出了各自的解释。

4.3.2 位错理论提出的背景

在原子尺度的位错理论提出之前,科学家们对晶体,尤其是金属的塑性形变做了广泛研究。1907年左右,意大利Vito Volterra(1860—1940年)等在连续介质的弹性力学中引入了"dislocation"的概念。他们认为连续弹性介质中的dislocation是内应力的来源,可以产生应力场。1913年,物理学家们观察到经过拉伸的Na、K等单晶表面出现了鱼鳞状的条纹,即后来所称的"滑移带"。1928年,为说明晶体塑性行为的微观机理,Ludwig Prandtl (1875—1953年)等提出晶体的滑移是原子以缺陷组态做的集体运动。此时,匈牙利Egon Orowan(1902—1989年)开始了他的博士生涯。他的博士论文不仅研究晶体塑性,还研究云母的解理和断裂。正是这项工作为位错理论的建立奠定了基础。但这个时候,晶体塑性的研究在物理学领域是一项平淡无奇,甚至是不值得一提的工作。因为那时的物理学正处在量子力学发展的黄金时代。

在研究晶体塑性变形的过程中,人们发现晶体的实际强度要远低于理论强度。不仅如此,人们还发现晶体材料发生塑性变形后,会逐渐变硬,即产生了加工硬化现象。为解释晶体塑性变形中的这些现象,1934年,三位科学家几乎同时在这方面获得相同结果,并发表了各自的看法,明确提出了晶体中位错的概念和图像。他们分别是Michael Polanyi(1891—1976年)、Geoffrey Taylor(1886—1975年)和Egon Orowan。

Taylor研究了变形一块金属需对其做多少功,其中又有多少功储存在金属内部。他认为这些储存能储存在晶体的某种缺陷处。他把这种缺陷与早期Volterra处理弹性体的dislocation明确地对应起来,并把这种缺陷也命名为"dislocation",同时提出"edge dislocation"的概念。但Taylor提出的dislocation是在原子尺度的,这与Volterra提出的dislocation有所不同。Taylor认为材料的加工硬化来源于这些缺陷间的交互作用。而Orowan发现Zn晶体在应力作用下的变形不是连续的,而是跳跃式的。每一次的形变"跳跃"来源于一个晶体缺陷的运动。这三位学者认为在任何一个瞬间,仅有一个很小的滑移面面积发生滑动,而移动这一缺陷所需应力小。他们提出的dislocation缺陷解释了晶体的实际强度要远低于理论强度,以及加工硬化现象。

1934年以后,dislocation理论的发展减缓,但还是有许多学者继续这方面的研究。1937年,我国学者钱临照对体心立方金属Na、K和Mo的研究也在这方面做了先驱性的工作。随后,Johannes Martinus Burgers(1895—1981年)引入"screw dislocation"和"Burgers矢量"等重要概念。1940年代,Rudolf Ernst Peierls(1907—1995年)和Reginald Nunes Nabarro(1916—2006年)提出Peierls-Nabarro模型,这在理解dislocation的结构方面前进了一大步。同时,Alan Cottrell(1919—2012年)提出了溶质原子与dislocation相互作用的设想,这在解释碳钢屈服点上获得了满意的结果。这是金属与合金力学性质微观理论的一项开创性工作。

1953年,为便于dislocation理论在中国推广,钱临照与从英国回国的我国金属物理学家柯俊将dislocation试译为"位错"。随后"位错"这个中文词逐渐被接受而得到广泛传播。就在这一年,Alan Cottrell第一次系统说明了位错的弹性理论。

尽管以上这些理论工作走在了前面,但位错这种假想的缺陷,直到1950年代早期,其实验证据还非常少。当时的工作主要集中在晶体滑移线的研究。对位错的研究，决定性工作来源于 Peter Hirsch(1925—)的研究小组。他们于 1956 年在 Cavendish 实验室用透射电镜(TEM)获得了第一张具有可信度的移动位错像。当 Taylor 得知该消息后，为他的假说获得了证实而感到高兴。

由以上的介绍，我们可知位错最初并非是被发现的，应该说是一项发明。它来源于晶体的实际强度远低于理论强度这个矛盾。“位错”的发明可以说是材料科学史上最令人惊叹的奇迹之一。这也说明了一个科学概念的产生，能有力地推动一个学科的发展。今天，位错理论仍处于不断的发展过程中。

4.3.3 位错的基本类型

位错是晶体内原子排列的一种特殊组态。从其几何结构来看，可分为刃位错和螺位错两种基本类型。

1. *刃位错*(edge dislocation)

我们以简单立方晶体为例。假设它的(001)面上、沿[010]方向的分切应力大于该面的临界分切应力，则其会在[010]方向产生滑移。由于滑移是不均匀的，所以当滑移在某一时刻停止时，在晶体内就会有滑移区和未滑移区。图 4.13(a)中 *ABCD* 是滑移面。*EFGH* 的左边是滑移区、右边是未滑移区。*EFGH* 是这两个区的分界。但这个分界不是几何上的线或面，而是一个过渡区域。这个过渡区域即为位错缺陷。故位错最通俗、最常见的定义就是晶体中已滑移区和未滑移区的分界。

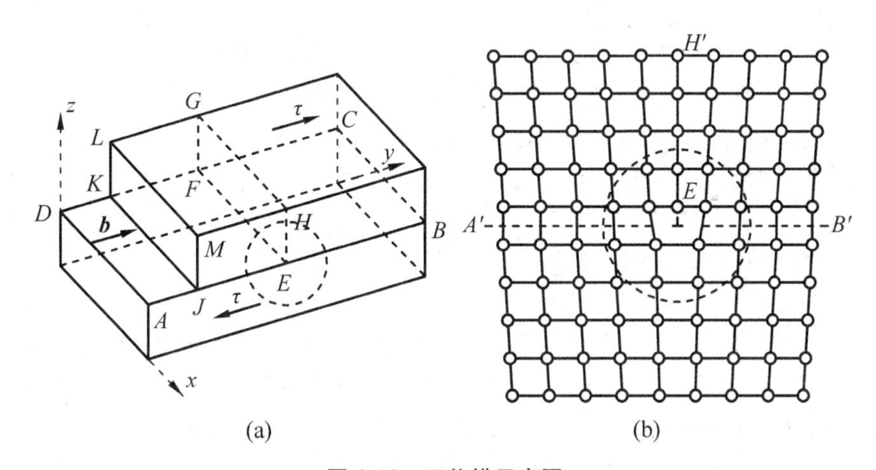

图 4.13 刃位错示意图

(a)宏观滑移，$\boldsymbol{b}$ 为滑移矢量，τ 为剪切应力；(b)位错芯微观结构的粗略示意图

该过渡区域的中心轴线 *EF* 称为位错线。远离位错线的区域保持理想晶体的完整性。接近位错线区域的点阵结构受到破坏、产生畸变而导致滑移面两边的原子不能一一对应，即原子存在错配。在 *EF* 线上的原子错配度最大。图 4.13(b)为图 4.13(a)中圆圈内 *E* 附近的区域沿[$\bar{1}$00]方向的微观投影示意图。图 4.13(b)中的滑移面 $A'B'$ 为图 4.13(a)中 *ABCD* 的一部分；EH' 在图 4.13(a)中 *EH* 线上。由此可见，滑移面 $A'B'$ 上半部分多出一列原子，存在挤压畸变，原子间距小于正常间距；滑移面 $A'B'$ 下半部分又少一列原子，存在拉伸畸变，原子间距大于正常间距。在位错线 *EF* 附近，相邻两原子的间距变化超过 1/4 正常原子间距的区域，称为位错芯，如图 4.13(b)中虚线圈内所示意的区域。在位错芯处有严重的晶格畸变。滑移面

$A'B'$上半部分，原子间距随着离位错芯距离的增加而逐渐增加，直至正常间距；滑移面 $A'B'$ 的下半部分，原子间距随着离位错芯距离的增加而逐渐下降，直至正常间距。正因原子间距是逐渐变化的，所以位错为过渡区。人们常把位错芯的"直径"定义为位错宽度，其值约为 2～5 个原子间距。但位错芯的长度[图 4.13(a)中，沿 EF 方向的长度]有数百到数万个原子间距，甚至可达晶体的宏观尺寸，故位错的宽度与其长度相比非常小。因此，人们把位错看成是线缺陷。但请注意，它不是几何意义上的线条，而是一个过渡区。

如图 4.13 所示的有多余原子面的线缺陷，称之为刃位错。除了以上述局部滑移的方式产生多余原子面以外，其他途径如间隙原子、空位扩散等方式也可形成刃位错。刃位错的特点主要如下。

(1) 有一个额外的半原子面，如图 4.13(b)中 EH' 所在的原子面。多出的半原子面位于滑移面上方的刃位错称为正刃位错，用符号"⊥"表示。图 4.13(b)中的位错就是正刃位错。多出的半原子面若位于滑移面下方的刃位错称为负刃位错，用符号"⊤"表示。符号中的水平短线表示滑移面，垂直短线表示多出的半原子面。尽管有正负之分，但两者并无本质区别。把正刃位错旋转 180°即可获得负刃位错。

(2) 位错线与滑移矢量方向相垂直。如图 4.13 所示，位错线 EF 与滑移矢量 $\boldsymbol{b}$ 的方向相垂直。

(3) 刃位错的位错线可以是直线、折线或曲线，但都必须与滑移方向相垂直。

(4) 滑移面是位错线与滑移矢量构成的唯一平面。故滑移面必定同时包含位错线和滑移矢量 $\boldsymbol{b}$，如图 4.13 所示，位错线 EF 与滑移矢量 $\boldsymbol{b}$ 构成滑移面 $ABCD$。

(5) 位错芯内的点阵弹性畸变有切应变，也有正应变。比如图 4.13 中的正刃位错，$JKLM$ 从 DA 移位到 KJ 有切应变；滑移面 $A'B'$ 上半部分有压应变，下半部分有拉应变。

(6) 畸变的位错芯是过渡畸变区，也是一狭长的管道，故刃位错不是几何意义上的线条。

如果前述简单立方晶体在滑移时，图 4.13 所示的整个 $JKLM$ 面不是均匀一致地朝[010]方向产生滑移，而是靠近 JM 这边滑移，靠近 KL 那边不滑移。那会产生什么缺陷呢？

2. 螺位错(screw dislocation)

同样以前述简单立方晶体为例。当晶体受到[010]方向的分切应力时，图 4.14(a)中 $EFGH$ 右侧晶体上、下两部分沿晶面 $ABCD$ 产生相互滑动，而 $EFGH$ 左边晶体无滑动。这种情形与前述刃位错的情形有所不同。$EFGH$ 为滑移区和未滑移区的分界，EF 也称为位错线。与刃位错不同的是，这里没有产生多余的原子面，而且位错线 EF 不像在刃位错中那样与滑移方向相互垂直，而是与滑移方向相平行。但与刃位错相同的是，这里也存在晶格畸变或过渡区。该过渡区在 $EFGH$ - $anmt$ 之间。

图 4.14(a)中，$rsouv$ 虚线所示的平面为滑移面。把紧邻该滑移面上方和下方的原子向$[00\bar{1}]$方向投影后，如图 4.14(b)所示。在从 HE 线向 td 线平移的过程中[图 4.14(a)]，滑移面上、下层原子错开的原子间距从 0 逐渐增加。在 td 线处，上、下层原子相互错开了一个原子间距。同时，$anmt$ 面右边滑移面的上、下层原子也都相互错开了一个原子间距。由图 4.14 可知，在过渡区域内，若滑移面上方有原子，则下方无原子；若下方有原子，则上方又无原子，所以在过渡区的晶格畸变程度很大。

在图 4.14(a)中，从 a 开始向 E 移动，并依次连接过渡区原子，顺序为 $aEbcd$。这样，转了一圈后到达 d 点。起点 a 与 d 错开一个原子间距。继续从 d 开始照此方法走下去到达 e，E 与 e 又错开一个原子间距。如此下去，这种在过渡畸变区的行进路线为螺旋状，故称这种缺陷

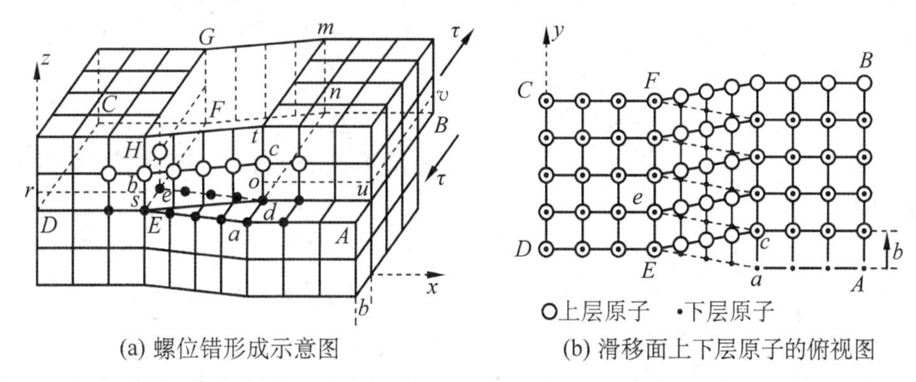

(a) 螺位错形成示意图　　(b) 滑移面上下层原子的俯视图

图4.14　螺位错示意图[为使图清晰,图4.14(a)仅示意了过渡区部分原子及晶格。实心球、空心球的大小仅仅是为了清楚表达原子的上下层关系,并不是说下层原子要小]

为螺旋型位错,简称螺位错。

螺位错过渡区也为一种管状缺陷,其宽度为图4.14(a)中 $aEHtd$ 的"半径"。通常该"半径"大约为3～5个原子间距,而其长度(沿 EF 方向)却远远大于"半径"的尺寸,故螺位错为线缺陷。螺位错有左旋、右旋之分,并且左旋、右旋螺位错有本质区别,因为我们无论怎么放置都不能使左旋螺位错和右旋螺位错相互转变。这就如同我们的双手,左手无论怎么放都不会变成右手。假设图4.14中的位错是左旋螺位错,则如果 EH 右边滑移面上半部分朝纸面外滑移、下半部分朝纸面内滑移就成为右旋螺位错。螺位错类型的确定,我们将在下一节介绍。

螺位错是荷兰流体力学家 Johannes Martinus Burgers(1895—1981年)在1939年,也就是 Taylor 等提出"刃位错"这一概念五年之后提出的。这是 Johannes Martinus Burgers 被身为物理冶金学家的弟弟 Wilhelm Gerard Burgers(1897—1988年)"拉入"位错理论的早期研究中做出的开创性工作之一。螺位错的特点主要如下。

(1) 螺位错无额外半原子面,原子错排呈轴对称。

(2) 位错线 EF 与滑移矢量 $\boldsymbol{b}$ 平行,故它们构成的滑移面不像刃位错那样是唯一的。包含位错线 EF 的平面必然包含滑移矢量 $\boldsymbol{b}$,故螺位错可以有无穷个滑移面。如果我们把书脊作为位错线 EF,翻书时,就相当于把书中的某一页绕书脊旋转,那么该页旋转的每个角度对应一个滑移面,在这些面上,$EF /\!/ \boldsymbol{b}$。而在刃位错中,$EF \perp \boldsymbol{b}$,它们的交线只能确定一个平面。但实际上,螺位错中的滑移面还是有限的,因为实际滑移通常是在原子密排面上发生的。

(3) 螺位错周围的点阵也发生了弹性畸变,但只有平行于位错线的切应变,而无正应变。也就是在垂直于位错线的平面上投影,我们看不出缺陷。比如,把图4.14(a)沿[010]方向投影后,我们看不到任何缺陷。同样,离位错越远,切应变产生的畸变逐渐减小。

(4) 位错线的移动方向与滑移方向互相垂直。如图4.14所示,若 EF 右边的错动继续进行下去,E 点及其上方的原子 b 也要产生错动,此时滑移区和未滑移区的分界线平移到 EF 线左边的一列原子上,即位错线向左移动,而滑移矢量 $\boldsymbol{b}$ 的方向仍是原来的方向。所以螺位错的位错线移动方向与滑移矢量 $\boldsymbol{b}$ 相互垂直。

以上两种是最基本的位错形式。它们还可构成混合位错。

3. 混合位错

我们已知刃位错的位错线 EF 与滑移矢量 $\boldsymbol{b}$ 成90°角而相互垂直;螺位错的位错线 EF 与滑移矢量 $\boldsymbol{b}$ 成0°角而相互平行。当 EF 与滑移矢量 $\boldsymbol{b}$ 的夹角是0°～90°之间的任意角度 α 时,

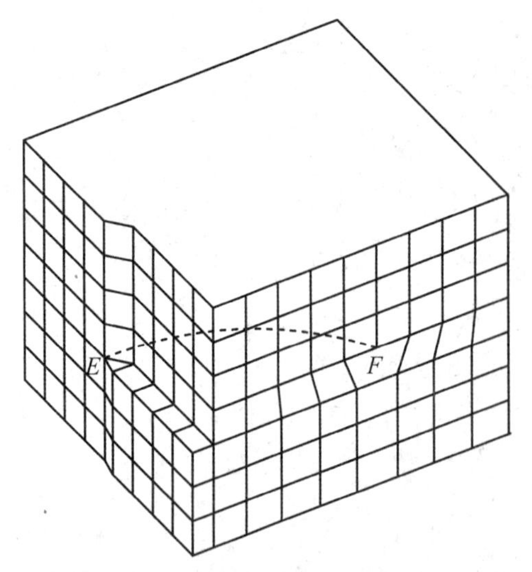

图 4.15 混合位错示意图(引自潘金生,2011)

我们可将其滑移分解成平行于边界线的位移分量 $a\cos\alpha$ 和垂直于边界线的位移分量 $a\sin\alpha$(a 为滑移面两边的相对位移)。产生平行于边界线位移分量 $a\cos\alpha$ 的缺陷可看成是螺位错,产生垂直于边界线位移分量 $a\sin\alpha$ 的缺陷可看作是刃位错,即这种缺陷是由刃位错和螺位错混合而成的混合位错。这时,位错线 EF 就是一条弯曲的线条(图 4.15),图中 E 处是纯螺位错,F 处是纯刃位错,E、F 之间的虚线所示是混合位错。实际上,在图 4.14(a)中,我们从右边向$[\bar{1}00]$方向观察,$ABvu$ 面发生的切变与图 4.13(a)相似。因此,以滑移方式产生螺位错时,常常也伴随刃位错。

我们在前面多次提到,刃位错和螺位错在过渡区都有晶格畸变。而畸变程度有大有小,那如何来表示畸变程度的大小呢?这就需要关注 Johannes Martinus Burgers 在位错领域的另一个开创性贡献——Burgers 矢量的提出。

4.3.4 Burgers 矢量

1. Burgers 矢量 $\boldsymbol{b}$ 的确定

1)确定 Burgers 矢量(Burgers vector)的步骤主要如下。

(1)选定位错线的正向 ξ。它是人为规定的方向,我们常选出纸面方向为正。

(2)在位错线周围任选一点(离严重畸变区适当远些的点)。用右手螺旋定则,绕位错线做右旋闭合回路。在此过程中,右手大拇指指向位错线正向,其余四指弯向绕行方向。这样,以一定步数形成的闭合回路,即为 Burgers 回路。刃型位错的回路不要穿过位错线;螺型位错的回路不要穿过畸变区。

(3)在不含位错的理想晶体中,以对应步数做同样的回路,起点和终点必然不闭合。

(4)连接不闭合回路的终点和起点,得到一个由终点指向起点的矢量。因为 Johannes Martinus Burgers 最先强调该矢量的重要性,故人们将其命名为 Burgers 矢量。下面,我们以此步骤分别介绍刃位错和螺位错 Burgers 矢量的确定。

2)刃位错中 Burgers 矢量的确定

如图 4.16(a)所示,我们在位错线周围任选一点 A 作起点,出纸面方向为正。用右手拇指指向位错线正方向,则其余四指的弯曲方向为绕位错线作回路的方向,即图中沿 $ABCDA$ 作的右旋闭合回路。然后我们在不含位错的晶体中,选择与图 4.16(a)中具有大致相同位置的 A 点作起点,同样用右手螺旋作回路。在此过程中,作的步数要与含有位错的回路中作的步数对应一致,也即图 4.16(a)中,AB 为 5 步、BC 为 6 步、CD 为 5 步、DA 为 5 步;同样在图 4.16(b)中的 AB 也为 5 步、BC 为 6 步、CD 为 5 步、DE 为 5 步。这样在不含位错的晶体中,终点 E 与起点 A 不重合。连接终点 E 与起点 A,则 $\boldsymbol{EA}$ 为图中刃位错的 Burgers 矢量,方向由 E 指向 A。请读者用此方法确定一下图 4.13(b)所示的 Burgers 矢量。

3)螺位错中 Burgers 矢量的确定

总体说来,前面介绍的方法,对确定螺位错中的 Burgers 矢量同样适用。然而,由于螺位错 Burgers 回路中的线路不在一个平面上(刃位错中回路的各部分都在一个平面上),所以

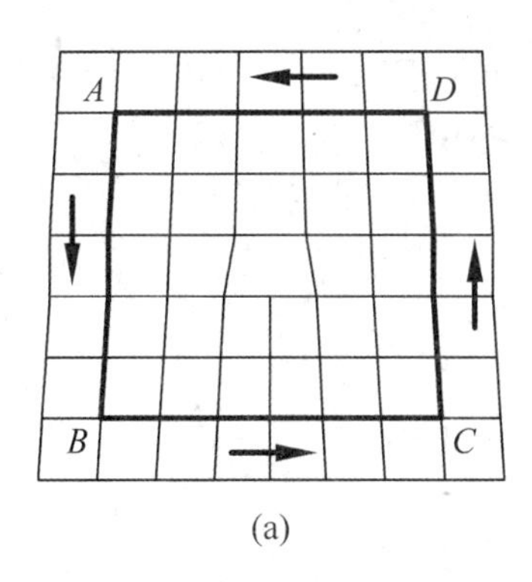

(a)

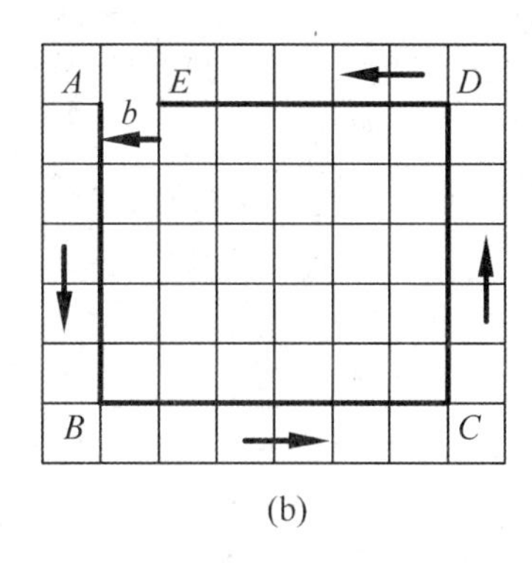

(b)

图 4.16 刃位错 Burgers 矢量的确定示意图

(a)含位错的 Burgers 回路;(b)完整晶体中的回路

Burgers 矢量的确定相对复杂些。

首先是起点的选取。我们总希望 Burgers 回路都出现在晶体表面,这样才容易得出 Burgers 矢量。因此,尽管起点的选取是任意的,但起点没有选好的话,会使回路的部分线路出现在晶体内部,这给 Burgers 回路的分析带来困难。此外,在含纯螺位错的晶体中,有绕位错线的一个连续性螺旋坡面,如同我们上楼的楼梯一样。这样,我们可以选择较低螺旋面旁边一侧晶面的某个点作起点。在图 4.17(a)中,b 处在较低螺旋面上,e 处在较高螺旋面上。我们选择 b 旁边晶面的 a 点作起点。其次是位错线的正向的选取。我们先用右手四指的弯曲指向螺旋面上升方向。图 4.17(a)中,这个方向是 bcd 到 e。此时,右手拇指的指向即为位错线的正方向,即图中的出纸面方向。这样,含有螺位错的 Burgers 闭合回路为 $abcdefa$。a 到 b 有 1 步、b 到 c 有 8 步、c 到 d 有 4 步、d 到 e 有 8 步、e 到 f 有 2 步、f 到 a 有 4 步。

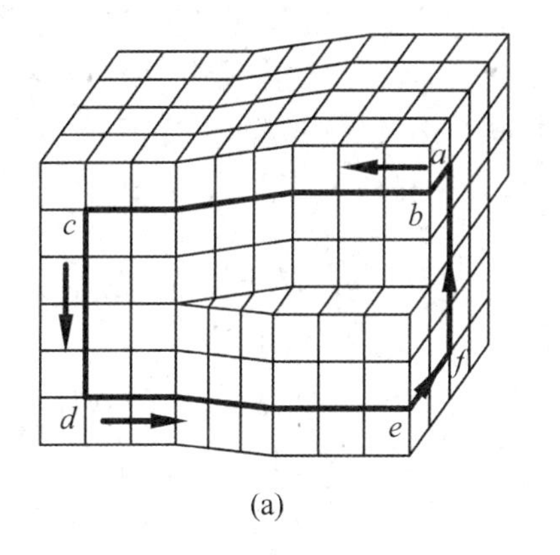

(a)

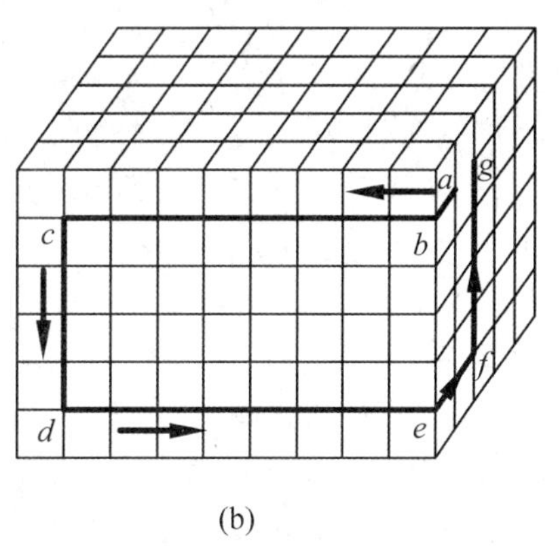

(b)

图 4.17 螺位错 Burgers 矢量的确定示意图

(a) 含位错的 Burgers 回路;(b)完整晶体中的回路

接下来,我们在完整晶体中还是选择与图 4.17(a)中具有大致相同位置的点 a 作起点,见图 4.17(b)。然后,按照与图 4.17(a)相应的步数作回路 $abcdefg$。这时,起点 a 与终点 g 不重合,即回路不闭合。连接终点 g 与起点 a,则 $\boldsymbol{ga}$ 为此图中螺位错的 Burgers 矢量,方向由 g 指向 a。$\boldsymbol{ga}$ 的方向与位错线正向(即拇指指向或出纸面方向)相同,我们称之为右旋螺位错;若 Burgers 矢量 $\boldsymbol{ga}$ 的方向与位错线正向相反,则称之为左旋螺位错。

根据以上介绍的内容，人们得出了位错的普遍性定义(图 4.18)：刃位错 $\boldsymbol{b}\cdot\boldsymbol{\xi}=0$。右旋螺位错 $\boldsymbol{b}\cdot\boldsymbol{\xi}=b$；左旋螺位错 $\boldsymbol{b}\cdot\boldsymbol{\xi}=-b$。混合位错的螺型分量 $\boldsymbol{b}_s=(\boldsymbol{b}\cdot\boldsymbol{\xi})\boldsymbol{\xi}$；$b_s=b\cos\varphi$。刃型分量 $\boldsymbol{b}_e=[(\boldsymbol{b}\times\boldsymbol{\xi})\cdot\boldsymbol{e}](\boldsymbol{\xi}\times\boldsymbol{e})$；$b_e=b\sin\varphi$，其中 $\boldsymbol{e}$ 为垂直于滑移面的单位矢量，有 $\boldsymbol{e}=(\boldsymbol{b}\times\boldsymbol{\xi})/|\boldsymbol{b}\times\boldsymbol{\xi}|$。

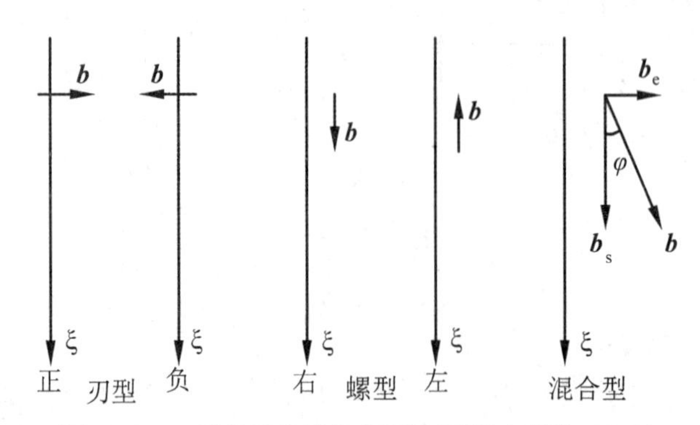

图 4.18　三种类型位错的主要特征(引自蔡珣,2010)

2. Burgers 矢量的物理意义

Burgers 矢量 $\boldsymbol{b}$ 反映了位错区域点阵畸变的总积累。$\boldsymbol{b}$ 的方向代表位错运动而导致的晶体滑移方向；其模 $|\boldsymbol{b}|$ 表示点阵畸变的程度，即位错强度。$|\boldsymbol{b}|$ 越大，则点阵畸变越大，位错区域的原子错配越严重，同时位错引起的晶体弹性能也越高。

3. Burgers 矢量的表示符号

为了明确晶体中 Burgers 矢量 $\boldsymbol{b}$ 的方向及大小，人们采用了一定的符号对其进行表示。Burgers 矢量的方向和大小可用它在各晶轴上的分量表示。尤其是方向与第 2 章中晶向指数的确定方法相同。因 Burgers 矢量也表示位错运动后晶体的相对滑移量，故它只能从一个原子的平衡位置指向另一个平衡位置。由此可知，最短平移矢量往往是最稳定的 Burgers 矢量。如果晶体的滑移是通过位错运动来实现的，则最短平移矢量的方向也代表晶体的滑移方向。关于这点，我们在前面介绍滑移时就提到过：滑移总是在原子密度大的晶面上沿原子密度大的晶向发生，因密排晶向是最短平移矢量的方向。

面心立方点阵。最短 Burgers 矢量为$(a/2, a/2, 0)$。将该矢量的三个分量的公因数 $a/2$ 提出来，剩下的数字用“[]”括起来，使[]内的数字为最简整数，则为 $a/2[110]$。$a/2[110]$是面心立方点阵在〈110〉晶向族方向的 Burgers 矢量符号。对 fcc 晶体结构的金属，$a/2[110]$为{111}晶面和〈110〉晶向组成的滑移系统的 Burgers 符号；对 NaCl 结构的离子晶体，$a/2[110]$为{110}面和〈110〉晶向组成的滑移系统的 Burgers 矢量符号。这些 Burgers 矢量的模$|\boldsymbol{b}|$，可用数学方法求得$|\boldsymbol{b}|=\sqrt{2}a/2$，其中 a 为点阵常数。

体心立方点阵。最短 Burgers 矢量为$(a/2, a/2, a/2)$。用与上面同样的方法将该矢量的三个分量的公因数 $a/2$ 提出来后成为 $a/2[111]$。对 bcc 晶体结构的金属而言，此符号表示{110}晶面和〈111〉晶向组成的滑移系统的 Burgers 矢量符号。该矢量的模$|\boldsymbol{b}|$为$\sqrt{3}a/2$。

六角点阵。最短 Burgers 矢量为$(a/3, a/3, -2a/3, 0)$，其符号为 $a/3[11\bar{2}0]$，其模$|\boldsymbol{b}|$为 a。该矢量是{0001}面、〈$11\bar{2}0$〉晶向组成的滑移系统的 Burgers 矢量符号。六角点阵的最短 Burgers 矢量请结合第 2 章的四轴定向和行走法确定晶向符号来理解。

以上这些最短点阵的 Burgers 矢量，其相应的位错称作单位位错，即晶体的滑移如果是通过位错运动来实现的，则原子在 Burgers 矢量方向上移动一个原子间距。若 Burgers 矢量为单位位错的整数倍，则对应的位错为全位错；而 Burgers 矢量不为单位位错的整数倍，则对应的位错为不全位错。

4. Burgers 矢量的特性

1）Burgers 矢量的守恒性

在确定 Burgers 矢量时，只要回路不穿过刃位错的位错线、螺位错的过渡区，则 Burgers 矢量与回路的形状、大小和位置无关。所以只要一个位错不和其他位错相交，Burgers 矢量是唯一的。而且一根不分岔的位错线只有一个 Burgers 矢量。在此基础上，可以得出：如果几条位错线在晶体内相交（交点称为位错节点），那么“流入”节点的位错线，其 Burgers 矢量之和必等于“流出”节点的位错线 Burgers 矢量之和，即

$$\sum_{i} \boldsymbol{b}_{入,i} = \sum_{i} \boldsymbol{b}_{出,j} \tag{4-80}$$

式(4-80)表明了 Burgers 矢量的守恒性。现做一简单证明。

如图 4.19 所示，有三条位错线 AB、BC、BD 相交于节点 B，其 Burgers 矢量分别为 $\boldsymbol{b}_1$、$\boldsymbol{b}_2$、$\boldsymbol{b}_3$。这三个位错分别具有各自的 Burgers 回路。现在，我们作一个大回路，包括 $\boldsymbol{b}_2$、$\boldsymbol{b}_3$ 对应的位错。大回路也具有一个 Burgers 矢量 $\boldsymbol{b}_4$。$\boldsymbol{b}_4$ 对应位错的畸变必然是 $\boldsymbol{b}_2$、$\boldsymbol{b}_3$ 对应位错畸变的总和，所以 $\boldsymbol{b}_4=\boldsymbol{b}_2+\boldsymbol{b}_3$。将大回路以晶格间距为单位，向节点平移。当平移至节点 B 时，$\boldsymbol{b}_2$、$\boldsymbol{b}_3$ 的综合位错线与 AB 相交于点 B。根据前文所述，一根不分岔的位错线只有一个 Burgers 矢量，故 $\boldsymbol{b}_1=\boldsymbol{b}_4$，即 $\boldsymbol{b}_1=\boldsymbol{b}_2+\boldsymbol{b}_3$，也就是“流入”节点的位错线，其 Burgers 矢量之和等于“流出”节点的位错线 Burgers 矢量之和。

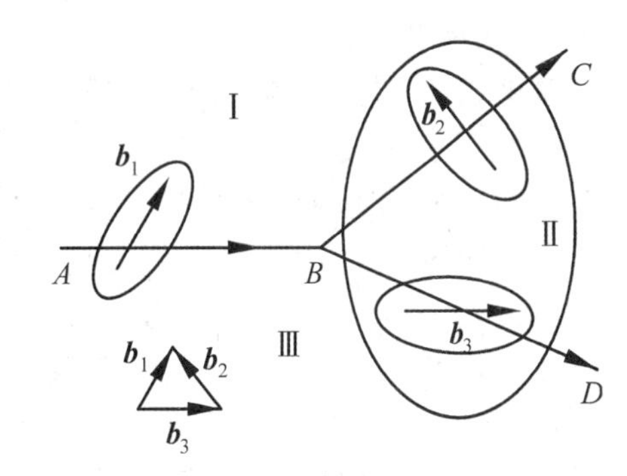

图 4.19 位错线相交示意图(引自潘金生，2011)

2）Burgers 矢量的连续性

位错线要么起止于单晶体表面、多晶体的晶界，要么形成封闭回路（即位错环），也可在节点处和其他位错线相连，但不能中断于单晶体内部。

如图 4.20 所示，设位错线 AB 中止于一单晶体内的 B 点。则 AB 两侧必为已滑移区和未滑移区。设Ⅰ区为已滑移区、Ⅱ区为未滑移区。第Ⅲ区要么是已滑移区，要么是未滑移区。若Ⅲ区为已滑移区，则Ⅱ—Ⅲ区的界线 BC 成为已滑移区和未滑移区的分界，BC 为位错线；若Ⅲ区为未滑移区，则Ⅰ—Ⅲ区的界线 BD 成为已滑移区和未滑移区的分界，BD 为位错线。所以，AB 位错线要么连接 BC 成为 ABC 位错线，要么连接 BD 成为 ABD 位错线。无论哪种情况，位错线都终止于单晶体表面。

4.3.5 位错密度与晶体强度

1. 位错密度的定义

为表征位错的多少，需引入位错密度的概念。位错密度 ρ 是指单位体积晶体中，位错线的总长度，即 $\rho=L/V$，V 为晶体体积，L 为位错线总长。由于位错线的形状、分布不规则，要直接测定位错线长度是很难的。于是，人们假定位错线是平行直线，每条位错线的长度为 l，某

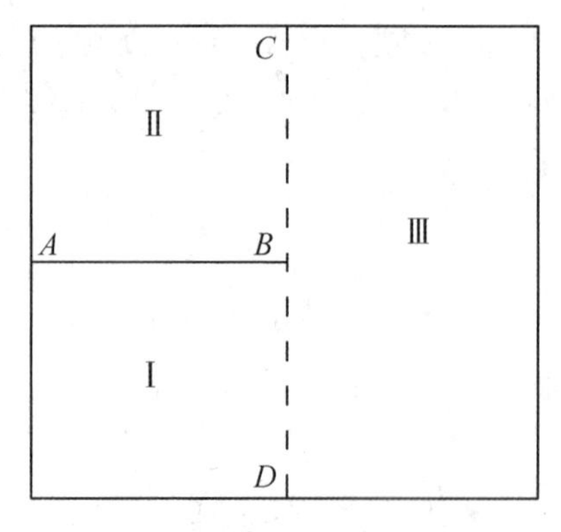

图 4.20 位错线连续性的证明示意图(引自张联盟,2009)

一晶体中共有 N 条位错线。再假设晶体的长宽高分别是 l, w, h,且位错线平行于晶体的长度方向,则位错密度为

$$\rho=\frac{L}{V}=\frac{Nl}{V}=\frac{Nl}{lwh}=\frac{N}{wh}=\frac{N}{A} \tag{4-81}$$

其中 A 为垂直于位错线的表面面积。此式表明,在以上假设条件下,位错密度可用单位面积的位错线数目表示。根据位错线 Burgers 矢量的连续性,我们知道位错线会终止于晶体表面。因此,我们可以根据垂直于位错线表面(观察表面)的位错露头数获得位错密度。位错露头为位错线与观察表面的交点。位错露头容易被腐蚀,形成蚀坑,测定蚀坑数即可获得位错密度。

在充分退火的金属中,位错密度约为 $10^6\sim10^8\ \mathrm{cm}^{-2}$;高度冷加工金属的位错密度可达 $10^{12}\ \mathrm{cm}^{-2}$。这些数值看起来好像比较大,但与整个晶体比起来,位错这种缺陷的量实际并不大,还不足以改变整个晶体的规则排列。非金属晶体中的位错密度要远小于金属晶体中的位错密度,如半导体晶体中的位错密度在 $0.1\ \mathrm{mm}^{-2}$左右。

2. 位错密度与晶体强度

在 4.3.1 节和 4.3.2 节,我们已经知道,位错密度低则晶体的强度接近理论强度。此外,冷加工金属的位错密度大,其强度也大。综合这两种情形,位错密度与晶体强度的关系如图 4.21 所示。在位错密度较低时,晶体强度随着位错密度的增加而降低。这就是为什么前人在研究晶体塑性时会发现晶体的实际强度要远低于理论强度。当位错密度达到一个较高值时,晶体的实际强度会随着位错密度的增加而增加,金属材料的压力加工就利用了这个原理。至于其中的原因,我们将在下文介绍。由此,要获得高强度的材料,要么减小位错密度(如晶须),要么增大位错密度。非晶态材料(如金属玻璃)可看成是位错密度极高的材料,强度非常高。

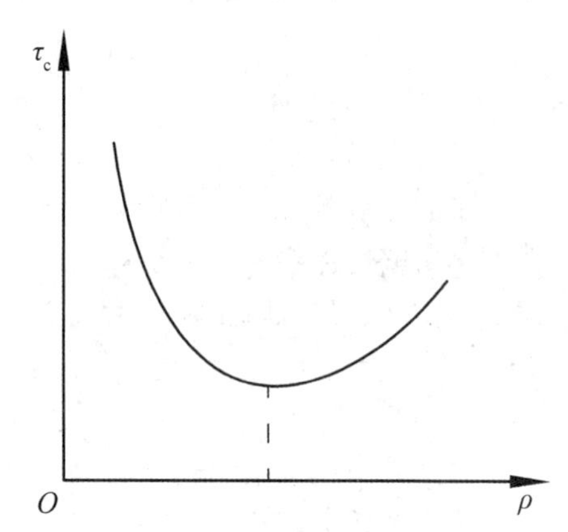

图 4.21 晶体强度与位错密度的关系(引自潘金生,2011)

晶须是指具有一定长径比(一般大于 10)、截面积小于 $5.2\times10^{-2}\ \mathrm{mm}^2$的单晶纤维材料,其直径通常只有几微米。晶须的晶体结构比较完整,内部缺陷(如位错)非常少。其强度和模量往往比块状材料高几个数量级,比如直径为 1 μm 的晶须,其强度接近无缺陷晶体的理论值。因此晶须是一种力学性能十分优异的复合材料补强增韧剂。自从贝尔电话公司于 1948 年首次制备出晶须以来,人们已经开发出了多种晶须。常见的晶须主要有金属晶须(如 Cu、Ni 等)和非金属晶须(如 Si_3N_4、SiC、Al_2O_3、莫来石等)两大类。已经工业化生产的晶须有 SiC、Si_3N_4、钛酸钾和莫来石等少数几种。掺入晶须的金属基和树脂基复合材料主要用于航空航天器的机翼、旋翼等部件,以及高尔夫球杆等器件。陶瓷基晶须复合材料已被广泛用于汽车工业、机械工业及航空航天等工业的一些关键的部件,如已经开发成功的 SiC(w)/Al_2O_3 切削刀具、SiC(w)/SiO_2 热交换器内衬等陶瓷基晶须复合材料。

4.3.6　位错的运动、萌生及增殖

1. 位错的运动

位错在晶体中并不是一成不变地一直处于某个位置。当晶体受到一定的外力作用或处于一定的温度时,位错会移动。通过位错的运动,晶体产生较大的塑性变形,尤其是金属晶体的强度、塑性等力学性能与位错的运动、产生有密切的关系。位错的运动有以下两种基本形式:滑移和攀移。

1) 滑移。这里的滑移是指在外加剪切应力作用下,位错线在滑移面上的运动。它是位错运动的主要方式。图4.22为刃位错滑移运动示意图。图4.22(a)中,位错线在原子1处且垂直于纸面。在剪切应力作用下,滑移面上半部分向右移动,下半部分向左移动。这样,原子1向滑移面下半部分的原子5靠近,而原子2与原子5的距离却在增加,如图4.22(b)所示。剪切应力继续作用使原子2、5断键,原子1、5成键,如图4.22(c)所示。完成以上三步后,半原子面由原子1处运动到了原子2处。虽然在此过程中,滑移面上、下原子都在做相对运动,但与半原子面的移动距离相比,其他原子面的移动距离还是很小的。从图4.22(c)开始,不断重复图4.22(a)～图4.22(c)的过程,半原子面最后会运动到晶体表面而表现出宏观塑性变形,如图4.22(d)所示。由此过程,我们可知刃位错的运动是由位错中心附近的原子,沿Burgers矢量方向,在滑移面上不断地做少量位移(小于一个原子间距)而逐步实现的。

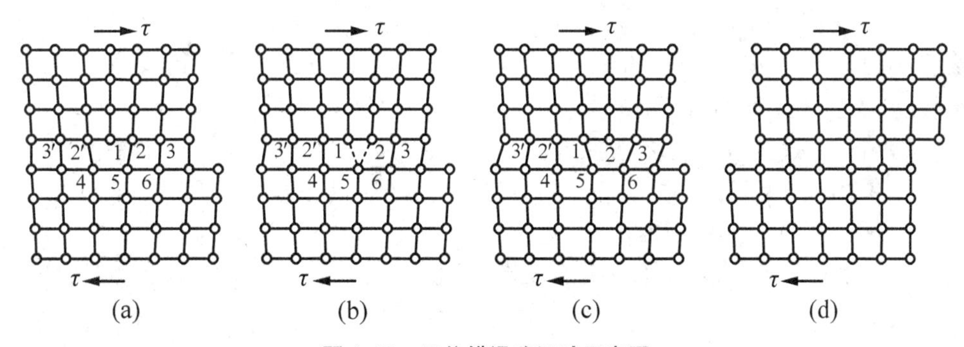

图4.22　刃位错滑移运动示意图

位错半原子面的这种运动与机械波的传播很相似。在位错的运动中,因原子的运动距离远小于位错线的运动距离,故刃位错的运动并不是滑移面上下所有原子都整体地产生相对移动,而是半原子面的运动。推动半原子面所需外力要远小于同时推动所有原子断键,再成键而产生移动所需的外力。由此,我们就可明白当初前人在研究晶体塑性变形时,为什么会发现晶体的实际切变强度要远小于理论切变强度。

而对离子晶体而言,晶体中有正、负离子。当离子晶体在滑移时,同号离子相遇的可能性大,这使它们之间产生排斥力。因此,离子晶体中的位错在运动距离很小时就会遇上斥力,甚至可能导致晶体的断裂。换言之,离子晶体还未产生较大的塑性变形时就已断裂,这就是离子晶体的脆性。同样,共价晶体因共价键具有方向性,也难滑移而具有脆性。此外,位错在无机非金属材料中的形成能大故较难形成,位错虽然也存在于无机非金属材料中,但其影响没有像在金属材料中那么显著。

螺位错的滑移与刃位错相似,也是位错线的移动。设前面的图4.14(b)为螺位错的最初形式,把该图表现的形式挪到这里,如图4.23(a)所示。在外加剪切应力的作用下,E处上、下

层原子开始进一步错开，产生一定的位移。从 E 到 d，位错线 EF 附近的上、下层原子的位移逐渐增加。到了 c 处，c 原子产生位移后与 e 原子在俯视图上刚好重合，如图 4.23(b)所示。原子 c 与 c′刚好相距一个原子间距。这时，位错线从原来的 EF 移动到了 $E'F'$。由于位错线附近，滑移面上、下层原子的移动量很小，故使螺位错运动所需的外力也很小。

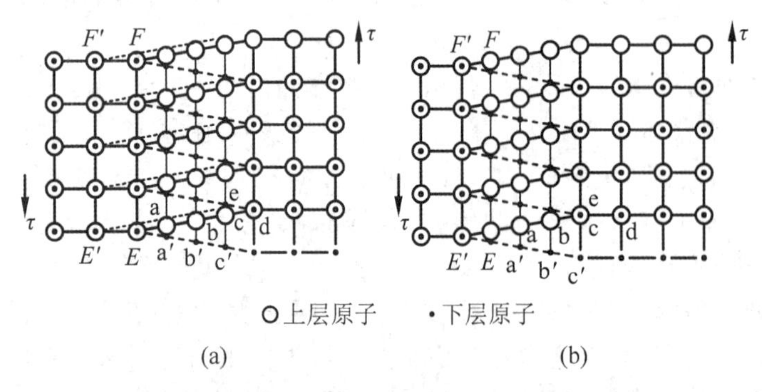

图 4.23 螺位错滑移运动示意图[图 4.23(a)中 $E'F'$ 处的虚线表示与 Ed 线上相同的一系列上层原子的移动趋势]

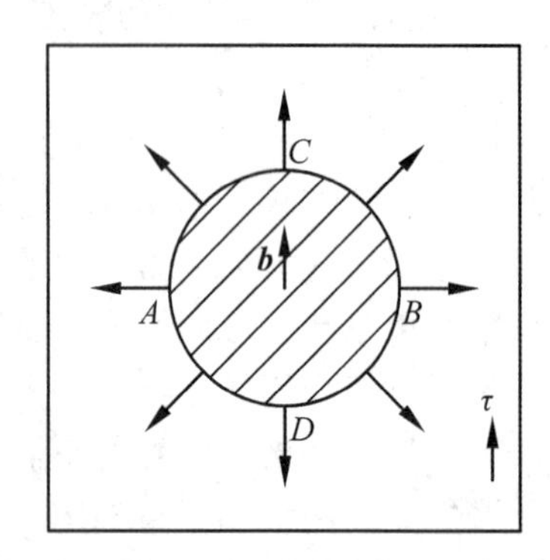

图 4.24 位错环上不同类型位错的滑移方向(环上的箭头表示滑移方向)(引自张联盟，2009)

根据 4.3.3 节位错基本类型的介绍及位错的运动，我们可总结出位错线的滑移方向总是该位错线的法线方向；而 Burgers 矢量总是平行于外加剪切应力的方向。图 4.24 表示的是一个位错环，其中 A、B 两点的位错分别是右、左螺位错；C、D 两点的位错分别是正、负刃位错。位错环上的其他各处为混合位错。位错的滑移方向、晶体滑移方向和 Burgers 矢量的关系总结如下。

(1) 刃位错的滑移方向与外加剪切应力 τ、Burgers 矢量 $\boldsymbol{b}$ 相平行。正负刃位错的滑移方向相反。

(2) 螺位错的滑移方向与外加剪切应力 τ、Burgers 矢量 $\boldsymbol{b}$ 相垂直。左右螺位错的滑移方向相反。

(3) 混合位错的滑移方向与外加剪切应力 τ、Burgers 矢量 $\boldsymbol{b}$ 成一定角度。滑移方向指向位错线的法线方向。

(4) 晶体的滑移方向与外加剪切应力 τ、Burgers 矢量 $\boldsymbol{b}$ 一致，但不一定与位错的滑移方向相同。

2) 攀移。刃位错线上的原子还可以扩散到晶体的其他缺陷区(如空位、间隙位、晶界等)而使半原子面缩小；或者晶体中其他位置(间隙位、正常晶格位等)的原子扩散到位错线下方而使半原子面扩大。位错线的这种在热缺陷或外力作用下沿滑移面法线方向的运动称为攀移(climb of dislocation)，如图 4.25 所示。纯螺位错因无半原子面，故不会产生攀移。使半原子面缩小的攀移称为正攀移，反之为负攀移。

攀移可使半原子面成为整个原子面或使半原子面消失。由此，在单晶生长中，我们常利用刃位错的攀移来减少甚至消灭空位，或获得位错很少的单晶体。比如，拉制单晶硅时，首先高速拉制，使单晶中的空位过饱和，然后使该单晶体逐渐变细，那么多余的半原子面与空位不断交换而逐渐退出晶体。通过类似方法，人们获得了位错密度接近零的晶须材料。

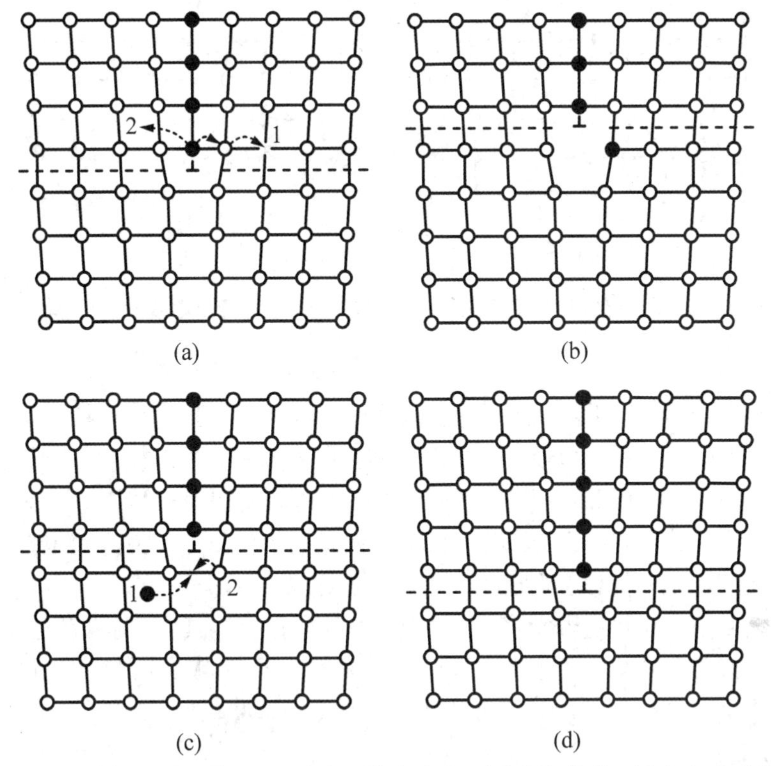

图4.25　攀移示意图[(a)～(b)为正攀移;(c)～(d)为负攀移。图中1、2分别为两种可能的路线。(b)、(d)分别示意了路线1的攀移结果。(a)中路线1的末端为空位。实心球表示半原子面,或与半原子面的攀移有关的原子]

攀移与空位迁移、原子扩散有关,其中空位比间隙原子更有利于攀移的发生。而空位迁移和原子的扩散又受到温度的影响,故攀移是一个热激活过程。一般在高温下,攀移才对刃位错的运动产生较大影响。在高温下,攀移可使刃位错绕过晶体中的障碍物而导致滑移面移位。这样刃位错可继续运动。以上就是无机非金属材料在高温下产生蠕变的一种机理。

在位错的攀移过程中,半原子面的增大或缩小可看作是位错的运动。由图4.25可知位错的这种运动是在半原子面上发生的,且运动方向仍与位错线相垂直。

混合位错的运动一个是在滑移面上的滑移,另一个是位错线脱离滑移面的运动,它包括刃性分量的攀移和螺型分量的滑移。

3）位错运动产生的割阶与扭折

位错线是由一系列原子构成的。攀移的发生需要原子和空位的参与。而每个原子和空位周围的环境及受力等情况可能又有所不同。因此,位错线上的一些原子发生攀移时,另一些原子却可能没有攀移。因此,位错线不可能是一条直线,而是一条折线。

图4.26为图4.13中的半原子面 $EFGH$ 在 xOz 面的投影示意图。图中示意了正攀移的情形：位错线 EF 上的部分原子已通过攀移离开了半原子面。结果,位错线由原来的 EF 变为 $E'A'AF$。$E'A'AF$ 所在面(实际还是原来的半原子面)仍垂直于滑移面。正攀移后,滑移面朝原子面缩小的方向产生了移动。图4.26中,$E'A'AF$ 这种曲折位错线上的折线 $A'A$ 垂直于位错的滑移面,台阶 $A'A$ 称为割阶(dislocation jog)。

除了攀移可形成位错割阶外,不同位置的位错通过滑移相遇时也可能形成割阶。实际上,

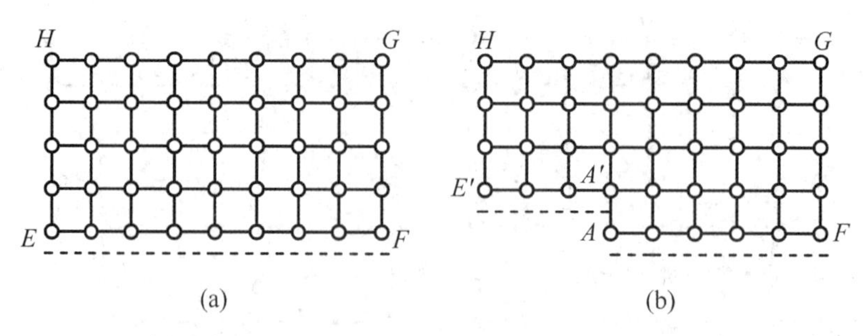

图 4.26 正攀移产生割阶示意图[(a)攀移前;(b)攀移后。虚线表示滑移面,*EF* 为位错线,*EFGH* 为半原子面,*A′A* 为割阶]

位错在滑移过程中,与攀移相似,位错线上的原子并不是全部同时运动,特别是位错在受到阻力时更是如此,图 4.22 和图 4.23 示意的仅仅是位错滑移的理想形式。大多数情况是,位错线上的原子,其滑移存在不同的难易程度和先后顺序。这就使得位错线不是一条直线。如果形成的曲折线段就在位错滑移面上,则其台阶部分称为扭折(kink)。割阶和扭折是位错运动产生交割的基本形式,它们对材料的强化、点缺陷的产生有重要意义。

上文介绍的是单一位错通过滑移、攀移产生割阶和扭折。其实,位错在运动过程中,两两相遇时也会产生割阶和扭折。了解了位错的以上基本情况后,我们要问的是位错最初究竟是如何产生的?

2. 位错的萌生

晶体中位错的萌生途径主要有以下几种。

(1) 熔体在凝固、溶液在结晶时形成位错。晶体在这些液体中的结晶往往是不均匀的。因此,先后析出的晶体要么有成分差异导致的不同点阵常数,要么是同成分的晶体相遇时以不同晶面产生接触,也可能是晶面生长速率的不同而形成台阶。这些因素使不同位向的晶体在接触界面形成错配而产生界面位错(小角度晶界就是典型的由位错堆积而成,见 4.4 节)。

温度梯度、浓度梯度和机械振动等因素使正在生长的晶体偏转或弯曲而引起相邻晶体的位向差。这些位向差可使晶体之间产生位错。晶体在生长过程中,相邻晶粒产生碰撞或液流冲击等也可使晶体表面产生台阶或受力变形而形成位错。外来晶核表面上的位错或其他缺陷直接“长入”正在凝固结晶的晶体中也会引起位错。

(2) 固体在冷却过程中形成位错。当固体从接近熔点的温度急冷时,大量的过饱和空位会存在于晶体中。这些空位通过扩散聚集成大空位团。空位团的塌陷可形成位错环。

冷却时,晶体发生的再结晶或固态相变可使晶界或相界面上的原子错配而形成界面位错。

(3) 局部应力集中形成位错。晶体内的某些界面,如第二相质点、孪晶界和微裂纹附近往往出现应力集中现象。当这些应力足以使该局部区域发生塑性变形时也可产生位错。

在固态冷却过程中,由于各处传热速率不同,特别是厚、大的晶体,其表面和中心的传热速率差异很大。这导致各处的膨胀或收缩不均匀。收缩大的与收缩小的、膨胀大的与膨胀小的区域间存在拉应力或压应力。当这些应力超过这些局部区域的承受极限时,晶体发生滑移产生位错。晶体的形变、杂质等因素也可引起内应力或应力集中而在局部产生位错。

由上述可见,晶体中总是会存在一定数量的位错。当晶体受到外力作用时,这些位错发生移动。按照图 4.22 和图 4.23 示意的位错运动,我们可推知,位错最终都会移到晶体表面。这样,晶体在变形后,其中的位错应该会越来越少。可是实验表明:退火状态的金属在变形前的位错密度($10^6 \sim 10^8\ \mathrm{cm}^{-2}$)却比较低;在塑性变形过程中,冷加工金属的位错密度却越来越高,如高度冷加工金属的位错密度可达 $10^{12}\ \mathrm{cm}^{-2}$。这又是什么原因呢?

3. 位错的增殖

在金属强度微观理论的发展史上,有很多人试图去理解位错的起源和增殖机制。但大多数人提出的看法不能较满意地解释实验事实。1947 年,英国理论物理学家 Frederick Charles Frank(1911—1998 年)提出了"动力学增殖机制"。该机制指出,一个位错在应力场作用下到达晶体表面时,产生一个单位的滑移,同时还产生与其符号相反的另一个位错。这就如同位错在表面产生"反射"一样。通过这种"反射",位错在同一滑移面上来回不断地运动,从而造成大量滑移,使位错增殖。然而,在位错的运动过程中,能量有耗散,故外加应力过小则位错不能"反射"。因此,这种机制不能解释晶体在低应力下的塑性变形,以及宽滑移带的产生等其他一些实验现象。1950 年,Frank 又与贝尔实验室的物理学家 Thornton Read 一起讨论、研究了位错,并提出了新的位错增殖机制——Frank-Read 机制。这种机制不但在理论上自然、合理,更重要的是它获得了实验证实。下面我们重点介绍这种机制。

(1) L 形位错增殖机制

L 形位错增殖机制是 Frank-Read 机制的一部分,也是 Frank-Read 机制的基础。

假设有一个 L 形刃位错,如图 4.27 所示。$CDEG$ 为此位错的一个附加半原子面。CDE 为 L 形位错线。位错线的 ED 段与 DC 段不在同一滑移面上。如前所述,可能会由于某些原因,某一段位错不能滑移。我们假设 ED 段不能滑移。阻碍位错线滑移的主要原因有:①ED段的滑移面上没有引起滑移的剪切应力;②ED 的滑移面不是晶体学上允许的滑移面;③ED 段被某种障碍物(沉淀相)牢固地钉扎住而动不了。故在图 4.27 中,我们只考虑 CD 段能滑移。不能滑移的 ED 段位错称为极轴位错;能滑移的 CD 段位错称为扫动位错。因 D 点也在 ED 线上,因此 CD 在滑动时,D 是不动的,即 CD 以 ED 为轴旋转。图 4.28 示意了滑移面上的这种旋转运动。在图 4.28(b)中,位错 $C'D$ 已在晶体表面露头,出现滑移台阶,并成为一段螺位错。旋转 180°后的 $C'D$,与起始点 CD 相互处于对称位置。$C'D$ 成为与 CD 符号相反的刃位错。旋转 360°后回到起始位置。此时,$C'D$ 扫过整个滑移面一次,产生一个单位的滑移。在 CD 扫动的过程中,CD 上各点的受力一样,线速度相同,但角速度不同。因此,CD 虽然在开始时是一条直线,但随着运动的进行,CD 会变成一条平面螺旋线(图 4.29)。图 4.29 表明位错线长度在增加,即位错产生了增殖。

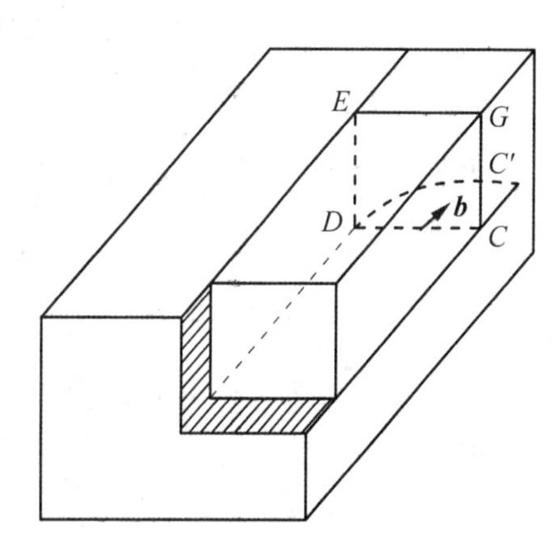

图 4.27 L 形位错增殖机制示意图(引自杨顺华,2000)

只要外力一直存在,并且暂不考虑外力对此过程的破坏、干扰,则此过程就一直进行下去,直到位错线上的受力达到平衡,所以这个特殊的位错称为 L 形位错源。L 形位错源可以解释晶体宏观滑移,即在低应力下有宽滑移带的产生。

(2) U 形位错增殖机制

在 L 形位错增殖机制的基础上,Frank 和 Read 提出 U 形增殖机制,又称 Frank-Read 源。若图 4.27 中的 $CDEG$ 处于晶体内部,则除了 ED、DC 段位错外,还有 CG 段位错。$EDCG$ 构成 U 形位错。同样,如果某些原因,ED、CG 不能滑移而成为极轴位错。只有 CD 段的位错能

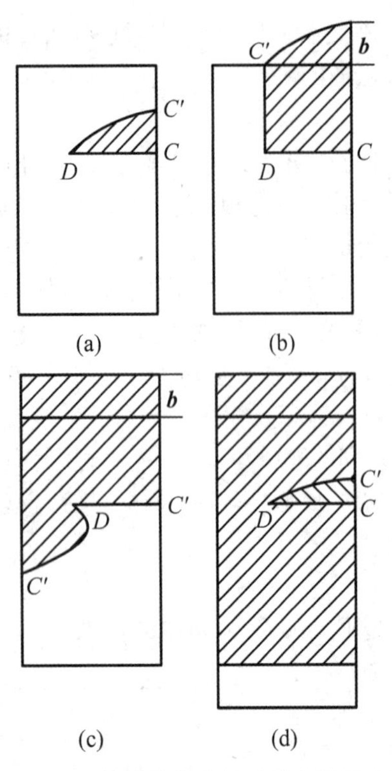

图 4.28 扫动位错在滑移面上的运动示意图(阴影部分表示位错线扫动过的面积)(引自杨顺华,2000)

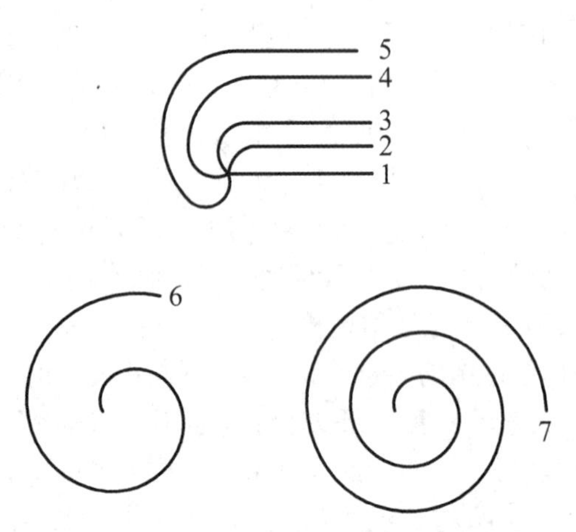

图 4.29 位错线卷曲变化示意图(1～7 示意了位错线的变化过程)(引自杨顺华,2000)

滑移,为扫动位错。图 4.30 示意了 Frank-Read 源的位错增殖情形,纸面为滑移面,极轴位错垂直于纸面。

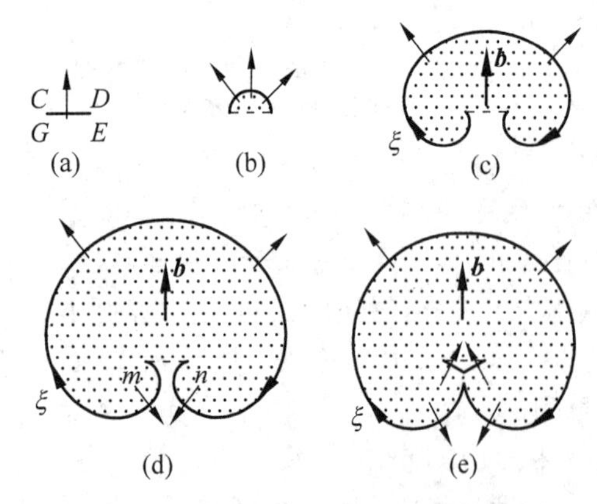

图 4.30 Frank-Read 位错源示意图[垂直于位错线的箭头表示位错线运动方向。ξ 为位错线方向。(a)～(e)的 Burgers 矢量 $\boldsymbol{b}$ 皆指向同一方向,阴影表示位错线已滑移区](引自潘金生,2011)

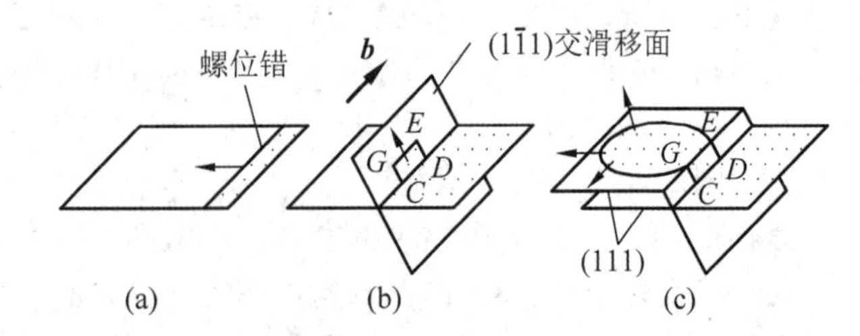

图 4.31 fcc 晶体中的交滑移位错增殖机制示意图[位错线上的箭头表示位错线移动方向。CG、ED 为 (1$\bar{1}$1)面上的刃性割阶。(a)～(c)的 Burgers 矢量方向相同。阴影区表示位错线已滑移区](引自蔡珣,2010)

在应力场作用下，由于端点 C、D 为不动点，所以 CD 段开始产生滑移后，只能弯成一条弧形，如图 4.30(b)所示。同 L 形机制一样，靠近不动点 C、D 处的位错角速度大，扩展更快，形成如图 4.30(c)所示曲线。当两端弯曲线条靠近时，如图 4.30(d)所示，由于 m、n 段分别是左、右型螺位错，故它们的相交将引起相互抵消，并产生一个封闭位错环和一条环内折线，如图 4.30(e)所示。环内折线在应力作用下变直回到最初的位置。但与最初状态相比，晶体内多了一个正在扩大的位错环，即位错产生了增殖。不断重复(a)～(e)，则会产生一系列位错环。这就如同振动器在水中振动产生很多波纹一样。

Frank-Read 源会产生许多位错环，从而造成晶体的大量滑移，产生形变。直到极轴位错 ED、CG 滑到晶体表面为止。然而，由于单晶体是各向异性的，位错环各点的扩展速率不一定相同，因此实际观察到的位错环往往是多边形。此外，除了上面介绍的滑移外，位错的攀移也存在 L、U 形机制。

(3) 交滑移增殖机制

我们从 4.3.3 节知道，刃位错的滑移面是位错线与 Burgers 矢量构成的唯一平面，而螺位错的滑移面不是唯一的。凡包含位错线且是晶体学允许的晶面皆可作为螺位错的滑移面。当螺位错在主滑移面上滑移的过程中遇到障碍时，则其可能转到其他面上滑移。这种转换滑移面进行滑移的方式称为交(叉)滑移(cross slip)。最初的滑移面为主滑移面，其上的剪切应力最大；后来的滑移面称为交滑移面。当螺位错在交滑移面上滑移一段距离后，障碍物的影响下降，滑移又回到剪切应力最大的主滑移面上。第二次的主滑移面与最初的主滑移面是相互平行的。产生的这种两次交滑移称为双交滑移。实际情形中，还可能多次发生交滑移。

图 4.31 示意了交滑移使位错增殖的机制。以 fcc 晶体为例，设螺位错在(111)面上有最大剪切应力而产生滑移。当位错线遇到障碍而转到$(1\bar{1}1)$面上时，会产生刃型割阶。图 4.31(b)中，ED、CG 为交滑移产生的刃型割阶。位错越过障碍后回到与第一个主滑移面相平行的第二个(111)面。由于刃位错的滑移面是唯一的，刃位错不能产生交滑移，所以 ED、CG 这两个刃型割阶不能随原位错线一起在(111)面上运动，而只能留在交滑移面$(1\bar{1}1)$上。于是，刃型割阶 ED、CG 对原位错产生“钉扎”作用，而成为极轴位错。这样，在第二个主滑移面上产生以 ED、CG 为极轴位错，EG 为扫动位错的 Frank-Read 位错源。如果交滑移产生多次，就会在多个相互平行的主滑移面上产生大量位错。这些位错使晶体产生大量滑移并形成一定宽度的滑移带。位错的增殖还有其他一些机制，如攀移增殖机制等，此处我们不做介绍。

晶体中原来有位错、增殖又会产生位错。众多的这些位错在晶体中是否相互影响、相互作用呢？此外，晶体中总是存在点缺陷的，位错与这些点缺陷有无相互作用呢？若有，那这些作用对晶体的性能有何影响呢？

4.3.7 位错的受力

1. 位错的应变能与线张力

与理想无缺陷晶格中的原子相比，位错附近的原子偏离了理想晶格中的平衡位置，这会导致位错区域的点阵产生畸变、晶体能量上升，增加的能量称为应变能或畸变能。晶体的总应变能 E_t 可表示为

$$E_t = E_c + E_e \tag{4-82}$$

式中，E_c 为位错芯处原子严重错排引起的畸变能；E_e 为位错芯外的原子微小位移引起的弹性能。由于位错在运动或与其他缺陷产生作用时，只有 E_e 发生变化而影响晶体的力学行为，并

且弹性力学只能计算 E_e，因此位错应变能常常重点关注弹性能这一项。

设一圆柱形晶体存在单一位错，沿其轴向有长度为 l 的位错，其弹性能 E_e 可通过积分得出：

$$E_e = C'lGb^2\ln\frac{R}{r_0} \tag{4-83}$$

其中 C' 为常数，通常刃位错的 C' 比螺位错的要大 20%～50%；R 为圆柱形晶体的半径；r_0 为位错芯的“半径”，也就是我们在 4.3.3 节介绍的位错宽度的 1/2；b 为 Burgers 矢量的模；G 为剪切模量(且假设晶体是弹性各向同性)。由式(4-83)可知，当 $r_0\to0$ 时，$E_e\to\infty$。实际材料中，$E_e\to\infty$ 是不可能的。故在位错芯内，材料的畸变不能用线弹性理论来描述，即 Hooke 定律不适用(Hooke 定律可简写为 $\sigma=E\varepsilon$ 和 $\tau=G\gamma$，其中 σ 为轴向应力，E 为弹性模量，ε 为轴向应变，τ 为剪切应力，G 为剪切模量，γ 为切应变)。式(4-82)中，位错芯内的畸变能 E_c，其估计值为 E_e 的 10%～30%。由此，可通过人为调整或选取位错芯的“半径”r_0，把估算出的 E_c 叠加到 E_e 中来计算总应变能 E_t。离子或金属晶体的 r_0 可在(1/4～2)b 间选取。

根据式(4-83)，我们可了解 E_e 正比于位错的长度 l。因此，为达到能量最低状态，晶体中的位错总是力图缩短其长度，如弯曲的位错趋向于变成直线。这种力图使弯曲位错恢复成直线的力称为恢复力 F。为描述位错线的缩短趋势，人们引入了线张力的概念。线张力 T 是指位错线增加单位长度时弹性能的增量。由此，把式(4-83)对长度 l 求导后得：

$$T = \frac{dE_e}{dl} = C'Gb^2\ln\frac{R}{r_0} \tag{4-84}$$

位错数量较多时，单个位错的弹性应变场，其长程部分会消失，则 E_e 对圆柱形晶体的半径 R 的选择不太敏感。而且，位错芯的“半径”r_0 在(1/4～2)b 间选取。因此，人们常把 R、r_0 看成是常数。这样，位错的线张力可写成：

$$T = CGb^2 \tag{4-85}$$

其中 $C = C'\ln\dfrac{R}{r_0}$ 为常数。

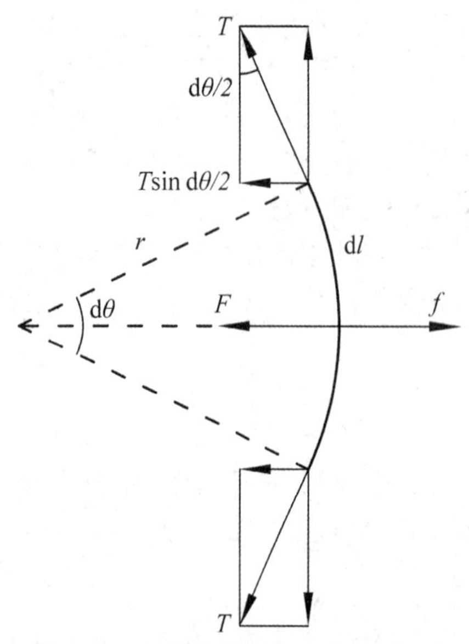

图 4.32 位错的线张力 T 与驱动力 f 示意图(恢复力 F 为线张力在平行于驱动力方向的合力)

位错线的恢复力 F 是由线张力产生的。现在，我们根据线张力来计算 Frank-Read 位错源所需的剪切应力。假设有一长度为 dl 的位错线，其曲率半径为 r，圆心角为 $d\theta$，如图 4.32 所示。使位错线产生运动的力为驱动力。单位长度的位错线驱动力可表示为 $f'=\tau b$，则长度为 dl 的位错线上的驱动力为 $f=f'dl=\tau b\,dl$。驱动力与位错线 dl 相垂直。

而线张力 T 与位错线是相切的。因此，我们把线张力 T 分解成与驱动力 f 平行和垂直的力。与 f 垂直的线张力相互抵消。与 f 平行的线张力就是力图使位错线变短、变直的恢复力 F，其大小为 $F=2T\sin(d\theta/2)$。当 $d\theta$ 很小时，$\sin(d\theta/2)\approx d\theta/2$，则 $F\approx Td\theta$。将弧长与弧度的关系 $dl/r=d\theta$ 代入 $F\approx Td\theta$ 中，得到 F

$\approx T\mathrm{d}l/r$。当恢复力 F 与驱动力 f 达到平衡时(即 $F=f$),位错线形状不再改变(这就是我们在位错增殖中提到的"位错线上的受力达到平衡")。将上述 F、f 的表达式代入 $F=f$ 得 $T\mathrm{d}l/r=\tau b\mathrm{d}l$,即 $\tau=T/(br)$。再将线张力的表达式(4－85)代入 $\tau=T/(br)$中,得到下式:

$$\tau=\tau_{\max}=\frac{CGb}{r} \tag{4-86}$$

晶体位错线上的实际剪切应力 $\tau\leqslant\tau_{\max}$ 时,位错线处于稳定状态;$\tau>\tau_{\max}$ 时,位错线开始扩展,即 Frank-Read 位错源开始起动。

简单小结一下本节的内容。

(1) 位错的应变能与 b^2 成正比(b 为 Burgers 矢量的大小或模)。因此,具有最小 Burgers 矢量的位错使晶体应变能最低。故滑移总是优先沿晶体中原子的密排面和密排方向产生。

(2) 螺位错的弹性能要低于刃位错。

(3) 为降低位错引起的应变能,位错线在线张力的作用下有尽量变短、变直的趋势。

由式(4－86),我们可获得位错线移动所需临界剪切应力。由 Schmid 定律(4.3.1 节)也可获得晶体发生宏观塑性变形所需的临界分切应力 τ_c。这两个临界分切应力从不同角度描述了晶体要发生滑移所需的应力。由 Frank-Read 位错增殖机制我们知道,Frank-Read 位错源产生的许多位错环引起大量滑移。这些滑移在宏观上表现为塑性变形。然而,无论是位错线移动的剪切应力,还是由 Schmid 定律得出的应力,人们在推导它们时都是把晶体当成是连续介质来处理的。

对于连续介质,我们可用弹性理论进行处理。但是,如前所述,我们不能用线弹性理论来处理位错的中心部分。因此,对于位错的中心部分,我们不能把它当成是连续介质,而是要用离散的原子点阵模型来处理。与化工、机械等学科不同,材料科学与工程学科更注重在原子、晶体点阵结构层次处理材料。下面介绍位错离散模型的一些结论。

2. 位错的起动力

1940 年代,Rudolf Ernst Peierls(1907—1995 年)和 Reginald Nunes Nabarro(1916—2006 年)把晶体分为滑移面上、下两部分。这两部分紧邻滑移面处的相互作用不能用 Hooke 定律来处理。其余部分可看作是连续弹性体,可用 Hooke 定律对其处理,所以 Peierls 和 Nabarro 的点阵模型是部分离散模型。虽然滑移面上、下原子错位,但仍有相互作用。因此,这些原子会力图相互接近、向相互对齐的方向移动。由此,Peierls 和 Nabarro 建立模型计算了应变能。

在 Peierls 和 Nabarro 的模型中,位错应变能包括三个部分:$E_t=E_A+E_B+E_{AB}$,其中 E_A、E_B 分别为滑移面上、下两部分晶体的弹性能,E_{AB} 为位错芯处的错排能。位错芯外的 E_A、E_B 可用连续介质的弹性理论求出,方法同上一小节,得

$$E_A+E_B\approx\frac{Gb^2}{4\pi(1-\nu)}\ln\frac{R}{\zeta} \tag{4-87}$$

式中,ν 为泊松比;$1/[4\pi(1-\nu)]$ 即式(4－84)中的刃位错的常数 C'。对螺位错而言 C' 为 $1/(4\pi)$。式(4－87)中,采用位错半宽 ζ 代替了式(4－84)中数值不确定的位错芯"半径"r_0。位错芯区域定义为$(-\zeta,\ \zeta)$,在此区域内,原子键合的畸变程度大,线弹性理论失效。2ζ 为位错宽度,其值为 $2\zeta=d/(1-\nu)$,其中 d 为滑移面上、下原子间距,即滑移面面间距。

然而,我们更关心的是位错芯的错排能,因位错的起动与其关系密切。Peierls 和 Nabarro 得出的错排能为

$$E_{AB}=\frac{Gb^2}{4\pi(1-\nu)}\left[1+2\exp\left(-\frac{4\pi\zeta}{b}\right)\cos(4\pi\alpha)\right] \tag{4-88}$$

其中 α 为位错的位置系数，表示位错中心的相对位置 $(0\leqslant\alpha\leqslant1)$。因为位错芯的原子畸变严重，其间距与 Burgers 矢量不完全相等，所以用 αb 表示从位错中心到与 Burgers 矢量等同位置的距离。式(4-88)中的第二项虽然小，但含有位错位置的周期函数 $\cos(4\pi\alpha)$。该函数反映了错配能与位错中心所处的位置关系。而且由于晶体结构的影响，位错能量是位错线位置的周期函数。故位错线在运动时要周期性地经历能峰与能谷。这就需要施加一定的作用力，位错线才能越过这些能峰或势垒。这种作用力可用错排能对位置求导得到：

$$f=-\frac{\partial E_{AB}}{\partial(\alpha b)}=\frac{2Gb}{1-\nu}\cdot\exp\left(-\frac{4\pi\zeta}{b}\right)\cdot\sin(4\pi\alpha) \tag{4-89}$$

当 $\sin(4\pi\alpha)=1$ 时，作用力 f 达到极大值：

$$f_{max}=\frac{2Gb}{1-\nu}\cdot\exp\left(-\frac{4\pi\zeta}{b}\right) \tag{4-90}$$

于是单位长度的位错产生滑移所需临界剪切应力为：

$$\tau_{P\text{-}N}=\frac{f_{max}}{b}=\frac{2G}{1-\nu}\cdot\exp\left(-\frac{2\pi w}{b}\right)=\frac{2G}{1-\nu}\cdot\exp\left[-\frac{2\pi d}{b(1-\nu)}\right] \tag{4-91}$$

其中 $w=2\zeta$ 即位错宽度，并将 $2\zeta=d/(1-\nu)$ 取代 w 后，得到上式最后一项。$\tau_{P\text{-}N}$ 也叫 Peierls-Nabarro 力(即 P-N 力)或位错起动力，该力表明了晶格因周期性而对位错产生了阻力，故 P-N 力也称为晶格阻力。位错要起动，首先要克服晶格阻力。

根据以上分析及式(4-91)，可得出以下一些主要结论。

(1) 位错的起动力 $\tau_{P\text{-}N}$ 与晶体开始宏观塑性变形相对应。因此 $\tau_{P\text{-}N}$ 本质上是晶体开始滑移的临界分切应力 τ_c。但由于它们是从不同角度获得的，数值上会有些差异。

(2) 位错宽度 w 不同，起动力 $\tau_{P\text{-}N}$ 也不同。w 小，位错宽度窄，则位错的起动力大。一般金属的位错较宽，共价晶体和共价成分较强的晶体中的位错较窄。因此，金属位错的起动力 $\tau_{P\text{-}N}$ 小，塑性好，共价晶体塑性差。在金属晶体中，bcc 金属的位错宽度一般比 fcc 金属的位错宽度小，$\tau_{P\text{-}N}$ 大，故 bcc 晶体易产生滑移。

(3) 滑移面的晶面间距 d 大，起动力 $\tau_{P\text{-}N}$ 小，易滑移。因晶体结构中密排面的面间距 d 大，Burgers 矢量 $\boldsymbol{b}$ 小，所以 b/d 为最小时，$\tau_{P\text{-}N}$ 达到最小，滑移容易优先在该滑移系统发生。

(4) 剪切模量 G 还受温度的影响。温度越高，G 减小，故起动力 $\tau_{P\text{-}N}$ 也减小，滑移容易发生。所以离子晶体、共价晶体在高温下也有一定的塑性。由此，我们还可知道晶体的强度与温度有关。这可能是 bcc 金属具有确定的塑性-脆性转变温度的一个原因。

不仅位错能使晶体局部发生畸变、产生应力场，晶体中的点缺陷同样也会使晶格产生畸变和应力场，而且晶体中总是存在点缺陷。所以位错在起动时或在运动中都会遇到点缺陷。当这两种缺陷的应力场相遇时就会产生弹性交互作用。

3. 位错与溶质原子的作用

(1) 位错与溶质原子的交互作用能

假设点缺陷可看作是由一个半径为 r_1' 的小球填入晶体中半径为 r_1 的球形空洞形成的。这就相当于将一个溶质原子挤入晶体中的间隙位或某一晶格位，r_1' 表示点缺陷半径，r_1 表示点阵间隙的半径或原子半径。以此方式引入一个点缺陷后，晶体局部体积发生变化，用 ΔV 表示这种变化 $\Delta V \approx 4\pi\delta r_1^3$，其中 δ 为错配度，$\delta=(r_1'-r_1)/r_1$。球形空洞类似于晶体表面，刃位错垂直于空洞球面。这样，只要正应力在 x，y，z 轴上的分量在做功。这些正应力的平均值即是在点缺陷处产生静水压力 p。当点缺陷处的晶体体积发生变化时，静水压力 p 所做的功就为点缺陷与位错的交互作用能 $\Delta E=p\Delta V$。为计算静水压力 p，需要把根据弹性力学得出的刃位错位错芯外的应力场表达式代入 p 中。然后经整理并转换成极坐标，得到位错与溶质原子的交互作用能：

$$\Delta E = \frac{4(1+\nu)Gb^3 r_1^3\delta}{3(1-\nu)}\left(\frac{\sin\theta}{r}\right) \tag{4-92}$$

式中，ν 为泊松比；G 为剪切模量；b 为 Burgers 矢量的大小；θ，r 为极坐标中的坐标参数。如果考虑到溶质原子不是刚性球，则交互作用能变为 $\Delta E'$：

$$\Delta E' = 4Gb^3 r_1^3\delta\left(\frac{\sin\theta}{r}\right) \tag{4-93}$$

无论溶质原子是不是刚性球，要使其处于稳定位置，它与位错的交互作用能都应为负。

当体积变化 $\Delta V \approx 4\pi\delta r_1^3 > 0$ 时，错配度 $\delta=(r_1'-r_1)/r_1>0$，即 $r_1'>r_1$。要使交互作用能 $\Delta E<0$，只有 $\sin\theta<0$，即 $\pi<\theta<2\pi$。这表明比基体原子大的置换式或间隙式溶质原子应处于刃位错张应力膨胀部分，即正刃位错的滑移面下半部分。

当体积变化 $\Delta V \approx 4\pi\delta r_1^3 < 0$ 时，错配度 $\delta=(r_1'-r_1)/r_1<0$，即 $r_1'<r_1$。要使交互作用能 $\Delta E<0$，只有 $\sin\theta>0$，即 $0<\theta<\pi$。这表明比基体原子小的置换式或间隙式溶质原子应处于刃位错压应力收缩部分，即正刃位错的滑移面上半部分。

(2) 柯垂尔气团

根据以上分析，我们可知点缺陷会择优分布于刃位错的某些部位，以使交互作用能达到最低、系统稳定。正因如此，位错附近的点缺陷浓度与晶体中的其他地方有所不同。根据 Boltzmann 分布律，在交互作用能为 ΔE 的地方，点缺陷的浓度 c 可表示为

$$c = c_0\exp\left(-\frac{\Delta E}{k_B T}\right) \tag{4-94}$$

由式(4-92)或式(4-93)得，在 $\Delta E<0$ 的范围内，r 越小，ΔE 的代数值越小，$-\Delta E$ 越大且是正值，则点缺陷的浓度 c 增大，故靠近位错的地方(r 小)，溶质原子多，点缺陷浓度大。

云集于位错附近的这些原子形成溶质原子云或溶质原子气团。比如，α-Fe 中常固溶有 C、N 间隙原子。在温度、时间比较充分的条件下，C、N 原子向位错附近的膨胀区聚集，形成 C、N 原子云，这称为 Cottrell 气团(Cottrell atmospheres)。当温度下降时，位错附近点缺陷的浓度 c 很大[见式(4-94)]。在位错中心的全部点阵位置或间隙位置可能被溶质原子所饱和。溶质原子聚集在位错线上形成饱和柯垂尔气团。2000 年，牛津大学的 J. Wilde 等用原子探针直接观察到了钢中环绕位错线的碳原子“气团”。

根据点缺陷与位错的交互作用能、点缺陷在位错的择优分布及 Cottrell 气团的形成，我们可知：点缺陷的应力场与位错的应力场在一定条件下产生的作用可以使系统的能量处于较低状态。如果我们要使点缺陷与位错分离，必然要对其做功。比如，具有 Cottrell 气团的位错要运动而离开溶质原子，则会使系统能量升高。这就相当于溶质原子对位错有阻力。因此

Cottrell 气团有“钉扎”位错、阻滞位错运动的能力。位错不易运动在宏观上显示为晶体的塑性变形难、强度增加。这方面最典型的例子就是 bcc 金属的明显屈服点现象。

图 4.33 示意了 fcc、hcp 和 bcc 金属的应力 σ-应变 ε 曲线。图 4.33(a)为 fcc 和 hcp 金属，也是常见的 $\sigma-\varepsilon$ 曲线。Ⅰ为符合 Hooke 的弹性变形区；Ⅱ为过渡区，晶体的硬化速率不断下降；Ⅲ为线性硬化区，应变硬化速率恒定；Ⅳ为抛物线硬化区。图 4.33(b)为 bcc 晶体(如退火低碳钢)的 $\sigma-\varepsilon$ 曲线，它明显与 fcc 和 hcp 的不同。bcc 晶体 $\sigma-\varepsilon$ 曲线的显著特点是有明显的屈服点(即在该处有明显塑形变形)。当应力低于图 4.33(b)中 b 点对应的σ_s'时，试样产生弹性变形；当应力达到σ_s'时，试样变形所需应力迅速减小到下屈服点σ_s。此时，应力不再增加，仅有微小波动。但应变却在应力几乎不变的情况下继续增加，材料暂时失去抵抗变形的能力，并一直持续到 c 点。这种具有明显屈服点的塑性流动现象即是上文提到的明显屈服点现象。这种现象与材料的纯度、温度等有关系。比如，极纯的 α-Fe 在拉伸时并无明显屈服现象。但含有微量 C、N 杂质的 α-Fe 却有明显屈服现象出现，而且，温度升高，该现象要消失。这种明显屈服点现象是 Alan Howard Cottrell(1919－2012 年)在 1940 年代末期对低碳钢试样做拉伸时发现的。如何解释这种现象呢？Cottrell 受 Orowan 和 Nabarro 位错理论的影响提出了 Cottrell 气团学说并对此做了解释。

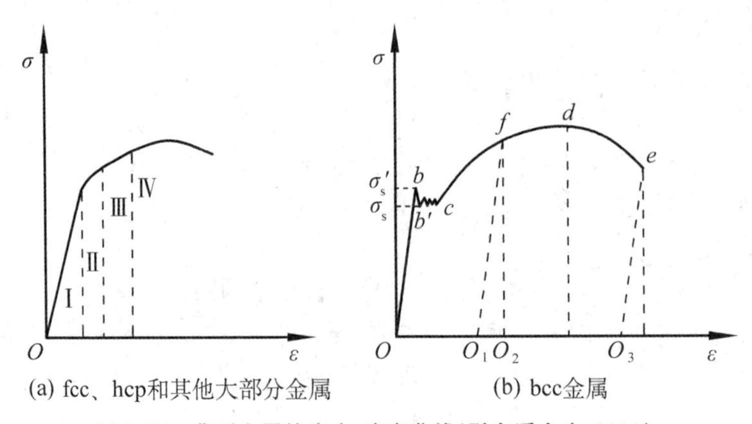

(a) fcc、hcp和其他大部分金属　　(b) bcc金属

图 4.33　典型金属的应力-应变曲线(引自潘金生,2011)

体心立方(bcc)金属中的 C、N 间隙原子在位错附近形成 Cottrell 气团，将位错“钉扎”住。当 $\sigma<\sigma_s'$时，位错不能起动，因此不能产生塑性变形，而只产生弹性变形；当 $\sigma>\sigma_s'$时，位错与气团中的间隙原子脱离而成为自由位错，位错可运动并产生塑性变形。而自由位错因没有点缺陷应力场的牵制，在较低应力下就可运动，所以变形所需应力迅速减小到下屈服点σ_s。

然而，当低碳钢在下屈服点产生变形后，卸载停止实验，并把试样在室温下停放一段时间。Cottrell 发现，再次拉伸时，低碳钢试样的屈服点随卸载停放时间的增加而提高，即低碳钢发生了强化或应变时效(strain age)。Cottrell 当初发现这种现象后，还不能很好地解释。后来，他提出的 Cottrell 气团学说不仅能很好地解释前述的明显屈服现象，还能解释应变时效。

低碳钢试样在第一次拉伸时，位错脱离间隙原子(即脱钉)而产生塑性变形。卸载后，间隙原子要通过扩散才能重新与位错结合成气团。若停留较短时间，则间隙原子来不及扩散到位错线周围，Cottrell 气团未充分形成。这时的位错没有受到很大的气团阻力，在较小应力作用下就可运动。因此，试样可在低应力(σ_s)下产生屈服。反之，若停留时间较长，则间隙原子有充裕的时间重新扩散到位错线周围(因为它们的结合有利于系统能量的降低),形成 Cottrell 气团。气团重新将位错"钉扎"住,阻滞位错运动。此时,位错只有在更高应力(σ_s')下才能运动,也就是样品的强度、硬度提高了,得到了强化即应变时效。Cottrell 曾预言:C 原子重新进入气团的量与$t^{2/3}$成正比(t 为应变时效的时间)。这个预言得到了证实。如果试样停留时所处的环境温度较高,则间隙原子易扩散。Cottrell 气团形成的时间短,即较高温度下,停留较短时间也会出现应变时效。

通过对 Cottrell 气团的分析,我们可知,要形成稳定的 Cottrell 气团和由此引起的明显屈服与应变时效现象,对温度有一定要求。温度太低,间隙原子扩散慢,Cottrell 气团较难形成;温度太高,间隙原子能量高,又容易脱离 Cottrell 气团。在这两种情况中,Cottrell 气团对位错都起不到"钉扎"作用,所以温度要适宜。

以上主要是 bcc 金属晶体中的明显屈服现象。那 fcc 晶体又如何呢?在"位错起动力"小节,我们已经知道,fcc 晶体中的位错起动力τ_{P-N}小于 bcc 晶体的τ_{P-N}。而且开始时,可动位错的密度较大,间隙原子对位错的"钉扎"作用弱。因此,fcc 晶体通常无明显的屈服现象。但由于其他原因,一些金属和合金(含 fcc 金属的合金)也会出现明显的屈服现象。

在本小节对 Cottrell 气团的介绍中,我们主要针对刃位错与间隙原子的作用。实际上,螺位错与间隙原子也存在相互作用。但间隙原子与螺位错间的作用要比它与刃位错间的作用弱得多。对此,我们不做进一步介绍。

位错不仅与点缺陷有相互作用,位错间同样存在相互作用。因每个位错周围都存在一定的应力场,所以每个位错的应力场与邻近位错的应力场也会相互影响、相互作用。

4. 位错间的相互作用

在众多相互作用的位错中,平行位错间的相互作用最简单,且各处相同。两平行螺位错的相互作用力可表示为

$$F_r = \frac{Gb_1b_2}{2\pi r} \tag{4-95}$$

式中,b_1, b_2为 Burgers 矢量的数值大小;r 为两螺位错的间距;G 为剪切模量。两同号螺位错相互作用时,$F_r>0$,即它们相互排斥;两异号螺位错相互作用时,$F_r<0$,它们相互吸引。若两个螺位错都可自由移动,则它们要么相互排斥至无穷远,要么相互吸引合并而消失。图 4.30(d)中的 m、n 段为异号螺位错,所以它们相遇后相互抵消,使位错线断裂成封闭位错环和环内折线。

对于两个平行刃位错$\boldsymbol{e}_1$, $\boldsymbol{e}_2$(图 4.34)。假设它们的位错线平行于 z 轴,Burgers 矢量$\boldsymbol{b}_1$, $\boldsymbol{b}_2$都平行于 x 轴,而且$\boldsymbol{e}_1$、$\boldsymbol{e}_2$的滑移面都平行于 xOz 面。令位错$\boldsymbol{e}_1$在坐标原点 O,则导致$\boldsymbol{e}_2$沿 x 轴方向的滑移力 F_x和沿 y 轴的攀移力 F_y分别为

$$F_x = \frac{Gb_1b_2x(x^2-y^2)}{2\pi(1-\nu)(x^2+y^2)^2} \tag{4-96}$$

$$F_y = \frac{Gb_1b_2y(3x^2+y^2)}{2\pi(1-\nu)(x^2+y^2)^2} \tag{4-97}$$

若刃位错$\boldsymbol{e}_1$, $\boldsymbol{e}_2$同号,如图 4.34(a)所示,则:

(1) 图中的 θ 在$[0, \pi/4)$、$(3\pi/4, 5\pi/4)$及$(7\pi/4, 2\pi]$的区域内,$|x|>|y|$,$(x^2-y^2)>0$。根据式(4-96),在$[0, \pi/4)$ 和$(7\pi/4, 2\pi]$ 区域内,$x>0$,故 $x(x^2-y^2)>0$,所以 $F_x>$

0;在$(3\pi/4, 5\pi/4)$的区域内,$x<0$,故$x(x^2-y^2)<0$,所以$F_x<0$。此处F_x的正负是指F_x指向x的正方向或负方向,这与位错正负的意义有所不同。图4.34(a)中,位错$\boldsymbol{e}_2$在$[0, \pi/4)$和$(7\pi/4, 2\pi]$区域内,它的受力方向指向x轴正方向;在$(3\pi/4, 5\pi/4)$区域的$\boldsymbol{e}_2$,其受力方向值指向x轴负方向。也就是说,与坐标原点$\boldsymbol{e}_1$同号的位错$\boldsymbol{e}_2$在这两个区域,它们要相互排斥而远离。

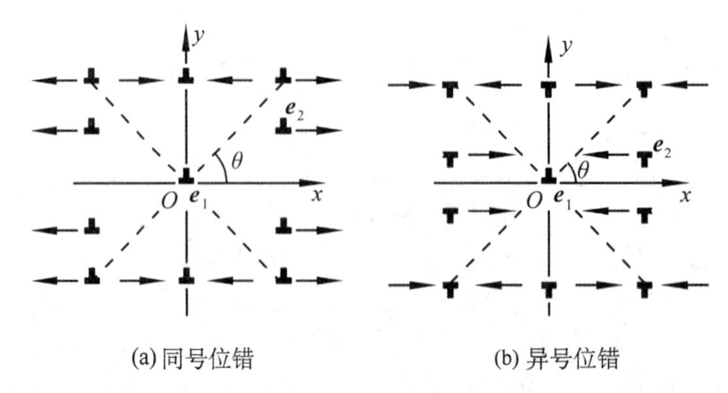

(a) 同号位错　　(b) 异号位错

图4.34　两平行刃位错在x轴方向上的相互作用(图中水平箭头表示受力方向,虚线为x、y轴夹角平分线)(引自蔡珣,2010)

(2) 图4.34(a)中的θ在$(\pi/4, 3\pi/4)$、$(5\pi/4, 7\pi/4)$的区域内,$|x|<|y|$。当$x>0$时,$(x^2-y^2)<0$,据式(4-97),$F_x<0$,所以位错$\boldsymbol{e}_2$的受力方向指向x轴的负方向;$x<0$时,同样有$(x^2-y^2)<0$,所以$F_x>0$,位错$\boldsymbol{e}_2$的受力方向指向x轴的正方向。因此,在这两个区域且与坐标原点$\boldsymbol{e}_1$同号的位错$\boldsymbol{e}_2$相互吸引。

(3) 当$x=0$时,$\boldsymbol{e}_2$位错在y轴上,$F_x=0$,位错处于平衡状态。也就是说,与原点处的$\boldsymbol{e}_1$同号的位错$\boldsymbol{e}_2$一旦偏离y轴,就会受到$\boldsymbol{e}_1$的吸引又回到y轴。因此在$|x|<|y|$区域中的位错有向y轴移动的趋势。当这些位错在y轴上竖直排列起来时就形成了位错墙。位错墙可构成面缺陷的一种——小角度晶界。

(4) 当$|x|=|y|$时,即$\boldsymbol{e}_2$位错在图中的虚线上。此时的$\boldsymbol{e}_2$位错处于亚稳态。它一旦偏离该平衡位置,要么被同号的$\boldsymbol{e}_1$排斥,要么被$\boldsymbol{e}_1$吸引到y轴上达到稳定态。

(5) 当$y=0$时,即$\boldsymbol{e}_2$位错在x轴上,此时$\boldsymbol{e}_1$、$\boldsymbol{e}_2$总是相互排斥的。它们相距越近,排斥力越大,所以处于同一滑移面上的同号位错总是相互排斥的。

(6) 攀移力F_y与y同号。$y>0$时,攀移力指向y轴正方向;$y<0$时,攀移力指向y轴负方向。也就是两同号位错在y轴上相互排斥。

以上(1)～(6)点讨论了同号刃位错间的作用力。对于异号位错,它们的受力与同号位错恰好相反,如图4.34(b)所示。请读者自行分析。

纯螺位错与纯刃位错的Burgers矢量相互垂直,它们的点积为$\boldsymbol{b}_1\cdot\boldsymbol{b}_2=0$。故它们彼此不发生相互作用。对于混合位错,要分解成刃型和螺型分量,再分别考虑它们之间的作用力。

在晶体的表面,晶体的周期性中断、表面原子受力不均衡、原子位置要做调整。因此,表面也存在应力场。当位错运动到表面附近时,它们之间也存在一定的相互作用。

5. 位错与自由表面的相互作用

在位错的应变能一节,我们给出了位错弹性能的表达式(4-83)。设位错芯的"半径"r_0不变,而圆柱形晶体的半径R减小(这相当于位错离晶体表面的距离在缩小,或者说位错在向晶体表面移动)。这时,由式(4-83)位错的弹性能E_e减小。因此,晶体表面以下的位错,尤其是近表面位错,有向表面移动的趋势以降低系统应变能。这好像有一种力将位错拉向表面一样。为此,人们提出一种虚构的力——镜像力来描述自由表面对位错的作用。

镜像力使近表面位错力图移到表面,而且这些位错与自由表面有正交的倾向。又因Burgers矢量的连续性,位错线如果不是以位错环的形式存在,则要起止于单晶体表面。在腐蚀剂的作用下,这些在表面露头的位错容易被腐蚀而形成蚀坑。在位错密度一节,我们已经介绍过,测定蚀坑数可获得位错密度。此外,因表面的位错密度大,表面的硬度也较大,这会赋予晶体表面较强的耐磨性。

为什么位错密度大,硬度也较大?在位错的运动一节,我们明白了推动位错所需外力不是很大。故晶体的实际切变强度要远小于理论切变强度。如果这样的话,位错越多,那晶体不就越容易发生塑性变形吗?当然,现在我们可以用Cottrell气团、位错间的作用力对其做解释。除了这些解释以外,当很多位错拥挤在一起时,又会有哪些现象发生呢?

6. 位错的塞积

根据位错的交滑移增殖机制,我们了解了位错在运动过程中可能会遇到障碍物。这些障碍物可能是沉淀相、晶粒边界、第二相粒子及固定位错等。

以Frank-Read源为例,在外力作用下,位错环不断产生。这些由同一位错源产生的位错在同一滑移面上运动,并向周围扩散开。最先遇到障碍物的位错称为领先位错。领先位错遇到障碍物的阻碍而停下来。后面的位错因位错间的斥力(它们在同一滑移面上,要么合并消失,要么产生斥力,如图4.34所示),也受到阻碍而停止运动,这称为位错的塞积(dislocation blocking),如图4.35所示。塞积在一起的位错称为位错塞积群。

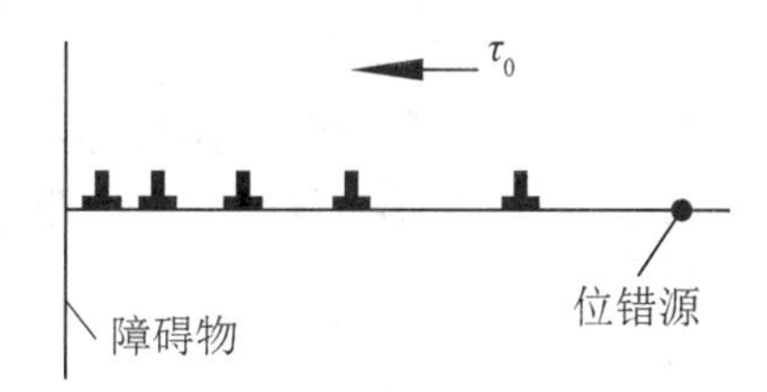

图4.35 位错塞积示意图(τ_0为外力在滑移方向的分切应力)

塞积群中的每一个位错不仅受到外力场的作用,还受到位错应力场的作用。根据这两种力的平衡,可求出每个位错的位置:

$$x_i = \frac{Gb\pi}{16kn\tau_0}(i-1)^2 \tag{4-98}$$

式中,x_i为从障碍物开始计算的第i个位错距障碍物的距离;k为常数(螺位错$k=1$,刃位错$k=1-\nu$);n为塞积群中的位错数目;τ_0为外力在滑移方向的分切应力;G、b分别是剪切模量和Burgers矢量的数值大小。把式(4-98)变换一下,得

$$n = \frac{Gb\pi}{16kx_i\tau_0}(i-1)^2 \tag{4-99}$$

由式(4-99)可知,距离障碍物越近(即x_i越小),则位错的数目n越大。越靠近障碍物,位错间距越小,所以塞积群中,位错的分布是不均匀的。

另一方面,障碍物对塞积群的作用,常被认为是近程作用。离障碍物越远,应力迅速下降,所以障碍物对领先位错的作用可被认为是对塞积群的作用。塞积群中,每个位错的受力可表示为$\tau_0 b$,n个位错的受力一共为$n\tau_0 b$。而障碍物对领先位错的作用力τ与τ_0的方向相反,大小为τb。当受力达到平衡时,$n\tau_0 b=\tau b$。化简后为

$$n\tau_0 = \tau \qquad (4-100)$$

式(4－100)表明，在塞积群中，障碍物在领先位错前端产生很大的应力，其数值为外加剪切应力τ_0的n倍。当塞积群中的位错数目n增加，领先位错前端的应力τ不断增大。当τ增大到一定程度时，塞积群中的螺位错通过交滑移越过障碍。τ继续增加，甚至可把障碍物摧毁。如果障碍物为晶粒边界，当τ达到一定数值时，可诱发相邻晶粒中的位错源开动。这会导致位错运动从一个晶粒传播到另一个晶粒。

小结一下位错塞积的主要影响：①使 Frank-Read 源开动所需应力大大增加。按式(4－100)，应力要增加n倍。这是材料产生加工硬化的原因之一。②若塞积的位错为刃位错，则当位错数目足够大时会出现微裂纹。③若障碍物为晶界，则位错塞积可能会使邻近晶粒中的位错开动，产生塑性变形。④若障碍物为沉淀颗粒，螺型位错可发生交滑移；刃位错可在较高温度下发生攀移。交滑移和攀移可使位错的塞积应力下降，晶体发生软化。

4.3.8 位错理论的主要应用

1. 解释晶体的实际强度远低于理论强度

实际晶体(尤其是金属晶体)的塑性变形是通过位错运动来实现的。与滑移面上所有原子一起运动所需的应力相比，推动位错运动所需应力要小得多，故晶体的实际强度较低。

2. 用于金属材料的加工硬化

加工硬化是指晶体在屈服后，需要增加应力，晶体才能继续变形的现象。如图 4.33(b)所示，晶体经过屈服以后，从c点开始，要使晶体继续变形，应力σ需增加。也就是说，c点以后，晶体又恢复了抵抗变形的能力。c～d点为强化阶段。在强化阶段内任意一点处，慢慢卸去外力，$\sigma-\varepsilon$曲线将沿着与Ob近乎平行的直线O_1f回到O_1点。再次加载后，$\sigma-\varepsilon$曲线沿O_1fde变化，直到晶体断裂。由此可见，重新加载后，晶体的屈服强度得到了提高。

以上图 4.33(b)表示的现象，可以从位错理论得到解释。晶体在塑性变形过程中，由于位错增殖的原因，位错密度不断增加、位错间的交互作用不断增强。而且，位错在运动中遇到障碍物时又会产生塞积现象。因此，位错的运动越来越困难，塑性变形不容易而使屈服强度增加、产生加工硬化现象。此外，位错的交割(形成不易或不能滑移的割阶、复杂的位错缠结)、位错反应而形成不能滑移的固定位错，以及易开动位错的减少等原因也能引起加工硬化。

加工硬化是金属材料的一种强化手段。通过冷加工(如拉拔、挤压和轧制等)，金属材料产生塑性变形。这些变形使金属的强度性质(如屈服极限、硬度、弹性模量等)得到提高。但加工硬化也会带来一些不利之处：它使金属的强度性质在提高的同时，也使塑性性质(延伸率、断面收缩率等)下降；从而导致材料开始变脆，这会增加材料发生脆性断裂的危险。但我们可通过退火来软化金属，以降低加工硬化带来的危险性。

3. 用于理解退火软化金属的原因

为什么退火可软化金属？退火是指将器件加热一定温度，并保温一定时间，随后在炉内或埋入导热性较差的介质中缓慢冷却，以获得接近平衡组织的工艺。有这样的温度条件，位错在内应力作用下会发生攀移或滑移而重新排列，以及异号位错相消使位错密度下降。溶质原子也可能会因温度较高而离开刃位错，这使 Cottrell 气团的作用减弱，所以退火后，位错密度的下降和内应力的减小导致金属强度下降而软化。故经过冷冲压、冷拉拔的器件经退火后，塑性、韧性会得到提高。

4. 用于解释 bcc 金属的应变时效

间隙溶质原子与刃位错结合形成 Cottrell 气团是应变时效的一个原因。

5. 合金强化机制之固溶强化

固溶强化是指当合金由单相固溶体构成时，随溶质原子质量分数的增加，合金抵抗塑性变形的能力大大提高。这表现为合金的强度和硬度上升，塑性和韧性值下降。这是由于合金原子与基体原子的尺寸不同而产生一定的应力场。这种应力场与位错应力场产生弹性交互作用而阻碍了位错的运动，合金得到强化。

如果合金呈偏聚状态，则造成的固溶强化比较显著。在实际应用中，为了提高 fcc 金属和合金的强度，尤其是高温强度，人们常常加入能降低{111}面层错能的合金元素，以增加扩展位错的平衡宽度。这些合金元素与基体金属形成置换式固溶体，而且它们还择优分布或偏聚在{111}面上，形成铃木气团(Suzuki atomosphere)。例如，18Cr－8Ni 不锈钢中的 Ni 在{111}面形成铃木气团，阻碍位错的攀移和滑移，从而提高了不锈钢的强度。

6. 合金强化机制之沉淀强化和弥散强化

沉淀相(precipitation phase)是指合金在相变过程中，合金元素与基体元素形成的化合物。沉淀相与基体原子间有化学交互作用。而机械地混掺于基体材料中的硬质颗粒称为弥散相(dispersed phase)。弥散相与基体原子间没有化学作用。这两相周围都有很强的应力场，对合金内部的位错运动有阻碍作用，合金强度因此得到提高。

本节中，我们主要介绍了线缺陷中位错的两种基本类型——刃位错和螺位错。对于线缺陷，还有一种典型的类型是向错。请读者查阅相关文献来阅读。

4.4　面缺陷之晶界

4.4.1　什么是晶界

在 4.3 节，我们主要关注的是单晶体。实际晶体往往不是一个单晶体，而是由许多晶粒组成的多晶体。若相邻晶粒的边界两边为成分和晶体结构都相同，但晶粒取向不同的晶粒，则这个边界称为晶界(grain boundary)。在第 2 章几何晶体学中，我们已经知道，晶体中某一方向的行列是结点按照周期性排列成的一系列平行直线。当晶粒中某一方向行列上的结点在排布到晶界时，行列方向要偏转。这时，我们说晶粒的取向或位向发生了改变。如图 4.36 所示，*AB* 所在的垂直于纸面的平面即为晶界。晶界两侧的晶粒取向发生了变化。如果晶界两侧的晶粒位向完全相同，则它们的行列在晶界处将完全配合。在界面的众多种类中，晶界是最简单的一种。

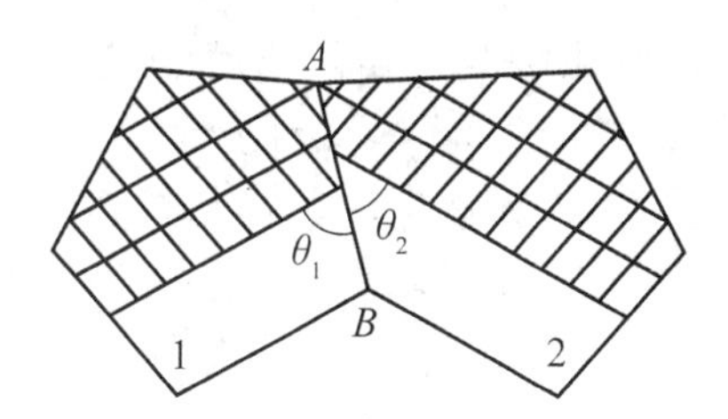

图 4.36　晶粒位向与晶界、晶界角示意图(为使图清晰，我们忽略了部分行列。θ_1、θ_2 分别是晶粒 1、2 中的某个行列与晶界的夹角)

那晶界究竟具有怎样的结构呢？在 1914 年左右，人们已经知道金属晶粒边界附近的一些区域，在低温和高应变下有较高的强度，而在高温和低应变下却有较低的强度。非晶和黏滞性材料也有这种行为。因此，澳大利亚冶金学家，也是物理冶金学概念的提出者 Walter Rosenhain(1875—1934 年)认为：晶界是非晶态的、原子排列没有规律、晶粒靠“非晶水泥”黏结在一起；加工硬化是由于非晶材料层在滑移带堆积造成的。当然，现在我们已经知道他对加工硬化的解释是不对的。然而,在当时,一方面没有合适的理论来预测 Rosenhain 假设的非晶层厚度和成分。另一方面,还缺乏合适的表征技术去测得有关晶界性能的数据。不仅如此,当时的冶金学家们还没有注意到晶界对材料性能的影响。他们认为研究晶界是浪费时间、没有意义。因此,晶界最初没有得到太多的研究。今天,这个曾经是冶金学家不怎么关注的课题已经成为事实上的科学产业。

从几何晶体学上看,两个晶粒的晶面在相遇时,其各自质点的周期性在相遇的晶面处被打破。如图 4.36 所示,从晶粒 1 向晶粒 2 过渡时,质点(或行列)的排列方向在晶界处发生了改变。这种改变导致晶界处的原子离开平衡位置而产生晶格畸变,或产生位错、空位等。因此,我们说晶界是一种缺陷,而且是二维的面缺陷。

多晶材料由许多晶粒组成。其中,每个晶粒有时又由一些位向稍有差异的亚晶粒组成。相邻亚晶粒之间的界面,称为亚晶界。晶粒的平均直径常常在 15～250 μm 之间。亚晶粒平均直径则常常在 1 μm 左右。为描述晶界两边晶粒的位向关系、确定晶界的结构,人们选取了一些参数,如图 4.36 中的θ_1、θ_2,相邻晶粒的晶界角,或位向差 $\theta=\theta_1+\theta_2$。当$\theta_1=\theta_2$时,晶界为对称晶界,否则为不对称晶界。$\theta<10°$ 为小角度晶界,亚晶界都属于小角度晶界,其位向差一般小于 $2°\sim5°$; $\theta\geqslant10°$ 为大角度晶界,多晶体中的晶界大多属于此类。

4.4.2 小角度晶界

小角度晶界是目前研究得比较成熟的。这种晶界两边的晶粒位向差通常小于 5°,最多不超过 10°。比如,中国科学院上海光学精密机械研究所的李红军等在掺 Ce 的高温闪烁铝酸钇晶体(Ce: YAP)中发现平行于[010]晶向的晶面内有 58″小角度晶界。按照晶粒间位向差的不同,可以将小角度晶界分为对称倾斜晶界、不对称倾斜晶界和扭转晶界等。

1. 对称倾斜晶界

图 4.37 所示为晶体的一个晶面在纸面的投影示意图。对称倾斜晶界可看作是以这样的方式形成的: 起初,晶粒 1 和晶粒 2 的位向差 $\theta=0°$,且 EF 为这两个晶粒的晶界[图 4.37(a)]。在 EF 两侧对称分布有 EFG 和 EFH 两个区域。将这两个区域挖去。然后,晶粒 1 和晶粒 2 沿经过 E 点且垂直与纸面的轴线相互向对方倾斜旋转 $\theta/2$ 角度。结果,图 4.37(a)中的 EG 和 EH 重合而形成图 4.37(b)所示的情形。

图 4.37(b)中的 EG(EH)所在的垂直于纸面的平面即为晶界。由于这种晶界是两个相邻晶粒的对称平面,所以为对称倾斜晶界。θ 为倾斜角、晶界角或位向差。当 θ 很小时,此晶界可看作是一列平行刃位错构成的位错墙(在 4.3.7 节位错间的相互作用中已有说明)。小角度倾斜晶界的这种位错墙模型已由实验得到了证实,这是贝尔实验室的 F. L. Vogel 等在 Ge 中发现的。晶界中的位错间距 D 与 Burgers 矢量大小 b 可表示为

$$D=\frac{b}{2\sin\frac{\theta}{2}} \tag{4-101}$$

当 θ 很小时, $\sin(\theta/2)\approx\theta/2$, 故上式可变为

$$D=\frac{b}{\theta} \tag{4-102}$$

图 4.38 示意了一种小角度倾斜晶界。

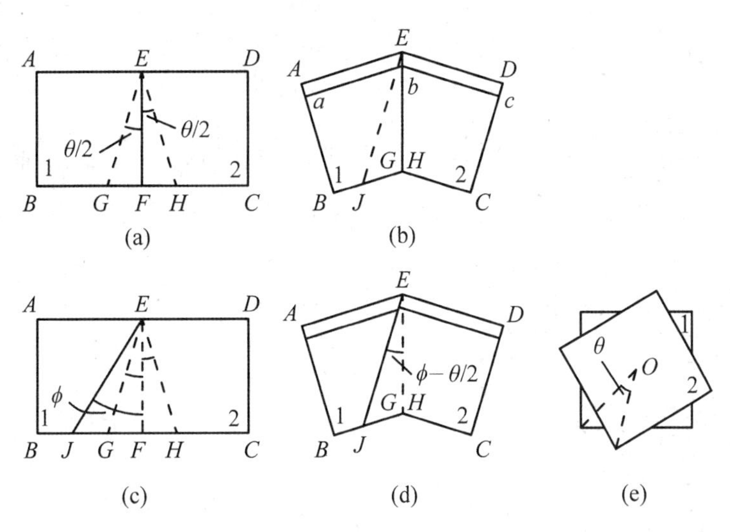

图 4.37 倾斜晶界和扭转晶界示意图

［(a)位向差为 0 的晶界 EF；(b)对称倾斜晶界 EG(ab、bc 线分别为两个晶粒中的部分行列)；(c)、(d)EJ 为不对称倾斜晶界；(e)扭转晶界］

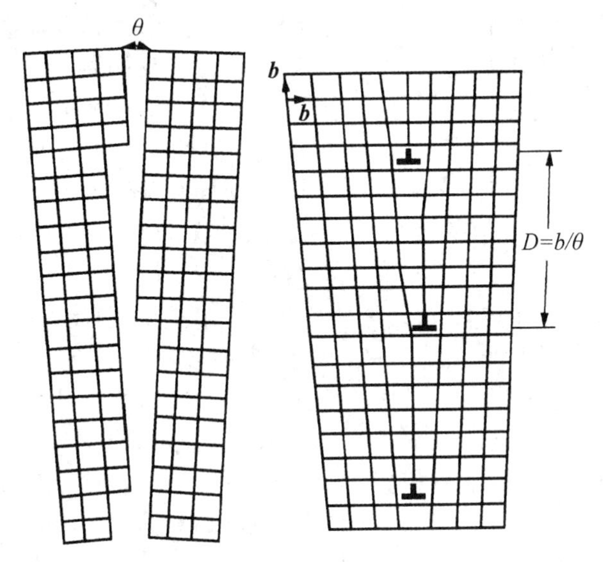

图 4.38 位错墙构成的小角度倾斜晶界(引自蔡珣,2010)

2. 不对称倾斜晶界

在对称倾斜晶界的基础上，若晶界不是两个相邻晶粒的对称平面，而是偏离对称晶界，则构成不对称倾斜晶界。如图 4.37(b)(c)(d)中的 EJ 为不对称倾斜晶界。实际上，EJ 可看作是图 4.37(a)中的 EF 绕原来经过 E 点且垂直与纸面的轴线旋转 ϕ 角度后形成的，如图 4.37(c)所示。经过以上变化，晶界 EJ 不再是其两边晶粒的对称界面，所以称之为不对称倾斜晶界。在 EJ 晶界的形成过程中，晶粒 1 减小、晶粒 2 增大。尽管晶粒大小有变化，但这两个晶粒的行列［如图 4.37(b)中的 ab 与 bc］的夹角相对于对称晶界 EG 而言，没有发生变化，故这种不对称倾斜晶界的位向差仍然是 θ 角。图 4.37(c)所示情形也是如此。

不对称倾斜晶界需要两个参数来描述，即 θ 和 ϕ。不对称倾斜晶界的结构可看成是由两

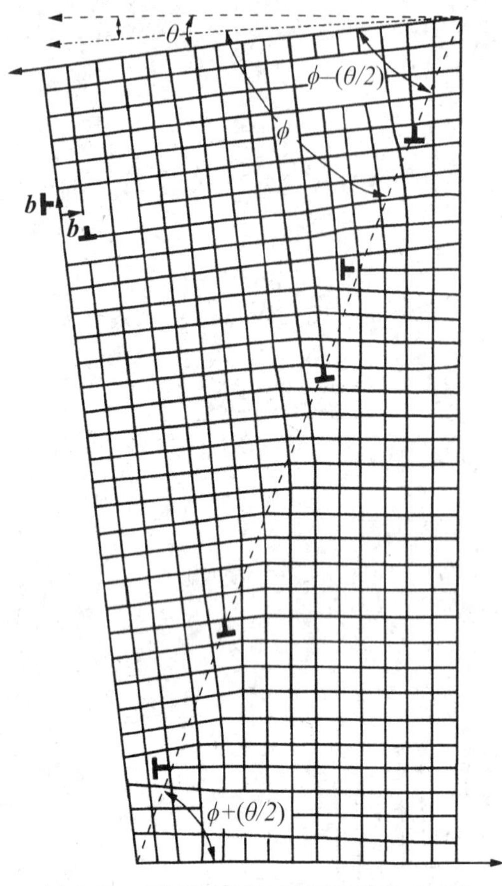

图 4.39 不对称倾斜晶界(引自蔡珣,2010)

组 Burgers 矢量相互垂直的刃位错交错排列而成的,如图 4.39 所示。

3. 扭转晶界

扭转晶界是小角度晶界的另一种类型。它的形成相当于:两分晶体绕一个轴在一个共同的面上相对旋转 θ 角构成。图 4.37(e)为形成扭转晶界的俯视示意图,其中旋转轴经过点 O,且垂直于纸面。上、下两分晶体绕此轴,并在一个共同的面上旋转 θ 角。该晶界结构也可看成是由互相交叉的螺位错所组成。

以上这三种晶界皆是小角度晶界比较特殊的情况。对称或不对称倾斜晶界的转轴在晶界所在面内;扭转晶界的转轴垂直于晶界。一般的小角度晶界是两分晶体绕任意一个旋转轴旋转任一角度,此时的旋转轴既不平行于晶界,也不垂直于晶界。这种任意的小角度晶界可认为是由一系列刃位错、螺位错或混合位错所构成。

4.4.3 大角度晶界

人们对大角度晶界结构的了解不如对小角度晶界的了解那么清楚。大角度晶界的结构比较复杂,不能全用位错模型来描述。为此,人们提出了许多模型来理解大角度晶界的结构。

根据实验,人们观察到在高温下,晶粒沿晶界会产生滑动,即晶界滑动。若晶界滑动与扩散有关,则引起晶粒之间黏滞滑动的局域结构含有某种缺陷。如果这种局域缺陷的结构可看作是独立的"缺陷单元",则这些"单元"之间具有正常的点阵结构。因此,可以假定晶界由有序和无序区域组成。这有别于 Walter Rosenhain 提出的非晶结构。随后,过冷液体模型、小岛模型、无序群等模型应运而生。这些模型的基本思想是晶界处的原子,其排列的有序区小、无序区大;而且晶界处原子有一定的活性、其扩散比晶内快。这些模型中,英国物理学家 Nevill Francis Mott(1905—1996 年)的小岛模型,以及我国金属物理家葛庭燧(1913—2000 年)在用内耗方法研究金属晶界时提出的无序群模型是最早提出来的大角度晶界结构原子模型。它们的提出时间在 1940 年代末期。这两个模型能解释仅含有一两个原子层的晶界,其两侧的晶粒能在高温下做相对滑动。葛庭燧设计的装置被国际同行称为"葛氏扭摆"。他在 1947 年发现的晶界内耗峰,于 1976 年被正式命名为"葛峰"。这是我国科学家在晶界结构的探索中做出的重大贡献。

目前,重合位置点阵(Coincident Site Lattice, CSL)是已被广泛认可的一种大角度晶界结构模型。随着计算技术的进步和高分辨率电镜的使用,人们逐渐可以直接获得晶界原子的排列情况。重合位置点阵(重位点阵)最早是由法国矿物学家和晶相学家 Georges Friedel(1865—1933 年)在 1926 年提出的,而且是数学格子。但由于他的研究兴趣主要在矿物学而不是冶金学,所以像前面我们提到的冶金学家 Walter Rosenhain 等可能没有听说过这种概念。1949 年以后，这种概念又重新被其他人提了出来，并把原子赋予其中。

所谓的重位点阵，是指晶界两边晶粒的点阵向对方延伸时，双方的一些原子会有规律地相互重合而形成新点阵。如图 4.40 所示，晶粒 1、2 有不同的位向。当它们的点阵在进入对方时，有些阵点产生了重合，图中的实心球表示重合的阵点。这些实心球代表的原子都在晶粒 1、2 的点阵位置上。然而，这些重合阵点形成的新点阵与晶粒 1、2 的点阵有所不同。假设晶粒 1、2 是立方晶体，其最相邻两个原子的距离为 a，则最相邻两个实心球原子的距离为$\sqrt{5}a$，即重位点阵的点阵常数是原点阵的$\sqrt{5}$倍。

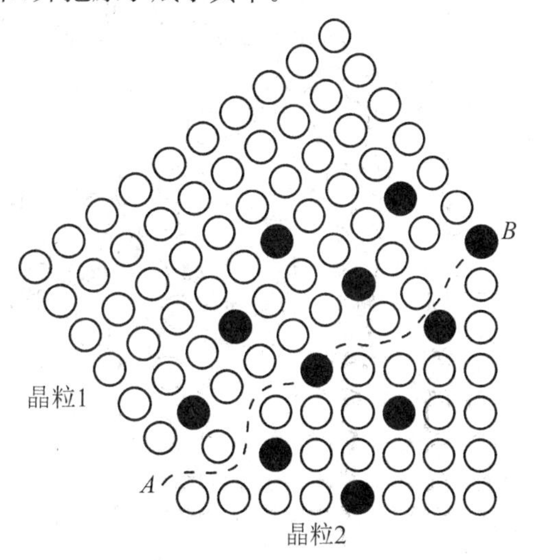

图 4.40　晶界的重位点阵模型(虚线 *AB* 为晶界的平均位置)

在晶界处，两个晶粒的重合阵点越多，则晶界上有更多的原子属于两个晶粒。此时，原子排列的畸变程度小、晶界能低。然而，不同晶体结构具有重合点阵的特殊位向是有限的。因此，重位点阵模型不能解释两晶粒处于任意位向差的晶界结构。

4.4.4　孪晶界

在 4.3 节，我们提到过孪生是单晶体塑性形变的基本方式之一，如图 4.10(c)所示。当两个晶体(或一个晶体的两个部分)沿一公共面呈镜面对称关系时，这两个晶体或晶体的两个部分称为孪晶(twin crystal)。它们的公共面为孪晶面或孪晶界。

孪晶界是低能量、大角度晶界的特例。孪晶界分为共格孪晶界(coherent twin boundary)和非共格孪晶界(incoherent twin boundary)。共格孪晶界上的所有格点均为重位点阵。此处的原子为两个晶体所共有，且完全匹配。因此，晶格畸变程度很小，界面能很低(约为普通晶界界面能的 1/10)。共格孪晶界较为常见，如图 4.41(a)所示。若在共格孪晶界的基础上，孪晶界旋转一定角度即得到非共格孪晶界，如图 4.41(b)所示。非共格孪晶界上的原子不完全匹配，只有部分原子属于晶界两侧的晶粒。所以非共格孪晶界上的原子错排程度大，晶格畸变程度也比共格孪晶界大。但非共格孪晶界的界面能与普通晶界界面能相比还是较低，约为普通晶界界面能的 1/2。

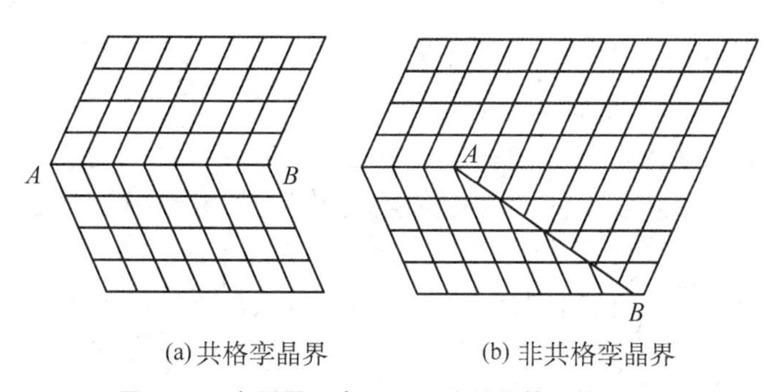

图 4.41　孪晶界示意图(*AB* 为晶界的平均位置)

图 4.42(a)示意了 MgO 中的孪晶界。该晶界由几个原子间距大小的重复结构单元组成。偏离完全共格关系的晶界可用重复的共格结构单元或在晶界共格点阵上的位错来描述。图 4.42(b)示意了重复的共格结构单元。

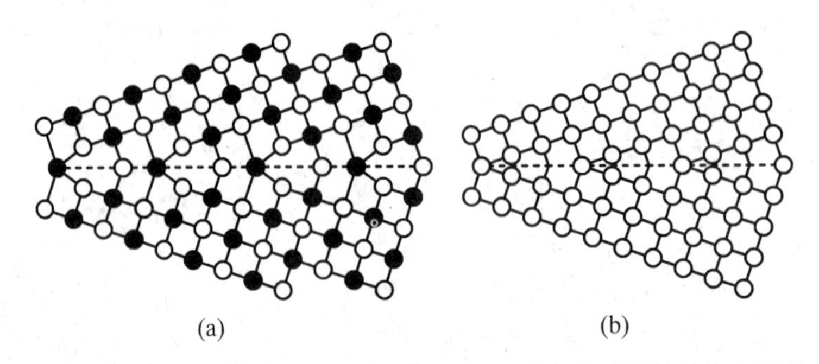

图 4.42 (a)MgO 中可能的 36.8°倾斜晶界(310)孪晶;(b)简单立方晶体,36.8°完全倾斜晶界的(310)孪晶(引自 Kingery, 2010)

至此,我们已经粗略了解了面缺陷中晶界的一些基本结构。但需要强调的是,晶界仅是一过渡区域。在这个区域,一个晶粒的位向是逐渐转变成另一个晶粒的位向的。因此,晶界不是数学上的平面或曲面。它具有一定的厚度。不过,其厚度大约只有几个到十几个原子间距的大小。与另外二维方向的尺度相比,厚度很小,故晶界是二维平面或曲面。但这些平面或曲面又是不规则的,它们含有台阶、锯齿部分、位错和空位等。因此,我们在前面给出的晶界示意图中,晶界仅表示其平均位置。

4.4.5 晶界能

晶界处的原子偏离平衡位置、排列的周期性发生变化。这些变化导致晶界晶格产生畸变、系统局部自由能升高。人们常以晶界能来衡量这种能量的变化。形成单位面积的晶界时,系统 Gibbs 自由能的变化称为晶界能,表示如下:

$$\gamma = \frac{G_s - G_0}{A} = \frac{\Delta G}{A} \tag{4-103}$$

式中,γ 为晶界能;G_0 为无晶界时系统的 Gibbs 自由能;G_s 为产生面积为 A 的晶界时,系统的 Gibbs 自由能;ΔG 为系统 Gibbs 自由能的变化。

小角度晶界的晶界能主要来自位错。位错密度 ρ 又取决于晶粒间的位向差 θ,所以根据式(4-103)和晶界结构,小角度晶界的晶界能可表示为

$$\gamma = \frac{G\boldsymbol{b}}{4\pi(1-\nu)}\theta(C - \ln\theta) \tag{4-104}$$

式中,G 为切变模量;$\boldsymbol{b}$ 为 Burgers 矢量;ν 为泊松比;C 为常数,它与位错芯因错排引起的错排能有关。由式(4-104)可知,位向差 θ 增加,晶界能升高,但此式的适用范围为位向差 $\theta < 10°$。

大角度晶界的位向差大多在 30°~40°。各种金属的晶界能约在 0.25~1.0 J/m^{2}之间,且与晶粒的位向差无关。晶界的重合点阵较多,则晶界能有所降低。图 4.43 表示了 Cu 的不同类型晶界能。共格晶界虽有较好的原子匹配,但晶界处原子的周期性改变而产生弹性变形,因此有较高的共格应变能。共格晶界能大约在 0.05~0.2 J/m^{2}之间。半共格晶界能要高些,大约在 0.2~0.5 J/m^{2}之间。共格孪晶的晶界能较低,大约为 0.02 J/m^2。非共格孪晶的晶界能

较高，大约在0.1～0.5 J/m^{2}之间。

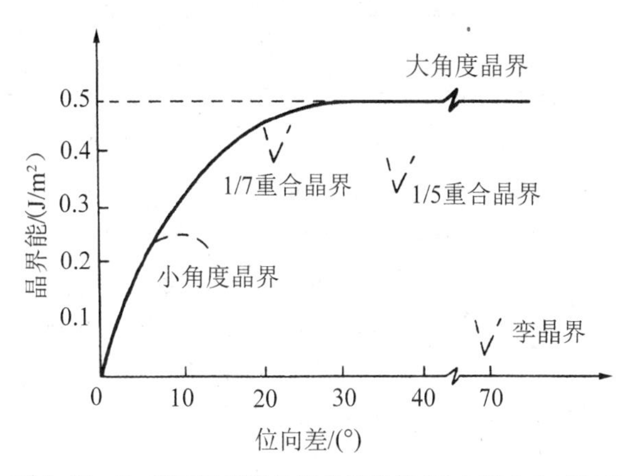

图4.43 Cu的不同类型晶界的晶界能(引自潘金生,2011)

4.4.6 晶界对多晶体性能的主要影响

单晶体塑性变形的基本方式是滑移和孪生。单晶体谈不上晶界，而多晶体的晶粒之间具有过渡区——晶界。晶界对多晶体材料的性能有诸多影响。这些影响主要表现在以下几方面。

1. 对塑性变形的影响

多晶体的塑性变形除了具有单晶体变形的基本方式以外，还有晶界滑动和迁移等方式。在塑性变形过程中，晶界的主要作用如下。

(1) 协调作用。多晶体在发生塑性变形时，其中的每个晶粒通过滑移或孪生而变形。当两个相邻晶粒的变形在晶界相遇时，晶界起着协调这两个晶粒变形的作用。换言之，这两个相邻晶粒在晶界处的变形必须是连续的或相同的，否则多晶体材料在晶界处会裂开。

(2) 障碍作用。在室温或低温条件下，晶界原子偏离平衡位置，晶界点阵存在畸变，而且晶界处存在较多缺陷。这些缺陷和畸变对位错及其滑移有阻碍作用，因此滑移要越过晶界而在另一个晶粒内发生就比较难，滑移主要在晶粒内部进行。如图4.44(a)所示，多晶α-Fe在室温下拉伸时，因位错滑移在晶界受到阻碍，故晶界附近不易变形。而远离晶界处的强度低，直径显著减小。

(3) 促进作用。在高温下，空位扩散更容易；而且位错还可发生攀移，甚至可绕过阻碍物。晶界处本身又有如空位、位错等缺陷。因此，在具备一定的温度条件时，空位扩散、晶界位错攀移及沿晶界的滑移相对来说比晶内更容易，故在高温应力作用下，晶界比晶内更容易变形。如图4.44(b)所示，多晶α-Fe在高温下的拉伸变形与低温时恰好相反。

晶界对材料塑性的促进作用还表现在材料的超塑性方面。当晶粒尺寸非常小的材料在较高温度下受到一个缓慢增大的载荷作用时，其永久变形能力大幅提高，远大于常规变形极限，而且变形均匀、不发生缩颈现象。这种特性称为材料的超塑性(superplasticity)。在这种情况下，金属材料的延伸率可达500%～2 000%，有的无机非金属在断裂前延伸率可达800%。对超塑性的认识，多数观点认为由晶界与晶粒的转动所致。晶粒小、晶界多，晶界与晶粒的转动容易，故细晶结构是实现超塑性的先决条件。

(4) 起裂作用。位错在晶界受到的阻碍及晶界缺陷和点阵畸变等因素使晶界处存在一定的应力场和应力集中现象。而且，晶界处的原子处于能量较高的不稳定状态。所以多晶材料在变形过程中，容易从晶界处开裂（即沿晶断裂）。

总之，多晶体塑性变形具有多方式、多滑移、不均匀等特点。多方式是指室温和低温下的塑性变形以滑移、孪生为主；高温下的塑性变形以晶界滑动和迁移，以及点缺陷的定向扩散为主。多滑移是指晶界的协调作用可在一定程度上维持多晶体的完整性、使晶界不出现裂纹，每个晶粒至少要有五个滑移系统同时开动。实验发现，多滑移是多晶体塑性变形的一个普遍现象。不均匀是由于晶界的阻碍、约束作用使晶粒内的滑移大于晶界及其附近区域的滑移。经冷加工后的金属，其自由表面形成凹凸不平的"橘皮组织"即为不均匀变形的实例。

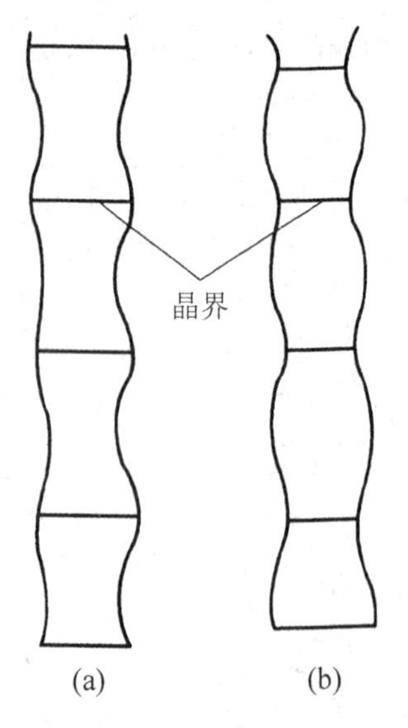

图 4.44 多晶 α－Fe 的拉伸试验结果示意图（引自潘金生，2011）

2. 对屈服强度的影响

1950 年代，人们通过实验发现许多金属（尤其是 bcc 结构的金属）的屈服强度和晶粒大小满足 Hall-Petch 关系：

$$\sigma_y = \sigma_i + K_y d^{\frac{1}{2}} \quad (4-105)$$

式中，σ_y 为屈服强度；σ_i 为位错在晶粒内运动的摩擦阻力；K_y 为与材料有关的常数；d 为晶粒平均直径。此式适用于一些多晶纯金属（如 Fe、Mo、Cr、Al 等），以及晶粒大小在 1.6～400 μm 的合金（如铁素体钢、一些铜合金）。式（4－105）表明晶粒越细，多晶材料的屈服强度越大。这也是多晶材料采用细晶强化（boundary strengthening）的一个原因。

对 Hall-Petch 关系的认识，有位错塞积和位错源两种典型的理论。因晶界对位错有阻滞效应，故在外力作用下，位错沿滑移面运动到晶界受阻而产生位错塞积。位错塞积理论认为，晶粒越细，阻碍位错滑移的晶界越多。只有提高外力，才能使位错运动越过晶界，或使邻近晶粒中的位错开动，产生塑性变形，即多晶材料抵抗变形的能力提高，强度得到了提高。

但在许多合金中未见到位错塞积，Hall-Petch 关系仍适用，所以位错塞积理论不是唯一机制。位错源理论认为，晶界有许多台阶，可以萌生位错。晶粒越细，晶界多，萌生位错的地方多。位错在晶界处萌生、增殖，并产生相互作用。位错在这些作用力的影响下，运动滑移困难，提高了抵抗变形的能力，强度也会得到提高。按此分析，晶界的强度要比晶内高。这也是在晶界对塑性变形有障碍作用一节中提到的，晶内滑移较晶界容易的一个原因，如图 4.44(a)所示。

Hall-Petch 关系在微米级多晶材料中获得了许多实验证实和应用。它也是引起人们研究纳米晶材料的众多原因之一。人们一直在研究 Hall-Petch 关系是否在纳米级范围也适用。理论研究表明，当晶粒尺寸小于临界尺寸时（Cu 的临界尺寸约为 19.3 nm），出现反 Hall-Petch 效应的现象。因晶粒越细、晶界越多、晶内部分越少。故在外力作用下，晶界滑移和晶界附近的形变将逐渐开始占主要作用，这有利于材料的韧化。由此可得出结论，细化晶粒是室温下最有效的强韧化措施。而在高温下，晶界不仅可以滑动，还有攀移发生，所以细晶强化不适用于高温。

3. 对其他性能的影响

晶界原子排列较为混乱、缺陷多，容易产生晶界吸附或析出碳化物等物质的现象。对金属而言，晶界作为阳极，晶粒（或析出物）为阴极而产生电化学腐蚀。在其他腐蚀介质的作用下，多晶材料的晶界往往被优先腐蚀。做金相实验时，我们在抛光试样上滴加腐蚀剂，可在显微镜下观察到晶界和晶粒的形貌，就是利用这个原理。

晶界对电子有一定的散射作用，故此处的电阻比晶内高。

本章结语

点缺陷理论最初是从晶体物理中发展起来的。它的应用主要在功能材料方面。其中的热缺陷是热力学平衡的结果。一定量缺陷的存在可使材料系统的能量较低。位错理论主要是从冶金学领域发展起来的。位错对金属材料的力学性能有很大的影响。如今，这些缺陷在各类材料中都有应用，如点缺陷理论用于理解金属的氧化腐蚀；位错及滑移理论在理解无机非金属材料的塑性为什么较金属低等方面也有很大的帮助。虽然有些缺陷会使材料的性能恶化，但没有这些缺陷，同样也没有五彩斑斓的宝石、钢筋和不锈钢、半导体等。若真是这样，我们的生活可能比现在要逊色很多。

至于晶界，它是面缺陷的一种。晶界是相邻晶粒的边界。这些相邻晶粒的成分和晶体结构都相同，仅仅是晶粒取向不同而已。除晶界外，面缺陷还有堆垛层错、表面和界面等。其中表面以其独特的结构和性能而受到人们的关注，它对材料有着重要意义。

推荐读物

[1] 时东陆. 关于纳米随想两则[J]. 科学，2008(2)：2－4.
[2] 周志刚，唐子龙. 高技术陶瓷点缺陷化学和物理[J]. 无机材料学报，2009，24(3)：417－426.
[3] 钱临照. 晶体缺陷研究的历史回顾[J]. 物理，1980，9(4)：289－296.
[4] 许德美，秦高梧，李峰. 多晶Be室温拉伸变形和断裂行为[J]. 金属学报，2014，50(9)：1078－1086.
[5] 周自强. 晶界研究的现状和发展[J]. 材料科学进展，1989，3(1)：1－10.
[6] 刘觐，朱国辉. 超细晶粒钢中晶粒尺寸对塑性的影响模型[J]. 金属学报，2015，51(7)：777－783.
[7] Niels Hanse. Hall-Petch relation and boundary strengthening [J]. Scripta Materialia, 2004, 51(8): 801－806.
[8] Hansen N, Huang X, Winther G. Effect of grain boundaries and grain orientation on structure and properties [J]. Metallurgical and Materials Transactions A, 2011, 42(3): 613－625.

第5章　表面与界面基础

原子在晶体内是按照一定的周期来排列的。当原子排列到晶界时，位向会发生改变。如果一个晶体的周围不是其他晶体，而是气体、液体甚至真空，那原子在这些交界面处又是如何排列的呢？在这些交界面处，晶体是如何降低系统能量的？纳米晶体为何比常规晶体的活性强？陶瓷-金属、玻璃-金属等复合材料如何才能紧密结合？

5.1　界面及其研究意义

5.1.1　界面的类型

在4.4.1节，我们提到晶界是相邻晶粒的边界。而且，这些相邻晶粒的成分和晶体结构都相同，仅仅是晶粒取向不同而已。如果边界两边的晶粒具有不同晶体结构，或晶体结构相同但成分不同，则这种边界称为相界。此外，固体与液体、气体也存在界面。人们常把物体与物体之间的接触面称为界面(interface)。可见，晶界、相界都属于界面。表面(surface)是指固体与气体、真空之间的接触面，也是一种界面。固体材料的界面有三种类型：晶界、相界和表面。自然界中，许多现象的发生都与界面有关。

(1) 气-液界面。蒸发、凝聚、蒸馏及泡沫等过程发生在此界面上。

(2) 液-液界面。不互溶的液体在混合时，其中一种液滴分散在另一种液体内，如牛奶。材料工业还常利用黏度较大的重油作燃料。为使其充分燃烧，人们加入少量水和表面活性剂，然后在超声波的作用下，形成油包水型的乳化油。乳化油中的表面活性剂在水、油界面处将油和水结合起来。

(3) 固-气界面。材料的氧化、气蚀(如汽轮机的叶片，长期在喷射气体的冲刷下产生的腐蚀)、表面催化等与此有关。

(4) 固-液界面。比如，在钎焊时，熔点低的钎料被熔化后与被焊接金属的接触面。

(5) 固-固界面。这是材料中很常见的一类界面，如晶界。很多材料在高温下具有的固-液界面，在降温后会形成固-固界面。

5.1.2　研究界面的意义

根据上面的初步介绍，我们可知界面对材料的制备和性能有着非常重要的影响。晶界的影响，我们不再赘述。我们来看表面和其他界面在材料的制备和性能方面的作用。

1. *表面*

材料与周围环境物质的相互作用如腐蚀、机械损伤等，往往首先发生在表面。高超音速飞行器在大气层中飞行时，材料外表面与空气摩擦产生高温且有氧气作用，进而氧化失效。材料的氧化腐蚀、材料表面发生的吸附(adsorption)、解吸(desorption)和催化(catalysis)等过程的发生都离不开表面的参与。而且，随着技术的发展，材料面对的使用环境越来越苛刻：高温、高压、超高真空及极端低温等，比如航天器在发射、运行和返回的过程中就可能遇到前述的温度、压力还有宇宙射线等苛刻条件。此外，在制备无机材料的窑炉内，高温烟气和高温玻璃液与炉内壁耐火材料的表面发生作用而腐蚀炉体耐火材料，故材料的保护往往涉及表面。此外，二维材料的制备也与表面有关。

2. 其他界面

除了晶界、表面外，其他固-固界面同样在材料的制备和使用中起到非常重要的作用。半导体芯片的制造、电路的封装及高密度存储器和读写磁头的研制都涉及多层膜和界面物质迁移。金属陶瓷中金属与陶瓷颗粒之间、玻璃（或陶瓷）与金属的封接处、复合材料中的增强材料（晶须、纤维）与基体材料之间都存在界面。这些界面的结合强度影响着材料的性能。比如，航天器热障涂层（Thermal Barrier Coatings，TBC）的选择条件之一是 TBC 与基底金属有良好的黏附性（adherence）。不然在使用过程中涂层易脱落而起不到保护作用。日常生活中，建筑中的抹灰要与墙壁上的砖紧密结合而不脱落就涉及界面的结合。而且，材料的三大被破坏形式之一的磨损还发生在固-固界面上。另外两种形式（腐蚀和断裂）的发生，很多也起源于界面或表面。

总之，材料的腐蚀、磨损、氧化、催化及半导体技术、分子束外延等诸多领域都涉及界面和表面。弄清材料的异质界面结构和表面结构，以及在表面和界面发生的各种物理化学过程，有利于材料性能的改进，而且这也是研制各种光电器件和复合材料的前提。那么表面科学是怎么发展起来的呢？

5.2　表面科学的形成

5.2.1　表面的定义

通常所说的表面是指固-气界面或固体与真空的界面。此界面是一个过渡区。在此过渡区中的原子，其位置是连续变化的，故表面层具有一定厚度。但与其他二维方向的尺寸相比，表面的厚度尺寸还是很小的，故表面是一种面缺陷。这一点与晶界相似。

然而，不同学科对表面厚度的划分和理解有所不同。结晶学和固体物理学中的表面是指晶体三维周期结构与真空之间的过渡区。其厚度大约为 1～10 个原子层，即表面厚度处于原子、分子尺度。技术科学为解决工程问题，涉及的表面层厚度较大。比如，吸附、催化和薄膜沉积技术中的表面层厚度在 1～10 nm。半导体光电器件很重视几个纳米到几百个纳米厚的表层特性。冶金、机械行业的表面加工、化工领域的腐蚀与防护等传统领域关注的表面层厚度往往达到微米级。

5.2.2　表面科学的形成

1920 年代，通用电气公司的化学和物理学家 Irving Langmuir（1881—1957 年）在研究了气体与固体表面的作用后，提出了一些至今仍被表面科学家们采纳的基本概念和思想，如清洁表面、单层化学吸附、吸附位置和吸附等温线、化学吸附等概念，以及物种之间相互作用的催化机理等理论。他还认为表面具有不均匀的特性。这些概念和理论的提出被认为是固体表面化学的第一次革命。1932 年，Langmuir 因他在表面化学方面的贡献而获得诺贝尔化学奖。

但表面科学要取得突破性进展，必须得有超高真空（Ultra-High Vaccum，UHV）等技术的支撑，因为只有在超高真空条件下，清洁表面的出现才有可能。其实，早在 17 世纪，真空技术就已经存在了，如著名的马德堡半球实验就利用了抽真空的技术。到了 19 世纪后期，真空泵（如活塞泵）及检测真空度的麦氏真空计的出现为 Thomas Edison（1847—1931 年）的碳丝白炽灯提供了技术保障。此时的真空可达 13 Pa。进入 20 世纪后，德国人发明了旋转式真空泵、Langmuir 发明了扩散泵。第二次世界大战时，人们已很容易获得 1.3×10^{-4} Pa 的真空。在真空油和真空脂得到改进后，真空可逐步达到 1.3×10^{-6} Pa。但该值却超过了麦氏真空计的量程。于是，在1937年出现的热阴极电离规派上了用场。但10^{-6} Pa的真空还是很难达到。在1950年，科学家们已经清楚地认识到，在能够获得10^{-6} Pa的真空之前，不可能有严格意义上的表面科学。在避免使用玻璃和有机密封材料的基础上，人们采用金属材料制作真空容器，并将容器置于几百摄氏度的温度下烘烤。这样，在1950年代，人们就可常规地获得10^{-10}～10^{-9} Pa的超高真空。至此，表面科学的实验研究可以开始了。所以，表面科学的第二次革命可以说是从20世纪60年代开始的。在这段时间里，超高真空技术、宇航技术的发展为超高真空的获得提供了条件。Langmuir最初提出的清洁表面也可以得到了。

不仅如此，后来还出现了扫描隧道显微镜等技术。通过对这些技术，尤其是STM的利用，人们对表面物理化学过程的认识和控制开始达到原子尺度水平。这极大地推动了表面科学的发展。由此可见，技术对科学的发展是不可缺少的。技术为科学提供必要的条件，科学反过来又为技术的进步提供理论支持。

然而，一个新学科要被认可，其标志之一是要有该学科的学术期刊出版。表面科学之所以能成为一门学科，其原因之一就是有其专门的学术期刊。目前表面科学的主要期刊有以Irving Langmuir的姓命名的《Langmuir》，以及《Surface Science》《Applied Surface Science》等杂志。

表面科学是研究在表面和界面上发生物理、化学过程的一门学科，它包括表面物理、表面化学。表面物理主要研究表面晶体学、表面重建和弛豫、表面扩散、表面电子结构和异质结结构等。表面化学主要研究发生在表面、界面的化学反应、表面吸附、表面电荷和表面双电层等。它与表面工程的关系非常密切。

表面工程是把表面科学的理论应用到工程领域的一门学科。在表面工程领域，材料表面经预处理后，再经涂覆、改性或多种技术的复合处理来改变材料表面的形态、化学成分、组织结构和应力状态等，以获得所需要的表面性能。它涉及表面失效分析、表面摩擦与磨损、表面腐蚀与防护、表面(界面)结合与复合等。

由上述可知，表面科学和表面工程都是跨学科的新兴学科。它们的发展不仅在学术上丰富了材料学、冶金学、机械学、电子学等学科，而且还开辟了新的研究领域，如高能束冶金学、等离子物理学、摩擦化学、微观摩擦学等。在了解了表面与晶界、界面的关系后，我们来学习材料表面的结构特征。

5.3 材料表面的结构

5.3.1 理想表面

设想把一块没有任何缺陷的单晶体沿某个晶向劈开，我们会得到两个半无限大晶体。若刚劈开获得的新晶面，其上的原子仍处于劈开前的位置而未做任何方向的移动，也未吸附其他物质，则这样的晶面就为理想表面。理想表面是一种理论上的且结构完整的二维点阵平面。这种表面模型忽略了晶体内部周期性势场在晶体表面的中断带来的影响，忽略了表面原子具有热运动、热扩散等特点，也忽略了外界物质对表面的物理化学作用。因而，理想表面实际上是不存在的。但理想表面模型是理解实际表面的基础，也是研究表面原子迁移扩散的参照与依据。

5.3.2 清洁表面

清洁表面是指在理想表面的基础上，没有任何物质吸附、催化反应及杂质扩散等物理、化学效应的表面。清洁表面只能在超高真空的条件下获取。

由理想表面的获得，我们可知新表面的产生需要消耗能量。一部分消耗的能量以表面自由能的形式储存在新表面，即表面自由能表示了表层原子或分子比内部原子或分子多具有的自由能，故新表面的产生使系统自由能升高，系统处于亚稳状态。理想表面就处于这种亚稳状态。要使系统趋于稳定状态，则需要降低表面自由能。

在降低自由能方面，液体和固体的机理有所不同。液体中，原子或分子的可移动距离较大，所以原子或分子可做较长距离的移动，以通过缩小表面积来降低系统能量，故液滴常呈球形。而在固体中，原子或分子的可移动距离非常小，不可能通过原子或分子做较长距离的移动来缩小表面积。固体只能通过表面原子做晶格畸变、吸附外来物质等措施来降低系统自由能。而晶体的清洁表面没有物质吸附，其化学组成与体内相同。但是，表面原子受力不平衡。在不平衡力的作用下，表面原子做微小位置调整来降低系统自由能。因此，表面原子的周期性结构可以与晶体内部不同。

图5.1示意了表面最外层原子的受力情形。该图表明晶体的内部原子受力达到平衡；原子排列的周期性在表面处中断，这导致表面最外层原子的受力不平衡；原子所受合力方向指向晶体内部。在这种合力的作用下，清洁表面的最外层原子首先产生局部位置调整，这可降低一部分系统自由能。这种局部位置调整主要有表面弛豫和表面重建两种基本形式。

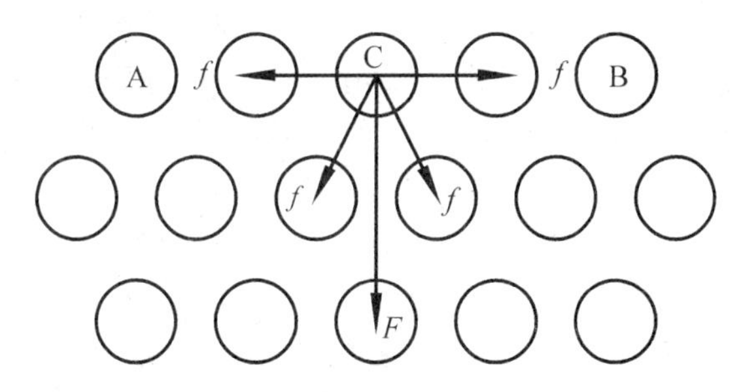

图5.1 表面原子受力示意图（A、B、C原子所在的表面垂直于纸面。设每个原子与最近邻原子的作用力为 f，F 为C原子受到的合力）

1. 表面弛豫

表面弛豫(relaxation)是指表面原子沿表面法线的移动而产生的现象。图5.2(a)、(b)分别为TiC(001)面的理想结构和弛豫示意图。该(001)面垂直于纸面，图5.1(a)中最上面一行原子为表面原子。[001]方向指向真空层、[00$\bar{1}$]方向指向晶体内部。理想表面结构中，每一层(001)面的Ti、C原子的中心都在同一平面上，这时(001)面的间距与体材料的相应面间距一样。TiC体材料(001)面的面间距为2.17 Å。在弛豫的过程中，最外层(001)面上的C原子沿表面法线方向——[001]方向往真空层移动、Ti原子往晶体内部移动。在弛豫过程中，Ti、C原子没有做垂直于法线方向的移动。因此，原来在理想表面结构中，处于同一平面上的Ti、C原子产生了上下分离。分离后，Ti、C原子中心平面的面间距为0.11 Å。这种弛豫还影响到表面下第二层(001)面。同样，第二层晶面的Ti、C原子也做上下移动的弛豫，结果Ti、C原子中心平面的面间距为0.03 Å。与第一层相比，第二层Ti、C原子面的面间距减小。第一层的Ti原子面与第二层的C原子面间距为2.08 Å，该值小于体材料中的2.17 Å，即产生了压缩现象。越往晶体内部，Ti、C原子面的面间距越小，接近体材料中的相应值0 Å；每一层(001)面的面间距也越接近体材料中的2.17 Å。也就是说，在晶体内部，离表面越远，表面原

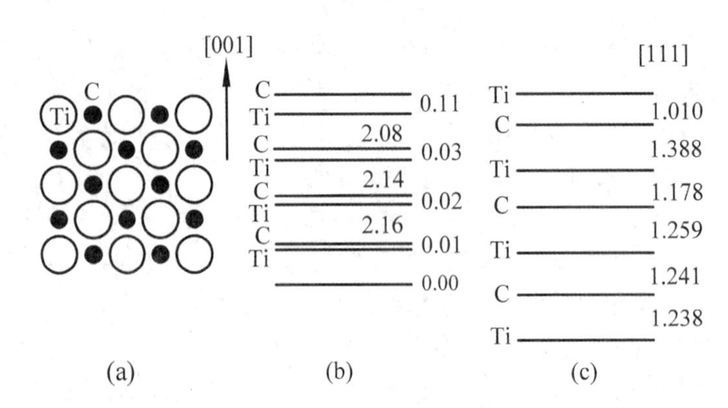

图 5.2 (a)最上面一层为 TiC(001)面的理想表面;(b)TiC (001)面弛豫示意图;(c)TiC(111)面弛豫示意图(图中数字的单位为 Å)(引自 Ruberto, 2007)

子的弛豫产生的影响越小。

图 5.2(c)为 TiC(111)面的弛豫。由下往上为[111]方向。TiC 的(111)面上要么只有 Ti 原子,要么只有 C 原子。Ti、C 原子不是同时处于一个(111)面上,这与(001)面不同。Ti、C 原子层间的间距在体材料中是 1.251 Å。图 5.2(c)表明离表面最近的 Ti、C 原子层有压缩现象,第二、三层有膨胀现象。与(001)面的弛豫相似,越往晶体内部,表面层的影响越小。

超高温陶瓷材料 ZrC、HfC、NbC 和 TaC,其相应晶面都与 TiC 有类似的弛豫现象。

2. *表面重建*

在弛豫过程中,表面原子未做平行于表面方向(即垂直于表面法线)的移动,故弛豫表面原子在平行于表面方向的周期性与体材料相同。如果表面原子有平行于表面的移动,则表面的重建或重构(reconstruction)可能产生。除了表面原子做平行于表面的移动外,表面原子的缺失也能产生重建。如图 5.3 所示,设体材料内原子间距为 a,经过重建,表面原子的间距可能变为a_1或a_2。

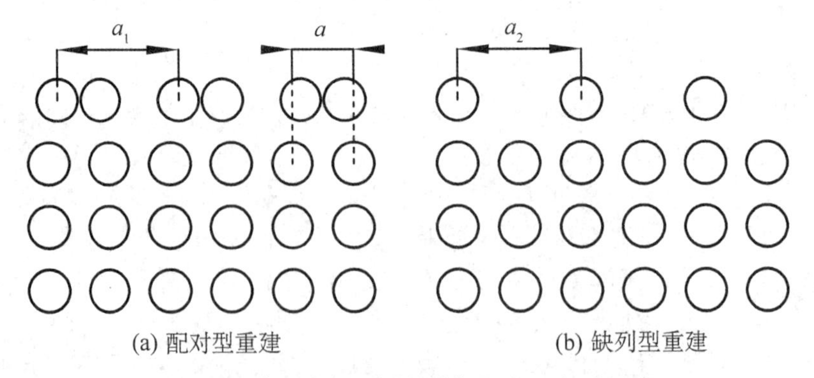

图 5.3 表面重建示意图(引自 Bechstedt, 2007)

表面重建会形成不同于理想表面二维晶格的超晶格。重建后的表面原子层,其平行于表面方向的周期性、对称性与晶体内部不同,但垂直于表面的晶面面间距与晶体内部是相同的。常见的重建结构,如 Si(111)面上的(2×1)超晶格及(7×7)超晶格。此处的(2×1)、(7×7)是什么意思呢?

5.3.3　表面二维格子

1. 表面二维格子

表面原子通过重建可在表面形成有序结构。吸附或沉积外来原子也可能在表面形成有序结构。研究表面原子(含吸附、沉积原子和分子)的排列规律是表面物理的内容之一。

在第 2 章中,我们介绍了从三维晶体中抽象出的 14 种布拉维格子;晶胞是能充分反映晶体结构特征(周期性、对称性)的最小构造单位。描述晶胞是用 x、y、z 晶轴上的单位矢量,即基矢 $\boldsymbol{a}$、$\boldsymbol{b}$、$\boldsymbol{c}$ 来表示的。与三维晶体中布拉维格子、晶胞和基矢的选取相类似,在二维表面的有序结构中,人们也抽象出相应的格子、"晶胞"和基矢。表面上的"晶胞"也是最小重复单元,称为原格(unit mesh)。这与三维晶体的晶胞(unit cell)相对应。原格也要反映表面有序结构的周期性和对称性。理论上已经证明,二维布拉维格子只有五种(图 5.4)和四个晶系(表 5.1)。

表 5.1　表面结构的四个晶系(P 为原始,C 为带心)(引自曹立礼,2007)

布拉维格子	原格符号	坐标轴特点及相互关系	晶系名称
简单斜方	P	$\lvert \boldsymbol{a} \rvert \neq \lvert \boldsymbol{b} \rvert$, $\gamma \neq 90°$	斜方
简单长方	P	$\lvert \boldsymbol{a} \rvert \neq \lvert \boldsymbol{b} \rvert$, $\gamma = 90°$	长方
中心长方	C		
简单正方	P	$\lvert \boldsymbol{a} \rvert = \lvert \boldsymbol{b} \rvert$, $\gamma = 90°$	正方
简单六方	P	$\lvert \boldsymbol{a} \rvert = \lvert \boldsymbol{b} \rvert$, $\gamma = 120°$	六角

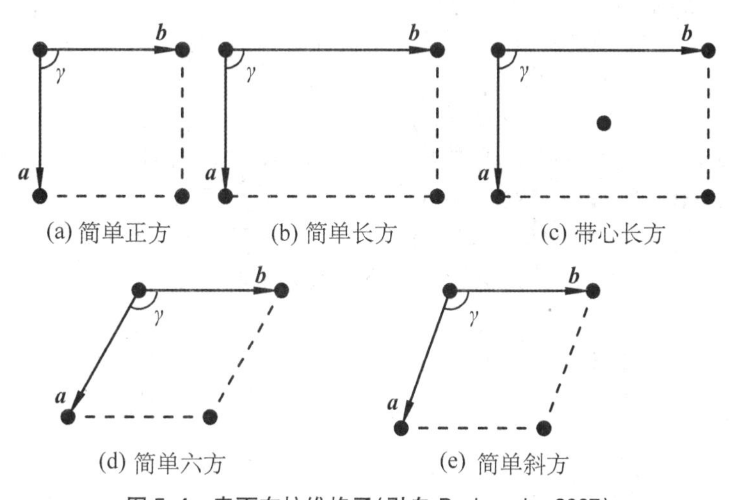

(a) 简单正方　(b) 简单长方　(c) 带心长方

(d) 简单六方　(e) 简单斜方

图 5.4　表面布拉维格子(引自 Bechstedt, 2007)

2. 表面二维结构表示

描述表面二维重建结构的方法主要有两种,一种是 Wood 符号标记,另一种是矩阵表示。本书只介绍 Wood 符号。

最简单的情况是重建层的原格基矢与未重建体相基底的基矢相互平行。而且,原格基矢和基底基矢的模呈简单整数比关系,即:

$$\lvert \boldsymbol{a} \rvert = p \lvert \boldsymbol{a}_{\mathrm{m}} \rvert \tag{5-1a}$$

$$\lvert \boldsymbol{b} \rvert = q \lvert \boldsymbol{b}_{\mathrm{m}} \rvert \tag{5-1b}$$

式中，$\boldsymbol{a}$、$\boldsymbol{b}$ 为表面二维原格基矢；$\boldsymbol{a}_m$、$\boldsymbol{b}_m$为基底基矢；p、q 为简单整数。据此，重建表面可写成 $(p\times q)$ 的形式。如图 5.5(a) 所示，重建后的二维原格基矢为 $\boldsymbol{a}=3\boldsymbol{a}_m$，$\boldsymbol{b}=2\boldsymbol{b}_m$。结合式(5-1)，可得 $p=3$，$q=2$，故图 5.5(a) 形成了(3×2) 形式的重建。同理，图 5.5(b) 的表面重建形式为(2×3)。

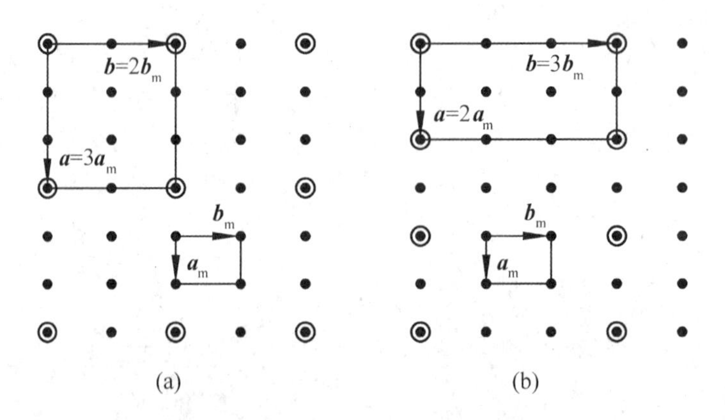

图 5.5 表面重建示例 1(a、b 为表面二维原格基矢，a_m、b_m 为未重建基底的原格基矢。为使图清晰，用实心球表示基底格点，空心球表示重建后的格点，但并不是说重建格点要大于基底格点)(引自曹立礼，2007)

然而，在表示表面二维重建原格基矢时，我们还需考虑哪种晶体在哪个表面产生了重建。结合这几个因素，以上这种简单的表面二维原格，其基矢符号为

$$S(hkl)-(p\times q) \tag{5-2}$$

其中 S 为基底晶体，(hkl) 为重建晶面。比如，晶面劈开或解理后，表面产生重建的有 Si(111)-(7×7)、Ni(100)-(2×2)、Rh(110)-(2×2) 等。其中，Si(111)-(7×7) 最负盛名，也最有代表性，是半导体重构的代表。Si(111)-(7×7) 于 1959 年被发现，其表面结构的相变对半导体表面在原子水平上的物理化学特性的认识有重要意义，从而吸引了很多人对其进行研究。

除了以上简单的表面重建符号外，还有一般的情形，即表面二维重建基矢为基底基矢的线性组合。其二维原格基矢符号为

$$S(hkl)-k\left(\frac{|\boldsymbol{a}|}{|\boldsymbol{a}_m|}\times\frac{|\boldsymbol{b}|}{|\boldsymbol{b}_m|}\right)R\varphi^\circ \tag{5-3}$$

其中 k 为表面格子的原格符号(表 5.1)，原始格子可以省略符号 P。$R\varphi^\circ$表示重建基矢相对于基底基矢的旋转角度(有时可省略 R)即 $\boldsymbol{a}$ 与$\boldsymbol{a}_m$的夹角。如果此角度为 0°，则回到上面最简单的情形，通常忽略不写。其余符号同前，如图 5.6(a)所示。在图 5.6(b)中，虚线所表示的重建基矢是带心的(2×2)，可以表示为 $S(hkl)-C(2\times 2)$。此种带心格子还有一种选法，就是相对于基底基矢旋转一定角度，如图 5.6(b) 中实线表示的格子，其基矢 $\boldsymbol{a}$、$\boldsymbol{b}$。假设图 5.6(b)中 $|\boldsymbol{a}_m|=|\boldsymbol{b}_m|$，基矢 $\boldsymbol{a}$ 相对于$\boldsymbol{a}_m$旋转了 45°，则重建格子表示为 $S(hkl)-(\sqrt{2}\times\sqrt{2})R45^\circ$。这类一般的情形如 $\alpha-Al_2O_3$ 的重建$Al_2O_3(0001)-(\sqrt{31}\times\sqrt{31})R\pm 9^\circ$。

我们也可以把弛豫产生的表面结构看成是特殊形式的表面重建。此时“重建”的基矢与基

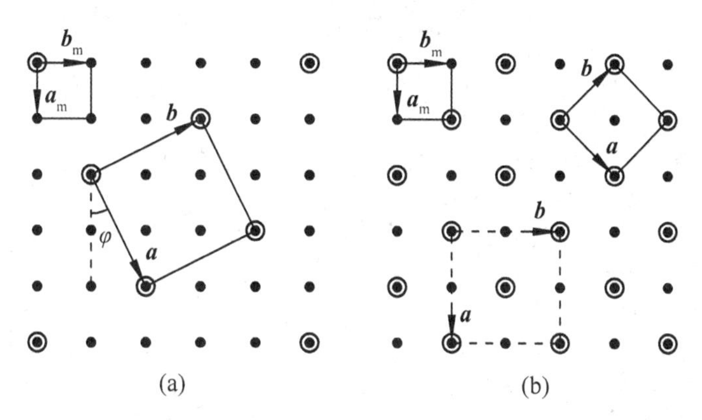

图5.6 表面重建示例2(实心球和空心球的意义同图5.5)(引自曹立礼,2007)

底基矢方向、大小都一样。以TiC为例。TiC(001)面原子只作平行于表面法线的弛豫,沿垂直于表面法线方向没有位移。图5.7为TiC(001)面的俯视图。选择图5.7中1所示的原格时,其Wood符号为TiC(001)－(1×1)。但有时在理论研究中,这种原格满足不了需求。于是,我们取大一点的格子,如图5.7中2所示的格子。格子2的矢量相对于格子1旋转了45°,其Wood符号为TiC(001)－C($\sqrt{2}\times\sqrt{2}$)R45°。因此,表面二维格子及其Wood符号不仅适用于表面重建,也可用于表面弛豫,还可以表示表面吸附和沉积产生的有序结构。有关吸附产生的有序结构,我们在实际表面结构中做介绍。

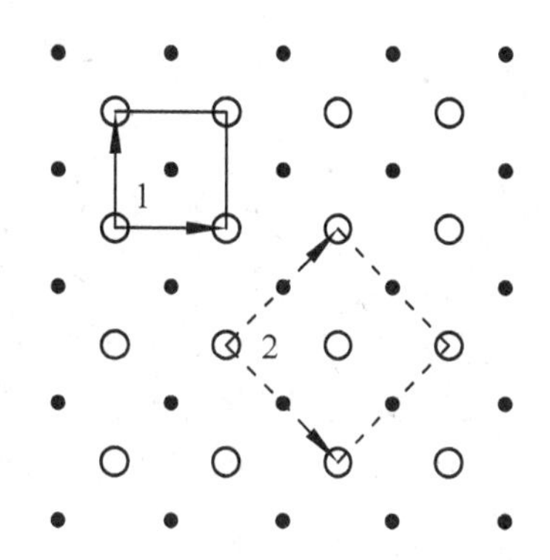

图5.7 TiC(001)面的(1×1)和C($\sqrt{2}\times\sqrt{2}$)"重建"(实心、空心球分别为C、Ti原子)

5.3.4 晶体表面的缺陷

在超高真空条件($<10^{-8}$ Pa)下,通过脆性晶体的解理(cleavage)、分子束外延及离子的多次轰击和退火等途径,我们可获得清洁表面。在实验室获得的清洁表面上,杂质分数小于10^{-3}。在理论研究中,人们常认为清洁表面上没有任何吸附物。而通常环境中的材料,其表面的结构却非常复杂,因为它会吸附周围的物质来降低表面能,而且还存在各种缺陷,如点缺陷、线缺陷等,如图5.8所示。图5.8为晶体表面的TLK(Terrace-Ledge-Kink)模型。该模型展示了晶体表面存在的平台(terrace)、吸附原子(adatom)、台阶(step)、扭折(kink)、台阶吸附原子(step-adatom)和空位等缺陷。

1. 台阶表面

没有任何吸附物的台阶表面也称为清洁表面,这种表面也能发生弛豫或重建。人们已经在Pt、Cu、Si、ZnO和GaAs的某些晶面上观察到了台阶表面。图5.8表明台阶ABC在一维方向的尺寸较另外二维方向的尺寸大得多,故把它看成是表面上的一种线缺陷。台阶连接了其两边的平整晶面(即平台)。

表面台阶会导致表面产生高Miller指数的晶面。图5.9示意了简单立方晶体中,台阶与高指数晶面的关系。坐标原点设在C点,x轴垂直于纸面,则图中AB、CD、EF为(001)晶面,对应图5.8中的平台。BC、DE为台阶,晶面指数为(010)。虚线BDF为台阶表面。由2.6.4节的方法,BDF的晶面指数为(014)。(014)晶面的法线$\boldsymbol{n}_2$与(001)晶面的法线$\boldsymbol{n}_1$之夹角为θ。

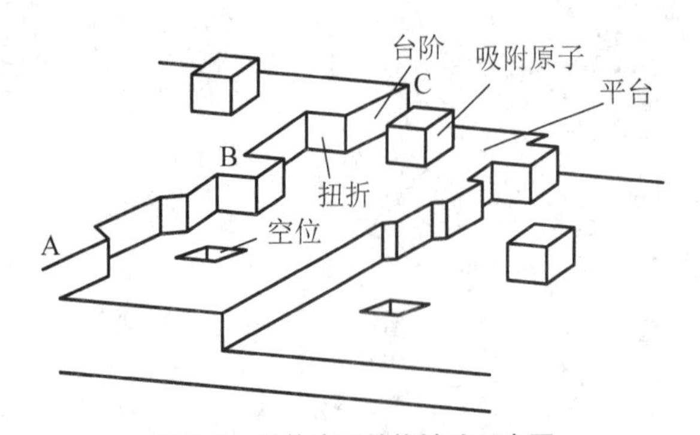

图 5.8 晶体表面结构缺陷示意图（引自 Bechstedt, 2007）

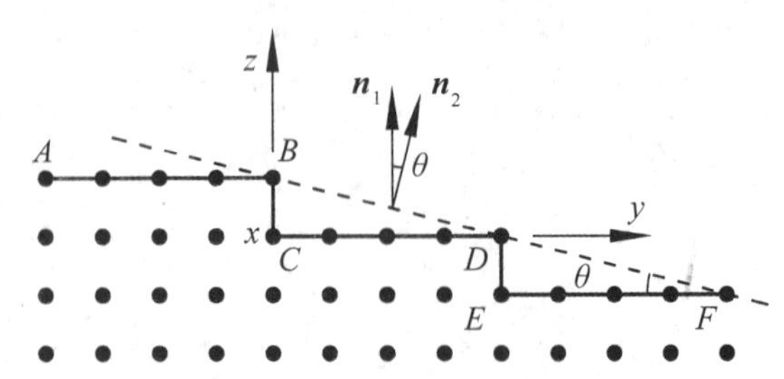

图 5.9 简单立方晶体二维台阶面投影图（*CD*、*BDF* 所在晶面皆与纸面垂直。n_1、n_2 分别是 *CD*、*BDF* 晶面的法线）（引自 Bechstedt, 2007）

台阶表面也可用一定的符号表示。其表示方法为

$$\mathrm{S(s)} - [\mathrm{m}(hkl) \times \mathrm{n}(h'k'l')] \tag{5-4}$$

式中，S 为基底材料化学式；s 为台阶 step 的首个字母；m 表示平台(hkl)晶面的宽度为 m 个原子列；n 表示台阶晶面$(h'k'l')$的高度为 n 个原子层。若原子（层）数为 1，则不写数字。图 5.10 为面心立方 Pt(111) 面上的一种台阶表面。其表示符号为 Pt(s)－[6(111)×(001)]。平台(111)晶面的宽度为 6 个原子列，如图 5.10(b)所示。*BD* 所在晶面为台阶晶面(001)，其高度为 1 个原子层（即 *BE* 与 *AD* 的垂直距离为一个原子尺寸）。虚线 *ABC* 为台阶表面，其晶面指数为(557)。(111)面的法线与(557)面的法线之夹角为 9.4°。表 5.2 列出了 Pt 部分台阶表面及其晶面指数。除 Pt 以外，其他台阶表面比如 Ru(s)－[15(001)×2(100)]等台阶表面。

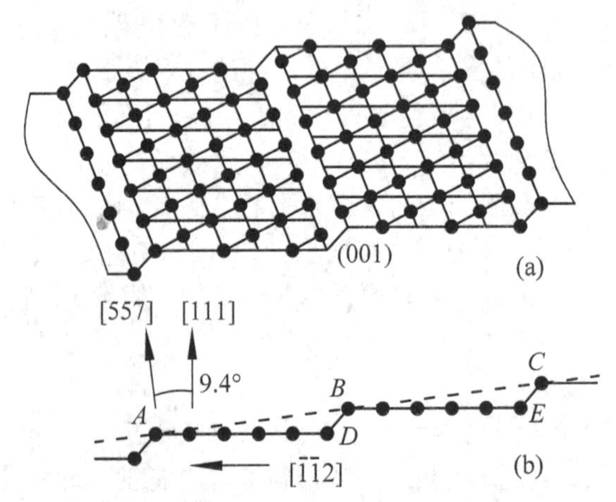

图 5.10 Pt(s)－[6(111)×(001)]台阶表面及结构[(b)是(a)的侧视图]（引自 Bechstedt, 2007）

除了台阶这种表面线缺陷外，位错也会在表面出现。在第 4 章我们已经知道位错线只能中止于晶体表面或晶界处，故位错往往在单晶体表面露头。而螺位错在表面的露头则形成台阶，刃位错的露头则导致表面点缺陷的产生。

表5.2　Pt台阶表面的获得及其晶面指数(引自曹立礼,2007)

解理角度	台阶表面指数	台阶表面符号
偏(111)晶面6.2°	(533)	Pt(s)-[9(111)×(001)]
偏(111)晶面9.4°	(557)	Pt(s)-[6(111)×(001)]
偏(111)晶面14.5°	(544)	Pt(s)-[4(111)×(001)]
偏(111)晶面9.5°,再转20°	(976)	Pt(s)-[7(111)×(001)]

2. 表面点缺陷

与晶体内部一样,晶体表面也存在如空位、杂质、置换和间隙原子等点缺陷。图5.11示意了单质和二元化合物晶体的表面点缺陷。

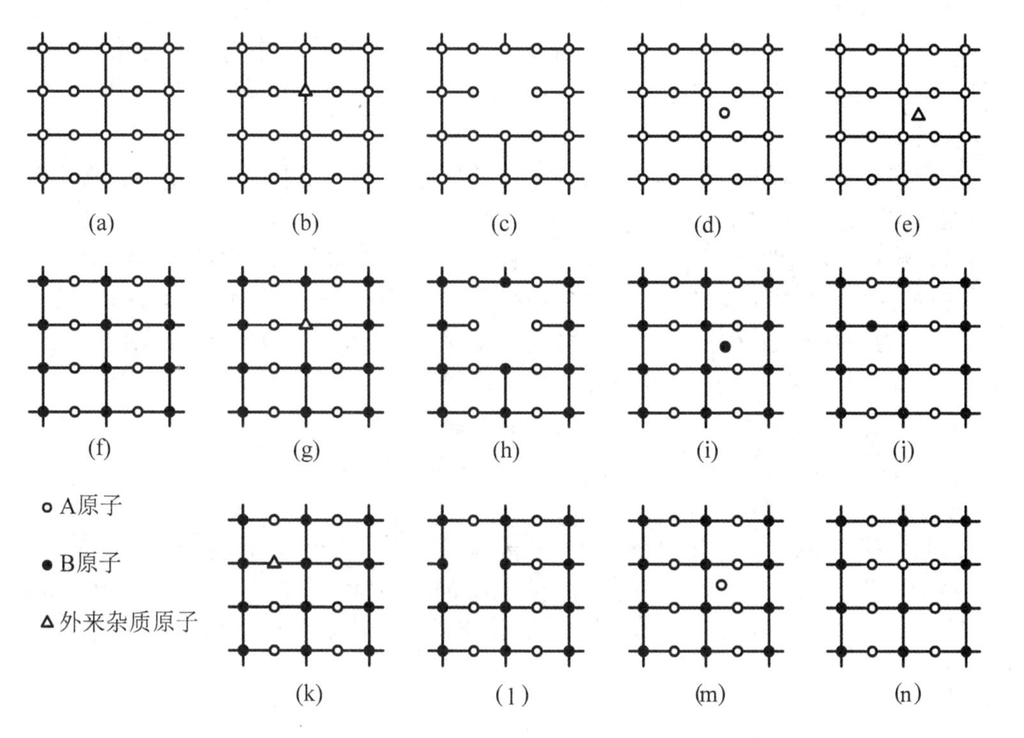

图5.11　表面点缺陷示意图(引自Bechstedt, 2007)

(a)为单质晶体的理想表面;(f)为二元化合物晶体的理想表面;(b)(g)(k)为杂质置换;(c)(h)(l)为表面空位;(d)(e)(i)(m)为间隙原子缺陷;(j)(n)为A、B原子的错位缺陷

5.3.5　粉体和纳米晶粒的表面

1. 粉体的表面

当我们把一个晶体分成两个时,两个新表面就产生了,而且消耗了能量。如果这两个表面是在超高真空的条件下获得的清洁表面,则表面原子会产生弛豫或重建,并且还可能会存在台阶等缺陷。若我们继续把新产生的两个晶体分开,新表面又增加了。在材料粉体的机加工制备过程中,材料反复地被破碎,新表面不断地形成。而表面原子不断的极化变形、弛豫或重建使表面晶格畸变,有序性降低。故随着粒子的微细化,比表面积增大,表面结构的有序程度受到越来越强烈的扰乱并不断向颗粒深部扩展,最后使粉体表面的结构趋向无定形化。化学法获得的粉体也与此类似。如今,人们主要利用两种模型来理解粉体的结构。

无定形模型认为粉体表层呈无定形结构。这是基于以下事实得出的。在3.12.6节，我们提到$\alpha-SiO_2$和$\beta-SiO_2$晶体在573℃会发生相互转变。当石英粉体的粒度减小到5～10 μm时，SiO_2发生α、β相转变的量显著减少；当粒度约为1.3 μm时，仅有约一半的SiO_2发生这种转变。这说明SiO_2粉体的粒度越小，晶态SiO_2的量越少。若将上述小粒度的SiO_2用HF去除表层，则剩下的石英发生α、β相转变的量又增至100%。此外，无定形SiO_2的密度还小于晶态SiO_2的密度。测定发现，粒径越小，密度也迅速下降。由此可得出结论：粉体越细，表面无定型结构层所占的比例增加。

另一种是微晶模型。因为粉体表层的X射线谱表明衍射峰仍存在，只不过，峰宽有所增加。而尖锐的X射线衍射峰是晶体的一个明显特征。故微晶模型认为，粉体表层具有粒度极小的微晶体。这些微晶体尺寸极小，晶格严重畸变而偏离正常值。

这两种粉体表层结构的模型与玻璃结构的两种常见模型相对应(见第6章)。它们不是截然对立的，仅是有序范围的不同。总的说来，以上两种模型都认为表层存在晶格畸变和无序化。我们相信，随着高分辨电子显微镜等手段的使用，粉体表层的结构有望被揭开。

2. 纳米晶粒的表面

上述粉体大多是指其粒度在微米级范畴。如果我们继续把它们分开、变小，直至纳米数量级，那其表层的结构又是怎样的呢?

纳米晶粒通常是指其粒径在1～100 nm的晶粒。与粉体相似，随着粒径减小，比表面积增加，处于表面的原子数量也迅速增加。比如，粒径为10 nm时，比表面积为90 m^2/g；粒径为5 nm时，比表面积为180 m^2/g；粒径为2 nm时，比表面积为450 m^2/g。再比如，纳米Cu的粒径从100 nm减小到1 nm时，比表面积增加2个数量级；表面原子所占的比例达到99%。这些表面原子受力不平衡、配位不足，因而具有更高的活性，极不稳定，很容易与其他原子、分子等物质结合。纳米晶粒表面原子的增多导致纳米材料的性能与常规材料有所不同，如常规Fe、Ni在空气中不会燃烧，而纳米Fe、Ni微粒在空气中却会燃烧。

在其他方面，纳米材料也往往表现出与常规材料不同的性能，即产生小尺寸效应、表面效应等。$\alpha-Fe$、Fe_3O_4、$\alpha-Fe_2O_3$的矫顽力随着粒径的减小而增加。当它们的粒径小于临界尺寸时，矫顽力变为零而成为超顺磁体。简言之，纳米晶粒的特异性能与其表面原子占很大的比例有关系。

以上几小节的内容主要针对清洁表面。而外来原子、分子等物质还会在表面原子的上方等位置产生吸附以降低表面能。

5.3.6 晶体表面的吸附

尽管清洁表面经弛豫或重建后，体系能量有所降低，但表面仍存在大量有不饱和悬键的原子或离子。这些表面原子或离子能自发地吸引周围环境中的原子、离子或分子等物质来降低表面能。外来吸附物(adsorbate)吸附在基底表面时，存在两种主要作用：一是吸附物与基底原子的相互作用；二是吸附物之间的相互作用。吸附物与基底原子以化学吸附而结合在一起时，吸附物间的作用力较小。此时，吸附物的定位由它和基底表面原子之间的最佳成键决定。而吸附物之间较强的作用力则决定了吸附层的长程有序性。

1. 吸附位

根据Irving Langmuir的单分子层吸附理论，我们可知吸附物之间在固体表面上无相互作用时，它们在各晶格位置上的吸附(adsor ption)和解析(desor ption)与其周围是否有其他吸附物无关。因而，使系统表面自由能降低最多的位置为这些吸附原子或分子在基底表面的最佳吸附位置。在做单分子层吸附时，外来的原子或分子往往首先吸附在这些位置，或吸附后向这些位置扩散。

不同结构的晶体表面、同一晶体的不同表面都有多种位置可以吸附外来原子或分子。但总的说来，表面吸附位置主要有表面原子的顶位、原子间的桥位和两个原子以上组成的空心位。图5.12和图5.13示意了部分晶体结构的表面吸附位置。为研究外来的原子或分子究竟容易在哪个位置产生吸附，人们常用表面吸附能来做比较。在理论计算时，每吸附一个原子或分子的吸附能(E_{ads})可用下式计算：

$$E_{ads} = \frac{E_{adatom+surface} - E_{surface} - nE_{adatom}}{n} \tag{5-5}$$

式中，E_{adatom}为被吸附的一个孤立原子或分子的能量；n为吸附原子或分子的个数；$E_{surface}$表示清洁表面弛豫后的能量；$E_{adatom+surface}$表示吸附了原子或分子后，表面体系的总能量。一般情况下，材料表面的吸附往往是放热过程，故吸附能E_{ads}为负值。在表面众多的吸附位中，原子或分子在某位置吸附后，若其吸附能绝对值最大，则该位置为其最优吸附位。

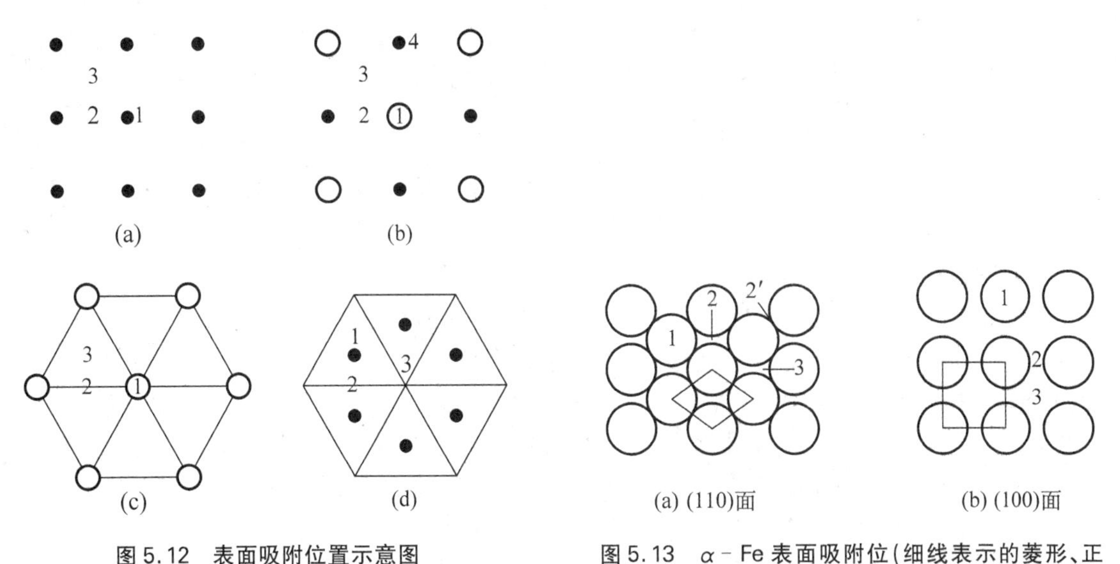

图5.12 表面吸附位置示意图

(a)fcc晶体(100)面；(b)NaCl型(100)面；(c)AlB_2型(0001)面的金属原子层表面；(d)AlB_2型(0001)面的B原子层表面(1、4为顶位；2为桥位；3为空心位)

图5.13 α-Fe表面吸附位(细线表示的菱形、正方形分别是表面原格；1为顶位；2为长桥位；2′为短桥位；3为空心位)(引自Jiang, 2005)

除了考虑表面的吸附位外，在计算吸附能时，还需考虑吸附分子的朝向。比如CO、O_2分子的吸附，我们需要考虑这些多原子分子平行于表面、垂直于表面等不同的朝向。因为不同的朝向，吸附能也有所不同。当然，像O、H等单原子的吸附就无所谓朝向了。

在表面吸附的研究和应用中，我们还常常用到另一概念——表面覆盖率。在物理化学课中，我们已经知道表面覆盖率ω=已被吸附物质覆盖的固体表面积/固体总表面积。在原子尺度研究表面吸附机理时，人们常采用表面覆盖率衍生出来的单层覆盖率的概念。清洁的非重建表面，每个原格上吸附一个原子或分子，则表面覆盖率为一个单层覆盖率(Monolayer coverage，简称ML)。比如，在Ni(100)表面上，若每两个Ni原子吸附一个未离解的CO分子，则表面覆盖率为1/2=0.5 ML。单层覆盖率也不完全是吸附的原子或分子数除以基底表面的所有原子数。有些研究者只针对表面上部分种类的原子数来计算单层覆盖率。比如，图 5.7 中的 TiC(001)面，选取图 5.7 中 2 对应的原格，则每个原格的表面上有两个 Ti 原子、两个 C 原子。如果这种表面吸附一个 O_2 分子，按照前述的方法，表面覆盖率为 1/4=0.25 ML。但 F. Vines 等只以表面上的 C 原子来计，结果就成为 1/2=0.5 ML。然而，不管如何计算，原子尺度单层覆盖率的基本计算方法是不变的，即吸附的原子(分子)数与基底表面的所有原子数之比，或与表面上某种原子的数目之比。

2. 吸附层的有序化

当表面覆盖率 ω 非常低时，有些吸附物会聚集成二维孤岛状。这是由于吸附物间的短程吸引及其沿表面的扩散比较容易所致。随着覆盖率的增加，吸附物间的间距减小。当间距减小到约 0.5～10 nm 时，吸附物间的相互作用将强烈地影响吸附层的有序化。这种有序化有利于吸附物在基底表面形成周期性的原格，也就是吸附层在表面上产生类似于前述的重建现象。

在图 5.5 和图 5.6 中，如果我们把其中的空心球看作是吸附物阵点，则吸附层也具有与晶体本身的重建相类似的二维结构。这样，我们就可用 Wood 符号对其表示了。不过与晶体表面重建符号不同的是需要表示吸附物种类。

$$\mathrm{S}(hkl)-\mathrm{k}\left(\frac{|\boldsymbol{a}|}{|\boldsymbol{a}_{\mathrm{m}}|}\times\frac{|\boldsymbol{b}|}{|\boldsymbol{b}_{\mathrm{m}}|}\right)\mathrm{R}\varphi^{\circ}-\mathrm{D} \tag{5-6}$$

其中 D 为吸附物元素，其余符号的意义同式(5-3)。比如，氧在 W(100)面的吸附形成(1×1)的原格，可表示为 W(100)-(1×1)-O。再比如 Ni 吸附硫(S)，可表示为 Ni(100)-($\sqrt{2}\times\sqrt{2}$)R45°-S。

3. 吸附对材料性质的主要影响和应用

吸附的影响和应用主要表现在以下几方面。首先，材料表面吸附外来物质能降低表面能。这是固体材料降低表面能的主要途径。其次，吸附会降低材料的机械强度。比如，材料在加工、使用过程中，容易产生裂纹。裂纹产生处，即为新表面产生地。外来物质吸附在这些新表面上，可以阻止裂纹的闭合。如此反复，材料最终会破裂。这也是脆性材料湿球磨的效率比干球磨高的一个原因。此外，在固体表面吸附润滑剂可改善机械零件的摩擦润滑。润湿剂、分散剂和减水剂等表面活性剂的使用还有利于材料的表面改性。

吸附还可用于二维材料的制备。采用物理气相沉积(Physical Vapor Deposition，PVD)、化学气相沉积(Chemical Vapor Deposition，CVD)和分子束外延(Molecular Beam Epitaxy，MBE)等技术，人们可在基底材料上制备出二维薄膜材料。比如，在蓝宝石基片上外延生长的单晶 Si 薄膜可用于大规模集成电路。当然，吸附对材料的性质、使用也有不利的一面。比如，金属吸附了氧、水等物质后容易被腐蚀。

因此，要充分利用表面吸附的优势、降低其有害的一面就需要弄清楚表面吸附的基本原理。例如，超高温陶瓷 TiC、ZrC、HfC 在高温、氧环境下容易被氧化而失效。J. A. Rodriguez 等用高分辨率光电子实验结合第一性原理研究了此类结构中的 TiC 与氧的结合情况。他们发现 O 被吸附在(100)面上的 CTiTi 空心位最稳定。在 O_2 充足的情况下，C 被氧化成 CO、CO_2 而挥发，进而在表面留下 C 空位。O 可以通过这些空位与表面下的碳化物继续反应。这也是这类碳化物被氧化的基本原理。如果能阻止 C 与 O 的结合，那这类超高温陶瓷的应用指日可待。

另一类超高温陶瓷，ZrB_2、HfB_2、TaB_2 的使用环境(大气层、发动机碳氢燃料的燃烧产物)

中除 O_2 外还含有水蒸气。本书编者采用第一性原理研究了水分子在它们的(0001)面的吸附。结果表明吸附能非常低，这说明水分子是以物理吸附方式与表面结合。水分子要利用吸附能使水分子分解出原子 O 的可能性很小，故水很难直接氧化这类硼化物的(0001)面。

5.3.7 固体表面的不均匀性

由于晶体是各向异性的，故暴露在外的晶面表面能，因晶面面密度、制备等条件的不同而不同。因此，同一晶体可以有许多性能不同的表面呈现出来，如前述的台阶平面既有低指数晶面，也有高指数晶面。从原子尺寸来看，固体表面无论怎么光滑，实际上也是凹凸不平的。晶格缺陷也造成表面的不均匀。晶体表面经过弛豫、重建后，表面晶格产生一定的畸变。而且表面还存在点缺陷，台阶表面上还有扭折和空位等。位错在表面露头处，也常常导致表面结构的混乱。此外，表面还常有非化学计量缺陷。以上现象表明了晶体表面的结构不均匀性。

除了结构不均匀外，表面的成分也呈现出不均匀。在一定的环境中暴露后，表面会吸附外来物质。吸附的外来原子或分子可占据不同的表面位置，进而引起表面成分的不均匀。表面偏析同样会导致表面成分的不均匀。

表面偏析(segregation)是指在材料的制备、使用过程中，某些合金元素或添加剂会富集在材料表面的现象。图 5.14 示意了少量 A 与大量 B 组成的二元合金中的表面偏析。经热处理后，A 在表面有很高的摩尔分数。表面成了含 A 摩尔分数较高的合金。由此可见，表面成分的偏析可改变表面的化学成分及结构。

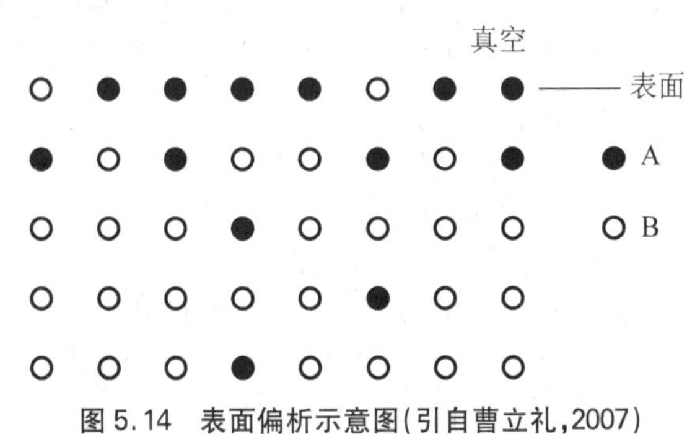

图 5.14 表面偏析示意图(引自曹立礼，2007)

在合金材料、多层薄膜材料中，偏析现象比较普遍。表面偏析会改变材料的抗氧化性、抗腐蚀性，也会改变力学、电学和磁学等性能。比如 Ni－P 非晶材料在低于晶化温度退火时，P 的表面偏析使此非晶材料的韧性下降而脆性增加。掺杂金属氧化物的表面偏析对陶瓷的电子、机械性能也有很大影响。偏析不仅可在表面上发生，在晶界、相界处也可发生。

综上所述，我们可知固体表面存在许多缺陷、弹性畸变和应力场，因此表面非常不稳定。这种不稳定具有一定的优点，也有一定的缺点。比如，我们可以利用表面的活性吸附一定的物质，进而制备二维薄膜材料。在材料的腐蚀、磨损中，表面往往是第一道防线。为此，人们常用表面钝化(如渗碳)等克服表面缺点的措施来提高材料使用寿命和机械强度。

在学习了表面后，我们再来学习界面。界面对复合材料中不同材料的结合有着重要意义。在介绍界面之前，我们先来了解表面能和界面能。界面能是晶体最基本的性质之一，它与晶体的生长、粉末的烧结、晶界的形成等过程有关。

5.4 界面能

5.4.1 表面能和表面张力

1. 表面能和表面张力

要形成新的表面，需要对晶体做功使其相应部分的化学键断裂。其中消耗的部分能量以表面能的形式储存于表面。该过程的 Gibbs 自由能变化可表示为

$$dG = -SdT + Vdp + \sum \mu_i dn_i + d(\gamma A) \tag{5-7}$$

式中，$d(\gamma A)$为表面功的增量；A 为面积；γ 为表面能。在等温、等压和组成不变的条件下，将晶体分开得到两个面积相等的新表面时，系统自由能的变化即为表面功的增量：

$$dG = d(\gamma A) = \gamma dA + A d\gamma \tag{5-8}$$

当表面能 γ 不随面积而改变，而是定值时，$dG=\gamma dA$。在此情况下，系统要降低能量，则需要减小表面积 A，这也就是液体为什么总是趋向于球形的原因。由此，我们还可得出：

$$\left(\frac{\partial G}{\partial A}\right)_{T,\ p,\ n_i} = \gamma \tag{5-9}$$

即表面能 γ 的意义为等温、等压和组成不变时，每增加单位表面积引起的系统自由能增量。

若新表面一旦形成，且其面积保持不变，则由式(5-8)得 $dG = A d\gamma$。此时系统不能通过减小面积 A 来降低能量，通常固体即是这种情况。固体只能通过表面弛豫、重建、吸附等来降低表面能 γ，以使系统能量降低。

此外，在表面能的研究、应用中还有表面张力的概念。表面张力是指在增加表面面积时，垂直作用于单位长度的作用力。在此力的作用下，物质被分开而产生新的表面，故表面张力(σ)的单位为 N/m。对液体而言，表面张力 σ 不随面积而改变，且在成分、接触物质一定和温度不变时是定值。增加面积为 dA 时，可以推出所做的功 $dW = \sigma dA$，则增加单位面积做的功为

$$\frac{dW}{dA} = \sigma \tag{5-10}$$

式(5-9)和式(5-10)表明液体的表面能 γ 和表面张力 σ 在数值上是相等的。这是由于液体的表面能 γ、表面张力 σ 不随面积而改变。当液体表面的原子(分子)在排列方式上发生改变时，因液体原子(分子)的可移动距离较大，故能很快调整位置以使表面结构保持不变。

但是固体表面形成后，表面原子不可能像液体表面原子那样很快调整位置，而是靠表面弛豫、重建或吸附等过程来降低表面能。此外，各种缺陷还会导致表面的不均匀性，故固体表面自由能还包含了弹性能。由于这些原因，表面能 γ 和表面张力 σ 通常在数值上是不等的。由式(5-8)可得

$$\frac{dG}{dA} = \gamma + A\frac{d\gamma}{dA} \tag{5-11}$$

其中，最后一项为弹性能。因固体的表面能 γ 会在表面弛豫、重建等过程中下降，即其表面能 γ 要随面积而变，而弹性能 $d\gamma/dA \neq 0$。对液体来说，弹性能为零，由此也可得出液体的表面能 γ 和表面张力 σ 在数值上相等。然而，若固体表面积的变化非常缓慢或表面是在热力学平衡

条件下形成的，则 $d\gamma/dA=0$，此时，表面能 γ 和表面张力 σ 在数值上就相等了。鉴于此，以下章节中，我们在讨论能量变化时用表面能的概念，在讨论相关力学性质时用表面张力的概念，且假设两者在数值上相等。符号 γ 在相应场合分别代表表面能和表面张力。虽然大多数材料并非处于热力学平衡状态，但把两者数值当成相等还是有一定的指导意义。

表面能和表面张力的关系同样适用于其他界面能和界面张力。

2. 表面能和晶面指数

晶体沿一定的晶向解裂成新表面，实际上是外力使晶体中相应的化学键断裂的过程。在此过程中，键能小且断裂的键少，则消耗的能量少，表面能就低。这是计算晶体表面能的断键模型(broken bond model)采用的原理。理论研究表明，晶体表面能的大小取决于键能大小、键的长短和单位面积的断键数量。

同一晶体在形成新表面时，沿不同晶向的断键数目不相同。比如 fcc 金属晶体，其内部每个原子的配位数是 12，而(111)面形成的表面上每个原子的配位数是 9，因此需要断裂 $12-9=3$ 个键。而这类属晶体的(100) 面形成的表面，其上每个原子的配位数是 8，需要断裂 $12-8=4$ 个键，故 fcc 晶体的(111)面的表面能低于(100)面的。再比如，TiC 的三个常见低指数晶面的表面能：(001)面为 3.52 J/m^2、(110)面为 7.56 J/m^2，(111)面为 11.26 J/m^2。由此可见，表面能会随着晶面指数的不同而有所变化。

根据能量最低原理，晶体趋向于向能量低的方向转变。故在理想情况下，晶体的外表面应该是表面能较低的一些晶面。第 2 章中的 Bravais 法则提到：实际晶体往往被面网密度大的晶面所包围。但是，根据前面决定表面能大小的因素来看，面网密度大的晶面不一定表面能低。Gibbs-Wulff 晶体生长定律对布拉维法则做了改进，即晶体在恒温和等容的条件下，如果晶体的总表面能最小，则相应的形态为晶体的平衡形态。当晶体趋向于平衡态时，它将调整自己的形态，使其总表面自由能最小。对液体，其平衡态为球形。对表面能各向异性的晶体，平衡形状则呈现出不同的几何形状。表 5.3 列出了常见立方结构的晶体平衡形状。当然，实际晶体由于生长条件等因素的影响，常常偏离理想平衡形状。

表 5.3　立方结构晶体的平衡形状及其表面(引自郑子樵，2005)

晶体	简单立方	面心立方	体心立方	金刚石结构
平衡形状	立方体	截顶正八面体	斜方十二面体	正八面体
表面	6×{100}	8×{111}+6×{100}	12×{110}	8×{111}

不同物质间表面能的相对大小对金属的氧化、薄膜的沉积有较强的指导意义。金属的表面能比它们的氧化物的表面能大，故金属氧化后，表面能下降。因此，在热力学平衡条件下，氧化物层将均匀地覆盖在金属表面，而且表面能小的金属可以均匀地蒸镀于表面能大的基底金属表面；反之则不行。比如，Ag(表面能为 1.14 J/m^2)可以均匀地蒸镀在 Ni(表面能为 1.85 J/m^2)表面，而 Ni 则不能均匀地蒸镀在 Ag 表面。

5.4.2　界面能与界面构型

前述表面能主要针对固体与气体、固体与真空的界面——表面而言的。在材料领域还经常遇到固体与固体(如晶界)、固体与液体的接触界面。在上一章，我们对晶界结构及晶界能做了介绍。其他固-固界面与晶界有相似的结构与界面能模型及理论。

多晶材料的晶界在形成后，并不是一成不变的。材料在加工制备(如金属的热处理、陶瓷的烧结)等过程中,其晶界会发生迁移而改变形状。而且,界面的结构和能量还决定了合金中第二相组织的平衡形貌,也即界面能量对界面构型、显微结构有影响。

1. 固-固界面

假设一个具有任意曲率半径的大角度界面,其界面能 γ 为常数。根据式(5-8),系统自由能要下降,则需要减小面积,故界面有平直化的趋势以降低界面面积。在二维平面上看,表示界面的线条有倾向于直线的趋势。

设有三个晶粒相交于三叉晶界。图 5.15 为该三叉晶界的二维截面图。三个晶界的界面能设分别为γ_1、γ_2、γ_3。在点 O,我们取一垂直于纸面的单位长度,则总的界面能为

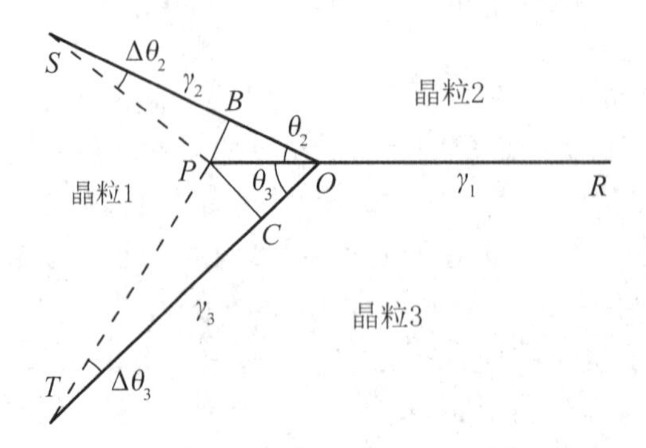

图 5.15 三叉晶界平衡条件分析示意图(引自潘金生,2011)

$$(\gamma A)_O = \gamma_1 \cdot OR + \gamma_2 \cdot OS + \gamma_3 \cdot OT \tag{5-12}$$

令点 O 移动微小距离至点 P。晶粒 1 和 3、1 和 2 间的晶界将发生转动,晶界位置发生改变。改变后,总的界面能还包括扭转项:

$$(\gamma A)_P = \gamma_1 \cdot PR + \left(\gamma_2 + \frac{d\gamma_2}{d\theta_2} \cdot \Delta\theta_2\right) \cdot PS + \left(\gamma_3 + \frac{d\gamma_3}{d\theta_3} \cdot \Delta\theta_3\right) \cdot PT \tag{5-13}$$

当界面能差为零时,过程达到平衡:

$$\begin{aligned}(\gamma A)_P - (\gamma A)_O = \gamma_1(PR - OR) + \gamma_2(PS - OS) + PS\frac{d\gamma_2}{d\theta_2} \cdot \Delta\theta_2 + \\ \gamma_3(PT - OT) + PT\frac{d\gamma_3}{d\theta_3} \cdot \Delta\theta_3 = 0\end{aligned} \tag{5-14}$$

因为 OP 为无穷小,且 $PB \perp OS$、$PC \perp OT$,故

$$(PS - OS) = -OB = -OP\cos\theta_2$$
$$(PT - OT) = -OC = -OP\cos\theta_3$$

在$\triangle BPS$ 中,$PB = PS \cdot \sin\Delta\theta_2$,$\Delta\theta_2$ 很小,故 $PB \approx PS \cdot \Delta\theta_2$。而在 $\triangle OPB$ 中,$PB = OP\sin\theta_2$,所以

$$PS \cdot \Delta\theta_2 = OP\sin\theta_2$$

同理在$\triangle PTC$ 和$\triangle OPC$ 中,也有

$$PT \cdot \Delta\theta_3 = PC = OP\sin\theta_3$$

将以上四个式子代入式(5-14)得

$$\gamma_1 - \gamma_2\cos\theta_2 - \gamma_3\cos\theta_3 + \frac{d\gamma_2}{d\theta_2}\sin\theta_2 + \frac{d\gamma_3}{d\theta_3}\sin\theta_3 = 0 \quad (5-15)$$

如果 γ 各向同性，$\gamma_1 = \gamma_2 = \gamma_3$，界面能不随取向变化，则式(5-15)后两项为0。令$\theta_2 = \theta_3 = \theta$，则式(5-15)变为

$$\gamma - \gamma\cos\theta - \gamma\cos\theta = 0 \quad (5-16)$$

解上式得 $\theta = 60°$，即晶粒界面的平衡形态与界面投影相互成120°。在二维平面上，晶粒为六边形可满足此要求。小于六边形的晶粒具有外凸晶界，而大于六边形的晶粒具有内凹晶界。这样才能尽可能保持界面间的120°角，即在界面交点处，两条界面的切线夹角尽可能保持120°(图5.16)。在界面曲率的作用下，小于六边形的晶粒缩小，大于六边形的晶粒长大。

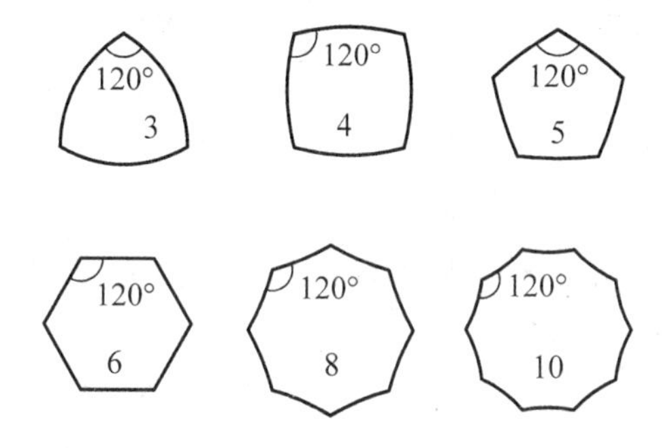

图5.16 平衡晶粒的边界示意图(引自潘金生,2011)

由于四个晶粒相遇形成的晶界会分解成三叉晶界，使系统界面能降低，故实际显微组织中极少观察到四叉晶界。

2. 固-液界面

如果在两个固相界面处存在一定的液相(图5.17)，则界面张力达到平衡时有以下关系式：

$$\gamma_{SS} = 2\gamma_{SL}\cos\frac{\phi}{2} \quad (5-17)$$

式中，γ_{SS}为两固相界面的界面张力；γ_{SL}为固液界面的界面张力；ϕ 为二面角。若把液体换成气体，则 ϕ 称为热腐蚀角或槽角。式(5-17)还可变换为下式：

$$\cos\frac{\phi}{2} = \frac{1}{2}\frac{\gamma_{SS}}{\gamma_{SL}} \quad (5-18)$$

当 $\gamma_{SS}/\gamma_{SL} \geqslant 2$ 时，$\cos\frac{\phi}{2} \geqslant 1$，$\frac{\phi}{2} = 0°$，则 $\phi = 0°$。此种情况下，液相在晶界上达到润湿的最高层次——铺展。液相穿过晶界而达到平衡时，各晶粒完全被液相隔

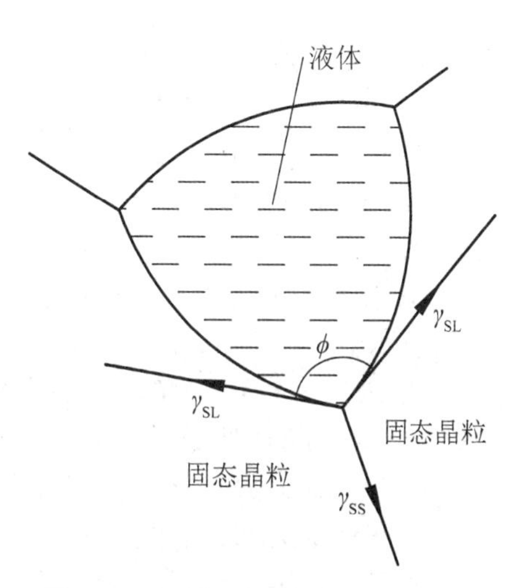

图5.17 固-固-液平衡的二面角(引自Kingery, 2010)

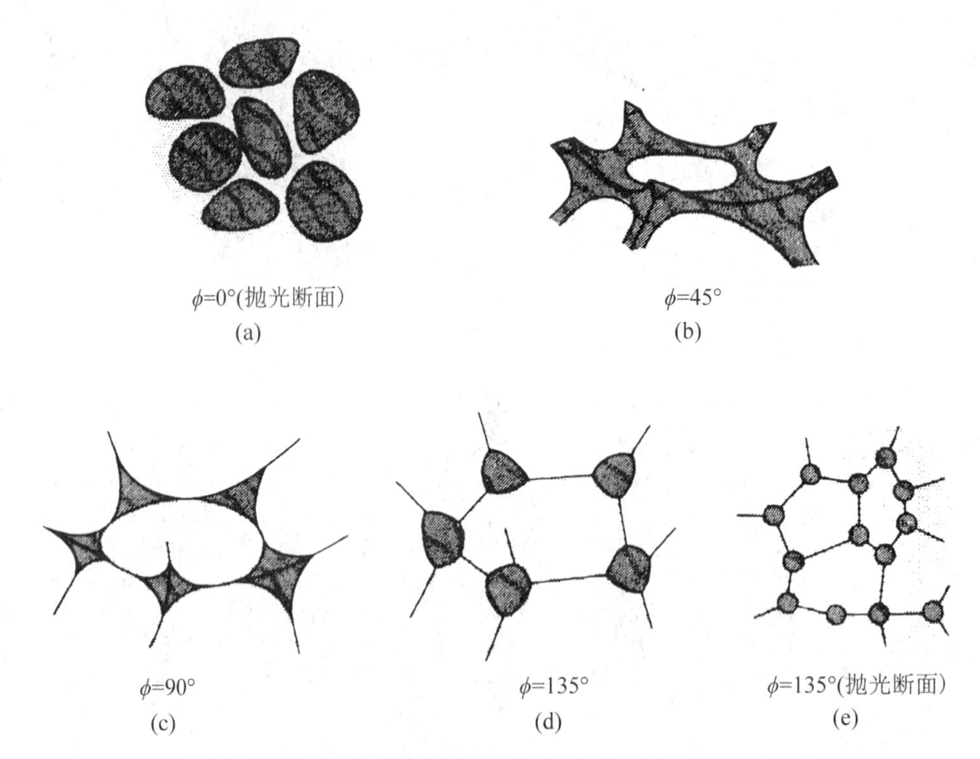

图 5.18 不同二面角情况下的第二相分布(引自 Kingery, 2010)

开,如图 5.18(a)所示。

当 $\gamma_{SS}/\gamma_{SL}>\sqrt{3}$ 时,$\cos\frac{\phi}{2}<\frac{\sqrt{3}}{2}$, $\frac{\phi}{2}<30°$,则 $\phi<60°$。此时,液相能浸湿晶粒,并稳定地沿各晶界渗入,而在三相交界处形成三角棱柱体,如图 5.18(b)所示。

当 $1<\gamma_{SS}/\gamma_{SL}<\sqrt{3}$ 时,$\frac{1}{2}<\cos\frac{\phi}{2}<\frac{\sqrt{3}}{2}$, $30°<\frac{\phi}{2}<60°$,则 $60°<\phi<120°$。此时,液相对晶界的润湿性下降,故部分液相渗入固-固晶界,如图 5.18(c)所示。

当 $\gamma_{SS}/\gamma_{SL}<1$ 时,即固-固晶界能小于固-液界面能。$\cos\frac{\phi}{2}<\frac{1}{2}$, $\frac{\phi}{2}>60°$, 则 $\phi>120°$。此时,液相不能浸湿只能粘湿晶粒而在晶界处形成孤立液滴,如图 5.18(d)、(e)所示。以上情况常常出现在陶瓷和粉末冶金的液相烧结过程中。

如果把上述液相换成是另一种固相,如在晶界、晶棱等位置析出的第二相。当这些第二相引起的应变能不大时,则其平衡形貌与界面能的相对大小有关系。设固态基体相间的界面能为$\gamma_{\alpha\alpha}$,第二相与基体间的界面能为$\gamma_{\alpha\beta}$。$\gamma_{\alpha\alpha}/\gamma_{\alpha\beta}$的大小对第二相在晶界处平衡形貌的影响与图 5.18所示情形相类似。这种情形在金属材料中比较常见。

固-液界面上第二相的分布涉及润湿的三个层次。若在材料制备过程中有液相的参与,则液相是否能润湿固体对材料界面的结合就显得很重要。比如,陶瓷与金属的封接、金属陶瓷中金属是否与陶瓷颗粒结合紧密等都与润湿有关。

5.4.3 界面粗糙度与润湿

润湿有三种类型,依次为沾湿(adhesion wetting)、浸湿(immersion wetting)和铺展(spreading wetting)。铺展为最高层次,能发生铺展,定能发生浸湿、沾湿。沾湿是最低层次。

它们的共同点为：液体将气体从固体表面挤开，使原来的固-气或液-气界面消失，而代之以固-液界面。

对于清洁平滑的表面，如图5.19(a)所示。假设液-气界面从B沿固态表面向A移动，固-液界面面积增加dS，则固-气界面面积也就相应减少dS。与此同时，液-气界面面积增加$dS\cos\theta$。当系统处于热力学平衡时，界面位置移动少许，界面能的增量应为零，即

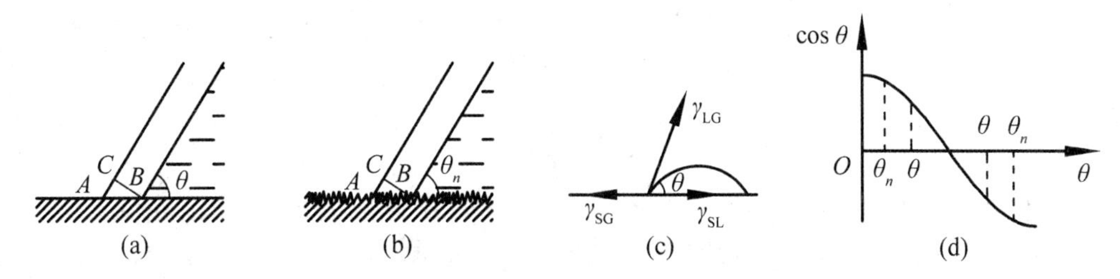

图5.19 界面粗糙度与润湿角关系示意图(引自陆佩文,1991)

$$dG=(\gamma_{LG}dS\cos\theta+\gamma_{SL}dS)-\gamma_{SG}dS=0 \tag{5-19}$$

式中，γ_{LG}、γ_{SL}、γ_{SG}分别是液-气、固-液和固-气界面能；θ为接触角或润湿角(contact angle)。整理后得

$$\gamma_{LG}\cos\theta+\gamma_{SL}=\gamma_{SG} \tag{5-20}$$

如果把界面能看成是表面张力的话，则这三个力在三相界面相交处，达成受力平衡，如图5.19(c)所示。$\theta\leqslant180°$时发生粘湿；$\theta\leqslant90°$时发生浸湿；$\theta=0°$时发生铺展。式(5-20)为杨氏方程(Young equation)。为方便后面的讨论，我们把此式变为

$$\cos\theta=\frac{\gamma_{SG}-\gamma_{SL}}{\gamma_{LG}} \tag{5-21}$$

实际固体表面上往往是凹凸不平的，如图5.19(b)所示。此时液体的真实接触角θ无法测定。实验所测为表观接触角，它不符合杨氏方程。设真实表面积比表观表面积大n倍。仍然假设液-气界面从B沿固态表面向A移动，固-液界面表观面积增加dS，真实面积增加ndS，则固-气界面面积也就相应减少ndS。液-气界面面积增加$dS\cos\theta_n$，其中θ_n为表观接触角。当系统处于热力学平衡时，界面能的增量应为零：

$$dG=(\gamma_{LG}dS\cos\theta_n+\gamma_{SL}ndS)-\gamma_{SG}ndS=0 \tag{5-22}$$

整理后有

$$\cos\theta_n=\frac{n(\gamma_{SG}-\gamma_{SL})}{\gamma_{LG}} \tag{5-23}$$

比较式(5-21)和式(5-23)，得

$$\frac{\cos\theta_n}{\cos\theta}=n \tag{5-24}$$

由于固体表面总是凹凸不平，故n也总是大于1的。因此，$\cos\theta_n$与$\cos\theta$有图5.19(d)所示的关系。

当$\theta<90°$时，$\theta_n<\theta$。即接触角θ小于90°时，固体表面越粗糙，则n越大，表观接触角θ_n越小。此时，液体也越容易在固体表面发生润湿。而表面越光滑，则润湿偏难。

当$\theta>90°$时，$\theta_n>\theta$。即接触角θ大于90°时，固体表面越粗糙，n越大，表观接触角θ_n也越大。此时，接触角θ_n向180°方向移动，液体越不容易在固体表面发生润湿，而使固体表面越光滑，却能改善液体的润湿性。

由上述可见，在不同情况下，改变固体表面的粗糙度能改善液体在固体表面的润湿性。比如，Al_2O_3陶瓷表面涂Ag后，在1 000℃时，Al_2O_3陶瓷的表面能$\gamma_{SG}=1\ J/m^2$，Ag的表面能$\gamma_{LG}=0.92\ J/m^2$，Al_2O_3与Ag的界面能$\gamma_{SL}=1.77\ J/m^2$。按照图5.19(c)由杨氏方程，解得接触角$\theta=147°$，即高温下，液态Ag不能浸湿只能粘湿Al_2O_3陶瓷表面。因此，要改善液态Ag在Al_2O_3表面的润湿性，可先将Al_2O_3陶瓷表面磨平并抛光。

在材料制备过程中，若有液相和固相同时存在，则液相是否能在固体表面润湿就显得很重要，故润湿性是影响和衡量多相材料界面结合性的主要因素之一。

5.5 界面的结合

多晶、多相材料中存在晶界、相界。这些界面处存在各种缺陷和弹性畸变。在第4章的最后部分，我们提到晶界缺陷和点阵畸变等因素导致一定的应力场和应力集中现象存在于晶界处，故多晶材料容易从晶界处产生沿晶断裂。不仅晶界如此，其他界面上也有类似的现象，也即界面的结构和结合力对材料的性能有很大的影响。比如，当增强材料和基体材料被选定后，复合材料的最终性能就与增强材料和基体之间的界面有很大关联。本节我们介绍界面的结合及其主要影响因素。

5.5.1 高温液相的润湿性

读者在物理化学课中已经学习过润湿。你们可能还记得，在一定的条件下，可用表面Gibbs自由能之差作为润湿过程的推动力。发生浸湿时(润湿角$\theta<90°$)，固-气界面完全被固-液界面所取代，液-气界面不发生变化。固体单位表面积Gibbs自由能的变化：

$$\Delta G=\gamma_{SL}-\gamma_{SG} \tag{5-25}$$

在一定温度、压力下，组成不变时，γ_{SG}、γ_{LG}是一常数。由式(5-21)可知，界面能γ_{SL}的下降引起接触角θ下降。同时，根据式(5-25)，浸湿过程的ΔG也下降。因而，在一定条件下，固-液界面能和接触角的下降有利于系统的稳定，固-液界面的结合也越牢固。故为了使液体能覆盖固体表面并有较强的结合力，人们常要求液体对固体表面有较好的润湿性，比如下面一些例子。

陶瓷和搪瓷坯体表面的釉在高温下要完全熔融为液态。熔融釉的润湿性好，才能完全覆盖釉下的坯体。冷却后的釉才可能在界面处与坯体紧密结合，发挥其作用。

在金属材料的焊接(welding)中，有一类叫钎焊(brazing)的方法。钎焊是把熔点比待焊接母材低的金属熔化，而使之进入母材接头间隙来完成焊接的一种方法。在整个焊接过程中，母材不被熔化。其中，熔点低的金属称为钎料。最常见的钎焊就是维修电器设备时，在电路板上的焊接。工人在焊接时，要先用电烙铁蘸点松香，然后把焊锡丝熔化，再进行焊接。在此过程中，工人加入松香的一个目的是为了改善钎料在母材表面的润湿性。

电真空等电子器件需要利用不同材质的性能。这些不同材料的接触界面往往需要密封，如金属与玻璃(或陶瓷)的封接。这些封接首先要求封接剂在金属与玻璃(或陶瓷)间要有良好的润湿性。对于陶瓷与金属的封接，人们常采用焊接的方法。在此焊接过程中，人们使用焊料在陶瓷表面形成能润湿陶瓷的液相合金，从而实现陶瓷与金属的封接。若焊料不能直接润湿陶瓷，则需要预先在陶瓷表面上镀一层金属层。目前最常用的陶瓷表面金属化方法是利用Mo－Mn结合物发生反应而在界面生成流动的液态氧化物。该氧化物既能润湿固体金属又能润湿氧化物陶瓷。这种方法可产生满意的黏附力并形成坚固的金属化覆盖层，然后这种覆盖层又可在金属钎焊时被熔融钎料所润湿。

润湿对一类金属基复合材料（metal matrix composite）同样非常重要。这类材料就是1950年代出现的金属陶瓷（cermet）。当时，科学家、工程师们为弥补陶瓷缺乏塑性的弱点，而在陶瓷材料中添加金属。但是，要构成均匀一致的金属陶瓷就需要液体金属在高温下对陶瓷有良好的润湿性。有良好润湿性的金属才能渗入陶瓷颗粒的间隙，就如同图5.18(a)(b)所示那样。这样陶瓷颗粒才能被金属包围。当这种金属陶瓷受到外力作用时，它就依靠金属的塑性变形来消耗一部分外加负荷的能量。理想中的金属陶瓷既有金属的韧性，又有陶瓷的耐磨性、耐高温和高硬度等性能。陶瓷的组分主要是氧化物（Al_2O_3）、硼化物（ZrB_2）、碳化物（WC）和氮化物（TiN）等。然而，除了钴、铝镍合金对某些碳化物（如WC）具有良好的润湿性外，其他金属陶瓷中的金属均未达到良好的润湿性状。这使得金属陶瓷的发展很缓慢。

但金属陶瓷中的硬质合金（cemented carbides）却得到了较为充分的发展。硬质合金主要是指WC、TiC、TiN、TiCN等陶瓷相与Co、Ni等金属相一起混合后采用烧结或热等静压法而制备出的金属基体复合材料。其中WC/Co是1927年得到的第一种硬质合金，至今发展得比较成熟，并已广泛地用作切削金属的刀具材料。这主要是由于液态Co、Ni在WC表面的接触角接近0°，从而在WC表面有很好的润湿性。

高温下的液态随着温度的降低会凝固成固态，而且与基体材料有不同程度的收缩。因此，在它们的界面处，开裂、脱落等现象可能会因黏附力不足而产生。故高温下的液态在固体表面有了良好的润湿性，并不一定使材料界面结合有很好的稳定性。在多晶、多相材料的制备过程中，即使没有液相出现，但由于多晶、多相材料的膨胀收缩不一致也会影响界面结合的稳定性。表征材料膨胀收缩性能随温度变化的参数为热膨胀系数。

5.5.2　热膨胀系数的差异

1. *界面热应力产生原理*

物体的体积或长度随温度升高而增大的现象称为热膨胀。这是由于物体在受热时，其原子的振幅随温度的升高而增大所致。表征材料受热产生膨胀或收缩性能的参数为热膨胀系数（Coefficient of Thermal Expansion, CTE）。人们常用材料长度随温度的变化，即线膨胀系数α表示热膨胀性：

$$\alpha = \frac{\Delta l}{l_0 \Delta T} \tag{5-26}$$

其中l_0为室温下的长度；Δl为温度变化ΔT时长度的变化。热膨胀系数的物理意义为温度变化1 K时，物体长度的相对变化。由于大多数无机材料是热胀冷缩，故热膨胀系数大多大于零。当然也存在热膨胀系数为负的材料，而且是一种新型材料。这里我们不讨论热膨胀系数为负的情形。无机材料热膨胀系数的数量级为$10^{-6}\sim10^{-5}\,K^{-1}$，一般来说，金属的热膨胀系数要大于非金属的热膨胀系数。

材料之间热膨胀系数的差异或不匹配会导致界面热应力（thermal stress）的产生。图

5.20示意了温度变化后,界面两侧的热应力状态。图 5.20(a)为温度升高时的情形。表层材料 1 首先获得热能而温度升高产生热膨胀。由于热能传递到底层材料 2 需要一定的时间,故 1 产生膨胀时,2 未立即产生膨胀。此时材料 1 在界面附近对材料 2 产生张应力,即f_{12}。根据作用力与反作用力的原理,材料 2 对材料 1 产生压应力,即f_{21}。降温时的情形恰好与升温相反,如图 5.20(b)所示。

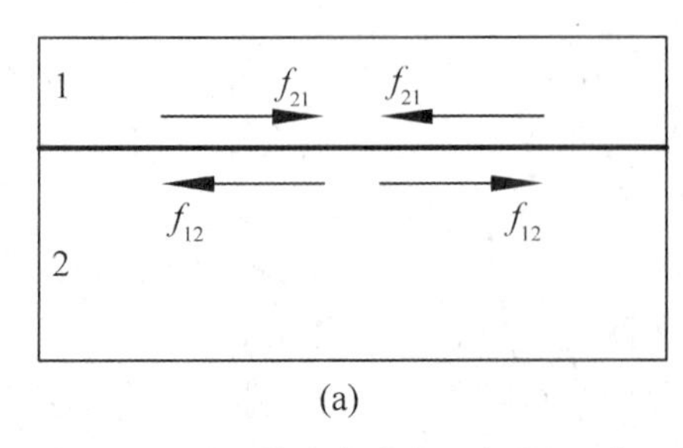

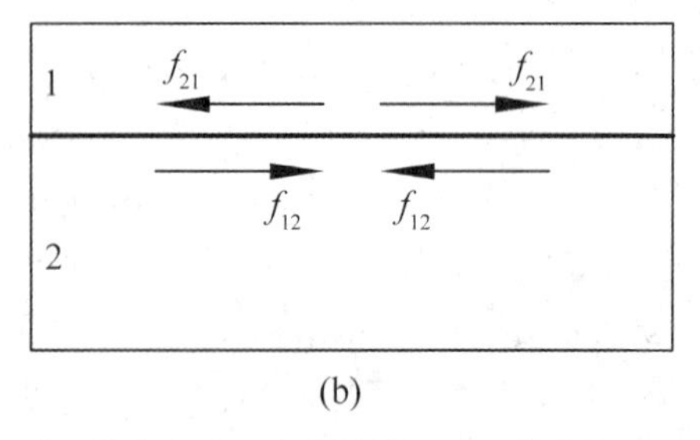

图 5.20 界面热应力产生示意图(f_{12}表示材料 1 对 2 的作用力;f_{21}为材料 2 对 1 的作用力)

如果表层为较薄的材料,如薄膜、涂层,则表层 1 的温度与底层 2 的温度容易同步。在温度同步时,由于材料 1、2 的热膨胀系数不同,导致它们在变化同样的温度时,热膨胀量的不同。假设 1 的膨胀系数大于 2。升温时,1 产生很大的膨胀,2 的膨胀小,则 1 对 2 产生张应力;2 对 1 产生压应力,如图 5.20(a)所示。假设 1 的膨胀系数小于 2,则升温时,2 产生很大的膨胀,1 的膨胀小,则 2 对 1 产生张应力;1 对 2 产生压应力,如图 5.20(b)所示。降温时的情形与之相反,请读者自行分析。

以上两种情况分别代表了热应力产生的两种主要情形:升温速度及材料热导率导致材料内外层膨胀的不匹配,以及多相复合材料热膨胀系数的差异而产生热应力。不同材料因成分和结构的不同会导致热膨胀系数的差异。即使晶界两侧是成分、结构相同的晶体,它们也存在热膨胀系数的差异。这是因为晶体是各向异性的,不同位向的晶体有不同的膨胀系数,因而晶界同样存在热应力。

综上所述,薄膜涂层中的热应力σ_{tc}与热膨胀系数差 $\Delta\alpha$、单位时间内的温度变化 ΔT 成正比,即$\sigma_{tc} \propto \Delta\alpha\Delta T$。再结合弹性模量、泊松比等因素把$\sigma_{tc}$变成等式,不同的研究者,获得的公式略有不同。在这些不同的公式中,都表示了热应力与 $\Delta\alpha$、ΔT 成正比。在晶界、相界处产生的热应力,除了与 $\Delta\alpha$、ΔT 成正比外,还与晶粒尺寸成正比。因此,在多晶材料中,晶粒越粗,晶界、相界处的热应力越大,材料的强度较低。

由上述可见,由于材料热膨胀的差异或不匹配等原因导致了界面热应力的产生。如果在图 5.20 中,物质 1 是液态,则界面应力会得到消除,因液态原子或分子容易移动。而无机固体材料(除了单晶体外)都是由多晶体或玻璃体等组成的;复合材料(composit materials)也是由两种或两种以上的不同材料复合而成的,因而也含多相组织。这些多相组织或不同成分的材料往往具有不同的热膨胀系数。当这些材料从制备温度降低到室温时,界面热应力往往不会完全消失,而残留在材料中成为一种残余应力(residual stress)。当残余热应力超过材料的强度时,材料会产生开裂、剥落等破损现象。比如,多晶氧化钛陶瓷在烧成后的冷却过程中,坯体内常出现由于热膨胀不同而产生的微裂纹。

在复合材料、多层膜及涂层材料中,陶瓷(或玻璃)与金属的封接等许多场合常常要选择热膨胀系数接近的材料进行组合才能满足要求。比如,玻璃与金属的封接过程中,人们希望玻璃的热膨胀系数值在$(11\sim13)\times10^{-6}K^{-1}$之间(该数值接近金属的$\alpha$)。这样,封接处才可能达到不漏气等要求。

2. 陶瓷坯、釉界面热应力

陶瓷的坯体和釉要在界面处紧密结合才能充分发挥其作用。以图5.20为例,设1为釉层、2为坯体层。若釉的热膨胀系数小于坯体的热膨胀系数,则降温时界面热应力状态如图5.20(a)所示。此时,坯体对釉层施加压应力。该压应力过大时,釉层从坯体剥离。而大多数情况下,因釉的抗压强度较大而不会产生釉层脱落。相反,釉层存在一定的压应力可以抵消一部分外来机械应力。这可提高陶瓷制品的机械强度和热稳定性。

若釉的热膨胀系数大于坯体的热膨胀系数,则降温时界面热应力状态如图5.20(b)所示。此时,坯体对釉层施加张应力。因釉层的抗张强度要远小于其抗压强度,故在这种情况下,釉层容易出现开裂或龟裂。坯釉热膨胀系数差越大,龟裂的程度越大。在大多数情况下,我们需要重新调整釉的配方或烧成制度以避免这种情况的出现。可是这种裂纹在艺术领域却得到了应用。一种叫裂纹釉(cracked glaze)的品种应运而生。釉中的裂纹纵横交织、既规则又有不规则,因而成为一种装饰品受到人们的喜爱。这是我国宋代陶瓷工匠在陶瓷美学领域作出的一个重要贡献。图5.21为裂纹釉外观形貌。

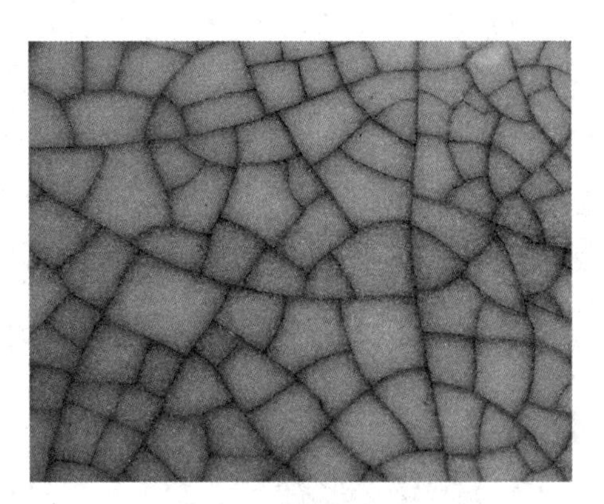

图5.21 裂纹釉外观形貌

除了以上两种主要因素外,材料中各相的弹性模量、泊松比和使用温度等,也会影响材料界面结合的稳定性。

5.5.3 提高界面结合力的主要途径

界面的结合强度受到界面残余应力影响。这些残余应力过大会使表面涂层(薄膜)开裂或从基体上剥落及材料的破损等。界面残余应力包括残余热应力、塑性变形及相变产生的残留应力。其中,热应力对界面的结合强度起到非常重要的作用,故我们在上文做了较多的介绍。因而,缓解界面残余热应力可提高界面的结合强度。

1. 选用热膨胀系数匹配的材料

在涂层(薄膜)及复合材料的制备中,涂层(薄膜)与增强纤维的热膨胀系数应尽可能与基体材料接近。较小的热膨胀系数差$\Delta\alpha$可有效地缓解界面热应力。比如,钢结构厂房在火灾时,其承重钢材的力学性能随温度升高而下降。这会导致厂房易坍塌,进而导致救援难度增大。为防止该情况出现,人们常常在钢材表面涂覆隔热材料。如果隔热材料与基体钢材不匹配,则其易脱落而起不到保护作用。

然而在很多情况下,多晶、多相材料中总是存在各种类型的材料、各种位向的晶体。因此,热膨胀系数的差异总是存在的,热应力也就在所难免,故减少异类材料结合界面的热应力成为许多领域的一个重要课题。金属与陶瓷的结合更是如此,因为两者的热膨胀系数相差较大。目前,减弱界面热应力的方法主要有利用较软的材料及弹塑性材料作中间层来弱化约束、选用热膨胀系数相近的材料、减小材料制备温度与使用温度之差、利用梯度材料作中间层来消除约束等方法。其中,梯度中间层在理论上可使残余应力达到零而备受人们的关注。在金属与陶瓷的结合中,梯度层一端的特性与金属接近,另一端的特性与陶瓷接近。在梯度层内,材料的

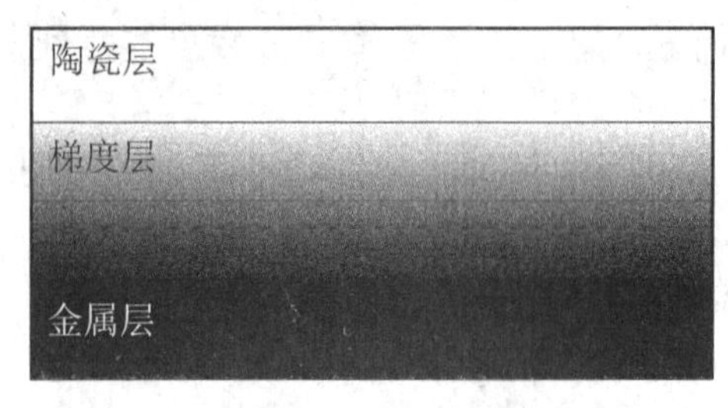

图 5.22 梯度涂层中特性变化示意图

特性是逐渐变化的。图 5.22 示意了梯度涂层中特性的变化。

如今,梯度层在热障涂层等领域已得到了广泛应用。在涡轮发动机的内表面涂覆一层热障涂层可以大大提高其使用温度及效率。热障涂层较低的热导率可以隔热,从而防止基底金属的温度过高。目前,热障涂层主要采用的是 ZrO_2 陶瓷,其中掺入了质量分数为 7%～8% 的 Y_2O_3。ZrO_2 的热导率很低。在 1 273 K 时,其热导率仅为 2.17 $W \cdot m^{-1} \cdot K^{-1}$。而其热膨胀系数在 $(11\sim15)\times10^{-6}$ K^{-1}之间,这与许多金属接近。在 ZrO_2 涂层的下面添加梯度层有利于增大 ZrO_2 与基底金属在界面的结合强度。从金属基底到 ZrO_2 涂层,添加的材料通常依次是 NiCoCrAlY、Al_2O_3、$Al_2O_3+ZrO_2$、ZrO_2。这些材料的组合使涂层成分梯度化,进而使梯度涂层的性能达到逐渐变化。性能的逐渐变化可有效地缓和材料在制备和使用过程中产生的热应力。

2. 降低材料制备、使用时的升温和降温速度

读者可能有这样的感受:当你们把新鲜开水迅速倒入玻璃杯时,杯子往往容易破裂。这是什么原因呢?材料在升温时,热量在绝大多数情况下是从材料的外表面向内部传递。而材料的热导率不是无限大,因此热量传到材料内部需要时间。故外层材料首先升温产生膨胀,内层材料的升温膨胀滞后。这样,内、外层过渡区域产生大小、方向不同的应力,如图 5.20(a)所示。由于这个原因,我们在玻璃杯内倒入开水时,玻璃容易开裂。升温速度的减小容易使内、外层过渡区的膨胀量接近。这样,界面热应力也就相差不大。减小降温速度的情形与此类似。

升温、降温速度的减小还可避免因内外层相变的不同步而产生相变残余应力。这种应力与热应力一样会导致材料的破损。比如,在普通陶瓷的制备过程中,当温度处于 500～700℃ 时,我们要对其做缓慢的升温或降温。这是为了避免内外层 α、β-石英转变的不同步而导致产品的开裂。

然而,我们有时候也利用这种特性来粉碎原料。比如,一些不易粉碎的石英岩经高温煅烧后,再急速降温。经过这种过程后,石英岩内外发生相变及不同程度的膨胀,进而产生晶界应力。这种应力加上机械设备施加的作用力使石英岩晶界开裂而易于粉碎。

需注意的是,降低材料制备、使用时的升温和降温速度,首先得符合制备工艺及使用条件的要求。在有些条件下,这一点是无论如何达不到的,如涡轮发动机发动时的温度变化。此外,金属和合金材料的热导率通常都很大,升温、降温速度的变化对内外层膨胀滞后的影响不明显。对较大较厚的金属器件,即使出现内外层膨胀滞后产生的热应力,也会因金属材料有较强的塑性变形能力而不会开裂。当然,这种应力的长期存在也不利于材料的使用。通常,我们可通过退火来减弱金属材料中的这种应力。

3. 选择热膨胀系数小的材料

热膨胀系数小的材料在升温、降温时产生的膨胀或收缩量很小,由此产生的热应力也小。这有利于加强内外层过渡区或界面结合的紧密程度。这类材料可经受急冷急热的苛刻热变换而不被破坏,从而表现出良好的热稳定性和抗热震性。比如,高硼硅玻璃的热膨胀系数很低,$\alpha=(3.3\pm0.1)\times10^{-6}K^{-1}$。把热开水倒入用它制作的玻璃杯中,杯子不易开裂。硼硅玻璃(borosilicate glass)是 1893 年由德国化学家兼玻璃制造商 Friedrich Otto Schott(1851—1935 年)开发出来的。1915 年康宁公司(Corning Incorporated)首先将其商品化,并命名为

Pyrex®。

如今，低膨胀材料（$\alpha < 2\times10^{-6}K^{-1}$）已在一些传统和高技术领域得到广泛使用。像堇青石一类热膨胀系数小的材料常用于制作耐火材料及窑炉上使用的一些窑具、汽车尾气净化用堇青石蜂窝陶瓷等。钛酸铝陶瓷、锂质陶瓷都是这类热膨胀系数很小的材料。

4. 在界面处形成化合物或固溶体

界面两侧物相发生剧烈化学反应则会生成新的化合物，如图 5.23(b)所示。当化合物层较薄时，有利于界面的结合。而较厚的化合物层则可能使界面结合力下降。然而，陶瓷与金属反应生成的化合物往往具有一定的脆性，而且伴随一定的体积变化。而且脆性界面还可能成为裂纹的萌生之处。因此，界面处脆性化合物的形成会导致材料的脆性。例如，含铝质量分数较高的 Mg－Al 合金与碳纤维接触时，在界面形成 Al_2MgC_2 析出物。Al_2MgC_2 的存在会导致这种复合材料的脆性。对于纤维、晶须增强的复合材料，基体与增强材料间要有化学相容性。若它们之间发生剧烈化学反应，则纤维、晶须的量将减少，甚至消失而起不到增强作用。

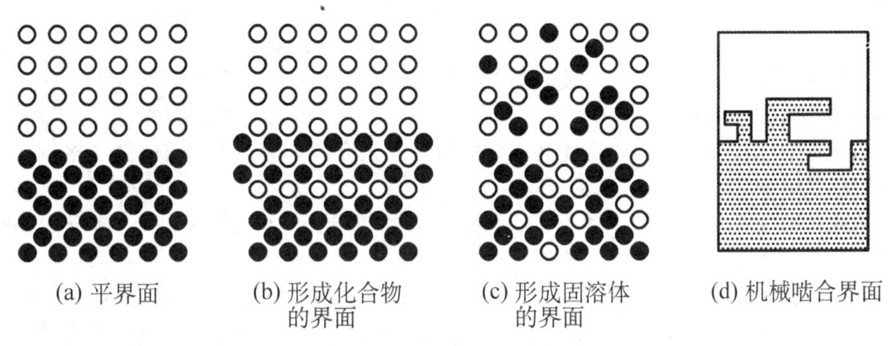

(a) 平界面　(b) 形成化合物的界面　(c) 形成固溶体的界面　(d) 机械啮合界面

图 5.23　四种界面示意图（引自朱贵宏，2007）

如果界面两侧物相发生的作用不是很剧烈则可能形成中间相或固溶体，如图 5.23(c)所示。这些中间相或固溶体可在一定程度上起到梯度层的作用，从而使界面应力得到缓解。在涂层与基底材料间也可用离子轰击等方法形成固溶体，以此提高它们之间的结合力。陶瓷的坯釉在高温下彼此扩散而形成中间层。中间层的化学组成由坯逐渐过渡到釉而无明显的界线，实际就是一梯度层。坯釉之间的这种中间层可减弱其间的热应力。而烧成温度较低的陶瓷，中间层发育不完善，其界线比较明显[图 5.23(a)]，故釉层容易出现剥落等缺陷。

5. 提高界面的粗糙度

界面的粗糙度大，界面两侧物相的接触面增加，这有利于它们在界面的机械啮合和结合力，如图 5.23(d)所示。比如，金属基复合材料中的增强材料，它的表面往往比较粗糙而且有空隙。熔融金属容易渗入增强材料的表面空隙。凝固的基体金属与增强材料产生机械啮合，增加了两者的接触界面，提高了界面的结合力。

提高界面结合力还有很多方法，如结合前去除表面吸附膜等。单一的方法往往不能完全满足要求。因此，在具体实践中，我们要综合考虑多种因素的影响来决定采用哪些方法。

在本小节中，我们多次提到薄膜、涂层。它们都是在基底材料表面的覆盖层。在大多数情况下，1 μm 以上的较厚覆盖层可称为涂层（coating）。涂层主要用在防腐蚀、防磨损等场合。有时沉积的超硬材料如金刚石、立方 BN，其厚度不在 1 μm 以上，也叫涂层，即超硬涂层。可见，用涂层这个术语时，我们主要是利用覆盖层的力学性能、化学性能。而我们要利用覆盖层的光学、电学等物理性能时，所需的覆盖层厚度往往不是很大。我们常称之为膜(film)或薄膜(thin film)。膜的厚度通常小于1 μm，常常在几十至几百纳米。我们的近视镜片、照相机镜头上往往就有一层这样的膜。有许多杂志在报道涂层、固体薄膜方面的最新研究成果，如《Surface and Coatings Technology》和《Thin Solid Films》。

本章结语

本章主要介绍了表面结构和界面的结合。从日常生活(如抹灰与墙壁的结合)、传统材料到各类功能材料、复合材料，表面和界面都有着广泛的应用。至此，我们依次介绍了理想晶体的结构；有缺陷的晶体结构。虽然实际晶体存在各种缺陷，但大多数晶体所含缺陷的量还是很少的。因此，实际晶体中的原子排列仍然具有一定的周期性和对称性。如果在固体材料中，原子的排列非常混乱，那会构成什么结构呢？请学习下一章——玻璃结构基础。

推荐读物

[1] 徐滨士，马世宁，刘世参，等. 表面工程技术的发展和应用[J]. 物理，1999，28(8)：494-499.

[2] 孙牧，谢仿卿，王恩哥. 表面科学研究回顾与21世纪发展展望[J]. 物理，1999，28(8)：475-479.

[3] 杨成鹏，矫桂琼，王波. 界面性能对陶瓷基复合材料拉伸强度的影响[J]. 无机材料学报，2009，24(5)：641-647.

[4] 温树林，Wang R S，Welsch G E. 生物材料中金属-陶瓷界面和微结构[J]. 无机材料学报，1998，13(5)：919-923.

[5] Widjaja S，Limarga A M，Yip T H. Modeling of residual stresses in a plasma-sprayed zirconia/alumina functionally graded-thermal barrier coating [J]. Thin solid film，2003，434：216-227.

第6章　玻璃结构基础

与晶体一样，玻璃同样也丰富了我们的生活。读者朋友，你可曾设想过一个没有玻璃的世界会是什么样的呢？在那样的世界里，房屋不明亮、不温暖，因为没有宽大透明的玻璃窗为我们遮风挡雨；没有挡风玻璃，我们享受不了驾驶或乘坐汽车的乐趣；我们也没有各种眼镜可戴，世界可能一片模糊；我们可能也没有照相机、望远镜及手机等。那玻璃的结构又是怎样的呢？玻璃与晶体有联系吗？金属能形成玻璃吗？

6.1　玻璃的出现

地球深处的岩浆在喷发到地表或近地表时，其温度降低。在此过程中，部分岩浆析出晶体，另有部分岩浆来不及结晶而形成玻璃，即火山玻璃（volcanic glass）。在石器时代，原始人就开始捡拾、使用火山玻璃。他们利用这种天然玻璃来宰杀动物，裁制兽皮。考古学数据表明，最早的人造玻璃出现在公元前3500年左右的美索不达米亚或古埃及一带。这些玻璃可能是当时冶炼金属或制造彩陶时的副产品。因此，玻璃材料是人类历史上偶然的发明之一，也是人类使用的最古老、最广泛的材料之一。

中国古代的玻璃技术产生于公元前500年左右的春秋末战国初期。它是在原始瓷釉的基础上发展起来的，而且以氧化钾和氧化铅为主要熔剂。汉代以前，“琳琅”“流离”“玻璃”等词用来表示天然玉石和人工制造的玻璃。汉代以后，西方传入玻璃器皿，于是把西方传入的玻璃称为“玻璃”，中国自制的玻璃称为“琉璃”“料器”等。宋代以后，用低温彩釉陶制作的砖瓦被称为“琉璃”或“琉璃瓦”。直到此时，汉语才将玻璃和琉璃逐渐区分开来。虽然，我国玻璃技术的产生与瓷釉密切相关，然而它在我国的发展远不及瓷釉（附着在坯体上的玻璃）。瓷釉的发展在明清时期达到了一个高峰，它为陶瓷美学开辟了一个新的境界，如裂纹釉和各种颜色釉。

自从被发现以来，玻璃就对人类文明产生了重大影响。比如，房屋有了平板玻璃作窗户，室内才有更多的光线、寒冷的北欧才适合人类居住；有了玻璃，人们可以磨制各种透镜。从而将透镜用来制作望远镜和显微镜。人们利用望远镜观察到了星体的运动，利用显微镜观察到了微生物的奥秘和岩石的精细结构。今天，玻璃已广泛用在电脑和手机屏幕等诸多设备上。玻璃与晶体一起给我们的生活增添了不少光彩。我们使用的晶体材料大部分是天然的，少部分由人工合成；而大部分玻璃材料却由人工合成，少部分是天然的。那什么是玻璃呢？它与晶体有什么联系？

6.2　什么是玻璃

6.2.1　玻璃、晶体与非晶体

晶体中的质点（原子、离子或分子）在三维空间的排列具有一定的周期性和对称性。即使少量点缺陷、线缺陷和面缺陷的存在也没有打破整个晶体中质点排列的这种规律性。而在有些物质中，质点的排列没有一定的规律性可循，如气体、液体和一些固体。人们把内部质点的排列没有周期性和对称性的固体称为非晶态固体（non-crystalline solid）。我们在介绍了玻璃的结构后，再从结构方面给出比较认可的非晶体的定义。

非晶态固体包括玻璃、凝胶、非晶态半导体和一些沉积薄膜等。晶界、相界和表面处的原子，它们的排列也非常混乱。这些地方的结构也可看成是非晶态的。故非晶态结构在材料中比较普遍。非晶态材料种类也非常多。我们身边就有各种非晶材料。比如，人生的四大杯具(奶瓶、酒瓶、药瓶、饮料瓶)都和非晶态材料有关。然而，不是所有的非晶态固体都叫玻璃。玻璃通常是指具有一个临界转变温度的非晶态固体。在这个临界转变温度以下，物质具有固体的一些性质；在临界温度以上，物质具有液体的一些性质，比如流动性。无机非金属玻璃、多数金属玻璃及有机玻璃都有这种临界转变温度，因此，它们都被纳入玻璃的范畴。那么，什么是临界转变温度?

6.2.2 玻璃化转变温度

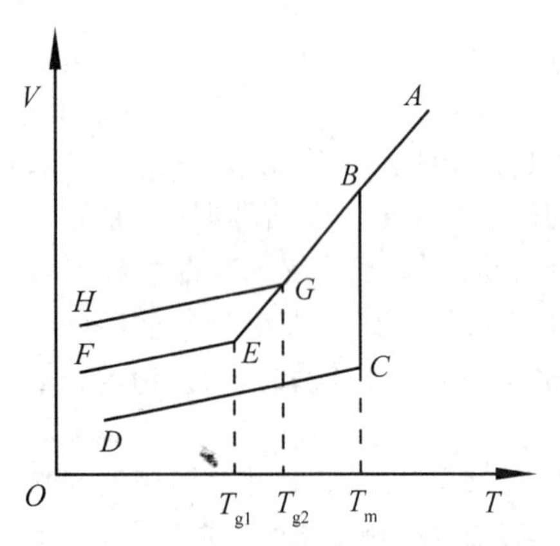

图 6.1 玻璃化转变温度示意图(V为体积，T为温度)

以纯物质为例，如图 6.1 所示。B 点温度为熔点或凝固点T_m。在 AB 段，物质处于高温液态。液体质点的位置不固定，会随时间变化，即质点是非定域化的，因而液体具有流动性。而且在液体中，不同地方的质点位置没有关联，即质点排列没有规律性可循而呈无序态。

物质在从 A 点状态降温到 B 点状态的过程中，其质点间距和活动空间逐渐减小。在此过程中，液体的体积变化是连续的，无突变。当物质从熔融态缓慢冷却到 B 点状态时，因其所处温度为凝固点T_m，冷却速度又很慢，故液体开始结晶而形成具有一定晶体结构的固体。在结晶过程中，液体和晶体共存体系的温度不变。此时，质点有足够的能量和时间通过扩散而堆积成较紧密的结构，因此晶体的体积一般要比液体小。结晶完成后，晶体的体积V_C与液体的体积V_B不相等，且有很大差异。由此，我们说纯物质在结晶前后，其体积变化是不连续的。除了体积，液体在结晶前后的其他参数(如熵)随温度的变化也是不连续的(见第 9 章)。在质点做紧密堆积的晶体中，质点间的距离或空间比液体小。因此，晶体从 C 点状态降温到 D 点状态的过程中，其体积与温度关系的直线斜率比 AB 段斜率小。此外，与液体相比，晶体中质点的位置相互关联，不是随机分布的，即质点排列是有序的，而且每个质点有其相应的位置，因而是定域化的。

若我们不对高温液体进行缓慢降温，而是以一定的冷却速度使其快速被冷却，则液体质点在熔点就来不及排列成有序结构。并且，温度的快速下降使液体黏度迅速增加、质点的扩散能力下降。体积和温度的线性关系会延伸到熔点以下区域，如 BE 段。BE 段的物质称为过冷液体(supercooled liquids)。与高温液体相比，这种过冷液体的黏度很大，因而流动性大大下降。过冷液体的质点，其运动相对困难，但又比在纯固体中容易。当温度降低到 E 点对应温度以下时，过冷液体中的质点被冻结。这时，过冷液体失去液体常见性质(如流动性)而具有固体性质。这种固体称为玻璃。由此可见，E 点是一临界转变点。在 E 点温度以下，物质处于玻璃态；在 E 点温度以上，物质处于过冷液体状态。通常，我们把这种临界温度称为玻璃化转变温度(glass transition temperature)，用 T_g 表示。所以玻璃是具有玻璃化转变温度的非晶态固体。

由以上液体冷却过程的分析可知，温度的迅速下降导致液体黏度的迅速增大，质点运动和扩散的能力下降。黏度越大,质点的扩散越难,即液体结晶越困难。因而,人们常用一定黏度值对应的温度来定义玻璃化转变温度。过冷液体的动力黏度在10^{12} Pa·s时的温度为玻璃化转变温度T_g。将此黏度值对应温度定义为玻璃化转变温度是人为的,但也有其原因。比如将一块1 cm厚的玻璃板黏合于两个相互平行的竖直平面之间,若玻璃板黏度低于10^{12} Pa·s,则在一年内我们可观察到玻璃板在其自身重力作用下流出。当黏度值为10^{12} Pa·s时,根据黏度的原始定义可估算液体流出需要300年的时间。这时,液体表现的行为已经跟固体没有什么区别了。水在凝固点的黏度非常小,其数量级为10^{-2} Pa·s,因此我们很难得到用水做成的玻璃。由此可见,黏度对玻璃的形成有很大影响。在凝聚态物理学中,玻璃化转变温度还可用体系中原子的弛豫时间来定义。原子弛豫时间大于100 s,体系的体积或焓随温度的变化率会产生较大的变化。这个变化发生在一个比较窄的温度区间,该变化的结束点被定义为玻璃化转变温度,该温度大约等于$2T_m/3$。简言之,玻璃化转变温度T_g一般定义为黏度在10^{12} Pa·s,或弛豫时间等于100 s时的对应温度点。

玻璃化转变温度还往往受冷却速度的影响。冷却速度大,液体黏度增加很快,质点也很快被冻结而成了玻璃,因此玻璃化转变的温度高;冷却速度较低,玻璃化转变温度也较低。如图6.1所示,*ABGH*段的冷却速度比*ABEF*段的大,$T_{g2}>T_{g1}$。故T_g不是一个确定的温度点,而是有一个变化范围。

玻璃化转变温度还是区分玻璃与其他非晶态固体的一个重要特征。玻璃的$T_g>T_m$,其他非晶体的$T_g<T_m$,如气相沉积得到的Si薄膜,在加热到T_g之前就会析晶,所以常称玻璃以外的非晶体为无定型固体(amorphous solid)。此外,玻璃与液体的转变是可逆的、渐变的;从熔融态向玻璃态转变时,物理和化学特性随温度变化是连续的,这些也是区分玻璃与无定型物质的特征。那玻璃的微观结构究竟是怎么样的呢?它的结构与晶体、液体有何异同?

6.3　玻璃结构学说

虽然人们使用玻璃的历史与晶体相当,但对玻璃结构的认识远没有像对晶体那样深入,而且研究玻璃的历史也较短。最早提出玻璃结构理论的是Dmitri Mendeleev(1834—1907年)。他认为玻璃是无定形物质,没有固定化学组成。后来的研究发现,影响玻璃结构的因素非常多,如组成、工艺条件等。与晶体相比,玻璃的结构要复杂得多,其理论也发展得较缓慢,这是因为依赖于晶体长程序的传统理论和模型不适用于玻璃等非晶态固体。而且,玻璃等非晶材料微观结构与性能之间的关系也不清楚。这些都制约了人们对玻璃等非晶材料的探索、设计、加工及工程应用。尽管如此,学者们还是陆续提出了许多玻璃微观结构的学说。对于常见的氧化物、硅酸盐等无机非金属玻璃,比较流行的有无规则网络等学说;对金属玻璃,主要有无规密堆等学说。这些学说或模型为我们了解玻璃结构奠定了基础。在实验方面,表征玻璃结构的技术手段目前主要有X射线衍射、电子衍射、同步辐射、中子散射及计算机模拟等。由于X射线衍射是理解玻璃结构的一个重要技术,故在介绍一些有影响的玻璃结构学说之前,我们首先简要介绍一下X射线衍射。

6.3.1　X射线衍射简介

在2.7.2节X射线晶体学部分,我们提到:因晶体中的原子呈周期性排列、堆垛紧密,Max Von Laue等科学家就把晶体当作天然光栅来判定X射线究竟是波还是粒子。后来,Bragg父子等用X射线测定了很多晶体的结构,如NaCl、硅酸盐晶体等。在此过程中,Bragg父子提出了著名的Bragg公式:

$$2d_{hkl}\sin\theta = n\lambda \tag{6-1}$$

式中,d_{hkl}为(hkl)晶面的面间距;θ为入射线与晶面的夹角(也叫衍射角或方位角);λ为X射线的波长,$n=1, 2, 3, \cdots$。

在粉末衍射法中,采用一定波长的X射线照射固定的晶体材料时,波长λ不变。对每一晶面族而言,总有某些小晶体,其(hkl)晶面族与入射线的方位角θ正好满足Bragg公式的条件而产生衍射和干涉。不同晶面族的衍射角θ不同。早期,人们采用胶片来接受多晶粉末衍射的X射线,如德拜法。不同(hkl)晶面族衍射的X射线在胶片上呈一系列同心圆。一个圆对应一个晶面族(hkl)。靠近圆心的圆为低角度衍射,远离圆心的为高角度衍射。现在,我们通常采用衍射仪而不用胶片。衍射仪将X射线的衍射强度I和衍射角θ转换为电信号,然后描绘出强度I随衍射角2θ变化的图谱。该图谱中有一系列衍射峰。一个强衍射峰对应一个晶面族(hkl)。

大晶粒有较多的晶胞数,且其缺陷越少、结晶越完整,则胶片上的衍射环宽度小而清晰,尤其是低角度的衍射更是如此。这主要是X射线在晶体中产生了较强的衍射。相反,晶体尺寸小,晶胞数减少,则衍射环宽度会变大且模糊,即发生了宽化。晶体缺陷多,也会引起衍射环宽化。而在衍射仪法中,窄而尖锐的衍射峰表明X射线在该衍射角和其对应晶面产生了较强的衍射,即晶面结晶完整、缺陷少。而不尖锐或宽化的衍射峰表明晶面结晶不完整、缺陷多。

6.3.2 结构的长程序和短程序

前文介绍了液体质点排列的无序性和晶体结构的有序性。大量原子组成的经典粒子系统,其有序性最明显地表现为位置序。这意味着不同地方的原子,其位置相互关联,而不是任意分布的,即原子的位置分布有规律。位置关联是指某个原子的位置确定后,它周围原子的位置不是任意的,而是确定的。若原子位置的关联范围达到无限大,则系统具有长程有序性(long range order)如晶体;若原子位置的关联范围仅限于邻近原子,则系统具有短程有序性(short range order)如液体;若所有质点的位置没有关联,而是随机分布的,则系统处于完全无序态,如气体。除了位置序外,材料结构的有序性还包括取向有序(如织构,见第10.9节)。

下面,我们来看玻璃结构的主要模型是如何通过实验数据建立起来的。

6.3.3 晶子假说的依据及不足

晶子假说(crystallite hypothesis)是苏联学者A. A. Lebedev于1921年提出的。Lebedev对硅酸盐玻璃进行加热和冷却,并测出玻璃在不同温度下的折射率,如图6.2所示。无论升温还是降温,当温度处于500～600℃之间时,玻璃的折射率都发生突变。而SiO_2是硅酸盐玻璃的成分之一。α-SiO_2与β-SiO_2的转变温度(573℃)处于上述折射率突变的温度范围。故Lebedev认为硅酸盐玻璃是尺寸极小的晶体(即晶子)之集合体。

随后,其他学者研究了不同成分的钠硅双组分玻璃($x\,Na_2O \cdot y\,SiO_2$)的X射线衍射曲线。结果表明,玻璃的这些曲线在低角度的第一主峰与石英晶体的特征峰相对应。但玻璃的第一主峰不那么尖锐,这说明结晶不完整或晶粒尺寸小而发生了宽化。第二主峰与偏硅酸钠晶体的特征峰相对应。随着钠硅玻璃中SiO_2质量分数的增加,第一主峰越明显,第二主峰越模糊。于是有学者认为钠硅双组分玻璃存在方石英和偏硅酸钠晶子。他们还把玻璃升温到400～800℃,再淬火、退火和保温。结果表明:玻璃的X射线衍射图不仅与成分有关,还与其制备工艺有关(图6.3)。温度升高、延长保温时间会使衍射曲线上的主峰变窄。这说明晶面在变得完整或晶子在长大。较完整的晶面和大晶粒对X射线的衍射增强。他们还推论出玻璃中方石英晶子的平均尺寸为1 nm。

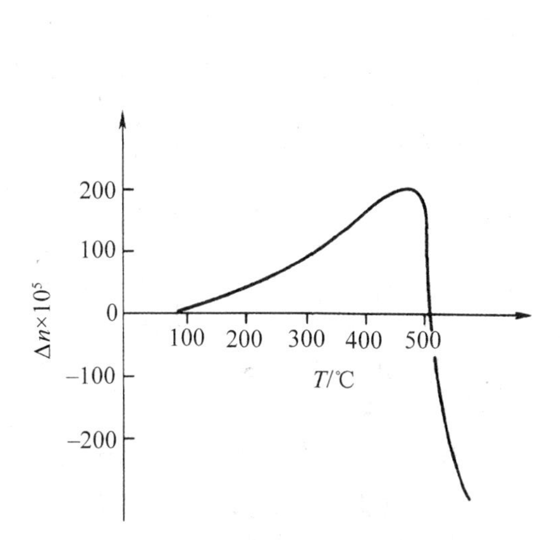

图6.2 硅酸盐玻璃折射率随温度变化曲线(引自宋晓岚,2006)

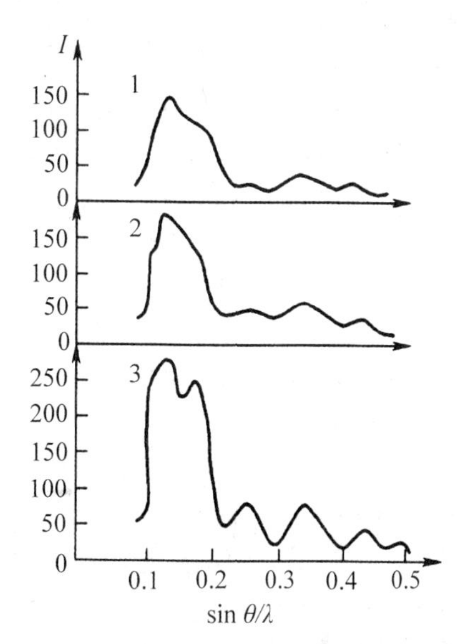

图6.3 $27Na_2O\cdot73SiO_2$ 玻璃的X射线衍射强度曲线(引自宋晓岚,2006)

1—未加热;2—在618℃保温1 h;3—在800℃保温10 min和670℃下保温20 h

后来,其他研究者又用红外光谱研究了石英玻璃和石英晶体。红外光谱的数据也表明玻璃态石英中存在有序区,也有结晶不完整区。

晶子假说的要点可概括为:硅酸盐玻璃由无数晶子组成;晶子是晶格极度变形的微小有序区域;晶子中心的质点排列较有规律,呈有序态;离晶子中心越远,则变形程度越大;晶子分散在无定形介质中;从晶子部分到无定形部分的过渡是逐步完成的,两者之间无明显界线;晶子可以是独立原子团或一定组成的化合物和固溶体等微观多相体;晶子的化学性质和数量取决于玻璃的化学组成,且与该玻璃物系的相平衡有关。

根据非晶衍射弥散环与晶态衍射环的衍射角相近的实验结果而提出的微晶模型,其基本思想与晶子模型一致。微晶模型认为大多数原子和其最近邻原子的相对位置与晶体完全相同,这些原子组成一到几个纳米的晶粒。长程序的消失主要是因为这些微晶的取向混乱和无规造成的。微晶模型认为玻璃的不均匀性是由两个结构不相同的区域(微晶区和晶界区)所致。晶子模型中的晶子不同于一般微晶,而是具有晶格变形的有序区。

晶子假说揭示了玻璃的局部不均匀性和近程有序性,描述了玻璃结构近程有序的特点。在Lebedev之后,采用X射线分析晶体结构的工作开始起飞,这一点,我们在第2章介绍过。在分析晶体结构的同时,许多学者也把X射线用于分析玻璃和液体的结构。他们得到的玻璃衍射图是一个或多个衍射环(胶片法),这与液体的X射线衍射图相似。尤其是在1930年,John Turton Randall(1905—1984年)等根据玻璃的X射线衍射数据认为 SiO_2 玻璃是由方石英晶体组成的;这些晶体的平均尺寸在15 Å左右。然而,由低角度第一个衍射环的数据计算出，玻璃中方石英晶体(111)面的晶面间距为 4.32 Å。这比普通大尺寸方石英(cristobalite)晶体(111)面的面间距 4.05 Å 要大 6.7%。

除此以外，晶子假说还与其他一些实验事实不符。方石英晶体在 200～300℃之间有明显的体积变化，而石英玻璃没有。石英玻璃在高温下保温不同时间，其中细小的方石英晶体将长大而且衍射环逐渐变窄。可是，事实并非如此。石英玻璃展宽的衍射环是突变成方石英衍射环的。根据晶子假设，石英玻璃衍射环的展宽应该与热处理过程和玻璃的起源有关。然而，事实是不同起源、不同热处理过程的玻璃，其 X 射线衍射环有同样的宽度。由于这些原因，认为玻璃是由极小晶体构成的晶子假说在当时就受到了严峻的考验。

总结一下晶子假说的不足：有序区尺寸太小、晶格变形严重；在晶子尺寸方面，采用 X 射线和电子、中子衍射都未能取得令人信服的结果；晶子的质量分数、化学组成还未得到合理的确定。后来提出的微晶模型也存在这些问题。比如，采用高分辨率电子显微镜，人们并没有在非晶材料中观察到微晶结构，这都说明微晶模型与实验不符。微晶模型还无法处理微晶的晶界，不能回答晶界原子如何分布。对于非晶合金用微晶模型计算出的平均径向分布函数(RDF)与实验 RDF 也不符合，故现在支持晶子假说、微晶模型的人很少。

6.3.4 无规则网络假说

在晶子假说不能很好地解释玻璃的 X 射线衍射数据之后，美籍挪威晶体学家 Fredrik William Houlder Zachariasen(1906—1979 年)在当时已有实验数据的基础上，经分析后，凭推测提出了无规网络假说(random network hypothesis)。Zachariasen 是我们在第 3 章提到的地球化学家 Goldschmidt 的博士生。博士毕业之后，Zachariasen 来到 William Lawrence Bragg 的实验室做博士后。在这里，他开始研究硅酸盐晶体结构。1930 年，Zachariasen 成为芝加哥大学的一员。1932 年，Zachariasen 以“The atomic arrangement in glass”为题名发表了他对玻璃结构的看法。在该文中，他根据当时已有数据推测了玻璃的形成能力和微观结构。这篇文章后来成为玻璃结构领域的经典之作。

那个时候，人们已经知道在较宽的温度范围内，玻璃的力学性质与同成分的晶体相当。有些成分的玻璃，其强度甚至超过相应的晶体。因此，Zachariasen 认为玻璃中原子的键合在本质上与晶体中一样，只是与晶体相比，玻璃中原子的位置有所偏离。当时，已有的玻璃 X 射线衍射数据显示衍射环有所展宽，因而玻璃中原子堆砌成的网络没有周期性和对称性。但原子的排布也不是完全随机的，因为原子不可能无限靠近。而且，玻璃中的原子在结构上是不等价的。但是，晶体不是这样。比如，NaCl 晶体中的所有 Na 原子周围的环境都是一样的，因此，每个 Na 原子在结构上是等价的。

从晶体结构的堆砌来看，氧化物晶体可看成是由氧多面体堆砌而成的，如[TiO_6]、[AlO_6]和[SiO_4]。根据玻璃有一定的析晶能力，但又并未很快析晶，Zachariasen 断定玻璃的内能略高于同成分的晶体。如果玻璃中的氧多面体与晶体不一样，则会使晶体的内能升高很多，这与玻璃的内能略高于晶体相矛盾。因此，结合玻璃中原子的键合在本质上与晶体中一样的假定，Zachariasen 认为玻璃与晶体有相同的氧多面体。比如，SiO_2 玻璃中的氧多面体应该是[SiO_4]，而不是[SiO_3]或[SiO_5]等，因为晶态 SiO_2 是由[SiO_4]堆砌成的。

氧多面体连接方式的不同会导致结构的不同，比如金红石、锐钛矿和板钛矿的化学式都是 TiO_2，但[TiO_6]连接方式的不同使 TiO_2 存在以上三种结构。由此，Zachariasen 认为玻璃和晶体中的氧多面体连接方式也应该不同。而且，在氧多面体连接的过程中，同号离子应尽可能相距较远。

那氧多面体究竟以何种方式才能堆砌成能量略高于晶体，又无周期性和对称性的结构呢？

Zachariasen首先以SiO_2做了简单解释。在晶态SiO_2中，共顶的[SiO_4]在整个晶体网络中的朝向是一致的，且所有Si—O—Si键角也一样。在玻璃态中，[SiO_4]的朝向发生较大的变化，Si—O—Si键角互不相同，接着他用二维的玻璃结构展示了这种不同。图6.4所示为AO型二维晶体的示意图。AO型不可能形成内能与晶体相当的二维玻璃，因为较低能量的氧多面体会堆砌成周期性的网络结构，而A_2O_3型却可以。图6.5(a)表示的是成分为A_2O_3的二维晶体构型，A为阳离子(一个A周围有三个O，一个O周围有两个A，故化学式为A_2O_3)。图6.5(b)为A_2O_3二维玻璃的无规则网络构型。根据图中的排列，他推测晶体和玻璃的内能相差不大。以上二维玻璃的形成方式同样适用于三维玻璃。

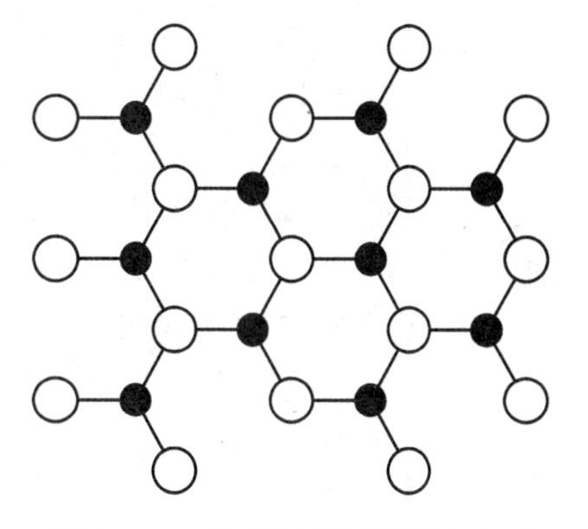

图6.4 二维AO晶体构型(空心球表示O，实心球表示A)(引自Zachariasen，1932)

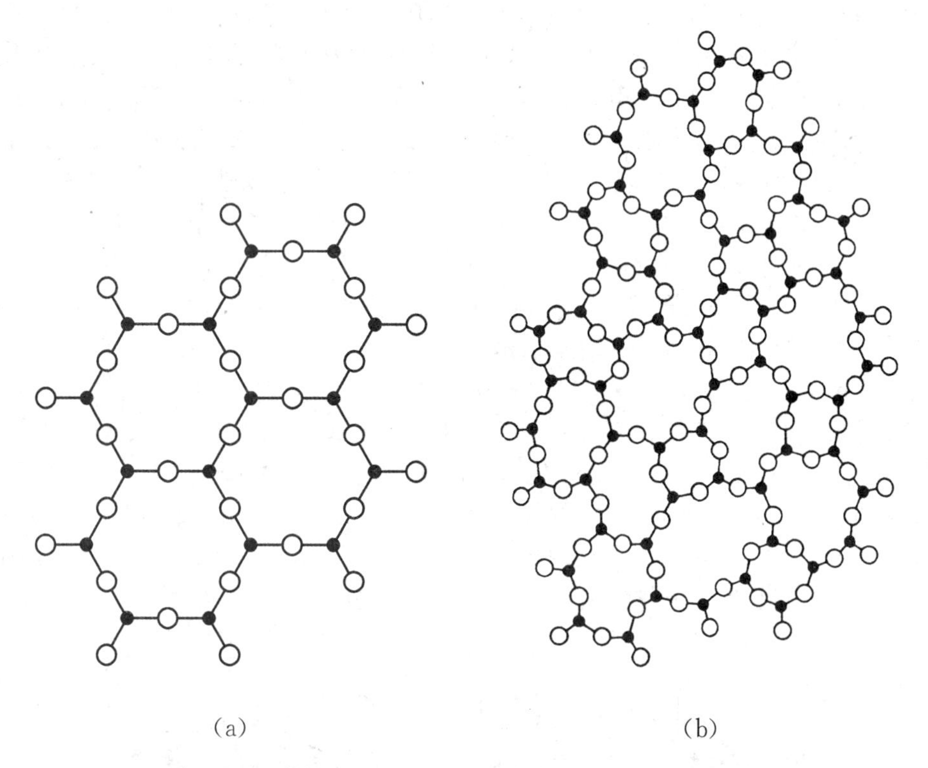

图6.5 (a)二维A_2O_3晶体构型；(b)二维A_2O_3玻璃构型(空心球表示O，实心球表示A)(引自Zachariasen，1932)

Zachariasen认为氧多面体要堆砌成能量略高于晶体、又无周期性和对称性的结构，需要满足一些规则：①与每个氧离子相连的阳离子数不超过两个；②中心A阳离子周围的氧的数量尽可能小；③氧多面体以共角顶方式连接；④每个氧多面体至少共用三个角顶。接下来，Zachariasen根据这些规则分析了哪些氧化物容易形成玻璃。根据分析，容易堆砌成无周期性、无对称性结构的是氧四面体和氧三角形。氧八面体和氧立方体等多面体则容易堆砌成周期性的结构。Zachariasen的玻璃结构要点可概括为：玻璃中原子的键合在本质上与晶体一样；玻璃与同成分的晶体有相同的多面体；玻璃的内能略高于同成分的晶体；多面体堆积成无周期性、无对称性的无规则网络结构则成为玻璃，反之则为晶体。

虽然 Zachariasen 提出了玻璃结构是由氧多面体堆砌成的无规则网络的假设，但还需要由实验来证实。这时，麻省理工学院(MIT)的 Bertram Eugene Warren(1902—1991 年)提出了他的观点，他是杰出而且长寿的晶体学家之一。

6.3.5 Warren 的实验及观点

1. Warren 对玻璃结构的看法

1927 年 William Lawrence Bragg 来到 MIT 做了四个月访问学者。其间，Warren 被选为 Bragg 的助手。他们在一起研究了透辉石(diopside)的晶体结构，这是第一个得到研究的链状硅酸盐晶体。两年后，Warren 来到英国，在 Bragg 的实验室学习了一段时间。在那里，他还遇到了 Zachariasen。1930 年，Warren 回到 MIT。在没有找到真正的研究兴趣之前，他继续从事硅酸盐晶体结构的研究。但 Zachariasen 关于玻璃结构的那篇文章发表后，他感到这是一个机会，因为他研究过硅酸盐晶体，对它们的结构比较熟悉。可见，机会是给有准备的人的。并且 Debye 曾用 X 射线研究过气体，而其他人用它研究过液体，因而用 X 射线研究像玻璃一样的非晶体是可行的。于是，Warren 开始用 X 射线研究玻璃结构。事实上，在 Warren 之前，也有不少人把 X 射线用于玻璃结构的研究，如前述的 John Turton Randall 等。但他们都很少去对衍射数据做仔细分析，或者分析的结论不能很好地解释玻璃的一些行为及事实。因此，Warren 将其作为研究兴趣进行了多年的研究。结果，他在该领域发表了多篇关于玻璃结构的论文，取得了丰硕的成果。

我们先来看看方石英晶体的基本情况(图 3.36 做过介绍)。β-方石英(β- cristobalite)是高温稳定型晶体，密度为 2.17 g/cm^3。α-方石英的密度为 2.32 g/cm^3。β-方石英与 α-方石英在 200～270℃之间会发生转变，转变时有明显的体积变化。这个变化是影响晶子假说成立的事实之一。β-方石英为立方晶系，其空间群 Fd$\bar{3}$m，面心立方点阵，$a=b=c=7.16$ Å，$Z=8$，原子坐标为 Si(0.000，0.000，0.000)，O(0.125，0.125，0.125)。β-方石英晶体中 Si—O—Si 键角为 180°。石英玻璃在 1 000℃以上会转变成 β-方石英。

图 6.6 为石英玻璃和 β-方石英晶体在胶片上的 X 射线衍射花样。图 6.6(a)表明石英玻璃在低角度靠近中心的衍射环较宽且模糊。该衍射环对应的衍射角与方石英晶体第一个衍射环的角度几乎一致。方石英第一个衍射环对应其(111)面。方石英的衍射环窄而且清晰，即方石英(111)面对 X 射线产生了较强的衍射。由于石英玻璃低角度的衍射环与方石英(111)面

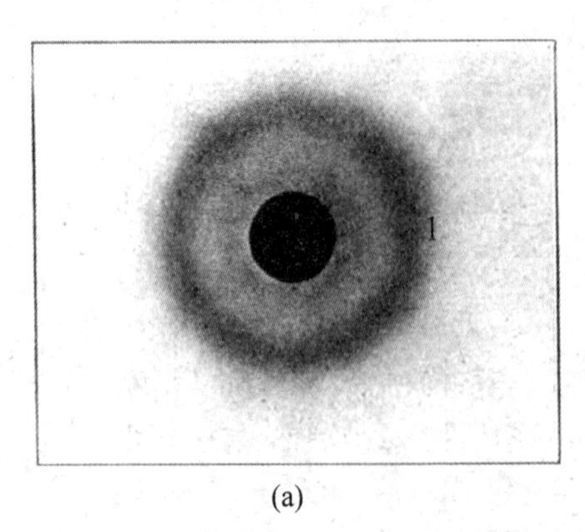

(a)

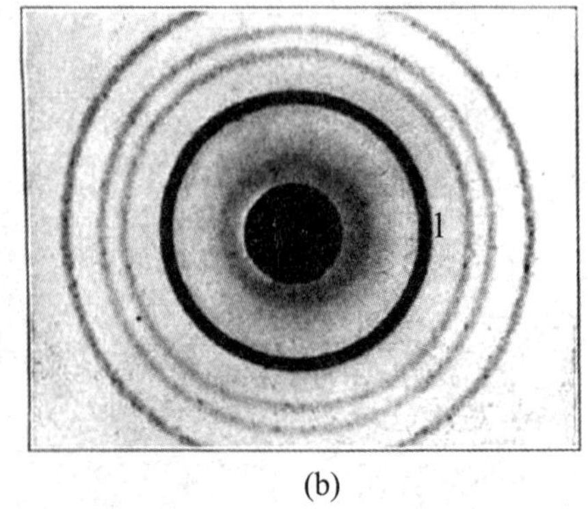

(b)

图 6.6 X 射线衍射花样(两个图中的衍射环 1 的角度相对应)(引自 Warren，1934)

(a)石英玻璃；(b)方石英

衍射环几乎一致，晶子假说以此认为玻璃由极细方石英晶体组成。但 Warren 根据实验数据做了反驳。

从晶胞角度来看，方石英晶体是由其晶胞有规律重复堆砌而成的；从配位多面体角度来看，方石英晶体则是以[SiO_4]按一定规律堆砌而成。由于晶体具有周期性和对称性，因此在方石英晶体中，以某一原子为原点，则该原子最近邻原子的数目即配位数是一定的，而且原点处的原子与所有配位原子的距离是一样的。这种情况也适用于次近邻、再次近邻等情形。如图 6.7 所示，以 *A* 处 Si 原子为原点，其最近邻有四个氧，即 Si 的配位数为 4，形成[SiO_4]多面体（图 6.7 是二维形式）。该 Si 原子与 4 个配位数的距离，即键长是相同的。在硅酸盐晶体中，这个平均键长为 1.60 Å。若以 Si—O 键长为半径画一个球，则这四个 O 皆位于球面，即图中第 1 圈层。次近邻（第 2 圈层）有 4 个 Si 原子，原点处的 Si 与这 4 个 Si 原子的距离也相同。以此类推。若以 O 原子为原点，也有类似结果。总之，在晶体中，与某一原子相距一定距离之处一定有确定的其他原子，而且这些原子的数目也是确定的。我们知道，晶体有许多在结构上等价或等效的原子。以其中任意一个为原点，在距离原点相同位置的地方，都可找到相同数目和种类的原子。请读者在图 6.7 中来检查一下是不是这样，其中所有实心球在位置上是等效的，空心球也如此（这也是我们在 6.3.2 节叙述的位置序）。

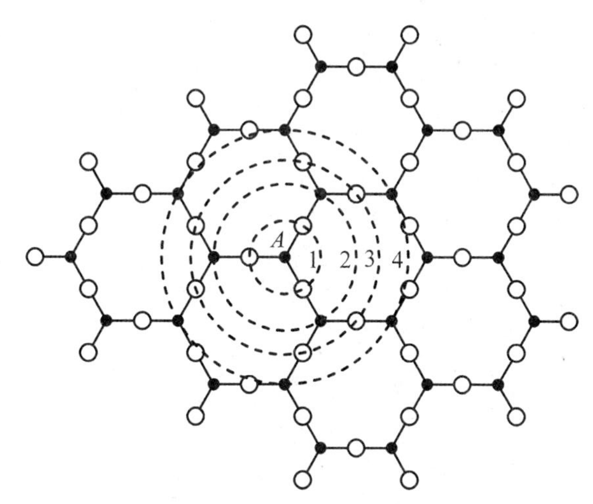

图 6.7　二维理想晶体中离选定原子不同距离的原子分布情况示意图

在玻璃结构的研究中，也可采用类似方法考察离开某一原子不同距离处的原子配位情况。Warren 根据衍射数据得出石英玻璃中，Si 原子与最近邻 O 原子的距离为 1.62 Å。这与硅酸盐晶体中 Si—O 平均键长 1.60 Å 非常接近。他还计算出 Si 原子的配位数为 4.33，这也与[SiO_4]中 Si 的配位数 4 接近。但随着离选定原子越远（距离大于 6.0 Å），在不同距离处出现的原子数就取决于[SiO_4]的朝向，表现为越来越分散。或者说离选定原子越远，原子随机分布的概率增加，而不像晶体中那么确定。为什么呢？比如，设图 6.5(b)为石英玻璃的二维示意图，实心球是 Si 原子。以任意一个 Si 为原点，其最近邻有 4 个 O，Si—O 键长与硅酸盐晶体中的平均键长接近。但离此原点 Si 原子越远，键长和其他原子的数目就不像图 6.7 中所示的那么确定了。不同地方的 Si—O—Si 键角也有所不同。以任意一个 Si 为原点，在距离原点相同位置的地方，找到的原子数目也是不同的。这也说明了玻璃中的原子在结构上是不等价的。

这种不等价是 Zachariasen 无规则网络假说的一个内容。以上这种离指定原子一定距离处的原子配位情况常用径向分布函数来表示。请读者查阅资料深入了解。

Warren 在做了上述分析后，又重新审视了晶子假说。图 6.8 展示了衍射强度随衍射角度的变化曲线。它与图 6.6 是一致的，只是表现方式不同。SiO_2 玻璃的衍射峰与方石英的低角度第一个特征峰相对应。晶体尺寸小，则晶胞数减少，这会使衍射峰产生持续地展宽。若 SiO_2 玻璃中有足够小的方石英晶体，那么方石英的衍射峰会展宽成 SiO_2 玻璃的衍射峰，这即是晶子假说所坚持的。

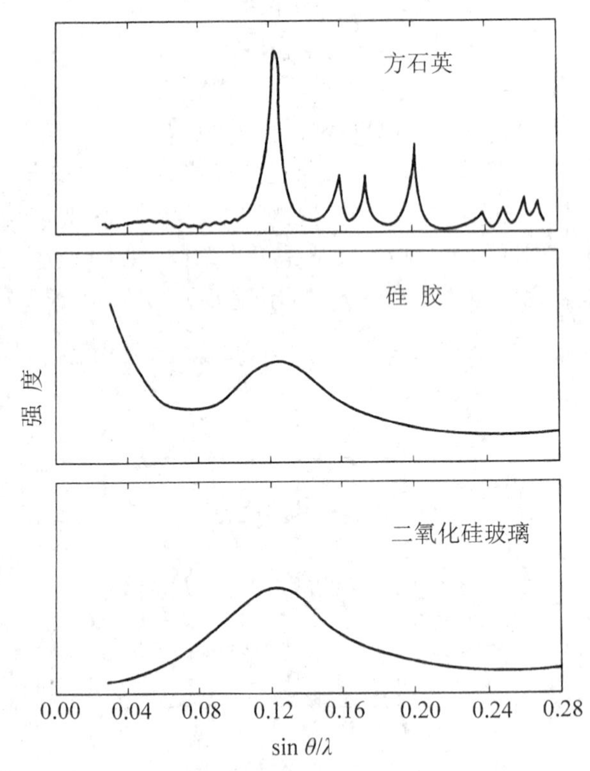

图 6.8 方石英、硅胶和二氧化硅的 X 射线衍射图(引自 Warren, 1938)

假设 SiO_2 玻璃展宽的衍射峰(或衍射环)是由其中极细的方石英晶体产生的。Warren 由此计算出这种极细晶体的尺寸为 7.70 Å。而 β-方石英晶体的晶格常数为 7.16 Å，这也是 β-方石英晶体的晶胞尺寸。由此可见，如果 SiO_2 玻璃中有晶体的话，其尺寸与晶胞尺寸相当。我们在第 2 章已经学习到，晶体是由晶胞在三维空间有规律重复堆砌而成的。在晶胞尺度上来谈论晶体已使晶体的定义失去了意义。也就是说，叫一个晶胞为晶体，有点勉强。

再一点，玻璃中这些极小的晶体是如何结合在一起的。这些晶体之间有中断吗，或是连续键合在一起而无空缺？玻璃是像鹅卵石装在桶中，还是像水装在桶中？这可由图 6.8 所示的衍射图来回答。

硅胶的主要衍射峰与玻璃和方石英大约处于同一衍射角。但是，硅胶有非常强的小角度散射，玻璃没有。小角度散射说明硅胶中存在 10～100 Å 大小的不连续颗粒。这些不连续颗粒之间有中断或空缺现象。玻璃与晶体没有小角度散射的现象表明玻璃与晶体一样，其中的键合在本质上是连续的，没有中断和空缺。这也与晶子假说中的“局部不均匀性”相矛盾。

总结一下Warren的结论。在玻璃和方石英晶体中，每个原子的最近邻配位数是一样的。假如我们小到可以坐在其中一个Si原子上，我们只能看到该Si原子的最近邻和次近邻原子，此时的我们不清楚我们是在玻璃还是晶体中。玻璃结构是连续的，键合没有中断和空缺。即使玻璃中有方石英晶体，就晶体尺寸和连接两个分立晶体的非晶层厚度来说，此晶体也只限于极小的区域，而且其尺寸大小不会超过8 Å。在这些极小的区域内，玻璃结构是有序的。在较大范围内，玻璃结构并不以晶体的规则形式存在，而是其中的[SiO_4]无规则随机堆砌而成，即结构呈远程无序。

Warren等还研究了硅酸盐、GeO_2和BeF_2玻璃的结构。他们的实验表明，在这些玻璃中，也分别存在[SiO_4]、[GeO_4]、[BeF_4]等配位多面体形成的无规则网络。因此，Warren的实验数据肯定了Zachariasen的无规则网络假说。有了Warren的实验和结论后，玻璃结构是由晶子组成还是无规则网络形成的争论才暂时平息下来。请读者进一步考察一下Warren的实验数据，看看你赞成哪个假说。或者你可以根据这些数据提出一个新的假说。

2. 无规则网络假说的改进

无规则网络假说强调了玻璃中原子、多面体相互排列的均匀性、连续性和无序性等。这些结构特征可在玻璃的各向同性、内部性质的均匀性、无固定熔点及性质随成分改变的连续性方面得到反映。因此，在Warren开创性工作后的几十年间，玻璃一直被认为是均质材料。而无规则网络假说则被广泛接受为玻璃结构的最好模型。

随着实验技术的发展和对玻璃结构研究的深入，科学家们发现了玻璃结构中确实存在不均匀现象。当然这种不均匀与晶子假说的不均匀有所不同。采用电子显微镜，科学家们发现在三十到几百埃内，玻璃存在亚微观结构。这种亚微观结构是许多玻璃系统，如硅酸盐玻璃、硼酸盐玻璃等的一个特征。比如，把质量分数为75%(下同)的SiO_2、20%的B_2O_3、5%的Na_2O熔融成型为玻璃，再在500～600℃下进行热处理。结果表明玻璃分成了两个不同的相，其中一相几乎是纯SiO_2，另一相则富含B_2O_3和Na_2O。这种亚微观结构即为相分离的结果。所谓相分离，简单说就是在高温时液相是均匀的，降温冷却时，液相分成两个或多个液相区(请参阅9.7.3节)。鉴于此，无规则网络假说修正了其观点以接受相分离带来的微不均匀性：玻璃结构存在多种形式的无规则网络。

晶子假说和无规则网络假说主要针对的是当时比较普遍的玻璃，如硅酸盐玻璃。这种玻璃中存在SiO_2，而且[SiO_4]呈无规则连接。根据3.12.6节的介绍，我们可知：在这种结构中，原子间的共价键作用导致原子的堆积不是最紧密的。这种非最紧密堆积在共价晶体及其玻璃中都存在。金属玻璃出现以后，无规则网络假说就不怎么适用了，因为金属原子间大多以金属键结合在一起。金属键无方向性和饱和性，因此，为使系统能量达到最低，金属原子往往要堆积到尽可能紧密的程度。这就需要新的模型来说明金属玻璃微观结构与性能的关系。

6.3.6　金属玻璃的无规密堆模型

1. 硬球无规密堆

在第2章，我们已经介绍过Kepler、Hooke和Huygens等曾用球或椭球，Haüy(1743—1822年)用整体分子的堆积来理解晶体的构成，尤其是为什么它们会形成棱、角及平整的面。后来，科学家们把原子当作硬球来处理晶体内部的结构。这些硬球原子的最紧密堆积产生了面心立方和密排六方的晶体结构，堆积系数达到 0.74。这是长程有序的规则堆积。如果要产生没有长程序的结构，原子又该做何种形式的堆积呢？

1959 年，英国晶体学家 John Desmond Bernal(1901—1971 年)为阐述液体的结构提出了硬球无规密堆模型(random dense packing model)。为了获得无规密堆，Bernal 制作了许多模型来进行研究，如球杆模型、橡皮泥球体的压结、大量滚珠的堆集。他还将钢球装入内壁不平的(避免球有序排列)容器中，然后采用挤压、摇晃等方法使球占有的体积最小，以达到密堆状态。再注入蜡或胶把所有硬球固定，并测量球心的坐标，这样可得到一组无规密堆结构的原子组态。

Bernal 提出的硬球无规密堆模型把原子看成等径的硬球。这些硬球如果不接触，相互作用势能为零；硬球一接触则势能为无穷大，即硬球不可被压缩。液体结构由这些硬球无规则地堆积而成。这种堆积使液体的结构均匀、连续而且致密，密度达到最大可能值。模型中没有可以容纳一个硬球的空洞。无规密堆模型能详细描述液体组成粒子的几何平均位置，得到的径向分布函数(RDF)与实验中的真实结构吻合得很好。后来，在研究非晶合金结构时，人们大都以此为出发点，其根本思路从未改变过。

2. 无规密堆模型的主要特征

(1) 从多面体的堆积来看，无规密堆模型由五种多面体组成，这些多面体简称为 Bernal 多面体，如图 6.9 所示。多面体顶点为球心位置，各面是等边三角形。各多面体靠这些三角形连接在一起。在无规密堆模型中，各多面体所占的数量百分率和体积百分率列于表 6.1 中。在等径球堆积成的面心立方和密排六方晶体结构中，只有正四面体和八面体，而且四面体和八面体的数量比为 2∶1。在无规密堆模型中，四面体的数量和体积都大。因此从多面体堆积角度看，四面体是金属玻璃的主要结构单元，它是一种短程局域密堆结构。

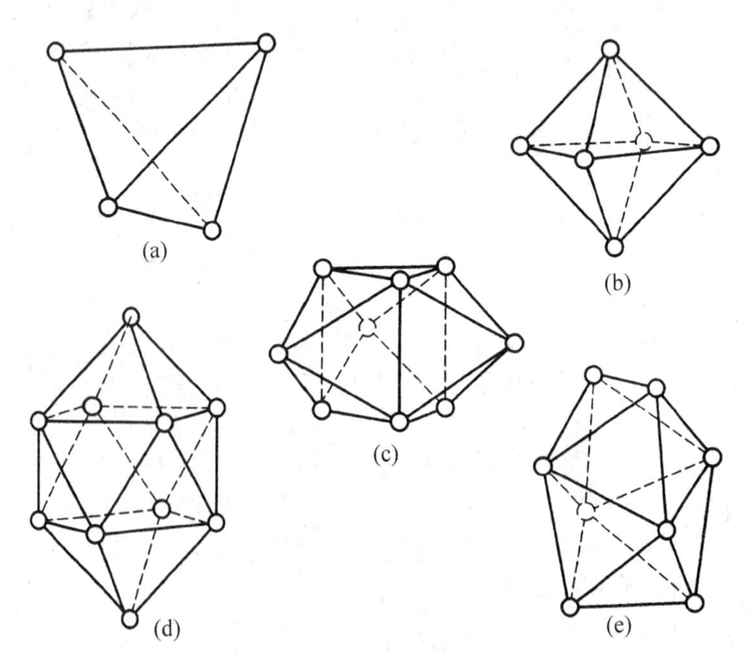

图 6.9 等径球堆积成的五种 Bernal 多面体(引自汪卫华，2013)

(a)四面体；(b)正八面体；(c)三角棱柱；(d)Archimedes 反棱柱；(e)四角十二面体

表 6.1　无规密堆模型中各多面体的数量和体积百分率(引自汪卫华,2013)

多面体类型	数量百分率	体积百分率
四面体	73%	48.4%
八面体	20.3%	26.9%
三角棱柱	3.2%	7.8%
Archimedes 反棱柱	0.4%	2.1%
四角十二面体	3.1%	14.8%

(2) 只有在三维空间才能做无规密堆,因为二维空间的局域密堆是三角形。而三角形密排的结构是六边形单元,这会导致晶体排列。在三维空间的局域密堆由四面体构成。四面体是具有五次旋转对称的结构单元,不能形成长程序晶体结构。

(3) 硬球无规密堆的堆积密度约为 0.64,它低于晶体的面心立方密堆和六方密堆的密度值 0.74。这表明无规密堆不是真正的密堆,而是一种主要由四面体构成的局域密堆。尽管是一种亚稳排列,但无规密堆在位形空间对应的局域能量极小。无规密堆要转变成晶态密堆需拆散其构形再重新排列,故非晶合金虽然是亚稳态,但还是能长期稳定存在。

根据无规密堆模型我们可通过计算得到金属玻璃的径向分布函数(RDF)、密度和平均最近邻原子数等。这些结构和性质与实际测定的结果基本一致。但是,定量的比较表明这一模型与实验结果还是有些差异,因为无规密堆是等径球堆积的模型,而且不考虑球之间的作用等因素。经过修正,该模型用于金属与类金属组成的非晶合金时(这类合金的结构由两种半径不同的硬球无规密堆而成),计算结果与实测值更加接近。当类金属原子的半径较大、数量较多时,无规密堆模型还是显示其不足的一面。这是由于模型中的间隙尺寸和总间隙体积是有限的。类金属(metalloid)元素主要是指 B、Si、Ge、As、Sb、Te 等元素。

3. 金属玻璃中的无规则网络

金属原子的无规密堆会产生五种 Bernal 多面体。而早先 Zachariasen 提出的无规则网络假说就指出玻璃结构是由多面体无规则连接而成的。于是,无规则网络假说也用于理解一些金属玻璃的结构,尤其是金属与类金属组成的玻璃。这种玻璃可以用有一定畸变的三角棱柱体组成的无规网络来描述。其中,金属原子组成三角棱柱体,类金属填充于棱柱体内。这样,原子之间仍然形成紧密堆积。用这种无规则网络模型比用无规密堆模型更能准确地反映类金属元素较多的金属玻璃,如$(Ru_{84}Zr_{16})_{1-x}B_x$($x$=40%～53%)。王文采等用 X 射线 K 吸收谱的方法研究了Fe_xGe_{1-x}非晶薄膜的短程结构。他们发现当 x<20%时,Fe_xGe_{1-x}非晶薄膜的短程序结构与非晶 Ge 的四面体网络十分类似。当 x=28.5%时,Fe_xGe_{1-x}非晶薄膜的短程序结构明显偏离非晶 Ge 的四面体网络,而向配位数增大的密堆结构变化。

在初步了解了玻璃的结构以后,我们再来看看玻璃化转变的实质。

6.3.7 玻璃化转变的实质

液体在结构上呈无序性,其质点是非定域性的(没有固定在某个确定位置)、质点间的相对位置无关联性;而晶体在结构上呈有序性,其质点是定域性的(固定在某个确定位置)、质点间的相对位置相互关联。因而,液体在结晶时存在两种类型的转变:结构从无序向有序转变、质点从非定域性向定域性转变。而且,这两种转变是耦合在一起同时实现的。

玻璃在结构上是无序的,这与液体相似;但玻璃的质点却是定域性的,这与晶体相似。故液体在发生玻璃化转变的过程中,只实现了质点从非定域性向定域性的转变,其结构无序化仍然保留着。这即是液体玻璃化转变的实质。

6.3.8 玻璃及非晶结构小结

前述几种玻璃结构模型不仅能说明玻璃结构与性能的一些联系，在一定程度上也适用于其他非晶体。随着对玻璃和非晶体结构研究的深入，人们发现非晶体的结构远比晶体要复杂，因为这种结构与组成、工艺等诸多因素有关。而且，非晶合金的径向分布函数并不能完全表征出非晶的结构特征，比如，在 1～2 nm 内，往往具有局部立方对称的不均匀类晶体结构。这种类晶体结构的径向分布函数居然能完全和无序密堆的非晶结构重合。由此可见，无序密堆模型所表征的结构可能不是实际体系中的结构，而只是非晶态结构的一类。因此，有许多人提出了其他一些模型来说明玻璃等非晶体的结构。但到目前为止，还没有一个非常完善、准确的模型来描述非晶体，尤其是非晶合金的结构。

尽管如此，各种模型都认为非晶体的微观结构是近程有序的，但这些有序区的排布不像晶体那样有周期性。而且，有序区的长程排布是无序且不连续的，即长程无序。因此，从整体上说非晶体是均匀、各向同性的。但从一个局域有序区过渡到另一个局域有序区的化学成分可能有所不同，这导致微观上的不均匀性，所以非晶体是有序和无序、连续和不连续、均匀和不均匀的矛盾统一体。在材料和凝聚态物理学科，非晶体或无定形固体(amorphous solid)是指质点排列不具有长程序的固体。而具有玻璃化转变的非晶体为玻璃。

为认识玻璃结构，一些学者提出研究玻璃应与研究晶体的结构或气体类似，首先研究"理想玻璃"。无缺陷的理想玻璃才具有玻璃的固有属性。从理想玻璃到实际玻璃的思路给玻璃结构的研究带来了新的启示。理想玻璃的结构完全均匀，没有潜在的流变单元。获得理想玻璃是非晶态物理领域的研究目标之一。但至今仍然没有非常确切的实验数据表明能获得理想玻璃。是否存在或是否能得到理想玻璃是长期以来，学术界一直争论不休的一个问题。

如今，非晶结构的研究是材料和凝聚态物理领域的热点和难题。随着实验技术的进步、计算机模拟和实验的相结合，人们对非晶结构这一复杂体系的认知将会有更大的进展和突破。这其中可能也会有读者朋友的贡献。那么，通过哪些方法，我们可获得常见的玻璃或非晶体?

6.4 玻璃及非晶体的形成方法

目前，形成玻璃及非晶体的方法有多种。以物质的液态、气态和固态为起点，我们都可以获得玻璃态或非晶态的材料。

6.4.1 熔融冷却法

熔融冷却法是传统玻璃，也是目前玻璃工业大量采用的方法。该方法将配合料熔融，然后急冷。在急冷条件下，液体来不及结晶而获得玻璃。常规急冷获得的玻璃有硅酸盐玻璃、硼酸盐玻璃、氧化物玻璃等。常规急冷在工业生产中的冷却速度大约在 40～60℃/h 之间，实验室样品急冷可达 1～10 K/h。对那些黏度很小而容易结晶的液体(如金属)来说，这种冷却速度太小。要使黏度很小的液体形成玻璃，必须采用更大的冷却速度。

1960 年，美国加州理工学院的 Pol Duwez(1907—1984 年)研究组，在实验室采用泼溅淬火(splat quenching)技术时，将液滴泼溅到热导率极高的冷板上。结果，他们首次将 $Au_{75}Si_{25}$ 合金制成了玻璃态。在此过程中，冷却速度达到了 10^6 K/s。该方法开创了金属玻璃的新纪元。后来，人们又开发了熔态旋淬技术(melt spining)。熔态旋淬是将熔融合金喷注在高速旋转的冷金属圆筒上，形成金属玻璃的薄带，再以 1 000 m/min 的速度将薄带甩出而获得玻璃。这种方法使金属玻璃得以工业化生产。此外，人们还发展出了激光玻璃化技术。它是用激光产生快速熔化和淬火，冷却速度可达 $10^{10}\sim10^{12}$ K/s。目前，除了少数金属元素外，几乎所有元素和化合物都可以用熔融冷却法制备出玻璃。按此设想，只要冷却速度足够大，所有的液体都可形成玻璃态。

6.4.2 溶胶-凝胶法

采用溶胶-凝胶法(sol-gel)制备的玻璃常被戏称为"来自瓶子里的玻璃"。这主要是因为它是在低温下的玻璃器皿里制得，而且所需温度比传统的熔融冷却法低得多。早在1940年代，sol-gel就已用来制备氧化物涂层。1959年，人们开始采用此方法大规模生产汽车后视镜(成分为 $TiO_2-SiO_2-TiO_2$)。1964年，人们又用该方法来生产抗反射涂层(成分为 $TiO_2/SiO_2-TiO_2-SiO_2$)。

sol-gel法的原理主要是利用Si、Ti、Zr等金属的醇化物通过水解先形成溶胶，再通过缩聚将溶胶变成凝胶，然后除去凝胶中的有机物和水分等物质，最后在较低温度下(400～600℃)煅烧成玻璃。比如，采用sol-gel法制备石英玻璃。将 $Si(OCH_3)_4$ 在碱性催化剂作用下水解形成溶胶，调节pH值形成凝胶，在此过程中，凝胶形成块、膜或纤维等形状的材料。再经热处理获得石英玻璃。其基本化学反应式如下：

$$Si(OCH_3)_4 + 4H_2O \longrightarrow Si(OH)_4 + 4\,CH_3OH \tag{6-2}$$

$$Si(OH)_4 \longrightarrow SiO_2 + 2H_2O \tag{6-3}$$

随着微电子学器件的发展，sol-gel法也逐步用来制备玻璃光栅膜、玻璃表面的镀膜和非线性光学材料等。

6.4.3 气相沉积法

气相沉积法主要有化学气相沉积(CVD)和物理气相沉积(PVD)两种方式。CVD法是在沉积室先将原料气化成气体，或者是直接将气体输入沉积室。再通过气体原料的热分解或气体之间、气体与基板之间的化学反应来获得玻璃或非晶材料。在非晶制造领域，该方法主要用于光纤预制棒和非晶薄膜等材料的制备。在 SiO_2 玻璃光纤预制棒的制造中，$SiCl_4$ 液体首先被气化。在 O_2 和 H_2 载体的作用下，$SiCl_4$、O_2 和 N_2 被导入1 400～1 800℃的石英玻璃反应管中。石英玻璃粉在反应管内壁沉积下来。沉积完后，石英玻璃粉经高温加热形成石英玻璃预制棒。

PVD法是将物质蒸发或使表面原子受到轰击产生溅射。蒸发或溅射出的原子在基底表面沉积成非晶态。整个过程没有化学反应的发生。

CVD和PVD法是非常重要的一种材料制备技术。它们不仅用在非晶材料上，还常常用在分子束外延生长等薄膜材料的制备上。

6.4.4 固相法

人们也可从固体材料出发获得非晶体。比如，我们在上一章介绍过粉体的表面原子有一定的混乱度。无定形模型就认为粉体表层是无定形结构，即非晶态结构。无机材料工业中的粉体大多采用粉碎的方法来制备。在粉碎的过程中，粉体表层受到反复的挤压、研磨等作用。同时，表面原子增多、表面结构的有序程度越来越小，最后表层逐渐达到非晶质化。除了机械作用力外，辐照、冲击波等也会使原子的排列混乱而形成非晶体。从理论上讲任何物质都可有非晶态固体。那么，物质在什么条件下容易形成玻璃呢？

6.5 玻璃的形成条件

6.5.1 热力学条件

Zachariasen在提出无规则网络假说时，就已注意到玻璃具有或多或少的脱玻化(devitrify)倾向。但玻璃的脱玻化并不快。因此，他认为玻璃的内能略高于同成分的晶体。

从热力学观点来看，熔体在析晶过程中的内能随温度的变化关系与图 6.1 所示的体积随温度的变化相似。可见，玻璃具有过剩内能，处于较高能量状态。因此，玻璃必然有向低能量状态转变的趋势及脱玻化或析晶的倾向。

玻璃与同组成的晶体相比，能量越高，则析晶的倾向越明显；反之，析晶较难。这也是 Zachariasen 无规则网络假说的一个前提。比如，他认为 SiO_2 玻璃中的氧多面体应该是 $[SiO_4]$，而不是 $[SiO_3]$ 或 $[SiO_5]$ 等。这其中的一个原因就是若玻璃网络由 $[SiO_3]$ 或 $[SiO_5]$ 等构成，则会导致玻璃系统的能量升高很多，容易析晶而不易形成玻璃。仅当能量略高于同成分的晶体时，SiO_2 才易形成玻璃。正因为 Zachariasen 认为玻璃比同成分晶体的内能略高，他才进一步假定玻璃网络中原子的键合、多面体构成与晶体中一样。玻璃与晶体之间仅仅是多面体排列不同。结合其他因素，Zachariasen 提出了玻璃结构的无规则网络假说。

今天，我们用更严格的化学势概念来表述的话，玻璃及其他非晶体材料的化学势比同组分晶体的化学势要大，即玻璃或非晶体处于亚稳态(metastable state)。玻璃与晶体间的化学势之差为玻璃析晶的推动力。推动力越大，形成的玻璃越不稳定，越易析晶。利用非晶体处于亚稳态而具有析晶倾向的原理，1990 年代初，中科院金属研究所卢柯研究员提出了纳米晶材料的一种制备方法——非晶晶化法(nanocrystallization of amorphous solids)。非晶晶化法的思路主要是：首先制备出非晶体，然后在适当的条件下进行热处理，使其结晶，从而获得纳米晶。非晶晶化法的优点主要有：工艺简单易控制、可获得无空隙的纳米晶材料等。如今，非晶晶化法已获得了国际纳米材料界的认可。

由上述可见，要形成玻璃，析晶推动力要小，形成的玻璃才能较稳定地存在。然而，一个物质的玻璃态与晶态的化学势之差究竟要多小，才容易形成玻璃，超过这个差值就容易析晶，却没有明确的数值来衡量。因此，用内能差或化学势之差来判断物质形成玻璃的能力是很困难的。

热力学条件主要解决形成玻璃的可能性。虽然玻璃的能量总是高于同成分晶体的能量，但玻璃的转变仍需越过一个势垒才能析晶。很高的势垒导致玻璃转变为晶体的速率很小，从而有利于玻璃的形成或维持。这也是我们通常见到的窗玻璃用了很多年，直到它完成其使命都没有析晶之故。而要从转变速率来分析玻璃的形成则是动力学要解决的问题。

6.5.2 动力学条件

1. Tammann 的观点

根据 Zachariasen 的观点和相关实验事实，物质可以在晶态和非晶态(或玻璃态)之间相互转变。若要使某物质形成玻璃或非晶态，则要阻止原子堆砌成具有长程序的晶体。

物质在从液态降温形成玻璃态的过程中，若要形成晶体，则在大多数情况下，首先要由数量极少的质点聚集成晶核。然后，其他质点通过扩散向晶核聚集而堆砌成较大的晶体。所以，晶体的形成有两个主要过程：晶核的形成、晶核的生长。液体要形成玻璃，首先要阻止晶核的形成，其次要阻止晶核的生长。以上是冶金学家 Gustav Tammann(1861—1938 年)的主要观点。他认为物质的结晶过程由形核速率 I_v 和晶核生长速率 u 所决定。I_v 和 u 都与液体的过冷度 ΔT 有关，而且都在某个过冷度时有极大值。I_v 和 u 与过冷度的关系如图 6.10 所示。过冷度 ΔT 为理论结晶温度(熔点 T_m)与实际结晶温度 T 之差 $\Delta T = T_m - T$。

若形核速率与生长速率的极大值所处的温度范围很靠近，如图 6.10(a)所示，则形核和核的生长都比较容易，熔体易析晶而不易形成玻璃。

若形核和核生长所需的最佳温度条件相隔较远，如图 6.10(b)所示，则当过冷度 ΔT 较小

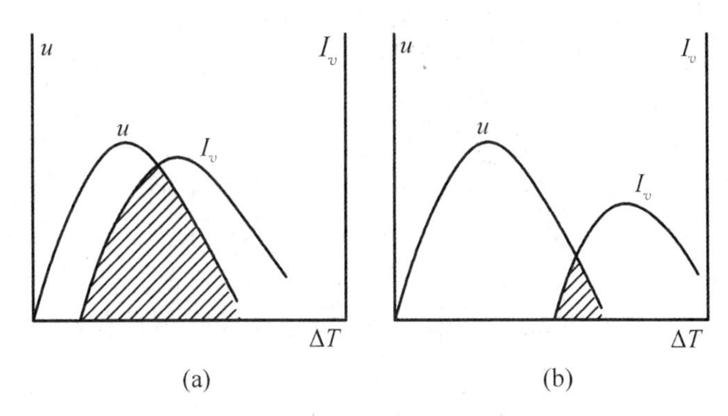

图6.10 形核速率 I_v、晶核生长速率 u 与过冷度 ΔT 的关系示意图
(引自陆佩文,1991)

时,温度处于生长速率较大的区间。此时,只有少量晶核形成。由于生长速率较大,故这些少量晶核会长大成晶体。而过冷度 ΔT 较大时,温度处于形核速率较大的区间。此时,形核速率较大,但生长速率较小,因此,产生的核不易长大而形成晶体,却易形成玻璃。通常将 I_v 和 u 曲线的重叠区称为玻璃不易形成区。重叠区越大越不利于玻璃的形成。

如果熔体在玻璃化转变温度 T_g 附近具有很大的黏度,则原子的扩散阻力很大,故形核速率,尤其是生长速率的阻力很大。这时,熔体易形成玻璃。因此,熔体是析晶还是形成玻璃与其过冷度、黏度、形核速率与生长速率有关系。

读者可能已经注意到,我们在分析图6.10(b)时提到:当熔体温度降低到生长速率最大区间的附近时,形核速率很小,但还是有少量晶核形成。此时,若我们慢慢冷却熔体,则熔体在此温度区间的时间会很长。这些少量的晶核仍会长大形成晶体。所以,要使熔体形成玻璃,熔体的温度应迅速越过利于晶核生长的温度区间,即熔体要快速冷却。那究竟冷却速率要多大才易形成玻璃呢?Uhlmann 提出了其观点。

2. Uhlmann 的观点

Zachariasen 认为氧化物形成玻璃的一个条件就是具有[AO_4]四面体配位或[AO_3]三角配位。这些多面体的存在有利于玻璃的形成,因此其中的A原子称为玻璃形成体,如Si、P、B等。但后来的实验数据表明各类材料都有类似的玻璃形成体。它们在低于熔点的温度范围内保持足够时间,则任何玻璃形成体都能结晶。因此,从动力学观点来看,形成玻璃的关键应是熔体的冷却速度。而温度的降低会导致熔体黏度的增大。这样,熔体冷却速度就可当成熔体黏度增大的速度。黏度很大,则晶核的形成和长大就很困难。

1969年,MIT的Donald R. Uhlmann等认为:要形成玻璃,则熔体在冷却时要避免产生可探测到的晶体。这样,对冷却速度的估计就归结为两个问题:玻璃基体中的晶体体积分数有多少时才能被探测和鉴别出来;如何才能使晶体的体积分数与描述形核、生长过程的动力学相联系。对于混乱地分布在整个液体内的晶体来说,正好能探测出来的晶体体积分数可取为 10^{-6}。Uhlmann 等忽略不均匀形核的作用,用下式估计了防止析出一定体积分数的晶体所需最小冷却速率:

$$\frac{V_\beta}{V} \approx \frac{\pi}{3} I_v u^3 t^4 \tag{6-4}$$

式中,V_β 为析出晶体的体积;V 为熔体体积(也可看成是玻璃总体积);t 为时间;V_β/V 为晶体体积分数。根据此式可绘制出给定体积分数的 3T(即 Time、Temperature 和 Transformation)曲线。3T 曲线的绘制步骤大致如下：选择一个特定的晶体体积分数，如10^{-6}；在一系列给定温度下计算出成核速率I_v、生长速率 u(见 9.4 节)；把计算所得I_v、u 代入式(6-4)求出对应时间 t；以过冷度 $\Delta T=T_m-T$ 为纵坐标，冷却时间 t 为横坐标作 3T 曲线图。

3T 曲线的突出部分与出现晶体给定体积分数的最短时间相对应。该最短时间是由结晶驱动力与原子迁移率之间的竞争造成的。结晶驱动力随温度的降低而增加，原子迁移率随温度的降低而降低。为避免形成给定体积分数的晶体，熔体所需临界冷却速率可由下式近似求出：

$$\left(\frac{dT}{dt}\right)_c \approx \frac{T_m - T_n}{t_n} \approx \frac{\Delta T}{t_n} \tag{6-5}$$

式中，T_n为 3T 曲线突出部分的温度；t_n为 3T 曲线突出部分的时间，如图 6.11(a)所示。

析出体积分数为10^{-6}的晶体所需的时间短(即t_n小)，则熔体在降温时，易析晶；而t_n大，则说明熔体不易析晶而易形成玻璃。

假设有两种熔体 A、B，它们在降温冷却时析出体积分数为10^{-6}的晶体所需的最短时间分别是 0.01 s 和 3 600 s。这是因为熔体 A 的黏度在降温时增加不多，原子容易扩散形核并生长成晶体，因而析出体积分数为10^{-6}的晶体所需时间短。而熔体 B 在降温时，黏度迅速增加，原子不容易扩散。因而熔体 B 要产生体积分数为10^{-6}的晶体所需时间就长。同时，熔体的温度还在继续下降，黏度继续增加。当 B 还未析出体积分数为10^{-6}的晶体时，就已被固化成玻璃了。由此可见，要使熔体析出体积分数为10^{-6}的晶体，必须提高冷却速率，尤其是t_n小的熔体更是如此。冷却速率的提高会迅速增加熔体的黏度，从而阻止晶体的形成。式(6-5)表示的是图 6.11(a)中 OP 直线斜率的绝对值，该值可近似为熔体所需临界冷却速率。ON 直线的斜率小于OP 的斜率，故以此为冷却速率则熔体会形成晶体。而 OM 直线的斜率大于OP，即冷却速率大于临界值。所以，以 OM 直线的斜率为冷却速率，则熔体会形成玻璃。对于不同的系统，在同样晶体体积分数的情况下，曲线位置不同，根据式(6-5)计算出的临界冷却速率也不同。临界冷却速率大，形成玻璃很困难，而易析晶。读者可分析在图 6.11(b)中，哪种熔体易形成玻璃。

根据以上的分析，我们可以看出形成玻璃的临界冷却速率与物质的组成、熔点时的黏度等有关系。表 6.2 列出了几种物质的冷却速率及其在熔点时的黏度。从表 6.2 可知，凡

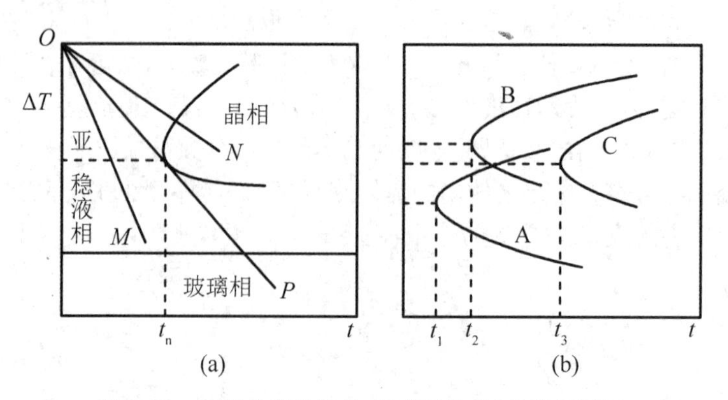

图 6.11 析晶体积分数为 10^{-6}时的 3T 曲线示意图

是在熔点具有高黏度，并且黏度随温度降低急剧增大的熔体容易形成玻璃。容易形成玻璃的熔体，其临界冷却速率较小，如 B_2O_3 和 SiO_2。而 Al_2O_3 及金属，不仅在熔点时的黏度很低，而且在熔点以下的一段温度范围内，黏度仍很低。它们要形成玻璃，则需很大的临界冷却速率。

表6.2 几种化合物生成玻璃的性能(引自陆佩文,1991)

性能	B_2O_3	SiO_2	GeO_2	As_2O_3	BeF_2	Al_2O_3	Ni
熔点T_m/℃	450	1 710	1 115	280	540	2 050	1 380
熔点时的黏度/(dPa·s)	10^5	10^7	10^6	10^5	10^6	0.6	0.01
T_g/T_m	0.72	0.74	0.67	0.75	0.67	0.50	0.3
dT/dt/(℃/s)	10^{-6}	10^{-5}	10^{-2}	10^{-5}	10^{-6}	10^3	10^7

因此，冷却速率、黏度增大的速率是熔体形成玻璃的重要条件。其中，熔体冷却的快慢影响其转变为玻璃的难易程度及转变速率。我们根据动力学角度和外因探讨了熔体转变为玻璃的难易程度。那物质的化学键等内部特性与玻璃形成的难易程度又有何联系呢？

6.5.3 Goldschmidt 的观点

在第3章，我们提到地球化学家 Goldschmidt 在研究晶体结构时提出了离子半径、金属原子半径等概念。他曾试图把离子半径的概念用来衡量物质形成玻璃的能力。当时，在众多氧化物中，人们发现只有几种容易形成玻璃，如 B_2O_3 和 SiO_2，而 Al_2O_3、TiO_2 却很难。Goldschmidt 研究后发现，容易形成玻璃的氧化物 A_mO_n，其离子半径比r_A/r_O的值大多在 0.2～0.4；而且这些容易形成玻璃的氧化物中都有氧四面体[AO_4]。于是，Goldschmidt 认为四面体配位是形成玻璃的必要条件。但后来发现，虽然 BeO 的离子半径比r_{Be}/r_O与 SiO_2的r_{Si}/r_O非常接近，但 BeO 却不易形成玻璃。他的学生 Zachariasen 在提出玻璃无规则网络假说的同时，也对此做了研究。

6.5.4 Zachariasen 的观点

为了满足氧多面体要堆砌成能量略高于晶体的无规则网络，Zachariasen 提出了四个规则(见6.3.4节)。他发现 A_2O、AO 型氧化物在任何条件下都不满足这四个规则，不易形成玻璃。满足第①、③、④规则的氧化物类型如下。

(1) A_2O_3型：A 周围有三个 O 原子，形成三角形配位，即[AO_3]；

(2) AO_2、A_2O_5型：可形成四面体配位，即[AO_4]；

(3) AO_3、A_2O_7、AO_4型：可形成八面体配位，即[AO_6]；

(4) AO_4型：还可形成立方体配位，即[AO_8]。

是否所有这些类型的氧化物都满足规则②“中心 A 阳离子周围的氧的数量尽可能小”，则不容易回答。但当时，人们还未发现 AO_3、A_2O_7、AO_4 型氧化物有玻璃态存在。于是，Zachariasen 推断只有三角形和四面体配位能满足规则②，因八面体、立方体配位多面体容易堆积成周期性结构。因此，他认为三角形和四面体配位多面体容易堆积成无规则网络。在此基础上，他得出结论：B_2O_3、SiO_2、GeO_2、P_2O_5、As_2O_5、P_2O_3、As_2O_3、Sb_2O_3、V_2O_5、Sb_2O_5、Ta_2O_5应该存在玻璃态。当时的文献表明 B_2O_3、SiO_2、GeO_2、P_2O_5、As_2O_5、As_2O_3 已能制备出玻璃态了，而其他物质还暂时没有得到相应的玻璃态。

Zachariasen认为单一氧化物要形成玻璃,除了要满足无规则网络的四个规则以外,还需满足:①氧化物中能形成三角形、四面体配位的阳离子要较多。这种离子可称为玻璃形成离子,如B^{3+}、Si^{4+}、Ge^{4+}、P^{5+}、As^{5+}、P^{3+}、As^{3+}、Sb^{5+}、V^{5+}、Ta^{5+}等。②三角形、四面体配位多面体相互共顶而非共面或共棱连接。③一些氧原子只连接两个玻璃形成离子,且不与另外的任何阳离子连接成键。若在一种氧化物的基础上还有其他离子,则玻璃的"化学式"可写作A_mC_nO,C为上述的玻璃形成离子。C离子为四面体配位时,n值为0.3~0.5,C离子为三角形配位时,n值为0.67。对A离子的要求主要是电荷少、半径大,如Na^+、K^+、Ba^{2+}、Pb^{2+}等。Ti^{4+}、Mg^{2+}容易使玻璃析晶。

以上即是Zachariasen对氧化物形成玻璃能力做的探讨。这种探讨与他提出的玻璃结构无规则网络假说是同步进行的。因为在他看来,三角形、四面体配位多面体容易堆积成无规则网络结构。所以,有这些配位多面体的氧化物、氟化物(BeF_2)易形成玻璃。他的这些研究结果与当时的实验数据比较符合,加上Warren实验的证实,无规则网络假说一度成为玻璃结构的主要学说。但随着人们对玻璃研究的深入,如金属能形成玻璃。而且,熔体在冷却速率足够大的情况下,原则上都可形成玻璃。因此,Zachariasen的一些结论就显示出了其局限性。在研究物质形成玻璃的能力方面,人们除了从热力学、动力学及离子配位多面体等方面考虑外,还从物质的化学键方面进行了研究。

6.5.5 化学键的影响

化学键的特性是决定物质结构的主要因素。因而,它对玻璃的形成有重要影响。

1. 键强的影响

液体在冷却时,其中的配位多面体不易形成有序结构,而以无规则的排列则形成玻璃。若液体中,多面体连接成的网络相互交织在一起,彼此干扰,则会阻止网络中的原子形成有序排列。若氧化物熔体中的配位多面体容易解散成单个离子,那么相互交织、彼此干扰的效应就不存在,则熔体就易析晶。因此,熔体容易形成玻璃,则其中的配位多面体应以负离子团的形式存在,而不应分解成单个离子。

要使配位多面体不易分解,我国学者孙观汉(1914—2005年)认为配位多面体中的键强应较大、配位多面体形成的网络在三维空间的延展应尽可能大。为此,孙观汉用配位多面体中氧与中心元素结合的单键能来判断配位多面体的稳定性,进而判断氧化物是否能形成玻璃。他先计算出每个MO_x的分解能E_d。然后用分解能E_d去除以阳离子M的配位数,得配位多面体中每个键的键能,即单键能。单键能越大,配位多面体越稳定,因此结晶倾向越小,越容易形成玻璃。根据单键强,孙观汉把氧化物分成三类:①玻璃形成体(glassformers),单键强大于80 kcal/mol(335 kJ/mol)的氧化物。这类氧化物能单独形成玻璃。其中的正离子为网络形成离子。②网络变性体(modifiers),单键强小于60 kcal/mol(251 kJ/mol)的氧化物。它们不能形成玻璃,但能削弱网络结构,从而使玻璃性质改变。其中的正离子为网络变性离子。③中间体(intermediates),单键强在60~80 kcal/mol(251~335 kJ/mol)。其作用介于玻璃形成体和网络形成体之间,其中的正离子为中间离子。表6.3为部分氧化物的单键强。

表 6.3　部分氧化物的单键强(引自 Sun，1947)

M 元素	原子价	MO_x 的分解能 /(kcal/mol)	配位数	M—O 单键强 /(kcal/mol)	类型	M 元素	原子价	MO_x 的分解能 /(kcal/mol)	配位数	M—O 单键强 /(kcal/mol)	类型
B	3	356	3	119	玻璃形成体	La	3	406	7	58	网络变性体
B	3	356	4	89		Y	3	399	8	50	
Si	4	424	4	106		Sn	4	278	6	46	
Ge	4	431	4	108		Pb	4	232	6	39	
Al	3	317～402	4	79～101		Mg	2	222	6	37	
P	5	442	4	111～88		Li	1	144	4	36	
V	5	449	4	112～90		Pb	2	145	4	36	
As	5	349	4	87～70		Zn	2	144	4	36	
Sb	5	339	4	85～68		Ba	2	260	8	33	
Zr	4	485	6	81		Ca	2	257	8	32	
Ti	4	435	6	73	中间体	Sr	2	256	8	32	
Zn	2	144	“2”	72		Cd	2	119	4	30	
Pb	2	145	“2”	73		Na	1	120	6	20	
Al	3	317～402	6	53～67		Cd	2	119	6	20	
Th	4	516	8	64		K	1	115	9	13	
Be	2	250	4	63		Rb	1	115	10	12	
Zr	4	485	8	61		Hg	2	68	6	11	
Cd	2	119	“2”	60		Cs	1	114	12	10	

1956 年，H. Rawson 发展了孙观汉的理论。Rawson 认为物质形成玻璃的能力不仅要考虑单键强，还需考虑断键所需热能。后来发展成了判别玻璃形成能力(Glass Formation Ability，GFA)的 Sun-Rawson 规则。Sun-Rawson 规则用 E_{M-O}/T_m 值表示玻璃的形成能力。E_{M-O} 为单键强，T_m 为熔点(单位 K)。E_{M-O}/T_m 值越高的氧化物容易形成玻璃。在氧化物中，B_2O_3 的比值最大，因此 B_2O_3 容易形成玻璃。Rawson 把物质结构与性质结合起来，这有助于解释多元系统中，组成选在低共熔点或共熔界线附近时，熔体容易形成玻璃的原因。

2. 键型的影响

除了键强，化学键的类型对玻璃形成能力也有重要影响。离子键无方向性和饱和性，作用范围大。因此，一般离子化合物具有较高的配位数(6、8)，离子相遇组成周期性晶格的概率较高，所以离子键成分较多的化合物较难形成玻璃。金属键也无方向性和饱和性。金属原子常堆积成 fcc、hcp、bcc 结构，其配位数较大(8 或 12)。原子相遇组成周期性晶格的概率非常高，也难形成玻璃。直到 1960 年，金属玻璃才在实验室获得。

纯粹共价键化合物大部分为分子结构。在分子内部，原子以共价键结合在一起。分子之间靠范德瓦尔斯力连接。而范德瓦尔斯力也无方向性和饱和性，故分子容易堆积成周期性晶格。由此可见，单一的离子键、金属键、共价键都不易形成玻璃。但实际上，仅由这三种键之一构成的化合物是很少的，大多数化合物都是这些键的组合。

主要由离子键与共价键构成的化合物中，其键型为极性共价键。共价键的方向性和饱和性、不易改变键长和键角等特性有利于生成具有固定结构的配位多面体，从而构成玻璃的近程有序；离子键无方向性和饱和性，容易改变键角、促进配位多面体不按一定方向连接，这些特性有利于形成玻璃的远程无序。

金属键向共价键过渡的混合键称为金属共价键。在金属中加入半径小、荷电多的准金属离子(Si^{4+}、P^{5+}、B^{3+})或加入场强大的过渡元素,它们对金属原子产生强烈的极化作用,从而形成 spd 或 spdf 杂化轨道。这种杂化导致金属和加入离子组成原子团。这种原子团类似[SiO_4]配位多面体,构成金属玻璃的近程有序结构;而金属键无方向性和饱和性,促进配位多面体的自由连接,这有利于形成玻璃的远程无序。

在本节中,我们主要介绍了物质在什么样的条件下容易形成玻璃。这方面的内容实际上涉及玻璃形成能力的判别。物质形成玻璃的能力一直是科学家、工程师们探讨的问题,尤其是在 Zachariasen 提出无规则网络假说之后。1960 年,金属玻璃的出现导致玻璃形成能力的探讨范围大大扩展。至今,人们提出了很多判别玻璃形成能力的关系式,它们各有特点。但还没有一个适用于各类材料的统一规则或理论。这些理论或规则都还在进一步的发展中,如 Sun-Rawson 规则对液相线比较平缓的多元系统如 As-Te、Ga-Te 却不怎么有效。在 1978 年,V. S. Minaev 修正了 Sun-Rawson 规则后就成了 SRM 规则。这方面的介绍,请参见课后推荐读物。

至此,我们介绍了玻璃及非晶材料结构的一些主要理论,以及玻璃的形成方法及条件。与晶体相比,非晶材料的研究历史相对较短,还处在婴儿期。这个领域面临的问题和争议还很多,因此它是一个充满生机和机会的领域。中科院物理研究所汪卫华研究员把非晶发展中的基本科学问题,分成四大类共 50 个问题。现做简要介绍。

6.6 非晶材料领域的科学问题

6.6.1 非晶的本质和玻璃化转变

玻璃化转变可以说是非晶领域的科学问题之首。虽然玻璃化转变过程十分简单、但仍是自然界中长期悬而未决的一个疑难:当液体过冷至其熔点T_m的 2/3 时,其原有热力学和动力学行为发生巨大变化,得到的非晶态结构和液态类似,但非晶体的许多性质却具有固体的特征。玻璃化转变温度T_g是动力黏度在10^{12} Pa·s 或弛豫时间为 100 s 时的对应温度。在发生玻璃化转变前后,原子的弛豫时间有约 15 个数量级的跨度。这种仅仅由于温度降低约 30%,某种物性就发生 15 个数量级的变化是极为惊人的物理现象。经典理论无法解释这一极为反常的动力学现象。《Science》杂志曾将玻璃化转变列为 125 个重要科学难题之一,足见其难度及重要性。

因此,是否能建立普适、自洽和全面描述玻璃化转变的理论模型是目前凝聚态物理面对的最重要的严峻挑战之一,也是研究非晶本质最为核心的科学问题。这类问题还牵涉过冷液体的特征、非晶的本质是液态还是固态、是否存在理想非晶态等。

6.6.2 非晶体结构方面的问题

根据前几节的介绍,我们已初步明白非晶体的结构比晶体复杂得多。但现有非晶体结构的研究深受晶体研究的影响。因此需要用全新的概念、方法和思路对非晶体结构进行描述。其中,如何表征非晶体的无序结构特征是非晶物理和材料领域的核心问题之一。虽然已有很多模型来描述非晶体的结构,但是还没有一个比较准确的模型或理论能够表征非晶体的无序结构特征,甚至还没有找到一个比较好的方法来描述非晶的长程无序和短程有序性。

从宏观上看,非晶体各向同性且均匀,但仍存在微观不均匀性。随着研究的深入,人们发现非晶体的结构在纳米尺度上并不是均匀的:有些区域表现出类似液体的性质,而有些区域则表现出固体的性质，其不均匀的尺度大约在1～10 nm的级别。这种不均匀是否是非晶结构的本征特性也是人们在思考的问题。此外，非晶体电子结构的特征及表征、玻璃化转变过程中电子结构的变化，以及电子结构特征和性能的关系等也需要做更深入的研究。

6.6.3　非晶物质的失稳

非晶材料处于亚稳状态。在一定的条件下，它会发生失稳现象：大尺度、灾难性的整体失稳现象，如屈服、断裂；局域的、宏观上不易察觉的原子尺度的非弹性形变、老化等。非晶固体的失稳与非晶体的结构、动力学和热力学密切相关。

人们对晶体性质和结构的研究导致了晶体缺陷概念的提出和位错等缺陷的发现和利用。这对晶体材料的结构、塑性、材料设计起到至关重要的作用。那么非晶体强度的物理本质是什么？研究非晶体的强度、原子尺度结构弹性行为与短程序、中程序和流变单元的关系是认识非晶体结构、形变及非晶力学性能设计的重要途径。

非晶体形变机制和物理模型同样是非晶体研究的一个核心问题。这类问题包括：如何提高非晶体塑性和强度；在外场下，非晶体是如何从局域失稳发展成宏观失稳的；非晶合金中是否存在类似晶体中位错一样的形变单元；非晶物质的失稳行为有何规律等。

6.6.4　非晶体的形成能力和制备

形成能力是非晶材料特有的问题。决定非晶体形成能力的物理因素有哪些？非晶体形成能力是否可以预测和设计？如何在原子结构、热力学及动力学层次上建立通用且可量化的非晶体形成能力的判据？有无办法提高非晶体的形成能力？这些是研究非晶体形成能力需考虑的问题。至今，人们已提出了各种类型的判据来判别玻璃形成能力。但还没有一个可量化的统一规则或理论。非晶体形成能力和制备方面的研究对非晶合金尤其重要。这方面的主要问题为：一是研究微量掺杂的作用。微量掺杂虽对非晶材料，特别是非晶合金的形成能力、物理性能有巨大调控作用，但是这种调控作用的物理机制仍不清楚。因此，认识微量掺杂对非晶结构的形成和动力学影响、建立探索非晶材料及其改性的高效微量掺杂是非晶材料领域的又一重要课题。二是如何才能在某些常用金属体系的块体非晶合金材料的制备上取得突破，获得具有优异非晶形成能力、便宜且应用潜力大的Al、Fe、Cu、Ti和Mg基等大块非晶材料。三是探索全新制备非晶合金的方法和工艺，如是否能将激光3D打印方法应用到制备大块非晶合金上。这是由于在非晶合金领域，几次研究高潮都是全新制备非晶合金的方法引起的。比如，Duwez在1960年用泼溅淬火法首次制得$Au_{75}Si_{25}$合金玻璃。这随即引起了人们对金属玻璃的研究兴趣。此外，与非晶材料复合化相关的界面匹配、工艺和方法等问题也是材料制备中的难题。

综上所述，人们目前对非晶的研究和理解犹如盲人摸象。这个领域还有诸多没有解决的问题，但这些问题既是挑战又是机会。

6.7　典型玻璃材料

6.7.1　硅酸盐玻璃

通过桥氧形成网络结构的玻璃称为氧化物玻璃。这类玻璃中，得到最广泛应用和研究的主要有硅酸盐玻璃、硼硅酸盐玻璃和磷酸盐玻璃等。

以SiO_2为主要成分的玻璃统称为硅酸盐玻璃。由于其资源广泛、价格低廉，而且对常见化学试剂和气体介质有较高的化学稳定性，加上硬度高、生产方法简单等优点，硅酸盐玻璃成为实用价值最大的一类玻璃。

1. 石英玻璃

石英玻璃中，SiO_2的质量分数可达96%～99.99%以上。它除了具有耐高温、热膨胀系数低、耐热震性、化学稳定性高和电绝缘性好等特点外，还能透过紫外线、红外线。因此，石英玻璃是微电子等高新技术领域不可缺少的一种材料。高纯石英玻璃可用来制备光谱仪、分光光度计等光学仪器的棱镜和透镜等。低膨胀石英玻璃是一种掺有 TiO_2的石英玻璃。在 20～100℃的温度区间，低膨胀石英玻璃的膨胀系数约为 3×10^{-8}℃，这比一般石英低 90%以上。较低的热膨胀系数使得这种石英玻璃的热稳定性高于 1 000℃。低膨胀石英玻璃是轻质天文望远镜中精密光学部件的优质材料，也是宇宙飞行器窥视窗的好材料。

下面我们着重谈谈石英光纤。早在 19 世纪，物理学家就认识到，光可以在玻璃纤维内表面发生多次全反射而传输几米的距离。到了 20 世纪，光纤已被应用到外科检测仪器上，如胃窥镜。在通信方面，那时的信息主要采用金属电缆输出电脉冲来实现的。1960 年代早期，英国标准电话实验室曾预言当时所用的通信媒介，甚至包括毫米波，都无法提供足够的信息传输能力。该实验室的经理不得不断言：唯一剩下的可能是光纤。但他们担心制备高精度光纤有很大难度而未加尝试。当经理调离后，追逐这一梦想的重任落到了实验室一个叫高锟(1933—　)的年轻人肩上。

采用光纤传输信号，高锟需面临两个基本问题：一是需要在纤维中布芯和表面涂层处理；二是纤维对光的吸收。在 1964 年，光在最好的光纤中传输 20 m 后，其强度就衰减为原来的1%。因此，很多科学家由此断定，光纤根本就不具备长距离通信的能力。高锟和他的助手开始学习光吸收和通信等理论，并断定光线在纤维内的衰减是由玻璃内部的杂质引起，而不是玻璃本身不能进行光传输。如果玻璃能够达到足够的纯度，光线就能几乎不受损失地远距离传输。他们于 1966 年发表了一篇非常详细的关于未来光通信的文章。这篇文章吸引了人们的注意。后来，许多公司因技术上的困难而泄气，但高锟仍坚持研究。在石英玻璃的纯度方面取得突破的是康宁公司。该公司以生产半导体硅的方法，通过气相分离获得了高纯石英玻璃。1974 年，光纤开始得到大量生产。1981 年，第一个光纤传输系统问世。这时，距高锟发表论文已经过去了 15 年。

高锟的研究不仅有效解决了长距离传输信息的问题，而且还极大地提高了效率并降低了成本。例如，同样一对线路，光纤的信息传输容量是金属线路的成千上万倍。而石英原料的成本比金属低很多。此外，光纤还具有质量轻、损耗低、保真度高、抗干扰能力强、工作性能可靠等诸多优点。2009 年，高锟因在“有关光在纤维中的传输以用于光学通信方面”取得了突破性成就而获得诺贝尔物理学奖。

2. 普通硅酸盐玻璃

普通硅酸盐玻璃除了含有 SiO_2，还有 Al_2O_3、CaO、MgO、Na_2O 和 K_2O 等氧化物。因为SiO_2质量分数很高的石英玻璃，熔点很高，引入以上这些氧化物的主要目的是降低配合料的熔点，而易于加工成玻璃。我们常见的玻璃窗、玻璃瓶罐、玻璃纤维等大都是普通硅酸盐玻璃，而且属于 SiO_2-Na_2O-CaO 系统。含 Al_2O_3较多的玻璃，如 $SiO_2-Al_2O_3$铝硅酸盐玻璃的软化点高而常被用作高温玻璃、高压水银灯玻璃。

平板玻璃因具有透光、隔声、隔热等功能，而成为十分重要的建筑材料。它还广泛用于车辆、船舶、飞机等交通工具的采光、隔热、隔声等。平板玻璃往往还作为玻璃后处理的原材料，用于生产镀膜玻璃、钢化玻璃、中空玻璃和夹层玻璃等。

玻璃纤维可作为复合材料的增强材料，比如，广泛用于军用飞机和导弹的玻纤增强非晶复合材料。玻璃纤维增强水泥是以抗碱玻纤为增强材料，低碱水泥为基体的复合材料。这种复合材料在耐候性、易维修和耐蚀性等方面与普通钢筋混凝土相似，但比强度高、自重轻、抗渗水性好等优点。

硅酸盐玻璃是我们接触最多的一类玻璃。它往往也是硼硅酸盐等玻璃品种的基础。

6.7.2 硼硅酸盐玻璃

在硅酸盐玻璃的基础上引入 B_2O_3 可获得硼硅酸盐玻璃。其中高硼硅玻璃应用较广。在这种玻璃中，SiO_2 的质量分数大于 78%，B_2O_3 的质量分数大于 10%，此外还含 Al_2O_3、CaO 和 Na_2O 等成分。在第 5 章中，我们提到过康宁公司制造的 Pyrex® 硼硅玻璃。很低的热膨胀系数 $[\alpha = (3.3 \pm 0.1) \times 10^{-6}\ K^{-1}]$ 赋予其较高的热稳定性；莫氏硬度接近 7，故抗磨性好。高硼硅玻璃被广泛用作耐热仪器玻璃、灯具玻璃，还可作化工设备和管道，但其抗碱性差。

在 SiO_2 中加入质量分数约为 20%的 B_2O_3 和 5%以上的 Na_2O 及少量的 Al_2O_3 所制成的玻璃可作为多孔玻璃的原料。这种玻璃成型后，再于 600℃下热处理时，它会分离成富 SiO_2 相和富 $Na_2B_8O_{13}$ 相。然后，将其放入酸中加热，富 $Na_2B_8O_{13}$ 相被浸出，而获得由富 SiO_2 相形成的多孔玻璃。将这种多孔玻璃置于 1 200℃以上做致密化处理，则可获得透明的 Vycor® 玻璃，这也是康宁公司的一种产品。它含有约 96%的 SiO_2，其余成分为 B_2O_3、Na_2O 等。Vycor® 玻璃的制备比通过熔融法获得石英玻璃容易。Vycor® 玻璃的热膨胀系数更低，约为 Pyrex® 玻璃的 1/4，即 $\alpha = 0.75 \times 10^{-6}\ K^{-1}$。

6.7.3 磷酸盐玻璃

Zachariasen 曾预测磷的氧化物中，P_2O_3、P_2O_5 都可形成玻璃。但实践表明 P_2O_5 更容易形成玻璃。以 P_2O_5 为主要成分的玻璃统称为磷酸盐玻璃。与硅酸盐玻璃和硼硅酸盐玻璃相比，人们对磷酸盐玻璃的研究相对较少。磷酸盐玻璃的结构主要是由 $[PO_4]$ 四面体无规则连接而成的，这与硅酸盐玻璃的 $[SiO_4]$ 连接相似。

磷酸盐玻璃的应用主要在生物材料领域。人体骨骼中约 70%的无机质主要由微细针状的羟基磷灰石(hydroxyapatite，化学式为 $Ca_{10}[PO_4]_6(OH)_2$)组成，故磷酸盐玻璃可用作骨修复和齿科修复材料。这种玻璃(或它与体液发生反应后的产物)与生物硬组织中的无机质成分相似。因此，它具有良好的生物活性，能与生物骨紧密结合。

在这方面做了较深入研究，且有一定影响的是 Florida 大学的 Larry L. Hench 教授。通过多年的研究和思考，1971 年，Hench 教授在 SiO_2-Na_2O-CaO 玻璃的基础上引入 P_2O_5 而研制成了 $SiO_2-Na_2O-CaO-P_2O_5$ 生物玻璃，商品名为 45S5Bioglass®，其成分为 45%SiO_2、24.5%Na_2O、24.5%CaO、6%P_2O_5。Hench 教授之后，生物玻璃得到了蓬勃发展。

6.7.4 金属玻璃

金属玻璃是在快速凝固处理(Rapid Solidification Processing，RSP)的基础上诞生的。1950 年，美国加州理工大学 Pol Duwez(1907—1984 年)就已鉴别并描述了 σ 相的特征。σ 相是一些普通铁素体合金中的有害脆性相，它大大促进了金属间化合物的研究热潮。从 1952 年起，Duwez 与其研究生一起继续从事金属间化合物的系统研究。那时，在理解二元合金固溶体的扩展和金属间化合物相的存在方面，Hume-Rothery 等的工作已为此奠定了基础。这些工作是以金属电子结构为基础的。当把这些想法进一步展开时，Duwez 发现二元 Au－Cu 和 Au－Ag 系统能完全固溶，而 Ag－Cu 系统却没有完全固溶。Duwez 设想：若以足够大的速率冷却薄层熔液，或许能够避免 Ag－Cu 分离成两个固体。他的两个学生设计了一个简单装置而得到了均匀的固溶体。于是，现代快速淬火技术诞生了。接着，Duwez 在此基础上设计了一个更精细的装置，开始研究贵金属系统。很快，当他们在试图用快速凝固方法合成Au-Si固溶体时，却意外得到了 20 μm 厚的 $Au_{75}Si_{25}$ 不透明金属玻璃。因此，金属玻璃是偶然出现的。后来发现这类玻璃有相同的组成规律：主要组元是一种金属，次要组元是一非金属。

Duwez 等在 1960 年制备出 Au-Si 非晶合金是金属玻璃发展史上的第一个里程碑。金属玻璃的最终发展得依赖块体金属玻璃(Bulk Metallic Glass，BMG)的制备。1960 年后，人们发现有些多组分的合金在较低的冷却速率下也可形成非晶态。制备金属玻璃的冷却速率从最初的 10^6℃/s 逐渐降到每秒几百摄氏度。有些组分甚至每秒几摄氏度，这与普通的硅酸盐玻璃没有什么差异了。1988 年，采用较慢的冷却速率获得了临界直径大于 1 mm 的多组分块体金属玻璃，这是金属玻璃发展史上的第二个里程碑。

金属玻璃具有某些优异的物理和力学等性能。高强度是金属玻璃最显著和独特的力学性能之一。由于金属玻璃没有晶体中的位错、晶界等缺陷，因而具有很高的强度和硬度。几乎每个金属玻璃系统的强度都达到了同合金系晶态材料强度的数倍。比如，Fe 基金属玻璃的断裂强度可达 3.6 GPa，这是一般结构钢的数倍。金属玻璃的强度、韧性等也都突破了金属材料的记录。但多数金属玻璃缺乏宏观室温塑性变形能力的致命缺陷。脆性是制约金属玻璃成为结构材料的瓶颈，也严重制约着金属玻璃其他优异性能的发挥。尽管如此，在实验室条件下，人们还是找到了一些克服金属玻璃脆性的方法。

在应用方面，金属玻璃的应用比预期的要少。用它来制作的高尔夫球棒更耐击打。金属玻璃最成熟和广泛的应用是在非晶磁性方面。Fe、Ni、Co 基金属玻璃条带，因其优异的软磁特性而被广泛应用于各种变压器和传感器等。金属玻璃还是重要的航空航天候选材料，如钛基非晶合金的弹性极限可超过 2 000 MPa，这是常规晶态材料和高聚物材料不能达到的。金属玻璃在受到高速撞击时，其动态韧性急剧升高。所以，金属玻璃也是第三代穿甲、破甲备选材料。Fe 基金属玻璃因其高硬度、抗磨损、无磁和耐腐蚀特性而成为高性能涂层材料。此外，金属玻璃涂层还可用于航母等舰艇的防腐和隐身。

我们相信金属玻璃在不久的将来会像硅酸盐玻璃一样得到广泛的应用。

本章结语

我们在本章主要介绍了玻璃的结构及物质形成玻璃的条件和方法。玻璃属于非晶体。总的来说，玻璃的结构呈近程有序、远程无序；其性质在宏观上是均匀、各向同性的，但在微观上存在局部不均匀性。故与同成分的晶体相比，玻璃在热力学上是不稳定的。由于玻璃转变成晶体需要越过一定的势垒，而且转变速率很小，故玻璃可以长期存在。

学习了这些内容，读者可能要问：有那么多模型或理论来描述玻璃的结构及物质形成玻璃的条件或能力，究竟哪一个是正确的呢？的确，我们介绍的这些模型都不是非常完美的。至今，还没有一个统一而且能很好地描述玻璃结构及物质形成玻璃能力的模型。目前已有的模型只能对某种类型的玻璃进行一些描述，并能解释或预测玻璃的一些性能。

事实上，我们目前学习的基础理论，或由此得出的结论仅仅是与实际情况接近而已。随着人们对材料认识的深入，有些理论要做修正或限制其适用范围，甚至有些理论是错误的要加以摒弃。科学理论不是一经确立就永远正确。但这些前人经过思考和研究后留给我们的宝贵财富还将在我们及后人的努力中得到发展。认识自然永无终日说明了科学的进取精神，这也是科学的魅力之一。

接下来，我们在比原子大的尺度上介绍材料的结构——显微结构。由于晶体(或玻璃)结构、显微结构的形成都涉及原子的迁移或扩散，故我们在下一章先学习扩散。

推荐读物

[1] 汪卫华. 非晶态物质的本质和特性[J]. 物理学进展，2013，33(5)：177 - 351.

[2] 干福熹. 中国古代玻璃的起源和发展[J]. 自然杂志，2006(4)：187 - 193.

[3] Zacharmsen W H. The atomic arrangement in glass [J]. Journal of the American Chemical Society, 1932: 3841 - 3851.

[4] Guo S, Lu Z P, Liu C T. Identify the best glass forming ability criterion [J]. Intermetallics, 2010, 18: 883 - 888.

[5] Hench L L. The story of Bioglass® [J]. Journal of Materials Science: Materials in Medicine, 2006(17): 967 - 978.

第7章 扩 散

读者朋友,当你站在一位喷了香水的女士身旁时,一股股令人心旷神怡的香水味是不是常常扑面而来?把一滴墨水滴入一杯水中,一段时间后,整杯水都成了墨水。你是否想过,这些在气体、液体中发生的现象也会在固体中发生。这种现象对材料的制备有何指导意义?在材料中,这种现象又有何规律呢?

7.1 扩散概述

7.1.1 什么是扩散

在日常生活中,我们经常会发现这些现象:吸烟者吐出的烟向四周飘散,进而周围的人会闻到令人不快的烟味;我们会在较远的距离闻到令人愉悦的香水味、喷香的饭菜味;春天里,我们在很远处就能闻到油菜田里的花香味;把一块糖放入一杯水中,在等待较长一段时间后,整杯水都是甜的……这些都属于扩散(diffusion)现象。在材料学科中,扩散是指因大量原子(离子或分子,以下统称原子)做无规则热运动,而引起的物质宏观迁移现象。

扩散是物质传输的一种方式。在扩散过程中,就单个原子而言,其运动是无规律的;就大量原子而言,每个原子的运动是随机的。而且在扩散过程中,原子的运动具有自发性、随机性和经常性。所以,扩散与前面章节中介绍的滑移、孪生,以及后面要介绍的马氏体相变有所不同。后三者是大量原子集体的协同运动。在固体材料中,扩散是物质传输的唯一方式。就材料学科而言,有哪些类型的扩散呢?

7.1.2 扩散的分类

1. 按浓度的均匀程度来分

互扩散——有浓度差的空间扩散;自扩散——没有浓度差的空间扩散。自扩散可用于示踪原子的研究。

2. 按扩散的方向分

下坡扩散(顺扩散)——原子从高浓度区向低浓度区的扩散。这是最常见的一种扩散。比如,我们在前面举的日常生活中的例子。然而,材料的制备中,还存在另一种扩散,上坡扩散(逆扩散)——原子从低浓度区向高浓度区的扩散。上坡扩散并不常见。在相变一节,我们再对上坡扩散做详细介绍。

3. 按原子的扩散路径分

体扩散——原子在晶粒内部的扩散;表面扩散——原子在晶体表面的扩散;晶界扩散——原子沿晶界的扩散。表面和晶界处的缺陷较多,原子排列不如晶体内部紧密,故表面扩散和晶界扩散的速率比体扩散大。表面扩散和晶界扩散也称作短路扩散。此外,原子还可以沿位错线、层错面扩散。

7.1.3 扩散对材料学科的意义

材料在制备过程中发生的许多变化都与扩散有着密切关系,比如晶体的形成。在晶核形成后,其他原子扩散到晶核处,进而堆砌成具有长程序的晶体。烧结过程中,晶界原子的扩散导致晶界的移动和烧结体的致密化。材料在相变过程中，相关组织的形成，以及晶体中点缺陷的形成等都离不开原子的扩散。了解了材料中原子的扩散，我们还可进一步认识固体结构、原子结合状态、缺陷的本质和固体相变等机理。并由此控制原子的扩散过程，达到控制材料结构的目的，从而获得材料的最佳使用性能。

既然扩散这么重要，人们又是从何时开始关注、研究扩散的呢？

7.1.4 扩散研究简史

对扩散的研究早在17世纪就开始了。1684年，英国自然哲学家 Robert Boyle（1627—1691年）描述了几个涉及 Cu 及其他元素在内的实验，但其描述并不详细。根据他的描述及有关文献，历史学家推测，Boyle 已经能把 Zn 扩散到固体 Cu 里面了。该合金可作为 Au 的替代品。可能由于这个原因，Boyle 担心有人利用此法来伪造金币，故未详细描述其方法。因而，这个首次尝试研究固体扩散的方法被遗忘了约300年。1827年，英国植物学家 Robert Brown（1773—1858年）在显微镜下观察到花粉的无规则运动，即布朗运动。布朗运动虽然是植物学家发现的，但它对理解材料中的扩散有很重要的参考价值。

1833年，胶体学科的创始人 Thomas Graham（1805—1869年）研究了各种气体通过多孔塞扩散到空气中的现象。他发现气体从塞子的逸出速率与其相对分子质量有关。1848年，他对此做了总结，并得出气体逸出速率与其相对分子质量的平方根成反比的 Graham 定律。这是对扩散的首次定量研究。后来，Graham 还深入研究了液体中溶质的扩散。在此过程中，他提出了胶体（colloids）、溶胶（sols）和凝胶（gels）等概念。在扩散方面，Graham 按物质在水中的扩散能力把物质分为两大类：一类是易扩散的，如蔗糖、食盐等；另一类是不易扩散的，如蛋白质等。Graham 以定量研究气体、液体的扩散而成名，但他对扩散的描述比较广泛，且他的描述在当时未完全得到解释。

1850年代，德国生理学家 Adolf Eugen Fick（1829—1901年）在 Graham 研究的激发下，借鉴早已建立的导热微分方程，将扩散与浓度梯度联系在一起。1855年，他提出 Fick 扩散定律，并在液体中得到证实。但那时，Fick 定律未用于固体扩散的研究，因为人们普遍认为在固体中的扩散很难实现。尽管如此，Fick 定律仍为以后固体扩散的研究奠定了理论基础。

首次精确研究固体扩散的是 Graham 的助手兼学生 William Chandler Roberts-Austen（1843—1902年）。Graham 雇用了 Roberts-Austen 在伦敦铸币厂工作。在铸币厂，Roberts-Austen 因定量研究金属成分而成为专家。当刚开始准备研究固体扩散时，他却没有测高温的设备而不得不放弃。不久以后，Pt/Pt－Rh 热电偶出现了。由于 Graham 向他灌输了固体扩散的概念，而且有 Fick 定律作基础，Roberts-Austen 很快采用此测温设备研究了 Au 在固体 Pb 中的扩散，并取得了重大成就。1920年代，人们对扩散的研究兴趣开始转向固体扩散机制方面。这些内容，我们在本章稍后章节做介绍。因此，我们今天学习的扩散理论并不是突然出现的，也不是一出现就是今天这个样子。它是众多学者共同努力取得的成果。下面我们先学习 Fick 建立的扩散定律。

7.2 扩散微分方程

1807—1822年，法国数学家 Jean-Baptiste Joseph Fourier（1768—1830年）为解决热传导问题建立了导热微分方程。该方程是继1747年，法国的另一位数学家 Jean-Baptiste le Rond d'Alembert（1717—1783年）建立弦振动方程之后的又一类偏微分方程。导热微分方程的建立和求解为数学、物理学领域做出了重大贡献，产生了很大影响。其中一个影响就是对扩散的定量研究。

7.2.1 基本概念

1. 浓度场

如果空间或部分空间的任一点(x, y, z)都有一个确定的浓度,则在该空间或部分空间确定了一个关于浓度的场,即浓度场。浓度场表示了物体空间各部分的浓度分布情况。任一点的浓度可用函数表示为 $c = f(x, y, z)$。

2. 浓度梯度

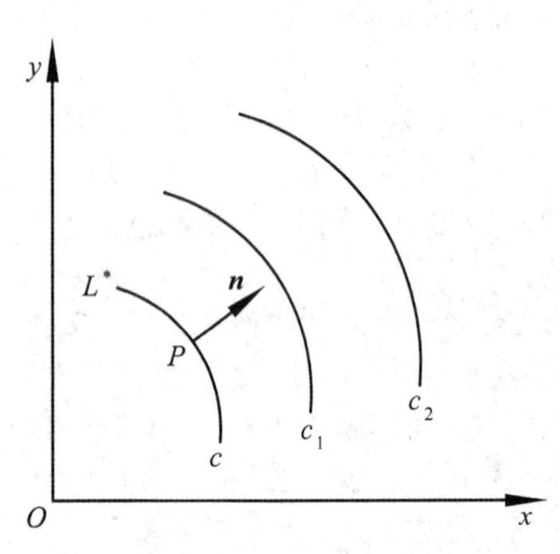

图 7.1 浓度梯度示意图($\boldsymbol{n}$ 为 P 点处的法线向量,其方向也是浓度梯度方向。浓度 $c<c_1<c_2$)

浓度场中,所有浓度相同的点可构成等浓度面。假设有一等浓度面,其上每点的浓度皆为 c。这个等浓度面被 $z=K$ 的平面所截(K 为常数)而获得一曲线 L。将 L 投影到 xOy 面上,获得二维的等浓度线L^*,如图 7.1 所示。则L^* 上的每点的浓度皆为 c。L^* 上任意一点 $P(x, y)$处的法线向量 $\boldsymbol{n}$ 为

$$\boldsymbol{n} = \frac{\partial c}{\partial x}\boldsymbol{i} + \frac{\partial c}{\partial y}\boldsymbol{j} \tag{7-1}$$

式(7-1)也是 $c=f(x, y)$在 P 点的浓度梯度。梯度具有方向。P 点的浓度梯度方向即为 P 点法线向量的方向,而且是从数值较低的等浓度线指向数值较高的等浓度线。梯度的方向是浓度 $c=f(x, y)$增长最快的方向。在三维空间,浓度皆为 c 的等浓度面上,某点 $P(x, y, z)$的浓度梯度可表示为

$$\mathrm{grad}(x, y, z) = \frac{\partial c}{\partial x}i + \frac{\partial c}{\partial y}j + \frac{\partial c}{\partial z}k \tag{7-2}$$

P 点浓度梯度的方向与过 P 点的等浓度面之法线方向相同,梯度大小为

$$\sqrt{\left(\frac{\partial c}{\partial x}\right)^2 + \left(\frac{\partial c}{\partial y}\right)^2 + \left(\frac{\partial c}{\partial z}\right)^2} \tag{7-3}$$

7.2.2 基本定律

按能量最低原理,系统总是尽可能处于能量最低状态以达到平衡。当一系统的浓度场未达到平衡时,则会产生物质传输而具有实现平衡的趋势。Fick 通过研究发现,单位时间内通过一定面积的物质质量 $\mathrm{d}m$(或物质的量 $\mathrm{d}n$),与该处的浓度梯度$\partial c/\partial x$、垂直于物质扩散方向的截面积 A 及传输时间 $\mathrm{d}t$ 成正比,数学表达式为

$$\mathrm{d}m \propto \frac{\partial c}{\partial x}A\,\mathrm{d}t \tag{7-4}$$

引入一个常数 D,写成等式:

$$\mathrm{d}m = D\frac{\partial c}{\partial x}A\,\mathrm{d}t \tag{7-5}$$

$$J = \frac{\mathrm{d}m}{A\,\mathrm{d}t} = -D\frac{\partial c}{\partial x} \tag{7-6}$$

其中 J 为扩散通量(diffusion flux)，常用单位为 $g/(cm^2 \cdot s)$ 或 $mol/(cm^2 \cdot s)$。它表示在单位时间内，垂直通过扩散方向单位截面积的物质流量。由于 Fick 主要研究的是物质从高浓度向低浓度的扩散，即扩散方向与浓度梯度方向相反，故在式(7-6)中引入负号。D 为扩散系数(diffusion coefficient)，常用单位为 cm^2/s。把式(7-6)做一变换：

$$D = -\frac{dm}{\frac{\partial c}{\partial x} A \, dt} \tag{7-7}$$

故扩散系数的物理意义为在单位浓度梯度作用下，单位时间内垂直通过单位面积的物质的质量(或物质的量)。扩散系数大，物质传输量也大。扩散系数与物质结构、温度等诸多因素有关。式(7-6)常称为 Fick 第一定律(Fick's first law)。在 y，z 方向也有类似式(7-6)的表达式。

浓度梯度 $\partial c/\partial x = 0$ 时，系统为均匀体系。根据 Fick 第一定律，我们可知均匀体系的扩散通量 $J=0$，即通过指定截面的正、反向通量相等，没有物质的净通量。只有浓度梯度 $\partial c/\partial x \neq 0$ 时，体系才有净通量。Fick 第一定律不含时间，无法求出任一时刻的浓度分布。但以 Fick 第一定律为基础可推导出体系中任一时刻的浓度分布情况(注：浓度有质量浓度与物质的量浓度之分。下文中的浓度，未加说明时，通常指质量浓度，常用单位 g/cm^3。物质的量浓度常简称浓度，单位 mol/L)。

7.2.3 扩散偏微分方程

体系中物质的浓度除了与空间位置有关外，还与时间 t 有关系。因此，任一点的浓度可表示为 $c = f(x, y, z, t)$。在浓度场中取一六面体微元，如图 7.2 所示，设其每边边长分别为 dx、dy、dz。则微元体积为 $dV = dxdydz$。我们首先考虑物质沿 x 方向的扩散。假设物质从 x 处的截面 $ABCD$ 流入微元，在 $x+dx$ 处的截面 $EFGH$ 流出微元。根据流入微元的物质质量-流出微元的物质质量，我们可得到微元中物质的增量。从截面 $ABCD$ 沿 x 正方向流入微元的物质质量 dm_x，可由 Fick 第一定律得

$$dm_x = -D_x \frac{\partial c}{\partial x} A \, dt = -D_x \frac{\partial c}{\partial x} dydzdt \tag{7-8}$$

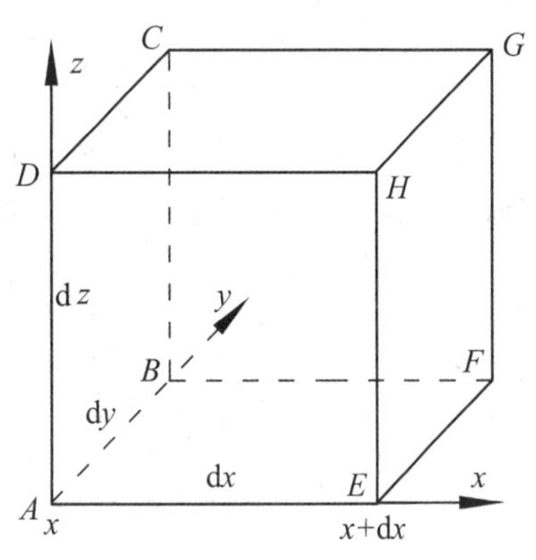

图 7.2 扩散微分方程推导所用微元六面体

其中 D_x 为物质在 x 方向的扩散系数。

同时，在 $EFGH$ 处流出微元的物质质量为 dm_{x+dx}。dm_{x+dx} 可由 dm_x 在 x 处展开成 Taylor 级数，并舍去二阶以上的高阶项：

$$dm_{x+dx} = dm_x + \frac{\partial (dm_x)}{\partial x} dx \tag{7-9}$$

流入微元的物质质量-流出微元的物质质量 $= dm_x - dm_{x+dx}$，故有

$$dm_x - dm_{x+dx} = -\frac{\partial (dm_x)}{\partial x} dx \tag{7-10}$$

将式(7-8)代入式(7-10)得

$$dm_x - dm_{x+dx} = -\frac{\partial}{\partial x}\left(-D_x \frac{\partial c}{\partial x} dydzdt\right)dx \tag{7-11}$$

$$dm_x - dm_{x+dx} = \frac{\partial}{\partial x}\left(D_x \frac{\partial c}{\partial x}\right)dydzdxdt = \frac{\partial}{\partial x}\left(D_x \frac{\partial c}{\partial x}\right)dVdt \tag{7-12}$$

同理，y，z 方向的净增量也有类似关系：

$$dm_y - dm_{y+dy} = \frac{\partial}{\partial y}\left(D_y \frac{\partial c}{\partial y}\right)dydzdxdt = \frac{\partial}{\partial y}\left(D_y \frac{\partial c}{\partial y}\right)dVdt \tag{7-13}$$

$$dm_z - dm_{z+dz} = \frac{\partial}{\partial z}\left(D_z \frac{\partial c}{\partial z}\right)dydzdxdt = \frac{\partial}{\partial z}\left(D_z \frac{\partial C}{\partial z}\right)dVdt \tag{7-14}$$

因此，微元在 dt 时间内，物质质量的总净增量 dm 为式(7-12)、式(7-13)和式(7-14)之和：

$$dm = \left[\frac{\partial}{\partial x}\left(D_x \frac{\partial c}{\partial x}\right) + \frac{\partial}{\partial y}\left(D_y \frac{\partial c}{\partial y}\right) + \frac{\partial}{\partial z}\left(D_z \frac{\partial c}{\partial z}\right)\right]dVdt \tag{7-15}$$

从另一角度来看，设浓度随时间的变化率为$\partial c/\partial t$。而质量浓度 c 是指单位体积的物质质量。所以，在 dt 时间内，微元 dV 内物质质量的变化 dm'可表示为

$$d\,m' = \frac{\partial c}{\partial t}dtdV \tag{7-16}$$

因为 $dm=dm'$，故由式(7-15)、式(7-16)建立等式，并整理得

$$\frac{\partial c}{\partial t} = \frac{\partial}{\partial x}\left(D_x \frac{\partial c}{\partial x}\right) + \frac{\partial}{\partial y}\left(D_y \frac{\partial c}{\partial y}\right) + \frac{\partial}{\partial z}\left(D_z \frac{\partial c}{\partial z}\right) \tag{7-17}$$

式(7-17)为扩散偏微分方程，也是材料学教科书中通常所称的 Fick 第二定律(Fick's second law)。若材料各向同性，D 与方向无关，则扩散偏微分方程可化简为

$$\frac{\partial c}{\partial t} = D\left(\frac{\partial^2 c}{\partial x^2} + \frac{\partial^2 c}{\partial y^2} + \frac{\partial^2 c}{\partial z^2}\right) \tag{7-18}$$

式(7-18)也可简写为

$$\frac{\partial c}{\partial t} = D\,\nabla^2 c \tag{7-19}$$

其中∇^2为 Laplace 运算符号。当 $\partial c/\partial t = 0$ 时，浓度不随时间变化，此时属于稳态扩散；当 $\partial c/\partial t \neq 0$ 时，浓度会随时间变化，此时属于非稳态扩散。非稳态扩散有两种情形：$\partial c/\partial t > 0$ 时，浓度会随时间延长而增大；$\partial c/\partial t < 0$ 时，浓度会随时间延长而减小。

现在，我们在一维 x 方向做分析。x 方向的扩散微分方程为

$$\frac{\partial c_x}{\partial t} = D_x \frac{\partial^2 c_x}{\partial x^2} \tag{7-20}$$

扩散系数 $D_x > 0$。当$\frac{\partial^2 c_x}{\partial x^2} > 0$时，$\frac{\partial c_x}{\partial t} > 0$，即浓度会随时间延长而增大。而从数学角度看，二阶偏导$\frac{\partial^2 c_x}{\partial x^2} > 0$表明$c_x$-$x$ 曲线在其定义域区间是凹形的。当$\frac{\partial^2 c_x}{\partial x^2} < 0$时，$\frac{\partial c_x}{\partial t} < 0$，即浓度会随时间延长而减小。二阶偏导$\frac{\partial^2 c_x}{\partial x^2} < 0$表明$c_x$-$x$ 曲线是凸形的。图 7.3 表示了以上关系。$\frac{\partial^2 c_x}{\partial x^2} > 0$

的部分，浓度逐渐增大；$\frac{\partial^2 c_x}{\partial x^2}<0$ 的部分，浓度逐渐减小。这种不平衡过程一直持续下去，直至c_x-x 曲线成一条平行于 x 轴的直线，从而达到平衡态。

只要我们知道 $c=f(x, y, z, t)$ 的具体表达式，将其代入式(7－17) 或式(7－18) 就可获得任何时间、任何位置的浓度分布情况。然而，在实际情况中，我们并不知道，而且也很难获得 $c=f(x, y, z, t)$ 的表达式。因此，为获得浓度场中各处的浓度分布及变化，我们常常要根据实际情况做一些简化。

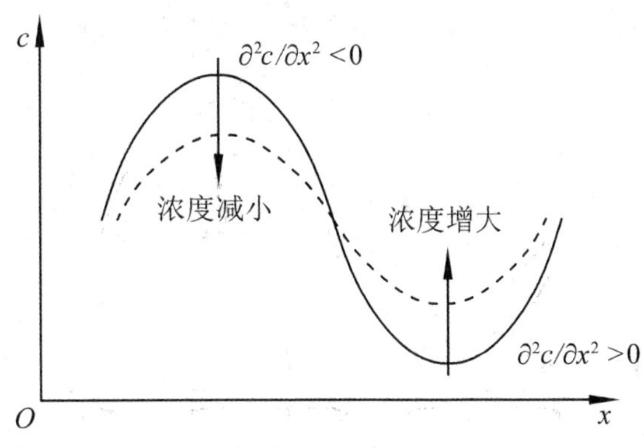

图 7.3　一维方向上的扩散微分方程(示意了物质从高浓度向低浓度的扩散)(引自潘金生，2011)

7.2.4　一维稳态扩散微分方程

1. 平板中的扩散

在扩散系统中，任意一点的浓度不随时间变化，即 $\partial c/\partial t=0$，这种扩散为稳态扩散。设扩散系数 D 与方向无关，因 $D\neq 0$，故$\nabla^2 c=0$。此时，扩散的偏微分方程式(7－18) 变为

$$\frac{\partial^2 c}{\partial x^2}+\frac{\partial^2 c}{\partial y^2}+\frac{\partial^2 c}{\partial z^2}=0 \tag{7-21}$$

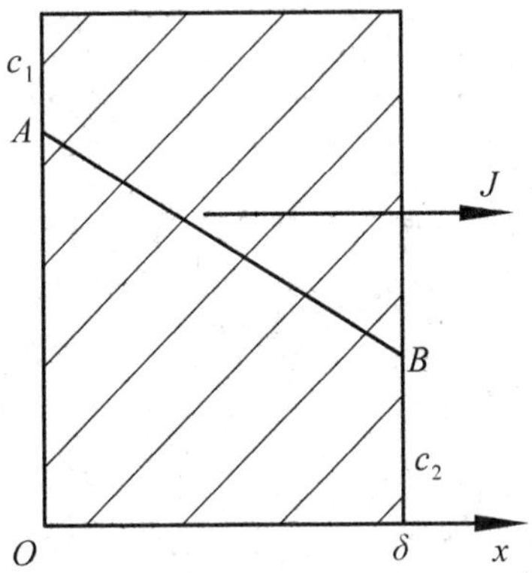

若在平板中扩散时，物质主要朝一维方向进行，而朝其他二维方向的扩散很小，可以忽略。如图 7.4 所示，设物质主要沿 x 正方向扩散，则式(7－21)可变为

$$\frac{\partial^2 c}{\partial x^2}=0 \tag{7-22}$$

图 7.4　一维稳态扩散示意图

由于在此情形中，浓度 c 被当作只与 x 有关，因此式(7－22) 变为常微分方程：

$$\frac{\mathrm{d}^2 c}{\mathrm{d}x^2}=0 \tag{7-23}$$

要解此常微分方程，需要边界条件。设图 7.4 中的边界条件为

$$x=0\text{ 时},c=c_1;\ x=\delta\text{ 时},c=c_2 \tag{7-24}$$

求解式(7－23)：

$$\frac{\mathrm{d}\left(\frac{\mathrm{d}c}{\mathrm{d}x}\right)}{\mathrm{d}x^2}=0 \tag{7-25}$$

$$\text{所以}\frac{\mathrm{d}c}{\mathrm{d}x}=h_1(h_1\text{ 为常数}) \tag{7-26}$$

$$\int \mathrm{d}c=\int h_1\mathrm{d}x,\text{积分得 } c=h_1x+h_2(h_2\text{ 为另一个常数}) \tag{7-27}$$

将式(7-24)的边界条件代入式(7-27)得

$$h_1=\frac{c_2-c_1}{\delta},\ h_2=c_1 \tag{7-28}$$

将式(7-28)的h_1代入式(7-26)得

$$\frac{\mathrm{d}c}{\mathrm{d}x}=\frac{c_2-c_1}{\delta} \tag{7-29}$$

再将式(7-29)代入 Fick 第一定律的式(7-6)得扩散通量 J:

$$J=-D\frac{\mathrm{d}c}{\mathrm{d}x}=-D\frac{c_2-c_1}{\delta}=D\frac{c_1-c_2}{\delta} \tag{7-30}$$

由于在稳态扩散中,各点浓度不变,故c_1、c_2为定值,而且材料厚度 δ 也是常数。故由式(7-30)可知,平板材料中的扩散通量 J 为一常数。那不同厚度之处,物质的浓度分布又如何呢?将式(7-28)代入式(7-27)得

$$c=h_1x+h_2=\frac{c_2-c_1}{\delta}x+c_1 \tag{7-31}$$

因为 c_1、c_2、δ 不变,故根据式(7-31),我们可知浓度 c 在平板材料中的分布与位置 x 呈线性关系。图 7.4 中的 AB 直线示意了这种线性关系(假设$c_1>c_2$)。

例 7.1 渗碳可提高钢的表面硬度。奥氏体钢板(主要成分为 γ-Fe)渗碳后,在距离其表面 1 mm 和 2 mm 处的碳原子的原子分数分别为 5%、4%。试估算碳进入该区域的扩散通量[用原子个数/($\mathrm{m^2\cdot s}$)表示]。γ-Fe 的相对原子质量为 55.85、密度为 7.63 $\mathrm{g/cm^3}$,扩散系数为 $2.98\times10^{-11}\ \mathrm{m^2/s}$。

解: 由于题中采用了原子分数,故在此题中,我们用物质的量浓度进行计算。由密度可得,1 $\mathrm{cm^3}$的体积中,Fe 原子的物质的量为 7.63/55.85 mol。由于碳原子在 γ-Fe 中的量很少,所以可近似认为:碳原子数+铁原子数≈铁原子数=7.63/55.85 $\mathrm{mol/cm^3}$。

当碳原子的原子分数分别为 5%时,其物质的量浓度 $c_1=5\%\times7.63/55.85\ \mathrm{mol/cm^3}$;

当碳原子的原子分数分别为 4%时,其物质的量浓度 $c_2=4\%\times7.63/55.85\ \mathrm{mol/cm^3}$。

在渗碳较长时间后,渗碳层的浓度近似不变,故此时可看成是稳态扩散,而且与工件的尺寸相比,渗碳层的厚度尺寸非常小。因此,碳原子向工件内部的扩散可简化为沿工件厚度方向的一维扩散,故可利用式(7-30)求得扩散通量:

$$\begin{aligned}J&=D\frac{c_1-c_2}{\delta}=2.98\times10^{-11}\times\frac{5\%\times\frac{7.63}{55.85}-4\%\times\frac{7.63}{55.85}}{(2-1)\times10^{-3}\times10^{-6}}\mathrm{mol/(m^2\cdot s)}\\&=4.07\times10^{-5}\mathrm{mol/(m^2\cdot s)}\end{aligned}$$

再换算为原子个数:$J=4.07\times10^{-5}\times6.02\times10^{23}=2.45\times10^{19}$ 个原子 /($\mathrm{m^2\cdot s}$)

请读者在学习此例时,注意各数值的单位换算。

2. 圆柱(棒、管)中的扩散

若扩散不是在平板中发生,而是发生在圆柱、圆棒或圆管中,则其浓度分布、扩散通量与平板中的有所不同。在这种情况下,用直角坐标表示的扩散微分方程式(7-17)不是很方便。故用 $x=r\cos\theta,\ y=r\sin\theta,\ z=z$ 将式(7-17)改为柱坐标表示:

$$\frac{\partial c}{\partial t}=\frac{1}{r}\left\{\frac{\partial}{\partial r}\left(rD\frac{\partial c}{\partial r}\right)+\frac{\partial}{\partial \theta}\left(\frac{D}{r}\frac{\partial c}{\partial \theta}\right)+\frac{\partial}{\partial z}\left(rD\frac{\partial c}{\partial z}\right)\right\} \tag{7-32}$$

若扩散系数 D 为常数，则式(7-32)为

$$\frac{\partial c}{\partial t}=D\left(\frac{\partial^2 c}{\partial r^2}+\frac{1}{r}\frac{\partial c}{\partial r}+\frac{1}{r^2}\frac{\partial^2 c}{\partial \theta^2}+\frac{\partial^2 c}{\partial z^2}\right) \tag{7-33}$$

与平板中的扩散相似，若是稳态扩散，则 $\partial c/\partial t=0$。再假设扩散主要沿径向方向进行，则为一维扩散，故一维稳态扩散的柱坐标偏微分方程变为

$$\frac{\mathrm{d}^2 c}{\mathrm{d}r^2}+\frac{1}{r}\frac{\mathrm{d}c}{\mathrm{d}r}=0 \tag{7-34}$$

如图 7.5 所示，设边界条件为

$$r=r_1\text{ 时},c=c_1;\ r=r_2\text{ 时},c=c_2 \tag{7-35}$$

求解式(7-34)得

$$\frac{\mathrm{d}c}{\mathrm{d}r}=-\frac{1}{r}\frac{c_1-c_2}{\ln\frac{r_2}{r_1}} \tag{7-36}$$

$$c=h_1\ln r+h_2 \tag{7-37}$$

其中h_1，h_2为不定积分产生的常数。根据边界条件式(7-35)求出这两个常数后，式(7-37)变为

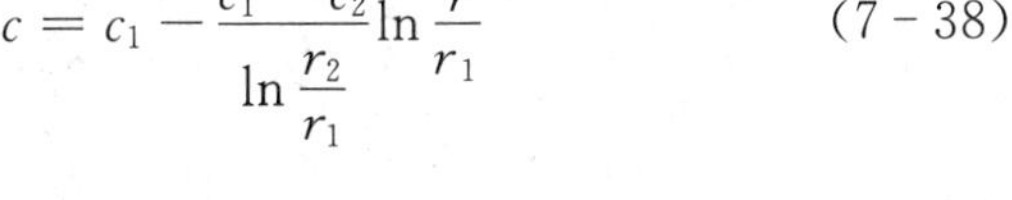

$$c=c_1-\frac{c_1-c_2}{\ln\frac{r_2}{r_1}}\ln\frac{r}{r_1} \tag{7-38}$$

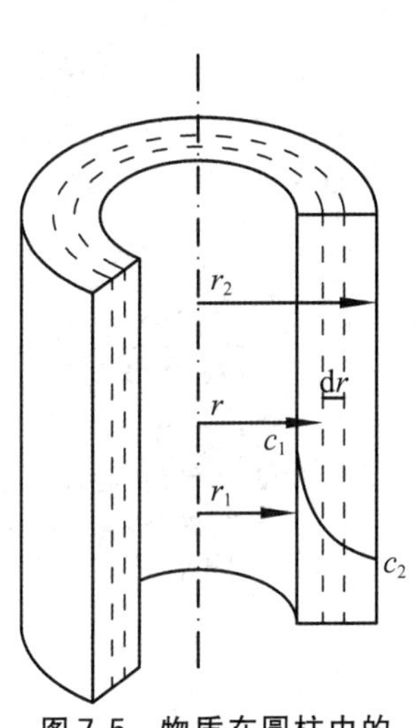

图 7.5　物质在圆柱中的一维稳态扩散示意图

由式(7-38)可知，圆柱形材料中，物质的浓度分布是按照对数曲线变化，如图 7.5 中c_1c_2曲线。而在平板材料中，浓度分布是按式(7-31)所示的直线产生变化的。

将式(7-36)代入 Fick 第一定律，得

$$J=-D\frac{\mathrm{d}c}{\mathrm{d}r}=\frac{D}{r}\frac{c_1-c_2}{\ln\frac{r_2}{r_1}} \tag{7-39}$$

式(7-39)表明：圆柱形材料中，沿径向的扩散通量不是常数，而与半径有关。半径较大的地方，扩散通量小。我们再根据扩散通量的定义式(7-6)求出物质在一定时间内，通过一定面积的质量：

$$\text{因为 } J=\frac{\mathrm{d}m}{A\mathrm{d}t}=-D\frac{\mathrm{d}c}{\mathrm{d}r},\text{所以}\frac{\mathrm{d}m}{\mathrm{d}t}=JA \tag{7-40}$$

长度为 L，半径为 r 之处的截面积为 $A=2\pi rL$。故物质的扩散质量为

$$\frac{\mathrm{d}m}{\mathrm{d}t}=JA=\frac{D}{r}\frac{c_1-c_2}{\ln\frac{r_2}{r_1}}2\pi rL=\frac{c_1-c_2}{\ln\frac{r_2}{r_1}}2\pi DL \tag{7-41}$$

由上述可见，在长度一定的圆柱形材料中，若 D 为常数则 $\mathrm{d}m/\mathrm{d}t$ 也是常数。将截面积为 $A=2\pi rL$ 代入 J 的定义式：

$$J=\frac{\mathrm{d}m}{A\,\mathrm{d}t}=\frac{\mathrm{d}m}{2\pi rL\,\mathrm{d}t}=-D\frac{\mathrm{d}c}{\mathrm{d}r}=-D\frac{\Delta c}{\Delta r} \tag{7-42a}$$

$$\frac{\mathrm{d}m}{2\pi L\mathrm{d}t}=-D\frac{\mathrm{d}c}{\frac{1}{r}\mathrm{d}r}=-D\frac{\mathrm{d}c}{\mathrm{d}\ln r} \tag{7-42b}$$

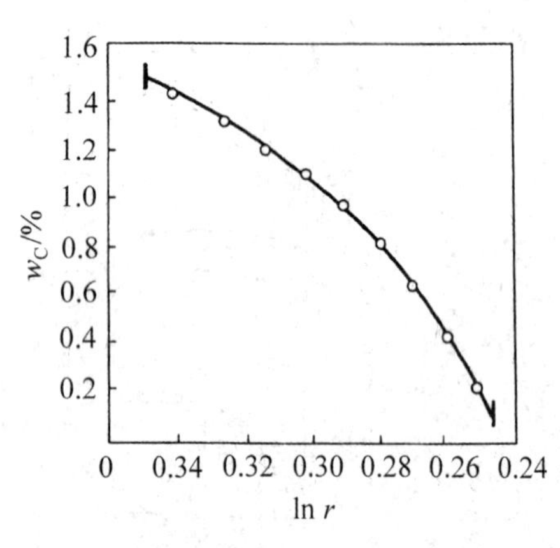

图 7.6 在 1 000℃ 时，碳在薄壁铁管中进行稳态扩散，其质量分数的分布(引自潘金生，2011)

由式(7-41)可知道 $\mathrm{d}m/\mathrm{d}t$ 是一常数。因此，测定不同半径 r 处的浓度 c，可由式(7-41)和式(7-42a)求出扩散系数 D。若扩散系数 D 是一常数，则式(7-42b)中 $\mathrm{d}c/\mathrm{d}\ln r$ 也应该是一个常数，即浓度 c 和 $\ln r$ 的图形应是一直线。图 7.6 为碳在铁管中的 $w_C-\ln r$ 图。该图表明 $w_C-\ln r$ 的关系不是线性关系。这是因为 D 并不是常数，它与浓度等因素有关。

3. 球壁中的扩散

材料在结晶的初期，晶核很小，可看作是球形。因此，球形晶核的生长就为球壁扩散。与圆柱中的扩散采用柱坐标相似，在球壁扩散中，人们采用球坐标，$x=r\sin\theta\cos\varphi$，$y=r\sin\theta\sin\varphi$，$z=r\cos\theta$，则式(7-17)的扩散偏微分方程可用球坐标表示为

$$\frac{\partial c}{\partial t}=\frac{1}{r^2}\left\{\frac{\partial}{\partial r}\left(Dr^2\frac{\partial c}{\partial r}\right)+\frac{1}{\sin\theta}\frac{\partial}{\partial\theta}\left(D\sin\theta\frac{\partial c}{\partial\theta}\right)+\frac{D}{\sin^2\theta}\frac{\partial^2 c}{\partial\varphi^2}\right\} \tag{7-43}$$

若扩散系数 D 为常数，则式(7-43)变为

$$\frac{\partial c}{\partial t}=D\left\{\frac{1}{r^2}\frac{\partial}{\partial r}\left(r^2\frac{\partial c}{\partial r}\right)+\frac{1}{r^2\sin\theta}\frac{\partial}{\partial\theta}\left(\sin\theta\frac{\partial c}{\partial\theta}\right)+\frac{1}{r^2\sin^2\theta}\frac{\partial^2 c}{\partial\varphi^2}\right\} \tag{7-44}$$

若是稳态扩散，则 $\partial c/\partial t=0$。再假设扩散主要沿径向方向进行，则为一维扩散，故一维稳态扩散的球坐标偏微分方程变为

$$\frac{\mathrm{d}^2 c}{\mathrm{d}r^2}+\frac{2}{r}\frac{\mathrm{d}c}{\mathrm{d}r}=0 \tag{7-45}$$

如图 7.7 所示，设边界条件为

$$r=r_1\text{ 时},c=c_1;\ r=r_2\text{ 时},c=c_2 \tag{7-46}$$

令 $\mathrm{d}c/\mathrm{d}r=y$，求解常微分方程(7-45)，得

$$\frac{\mathrm{d}c}{\mathrm{d}r}=-\frac{c_1-c_2}{\frac{1}{r_1}-\frac{1}{r_2}}\frac{1}{r^2} \tag{7-47}$$

$$c=-\frac{h_1}{r}+h_2 \tag{7-48}$$

根据边界条件(7-46)求出这两个常数h_1，h_2后，式(7-48)为

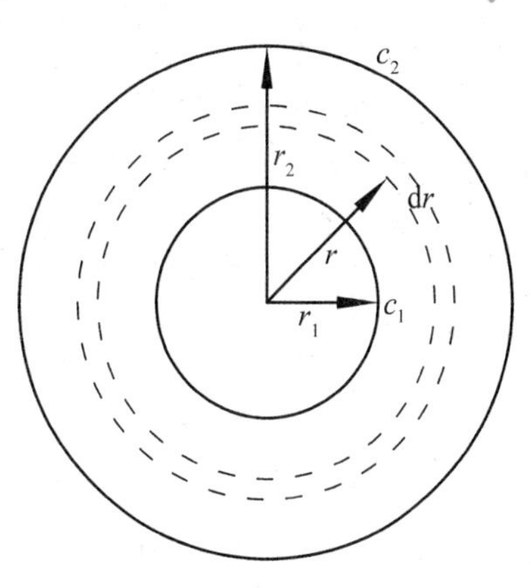

图7.7　物质在球壁中的一维稳态扩散示意图

$$c = c_1 - \frac{(c_1 - c_2)\left(\frac{1}{r_1} - \frac{1}{r}\right)}{\frac{1}{r_1} - \frac{1}{r_2}} \tag{7-49}$$

由式(7-49)可知，球壁中的浓度分布与半径倒数$1/r$有关。将式(7-47)代入Fick第一定律，得

$$J = -D\frac{\mathrm{d}c}{\mathrm{d}r} = -D\frac{c_1 - c_2}{\frac{1}{r_1} - \frac{1}{r_2}}\frac{1}{r^2} \tag{7-50}$$

沿径向的扩散通量也不是常数，也与半径有关。同样，我们也可根据扩散通量的定义式(7-6)求出物质在一定时间内，通过一定面积的质量：

$$因为 J = \frac{\mathrm{d}m}{A\mathrm{d}t} = -D\frac{\mathrm{d}c}{\mathrm{d}r}, 所以\frac{\mathrm{d}m}{\mathrm{d}t} = JA$$

在半径为r之处的球面积为$A = 4\pi r^2$。由此可得，物质的扩散质量为

$$\frac{\mathrm{d}m}{\mathrm{d}t} = JA = -D\frac{c_1 - c_2}{\frac{1}{r_1} - \frac{1}{r_2}}\frac{1}{r^2}4\pi r^2 = -D\frac{c_1 - c_2}{\frac{1}{r_1} - \frac{1}{r_2}}4\pi \tag{7-51}$$

若D为常数，则$\mathrm{d}m/\mathrm{d}t$也是常数，即在单位时间内，通过任何一个球面的物质质量是一样的。

球形晶核在生长初期，浓度分布曲线不变，且晶核很小，扩散范围大，即$r_2 \gg r_1$，故

$$\frac{\mathrm{d}m}{\mathrm{d}t} = -D4\pi r_1(c_1 - c_2) \tag{7-52}$$

以上为物质的稳态扩散情况。然而，在扩散过程中，浓度场各点的浓度往往要随时间变化，即$\partial c/\partial t \neq 0$。这属于非稳态扩散。下面介绍两种简单的非稳态扩散微分方程的求解。

7.2.5　一维非稳态扩散微分方程

同稳态扩散一样，一维扩散是指物质主要沿x或径向r方向扩散。

1. 一维双向无限长物体中的扩散

无限长是指扩散区的长度(或厚度)远小于扩散物体的长度。通常一维扩散物体的长度大于$4\sqrt{Dt}$，D为扩散系数，t为时间。如图7.8所示，两个成分均匀的等截面棒材，长度符合无限长的要求。物质在A、B中的浓度分别为c_2、c_1。A、B结合在一起形成扩散偶。把坐标原点建在它们的界面处，设扩散方向为x正方向。随着时间的变化，界面($x=0$)附近的浓度会发生变化，而远离界面处的浓度维持不变。据此，扩散微分方程简化为

$$\frac{\mathrm{d}c}{\mathrm{d}t} = D\frac{\mathrm{d}^2 c}{\mathrm{d}x^2} \tag{7-53}$$

非稳态扩散微分方程的求解，除了边界条件外，还需初始条件。设图7.8所示扩散的初始条件为

$$t = 0, \begin{cases} c = c_1, & x > 0 \\ c = c_2, & x < 0 \end{cases} \tag{7-54}$$

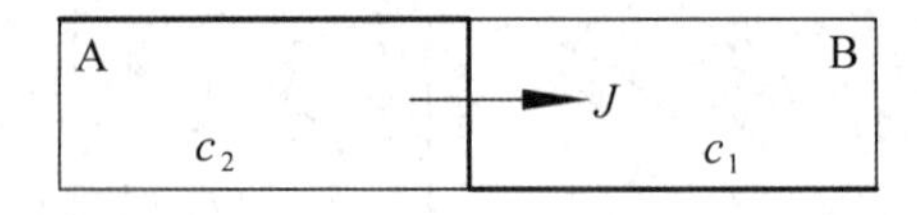

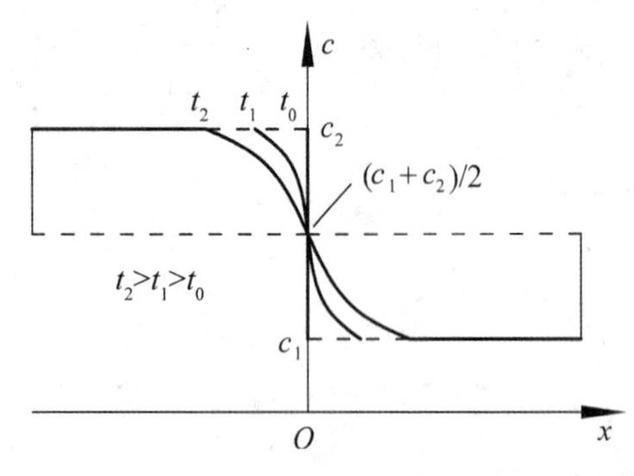

图 7.8　一维无限长物体中的扩散偶浓度随时间 t 的变化

边界条件为

$$t \geqslant 0, \begin{cases} c = c_1, & x = \infty \\ c = c_2, & x = -\infty \end{cases} \tag{7-55}$$

但求解此类方程不像求解稳态微分方程那么容易。人们常用分离变量法或相应的变换来对其进行求解(具体方法,请参阅数理方程的教材)。这里,我们直接给出结果:

$$c(x,\ t) = \frac{c_2 + c_1}{2} - \frac{c_2 - c_1}{2}\mathrm{erf}(\beta) \tag{7-56}$$

其中 $\mathrm{erf}(\beta)$ 为高斯误差函数,$\beta = \dfrac{x}{2\sqrt{Dt}}$。$\beta$ 与 $\mathrm{erf}(\beta)$ 之间的对应值列于表 7.1 中。对式(7-56)有以下分析。

表 7.1　高斯误差函数 erf(β)之值(β 为 0~2.7)(引自潘金生,2011)

β	0	1	2	3	4	5	6	7	8	9
0.0	0.000 0	0.011 3	0.022 6	0.033 8	0.045 1	0.056 4	0.067 6	0.078 9	0.090 1	0.101 3
0.1	0.112 5	0.123 6	0.134 8	0.143 9	0.156 9	0.168 0	0.179 0	0.190 0	0.200 9	0.211 8
0.2	0.222 7	0.233 5	0.244 3	0.255 0	0.265 7	0.276 3	0.286 9	0.297 4	0.307 9	0.318 3
0.3	0.328 6	0.338 9	0.349 1	0.359 3	0.368 4	0.379 4	0.389 3	0.399 2	0.409 0	0.418 7
0.4	0.428 4	0.438 0	0.447 5	0.456 9	0.466 2	0.475 5	0.484 7	0.493 7	0.502 7	0.511 7
0.5	0.520 4	0.529 2	0.537 9	0.546 5	0.554 9	0.563 3	0.571 6	0.579 8	0.587 9	0.597 9
0.6	0.603 9	0.611 7	0.619 4	0.627 0	0.634 6	0.642 0	0.649 4	0.656 6	0.663 8	0.670 8
0.7	0.677 8	0.684 7	0.691 4	0.688 1	0.704 7	0.711 2	0.717 5	0.723 8	0.730 0	0.736 1
0.8	0.742 1	0.748 0	0.735 8	0.759 5	0.765 1	0.770 7	0.776 1	0.786 4	0.786 7	0.791 8
0.9	0.796 9	0.801 9	0.806 8	0.811 6	0.816 3	0.820 9	0.825 4	0.824 9	0.834 2	0.838 5
1.0	0.842 7	0.846 8	0.850 8	0.854 8	0.858 6	0.862 4	0.866 1	0.869 8	0.873 3	0.816 8
1.1	0.880 2	0.883 5	0.886 8	0.890 0	0.893 1	0.896 1	0.899 1	0.902 0	0.904 8	0.907 6
1.2	0.910 3	0.913 0	0.915 5	0.918 1	0.920 5	0.922 9	0.925 2	0.927 5	0.927 9	0.931 9
1.3	0.934 0	0.936 1	0.938 1	0.940 0	0.941 9	0.943 8	0.945 6	0.947 3	0.949 0	0.950 7
1.4	0.952 3	0.953 9	0.955 4	0.956 9	0.958 3	0.959 7	0.961 1	0.962 4	0.963 7	0.964 9
1.5	0.966 1	0.967 3	0.968 7	0.969 5	0.970 6	0.971 6	0.972 6	0.973 6	0.974 5	0.975 5

以下只列出部分 β 及对应的 erf(β)值:

β	1.6	1.65	1.7	1.75	1.8	1.90	2.0	2.2	2.7
erf(β)	0.976 3	0.980 4	0.983 8	0.986 7	0.989 1	0.992 8	0.995 3	0.998 1	0.999 9

注:最左侧一列为 β 的前两个数字(0.0~1.5),最上面一行为 β 的最后一位数字。例如要查 β=0.98 的 erf(β)值,先在最左侧一列找到 0.9 所在的行,然后水平移到最上面一行 8 所对应的列,行列交叉处的数值为 0.834 2 即为 erf(0.98)之值。反之也可由 erf(β)得 β 值。

(1) 若已知 c_1、c_2 和扩散时间 t,则可求出不同位置 x 处的浓度分布 $c(x,\ t)$;若已知 c_1、c_2 和某时刻的浓度分布 $c(x,\ t)$,还可求出不同位置 x 处的扩散系数 D。

(2) 因为$\beta=\dfrac{x}{2\sqrt{Dt}}$,所以在$x=0$的原始接触面上,$\beta=0$,即$\mathrm{erf}(\beta)=0$,故此平面上的浓度为$\dfrac{c_2+c_1}{2}$,且保持不变,即$c(0,t)=\dfrac{c_2+c_1}{2}$。不同时刻的浓度曲线是关于中心$\left(x=0,\ c=\dfrac{c_2+c_1}{2}\right)$对称的,如图7.8中$t_0$, t_1, t_2对应的曲线。

(3) 由式(7-56)可知,$c(x,t)$与β一一对应。$\beta=\dfrac{x}{2\sqrt{Dt}}$,故$c(x,t)$与$\dfrac{x}{\sqrt{t}}$也存在对应关系:$c(x,t)\sim\dfrac{x}{\sqrt{t}}$。设$K(c)$是取决于浓度$c$的常数,则$c(x,t)\sim\dfrac{x}{\sqrt{t}}$可变为

$$x^2=K(c)t \tag{7-57}$$

式(7-57)为扩散的抛物线规律,其适用范围为不发生相变的扩散。

(4) 当式(7-56)中的$c_1=0$时(如异种金属的扩散,图7.8中,物质在B棒中的浓度为0),则

$$c(x,t)=\frac{c_2}{2}[1-\mathrm{erf}(\beta)] \tag{7-58}$$

2. 一维半无限长物体中的扩散

在图7.8所示的扩散偶中,如果A是一种液体、气体或薄膜等,则物质向B中的扩散可看作是在半无限长物体中的扩散。这种扩散的特点是表面浓度恒定、物体的长度大于$4\sqrt{Dt}$。比如,在金属表面渗碳、渗氮过程中,表面气体浓度在一定温度下是不变的;在真空除气时,物质从里面往外扩散,表面浓度为0;附着在玻璃或陶瓷表面的Ag在玻璃或陶瓷中的扩散也是这种情形。这里仍采用图7.8,只是没有左边的A。

初始条件:

$$t=0,\ c=c_0(x>0) \tag{7-59}$$

边界条件:

$$t\geqslant 0,\begin{cases}c=c_s,\ x=0\\ c=c_0,\ x=\infty\end{cases} \tag{7-60}$$

求解微分方程方程后,得到物质在B中的浓度分布:

$$c(x,t)=c_s-(c_s-c_0)\mathrm{erf}(\beta) \tag{7-61}$$

若起始浓度$c_0=0$,边界条件不变,则式(7-61)的浓度分布式变为

$$c(x,t)=c_s[1-\mathrm{erf}(\beta)] \tag{7-62}$$

若起始浓度为$c_0\neq 0$,而物质在周围环境中的浓度$c_s=0$,边界条件不变,则式(7-61)的浓度分布式变为

$$c(x,t)=c_0\mathrm{erf}(\beta) \tag{7-63}$$

例7.2 一块碳钢,其中碳的质量分数为0.1%。将其置于930℃下进行渗碳。在$t>0$的全部时间内,渗碳气氛保持碳钢表面碳的质量分数为1%。假设扩散系数为$1.67\times10^{-7}\ \mathrm{cm^2/s}$。

试计算：在离表面 0.05 cm 的地方，碳的质量分数达到 0.45%时所需的时间。若要使离表面 0.10 cm 处碳的质量分数为 0.45%，则所需时间又为多少？

解：(1) 此种情况可看成是碳在一维半无限长物体中的扩散，故可应用式(7－61)求解。然而，题目所给的是质量分数而不是浓度，因此需做换算。物质的浓度是单位体积中物质质量或物质的量。这里我们用质量浓度。因碳钢中其他元素很少，我们假设碳钢中只有碳和铁。设在体积为 V 的碳钢中，碳的质量为 m_C，铁的质量为 m_{Fe}，则碳的质量浓度为 $c_C=\frac{m_C}{V}$ (g/cm^3)。而碳的质量分数 w_C 可表示为

$$w_C=\frac{m_C}{m_C+m_{Fe}}\times 100\%$$

上式的分子分母同除以体积 V：

$$w_C=\frac{\frac{m_C}{V}}{\frac{m_C+m_{Fe}}{V}}\times 100\%$$

其中分母项 $\frac{m_C+m_{Fe}}{V}$ 为碳钢的密度 ρ；$\frac{m_C}{V}$ 为碳的质量浓度，所以有 $w_C=\frac{c_C}{\rho}\times 100\%$，故 $c_C=w_C\times\rho$。

(2) 碳在钢中的浓度分布可用式(7－61)表示，用质量分数取代浓度后，得

$$w(x,\ t)=w_s-(w_s-w_0)\mathrm{erf}(\beta)$$

在 $x=0.05$ cm 的地方，$w(x,\ t)=0.45\%$，$w_s=1\%$，$w_0=0.1\%$，则

$$0.45\%=1\%-(1\%-0.1\%)\mathrm{erf}(\beta)$$

解得 $\mathrm{erf}(\beta)=0.61$。在表 7.1 中，查得 $\beta=0.61$，即

$$\frac{x}{2\sqrt{Dt}}=0.61=\frac{0.05}{2\sqrt{1.67\times 10^{-7}t}}$$

解得 $t\approx 1\times 10^4$ s。

(3) 要求 0.10 cm 处碳的质量分数达到 0.45%的所需时间，解法同上：

$$\frac{x}{2\sqrt{Dt}}=0.61=\frac{0.1}{2\sqrt{1.67\times 10^{-7}t}}$$

解得 $t\approx 4\times 10^4$ s。

例 7.3 碳的质量分数为 0.85%的碳钢加热到 900℃，在空气中保温 1 h 后，外层碳浓度降到零。假如要求零件外层的碳浓度达到 0.80%，则表面应用车床应车去多少深度？扩散系数为 1.1×10^{-7} cm^2/s。

解：这种情况符合式(7－63)的适用情形。同例 7.2 一样，$c_C=w_C\times\rho$，故将式(7－63)改写为

$$w(x,\ t)=w_0\mathrm{erf}(\beta)$$

碳的初始质量分数 $w_0 = 0.85\%$，现求当 $w(x, t) = 0.80\%$ 时，离表面的深度 x

$$0.80\% = 0.85\% \mathrm{erf}(\beta)$$

解得 $\mathrm{erf}(\beta) = 0.94$，查表 7.1，得 $\beta = 1.33$，即

$$\frac{x}{2\sqrt{Dt}} = 1.33 = \frac{x}{2\sqrt{1.1 \times 10^{-7} \times 3\,600}}$$

解得 $x = 0.053$ cm。

7.2.6 扩散微分方程数值分析简介

上一节我们介绍了扩散微分方程在几种简单情形下的解。在这些情形中，我们只考虑了一维扩散，而且扩散系数是常数。因此，我们可在适当的边界条件和初始条件下获得这些简单扩散微分方程的准确数值，即解析解。如上文所述，为获得这些微分方程的解析解，我们做了很多简化。而过多的简化会产生误差，甚至错误的结论。此外，扩散系数还是浓度、温度的函数。这时，扩散微分方程是非线性的。通常，我们往往较难获得非线性扩散微分方程的解析解，而较易获得其近似值，即数值解。寻找微分方程数值解的方法称为数值分析方法。目前，求解扩散微分方程的数值分析方法主要是有限元法和有限差分法，其中有限元法应用较广。

如今，人们主要在计算机上采用以上两种方法来求解偏微分方程。这方面，有许多商业软件可供我们使用。比较简单的是 Matlab 偏微分方程工具箱，较复杂一点的有 ANSYS 等软件。这两种软件在求解微分方程时主要采用有限元法。利用这些软件，我们可以求解较复杂的二维、三维扩散，也可求解非线性扩散微分方程。当然，如果读者在数值分析方面有一定基础、编程能力强，也可以自己编写有限元或有限差分的程序来求解各种扩散微分方程。利用 Matlab 偏微分方程工具箱，我们计算了例 7.2 中的第一种情形，如图 7.9 所示。该图清楚地展示了在 10^4 s 时，碳钢中碳的质量分数的分布情况。计算完后，我们不仅可以看到任何时刻

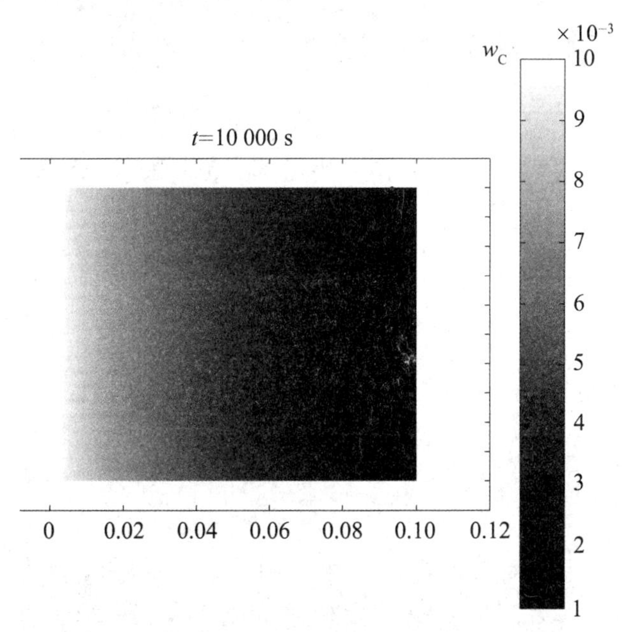

图 7.9 Matlab 求解例 7.2 获得的扩散微分方程等值线图（w_C 为碳的质量分数）

的碳的分布情况，还可观看动画，了解碳扩散的动态情况。

7.3 扩散驱动力

扩散微分方程主要研究了有浓度梯度的扩散现象，尤其是物质从高浓度向低浓度的扩散。实际上，物质也可以从低浓度向高浓度扩散，比如日常生活中，我们把一杯泥浆静置一段时间后，杯底会有很多沉淀的泥，而上面部分的水中有很少的泥颗粒。同样，我们把花生米和未剥壳的花生混在一个容器中，抖动容器。我们会发现花生米集中在下部分、未剥壳的花生集中在容器的上部。在材料领域，晶界容易吸附杂质原子，使晶界能降低。这样，杂质原子在晶界处的浓度会增加。这些是有浓度梯度的扩散。没有浓度梯度，物质中原子在热运动等作用下也可以扩散，即自扩散。这些现象表明物质的浓度梯度并不是扩散的必要条件。物质究竟是在什么样的驱动力下产生扩散的呢？根据热力学原理，我们知道一个物理化学过程是否能自动进行，常用 Gibbs 自由能的变化 dG 是否小于零来判别：

$$dG = -SdT + Vdp + \sum_i \mu_i dn_i + W' \tag{7-64}$$

式中，S 为熵；T 为热力学温度；V 为体积；p 为压强；μ_i 为 i 物质的化学势；n_i 为 i 的物质的量；W' 为其他功。当恒温、恒压，其他功为 0 时，有

$$dG = \sum_i \mu_i dn_i \tag{7-65}$$

其中，化学势 μ_i 表示在恒温、恒压、其他功为 0 及其他组元不变时，i 组元增加或减少 1 mol 引起的 Gibbs 自由能变化。$dG<0$，则物理化学过程(如扩散)可自发进行。

以图 7.8 为例，假设 i 物质从 A 向 B 扩散。在恒温、恒压、其他功为 0 的条件下，A 中有极微量的 i 转移到 B 中。转移后，A 中 i 的物质的量之增量为 dn_i^A($dn_i^A<0$)，即 A 中 i 的物质的量减少了 $-dn_i^A$。这样，A、B 组成的系统中，Gibbs 自由能的变化为

$$dG = dG^A + dG^B = \mu_i^A dn_i^A + \mu_i^B dn_i^B \tag{7-66}$$

因为 A 所失去的 i 的物质的量即是 B 所获得的 i 的物质的量，故 $-dn_i^A = dn_i^B$，代入式(7-66)得

$$dG = \mu_i^A dn_i^A - \mu_i^B dn_i^A = (\mu_i^A - \mu_i^B) dn_i^A \tag{7-67}$$

扩散过程达到平衡时，$dG=0$；若扩散要自发进行，$dG<0$，即

$$dG = (\mu_i^A - \mu_i^B) dn_i^A \leqslant 0 \tag{7-68}$$

因为 $dn_i^A<0$，故要使 $dG \leqslant 0$，则

$$\mu_i^A - \mu_i^B \geqslant 0 \tag{7-69}$$

式(7-69)表明，要使 i 从 A 向 B 扩散，则 i 在 A 中的化学势大于其在 B 中的化学势，即化学势梯度 $\partial\mu/\partial x>0$。当 i 在 A、B 中的化学势梯度 $\partial\mu/\partial x=0$，i 在 A、B 间的净扩散为零。

由以上分析，我们知道：物质扩散的驱动力为化学势梯度 $\partial\mu/\partial x$；物质是从高化学势之处流向低化学势之处。了解了扩散驱动力后，我们来看看多元系统中的扩散。

7.4 多元系统中的扩散

7.4.1 互扩散和自扩散简介

多元系统中有多种物质。这些物质在化学势的推动下都可同时扩散。比如，CoO 和 NiO 组成的系统中，Co^{2+} 会扩散到 NiO 晶格中、Ni^{2+} 也会扩散到 CoO 晶格中。它们的扩散系数相同吗?

如图 7.10(a)(b)所示，设实心球为一种物质，空心球为另一种物质，初始状态如图 7.10(a)所示。在化学势梯度的作用下，实心球物质与空心球物质相互扩散。一段时间后形成如图 7.10(b)所示的情形。图 7.8 所示的双向无限长物体中的扩散即为这种情形。图 7.10(c)所示的是半无限长物体中的扩散，图中箭头为扩散方向，实心球表示扩散物质，空心球为基体物质。气体、液体向固体中扩散可用图 7.10(c)表示。图 7.10(b)(c)所示的扩散是在有浓度差的条件下进行的，常被称为互扩散(mutual diffusion)。

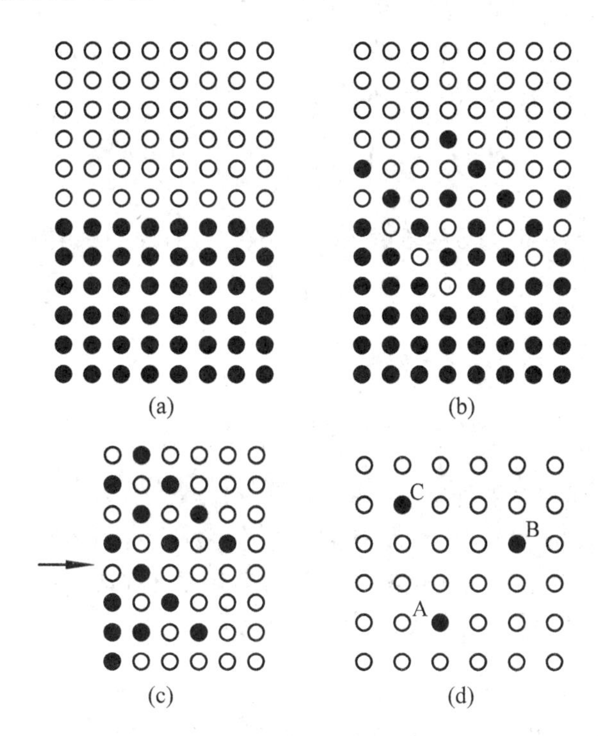

图 7.10 互扩散和自扩散示意图[(a)～(c)为互扩散;(d)为自扩散]

多元系统(如固溶体)中的溶剂原子除了在平衡位置做振动外，还会在条件适合时，从一个位置迁移到另一个位置。即使有异类原子，也是如此。这种扩散为自扩散(self-diffusion)。如图 7.10(d)所示，在时间t_1时，某个原子在 A 位置;过一段时间后，该原子达到 B 位置;又过一段时间后，它到达 C 位置。要研究这种自扩散，人们常采用示踪技术。

无论是互扩散还是自扩散都有其扩散系数。这两种扩散有何联系? 而且物质在发生互扩散时，它们的扩散系数是否相同?

7.4.2 分扩散与自扩散系数

1. 扩散系数的推导

以一维扩散系统为例，设 x 处的化学势为μ_x。在 x 处将该化学势展开成 Taylor 级数，忽略二阶以上的高阶项，得到 $x+\mathrm{d}x$ 处的化学势：

$$\mu_{x+\mathrm{d}x}=\mu_x+\frac{\partial\mu}{\partial x}\mathrm{d}x \tag{7-70}$$

i 原子从 x 处扩散到 $x+\mathrm{d}x$ 处的驱动力 F_i 为这两处的化学势梯度 $\partial\mu/\partial x$，表示为

$$F_i=-\frac{\partial\mu_i}{\partial x} \tag{7-71}$$

梯度的方向由低指向高，扩散方向从高化学势指向低化学势，故式(7-71)中引入负符号。i 原子在扩散时，假设其平均速率为v_i(cm/s)。v_i与 F_i呈正比关系，引入常数后写成等式：

$$v_i=B_iF_i \tag{7-72}$$

其中B_i为迁移率，它表示 i 在单位驱动力作用下的速率。

由于我们是在原子尺度进行讨论，故本节采用物质的量浓度(也就是常说的浓度)。设 i 原子的浓度为 c_i(mol/cm^3)。该浓度与速率的乘积：

$$c_i\left(\frac{\mathrm{mol}}{\mathrm{cm}^3}\right)\times v_i\left(\frac{\mathrm{cm}}{\mathrm{s}}\right)=c_i\times v_i\left(\frac{\mathrm{mol}}{\mathrm{cm}^2\cdot\mathrm{s}}\right) \tag{7-73}$$

式(7-73)的单位恰好是扩散通量的单位[mol/(cm^2·s)]，故 i 的扩散通量J_i为

$$J_i=c_iv_i \tag{7-74}$$

将式(7-71)和式(7-72)代入式(7-74)，得

$$J_i=c_iB_iF_i=c_iB_i\left(-\frac{\partial\mu_i}{\partial x}\right) \tag{7-75}$$

接下来求式(7-75)中的化学势梯度$\partial\mu/\partial x$。

由物理化学知识，i 的化学势用浓度表示时可写为$\mu_i=\mu_i^{\ominus}+RT\ln c_i$，其中$\mu_i^{\ominus}$ 是 i 在标态下的化学势，为常数；R 为摩尔气体常数；T 为热力学温度。对真实溶液体系，常用活度α_i代替浓度$\alpha_i=\gamma_ic_i$，其中γ_i为 i 的活度系数。因此，i 的化学势变为$\mu_i=\mu_i^{\ominus}+RT\ln(\gamma_ic_i)$。$\mu_i$ 对 x 求导，可得 i 的化学势梯度：

$$\frac{\partial\mu_i}{\partial x}=RT\left[\frac{\partial\ln(\gamma_ic_i)}{\partial x}\right]=RT\left[\frac{1}{\gamma_ic_i}\frac{\partial(\gamma_ic_i)}{\partial x}\right]=RT\left(\frac{\partial\gamma_i}{\gamma_i}\frac{1}{\partial x}+\frac{1}{c_i}\frac{\partial c_i}{\partial x}\right) \tag{7-76}$$

提出$\partial c_i/\partial x$：

$$\begin{aligned}\frac{\partial\mu}{\partial x}&=RT\left(\frac{\partial\gamma_i}{\gamma_i}\frac{1}{\partial x}\frac{\partial x}{\partial c_i}+\frac{1}{c_i}\right)\frac{\partial c_i}{\partial x}=RT\left(\frac{\partial\ln\gamma_i}{\partial x}\frac{\partial x}{\partial c_i}+\frac{1}{c_i}\right)\frac{\partial c_i}{\partial x}\\&=RT\left(\frac{\partial\ln\gamma_i}{1}\frac{1}{\partial c_i}+\frac{1}{c_i}\right)\frac{\partial c_i}{\partial x}\end{aligned} \tag{7-77}$$

将式(7-77)代入式(7-75)：

$$J_i=c_iB_i\left(-\frac{\partial\mu}{\partial x}\right)=-c_iB_iRT\left(\frac{\partial\ln\gamma_i}{\partial c_i}+\frac{1}{c_i}\right)\frac{\partial c_i}{\partial x} \tag{7-78}$$

整理得

$$J_i = -B_iRT\left(\frac{\partial \ln \gamma_i}{\partial c_i}c_i + 1\right)\frac{\partial c_i}{\partial x} = -B_iRT\left(\frac{\dfrac{\partial \ln \gamma_i}{\dfrac{\partial c_i}{c_i}}}{} + 1\right)\frac{\partial c_i}{\partial x} \tag{7-79}$$

$$= -B_iRT\left(\frac{\partial \ln \gamma_i}{\partial \ln c_i} + 1\right)\frac{\partial c_i}{\partial x}$$

把上式与 Fick 第一定律 $J = -D\dfrac{\partial c}{\partial x}$进行对比，可以发现式(7-79)就是 Fick 第一定律。但它是根据化学势推导出来的，因此它比 $J = -D\dfrac{\partial c}{\partial x}$更具普遍性。由式(7-79)可知 i 的扩散系数为

$$D_i = B_iRT\left(\frac{\partial \ln \gamma_i}{\partial \ln c_i} + 1\right) \tag{7-80}$$

同理其他原子，如 j 的扩散系数为

$$D_j = B_jRT\left(\frac{\partial \ln \gamma_j}{\partial \ln c_j} + 1\right) \tag{7-81}$$

其中D_i、D_j分别为i 原子和j 原子在多元扩散系统中的分扩散系数。

对于组元之间无相互作用的理想固溶体或无限稀固溶体，活度系数$\gamma_i = 1$ 或是常数，则式(7-80)变为

$$D_i^* = B_iRT \tag{7-82}$$

式中D_i^*为i 的自扩散系数。同理，j 的自扩散系数为$D_j^* = B_jRT$。若在微观上考虑的话，D_i^*也可写为

$$D_i^* = B_i k_B T \tag{7-83}$$

其中k_B为 Boltzmann 常数。式(7-82)、式(7-83)为能斯特-爱因斯坦方程(Nerst-Einstein equation)。它们表明，在理想固溶体或无限稀固溶体中，不同组元的扩散取决于迁移率的大小。该结论对实际固溶体也适用。式(7-80)和式(7-81)可进一步改写为

$$D_i = D_i^*\left(\frac{\partial \ln \gamma_i}{\partial \ln c_i} + 1\right) \tag{7-84a}$$

$$D_j = D_j^*\left(\frac{\partial \ln \gamma_j}{\partial \ln c_j} + 1\right) \tag{7-84b}$$

其中 $\dfrac{\partial \ln \gamma_i}{\partial \ln c_i} + 1$、$\dfrac{\partial \ln \gamma_j}{\partial \ln c_j} + 1$ 为热力学因子。式(7-80)、式(7-81)或式(7-84a)、式(7-84b)表示了物质的分扩散系数与自扩散系数和热力学因子有关。

下坡扩散时，有

$$\frac{\partial \ln \gamma_i}{\partial \ln c_i} + 1 > 0$$

此时，扩散系数 $D_i > 0$，表明物质是从高浓度向低浓度扩散的。

上坡扩散时，有

$$\frac{\partial \ln \gamma_i}{\partial \ln c_i} + 1 < 0$$

此时，扩散系数 $D_i < 0$，表明物质是从低浓度向高浓度扩散的。

由于 i 的摩尔分数 M_i 可写为 $M_i = c_i / \sum c_i$，且对一定的系统而言 $\sum c_i$ 是常数。由此，式(7-84a)、式(7-84b)可分别变为

$$D_i = D_i^* \left(\frac{\partial \ln \gamma_i}{\partial \ln M_i} + 1\right) \tag{7-85a}$$

$$D_j = D_j^* \left(\frac{\partial \ln \gamma_j}{\partial \ln M_j} + 1\right) \tag{7-85b}$$

在式(7-84a)、式(7-84b)变为式(7-85a)、式(7-85b)的过程中，我们运用了微分理论。因为 $\sum c_i$ 是常数，则

$$\mathrm{d}\ln(M_i \sum c_i) = \frac{\sum c_i}{M_i \sum c_i} \mathrm{d}M_i = \mathrm{d}\ln M_i$$

其中 $\frac{\partial \ln \gamma_i}{\partial \ln M_i} + 1$、$\frac{\partial \ln \gamma_j}{\partial \ln M_j} + 1$ 也称为热力学因子。

2. 组元热力学因子之间的关系

恒温、恒压下，均相多组分体系中，各组分的化学势之间存在一定的制约关系，即 Gibbs-Duhem 方程：

$$\sum_i M_i \mathrm{d}\mu_i = 0$$

若多组分体系含有两种组分，则 Gibbs-Duhem 方程变为

$$M_1 \mathrm{d}\mu_1 + M_2 \mathrm{d}\mu_2 = 0$$

现在我们利用摩尔分数 $M_i = c_i / \sum c_i$ 来表示化学势。将此 M_i 表达式代入 $\mu_i = \mu_i^{\ominus} + RT\ln(\gamma_i c_i)$ 中，γ_i 与常数 $\sum c_i$ 合并后，仍用 γ_i 表示，结果得 $\mu_i = \mu_i^{\ominus} + RT\ln(\gamma_i M_i)$。再将 μ_i 表达式代入两组分的 Gibbs-Duhem 方程 $M_1 \mathrm{d}\mu_1 + M_2 \mathrm{d}\mu_2 = 0$ 中，整理得

$$M_1 RT(\mathrm{d}\ln M_1 + \mathrm{d}\ln \gamma_1) = -M_2 RT(\mathrm{d}\ln M_2 + \mathrm{d}\ln \gamma_2)$$

$$M_1 \left(\frac{1}{M_1} \mathrm{d}M_1 + \mathrm{d}\ln \gamma_1\right) = -M_2 \left(\frac{1}{M_2} \mathrm{d}M_2 + \mathrm{d}\ln \gamma_2\right)$$

$$\mathrm{d}M_1 + M_1 \mathrm{d}\ln \gamma_1 = -\mathrm{d}M_2 - M_2 \mathrm{d}\ln \gamma_2$$

因为 $M_1 + M_2 = 1$，故 $\mathrm{d}M_1 = -\mathrm{d}M_2$，则

$$M_1 \mathrm{d}\ln \gamma_1 = -M_2 \mathrm{d}\ln \gamma_2$$

两边同时除以 $\mathrm{d}M_1$：

$$\frac{M_1 \mathrm{d}\ln \gamma_1}{\mathrm{d}M_1} = -\frac{M_2 \mathrm{d}\ln \gamma_2}{\mathrm{d}M_1}$$

因为 $\mathrm{d}M_1 = -\mathrm{d}M_2$，所以

$$\frac{M_1 \mathrm{d}\ln\gamma_1}{\mathrm{d}M_1} = \frac{M_2 \mathrm{d}\ln\gamma_2}{\mathrm{d}M_2}$$

再整理得

$$\frac{\mathrm{d}\ln\gamma_1}{\mathrm{d}\ln M_1} = \frac{\mathrm{d}\ln\gamma_2}{\mathrm{d}\ln M_2}$$

写成偏微分的形式：

$$\frac{\partial\ln\gamma_1}{\partial\ln M_1} = \frac{\partial\ln\gamma_2}{\partial\ln M_2} \tag{7-85c}$$

结合式(7－84a)、式(7－84b)、式(7－85a)、式(7－85b)和式(7－85c)，我们可知：组元 i、j 的热力学因子相同；组元扩散系数的不同是因迁移率 B 不同而引起的；扩散系数与浓度 c 有关。

7.4.3 扩散系数与浓度

尽管碳在铁管中的 $w_C - \ln r$ 曲线(图 7.6)表明扩散系数与浓度 c 有关，但在求解扩散偏微分方程时，我们经过简化仍认为扩散系数与浓度无关，是一常数。在此基础上，我们获得了一维扩散的微分方程的解析解。上一小节，我们又从热力学方面得出了物质的分扩散系数，其中的热力学因子也表明扩散系数与浓度有关。这样，我们就有一个疑问：是否能由浓度分布求出扩散系数？日本科学家 Chuijiro Matano 对此做了研究。

1933 年，Matano 从实验获得的浓度分布曲线出发，计算出了不同浓度时的扩散系数。这种方法称为 Matano 法。以一维为例，其扩散微分方程为

$$\frac{\partial c}{\partial t} = \frac{\partial}{\partial x}\left(D_x \frac{\partial c}{\partial x}\right)$$

由于D_x与 c 有关，故不能提到微分符号外面。这样就不能用前面的方法获得其解析解。为此，Matano 引入了玻耳兹曼变换。最后，他获得了下式：

$$D(c) = -\frac{1}{2t}\left(\frac{\mathrm{d}x}{\mathrm{d}c}\right)\int_{c_1}^{c} x\mathrm{d}c \tag{7-86}$$

因为 D 与浓度 c 有关，故在原始界面 $x=0$ 处的两侧，扩散物质的浓度分布并不对称(图 7.11)。若我们假设 D 是常数，则浓度分布曲线在原始界面 $x=0$ 的两侧是对称的(图 7.8)。为了使某个界面两侧的浓度相等，需做坐标变换 $x \to x'$，使得

$$\int_{c_1}^{c_2} x'\mathrm{d}c = 0 \tag{7-87}$$

引入的这个界面称为俣野面(Boltzmann-Matano interface)。式(7－86)在引入坐标变换后变为

$$D(c) = -\frac{1}{2t}\left(\frac{\mathrm{d}x'}{\mathrm{d}c}\right)\int_{c_1}^{c} x'\mathrm{d}c \tag{7-88}$$

根据式(7－88)，由实验可获得在一定温度下，不同浓度时的扩散系数 $D(c)$。

Matano 法可以计算 $D(c)$。在此过程中产生的 Boltzmann-Matano 界面还有一个重要的物理意义：物质经此界面扩散，流入的量与流出的量相等，即图 7.11 中阴影部分的面积相等。

物质扩散真如 Matano 界面的物理意义所描述的那样吗？由热力学理论推出的式(7－80)和式(7－81)表明：物质的扩散不一定与 Matano 界面所描述的情形一样，因为每种物质的扩散系数不一定都相同，但这仍需实验来证实。这个实验主要是由 Kirkendall 来做的。

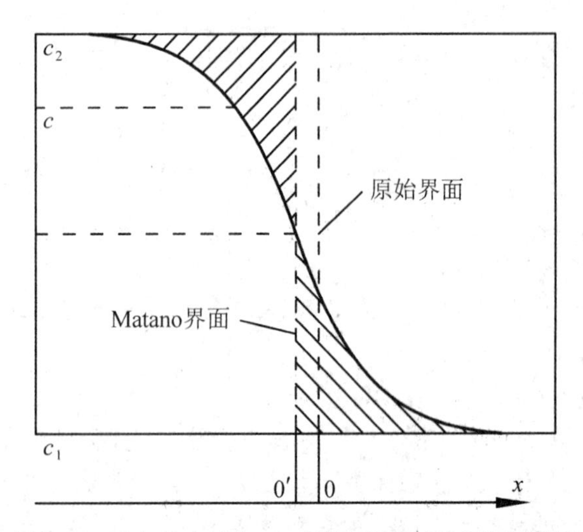

图 7.11　Boltzmann-Matano 界面示意图(该界面两侧阴影部分的面积相等(引自潘金生，2011)

7.4.4　Kirkendall 效应及其提出过程

1. Kirkendall 的第一篇论文

科学家们在研究了气体、液体中的扩散后，就产生了这样一个疑问：在原子排列很有规律性的晶体中，原子是否能产生扩散？实验数据表明固态中的扩散确实会发生，但物质在固体中的扩散比在液体和气体中慢。首先对固态扩散进行精确研究的是 William Roberts-Austen。1896 年，他发现了 Au 在固体 Pb 中的扩散。Roberts-Austen 是幸运的，因为他选择的是 Au－Pb 扩散偶。Au 在 Pb 中容易扩散、其扩散后的断面容易测量。从 Roberts-Austen 开始，固态扩散的研究至今仍有方兴未艾之势。

1920 年代，科学家们对固态扩散的研究兴趣转向扩散机理方面。这时就产生了另一个疑问：晶体中的原子是如何扩散到其他位置的？在很长一段时间里，科学家们普遍认为原子在晶体中的扩散是通过直接交换(direct interexchange)或环形交换(ring diffusion)而发生的，如图 7.12 所示。但也有人不同意这种看法。在 1920—1930 年代，扩散机理的争论中心是原子

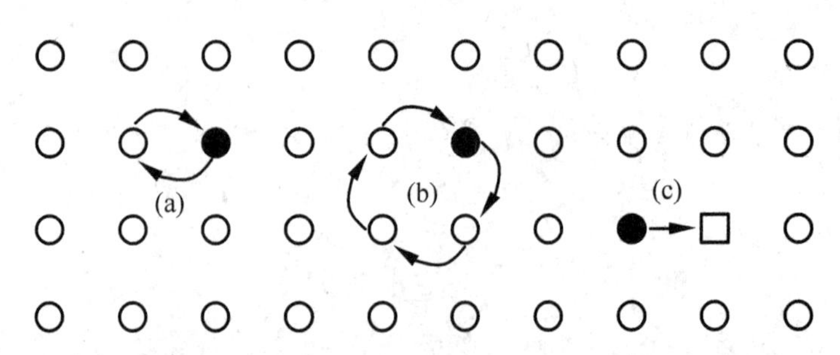

图 7.12　原子在晶体中的几种扩散方式(引自 Nakajima，1997)

(a)直接交换；(b)环交换；(c)空位机制

是否在无缺陷的辅助下就能交换点阵位置。1924—1926年，苏联物理学家Yakov Frenkel指出原子在晶体内部能离开其平衡位置，然后进入间隙位，形成Frenkel缺陷(见4.2.1节)。该缺陷中的空位有利于原子交换点阵位置而产生扩散。热缺陷理论认为只要温度高于0 K，Frenkel缺陷或Schottky缺陷就存在，故晶体中始终存在或多或少的空位。

虽然Frenkel提出了晶体中有空位产生，但直到1940年代末，人们还是普遍认为原子的扩散是通过直接交换或环交换机制产生的。在众多争论中，最关键的是1947年观察到的Kirkendall效应。该效应使科学家们认识到空位在晶体扩散中的决定性作用。Kirkendall不仅在扩散机制方面有贡献，他还用实验证实了在多元系统的扩散中，组元的分扩散系数是不同的。

Ernest Kirkendall(1914—2005年)是美国化学和冶金学家。1935年，Kirkendall在Michigan大学冶金系开始他的研究工作。开始时，他从冶金学家Robert Franklin Mehl(1898—1976年)等发表的文章中学到许多扩散方面的东西。尤其是受到Mehl的影响，Kirkendall对固体金属中原子的扩散产生了兴趣，特别是相图。在Cu-Zn体系中，β-黄铜(β-CuZn)在冷却时，会分离出α-黄铜(α-黄铜是Zn溶解于Cu形成的固溶体，具有Cu的fcc结构；β-黄铜是电子化合物、bcc结构。请见3.5.1节和3.6.2节)。他选择了黄铜中的扩散作为研究主题，因该主题涵盖了扩散和相图这两个他感兴趣的方向。尽管以前有人研究过，但大多数停留在定性讨论上，没有一个研究能阐明其中的关键问题。Kirkendall想用准确度高的新方法定量测量α-黄铜中Cu、Zn的扩散系数。这些研究成就了他的博士课题，以及他关于扩散的第一篇论文。图7.13为其样品示意图。

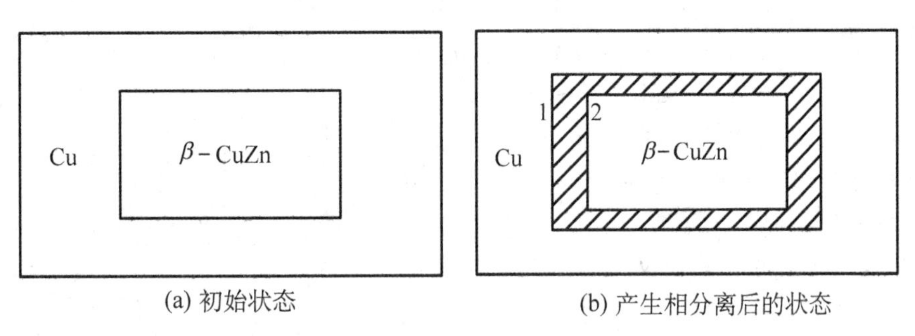

(a) 初始状态 (b) 产生相分离后的状态

图7.13 β-CuZn的相分离横截面示意图(阴影部分为α-CuZn；1、2为界面)(根据Nakajima，1997画出)

在这次研究中，Kirkendall发现β-CuZn与α-CuZn的界面(图7.13中的界面2)处的晶粒较大，故可在光学显微镜下看到清晰的α/β界面。而α-CuZn与Cu的界面(图7.13中的界面1)却不清晰，这是由于α-CuZn的晶体结构与Cu的相同所致。后来，Kirkendall也承认他选择Cu与黄铜作扩散偶是幸运的。如果上述α/β界面不清晰，他也可能就不会发现随后的Kirkendall效应。

Kirkendall在研究中注意到样品经扩散退火后，初始界面的位置与Matano界面不一样。为解释这种现象，在导师的建议下，他假设Cu、Zn的扩散系数相同。经分析后，他得出结论：初始界面的移动是由于α和β-黄铜的体积变化引起的，因α-CuZn是fcc紧密堆积，而β-CuZn是bcc结构、不是紧密堆积。那时候，大家都普遍认为原子在固态中的扩散是经直接交换或环交换产生的。因此在研究中，他虽然意识到Cu、Zn的扩散系数可能不同，但为了毕业，他不能坚持用 Cu、Zn 扩散系数之不同去解释初始界面的移动。因而，1939 年的论文并未完全反映 Kirkendall 本人的思想。博士毕业后，他去 Wayne 大学当了讲师。

2. Kirkendall 的第二篇论文

Wayne 大学的实验室设备条件不如 Michigan 大学。Kirkendall 在朋友的帮助下搭建了自己的 X 射线衍射设备。这次，他制作了直径为 15 mm 样品，再在样品表面电镀一层 5.12 mm 厚的 Cu。样品经扩散退火后，在金相显微镜下观测其断面、用 X 射线检测晶格常数。样品在 1 053 K 经扩散退火 2 523.6 ks(约 29 d)后，Kirkendall 发现：初始界面两侧都有 α - CuZn 出现。与他在 Michigan 大学发现的现象一样，α/β 界面有大的柱状晶体且界面很清晰。而在 α - CuZn 区的晶粒尺寸无明显差异、α - CuZn 与 Cu 的界面也不清晰。他根据 Fick 第一定律得到 Zn 在 1 053 K 时的扩散系数约为 $3.8\times10^{-13}\,m^2/s$。

1942 年，他发表了这些研究结果。这是他研究扩散的第二篇论文。在论文中，他得出结论：初始界面移动距离的 1/5 是由于 α 和 β -黄铜的体积变化引起的；其余 4/5 是因 Zn 的扩散比 Cu 快所致。由此看来，β-黄铜转变为 α -黄铜产生的体积收缩对界面移动的影响很小。这个结论与他的博士论文及第一篇扩散论文的结论有所不同。

在该研究中，Kirkendall 还提出物质的扩散不是采取直接交换或环交换机制发生的。与此同时，Hillard Bell Huntington(1910—1992 年)和 Frederick Seitz(1911—2008 年)用电子理论估计了 Cu 的自扩散激活能。他们的结果表明自扩散是空位机制产生的。但恰逢第二次世界大战，该领域的大多数人，包括 Kirkendall，并未认识到 Seitz 等人的这篇论文的重要性。

3. Kirkendall 的第三篇论文

在 Kirkendall 关于扩散的第二篇论文发表后不久，一位名叫 Alice Smigelskas 的学生加入了 Kirkendall 的研究。在 Kirkendall 的实验室只有一个手工制作的电炉。这台电炉经常用来做长达 2 个月的扩散退火。由于控制器不是很好，Smigelskas 经常不得不坐在炉边调整温度。

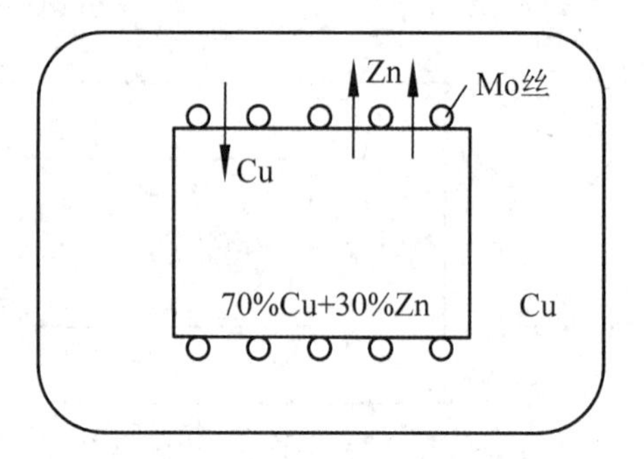

图 7.14 Kirkendall 实验样品断面示意图(图中箭头表示 Zn 的扩散比 Cu 快，进入 Cu 层中的 Zn 比 Cu 进入黄铜层多)

这次研究与前两次相比有两个改进。一是采用 α -黄铜，其中 Cu 和 Zn 的质量分数分别是 70% 和 30%。这是为了避免 β-黄铜转变为 α -黄铜时产生较大的体积变化；二是在 Cu 和 α -黄铜的界面处缠绕高熔点细 Mo 丝。Mo 丝作为标志物，熔点高，不参与扩散。这样就容易观察初始界面的移动。接下来，在样品表面电镀一层 Cu，如图 7.14 所示。

在 1 058 K 的温度下，将样品保温不同时间，然后测量图 7.14 中所示上下 Mo 丝间的间距，也用 X 射线衍射分析扩散的物质。表 7.2 为 Mo 丝在不同保温时间的位移。

表 7.2 Mo 丝在不同保温时间的位移(引自潘金生，2011)

保温时间/d	0	1	3	6	13	28	56
Mo 丝位移/cm	0	0.001 5	0.002 5	0.003 6	0.005 6	0.009 2	0.012 4

Kirkendall 采用他第二篇论文的方法，计算了 Zn 在 1 058 K 时的扩散系数，其值约为

$4.0\times10^{-13}m^2/s$，这与以前的 $3.8\times10^{-13}m^2/s$ 一致。这说明了实验的可重复性。

如果 Zn 和 Cu 的扩散系数相等，即$D_{Cu}=D_{Zn}$，则 Zn、Cu 相对于 Mo 丝所在界面做等原子交换。也就是说，单位时间内有多少 Zn 进入电镀 Cu 一侧，就同时有多少 Cu 进入黄铜一侧。当 Zn 进入电镀 Cu 一侧时，因 Zn 原子的尺寸大于 Cu 原子，故在 Cu 一侧的点阵常数增大。而在黄铜的一侧，点阵常数减小。这样，Mo 丝间距缩小。如果 Mo 丝间距的缩小仅仅是因为这个原因引起的，则间距缩小的距离应是观测值的 1/10 左右。

实验结果只能说明 Zn 比 Cu 扩散得快。单位时间内，Zn 进入 Cu 一侧的量多余 Cu 进入黄铜一侧的量。黄铜一侧失去 Zn 后留下空位，而进入黄铜的 Cu 数量少，不能把 Zn 留下的空位填满，故在黄铜一侧要产生空位。同时，Cu 一侧因 Zn 原子多而产生膨胀。这种情况导致黄铜区整体收缩，Mo 丝内移。Kirkendall 得出结论：溶剂、溶质产生等原子交换是错的。后来，人们把在置换固溶体中，组元具有不同扩散速率（迁移率）的效应称为 Kirkendall 效应（Kirkendall effect）。Kirkendall 与 Smigelskas 于 1947 年发表了他们的研究结果。后来在其他许多扩散偶中也发现了这种效应，如 Cu/Sn、Cu/Ni、Cu/Au、Ag/Au 等。

Kirkendall 实验的意义在于实验中的现象揭示了扩散宏观规律与微观机制的内在联系，具有普遍性。这些意义主要表现为：①Kirkendall 效应支持了空位扩散机制、否定了置换固溶体扩散的直接交换或环交换机制；②Kirkendall 效应说明了在多元扩散系统中，每一组元都有自己的扩散系数，且存在相互扩散现象；③Kirkendall 效应往往产生副效应，即在扩散快的金属一侧（或低熔点金属一侧，如图 7.14 中的黄铜一侧）有分散或集中的空位。这些空位总数超过平衡空位浓度，称为 Kirkendall 空位（Kirkendall voids）。这些空位甚至会合并成较大的空洞，形成 Kirkendall 孔（Kirkendall porosity）。同时，在扩散慢的一侧（或高熔点金属一侧）空位浓度低于平衡浓度，而且有多余的原子，故这一侧往往要在表面产生凸起。

Kirkendall 副效应往往产生不利的影响。比如电子器件中的布线、接点、多层结构等若在较高温度下长时间工作，产生的 Kirkendall 副效应会引起断线、击穿和性能恶化等现象，甚至器件报废。

仔细选择扩散物质可以避免 Kirkendall 副效应的产生。比如在 Cu 上沉积一层 Pt，产生的 Kirkendall 孔使 Pt 涂层与 Cu 基体分离。而在 Ni 上的 Pt 涂层就没有 Kirkendall 孔。这是由于 Ni 的熔点比 Cu 高、扩散系数比 Cu 小。此外，热等静压工艺也用来抑制 Kirkendall 孔的产生。Kirkendall 副效应也有有利的一面，那就是可以用来控制材料的空隙率。因此，Kirkendall 效应在扩散理论的形成过程和生产实践中都有十分重要的意义。

4. Kirkendall 的第三篇论文发表过程中的波折

1946 年，当 Kirkendall 把他们的实验结果写成论文投向《Transactions of the AIME》期刊时，稿件受到评阅人——冶金学家 Mehl 的拒稿。因 Mehl 认为 Kirkendall 和 Smigelskas 的实验是错的。后来，Mehl 在其他人的建议下同意发表 Kirkendall 的论文，但在文后增加了他的评论。1947 年，Kirkendall 和 Smigelskas 的论文正式发表。令人惊奇的是，Kirkendall 和 Smigelskas 的论文有 5 页，而 Mehl 在文后的评论就有 8 页。接下来，Mehl 为了验证 Kirkendall 实验的错误，让学生选择了很多扩散偶，如 Cu/α-CuZn、Cu/Sn、Cu/Ni、Cu/Au、Ag/Au 来做互扩散实验。令 Mehl 想不到的是，这些扩散偶中都有 Kirkendall 效应出现。但 Mehl 还是坚信这些扩散是原子直接交换产生的，即不同原子的扩散系数相同。

1950 年，在芝加哥召开了一次关于扩散的研讨会。该研讨会聚集了众多研究扩散的顶级科学家，如 L. S. Darken、J. Bardeen、H. B. Huntington、F. Seitz、R. F. Mehl、D.

Turnbull 和 J. E. Burke 等。在这次会议上，大多数与会者同意 Kirkendall 效应、Huntington 和 Seitz 提出的空位扩散机制，以及 Darken 方程的有效性。会议期间，Seitz 彻底说服了 Mehl。几天后，Mehl 正式承认 Kirkendall 效应的有效性。

对 Kirkendall 本人来说，他于 1946 年左右晋升为副教授。然而，当时他有一个在企业工作的机会，而且薪金是大学的两倍多，加上他有三个孩子需要抚养。因此 Kirkendall 离开了大学，也从此离开了他的学术研究。后来，有人问他，如果 Kirkendall 效应早点被人接受，他是否会继续其学术生涯呢？Kirkendall 说他当时并没有意识到这个发现有如此重要的意义。

7.4.5 Darken 方程

物理化学和冶金学家 Lawrence Stamper Darken（1909—1978 年）曾详尽研究了 Kirkendall 效应。1948 年，他发表了其研究结果。他的研究把双组分扩散系统的扩散系数、组元的本征扩散系数和自扩散系数联系起来了。Darken 的第一个方程描述了标志物的迁移速率：

$$v=(D_1-D_2)\frac{\partial M_1}{\partial x}=(D_2-D_1)\frac{\partial M_2}{\partial x} \tag{7-89}$$

该式称为 Darken 第一方程（Darken's first equation）；其中D_1、D_2分别为组元 1、2 在一定浓度梯度下的扩散系数（即分扩散系数或本征扩散系数）；M_1、M_2分别为组元 1、2 的摩尔分数；x 为距离。在此基础上，Darken 利用一维不稳定扩散微分方程、并引入玻耳兹曼变换后获得下式：

$$D=D_1M_2+D_2M_1 \tag{7-90}$$

其中 D 为综合扩散系数，即互扩散系数，也是扩散微分方程中的扩散系数，而且实验所测得的扩散系数也是它。利用式(7-84b)、式(7-85b)，计算式(7-90)，并考虑式(7-85c)的热力学因子相等，得：

$$D=D_1M_2+D_2M_1=(D_1^*M_2+D_2^*M_1)\left(\frac{\partial\ln\gamma_1}{\partial\ln M_1}+1\right) \tag{7-91}$$

式(7-90)和式(7-91)合称为 Darken 第二方程（Darken's second equation）。式(7-91)将几种扩散系数集合在了一起。Darken 方程在 1950 年芝加哥的那次研讨会上得到了大多数与会者的肯定。对于理想固溶体($\gamma_1=1$)、无限稀固溶体($\gamma_1=$常数)，式(7-91)写为

$$D=D_1M_2+D_2M_1=D_1^*M_2+D_2^*M_1 \tag{7-92}$$

对比式(7-92)等号两边，得

$$D_1=D_1^*\text{、}D_2=D_2^* \tag{7-93}$$

介绍至此，不知读者是否明白了分扩散系数（本征扩散系数）D_i、自扩散系数D_i^*、综合扩散系数（互扩散系数）D 及 Fick 定律中的扩散系数 D 之间的关系。

以上我们从较宏观的角度分析了物质的扩散。但是，我们很少考虑原子的迁移，特别是扩散微分方程是以连续介质方式来处理物质的扩散。而要了解扩散的机理，进而通过控制扩散过程获得一定的材料结构，就需要从原子尺度来理解物质的扩散及其影响因素。

7.5 扩散的微观理论

Brown 运动被发现后，科学家们都尽力解释其机理，但大多并不令人满意。这是由于

Brown运动无法用连续介质模型来解释，唯有从原子论的观点出发，其解释才令人信服。1905年，Albert Einstein(1879—1955年)引入数学中的随机理论，首先描述了微小悬浮粒子的Brown运动，并推得其平均量与扩散系数的关系。1908年，法国物理学家Jean Perrin(1870—1942年)用实验验证了Einstein有关Brown运动的理论预测。Perrin还据其实验获得了Avogadro常数。因此，Perrin的实验成为证实分子(原子)存在的范例。而Einstein对Brown运动的研究奠定了非平衡统计热力学发展的基础，同时也启发了许多物理学家投入涨落(fluctuations)现象的研究。涨落是系统宏观物理量的每次观测值与其平均值有一定偏差的现象。

7.5.1 原子跃迁与扩散系数

设晶体中原子的迁移采取一种类似于Brown运动的无规行走模式(即原子每一步的运动方向与前一步无关)。在此假设下，原子向各方向的跳动概率是一样的、原子的总位移是多次跳动的矢量和。

以一维方向为例(图7.15)。设在x方向的浓度梯度为$\partial c/\partial x$。在本节中，我们将浓度c定义为单位体积内的原子个数(单位为个/立方米，这种定义是浓度mol/L的演变)。

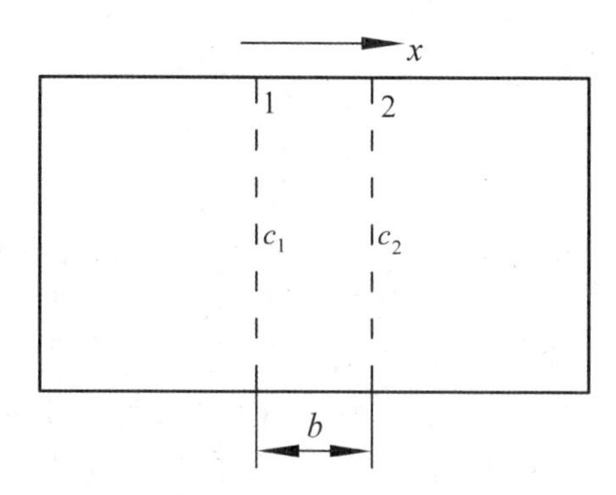

图7.15 晶面间原子的扩散(引自徐祖耀，1986)

在垂直于浓度梯度的方向上有一系列晶面(图7.15中的1、2是其中的两个晶面)。原子在晶面间的迁移遵循无规行走模式，而且相邻晶面间的浓度梯度为无穷小。

再设单位时间内，原子从晶面1跃迁到邻近晶面2的次数(即跃迁频率f)为定值；每个原子在晶面1、2间相互跃迁的概率为P；n_1、n_2分别为晶面1、2单位面积上的原子数(单位：个/平方米)；晶面1、2的间距为b，b也是原子的跃迁距离。

根据以上假设，单个原子在单位时间内由晶面1跃迁到晶面2的次数为fP；n_1个原子在单位时间内由晶面1跃迁到晶面2的次数为$n_1 fP$；在$\mathrm{d}t$时间内，n_1个原子由晶面1跃迁到晶面2的次数为$n_1 fP\mathrm{d}t$。同理，在$\mathrm{d}t$时间内，n_2个原子由晶面2跃迁到晶面1的次数为$n_2 fP\mathrm{d}t$。则在$\mathrm{d}t$时间内，从晶面1跃迁到晶面2的净原子数为

$$\mathrm{d}n = (n_1 - n_2) fP\,\mathrm{d}t \tag{7-94}$$

由式(7-6)，扩散通量可写为

$$J = -\frac{\mathrm{d}N}{A\,\mathrm{d}t} = -\frac{\mathrm{d}n}{\mathrm{d}t} \tag{7-95}$$

其中N为从晶面1跃迁到晶面2总的净原子数；$\mathrm{d}N/A$表示单位面积内从晶面1跃迁到晶面2的净原子数$\mathrm{d}n$。将式(7-94)代入式(7-95)得

$$J = -\frac{\mathrm{d}n}{\mathrm{d}t} = -\frac{(n_1 - n_2) fP\,\mathrm{d}t}{\mathrm{d}t} = -(n_1 - n_2) fP \tag{7-96}$$

n_1还可以表示为$c_1 \times b$。关于这点，我们代入单位计算就容易明白了：

$$n_1\left(\frac{\text{个}}{\text{平方米}}\right)=c_1\left(\frac{\text{个}}{\text{立方米}}\right)\times b(\text{米}) \tag{7-97}$$

同理，n_2也可表示为$c_2 \times b$。这样式(7-96)就改写为

$$J=-(n_1-n_2)fP=-(c_1-c_2)bfP \tag{7-98}$$

因为浓度梯度$\partial c/\partial x$的物理意义为法线方向上单位距离内的浓度变化。现在，晶面1、2间的间距为b，故这两个晶面间的浓度变化为

$$c_1-c_2=\frac{\partial c}{\partial x}\times b \tag{7-99}$$

将式(7-99)代入式(7-98)得

$$J=-(c_1-c_2)bfP=-\frac{\partial c}{\partial x}\times b^2 fP=-b^2 fP\frac{\partial c}{\partial x} \tag{7-100}$$

将式(7-100)与Fick第一定律进行对比，我们可知$b^2 fP$即为Fick第一定律中的扩散系数D。因此，$D=b^2 fP$可将宏观扩散系数与微观原子的跃迁联系起来。现对$D=b^2 fP$做讨论。

(1) 一维情况

在一维情况下，某一晶面上的原子可朝x正负方向的两个晶面跃迁，故原子朝其中任一晶面跃迁的概率为$P=1/2$。跃迁的距离就为x方向的晶面间距b，则

$$D=\frac{1}{2}b^2 f \tag{7-101}$$

(2) 二维情况

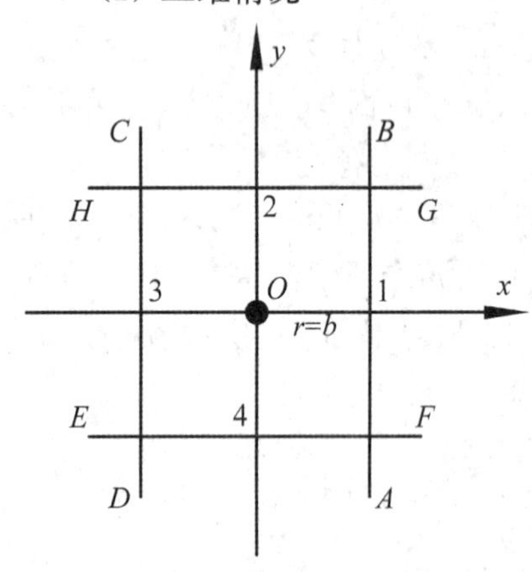

图7.16 二维情形中，原子在晶面间的跃迁示意图(b为晶面间距，r为跃迁距离，1、2、3、4为O点原子可能的跃迁位置)

在二维情况下，原子除了朝垂直于x方向的晶面跃迁外，还可以朝垂直于y方向的晶面产生跃迁。图7.16中，O点处原子可能的跃迁晶面共四个：AB、CD、EF和GH。而每个晶面有一个位置可以提供跃迁。这四个晶面提供的四个位置如图7.16中的1、2、3和4所示，故O点处原子朝其中一个晶面跃迁的概率为$P=1/4$，则

$$D=\frac{1}{4}b^2 f \tag{7-102}$$

(3) 三维情况

以简单立方晶体为例(图7.17)。在坐标原点的原子可以朝x轴、y轴和z轴正负方向共六个最近邻晶面跃迁。只在一次跃迁的情况下，这些晶面上离跃迁原子太远的位置不可能成为跃迁位置。比如，在图7.17中x的正方向上，O点的原子可以向$EFGH$面上的E、F、G、H四个位置跃迁，但F、H离O点较E点远，G点更远。因而，$EFGH$晶面上只有一个E点位置可接纳O点处原子。其他方向的晶面也如此。结果，O点原子周围有六个最近邻晶面。每个最近邻晶面上有一个位置可接纳跃迁来的原子，即O点原子向其中一个晶面的跃迁概率为$P=1/6$，则

$$D = \frac{1}{6}b^2 f \tag{7-103}$$

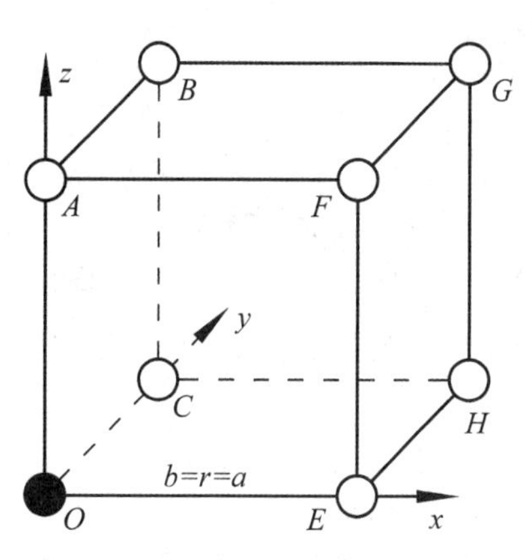

图 7.17 简单立方晶体中，原子在晶面间的跃迁示意图

而 O 点原子从 $OABC$ 晶面跃迁到 $EFGH$ 晶面时，跃迁距离 r 为立方晶体的晶格常数 a，即 $b=r=a$，故式(7-103)可改写为

$$D = \frac{1}{6}a^2 f \tag{7-104}$$

再以面心立方晶体结构(如 Cu)中八面体间隙处的原子跃迁为例。图 7.18 中，八面体间隙处的原子 F，其最近邻有 12 个八面体间隙可供跃迁。我们沿 $ABCD$ 将晶体剖开，然后投影到 xOy 面上得到图 7.18(b)。

图 7.18(a)中，八面体间隙处的原子 F 所处的晶面为 $MNST$。若 F 从该晶面朝 x 轴正方向的 $HBKC$ 晶面跃迁时，则 $HBKC$ 晶面上有 H、B、K 和 C 四个位置可供跃迁。F 原子共有 12 个最近邻八面体间隙可供跃迁，但从 $MNST$ 晶面跃迁到 $HBKC$ 晶面就有四个间隙位可接纳 F 原子，故 F 原子从 $MNST$ 晶面跃迁到 $HBKC$ 晶面的概率为 4/12=1/3，即 $P=1/3$。F 原子跃迁到其他晶面的概率也是 1/3(这种分析方法同样适用于前面一维、二维情形。只是前面例子中，每个晶面只有一个位置可接纳跃迁原子)。故图 7.18 中，F 原子扩散系数为

$$D = \frac{1}{3}b^2 f \tag{7-105}$$

其中 b 为晶面间距。据图 7.18(b)所示，b 为 F 原子所在晶面 $MNST$ 与八面体间隙所在晶面 $HBKC$ 的间距。该间距为立方晶体晶格常数的一半，$b=a/2$。将其代入式(7-105)得扩散系数：

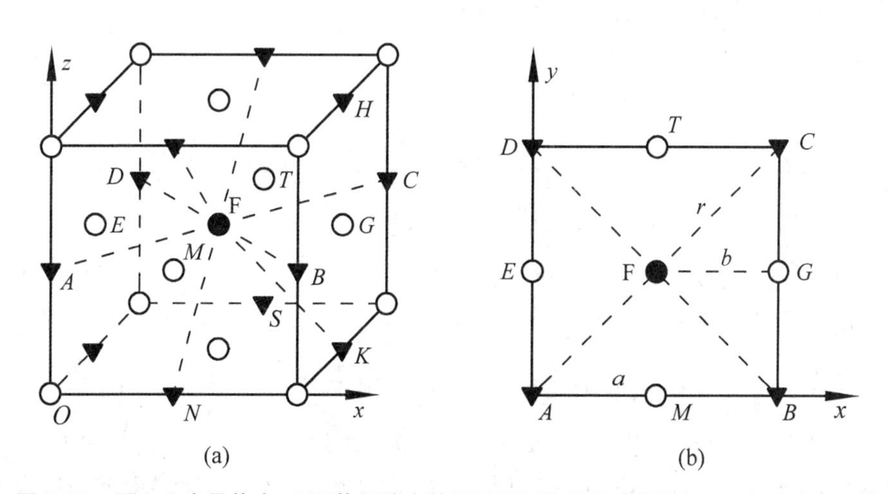

图 7.18 面心立方晶体中，八面体间隙中的原子跃迁位置示意图(实心三角形为八面体位置)

$$D = \frac{1}{12}a^2 f \tag{7-106}$$

式(7－104)和式(7－106)表明：不同晶体结构中的原子，其跃迁路径有所不同。

7.5.2 Einstein 方程

当原子在各可能位置的跃迁概率相等时，设 t 秒内，原子经过 n 次跃迁产生的净位移为 R_n。大量原子扩散产生的平均位移$\overline{R_n^2}$可以通过演算(此处忽略)获得：

$$\overline{R_n^2} = nr^2 \tag{7-107}$$

r 的意义同前，它表示一个原子每次的跃迁距离。跃迁频率 f 表示原子每秒跃迁 f 次，故在 t 秒内，原子跃迁的总次数为 $n=ft$。这样原子扩散的平均距离为

$$\overline{R_n^2} = nr^2 = ftr^2 \tag{7-108}$$

将式(7－100)得出的扩散系数$D=b^2fP$ 中的 f 代入式(7－108)后，整理得

$$\overline{R_n^2} = \frac{r^2}{b^2 P}Dt \tag{7-109}$$

令 $\frac{r^2}{b^2 P} = \xi$，它是取决于物质结构的几何参数，故

$$\overline{R_n^2} = \xi Dt \tag{7-110}$$

将其开方后得

$$\sqrt{\overline{R_n^2}} = \xi' \sqrt{Dt} \tag{7-111}$$

式(7－111)表明原子扩散位移的均方根与时间的平方根成正比。式(7－110)与式(7－57)是一致的。不过，式(7－110)是从微观原子尺度得到的，而式(7－57)是根据连续介质模型获得的。将式(7－108)与式(7－110)对照后可知：

$$D = \frac{fr^2}{\xi} \tag{7-112}$$

式(7－112)称为 Einstein 方程，它将扩散系数 D 与原子跃迁频率 f、跃迁距离 r 联系起来了。

由 Einstein 方程，我们也可得出与前文相同的扩散系数表达式。只要由 $\frac{r^2}{b^2 P} = \xi$ 求出几何参数ξ即可。一维扩散时，$r = b$，$P = 1/2$，故$\xi = 2$。这样得出的 D 与式(7－101) 得出的 D 一致。二维情形中，跃迁方向平行于坐标轴，$r = b$，$P = 1/4$，故$\xi = 4$。简单立方晶体中，$r = b = a$，$P = 1/6$，故$\xi = 6$。图 7.18 所示的面心立方晶体中，$r = \frac{\sqrt{2}}{2}a$，$P = 1/3$，故$\xi = 6$。

7.5.1 节和 7.5.2 节从不同角度介绍了 D 的微观表达式，其实它们是一致的。

例 7.4 在恒定源条件下，820℃时，钢经 1 h 的渗碳，可得到一定厚度的表面渗碳层。若在同样的条件下，要得到两倍厚度的渗碳层需要几个小时？

解： 在恒定源及恒温条件下，扩散系数可简化为常数。渗碳可看成是一维方向，则渗碳层厚度 x 与时间 t 的关系可运用式(7－57)或式(7－110)、式(7－111)得到

$$x^2 = \text{const.}\, t$$

const. 表示常数，则

$$x_1^2 = \text{const.}\, t_1 ; \; x_2^2 = \text{const.}\, t_2$$

因 $x_2 = 2x_1$，故求得$t_2 = 4$ h。

例 7.5 在不稳定扩散的条件下，800℃时，在钢中渗碳 100 min 可得到合适厚度的渗碳层。若在 1 000℃时，要得到同样厚度的渗碳层，需要多少时间？（扩散系数 $D_{800} = 2.4 \times 10^{-12}$ m^2/s，$D_{1\,000} = 3.0 \times 10^{-11}$ m^2/s）。

解： 由于涉及扩散系数，故该题运用式(7-110)，有

$$x^2 = \text{const.}'Dt$$

const.′为常数。由于渗碳层厚度相同，所以 $x_1 = x_2$，即

$$\text{const.}'D_1 t_1 = \text{const.}'D_2 t_2$$

$$t_2 = \frac{D_1 t_1}{D_2} = \frac{2.4 \times 10^{-12} \times 100}{3.0 \times 10^{-11}} = 8(\text{min})$$

在 1 000℃时，要得到同样厚度的渗碳层需要 8 min。

在学习了扩散驱动力、多元系统中的扩散，以及扩散的微观理论后，我们现在要问的问题是：材料中的原子究竟是怎么扩散的，即扩散机制是什么？

7.6 晶体中的扩散机制

7.6.1 扩散途径和活化能

在一定的温度等条件下，晶体中的原子处于热运动状态。大部分原子在平衡位置的热振动对扩散没有贡献。但有一些原子因某些原因而具有足够大的能量。依靠这些能量，原子脱离平衡位置而跃迁到另一位置。这种跃迁运动对扩散有直接贡献。大量原子无数次的这种跃迁导致宏观扩散现象的发生。故扩散是由原子的跃迁引起的。

然而，对一个原子来说，它要跃迁到另一个位置可能有多种途径。究竟哪种途径才是最容易的呢？如图 7.19(a)所示，假设 fcc 晶体有一个空位处于面心位 C 处。A 原子要跃迁到该空位有路径 1(A—B—C)和路径 2(A—C)两种途径。A 原子沿路径 1 运动时，它首先要向 D 原子靠近而运动到 B，然后再向上进入空位 C。在此过程中，A 原子会受到 D 原子的排斥。而沿路径 2 时，A 受到 D 的排斥力要小得多。与化学反应一样，扩散也往往按容易的途径发生。所以，在以上情形中，路径 2 是最容易，也是最有可能的扩散途径。

从能量观点来看，原子从一个平衡位置跃迁到另一个平衡位置需克服的势垒称为活化能(activation energy)。如图 7.19(b)所示，原子要从状态 E 转变为状态 F，需要克服的势垒为 E_a。也就是说，处于状态 E 的原子需吸收大小为 E_a的活化能才能跃迁、产生扩散。状态 E 的原子在吸收了 E_a大小的能量后所处的状态称为活化态。只有处于活化态的原子才能扩散。处于活化态的原子越多，扩散越容易。在一个扩散体系中，原子具有活化态的概率或具有活化态的原子分数由 Boltzmann 分布律决定。处于活化态的原子分数P^* 可表示为

$$P^* = \exp\left(-\frac{E_a}{k_B T}\right) \tag{7-113}$$

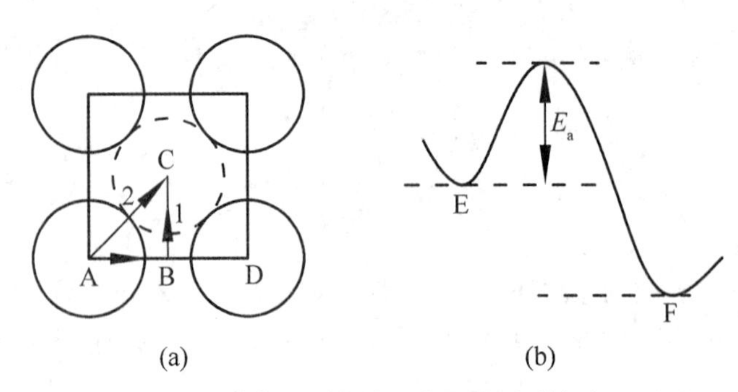

图 7.19 扩散途径和活化能示意图(引自徐祖耀,1986)

其中k_B为 Boltzmann 常数。在一定条件下,活化能 E_a越低,处于活化态的原子分数越大。这时,扩散越容易发生。因此,当有多种途径可供扩散时,原子往往容易沿活化能最低的途径扩散。

7.6.2 扩散的几种微观机制

1. 交换机制

晶体中的原子在三维空间呈周期性排列。若晶体没有缺陷则每个格点都有原子。缺陷很少时,晶体中绝大多数格点也有原子。因此,晶体中的一些原子要迁移到另一个平衡位置,人们能想到的最简单机制或许是原子间的直接交换,如图 7.12(a)所示。1950 年以前,这种机制一直占据主导地位。

原子采用直接交换机制进行迁移会使晶体点阵有很大的畸变。从能量角度来说,这不利于原子的交换。因此,这种扩散机制不太可能对扩散有重大贡献。1950 年,Clarence Melvin Zener (1905—1993 年)提出环形交换机制,如图 7.12(b)所示。它描述的是一个协同过程。几个原子围绕一瞬时轴进行同步环形换位。与两个相邻原子的直接换位相比,环形交换中的斥力和晶格畸变较小。计算表明环形交换的活化能比直接交换小。表 7.3 列出了几种扩散机制的活化能。参加环形交换的原子较多时,活化能有所减小。环形交换机制有助于解释晶界扩散过程。

表 7.3 几种扩散机制的活化能(引自徐祖耀,1986)

扩散机制	扩散活化能/eV	扩散机制	扩散活化能/eV
两个原子直接交换	10.3	间隙扩散机制	9.5
四个原子环形同步交换	4.0	空位扩散机制	2.0

采用交换机制进行扩散时,扩散原子是等量交换。这样,在垂直于扩散方向上的净通量为零。因此,这种扩散机制不可能出现 Kirkendall 效应。而且,目前还无实验结果表明材料中存在这种扩散机制。

2. 间隙机制

原子在晶体间隙位置上的跃迁而产生的扩散称为间隙扩散。能发生间隙扩散的主要(甚至唯一)是处于间隙位的原子。晶格位的原子可认为是不发生间隙扩散的。如图 7.20 所示,间隙位的实心球原子向 A 间隙跃迁时,首先将 1、2 原子推开,这会使晶格发生畸变。该畸变产生的应变能是间隙原子跃迁所必须克服的势垒(或活化能)。

间隙原子尺寸越大,推开晶格原子产生的应变能越大,跃迁所需活化能也越大,扩散不易

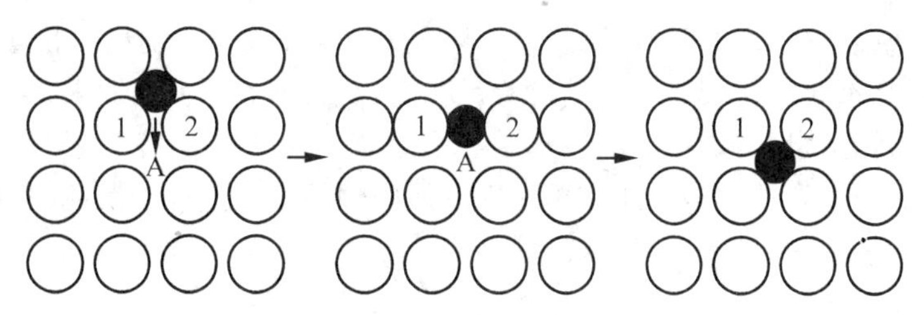

图7.20　间隙原子扩散示意图(引自 Mittemeijer, 2013)

发生。因此,要使间隙扩散容易实现,则间隙原子的尺寸应较小、间隙空间应较大。H、B、C、N、O等尺寸相对较小的原子一般容易溶解在母相材料的间隙位。它们可在较大的间隙位之间产生跃迁,如C在γ-Fe、B在α-Fe中的扩散可以认为由间隙扩散机制所控制。

在离子晶体中,阳离子的尺寸往往相对较小,因而产生间隙扩散的主要是这些较小的阳离子,如图7.21(b)所示。事实上,间隙扩散也可以认为是由空位机制演变而来的。无论是四面体、八面体间隙都可看成是晶体所固有的空位。

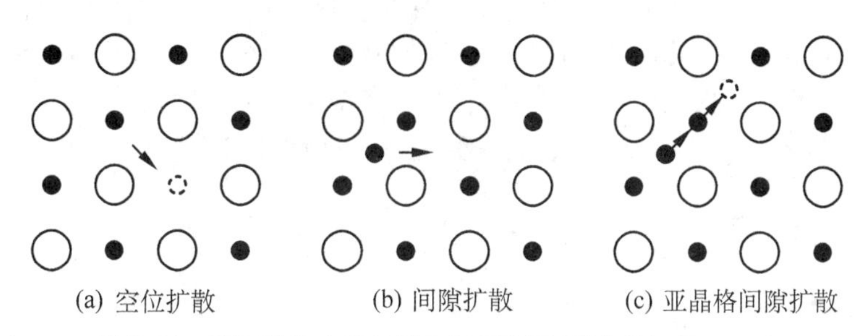

图7.21　离子晶体中的扩散机制示意图(引自关振铎,2011)

3. 空位机制

在4.1.5节,我们提到晶体内原子的格点未被占据,则此位置称为空位。晶体中,原子和空位交换位置而产生的扩散称为空位扩散。1950年后,人们越来越深刻地认识到空位在扩散中的作用。图7.12(c)和图7.22示意了金属单质中的空位扩散机制。空位扩散机制所需活化能很小(表7.3),而且为Kirkendall实验所证实。该机制是高温下金属单质中原子自扩散,以及置换固溶体中异类原子扩散的主要机制。离子晶体中的空位扩散机制如图7.21(a)所示。

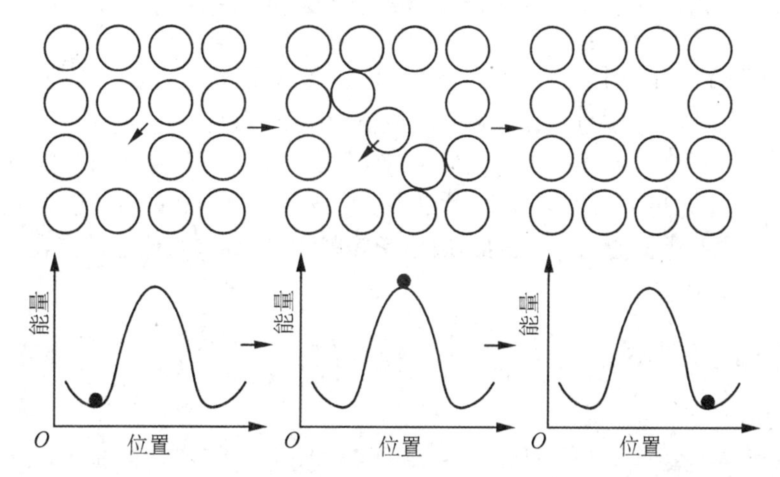

图7.22　空位扩散机制示意图(下面三个图表示跃迁原子在不同位置时的能量变化)(引自 Mittemeijer, 2013)

我们在本节介绍了扩散的三种典型机制。除此之外，有些人还提出了推填、挤列等机制。不管哪种机制，最终都要接受实验数据的检验。我们相信，随着研究的深入、技术的进步，人们可能还会提出新的扩散机制。

以上几节的内容主要涉及纯物质和单相固溶体中的扩散。这种扩散往往并不伴随新相的生成。如果有新相的生成，扩散又是怎样的呢？

7.7 反应扩散

单相固溶体中的原子在扩散时，溶质原子浓度不超过其在基体材料中的固溶度。但在一些具有有限固溶度的合金体系中，当溶质的质量分数超过固溶度时，除了形成端际固溶体外，还会形成中间相。这种通过扩散形成新相的现象称为反应扩散，也称作相变扩散、多相扩散。

反应扩散主要包括两个过程：扩散过程；物质达到一定浓度发生相变的反应过程。比如：纯铁在520℃时的渗氮，当工件表面N的质量分数在8%左右时，ε相会在表面形成。ε相是一种N的质量分数变化范围较宽(7.8%～11.0%)的铁氮化合物，其中，N原子有序地位于Fe原子组成的密排六方结构的间隙位。随N的质量分数的不同，可以形成Fe_3N、Fe_2N等。从工件表面往里走，N的质量分数逐渐降低。当N的质量分数小于6.1%时，γ'相出现。γ'相是一种间隙相，N原子有序地位于Fe原子组成的fcc结构的间隙位。继续往工件里层走，就是bcc结构的含氮α固溶体。图7.23示意了这种关系。纯铁的渗碳、钢的渗硼等也会出现反应扩散现象。

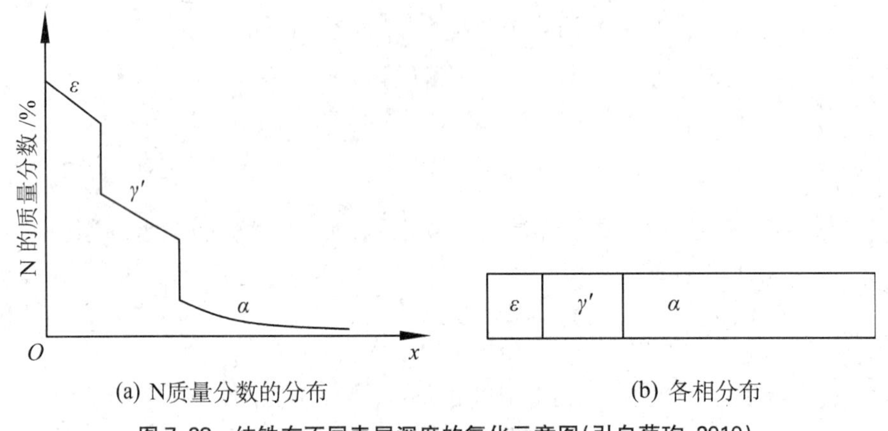

(a) N质量分数的分布　　(b) 各相分布

图7.23 纯铁在不同表层深度的氮化示意图(引自蔡珣,2010)

实验结果表明在二元合金反应扩散的渗层组织中没有两相混合区。而且，相界面上的质量分数是突变的，如前述ε、γ'和α相界面处的氮原子质量分数。

金属材料的内氧化也是一种反应扩散。比如，氧在Al－Cu合金中的扩散。由于氧与Al的亲和力强，且在Al中的溶解度又很小，所以渗层中的局部过饱和区有Al_2O_3的析出。

陶瓷材料中，也有类似的情形。比如，唐建新等用Ti与B_4C组成扩散偶，利用C、B原子的扩散制备了TiB_2－TiC复合材料。

7.8 影响扩散的主要因素

7.8.1 温度的影响

1884年，荷兰科学家Jacobus Henricus van't Hoff(1852—1911年)提出了Van't Hoff方

程。该方程将化学反应的平衡常数、温度和标准焓变联系起来。在此基础上，瑞典化学家 Svante August Arrhenius(1859—1927 年)于 1889 年提出化学反应的速率常数 k、温度 T 和反应活化能 E_a' 的关系式：

$$k = A\exp\left(-\frac{E_a'}{k_B T}\right) \tag{7-114}$$

此式也可表示为

$$k = A\exp\left(-\frac{E_a''}{RT}\right) \tag{7-115}$$

其中 R 为摩尔气体常数；A 为指前因子。式(7-114)和式(7-115)都被称为 Arrhenius 方程。

在研究固体中的扩散时，Roberts-Austen 猜到了熔化温度对扩散系数起决定性作用。因此，他选择了低熔点的 Pb。但人们不清楚 Roberts-Austen 当时是否认识到了 Arrhenius 方程表示的扩散动力学与温度的指数关系。到了 1922 年，Langmuir 等已认识到这种关系，即扩散系数 D 与温度的关系和 Arrhenius 方程有相似的表达式：

$$D = D_0 \exp\left(-\frac{E_a}{k_B T}\right) \tag{7-116}$$

式中 D_0 为指前因子(或频率因子)，属于非温度显函数项。跃迁产生的熵变包含在 D_0 中。E_a 为扩散活化能。式(7-116)表明温度升高，D 增大。这一点可由式(7-113)得到解释。温度升高，扩散体系中处于活化态的原子，其摩尔分数增加，这有利于扩散。比如 C 在 γ-Fe 中的扩散，927℃时的扩散系数为 $1.61\times10^{-11}\ m^2/s$、1 027℃时的扩散系数为 $4.74\times10^{-11}\ m^2/s$。根据 4.2.3 节，我们还知道温度高于 0 K 就会有空位产生。温度升高，空位的摩尔分数增加。晶体中的空位多、原子堆积不紧密，则原子的扩散也容易。因此，受扩散控制的过程，均要考虑温度的影响。

对间隙扩散来说，活化能只包括间隙原子的迁移能。而空位扩散的活化能包括空位形成能和空位迁移能。在实际晶体中，除本征热缺陷外，往往还包括杂质离子固溶所引入的空位。故空位机制的扩散系数应包括晶体中总空位的摩尔分数 $[V] = [V_{in}] + [V_{ex}]$，$[V_{in}]$ 为本征空位的摩尔分数、$[V_{ex}]$ 为杂质空位的摩尔分数。扩散系数与空位摩尔分数的关系包含在指前因子 D_0 中。

将式(7-116)取对数后获得 $\ln D - 1/T$ 关系图。但实际上它是一条折线，如图 7.24 所示。这主要是由本征空位的摩尔分数、杂质空位的摩尔分数谁占优势而引起的。弯折部分发生在本征缺陷的摩尔分数和杂质引起的非本征缺陷摩尔分数相近的温度。温度足够高时(AB 段)，$[V_{in}] \gg [V_{ex}]$，扩散由本征空位所控制，此时的扩散为本征扩散；在温度较低时(BC 段) $[V_{in}] \ll [V_{ex}]$，扩散由杂质空位所控制。而且，扩散还受杂质离子的电价、摩尔分数的影响。这种受杂质所控制的扩散称为非本征扩散。NaCl 中 Na^+ 的扩散系数 D 与 $1/T$ 具有这种折线关系。

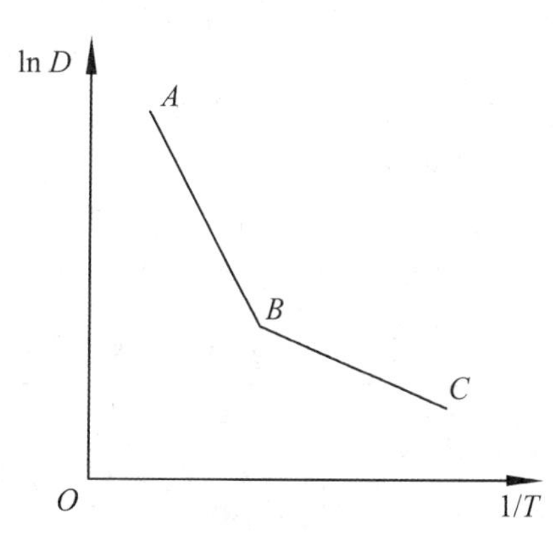

图 7.24 扩散系数与温度的关系示意图

然而，也有很多物质，其中的扩散也不完全与图 7.24 所示的情形一致。比如 Al_2O_3、MgO、CaO 等的 Schottky 缺陷生成焓在 6 eV 左右。这些晶体中，杂质的摩尔分数必须小于 10^{-5}，我们才能在 2 000℃左右观察到其中的本征扩散。因此在热缺陷生成焓较大的氧化物中，人们很难观察到本征扩散。这时，$\ln D-1/T$ 图就不是折线而是一条线段。$\ln D-1/T$ 图中没有出现折线的另一个原因还可能是测量的温度范围不够大。

还需注意的一点是，晶体中离子的扩散与离子电导有密切关系。离子晶体中的电导主要为离子电导。离子电导有两类：一是本征热缺陷的定向迁移引起的电导——本征电导；二是杂质离子的定向迁移引起的电导——杂质电导。电导率 σ 与扩散系数 D 的关系可用下式描述：

$$\sigma = D\frac{nq^2}{k_B T} \tag{7-117}$$

式中，n 为单位体积内的载流子数；q 为一个载流子的荷电量。式(7-117)表明离子的电导率与离子的扩散系数 D 在一定条件下成正比。将式(7-116)代入式(7-117)：

$$\sigma = D_0\exp\left(-\frac{E_a}{k_B T}\right)\frac{nq^2}{k_B T} \tag{7-118}$$

再由式(4-17)或式(4-24)得

$$\frac{n}{N} = A'\exp\left(-\frac{u}{2k_B T}\right)\Longrightarrow n = NA'\exp\left(-\frac{u}{2k_B T}\right)$$

将上式代入式(7-118)得

$$\sigma = D_0\exp\left(-\frac{E_a}{k_B T}\right)\frac{q^2}{k_B T}NA'\exp\left(-\frac{u}{2k_B T}\right) \tag{7-119}$$

进一步整理可得

$$\sigma = D_0 NA'\frac{q^2}{k_B T}\exp\left(-\frac{E_a+u/2}{k_B T}\right) = A_0\exp\left(-\frac{E_a''}{k_B T}\right) \tag{7-120}$$

式(7-120)与式(7-116)类似，取对数后也有 $\ln\sigma-1/T$ 关系图。这是因离子电导与离子的扩散有关，故 $\ln\sigma-1/T$ 关系图也是一条形如图 7.24 所示的折线。这是由于杂质离子的扩散活化能比点阵离子的扩散活化能小许多，因此在较低温度下，杂质电导占主导地位(图中 BC 段)。而在高温下，本征电导或电子电导的作用开始显现。

7.8.2 化学成分的影响

1. 组元特性

(1) 键能。键能大，原子间作用强，则物质的熔点高、熔化热值大。熔化热值大的金属，其原子的自扩散活化能一般也较大，见表 7.4。

表 7.4 一些金属的熔化热和扩散活化能(引自徐祖耀，1986)

金属	熔化热/(cal/mol)	活化能(实验值)/(cal/mol)
Pb	1 190	24 500
Al	2 540	33 000
Ag	2 730	44 090

续表

金属	熔化热/(cal/mol)	活化能(实验值)/(cal/mol)
Au	3 060	41 700
Cu	3 110	48 000
Fe	3 630	67 900
Co	3 700	67 700
W	11 150	135 800

(2) 键性。共价键有方向性和饱和性。间隙原子的扩散不利于体系能量的降低。因而，共价键物质的自扩散活化能通常高于熔点相近的金属之活化能。比如，Ag 和 Ge 的熔点接近，Ge 主要由共价键结合，其扩散活化能为 289 kJ/mol，而 Ag 的扩散活化能为 184 kJ/mol。

(3) 原子尺寸。较小的原子容易扩散，如 H、B、C 等容易在金属的间隙位扩散。在离子晶体中，通常阳离子较小，故阳离子的扩散系数往往大于阴离子的扩散系数。比如，NaCl 晶体，其 Cl^- 的扩散活化能约为 Na^+ 的两倍。

(4) 溶解度与原子价。通常固溶体中溶解度较小的元素，其扩散也较容易。表 7.5 列出了一些元素在 Ag 中的最大溶解度和扩散系数。实验还表明，在以一价贵金属为溶剂的合金里，原子价大于溶剂的溶质元素，其扩散活化能小于溶剂金属的扩散活化能，并且溶质的原子序数大，活化能小。

表 7.5 某些元素在 Ag 中的扩散系数(引自潘金生，2011)

金属	最大溶解度(物质的量之比)	原子序数	半径/nm	扩散系数/($cm^2\cdot s^{-1}$)(1 000 K 时)
Ag	1.00	47	0.144	1.1×10^{-10}
Au	1.00	79	0.144	2.8×10^{-10}
Cd	0.42	48	0.152	4.1×10^{-10}
In	0.19	49	0.157	6.6×10^{-10}
Sn	0.12	50	0.158	7.6×10^{-10}
Sb	0.05	51	0.161	8.6×10^{-10}

(5) 组元间的亲和力。组元间的亲和力大，即电负性相差大。这样，溶质原子与溶剂原子结合力大。结果溶质原子的扩散就困难。如表 7.6 所示，在 Pb 中固溶的一些元素，当它们与 Pb 的性质相差较大时，扩散系数也大，而 Pb 在 Pb 中的扩散(相当于亲和力最大)，其扩散系数即自扩散系数却很小。

表 7.6 一些金属在 Pb 中的扩散系数(引自张联盟，2008)

金属	最大溶解度(物质的量之比)	原子序数	扩散元素的熔化温度/℃	扩散系数/($cm^2\cdot s^{-1}$)
Au	0.000 5	79	1 063	4.6×10^{-5}
Ag	0.001 2	47	960	9.1×10^{-8}
Cd	0.017	48	321	2.0×10^{-9}
Sn	0.029	50	232	1.6×10^{-10}

续表

金属	最大溶解度（物质的量之比）	原子序数	扩散元素的熔化温度/℃	扩散系数/($cm^2 \cdot s^{-1}$)
Sb	0.035	50	630	6.4×10^{-10}
Bi	0.35	51	271	4.4×10^{-10}
Ti	0.79	22	303	3.6×10^{-10}
Pb	1	82	327	7.0×10^{-11}

(6) 在周期表中离基体元素的距离越远，则往往活化能越低，扩散容易。如表 7.5 所示，Sb 离 Ag 最远，它在 Ag 中的扩散系数最大。表 7.6 也可看出这种趋势。

总的说来，在周期表中，一些离基体元素较远的元素，其扩散较容易。但也不是所有扩散元素都是这样。因而，以上组元间性质对扩散系数的影响还是比较复杂的，人们还不是非常清楚它们对扩散系数的影响。这方面的工作还有待进一步地深入研究。

2. 组元浓度

图 7.6 所示的 $w_C - \ln r$ 曲线表明 D 与浓度 c 有关。实验数据表明，固溶体中的溶质浓度对扩散系数的影响是通过活化能 E_a、指前因子 D_0 这两个参数来起作用的。

通常，活化能 E_a 增加，D_0 也增加；E_a 减小，D_0 也减小。但这两个参数的变化并不成比例，而且 E_a 还处于指数项中。因此，浓度改变时，扩散系数可能减小，也可能增加。比如，在 Au - Ni 合金中，Ni 的质量分数增加，各扩散系数 D、D_{Au}、D_{Ni} 均明显下降。在不含 C 的 γ - Fe 中，950℃时 Fe 的自扩散系数为 $0.5\times10^{-12}\,cm^2/s$。当 γ - Fe 中 C 的质量分数达到 1.1%时，Fe 的自扩散系数增大到 $9\times10^{-12}\,cm^2/s$。实际上，浓度引起的扩散系数，其变化不会超过 2～6 倍。这主要是由于 E_a 在变化时，D_0 也在变化所致。

因此，我们在前面求解扩散微分方程时，将 D 视为与 c 无关的常数是不符合实际情况的。在那里，我们仅是为了计算方便才做相应简化的。尽管这种简化与实际不符，但在一些要求不高的场合，做此简化而获得的结果还是可以接受的。而且，这种简化也是科学研究、工程应用常采用的一种方法。

3. 杂质(第三组元)

在二元合金中加入杂质(第三组元)会影响合金体系的扩散系数。然而，这种影响比较复杂：有的杂质促进扩散、有的阻碍扩散。比如，在碳钢中加入质量分数为 4%的 Co 可使 C 在 γ - Fe中的扩散系数增大一倍；加入质量分数为 3%的 Mo 或 1%的 W，则可使 C 在 γ - Fe 中的扩散系数减少一半。Ni、Mn 的加入则对 C 在 γ - Fe 中的扩散系数影响不大。Al - Mg 合金中，引入质量分数为 2.7%的 Zn 可使 Mg 在 Al 中的扩散速率减半。

杂质的引入还会影响扩散方向。1948 年，Darken 将单相奥氏体 Fe - C 合金(C、Si 的质量分数分别为 0.45%、0.05%)与 Fe - C - Si 合金(C、Si 的质量分数分别为 0.49%、3.80%)焊在一起组成扩散偶。初始时，扩散界面两侧 C 的质量分数非常接近，可以认为 C 的浓度梯度为零。然后，将扩散偶置于 1 050℃扩散退火 $1.109\times10^6\,s$(约 13 d)。结果表明，在扩散界面 Fe - C - Si 合金一侧，C 的质量分数下降；而 Fe - C 合金一侧，C 的质量分数增加。这是由于 Si 的加入使 C 的化学势上升，故含较多 Si 的合金中 C 向含 Si 很少的合金中做上坡扩散。

杂质影响 D 主要是通过以下一些途径达到的：改变原有组元的活度，进而影响化学势；产生点阵畸变、改变空位浓度(尤其是不等价离子的引入)，从而改变扩散活化能和原子(离子)空位的迁移率;细化晶粒增加了短路扩散的通道等,但若引入的杂质与基体材料形成化合物,则会使扩散活化能增加。

7.8.3 材料结构的影响

1. 结构类型

基体材料的结构越紧密,则其中原子、离子的扩散越困难。比如,3.12.3 节介绍的环状硅酸盐晶体,其内部排列不紧密,有较大空腔。半径较小的离子(如 Na^+)在电场作用下可通过这些空腔产生较大的迁移,从而产生离子导电现象。bcc 结构的金属较 fcc 结构的金属疏松,原子在其中易扩散。如 Zn 在 β - CuZn(bcc 结构)中的 D 比在 α - CuZn 中(fcc 结构)的大。912℃时,C 在 bcc 结构 α - Fe 中的 D 比它在 γ - Fe 中约大 100 倍。

当原子在晶体中扩散时,它是在点阵中迁移。而晶体中的原子在不同方向上有不同的堆积密度。因此,在晶体的不同方向上,物质的扩散系数 D 也不同。比如,Cu 在密排六方 Zn [0001]方向上的 D 小于垂直于[0001]方向的 D。这是因[0001]方向是紧密堆积。此外,对称性越高的晶体,其各方向扩散系数的差别较小,如在立方晶体中,至今人们未发现扩散系数的方向性。

2. 固溶体类型

根据固溶体类型、扩散的微观机制,我们可知间隙固溶体主要是间隙原子通过间隙机制进行扩散的。较小间隙原子在间隙位中的扩散活化能小,如 C、N 原子在 γ - Fe 中的间隙扩散活化能分别为 134 kJ/mol 和 146 kJ/mol。

置换固溶体中的扩散主要是空位机制。因此,置换固溶体中需要先形成一定量的空位。这就要求正常晶格上的某些原子首先要离开其平衡位置,而间隙固溶体不需要这一步,故置换原子的扩散活化能较大。比如,Cr、Al 置换原子在 γ - Fe 中的扩散活化能分别为 335 kJ/mol 和 184 kJ/mol。由于以上原因,在钢件表面获得同样厚度的渗层时,渗 C、N 比渗 Cr、Al 的时间短。

除以上体扩散外,扩散也可出现在表面和晶界处。

7.8.4 晶体缺陷的影响

原子的扩散系数是随着基体材料缺陷的增多而增大的。晶界处的缺陷往往比晶体内要多,故原子在晶界处的扩散比在晶体内容易。多晶体中,晶粒越细,晶界越多,因此原子的扩散系数也越大。但原子等物质沿晶界扩散一段距离后将向晶体内扩散,所以虽然晶界处的扩散系数大,但扩散物质并未沿晶界扩散较远。此外,杂质还常聚集于晶界处,这对晶界处的扩散也有促进作用。自由表面处的缺陷更多。表面上的原子在从一个位置迁移到另一个位置时,并不受周围其他原子的挤压,故原子在表面的扩散系数往往较大。体扩散系数D_b、晶界扩散系数D_B和表面扩散系数D_s的关系一般是$D_b < D_B < D_s$。

位错的影响。位错周围的晶格存在畸变。刃位错还有一根有一定空隙度的管道,故扩散原子可沿刃位错线较快地扩散。此外,当沉淀相在位错线上优先形核时,溶质原子会沿位错管道较快地扩散到沉淀相上去,从而使沉淀相长大。

在间隙固溶体中,溶质原子落入位错中心会形成 Cottrell 气团(4.3.7 节);溶质原子落入空位时,体系自由能下降较多,故间隙固溶体中的溶质原子脱离 Cottrell 气团和空位时的活化能增大,扩散较难。

在高温下急冷和高能粒子辐照的材料中常有过饱和空位。这些空位结合成的“空位-溶质原子”对,其迁移率比单个空位大,因此“空位-溶质原子”对的形成使物质在较低温度下的扩散速率增大。

总之，缺陷处的原子处于较高能量状态，故它们在缺陷处的扩散比在晶体内容易。晶界、位错和表面处的扩散通常称作短路扩散。短路扩散在较低温度下往往起着主要作用。

7.8.5 气氛的影响

我们已知非化学计量化合物的产生与周围环境的气氛有关。非化学计量化合物的形成会引起晶体内部产生间隙离子或空位。比如，TiO_2在缺氧的环境中产生氧空位。氧分压高，氧空位的浓度小。ZnO在Zn蒸气中加热，Zn进入间隙位形成间隙阳离子。Zn蒸气分压大，间隙阳离子浓度也大。此外还有正离子空位、负离子间隙型非化学计量化合物。因此，不同气氛下产生的这些空位或间隙离子，会对非化学计量化合物中的扩散产生一定的影响。

7.8.6 玻璃中的扩散

物质在玻璃中的扩散，总的来说比在晶体中容易一些。常见的硅酸盐晶体因共价键的原因，原子排布不是密排。与晶体一样的构成单元[SiO_4]结合成无规则网络即为硅酸盐玻璃。无论在晶体还是在玻璃中，Si与O结合都较牢固。因此，硅酸盐玻璃的扩散主要是[SiO_4]的移动和迁移。当[SiO_4]两两结合成整个无规则网络时，[SiO_4]的迁移很难。但当玻璃中存在Na^+、K^+等网络变性离子时，无规则网络结构得到削弱，即整个无规则网络有被拆散成一个个[SiO_4]的倾向。网络变性离子的浓度增加，则无规则网络结构得到削弱，孤立的[SiO_4]相对较多，故[SiO_4]的迁移变得容易。

除了[SiO_4]的扩散外，其他物质也可在玻璃中扩散。[SiO_4]构成的无规则网络中，空隙较多、较大。一些较小的原子如H、He容易通过这种网络产生扩散、渗透。正因如此，玻璃在超高真空技术中的应用受到限制。在5.2.2节，我们就提到，没有超高真空，就不可能有严格意义上的表面科学。在1950年，西屋公司(Westinghouse)的Robert Bayard和Daniel Alpert获得了10^{-8} Pa的超高真空。Daniel Alpert接着用质谱仪分析了其中的残留气体。他发现10^{-8} Pa这一极限是由于大气中的He渗透进入耐温玻璃封套引起的。此后，超高真空的真空器械就由金属材料整体焊接而成。于是，人们才能很快可以常规地获得10^{-10}～10^{-9} Pa的超高真空，这为表面科学的研究奠定了坚实基础。

影响扩散的因素还有应力场、电场、磁场、表面张力和形变大小等。

本章结语

本章介绍了材料中扩散的基本规律。物质在材料中的扩散驱动力是化学势梯度而不是浓度梯度。通过求解扩散微分方程，我们可获得物质在材料中的分布情况。而空位扩散机制有利于原子的扩散。在材料的制备过程中，原子的扩散是固相反应和形成材料结构不可缺少的一个条件。比如，耐火材料的高温侵蚀、半导体的掺杂和钢材的制备等都涉及扩散过程。因而，掌握扩散的基本理论有助于我们采取一定的措施来控制材料的制备，以获得一定的材料结构或在材料的使用过程中控制腐蚀等不利现象的产生。下一章，我们将介绍材料显微结构中的相及其平衡关系。

推荐读物

[1] Nakajima H. The discovery and acceptance of the kirkendall effect: The result of a short research career [J]. JOM, 1997,49(6):15-19.

[2] Darken L S. Diffusion of carbon in austenite with a discontinuity in composition [J]. Transactions of the American Institute of Mining and Metallurgical Engineers, 1949,180:430 - 438.

[3] 王艳飞,巩建鸣,荣冬松,等.不锈钢低温气体渗碳的C浓度与扩散应力测量与计算[J].金属学报,2014,50(4):409 - 414.

[4] 江圭,贺跃辉,汤义武,等. TiAl基合金的表面渗碳行为及其机理[J].材料研究学报,2005,19(2):139 - 146.

第8章 相 平 衡

读者朋友，你可曾想过，为什么在结冰的路面上撒盐可使冰融化？为何载重的细线可穿过零下几度的冰但又不能切断冰？在设计、砌筑高温窑炉时，为什么含 SiO_2 较多的硅砖不宜与黏土砖一类含 Al_2O_3 的耐火材料紧挨在一起？在材料制备时，原料配方是如何制定的等。今天，这类问题往往都需要相平衡理论作指导。材料科学家 Robert Cahn 认为相平衡、原子和晶体学说及显微组织的研究是材料科学得以发展的三个必要条件。这三个条件所涉及的知识是我们今天理解和控制材料的关键。前面第 2～7 章的内容正是建立在原子和晶体学说基础上的。接下来，我们介绍另外两个必要条件的基础理论。

8.1 相平衡理论简介

8.1.1 岩石和人造材料的宏观结构

最初，人们可能在想知道物质的组成等诸多原因的指引下去探索物质的结构。原子概念的提出就与此有很大关系。到了 17 世纪左右，许多学者已经在尝试用球和整体分子等模型去理解晶体为何有规则的几何外形等特性。他们对晶体结构的理解更多的是针对自然界的矿物晶体。这些晶体与其他矿物一起聚集成岩石。岩石的结构包括矿物晶体的结晶完整程度、颗粒大小和形态，以及晶粒等组成(含空隙)的相互关系。

我们在野外捡拾一块石头，用肉眼往往可在其断面上看到一个个大小、形态和颜色互不相同的颗粒、块状物或带状条纹等。这些粗大颗粒、块状物或带状条纹等构成岩石的宏观结构(图 8.1 和图 8.2)。18 世纪末，地质学家主要凭肉眼和放大镜、基本的物理和化学方法(如莫氏硬度、酸)已认识到岩石是由矿物颗粒组成的且具有一定的结构。他们还按矿物成分区分了岩石，并使地质学进入了初创时期。

图 8.1 岩石的宏观结构形貌 1

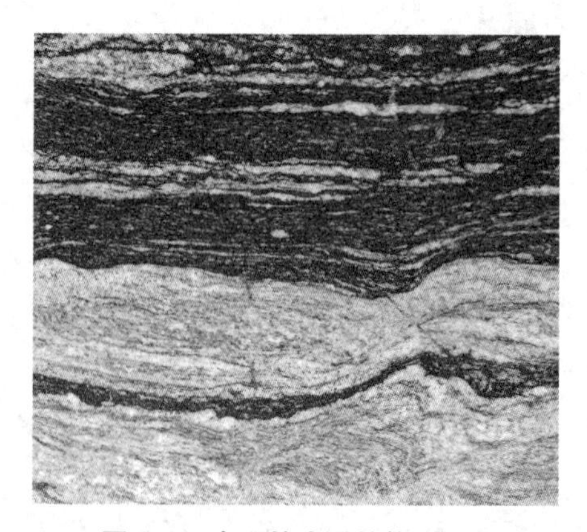

图 8.2 岩石的宏观结构形貌 2

与此同时，人们对人造材料(如青铜、钢和瓷器)结构的认识就不像对岩石那么清楚了。仅凭肉眼，人们是无法看出这些人造材料是否有像岩石那样的颗粒、空隙等，更不用说知道它们在微观尺度具有一定的精细结构。所以，直到18世纪，人们都认为青铜、钢和瓷器等人造材料不具有内部精细结构。

然而，还是有极少的学者意识到人造材料可能具有不同尺度的结构。比如，René de Réaumur（1683—1757年）在仔细观察钢的断口后，推测钢具有内部精细结构。而合金具有精细结构的证据最早来自对铁陨石的观察。这要归功于曾是印刷匠的奥地利学者 Aloys von Widmanstätten（1754—1849年）。偶然中，他将收集的陨石剖开，并将剖切面抛光。然后他用化学腐蚀剂蚀刻抛光面，得到了凹凸不平的花纹。接下来，他用模印法将这些花纹印在纸上而获得天然图案。用此方法，Widmanstätten 获得了许多陨石的天然图案。他采用的方法与我们今天获得金相图的方法非常相似。后来，他把此方法用在 Elbogen 铁陨石上（主要含 Ni-Fe 合金）。结果他观察到了这块陨石中的“微观”结构。但该结构还是由比较粗大的部分组成，故肉眼可见。那为什么不用显微镜呢？

8.1.2 显微镜开始用于材料研究

事实上，光学显微镜在1590年的荷兰就已出现。1665年左右，Robert Hooke（1635—1703年）成为最早系统使用显微镜的人。接着，Antoni van Leeuwenhoek（1632—1723年）将显微镜改进后用于研究微生物学。Hooke 和 Leeuwenhoek 被认为是最早发现细胞的人。Leeuwenhoek 还是描述金属枝晶的第一人。然而，直到19世纪，显微镜大多用于生物学领域。而观察矿物、岩石和人造材料主要还是依靠肉眼、简单的物理和化学方法。在这样的条件下，人们只能观察到天然和人造材料的宏观结构，而它们的精细结构是无法观察到的。

1828年，William Nicol（1770—1851年）发明了 Nicol 棱镜。它是第一个获得平面偏振光的仪器，但并未立即用于岩石的系统研究。将显微镜用于矿物、岩石及人造材料微观结构的研究中，并迈出决定性一步的是英国业余科学家 Henry Sorby（1826—1908年）。1857—1858年，Sorby 首先用偏光显微镜研究了矿物、岩石薄片。这是矿物学和岩石学发展史上的一个转折点，并极大地推动了矿物学和岩石学的发展。后来，Sorby 被公认为岩相学的先驱和奠基人。

然而，当时用来观察矿物、岩石的偏光显微镜属于透光显微镜，即可见光要穿过试样薄片才能成像。这种技术很难用来观察不透光材料，特别是金属和合金。1864年，Sorby 将透光显微镜改造为反射光显微镜。反射光显微镜可以比较容易地用来观察不透光材料的抛光断面。随即，Sorby 开始用改造后的反射光显微镜观察钢的抛光面。这样，Sorby 又成为金相技术的创始人。随后，Sorby 发表了许多对钢的观察结果。根据观察结果，他指出钢是由许多独立的小晶粒组成的。可是，由于当时印刷技术的原因，显微照片不能得到出版，而且大部分观察结果令人费解。因此，Sorby 花了相当长的时间来消除人们对他的显微镜方法产生的怀疑。直到19世纪与20世纪之交，第一个研究者用 Sorby 的显微镜方法研究了相图，这种方法的真正价值才最终被人们接受。如今，Sorby 的方法已成为金相实验室的使用标准。

除了 Sorby，在相平衡领域，另一位最杰出的学者要数 Gibbs 了。

8.1.3 Gibbs 的贡献

与 Sorby 同时代的 Josiah Willard Gibbs（1839—1903年）是到目前为止最伟大的美国土著印第安科学家。他是一位学机械出身的工程师，而且终身从事铁轨车刹车和齿轮齿形的设计。从事热力学研究不是他的本职工作。但他的这个业余研究却彻底改变了物理化学和冶金学。在1876—1878年间，Gibbs 主要从事热力学研究。化学势（chemical potential）的概念也是在这段时间提出的。其间，他发表了最主要的工作之一——《论多相物质的平衡》。在这篇文章中，他提出了相律及后来的Gibbs自由能等理论。该文的发表是化学史上一件十分重大的事件。它奠定了化学热力学基础，是一篇盖世之作。法国化学家Henry Louis Le Châtelier(1850—1936年)认为Gibbs的这个贡献可以和Antoine-Laurent de Lavoisier(1743—1794年)在化学领域建立的功勋媲美。今天，Gibbs的热力学理论已是物理化学的一个重要组成部分。我们在本章将学习其中相平衡最基础的内容。

然而，Gibbs的这篇文章发表后并未立即被人们所理解：一是因为它发表在一份小杂志上，在一般图书馆很难找到；二是有人认为它太浓缩了；最后一点也是最主要的一个原因是该文有着严密的数学形式和严谨的逻辑推理。当时的许多化学家缺乏数学知识，连文章中比较简单的部分也读不懂。而数学家又认为它涉及太多的化学。因此，能理解Gibbs理论的人并不多。这些为数不多的人有：将电、磁和光统一为电磁场的James Clerk Maxwell(1831—1879年)、物理化学的奠基人Friedrich Wilhelm Ostwald(1853—1932年)、前文提到的Le Châtelier等。Gibbs在其文章中阐述过的一些自然规律，后来又被其他学者在实验中所发现，比如1882年Hermann von Helmholtz(1821—1894年)建立的Gibbs-Helmholtz方程、1886年Pierre Duhem(1861—1916年)建立的Gibbs-Duhem方程和1887年van't Hoff(1852—1911年)发现的渗透压定律。

Gibbs的另一重要工作是有关统计力学的研究。他在逝世前一年(1902年)出版了著名的《统计力学的基本原理》一书。该书把Boltzmann和Maxwell创立的统计理论推广和发展成为系综理论，从而创立了近代热物理学的统计理论及其研究方法。

8.1.4 其他人的贡献

对Gibbs学术思想，尤其是相律的传播产生较大影响的是化学家Hendrik Willem Bakhuis Roozeboom(1854—1907年)。Roozeboom从Johannes Diderik van der Waals(1837—1923年)那里了解到Gibbs的工作。根据Gibbs相律，Roozeboom说明了相图中什么样的拓扑特征在热力学上是可能的，或合金平衡时所必需的。他稍微调整了Roberts-Austend的Fe-C组成图就已显示出相律的巨大威力。随后，Roozeboom与英国剑桥大学的Charles Thomas Heycock(1858—1931年)、Francis Henry Neville(1847—1915年)进行了交流。后来，Heycock和Neville成为首先精确确定Cu-Sn二元相图之人。这两人还以Sorby的方法使用金相显微镜研究显微结构，尤其是将该方法用于相图的建立。

在用实验方法建立相图方面，物理化学的创始人之一Gustav Tammann(1861—1938年)作出了重要贡献。我们在6.5.2节提到过他。Tammann最初研究无机玻璃。后来，他转向对金属和二元合金的研究。Tammann从二元合金起步，用热分析、显微结构观察法给后人留下了许多合金相图(比Heycock和Neville的相图粗糙)。Tammann的工作使相图的测定得以普及。

如今，相图理论已是材料研究中最重要的基础理论之一，而且，相图的研究还在迅猛发展中。其研究可分为两大类。

8.1.5 相图的两大类理论研究

1. *必要条件*

这是研究所有相图必须满足的一类条件。从具体相平衡体系中首先抽象出各种概念(如后面将要介绍的相数、自由度)，然后研究它们之间的关系。这些关系是普适、严格和绝对的，违反这些关系的相图一定是错误的。因此，这类理论是相图的根本。Gibbs是这类理论的奠基人。

2. 充分条件

它涉及具体相图的充分条件，也就是研究每一个具体相平衡体系中，组元的热力学性质与温度、成分的定量关系。然后从这些关系中去构筑一个完整的实际相图。物理化学家、固态化学之父 Carl Wilhelm Wagner(1901—1977 年)是这类理论的先驱者。早在计算机尚不发达的时代，他就指出研究相图和热力学性质之间的重要性。他所推导的相边界与热力学性质之间的关系至今仍被广泛引用。随着计算机技术进步，计算相图的研究被推到了一个新的高度。其中 Calphad 学派在推动计算相图的工作中功不可没。该学派计算的相图已遍及合金、陶瓷、熔盐和聚合物材料等系统。

这两类理论的结合构成完整的相图理论。我们在本书着重介绍第一类理论的基础知识。

8.1.6 相图的意义

1. 普遍意义

相图理论是自然科学中应用最广泛的理论之一。它涉及物理、化学、地质学、冶金、材料和化工等诸多领域。在材料学科，相图可为材料的成分选择、制备和应用提供重要的指导，故它被喻为“冶金学家的地图”。可以说，很少的理论分支能像相图、相变一样，被许多科学技术领域当作基础。

2. 在材料科学与工程中的意义

相图是材料科学的重要基础理论之一，它对 MSE 的意义主要体现在以下几方面。

(1) 研制、开发新材料，确定材料的成分。利用已有相图，可选定材料的组成范围。比如，利用 $K_2O-Al_2O_3-SiO_2$ 相图，我们可确定普通陶瓷的组成；利用 $Fe-Fe_3C$ 相图可确定钢或铸铁的组成等。这样，我们可缩小实验范围，节约人力、物力。

(2) 利用相图选择工艺制度。比如在金属的熔炼、铸造和陶瓷的烧成过程中，熔融温度、烧成温度或热处理类型均可根据相图来制定。

(3) 利用相图分析平衡态与非平衡态结构的变化趋势和特征。相图表示的是各相在一定的热力学条件下达成平衡态时的情形。而实际材料的加工过程往往是非平衡态。据此，我们可分析材料结构的变化趋势，以进一步确定加工工艺。

(4) 预测材料的性能。相图表示各相达成平衡态时的情形。材料在相平衡态下的结构相当于理想结构。因此，我们可根据相图预测在热力学平衡态下，材料可能具有什么样的性能。

此外，相图还可以帮助我们分析材料在加工过程中产生的一些质量问题。因而，相图是材料研究和生产不可缺少的一个工具。故对于材料工作者来说，掌握相平衡的基本原理、熟练判读相图是一项基本功。我们刚才提到，相图表示的是在一定条件下，系统达到热力学平衡时的情形，即平衡时系统包含的相数、各相的形态、组成和数量等。它没有表示出系统达到平衡时所需的时间。那什么是热力学平衡?

8.1.7 热力学平衡

热力学平衡包括：①热平衡即系统的各部分温度相等，温度梯度为零。②力平衡即系统各部分之间、系统与环境之间没有不平衡力的存在。在不考虑重力场影响的情况下，力平衡是指各部分的压力相等。③相平衡即达到相平衡时，各相的数量、组成不随时间而变。④化学平衡即各物质间有化学反应时，达到平衡后，系统的组成不随时间而变。

综上所述，热力学平衡一般是指系统在一定的条件下，其自由能不可能再进一步地最小化。此时，系统处于热力学平衡态。比如，在恒温、恒压下，系统达到热力学平衡态时，其 Gibbs 自由能达到此种状态下的最小值。若在恒温、恒压下，Gibbs 自由能未达到此种状态下的最小值，则系统处于亚稳态或不稳态。图 8.3 示意了系统能量随一些状态变量的变化情况。

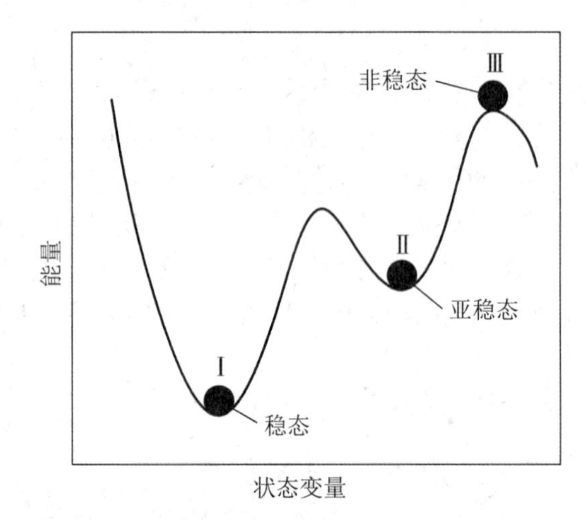

图 8.3 系统能量分布示意图(引自 Mittemeijer, 2013)

状态Ⅰ处于最低能量状态。如果状态变量发生波动,则能量可能升高至状态Ⅱ或状态Ⅲ。此时,系统有回到状态Ⅰ的趋势。当能量在状态Ⅲ时,状态变量的一点微小波动,都会使系统向状态Ⅰ或Ⅱ变化,故状态Ⅲ为非稳态。

当系统在状态Ⅱ时,状态变量微小的波动不足以使系统回到状态Ⅰ。只有当状态变量的波动较大时,系统才回到状态Ⅰ。故系统在状态Ⅱ可维持较长时间。状态Ⅱ称为亚稳态或介稳态(metastability)。首次清晰地提出亚稳态概念的是 Ostwald。要使系统从状态Ⅱ向状态Ⅰ转变,需提供一定的能量,即要越过一个势垒,这一点我们在玻璃及扩散等章节提到过。

8.1.8 应用相图的主要事项

1. 亚稳态的出现

相图表示各相在一定热力学条件下达到平衡态时的情形,而实际情形往往并不是如此。比如在 610 Pa 的压力下,我们将 0℃以上的纯水无限慢地降温(以使每一步都成热力学平衡)。当温度降到 0.01℃时,冰、水、水蒸气共存。此时的状态属于 610 Pa、0.01℃下的热力学平衡态,系统 Gibbs 自由能达到此种状态下的最小值。但如果降温较快,温度降到−1℃时,仍可能不结冰。这种状态下的水处于亚稳态而称作过冷水。在此过程中,原子被“冻结”,如同电影的一个暂停画面。材料中也有类似情况。比如,材料在加工过程中的降温速度不是无限小,故亚稳相频繁出现是常有的现象。因此,实际获得的相与相图有差异。

2. 材料的加工方法与获得相图的方法不同

实验中,人们往往把纯组分熔融后,再从高温缓慢地将其冷却而获得相图。但实际材料中含有杂质,而且材料的加工是从低温升到高温,再降温,因此材料的加工过程与相图的获得过程存在差异。进而获得的结构、组分也与相图有所不同。

尽管如此,相图仍然为我们获得某种材料结构起到一定的指南作用。

8.2 相律概述

8.2.1 基本概念回顾

1. 系统(system)

系统通常是指选择的研究对象,也叫体系。在材料领域,常常针对的是凝聚系统。凝聚系统中没有气相或气相的影响可忽略。

2. 相(phase)

"相"这个概念不容易做清晰的定义。1953 年,Darken 等的定义是:在相同温度、压力和成分的条件下,系统中单个的均匀部分称为相。1973 年,A. L. Ruoff 的定义是:相是空间区域均匀的部分,原则上它们可以从系统中机械地分离出来。1981 年 D. A. Porter 等认为相是系统中性能和成分均匀的部分,并与系统中的其他部分有清晰界限。这是现代教科书中的三种典型说法。在我们的物理化学课本中,相的定义是:系统中物理和化学性质完全均匀的部分。以上这些定义,其共同点是每一相的性能、成分是均匀的,并与系统其他部分有明显界面。比如,冰水混合物,冰为一相,水又为一相。由此可见,相与化学成分没有必然的联系。一个相可以含有一种或多种化学成分。在运用相的概念时需注意几点。

(1) 关于均匀。相的性能和成分的均匀是指宏观上的表现,至少也是在大于原子尺度上的均匀。比如,A、B 元素组成的置换固溶体。在宏观上性能和成分是均匀的,因此属于一个相。但在原子尺度上却是不均匀的。因为 A 格点上没有 B,同样 B 格点上也没有 A。间隙固溶体也与此相似。

不同气体在接触时往往会混合成一个相,如空气。完全互溶的多种液体混合物为单相,如乙醇和水的混合物。不互溶的液体组成的系统为多相,如油、水混合物为两相。材料系统通常由一种以上的相组成,因此被认为是非均匀的,但组成系统的每个相却是均匀的。

(2) 系统中的相可以机械地加以分离或区分。比如混凝土含有石、沙、水泥和水。我们可以采取机械手段将这些物质分离出来。乙醇和水的混合物就不能采用像过滤等机械手段加以分离。而且,乙醇和水的混合物在宏观上每一个部分的成分和性能是均匀的。我们无法区分哪一部分是水,哪一部分是乙醇,所以它们的混合物为单相,故多相体系中的相,在理论上是可以分开或区分的。

(3) 系统中有化合物生成时,每一个新的化合物为一个新相。

(4) 形成固溶体时,每一个固溶体为一个新相。

(5) 同质多晶。每一种变体的结构互不相同,故有几种变体,就有几个相。比如,金刚石和石墨的混合物有两相、$\alpha-Al_2O_3$ 和 $\gamma-Al_2O_3$ 的混合物也有两相。$\alpha-Fe$、$\gamma-Fe$ 和 $\delta-Fe$ 的混合物有三相。在相律中需要用到相数。相数是指系统所含相的数目,常用 P 表示。

3. 相图(phase diagram)

描述一个多相系统在一定组成、温度或压力等条件下达到热力学平衡时的几何图形。

4. 独立组分(component)

首先来看化学成分。系统中可以被单独分离出来,并能独立存在的物质称为化学成分。比如盐水溶液,其中的 NaCl 和水可分离并独立存在,故它们是两种化学成分。而其中的 Na^+、Cl^-、H^+、OH^- 不能独立存在,故不是相平衡中的化学成分。

独立组分(简称组分)是指足以确定平衡体系各相性质所需最少数目的独立化学成分。独立组分决定了在一定条件下,系统中可以任意改变其数量的物质数目。独立组分数(C)往往不等于系统中化学成分的数目,其计算方法一般为

$$C = S - R - R' \tag{8-1}$$

式中,S 为化学成分的数目;R 为独立的化学平衡反应数目;R' 为独立的限制条件数目。比如 $CaCO_3$ 的加热分解存在下列化学反应 $CaCO_3(s) \rightleftharpoons CaO(s) + CO_2(g)\uparrow$。该系统有三种化学成分 $CaCO_3$、CaO 和 CO_2,故 $S=3$。有一个化学反应 $R=1$。若无其他限制条件,则 $R'=0$。因

此,该系统的独立组分数 $C=3-1-0=2$,它是一个二元系统。也就是说,在这个系统中,我们只要知道其中任意两个化学成分的质量,另外一个化学成分的质量也就不能任意改变了。

按照独立组分数的不同,人们将相平衡系统分为单元系统、二元系统和三元系统等。后面,我们将按照此分类逐一介绍材料领域中的相图。

5. 自由度(degrees of freedom)

自由度是指在一定范围内,任意改变而不会引起旧相消失或新相产生的独立变量。其中,独立变量的数目称作自由度数,用 F 表示。独立的变量如浓度、温度等。

6. 外界因素

影响系统平衡的外界因素有温度、压力、电场、磁场和其他引力场等。通常情况下,除了温度、压力外,其他外界因素对相平衡的影响可忽略。外界因素的数目用 N 表示。材料系统常常是凝聚系统,气相的影响可忽略,故压力这个因素也常不予考虑(除单元系统外)。但在材料的制备过程中,压力也并不总是被忽略,如材料的热压制备,就有压力的参与。此外,随着材料制备技术的进步,材料往往还会在电场、磁场中,甚至在太空失重状态下制备。这些外因是否对相平衡理论产生重大影响,还有待进一步研究。

8.2.2 相律

当一个系统达到热力学平衡时,整个系统内的温度、压力是均匀的。而且,每个相中的每个化学成分的化学势相同,且无传热和传质的趋势。在此状态下,整个系统的自由能最低。Gibbs 指出只有满足下式时,系统才能出现平衡:

$$F=C-P+N \tag{8-2}$$

此式即为相律(Gibbs' phase rule)。它是制作、使用相图的基础,只考虑温度、压力两个外因时,相律变为

$$F=C-P+2 \tag{8-3}$$

凝聚系统不考虑压力,则相律表示为

$$F=C-P+1 \tag{8-4}$$

根据相律,我们可判断在一定条件下,平衡系统中最多可共存的相数。比如,水的平衡相图,因无化学反应、无限制条件,故独立组分数 $C=1$。由式(8-3),得 $F=3-P$。自由度数不可能小于0,即 $F\geqslant 0$。因此,水的相图中,最多只能有三相共存,此时对应水的三相点(0.01℃、610 Pa)。而相的数目 P 至少为1,比如压力在 610 Pa、温度在 0℃以下时,H_2O 的平衡态为冰。在此状态下,不应存在水或水蒸气。

独立组分数 C 一定时,平衡共存的相数 P 越多,则自由度数 F 越小。利用相律,我们可检验相图的正误、校核相图的错误。凡违背相律的相图必是错的。但是,符合相律的系统不一定处于平衡态,故它是相图的一个必要条件。下面我们从单元相图开始学习材料相图的基本理论。

8.3 单元相图

8.3.1 概述

单元系统只有一种化学成分,且其独立组分数 $C=1$。根据式(8-3),得 $F=3-P$,因此,系统的最大自由度数为2,即温度和压力两个独立变量。自由度数为0时,相的数目为3,单元

系统最多只能有三相共存,不可能有三个以上的相共存。

影响单元系统平衡的因素只有温度和压力。这两个因素确定了,则平衡共存的相数、各相状态也就得以确定,故常用温度和压力两个坐标来表示单元相图。这样,相图上任意一个由温度和压力确定的点即为系统的一个状态点。要读懂相图,首先要弄清楚相图中的区域、线条和点代表的含义。

8.3.2 相图中的区域、线条和点

我们以图 8.4 为例介绍这些符号的含义。横坐标为温度 T、纵坐标为压力 p。

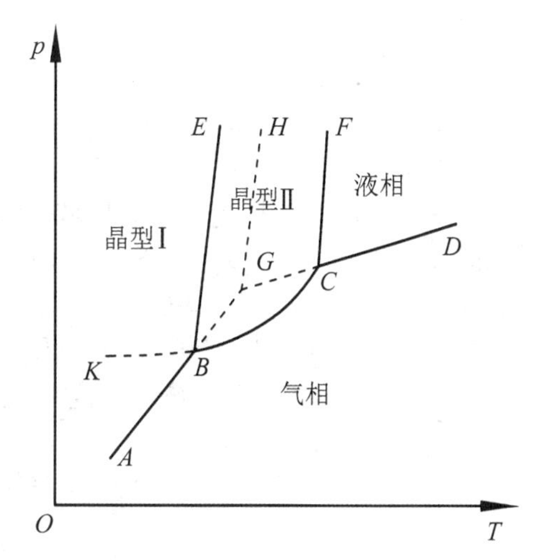

图 8.4 具有多晶转变的单元相图(引自陆佩文,1991)

1. 实线围成的区域

相图中,$ABCD$ 与温度坐标间的区域为气相单相区。ABE 与压力坐标间的区域为晶型Ⅰ的单相区。$EBCF$ 间的区域为晶型Ⅱ的单相区。FCD 间的区域为液相区。以上实线间的区域为系统达到平衡时的单相区。也就是说,在这些区域内的相是系统在平衡时能稳定存在的相。比如,状态点处于气相区表明系统在此平衡时只有气相,而且在指定状态点,整个系统的自由能最低。

在实线围成的区域内,F 达到最大值 2,而且在这些区域,温度和压力的任意改变都不会引起旧相消失或新相产生。比如,在晶型Ⅰ所在区域,任意选一状态点为起点,朝任意方向运动。只要路线及终点在晶型Ⅰ所在区域内,则在运动过程中,都没有旧相消失或新相产生。

2. 实线

实线是其两边区域中的相共存的状态线。AB 线上晶型Ⅰ与其气相共存,故 AB 为晶型Ⅰ的升华线。同理,BC 为晶型Ⅱ的升华线;CD 线上液相与气相共存,故其为液相蒸发线;BE 为晶型Ⅰ与晶型Ⅱ的共存线,也是两种晶型的多晶转变线。CF 为晶型Ⅱ与液相共存线,也是晶型Ⅱ的熔融线。

在实线上,$F=1$,即只有温度或压力中的一个变量可任意改变。比如,在 AB 上选一点。当该点改变温度而在 AB 线上移动时,旧相没有消失,新相也没有产生。在此过程中,压力不能任意变动而只能随温度变化。反之,改变压力时,温度不能任意变动。否则,就会有旧相消失或新相产生。

3. 虚线

相图中的虚线表示可能出现的亚稳平衡态。图 8.4 中,AB 上的状态点过热时(如温度升高过快引起),该状态点会沿 AB 的延长线进入 $EBCF$ 区。液相蒸发线 CD 上的状态点过冷时,也会沿 DC 延长进入 $EBCF$ 区。以上这两条线的延长线在图中用虚线表示,它们的交点为 G。在晶型Ⅰ单相区的状态点过热、液相单相区中的状态点过冷也有以上类似情形。因此,BG 为过热晶型Ⅰ的升华线;CG 为过冷液体的蒸发线。同理,晶型Ⅱ过冷时,CB 延长至 K 而进入晶型Ⅰ的单相区。BK 为过冷晶型Ⅱ的升华线。HG 为过热晶型Ⅰ的熔融线。

实线与虚线也围成一些区域。这些区域表示亚稳相存在区。$EBGH$ 为过热晶型Ⅰ的亚稳相区;$HGCF$ 为过冷液体的亚稳区;EBK 为过冷晶型Ⅱ的亚稳区;BCG 为气相亚稳区。

4. 实线交点

这种交点为系统达到平衡时的三相共存点。如图 8.4 中的 B 和 C 点。B 点周围有晶型Ⅰ、Ⅱ和气相。因此,B 点为晶型Ⅰ、Ⅱ和气相的三相平衡点。在 B 点,有晶型Ⅰ和晶型Ⅱ共存,它们会相互转变,故 B 点也叫多晶转变点,而 C 点周围有晶型Ⅱ、液相和气相。因此,C 点为晶型Ⅱ、液相和气相的三相平衡点。

在三相平衡点上,$F=0$,没有独立变量。这是说,三相平衡点时的温度和压力是固定的,任意改变一个都会引起旧相消失或新相产生。

5. 虚线交点

图 8.4 中的 G 点即是虚线交点,它的对应温度为过热晶型Ⅰ的熔点。G 点也是三相点,但不是平衡点。在 G 点状态下,过热晶型Ⅰ、过冷液体和气相共存,这三相都处于亚稳态。

其他单元相图中的点、线和区域与此大同小异。图 8.4 中存在多晶转变点 B,具有类似的相图称为具有多晶转变的相图。单元相图中的多晶转变具有可逆和不可逆两种类型。

8.3.3 可逆和不可逆多晶转变

以图 8.4 中晶型Ⅰ升华线 AB 上的一个状态点为例,图 8.5 为其局部相图。当晶型Ⅰ沿升华线升温到 T_3 且达到平衡时,晶型Ⅰ在 3 点要转变为晶型Ⅱ,故 T_3 为多晶转变温度。晶型Ⅱ沿其升华线升温到 T_2(熔点)。同样在平衡态下,晶型Ⅱ变为熔体。降温时,以上转变过程相反。也就是说,晶型Ⅰ与晶型Ⅱ的转变是可逆的。这种可逆转变可用下式表示:

$$\text{晶型 Ⅰ} \rightleftharpoons \text{晶型 Ⅱ} \rightleftharpoons \text{熔体}$$

图 8.6 为另一种具有不可逆转变的单元系统。晶型Ⅰ沿升华线升温到 T_1(熔点),在平衡态下,晶型Ⅰ熔融为液相。而液相降温到 T_1,在平衡态下,液相转变为晶型Ⅰ。由此可见,晶型Ⅰ与液相的转变是可逆的。

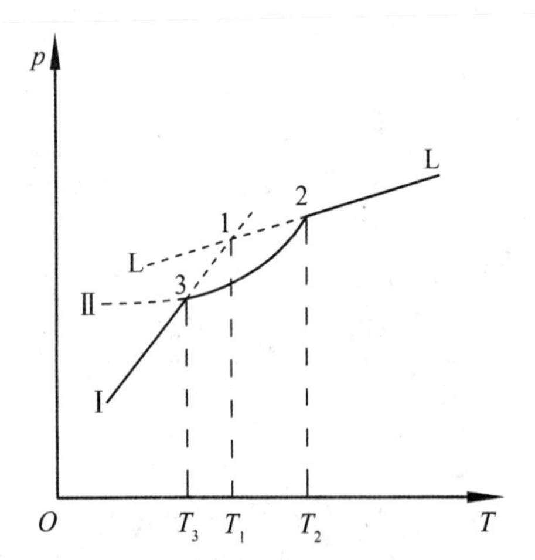

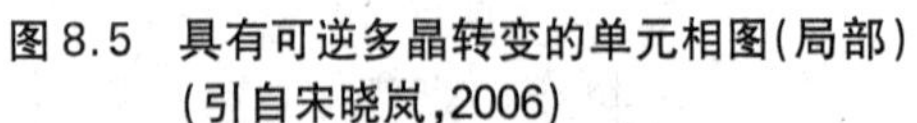
图 8.5 具有可逆多晶转变的单元相图(局部)(引自宋晓岚,2006)

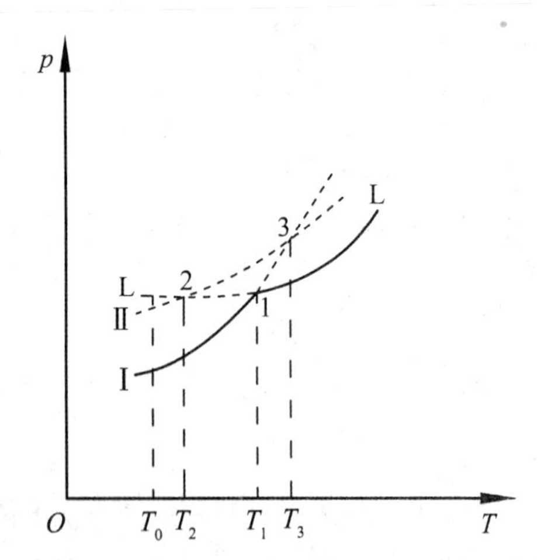

图 8.6 具有不可逆多晶转变的单元相图(局部)(引自宋晓岚,2006)

在图 8.6 的系统中,若熔体 L 过冷到 T_1 温度以下(1→2 的虚线)到达 T_2 温度,此时晶型Ⅱ析出。将晶型Ⅱ升温(2→3 的虚线)到达 T_3 温度。T_3 温度点是晶型Ⅰ与晶型Ⅱ的多晶转变点,也是三相点。但这个三相点实际上得不到。因为此三相点的温度已超过熔点 T_1,晶体不能过热而超过熔点。即使有过热晶体在熔点以上存在,它也会很快被熔化。那晶型Ⅰ与晶型Ⅱ之间是如何转变的呢?

设图 8.6 中的晶型Ⅰ,其 Gibbs 自由能为G_1、晶型Ⅱ的 Gibbs 自由能为G_2,则由晶型Ⅱ转变为晶型Ⅰ时的 Gibbs 自由能差可用下式得出(其他功为零、组成不变):

$$dG = -SdT + Vdp \tag{8-5}$$

在一定温度下(如T_0),$dT=0$,故

$$dG = Vdp \tag{8-6}$$

积分:

$$\int_{G_2}^{G_1} dG = \int_{p_2}^{p_1} Vdp \tag{8-7}$$

因晶型Ⅰ、晶型Ⅱ皆为固态,故可简化为体积与压强无关(V 为常数),故积分后有

$$\Delta G = G_1 - G_2 = V(p_1 - p_2) \tag{8-8}$$

因为在T_0下,$p_1 < p_2$,所以$\Delta G = (G_1 - G_2) < 0$,故晶型Ⅱ转变为晶型Ⅰ是自发过程。也就是说,晶型Ⅱ处于亚稳态,有向晶型Ⅰ转变的倾向。因此,晶型Ⅰ与晶型Ⅱ的转变是单向不可逆的。这种不可逆转变如图 8.7 所示。

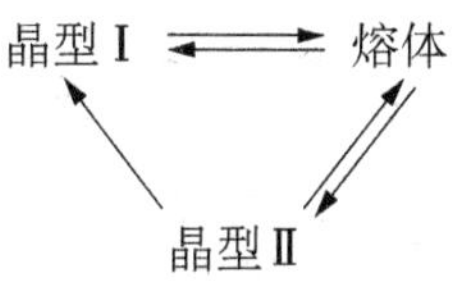

晶型Ⅰ ⇌ 熔体

晶型Ⅱ

图8.7 晶型Ⅰ、晶型Ⅱ与熔体间的不可逆转变(引自宋晓岚,2006)

8.3.4 SiO_2的相图

SiO_2存在多种稳定和亚稳晶型(同质多象变体)。在加热和冷却(或伴随压力变化)的过程中,SiO_2具有复杂的多晶转变。

图 8.8 为低压状态下,部分 SiO_2 常见晶型间的稳定范围。这部分相图对陶瓷材料的应用有重要意义。AB、BC、CD 和 DE 分别为相应晶型的升华线;EF 为液相蒸发线;BG、CH 和 DJ 为多晶转变线;EK 为β-方石英熔融线;B、C、D 和 E 为三相平衡点。图中的水平虚线表示压力值为 101 325 Pa。多晶转变线上方的温度表示在 101 325 Pa 的压力下,各多晶转变或熔融时的温度。

根据纯物质相平衡的 Clapeyron 方程,可得出单元相图中多晶转变线或熔融线的斜率:

$$\frac{dp}{dT} = \frac{\Delta H}{T\Delta V} \tag{8-9}$$

式中,ΔH 为纯物质的摩尔相变焓;ΔV 为纯物质的摩尔体积变化。对凝聚系统来说,ΔV 很小,因此多晶转变线或熔融线与压力轴近似平行,如图 8.8 中的 BG、CH、DJ 和 EK 线。图 8.9 为含有亚稳相的 SiO_2 相图。SiO_2多相物质间的转变及常见晶型的应用,我们已在 3.12.6 节做了介绍,不再赘述。

SiO_2的高温高压相在地质学上得到了广泛的研究。图 8.10 表示了部分高温、高压区的石英相。随着压力和温度的升高,首先出现柯石英。人们已在陨石中发现柯石英。在更高的压力下还发现了新相——斯石英。

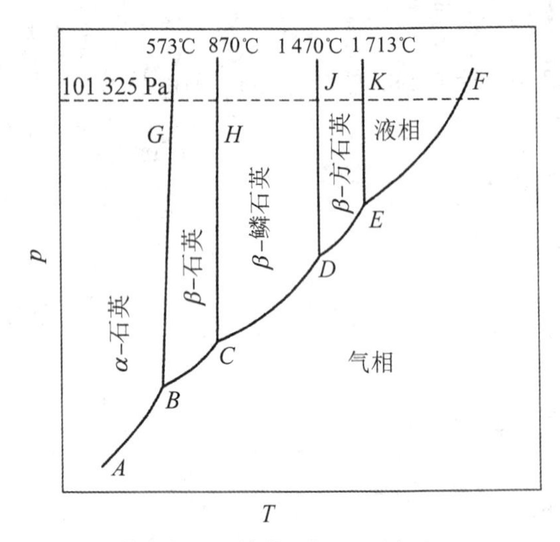

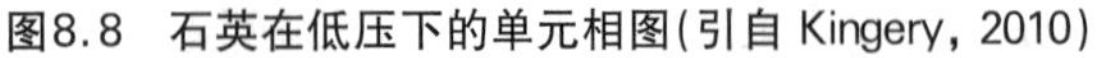
图8.8 石英在低压下的单元相图(引自 Kingery, 2010)

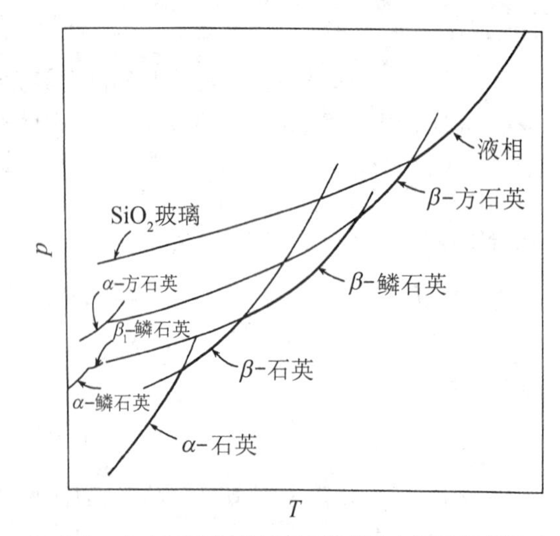

图 8.9 含有亚稳相的石英相图(图中亚稳相用细实线表示)(引自 Kingery, 2010)

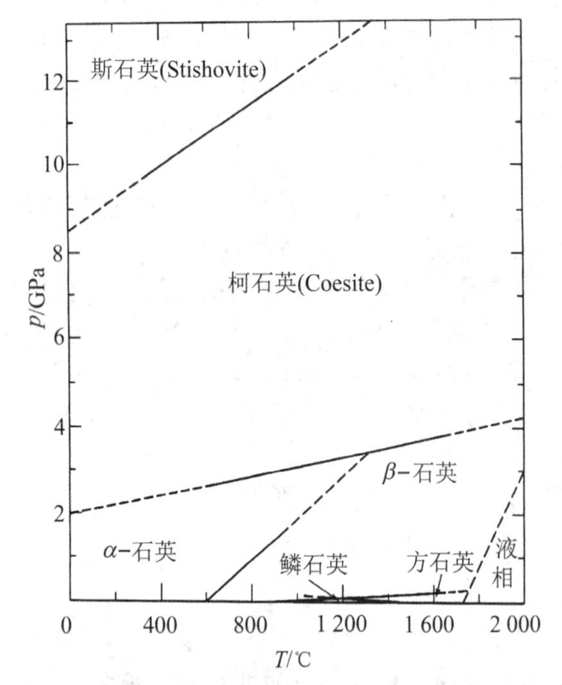

图 8.10 石英在高压下的单元相图(引自刘玉芹,2011)

8.3.5 碳的相图

图 8.11 所示为碳的相图。在常温、常压下,碳的平衡相为石墨,而在珠宝店的钻石(金刚石)是处于亚稳态的。亚稳态的金刚石在常温、常压下随时都有向石墨转变的趋势。不过,我们也不用担心,这种转变与玻璃结晶一样,其速率很小。所以,读者朋友可放心地购买钻石,而不用担心买回以后,它一天天地转变成黯淡的石墨。

这个相图最引人注目的或许是指引我们把常见的石墨合成为金刚石。根据相图,在常温下,要把石墨转变成为金刚石,需要加压。但为了使反应速率较大,人工合成金刚石常常是在高温、高压,并在催化剂的作用下进行的。这种合成金刚石大都用于工业领域,也有少数进入珠宝市场。

自然界的金刚石是在地下 100 km 或更深处、高温（900～1 300℃）、高压（4.5～6 GPa）的条件下形成的。

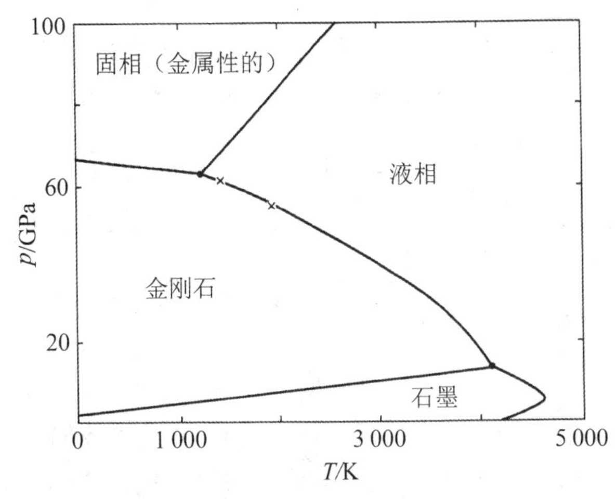

图 8.11 碳在高温高压下的相图(引自 Kingery, 2010)

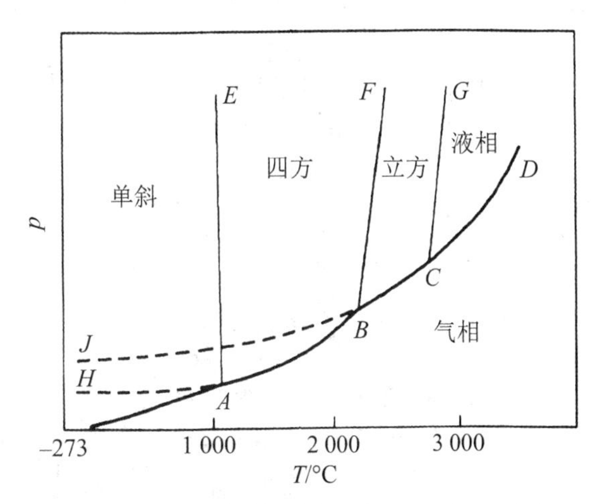

图 8.12 ZrO_2 的单元相图(引自宋晓岚,2006)

8.3.6 ZrO_2、Fe 和 H_2O 的相图

1. ZrO_2 的相图

图 8.12 为 ZrO_2 的单元相图。图中 *A*、*B*、*C* 为三相点；*A*、*B* 为多晶转变点；*AE*、*BF* 为多晶转变线；*CG* 为熔融线。虚线 *AH* 为亚稳四方相、*BJ* 为亚稳立方相。ZrO_2 与 SiO_2 的相图都属于具有可逆多晶转变的相图。利用 ZrO_2 的多晶转变可增韧陶瓷材料等，请见 3.7.1 节。

2. Fe 的相图

图 8.13 为 Fe 的单元相图。图中 *A*、*B*、*C* 为三相点，*A*、*B* 也为多晶转变点；*AD*、*BE* 为多晶转变线；*CF* 为熔融线。因为 Fe 发生多晶转变或熔融前后的体积变化 ΔV 很小，所以由式(8-9)可知多晶转变线与压力轴近似平行，即压力对 Fe 的多晶转变温度、熔融温度的影响非常小。*A* 点为 α-Fe 与 γ-Fe 的多晶转变点，其温度为 912℃；*B* 点为 γ-Fe 与 δ-Fe 的多晶转变点，其温度为 1 394℃；*C* 点为 δ-Fe 的熔点，其温度为 1 538℃。纯 Fe 的单元相图在材料领域的应用并不广。

3. H_2O 的相图

图 8.14 为 H_2O 的单元相图。我们在物理化学课中学习过这个相图的一部分。在本章开始时，我们提过一个问题：为什么载重的细线可穿过零下几度的冰但又不能切断冰？请读者根据 H_2O 的单元相图做分析。

8.3.7 *p*-*T* 相图对新材料研发的启示

本节列出的单元相图只展示了物质在部分温度和压力下的平衡相，如图 8.8 是图 8.10 的一部分。实际上，这些相图还有在更广泛温度和压力下的平衡相。如果读者需要更详细的相图，请查阅专门资料或通过网络数据库来获得。在实际应用中，我们往往只用到其中一部分。

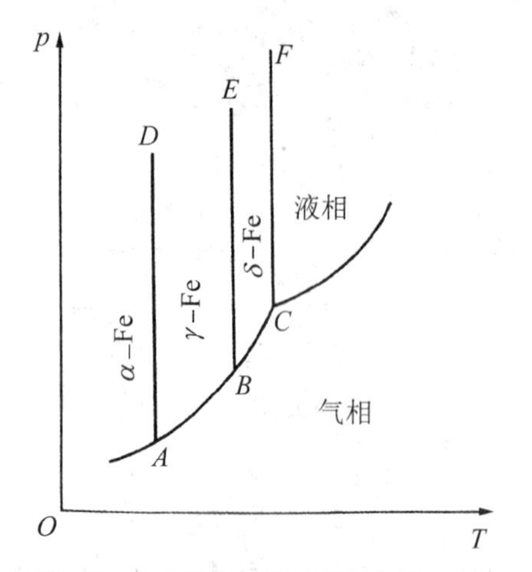

图 8.13　Fe 的单元相图(引自冯端,2002)

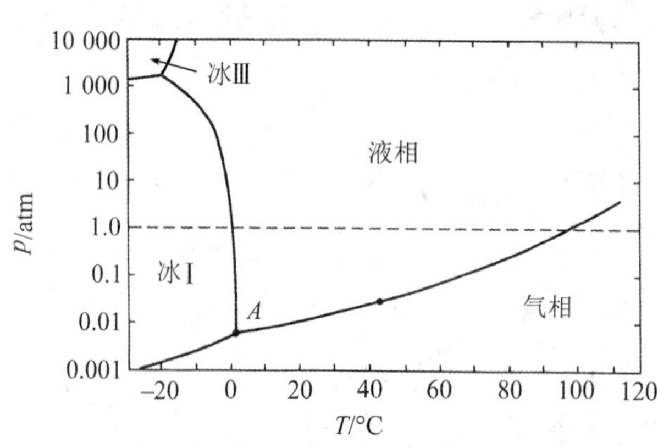

图 8.14　H_2O 的单元相图(引自 Kingery, 2010)

比如 SiO_2 相图,材料学科常用其低压部分,而地质学领域则可能用到其高压部分。

单元相图可给我们一个启示:新材料的合成可采取高压、超高压的措施来获得,比如我们早已熟悉的石墨合成金刚石。如今,材料在高压下的一些性质已成为凝聚态物理和材料学科的一个重要研究方向。在高压作用下,材料中的原子堆积更紧密、配位数更高,这使得材料在高压下的结构与常温、常压下的结构有所不同,进而性能也有所差异。比如,Al_2O_3 在常压且较低的温度下,其 γ 相是稳定的,随着温度升高会出现 δ、θ、κ 和 α 相。然而,如果增大压力,则会出现更多的平衡相。当压力增加至 80 GPa 且温度在 1 000 K 以上时,Al_2O_3 转变成 Rh_2O_3(Ⅱ)型结构。压力再增至 200 GPa 以上时,正交钙钛矿结构(Pbnm perovskite)的 Al_2O_3 则更稳定。

在高压下获得的材料,其性能也与常规材料有很大差异。比如,在地表深处 35 km 以下,压力达到 1 GPa 以上,在此静压力的作用下,岩石都要变软。本书编者的理论计算结果表明 α-Al_2O_3 在 100 GPa 的压力下具有一定的韧性。如果我们把这些在高温高压下的平衡相保持到常温常压(金刚石就是这样),我们就能利用这些具有不同性能的新材料。

由上述可见,物质的 p-T 相图(包括后续的多元相图)为我们获得某些新材料指明了一个方向,故人们把相图称作“地图”实不为过。

8.4　二元相图

8.4.1　概述

二元系统含有两种或两种以上化学成分,其独立组分数 $C=2$。根据相律 $F=4-P$,由此可见,系统的最大自由度数为 3,即温度、压力和组成共三个变量。故要用图形完整地表示二元系统,则需要三个坐标分别表示温度、压力和组成这三个变量。

然而,材料系统属于凝聚系统。在大多数情况下,压力保持在一个大气压左右,且其影响较小,故可不考虑压力的影响。这样 $F=3-P$。系统的最大自由度数为 2,即温度和组成两个变量。系统共存相数最多为 3。本书讨论的二元相图都属于这种情况。这样的二元相图纵坐标为温度、横坐标为组成(图 8.15)。

图 8.15 中,横坐标上的点表示 A、B 组元的质量分数(也可是摩尔分数或原子分数)。两个端点表示纯组元,如在 A 点,A 的质量分数为 100%, B 的质量分数为 0。离开 A 点,向 B

点靠近，A 的质量分数减小，B 的质量分数增加。到达 B 点时，A 的质量分数为 0，B 的质量分数为 100%。其中在组成点 N，A 的质量分数可表示为 NB/AB，B 的质量分数可表示为 AN/AB。

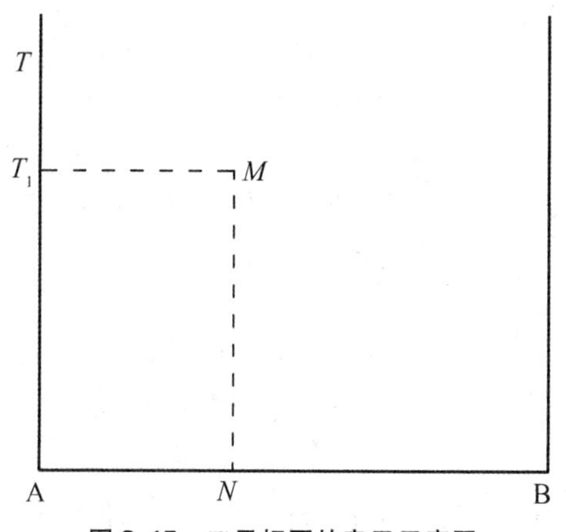

图 8.15 二元相图的表示示意图

相图中的任意一点(如图中 M 点)既表示系统所处的温度 T，也表示系统的组成，这种点称为系统的状态点。过此状态点作平行于横坐标的线可得此时系统的温度 T_1；平行于纵坐标的线，与横坐标交于 N 点。N 点的组成即为 M 点系统的组成。

需注意：当系统的组成确定以后，无论在升温还是降温等过程中，系统中 A、B 组元的质量分数始终保持不变。比如，图 8.15 中，按照 N 点的 A、B 质量分数进行配比，在升温或降温等过程中，系统的组成始终在 MN 这条线上。这一点在分析、计算系统处于某一温度时，各平衡相间的数量关系时显得非常重要。而要计算各平衡相间的数量关系，则需运用杠杆规则。

8.4.2 杠杆规则

杠杆规则是分析二元、三元相图的一个重要规则。我们可利用该规则计算系统在一定条件下平衡相间的数量关系。

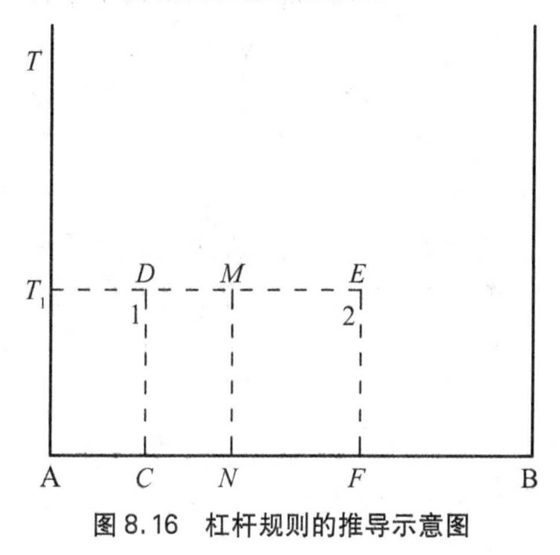

图 8.16 杠杆规则的推导示意图

设系统的组成在 N 点(图 8.16)。将该系统升温，如前文所述，因组成不变，系统状态点始终在 NM 或 NM 的延长线上。当系统的温度升至 T_1 时，设系统分为两相(如液相和固相)，其中 1 相的状态点在 D 点，2 相的状态点在 E 点(但整个系统的组成仍是 M 或 N 点对应的组成)。设系统的总质量为 m，1 相的质量为 m_1、2 相的质量为 m_2，则

$$m_1 + m_2 = m \tag{8-10}$$

对 B 的质量分数而言，1 相中 B 的质量分数为 AC/AB；2 相中 B 的质量分数为 AF/AB。就整个系统来说，B 的质量分数为 AN/AB。根据质量守恒原理，1 相和 2 相中 B 的质量之和等于整个系统中 B 的质量，故

$$m_1 \frac{AC}{AB} + m_2 \frac{AF}{AB} = m \frac{AN}{AB} \tag{8-11}$$

式(8-10)和式(8-11)中，消去 m，经整理得

$$m_1(AN - AC) = m_2(AF - AN) \tag{8-12}$$

由图 8.16 可知，$AN - AC = CN = DM$，$AF - AN = NF = ME$，故式(8-12)可改写为

$$m_1 \times DM = m_2 \times ME \tag{8-13}$$

或写为

$$\frac{m_1}{m_2}=\frac{ME}{DM} \tag{8-14}$$

式(8-13)与物理学上的杠杆平衡条件“动力×动力臂=阻力×阻力臂”相似，因此式(8-13)和式(8-14)被称为相平衡中的杠杆规则。“支点”为系统组成线上的某点，如T_1时，M为支点。

相平衡中的杠杆规则还可表述为当系统处于两相平衡时，可根据系统及两相状态点在相图上的位置，确定平衡两相的数量比。此时，两相平衡共存，两相物质的质量(或物质的量)与两相状态点到系统状态点的距离成反比。也即系统达到相平衡时，某相的状态点离系统状态点越近，则其物质的质量(或物质的量)越大。关于此规则的应用，我们将在后续章节做进一步介绍。下面我们介绍几种常见的二元相图。

8.4.3 具有低共熔点的简单系统

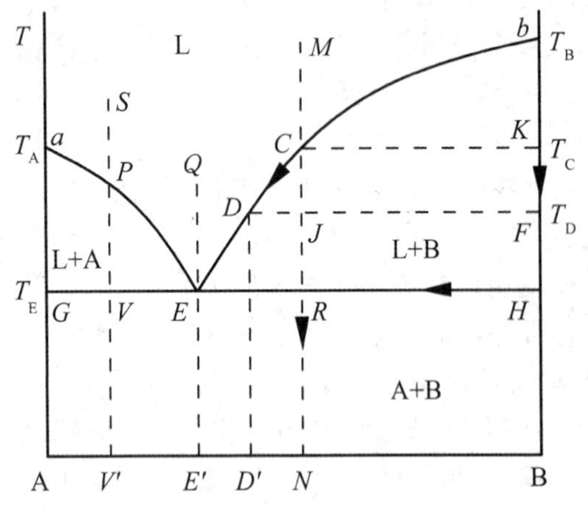

图8.17 具有低共熔点的二元相图(L表示液相)

将一种组分添加到另一种纯组分中所构成的系统，其熔点或凝固点降低，如图8.17所示。该系统处于液态时，组元以任意比例互溶。降温时，组元的晶相各自从液相中结晶，且在固态时完全不互溶、不形成固溶体。此外，组元间还不发生化学反应。这种相图是最基本的，往往也是许多复杂相图的一部分，故有必要深入学习。我们先来识别相图中的区域、线和点的含义。

1. 区域

施加于凝聚态系统的压力通常恒定且不考虑气体的影响，故相图的高温区是液相区。图8.17中，aEb线以上的区域是液相单相区。该区的$P=1$，$F=2$，即温度和组成这两个独立变量。

aEG为晶体A与液相L的共存区；bEH为晶体B与液相L的共存区；GH线以下为晶体A与晶体B的共存区。这三个区域的$P=2$，$F=1$，即温度为独立变量。

2. 线

aE为液相线，表示A与L共存。系统在冷却时，首先在该线上出现晶体A。bE为液相线，表示B与L共存。系统在冷却时，首先在该线上出现晶体B。以上两条线的$P=2$，$F=1$，独立变量为温度。GH为固相线，表示A、B与L共存。该线也是系统冷却时，熔体结晶结束线。该线上$P=3$，$F=0$。

3. 点

a点为A的熔点；b点为B的熔点；E点的温度T_E比组元A、B低，即E点系统的熔点比两组元低。系统在加热时，E点温度T_E也是产生液相的最低温度。组成在E点的系统升温到T_E时，A、B同时熔融，故称为低共熔点(eutectic arrest)。E点系统在冷却时，液相在E点消失。

由于组成在E点的系统，其液相降温到T_E时，A、B同时从液相中析出，因此在冶金学上

常称 E 为共晶点(eutectic arrest)、GH 线为共晶线。低共熔点的说法常见于物理化学和无机非金属材料学科。

4. 平衡结晶过程及组织变化

通过对系统平衡结晶过程的分析，我们可了解系统在各平衡态下获得哪些相，以及它们的量。这可为显微结构的分析提供帮助。

1) 组成在 $E' \sim B$ 间，以 N 点为例(图 8.17)。

(1) 平衡结晶过程。将其加热到完全熔融，状态点在液相区的 M 点。然后，从 M 点开始冷却。在冷却过程的任何一时刻，系统都处于平衡态。在平衡态下，各组元有充裕的时间和能力进行扩散和传热，以使平衡相的成分达到均匀。

MC 段：始终只有液相，$F=2$。

当温度降到 T_C 时(C 点在液相线 bE 上)，B 晶相开始析出。这时，系统有液相和 B 晶相，$F=1$。在温度和液相组成之间只有一个独立变量。而 B 晶相不断地从液相中析出，这说明液相必是 B 的饱和溶液。故液相的成分不能任意改变，而只能在液相线 bE 上变化。由此可见，能独立变化的只有温度。所以，温度继续降低时，液相沿液相线从 C 向 E 移动；B 晶相从 K 向 H 移动(如图 8.17 中箭头所示)，但系统的组成始终在 MN 线上。

在 T_C 温度，由于系统始终处于平衡态，故液相和 B 晶相的温度也相同。这样，CK 为一条平行于横坐标的线。同理，温度降低到任一温度时，液相和晶相的温度也相同，它们的连线也是一条平行于横坐标的线，如 DJF 线。当液相下降到 E 点时，B 晶相点下降到 H。

在 E 点，A 晶相开始从液相析出，$F=0$。由于 A 的出现，B 晶相在固相中的质量分数下降。因此，B 晶相从 H 向 R 点移动。当液相在 E 点消失时，B 晶相组成达到 R 点。此时，$F=1$，温度沿 RN 下降。以上液相和固相的变化路径可用下式表示：

液相：

$$M \xrightarrow{\mathrm{L}} C \xrightarrow{\mathrm{L} \rightarrow \mathrm{B}} E \xrightarrow{\mathrm{L} \rightarrow \mathrm{A}+\mathrm{B}} E(\mathrm{L}\text{ 消失})$$

固相：MC 段无固相析出，在 C 点开始有固相析出，而且固相为纯 B，所以固相从 K 点开始：

$$K \xrightarrow{\mathrm{B}} H \xrightarrow{\mathrm{A}+\mathrm{B}} R$$

当液相消失以后，固相从 R 点沿 RN 线降至室温。结果，在室温下，系统由完全不互溶的 A、B 晶相组成。

(2) 平衡凝固的组织变化。N 点系统在降温时的组织变化如图 8.18 所示。

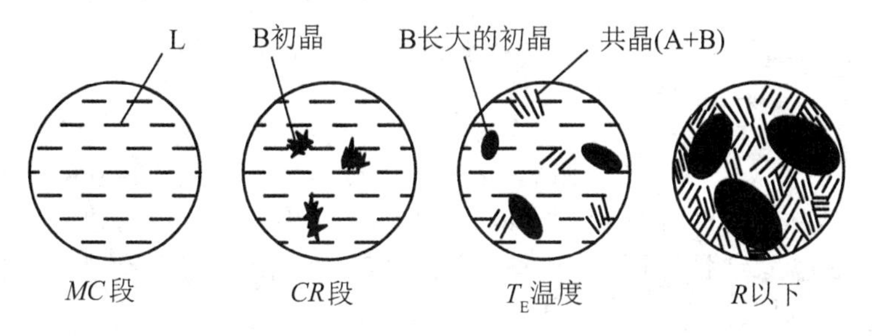

图 8.18　N 点的系统降温过程中的组织变化示意图(根据郑子樵，2005 和傅献彩，1979 画出)

系统在 C 点以上为液态。系统从 C 点开始析出 B。此时析出的 B 称为 B 初晶（或初晶 B）。在温度降低到T_E的过程中（CR 段），初晶 B 逐渐长大。当温度降低到T_E时，A、B 同时从液体中析出。这种同时析出的 B、A 具有较特殊的致密结构。B、A 总是呈片状或粒状均匀地交错排列在一起构成共晶组织。共晶组织中的 B 与初晶 B 的凝固条件不同，因而形态也不同。温度降低到T_E以下时，系统为固态。该固态由初晶 B 与共晶 A、B 构成。

2）组成在 E'点的系统。

（1）平衡结晶过程。

液相：

$$Q \xrightarrow{L} E \xrightarrow{L \rightarrow A+B} E(\text{L 消失})$$

固相：QE 段无固相析出，在 E 点 A、B 固相析出。

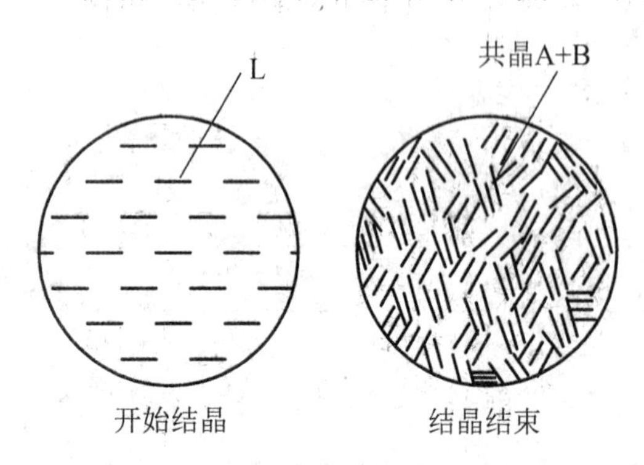

图 8.19　E'点系统降温过程中的组织变化示意图

（2）降温过程中的组织变化。在T_E温度以上是液相。温度处于T_E时，A、B 同时结晶而形成共晶组织（图 8.19）

3）组成在 A～E'间，以 V'点为例。

（1）平衡结晶过程。这种系统结晶与组成在 E'～B 间的系统结晶相似。只不过，首先析出的是初晶 A。

液相：

$$S \xrightarrow{L} P \xrightarrow{L \rightarrow A} E \xrightarrow{L \rightarrow A+B} E(\text{L 消失})$$

固相：SP 段无固相析出，在 P 点开始有固相析出，而且固相为纯 A。

（2）平衡凝固的组织变化。同样，组织变化与图 8.18 相似，如图 8.20 所示。首先析出初晶 A。在共晶温度，A、B 同时析出而构成共晶组织。

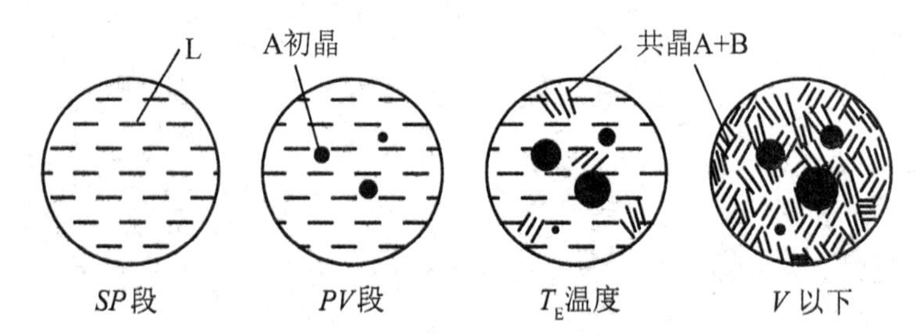

图 8.20　V'点系统降温过程中的组织变化示意图（根据郑子樵，2005 和傅献彩，1979 画出）

需注意的是，图 8.18～图 8.20 中的初晶形貌仅是示意，不代表实际的初晶就一定是这些形状。在实际情形中，初晶的形貌可以是近似球形，还可以是树枝状（枝晶）等。以上介绍的降温结晶过程。在升温过程中发生的变化与上面的情形恰好相反。下面我们利用杠杆规则计算系统在某一温度时，某一相的量。

5. 各相量(质量分数、摩尔分数或原子分数)的计算

以 N 点组成为例。在降温或升温过程中,组分 A、B 在液相、固相间不断转移,但整个系统的组成始终在 MN 线上,这一点我们已多次提到。因此,由杠杆规则,"支点"始终是 MN 线上的点。

1) 温度在 T_D 时。由于系统处于平衡态,D、F、J 必在一条直线上,温度皆为 T_D。

液体和固体(此时只有晶态 B)的质量之比为

$$\frac{m_L}{m_S}=\frac{JF}{DJ}$$

其中 m_L 为液体质量,m_S 为固体质量。系统中固体的质量分数为 $(DJ/DF)\times100\%$(摩尔分数、原子分数的计算与此类似)。

2) 温度刚降低到 T_E 时,此时还无 A 析出。液体和固体的质量之比为

$$\frac{m_L}{m_S}=\frac{RH}{ER}$$

由于此时只有初晶 B,因此系统中固体的质量分数也是初晶 B 的质量分数为 $(ER/EH)\times100\%$。

温度在 T_E 时,系统中的液相将同时析出 A、B,直到液相消失。所以,此时的液相量也是共晶 A+B 的量。共晶的状态点为 E,共晶 A+B 的质量分数为 $(RH/EH)\times100\%$。但整个系统中 B 的质量分数仍为 $\frac{GR}{GH}=\frac{ER}{EH}+\frac{RH}{EH}\cdot\frac{GE}{GH}$。

Bi-Cd 二元相图与图 8.17 相类似。但在更多情况下,图 8.17 所示的形式往往是许多二元相图的一部分,比如 $NaCl-H_2O$ 的相图(图 8.21)。

6. $NaCl-H_2O$ 的相图

图 8.21 中的 E 为冰和 $NaCl\cdot2H_2O$ 的低共熔点(共晶点)。在 -21.1~0℃的冰中加入一定量的 NaCl,温度不变时,系统组成进入 L+冰区(即部分冰会熔化)。若加入 NaCl 的量适当,则系统组成会处于液相单相区,而无冰的出现。这也是我们在本章开始时提出的"为什么在结冰的路面上撒盐可使冰融化"的原理。在 $NaCl-H_2O$ 的相图中,组成在 D 点的系统会形成一种新的化合物 $NaCl\cdot2H_2O$。下面我们介绍具有化合物形成的二元系统。

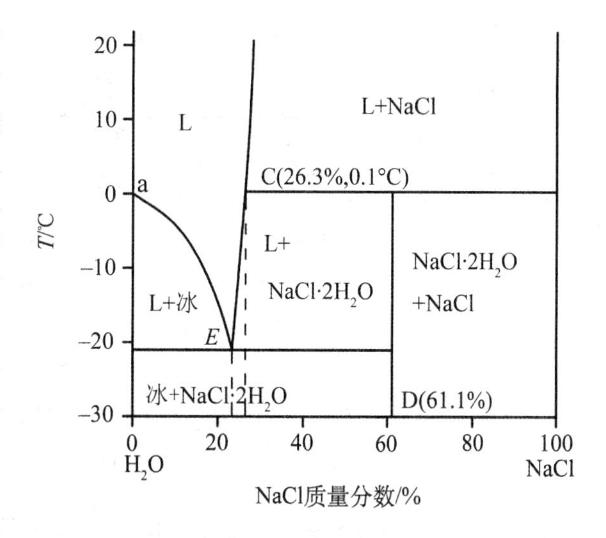

图 8.21 $NaCl-H_2O$ 的相图(低共熔点 E 处 NaCl 质量分数为 23.3%,温度为 -21.1℃)

8.4.4 具有一致熔化合物的系统

一致熔化合物是一种具有固定熔点的稳定化合物。该化合物熔成液相时,组成不发生变化。因此,一致熔化合物的熔融也叫同成分熔融(congruent melting)。图 8.22 为其示意相图。其中,A、B 组元会以一定的比例生成化合物 A_mB_n。M 点对应温度为化合物 A_mB_n 的熔点。该类相图可被看作由多个低共熔点简单系统的相图组成。图 8.22 中的两个简

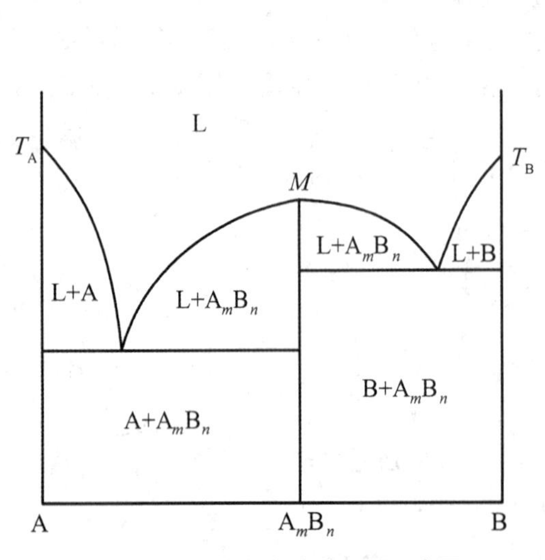

图 8.22　一致熔化合物相图示意图

图 8.23　Mg-Si 二元相图(引自 Mittemeijer, 2013)

单系统分别是 A～A_mB_n和 A_mB_n～B。配料组成点在 A～A_mB_n之间，室温平衡相为 A 和 A_mB_n；配料组成点在 A_mB_n～B 之间，室温平衡相为 B 和 A_mB_n。组成点在 A_mB_n处的系统为单元系统。具有一致熔化合物的二元系统，其结晶过程(除组成点在 A_mB_n外)与具有低共熔点的简单系统相同。

图 8.23 为 Mg-Si 二元系统的相图。Mg_2Si 为一致熔化合物，其熔点为 1 085℃。该系统的相图有两个低共熔点 E_1、E_2。E_1的组成：Si 的原子分数 1.16%，温度为 637.6℃。E_2的组成：Si 的原子分数 53%，温度为 945.6℃。

图 8.24 为 MgO-SiO_2二元系统的相图。其中，镁橄榄石(Mg_2SiO_4，简写为 M_2S)为一致

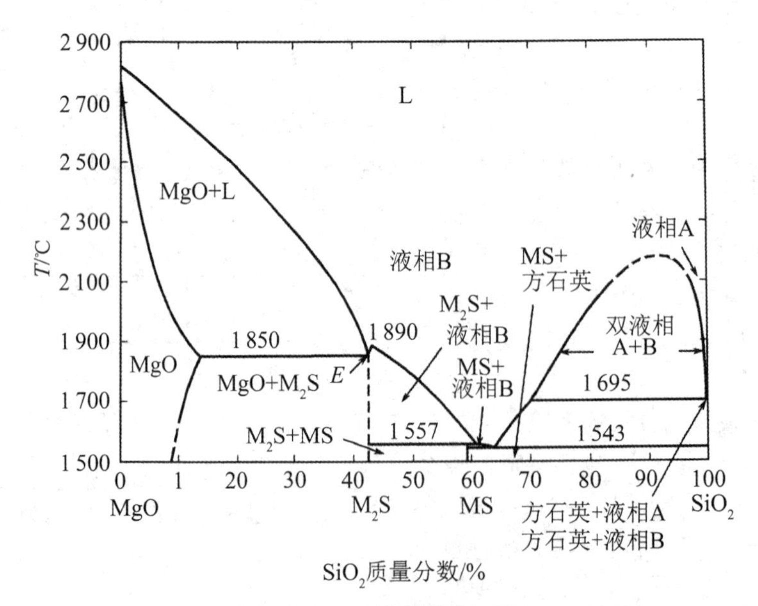

图 8.24　MgO-SiO_2 二元相图(引自 Kingery, 2010)

熔化合物，熔点为 1 890℃。镁橄榄石与 MgO 基固溶体形成低共熔点 E(1 850℃)。在 MgO－M_2S 分系统中，液相线温度高(在低共熔点 1 850℃以上)。而在 M_2S－SiO_2 分系统中，液相线的温度要低得多。因此，我们在配制镁质耐火材料时，应使配料点落在 MgO－M_2S 分系统中，而不是 M_2S－SiO_2 分系统中。否则，系统开始出现液相的温度及全熔温度急剧下降，这会造成材料的耐火度大大降低。

MgO－SiO_2 系统中还有一种化合物——原顽火辉石($MgSiO_3$，简写为 MS)。它是链状硅酸盐矿物顽火辉石($Mg_2[Si_2O_6]$)的一种同质多相变体。原顽火辉石是不一致熔化合物，其稳定温度范围为 1 000～1 557℃。图 8.21 中的化合物 $NaCl \cdot 2H_2O$ 也是不一致熔化合物。那什么是不一致熔化合物呢？

8.4.5 具有不一致熔化合物的系统

1. 不一致熔化合物的概念及相图特点

它是一种不稳定化合物。这种化合物在加热到一定温度时会分解成一种晶相和一种液相。而且分解出的晶相，其成分与液相不相同。因此，不一致熔化合物的分解熔融也叫异成分熔融(incongruent melting)。图 8.25 为这类系统的示意相图。

图 8.25 中的化合物 A_mB_n 是一种不一致熔化合物。当把 A_mB_n 升温到图中 P 点温度时，它会分解成组分为 B 的晶相和组成在 P 点的液相。因而，P 点为三相平衡点(液相 L、晶相 B 和晶相 A_mB_n)，也叫转熔点或回吸点。该过程可用下式表示 $A_mB_n \longrightarrow L+B$。该图中还有一个三相平衡点 E，它是低共熔点。系统升温时，在低共熔点发生的变化可表示为 $A+A_mB_n \longrightarrow L$。

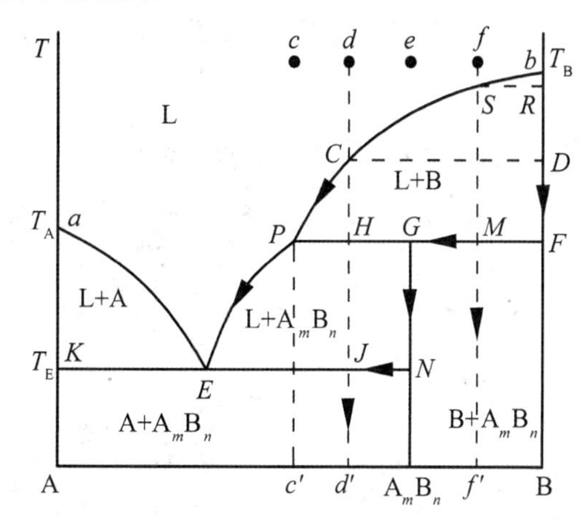

图 8.25 不一致熔化合物相图示意图

该类相图还有一个特点。在转熔点 P 处，与液相达成平衡的两个晶相(B 和 A_mB_n)的组成点 F 和 G 都在 P 点的右侧(实际相图中，组成点也可都在 P 点左侧)。而在低共熔点 E 处，与液相达成平衡的两个晶相(A 和 A_mB_n)的组成点 K 和 N 分别位于 E 点两侧。因此，组成位于 A～A_mB_n 间的系统结晶时，其结晶终点在 E 点。而组成位于 A_mB_n～B 间的系统，其结晶终点在 P 点。

下面我们分析图 8.25 中不同组成点的结晶过程。组成在 A～c' 之间的系统，其结晶过程与低共熔点简单系统相同。组成在 c'～B 之间有四个典型的系统 c'、c'～A_mB_n、A_mB_n、A_mB_n～B。我们对其中 d' 点和 f' 点的组成做详细分析。

2. 平衡结晶过程及组织变化

1) 组成在 c'～A_mB_n 之间的 d' 点系统。

(1) 平衡结晶过程。将其加热到完全熔融为液相，状态点为液相区的 d 点。然后，从 d 点开始做平衡冷却。dC 段：始终只有液相，$F=2$。

温度降低到 T_C 时，B 晶相开始析出。这时，系统有液相和 B 晶相，$F=1$。此时液相必是 B 的饱和溶液。因此，液相组成只能沿 CP 线变化。固相组成点(只有 B)从 D 向 F 移动。

当液相达到 P 点时，系统发生转熔过程，即早先析出的 B 晶相重新溶入液相(或被液相回吸)而析出 A_mB_n 晶相。在转熔过程中，因系统处于三相平衡，$F=0$，故温度不变、液相组成也

保持在 P 点。随着转熔过程的进行，液相量和 B 晶相量不断减少、A_mB_n 的量不断增加，因而固相组成点离开 F 向 G 移动。当固相组成点到达 G 点时，B 晶相已完全转熔为 A_mB_n，转熔过程结束。系统 F 又为 1，温度继续下降。

液相沿着液相线 PE 移动。同时，A_mB_n 不断从液相中析出。固相组成点（此时只有 A_mB_n 晶相）从 G 向 N 移动。当液相达到 E 点时，系统发生共晶过程，A 和 A_mB_n 晶相同时从液相中析出，$F=0$。由于 A 的出现，A_mB_n 晶相在固相中的质量分数下降。因此，A_mB_n 晶相从 N 点向 J 点移动。当液相在 E 点消失时，A_mB_n 晶相组成达到 J 点，结晶结束。此时，$F=1$，温度沿 Jd' 下降。最后的结晶产物为 A 和 A_mB_n。以上液相和固相的变化路径为

液相：

$$d \xrightarrow{L} C \xrightarrow{L \to B} P \xrightarrow{L+B \to A_mB_n} P(\text{B 消失}) \xrightarrow{L \to A_mB_n} E \xrightarrow{L \to A+A_mB_n} E(\text{L 消失})$$

固相：dC 段无固相析出，液相在 C 点开始有固相析出。固相为纯 B，故固相从 D 点开始：

$$D \xrightarrow{B} F \xrightarrow{A_mB_n+B} G \xrightarrow{A_mB_n} N \xrightarrow{A+A_mB_n} J$$

（2）平衡凝固的组织变化。图 8.26 示意了以上结晶过程中的组织变化。

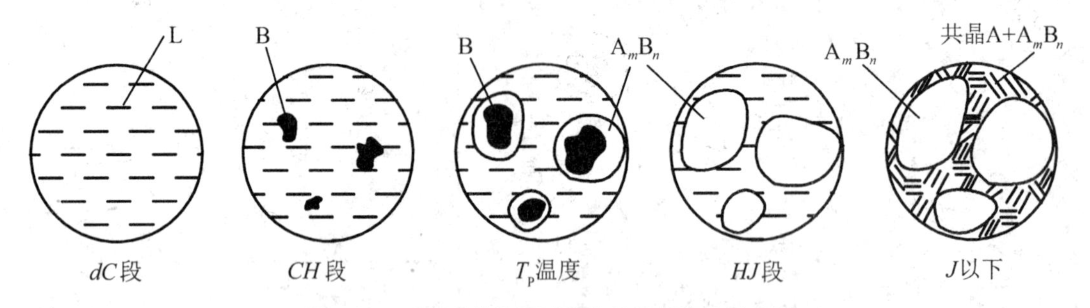

图 8.26 d'点系统降温过程中的组织变化示意图

2）组成在 A_mB_n～B 之间，以 f' 点为例。

（1）平衡结晶过程。从 f 点开始做平衡冷却。fS 段：只有液相，$F=2$。

当温度降低到 T_S 时，B 晶相开始析出。这时，系统有液相和 B 晶相，$F=1$。液相组成只能沿液相线 SP 向 P 移动；固相组成点（只有 B）从 R 向 F 移动。

当液相达到 P 点时，系统发生转熔过程而析出 A_mB_n 晶相。在转熔过程中，$F=0$，温度不变，液相组成也保持在 P 点。随着转熔过程的进行，液相量和 B 晶相量不断减少、A_mB_n 的量不断增加，因而固相组成点离开 F 点向 G 点方向移动。但 B 还未完全转熔时，液相就已消失。故固相组成点只能到达 M 点。实际上，此时结晶已经结束，固相点已回到系统组成线 Mf' 上。

液相：

$$f \xrightarrow{L} S \xrightarrow{L \to B} P \xrightarrow{L+B \to A_mB_n} P(\text{L 消失})$$

固相：从 S 点开始有固相析出。

$$R \xrightarrow{B} F \xrightarrow{A_mB_n+B} M$$

（2）平衡凝固的组织变化。图 8.27 示意了以上结晶过程中的组织变化。

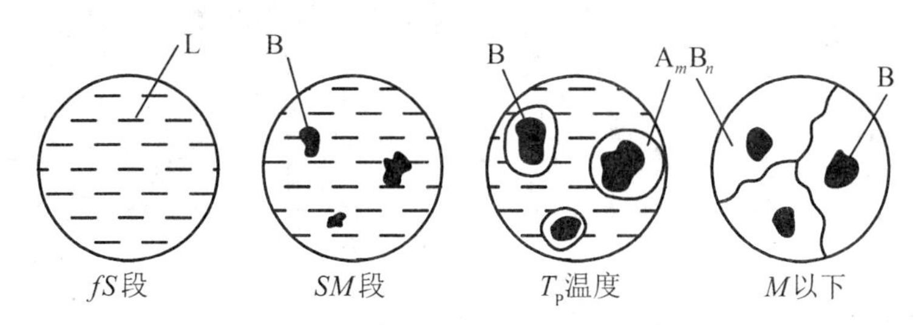

图 8.27 f'点系统降温过程中的组织变化示意图

3. 非平衡状态分析

以上两个系统结晶过程的分析是建立在平衡态基础上的。在平衡态时，液相与 B 能充分地相互扩散。因此，d'点系统在T_P温度时，B 晶相能完全转熔成A_mB_n。故在T_P温度以下就只有A_mB_n晶相。

然而，实际情况并非如此，因为熔体在结晶时往往处于不平衡状态。而且，转熔形成的A_mB_n包覆在 B 晶相外。随着转熔时间的延长，包覆在 B 外表的A_mB_n越来越厚。这会导致 B 和液相的相互扩散越来越难。液相与 B 没有接触，就不能发生转熔过程。因此，最后获得的组织中，理论上不应有 B 存在，但实际却有 B。这种情况往往发生在组成点处于 c'～A_mB_n间的系统中。

由于转熔生成的A_mB_n包覆在最初析出的 B 晶相表面(图 8.26 和图 8.27)，因此人们也把 $L+B \longrightarrow A_mB_n$ 称为包晶反应或包晶转变(peritectic transformations)。图 8.25 中的 P 点为包晶点(peritectic point)。图 8.25 中，还有两个特殊组成点：c'和A_mB_n。这两点的结晶过程和组织变化，请读者自行分析。

4. 各相量(质量分数、摩尔分数和原子分数)的计算

仍以 d'点为例。温度刚降低到T_P时。此时还无A_mB_n析出。液体和固体 B 的质量之比为

$$\frac{m_L}{m_S}=\frac{FH}{HP}$$

在平衡状态下，刚转熔完毕时，只有固相A_mB_n和液相，它们的质量之比为

$$\frac{m_L}{m_S}=\frac{GH}{HP}$$

d'点系统在其他状态下，各相量的计算方法同简单低共熔点系统。

对 f'点，温度刚降低到T_P时，此时同样无A_mB_n析出。液体和固体 B 的质量之比为

$$\frac{m_L}{m_S}=\frac{FM}{MP}$$

在平衡状态下，刚转熔完毕时，液相消失。系统含有晶相A_mB_n和 B，它们的质量之比为

$$\frac{m_{A_mB_n}}{m_B}=\frac{MF}{GM}$$

学习了本节，你明白图 8.21 中的 $NaCl \cdot 2H_2O$、图 8.24 中的原顽火辉石是不一致熔化合物的含义了吗？以上类型的简单二元相图都没有固溶体的形成。而在材料的实际生产中，往往会产生固溶体。我们又该如何分析有固溶体形成的相图呢？

8.4.6 简单匀晶相图

1. 概述

两个组元在液态、固态时都无限互溶形成连续固溶体的二元相图称为二元匀晶相图。图 8.28 为 Cu-Ni 系统在高温下的匀晶相图。具有匀晶转变的二元系统还有 Fe-Cr、Ag-Au、W-Mo、Nb-Ti、Cr-Mo、NiO-MgO 及 CoO-MgO 系统。

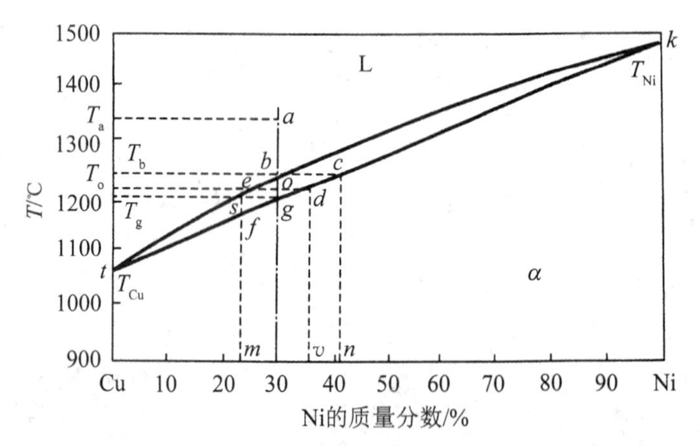

图 8.28 Cu-Ni 系统在高温下的匀晶相图(引自蔡珣,2010)

图 8.28 中,t 点温度为 Cu 的熔点 T_{Cu},k 点温度为 Ni 的熔点 T_{Ni}。最上方的 tbk 为液相线。液相线上方为液相单相区。下方的 tgk 线为固相线。固相线以下是固相(即固溶体)单相区。固溶体常用希腊字母表示。液相线和固相线之间为液、固共存区。

2. 平衡结晶过程及组织变化

我们以 Ni 质量分数为 30%的系统为例。将该系统加热到完全熔融,状态点为液相区的 a 点。从 a 点开始对其做平衡冷却。ab 段只有液相,$F=2$。当温度降低到 T_b 时,α 固溶体开始析出。α 固溶体的组成在 c 点,液相组成在 b 点。此时 $F=1$,能独立变化的只有温度。温度继续降低时,液相沿液相线从 b 向 s 移动;α 固溶体的组成点从 c 向 g 移动。在此过程中,α 固溶体不断地从液相析出。当液相组成点到达 s 点时,α 固溶体的组成点也到达 g 点。液相在 s 点消失,并全部转化为 α 固溶体。α 固溶体的组成为系统组成。以上液相和固相的变化路径可用下式表示:

液相:$a \xrightarrow{L} b \xrightarrow{L \to \alpha} s$(L 消失)。

固相:ab 段无固相析出,在 b 点开始有 α 相析出。故固相组成从 c 点开始:$c \xrightarrow{\alpha} g$。图 8.29 示意了其中部分阶段在平衡凝固时的组织变化。

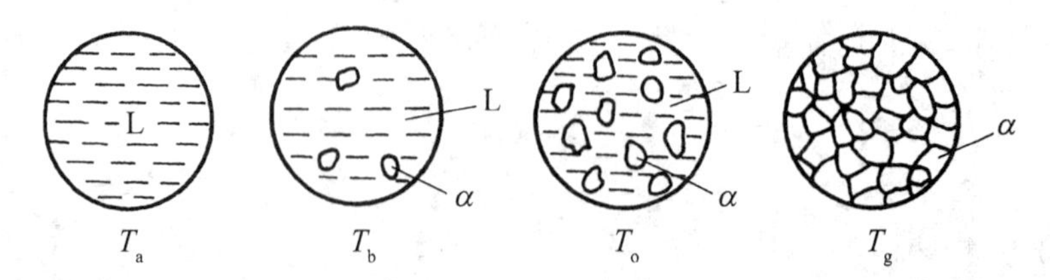

图 8.29 Cu-Ni 二元系统平衡凝固时的组织变化示意图(引自蔡珣,2010)

3. 非平衡结晶过程及组织变化

仍以 Ni 质量分数为 30%的系统为例。当温度降低到T_b时，液相组成在 b 点、固溶体组成在 c 点。液相中 Ni 的质量分数为 30%，固溶体中 Ni 的质量分数大于 40%。温度继续降低到T_o时，e 点组成即为液相组成(Ni 质量分数小于 30%)；d 点组成为固溶体组成(Ni 质量分数小于 40%)。在液相消失温度T_g，s 点组成即为液相组成；g 点组成为固溶体组成。综上所述，在结晶过程中，液相和固溶体的成分是不一样的，即液相中 Ni 的质量分数始终小于固溶体中 Ni 的质量分数。而且，先结晶的固溶体(c 点)中 Ni 质量分数要大于后结晶固溶体(d、g 点)的质量分数。熔体在平衡结晶过程中，液相和固相中的原子有充裕的时间和足够的能力进行扩散，故先后结晶的 α 固溶体，其成分在平衡态时是一致的。

但在实际中，由于生产工艺的原因(如冷却不是足够慢)，而且原子在固相中的扩散比在液体中难，因此，液相和固相中的原子没有充裕的时间和足够的能力扩散成平衡态。较大的冷却速度将导致液相线和固相线偏离平衡态。图 8.30(a)中L_1L_4'、$\alpha_1\alpha_4'$分别为降温过程中，偏离平衡态的液相线和固相线(L_1L_4、$\alpha_1\alpha_4$分别是平衡态的液相线和固相线)。系统在温度T_1析出α_1。温度降到T_2时，α_2析出。由于原子扩散未达到平衡，后析出的α_2与先析出的α_1成分不一样。温度降到T_3、T_4时，从熔体中析出的α_3、α_4也如此。由此可见，熔体的不平衡凝固、原子扩散不充分等导致了偏析组织的出现，如图 8.30(b)所示。

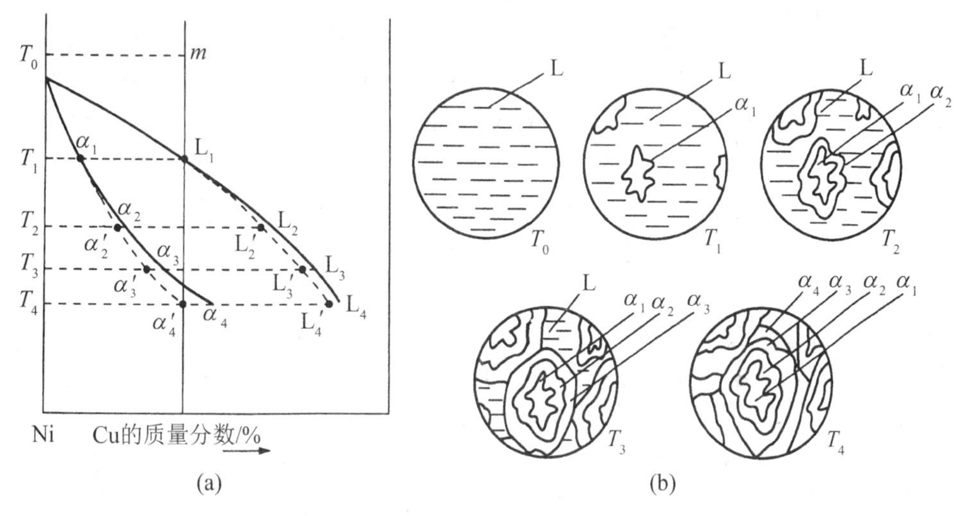

图 8.30 Cu-Ni 二元系统不平衡凝固时，成分和组织变化示意图(引自蔡珣，2010)

因固溶体在凝固结晶时常按树枝状方式进行，故成分会不均匀地沿树枝晶分布。早先结晶的内部枝干富含高熔点组元(如 Ni)，后结晶的分枝富含低熔点组元(如 Cu)。这种成分偏析也叫枝晶偏析(dendritic segregation)。冷却速度越大，扩散越不充分，偏析程度越大。枝晶偏析会引起材料性能的不均匀。人们常常在高温下通过扩散退火来加以消除。虽然凝固偏析会影响材料的性能，但却可利用结晶时，固、液相成分不同的原理来提纯材料。

8.4.7 材料的提纯与区域熔炼

比如，将图 8.30 中 L_1点系统的材料放在水平管式炉中(图 8.31)熔化。管外绕着可移动的加热环。开始时，加热环在最左端。因此，最左端的材料首先熔化成液体。随后，加热环缓慢地向右端移动。这样，熔化区也缓慢地向右端移动。随着熔化区向右端移动，左端早先熔化

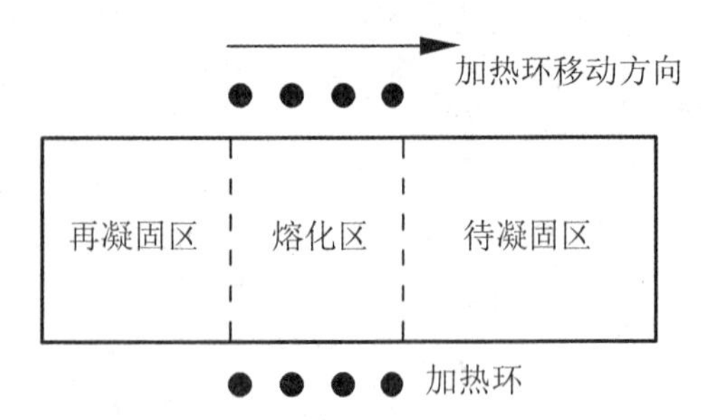

图 8.31 区域熔炼示意图(引自傅献彩,1979)

的材料,因温度逐渐降低(比如降至T_2)而凝固结晶。而在再结晶的固体中,含有较多高熔点成分的物质(图 8.30 中,α_2或α_2'点的组成比同温度液相含有较多的 Ni)。这是由于在熔化、再凝固过程中,液相、固相中的成分不断调整并重新分布的缘故。

经过以上熔化、再凝固的材料比处理前含有较多高熔点的成分。在图 8.31 中,处理后的材料在左端含有较多高熔点成分,而右端含有较多低熔点成分。加热环就像“扫把”一样,将低熔点成分“扫”到右边、高熔点成分“扫”到左边。多次重复这个过程可获得极纯的材料。该方法称为区域熔炼。

区域熔炼曾为半导体的出现立下过汗马功劳。材料中的杂质会严重影响半导体的性能。故要获得半导体,材料的纯度有非常高的要求。在发明半导体的过程中,Willianm Shockley(1910—1989 年)就曾因 Ge 的纯度不够而产生抱怨。不久之后,Bell 实验室的一位技术员 Willianm Pfann(1917—1982 年)在一次休息时,偶然间意识到通过熔融再重复结晶的方法可带走杂质。这就是后来称作的区域熔炼。人们曾经利用这种方法获得了高纯 Si、Ge(纯度达 99.999 999%以上)。区域熔炼随后成为制备半导体的一个基本工艺。Pfann 也因发明了区域熔炼而著名。然而,该方法不适合制备直径太大的半导体。今天,半导体生产已不采用区域熔炼,而是通过气相中间化合物精炼 Si 的方法。气相精炼法可使 Si 中杂质分数降至10^{-12}。

但区域熔炼还是可用于其他高纯材料的生产,如高纯 Fe、Be。高纯 Fe 有良好的延展性、抗氧化性和超导性。高纯 Be 可弯曲自如,且不容易折断。区域熔炼也可用于聚合物材料的提纯。总之,区域熔炼为高纯材料的制备提供了一种有效的方法。

8.4.8 具有共晶、共析转变的系统

1. 概述

图 8.32 为形成有限固溶体的示意相图。A、B 能形成固溶体,但溶解度不像匀晶系统那样是无限的。A、B 只在一定范围内互溶。aCF 左边为α 固溶体单相区。α 是 B 溶解于 A 中形成的固溶体。bDG 右边为β 固溶体单相区。β 是 A 溶解于 B 中形成的固溶体。α、β 固溶体为有限固溶体。若 A、B 完全不互溶,则系统转化为 8.4.3 节的简单二元系统。

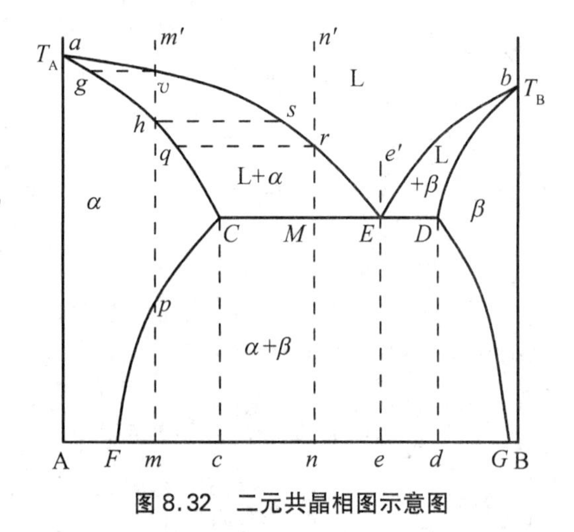

图 8.32 二元共晶相图示意图

这类相图有一共晶点(低共熔点)E。E 点对应组成的系统在温度降到T_E时,α、β 会同时从液相中析出,即 L$\longrightarrow\alpha+\beta$,故在冶金学领域,这类相图被称为共晶相图。8.4.3 节的简单二元系统为共晶相图的特例。E 点系统的合金为共晶合金(eutectic alloy)、成分位于C、E之间的合金为亚共晶合金(hypoeutectic alloy)、成分位于E、D之间的合金为过共晶合金(hypereutectic alloy)。

属于这类相图的合金系统有：Pb－Sn、Al－Si、Pb－Sb、Ag－Cu。然而，许多相图往往具有图 8.32 的一部分。比如图 8.24 MgO－SiO_2相图中，镁橄榄石(M_2S)组成点左边就具有共晶相图的特点，其中的最左边区域为 MgO 基固溶体单相区。

此外，图 8.32 还具有与前述相图不同的线条和点。aC、bD 为固相线。CF、DG 分别是α和β 固溶体的饱和溶解度曲线(也叫固溶线)。固溶线 CF 上的状态点在结晶时，β 相会从α 相中析出。这种β相称为次生β相，常用$\beta_{Ⅱ}$表示，以区别于从熔体中析出的初生β相。同理，固溶线 DG 上的状态点在结晶时，从β相中析出次生α 相$\alpha_{Ⅱ}$。固溶线还表明了α、β相的固溶度随温度的下降而下降。C 点成分为 B 在 A 中的最大固溶度、D 点成分为 A 在 B 中的最大固溶度。

2. 平衡结晶过程及组织变化

1) 组成在 A～c 间的 m 点系统

(1) 平衡结晶过程。将 m 系统加热到状态点 m'。从 m'点开始做平衡冷却。$m'v$ 段只有液相，$F=2$。当温度降低到 v 点时，α 相开始从液相中析出。α 相的组成点在 g 点、液相组成点在 v 点，$F=1$。同前面几个类型的相图一样，此时，能独立变化的只有温度。而且液相组成沿 vE 线移动、固相组成沿 gC 线移动。液相组成在向 E 点移动的过程中，其量越来越少。当液相组成达到 s 点时，液相消失。与此同时，固相组成达到系统组成线 mm'上的 h 点。结晶至此，整个系统只有α 相。因此，组成点进入α 相单相区，$F=2$。当温度降低到固溶线 CF 线上的 p 点温度时，B 在α 相中呈过饱和状态。多余的 B 以β固溶体的形式从α 固溶体中析出，即次生β固溶体$\beta_{Ⅱ}$。结果，在 T_p温度以下的平衡组织为α 相和$\beta_{Ⅱ}$ 相。而成分位于 d～B 间的系统与此相似。不过，最后的平衡组织为β相和$\alpha_{Ⅱ}$ 相。

以上过程中，液相变化路径为：$m' \xrightarrow{L} v \xrightarrow{L \to \alpha} s$(L 消失)。

固相变化路径：$m'v$ 段无固相析出，在 v 点开始有α 相析出。故α 相从 g 点开始：$g \xrightarrow{\alpha} h \xrightarrow{\alpha} p$($\beta_{Ⅱ}$ 从α 相中析出)。

(2) 平衡凝固的组织变化。图 8.33 示意了该组成在平衡凝固过程中的组织变化。

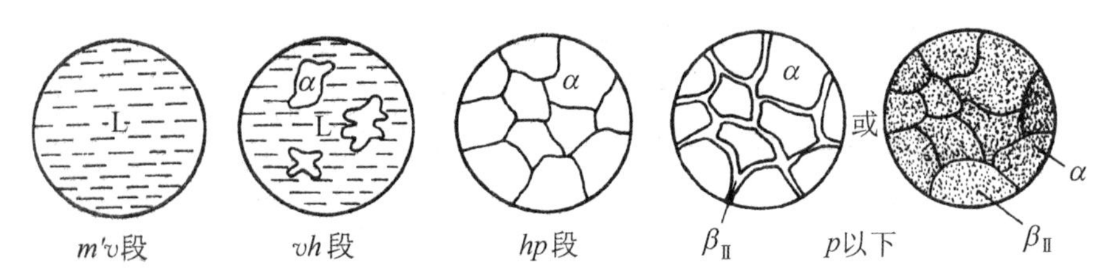

图 8.33 m 点组成平衡凝固时的组织变化示意图(引自蔡珣，2010)

2) 组成在 e 点(共晶合金)

e 点结晶过程与图 8.17 中 E'点相同。不同在于这里析出的是α、β 固溶体。其平衡凝固过程中的组织变化如图 8.19 所示。图 8.34 为 Pb－Sn 合金层状共晶组织的显微形貌。共晶α、β 以黑白相间的形式存在

3) 组成在 c～e 间的 n 点系统

这属于亚共晶系统。n 点系统先析出初晶α 相。液相组成达到共晶点 E 时，α、β 相同时析出。因此，平衡组织由初生α 和共晶($\alpha+\beta$)组成。在共晶温度 T_E以下，固溶度会随温度下降

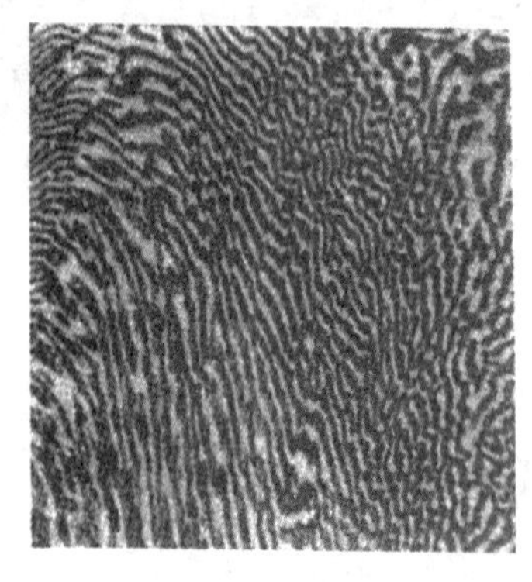

图 8.34 Pb-Sn合金共晶组织显微形貌(引自Askeland, 2005)

而降低。因此，β_{II} 从初生 α 相和共晶 α 相中析出。同理，α_{II} 从共晶 β 相中析出。通常，α_{II} 和 β_{II} 的量较小，只有初生 α 相中的 β_{II} 可能见到，故室温组织常写作 $\alpha_{初}+(\alpha+\beta)+\beta_{\text{II}}$。

液相变化路径可表示为：$n' \xrightarrow{L} r \xrightarrow{L\to\alpha} E \xrightarrow{L\to\alpha+\beta} E$(L消失)。

固相的变化路径为：在 q 点开始有固相析出，而且固相为初生 α 相，$q \xrightarrow{\alpha} C \xrightarrow{\alpha+\beta} M$($\beta_{\text{II}}+\alpha_{\text{II}}$ 开始析出)。以上平衡凝固过程中的组织变化如图 8.35 所示。

图 8.36(a)为 Pb-Sn 合金亚共晶组织的显微形貌，其中大块黑色组织为初晶 α 相，其余黑白相间的细条为共晶组织。

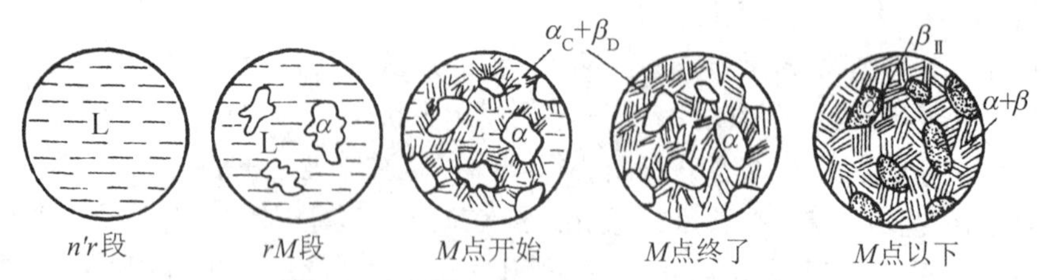

图 8.35 n 点组成平衡凝固时的组织变化示意图(引自蔡珣,2010)

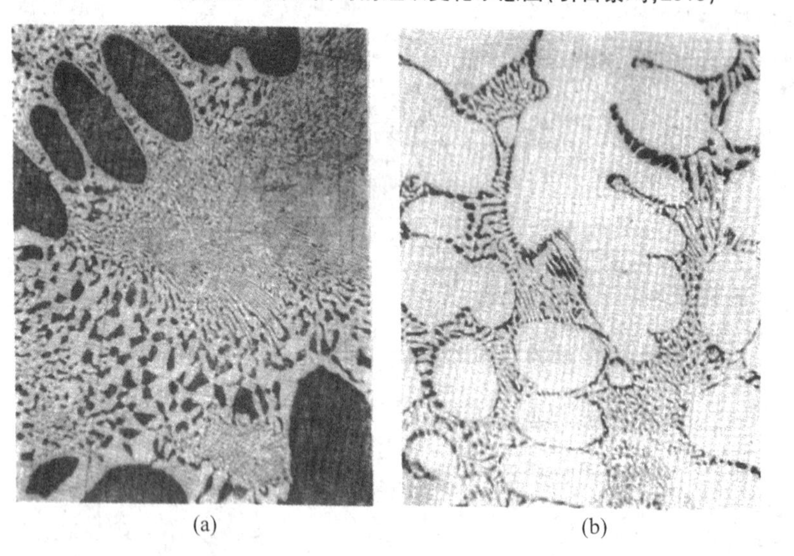

图 8.36 (a)Pb-Sn亚共晶组织显微形貌；(b)Pb-Sn过共晶组织显微形貌(黑色为富Pb的 α 相，白色为富Sn的 β 相，黑白相间的细条为共晶组织)(引自Askeland, 2005)

4) 组成在 $e\sim d$ 间的过共晶系统

其结晶过程与亚共晶系统相似。只不过，过共晶合金系统的初生相为 β 相而非 α 相。图 8.36(b)为 Pb-Sn 合金过共晶组织的显微形貌，其中大块白色组织为初晶 β 相，其余黑白相间的细条为共晶组织。

图 8.37 为 Pb-Sn 二元相图。MN 为共晶线，M 点原子分数为 28.1%，质量分数为 19%；E 点原子分数为 73.9%，质量分数为 61.9%；N 点原子分数为 98.7%，质量分数为 97.5%。图 8.38 为 Al-Si 二元系统的相图。

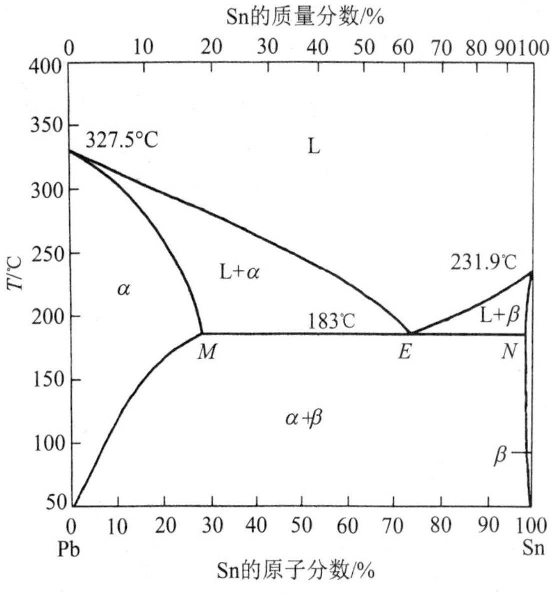

图 8.37 Pb-Sn 二元相图(引自 Mittemeijer, 2013)

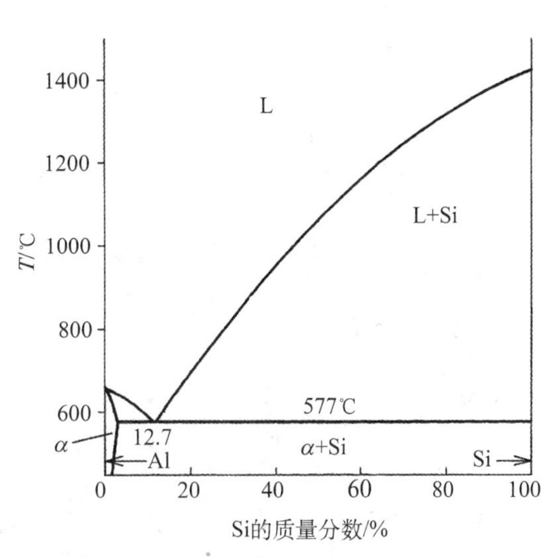

图 8.38 Al-Si 二元相图(共晶点系统含有 Si 的质量分数为 12.7%)(引自 Nikanorov, 2005)

根据上文中的组织变化示意图，以及 Pb-Sn 二元系统的显微组织形貌图，我们可知，初晶和共晶组织的形貌有所不同。

3. 初晶组织的形貌

在共晶二元系统中，亚共晶和过共晶存在初生相(primary phase)，即初晶。初晶是从液相中直接结晶析出的。

若初晶是金属，则其往往具有粗糙界面，并以树枝状方式(dendritic manner)生长成枝晶。在显微镜下，我们可以看到这些枝晶的断面为椭圆形。初晶在结晶时，周围有液相将其包围。当温度降低到共晶温度时，液相发生共晶反应。共晶反应析出的相将初晶包围。因此，初晶分散在连续的共晶相中。图 8.36(a)中分离的大黑块；(b)中较大的白块组织分别是初晶 α 和 β 相。Al-Si 系统中，Si 质量分数小于 12.7%的亚共晶系统在凝固结晶时，首先析出以 Al 为基的 α 初晶，它具有金属性，容易以枝晶方式生长。图 8.39 展示了 Al-Si 系统亚共晶组织的显

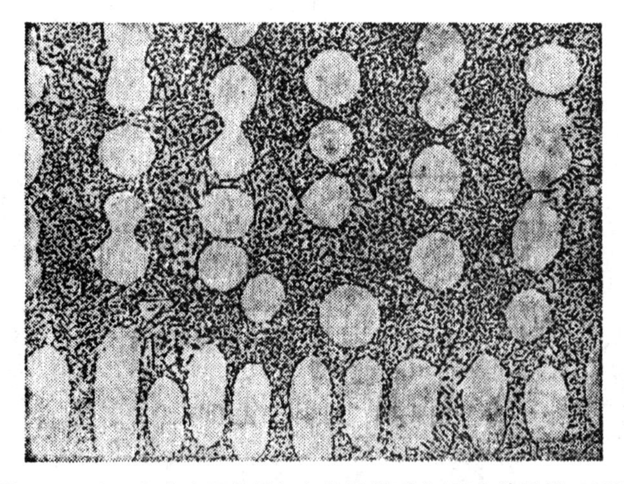

图 8.39 Al-Si 合金亚共晶组织的显微形貌(引自徐祖耀,1986)

微形貌，其中大块圆形或椭圆形为 α 初晶。

若初晶具有非金属性质(如非金属、准金属和中间相)，则其往往具有规则的外形，且界面较光滑。比如 Al－Si 系统中，Si 的质量分数大于 12.7%的系统在凝固结晶时，首先析出以 Si 为基的固溶体初晶。但是，Al 在 Si 中的溶解度极小，因此初晶几乎为纯硅。Si 属于准金属。这种情况下的初晶硅晶粒粗大，而且界面也较平整。图 8.40 中较大的黑色斑块为初晶 Si。图 8.41 中粗大的晶粒也为初晶 Si。

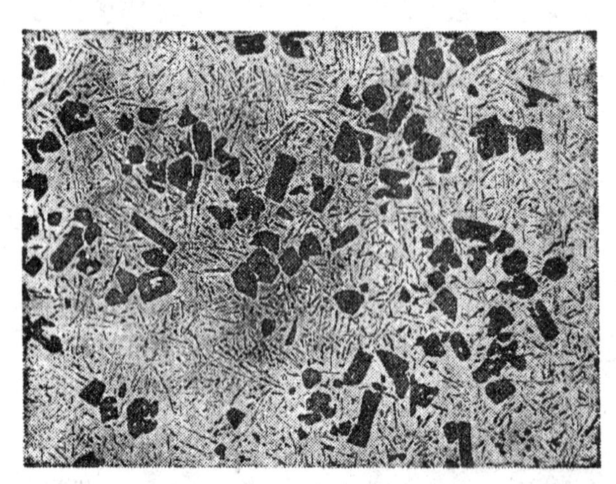

图 8.40　Al－Si 合金过共晶组织的显微形貌(引自徐祖耀，1986)

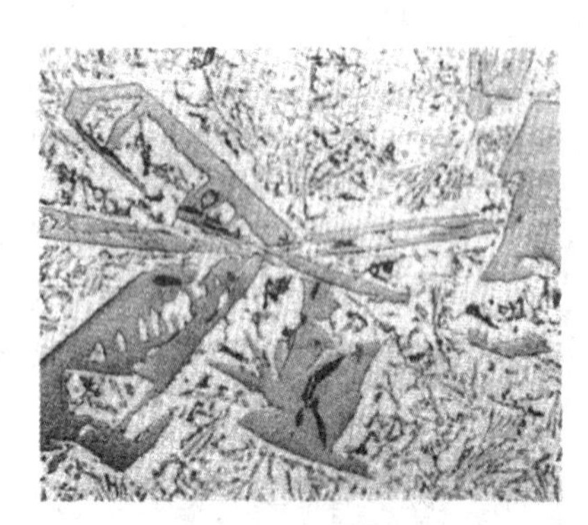

图 8.41　Al－Si 过共晶组织粗大的初晶 Si(引自 Askeland，2005)

当然，金相组织在显微镜下的形貌还与样品在制作时，截面所在位置有关。同一组织，从不同截面观察，其形貌有所不同。共晶系统在结晶时，在共晶线发生共晶反应而形成共晶组织。同样，共晶组织也有许多种形貌。

4. 共晶组织的形貌、形成及性质

人们目前已发现多种共晶组织，其形态有层状、针状、树枝状及花朵状等。图 8.42 为部分共晶组织的形貌。共晶组织的基本特征是两相交替排列。共晶组织中的两相若都具有金属性质，如金属-金属型或金属-金属间化合物型，则这类共晶组织一般多为片层状和棒状。这称为典型规则共晶。比如，Pb－Cd、Ag－Cu、Zn－Sn 等共晶组织呈片状；Ni－Ni_3Al 系统的共晶为棒状。

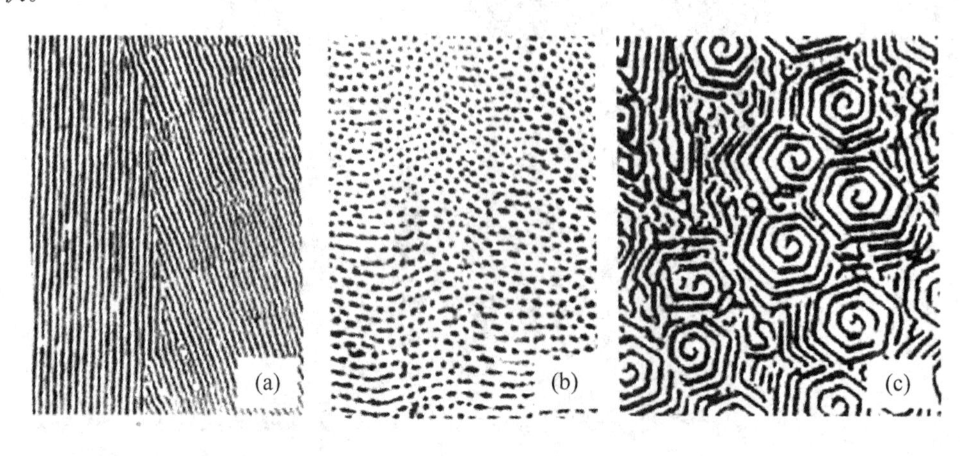

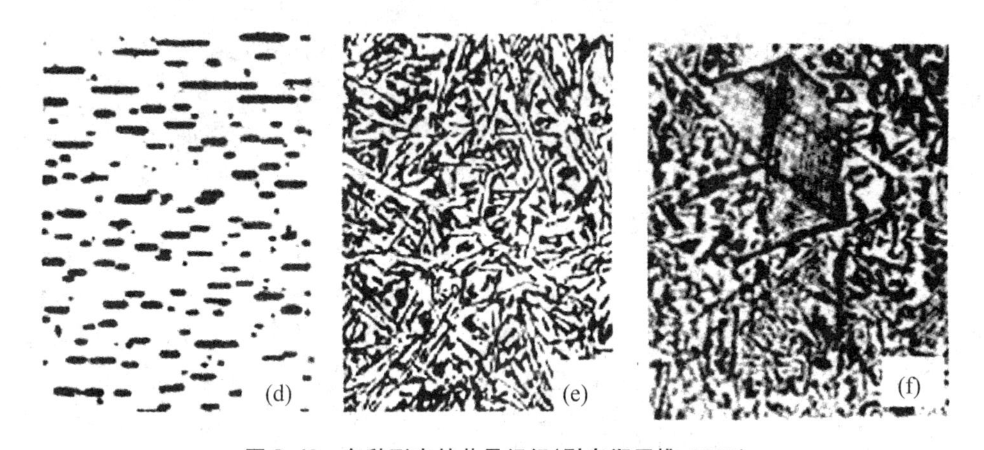

图 8.42 各种形态的共晶组织(引自郑子樵,2005)
(a)层状(Cd-Sn);(b)纤维状(Al-Ni)(横截面);(c)螺旋状($Zn-MgZn_2$);
(d)棒状;(e)针状(Al-Si);(f)蛛网状(Al-Si)

金属-非金属型共晶组织一般形态各异,如树枝状、针状和球状等。这是由于金属与非金属的界面有不同的固液界面结构所致。

在众多共晶组织中,层状共晶的形成及性质得到较多的研究。因此,我们只讨论层状共晶的形成及其性质。共晶组织中两相机械地混合在一起。它们在形核结晶时,必有一相先形成。这种先结晶出非常小的晶体(即晶核)的相称为领先相。领先相出现后,第二相以它为核心形核和长大。如此反复,析出共晶体。

以图 8.37 所示的 Pb-Sn 系统为例。同温度下,α 相的含 Sn 量要低于液相的含 Sn 量,故 α 相在析出时就有多余的 Sn 排向液体,这使得 α 相与液相界面处的含 Sn 量增加。界面处含 Sn 量的增加为富 Sn 的 β 相创造了条件。而且,β 相还以 α 相的表面作为形核基底而形核长大(此处 β 相的结晶方式为较容易形核的非均匀形核,详见下一章)。β 相中的含 Pb 量又低于液相中的含 Pb 量。同样,β 相将多余的 Pb 排出,而使得 β 相与液相界面处的含 Pb 量增加。这又为 α 相的出现创造了条件。如此反复,α 相和 β 相互相激励而形核,层状共晶组织也就形成了,如图 8.34 中黑白相间层状共晶组织。

当然,α 相和 β 相在形核、长大过程中,每个片层并不都是单独形核。实验数据表明,各片层大多是通过搭桥或分支连接起来的,如图 8.43 所示。

关于领先相的问题,读者可能觉得 Pb-Sn 系统中,β 相也可以是领先相。听起来好像如

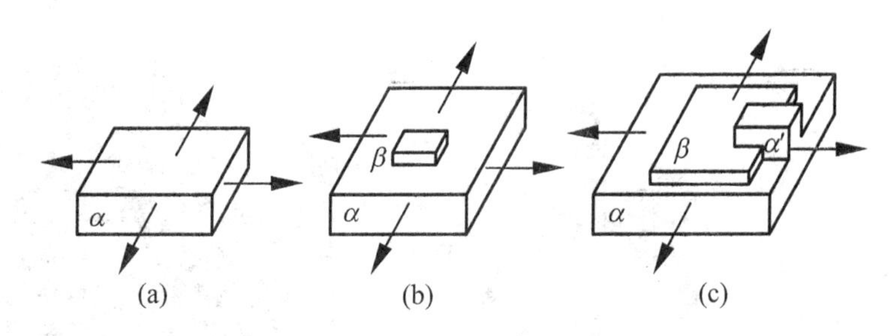

图 8.43 层状共晶的搭桥长大示意图[箭头表示晶核生长方向。(b)表示 β 相在 α 相上形核长大。(c)中的 α' 以搭桥方式在 β 相上长大](引自徐祖耀,1986)

此，然而在共晶过程中，谁是领先相的影响因素较多，其中主要有系统组成、合适的浓度、热导率、固溶度及界面能等。比如，在 Pb－Sn 系统中，若共晶时的领先相是 β 相，则在 β 相与液相界面处，Pb 的量较多。而 Pb 热导率要低于 Sn 的热导率。此时，β 相界面的 Pb 降温相对较慢，α 相析出较难。相反，α 相先析出后，界面处的 Sn 传热快、降温快、凝固也较快。这容易导致 β 相的出现，故 Pb－Sn 系统的共晶领先相为 α 相而非 β 相。

金属-非金属型共晶为非规则共晶，这类系统以 Fe－C 系统和 Al－Si 系统为代表。在这些系统中，非金属（或类金属）具有光滑界面、所需过冷度（1～2℃）较大（金属-金属型共晶的过冷度一般为 0.01～0.02℃）。因此，金属晶体为领先相，而结晶成树枝状、鱼骨状或弯曲状等。随后结晶的非金属相填补金属相未被占据的间隙。图 8.44 和图 8.45 中的针状组织为共晶析出的 Si 晶体。

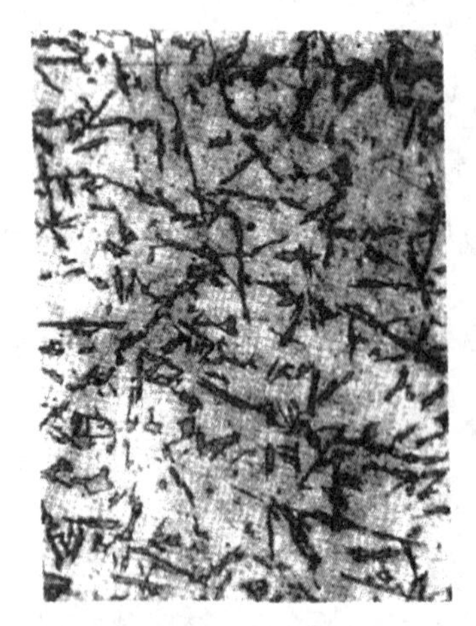

图 8.44　Al－Si 共晶组织（针状相为 Si）（引自 Askeland，2005）

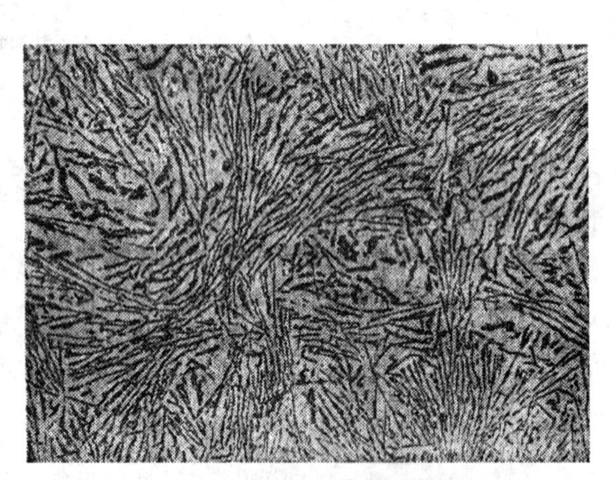

图 8.45　Al－Si 合金共晶组织的显微形貌（引自徐祖耀，1986）

5. 离异共晶（divorsed eutectic）

组成点在靠近固溶度极限的亚共晶或过共晶系统（图 8.32 中的 C、D 点的组成分别是 B 在 A 和 A 在 B 中的最大固溶度）在平衡结晶时，其初晶量较多，共晶量较少。比如靠近 C 点的亚共晶系统，初晶 α 相的量较多，共晶时的液相量较少。而且，液相析出的共晶组织中有 α 和 β 相。若共晶中的 α 相附着在初晶 α 相上长大，β 相则单独存在于初晶晶界处。这种被分开的共晶组织失去了通常共晶组织的特征而被称为离异共晶，如图 8.46 所示。

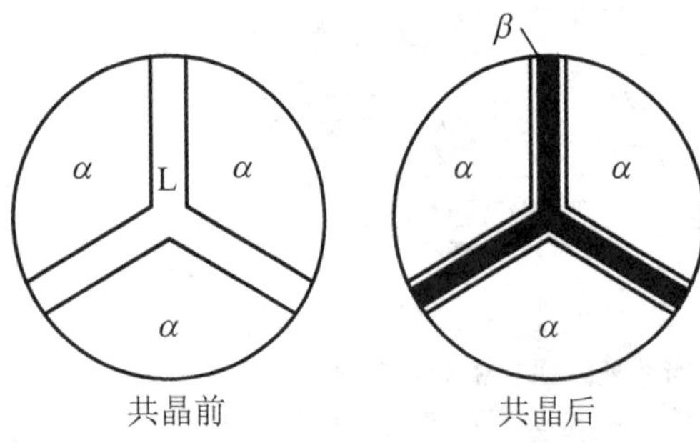

图 8.46　离异共晶示意图（初晶 α 和共晶 β 间为共晶 α 相）

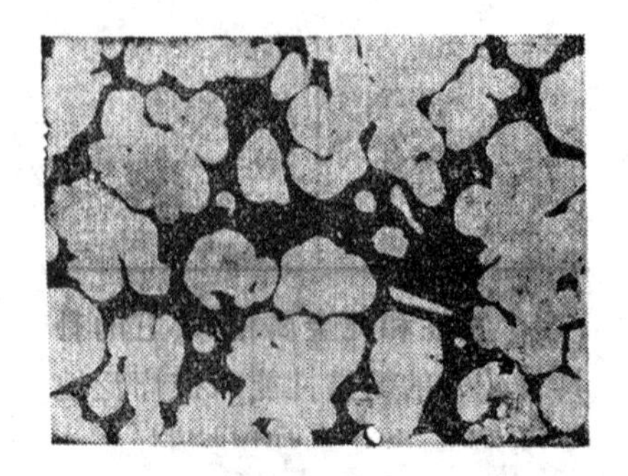

图 8.47　Ag_3Sn－Sn 合金中的离异共晶（引自徐祖耀，1986）

Ag-Sn 二元系统在 221℃时有一共晶反应 L ⟶ Ag_3Sn+Sn。在富 Ag 端，析出的初晶是Ag_3Sn。在共晶反应时，析出的共晶Ag_3Sn 和初晶Ag_3Sn 混合在一起，而共晶 Sn 单独存在于初晶晶界。图 8.47 为这种系统的离异共晶显微形貌。该图中，黑色部分为共晶 Sn，白色部分为 Ag_3Sn。实验表明，随着含 Sn 量的增加，系统又开始显示正常的共晶组织形貌了。

Al-Cu、Al-Mg、Al-Mn 等共晶中，领先相都不是 Al。因此，成分在富 Al 端的合金系统往往形成离异共晶。离异共晶在平衡态和非平衡态条件下皆可形成。

6. 非平衡结晶

1) 非平衡态下的离异共晶

在平衡状态下不含共晶组织而析出单相固溶体的系统，也可在非平衡条件下（如冷却较快）于共晶温度析出共晶组织。我们以图 8.48 中 M 点的组成系统为例来说明。

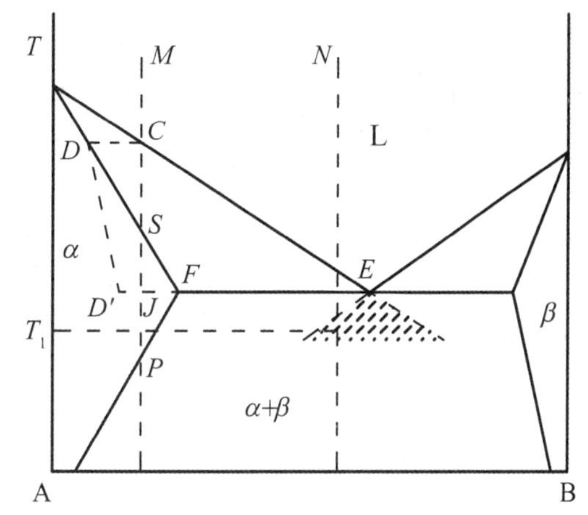

图 8.48 相图中伪共晶区位置示意图（阴影区为伪共晶区）

M 点系统在平衡态下会在共晶温度析出单相α 固溶体。若液相冷却较快，则固相平均成分偏离固相线。此时，固相成分沿图中的 DD'变化。因此，当该系统降温到共晶温度T_E时，还有少量液体（而在平衡态时，此组成在T_E无液相）。这些少量的液体在T_E温度结晶而成为共晶组织。图 8.49 为其部分组织变化示意图。

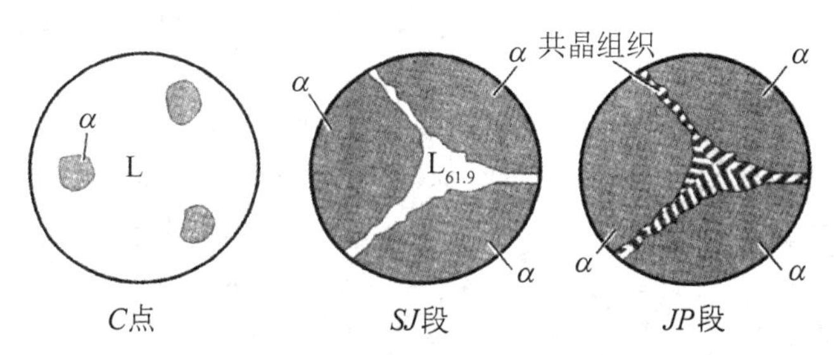

图 8.49 M 点系统在非平衡态下组织变化示意图（引自 Askeland, 2005）

由于液相量少，因而获得的共晶组织也少。再加上枝晶偏析的缘故，这种共晶组织往往存在于晶界和枝晶间，并以离异共晶形式存在。这种在非平衡态下获得的离异共晶组织处于亚稳态。将其再加热至略低于共晶温度，并做长时间均匀化退火处理时，该亚稳组织又会溶入平衡态下的单相固溶体中。经此均匀化处理的合金，其塑性得到提高，这有利于对其进行压力加工。

但是，在对含有这种非平衡态共晶组织的系统做热处理时，温度不宜超过共晶温度。否则，共晶组织熔化会导致合金被“烧坏”。比如质量分数为15%的Pb－Sn系统，热处理温度应低于183℃。

2）伪共晶(pseudoeutectic)

在平衡态下凝固结晶时，只有成分处于共晶点处的系统获得的组织才全部是共晶组织。亚共晶和过共晶系统的平衡组织为共晶与初晶的混合组织。

然而亚共晶和过共晶系统在进行非平衡结晶时，其组织也可以全部是共晶组织。比如在图8.48中，当系统溶液有一定过冷度时，液相线将有所延伸。这与前面图8.4中虚线的获得方式相似。图8.48中的阴影区为两条液相线的延长线包围区。此阴影区的液相处于过冷态，它们在凝固结晶时将形成共晶组织。

图8.48中N点组成的亚共晶系统，其平衡态结晶组织为α初晶和共晶α和β相。若冷却速度较大(即过冷度较大)，初晶α的量就较少，在共晶温度时的液相量就较多，析出的共晶组织多且较细。达到一定程度的冷却速度会使该系统过冷到T_1温度才开始结晶。这时，α、β相在液相中都处于饱和状态，然后结晶成共晶组织。由此可见，不是共晶成分的系统，经快速冷却后获得的组织也可全部是共晶组织，这种共晶组织称为伪共晶组织。伪共晶组织的形态与共晶组织相同，性质也类似共晶合金，只是系统的成分不是共晶成分。

由于过冷度增大，结晶加快，故液相成分来不及达到均匀，其平均成分要偏离液相线。因此，图8.48中实际的伪共晶区范围要比阴影区小。

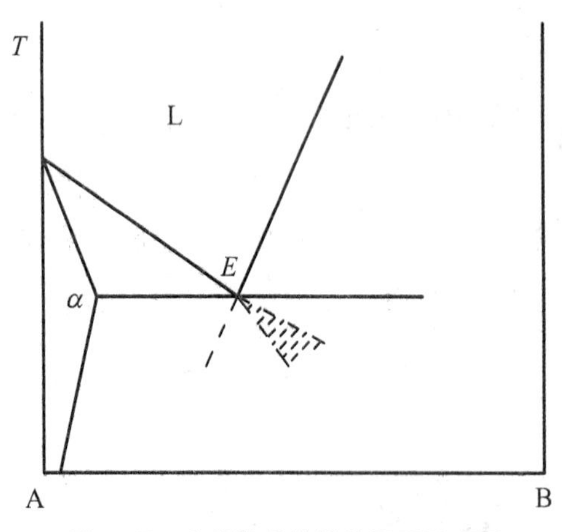

图8.50 有所偏移的伪共晶区示意图

伪共晶区的形状与两个组元的熔点有一定关系。若两个组元的熔点接近，则伪共晶区一般为对称分布；若两个组元的熔点相差较大(如Al－Si系)，共晶点通常偏向于低熔点一侧，而伪共晶区则偏向高熔点组元一侧(图8.50)。

伪共晶区在相图中的位置通常由实验确定。了解伪共晶区在相图中的位置、大小，有利于理解非平衡组织的形成。例如，共晶成分的Al－Si合金在快冷条件下得到亚共晶组织，而非共晶组织。过共晶成分的合金可能获得共晶组织或亚共晶组织。学习到此，你能用伪共晶区的位置、大小来解释以上现象吗？

7. 共晶组织的性质

在平衡结晶过程中，液相在共晶温度T_E发生共晶反应生成共晶组织。但若降温较快，共晶反应将在低于T_E的某一温度T发生。T_E与T之差$\Delta T = T_E - T$为过冷度(degree of supercooling)。

共晶时，固、液界面处的过冷度大，则结晶速率R也大，这导致层状共晶组织的层间距λ小。层间距(interlamellar spacing)是指某一α相层的中心与另一最近邻α相层的中心之间的距离(也可以β相层间的中心距来计算)。层间距λ与结晶速率R存在以下关系：

$$\lambda = KR^{-n} \tag{8-15}$$

其中 K 是常数,Pb - Sn 系统的 $n=0.39$,其他共晶合金的 n 约在 0.4～0.5 之间。较大的过冷度使结晶速率 R 增大,进而共晶组织的层间距 λ 减小。层间距 λ 小说明共晶组织细。共晶组织越细,则合金的抗拉、抗压强度越高。这即是我们在 4.4.6 节介绍的细晶强化的一个应用。

8. 陶瓷材料中的共晶组织

金属-金属型或金属-金属间化合物型为典型的规则共晶;金属-非金属型为非规则共晶。非金属-非金属型也属于非规则共晶。

图 8.51 所示为定向凝固 Al_2O_3/YAG 复合陶瓷的共晶组织。图中灰色部分为 YAG(钇铝石榴子石 $Y_3Al_5O_{12}$),黑色部分为 Al_2O_3。YAG 为领先相,共晶组织相互交错、以锯齿状生长。结果,整个共晶组织由无规则的 Al_2O_3 相和 YAG 相组成,而没有晶界和其他亚稳相存在。这些组织属非规则共晶组织。

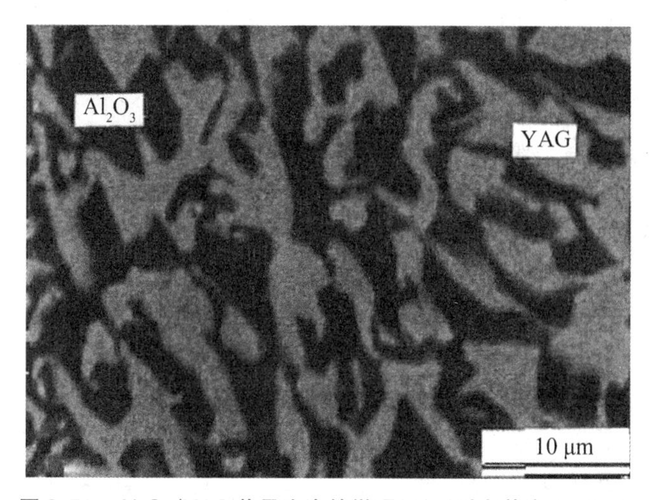

图 8.51 Al_2O_3/YAG 共晶陶瓷的微观组织(引自苏海军,2008)

Al_2O_3/YAG 属于一种氧化物共晶陶瓷。氧化物共晶陶瓷与高温合金、非氧化物陶瓷相比,具有优异的抗氧化性。因而这类陶瓷在航空、航天领域的潜在应用价值而受到人们的关注。近年来,日本、美国等国的学者发展和改进了 Al_2O_3/YAG、Al_2O_3/ZrO_2、ZrO_2/CaO 等共晶氧化物自生复合陶瓷。他们还将定向凝固技术用到这些共晶陶瓷系统中,使其高温力学性能得到了改善。

9. 杠杆规则的应用

我们以图 8.32 中 n 点系统为例。杠杆规则在T_E及以上温度的运用不再赘述。系统在T_E温度以下时,β_{II} 会从初晶 α 相和共晶 α 相中析出。现在我们计算β_{II} 的质量分数。由于在通常情况下,此类系统中β_{II} 的量较小,只有初晶 α 相中的β_{II} 可以见到,故在此只考虑初晶 α 相中的β_{II}。

首先计算初晶 α 相的质量分数。当系统温度刚降低到T_E温度时,初晶 α 相的质量分数为

$$\frac{ME}{CE}\times 100\%$$

T_E温度以下,β_{II} 开始从初晶 α 相中析出。此时,α 相和β_{II} 相的组合可看作是一个新系统。该系统的组成点在 Cc 线上。因此,在室温下,β_{II} 在新系统中的质量分数为

$$\frac{cF}{FG}\times 100\%$$

这样,在初晶 α 相中的β_{II}的质量分数就为

$$\frac{ME}{CE}\times\frac{cF}{FG}\times 100\%$$

结果,初晶 α 相的质量分数减少为

$$\frac{ME}{CE}\times\frac{cG}{FG}\times 100\%$$

共晶($\alpha+\beta$)的量仍为温度降到T_{E}时,液相的质量分数:

$$\frac{CM}{CE}\times 100\%$$

10. 共析转变

在以上共晶转变过程中,两个固相(α、β)是从液相中同时析出的。此过程有共晶反应 $\mathrm{L}\longrightarrow\alpha+\beta$。若两个固相是从另一固相(如 γ 相)中析出的,则其为共析过程,$\gamma\longrightarrow\alpha+\beta$ 为共析反应式。

共析反应与共晶反应有很多相似之处。不同之处在于共析转变产生于固相而非液相系统。由于原子在固相中的扩散比在液相中难,故在共析过程中,晶相的形成和长大都较慢且易在较大的过冷度下产生不平衡结晶。因此,共析组织比共晶组织要细。但共析组织仍呈层状结构。钢铁的热处理正是建立在共析转变基础上的。我们将在后续章节对钢的共析转变及其组织做讨论。

8.4.9 具有包晶、包析转变的系统

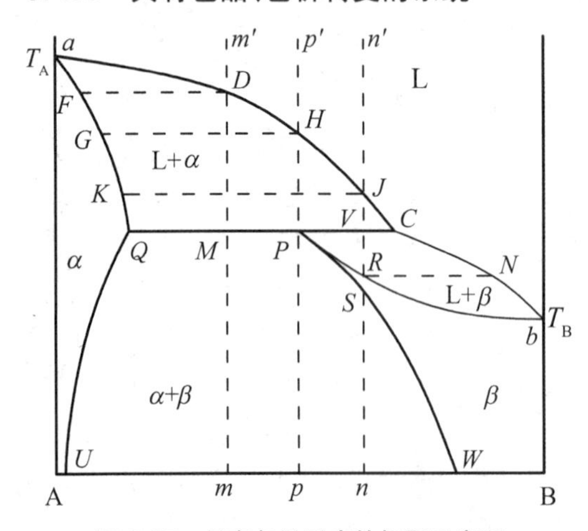

图 8.52 具有包晶反应的相图示意图

前文介绍的具有不一致熔化合物的相图有包晶转变或包晶反应 $\mathrm{L}+\mathrm{B}\longrightarrow\mathrm{A}_m\mathrm{B}_n$。在那类相图中,没有固溶体的形成,或者说固溶度为零。将包晶反应中的 B 和 $\mathrm{A}_m\mathrm{B}_n$ 替换为固溶体,则变为另一类重要相图(图 8.52)。

1. 区域

aCb 以上为液相单相区。$P=1$, $F=2$,即温度和组成这两个独立变量。

$aQUA$ 区为 α 相单相区、$PWBb$ 区为 β 相单相区。在这两个单相区,$P=1$, $F=2$,也是温度和组成这两个独立变量。

aQC 区为 α 相与液相 L 的共存区;PCb 区为 β 相与液相 L 的共存区;$QPWU$ 区为 α 相与 β 相的共存区。这三个区的 $P=2$, $F=1$,独立变量为温度。

2. 线

aC、Cb 为液相线。aQ、bP 为固相线。QU、PW 为固溶线。QPC 为包晶反应水平线。组成在 QC 间的系统在温度降低到 QPC 线的温度时要发生包晶反应:$\mathrm{L}+\alpha\longrightarrow\beta$。

3. 点

这类相图的关键点是图中的 P 点。它属于包晶反应点(peritectic point)。P 点成分的系统在平衡结晶时,液相 L 和 α 相全部转化为 β 相。成分在 QP 间系统包晶反应完成时,还有 α 相剩余;PC 间的系统在包晶反应完成时,还有液相剩余。

4. 平衡结晶过程及组织变化

1) 组成点在 p 点,即包晶点组成

(1) 平衡结晶过程。将图 8.52 中 p 点组成的系统升温至 p',然后平衡降温。当温度降到 H 点温度时,α 相开始析出。此时,α 相的组成在固相线的 G 点。液相 L 组成在 H 点。温度继续下降时,α 相不断从液相 L 中析出。并且,α 相的组成点在 aQ 线上从 G 向 Q 移动;液相 L 组成在 aC 线上从 H 向 C 移动。

当温度降低到包晶反应水平线 QPC 对应的温度时,初晶 α 相和液相 L 发生包晶反应,转化成 β 相。在此过程中,α 相和液相 L 的量在减少。因此,α 相的组成要从 Q 向 P 点移动。当 α 相的组成到达 P 点时,α 相和液相 L 都消失,整个系统只含 β 相。

温度继续下降,系统进入 α 相和 β 相的共存区。次生 α 相 α_{II} 会从 β 相中析出;α_{II} 中也会析出 β_{II}。结果在室温下,该系统的平衡组织主要为 β 和 α_{II}。

液相:

$$p' \xrightarrow{\mathrm{L}} H \xrightarrow{\mathrm{L}\to\alpha} C(\mathrm{L}+\alpha\to\beta,\ \mathrm{L}\ 消失)$$

固相: $p'H$ 段无固相析出,在 H 点开始有 α 相析出。所以,α 相的组成从 G 点开始:

$$G \xrightarrow{\alpha} Q \xrightarrow{\alpha+\beta} P \xrightarrow{\alpha_{\mathrm{II}}+\beta} p$$

(2) 平衡凝固的组织变化。图 8.53 示意了该系统在以上过程中的组织变化。

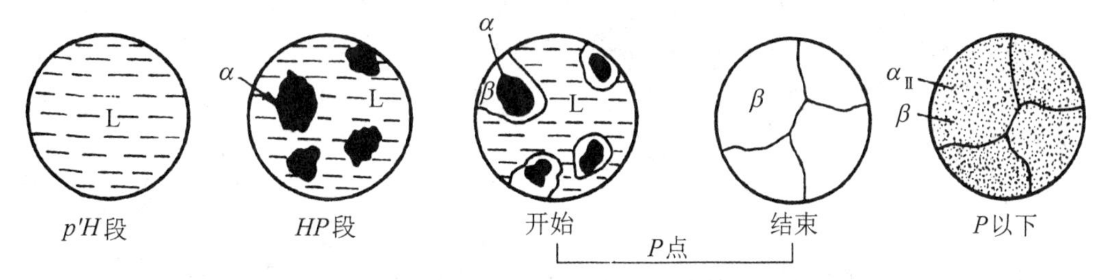

图 8.53 p 点组成系统的平衡凝固结晶示意图(最后一个图中的细点组织表示 α_{II} 相)(引自蔡珣,2010)

2) 组成点在 PC 之间,以 n 点为例

(1) 平衡结晶过程。从 n' 点开始平衡降温。当温度降到 J 点温度时,α 相开始析出。此时,α 相的组成在固相线上的 K 点。液相 L 组成在 J 点。温度继续下降时,α 相不断从 L 中析出。并且,α 相组成从 K 向 Q 移动;液相 L 组成从 J 向 C 移动。

当温度降低到 QPC 线的温度时,初晶 α 相和液相 L 发生包晶反应,转化成 β 相。同样,α 相和液相 L 的量不断减少。α 相的组成从 Q 向 P 移动。当 α 相的组成到达 P 点时,α 相全部转化完而消失,但液相 L 还有剩余。此时,整个系统含有 β 相和液相 L, $F=1$。温度继续下降,系统状态点进入液相 L 和 β 相共存区。β 相的组成在 bP 线上从 P 向 b 移动,液相 L 组成在 Cb 线上从 C 向 b 移动。在此过程中,β 相不断从液相 L 中析出。当系统温度降低到 RN 线

对应温度时，液相 L 消失。同时，固相组成达到 R 点，液相 L 组成在 N 点。

温度继续下降，系统进入 β 相单相区，状态点从 R 向 S 移动。当温度下降到 S 点温度时，α_{II} 从 β 相中析出。结果在室温下，该系统的平衡组织为 β 和 α_{II}。

液相：

$$n' \xrightarrow{\mathrm{L}} J \xrightarrow{\mathrm{L}\to\alpha} C(\mathrm{L}+\alpha\to\beta,\ \alpha\text{ 消失}) \xrightarrow{\mathrm{L}\to\beta} N(\mathrm{L}\text{ 消失})$$

固相：$n'J$ 段无固相析出，在 J 点开始有 α 相析出，所以 α 相的组成从 K 点开始：

$$K \xrightarrow{\alpha} Q \xrightarrow{\alpha+\beta} P \xrightarrow{\beta} R \xrightarrow{\beta} S \xrightarrow{\alpha_{\mathrm{II}}+\beta} n$$

（2）平衡凝固的组织变化。图 8.54 示意了该组成在以上过程中的组织变化。

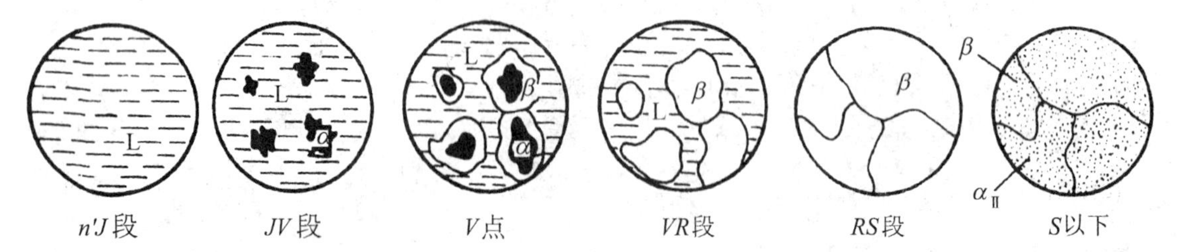

图 8.54 n 点组成系统的平衡凝固结晶示意图（最后一个图中的细点组织表示 α_{II} 相）（引自蔡珣，2010）

3）组成点在 QP 之间，以 m 点为例

（1）平衡结晶过程。α 相的组成点运动到 M 点以前的情形与本图中的 p 点系统相同。当 α 相的组成到达 M 点时，液相 L 全部转化完，但 α 相还有剩余。而新相 β 相的组成点在 P 点。此时，整个系统含有 β 相和 α 相。

温度继续下降，系统状态点进入 α 相和 β 相的共存区。β 相的组成沿 PW 线从 P 向 W 移动，α 相的组成沿 QU 从 Q 向 U 移动。因在此过程中，固溶度下降，故次生 α_{II} 从 β 相中析出；次生 β_{II} 从初晶 α 相中析出。结果在室温下，该组成的系统所含的平衡组织为 α、β 和 α_{II}、β_{II}。

液相：

$$m' \xrightarrow{\mathrm{L}} D \xrightarrow{\mathrm{L}\to\alpha} C(\mathrm{L}+\alpha\to\beta,\ \mathrm{L}\text{ 消失})$$

固相：$m'D$ 段无固相析出，在 D 点开始有 α 相析出，所以 α 相的组成从 F 点开始：

$$F \xrightarrow{\alpha} Q \xrightarrow{\alpha+\beta} M \xrightarrow{\alpha+\beta+\alpha_{\mathrm{II}}+\beta_{\mathrm{II}}} m$$

（2）平衡凝固的组织变化。图 8.55 示意了该组成在以上过程中的组织变化。

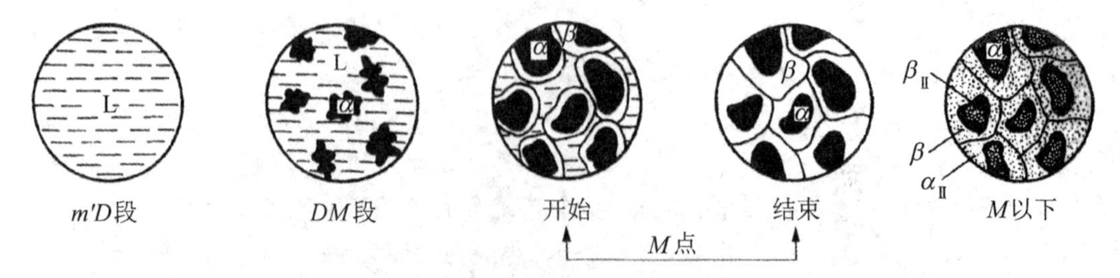

图 8.55 m 点组成系统的平衡凝固结晶示意图（最后一个图中 β 相内的细点组织表示 α_{II} 相、α 相内的细点组织表示 β_{II} 相）（引自蔡珣，2010）

杠杆规则在以上三个典型系统中的应用，请读者自行分析。

5. 非平衡结晶

在实际生产中，包晶转变往往是不平衡转变。一方面是因为在发生包晶转变 $L+\alpha\longrightarrow\beta$ 时，包晶产物 β 处于初晶 α 相周围，而将 α 相与液相 L 分开。液相 L 与 α 相中的原子通过固相 β 相互扩散，再进行包晶转变就很难而且慢。另一方面是因为系统的冷却速率往往较大。这使得包晶转变被抑制而不能继续进行。这些也是前文不一致熔化合物产生包晶不平衡组织的原因。

因而本来该转变的相(如 α 相)被保留下来。并且，在包晶温度以下，系统还有过冷液相。过冷液相在包晶温度以下可直接析出某些相(如 β 相)，或参与其他反应。结果，系统在室温下含有超过平衡过程应有 α 相的量。这些 α 相残留在 β 相内部，而成为非平衡包晶组织。

图 8.56(a)为 Cu－Sn 合金部分相图。当 Sn 质量分数为 65%的系统降温到 415℃时，有包晶反应 $L+\varepsilon\longrightarrow\eta$。剩余液相 L 在 227℃发生共晶反应，故平衡组织应为 η 和共晶 $\eta+Sn$。然而，在不平衡结晶时，还有部分初晶 ε 相存在。图 8.56(b)为该系统非平衡组织的显微形貌。深黑部分为共晶 $\eta+Sn$、较大面积的白色部分为 η 相、白色部分中的浅黑色为未转变完的 ε 相。

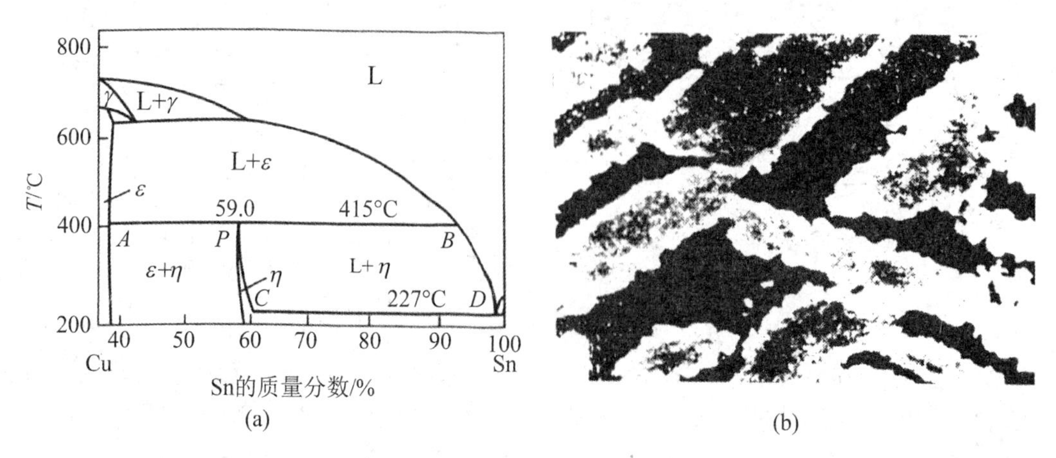

图 8.56 (a)Cu－Sn 合金部分相图(*P* 为包晶点，其上方数值 59.0 为 *P* 点系统中 Sn 的质量分数。AB 为包晶线，其对应温度为 415℃。*CD* 为共晶线，其对应温度为 227℃)；(b)为不平衡结晶组织(引自蔡珣,2010)

此外，在图 8.52 中，组成在 Q 点左边的系统在平衡结晶时不发生包晶转变。但在较大的冷却速率下，它也会发生包晶转变。这种情形与图 8.48 中 M 点系统发生非平衡共晶相似。不同的是，这里发生的是包晶而非共晶转变。

包晶转变产生的非平衡组织可通过扩散退火来消除。

6. 包析转变

在以上包晶转变过程中，液相 L 和初晶 α 相通过反应 $L+\alpha\longrightarrow\beta$ 而转变成新的 β 相。若将上述液相 L 换成另一固相如 γ，则有 $\gamma+\alpha\longrightarrow\beta$。这时，新相从两个固相中析出而称为包析，$\gamma+\alpha\longrightarrow\beta$ 为包析反应式。包析与包晶产生的组织，其形貌类似。但包析转变前的系统是固相而非液相，故晶相的形成和长大较慢且易产生不平衡结晶。

8.4.10 其他类型的相图

1. 假想相图

为了比较前面介绍的几种相图，人们把它们的典型特征综合在一起。这就构成了一种实际并不存在的假想相图，如图 8.57 所示。

图 8.57 中有五个典型的过程。P_1 为包晶点，$L+\delta \longrightarrow \gamma$。$P_2$ 为包析点，$\alpha+\beta \longrightarrow \mu$。$E_2$ 为共晶点 $L \longrightarrow \gamma+\beta$。$E_3$ 为共析点 $\gamma \longrightarrow \alpha+\beta$。比较特殊的是 E_1 点，我们在前文未对其做介绍。E_1 点发生的过程与共晶过程是相似的，不过从液相里同时析出的一个是固相，另一个是液相。而在共晶过程中，从液相中析出的都是固相。E_1 点发生的这个过程称为偏晶反应(monotectic)，$L_1 \longrightarrow \gamma+L_2$。

我们在前文讨论的二元相图中，两个组分在液相中完全互溶。然而有些二元系统，其两个液相并不完全互溶，只是有限互溶。如图 8.57 中 E_1 旁边的帽形 L_1+L_2 区。图 8.58 中的 L_1+L_2 区也是这种情形。

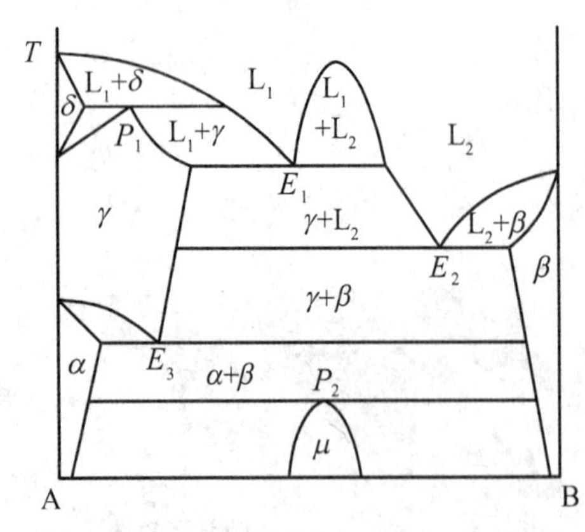

图 8.57　假想相图(引自 Askeland, 2005)

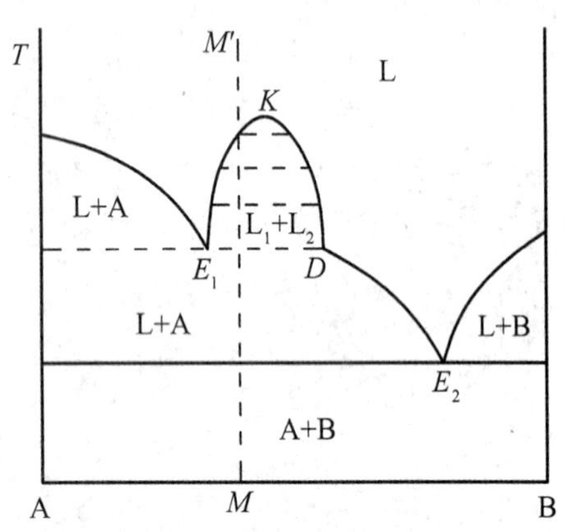

图 8.58　具有液相分层(或偏晶转变)的示意相图(引自陆佩文，1991)

图 8.58 中，状态处于 E_1KD 区时，液相分为两层：一层可视为 B 在 A 中的饱和溶液(L_1)；另一层为 A 在 B 中的饱和溶液(L_2)。温度升高，两液相的溶解度增大，因而组成越来越接近。在 K 点，分层现象消失，故 K 是一临界点。在 E_1KD 以外的液相区为单相区。

成分处于 E_1 的系统在从液相降温到 E_1 温度时，有以下转变 $L_1 \longrightarrow A+L_{2D}$。$L_{2D}$ 表示 D 点成分的液相 L_2。当液相 L_2 的量较少时，常呈球状分布在 A(或 A 这边的固溶体相)上。

成分在 $E_1 \sim D$ 之间的如 M 系统，在状态点进入帽形区时，分为两个液相。液相 L_1 的组成沿 KE_1 变化、液相 L_2 的组成沿 KD 变化。在平衡态下，L_1 和 L_2 的状态点始终在同一条水平线上，如图 8.58 帽形区内的水平虚线。当温度降到 E_1 对应的温度时，L_1 的成分点在 E_1 处，L_2 的成分点在 D 点。此时有偏晶转变 $L_1 \longrightarrow A+L_{2D}$，直到 L_1 耗尽。

具有液相分层(或偏晶转变)的系统有 Cu - Pb、$CaO-SiO_2$、$MgO-SiO_2$、$CaO-Al_2O_3$ 等系统。这种形式的转变在下一章介绍的 Spinodal 分解中有重要应用。下面，我们列出另外一些相图的示意图，请读者自行分析。

2. 具有一个在固相发生分解的化合物相图

图 8.59 所示系统中，化合物 C 的分解产物都是固相。

3. 化合物在两个温度发生固相分解的相图

图 8.60 中的化合物 C 的固相具有两个分解温度。

4. 多晶转变点在共晶温度以下的相图

图 8.61 中 P 点温度为多晶转变点温度，其所在直线为多晶转变线。在此线以下，A 以 β

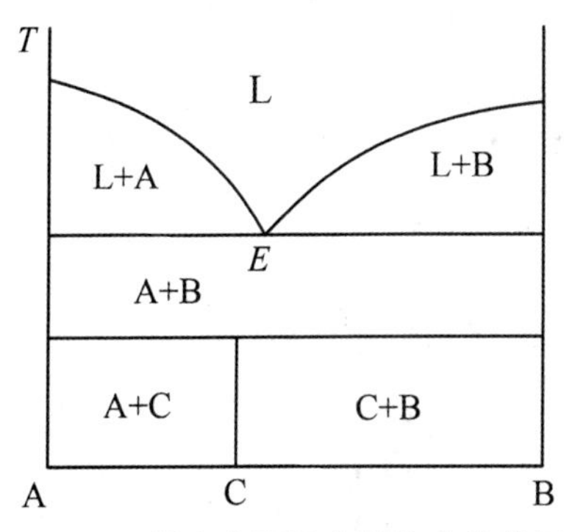

图 8.59 具有在固相分解化合物的示意相图(引自陆佩文,1991)

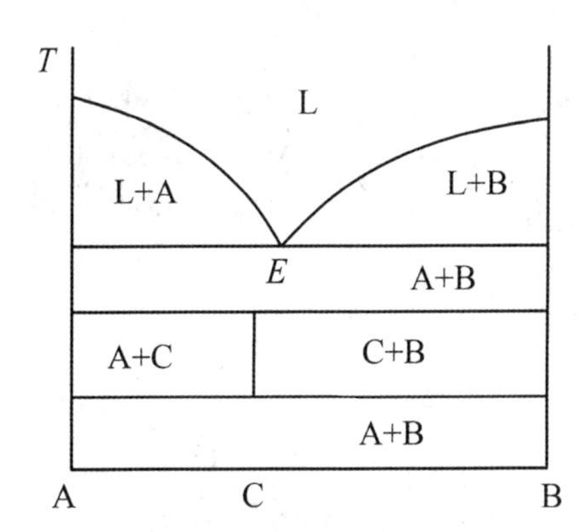

图 8.60 化合物在两个温度发生固相分解的示意相图(引自陆佩文,1991)

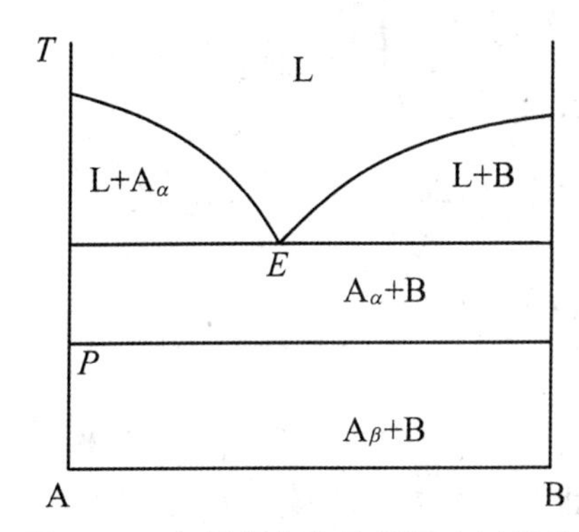

图 8.61 多晶转变在共晶温度以下的示意相图(引自陆佩文,1991)

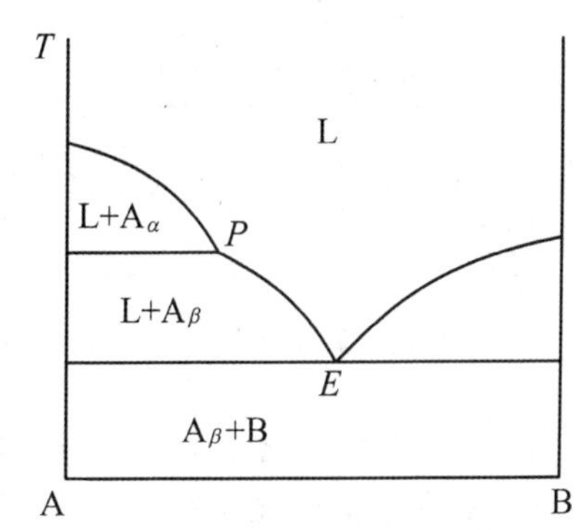

图 8.62 多晶转变在共晶温度以上的示意相图(引自陆佩文,1991)

晶型存在(A_β);在此线以上,A 以 α 晶型存在(A_α)。

5. 多晶转变点在共晶温度以上的相图

图 8.62 中的 P 点为包晶点。包晶反应 $L + A_\alpha \longrightarrow A_\beta$。图 8.61 和图 8.62 所示的同质多晶转变在硅酸盐体系中比较普遍。

介绍了相图的基本理论后,下面我们分析几种常见的专业相图。虽然实际相图比较复杂,但它们仍可看作是前述相图基本特征的组合。看懂其中的点、线和区域仍是分析这些相图的基本要求。在此基础上,再分析其中的平衡结晶组织,理解其应用。

8.4.11 SiO_2-Al_2O_3相图

SiO_2-Al_2O_3相图在硅酸盐工业中有广泛的应用。但该类相图有许多不同的形式。这些相图的分歧主要表现在两方面。一是莫来石是同成分熔融化合物(即一致熔化合物)还是异成分熔融化合物(即不一致熔化合物)。实验数据表明,当试样中含有少量碱金属等杂质时,或在非密闭条件下实验时,莫来石均为不一致熔化合物。而用高纯原料并在密闭条件下实验时,莫来石则为一致熔化合物。二是莫来石是否能形成固溶体。这个分歧现已得到解决,即莫来石可以形成固溶体。图 8.63 给出了莫来石是一致熔化合物的 SiO_2-Al_2O_3 相图。

方石英(cristobalite)在图 8.63 中简写为 Crs。Trd 为鳞石英(tridymite)、Crn 为刚玉(corundum)。Mull ss 为莫来石固溶体(mullite solid solution)。莫来石化学式 $Al_6Si_2O_{13}$,根据 3.12.1 节介绍的规则,莫来石简写为 A_3S_2。

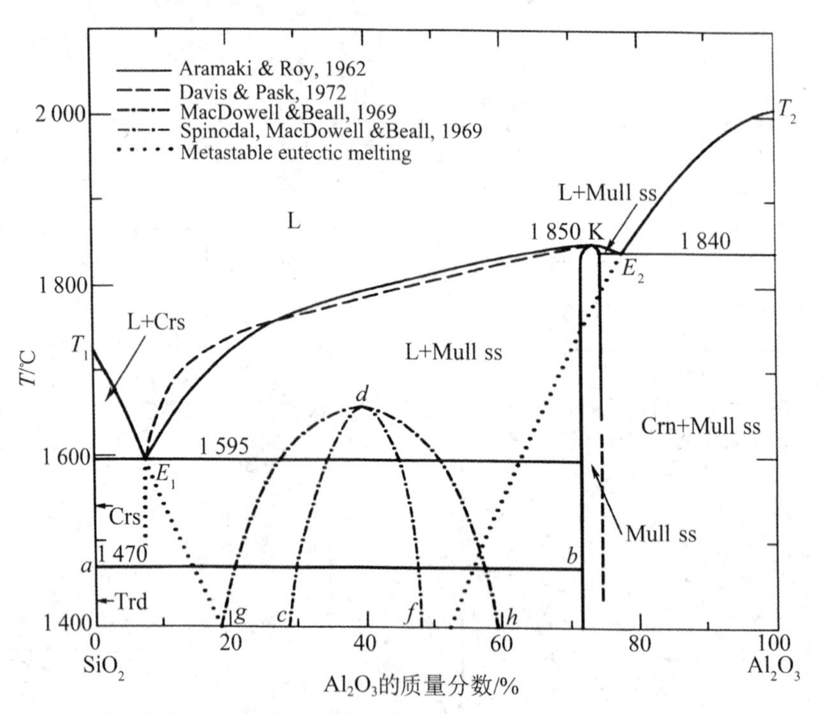

图 8.63　莫来石为一致熔化合物时的 $SiO_2-Al_2O_3$ 相图(引自刘玉芹,2011)

粗点画线 gdh 表示亚稳分熔线、细点画线 cdf 为 Spinodal 分解线。这两种点画线的意义,我们在下一章介绍。点线为液相线的延长线,也是亚稳相边界线。ab 为多晶转变线,温度为 1 470℃。SiO_2 熔点 $T_1=1\ 713$℃、Al_2O_3 熔点 $T_2=2\ 050$℃。K 点温度为莫来石熔点 1 850℃。

共晶点有两个：E_1(1 595℃)和 E_2(1 840℃)。结晶时,E_1 点的反应为：L ⟶ Crs+Mull ss。E_2 点的反应为：L ⟶ Crn+Mull ss。E_1、E_2 点处的 Al_2O_3 质量分数分别约为 7.1%、77.9%。该相图可看作由两个分二元相图组成,即 $SiO_2-A_3S_2$ 和 $A_3S_2-Al_2O_3$。其中,$SiO_2-A_3S_2$ 相图主要用于耐火材料的制备和使用。

组成在共晶点 E_1 左边的系统。因 E_1 处的 Al_2O_3 质量分数约为 7.1%,故 E_1 点比较靠近 SiO_2 的组成线。如果 SiO_2 中加入质量分数为 1%的 Al_2O_3,则在 1 595℃时的液相质量分数为 $0.01/0.07\approx 14\%$。这么多液相的产生会使硅砖的耐火度大大下降。而且,与 SiO_2 平衡的液相线(T_1E_1)较陡,少量 Al_2O_3 的引入使系统熔点从 1 713℃迅速下降。由此可见,Al_2O_3 对硅砖来说是有害的,因而在制备和使用硅砖时,要严防 Al_2O_3 的混入。优质硅砖的制备往往将 Al_2O_3 的质量分数控制在 0.3%以内。同理,将硅砖作为耐火材料砌筑在窑炉上时,要尽量避免与高铝砖砌筑在一起。

接下来,我们看看组成处于 E_1 点与 A_3S_2 之间的系统。这些系统的液相量随温度升高而增加的情况与液相线 E_1K 的形状有很大关系。从 E_1 向 K 移动的前半部分较陡,后半部分较缓。我们将图 8.63 中的这部分内容提出来单独讨论,如图 8.64 所示。

为便于比较,我们在图 8.64 中画了两条液相线,即 CD 和 EF(实际相图中,液相线不会出现图中所示的相交情形)。液相线 CD 较陡、EF 较缓。假设有一个组成在 m 点的系统。起初的状态假设在 s 点。对 CD 线来说,根据杠杆规则,我们可得出此时液相的质量分数：

$$L_s = \frac{sd}{ed} \times 100\%$$

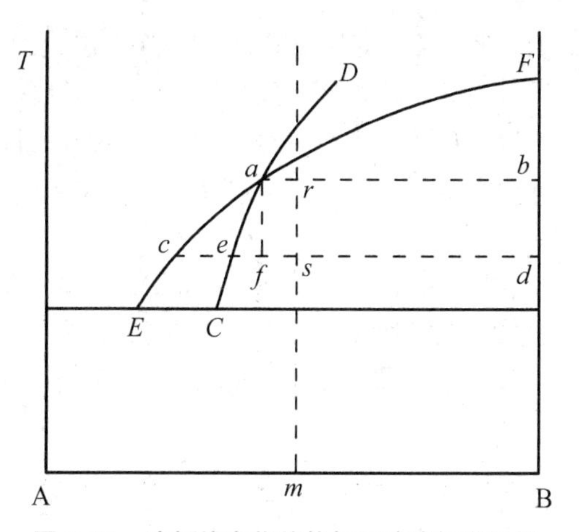

图 8.64 液相线变化趋势与系统液相增加量的关系示意图

升高温度使系统状态达到 r 点。此时，液相的质量分数变为

$$L_r = \frac{rb}{ab} \times 100\%$$

升温后，液相质量分数的增加量为

$$\Delta L_1 = L_r - L_s = \left(\frac{rb}{ab} - \frac{sd}{ed}\right) \times 100\%$$

由图 8.64 可知，$rb = sd$。而 $ed = ef + fd$，又因为 $fd = ab$，故 $ed = ef + ab$，则

$$\Delta L_1 = \frac{rb}{ab} - \frac{rb}{ef + ab}$$

对 EF 线来说，液相在 s 点的质量分数为

$$L'_s = \frac{sd}{cd} \times 100\%$$

同样将其升温到状态点 r。液相的质量分数变为

$$L'_r = \frac{rb}{ab} \times 100\%$$

此时，液相质量分数的增加量为

$$\Delta L_2 = L'_r - L'_s = \left(\frac{rb}{ab} - \frac{sd}{cd}\right) \times 100\%$$

而 $rb = sd$，$cd = cf + fd$，$fd = ab$，故 $cd = cf + ab$，则

$$\Delta L_2 = \frac{rb}{ab} - \frac{rb}{cf + ab}$$

上述 ΔL_1 与 ΔL_2 的表达式中，不同的是 ef 和 cf。因为 $ef < cf$，所以 $\Delta L_1 < \Delta L_2$。这表明升高相同温度，系统在较陡液相线处的液相增加量要小于较缓液相线处。

回到图 8.63。液相线 E_1K 的前半部分较陡，后半部分却较缓。这说明组成在 E_1K 较陡部分的系统，温度在液相线以下时，升高一定的温度，液相量增加不多；而组成在 E_1K 较缓部分的系统，温度在液相线以下时，升高同样的温度，液相量却增加较多。这对于以莫来石和石英为主晶相的黏土质、高铝质耐火材料的制备非常重要。通常配方点宜选择液相线较陡部分。

此外，对这类耐火材料的使用而言，温度对其中液相量也有很大影响。在 E_1 点与 A_3S_2 之间的系统，温度处于 1 700℃以下时（液相组成在液相线较陡部分），随温度升高液相量增加并不多；而在 1 700℃以上时（液相组成在液相线较缓部分），升高相同温度，液相量迅速增加，故这类耐火材料通常在 1 600℃以下使用。下面举例说明耐火材料的选择。

例 8.1 一种由 SiO_2 和 Al_2O_3 构成的耐火材料被用来盛装熔融态的钢(1 600℃)。该耐火材料中 Al_2O_3 的质量分数为 45%。根据图 8.63 的 SiO_2 - Al_2O_3 相图,确定在此情况下有多少质量分数的耐火材料被熔化。若该耐火材料在使用时,其液相不能超过 20%(质量分数),则选用它是否合适。共晶点 E_1 处的 Al_2O_3 质量分数为 7.1%、莫来石组成点处的 Al_2O_3 质量分数为 72%。

解: 我们仿照前面介绍的结晶过程,假设该系统完全熔融,然后平衡结晶至 1 600℃。由于共晶线温度 1 595℃,与 1 600℃相差不大,因此,我们可认为共晶线温度为 1 600℃。这样,待求液相量即为系统刚降温到共晶线时的液相量。利用杠杆规则有:

$$\frac{72-45}{72-7.1}\times 100\% = 41.6\%$$

由上述可见,液相量达到了 41.6%,比 20%大了许多。因此,选用这种材料不合适。

8.4.12 Cu - Zn 相图

在第 3 章和第 4 章,我们多次提到 β - CuZn 和 β′ - CuZn。它们实际是 Cu - Zn 相图中的部分相(图 8.65)。图 8.65 中的数字表示旁边水平线条的对应温度值。

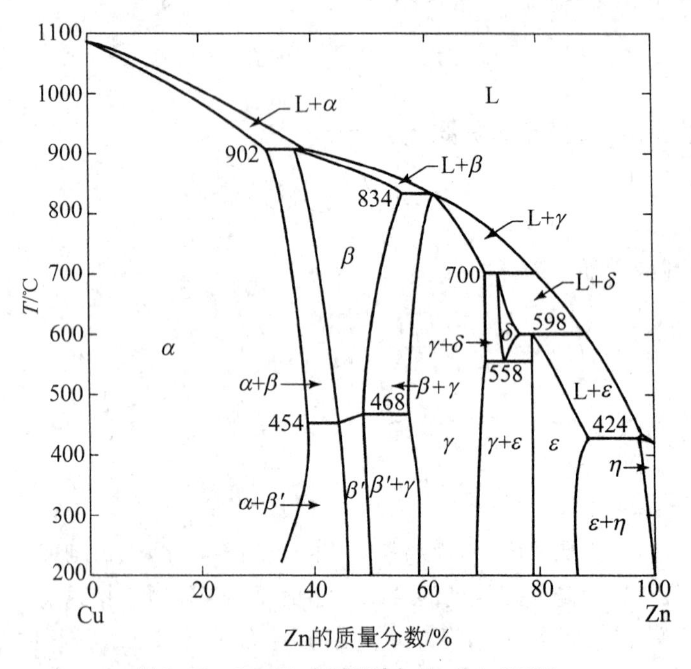

图 8.65 Cu - Zn 相图(引自 Henkel, 2008)

在 Cu - Zn 相图中,α 和 η 相在相图的两端称为端际固溶体,也是通常说的固溶体。α 相是 Zn 溶于 Cu 形成的固溶体;η 相是 Cu 溶于 Zn 形成的固溶体。它们都是置换固溶体。

α 与 η 相之间的固溶体以前称为中间固溶体。但这些固溶体往往并不具有任一组元的结构,因此现在常称它们为中间相或金属间化合物。其中,β、γ 和 ε 相是典型的电子化合物。γ 和 δ 相的晶体结构复杂,而且性脆,因此含有它们的合金没有多少商业价值。至于 β 和 β′ 相间的关系,请参见 3.6.2 节。

8.4.13 Fe－Fe_3C 相图

铁、碳可形成一系列化合物，如 Fe_3C、Fe_2C 和 FeC 等，故铁碳相图含有多个分二元相图。然而，碳的质量分数较大时，铁碳合金表现出很大的脆性，没有多大的使用价值。因此，只有该相图中的 Fe－Fe_3C 二元相图可用于指导碳钢、铸铁的制备。需注意的是 Fe－Fe_3C 相图为非平衡相图。这时因为 Fe_3C 属亚稳相。在一定条件下，Fe_3C 会分解 $Fe_3C \rightleftharpoons 3Fe + C$(石墨)。尽管如此，由于各相变化受温度和组成的限制，Fe－Fe_3C 相图中的各相还是可以被看作是在冷却相对较慢或缓慢升温时的平衡相。图 8.66 为 Fe－Fe_3C 相图。

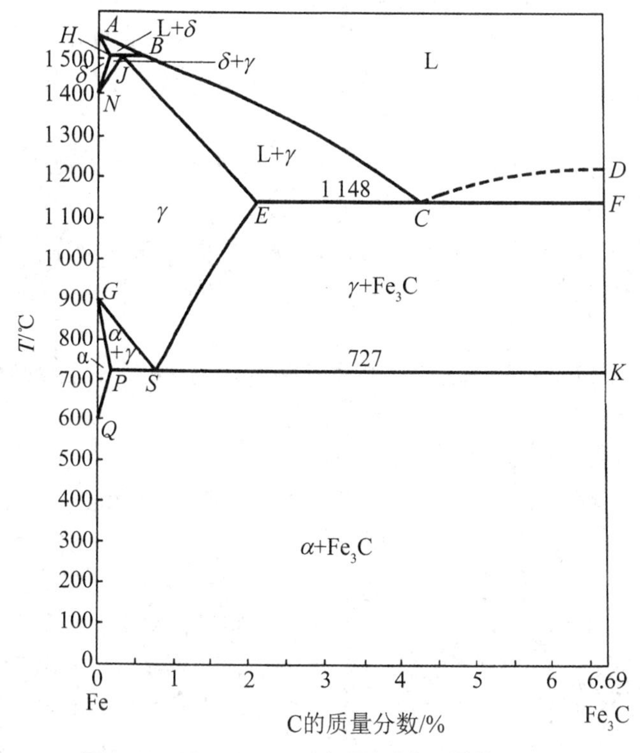

图 8.66 Fe－Fe_3C 亚稳相图(引自王昆林，2003)

1. 几个重要的线、点及相关组织

HJB 为包晶反应线，其所在温度为 1 495℃。*J* 点为包晶点，包晶反应 $L + \delta \longrightarrow \gamma$。其中 γ 相是溶有碳原子的固溶体，即奥氏体(也叫沃斯田铁，austenite，简写为 A)。奥氏体是 C 原子溶于 γ－Fe 而形成的间隙固溶体，或置换铁原子形成的固溶体，呈 fcc 结构，溶碳能力较大。其强度高、硬度大，布氏硬度为 160～200 HB，而且塑性、韧性也好，但无磁性。它是为纪念冶金学家 Roberts-Austen 而命名的。

PSK 为共析线，*S* 为共析点，*P* 点处碳的质量分数为 0.021 8%，*S* 点处碳的质量分数为 0.77%。共析反应 $\gamma \longrightarrow \alpha + Fe_3C$。$\alpha$ 相是碳原子溶于 α－Fe 形成的间隙固溶体，呈 bcc 结构，即铁素体(也叫肥粒铁，ferrite，简写为 F)。铁素体的力学性能接近纯铁，其强度和硬度低，布氏硬度为 50～80 HB。但铁素体的塑性和韧性良好，适用于压力加工。铁素体还具有铁磁性，所以它也是钢铁材料磁性的来源。

Fe_3C 也叫渗碳体或雪明碳铁(cementite，简写为 Cm)，其结构为正交晶体结构。硬度极大，布氏硬度达 800 HB 左右，而塑性、韧性接近零，性脆。

上述共析产物为 α 相和Fe_3C的机械混合物。这种混合物称为珠光体(也叫波来铁 pearlite，简写为 P)。珠光体是奥氏体 A 从高温缓冷而共析出的铁素体 F 与渗碳体Fe_3C交替重叠而成的层状组织。其布氏硬度为 180～200 HB，有一定的塑性和韧性。强度比铁素体高，比渗碳体低。而且其强度随其片层间距的减小而提高。它也是一种综合力学性能较好的组织。一定程度上，我们可将珠光体看成是金属(α-Fe)和陶瓷(Fe_3C)组成的复合材料。它兼有金属的塑性、韧性和陶瓷的硬度、强度。

ECF 为共晶线，*C* 为共晶点，*E* 点处碳的质量分数为 2.11%，*C* 点处碳的质量分数为 4.30%。共晶反应 $L \longrightarrow \gamma + Fe_3C$。共晶产物为 A 和$Fe_3C$的机械混合物，这称为莱氏体(ledeburite)。莱氏体是高碳的铁碳合金在发生共晶反应时形成的。人们将莱氏体分为高温型和低温型。

高温莱氏体(L_d)是碳的质量分数大于 2.11%的铁碳合金从液态缓冷至 1 148℃时，从液相中析出的 A 和Fe_3C呈均匀分布状的机械混合物。在 727℃以下，高温莱氏体中的 A 转变成 P。这种由 P 和Fe_3C组成且呈均匀分布的机械混合物为低温莱氏体(L'_d)。低温莱氏体也叫室温变态莱氏体或变态莱氏体。其形态为莱氏体形态，只是共晶 A 转变成了 P。

纯莱氏体含有较多的Fe_3C(约占 64%以上)，故性能与Fe_3C相近，硬而脆。

2. 铁碳合金的分类

根据 $Fe-Fe_3C$ 相图，人们将铁碳合金分为以下几类。

(1) 工业纯铁。组成在相图中 *P* 点左边的系统，其碳的质量分数$w_C \leqslant 0.0218\%$。该类系统在固溶线 *PQ* 以下会析出三次渗碳体，表示为$Fe_3C_{Ⅲ}$。

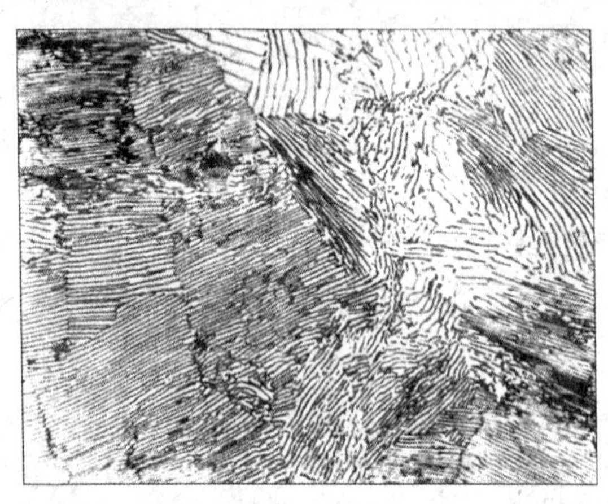

图 8.67 缓冷共析钢珠光体显微组织[黑色层片为渗碳体(Fe_3C)，白色层片为铁素体(α相)](引自潘金生，2011)

(2) 共析钢。组成处于 *S* 点的系统，其碳的质量分数$w_C = 0.77\%$。在 727℃时，γ 相(奥氏体 A)晶粒中会共析出交替排列的层状珠光体组织($F + Fe_3C$)。在 727℃以下，有少量$Fe_3C_{Ⅲ}$从 α 相(铁素体 F)中析出，但往往无法与珠光体中早先共析出的Fe_3C分开。该系统的室温组织为珠光体 P，如图 8.67 所示。经适当的退火处理，片层珠光体中的Fe_3C可在 α 相上呈球状分布。这种珠光体称为球状珠光体。球状珠光体的强度比片层珠光体低，但塑性和韧性好，易于切削加工。

(3) 亚共析钢。组成在相图中 P、S 之间的系统，其碳的质量分数为$0.0218\% < w_C < 0.77\%$。其中，当碳的质量分数$w_C \leqslant 0.53\%$，且温度在 1 495℃时，有包晶反应发生。而$w_C > 0.53\%$的系统无包晶反应发生。这类系统在降温到 *GS* 线上时，γ 相晶界处开始析出 α 相。人们称这种 α 相为初析 α 相(primary α)。在 727℃时，剩余的 γ 相晶粒发生共析反应而析出 α 相和Fe_3C(即珠光体 P)。图 8.68 示意了以上情形。

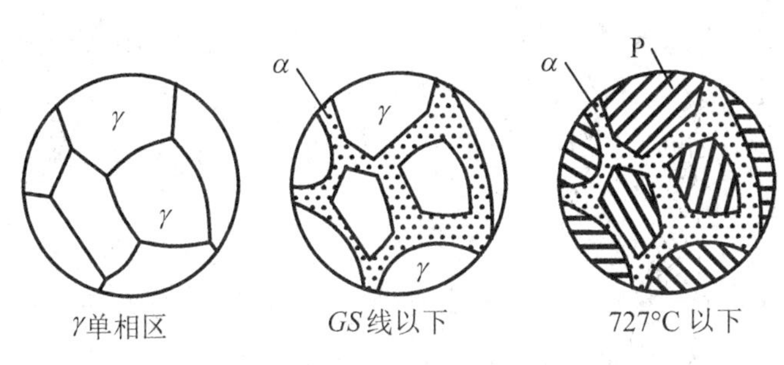

图 8.68 亚共析钢显微组织的演变示意图(引自 Askeland, 2005)

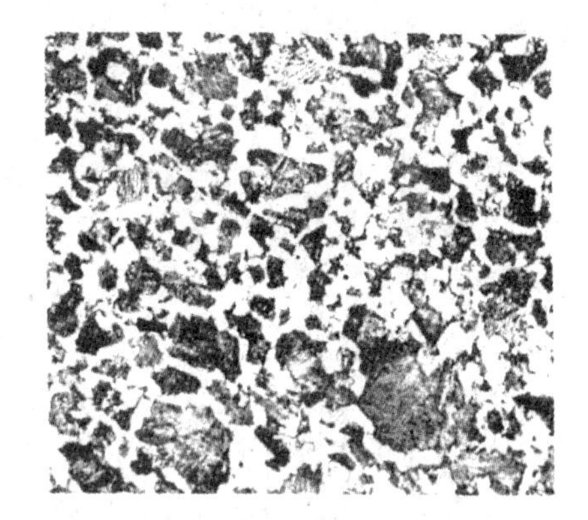

图 8.69 亚共析钢显微组织(黑色为珠光体,白色为初析 α)(引自 Askeland, 2005)

在727℃以下,少量的$Fe_3C_{Ⅲ}$会从初析α相和共析α相中析出,但数量少,可忽略。亚共析钢在室温显微组织为铁素体F(初析α相)和珠光体(F+$C_{Ⅲ}$),如图8.69所示。由于初析α相出现在γ相的晶界处而可能将γ相包围,故初析α相可能相互连成一片,因此亚共析钢的室温组织中,连续相往往是初析α相,如图8.69中的白色组织。

(4) 过共析钢。组成在相图中S、E之间的系统,其碳的质量分数$0.77\%<w_C\leqslant 2.11\%$。系统温度在$ES$线以上时,只有$\gamma$相。当温度降到$ES$线及其以下时,有$Fe_3C$从$\gamma$相晶界析出。这种$Fe_3C$称为二次渗碳体,表示为$Fe_3C_{Ⅱ}$。$Fe_3C_{Ⅱ}$的析出长大是在$\gamma$相的晶界处,这与亚共析钢中的$\alpha$相在$\gamma$相晶界析出相似。因而,$Fe_3C_{Ⅱ}$也在晶界将$\gamma$相包围,而且$Fe_3C_{Ⅱ}$往往连接成网状。在727℃时,剩余的$\gamma$相晶粒同样发生共析反应而析出$\alpha$相和$Fe_3C$(即珠光体P)。图8.70示意了以上情形。可见,过共析钢的室温组织为二次渗碳体和珠光体($Fe_3C_{Ⅱ}$+P),如图8.71所示。

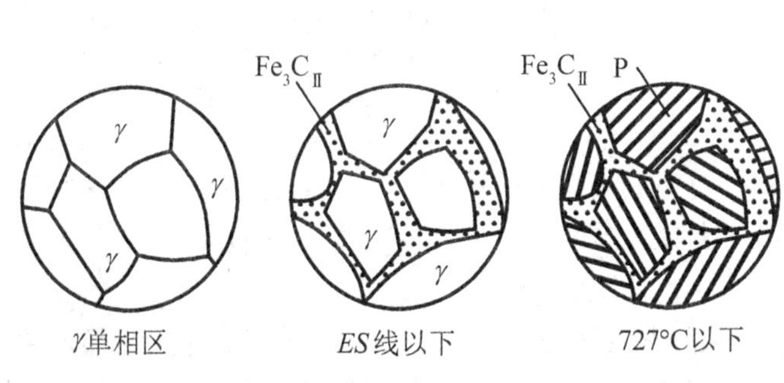

图 8.70 过共析钢显微组织的演变示意图(引自 Askeland, 2005)

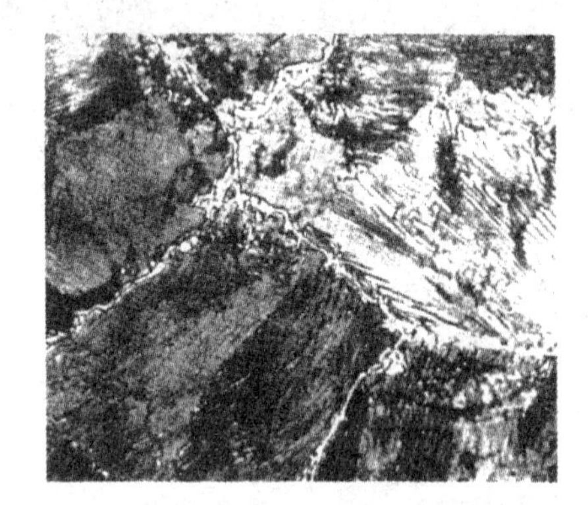

图 8.71 过共析钢显微组织(灰黑色为珠光体,其周围的白线条为$Fe_3C_{Ⅱ}$)(引自 Askeland, 2005)

(5) 共晶白口铸铁。组成处于$Fe-Fe_3C$相图中C点的系统,其$w_C=4.30\%$。在1 148℃时,系统从液相中共晶出Fe_3C和γ相。此时的Fe_3C称为一次渗碳体$Fe_3C_{Ⅰ}$。温度在727~1 148℃时,γ相晶粒中析出二次渗碳体$Fe_3C_{Ⅱ}$。当温度降低到727℃时,我们可由杠杆规则算出二次渗碳体$Fe_3C_{Ⅱ}$的量为

$$\frac{4.30\%-0.77\%}{6.69\%-0.77\%}-\frac{4.30\%-2.11\%}{6.69\%-2.11\%}=11.8\%$$

温度在727～1 148℃间的组织为高温莱氏体L_d。高温莱氏体由A、$Fe_3C_{Ⅱ}$和$Fe_3C_{Ⅰ}$组成。温度降到727℃以下时，高温莱氏体L_d中的A发生共析反应而转变成珠光体。这时的组织称为低温莱氏体L_d'。低温莱氏体L_d'由P、$Fe_3C_{Ⅱ}$和$Fe_3C_{Ⅰ}$组成。图8.72为共晶白口铸铁的室温显微组织。

(6) 亚共晶白口铸铁。组成处于Fe-Fe_3C相图中E、C之间的系统，$2.11\%<w_C<4.30\%$。这类系统在降温到BC线时，结晶出初晶γ相(或初晶奥氏体)。我们在前面共晶相图中介绍过：若初晶是金属，则其往往以树枝状生长成枝晶。此处的γ相属金属，因而具有树枝状的形貌，其断面为椭圆形、圆形。

温度降到1 148℃时，液相发生共晶反应而析出共晶γ相和Fe_3C。这些共晶产物围绕在初晶γ相周围。温度低于1 148℃时，以上初晶γ相和共晶γ相都会析出$Fe_3C_{Ⅱ}$。因此，温度在727～1 148℃间的组织为初晶γ相及其析出的$Fe_3C_{Ⅱ}$及共晶部分(即高温莱氏体L_d)。在727℃以下，剩余的初晶γ相转变为珠光体组织，高温莱氏体L_d转变为低温莱氏体L_d'，故亚共晶白口铸铁的室温组织为$P+Fe_3C_{Ⅱ}+L_d'$，如图8.73所示。

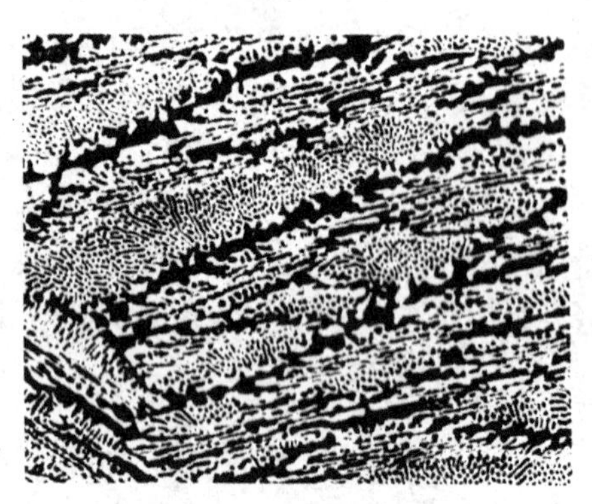

图8.72 共晶白口铸铁室温莱氏体(白色基体为Fe_3C，黑色条状或粒状为珠光体P)(引自王昆林，2003)

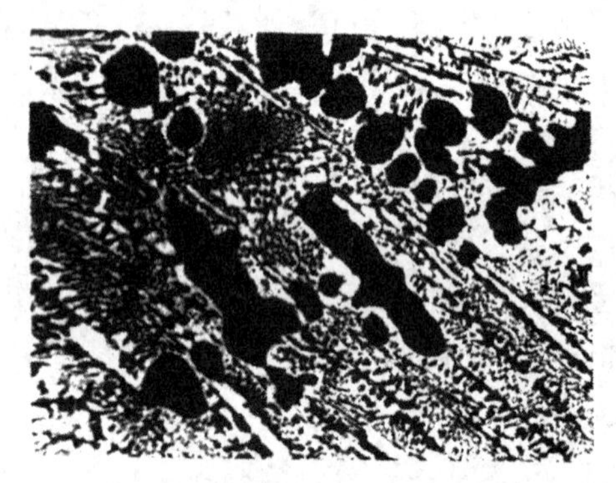

图8.73 亚共晶白口铸铁室温显微组织(大块黑色斑状部分为珠光体P，其余为室温莱氏体)(引自蔡珣，2010)

(7) 过共晶白口铸铁。组成处于相图中C、F之间的系统，$4.30\%<w_C<6.69\%$。这类系统在降温到CD线时，结晶出初晶Fe_3C(一次渗碳体$Fe_3C_{Ⅰ}$)。$Fe_3C_{Ⅰ}$具有非金属性质，其外形往往较规则、界面较光滑。

温度降到1 148℃时，液相发生共晶反应而析出共晶γ相和$Fe_3C_{Ⅱ}$。同样，这些共晶产物会围绕在初晶$Fe_3C_{Ⅰ}$相周围。温度低于1 148℃时，共晶部分成为高温莱氏体L_d。在727℃以下，高温莱氏体L_d转变为低温莱氏体L_d'，故过共晶白口铸铁的室温组织为$Fe_3C_{Ⅰ}+L_d'$，如图8.74所示。

以上各系统在不同温度下的平衡组织，如图8.75所示。

Fe-Fe_3C相图中的共晶、共析变化与我们在前面介绍的一般共晶系统有相类似的凝固结晶过程。请读者结合前述内容来理解Fe-Fe_3C系统中的共晶、共析变化及组织形貌。有关Fe-Fe_3C相图中的组织变化，我们将在下一章固态相变中做进一步介绍。

图 8.74 过共晶白口铸铁室温显微组织（白色条状物为 Fe_3C_I，其余为室温莱氏体）（引自王昆林，2003）

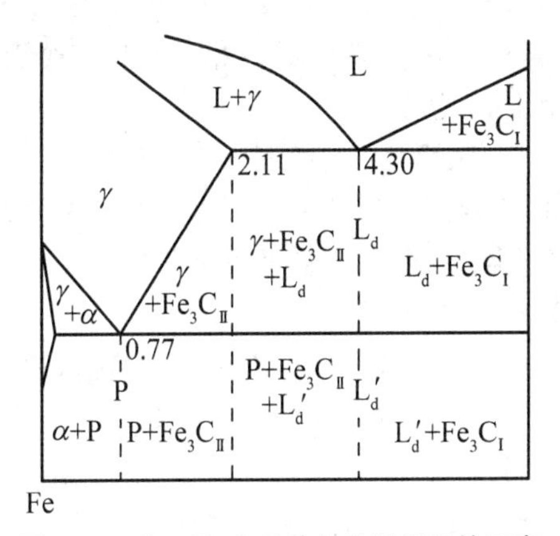

图 8.75 Fe－Fe_3C 系统各分区组织的示意图（引自蔡珣，2010）

至此，我们用了较大的篇幅介绍了单元和二元系统的相图，尤其是二元相图。但在材料的制备和配方中，往往不只是二元系统，还要引入三元、四元以上的组元。在二元以上的多元相图中，三元以上的相图非常复杂。人们常固定三元以上系统中的一个或多个组元，而将其当作伪三元系统来处理。因而，三元相图用得最多。尽管三元相图比较复杂，但它与二元相图仍有密切的联系。掌握二元相图有利于我们对三元相图的理解。

8.5 三元相图

8.5.1 三元相图的表示

三元系统含有三种或三种以上化学成分，其独立组分数 $C=3$。只考虑温度、压力两个外因时，系统的自由度 $F=5-P$。对凝聚系统而言，压力的影响可忽略，则 $F=4-P$。这时，三元系统的最大自由度数为 3，即温度和任意两个组元的组成。在此情况下，若要用图形完整地表示三元系统，则需要四个坐标分别表示温度、三组元的组成。这在平面上是无法清楚表示的，故忽略压力影响的三元相图是一立体图形。

1. 立体相图

图 8.76 为三元相图的立体示意图。这是一个三棱柱体。三棱柱的任意一面为一个二元系统，故三元相图实为三个二元相图的组合。A、B 和 C 点为纯组成点。三条竖直的棱表示温度。T_A、T_B和T_C分别是纯 A、B 和 C 的熔点。$aE_1bE_2cE_3$之间的曲面为液相面。图 8.76 共有三个液相面：aE_1E_3、bE_1E_2、cE_2E_3。液相面以上为液相单相区。液相面处两相共存。每两个液相

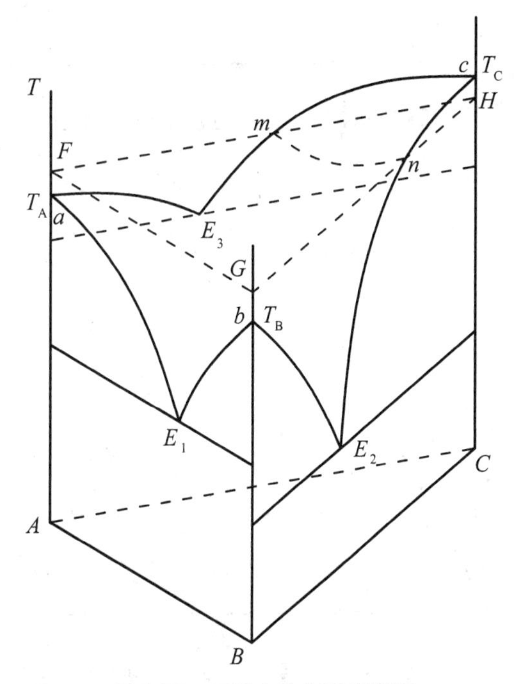

图 8.76 三元立体相图示意图

面有一公共界线。界线处三相共存。三个液相面有一公共点，此点处四相共存，$F=0$（图8.76未表示出界线和公共点）。

由上述可见，三元相图与二元相图有一定联系，但比二元相图复杂。实际的三元相图往往比图8.76所示的还要复杂得多，故人们通常对其做一些简化以便进行分析。这种简化相图主要有垂直截面图、水平截面图和投影状态图。本书重点介绍投影状态图。

2. 水平截面图

在三元立体相图中，用平行于底面的平面切割相图所得的截面图称为水平截面图。由于该截面图垂直于温度轴，故截面图上的任一点有相同的温度，因而水平截面图也叫等温截面图。在图8.76中，用平行于底面 ABC 的平面 FGH 切割相图，可得如图8.77所示的等温截面图。平面 FGH 切割液相面 cE_2E_3 后产生 mn 线。在不同温度进行切割，我们可获得许多等温截面图。据此可了解系统在不同温度下的状态。

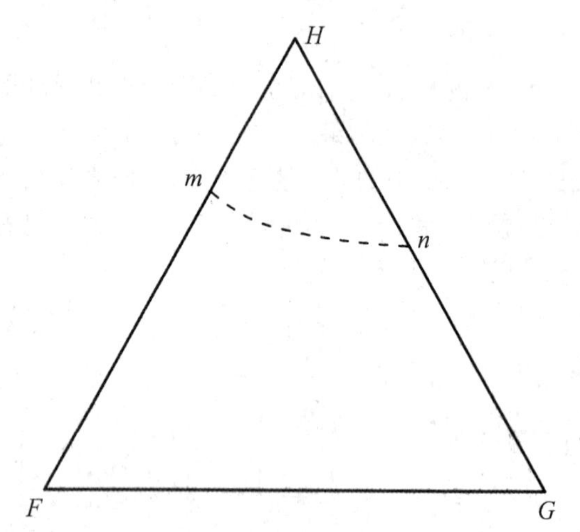

图8.77 三元相图等温截面示意图

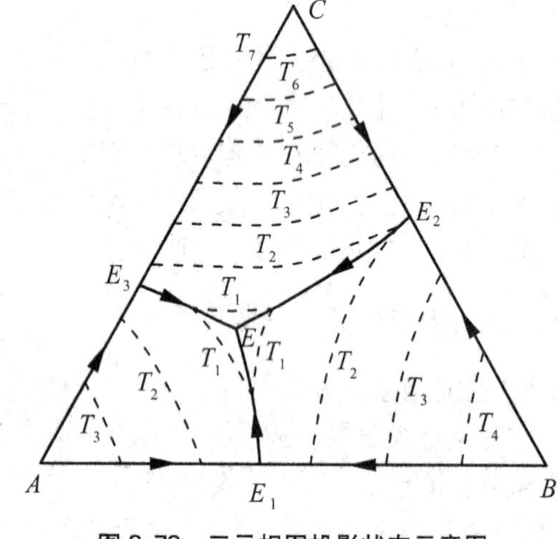

图8.78 三元相图投影状态示意图

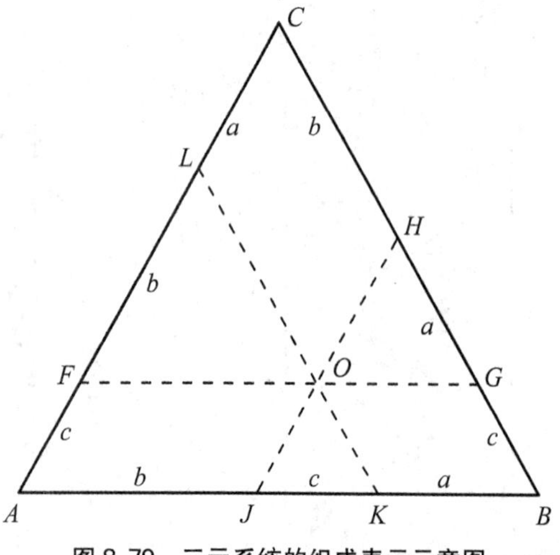

图8.79 三元系统的组成表示示意图

3. 投影状态图

将三元立体相图中的液相面、液相面间的界线及液相面的公共点投影到底面上而获得的状态图称为投影状态图。图8.78为图8.76的投影状态图。液相面 aE_1E_3 的投影为 AE_1EE_3 区；液相面 bE_1E_2 的投影为 BE_1EE_2 区；液相面 cE_2E_3 的投影为 CE_2EE_3 区。EE_1、EE_2、EE_3 分别是液相面两两相交产生的界线。E 点为三个液相面的公共点。

为了在投影状态图中表示出液相面上的温度，人们常用一系列水平截面去切割相图（这与获得等温截面相图的方法相同），从而获得水平截面与液相面的交界线。然后，将这些交界线投影到底面。图8.78中的虚线即是这些交界线的投影。在投影状态图中，这些虚线称为等温线。液相面比较平缓，则其投影所得的等温线比较稀疏；反之则较密。因此，根据图 8.78 中的等温线稀疏程度，我们可知图 8.76 中的液相面 cE_2E_3 较陡，液相面 aE_1E_3、bE_1E_2 较平缓。

图 8.78 中的箭头示意了界线上温度降低的方向。因此，图中几个温度的高低情况如下：$T_C > T_7 > T_6 > T_5 > T_B > T_4 > T_A > T_3 > T_2 > T_1$。为了使图清楚，我们在下文的许多示意图中未表示出这些等温线。要分析三元相图，除了要了解以上三元相图的基本情况，还需了解三元系统的组成。

4. 三元系统的组成表示

用来表示三元系统组成的图称为浓度三角形，如图 8.79 所示。它实际为三元立体相图的三个侧面投影于底面而形成的一个三角形。这种三角形为正三角形，其每条边都被均分为 100 等份。其中的每一等份可以是质量分数，也可以是原子分数或摩尔分数(为方便起见，未加说明时，下文皆用质量分数表示)。浓度三角形中，三个顶点分别表示纯组元。若系统组成在浓度三角形的一条边上，则系统转为二元系统，其组成表示与 8.4 节介绍的二元系统一致。

系统组成在浓度三角形内部，则系统含有顶点 A、B、C 三种成分。以图 8.79 中的 O 点为例。过 O 点作 AB 边的平行线，分别交 AC、BC 于 F、G。顶点 C 的质量分数为平行线在 AC 或 BC 边上的截距 AF 或 BG。同理，过 O 点分别作 BC 和 AC 边的平行线 KL、HJ。顶点 A 的质量分数为 BK、顶点 B 的质量分数为 AJ。作完三条边的平行线后，在任一条边上都可获得组分 A、B、C 的质量分数。这可用简单的几何知识证明。图中 a、b、c 分别是组分 A、B、C 的质量分数。

8.5.2 浓度三角形规则

虽然三元相图比较复杂，但它与单元、二元相图一样也是有规律可循的。掌握下面一些规则有利于对三元相图进行分析。

1. 等质量分数(或摩尔分数、原子分数)规则

在浓度三角形中，平行于三角形一条边的直线上的所有系统组成点，其对面顶点组元的质量分数相等。如图 8.80(a)所示，设 HK 平行于 AB，则 HK 上所有状态点的 C 质量分数相等。以该直线上的任意两点 M、N 为例来做一简单证明。

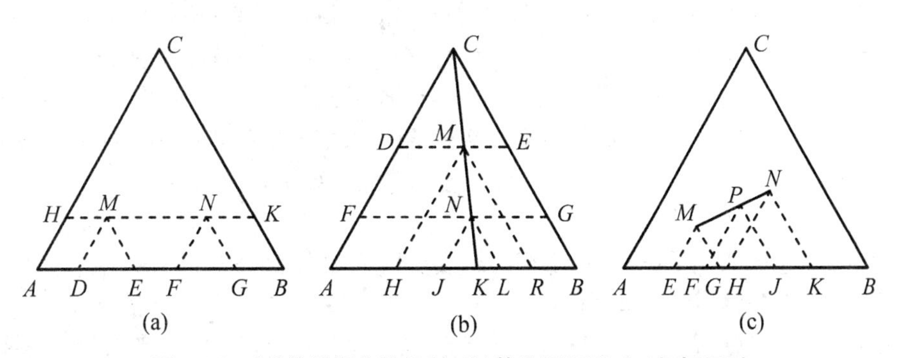

图 8.80 (a)等质量分数规则；(b)等比例规则；(c)杠杆规则

根据图 8.79 获得浓度三角形中任意一点组成的表示方法，分别过 M、N 点作 AC、BC 边的平行线 DM、EM、FN、GN。M 点系统中，C 的质量分数为 DE 段；N 点系统中，C 的质量分数为 FG 段。可以证明$\triangle DEM$ 和$\triangle FGN$ 不仅全等且都是正三角形，所以 $DE=FG$，即任意 M、N 点系统，它们对应 C 的质量分数相等。

2. 等比例规则

从浓度三角形顶点向对边作射线，射线上所有系统组成点含有对边两个组分的质量分数之比恒定。如图 8.80(b)所示，从 C 向对边 AB 作任一射线 CK，则 CK 上所有系统组成点含有 A、B 的质量分数之比恒定。

以射线 CK 上的任意两点 M、N 为例。为获得 M 点的组成，过 M 点作 AB、BC 和 CA 的平行线 DE、MR、MH；过 N 点作 AB、BC 和 CA 的平行线 FG、NL、NJ。M 点系统中，A、B 的质量分数分别为 BR、AH，质量分数之比为 BR/AH。因 $BRME$ 和 $AHMD$ 是平行四边形，故 $BR=ME$, $AH=DM$，所以 M 点系统中，A、B 的质量分数之比为 ME/DM。同理，N 点系统中，A、B 的质量分数之比为 NG/FN。

因为 $\triangle CDM \backsim \triangle CAK$，所以 $DM/AK = CM/CK$。又因为 $\triangle CME \backsim \triangle CKB$，所以 $CM/CK = ME/BK$。由以上两个等式得 $DM/AK = ME/BK$，变形后得 $ME/DM = BK/AK$。同理，对 N 点系统，也有 A、B 的质量分数之比 $NG/FN=BK/AK$，故射线上任意的 M、N 点含对边 A、B 的质量分数之比相等。

3. 背向性规则

在浓度三角形中，一个三元系统的组成点与某个顶点相距越远，则该系统含有越少的顶点组元。图 8.80(b)中的 M、N 点，其中 N 点与顶点 C 的距离大于 M 与 C 的距离。因此，N 点系统中 C 的质量分数比 M 点系统小。当组成点达到 AB 边上时，系统不含 C 组分。

4. 杠杆规则

与二元相图一样，杠杆规则在三元系统中也非常重要。这个规则有两层含义：一是在三元系统内，由两个相(或混合物)组成一个新相(或新混合物)时，新相(或新混合物)的组成点必在原来两相(或混合物)组成点的连线上。如图 8.80(c)所示，M、N 点系统组成一个新系统 P，P 点必在 MN 线上，且 M、N 在 P 点两侧。反之，P 点系统由一相分解为两相时，这两相的组成点 M、N 必分布在 P 点两侧，且这三点也在同一直线上。有些文献称这为直线规则。

杠杆规则的另一层含义与二元系统相同。图 8.80(c)中，M、N 点系统组成一个新系统 P。设 M、N 点系统的质量分别是 m、n。过 M、N、P 点作 AC、BC 边的平行线，获得各点组成。以 A 组元做质量衡算。M 系统中 A 的质量分数为 BG。N 系统中 A 的质量分数为 BK。P 系统中 A 的质量分数为 BJ。M、N 两个系统中 A 的质量之和等于 P 系统中 A 的质量，所以 $mBG + nBK = (m+n)BJ$。整理后得 $m/n = JK/GJ$。

又因为 $MG \parallel PJ \parallel NK$，$MN$、$GK$ 是这三条平行线的截线。根据平行线分线段成比例定理，$JK/GJ = PN/MP$，故 $m/n = PN/MP$。这与二元系统中式(8-14)一致。

5. 重心规则

三元系统在达成四相平衡时，这四相的组成点位置可能存在三种关系。

(1) 重心位置，如图 8.81(a)所示。设 M、N、Q 三相合成新相 P。根据杠杆规则，N、Q 系统组成的 S 点在 NQ 线上，简写为 N+Q＝S。同样，根据杠杆规则，S 点与 M 点系统合成新系统 P，则 S+M＝P。因此，P 的组成点必在 $\triangle MNQ$ 内。上述过程可简写为 M+N+Q＝P (读者需注意，此处的重心位仅表示新相 P 处于 $\triangle MNQ$ 内，而不是 P 点一定是在 $\triangle MNQ$ 的几何重心位)。

(2) 交叉位置，如图 8.81(b)所示。新相 P 的组成点在三角形的一条边 NQ 外侧，且在另两条边(MQ、MN)的延长线所夹范围内。连接 MP 交 NQ 于 S。由杠杆规则 N＋Q＝S、M＋P＝S。整理后有 P＝N+Q−M，此式表明 N、Q 两相要回吸 M 相才能获得新相 P，即要发生转熔过程。

(3) 共轭位置，如图 8.81(c)所示。新相 P 的组成点在三角形的一个顶点 Q 外侧，且在形成此顶点的两条边(MQ、NQ)的延长线所夹范围内。连接 P、Q 并延长与 MN 交于 S，同样有 P+S=Q、M+N=S，整理得 P+M+N=Q，此式表明，P、M、N 三相可合成 Q 相。实际上，Q 点在△MNP 重心位。P+M+N=Q 还可整理为 P=Q−M−N，这表明 Q 相要回吸 M、N 相才能获得新相 P，即要发生转熔过程，而且要转熔(或回吸)两相。

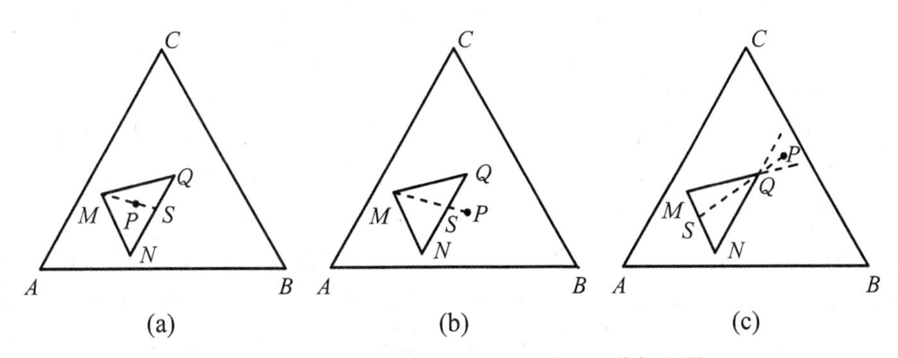

图 8.81 (a)重心位置；(b)交叉位置；(c)共轭位置

以上这些规则在三元系统中适用于任意三角形，如图 8.81 中△MNQ 属任意三角形。我们将在下文陆续介绍这些规则在三元相图中的应用。

8.5.3 具有低共熔点的简单系统

这种系统与具有低共熔点的简单二元系统类似。系统处于液态时，组元可以任意比例互溶；在降温过程中，组元的晶相各自从液相中结晶，而且在固态时完全不互溶、不形成固溶体；组元间不发生化学变化。在这种三元立体相图中，三棱柱的每一面都是一个具有低共熔点的简单二元系统，如图 8.82(a)所示。这类相图也是分析其他三元相图的基础。因此，我们首先着重介绍这类相图的分析方法。

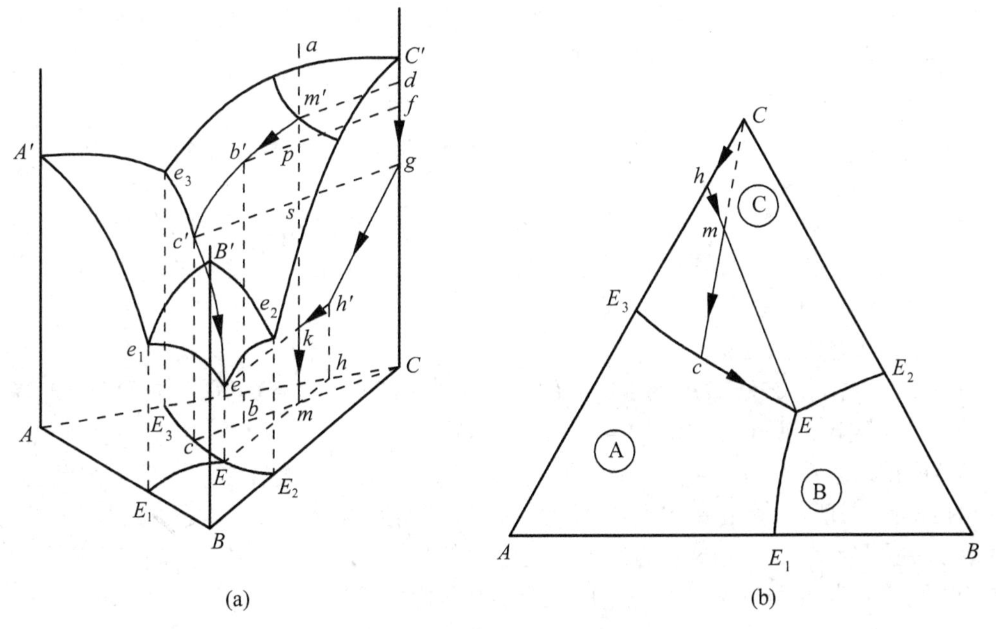

图 8.82 简单三元共晶相图

(a)立体图；(b)投影图

图 8.82(a)中，e_1、e_2、e_3分别是 A-B、B-C、C-A 三个二元系统的低共熔点(共晶点)，且分别在三棱柱的三个侧面。e 为三元系统的低共熔点(共晶点)。这四个共晶点在底面的投影分别是 E_1、E_2、E_3、E，如图 8.82(b)所示。ee_1、ee_2、ee_3为共晶线，它们是每两个液相面的交界线。这三条共晶线的投影分别为 EE_1、EE_2、EE_3。

1. 平衡结晶过程

(1) 立体图中的过程

我们以立体图中的 m 组成点为例来说明凝固结晶过程及其获得的组织。把 m 组成点的系统升温至状态点 a(完全熔融)。与二元系统一样，系统在降温、升温过程中，总的系统组成不变，也即 m 点系统的组成点在降、升温过程中始终在 ma 线上。ma 垂直于底面。

在 a 点，系统处于液相单相区。系统从 a 点降温到液相面上的 m'点时，由于 C 晶体在液相面 $C'e_3ee_2$上达到饱和，故液相在 m'点开始析出晶体 C(L→C)。此时，固相组成对应在 CC'线上的 d 点。

温度下降时，液相组成仍在 C 的液相面 $C'e_3ee_2$上，故从液相中析出的晶体仍只有 C。而液相中 A、B 组元的比例却不会发生变化。根据等比例规则，液相组成在液相面上随温度下降的路线 $m'c'$在底面的投影必为 mc，而且 cm 的延长线必交于 C 组元的组成点上。在投影图中，液相组成从 m 向 c 移动。由杠杆规则，液相在从 m'向 c'移动的每一时刻，晶相 C、液相组成点和系统的总组成点必在一条平行于底面的直线上，如 $b'pf$。这些直线的投影都在 mc 线上。而系统的总组成点始终都在 $mm'a$ 线上。因此，平行于底面的直线都在垂直于底面的平面 $m'b'c'cmCd$ 上。当液相组成点到达 c'点时，固相组成到达 CC'线上的 g 点。

因 c'在 A、C 液相面的交界线上，液相在此有共晶反应 L ⟶ A+C。A 晶相的出现导致固相中含有 A、C 两个晶相。因此，固相组成点将离开 C 而在 A、C 二元系统的面上移动。同时，随着温度下降，液相点沿界线从 c'向 e 点移动，且不断发生共晶反应 L ⟶ A+C。液相组成点在从 c'向 e 点移动的过程中，液相、固相组成点和系统总组成点仍是每时每刻都在平行于底面的一条直线上。其中每一条直线与系统总组成点所在直线 $mm'a$ 构成垂直于底面的平面。温度下降时，这些垂直于底面的平面以 $mm'a$ 为轴旋转。当液相从 c'向 e 点移动时，固相在 $A'ACC'$面上从 g 向 h'点移动。$c'e$ 的投影为 cE；$A'ACC'$面上的 gh'线在底面的投影为 Ch 段。

液相组成到达共晶点 e 时，四相达成平衡(A、B、C 和液相)，$F=0$。共晶反应为 L ⟶ A+C+B。由于 B 晶相的出现，固相组成离开 $A'ACC'$面，而向系统组成线 $mm'a$ 上的 k 点移动。在此过程中，温度不变，ekh'为一条平行于底面的直线。当液相消失时，固相到达 k 点。$h'k$ 的投影为 hm 段，结晶结束。

综上所述，在立体图中，液相组成点的路线为 $am'c'e$；固相路线为 $dgh'k$(如图中箭头所示)。由此可见，立体三元相图的分析比较复杂。但由于三元相图的结晶过程与投影图有对应关系，故人们常常分析三元相图的投影图。

(2) 投影状态图中的过程

图 8.82 中，图 8.82(b)为图 8.82(a)的投影。投影图有三个大的区域，它们是液相面的投影区。系统组成点在哪个区域，则首先析出的初晶为这个区域的顶点所对应的晶相。图 8.82(b)中，AE_1EE_3为 A 的初晶区，常用圆圈内标 A 表示。系统组成点在这个区域内，则首先析出 A 的初晶。同理，系统组成点在 B、C 初晶区，则首先析出 B、C 的初晶。E_1E、E_2E、E_3E为液相面的交界线。液相在这些界线上要发生共晶反应，析出界线两侧的晶相。E 点为三元共晶点，在此，液相要同时析出 E 点周围三个初晶区内的晶相。

对图8.82中的m点系统，它的组成点在C的初晶区内。因此，液相首先析出C晶相。液相从m点开始，固相从C点开始。温度下降，液相从m开始沿Cm的延长线离开m点(满足等比例规则)。在此过程中，C不断从液相中析出，$L \to C$，$F=2$。

当液相到达界线上的c点时，因c在A、C界线上，故发生共晶反应$L \longrightarrow C+A$，$F=1$。液相组成从c向E移动过程中，因A的出现，固相组成只能在AC线上，且从C向A方向移动。当液相组成到达E点时，固相到达h点。由杠杆规则，液相点、固相点和系统组成点m始终在一条直线上。这好像系统组成点m处有一颗钉子把杆钉住，而形成以m为支点的杠杆。该杠杆的两端分别是液相和固相组成点。液相组成点向温度低的共晶点移动时，杆的另一端固相点也跟着移动。

液相组成在E点发生三元共晶反应，四相平衡$L \longrightarrow A+C+B$，$F=0$。液相在此消失，结晶结束。以上过程，在投影图中的变化路径用下式表示为

液相：

$$m \xrightarrow{L \to C} c \xrightarrow{L \to C+A} E \xrightarrow{L \to C+A+B} E(\text{L 消失})$$

固相：为与液相过程一一对应，我们也列出三个过程：

$$C \xrightarrow{C} C \xrightarrow{C+A} h \xrightarrow{C+A+B} m$$

2. 各相量(质量分数、摩尔分数和原子分数)的计算

还是以图8.82中m点系统为例。温度在$T_d \sim T_g$段时，各相量的计算只能在立体相图中进行。如图8.82(a)所示，当液相到达b'时，液相的质量分数为$pf/b'f$，固相(只有晶相C)的质量分数为$b'p/b'f$。液相刚到达c'时，液相的质量分数为$sg/c'g$，固相(只有晶相C)的质量分数为$c's/c'g$。此时及以后的计算，我们可在投影状态图中进行。

当液相刚到达c'时，在图8.82(b)中，液相在c点，其质量分数为mC/Cc，固相的质量分数为mc/Cc。对于液相刚到达c'时，在立体图中的计算值和在投影图中的计算值是相等的，即液相质量分数$sg/c'g = mC/Cc$、固相质量分数$c's/c'g = mc/Cc$。

液相刚到达E点，B还未析出时，液相的质量分数为hm/hE，固相的质量分数为mE/hE。而固相中还含有A、C。此时，固相组成点在h点。由此可知，固相中，A的质量分数为hC/AC。若以AC段为1，则液相刚到达E点时，整个系统中A的质量分数为$(mE/hE)hC$，C的质量分数为$(mE/hE)Ah$。

3. 平衡组织

m点的系统在凝固结晶时，首先析出初晶C。在E_3E界线上，通过共晶反应，C、A晶相从液相中析出。在E点，A、B、C晶相通过共晶反应而析出。因此，m点的系统在共晶点温度以下的平衡组织为初晶C、共晶C+A及共晶C+A+B。其共晶原理、共晶组织的形貌与二元共晶相似。

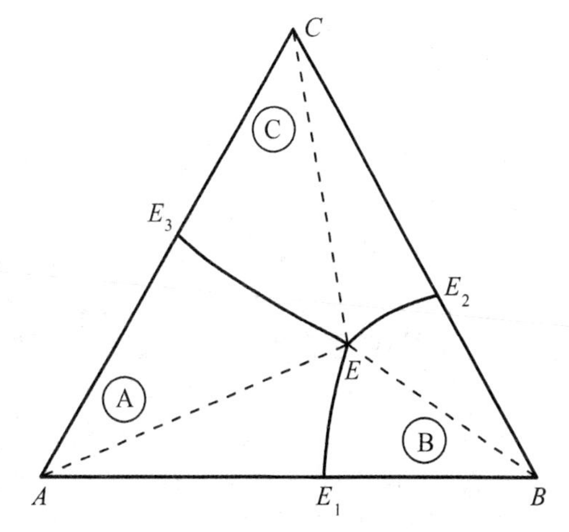

图8.83 投影示意图中的组织区

我们还可将这类相图分成不同的组织区。图8.83中，我们分别将A、B、C三个组成点与共晶点E相连接，如图中虚线所示。实线围成的三块区

域AE_1EE_3、BE_1EE_2、CE_2EE_3分别是A、B、C的初晶区。在同一初晶区内，不同位置的系统组成点，其室温平衡组织有所不同：AE_1E区为初晶A、共晶A+B、共晶A+B+C；AE_3E区为初晶A、共晶A+C、共晶A+B+C。BE_1E、BE_2E、CE_2E和CE_3E区的组织，请读者自行分析。

系统组成点在界线上的不同组织：AE线上为初晶A、共晶A+B+C；E_1E线上为共晶A+B、共晶A+B+C。BE、CE、E_2E和E_3E线上的组织，请读者自行分析。

8.5.4 具有一个一致熔二元化合物的系统

三元系统中的二元化合物指的是任意两个组元发生化学反应生成的化合物。由于该化合物是由两种组元形成的，故其组成点位于浓度三角形的某一条边上。图8.84中的化合物S位于AB边上，这说明S是由A、B组元形成的。这样，整个三元系统除了含有A、B、C组元以外，还有S组元。因此，相图中也相应增加了S的初晶区。

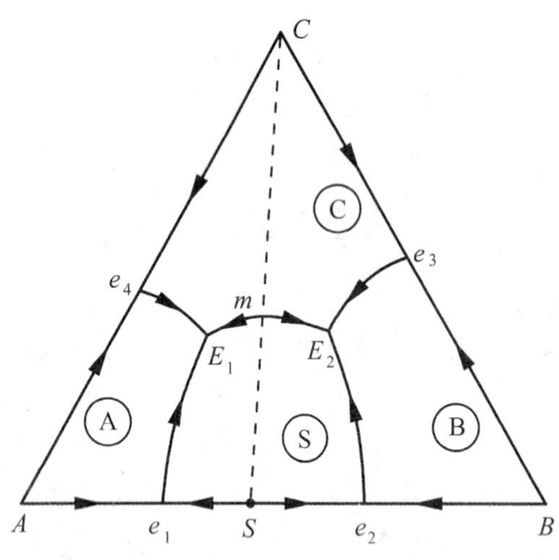

图8.84 具有一个一致熔二元化合物的三元系统液相面投影示意图

一致熔化合物（或同成分熔融化合物）的概念与二元系统中的概念相同。三元系统中，人们常根据二元化合物的组成点与其自身初晶区的位置关系来判断其是否属于一致熔化合物。比如，图8.84中的二元化合物S在其自身的初晶区$e_1E_1E_2e_2$内，故S属于一致熔二元化合物。

这类相图比前述的简单共晶相图复杂一些。如果我们采取一些措施，可将其简化成与简单共晶相图相类似的图。该措施是：在投影相图上划分副三角形，这是分析三元相图常用的一种方法。

1. 划分副三角形

首先我们要找出相图中的无变量点，即$F=0$的点。在三元相图的液相面投影状态图中，无变量点往往是三条界线的交点，如图8.84中的E_1、E_2。其次，每个无变量点周围有三个初晶区。我们找到这三个初晶区的晶相组成点。将这三个组成点连接起来，即构成一个副三角形。如图8.84中的E_1点，其周围是A、C、S的初晶区，我们把A、C、S的组成点连起来形成△ACS。△ACS即为一个副三角形。同理，对无变量点E_2，其周围是B、C、S的初晶区，因此△BCS也是一个副三角形。

经过以上简化后，每一个副三角形对应的相图就相当于一个简单共晶系统的相图。不过，这些副三角形不是正三角形。除此之外，其分析方法与简单共晶相图无异。因此，图8.84所示三元相图由两个简单共晶相图组成。

有读者可能有这样的疑问，这类相图有多个共晶点，那么系统在结晶时，液相在哪点结束呢？这也是划分副三角形的意义所在。每个副三角形为一个三元系统，如A-C-S、B-C-S。对A-C-S系统来说，三个液相面的公共点是E_1。因此，组成点在△ACS内的系统，结晶结束点在△ACS对应的无变量点E_1。同理，组成点在△BCS内的系统，结晶结束点在E_2。这种情形与简单共晶相图是类似的。如果组成在SC线上，则系统成为$S-C$二元系统，其共晶点在m点。因此，组成在SC线上的系统，结晶结束在m点。组成在Cm段，其组织为初晶C和共晶C+S；组成在Sm段，其组织为初晶S和共晶C+S。

总结一下划分副三角形的意义：简化相图；判断结晶结束点；判断结晶组织；判断无变量点的性质。关于无变量点性质的判断，我们将在下节介绍。

虽然副三角形的划分使我们知道了结晶结束点，但液相组成到达界线上时，它要向低温方向移动。那么，界线上哪个朝向是温度降低的方向呢？这需要连线规则的帮助。

2. 连线规则

每条界线两侧有两个初晶区。将这两个初晶区的晶相组成点连接起来。组成点的连线（或延长线）与界线（或延长线）的交点即是界线的温度最高点。

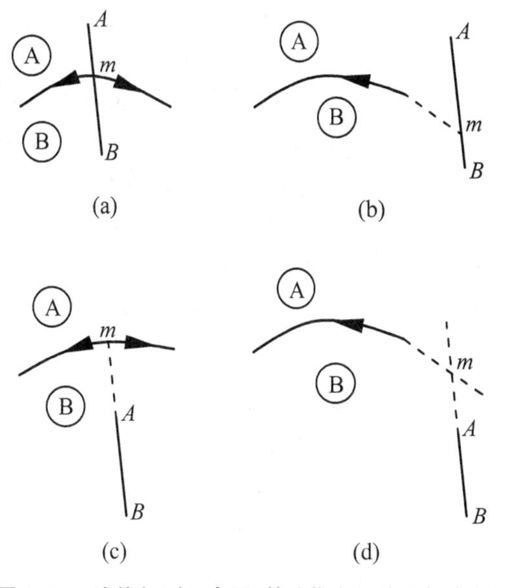

图 8.85 连线规则示意图（箭头指向温度降低方向）

图 8.85 示意了相交的几种情况。如图 8.85(a)所示，界线两侧为 A、B 的初晶区。A、B 组成点的连线 AB 与界线的交点 m 为此界线上的温度最高点。其他三种相交情况中的 m 点为相应界线上的最高温度点。当液相降温到某一界线时，液相将沿界线的温度降低方向移动，直至结晶结束点。请读者检验一下图 8.82 中 m 点系统的结晶是否如此。

8.5.5 具有一个不一致熔二元化合物的系统

三元系统中的不一致熔二元化合物（或异成分熔融化合物），其组成点不在其自身的初晶区内。如图 8.86 所示，二元化合物 S 的组成点不在 S 初晶区内。S 属于三元系统中的不一致熔二元化合物。

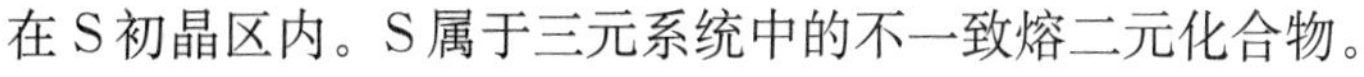

1. 无变量点性质的判断

根据划分副三角形的方法，我们可知图 8.86 所示系统有两个副三角形：$\triangle ACS$、$\triangle BCS$。由连线规则，我们可得到各界线的温度降低方向，如图 8.86 中箭头所示。根据箭头所指方向，我们发现 P 点与 E 点有所不同。有三个箭头指向 E 点，说明 E 点是三条界线（Ee_1、Ee_3、EP）的最低温度。而在 P 点处，有两个箭头指向 P，另一个离开 P，这说明 P 点是 EP 段界线的最高温度，故无变量点 P 的性质与 E 点不同。

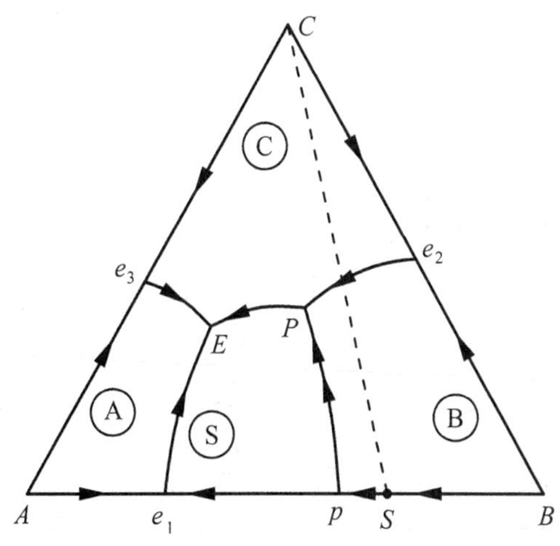

图 8.86 具有一个不一致熔二元化合物的三元系统液相面投影示意图

E 点处于其周围初晶区晶相组成点的副三角形$\triangle ACS$ 内，这相当于 E 点处于其相应副三角形的重心位[对照图 8.81(a)]。这种情形的无变量点为共晶点（低共熔点）。我们在 8.5.3 节、8.5.4 节中介绍的 E 点都属于这种情形。

无变量点 P，其对应的副三角形为$\triangle BCS$。P 不在$\triangle BCS$ 内，而是在该三角形的交叉位置[对照图 8.81(b)]。因此，液相在 P 点要发生转熔（或包晶）过程，而且转熔的是 SC 边对应顶点的组元B：L+B⟶S+C。这就是我们在前面提到的划分副三角形可判断无变量点性质的原因，也是三角形重心规则的一个应用。

无变量点是发生共晶转变还是包晶转变的问题已经解决。但又如何判断液相在界线上发生共晶转变还是包晶转变呢？这需要另一规则的帮助。

2. 切线规则

要判断液相在界线上是发生共晶转变还是包晶转变，我们需要将界线上的各点作切线。若切线与该点界线两侧初晶区晶相组成点的连线相交，则液相在该点发生共晶反应。若切线与晶相组成点的延长线相交，则液相在该点发生包晶反应。

如图 8.87 所示，设有一界线 Pp，其两侧为 A、B 组元的初晶区。A、B 组成点的连线为 AB 线。Pp 界线上，F 点的切线与 AB 线恰好交于 B 点。Fp 段上所有点的切线相交于 AB 线内(如图 8.87 中的 G 点，其切线与 AB 交于 M)，故液相在 Fp 段发生共晶反应。而在 Pp 界线的 PF 段，其上各点的切线相交于 AB 的延长线上(如图 8.87 中的 H 点，其切线与 AB 交于 N)，故液相在 PF 段发生包晶反应。

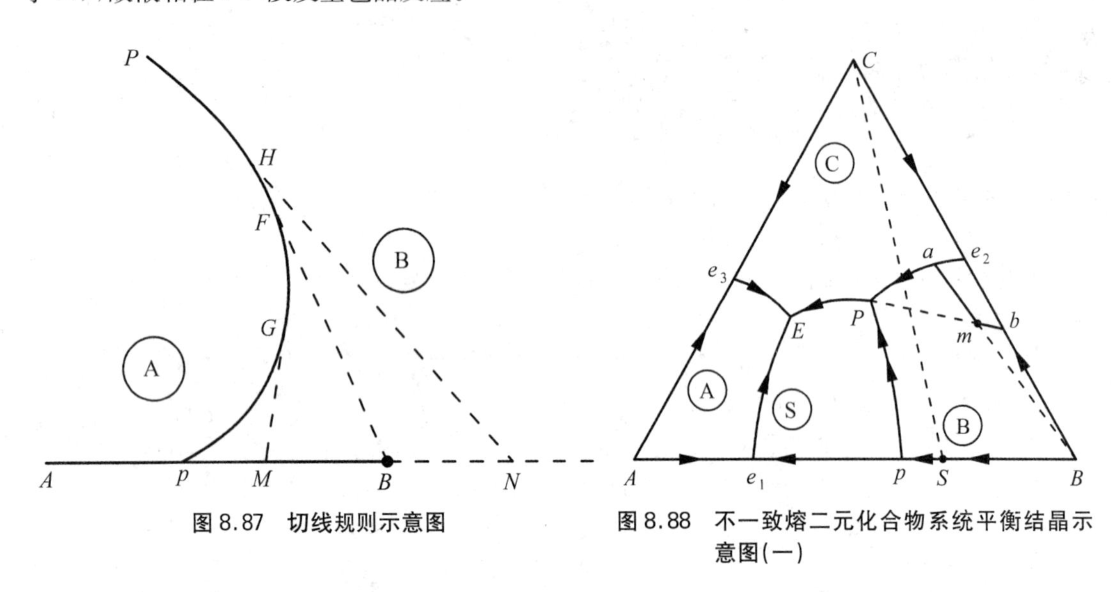

图 8.87 切线规则示意图

图 8.88 不一致熔二元化合物系统平衡结晶示意图(一)

图 8.86 中的界线 Pp，其上各点的切线均相交于 BS 的延长线上。因此，液相在 Pp 线上发生包晶反应，故用双箭头表示以区别于共晶线。液相在图 8.86 中其余界线上均发生共晶反应。这种方法也适用于图 8.82 和图 8.84 中界线性质的判断。

有了以上这些规则作铺垫，下面我们分析具有不一致熔二元化合物系统的凝固结晶过程。

3. 平衡结晶过程

我们选取其中三个处于典型位置的系统组成做讨论。

(1) 图 8.88 中的 m 点系统

首先划分副三角形。该相图有两个副三角形△ACS、△BCS。其次判断界线温度降低方向，如图 8.88 中箭头所示。由此，我们可以判断相图中的无变量点性质：E 为共晶点、P 为包晶点(或转熔点)。

m 点处于 B 的初晶区，因此液相在结晶时首先析出 B 晶相。连接 Bm，液相沿 Bm 的延长线向界线 Pe_2 移动。在此过程中，B 晶相不断从液相中析出、长大而成为初晶 B。

根据切线规则，我们可知液相在界线 Pe_2 上发生共晶反应。因此，当液相达到界线 Pe_2 上的 a 点时，液相开始发生共晶反应 L ⟶ B+C，并且朝 Pe_2 界线的低温方向 P 点移动。同时，由于固相出现 C 组分，故固相组成在 BC 线上向 C 点移动。当液相到达 P 点时，固相到达 b 点。因 P 点属于转熔点，故液相在 P 点发生转熔过程，而且转熔的是副三角形 BCS 中 CS 边对应的顶点组分 B：L + B ⟶ S + C。

此外，m 点在副三角形 BCS 内，故它的结晶结束点在△BCS 对应的无变量点 P 处。结晶结束时，B 晶相未转熔完。以上结晶路径为

液相：

$$m \xrightarrow{L \to B} a \xrightarrow{L \to B+C} P \xrightarrow{L+B \to C+S} P(\text{L 消失})$$

固相：为与液相过程一一对应，我们也列出三个过程：

$$B \xrightarrow{B} B \xrightarrow{B+C} b \xrightarrow{B+C+S} m$$

因此，该系统的室温平衡组织为初晶 B、共晶 B+C，以及 C 和 S 包围的包晶组织。包晶组织以 B(尤其是初晶 B)为包芯。

(2) 图 8.89 中的 m 组成

图 8.89 中的副三角形、界线温度降低方向如图 8.89 所示。无变量点 E 为共晶点、P 为包晶点。

m 点仍处于 B 的初晶区。连接 Bm，液相沿 Bm 的延长线向界线 Pe_2 移动。同样，在此过程中，B 晶相不断从液相中析出、长大而成为初晶 B。当液相达到界线 Pe_2 上的 a 点时，液相发生共晶反应 L ⟶ B+C。固相组成在 BC 线上向 C 移动。液相到达 P 点，固相达到 b 点。液相开始发生转熔过程 L + B ⟶ S + C，B 的量逐渐减少，固相从 b 向 d 移动。当 B 转熔完后，液相并未消失，而固相组成达到 CS 线上的 d 点。在 CS 线上，组成只有 C、S。这导致 m 点系统的结晶结束不在 P 点。

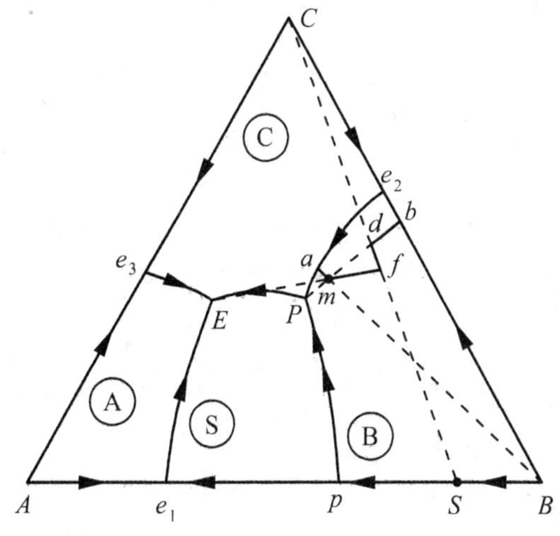

图 8.89 不一致熔二元化合物系统平衡结晶示意图(二)

根据副三角形规则，我们知道 m 点在副三角形 ACS 内，故其结晶结束点在△ACS 对应的无变量点 E。液相将继续沿液相界线 PE 向 E 点移动(液相在 PE 线上发生的是共晶过程)。在此过程中，固相只有 C、S，故固相组成在 CS 线上移动。当液相达到 E 点时，固相到达 CS 线上的 f 点。E 点是共晶点，液相在此发生共晶反应 L ⟶ A + S + C。固相组成从 f 到达 m 点，结晶结束。

液相：

$$m \xrightarrow{L \to B} a \xrightarrow{L \to B+C} P \xrightarrow{L+B \to C+S} P(\text{B 消失}) \xrightarrow{L \to S+C} E \xrightarrow{L \to A+S+C} E(\text{L 消失})$$

固相：

$$B \xrightarrow{B} B \xrightarrow{B+C} b \xrightarrow{B+C+S} d(\text{B 消失}) \xrightarrow{C+S} f \xrightarrow{A+C+S} m$$

该系统的室温平衡组织为共晶 C、二元共晶 S+C，三元共晶 A＋C＋S。如同我们在二元系统包晶相图和不一致熔化合物中指出的一样，初晶 B 在发生包晶转变时，其外层包晶生成物 C、S 越厚，B 发生包晶转变越难。因此，室温组织往往含有未转变完的初晶 B。

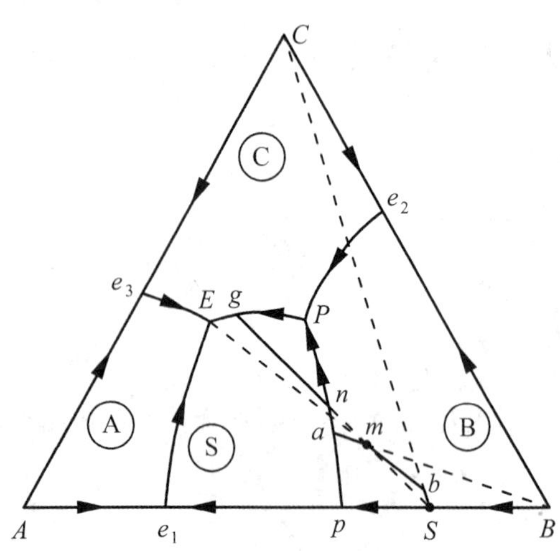

图 8.90 不一致熔二元化合物系统平衡结晶示意图(三)

(3) 图 8.90 中的 m 组成

如图 8.90 所示 m 点在 B 的初晶区。连接 Bm，液相沿 Bm 的延长线向界线 Pp 移动。与此同时，初晶 B 从液相中析出。当液相到达 Pp 上的 a 点时，液相开始发生包晶反应 L＋B⟶S(由切线规则判断)。固相组成在 BS 线上向 S 移动。液相在从 a 向 P 移动的过程中，因包晶过程，初晶 B 的量越来越少。当液相达到 Pp 线上的 n 点时，初晶 B 消失，固相组成点处于 S 点。此时，固相只有 S 晶相。整个系统只有液相和 S。因此，液相将离开界线 Pp，进入 S 的初晶区。

由于固相只有 S，因此固相组成点就在 S 点。根据杠杆规则，液相、固相和系统组成点在一条线上，所以，液相将沿 Smn 的延长线移动。当液相达到界线 PE 上的 g 点时，开始发生共晶反应析出 C：L⟶S＋C。接着，液相朝 E 点移动，固相在 SC 线上从 S 向 C 移动。当液相达到 E 点时，固相达到 CS 线上的 b 点，并且液相开始发生共晶反应 L⟶A＋S＋C，结晶结束。

液相：

$$m \xrightarrow{L\to B} a \xrightarrow{L+B\to S} n(\text{B 消失}) \xrightarrow{L\to S} g \xrightarrow{L\to S+C} E \xrightarrow{L\to A+S+C} E(\text{L 消失})$$

固相：

$$B \xrightarrow{B} B \xrightarrow{B+S} S(\text{B 消失}) \xrightarrow{S} S \xrightarrow{C+S} b \xrightarrow{A+C+S} m$$

该系统的室温平衡组织为 S、二元共晶 S＋C，三元共晶 A＋C＋S。但由于 B 的转化不完全，系统最后的组织也往往含有初晶 B，而且，初晶 B 被 S 包覆着。

图 8.90 中，m 点系统在结晶时，液相穿过 S 初晶区的现象称为越区。

以上我们介绍了具有(不)一致熔二元化合物的三元系统。通过划分副三角形等方法可将其简化，进而分析其结晶过程及获得的组织。然而不是所有具有二元化合物的系统都可划分出副三角形，比如具有低温稳定、高温分解或低温分解、高温稳定化合物的系统就划分不出相应的副三角形。

8.5.6 具有一个低温稳定、高温分解二元化合物的系统

图 8.91 为具有一个低温稳定、高温分解二元化合物的三元系统的液相面投影状态图。界线的温度降低方向如图中箭头所示。无变量点 E 为共晶点、P 为包晶点。但根据副三角形的划分方法，我们只能找到无变量点 E、P 对应的副三角形。而无变量点 R 却无相应的副三角形。事实上，液相在 R 点进行的是化合物 S 的形成或分解过程：$A+B \xrightleftharpoons{L} S$。具有这种性质

的 R 点称为过渡点。二元化合物 S 在 R 点温度以下才能稳定存在。

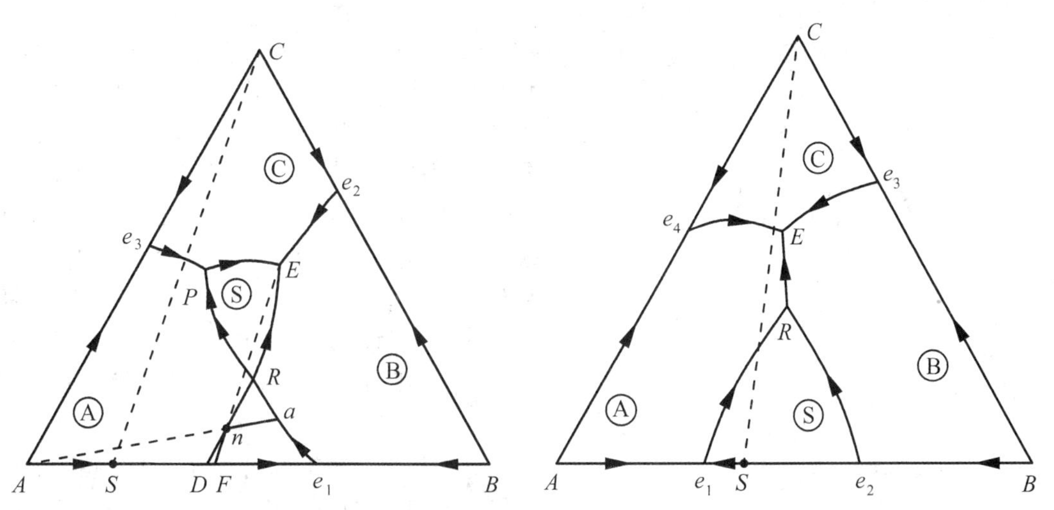

图 8.91 具有一个低温稳定、高温分解二元化合物的三元系统投影相图(引自陆佩文,1991)

图 8.92 具有一个低温分解、高温稳定二元化合物的三元系统投影相图(引自宋晓岚,2006)

我们看看其中一个组成点 n 的结晶过程。n 点在 A 的初晶区,首先从液相中析出的是 A 晶相。而且,此点系统在△BCS 内,故其结晶结束点在无变量点 E 处。同前面几个例子一样,我们连接 An。液相沿 An 延长线 na 移动。在此过程中,初晶 A 不断析出、长大。当液相到达界线 e_1R 时,从液相中共晶产生 A、B(由切线规则判断的)。接着,液相向 R 点移动,同时固相从 A 沿 AB 线向 B 方向移动。当液相达到 R 点时,早先析出的 A、B 形成 S 晶相。在此期间,固相组成一直处于 D 点(D、n、R 处于一条直线上)。当 A 消失时,液相沿界线 RE 向 E 移动。液相达到 E 点时,固相组成从 D 达到 F(F、n、E 在一条直线上)。液相在 E 点发生共晶反应而析出 C、B、S,结晶结束,固相组成到达系统组成点 n。

液相:

$$n \xrightarrow{\mathrm{L \to A}} a \xrightarrow{\mathrm{L \to A+B}} R \xrightarrow{\mathrm{A+B \overset{L}{\rightleftharpoons} S}} R(\text{A 消失}) \xrightarrow{\mathrm{L \to B+S}} E \xrightarrow{\mathrm{L \to B+S+C}} E(\text{L 消失})$$

固相:

$$A \xrightarrow{\mathrm{A}} A \xrightarrow{\mathrm{B+S}} D \xrightarrow{\mathrm{A+B+S}} D(\text{A 消失}) \xrightarrow{\mathrm{B+S}} F \xrightarrow{\mathrm{B+S+C}} n$$

该系统的室温平衡组织为 S、二元共晶 B+S 及三元共晶 B+S+C。同样,A 的转化可能不完全,系统最后的组织也往往含有初晶 A,而且初晶 A 也被 S 包覆着。

8.5.7 具有一个低温分解、高温稳定二元化合物的系统

图 8.92 为具有一个低温分解、高温稳定二元化合物的三元系统投影状态图。其中的二元化合物 S 在 R 点温度以上才能稳定存在,而且无变量点 R 也无相应的副三角形。液相在 R 点也进行化合物 S 的分解或形成过程:$\mathrm{S \overset{L}{\rightleftharpoons} A+B}$,$R$ 点也是过渡点。该相图的结晶过程,请读者自行分析。

由以上两个系统的相图,可得出判断过渡点的方法:若一无变量点周围三个初晶区对应的晶相组成点在一条直线上,则该无变量点为过渡点,而且,它没有对应的副三角形。下面我

们学习具有三元化合物的三元相图。

8.5.8 具有一个一致熔三元化合物的系统

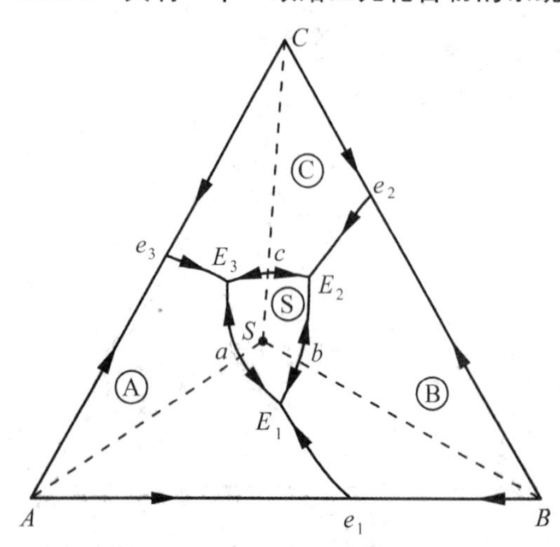

图 8.93 具有一个一致熔三元化合物的三元系统投影相图(引自陆佩文,1991)

三元系统中的三元化合物指的是由三个组元发生化学反应生成的化合物。因而该类化合物的组成点处于浓度三角形内部，而非边上，如图 8.93 中的化合物 S。至于三元化合物 S 是否属于一致熔(或同成分熔融)三元化合物，我们可根据 S 的组成点是否处于其自身的初晶区内来判断。这与前面二元化合物的判断方法一样。图 8.93 中，化合物 S 的组成点处于其自身的初晶区内，故其属于一致熔(或同成分熔融)三元化合物。

这类相图的分析方法与前面几类相图类似。首先划分副三角形、用连线规则确定界线温度的降低方向、无变量点的性质等。副三角形和界线温度降低方向如图 8.93 所示。界线温度的降低方向都分别指向这些无变量点(E_1、E_2、E_3)，而且无变量点都在其对应的副三角形内，故 E_1、E_2、E_3 都属于共晶点(或低共熔点)。请读者自行分析该系统内组成点的结晶过程和组织。

8.5.9 具有一个不一致熔三元化合物的系统

不一致熔三元化合物的组成点不在其自身的初晶区内，如图 8.94 中的化合物 S。下面我们讨论这类相图中不同系统点的结晶过程及组织。图 8.94 中的副三角形有△ABS、△BCS 和△ACS。界线温度的降低方向如图 8.94 中箭头所示。界线 E_1E_2 的最高温度点在 q 点(图中 q 左边界线上的箭头因空间不够未标出)。界线 PE_1 的最高温度点在 P 点、界线 PE_2 的最高温度点在 n 点。无变量点 E_1、E_2 皆为共晶点，而 P 点为包晶点(或单转熔点)。根据切线规则，我们可知：液体在界线 E_1E_2 和 PE_1 上进行的是共晶过程；而在界线 PE_2 上进行的是两种过程。PE_2 上，b 点处的切线恰好与 AS 交于 S 点。因此，bP 段各点的切线与 AS 的延长线相交，液相在这段发生转熔过程或包晶反应。而 bE_2 段各点的切线与 AS 的相交，故液相在 bE_2 段发生共熔或共晶反应。

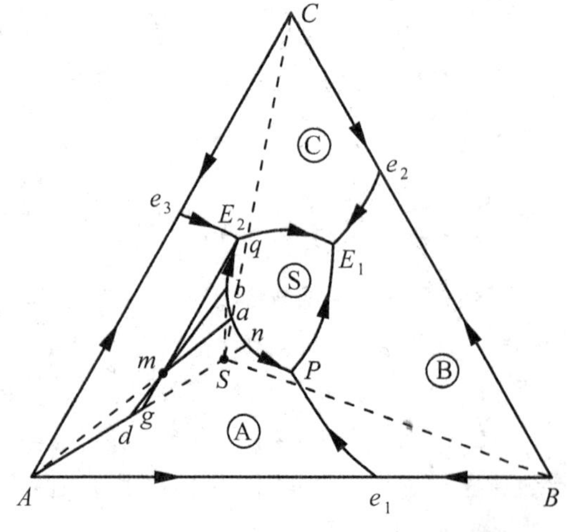

图 8.94 不一致熔三元化合物系统平衡结晶示意图(一)

1. 图 8.94 中的 m 点系统

m 点系统处于 A 的初晶区，因此它在结晶时首先析出初晶 A。液相沿 Am 延长线向界线 PE_2 移动，同时析出 A 晶相。当液相达到 PE_2 上的 a 点时，开始析出 S。由于 m 点处于副三角形△ACS 内，故其结晶结束点在△ACS 对应的无变量点E_2处，故液相在界线上朝E_2移动。固相组成点在AS线上朝S方向移动(因为此时固相只有A、S)。液相在ab段发生包晶反应L＋A⟶S。当液相达到b点时，固相到达AS线上的d点。液相降温到b点以后，发生共晶反应L⟶A＋S。当液相达到E_2点时，固相到达AS线上的g点。液相E_2点发生三元共晶反应L⟶A＋S＋C，结晶结束，固相到达m点。

液相：

$$m \xrightarrow{L\to A} a \xrightarrow{L+A\to S} b \xrightarrow{L\to A+S} E_2 \xrightarrow{L\to A+S+C} E_2(\text{L 消失})$$

固相：

$$A \xrightarrow{A} A \xrightarrow{A+S} d \xrightarrow{A+S} g \xrightarrow{A+C+S} m$$

该系统的室温平衡组织为初晶A、二元共晶A＋S及三元共晶A＋C＋S，而且还有A转熔的S包覆着部分初晶A。

2. 图8.95中的1点系统

图8.95中1点系统处于A的初晶区，因此初晶A首先析出。该系统还在副三角形ABS内，故其结晶结束点在△ABS对应的无变量点P处。P点处于其对应副三角形ABS的共轭位置，因此A、B组元在P点要发生包晶反应L＋A＋B⟶S。而且，我们根据界线温度降低方向看，有两个界线的箭头离开P点，这与图8.90和图8.94中的P点有所不同。图8.90和图8.94中的转熔点P只有一个箭头离开它，故它们属于单转熔点，而图8.95中的P点属于双转熔点。

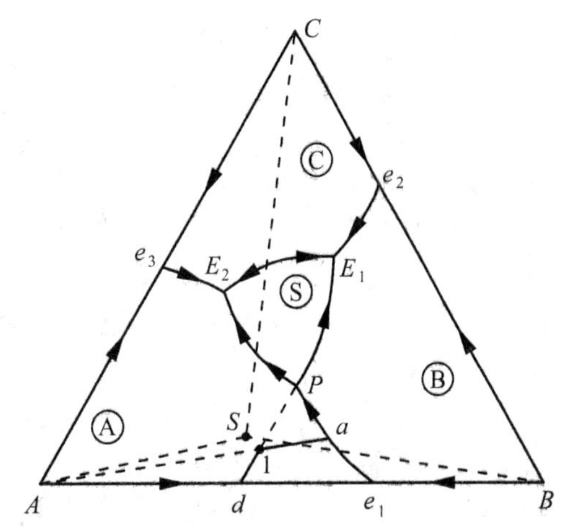

图8.95 不一致熔三元化合物系统平衡结晶示意图(二)

单转熔点也称为双升点，低共熔点也叫三升点，这是人们从系统升温角度来命名无变量点的。共晶点、包晶点、双降点(即双转熔点)是从系统降温角度来命名的。

液相：

$$1 \xrightarrow{L\to A} a \xrightarrow{L\to A+B} P \xrightarrow{L+A+B\to S} P(\text{L 消失})$$

固相：

$$A \xrightarrow{A} A \xrightarrow{A+B} d \xrightarrow{A+B+S} 1$$

该系统的室温平衡组织为初晶A、二元共晶A＋B、S包覆的A和B。

3. 图8.96中的2点系统

图8.96中2点系统仍处于A的初晶区，因此首先析出初晶A。该系统点在副三角形BSC内，故其结晶结束点在E_1。P点处于其对应副三角形ABS的共轭位置，故A、B组元在P点要发生包晶反应L＋A＋B⟶S。此图中的P点也属双转熔点，而且液相在界线ad段发生包晶反应L＋A⟶S。液相到达d点时，A晶相转化完全，此时固相只有S晶相。液相沿

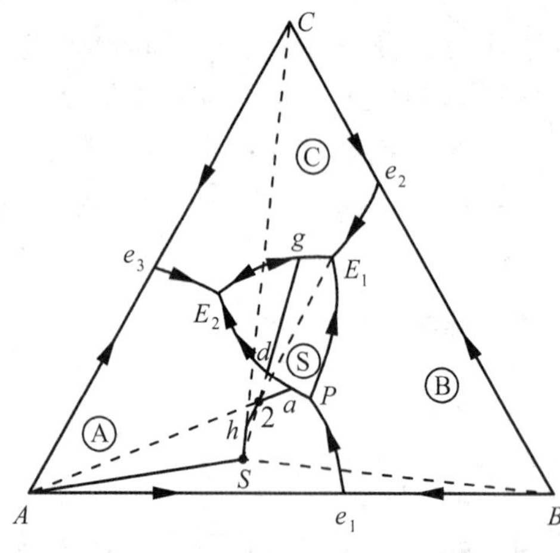

图 8.96 不一致熔三元化合物系统平衡结晶示意图(三)

Sd 线的延长线穿越 S 的初晶区(越区),直到界线 E_1E_2 上的 g 点,然后向 E_1 移动,结晶结束。

液相:

$$2 \xrightarrow{L\to A} a \xrightarrow{L+A\to S} d(\text{A 消失})$$

$$\xrightarrow{L\to S} g \xrightarrow{L\to S+C} E_1 \xrightarrow{L\to S+C+B} E_1(\text{L 消失})$$

固相:

$$A \xrightarrow{A} A \xrightarrow{A+S} S(\text{A 消失}) \xrightarrow{S} S \xrightarrow{C+S} h \xrightarrow{S+C+B} 2$$

室温平衡组织为 S、共晶 C+S、共晶 C+S+B。

至此,我们介绍了三元相图的基本类型。现在小结一下分析这几类相图的方法。

(1) 判断化合物的性质。首先找出相图中有哪些化合物,它们的组成点、初晶区。根据组成点与初晶区的位置关系判断这些化合物是属于二元还是三元化合物、一致熔还是不一致熔化合物。

(2) 划分副三角形。根据副三角形的划分方法,把复杂相图分为若干个三元系统(但并不是所有无变量点都能找到一个对应的副三角形)。

(3) 判断界线的温度下降方向及性质。用连线规则进行判断,并用箭头标出。再用切线规则判断界线上是发生共晶还是包晶过程。

(4) 无变量点性质判断。运用重心规则检查无变量点在其对应的副三角形的重心位、交叉位还是共轭位置,然后确定三元无变量点处的相平衡关系。

(5) 分析特定系统点的结晶或熔融过程。在前面几种类型的介绍中,我们着重介绍的是结晶过程,熔融过程与之相反。

(6) 计算某个温度下的液、固相质量分数。这需要利用杠杆规则。

接下来,我们介绍两种专业相图及相图在配方中的应用。

8.5.10 $CaO-Al_2O_3-SiO_2$ 相图

$CaO-Al_2O_3-SiO_2$ 相图是一类重要的相图(图 8.97)。它在硅酸盐制品、高炉矿渣和矿物岩石中有所应用,尤其是在硅酸盐工业中有很大的实际应用价值。

1. 相图简介

本系统除浓度三角形的三种组元外,还有 10 个二元化合物、2 个三元化合物(表 8.1)。

表 8.1 $CaO-Al_2O_3-SiO_2$ 相图中的化合物及其性质

化合物	性 质	熔点/℃	化合物	性 质	熔点/℃
C_3A	不一致熔	1 539	C_2S	一致熔	2 130
$C_{12}A_7$	一致熔	1 455	C_3S_2	不一致熔	1 464
CA	一致熔	1 605	CS	不一致熔	1 544
CA_2	不一致熔	1 762	A_3S_2	一致熔	1 850
CA_6	不一致熔	1 850	CAS_2	一致熔	1 553
C_3S	不一致熔	2 150	C_2AS	一致熔	1 584

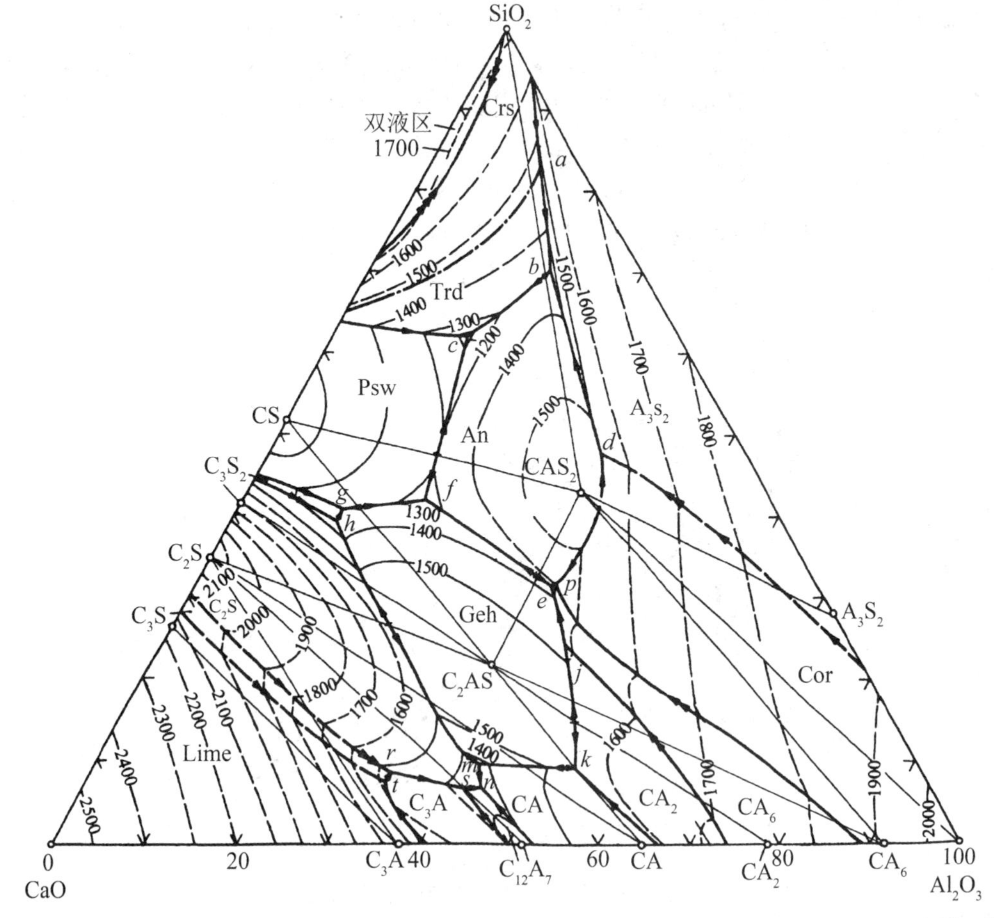

图 8.97　CaO－Al₂O₃－SiO₂ 投影状态相图(图中 Lime 为 CaO,Crs 为方石英 cristobalite,Trd 为鳞石英 tridymite,An 为钙长石 anorthite,Geh 为钙铝黄长石 gehlenite,Cor 为刚玉 corundum,Psw 为假硅灰石 pseudo-wollastanite)(引自刘玉芹,2011)

该系统有 16 个无变量点,其中有一个无变量点(图 8.97 中靠近 SiO_2 的 a 点)是方石英与鳞石英的转变点。该转变点没有对应的副三角形。因此,该系统的相图实际只有 15 个副三角形。

各界线温度的降低方向如图 8.97 所示。图 8.97 与我们在前面介绍的基本类型相比,增加了等温线条,而且无变量点又多。这些因素使得实际相图显得比较复杂。但我们在应用的时候,往往只用到其中的一部分。比如,普通硅酸盐水泥,主要运用的是靠近 CaO 的富钙部分。下面我们以富钙部分为例介绍该相图在水泥生产中的一些应用。图 8.98 为 $CaO-Al_2O_3-SiO_2$ 相图富钙部分的放大图。

2. *硅酸盐水泥的配料*

普通硅酸盐水泥熟料含有四种主要矿物晶相:C_3S、C_2S、C_3A 和 C_4AF。根据三角形规则,配料点落在哪个副三角形,则最后的平衡结晶产物就是这个副三角形三个顶点所示的三种晶相。

图 8.98 中的 1 配料点处于 $CaO-C_3S-C_3A$ 构成的副三角形中,因此其平衡结晶产物有 CaO 存在。但若配料中 CaO 过多,则在发生化学反应时,会有部分 CaO 不能化合成 C_3S 等矿

物。这部分没有化合的 CaO 称为游离 CaO(f－CaO)。游离 CaO 不仅水化速率小，而且它在水化成 $Ca(OH)_2$时，体积膨胀达 97.9%。这会影响水泥的安定性(soundness of cement)，也即在硬化水泥制品内部有局部膨胀应力产生，进而变形、开裂。因此在配料时，CaO 的质量分数具有一定的极限。这个极限在相图中称为石灰极限线。理论上的石灰极限线在 C_3S-C_3A 线上。配料在这条线的右边，结晶产物无 CaO 出现。但实际上，生产过程达不到平衡状态，因此开始析出的 CaO 有可能不能完全被回吸而成为游离 CaO，所以实际生产中，人们常将石灰极限线向右移动了一点，即 C_3S-P_2线。配料点通常在 C_3S-P_2 线的右上部分。

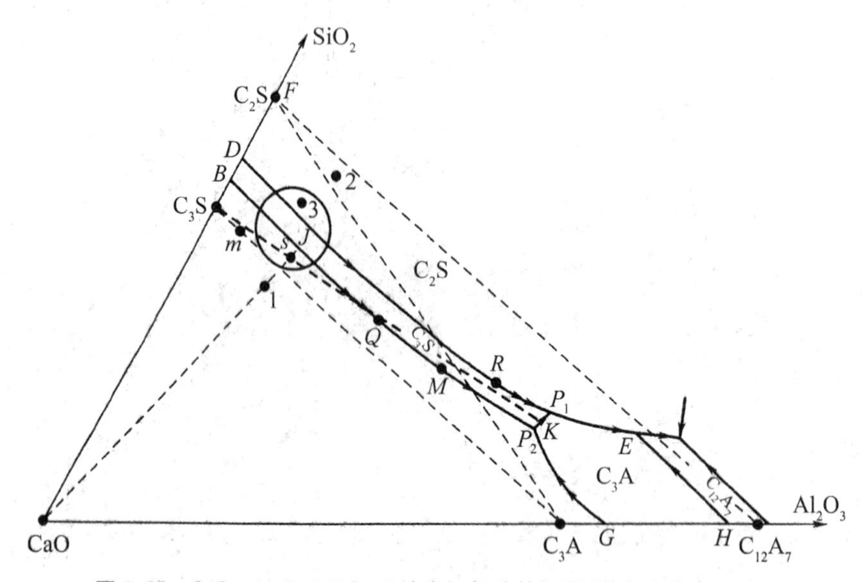

图 8.98 CaO－Al_2O_3－SiO_2 系统富钙部分的相图(引自宋晓岚，2006)

2 配料点处于 $C_2S-C_3A-C_{12}A_7$构成的副三角形中，其平衡结晶产物有 $C_{12}A_7$存在，而无 C_3S。$C_{12}A_7$与水反应迅速、水化的发热量大，而且水化产物的强度不高，因而在普通硅酸盐水泥中不宜含有 $C_{12}A_7$。

普通硅酸盐水泥熟料中应含有 C_3S、C_2S 等矿物晶相。C_3S 水化后的早期强度高、强度增进率大，28 天强度可以达到一年强度的 70%～80%。在四种主要晶相中，C_3S 水化后的强度最高。硬化水泥浆体的性能在很大程度上取决于 C_3S 的水化作用。因而，硅酸盐水泥熟料中，C_3S 的质量分数在 50%左右，有时甚至高达 60%。C_2S 水化较慢，早期强度较低。但 28 d 以后，强度有较快增长。一年后的强度可以赶上 C_3S。而 C_3A 水化迅速、放热多，早期强度较高，后期强度几乎不增长。

综合以上因素，普通硅酸盐水泥的配料点常常在图 8.98 中的小圆圈内。当然，生产特殊用途的硅酸盐水泥，要选择合适的熟料组成。比如，用于紧急施工的快硬水泥需要较高的早期强度，因而宜适当地提高熟料中的 C_3S 或 C_3A 的量。

3. 烧成

以上是从平衡结晶的观点来分析配料点产生的熟料晶相。实际的工艺中，人们是不可能将配料加热到完全熔融，再平衡结晶的。在升温过程中，只是部分配料熔融。因此，除了液相结晶产生熟料矿物以外，固态组分间的化学反应在形成熟料矿物方面也起着重要作用。

C_3S 往往是在较高的温度下形成的(1 450℃)。而液相的出现及液相量对 C_3S 的形成有一定的帮助。理论上,配料点在C_2S-C_3S-C_3A构成的副三角形中。液相出现在图8.98中P_1点(1 455℃)。但由于$C_{12}A_7$、C_3A和C_2S在1 200℃以下就可通过固相反应较快地形成,加上配料中含有Na_2O、K_2O等氧化物,故温度在1 250℃左右时,液相就会出现。这样$C_{12}A_7$、C_3A和C_2S和液相达成平衡,其对应的无变量点在E点。当$C_{12}A_7$完全熔融后,液相沿EP_1线向P_1移动。在此过程中,C_3A和C_2S溶于液相且液相量增加。这为C_3S的形成创造的条件,因为液相的形成可促使生成C_3S的反应速率大大增加($C_2S+CaO \longrightarrow C_3S$)。

4. 冷却

为了防止高温下形成的C_3S在P_1点发生包晶反应而减少($L+C_3S \longrightarrow C_2S+C_3A$),以及$\beta$-$C_2S$发生晶型转变,工艺上常采取快速冷却的措施。快速冷却会影响熟料的组成。比如,冷却速率超过熔体的临界冷却速率时,液相失去结晶能力而成为玻璃相且C_3S来不及转变而保留下来。

此外,若冷却速率不足以使液相成为玻璃,则液相可单独作为高温熔体而析晶,不受系统中其他相的制约。这种现象特别容易发生在包晶点处。图8.98中P_1点在平衡结晶时有包晶反应$L+C_3S \longrightarrow C_2S+C_3A$。生成的$C_2S$和$C_3A$把$C_3S$包覆起来,这阻止了液相和$C_3S$的进一步作用。这样,液相会单独作为一个熔体独立结晶,并沿界线P_1E移动。到达E点后,$C_{12}A_7$开始析出。因此,虽然配料点对应的结晶结束点在P_1,但由于液相独立结晶而使熟料中含有本不应有的矿物$C_{12}A_7$。

由上述可见,无论是在急冷还是液相独立结晶过程中,C_3S发生包晶反应的量并不多。因此,对某些硅酸盐水泥的配料系统来说,快速冷却可增加C_3S的量。

8.5.11 K_2O-Al_2O_3-SiO_2相图

K_2O-Al_2O_3-SiO_2相图是材料领域另一类重要相图,如图8.99所示。该相图对长石质陶瓷(如普通日用瓷、卫生瓷及电瓷等)有着特别重要的意义。这些陶瓷大都以黏土、石英和长石为原料,其中长石起着助熔剂的作用。但由于K_2O在高温下易挥发,故相图仅表示出了K_2O质量分数在50%以下的部分。

1. 相图简介

本系统有5个二元化合物、4个三元化合物(表8.2)。4个三元化合物的组成中,K_2O和Al_2O_3的质量分数之比是相等的,故它们在SiO_2与$KAlO_2$的连线上。该相图中,对长石质陶瓷有着重要意义的是钾长石($KAlSi_3O_8$)组成点右上部分。图8.100为这部分的放大图。

表8.2 K_2O-Al_2O_3-SiO_2相图中的化合物及其性质

熔点/℃	性质	熔点/℃	化合物		性质
$K_2Si_4O_9$	一致熔	770	$KAlSi_3O_8$	不一致熔	1 150
K_2SiO_3	一致熔	976	$KAlSi_2O_6$	一致熔	1 686
A_3S_2	一致熔	1 850	$KAlSiO_4$	一致熔	1 800
$KAlO_2$	尚不明确		$K_2Al_2SiO_6$	尚不明确	

2. 陶瓷配料及其组织

图8.100中,E点是低共熔点(共晶点985℃),相平衡关系为$L \longrightarrow Trd+A_3S_2+K\text{-}Fsp$。莫来石(mullite)是普通瓷器的主要晶相,它主要来自黏土(如高岭土)。高岭土脱水后成为烧高岭或偏高岭$Al_2O_3 \cdot 2SiO_2 \cdot 2H_2O \longrightarrow Al_2O_3 \cdot 2SiO_2 + 2H_2O$。继续升高温度,烧高岭会形成莫来石($3Al_2O_3 \cdot 2SiO_2$)。为了便于配料,图8.100中也表示出了烧高岭的组成点。但烧高

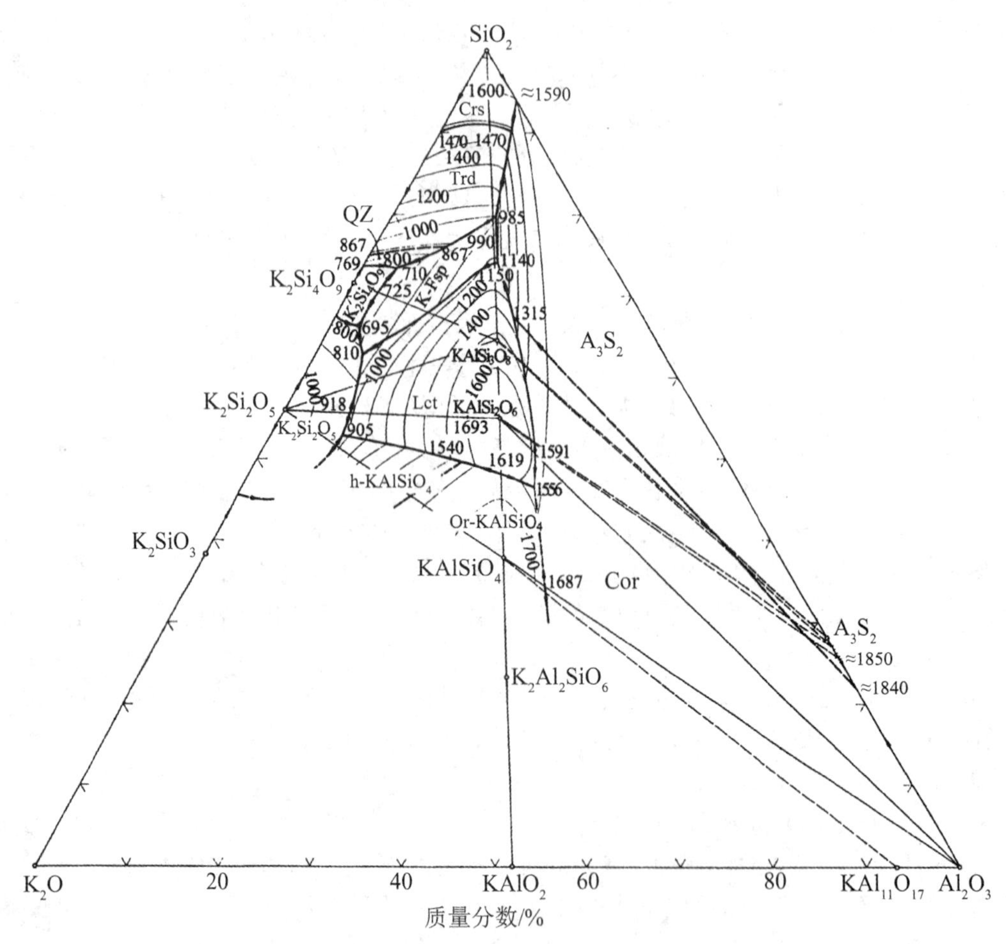

图 8.99 $K_2O-Al_2O_3-SiO_2$ 投影状态相图(图中 QZ 为石英 quartz，Crs 为方石英 cristobalite，Trd 为鳞石英 tridymite，K－Fsp 为钾长石，h－$KAlSiO_4$ 和 Or－$KAlSiO_4$ 分别为 $KAlSiO_4$ 的六方相和正交相，Cor 为刚玉 corundum，Lct 为白榴石 leucolite)(引自刘玉芹，2011)

岭的组成点并不是相图所固有的，它只是一个附加的辅助点，仅用于表示配料中的一种原料。这样，图中就有两类三角形：$\triangle QMe$ 主要用于配料，因此称为配料三角形；而$\triangle QMB$ 主要用于分析产物组成，故称为产物三角形。

在$\triangle QMe$ 中，我们作一条平行于 QM 的线条 am。根据等质量分数规则，该线上的所有配料点，其烧高岭的质量分数是相等的。在产物三角形$\triangle QMB$ 中，am 线上的配料点所获得的产物中，莫来石的质量分数(或摩尔分数)是相同的。以上这两类相同意味着产品中莫来石的质量分数取决于配料中黏土的质量分数，即黏土质量分数大的配料，其产物中的莫来石也多。a 配料点在石英-莫来石这条边上。从配料上说，它是由石英和烧高岭配成的，没有钾长石。

该配料的产物只有莫来石和石英。am 线上，ad 之间的配料点有钾长石的参与。从 a 到 d 钾长石的质量分数增加，但烧高岭的质量分数未变，因此，石英的质量分数有所减少。以 b 点为例，升温时在 E 点出现液相。这些高温液相在降温过程中往往来不及结晶而形成玻璃相。液相形成的玻璃相使瓷器具有一定的半透明性。与此同时，固相组成点在 c 点。而 c 点在石英-莫来石构成的边上。综上所述，该配料的产物组织为石英、莫来石和玻璃相，其中不含长石。

dg 间的配料。从 d 到 g，配方中长石的质量分数在增加(因为在配料三角形中，g 点靠近 eM 线，石英的质量分数在减少，而烧高岭的质量分数不变，故长石的质量分数在增加)。从产物三角形来看，液相的质量分数在增加(根据杠杆规则，液相质量分数从 ed/Ee 到 gB/EB)。由此可见配方中的长石多，则产物中的液相也多。该配料的产物组织仍为石英、莫来石和玻璃相。因此，ag 段配料的产物组织以石英、莫来石和玻璃相为主。g 点在 EB 线上，产物中的晶相只有莫来石，故 g 配料点的产物组织主要是莫来石和玻璃相。

配料点在 gm 段。升温到出现液相时，固相组成点在钾长石-莫来石线上，石英首先被熔完。该段的配料点，其产物组织为长石、莫来石及玻璃相。

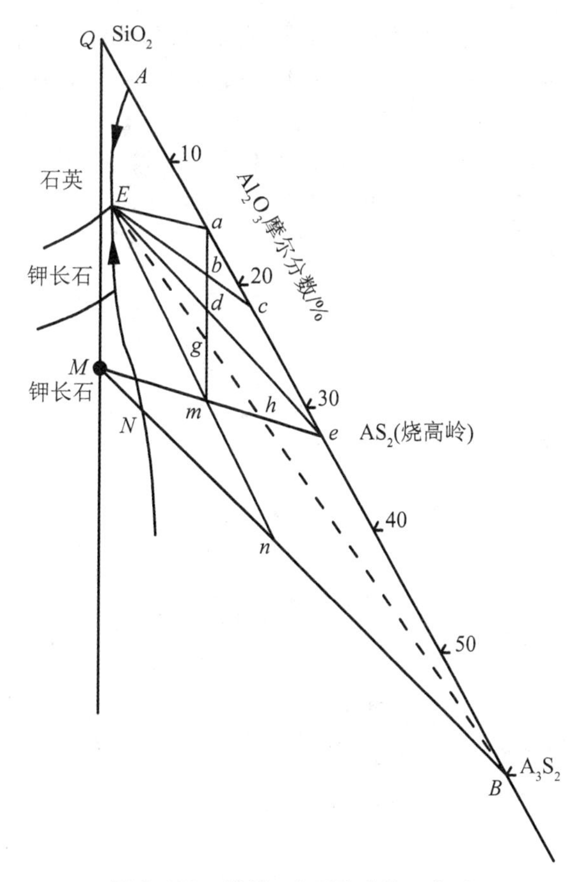

图 8.100 配料三角形和产物三角形

通常普通陶瓷的烧成温度在 1 250～1 450℃，而且在烧成时，系统需要有一定的液相，以促进烧结。但过多的液相会使坯体变形。由于低共熔点 E 处的等温线较密(图 8.99)，即该处液相面较陡，故液相量随温度的变化不敏感。因此，工艺上易掌握(实际窑炉中的温度是在一定范围内波动的)。而且，E 点靠近 SiO_2 顶点，熔体中 SiO_2 的量大，液相黏度大，因而坯体不易变形。

综上所述，根据瓷器的品种、原料的不同，通常硬质瓷的配方点选择在△QMe 中 Eh 线附近。

8.5.12 三元相图在配方中的应用

以往材料的生产大多靠工人师傅的经验。今天，材料的制备是在实践经验的基础上，结合一定的理论指导生产出来的。其中，相图在寻找材料合理组成、选择合成温度范围、改进配方，以及指导生产工艺方面起着非常重要的作用。这一点，我们在前面两个专业相图中已做了一些说明。也许你会说普通水泥、传统陶瓷以前就有了，可以根据经验制备，事实的确如此。然而，我们要制备以前没有的新材料，此时没有经验可循。如果没有相图，要想获得它的配方和烧成温度，我们需要在盲目的摸索中做无数的实验，而且还不一定成功。

如今，材料的配料有许多三元相图可用。除了前文的 $CaO-Al_2O_3-SiO_2$、$K_2O-Al_2O_3-SiO_2$ 相图外，$Na_2O-CaO-SiO_2$ 相图的富钙部分也常用于指导钠钙硅酸盐玻璃的生产。$MgO-Al_2O_3-SiO_2$ 相图可用于指导镁质瓷的生产(镁质瓷是一种无线电高频瓷)。骨灰瓷的生产可利用 $Ca_3(PO_4)_2-SiO_2-CaO\cdot Al_2O_3\cdot 2SiO_2$ 相图($CaO\cdot Al_2O_3\cdot 2SiO_2$ 为钙长石 $CaAl_2Si_2O_8$)。从以往的实验和生产数据来看，许多产品的组成在这些相图上有一个大致的范围，故相图可作为配方的一个依据。图 8.101 示意了 $CaO-Al_2O_3-SiO_2$ 相图中不同种类材料的组成区域。

图 8.102 从配方的角度示意了一些陶瓷品种的配方范围。但是，我们在配料时，原料不是纯物质，它们除了含有某种相图对应的物质外，往往还有其他成分。比如，我们采用 $K_2O-Al_2O_3-SiO_2$ 相图进行陶瓷的配料，原料除了有 K_2O、Al_2O_3、SiO_2 外还有 Na_2O、TiO_2、CaO、Fe_2O_3 等。这样我们在配料时就不能直接采用 $K_2O-Al_2O_3-SiO_2$ 相图。然而，三元相图比四元、五元等相图相对简单。因此，我们往往将这些在三元相图中没有的物质转换成相图中的某些物质，以此来简化配料。在利用 $K_2O-Al_2O_3-SiO_2$ 相图配料时，人们常将碱性氧化物（如 Na_2O、CaO、MgO）转换成 K_2O 来计算；Fe_2O_3 转换成 Al_2O_3；TiO_2 转换成 SiO_2。

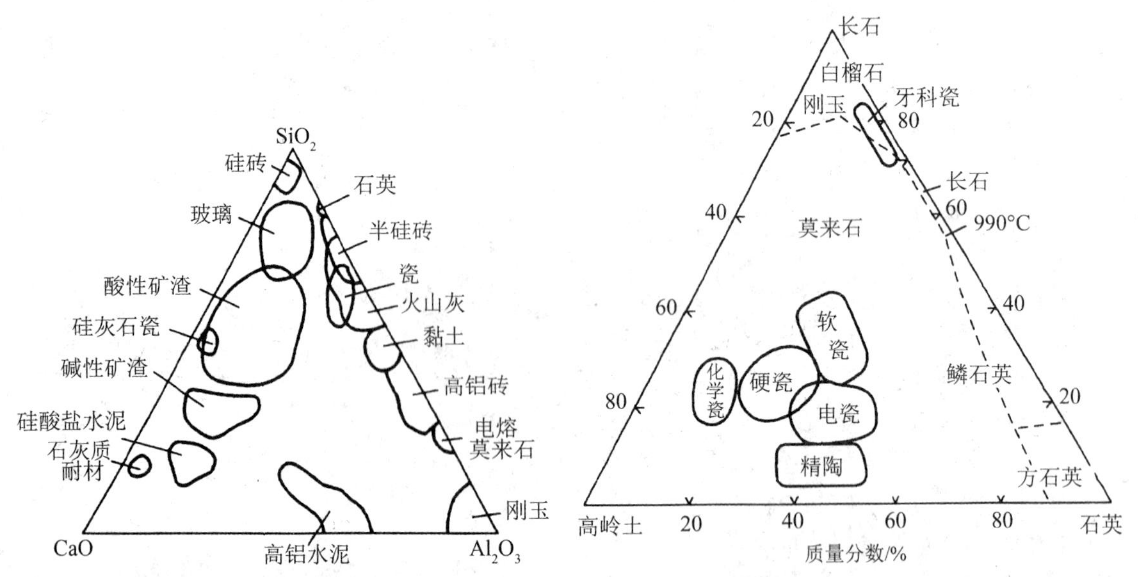

图 8.101 $CaO-Al_2O_3-SiO_2$ 相图中各材料的组成范围（引自宋晓岚，2006）

图 8.102 以高岭土、长石和石英为原料的瓷料配方范围（引自宋晓岚，2006）

这些物质间的转换依据是 Richters 近似原则。K_2O 的“分子量”为 94，Na_2O 的“分子量”为 62，则每份 Na_2O 相当于 K_2O 的量为 94/62＝1.52，1.52 就为 Na_2O 转换为 K_2O 的系数。CaO、MgO 转换成 K_2O 的系数分别是 94/56＝1.68，94/40＝2.35。同理，Fe_2O_3 转换成 Al_2O_3 的系数为 101/159.7＝0.64，TiO_2 转换为 SiO_2 的系数为 60/79.9＝0.75。以上转换系数也叫 Richters 系数。

例 8.2 采用下表中的原料配成某成分的瓷器，试计算各原料的质量分数。瓷器各成分的质量分数为 K_2O（4.5%）、Al_2O_3（26.2%）、SiO_2（69.3%）。表中数据为质量分数（单位：%）。

原料名称	SiO_2	Al_2O_3	Fe_2O_3	CaO	MgO	K_2O	Na_2O	灼减(I. L Ignition Losses)
大祺山土	78.28	15.99	0.32	—	0.058	0.98	0.83	3.53
	81.15	16.58	0.33	—	0.06	1.02	0.86	—

续表

原料名称	SiO_2	Al_2O_3	Fe_2O_3	CaO	MgO	K_2O	Na_2O	灼减(I. L Ignition Losses)
双白土	49.8 56.46	36.53 41.42	0.24 0.27	— —	0.33 0.37	0.87 0.99	0.44 0.50	11.79 —
揭阳长石	63.74 65.20	22.12 22.63	0.156 0.16	0.215 0.22	0.235 0.24	9.97 10.20	1.33 1.36	2.26 —

1. 成分转换

首先将含有灼减的原料质量分数换算成不含灼减的质量分数(见上表),然后利用转换系数换算相应的氧化物。

以不含灼减的大祺山土为例。取100 g不含灼减的该原料作计算基准,其中SiO_2有81.15 g,但没有TiO_2。

Al_2O_3有16.58 g。根据Richters系数,Fe_2O_3转换成Al_2O_3的系数为$101/159.7=0.64$,故0.33 g Fe_2O_3转换成Al_2O_3后有$0.33\times0.64=0.2112$(g)。这样,Al_2O_3的总质量为$16.58+0.2112=16.7912$(g)。

K_2O的质量为1.02 g。CaO、MgO、Na_2O转换为K_2O后的质量分别为0、$0.06\times2.35=0.141$(g)、$0.86\times1.52=1.3072$(g),故K_2O的总质量为2.4682 g。

这样,只含Al_2O_3、K_2O和SiO_2的原料总质量为$81.15+16.7912+2.4682=100.4094$(g)。转换以后,$SiO_2$的质量分数为$81.15/100.4094=80.82\%$;$Al_2O_3$的质量分数为$16.7912/100.4094=16.72\%$;$K_2O$的质量分数为$2.4682/100.4094=2.46\%$。

其他两种原料的转换与此相同,结果见下表。

原料名称	原料代号	$w(K_2O)/\%$	$w(Al_2O_3)/\%$	$w(SiO_2)/\%$
大祺山土	A	2.46	16.72	80.82
双白土	B	2.60	41.32	56.08
揭阳长石	C	13.05	22.48	64.47

2. 在相图中表示出原料和瓷的成分点

将上述原料的成分点和瓷的成分点表示在$K_2O-Al_2O_3-SiO_2$相图中。图8.103仅示意了A、B、C和D的位置,D点为产品瓷的成分点,连接A、D并延长与BC交于R,然后量出各线段的长(当然,连接C、D或B、D也可)。

3. 按照杠杆原理算出无灼减原料的配比

大祺山土:$A'=DR/AR$;双白土:$B'=(CR/BC)\times(AD/AR)$;揭阳长石:$C'=(BR/BC)\times(AD/AR)$。

4. 将无灼减的原料配比换算为有灼减的原料配比

大祺山土$A''=[A'/(1-0.0353)]$;双白土$B''=[B'/(1-0.1179)]$;揭阳长石$C''=[C'/(1-0.0223)]$。

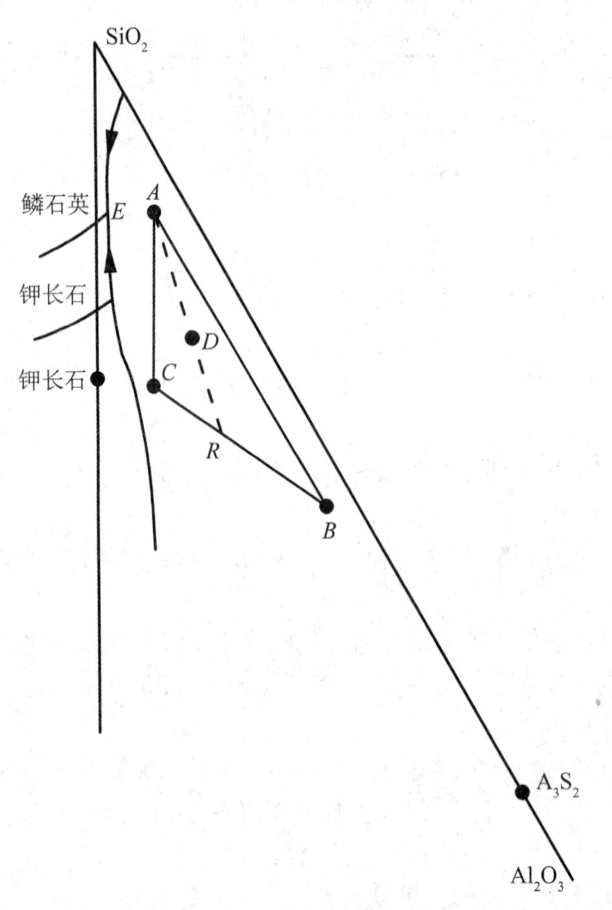

图 8.103 利用 $K_2O-Al_2O_3-SiO_2$ 相图进行配方计算示意图
(引自刘康时,1990)

结果,有灼减的原料配比为

大祺山土 $A\% = [A''/(A''+B''+C'')] \times 100\%$;双白土 $B\% = [B''/(A''+B''+C'')] \times 100\%$;揭阳长石 $C\% = [C''/(A''+B''+C'')] \times 100\%$。

据此,我们可根据产品瓷与原料成分点的相对位置做一些判断。若瓷的成分点 D 在原料成分点组成的$\triangle ABC$ 之外,则至少需要更换一种原料,否则无法配出符合要求的配方。如果 D 点在$\triangle ABC$ 的某一条边上,则只用相应的两种原料即可满足要求。比如,D 点在 AB 边上,则只需 A、B 两种原料就可配出相应成分的瓷器,而无需原料 C。若 D 点和$\triangle ABC$ 的某一顶点很靠近,甚至重合,则只需要一种原料即可。

以上是由三种原料利用相图进行配方的计算方法。若采用四种或更多种原料,则可把其中某两种原料或某些原料的比例加以固定。这样,我们可使这些有固定比例的原料在相图中成为一个组成点,然后再按上述方法进行计算。最后,再根据先前的比例得出各原料的配比。

利用相图来配方有一定误差。这是由于转换系数是近似的、转化物质的作用与实际有出入,作图和线段测量的不精确。尽管如此,通过相图配方,我们可以找到一个大致的配方范围。然后,我们可通过进一步的实验,甚至中试对最后的配方加以确定。其实,确定配方有很多方法,相图的利用仅是其中一种。其他配方法,读者将在工艺课中学习。

本章结语

本章介绍了单元、二元和三元相图的一些基本理论。通过分析这些相图，我们可知在相平衡条件下，材料中各相间的平衡关系。根据平衡关系，我们可了解材料的显微结构可能是由哪些相构成的，进而预测材料的性能。

读者在分析具体相图时，首先要注意其中的点、线和区域的意义。在三元投影状态相图中，还应划分副三角形将相图简化，并利用连线和切线规则判断界线温度高低和液相在界线上发生共晶还是包晶反应。然后，对某一组成的系统做平衡结晶分析，以此获得平衡条件下的相。要想获得某些平衡相的相对量，则需杠杆规则的帮助。

相图反映的是平衡态时的情形。实际上，材料的制备工艺常使系统处于非平衡态。尽管如此，相图还是可以为某些相的稳定存在的条件指明方向。简言之，相图在新材料的获得、材料的显微结构的形成、材料的配方及工艺制定等方面有着重要的指导意义。

推荐读物

[1] 赵慕愚，肖良质. 不求闻达、惟求真知的一生——美国物理学家吉布斯传略[J]. 自然杂志，1985，8(6)：466 - 468.

[2] 费一汀，范世骥，孙仁英，等. Bi_2O_3 - SiO_2系统相图的研究[J]. 无机材料学报，1998，13(6)：798 - 802.

[3] 苏海军，张军，刘林，等. 定向凝固 Al_2O_3/YAG 共晶自生复合材料的组织形态及非规则共晶生长[J]. 金属学报，2008，44(4)：457 - 462.

[4] Huahai Mao, Mats Hillert, Malin Selleby, et al. Thermodynamic assessment of the CaO - Al_2O_3 - SiO_2 system [J]. Journal of the American Ceramic Society, 2006，89(1)：298 - 308.

[5] 杨增朝，刘光华，徐利华，等. 超重力熔铸 Y_2O_3 - Al_2O_3 - SiO_2 玻璃的晶化行为研究[J]. 无机材料学报，2013，28(7)：780 - 784.

第9章 相变基础

读者朋友在小时候可能发现过这种现象：磁铁在火上烧一段时间后，其磁性会减弱甚至消失。铁匠师傅在制作刀具时，有一步是迅速将高温刀具投入水中，这样，刀口经后期打磨后会变得硬而锋利。人们在制备红宝石时，往往需要引入晶种。这些现象及材料的制备与相变有关吗?

9.1 相变概述

9.1.1 什么是相变

在相平衡一章，我们讲到：条件改变时，其中某些相会转变成另一种相。比如在图 8.11 中，石墨于一定温度下，升高压力会转变成为金刚石。二元相图中，液相降温到液相线时，初晶会析出。因此，我们可根据相图知道每个相处于热力学平衡时的条件。当条件改变时，若旧相之间不能维持相应的相平衡，则旧相就具有向新条件下的平衡相转变之趋势。因此，相变(phase transition)是指在外界条件发生变化的过程中，物相于某一特定条件下发生突变的现象。这些突变主要表现在以下三个方面。

(1) 从一种结构转变为另一种结构。

比如水的固态、液态和气态之间的转变；石墨与金刚石间的转变；α - Fe 与 γ - Fe 间的转变；ZnS 的闪锌矿结构与纤锌矿结构间的转变；石英多种晶型间的转变等。

(2) 化学成分的不连续变化。

比如均匀溶液的脱溶沉淀、固溶体的脱溶分解。

(3) 物理性质的突变。

物理性质的突变主要有顺磁铁与铁磁体间的转变。简言之，材料在某个临界温度以下具有磁性，反之无磁性。顺电体与铁电体间也有类似转变(如 3.9.2 节的 $BaTiO_3$)。正常导体与超导体间的转变也属于此类。以上转变的临界温度称为居里温度。

9.1.2 相变的重要性

其实人们很早就发现相变现象了，只是那时还没有“相变”这个概念。与我们生活非常密切的水在相变方面表现得非常直观。古希腊时期，一个叫 Thales(B. C. 624—B. C. 546)的先贤看到海水蒸发成雾气，形成云后又化作雨而入海，进而提出“世界是由水构成的”。水可变成冰、雪、汽。它的这些变化给地球带来了生机。水蒸气是一种温室气体，其温室效应是 CO_2 的 2～3 倍。但由于水蒸气在大气环境下会发生相变而成为雨，故空气中水蒸气不会累积，其量变化不大。因此，我们往往不考虑水蒸气在温室效应方面的影响。

对相变尤其是固态相变的研究是随着 19 世纪采矿、冶金业的出现而开始的。1864 年，英国科学家 Henry Sorby 利用改装的反光显微镜观察钢的抛光面。结果他发现，钢是由许多独立小晶粒组成的，而且钢在加热和冷却时，其组织也会发生变化。1869 年，爱尔兰化学和物理学家 Thomas Andrews(1813—1885 年)研究了 CO_2 的压力、温度和体积之间的关系。在此过程中，他提出临界温度和临界压力的概念，以表明气态和液态间的转变是连续的。后来 Gibbs

在他的研究中引用了 Andrews 的一些结果。

1911 年，人们发现的超导现象及在 1930 年代发现的液氦超流效应更是引起了物理学家们对相变的兴趣。如今，相变和临界现象在物理学中仍是充满难题和意外发现的领域之一。相变还在材料、地质、化工等诸多领域有着重要的意义和应用。

许多材料属多晶材料。为使材料获得某些性能，我们在材料的制备过程中，可使其晶相组织发生一些晶型变化。比如，在 Al_2O_3 中引入 ZrO_2，利用 ZrO_2 从四方晶型转变成单斜晶型时，体积有所增加，进而提高 Al_2O_3 的韧性(见 3.7.1 节)。再如珠光体，它兼有金属的塑性、韧性和陶瓷的硬度、强度。因此，铁碳合金要具有一定的韧性、硬度和强度，其组织应含有珠光体。而珠光体的形成过程即为一个相变过程。要使碳钢具有高硬度、高强度，其组织应含有马氏体组织。淬火钢中的马氏体是由奥氏体发生相变而成的。

此外，铁电材料的压电、热电等效应的产生；单晶、多晶和晶须从液相或气相中的形成；金属的铸造；微晶玻璃的形成等都涉及相变的发生。当然，如果发生有害的相变，我们要尽量减弱其影响。比如 α 和 β-石英间的迅速转变容易导致普通陶瓷坯体的破裂，故温度在 573℃左右时，应慢速升温或降温。由此可见，相变对材料的结构、性能和工艺有着重要影响。

9.1.3 什么是显微结构

在材料学科中，结构(structure)是指材料各部分通过相互作用形成一个有机整体的结合方式。材料学科主要关注三种层次的结构：原子电子结构、晶体结构和显微结构。

1. 原子电子结构(electronic structure)

该层次的结构主要描述原子间的结合方式及电子在电场中的运动形式，如金属键、离子键和共价键。电子结构的获得要通过求解量子力学方程。随着计算材料学的发展，人们对材料电子结构的认识和研究也越来越深入。

2. 晶体结构(crystal structure)

晶体结构主要描述原子在晶胞中的平均位置。这些位置由晶格类型、原子的坐标来确定，也即晶体结构描述了原子尺度的材料。

3. 显微结构(microstructure)

通常，材料的显微结构是指在显微镜下能被分辨的材料组成及其分布或结合方式。它主要描述材料在微米-毫米(μm - mm)尺度的结构。此时，我们能分辨的材料尺度范围约在 0.2 μm～1 mm。在此尺度，我们可看到材料中的晶粒、晶界、相、缺陷(如裂纹、气孔)等。显微结构涉及块体材料的特征、表面和界面等现象。而我们在前面介绍的晶体结构是在原子尺度的，其尺寸在几个埃左右。在晶体结构和显微结构之间，人们常用亚显微结构来描述，也叫纳米结构。但尚无明确的界限来区分以上几种结构。

在第 8 章中，我们多次提到“组织”这个词。在英文词汇里，组织也用“structure”表示。组织由数量、形态、大小和分布方式不同的各种相所组成。组织可由单相组成，也可由多相组成：铁素体由颗粒状的 α 相组成；珠光体由片状的 α 相和片状的 Fe_3C 相相间组成。同样的相，也可形成不同的组织，如 α 相和 Fe_3C 相还可形成贝氏体。因此，组织是材料中由相组成且具有一定特征的局部结构。而通常说的结构是针对材料的整体而言的。

9.2 相变分类

9.2.1 按物质状态分类

物质有固态、液态和气态三种典型状态。每种物质在这三者之间的转变皆是相变，如金属的熔化和凝固。这些相变也是读者比较熟悉的。

9.2.2 按质点迁移特征分类

根据相变过程中质点的迁移特征，人们将相变分为扩散型和无扩散型两大类。

扩散型相变依靠原子、离子的扩散来进行。这类相变较多，如熔体结晶、气-固和液-固相变及共析转变等。原子(离子)在固体中的扩散比在液体、气体中难，故在固相中的扩散型相变所需温度较高。

无扩散型相变是通过切变方式使相界面迅速推进。从相变开始到完成，单个原子的移动小于一个原子间距。而且，合金相变时没有成分变化。马氏体转变属于无扩散型相变。低温下的同素异构转变也是无扩散型相变，如 α-石英与 β-石英间的转变。

9.2.3 按化学键的重建与否分类

美国晶体学家 Martin Julian Buerger(1903—1986 年)基于原子最近邻和次近邻配位结构的变化，将晶体结构变化的相变分为重建型的(reconstructive)和位移型的(displacive)。图 9.1示意了重建型和位移型相变。

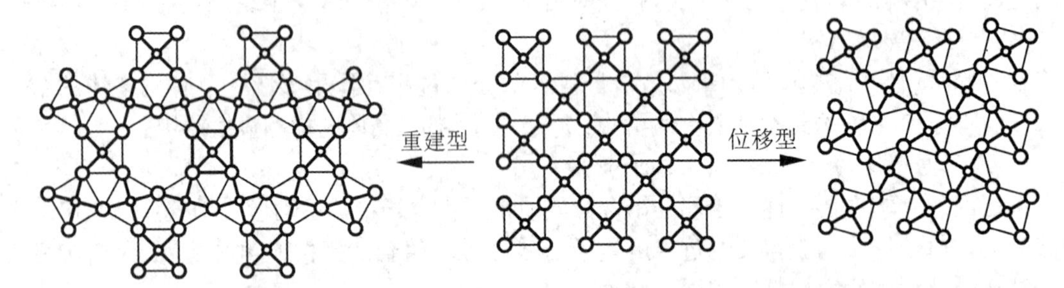

图 9.1 重建型和位移型相变示意图(引自 Kingery, 2010)

1. 重建型

在重建型相变过程中，物相结构的化学键断裂并重建，结果形成一种与重建前不同的新结构。物质在固、液和气三种状态间的转变属重建型。从原子配位数角度看，有以下三种情形。

(1) 最近邻配位数有变化，原来配位多面体中的化学键被破坏而重建。相变前后的晶胞大小、对称性和内能呈明显的不连续变化。比如：$CaCO_3$ 在 450℃时从文石型转变成方解石型，Ca^{2+} 的最近邻配位数从 9 变为 6。由于断键所需活化能高，故相变速率小。

(2) 伸展式相变，也叫膨胀型、调整型。在温度、压强的作用下，晶体沿某一方向伸展或压缩，原子有少量位移，最近邻配位数有变化。但破坏的键不是很多，转变较快。比如，CsCl 型结构在[111]方向上发生伸展和垂直于该方向的压缩而转变成 NaCl 型结构。该过程中，原子的配位数从 8 变为 6。γ-Fe 升温至 1 392℃时，沿[001]方向压缩或沿[110]方向伸展，可转变为 α-Fe。

(3) 最近邻配位数不变，次近邻配位数变化。原来配位多面体中的化学键也被破坏并重建。比如闪锌矿与纤锌矿间的转变，转变前后原子的最近邻配位数都是 4。在图 3.36 中，水平方向的 β-石英、β-鳞石英、β-方石英和熔体间的转变属于该类型。

2. 位移型

位移型相变过程中，物相的化学键不断裂，但弱键(如分子间的结合键、范德瓦尔斯键)有断裂和重建。相变过程中，某些原子的移动和最近邻化学键的畸变引起次近邻或更远配位原子数目的改变。通常，这种相变发生较快。图 3.36 中，石英竖直方向的转变，如 α 与 β-石英的转变为位移型转变。α 与 β-石英间的转变仅是质点在位置上稍有移动、键角有所改变而已。钢铁材料中的马氏体相变属于位移型，如图 9.2 所示。

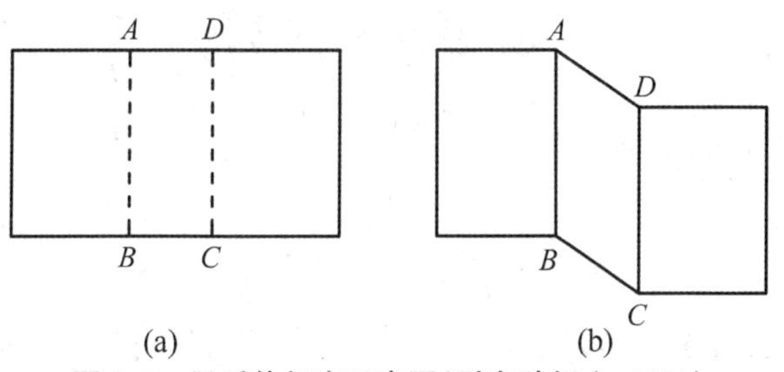

图 9.2 马氏体相变示意图(引自陆佩文,1991)

(a)转变前的俯视图;(b)转变后的俯视图

重建型相变，如物质气-液-固态间的转变属于扩散型。位移型的马氏体相变属于非扩散型。

9.2.4 按热力学特征分类

20 世纪初，科学家们在实验中发现了自由能的二阶导数不连续。1932 年，氦的超流体现象和 Heike Kamerlingh Onnes(1853—1926 年) 在 1911 年发现的超导转变引起了科学家们对相变分类的思考(超流体现象是流体可无摩擦、无能量损耗地流动，甚至可克服重力，在容器里向上爬移)。其中 Paul Ehrenfest(1880—1933 年)在 1933 年的分类特别受到人们的关注。

Ehrenfest 根据相变前后热力学函数的变化，将相变分为一级相变、二级相变和高级相变，这也叫 Ehrenfest 分类。n 级相变是指系统热力学函数在相变点有$(n-1)$阶连续导数，但 n 阶导数不连续。因此一级相变为系统热力学函数在相变点的一阶导数不连续，而热力学函数不取一阶导数却是连续的。一级相变非常普遍，如晶体的熔化、升华；液体的凝固、气化；晶体中的多数晶型转变等都属于一级相变。

1. 一级相变(first-order phase transitions)

系统发生一级相变时，热力学函数(如自由能 G 和化学势 μ)相等，热力学函数的一阶导数不相等，即

$$G_1 = G_2,\ \mu_1 = \mu_2 \tag{9-1}$$

$$\left(\frac{\partial G_1}{\partial T}\right)_p \neq \left(\frac{\partial G_2}{\partial T}\right)_p,\ \left(\frac{\partial G_1}{\partial p}\right)_T \neq \left(\frac{\partial G_2}{\partial p}\right)_T \tag{9-2}$$

$$\left(\frac{\partial \mu_1}{\partial T}\right)_p \neq \left(\frac{\partial \mu_2}{\partial T}\right)_p,\ \left(\frac{\partial \mu_1}{\partial p}\right)_T \neq \left(\frac{\partial \mu_2}{\partial p}\right)_T \tag{9-3}$$

根据热力学基本方程，有

$$\left(\frac{\partial G}{\partial T}\right)_p = -S,\ \left(\frac{\partial G_1}{\partial p}\right)_T = V \tag{9-4}$$

将式(9-4)代入式(9-2)和式(9-3)得 $S_1 \neq S_2$、$V_1 \neq V_2$，故一级相变前后，系统的熵和体积不等、有突变。相变过程中有相变潜热(latent heat)的吸收或释放。

2. 二级相变(second-order phase transitions)

系统发生二级相变时，热力学函数(如自由能 G 和化学势 μ)相等，热力学函数的一阶导数也相等，即

$$G_1 = G_2, \mu_1 = \mu_2, S_1 = S_2, V_1 = V_2$$

即系统发生二级相变前后的熵和体积无突变,但热力学函数的二阶导数不相等:

$$\left(\frac{\partial^2 G_1}{\partial T^2}\right)_p \neq \left(\frac{\partial^2 G_2}{\partial T^2}\right)_p, \left(\frac{\partial^2 G_1}{\partial p^2}\right)_T \neq \left(\frac{\partial^2 G_2}{\partial p^2}\right)_T, \frac{\partial^2 G_1}{\partial T \partial p} \neq \frac{\partial^2 G_2}{\partial T \partial p} \tag{9-5}$$

将式(9-4)中的$\partial G/\partial T$对温度进行求导:

$$\left(\frac{\partial^2 G}{\partial T^2}\right)_p = \left(-\frac{\partial S}{\partial T}\right)_p \tag{9-6}$$

在压力不变时,将热力学基本方程 $\mathrm{d}H = T\mathrm{d}S + V\mathrm{d}p$ 的两边同时对温度求导,得:

$$\left(\frac{\partial H}{\partial T}\right)_p = T\left(\frac{\partial S}{\partial T}\right)_p \tag{9-7}$$

而$(\partial H/\partial T)_p$为比定压热容$c_p$的定义式,故式(9-7)可改写为

$$\left(\frac{\partial S}{\partial T}\right)_p = \frac{c_p}{T} \tag{9-8}$$

将式(9-8)代入式(9-6),得

$$\left(\frac{\partial^2 G}{\partial T^2}\right)_p = \left(-\frac{\partial S}{\partial T}\right)_p = -\frac{c_p}{T} \tag{9-9}$$

结合式(9-5)中的第一个不等式,可知系统发生二级相变前后的比定压热容不相等:$c_{p1} \neq c_{p2}$。

同理,我们将式(9-4)中的$\partial G/\partial p$对压力进行求导,可得

$$\left(\frac{\partial^2 G}{\partial p^2}\right)_T = \left(\frac{\partial V}{\partial p}\right)_T = \frac{V}{V}\left(\frac{\partial V}{\partial p}\right)_T = -V\beta \tag{9-10}$$

或者我们将$\partial G/\partial p$对温度求导,可得

$$\frac{\partial^2 G}{\partial p \partial T} = \frac{\partial\left(\frac{\partial G}{\partial p}\right)_T}{\partial T} = \left(\frac{\partial V}{\partial T}\right)_p = \frac{V}{V}\left(\frac{\partial V}{\partial T}\right)_p = V\alpha \tag{9-11}$$

式(9-10)中的$\beta = -\frac{1}{V}\left(\frac{\partial V}{\partial p}\right)_T$为系统的等温压缩系数。式(9-11)中的$\alpha = \frac{1}{V}\left(\frac{\partial V}{\partial T}\right)_p$为系统的等压膨胀系数。将式(9-10)和式(9-11)结合式(9-5)中的第二、三个不等式,我们可知系统发生二级相变前后的热膨胀系数和压缩系数不相等即$\beta_1 \neq \beta_2$,$\alpha_1 \neq \alpha_2$,但系统的体积和焓均无突变且无相变潜热、无体积的不连续性。

一般合金中的有序无序转变、铁磁性顺磁性转变及超导转变均属于二级相变。二级及二级以上相变不像一级相变那么普遍,但其丰富的物理内容吸引着物理和材料科学工作者。

3. 一级相变和连续相变

Ehrenfest 的分类提出后,引起了学术界的许多争论,主要是在超导和超流体的转变上。同行们认为他的分类不准确。根据二维 Ising 模型预测的自由能微分呈无限大或者发散趋势。比如,在铁磁转变中,热容发散为无限大。而这种现象只有在粒子数 N 和系统体积 V 都趋于无穷大,且 N/V 是常数的热力学极限条件下才是可能的。1957 年,改进后的 Ehrenfest

分类开始出现在教科书中。

1970年代，人们开始逐渐接受一级相变和连续相变(continuous phase transitions)的二元分类法。一级相变具有潜热(latent heat)，即系统在发生相变时会吸收或释放一定的热，但温度不变。连续相变是指在相变点，序参量连续地从零变到非零值的相变。序参量反映体系的内部状态，只要它具有无穷小的非零值，就意味着对称性质发生改变，出现了有序。连续相变没有体积的变化和潜热，说明不需要消耗有限的能量，但对称性具有突变。铁磁转变(ferromagnetic transition)、超导转变(superconducting transition)、超流体转变(superfluid transition)都属于连续相变。在连续相变方面，物理学家 Lev Davidovich Landau(1908—1968年)做出了重大贡献。

9.2.5 按相变方式分类

1. 形核-长大型

这种类型的相变需先形成新相核心，然后其他原子往核心扩散而使核心长大成为晶体，直至新相晶体相遇。因而，该相变是由程度大、范围小的浓度起伏开始的。由于形核是在母相的局部区域(如晶界、位错、杂质表面)，故从动力学观点看，这种相变是不均匀的。而且在转变时，新旧相间有不连续的分界面。形核-长大型相变非常普遍。许多相变都是通过形核与生长过程进行的，如单晶硅的形成、溶液中的结晶等。

2. Spinodal 型

这种相变无需形核，在母相各处同时发生而且是均匀的。其主要特征表现为：新旧相间无明显的分界面、相与相间的晶体结构完全相同而化学成分不同。它实际是由程度小、范围大的浓度起伏开始的，或者说是由组成起伏引起的热力学不稳定而产生。这种相变较形核-长大型少见，如部分有序-无序转变属于此类。

9.3 相变驱动力

9.3.1 相平衡化学势

一个物理化学过程是否能自动进行，我们常用 Gibbs 自由能 dG 是否小于零来判别。

$$dG = -SdT + Vdp + \sum_i \mu_i dn_i + W' \tag{9-12}$$

式中，S 为熵；T 为热力学温度；V 为体积；p 为压力；μ_i 为 i 物质的化学势；n_i 为 i 的物质的量；W' 为其他功。恒温、恒压，其他功为0时，有

$$dG = \sum_i \mu_i dn_i \tag{9-13}$$

μ_i 为在恒温、恒压、其他功为0及其他组元不变时，i 组元增加或减少1 mol 引起的 Gibbs 自由能变化。相变要自发进行，则封闭系统 $dG < 0$。

设一单元系统有 α、β 两相，而且 β 相有转变成 α 相的趋势。β 相转变成 α 后，β 相的物质的量之增量为 dn^β(β 转变成 α 相后，β 相的物质的量减少，故 $dn^\beta < 0$)。β 相减少引起的自由能变化为

$$dG^\beta = \mu^\beta dn^\beta \tag{9-14}$$

β 相转变成 α 相后，α 相的物质的量增加，其增量为 dn^α($dn^\alpha > 0$)。α 相物质量的增加引起的自

由能变化为

$$\mathrm{d}G^{\alpha} = \mu^{\alpha}\mathrm{d}n^{\alpha} \tag{9-15}$$

β 相转变为 α 相引起的系统总自由能变化为

$$\mathrm{d}G' = \mathrm{d}G^{\alpha} + \mathrm{d}G^{\beta} = \mu^{\alpha}\mathrm{d}n^{\alpha} + \mu^{\beta}\mathrm{d}n^{\beta} \tag{9-16}$$

在给定系统中，α 相与 β 相的物质的量之和是一常数：$n^{\alpha} + n^{\beta} = C$，对其微分得

$$\mathrm{d}n^{\alpha} = -\mathrm{d}n^{\beta} \tag{9-17}$$

将式(9-17)代入式(9-16)得

$$\mathrm{d}G' = (\mu^{\alpha} - \mu^{\beta})\mathrm{d}n^{\alpha} \tag{9-18}$$

在两相达成平衡时 $\mathrm{d}G' = 0$，而 $\mathrm{d}n^{\alpha} > 0$，则 $\mu^{\alpha} = \mu^{\beta}$。因此，两相平衡的热力学条件是各相的化学势相等，这是对单元系统来说的。对多元系统而言，两相平衡的热力学条件是每个组元在各相中的化学势相等。

若要上述过程自发进行，则 $\mathrm{d}G' < 0$。由式(9-18)有

$$\mathrm{d}G' = (\mu^{\alpha} - \mu^{\beta})\mathrm{d}n^{\alpha} < 0 \tag{9-19}$$

因 $\mathrm{d}n^{\alpha} > 0$，故 $\mu^{\alpha} < \mu^{\beta}$。这表明 β 相转变成 α 相的过程要自发进行，则 β 相的化学势要大于 α 相的化学势。该结论也适用于多元系统。由此可见，物相是从高化学势向低化学势转变的。相变的驱动力为相变前后的化学势差 $\Delta\mu$（或自由能差 ΔG）。

9.3.2 切线法确定化学势

设某二元系统(含 A、B 组元)有 α、β 两相。α、β 相中都有 A、B 组元。以 α 相为研究对象。恒温恒压，其他功为零时，有

$$\mathrm{d}G'^{\alpha} = \mu_{\mathrm{A}}^{\alpha}\mathrm{d}n_{\mathrm{A}}^{\alpha} + \mu_{\mathrm{B}}^{\alpha}\mathrm{d}n_{\mathrm{B}}^{\alpha} \tag{9-20}$$

两边同时除以 $\mathrm{d}n_{\mathrm{A}}^{\alpha} + \mathrm{d}n_{\mathrm{B}}^{\alpha}$ 得

$$\mathrm{d}G^{\alpha} = \mu_{\mathrm{A}}^{\alpha}\mathrm{d}x_{\mathrm{A}}^{\alpha} + \mu_{\mathrm{B}}^{\alpha}\mathrm{d}x_{\mathrm{B}}^{\alpha} \tag{9-21}$$

x_{A}^{α}、x_{B}^{α} 分别是 α 相中 A、B 的摩尔分数，故 $x_{\mathrm{A}}^{\alpha} + x_{\mathrm{B}}^{\alpha} = 1$，微分后：

$$\mathrm{d}x_{\mathrm{A}}^{\alpha} = -\mathrm{d}x_{\mathrm{B}}^{\alpha} \tag{9-22}$$

将式(9-22)代入式(9-21)得

$$\mathrm{d}G^{\alpha} = (\mu_{\mathrm{B}}^{\alpha} - \mu_{\mathrm{A}}^{\alpha})\mathrm{d}x_{\mathrm{B}}^{\alpha} \tag{9-23}$$

整理得

$$\frac{\mathrm{d}G^{\alpha}}{\mathrm{d}x_{\mathrm{B}}^{\alpha}} = \mu_{\mathrm{B}}^{\alpha} - \mu_{\mathrm{A}}^{\alpha} \tag{9-24}$$

则

$$\mu_{\mathrm{A}}^{\alpha} = \mu_{\mathrm{B}}^{\alpha} - \frac{\mathrm{d}G^{\alpha}}{\mathrm{d}x_{\mathrm{B}}^{\alpha}} \tag{9-25}$$

再将式(9-21)两边积分得

$$\int_0^{G^\alpha} \mathrm{d}G^\alpha = \int_0^{x_A^\alpha} \mu_A^\alpha \mathrm{d}x_A^\alpha + \int_0^{x_B^\alpha} \mu_B^\alpha \mathrm{d}x_B^\alpha \tag{9-26}$$

设化学势是常数，则积分并整理后有

$$G^\alpha = \mu_A^\alpha x_A^\alpha + \mu_B^\alpha x_B^\alpha \tag{9-27}$$

将式(9-25)代入式(9-27)得

$$G^\alpha = \left(\mu_B^\alpha - \frac{\mathrm{d}G^\alpha}{\mathrm{d}x_B^\alpha}\right)x_A^\alpha + \mu_B^\alpha x_B^\alpha \tag{9-28}$$

整理式(9-28)，并将 $x_A^\alpha + x_B^\alpha = 1$ 代入后得

$$\mu_B^\alpha = G^\alpha + \frac{\mathrm{d}G^\alpha}{\mathrm{d}x_B^\alpha} x_A^\alpha \tag{9-29}$$

将式(9-29)代入式(9-25)得

$$\mu_A^\alpha = G^\alpha - \frac{\mathrm{d}G^\alpha}{\mathrm{d}x_B^\alpha} x_B^\alpha \tag{9-30}$$

其中μ_A^α、μ_B^α分别为α相中A、B的化学势。图9.3为α相的$G-x$图，EF曲线为$G-x$线。图中，成分为x_B^α的系统，其Gibbs自由能为m点对应的自由能G^α，即C、D点处的自由能值。但我们要获得系统中A、B组元的化学势，则需作$G-x$线在m点的切线PQ。A的化学势为AP段$\mu_A^\alpha = AC - CP$。B的化学势为BQ段$\mu_B^\alpha = BD + DQ$。

图9.3仅示意了α相中的情形。若把β相结合起来考虑，$G-x$图又是何种情形呢？

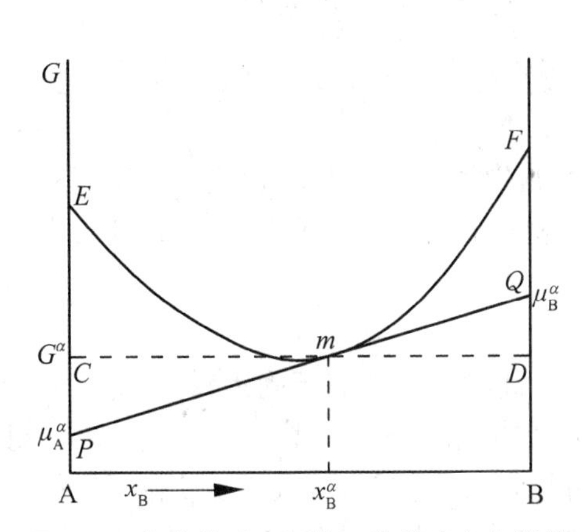

图9.3 自由能 G-组成 x 曲线确定化学势示意图

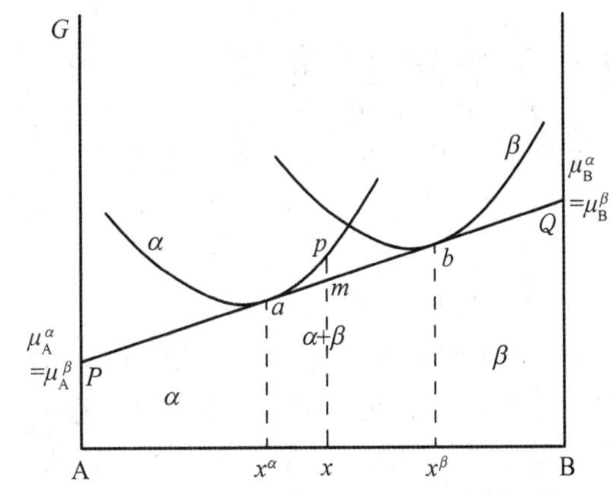

图9.4 自由能-组成曲线的公切线确定两相平衡示意图(引自潘金生，2011)

9.3.3 相平衡的公切线定则

由9.3.1节，我们可知两相平衡的热力学条件是每个组元在各相中的化学势要相等。比如由α、β相组成，且含有A、B组元的二元系统中，各相达成平衡时，A在α和β相中的化学势相等，即$\mu_A^\alpha = \mu_A^\beta$。同理，有$\mu_B^\alpha = \mu_B^\beta$。将$\alpha$相和$\beta$相的$G-x$曲线画在同一图中，作两个$G-x$线的公切线可满足以上热力学条件，如图9.4所示。

图9.4中，α相和β相$G-x$曲线的公切线为ab。对α相来说，切点a的系统(组成为x^α)中，A的化学势为AP段；α相中B的化学势为BQ段。同理，切点b的系统(组成为x^β)，A、B

在β相中的化学势也分别是AP段和BQ段。

组成在$x^{\alpha} \sim x^{\beta}$之间，如组成为$x$的系统。若它是单相，则自由能为$p$点之值，该点在$\alpha$相的$G-x$线上，也即组成为$x$的系统若是单相，则应是$\alpha$相。而若是以$\alpha$、$\beta$相共存，则系统自由能为公切线$ab$线上的$m$点对应之自由能值。$m$点的自由能要小于$p$点的自由能。因此，组成在$x^{\alpha} \sim x^{\beta}$之间的系统以$\alpha$、$\beta$相共存比单相存在更稳定。平衡存在的两相由组成为$x^{\alpha}$的$\alpha$相、组成为$x^{\beta}$的$\beta$相组成。图 9.4 中，我们以$\alpha+\beta$表示$\alpha$、$\beta$相共存区。组成小于$x^{\alpha}$的系统以$\alpha$单相存在、组成大于$x^{\beta}$的系统以$\beta$单相存在。

若是三相系统，则需画出三相$G-x$线的公切线。然而，我们并不是总能找到三相的公切线。这时，我们往往分别分析其中的两相平衡关系，如图 9.5 所示。

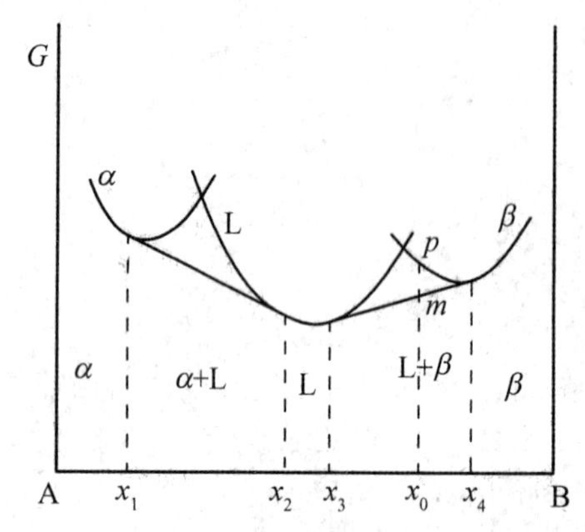

图9.5 α相与液相L，β相与液相L的两相平衡示意图（引自潘金生，2011）

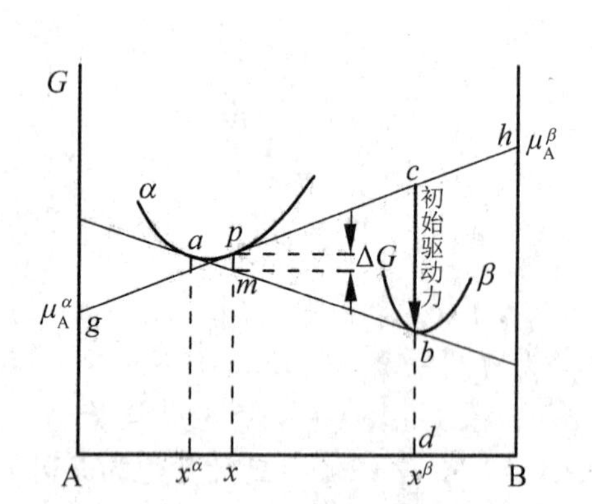

图9.6 相变总驱动力与初始驱动力示意图（引自潘金生，2011）

9.3.4 $G-x$曲线上的相变驱动力

1. 相变的总驱动力

如图 9.6 所示，成分为x的系统，转变前为α相，其自由能为p点值G_{p}。当该系统转变为α相和β相的混合物并达到平衡后，α相的成分为x^{α}、β相的成分为x^{β}。平衡时，系统的自由能为m点值G_{m}，故相变的总驱动力为$\Delta G = G_{\mathrm{m}} - G_{\mathrm{p}}$。

2. 相变的初始驱动力

然而在相变刚开始时，α相的成分并未达到平衡态。此时的成分在x附近做微小波动，因而其驱动力与总驱动力不同。设在α相中有少量成分为x^{β}的β相析出，则 1 mol 系统中，B组元的量增加x^{β}，A组元的量减少$(1-x^{\beta})$。从图 9.6 可见，β相自由能低，故析出β相可使体系自由能降低。由$\Delta G^{\alpha} = \mu_{\mathrm{A}}^{\alpha} \mathrm{d}\, x_{\mathrm{A}}^{\alpha} + \mu_{\mathrm{B}}^{\alpha} \mathrm{d}\, x_{\mathrm{B}}^{\alpha}$可知，则系统因析出$\beta$相而降低的自由能为

$$\Delta G^{\alpha} = \mu_{\mathrm{A}}^{\alpha}(1 - x^{\beta}) + \mu_{\mathrm{B}}^{\alpha} x^{\beta} \tag{9-31}$$

此降低自由能用cd段表示。而对β相来说，要从无到有并长大，有一定难度，因体系自由能从0开始增大，增大值为

$$\Delta G^{\beta} = \mu_{\mathrm{A}}^{\beta}(1 - x^{\beta}) + \mu_{\mathrm{B}}^{\beta} x^{\beta} \tag{9-32}$$

此增加的自由能用db段表示。综上两种情况，系统的初始驱动力为$\Delta G^{\beta} - \Delta G^{\alpha} = db - cd = cb$。$cb$段为初始驱动力，箭头指向自由能降低方向。

3. G-x 图中的驱动力应用

如图 9.7 所示，在一定温度下，当 α、β 相为平衡相时，只要成分波动使 ΔG(或 $\Delta\mu$)<0，就能形成新相。若 α 相形成 γ 相的驱动力大于形成稳定的 β 相，即 $\Delta G^{\alpha\to\gamma}>\Delta G^{\alpha\to\beta}$，则可出现亚稳 γ 相和成分为 x^0 的 α 相达成亚稳平衡。在图 9.8 中，按照平衡图，应由两个稳定相 α、β 达成平衡。若成分为 x^0 的 γ 相在 α、β 相转变前就已存在，则 γ 相转变为 β 相，因自由能是升高的(如图 9.8 中箭头所示)。故稳定的 β 相不能形成，即使产生也将溶于 γ 相。直到驱动力较大的 α 相形成后，稳定的 β 相才可形成。

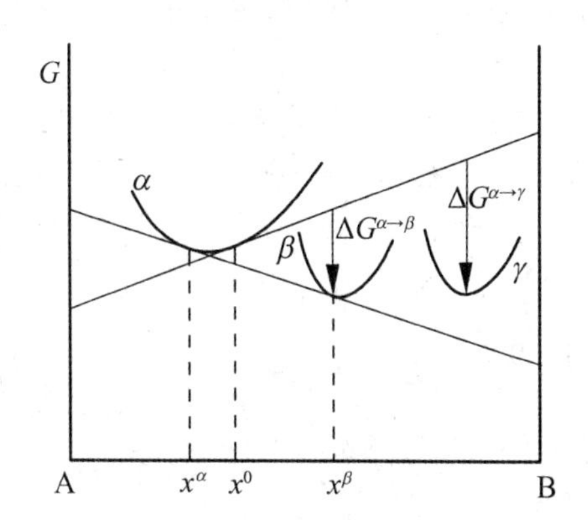

图 9.7 具有很高饱和度时形成亚稳相的驱动力(引自徐祖耀，2005)

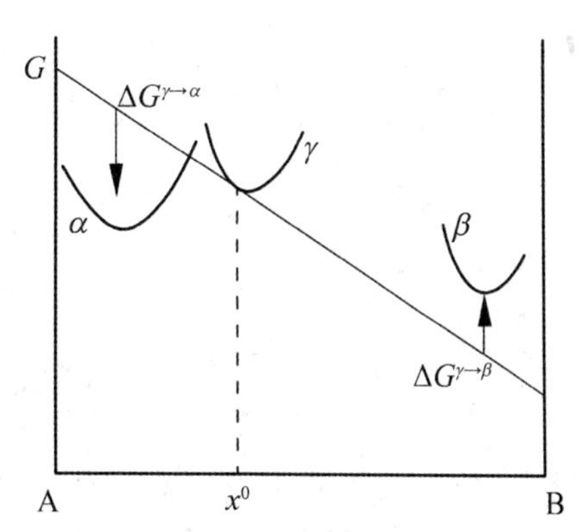

图 9.8 先存在亚稳 γ 相时，在 α 相未形成前，稳定的 β 相不能形成(引自徐祖耀，2005)

综上所述，相变的驱动力为相变前后的化学势差 $\Delta\mu$(或 ΔG)。在封闭系统中，相变可自发地从处于高化学势的相向低化学势的相转变，直到两相的化学势相等而达到平衡。然而，系统要发生相变，除了存在 $\Delta\mu$(或 ΔG)外，往往还需要外界条件的参与。这些外界条件对驱动力的产生有一定影响。常见的外界条件有温度、压力或浓度。

9.3.5 相变的外界条件

1. 温度

根据式(9-12)，系统在组分不变、恒压，其他功为 0 时，$dG=-SdT$，则

$$\left(\frac{\partial G}{\partial T}\right)_p=-S \tag{9-33}$$

由热力学第三定律：纯物质的完美晶体在 0 K 时，熵 $S=0$；温度升高，熵 S 增大，则

$$\left(\frac{\partial G}{\partial T}\right)_p=-S<0 \tag{9-34}$$

将式(9-34)在压强不变的条件下对温度求导。因温度升高，S 增加且 $S>0$，故

$$\left(\frac{\partial^2 G}{\partial T^2}\right)_p=-\left(\frac{\partial S}{\partial T}\right)_p<0 \tag{9-35}$$

由数学知识：一个在闭区间$[a, b]$上连续且在(a, b)内具有一阶、二阶导数的函数 $f(x)$，若 $f''(x)>0$，则 $f(x)$ 的图形在$[a, b]$上是凹的；若 $f''(x)<0$，则 $f(x)$ 在$[a, b]$上图形是凸的。由此，式(9-35)表明上述系统的 Gibbs 自由能-温度(G-T)曲线是凸的。结合式(9-34)，图9.

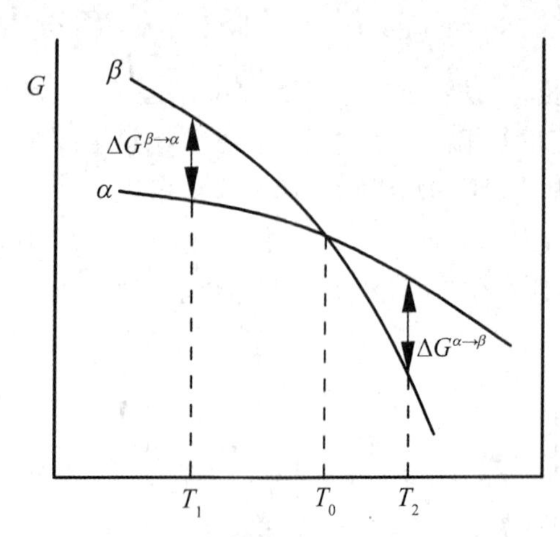

图 9.9 α、β 相的自由能-温度曲线示意图（ΔG 为相变驱动力）

9 示意了 G 与 T 的关系。

图 9.9 中，$T=T_0$ 处，两相的自由能相等 $G^{\alpha}=G^{\beta}$。T_0 为 α、β 相的理论转变温度。但实际转变往往不在 T_0 处，因驱动力 $\Delta G=0$。系统只有在一定的过冷度（$\Delta T=T_0-T_1$）或过热度（$\Delta T=T_0-T_2$）情形下，才能获得转变所需的驱动力（即自由能差 ΔG）。当 $T<T_0$ 时，$G^{\alpha}<G^{\beta}$，β 相的自由能高，故要转变为 α 相；当 $T>T_0$ 时，$G^{\alpha}>G^{\beta}$，α 相的自由能高，故要转变为 β 相。

我们也可从另一角度得出与上面一样的结论。在等温、等压下有 $\Delta G=\Delta H-T\Delta S$。系统达到平衡时，$\Delta G=0$，即 $\Delta H-T_0\Delta S=0$（T_0 为相变温度，ΔH 为相变热），整理后得

$$\Delta S=\frac{\Delta H}{T_0} \tag{9-36}$$

系统在非平衡温度 T 时，有 $\Delta G=\Delta H-T\Delta S\neq 0$。假设 ΔH、ΔS 不随温度而变化，将式（9-36）代入 $\Delta G=\Delta H-T\Delta S$ 中，得

$$\Delta G=\Delta H-T\frac{\Delta H}{T_0}=\frac{T_0-T}{T_0}\Delta H=\frac{\Delta T}{T_0}\Delta H \tag{9-37}$$

要使相变自发进行，则需 $\Delta G<0$ 即 $\Delta T\Delta H/T_0<0$。

（1）若相变过程放热（如结晶），$\Delta H<0$。要使 $\Delta G<0$，则 $\Delta T=T_0-T>0$，即 $T<T_0$。此时，实际相变温度 T 比理论相变温度 T_0 低，即过冷（supercooling），相变过程才能自发进行，如图 9.9 中的 T_1。

（2）若相变过程吸热（如熔融），$\Delta H>0$。则 $\Delta T=T_0-T<0$，即 $T>T_0$。此时，实际相变温度 T 比理论相变温度 T_0 高，即过热（superheating），相变才能自发进行，如图 9.9 中的 T_2。

过冷或过热都会导致亚稳相的形成。图 9.10 示意了单元系统在降温产生一定过冷度时，相平衡线（实线）产生移动的情形。虚线为实际相变界线。实线和虚线之间的区域为亚稳区。升温产生过热的界线在相平衡线的上方。无论过冷还是过热产生的亚稳区，其范围的大小与 ΔT 的大小有关。ΔT 大，亚稳区的范围也较大。

由上述可见，以上情形与前面的 $G-T$ 曲线是一致的。$G-T$ 曲线或式（9-37）表明过冷度（过热度）ΔT 越大，相变的驱动力 ΔG 越大，这有利于相变的进行。

2. 压强

系统在恒温、可逆、非体积功为零时：$\mathrm{d}G=V\mathrm{d}p$。由 $pV=nRT$ 得 $V=nRT/p$。对 1 mol 理想气体，将 V 的代数式代入 $\mathrm{d}G=V\mathrm{d}p$ 中，并积分：

$$\Delta G=\int_{G_1}^{G_2}\mathrm{d}G=\int_{p_1}^{p_2}\frac{RT}{p}\mathrm{d}p=RT\ln\frac{p_2}{p_1} \tag{9-38}$$

当过饱和蒸气压为 p_1 的气相能自发凝聚成液相或固相时（设平衡蒸气压强为 p_0），有

$$\Delta G = RT\ln\frac{p_0}{p_1} < 0 \qquad (9-39)$$

式(9-39)表明系统的饱和蒸气压p_1大于平衡蒸气压p_0($p_1 > p_0$)时,气相能自发凝聚成液相或固相。这里,过饱和蒸气压差$\Delta p = p_0 - p_1$为相变的推动力。

3. 浓度

对溶液而言,它与压强相似。可以用浓度c代替式(9-39)中的压强p:

$$\Delta G = RT\ln\frac{c_0}{c_1} < 0 \qquad (9-40)$$

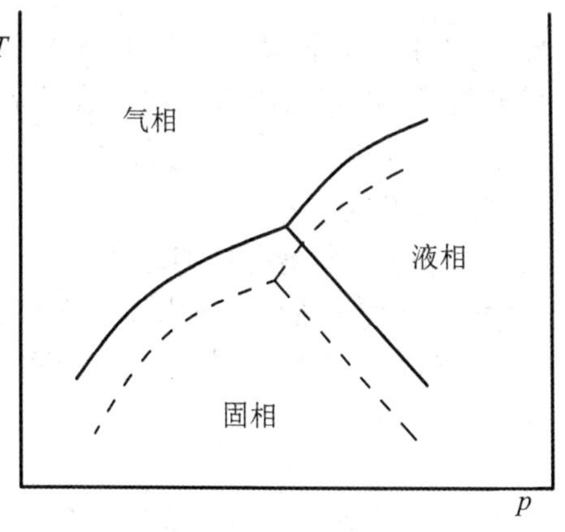

图9.10 单元系统降温时的相变(实线为平衡相变线;实线和虚线之间的区域为亚稳区;升温时,虚线在实线上方)(引自陆佩文,1991)

同样,要使溶液自动结晶,$\Delta G < 0$,即$c_0 < c_1$。这表明溶液要结晶,需要有一定的过饱和度。过饱和浓度的差值$\Delta c = c_0 - c_1$为相变的推动力。

综上所述,相变要发生,则系统需有一定的过冷(过热)度ΔT、过饱和蒸气压Δp和过饱和浓度Δc。ΔT、Δp、Δc大,则系统相变的驱动力大,相变容易发生。因此,我们可用ΔT、Δp、Δc来表示相变驱动力。ΔT、Δp、Δc可统称为表观驱动力,而相变驱动力本质上仍是ΔG或$\Delta\mu$。当然,以上这些ΔT、Δp、Δc或ΔG、$\Delta\mu$是从热力学角度来说的。从动力学角度说,相变要发生,则还需越过一定的势垒。

4. 相变势垒

相变势垒是指在相变时,改组晶格或产生切变所必须克服的原子间引力。要克服该势垒,可通过原子的热振动、机械应力(如塑形变形)使原子离开平衡位置,进而发生相变。势垒高低可近似用激活能表示,这与扩散相似(图7.19)。激活能大,相变势垒高,相变不易发生,反之相变易发生。

下面,我们按照相变方式介绍一些典型的相变。我们以液-固、固-固相变为例来介绍形核-长大型相变。而以玻璃的分相(即液-液相变)介绍Spinodal型相变。形核-长大型需要先形核,然后核长大。晶核是否能形成并稳定存在,对相变的发生起着至关重要的影响。因此,我们先来了解一下相变时晶核的形成。

9.4 晶核的形成和生长

9.4.1 形成的热力学条件

液滴或气泡内的饱和蒸气压p_r与平液面饱和蒸气压p的关系可用Kelvin公式表示:

$$RT\ln\frac{p_r}{p} = \frac{2\sigma M}{\rho r} \qquad (9-41)$$

式中,r为液滴半径;T是温度;其余参数为常数。开尔文公式也可近似地用来描述晶体的溶解度。由于刚开始结晶时的晶核非常小,故假设最初析出的晶核为球形。半径为r的晶核溶解度E_r与大晶粒溶解度E的关系为

$$RT\ln\frac{E_r}{E} \propto \frac{1}{r} \qquad (9-42)$$

由上述可见，晶核越小(r越小)，晶核的溶解度E_r越大。而最初形成的晶核非常小，故晶核的溶解度E_r非常大，所以最初形成的晶核会很快溶解。核不能稳定存在，相变也就不能发生。晶核只有足够大，溶解度下降时，它才会在相应条件下稳定存在并长大。那晶核到底要多大才能稳定存在呢？

系统由一相变为两相时，能量有增加，也有下降。系统过冷度$\Delta T \neq 0$时，系统具有结晶趋势，故结晶会导致系统自由能下降即$\Delta G_1 < 0$。而新相的形成使系统增加了新的界面(如固液界面)，这需要对系统做功，从而导致系统的自由能升高即$\Delta G_2 > 0$，结果系统的总自由能变化ΔG为

$$\Delta G = \Delta G_1 + \Delta G_2 + \Delta G_3 \tag{9-43}$$

而$\Delta G_1 = V\Delta G_V < 0$，$V$为新相体积、$\Delta G_V$为单位体积中旧相和新相间的自由能之差$G_{固} - G_{液}$(以液相结晶为例)。$\Delta G_2 = A\gamma > 0$，其中$A$为新相的总表面积，$\gamma$为新相界面能。此外，原子在新相中重新排列时所占体积与在母相中的体积不同，从而受到阻碍产生应变能ΔG_3。应变能阻碍相变进行，故$\Delta G_3 > 0$。但母相为液体或气体时，ΔG_3可忽略。在此，我们只考虑液固相变，忽略应变能。这样，式(9-43)可写为

$$\Delta G = V\Delta G_V + A\gamma \tag{9-44}$$

设晶核为球形，单位体积个数为n，则ΔG可改写成：

$$\Delta G = \frac{4}{3}\pi r^3 n\Delta G_V + 4\pi r^2 n\gamma \tag{9-45}$$

用式(9-37)替换ΔG_V：

$$\Delta G = \frac{4}{3}\pi r^3 n \frac{\Delta T}{T_0}\Delta H + 4\pi r^2 n\gamma \tag{9-46}$$

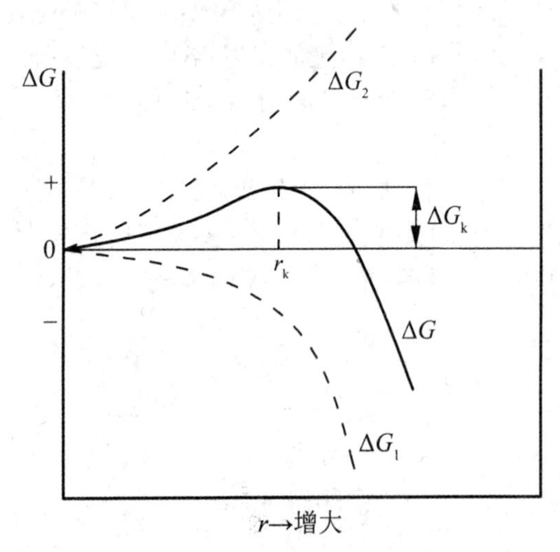

图9.11 晶核大小与Gibbs自由能的关系示意图(引自陆佩文,1991)

式(9-46)表明相变自由能ΔG是晶核半径r、过冷度ΔT的函数。ΔG与晶核半径r的关系如图9.11所示。

在某一温度下，当晶核半径r较小时，新相界面能ΔG_2的增加大于相变自由能ΔG_1的减少。这样，系统总的自由能ΔG增加($\Delta G>0$)，故晶核不能稳定存在而消失。当晶核半径r达到一定程度时(如r_k)，系统总的自由能ΔG开始发生变化：$r<r_k$时，晶核半径r越小，系统总的自由能越小，晶核的消失有利于系统的稳定。而$r>r_k$时，ΔG开始减小。r越大，ΔG越小，直到$\Delta G<0$。这说明，在晶核半径$r>r_k$时，晶核越大，越易保存下去。因而，r_k被称为临界半径。将式(9-46)对半径r求导：

$$\frac{\mathrm{d}\Delta G}{\mathrm{d}r} = 4\pi r_k^2 n \frac{\Delta T}{T_0}\Delta H + 8\pi r_k n\gamma = 0 \tag{9-47}$$

整理得

$$r_k = -\frac{2\gamma T_0}{\Delta T \Delta H} = -\frac{2\gamma}{\Delta G_V} \tag{9-48}$$

其中 $\Delta G_V = \frac{\Delta T \Delta H}{T_0}$，临界半径$r_k$ 表示体系自由能 ΔG 从升高向降低转变时所对应的晶核半径值。

(1) r_k越小，晶核越稳定，新相越易形成。设想r_k为无穷大，则晶核要想稳定存在并长大，其半径要大于无穷大。显然这是不可能的，即晶核一旦形成就很快消失。相反，若r_k为零，只要有晶核形成，其半径肯定大于零，此时的晶核很容易形成并稳定存在。以上两种极端情况，仅用于举例说明r_k越小，晶核越稳定，实际并没有这两种极端情形。半径小于r_k且不能稳定长大的新相称为核胚(embryo)；半径大于r_k且能稳定存在的新相称为晶核(nucleus)。

(2) 式(9-48)中，其他参数不变时，过冷度 ΔT 趋近于零(即温度接近理论相变温度T_0)，r_k趋向于无穷大，这时的系统不发生相变。在式(9-48)中，γ 和T_0大于零。而结晶是放热过程，$\Delta H<0$，所以 $\Delta T>0$，即要过冷。ΔT 大，晶核r_k小，相变容易发生。

(3) 用式(9-48)中的r_k代替式(9-45)中的 r，得到形成r_k的晶核时，系统的ΔG_k为

$$\Delta G_k = \frac{4}{3}\pi r_k^3 n \Delta G_V + 4\pi r_k^2 n\gamma$$

$$\Delta G_k = \frac{4}{3}\pi\left(-\frac{2\gamma}{\Delta G_V}\right)^3 n\Delta G_V + 4\pi\left(-\frac{2\gamma}{\Delta G_V}\right)^2 n\gamma$$

$$\Delta G_k = -\frac{32}{3}\frac{\pi n\gamma^3}{\Delta G_V^2} + 16\frac{\pi n\gamma^3}{\Delta G_V^2} = \frac{16}{3}\frac{\pi n\gamma^3}{\Delta G_V^2} = \frac{1}{3}A_k\gamma \tag{9-49}$$

其中 $A_k = 16\frac{\pi n\gamma^2}{\Delta G_V^2}$，$\Delta G_k$ 为形核势垒，它表示要形成r_k 大小的晶核，需要对系统做的功。形核势垒ΔG_k 的值为新相界面能的 1/3。半径 $r \geqslant r_k$ 的晶核摩尔分数可表示为

$$\frac{n_k}{n} = \exp\left(-\frac{\Delta G_k}{k_B T}\right) \tag{9-50}$$

式(9-50)表明：在单位体积晶核数 n 不变的情况下，形核势垒ΔG_k下降，大于或等于r_k的晶核数目n_k将增加。

(4) 过冷度 ΔT 与形核势垒 ΔG_k 的关系。将式(9-48)中用到的 $\Delta G_V = \frac{\Delta T \Delta H}{T_0}$ 代入式(9-49)得

$$\Delta G_k = \frac{16}{3}\frac{\pi n\gamma^3}{\left(\frac{\Delta T}{T_0}\Delta H\right)^2} = \frac{16}{3}\frac{\pi n\gamma^3 T_0^2}{\Delta T^2 \Delta H^2} \tag{9-51}$$

由此式可知

$$\Delta G_k \propto \frac{1}{\Delta T^2} \tag{9-52}$$

式(9-52)表明过冷度 ΔT 增加，形核势垒ΔG_k下降。结合式(9-50)，ΔT 增加，则系统中大于或等于r_k的晶核比例增加，相变容易发生。

晶核的形成主要有两种基本形式——均匀形核和非均匀形核。

9.4.2 均匀形核

均匀形核(homogeneous nucleation)是指在均匀的单相体系中,晶核的形成概率处处相同的形核方式。当临界晶核形成后,母相中的原子逐步扩散到核胚上,使其成为稳定晶核并长大。因此,人们常用形核速率来描述核的形成。

单位时间、单位体积内形成的晶核数称为形核速率I_v。影响形核速率的因素主要有:单位体积的母相中,形成r_k的晶核数目n_k;单位时间内,母相中转移到晶核上的原子数目f_0。

f_0又与以下因素有关:晶核周围近邻的原子数s;原子的振动频率ν;原子跳出平衡位置的激活能ΔG_m;原子的跃迁成功概率P。

$$f_0 = s\nu P\exp\left(-\frac{\Delta G_m}{k_B T}\right) \tag{9-53}$$

形核速率I_v可表示为$I_v = n_k f_0$。将式(9-50)中的n_k代入I_v得

$$I_v = ns\nu P\exp\left(-\frac{\Delta G_k}{k_B T}\right)\exp\left(-\frac{\Delta G_m}{k_B T}\right) \tag{9-54}$$

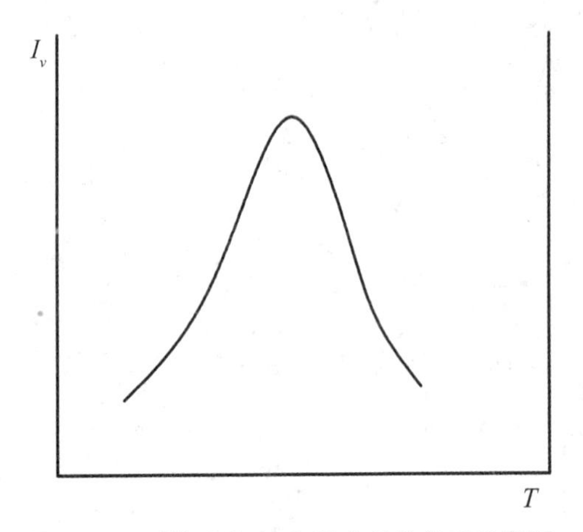

图9.12 形核速率I_v与温度T的关系示意图

过冷度ΔT主要影响ΔG_k,并且$\Delta G_k \propto 1/\Delta T^2$。温度高,则$\Delta T$低,$\Delta G_k$大,故$\exp[-\Delta G_k/(k_B T)]$小;但温度高,原子能量高,它们跳出平衡位置容易,故其激活能ΔG_m低,$ns\nu P\exp[-\Delta G_m/(k_B T)]$的值大,所以式(9-54)中的两个指数项随温度的变化趋势相反。这导致形核速率I_v在一定的温度下具有极大值(图9.12)。

9.4.3 非均匀形核

非均匀形核(heterogeneous nucleation)是指借助于界面、微粒、裂纹及各种催化位置而形成晶核的方式。晶核的产生要形成新的液-固界面,这需要消耗能量。如果晶核依附于已有界面,则高能量的晶核与液体界面就被低能量的晶核与基底界面所取代。由此看来,非均匀形核应该比均匀形核容易。

如图9.13所示,设在基底M上形成球冠状新相晶核S,球半径为r,接触角为θ。γ_{SL}为S与液体L之间的界面能,γ_{SM}为S与M之间的界面能,γ_{LM}为L与M之间的界面能。该形核的过程与5.4.3节界面的润湿相似。结晶前后的自由能变化ΔG_S为新增界面能与旧界面能之差,加上形成体积为V_s的球冠产生的自由能差,故

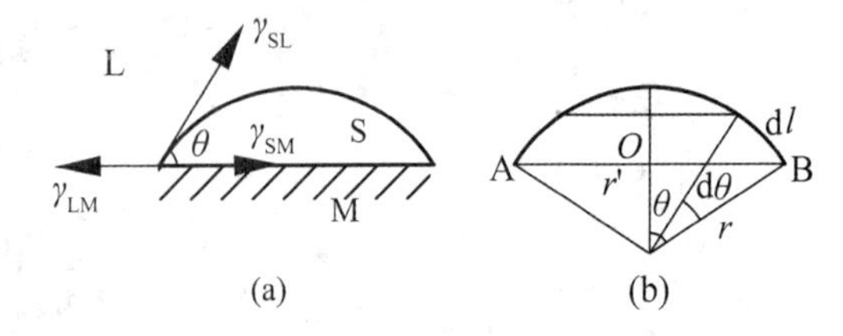

图9.13 非均匀形核球冠模型

$$\Delta G_S = n(A_{SL}\gamma_{SL} + A_{SM}\gamma_{SM}) - nA_{SM}\gamma_{LM} + V_s\Delta G_V n \tag{9-55}$$

式中,A_{SL}为S与L的接触面积;A_{SM}为S与M的接触面积;n为单位体积中的球冠形晶核数目。

1. 求球冠体积V_s

根据立体几何知识，图 9.13 所示球冠的体积为

$$V_s = \frac{\pi r^3}{3}(2 - 3\cos\theta + \cos^3\theta) \tag{9-56}$$

2. 求晶核与液相的表面积A_{SL}

为了用积分法求球冠的表面积，我们画了图 9.13(b)。球冠底部的周长 $c = 2\pi r' = 2\pi r \sin\theta$($r'$ 为AO 或OB 之长)。对弧形有 $dl/r = d\theta$，所以 $dl = r d\theta$。面积的微元 $dA_{SL} = c dl = 2\pi r \sin\theta r d\theta$，积分后有

$$A_{SL} = \int_0^\theta 2\pi r^2 \sin\theta d\theta = 2\pi r^2(1 - \cos\theta) \tag{9-57}$$

3. 求晶核与基底的接触面积A_{SM}

该表面积为 $A_{SM} = \pi r'^2$，则

$$A_{SM} = \pi(r\sin\theta)^2 = \pi r^2 \sin^2\theta \tag{9-58}$$

再利用 Young's 方程，当 L、S、M 的表面张力达到平衡时，有

$$\gamma_{LM} = \gamma_{SL}\cos\theta + \gamma_{SM} \tag{9-59}$$

将式(9-56)、式(9-57)、式(9-58)和式(9-59)代入式(9-55)，整理得

$$\Delta G_S = \left(\frac{\pi r^3}{3}\Delta G_V + \pi r^2 \gamma_{SL}\right) n(2 - 3\cos\theta + \cos^3\theta) \tag{9-60}$$

将式(9-60)对 r 求导，并令$(d\Delta G_S)/dr=0$ 求极大值，得 $r_k^* = -2\gamma_{SL}/(\Delta G_V)$，这是非均匀形核的临界半径，与式(9-48)均匀形核的临界半径表达式相似。将 r_k^* 代入式(9-60)中可获得非均匀形核的临界形核势垒ΔG_k^*。为简便起见，用 γ 代替γ_{SL}：

$$\Delta G_k^* = \left[\frac{1}{3}\pi\left(-\frac{2\gamma}{\Delta G_V}\right)^3 \Delta G_V + \pi\left(-\frac{2\gamma}{\Delta G_V}\right)^2 \gamma\right] n(2 - 3\cos\theta + \cos^3\theta) \tag{9-61}$$

整理得

$$\Delta G_k^* = \frac{1}{3}\pi\frac{4n\gamma^3}{\Delta G_V{}^2}(2 - 3\cos\theta + \cos^3\theta) \tag{9-62}$$

这是非均匀形核的势垒。均匀形核的势垒见式(9-49)。为比较ΔG_k^* 与ΔG_k的关系，我们在ΔG_k^* 的表达式中凑出与均匀形核势垒ΔG_k类似的项：

$$\Delta G_k^* = \frac{\pi}{3}\times\frac{4\times 4n\gamma^3}{4\,\Delta G_V^2}(2 - 3\cos\theta + \cos^3\theta) = \frac{\pi}{3}\,\frac{16n\gamma^3}{\Delta G_V^2}\,\frac{(2 - 3\cos\theta + \cos^3\theta)}{4} \tag{9-63}$$

所以 $$\Delta G_k^* = \Delta G_k\frac{(2 - 3\cos\theta + \cos^3\theta)}{4} = \Delta G_k\frac{(2 + \cos\theta)(1 - \cos\theta)^2}{4} \tag{9-64}$$

当 $\theta = \pi$ 时，$\Delta G_k^* = \Delta G_k$，非均匀形核所需形核与均匀形核相等，即基底对形核无影响。

当 $\theta = 0$ 时，$\Delta G_k^* = 0$，基底赋予了系统较多的能量，外界不需要再对其做功，即可成核。

通常，$\theta = 0 \sim \pi$，$\Delta G_k^* < \Delta G_k$，即非均匀形核所需形核功小于均匀形核的功，故形核势垒低。这说明非均匀形核比均匀形核容易，故在需要结晶时，人们往往要加入一些晶种。比如，

在陶瓷结晶釉中，常加入硅酸锌、硅酸锆作核化剂。从接触角 θ 方面来看，晶核 S 对晶核剂（即基底 M）的接触角越小，越有利于晶核的形成。

与均匀形核一样，非均匀形核的形核功与过冷度 ΔT 也存在以下关系：$\Delta G_k^* \propto 1/(\Delta T^2)$。$\Delta T$ 增大，非均匀形核的 ΔG_k^* 也下降。但在形核功相同（$\Delta G_k^* = \Delta G_k$）情况下，因非均匀形核的形核功中有 $(2+\cos\theta)(1-\cos\theta)^2/4$ 这一小于 1 的项，故非均匀形核的过冷度 ΔT^* 小于均匀形核的过冷度 $\Delta T(\Delta T^* < \Delta T)$。或者说，过冷度 ΔT 一样时，非均匀形核的形核功较小即 $\Delta G_k^* < \Delta G_k$。

系统中的杂质、裂纹、空隙、点缺陷和界面，甚至气泡都可作为非均匀形核的基底。因此，非均匀形核产生相变非常普遍。稳定晶核形成以后，其他原子不断扩散到晶核上而使新相长大。

9.4.4 晶体的生长

形成稳定晶核后，母相中的质点（如原子、离子、分子）按晶体空间结构的规律不断地堆积到晶核上，使晶核生长。晶体生长速率 u 定义为单位时间内晶核生长的线性长度。它也受到过冷度 ΔT、过饱和度 Δc 等因素的影响。

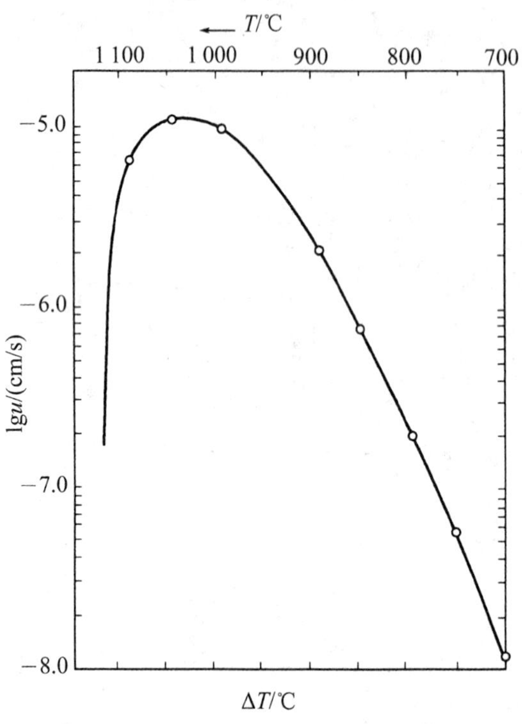

图 9.14 GeO_2 的生长速率 u 与过冷度 ΔT 的关系曲线（引自 Kingery, 2010）

MIT 的 Donald R. Uhlmann 等研究过 GeO_2 的生长速率 u 与过冷度 ΔT 的关系（图 9.14），可见 u 与形核速率 I_v 一样存在极大值。在熔点时，晶体的生长速率为零。随着过冷度增大，u 增加到最大值。进一步冷却时，熔液黏度增大，母相中的质点扩散较难，u 下降。在 ΔT 较小的高温区，u 主要由相变结晶控制，因而 ΔT 增大，u 也增大。而在 ΔT 较大的低温区，u 主要由扩散控制，低温不利于扩散，故生长速率 u 下降。

9.4.5 总结晶速率

总结晶速率将形核和晶体的生长结合起来。人们常用结晶过程中，析出晶体的体积分数和结晶时间的关系来表示总结晶速率。

设一物相 α 过冷到与它平衡的新相 β 的稳定区。维持一段时间 t 后，析出 β 的体积 V_β，母相 α 余下的体积为 V_α。该相变过程示意如下：

	α 相	$\longrightarrow$	β 相
$t=0$	V		0
$t=t$	$V_\alpha = V - V_\beta$		V_β

由形核速率 I_v 的定义，$\mathrm{d}t$ 时间内形成 β 的粒子数 $N_t = V_\alpha I_v \mathrm{d}t$。再设 β 为球形（一个 β 粒子的体积 V_β），u 为 β 的生长速率（单位时间内球半径的增长），且 u 与 t 无关，则在 $\mathrm{d}t$ 时间内，β 的体积 $\mathrm{d}V_\beta$ 可表示为

$$\mathrm{d}V_\beta = V_\beta N_t = \frac{4\pi}{3} r^3 V_\alpha I_v \mathrm{d}t \tag{9-65}$$

由 β 的生长速率 u 的定义，$r = ut$，将其代入式(9-65)得

$$dV_{\beta} = \frac{4\pi}{3} u^3 t^3 V_{\alpha} I_v dt \tag{9-66}$$

在相变初期，晶核间距很大时，相邻晶核间的影响可忽略，并且 V_{β} 很小，$V_{\alpha} = V - V_{\beta} \approx V$，故式(9-66)可改写为

$$dV_{\beta} = \frac{4\pi}{3} u^3 t^3 V I_v dt \tag{9-67}$$

对上式积分(设 I_v、u 为常数，给定系统的 V 是常数)：

$$\frac{V_{\beta}}{V} = \frac{4\pi}{3} u^3 I_v \int_0^t t^3 dt = \frac{\pi}{3} I_v u^3 t^4 \tag{9-68}$$

式(9-68)即为我们在第6章提到的式(6-4)，它适用于相变初期。随着相变的进行，I_v、u 开始与时间有关，而且 $V_{\alpha} = V - V_{\beta} \neq V$。因此，1940年前后，Melvin Avrami 等对其进行了修正，得到下式：

$$\frac{V_{\beta}}{V} = 1 - \exp\left(-\frac{\pi}{3} I_v u^3 t^4\right) \tag{9-69}$$

上式称为 Johnson-Mehl-Avrami-Kolmogorov 或 JMAK 方程。这种方程最初是由 Kolmogorov 在1937年得出的。随后，Avrami 对此做了研究，并在1939—1941年间发表了一系列论文。因而常称式(9-69)为 Avrami 方程。后来，I. W. Christion 对其做了进一步修正后导出下式：

$$\frac{V_{\beta}}{V} = 1 - \exp\left(-\frac{\pi}{3} I_v u^3 t^n\right) \tag{9-70}$$

式(9-70)为 Avrami 方程的一般形式，其中的 n 为 Avrami 指数。当 I_v 随时间 t 而下降时，$n \in [3, 4]$；当 I_v 随时间 t 而增大时，$n > 4$。式(9-70)描述了新相体积分数随时间 t 的变化呈 s 形曲线的变化趋势(图 9.15)。

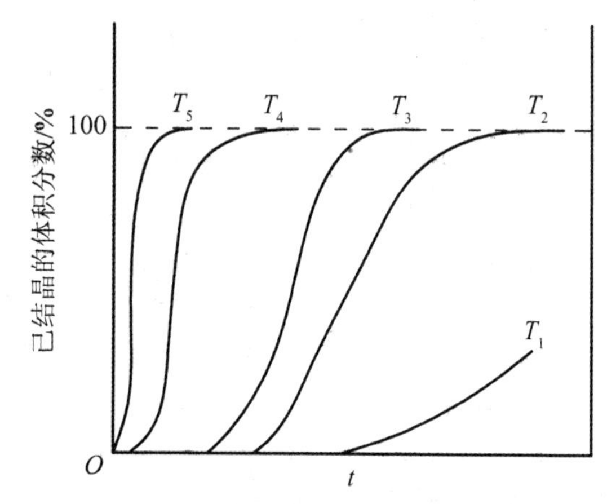

图 9.15 不同温度下的结晶体积分数示意图(温度 $T_1 > T_2 > T_3 > T_4 > T_5$)(引自徐祖耀，1986)

图 9.15 表明，相变曲线均以 $V_{\beta}/V = 100\%$ 的水平线为渐近线。刚开始结晶时，I_v 的影响较大，u 的影响小，故曲线较平缓。这个阶段主要为下一步的相变创造条件，称为孕育期或诱导期。图 9.15 还表明温度高，孕育期长。中间阶段由于大量晶核已形成，因而核生长速率 u 的影响较大，而且是以 u^3 对 V_{β}/V 产生影响，故曲线较陡，V_{β}/V 迅速增大。相变后期，新相已大量形成，V_{β}/V 增加较慢，直至接近100%。

在熔液的形核、生长过程中，若尽可能地降低形核速率 I_v 或者使核的生长受到抑制，则可能会获得玻璃态的物质(请参见 6.5.2 节)。那么质点是如何在晶核上进行堆砌并产生规则外

形的呢?

9.4.6 质点的堆砌与晶体长大

晶体具有自限性,即晶体具有在适当条件下能自发地形成封闭几何多面体外形的性质。在相变初期,稳定的晶核形成后,母相中的其他质点该优先堆砌在晶核上的哪些位置,而使晶核长大呢?对此,许多学者提出了各自的看法。其中德国学者 Walther Ludwig Julius Kossel (1888—1956 年)等提出的理论是最早的晶体生长理论。

1. Kossel-Stranski 模型

1927 年 Kossel 和 1928 年 Ivan Nikolov Stranski 从不同角度研究了晶体的生长。他们的模型有许多相似之处而合称为 Kossel-Stranski 模型。

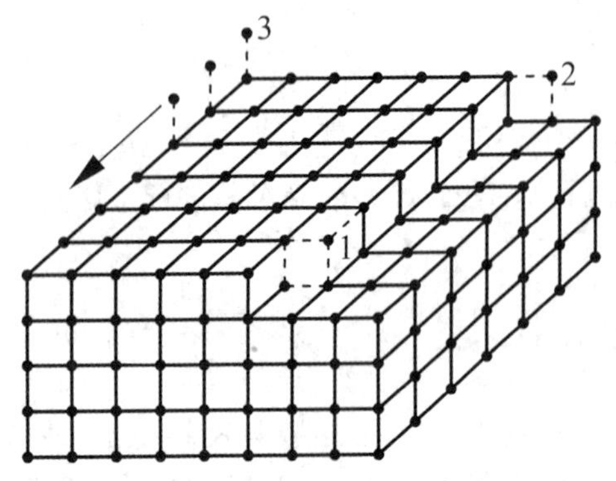

图 9.16 Kossel-Stranski 模型堆砌示意图

图 9.16 为该模型的示意图。根据质点(原子、离子或分子)间距离的大小,晶核上有三种典型位置供其他母相质点来堆砌:位置 1(三面凹角)有 3 个最临近质点,故新质点在此受到的吸引力最大。位置 2(二面凹角)有 2 个最临近质点,新质点在此受到的吸引力比位置 1 小。新质点在位置 3 只被一个最临近质点吸引。由此可见,新质点在向晶核堆砌时,优先堆砌在位置 1,其次是位置 2,最后才是位置 3。

当新质点把晶核上一个行列的三面凹角堆满后,开始堆砌在另一个行列的二面凹角位置。新质点一旦在二面凹角堆砌后,就又形成了新的三面凹角。如此循环,一个行列、一个行列地不断向右推进,直到把该层面网堆满。在没有位置 1 或 2 的晶面上,相对来说,角顶(位置 3)附近接受新质点的概率最大,其次是晶棱,最后是晶面。因此,新质点在位置 3 堆砌后,接着按图中箭头所指方向在晶棱堆砌。这样,二面凹角就形成了。如此不断反复,又堆满一层。

Kossel-Stranski 模型主要针对晶体在理想情况下的生长。但它可以解释晶体是如何形成面平、棱直的多面体形态的,还能解释面角守恒定律。

然而在自然界中,晶体的生长往往并非处于理想状况。质点在堆砌时,也并不是堆满一层才堆下一层。往往是一层还未堆满,下一层的堆砌又开始了,而且在堆砌时,不仅仅是一个原子一个原子地往晶核上堆砌,也有可能是以线晶(即行列)、面晶(即面网),甚至是以一个晶核的形式堆在另一个晶核上。因此,在 Kossel-Stranski 模型的基础上,一些学者又提出了其他生长理论。

2. 阶梯状生长模型

该模型认为晶体在生长时,质点不是一个一个地附加到晶核上的,而是一块一块地附着到晶核上,也就是一次沉积在一个晶面上的物质层厚度可达几万或几十万个原子层。浓度大、温度低,则物质层越厚。而且,物质层也不是一层一层地堆砌,而是一层未堆完,新的一层又开始了。结果导致晶体表面呈不平坦的阶梯状,如图 9.17 所示。许多晶体存在晶面条纹的事实可看作是对阶梯状生长模型的支持。

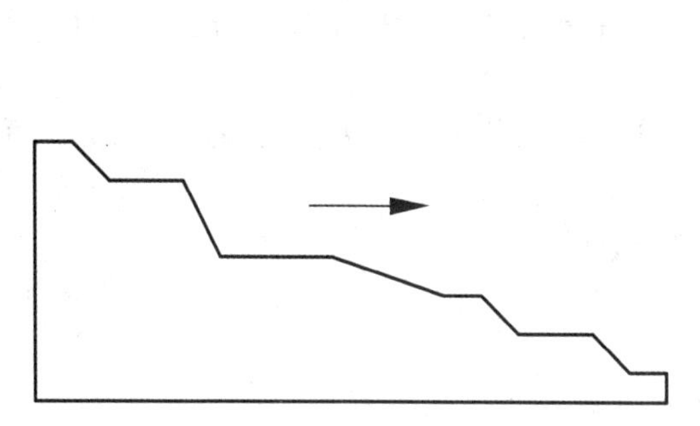

图9.17 晶体阶梯状生长的示意剖面图

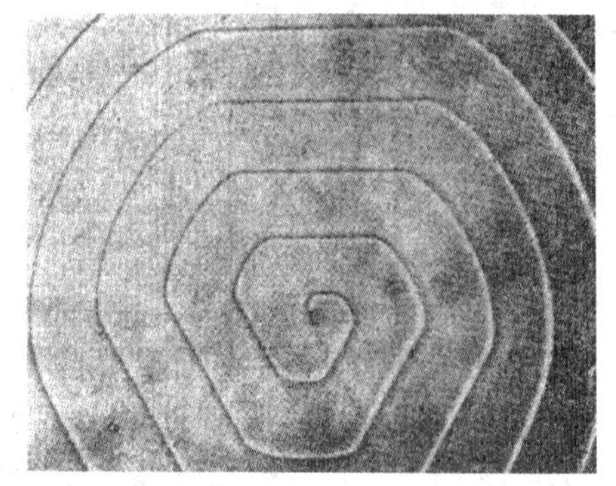

图9.18 SiC晶体表面的螺旋生长(引自赵珊茸,2004)

3. 螺旋生长模型

人们还经常观察到晶体呈螺旋生长,如图9.18所示。对此现象,前面两种模型都不能解释,于是螺旋生长模型被提出。

该模型认为,晶体在生长初期,质点是按照理想生长情况堆砌到晶核上的。随着质点的不断堆砌,某些原因(如杂质、热应力等的存在)使晶格内部产生内应力。当内应力达到一定程度时,晶格便沿着某个面网发生相对剪切位移。如果这种均匀的剪切位移是陡然截止的,则在截止处产生一条位错线而出现螺型位错。位错一旦产生,必然会形成二面凹角。周围其他质点会优先在二面凹角堆砌。在具有螺旋位错的结构中,二面凹角不会因质点的不断堆砌而消失,而是凹角所在位置随质点的堆砌呈螺旋上升。结果整个晶面逐层向外推移,使晶面呈螺旋生长。图9.19示意了这种生长。

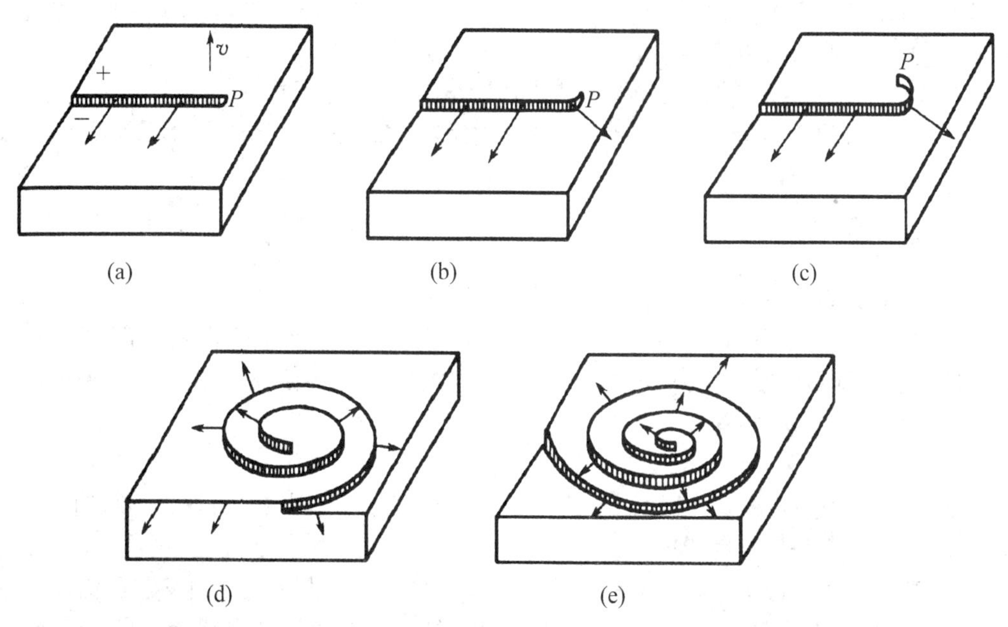

图9.19 (a)与位错露出点 P 相连的台阶,位错具有与表面垂直的伯格斯矢量 b(台阶高度 $h=b\upsilon$,υ为表面上的单位法向矢量);(b)~(e)示意了过饱和条件下的情形(引自Kingery,2010)

晶体生长理论并非只有以上三种,而且这类理论还在发展过程中。

9.4.7 材料的固化方式简介

根据物质的存在状态，可以将晶体或非晶体(统称固体)的形成方式分为以下三种类型。

1. 由液体转变为固体

1) 从熔体中结晶，即熔融态物质在过冷条件下结晶。比如熔融金属的结晶(如共晶、包晶)。炽热的岩浆析出各种矿物晶体属于此类。

2) 从熔体固化为玻璃或非晶态固体，如玻璃的形成。

3) 溶液过饱和结晶也可看作是由液体转变为固体。

(1) 温度下降，物质溶解度下降，达到过饱和时的结晶。

(2) 水分蒸发达到过饱和而析出晶体，如海边晒盐。

(3) 发生化学反应生产难溶物质的晶体。比如在 $BaCl_2$ 和 $TiCl_4$ 的混合溶液中加入草酸，可获得高纯度的 $BaTiO(C_2O_4)\cdot 4H_2O$ 沉淀，再经热处理后获得超细 $BaTiO_3$ 粉末。进而用它来制备 $BaTiO_3$ 介电陶瓷。

(4) 外来物质的引入。比如含有饱和 SiO_2 的水溶液流到石英颗粒的围岩(花岗岩)时，以围岩中的石英颗粒为非均匀形核的核心而长大成新的石英颗粒。

2. 由气体转变为固体

人们将 Fe、Ni 等金属在惰性气体中气化，再凝结成超细或纳米颗粒，以及由 CVD 和 PVD 法制备出的薄膜材料属于此类。

3. 由一种固体转变为另一种结构的固体

(1) 同质多象转变。如 α-Fe 和 γ-Fe 之间的转变；α-石英和 β-石英之间的转变。

(2) 细晶与粗晶的相互转化，比如金属材料中的再结晶。再结晶工艺可消除金属材料在冷加工过程中的影响。

(3) 非晶转变为晶体，也叫脱玻化作用。非晶晶化法制备纳米晶材料是我国学者卢柯院士在 1990 年代初期提出的。

(4) 利用离子轰击、辐照等对晶态物质进行处理而获得非晶态物质。

在以上相的相变或形成方式中，绝大多数晶体都是经过形核和核的生长而形成的。接下来，我们介绍在材料制备中液固相变的一些实例。

9.5 液固相变

9.5.1 金属的凝固

熔炼和凝固是金属材料非常重要的一个加工过程。通过这两个过程，我们可得到铸锭或成型的铸件。铸锭再经冷、热变形可制成各种型材、板材、棒材和线材。铸件和铸锭的凝固组织与结晶过程有着密切关系。

1. 纯金属的晶体长大

在晶体的长大过程中，液-固界面附近的温度分布情况对凝固结晶有很大的影响。一个是正温度梯度，另一个是负温度梯度。

(1) 正温度梯度 $\partial T/\partial x>0$。这是由于结晶释放的热量能很快通过模壁和已结晶的固体向外界散失所致。因此，模壁温度、晶体与液体界面处的温度较液体中心低。当模壁或液-固界面上任何偶然的因素引起小而且伸向液体的凸起时，由于液体温度高、过冷度小，凸起的生长停止。原来没有凸起晶体的部分很快生长而赶上那个偶然的凸起。这使得晶体界面保持了平界面的推移(图 9.20)。

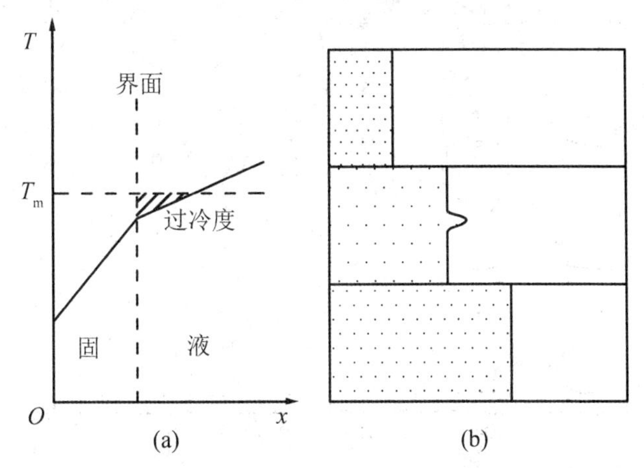

图 9.20 (a)正温度梯度(T_m 为熔点,阴影部分为过冷度);(b)从上到下示意了平界面生长(阴影为晶体,空白为液相)(引自王昆林,2003)

(2) 负温度梯度$\partial t/\partial x<0$。在极缓慢冷却的情况下,液体内的温度分布比较均匀。若液体在模壁或已结晶固体表面形成晶核并长大时,释放较多的潜热使液-固界面处的温度高于周围液体温度,此为负温度梯度现象。

熔液在负温度梯度的环境中,同样任何偶然的因素引起小而且伸向液体的凸起时,由于液体温度低、过冷度大,产生的凸起会继续生长。这会导致一个枝晶的形成。枝晶上也可能会因偶然因素产生另一个新的凸起,新凸起会继续长大,结果晶体形成多级分枝而以枝晶态生长(图 9.21)。

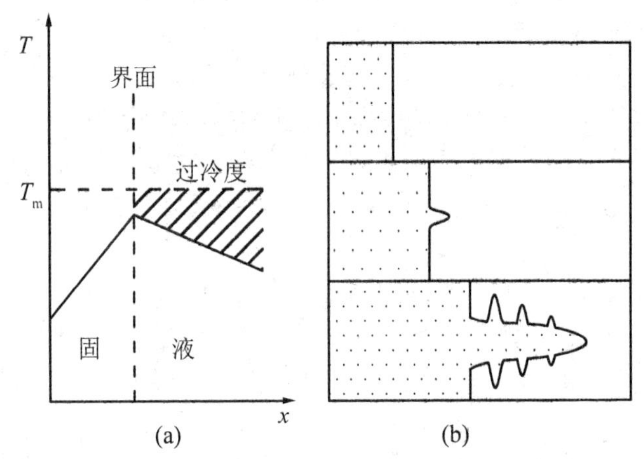

图 9.21 (a)负温度梯度;(b)从上到下示意了枝晶生长(根据王昆林,2003 和潘金生,2011 画出)

2. 固溶体的凝固

这部分的内容,我们已在相平衡一章中的匀晶、共晶和包晶过程中做过介绍。

3. 凝固后的晶粒大小

均匀形核时,晶粒大小取决于形核速率I_v和核的生长速率u。根据式(9-69),t时间内,在单位体积($V=1$)的系统中,析出晶核的体积$V_\beta=V_t$为

$$V_t = 1 - \exp\left(-\frac{\pi}{3} I_v u^3 t^4\right) \tag{9-71}$$

由I_v的定义，在 dt 时间内，在单位体积(V=1)的系统中，析出晶核的数量为I_vdt。在析出V_t体积的晶核后，还有($1-V_t$)体积的系统未形核，则($1-V_t$)体积的系统在 dt 时间内析出的晶核数量 dN = ($1-V_t$) I_vdt，对其积分：

$$N = \int_0^t (1 - V_t)\ I_v \mathrm{d}t \tag{9-72}$$

设I_v是常数，将式(9-71)代入式(9-72)得

$$N = I_v \int_0^t \exp\left(-\frac{\pi}{3} I_v u^3 t^4\right) \mathrm{d}t \tag{9-73}$$

经积分可得

$$N = 0.895 \sqrt[4]{\frac{I_v^3}{u^3}} \tag{9-74}$$

式(9-74)表明形核速率I_v大、生长速率 u 小，则单位体积中的晶粒数多。因堆砌晶核的质点在给定系统中是一定的，故晶粒数多，则每个晶粒所含质点就少，晶粒越细。

对同一材料，I_v、u 都与过冷度 ΔT 有关，如图 9.12 和图 9.14 所示。在一定范围内，ΔT 大，则I_v增加，晶粒变细。比如纯金属和单相合金在凝固成铸锭的初期，铸锭表面与模壁接触，降温较快，过冷度大，因而在表面形成细晶组织区。

由于细小晶粒具有细晶强化作用，因此人们在很多场合往往希望金属材料的晶粒较细。除了通过一定的过冷度外，还有以下一些措施可获得细晶组织。

(1) 变质处理。这是人为加入形核剂(变质剂)来增加非自发晶核形核数目的方法。该方法利用了非均匀形核的原理。比如在金属模中浇注纯铝，晶粒数为 2 个/立方厘米。加入质量分数为 0.2%～0.3%的 Ti 后，晶粒数为 170～180 个/立方厘米，显示出细化效果。常用的变质剂有高熔点金属和化合物，如 Al 中加入 Ti、Nb 和 TiC；Cu 合金中加入 Fe；低合金钢中加入 Ti。

(2) 液体金属的振动。采用机械振动、超声波振动和电磁搅拌可使液态金属在锭模中运动。这可促使依附在模壁上的细晶脱落而进入液体中，接着这些脱落细晶成为结晶核心而获得细小晶粒。此外，这些振动还可使已结晶的粗晶、枝状晶折断，增加结晶的核心，从而细化晶粒。

9.5.2 定向凝固与单晶制备

1. 定向凝固

柱状晶是晶核优先朝一个方向生长而成。面心立方和体心立方晶体具有较大生长速率的是[100]晶向，密排六方晶体为[$10\bar{1}0$] 晶向。柱状晶组织致密并具有各向异性的特点，而且当柱状组织的排列方向与受力方向一致时，其强度较高。因此，具有定向柱状组织的金属铸件在实际中获得了应用，如具有定向柱状组织的汽轮机叶片具有高的高温强度。又比如具有定向柱状组织的磁性铁合金沿[100]方向具有最大的磁导率。要获得柱状晶组织，人们常用定向凝固的方法。

定向凝固主要是采用单向散热。铸件从一端开始凝固，逐步发生沿温度梯度方向的凝固，

如图 9.22 所示。图 9.23 为 Zn-Cu 合金的定向凝固生长图(Cu 的质量分数 0.7%)。

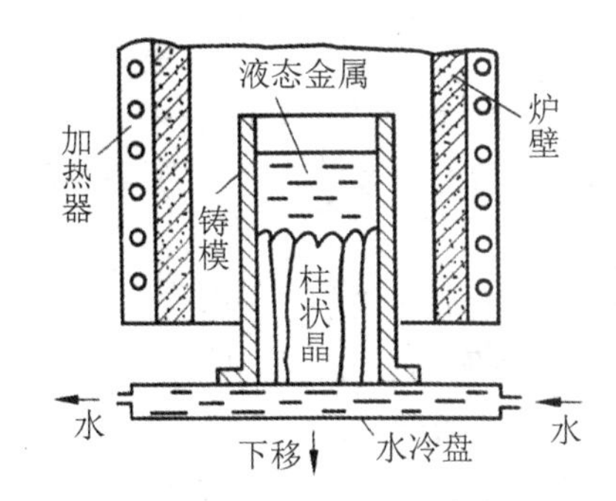

图 9.22 定向凝固示意图(引自潘金生,2011)

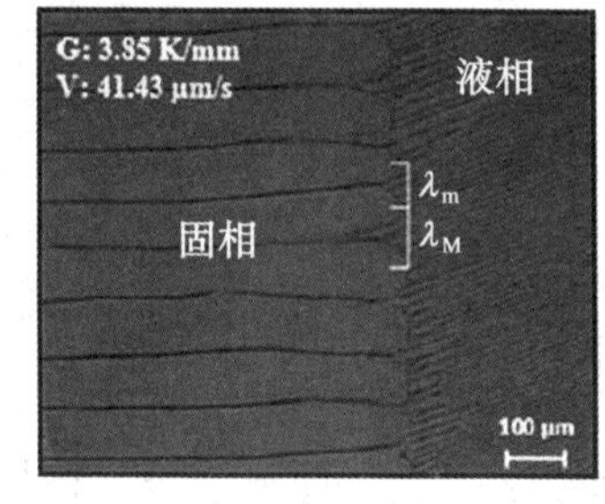

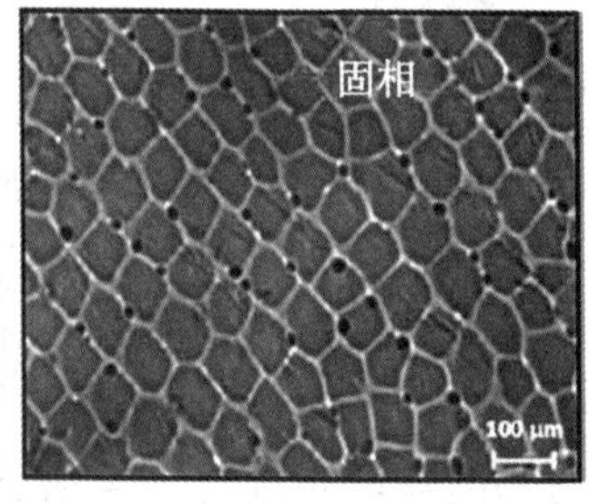

图 9.23 Zn-Cu 合金的定向凝固生长图(右图为左图中固相柱状晶的断面形貌)(引自 Kaya, 2009)

如今,定向凝固方法已成为控制金属基复合材料基体凝固组织的重要手段之一。用该方法可使复合材料中的基体相和增强相沿一定方向生长而得到具有特殊显微结构的高温合金。这种合金在高温下长时间使用时,其热稳定性可保持到熔点附近。

除了在金属材料中获得广泛应用外,定向凝固方法还在无机非金属材料中得到较多的应用。比如,通过定向凝固方法获得的 Al_2O_3/YAG(YAG 为钇铝石榴石)共晶多相复合陶瓷,具有较多优良的性能:空气中于 1 973 K 经 1 000 h 的热处理后,未观察到晶粒生长。这说明定向凝固共晶 Al_2O_3/YAG 复合材料长时间在高温空气中仍是非常稳定的。此外,定向凝固 Al_2O_3/YAG 共晶复合材料的断裂强度还不随温度的升高而变化。人们在对定向凝固 Al_2O_3/YAG 共晶复合材料进行研究后,认为该复合材料具有优良高温强度的原因在于:①(110)单晶 Al_2O_3和(743)单晶 YAG 组成的基体有良好的结晶取向匹配;②在 Al_2O_3相和 YAG 相之间没有容易引起塑性形变的无定形相;③组成共晶复合材料的单晶 Al_2O_3和 YAG 在非常高的温度下是稳定的。因而,定向凝固 Al_2O_3/YAG 共晶复合材料有望成为新的耐热结构材料。

实际上,用提拉法、坩埚下降法和尖端形核法制备的人工晶体采用的都是定向凝固方法。

2. 单晶的制备

生长金属单晶体的方法是 1916 年,波兰化学家 Jan Czochralski(1885—1953 年)在偶然中发明的。他将钢笔尖放入熔融锡中,很快又迅速将笔拿出。结果,他看到笔尖上有很细的固化金属线。经核实,他发现金属线由金属单晶构成,而且单晶体的直径在毫米级。1950 年,Bell 实验室采用 Czochralski 法制备了单晶 Ge,为半导体做出了贡献。后来,人们在制备单晶 Si 时引入一个核芯。液体中的其他质点在核芯上堆砌成单晶 Si。

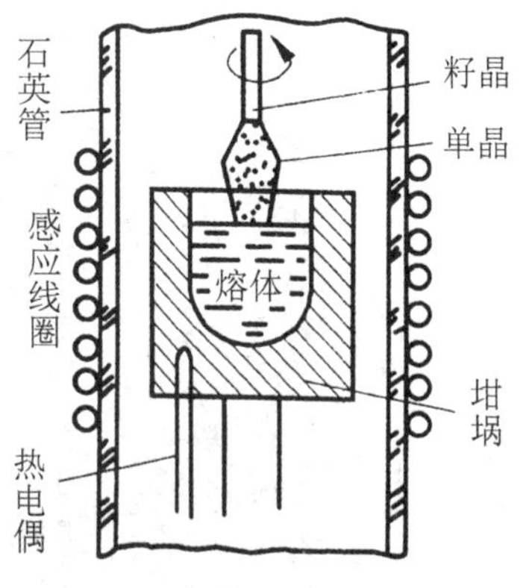

图 9.24 提拉法生产单晶示意图(引自潘金生,2011)

图 9.24 示意了一种制备单晶的方法。最初,籽晶与熔体接触。熔体以籽晶(或种晶)为核开始结晶。接着,籽晶转动并缓慢地从熔体中拉出而长成一个单晶。该方法称为提拉法(pulling technique)。人造宝石采用的焰熔法(verneuil technique)的原理与此类似。采用焰熔法可制备刚玉、尖晶

石、金红石等晶体。定向凝固和单晶制备主要利用了非均匀形核的原理。

9.5.3 乳浊釉与结晶釉

1. 乳浊釉(opacified glaze)

在众多陶瓷产品中,有一些普通陶瓷的坯体呈现较深,甚至不均匀的颜色。除了艺术上的特殊表现所需外,大多数情况下,我们不希望看到坯体的颜色。此外,搪瓷产品也往往需要将底层铁质坯体遮盖住。那我们采取什么措施可遮盖坯体呢?

对此,人们常采用在釉中引入乳浊剂的方法。乳浊剂的折射率与釉的折射率相差较大,进而对可见光产生较大的散射。这种散射使得坯体的颜色被漫反射掉。对乳浊效果影响较大的是乳浊剂与釉的折射率相对大小、晶粒的尺寸和晶粒体积分数。根据介质对光的散射理论可知,当晶粒尺寸 d 与被散射光的波长 λ 接近时($d \approx \lambda$),散射系数达到最大。因此,要获得较好的乳浊效果,细小的乳浊晶粒最好从釉的熔体中析出。由形核-生长理论,产生乳浊晶粒的条件应处于形核速率 I_v 较大,而生长速率 u 较小的范围内。这样才会有许许多多细小的晶粒来达到乳浊效果。电子显微镜的观察表明,乳浊晶核容易在两相界面生成,在熔体内部析出较难。因此,乳浊晶核是以界面为核心的非均匀形核。

常用的乳浊剂是天然的锆英石($ZrSiO_4$)。搪瓷工业常用 TiO_2 作乳浊剂。乳浊釉和无光釉常用于建筑陶瓷制品上,如墙砖、广场砖,还用于瓷雕的某些部位,如人物雕像的头发和皮肤等。若乳浊晶核还使釉失去光泽,则该釉成为无光釉(lusterless glaze)。

2. 结晶釉(crystalline glaze)

结晶釉与乳浊釉的原理相似,但其中晶粒的形貌和生长条件有所不同。结晶釉的形貌如图 9.25 和图 9.26 所示。乳浊釉中的晶粒细而多,通常我们用肉眼看不到。但是结晶釉中的晶体大、数量少,且肉眼可见。因此,在熔融的釉中,先形成少量的核。然后迅速将制品处于适合晶核生长的条件下,晶核长大。为形成晶核,常引入结晶剂。结晶剂是指能够从釉中形成晶核及能长成大晶体的物质。为控制晶体的形貌,人们甚至在釉或坯体上预埋一定的晶种。这样,各种呈美丽花纹的粗大晶体会在釉中析出。结晶釉与色釉结合则更具有特别的艺术效果,比如,星形状的晶体配上与夜空颜色相似的釉,这难道不像夜空中布满着星星吗?

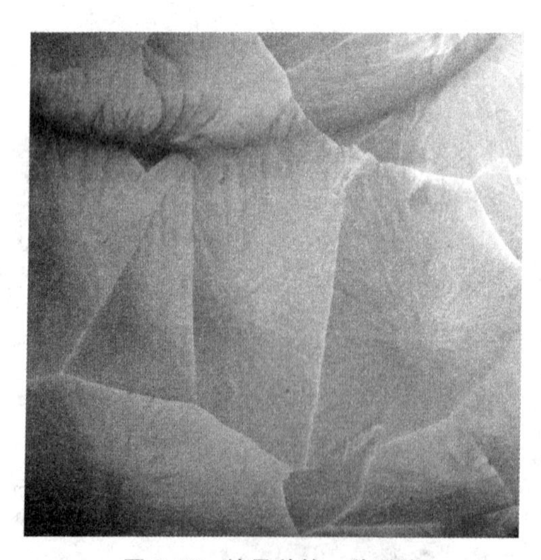

图 9.25 结晶釉的一种形貌

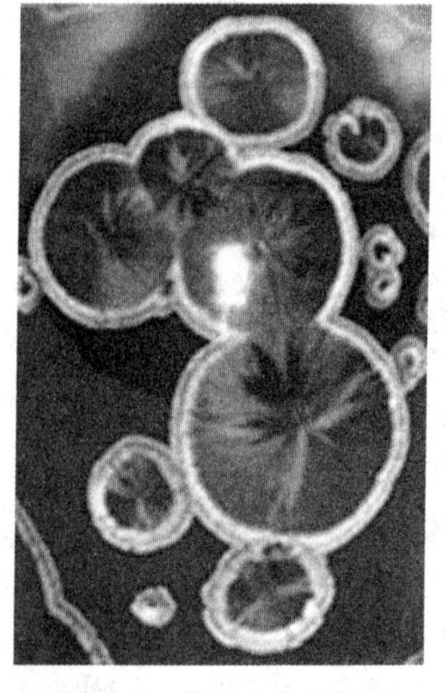

图 9.26 花瓶上的结晶釉

不同的结晶釉，结晶剂有所不同。比如，硅酸锌结晶釉的结晶剂为 ZnO、金红石结晶釉的结晶剂为 TiO_2、辉石结晶釉的结晶剂为 CaO 和 MgO。可供选用的结晶剂大多是金属氧化物，如 Fe_2O_3、MnO_2，也有盐类或矿物如 $MgCO_3$、白云石[$CaMg(CO_3)_2$]。

结晶釉、乳浊釉、色釉及我们在 5.5.2 节介绍的裂纹釉是艺术釉的一些品种。它们在提高普通陶瓷附加值方面起到了非常重要作用。我们应充分利用科学原理将其推向更高层次。以上液固相变主要涉及熔体过冷而结晶现象。下面我们简介一种从过饱和溶液中结晶的方法。

9.5.4 均相沉淀

制备纳米或超细粉末的方法有很多种，其中从液相获得这些粉末是一种常用方法。这种方法中的沉淀法以溶液为出发点。引入沉淀剂(如OH^-、$C_2O_4^{2-}$)后，不溶性的氢氧化物、水合氧化物或盐从溶液中过饱和而析出，然后将沉淀物分离出来。沉淀物再经热解或脱水得到纳米或超细粉末。

要使溶液出现沉淀，人们通常在溶液中滴加或倒入沉淀剂。在此情况下，沉淀剂在溶液中是不均匀的，因为沉淀剂与溶液只在局部发生反应。在这些局部区域，沉淀或析出物质的浓度高，于是溶液中的质点以沉淀为核心聚集成较粗的沉淀。

如果沉淀剂是均匀地出现在溶液中，那么在沉淀剂出现的瞬间就会均匀地分布在溶液各个角落。这些均匀分布的沉淀剂同时与溶液反应并形核，也就是在溶液的每个角落都会同时突然出现许多晶核并迅速达到一定的过饱和度(也称为爆发形核)。而溶液中沉淀物质的质点数量是一定的，所以生成了大量的晶核后，就只有很少质点往晶核上堆砌。这样，形成的固体粒子接近晶核大小。这种以沉淀剂在溶液中均匀出现而产生沉淀的方法称为均相沉淀法。

均相沉淀法引入的物质常常是尿素[$(NH_2)_2CO$]、六亚甲基四胺[$(CH_2)_6N_4$]。以尿素为例，把尿素溶液升温至 70℃以上时，尿素会水解出氨水：$(NH_2)_2CO+3H_2O = 2NH_3 \cdot H_2O + CO_2\uparrow$。氨水在溶液中是均匀分布的。氨水作为沉淀剂与金属盐如 $Al(NO_3)_3$ 反应生成 $Al_2O_3 \cdot nH_2O$。$Al_2O_3 \cdot nH_2O$ 经脱水后获得超细或纳米 Al_2O_3。

值得注意的是，无论哪种沉淀法，从溶液中获得的沉淀往往需要在一定的温度下脱水。如果要用脱水粉末制备块体材料，则在成型后还需要在高温下进行处理。因此，用这种方法很难制备出由纳米晶组成的块体材料。这是由于纳米或超细粉末、纳米晶的表面能大，在温度的作用下很容易团聚、长大。接下来我们介绍材料领域中非常重要的固态相变。

9.6 固态相变

固态相变(固固相变)是指发生在固体之间的相转变，如 α-石英与 β-石英间的转变、碳钢的奥氏体与珠光体间的转变。固态相变与液固相变相比，有相同点也有不同点。固态相变的母相为固态(大多数情况下是晶体，其原子排列有一定规则)。母相存在各种缺陷，且原子键合牢固。

9.6.1 固态相变的特点

1. 相变阻力大

式(9-43)表明，相变时系统的总自由能变化包括三个部分 $\Delta G = \Delta G_1 + \Delta G_2 + \Delta G_3$。固态相变中，母相和新相皆为固态，而且两者的比容(即密度的倒数)不同。这导致一定的体积应变。体积应变对相变有阻碍作用，因为若新相体积大，则母相对其有压应力；反之有拉应力。这种体积应变可通过新相与母相间的弹性应变来调节。而固态母相的原子间距远比液相或气相小，因此体积应变能 ΔG_3 较大。在液固相变和气固相变过程中，母相原子可做较长距离的移动，故应变能相对较小。这也是我们在前几节忽略应变能 ΔG_3 的原因。

2. 原子的迁移率低

由于固相中的原子排列比较紧密，且键合牢固，故原子在固相中的扩散系数远小于在液相和气相中的扩散系数。因此，在受扩散过程控制的相变中，相变较难发生。当温度下降时，相变来不及发生而容易产生较大的过冷度，结果形核速率 I_v 大、相变后的组织较细[见式(9-54)和式(9-74)]。若进一步增大过冷度，则会由于原子扩散难度增大而使相变速率减小。

3. 非均匀形核

固相中有空位、位错、晶界、杂质等多种缺陷。这些缺陷往往是非均匀形核的核心。许多电镜结果表明位错是固态相变的一个有利位置。母相越细，则缺陷的密度越高，相变速率也越大。

4. 存在过渡相

由于固态相变的发生有一定难度，故在一定的过冷度下，常常有亚稳的过渡相产生。当条件改变时，过渡相会转变为稳定相(图 9.7)。

5. 母相与新相存在相界面

母相与新相间的相界面有三种基本的类型：共格、半共格和非共格界面。

(1) 共格界面(coherent interface)。新相与母相具有相同的原子分布方式和相近的原子间距，因此在界面两侧的点阵是连续或近似连续的，如图 9.27 所示。CdTe(111)与 Si(100)面可形成共格界面。

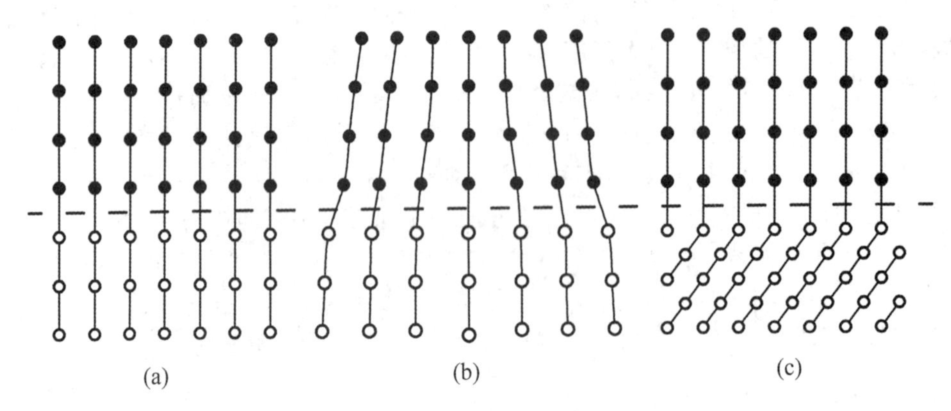

图 9.27 共格界面示意图

(a)母相与新相成分不同但晶体结构相同；(b)有轻微错配的共格界面；(c)母相与新相的晶体结构不同
[(a)(c)的共格界面无应变。虚线两侧分别为母相与新相。虚线为界面平均位置]

人们常用点阵失配度 δ 来表示界面两侧点阵结构的吻合程度，如 β 相与 γ 相之间的失配度为

$$\delta = \left| \frac{a_\beta - a_\gamma}{a_\gamma} \right| \tag{9-75}$$

式中，a_β 为 β 相无应力状态的点阵常数；a_γ 为 γ 相无应力状态的点阵常数。对共格界面来说，点阵失配度 $\delta < 0.05$。δ 越小，应变能和界面能也越小。

(2) 半共格界面(semicoherent interface)。当相邻两相的晶体结构相差较大时，点阵失配度 δ 增加。这时，相界面不能维持完全共格，而出现一些非共格的界面。这些非共格的界面往往形成一系列刃位错，以弥补原子的不匹配，如图 9.28(a)所示。半共格界面的点阵失配度通常在 $0.05 < \delta < 0.25$ 之间。在引入了刃位错后，体积应变能下降较多，故从能量角度而言，以半共格界面代替共格界面更为有利。Fe－Ni 合金中，fcc 的 γ 相与 bcc 的 α 相存在取向关系：$(111)_\gamma // (110)_\alpha$，但点阵常数相差较大。引入错配位错后，匹配良好的区域增多。

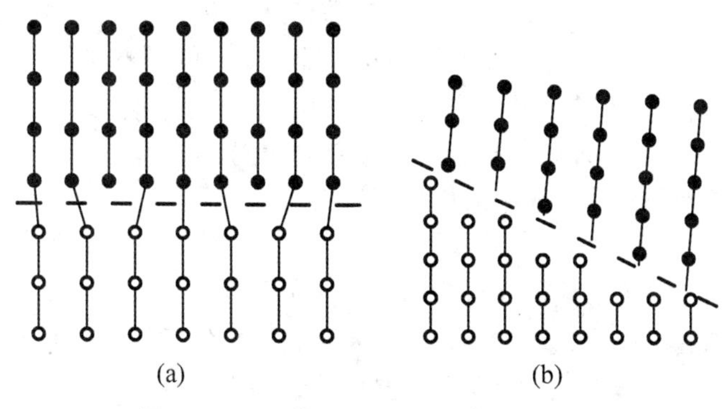

图 9.28 (a)半共格界面；(b)非共格界面

(3) 非共格界面(incoherent interface)。相邻两相的晶体结构相差很大，点阵失配度 $\delta > 0.25$。通常，两个任意取向的晶体沿任意晶面的结合都可得到非共格界面。这类界面的总能量很高，其结构和大角晶界有许多相似之处。

6. 存在位向关系和惯析面

为了形成有较低界面能的界面，一般低晶面指数、原子密度大的面往往互相平行。比如：fcc 的奥氏体 γ 相转变成 bcc 的铁素体 α 相时，母相(111)面与新相(110)面平行，即$(111)_\gamma // (110)_\alpha$。

为维持共格，新相往往还在母相的某些晶面上形成。这也可降低界面能，尤其是应变能。固态相变时，新相在母相某一结晶面上形成。母相的该晶面叫惯析面(habit plane)。比如含碳质量分数为 0.4%的碳钢，铁素体从奥氏体的(111)面析出，奥氏体的(111)面为惯析面。

固态相变的以上特点在低温下较显著。

9.6.2 碳钢中的固态相变

在 8.4.13 节，我们着重介绍了 $Fe-Fe_3C$ 相图及其平衡组织。在实际生产中，平衡条件往往达不到。比如，为了使钢在热处理后获得一定的性能，大多数工艺[淬火(quenching)、正火(normalizing)、退火(annealing)]都要将钢中的组织全部或部分转变为均匀的奥氏体组织，即奥氏体化。然后再将这些奥氏体组织在一定的过冷度下重新析出所需组织。由此可见，非平衡是常态，而且多数情况下还是必需的。因此，实际 $Fe-Fe_3C$ 相图会像图 9.10 所示一样偏离平衡态。图 9.29 为偏离平衡态的 $Fe-Fe_3C$ 相图示意图，其中有几个重要的转变温度。

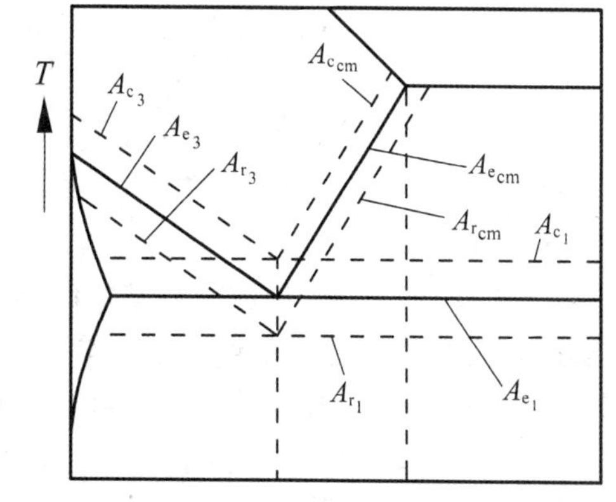

图 9.29 $Fe-Fe_3C$ 相图中碳钢的转变温度示意图(一定组成的系统升温或降温到与相应线条相交时，交点对应温度为此处指的转变温度)

1. 几个临界温度

(1) 平衡态时的温度。A_{e_1} 或 A_1：奥氏体、铁素体和渗碳体在平衡共存时的温度；A_{e_3} 或 A_3：亚共析钢在平衡态下，奥氏体、铁素体共存的最高温度；$A_{e_{cm}}$ 或 A_{cm}：过共析钢在平衡状态下，奥氏体、渗碳体共存的最高温度。

（2）碳钢在受热时的温度。A_{c_1}：共析钢在加热时，开始形成奥氏体的温度；A_{c_3}：亚共析钢在加热时，所有铁素体均变为奥氏体的温度；$A_{c_{cm}}$：过共析钢在加热时，所有渗碳体、碳化物完全溶入奥氏体的温度。

（3）碳钢在降温时的温度。A_{r_1}：共析钢的高温奥氏体冷却时，全部转变为铁素体和渗碳体的温度；A_{r_3}：亚共析钢的高温奥氏体在冷却时，开始析出铁素体的温度；$A_{r_{cm}}$：过共析钢高温奥氏体冷却时，开始析出渗碳体的温度。

与平衡态相比，非平衡态加热或降温时的转变温度不是一个定值，而是有一定的范围变化。变化的幅度随着加热和冷却速率的增大而增大。

2. 钢在加热时的组织转变

奥氏体化的目的是将钢加热而获得均匀和一定晶粒大小的奥氏体组织，故大多数热处理工艺需要将钢加热到奥氏体区域。加热转变主要包括奥氏体的形核和晶核长大两个过程。钢在加热到 A_{c_1} 以上时，珠光体开始转变为奥氏体。温度升到高于 A_{c_3} 或 $A_{c_{cm}}$ 时，铁素体、珠光体 P 和渗碳体全部转变为奥氏体。以共析钢为例，这些转变可分为以下四个主要阶段。

（1）奥氏体晶核的形成。当钢的温度升到 A_{c_1} 以上时，珠光体开始变得不稳定。由于铁素体 F 和渗碳体的界面缺陷多、原子排列不规则，且碳原子的浓度梯度大，因此奥氏体晶核首先在 F/Fe_3C 界面处形成。

（2）奥氏体晶核的长大。奥氏体晶核形成后，新界面 γ/α、γ/Fe_3C 也随之形成。在碳浓度梯度的驱动下，这两个界面分别向 α 相和 Fe_3C 相移动。界面的移动使奥氏体晶粒长大、Fe_3C不断溶入奥氏体，以及 α 相逐渐转变为 γ 相。

（3）残余渗碳体 Fe_3C 的溶解。根据相图，与 Fe_3C 平衡的奥氏体，其碳的质量分数大于与铁素体平衡的奥氏体中碳的质量分数，也即 γ/Fe_3C 界面处的碳浓度梯度大于 γ/α 界面处的碳浓度梯度。这样，Fe_3C 溶解于奥氏体后提供的碳原子量多于同体积铁素体转变为奥氏体所需的碳原子量（奥氏体中可溶解较多的碳原子，最大可达 2.11%质量分数）。因此，铁素体消失后，还有部分 Fe_3C 残留。随着保温时间的延长，残余 Fe_3C 逐渐溶入奥氏体中。

（4）奥氏体成分的均匀化。在铁素体全部转变为奥氏体、残余 Fe_3C 全部溶入奥氏体后，碳在奥氏体中的分布仍不均匀。原来 Fe_3C 的地方，碳的浓度高。在保温或加热的条件下，碳原子不断扩散，而使碳的分布在奥氏体中趋于均匀。碳原子充分扩散的结果是得到单一、均匀的奥氏体组织。

亚共析钢和过共析钢的奥氏体化与以上共析钢相似。不过，亚共析钢在加热到 A_{c_1} 以上时还有铁素体存在。因而，需要将其加热到 A_{c_3} 以上并保温才能得以奥氏体化。同理，过共析钢只有加热到 $A_{c_{cm}}$ 以上才可使其组织奥氏体化。

以上过程实际是奥氏体的重结晶过程，如图 9.30 所示。那哪些因素对奥氏体的形成有较大影响呢？

3. 影响奥氏体形成的主要因素

（1）加热温度。温度高，碳原子的扩散速率大，而且碳原子的浓度梯度也增大，因此奥氏体化的速率也增大。加热温度升高，形核速率I_v和生长速率 u 均增大，但I_v的速率增大程度大于 u。因此提高加热温度，则获得的奥氏体起始晶粒细小，但温度升高会使残余 Fe_3C 增多。

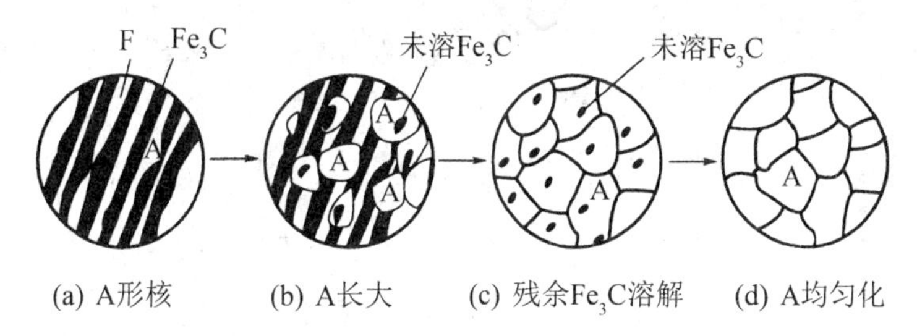

图9.30 奥氏体的形成过程(F为铁素体,A为奥氏体)(引自罗大金,2007)

这两个因素有利于改善淬火钢尤其是淬火高碳工具钢的韧性(起始晶粒度是指在临界温度以上,奥氏体的形成刚刚完成,其晶界刚刚相互接触时的晶粒大小)。

(2) 加热速率。加热速率大,过热度大,发生转变的温度高、范围宽,完成转变所需时间短。

(3) 碳的质量分数。碳质量分数的提高使 Fe_3C 的量增多。这样,铁素体和 Fe_3C 的界面面积增大,故奥氏体的形核核心增多,形核速率I_v也增大。但对于过共析钢而言,碳化物会过多,结果碳化物的溶解和奥氏体化的时间会延长。

(4) 原始组织。在钢的成分相同的情况下,原始组织中,片层珠光体中的界面比球状珠光体多,故奥氏体化的速率大。原始组织越细,界面也多,这有利于奥氏体化的进行。

(5) 合金元素。合金元素的引入不改变奥氏体形成的基本过程,但显著影响奥氏体的形成速率。增大碳在奥氏体中扩散速率的合金元素如 Co、Ni 可加快奥氏体的形成,而 Cr、Mo、W 与碳之间较大的亲和力会显著降低碳的扩散能力,故奥氏体化的速率下降。也有对奥氏体化影响不大的元素,如 Si 和 Al。此外,由于合金元素在原始组织中分布不均匀,且其扩散比碳慢,因此合金钢的热处理温度较高、保温时间较长。

在奥氏体化的过程中,人们除了关心奥氏体组织的形成速率外,还要考虑奥氏体组织的晶粒大小。在多数情况下,人们希望获得较细的奥氏体晶粒。这是由于奥氏体晶粒较细,则后续冷却转变产物的组织也较细,冷却后钢的力学性能也相对较好,如冲击韧性显著提高。而随着加热温度的升高、保温时间的延长,奥氏体晶粒会变得粗大。

4. 影响奥氏体晶粒长大的因素

(1) 加热温度和保温时间。通常加热温度升高,I_v的速率增大程度大于u,因此提高加热温度,则获得的奥氏体起始晶粒细小。但过高的加热温度,导致原子的扩散加快,而且晶粒越细,界面能越高,晶界移动越快。加上保温时间的延长,晶粒生长也越快,晶粒越粗。

(2) 加热速率。加热速率大,过热度大。与过冷度相似,过热度大,奥氏体的起始晶粒细小。这些细小的起始晶粒在高温的作用下,晶界容易移动导致粗大奥氏体晶粒的产生。

综合以上两方面的因素,在保证奥氏体成分均匀、起始晶粒较细的情况小,应尽可能快速加热至合适的高温,并短时保温以获得较细的奥氏体晶粒。

(3) 原始组织的影响。原始组织主要影响奥氏体起始晶粒。原始组织越细,碳化物较分散,则奥氏体起始晶粒细小。

(4) 钢的成分。钢中碳原子的量不足以形成过剩碳化物时,奥氏体中碳质量分数大,则晶粒长大的倾向大。这是由于碳质量分数增大,其化学势梯度也增大,故晶粒生长的驱动力大。

然而,若碳以未溶碳化物的形式存在,则其阻碍晶粒长大,比如引入合金元素 Ti、Zr、V、Ta 等会形成稳定且熔点高的碳化物或氮化物。这些碳化物、氮化物分布在晶界而阻碍晶界移动,从而保持细小的奥氏体晶粒。生产上一般采用标准晶粒度等级来比较、测定奥氏体晶粒的大小。请参见 GB/T 6394—2002《金属平均晶粒度测定方法》。

有了均匀和一定晶粒大小的奥氏体后，接下来对其进行冷却以获得具有一定性能的组织。

5. 钢在冷却时的组织转变

1) 钢的基本冷却方式有以下两种。

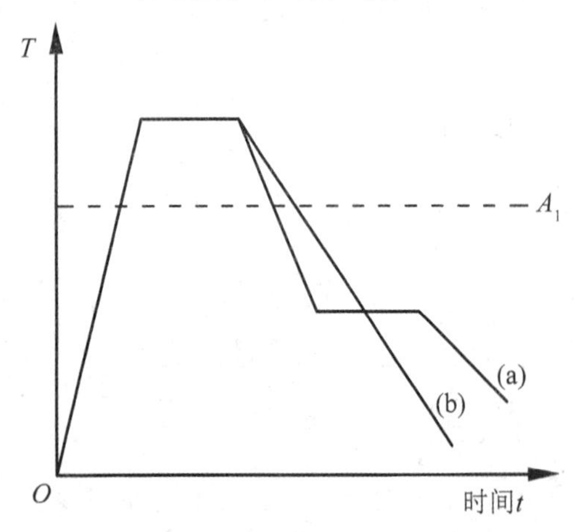

图 9.31 钢的两种冷却温度制度

(a)等温冷却；(b)连续冷却

(1) 等温冷却如图 9.31(a)所示。将奥氏体化的钢迅速冷却至 A_1 以下的某一温度并保温，此时钢中奥氏体成为过冷奥氏体。待过冷奥氏体发生组织转变后再降至室温，如等温退火和等温淬火。

(2) 连续冷却如图 9.31(b)所示。将奥氏体化的钢连续冷却至室温。组织变化发生在降温过程中，如水冷、油冷、空冷和炉冷。

2) 共析钢的等温冷却

人们常用 TTT 曲线表示过冷奥氏体的等温转变，如图 9.32 所示。TTT 曲线为过冷奥氏体的等温转变线(也叫 C 形曲线)，它有一条转变开始线和转变终了线，中间过程在这两条曲线之间。图 9.32 中，开始点用下角标“s”表示，终了点用下角标“f”表示。

在 C 形曲线的转变开始线之“鼻尖”处(对应温度约 550℃)，孕育期最短，过冷奥氏体的稳定性最小。“鼻尖”将曲线分为两个部分：“鼻尖”以上，温度下降(过冷度增大)，孕育期短，转变速率大；“鼻尖”以下，温度下降，孕育期长，转变速率小。共析钢的等温转变还可分为以下三个转变区。

(1) 高温转变 550℃～A_1。过冷奥氏体在此温度区间保温后，发生共析转变而得到由铁素体 F 和渗碳体 Fe_3C 组成的片层机械混合物——珠光体。因此，这个温度区也叫珠光体转变区。根据过冷度 ΔT、组织形貌，可有以下三种组织。

① 保温温度在 650℃～A_1 间。这时的 ΔT 小、片层间距大(>0.4 μm)，常称其为珠光体。它的强度及硬度较低，塑性和韧性较高。

② 保温温度在 600～650℃间。这时的 ΔT 增大、片层间距小(0.2～0.4 μm)，常称这种珠光体为索氏体(sorbite)。这是为纪念冶金学家 Henry Sorby 而命名的。索氏体较细，其强度、硬度较高，塑性和韧性也较高。

③ 保温温度在 550～600℃间。这时的 ΔT 较前两种情形大、片层间距更小(<0.2 μm)，常称这种珠光体为屈氏体(troostite)。这是为纪念法国科学家 L. J. Troost(1825—1911 年)而命名的。屈氏体更细，其强度、硬度比珠光体和索氏体高，但塑性有所降低。

以上是人们根据过冷度、形貌和片层间距做的分类。其实这三种组织无本质区别，也无严格界限，它们都是珠光体，其形貌见相平衡一章。总的说来，珠光体片层间距越小，相界面越多，则强度和硬度越高，塑性变形抵抗力增大。同时，由于渗碳体变薄，塑性和韧性也有所改善。

(2) 中温转变 M_s～550℃(M_s 为马氏体开始转变的温度，230℃)。温度快速降至该区间并保温后，过冷奥氏体转变为贝氏体(bainite)。这是为纪念美国冶金学家 Edgar Collins Bain

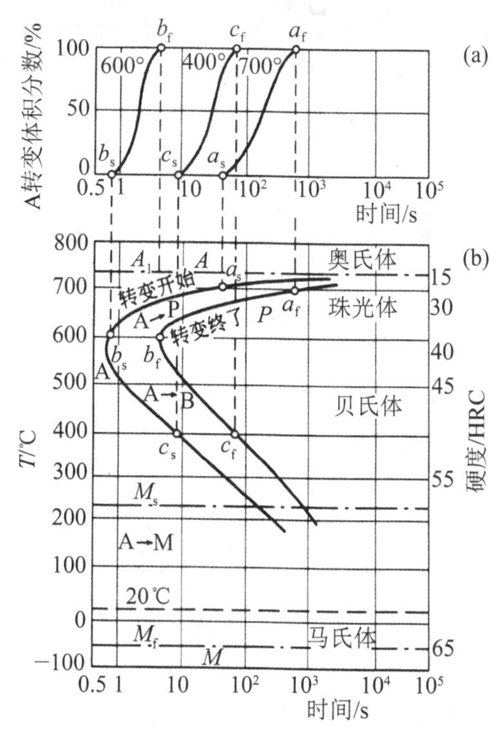

图 9.32 共析钢(图中 A、B 分别是奥氏体和贝氏体,M 是马氏体)(引自王昆林,2003)

(a)不同温度下的等温动力学转变线;(b)等温转变 C 曲线。

(1891—1971 年)而命名的。贝氏体是渗碳体分布在碳过饱和的铁素体基体上形成的两相非层状混合物。由于过冷度较大、转变温度低,因而只有 C 原子的扩散,而无 Fe 原子的扩散,故奥氏体转变为贝氏体属于半扩散型转变。

① 保温温度在 350～550℃间。此时奥氏体形成上贝氏体(upper bainite,用 B_U表示)。

首先,铁素体晶核在奥氏体晶界附近的贫碳区形成,而且成排地向奥氏体晶粒内生长。铁素体含碳少,故其晶核产生并生长时,多余的碳通过扩散向铁素体晶界移动。当碳的质量分数升至一定程度时,渗碳体在条状铁素体之间析出而成为上贝氏体。由于温度较低,碳原子的扩散较难,故条状铁素体之间得不到奥氏体中碳原子的补充。这导致条状铁素体之间的渗碳体呈不连续状。图 9.33 示意了上贝氏体的形成,图 9.34 为放大 600 倍的羽毛状上贝氏体形貌。

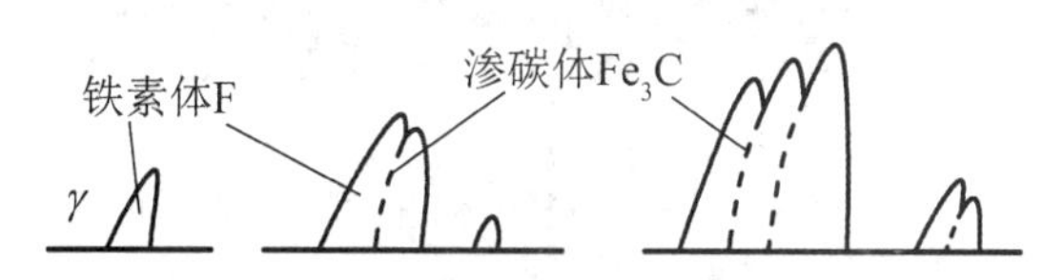

图 9.33 上贝氏体形成示意图(γ 表示 F 周围的奥氏体相)(引自徐洲,2004)

图 9.34 上贝氏体形貌(放大 600 倍)(羽毛状,深色,引自 Askeland, 2005)

由于粗大碳化物颗粒或断续的条状碳化物存在于贝氏体中，故上贝氏体容易产生大于临近尺寸的裂纹，而裂纹尖端又有应力集中现象。这使得裂纹一旦扩展便很难受到阻止。因此，含有上贝氏体的碳合金钢冲击韧性低、脆性大，实用价值不高。

② 保温温度在 M_s(230℃)～350℃间。过冷奥氏体形成下贝氏体(lower bainite，用 B_L 表示)。

与上贝氏体相似，铁素体晶核要在奥氏体晶界附近的贫碳区形成。由于温度更低，碳原子在奥氏体中已不能扩散，而铁素体晶核还在奥氏体晶体内形成。但碳原子在铁素体晶体内还有一定的扩散能力做短程扩散。这样铁素体晶体长大时，碳原子在铁素体晶体内沿一定的晶面或亚晶界偏聚，从而形成细片状碳化物。图 9.35 比较了珠光体和下贝氏体的形成。下贝氏体中的铁素体往往还要按照共格切变方式呈片状或透镜状。在电镜下，下贝氏体中针状铁素体内分布着微细且具有六方点阵的 ε－Fe_xC 片状物，图 9.36 示意了透镜状的下贝氏体。

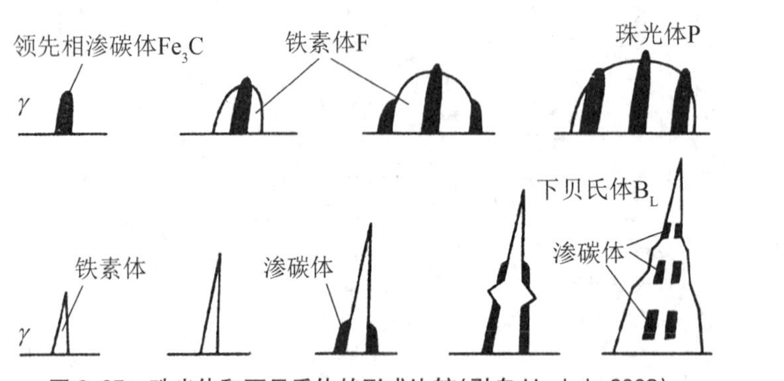

图 9.35 珠光体和下贝氏体的形成比较(引自 Henkel, 2008)

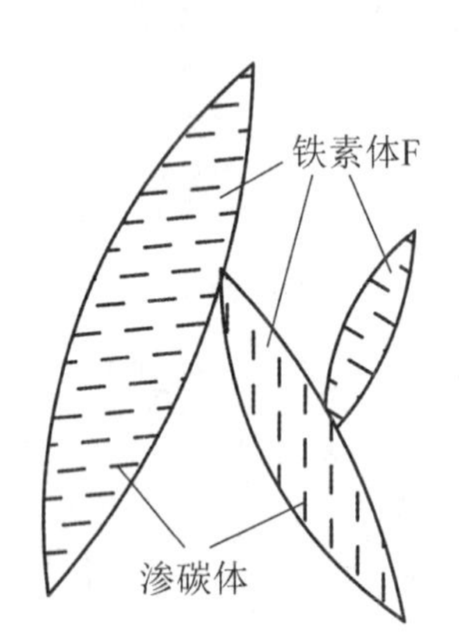

图 9.36 下贝氏体示意图

因此，下贝氏体由细小针片状铁素体和弥散分布的碳化物组成。在光学显微镜下，下贝氏体呈黑色针状，且各针状物间有一定的夹角，如图 9.37 所示。图 9.38 所示为中碳低合金钢(CrMoNiV)中的下贝氏体和马氏体。

图 9.37 下贝氏体形貌(针状，深色，引自 Askeland, 2005)

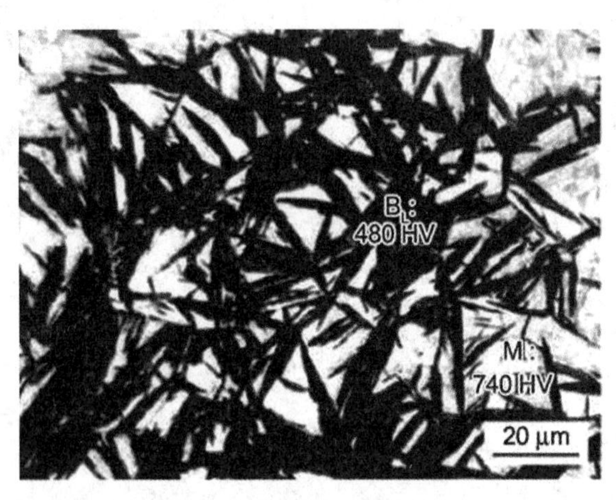

图 9.38 下贝氏体(深色)和马氏体(白色)(480 HV 和 740 HV 分别是它们的显微硬度)(引自 Abbaszadeh, 2012)

下贝氏体中的碳化物颗粒较细而不易形成裂纹，即使有裂纹也较难达到临界尺寸，而且扩展的裂纹也会受到大量弥散碳化物颗粒和位错的阻止，故下贝氏体有较高的强度、硬度和冲击韧性。在实际生产中，人们常用等温淬火来获得下贝氏体组织，以提高材料的强韧性。

(3) 低温转变，温度低于 M_s(共析钢为 230℃)。奥氏体化的共析钢迅速降到 M_s 以下时发生马氏体转变。与珠光体和贝氏体不同，马氏体转变不是在恒温下发生的，而是在 $M_s \sim M_f$ 的温度区间连续冷却时完成的(M_f 为马氏体转变终了温度)。马氏体转变有以下几个主要特征。

① 无扩散性。由于温度很低，铁、碳原子都不能进行扩散，故马氏体转变属于非扩散型相变。奥氏体在转变时，仅从面心立方点阵通过切变形成体心立方(或体心正方)点阵。在此过程中，无成分变化。因此，马氏体组织与奥氏体组织的成分相同。从固溶体角度来说，马氏体是碳溶于 α-Fe 中而形成的过饱和间隙固溶体。

② 切变共格和表面浮凸。马氏体相变是典型的切变共格型相变，即晶体点阵的重组是通过基体原子整体有规律地作近程迁移来达到转变的。我们在图 9.2 中示意了这种切变，图 9.2(b)中的 AB、CD 为共格界面。界面上的原子既属于奥氏体，又属于马氏体。发生转变后，图 9.2(b)$ABCD$ 两侧，一边凸起，另一边凹陷。在显微镜光线照射下，浮凸两边呈现出明显的山阴、山阳现象。

③ 具有特定的位向和惯习面。马氏体与母相奥氏体存在严格的位向关系。比如钢中的 $(111)_\gamma // (110)_\alpha$、$[1\bar{1}0]_\gamma // [11\bar{1}]_\alpha$。但惯习面会随着含碳量和形成温度的不同而不同。比如，碳质量分数小于 0.6%时，惯习面为(111)；碳质量分数在 0.6%～1.4%时，惯习面为(225)；碳质量分数大于 1.4%时，惯习面为(259)。因此，钢中马氏体常见的三种惯习面为 $(111)_\gamma$、$(225)_\gamma$、$(259)_\gamma$ 面。在温度方面，随着马氏体形成温度的降低，惯习面有向高指数变化的趋势。故同一成分的钢会出现两种惯习面的马氏体，如先形成的马氏体，其惯习面为(225)，而后形成的马氏体，其惯习面为(259)。

④ 可逆性。奥氏体降温时形成马氏体。把马氏体升温，又可转变为奥氏体。正因如此，大部分形状记忆合金采用了热弹性马氏体相变的原理。

⑤ 转变速率大。马氏体转变仍属形核长大型相变。但形核长大的速率很大，瞬时形核、瞬时长大。比如 Fe-Ni 合金中的马氏体相变，其速率最高可达 8×10^2 m/s，低的也有 $10^{-3} \sim 10^{-1}$ m/s。

马氏体组织的形态与材料的种类、成分和热处理条件有关。钢中的马氏体有两种基本形态：板条状(lath)和片状(plate)，如图 9.39 所示。板条状马氏体是低碳钢、中碳钢和不锈钢等钢铁合金中的一种典型马氏体组织。在透射电镜下，可观察到板条状马氏体是由宽度为零点几微米的平行板条组成，如图 9.39(a)(b)所示。板条内的位错密度很高，故也叫位错型马氏体。

片状马氏体常见于高碳钢、高镍的 Fe-Ni 合金及一些有色金属的淬火组织中，其三维空间形态呈透镜状(lens-shaped)。但在制样时，由于存在切割和磨面，故在光学显微镜下呈针状或竹叶状，如图 9.39(c)(d)所示。片状马氏体更精细的结构为孪晶，故也叫孪晶马氏体。

钢中马氏体最重要的特性就是高硬度、高强度，但塑性、韧性接近零。这是由多方面的原因引起的。首先，马氏体相变时的切变造成其组织的晶格严重畸形、产生大量微观缺陷(位错、孪晶、层错)。这使马氏体得到强化，这种强化方式称为相变强化。其次，马氏体中过饱和碳原子极易从马氏体晶体中析出。析出的碳原子进入马氏体中的扁八面体而产生不对称畸变，并形成应力场。该应力场与位错产生作用，使马氏体强度升高。这是马氏体中的固溶强化。马

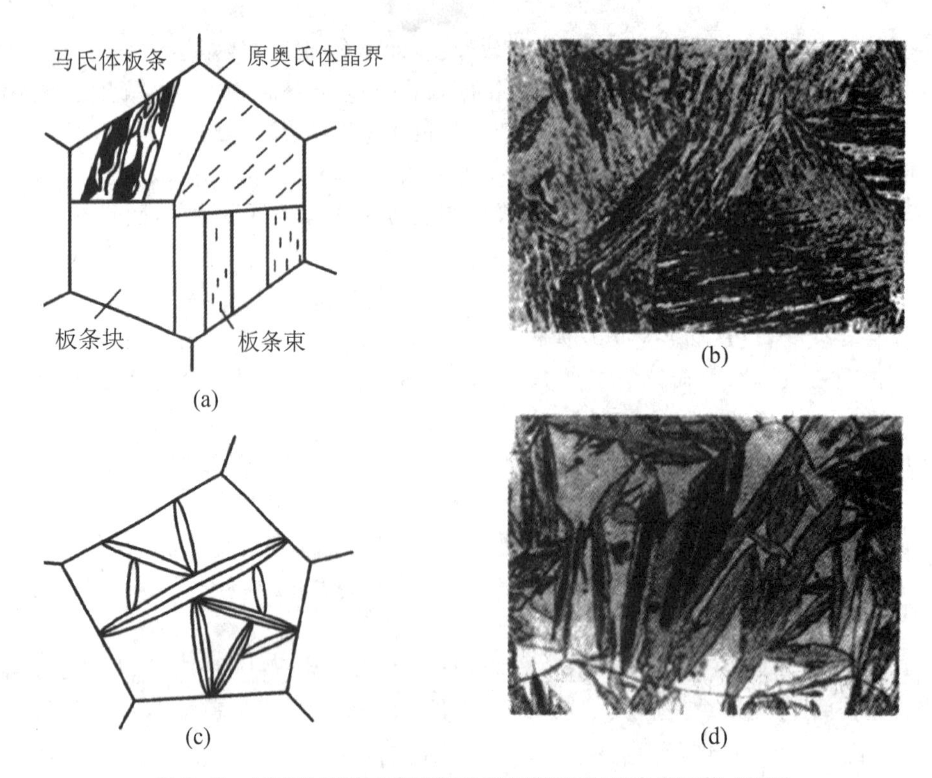

图 9.39　马氏体形貌示意图和光学显微形貌(引自郑子樵,2005)

(a)板条马氏体示意图;(b)0.03C-2Mn 钢中的板条马氏体;
(c)片状马氏体示意图;(d)Fe-32Ni 合金中的片状马氏体

氏体相变后,停留一段时间,析出和偏析的碳原子对位错有钉扎作用,从而引起时效强化(时效——使过饱和固溶体析出细小弥散沉淀相的过程)。此外,在屈服强度相同的情况下,位错型马氏体的断裂韧性比孪晶马氏体的好。低碳位错型马氏体有高的强度和良好的韧性,而高碳孪晶型马氏体有高的强度,但韧性差。

钢铁中的马氏体通常采用淬火方式来得到,即将奥氏体化的工件迅速降温到 M_s 温度以下。最常用的冷却介质是水。比如家用菜刀,刀刃需要较高的硬度,而刃口至刀背的硬度应逐渐降低。因此,在制作时,刀刃附近有约 2 cm 的淬火宽度。在此宽度内,刀刃的组织主要是马氏体组织。但由于马氏体组织较硬、塑性较差,故用菜刀的刃口去砍骨头时,容易脆断。

马氏体最先在淬火钢中被发现,并以德国冶金学家 Adolf Martens(1850—1914 年)的姓来命名。其实,马氏体相变在陶瓷材料中也有。比如 ZrO_2 的四方相通过无扩散切变转变成单斜相;$PbTiO_3$ 等钙钛矿型材料的顺电立方相转变为铁电正方相都属于马氏体相变。现在凡是转变的基本特征属于切变共格型的相变都称为马氏体型相变,相变产物都为马氏体。

以上我们主要介绍了共析钢的等温转变,但其中也涉及了一些非共析钢的转变。非共析钢的转变与共析钢有很多相似之处。

3) 亚(过)共析钢等温冷却时的转变

与共析钢的 TTT 曲线相比,亚共析钢冷却时的等温转变 TTT 线多了一条过冷奥氏体变为铁素体的转变开始线。随着碳质量分数的减少,亚共析钢的 TTT 线往左移动,而 M_s、M_f 往上移动,如图 9.40 所示。过共析钢的 TTT 线多了一条过冷奥氏体析出渗碳体的转变开始线。TTT 线的上部为过冷奥氏体开始析出二次渗碳体 Fe_3C_{II} 的转变线。随着碳质量分数的增加，过共析钢的 TTT 线往左移动，而 M_s、M_f往下移动，如图 9.41 所示。因此在碳钢中，共析钢的 TTT 线最靠右，其过冷奥氏体最稳定。

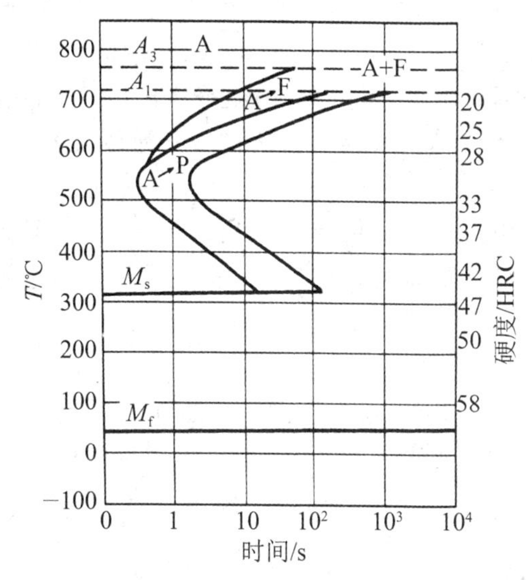

图 9.40 45 钢过冷奥氏体等温转变曲线(引自王昆林，2003)

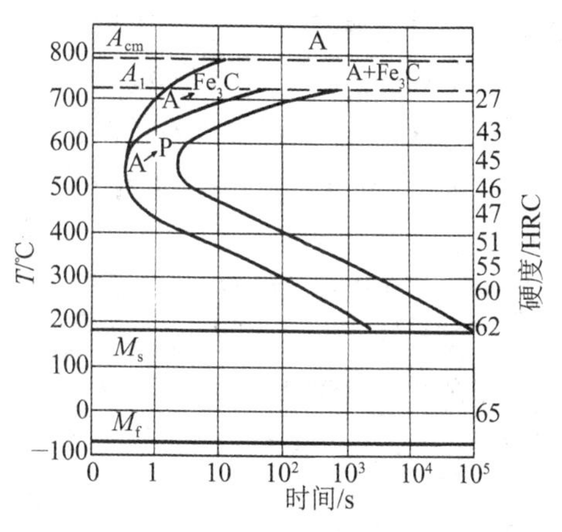

图 9.41 T10 钢过冷奥氏体等温转变曲线(引自王昆林，2003)

至此，我们了解了过冷奥氏体的等温转变。等温转变可用于指导等温热处理工艺。然而，实际生产中的热处理常常是在连续冷却的条件下进行的，如淬火。马氏体转变实际为连续冷却时发生的。我们把它放到等温转变中介绍，主要是想把钢中的几种基本组织放在一起讨论。

4) 共析钢连续冷却时的转变

连续冷却(Continuous Cooling Transformation, CCT)是指将奥氏体化的钢以一定的速率连续冷却到室温。在连续冷却过程中，动力学条件在发生转变的温度范围内不断改变，这使得产物也比较复杂。获得连续冷却转变曲线(CCT 曲线)的方法大致如下：用不同的速率冷却奥氏体化后的钢；对每种冷却速率，测出奥氏体转变的开始和终了温度及时间，并标在温度-时间坐标系中；将所有转变开始点连接起来形成转变开始线。同理可得到转变终了线。图 9.42 为共析钢的 CCT 曲线示意图。

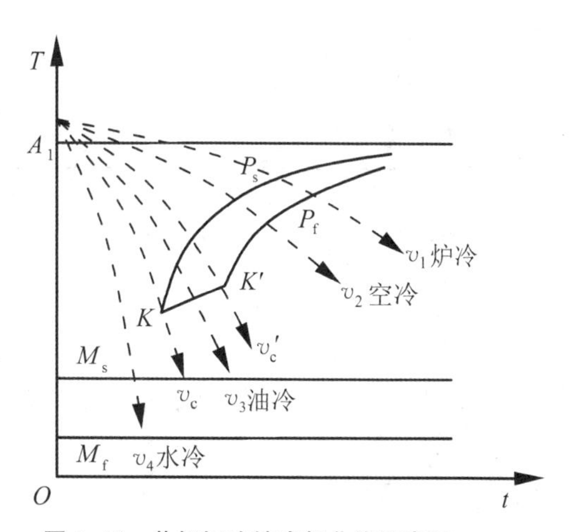

图 9.42 共析钢连续冷却曲线示意图

图 9.42 中，P_s和 P_f分别是过冷奥氏体转变为珠光体的开始和终了线。在这两条线之间的区域为过冷奥氏体转变为珠光体的区域。下方 KK'为过冷奥氏体转变为珠光体的中止线。共析钢的 CCT 曲线只有珠光体和马氏体转变区，而无贝氏体转变。这表明共析钢连续冷却时，过冷奥氏体不会转变为贝氏体。图 9.42 中的几条虚线为降温速率不同的冷却曲线，速率大小为 $v_1 < v_2 < v_c' < v_3 < v_c < v_4$。

当共析钢的冷却速率 $v < v_c'$时，过冷奥氏体全部转变为珠光体。其中，以较低的冷却速率

(如v_1)进行冷却时,因转变温度高,珠光体较粗。以稍大些的冷却速率v_2进行冷却,过冷奥氏体转变为较细的珠光体,即索氏体。

当共析钢的冷却速率在v_c'和v_c之间(如v_3)时,冷却曲线先与珠光体转变开始线P_s相交,再与珠光体转变中止线KK'相交,而与P_f线无相交。冷却曲线曲线与KK'线相交说明奥氏体转变为珠光体过程的中止。因此,以v_3速率冷却的整个过程中,只有部分过冷奥氏体转变为更细的珠光体——屈氏体。随着温度下降到M_s及以下时,剩下的过冷奥氏体转变为马氏体。故室温组织为屈氏体+马氏体+残余奥氏体。

当冷却速率$v>v_c$时,冷却曲线与P_s、P_f皆无相交。这表明过冷奥氏体不会转变为珠光体,而直接转变为马氏体,故室温组织为马氏体和残余奥氏体。因此,v_c称为上临界冷却速率、v_c'为下临界冷却速率。

5) 过共析钢的连续冷却

与共析钢的CCT曲线类似,过共析钢的CCT图也无贝氏体转变区,如图9.43所示。只是在高温区,冷却速率较小时,过冷奥氏体先析出二次渗碳体Fe_3C_{II},而后再转变为其他组织,如珠光体。

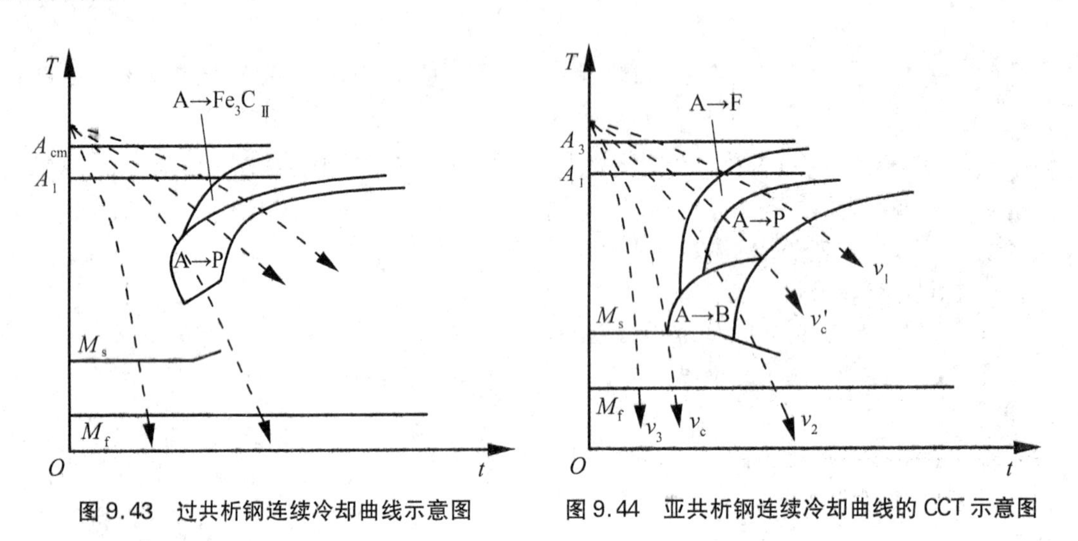

图9.43 过共析钢连续冷却曲线示意图

图9.44 亚共析钢连续冷却曲线的CCT示意图

6) 亚共析钢的连续冷却

亚共析钢的CCT图与共析钢、过共析钢的CCT图差异较大,如图9.44所示。这种差异主要表现为亚共析钢的CCT图有贝氏体转变区,且M_s的右端有降低。当亚共析钢的冷却速率$v<v_c'$时,过冷奥氏体要转变为铁素体和珠光体;$v>v_c$时,过冷奥氏体只发生马氏体转变;而冷却速率处于临界速率v_c'和v_c之间时,冷却曲线要通过贝氏体转变区,故这时的室温组织含有贝氏体。

碳钢中基本的固态相变,我们就介绍至此。最后用一个例子来结束本节。

例9.1 图9.45为亚共析钢的TTT示意图。按图中所示的不同冷却方式处理后,请分析其形成的组织。

与图9.32(b)所示的共析钢TTT图相比,亚共析钢的TTT图比共析钢多了一条过冷奥氏体转变为铁素体的转变开始线。方式Ⅰ、Ⅱ的冷却曲线与TTT曲线的“鼻尖”上方相交,所以组织主要为珠光体。按方式Ⅰ进行冷却,有铁素体,故其组织为珠光体和先形成的铁素体。

按照方式Ⅱ进行冷却获得细珠光体——索氏体或屈氏体。按照方式Ⅳ进行冷却，组织除了有细珠光体外还有马氏体。此处的马氏体是由没有转变完的奥氏体急冷形成的。按照方式Ⅲ进行冷却获得上贝氏体和马氏体。按照方式Ⅴ进行冷却获得马氏体。

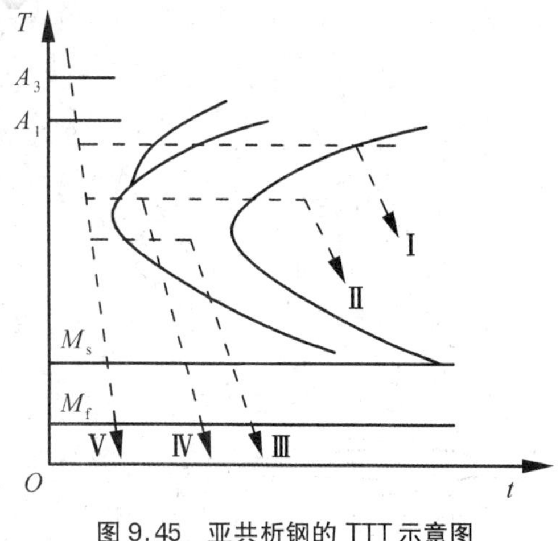

图 9.45 亚共析钢的 TTT 示意图

9.6.3 材料中的脱溶相变

1. 共晶转变与共析转变的简要回顾

二元系统在共晶点发生共晶转变时，从亚稳液相中析出两个更稳定的晶相(α, β)，$L \longrightarrow \alpha+\beta$。$\alpha$，$\beta$ 相的晶体结构与母相 L 不同，成分也不同。共晶结束后，母相 L 消失。

同理，二元系统在共析点发生共析转变时，亚稳相析出两个更稳定的晶相。比如，共析钢 $A \longrightarrow F+Fe_3C$（A 为奥氏体，F 为铁素体）。转变发生时，F 和Fe_3C 在 A 的晶界处形核。接着这两者的晶核向 A 内生长，直至 A 相消失。F 和Fe_3C 的混合物为珠光体 P。共析产物 F 和Fe_3C 与母相 A 有不同的晶体结构和成分。对过共析钢和亚共析钢而言，它们分别先析出$Fe_3C_{Ⅱ}$ 和 F。然后，未分解的 A 在降温到共析温度时，发生与共析钢相同的共析转变。以上转变是碳钢固态相变的基础。

但是，过共析钢析出$Fe_3C_{Ⅱ}$、亚共析钢析出铁素体 F 的过程却与共析点发生的转变有所不同。这是另一种叫脱溶的转变形式。

2. 脱溶转变

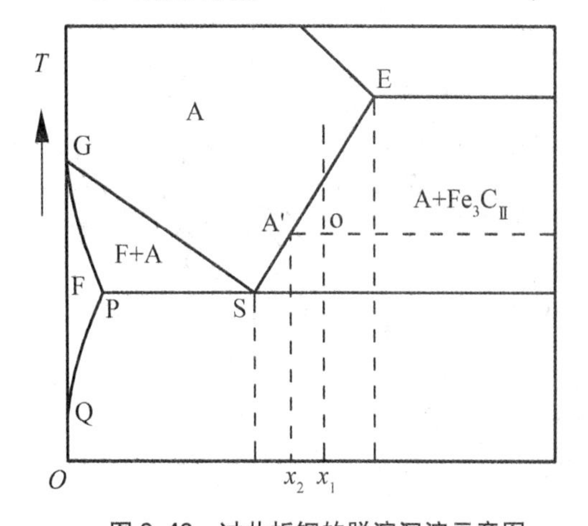

图 9.46 过共析钢的脱溶沉淀示意图

在 $Fe-Fe_3C$ 相图中，ES 线为碳在 $\gamma-Fe$ 中的最大固溶度线(图 9.46)。当组成为x_1的奥氏体 A 降温到 ES 线以下、共析温度以上的某一温度 T_O 时，碳在 $\gamma-Fe$ 中达到过饱和状态而以Fe_3C 的形式析出，此Fe_3C 为二次渗碳体$Fe_3C_{Ⅱ}$，用反应式表示为 $A \longrightarrow Fe_3C_{Ⅱ}+A'$。$A'$为析出一定量碳后的奥氏体。$A'$的状态点在 ES 线上，其成分为x_2。A'与母相 A 都是 $\gamma-Fe$，但它们中碳的质量分数不同。分解出的$Fe_3C_{Ⅱ}$ 为复杂碳化物，晶体结构、组成都与母相 A 不同。当系统在 T_O 温度发生以上转变时，奥氏体母相并未消失，只是含有的碳有所减少。因此，这种转变与共晶、共析转变不同。

以上转变与一定温度下的过饱和盐水析出盐晶粒的情形相似。盐水析出盐可表示为：过饱和盐水 1 ⟶ 盐晶粒＋盐水 2。过饱和盐水析出盐晶粒后，母相盐水并未消失，而且转变前后盐水的结构一样，只是过饱和盐水 1 的含盐量与盐水 2 的含盐量不同。同时，盐晶粒的结构与盐水也不一样。这是由于盐在水中的溶解度随温度下降而降低，在一定温度下盐在水中达到过饱和状态所致。通常将溶质(盐)从过饱和溶液(盐水)中析出的现象或过程叫脱溶沉淀。

过共析钢也是一种“溶液”——固体溶液，即固溶体。图 9.46 中，当过共析钢降温到固溶线 ES 以下时，奥氏体中的碳达到过饱和状态，多余的碳与部分 Fe 结合成Fe_3C而析出。借用溶液脱溶的概念，这个过程也叫脱溶沉淀或脱溶分解。在英文文献中，用沉淀(precipitation)一词表示这种过程的情况居多。脱溶沉淀的一般反应式为 $\alpha \longrightarrow \beta + \alpha'$。在一定温度下，$\alpha$ 为亚稳态的过饱和固溶体，β 为稳定或亚稳定的沉淀物。α'与 α 的晶体结构一样，但成分与 α 不同。在沉淀发生的条件下，α'更稳定。

$Fe - Fe_3C$ 相图中，当系统状态点降温到 GSP 区(即奥氏体 A 与铁素体 F 共存区)时，系统发生的转变与以上脱溶沉淀的一般反应式相类似，即 $A \longrightarrow F + A'$。但是，系统在析出 F 后，奥氏体 A′中碳的溶解度与母相 A 相比有所增加。而且随着温度下降，碳在奥氏体和铁素体中的溶解度都在增加，故系统不会产生碳的过饱和现象。因此，在很多情况下，并不将 $A \longrightarrow F + A'$ 称作脱溶沉淀。然而，从铁素体中析出三次渗碳体的现象却属于脱溶沉淀(即固溶线 PQ 以下发生的现象 $F \longrightarrow Fe_3C_{Ⅲ} + F'$，F′ 为析出碳后的铁素体)。

综上所述，脱溶沉淀是指从过饱和固溶体中析出沉淀相、亚稳过渡相或形成溶质原子聚集区的过程(沉淀相因其结构、成分和有序度与母相不同而常称作第二相，如$Fe_3C_{Ⅱ}$)。根据以上分析及定义，我们可知脱溶沉淀的必要条件为：溶质在固溶体中的固溶度要随温度的下降而降低。实际生产中，人们常常利用脱溶沉淀强化合金材料，而要产生脱溶沉淀，往往要做固溶处理和时效处理。

3. 固溶处理和时效处理

如图 9.47 所示，把一定成分(x_1)的双相体系(α、β)加热到固溶线 RS 以上某一温度(T_1)。双相体系在该温度下保温足够长的时间后，β 相溶解，从而获得单相固溶体 α。以上处理方法叫固溶处理(solution treatment)。

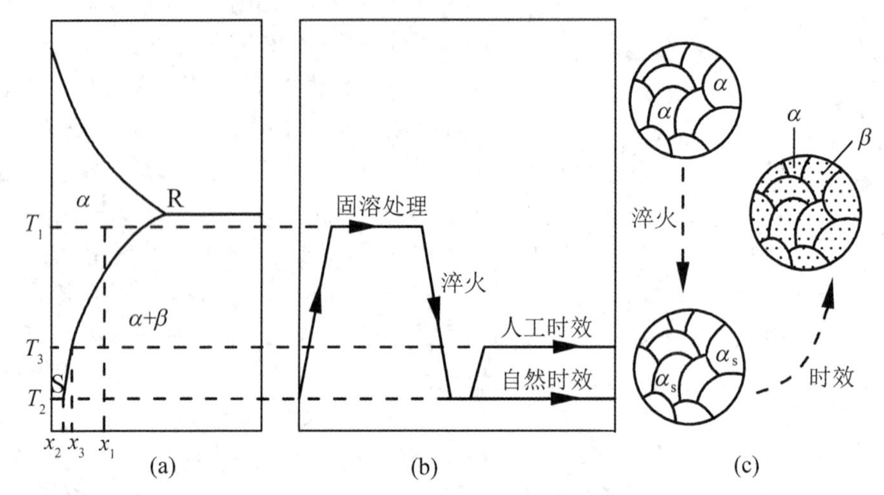

图 9.47 (a)(b)为固溶处理与时效工艺示意图；(c)为固溶时效时的组织变化示意图(α_s 为过饱和 α 固溶体)(引自徐洲，2004 和 Askeland，2005)

固溶处理完成后，将单相固溶体 α 急冷至较低温度(通常急冷至室温，这叫淬火)。在淬火过程中，α 相来不及分解，且原子很难通过扩散形核。因此，α 固溶体在较低温度下成为过饱和固溶体(含有过多 β 相)。过饱和 α 固溶体的成分与相应状态下平衡态 α 固溶体的成分不同。在图 9.47(a)中，温度在T_2时，过饱和 α 固溶体的成分为x_1，而平衡态 α 固溶体的成分为x_2。

过饱和 α 固溶体在室温或较高温度下发生脱溶的现象叫过饱和固溶体的分解或时效(aging)。在室温下进行的时效叫自然时效、在较高温度下进行的时效叫人工时效。生产上人们常采用人工时效。经过时效,过饱和固溶体会析出细小弥散沉淀相。这些细小弥散沉淀相对材料的硬度、强度有较大影响(见下节)。图 9.47(c)中示意了这些沉淀相在 α 固溶体中的分布。

4. 铁基合金中的脱溶

虽然在碳钢中,二次渗碳体 Fe_3C_{II} 从过饱和奥氏体中析出、三次渗碳体 Fe_3C_{III} 从铁素体中析出都叫脱溶沉淀,但对钢铁材料来说,比较重要的还是马氏体时效钢的脱溶。马氏体时效钢中,碳的质量分数极低,一般不超过 0.03%,故它不属于碳钢而是铁基合金。引入的合金元素主要为 Ni、Co 或 Mo,此外还有 Ti、Al、Be 和 Nb 等元素。比如典型的马氏体时效钢 18Ni,含 Ni 的质量分数为 18%,Co 的质量分数在 8%~12%,其余为 Mo、Ti、Al 及基体 Fe。18Ni 马氏体时效钢的热处理工艺如图 9.48 所示。

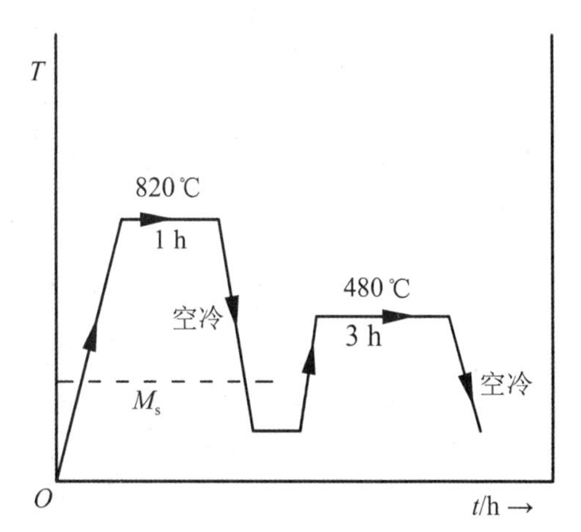

图 9.48 马氏体时效钢 18Ni 的热处理工艺示意图(引自赵连城,1987)

经固溶处理的马氏体时效钢,在空气中冷却或在窑炉中冷却至 M_s 温度以下时可获得板条马氏体。由于马氏体时效钢中碳的质量分数极低,故其强度和硬度都较低,其洛氏硬度为 HRC30。因此,马氏体时效钢在淬成马氏体后易于加工成形。这一点与碳钢不同。而且与马氏体碳钢相比,在强度相同的情况下,马氏体时效钢的塑性和韧性较高。可是,经过时效处理后的马氏体时效钢,其屈服极限从时效前的 1 000~1 400 MPa提高到时效后的 1 400~3 500 MPa。这些现象和数据说明马氏体时效钢的高强度主要是由时效析出的强化相所致。

马氏体时效钢在时效过程中达到过饱和而首先脱溶沉淀出合金金属。这些合金元素主要沉积在马氏体中的位错之处,进而在此形成 Cottrell“气团”。这些“气团”可维持到 500℃左右,非常稳定。而且,脱溶相还以“气团”为非均匀形核的核心,故脱溶相的弥散度极大,颗粒极细且均匀。脱溶相主要为金属间化合物,如 Ni_3M(M 为加入的 Mo、Ti 等合金元素)。马氏体时效钢的时效强化主要来自两方面:溶质原子偏聚于位错形成的 Cottrell“气团”对位错起钉扎作用;沉淀析出的大量均匀分布且极细的硬质金属间化合物提高了钢的强度和硬度。其中,金属间化合物的作用是主要的。

但若时效温度超过 500℃,马氏体会转变为奥氏体,析出的金属间化合物溶入奥氏体。因此,过高温度和过长时间的时效反而会引起马氏体时效钢的强度下降。尽管铁基合金中的脱溶沉淀产生了超高强度的马氏体时效钢,但是脱溶沉淀在非铁合金中的应用却更为普遍。

5. 非铁合金中的脱溶

许多合金系统在形成过饱和固溶体后,往往会脱溶沉淀出强化相,如 Pb - Sn、Al - Cu 等合金。这些合金经固溶处理和淬火后形成过饱和固溶体。这种固溶体经时效处理后,最终会转变成平衡相。然而,由于原子在固相中的扩散系数比在液体中小几个数量级,以及新相与母相间的界面能、应变能要阻止新相晶核的形成，故在平衡相产生前，合金往往要脱溶出一些亚稳相或过渡相。

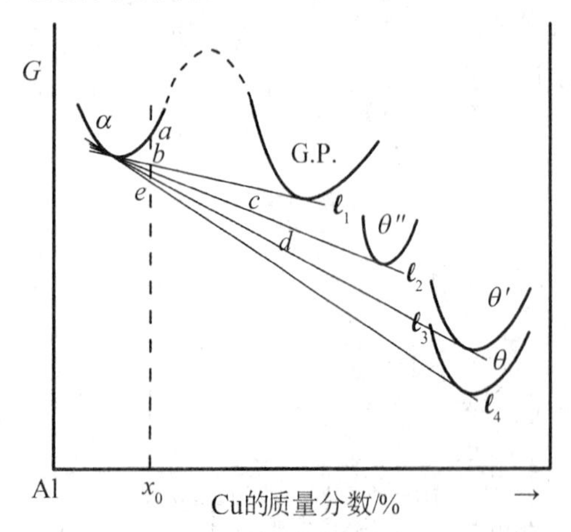

图 9.49　Al－Cu 合金脱溶相的 $G-x$ 曲线示意图(组成线与各公切线的交点分别为 b、c、d、e。为了清楚，已将 c、d 做了一定位移)(引自赵连城，1987)

1) 脱溶过程。脱溶的一般过程为溶质原子聚集区(无序、有序)→亚稳相→平衡相。图 9.49 为 Al－Cu 合金在某一温度下的自由能-成分($G-x$)曲线。图 9.49 中，成分为x_0的合金脱溶时有 G. P. 区、θ''、θ'和θ 相。在这几种相中，θ 相($CuAl_2$)为平衡相，其余为亚稳相。由 9.3.4 节的原理，我们可用公切线得到这些相的总驱动力。α 相与 G. P. 区自由能曲线的公切线为 l_1。α 相与θ''、θ'和θ 相自由能曲线的公切线分别是l_2、l_3和 l_4。成分为x_0的系统与以上四条公切线的交点分别为 b、c、d、e，故从 α 相转变为 G. P. 区、θ''、θ'和θ 相的总驱动力为ab、ac、ad 和ae 段。由此可见，α 相转变为平衡相θ的驱动力最大，但由于θ相与基体是非共格的、形核生长需要较大的界面能，故α相较难转化为θ 相。而过渡的亚稳相 G. P. 区与基体完全共格，而且与基体间的浓度差小，因此 G. P. 区容易首先形成并长大，然后逐渐向平衡相过渡。

综上所述，Al－Cu 合金的脱溶顺序为α 相→G. P. 区→θ''相→θ'相→θ 相。其他一些合金的脱溶顺序与 Al－Cu 合金类似，如 Cu－Be 合金的脱溶顺序为α 相→G. P. 区→γ'相→平衡相γ(CuBe)；Al－Mg－Si 合金的脱溶顺序为α 相→G. P. 区→β'相→平衡相β(Mg_2Si)。由此可见，G. P. 区是某些合金容易首先脱溶的亚稳相区。那什么是 G. P. 区？

2) G. P. 区。1906—1909 年间，Afred Wilm 偶然发现 Al－Cu 合金具有时效硬化现象(age hardening)。比如，固溶处理的铝合金在淬火后，其强度和硬度无明显提高，但塑性却得到了改善(这与碳钢，尤其是含碳较多的钢不同)。淬火后的铝合金在室温下放置 4～5 d 后，或在稍高温度下放置一段时间后，强度显著提高，伸长率却下降。早先，这一发现作为工业机密被保密了十多年。对此，人们在较长的时间内都不清楚是由什么原因引起的。

1920 年，美国 Merica 研究组以 Al－Cu 合金相图为基础，根据固溶度曲线的形状揭示了 Cu 在 Al 中的固溶度随温度下降而急剧降低，从而形成过饱和固溶体的原因。这部分地解释了时效硬化现象。此后，许多冶金学家为了解引起时效硬化的原因，而采用 X 射线和光学显微技术对此现象进行了研究，但都失败了。这一时期，位错概念尚未提出，更不用说位错理论了(位错概念于 1934 年提出)。

1938 年，法国 A. Guinier 和苏格兰 G. D. Preston 各自采用当时的尖端 X 射线衍射技术研究了 Cu 质量分数很低的 Al－Cu 合金单晶的时效现象。他们对实验数据分析后都认为：时效硬化过程中，有一个原子层厚的富 Cu 区出现，而且富 Cu 区存在于母相α过饱和固溶体的(100)面上。后来，人们把这种富 Cu 区称为 Guinier Preston zone，简称 G. P. 区。其他合金中的原子聚集区也称为 G. P. 区。Guinier 和 Preston 是间接得知富 Cu G. P. 区的。多年以后，人们才通过电子显微镜直接观察到了 G. P. 区。G. P. 区形成后，会逐渐转变成中间亚稳相，最后才形成稳定相。随着同时期位错理论的发展，人们逐渐认识到 G. P. 区边缘点阵存在的弹性应力场及其他过渡相与位错的作用阻止了位错的移动，从而导致合金的时效硬化。

从过饱和固溶体中析出沉淀相时，系统的总自由能变化(ΔG)用式(9－43)表示：

$$\Delta G = \Delta G_1 + \Delta G_2 + \Delta G_3$$

式中，ΔG_1为沉淀相和母相相间的自由能之差，它是小于零的，故促使相变发生；ΔG_2为沉淀相和母相相间界面能，其值大于零；ΔG_3为沉淀相和母相相间的弹性应变能，它也大于零。ΔG_2和ΔG_3大于零说明界面能的弹性应变能对相变来说是阻力。以上三种能量之中，弹性应变能ΔG_3主要取决于沉淀相与母相是否为共格关系。沉淀相晶格与母相晶格有共格和非共格两种基本类型。

图9.50为共格沉淀(coherent precipitate)的二维示意图。一般地，共格沉淀发生在脱溶沉淀的早期。这是由于在沉淀早期，界面能项ΔG_2是主要的。而界面的形成会使系统的总自由能呈增大趋势。共格沉淀没有真实界面，这可使界面能的增量达到尽量小。因此，这种共格沉淀“粒子”与母相间的界面能接近零。但在浓度方面，“粒子”与母相有较大差别。共格沉淀“粒子”中的原子与母相原子大小通常不同，这会导致“粒子”与母相间有较大的弹性应变能ΔG_3。

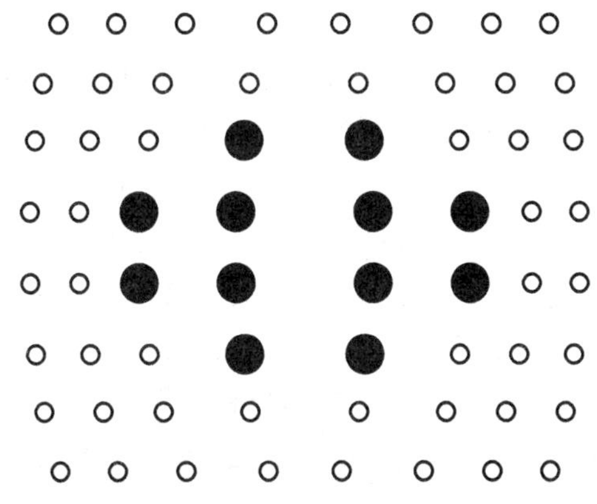

图9.50 共格沉淀二维示意图(实心圆表示共格沉淀“粒子”)(引自Henkel, 2008)

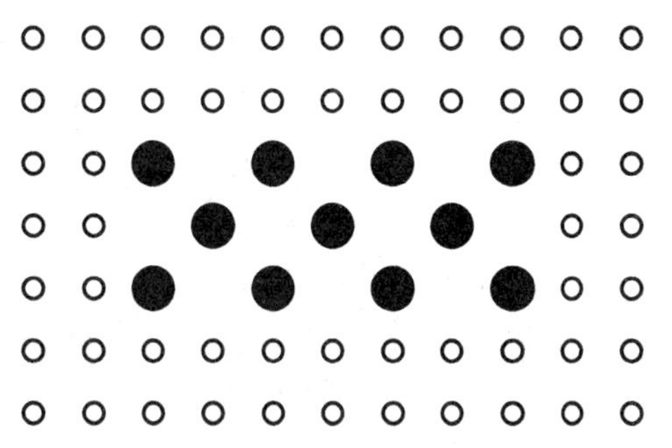

图9.51 非共格沉淀二维示意图(实心圆表示共格沉淀“粒子”)(引自Henkel, 2008)

图9.51为非共格沉淀(incoherent precipitate)的二维示意图。非共格沉淀“粒子”有自己的晶体结构，而且与母相之间存在真实界面。非共格沉淀中的界面能ΔG_2比共格沉淀中的大，但弹性应变能ΔG_3却比共格沉淀中的小。非共格沉淀一般出现在脱溶沉淀的后期。这是由于沉淀相长大到一定程度时，共格关系被打破，随即弹性应变能开始下降，界面也逐渐形成。总体而言，界面能ΔG_2的增量小于应变能ΔG_3的下降，故后期的弹性应变能项ΔG_3下降是主要的，结果非共格沉淀可使系统的弹性应变能很小，从而使系统的自由能ΔG尽可能低。

G. P. 区与母相存在共格关系，故属于共格沉淀“粒子”。G. P. 区形成于脱溶初期、形成的速率较大且处于热力学亚稳态。它与母相间有较大的晶格畸变。较大的畸变和弹性应变能对位错运动是一个很大的障碍，故G. P. 区能对合金的时效硬化起到主要作用。

在G. P. 区被发现后，人们发现G. P. 区还具有一定的形状。这些形状与溶质原子半径r_1和溶剂原子半径r_2的相对大小有关，可用$\Delta r = |r_1 - r_2| / r_2$表示。当沉淀相体积一定时，球状沉淀相的弹性应变能最高，其次是针状沉淀相，圆盘状沉淀相周围的弹性应变能最低。因此，

当 Δr 较大时，为了使弹性应变能尽可能低，沉淀相倾向于形成圆盘状。而当 Δr 很小时，弹性应变能本身就小。这时，沉淀相与母相间界面能的影响就比较突出，故沉淀相倾向于缩小界面面积(即球形)来降低界面能。比如，Al－Cu 合金的 Δr 可达 0.118，G. P. 区呈圆盘状。Al－Ag 合金的 Δr 非常小，仅为 0.007，其 G. P. 区为球状。

G. P. 区的形状还与合金成分、时效温度和时间有关。通常在一定的温度和时间范围内，时效温度高、时间长，合金的 G. P. 区越大。G. P. 区的直径一般在十到几百埃，厚度为几个埃。实验还表明，G. P. 区的数目比位错数目大得多，故可认为 G. P. 区的形核主要依靠浓度起伏的均匀形核。

3) 过渡相与平衡相

随着时效温度升高或时间延长，G. P. 区会形成一些过渡亚稳相，如 Al－Cu 合金的 θ'' 相和 θ' 相。但有些合金中的过渡相不是由 G. P. 区转变而成的，如 Al－Ag 合金，其亚稳相 γ' 独自形核长大，与 G. P. 区无关。因此，前文介绍的脱溶过程或顺序仅代表平衡相出现前可能存在的过渡亚稳相。下面以 Al－Cu 合金为例简介几种过渡相。

(1) θ'' 相。Al－Cu 合金中的 θ'' 相一般是以 G. P. 区为基础形成的。随着时效的进行，G. P. 区主要沿其厚度方向成长为 θ'' 相。θ'' 相具有四方点阵，$a=b=4.04$ Å，$c=7.80$ Å。沿 c 轴方向，θ'' 相的晶胞有五层原子层。晶胞正中间为纯 Cu 原子层，紧挨着 Cu 原子层的两边为 Cu、Al 混合层，接下来是纯 Al 层。

θ'' 相在(100)、(010)和(001)面上都与母相完全共格。与 G. P. 区相同，θ'' 相也为盘状沉淀相。在垂直于盘状的方向上(沿 c 轴方向)，母相有较大的弹性应变。这也是导致 Al－Cu 合金产生时效强化的一个主要原因。

(2) θ' 相。Al－Cu 合金时效过程的进一步发展，或升高时效温度，则 θ' 相会出现。θ' 相也具有四方点阵，$a=b=4.04$ Å，$c=5.80$ Å。θ' 相的(001)面与母相(001)面一样，但其(100)面和(010)面却与母相不同。而且，θ' 相与母相在[100]方向上的错配比较大，其边缘处于非共格状态。因此，与 θ'' 相比，θ' 相与母相只保持了部分共格关系。这使得 θ' 相与母相间的弹性应变能较小，从而对位错运动的阻碍小。故 θ' 相大量形成时，Al－Cu 合金的硬度下降，这称为过时效(overaging)。

(3) 平衡相 θ。随着 θ' 相的生长或温度升高，θ' 相逐渐长大，并与母相脱离而成为独立平衡相。θ 相的点阵也为四方点阵，$a=b=6.07$ Å，$c=4.87$ Å，其化学式可写为 $CuAl_2$。θ 相的点阵常数与 θ'' 相和 θ' 相相差较大，且与母相无共格关系而呈块状。θ 相对位错的阻碍作用也不像 G. P. 区和 θ'' 相那么大，故合金会显著软化。图 9.52 为时效 Al－Cu 合金的显微形貌。

其他合金亚稳过渡相与以上 Al－Cu 合金相似，但不一定都有以上四个阶段及其对应的过渡相和平衡相。

6. 陶瓷材料中的脱溶

与合金材料一样，有些陶瓷基材料达到过饱和状态时，也有脱溶沉淀现象。比如，在图 9.53(a)所示的 $MgO-Al_2O_3$ 相图中，组成为 x_0 在状态点 m 的系统快速降温到状态点 n 时，$MgAl_2O_4$ 尖晶石内的刚玉达到过饱和状态。应变能和共格关系的作用导致亚稳中间产物优先脱溶、沉淀。这些沉淀物的结构与尖晶石类似，而且沉淀物比平衡相 $\alpha-Al_2O_3$ 更易形核。图 9.53(b)为脱溶初期形成的两种亚稳相及少量 $\alpha-Al_2O_3$；图 9.53(c)为在 850℃下长时间保温后，$\alpha-Al_2O_3$ 消耗亚稳相后得到粗化。

另外，在碱性耐火砖内，镁铁矿($MgFe_2O_4$)也可从 MgO 固溶体中脱溶沉淀出来。有时，

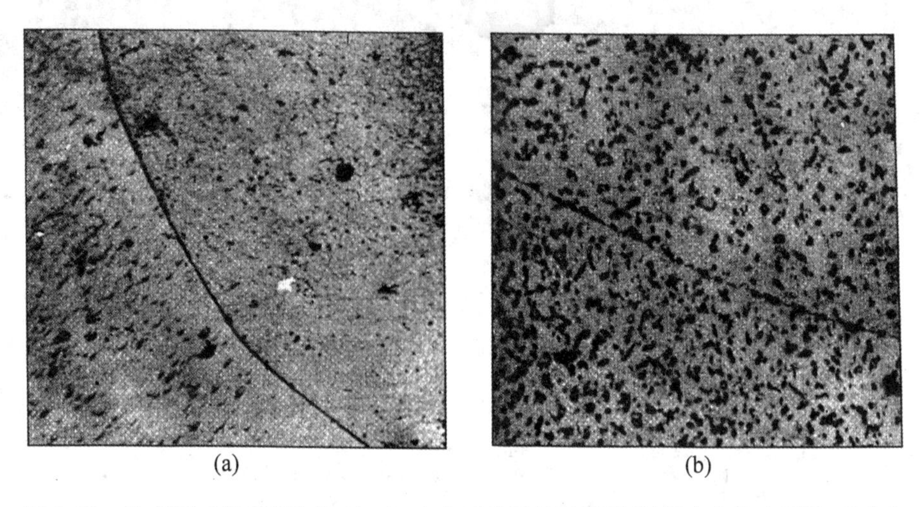

(a) (b)

图 9.52 Cu质量分数为5%的Al-Cu合金时效后的显微形貌(图中曲线为晶界,放大倍数都为1 000倍)(引自Henkel,2008)

(a)从540℃淬火,再在200℃保温30 min。这时的合金具有最大的强度,在光学显微镜下,θ'相很难分辨;(b)从540℃淬火,再在400℃保温1 h。这属于严重过时效,沉淀粒子很粗

片状$MgFe_2O_4$沿母相MgO的(100)面形成。在较低温度下的长期沉淀过程中,当扩散有可能决定生长速率时,$MgFe_2O_4$会形成枝状晶沉淀,而且沉淀相仍具有母相的结晶学取向。但由于$MgFe_2O_4$的生长速率受到限制,它会发育为星形。最终,在较高温度下长时间保持以后,$MgFe_2O_4$会逐渐发育成球状沉淀。这样,总表面能达到最小,且弹性应变能因为塑性流动而得到消除。这与原子半径差Δr影响合金G. P.区的情形相似。图9.54为从MgO中沉淀出的$MgFe_2O_4$形貌。

ZrO_2-5%Y_2O_3系统也有脱溶沉淀现象(5%是Y_2O_3的摩尔分数)。在ZrO_2从立方相单相区降温到立方相和四方相的共存区进行时效时,四方相粒子会在立方相(即母相)上沉淀出来。在时效初期,四方相粒子细小地弥散分别在母相中,且与母相共格。这些四方相粒子在显微镜下类似编织物而被称为“tweed”组织,如图9.55(a)所示。到了时效后期,四方相粒子长大成透镜状,且透镜状析出物内存在孪晶。此时,析出的四方相与母相的共格界面受到破坏。这种组织称为“colony”组织,如图9.55(b)所示。当四方相在立方相基体上析出时,其c轴分别沿母相[001]、[010]和[100]晶向析出,故有三个四方相的变体。

脱溶沉淀粒子对材料,尤其是合金材料强度的提高有较为显著的贡献。这一点,我们在下一节做介绍。

9.6.4 无机材料强韧化

1. 材料需要强韧化的主要原因

为什么要对无机材料进行强韧化呢?其中一个原因是无机材料的实际强度低于理论强度。

我们首先来看看无机非金属材料。材料中总是存在一定数量和大小的裂纹。裂纹尖端存在应力集中。无机非金属材料有较少的滑移系统、位错移动较难,故缺乏塑性,而且这类材料也无其他吸收裂纹尖端能量的机制。因此,无机非金属材料的裂纹在低应力下就会产生扩展而容易产生脆断。这导致其实际的断裂强度低于理论值[脆断(brittle fracture)是指材料在断裂前无明显塑性变形的断裂形式,反之为延性断裂或韧断(ductile fracture)]。

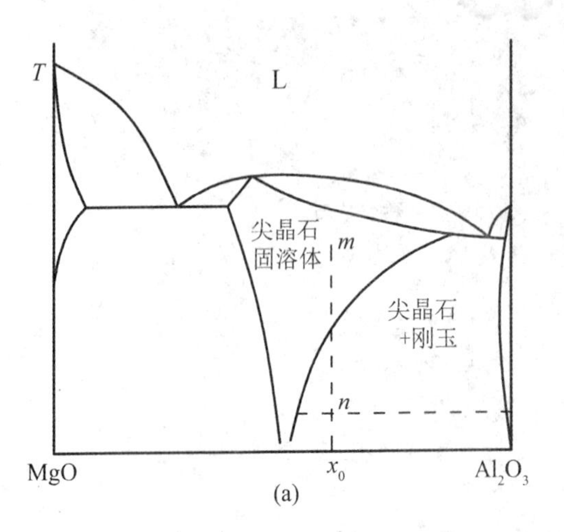

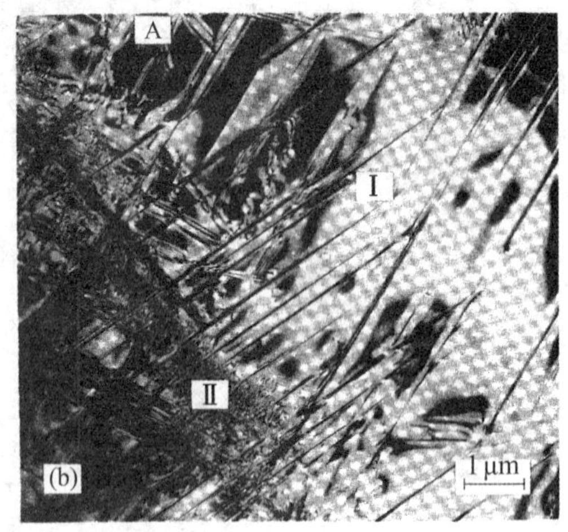

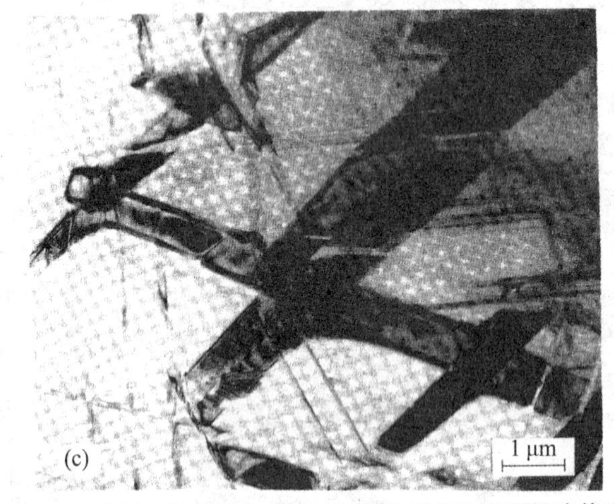

图 9.53 (a)$MgO-Al_2O_3$ 相图示意图；(b)尖晶石固溶体在850℃退火时的亚稳沉淀相Ⅰ、Ⅱ和少量 $\alpha-Al_2O_3$ (A)；(c)在850℃长时间退火，$\alpha-Al_2O_3$ 得到粗化，并消耗了亚稳相(引自 Kingery, 2010)

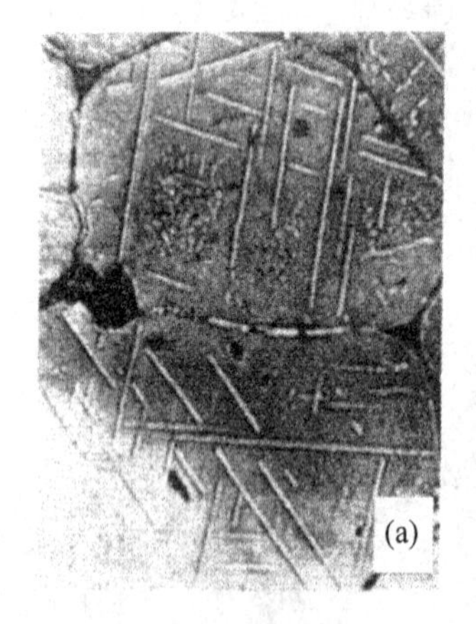

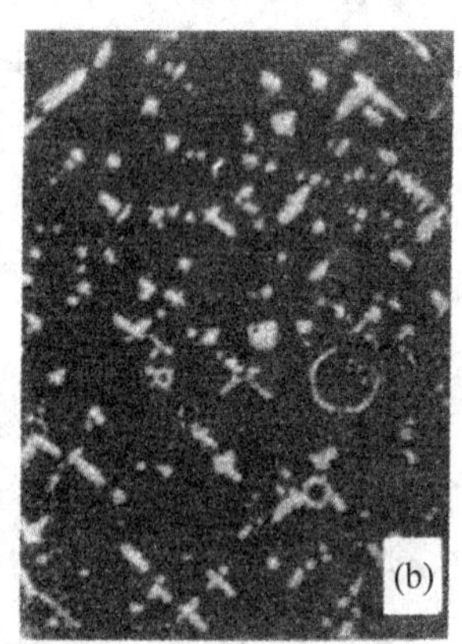

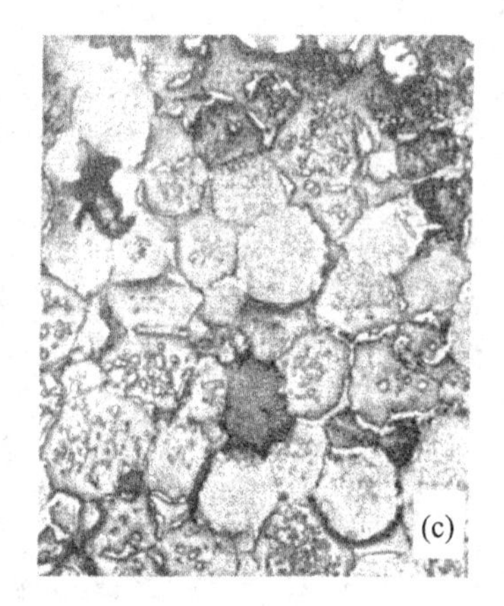

图 9.54 从碱性耐火砖的 MgO 中沉淀出的 $MgFe_2O_4$(引自 Kingery, 2010)

(a)平行于 MgO(100)面的片状晶体，放大500倍；(b)枝晶沉淀物，放大975倍；(c)球形晶体，放大232倍

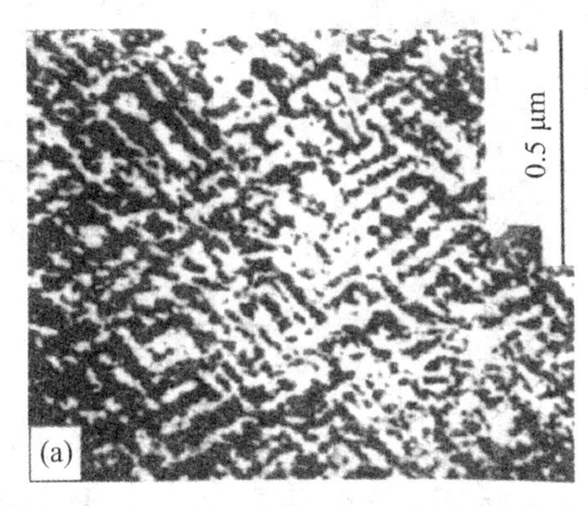

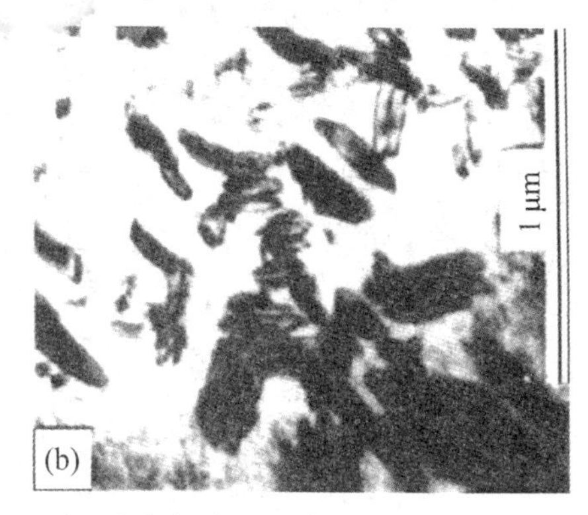

图 9.55 (a)ZrO_2-5%Y_2O_3 系统时效初期的 tweed 组织(白色部分);(b)ZrO_2-5%Y_2O_3 系统时效后期的 colony 组织(深色部分)(引自周玉,2004)

其次,金属材料中也有裂纹。但因滑移系统较多、存在的位错相对来说又易开动,因而许多金属材料容易产生塑性变形。塑性变形可阻止裂纹的扩展或吸收裂纹尖端的能量,所以裂纹对许多金属材料的影响不如对无机非金属材料那么大。比如,弹性模量 $E=300$ GPa,界面能为 1.5 J/m^2 的陶瓷材料,当其中裂纹的长度为 10 μm 时,断裂强度约为 240 MPa。而弹性模量 $E=300$ GPa 的钢,扩展单位面积所需塑性功较大(约为 10^3 J/m^2)。这种钢要在 240 MPa 的条件下断裂,其临界裂纹的长度可达 6.6 mm。由此可见,金属中允许存在的临界裂纹尺寸比无机非金属材料大得多。这主要是由于金属具有塑性。而塑性是阻止裂纹扩展的一个重要因素。

第三,在实际应用中,由无机材料构成的结构材料往往需要有较高的强度和良好的韧性。

由于以上三个方面的原因,提高结构材料的强度和韧性是人们关注的一个重点。材料的强度(strength)是衡量材料抵抗过量塑性变形和断裂能力的性能指标。韧性(toughness)是反映材料在塑性变形和断裂过程中吸收能量的能力,它也是衡量材料抵抗裂纹扩展能力的性能指标。

通常,金属材料容易产生塑性变形,即强度低,但抵抗裂纹扩展的能力强于无机非金属材料。因此,相对而言,金属材料主要需要强化,无机非金属材料需要提高韧性。但请注意,金属材料同样具有提高韧性的需求,无机非金属材料也有提高强度的要求。

2. 第二相强化

脱溶沉淀粒子和特意加入的弥散粒子对材料都有相同的强化作用,故统称沉淀粒子和加入的弥散粒子为第二相粒子。这些粒子对材料的强化称作第二相强化。有时,为了区分,人们将沉淀粒子产生的强化称作沉淀强化(precipitation hardening)或时效硬化(age hardening);而在粉末烧结中特意加入的弥散粒子产生的强化称为弥散强化(dispersion strengthening 或 dispersion hardening)。

第二相强化主要是由第二相强化粒子与位错间的相互作用引起的。在合金中,位错比较容易产生,因此合金的屈服行为主要受控于使位错移动的应力。而位错在剪切应力作用下移动时,它与母相中的第二相粒子有两种主要的交互作用机制。

(1) 切割机制。若第二相粒子较弱,且与母相共格时,位错线通过切割而越过粒子(即切过,如图 9.56 所示)。这时的屈服应力与粒子发生切变所需应力相当。切过粒子应增加的临界切应力 $\Delta\tau_{切}$ 约为 $\Delta\tau_{切}\propto f^{1/2\sim5/6}r^{1/2}$。$f$ 为第二相粒子的体积分数,r 为粒子尺寸。由此可见,粒子体积分数 f 一定时,粒子尺寸 r 越大,则强化效果越显著;而粒子尺寸 r 一定时,粒子的体积分数 f 越大,强化效果越显著。图 9.57 为透射电镜下,Ni-19%Cr-6%Al 合金中的

位错切过 Ni_3Al 粒子的情形。

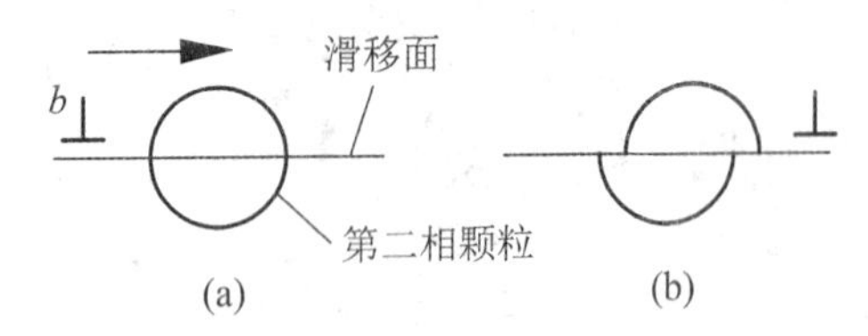

图 9.56 位错切过第二相粒子示意图(引自潘金生,2011)

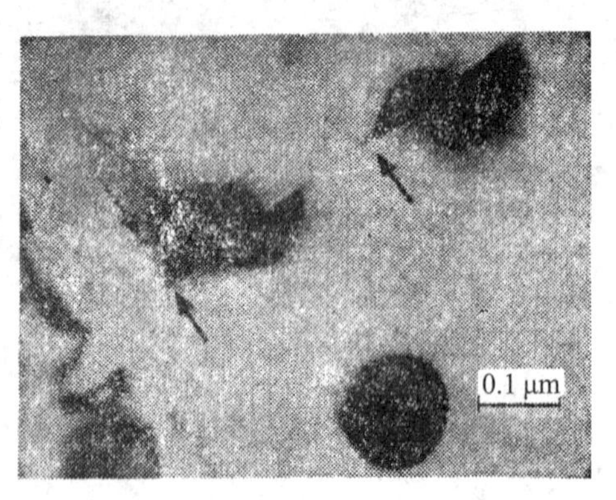

图 9.57 Ni－19%Cr－6%Al 合金经 2%拉伸应变后被位错切割的 Ni_3Al 粒子(引自徐祖耀,1986)

位错在切割粒子时,与粒子间可能有以下一种或多种作用:产生新界面的化学强化;母相与粒子因弹性模量、剪切模量之不同而引起的强化;共格粒子周围的弹性应变场对位错产生的共格应变强化等。比如 Al－Cu 合金中的 G. P. 区和 θ'' 相的弥散度大,且 G. P. 区和 θ'' 相尺寸小,强度低。故位错采取切割的方式越过它们。因而,Al－Cu 合金在形成 G. P. 区和 θ'' 相时,强度的提高主要是由 G. P. 区和 θ'' 相周围的弹性应变场对位错的阻碍引起的。

(2) 绕过机制(Orowan 机制)。若第二相粒子不易产生变形,且与母相为非共格时,位错线难以切过粒子,而在粒子处受阻。随着外加切应力的增加,位错线向运动方向产生弯曲,如图 9.58 所示。当 n、e 相遇时,因 n、e 处的位错方向相反而相互抵消。结果,一个位错环在粒子周围就产生了,即位错产生了增殖(这与第 4 章中图 4.30 描述的位错增殖类似)。脱离粒子的位错继续向前移动。产生的位错环使粒子间距减小。当后续位错在遇到有位错环的粒子时,位错间的作用使后续位错较难绕过第二相粒子。随着应变、应力的增大,后续位错绕过有位错环的粒子后,又留下一层位错环。图 9.59 展示了 Cu－30Ni 合金中的位错环。

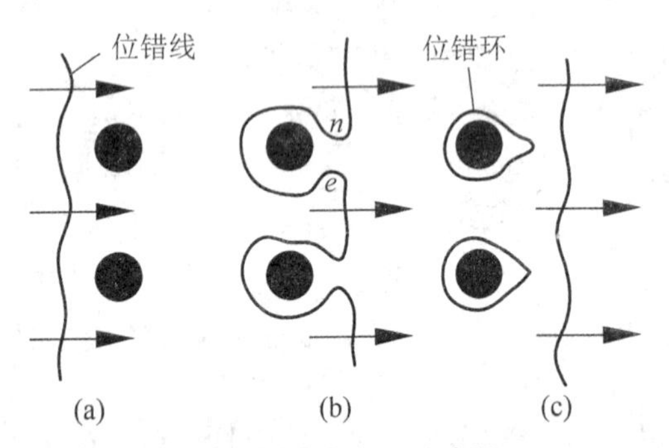

图 9.58 位错绕过第二相粒子示意图(引自潘金生,2011)

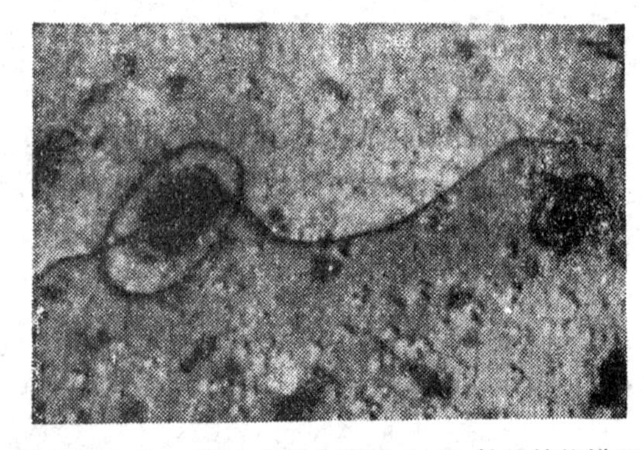

图 9.59 Cu－30Ni 单晶中围绕 Al_2O_3 粒子的位错环(引自徐祖耀,1986)

在 Al－Cu 合金中,θ' 相的强度较高,位错不易切过,而是采取绕过的方式。位错绕过 θ' 相所需应力比切过 G. P. 区和 θ'' 相所需应力要小些。因此,θ' 相的出现使 Al－Cu 合金产生过时效而强度下降。但若持续对含有θ'相的 Al-Cu 合金施加应力，则后续位错绕过有位错环的θ'相颗粒越来越难，这是 Al-Cu 合金加工硬化的一个原因。

绕过粒子的临界切应力$\Delta\tau_{绕}$约为$\Delta\tau_{绕}\propto f^{1/2}r^{-1}$。与越过机制相似，当粒子尺寸$r$一定时，粒子的体积分数$f$越大，强化效果越显著；但当粒子体积分数$f$一定时，粒子尺寸$r$越大，则强化效果却下降。

综合以上两个机制可得出强化材料的第二相粒子最佳尺寸。

(3) 第二相粒子的最佳强化尺寸。当第二相粒子的体积分数一定时，在切割机制中，增加的临界切应力$\Delta\tau_{切}\propto r^{1/2}$；而在绕过机制中，$\Delta\tau_{绕}\propto r^{-1}$。图 9.60 示意了这两种切应力随颗粒半径的变化关系。由此可知$\Delta\tau_{切}$与$\Delta\tau_{绕}$的曲线有一个交点P。P点对应临界粒子半径r_c。

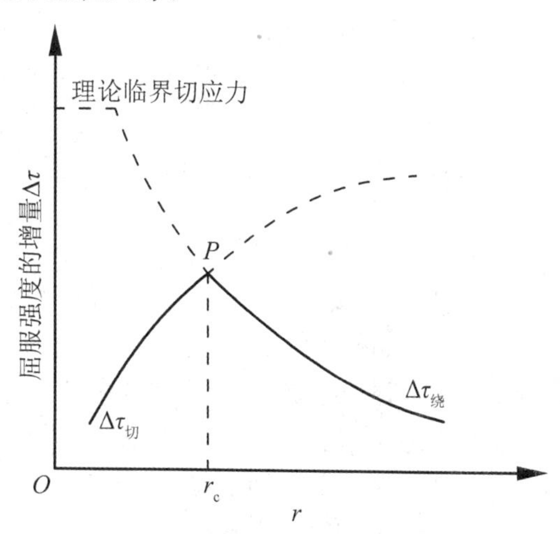

图 9.60 第二相粒子强化效果与粒子尺寸r的关系示意图(引自潘金生,2011)

当第二相粒子的半径$r<r_c$时，$\Delta\tau_{切}<\Delta\tau_{绕}$。这表明位错切过粒子所需应力小于绕过粒子所需应力，因此位错将优先采取切过机制越过第二相粒子。在$r<r_c$内，粒子尺寸增加，第二相的强化作用增强。而当第二相粒子的半径$r>r_c$时，$\Delta\tau_{切}>\Delta\tau_{绕}$。这表明位错更容易采取绕过机制越过第二相粒子。在$r>r_c$时，粒子尺寸增加，第二相的强化作用反而减弱。一般$r_c$的范围在 0.01～0.1 μm 之间。尺寸大于 0.1 μm 的第二相粒子，位错较难切过，这已被实验所证实。

简言之，第二相强化是利用过饱和材料析出沉淀颗粒、特意加入或内氧化产生的颗粒阻止位错移动，以达到提高材料强度和硬度的目的。下面小结一下本书前面章节提到的材料强韧化方法。

3. 固溶强化

无论是置换固溶体，还是间隙固溶体，溶质原子都打破了基体材料晶格的周期有序性。因而，溶质原子周围的晶格产生畸变。溶质原子多，晶格畸变倾向于增大。晶格畸变导致弹性应力场的产生。这种弹性应力场与位错的应力场存在相互作用，如形成 Cottrell“气团”、Suzuki“气团”。受到这种相互作用的影响，位错很难产生运动。要使位错运动，则需增加外力，故合金的强度和硬度往往要高于纯金属。这种因溶解了外来原子而产生的强化称为固溶强化。

4. 细晶强化

细晶强化(boundary strengthening 或 grain strengthening)是通过细化晶粒来提高材料强度和硬度、塑性和韧性的一种方法。这种方法主要利用了位错的运动在晶界受到阻碍或位错在晶界萌生、增殖并产生相互作用的原理来达到提高材料强度的目的。材料中的晶粒越细，则晶界越多，位错在晶界处受到的阻力增大。而要使位错运动，则需增加外力，对外显示出强度和硬度的增加。比如，纳米晶 Si_3N_4 的弯曲强度可达 1.5 GPa。再如，奥氏体转变成的屈氏体比珠光体和索氏体要细，其强度、硬度比珠光体和索氏体要高。

但在高温下，晶界容易移动，故细晶强化不适用于高温环境。

5. 加工硬化(应变硬化 strain strengthening)

金属材料经冷变形(轧制、拉拔、挤压等)后，强度和硬度增加的现象称作加工硬化。比如，低碳钢经冷轧后，其屈服强度可从 240 MPa 提高到 860 MPa 左右。

这主要是由于金属材料经冷变形后，位错密度大大增加(可从 $10^6 cm^{-2}$ 增加到 $10^{12} cm^{-2}$)。众多的位错产生缠绕及其他交互作用，故位错的移动难度大大增加。

6. 相变强化

这是利用相变提高材料强度的一种方法。比如，马氏体相变时，马氏体组织的晶格严重畸形、存在大量微观缺陷(位错、孪晶、层错)。这些缺陷周围存在的弹性应力场对位错有很强的阻碍作用。这种作用使马氏体得到强化。

以上几点主要总结的是强度和硬度的提高。下面简单介绍韧性的提高。韧性反映的是材料在变形直至断裂的过程中，吸收能量的能力。在这些过程中，材料吸收的能量多，则断裂韧性高，故增加材料在断裂之前消耗能量的措施都可提高断裂韧性。

7. 晶粒尺寸对韧性的影响

根据第 4 章对面缺陷的介绍，我们可知晶界处原子间的结合力通常小于晶粒内部原子间的结合力，故多晶材料中的裂纹容易沿着晶界扩展，进而导致材料的断裂。这种断裂机制称作沿晶断裂。若多晶材料的晶粒细小，则晶界多。这样，裂纹在沿着晶界扩展时就具有曲折的路径。裂纹扩展路径越曲折，则该路径也相应得到延长。这也导致裂纹在扩展过程中，形成的新表面面积越大，消耗的能量也越多。裂纹在扩展时，晶界可使裂纹转向、分叉，这会削弱裂纹尖端的应力集中。晶粒细小，裂纹更易转向、分叉，尖端的应力集中更易得到削弱。

综合以上两方面因素，对断裂机制主要属于沿晶断裂的材料而言，细晶粒对韧性的提高有利。对没有其他显著消耗能量机制的无机非金属材料来说，可采取细化晶粒来提高韧性。对金属材料也是如此，比如碳钢中的过冷奥氏体在形成片状珠光体时，片层间距小，渗碳体层薄。薄渗碳体层容易同铁素体一起变形而不脆裂，故索氏体、屈氏体不仅强度高，韧性也好。

8. 相变增韧

这一点，我们在第 3 章中介绍 ZrO_2 时提到过。$t-ZrO_2$ 转变为 $m-ZrO_2$ 时伴随体积膨胀。一方面，体积膨胀使裂纹有闭合趋势不扩展。另一方面，体积膨胀可能产生一些小于临界尺寸的微裂纹。这些微裂纹吸收主裂纹的能量或使主裂纹分散成小裂纹，从而抑制主裂纹扩展，故材料的断裂韧性得到提高。

材料的断裂除了上面介绍的沿晶断裂外，还有穿晶断裂等机制。增韧机制也同样还有其他形式。这些机制，读者朋友会在《材料性能》课中进一步学习。接下来，我们以发生固态相变的另一种典型材料——玻璃陶瓷来结束固态相变这一节。

9.6.5 玻璃陶瓷

1. 玻璃陶瓷的出现

玻璃陶瓷(glass-ceramics)也叫微晶玻璃，它是在玻璃中可控地析出晶体而形成的无孔多晶材料。其中，晶相的体积分数在 95%～98%之间，且晶粒尺寸通常小于 1 μm。除了晶相外，玻璃陶瓷还有少量的残余玻璃相。

其实，早在 18 世纪中叶，法国化学家 René Antoine Réaumur(1683—1757 年)就已经制备出了玻璃陶瓷。他将玻璃瓶埋入沙子和生石膏的混合物中加热并保温几天。结果，他发现玻璃变得不透明了，而且还像陶瓷一样。但他还不能通过严格的过程对其进行控制并做进一步研究(18 世纪初，化学家还没有参与分析陶瓷成分时，Réaumur 就开始对传到法国的瓷器进行分析。他将化学学科的方法带入陶瓷分析中的这项工作为现代陶瓷的出现拉开了序幕)。Réaumur 之后的 200 多年，玻璃陶瓷的研究和生产才获得突破。这得归功于物理化学家

Stanley Donald Stookey(1915—2014 年)。

1940 年,Stookey 在 MIT 博士毕业后来到康宁玻璃公司。在这里,他首先研究玻璃的感光性。那时人们早已知道一种含 Au 的“红宝石玻璃”。这种玻璃中的 Au 离子在紫外线的照射下被还原成 Au 原子,并形成大量的 Au 晶核,从而产生一定的颜色。为了形成漂亮的色彩,析出的颗粒尺寸必须处于胶体态。这就要求有大量的晶核,而且不能过分长大。通过研究,Stookey 找到了 CeO_2 这种敏感剂。他还通过改变玻璃中胶体 Au 的晶体尺寸来使感光玻璃变为蓝色、紫色或红色。1948 年,为了在彩电屏幕的薄玻璃板上形成许多复杂小孔,Stookey 用他发现的感光玻璃做实验。这些感光玻璃在遮光板后曝光和晶化。然后,将曝光和晶化后的玻璃在不同溶剂中受到侵蚀。这样,所有晶化区完全被溶解掉,而未晶化的玻璃则保留完好。这即是可进行光化学加工的玻璃,其商品名为 FOTOFORM™。

接着,为了研究可进行光化学加工玻璃的侵蚀速率,Stookey 准备在 600℃的温度下,将一块 FOTOFORM™样品进行热处理。然而由于操作失误,温度却升到了 900℃。Stookey 本以为样品在 700℃就会软化,但他却发现样品成了一块不透明的固体。而且,样品掉在地上也未碎裂。于是,Stookey 意识到对化学加工的材料做热处理可得到高强度陶瓷。这就是后来康宁公司的产品 FOTOCERAM™。Stookey 的这个发明成了后来制造大块玻璃陶瓷的起点。

2. 玻璃陶瓷的非均匀形核与生长

要使玻璃析出小于 1 μm、体积分数很大的小晶粒,我们必须满足每立方厘米的玻璃中有 $10^{12}\sim10^{15}$ 数量级的均匀晶核,而且这些晶核的形成、生长必须可控。均匀形核通常很难满足这些要求,故玻璃陶瓷中晶核的形成主要采用非均匀形核。非均匀形核的核心是经过选择的形核剂。这些形核剂是玻璃配合料在熔化期间加入的。形核剂有 TiO_2、ZrO_2、P_2O_5、铂族、贵金属及氟化物等。这一点与 9.5.3 节中介绍的乳浊剂类似。

这些形核剂可以在玻璃中沉淀出晶核,然后主晶相在晶核上生长。形核剂也可促进玻璃中的相分离。相分离能提供第二相材料的细微分散体,细微分散体再形成晶核。图 9.61 为 $Li_2O-Al_2O_3-SiO_2$ 玻璃陶瓷的显微结构。其中的晶粒尺寸小到 0.05 μm,比可见光的波长短,且晶粒折射率接近,故这种玻璃陶瓷对可见光透明。若对这种玻璃陶瓷再次热处理,使其晶粒长大到微米级,则它又成为不透明的材料。

图 9.61 $Li_2O-Al_2O_3-SiO_2$ 玻璃陶瓷的显微结构(引自 Kingery,2010)

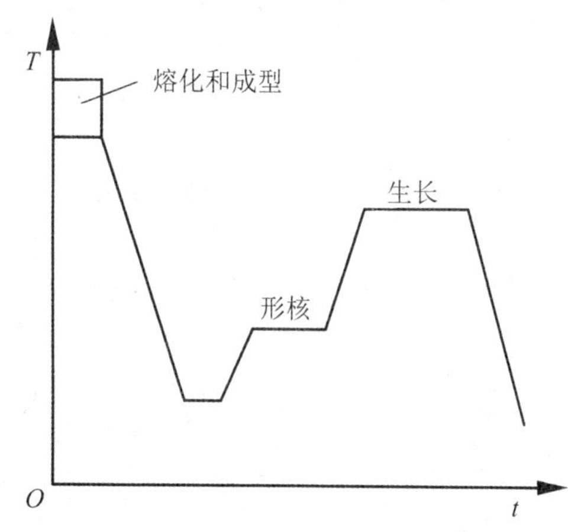

图 9.62 玻璃陶瓷热处理温度制度示意图(引自 Kingery,2010)

3. 玻璃陶瓷的基本工艺

首先,按照普通玻璃的制备工艺将配合料熔融、成型,然后冷却到室温获得玻璃态物质。接下来,将获得的玻璃态物质升到一定温度并保温。在此温度下,主晶相形核。形核完成后,继续升温至晶核生长速率较大的温度范围。图 9.62 示意了这种处理的温度制度。

除了熔融法外,还可采用烧结法制备玻璃陶瓷。

4. 玻璃陶瓷的主要性能

以上熔融法制备玻璃陶瓷的工艺,没有通常制备陶瓷材料时的压制成型、烧结等过程。故玻璃陶瓷的结构中没有气孔,结构致密,不透气,且还具有膨胀系数低、半透明、强度和硬度高等玻璃和陶瓷的特性。比如,$Li_2O-Al_2O_3-SiO_2$ 系玻璃陶瓷的热膨胀系数很低[$(0.4\sim2.0)\times10^{-6}℃^{-1}$]。$MgO-Al_2O_3-SiO_2$ 系玻璃陶瓷有优良的电绝缘性、介电性能、力学性能和热学性能。因此,玻璃陶瓷的制备工艺开辟了制备多晶材料的又一新途径。

除了以上几种,固态相变还有其他类型,如有序-无序转变、同素异构转变等。

9.7 Spinodal 分解与分相

首先,我们回顾图 9.49。其中,过饱和 α 相脱溶成 G. P. 区时,有一条连接 α 相与 G. P. 区的 $G-x$ 虚线。组成在此虚线区的母相也会脱溶,进而发生相变。一旦母相成分有微小波动,则相变就开始进行。这种相变在固相和液相中都能发生。

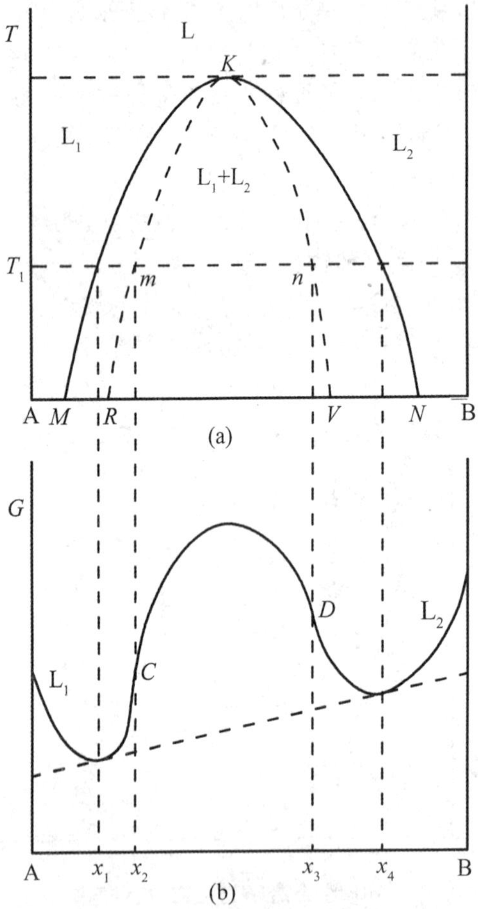

9.7.1 分相相图及其 $G-x$ 线

图 9.63(a)示意了二组分液体部分互溶的相图。K 点温度以上为液相单相区,即 A、B 两组分能发生完全互溶。L_1 区为 B 溶解于 A 中,实线 MK 为 B 在 A 中的溶解度曲线。L_2 区为 A 溶解于 B 中,实线 NK 为 A 在 B 中的溶解度曲线。实线 MKN 内的区域为双液区。组成在 M、N 点之间的系统,在降温到实线以下时会分为 L_1、L_2 两层,这种现象叫液液分相。

若将上述液相都换为固相,则实线 MK 为 B 在 A 中的固溶度曲线、NK 为 A 在 B 中的固溶度曲线。L_1、L_2此时变为固溶体α_1、α_2。

对图 9.63(a),我们可以作出其在低于 K 点温度(T_K)的一系列自由能-组成曲线($G-x$ 线)。图 9.63(b)为温度为T_1时的 $G-x$ 线。在此 $G-x$ 线上,有凹形和凸形部分。凹形和凸形部分的分界点 C、D 为拐点。拐点 C、D 分别对应图 9.63(a)中的 m、n 点。同理,若将系统在温度T_K以下的 $G-x$ 曲线全部作出,再在图 9.63(a)中描出各 $G-x$ 曲线拐点的对应点。将这些对应点连接起来,就成了图 9.63(a)中的虚线 RKV。组成在 R、K 点之间的系统,其 $G-x$ 线为凸形。比如,温度

图 9.63 (a)有 Spinodal 分解的二元相图;(b)温度为 T_1 时的 $G-x$ 线

处于T_1时，组成在 m、n 点之间系统，其 $G-x$ 线为 C、D 间的凸形部分。那 $G-x$ 曲线的凹凸与相变有什么关系呢？

9.7.2 Spinodal 分解及其条件

组成在 $G-x$ 线凸形区[或在图 9.63(a)中 RKV 围成的区域内]的系统，无需形核即可发生相变。而其他组成的系统，就是我们在前面介绍的形核-长大型。为什么呢？

我们先来看看组成在凹形区的系统。设某系统，其组成为图 9.64 中的x_0。x_0处于 $G-x$ 线公切线两切点之间。在相变开始时，系统的自由能为 c 点对应的自由能G_c(c 点为系统组成线与$G-x$ 线的交点)。由公切线定则，相变发生后，平衡两相混合物组成的新系统，其最终自由能为公切线上 o 点的值G_o。因为$G_o<G_c$，故旧系统分解为两相在热力学上更稳定。但在相变初期，组成为x_0的系统，其成分会发生无限小量的波动。假设成分波动后，系统成为x_1、x_2的两相混合物，这两相在 $G-x$ 线上的对应点分别为 d、e。尽管如此，但总的系统组成还是x_0。由组成为x_1、x_2的两相构成的混合物，其自由能为 d 点自由能G_d与 e 点自由能G_e之和的平均值 $\overline{G}=(G_d+G_e)/2$。$\overline{G}$ 也为 de 线与系统组成线x_0 的交点 i 处之值$G_i=\overline{G}$。$G_i>G_c$ 表明相变初期，系统自由能增大，故此时成分的波动是不稳定的。也就是说，系统发生相变需要克服一定的势垒。只有系统成分波动到 h 点以上时，系统自由能才开始下降(ch 为c 点的切线)。这就是我们在本节之前介绍的形核-长大型脱溶转变。组成处于 $G-x$ 线凹形部分的系统皆如此，但组成处于 $G-x$ 线凸形部分的系统并非这样。

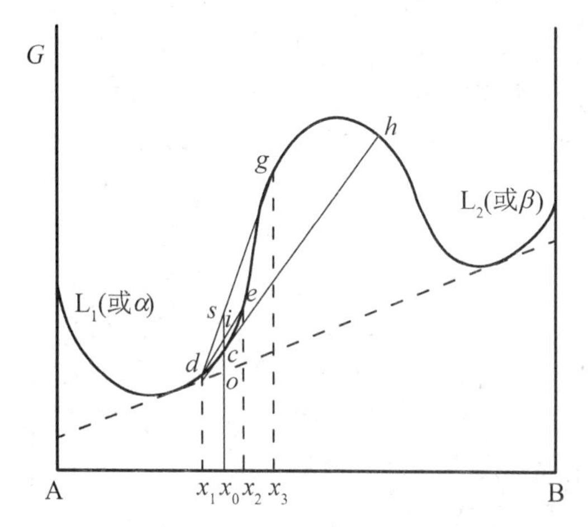

图 9.64 形核-长大型相变的系统在成分起伏时的自由能变化示意图

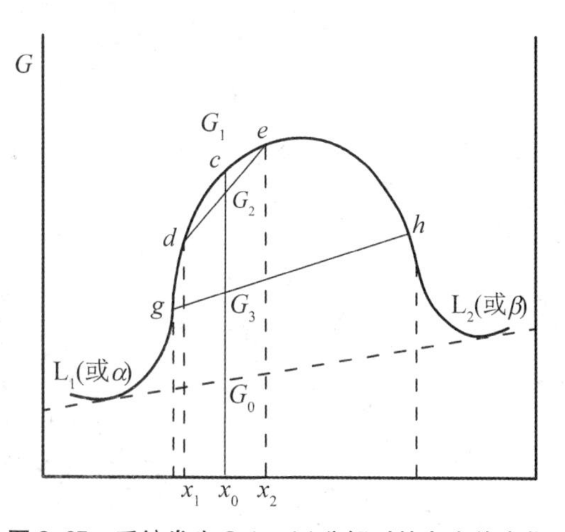

图 9.65 系统发生 Spinodal 分解时的自由能变化示意图

如图 9.65 所示，假设另一处于 $G-x$ 线凸形部分系统，其组成为x_0。同样，在相变开始时，系统的自由能为 c 点值G_1。系统相变达到平衡后，其自由能为公切线上的G_0。与前面凹形区系统相似$G_0<G_1$，故系统分解为两相是可能的。在相变初期，组成为x_0的系统也会发生成分波动。设该系统波动后成为组成是x_1、x_2的两相混合物。这两相在 $G-x$ 线上的对应点分别为 d、e，总的系统组成仍是x_0。由组成为x_1、x_2的两相构成的混合物，其自由能也为G_d与G_e之和的平均值。该平均自由能也为 de 线与系统组成线x_0的交点对应值G_2。$G_2<G_1$ 表明在相变初期，即使成分波动很小，系统自由能都要下降，故相变将一直进行下去，直至平衡。

像图 9.65 中，组成处于 $G-x$ 线凸形部分的系统，可通过自发的成分波动分解成结构相同而成分不同的新相的过程称为 Spinodal 分解，也叫增幅分解、不稳分解。该分解无需形核，只要有成分波动即可进行。

虽然，前面我们以液液分相相图介绍了 Spinodal 分解，但在固溶体中，这种分解同样存在。在一定温度下，具有图 9.63(b)所示 $G-x$ 线的固溶体为有偏聚的固溶体。在图 9.63(b)中，组成在$x_1\sim x_2$、$x_3\sim x_4$的过饱和固溶体会发生形核-生长型脱溶沉淀(已在 9.6.3 节中做过介绍)；组成在$x_2\sim x_3$之间的过饱和固溶体会发生 Spinodal 分解。

通过以上分析，我们可知 Spinodal 分解的条件是：对二元系统来说，它要具有像图 9.63(a)那样的相图；温度要低于相图中的T_K；组成处于 $G-x$ 线凸形部分。在图 9.63(a)中，由于虚线 RKV 对应的是$G-x$ 线的拐点，故 RKV 被称为自发分界线或 Spinodal 线。系统在虚线 RKV 包围的区域内要发生 Spinodal 分解。Spinodal 分解是材料中常发生的一种分相形式。

9.7.3 玻璃的分相

在图 9.63(a)中，组成在 M、N 点之间的液态系统，在降温到 MKN 线以下时会分为 L_1、L_2两层，这种现象叫液液分相。其中，组成在 R、V 之间的系统降温到RKV 线以下时将发生 Spinodal 分解或不稳分解。系统状态处于 MRK、VNK 区间时发生的形核-长大型相变为亚稳分解。无论是 Spinodal 分解还是亚稳分解都叫分相。分相这个词常用于描述液态分层相变、玻璃中的相分离。而在固溶体中，人们常用脱溶沉淀(形核-生长型)描述亚稳分解；用 Spinodal 分解描述不稳分解。

分相原来是冶金学家所熟悉和研究的相变现象。Gibbs 曾对其进行过详细的讨论。1880 年，人们就已发现 P_2O_5的引入会使玻璃乳浊是由于 P_2O_5与 SiO_2在熔体中不混溶所致。后来，人们发现分相通常发生在高硅和高硼玻璃中。到了 1920 年代，分相理论开始用到硅酸盐系统中。当时，为了探索玻璃形成区及其应用，人们主要研究液相线以上的稳定分相。这种液液分相使玻璃分层或乳浊。这是人们可以用肉眼或光学显微镜观察到的现象。1926 年，英国化学家、玻璃技术的先驱 William Ernest Stephen Turner(1881—1963 年)指出硼硅酸盐玻璃存在微分相现象。后来，康宁公司利用分相现象制作出了 Vycor® 玻璃，这展示了其工业应用的前景，促进了玻璃分相研究高潮的到来。1950 年代开始，人们用 X 射线技术测出了玻璃中的微分相尺寸、用电镜观察到了硼硅酸盐玻璃微分相的照片。这些工作揭示了玻璃结构和化学组成不像无规则网络学说认为的那样均匀，也不像晶子学说认为的那样高度有序。这进一步促进了玻璃结构理论的发展(请回顾第 6 章)。

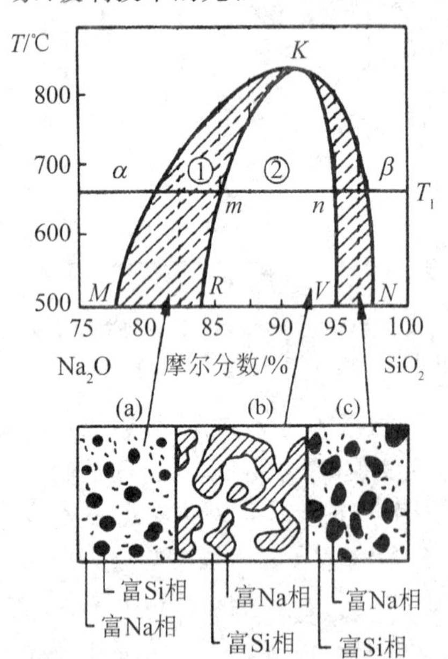

图 9.66 Na_2O-SiO_2 系统的分相区及亚微观结构示意图(引自陆佩文，1991)

图 9.66 示意了 Na_2O-SiO_2系统发生亚稳分相和 Spinodal 分相后的显微结构。亚稳分相区的系统(相图中的阴影部分)通过形核-长大模式从母相中析出第二相。第二相通常为颗粒状。这些颗粒相互分离，即第二相是不连续的，如图 9.66 下方(a)(c)所示的形貌。

而在 Spinodal 分解区(RKV 围成的②区)的系统，其母相通过浓度起伏迅速分解为两个互不混溶的相。它们的相界面起初是弥散的，随后逐渐出现明显的轮廓。析出的第二相(富 Na_2O 相)在母相中呈贯通、连续状，而不是一个个分离的颗粒，如图 9.66(b)所示。

表 9.1 比较了亚稳分解(或脱溶沉淀)和 Spinodal 分解两种脱溶方式。

表 9.1 亚稳分解和 Spinodal 分解的比较(引自陆佩文，1991 和潘金生，2011)

	亚稳分解	Spinodal 分解
热力学	$(\partial^2 G/\partial C^2)_{T,p}>0$	$(\partial^2 G/\partial C^2)_{T,p}<0$
$G-x$ 线形状	凹形	凸形
成分	第二相的组成不随时间变化	第二相的组成随时间而连续向两个极端组成变化，直至平衡
第二相成分和结构特点	在固溶体中，相对于母相而言，第二相成分、晶体结构均发生了变化	相对于母相而言，仅组成变化、晶体结构不变。因此在固溶体中，第二相与母相总是保持完全共格关系
形貌	第二相颗粒分离成孤立球形颗粒	第二相颗粒呈连续贯通状、非球形颗粒
有序性	颗粒尺寸和位置在母液中是无序的	第二相在尺寸和间距分布上均有规则
界面	在分相开始时，界面有突变	在分相开始时，界面是弥散的，随后才逐渐明显
能量	分相要越过一定的势垒、需要过冷度，有形核功	无势垒、自发涨落
扩散	正扩散、下坡扩散	负扩散、上坡扩散
时间	分相时间长，动力学障碍大	分相时间短，动力学障碍小
转变速率	小	大
形核与否	形核	不形核

请读者注意，系统析出连续、贯通状的第二相，并不代表一定发生了 Spinodal 分解。若系统分相时，析出的第二相是颗粒状的液滴，那么随着液滴的长大，它们也会聚集成连通状的亚微观结构。这已在 $BaO-SiO_2$ 系统的相分离中得到了证实，故连通状的亚微观结构可能来自 Spinodal 分解，也可能来自离散液滴的聚集。

亚稳分解和 Spinodal 分解可发生在液态，也可发生在固态。它们对玻璃的分相有重要的指导意义。玻璃的分相(含亚稳分解和 Spinodal 分解)是指：高温下均匀的玻璃熔体在冷却成玻璃的过程中，或者玻璃从室温升温到一定温度进行热处理时，内部质点迁移、某些组分偏聚，从而形成化学组成不同的两个相的现象。分相区从几纳米到几百纳米大小，故只有在高倍电镜下才可观察到。康宁公司的 Elmer 等曾研究了硼硅酸盐玻璃中的相分离。他们将质量分数为 67.4%的 SiO_2、25.7%的 B_2O_3、6.9%的 Na_2O 组成的硼硅酸盐玻璃冷却到室温，然后再在 580～750℃下处理 3 h，结果表明玻璃分离出了富 SiO_2 相。随着热处理温度的升高，富 SiO_2 相变粗。整个处理过程中，富 SiO_2 相和母相都是连续的，如图 9.67 所示。利用分相原理，人们制备出了多孔玻璃等玻璃材料。

9.7.4 Spinodal 分解在多孔玻璃中的应用

以硼硅酸盐玻璃为例。该玻璃系统可用 $SiO_2-Na_2B_8O_{13}$ 二元相图进行讨论，如图 9.68 所示。典型的硼硅酸盐玻璃，其组成为 SiO_2-75%、B_2O_3-20%、Na_2O-5%(质量分数)，组成点为图 9.68 中的 x_0。

将此系统熔化、成型为玻璃后，再将其加热到 600℃。此时，玻璃发生两相分离。这两相分别是富 SiO_2 相和富 $Na_2B_8O_{13}$ 相，而且都是玻璃态。研究表明，这两相的分离是以 Spinodal 分解的方式快速进行的。将分相后的双相玻璃放入热酸中进行浸渍，成分为 x_1 的 $Na_2B_8O_{13}$ 相

图 9.67 硼硅酸盐玻璃在 650℃ 处理 3 h 后的亚微观组织形貌（凸出者为富 SiO_2 相，其周围为富 Na_2O 和 B_2O_3 相。图中标尺长为 1 μm）（引自 *Elmer*，1970）

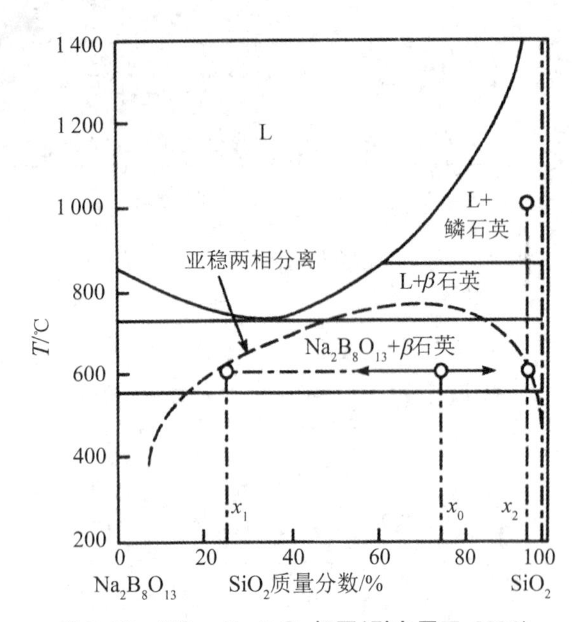

图 9.68 $SiO_2-Na_2B_8O_{13}$ 相图（引自周玉，2004）

被溶解。结果，系统只剩下富 SiO_2 相形成的多空骨架，即多孔 SiO_2 玻璃。若再将上述多孔玻璃置于 1 200℃以上进行快速致密化，则可获得透明的硼硅酸盐玻璃，即低膨胀系数的 Vycor® 玻璃。采用此方法获得的石英玻璃比将石英熔化再冷却成玻璃容易得多。这是利用 Spinodal 分解制备玻璃的一个典型事例。

上述玻璃分相后的物质：富 SiO_2 相和富 $Na_2B_8O_{13}$ 相都处于非晶态。它们不是相图中的平衡相（相图中的平衡相固体是处于晶态的）。因此，为了表示相图中液相线以下的分相，人们常用虚线画出相图中的分相区。图 9.68 中的虚线为亚稳两相分离线。在这条虚线下方的区域，系统会发生分相。第 8 章图 8.63 中，在虚线 gdh 以下的区域，系统会发生分相。而且在图 8.63 中，cdf 围成的区域内，系统会发生 Spinodal 分解（cdf 为自发分界线或 Spinodal 线）；在 gdc 和 fdh 区域的系统会发生亚稳分解。

分相现象除了在玻璃材料中存在以外，还在传统陶瓷表面的釉层中出现。釉层中的分相为我国陶瓷美学增添了不少色彩。

9.7.5 陶瓷釉层中的分相

瓷釉本质上是一种玻璃，只是一直依附于坯体而存在。自从出现了釉，人们被它“晶莹明彻、光润如玉”的质感所征服。于是，工匠们开始在如何使釉更好看、更美观上下功夫，并逐渐形成了“重釉轻胎”的观念。这一观念一直体现在宋、元、明及清朝前期的陶瓷制作中。在这一观念的支配下，许多名瓷名釉陆续产生，如唐三彩、天目釉、钧红、窑变花釉、青花、斗彩、黑釉、裂纹釉等。这些产品为我国陶瓷艺术在当时达到世界顶峰做出了不可磨灭的贡献。至今，这些古代名瓷名釉仍使人倾倒和叹服，并吸引着众多中外陶瓷学者和收藏家们。

然而，古代的工匠们并不知道制备这些古代名瓷名釉的基本科学原理。当物理、化学等科学知识和先进技术出现后，科学家们开始用这些知识和技术探究中国这些古代名釉形成的原因。在这方面，中国科学院上海硅酸盐研究所走在了前列。该所的周仁、李家治和陈显求等做了许多卓越的工作。经过对古代瓷片的研究，这些科学家们发现古代名釉普遍存在分相现象。他们根据结构特征，将中国历代的分相釉大体上分为以下三类。

第一类是单一的分相结构，如河南钧窑的钧釉。钧窑瓷釉大部分的基本釉色为浓淡不一的蓝色乳光：蓝色较淡的叫天青、较深的为天蓝、比天青更淡的为月白。这些釉层往往带有红色斑块。这类釉是典型的液液分相釉。其结构特征表现为：在连续的玻璃相介质中均匀地分布着圆球状小颗粒。这些小颗粒为富 SiO_2 的玻璃，连续玻璃相富含 P_2O_5。分散小颗粒的尺寸在 40～200 nm 之间。这些小颗粒尺寸小于可见光波长，符合瑞利散射条件。因而，分相小滴对短波段的可见光有较强的散射作用，这使得瓷釉产生蓝色的乳光。

李家治等发现唐、宋、元各个时期的鹜州窑系瓷片，其釉内均有两液相分离。这些釉中，富 SiO_2 液滴相分散在富 CaO 和 MgO 的基质玻璃中。这些相在多数情况下呈互连状态，而且具有二次分相结构。大多数液滴相的大小在 100～150 nm 之间，这也是这些釉呈乳光现象的一个原因。

第二类是分相结晶釉，例如建盏中的兔毫釉。这类釉在高温时首先分相形成富铁，且呈孤立分布的球形液滴。这些液滴在重力和表面张力的作用下聚集于釉面。接着，釉面富铁液滴在氧化气氛下流动成细条纹。冷却时，细条纹析出像兔毫一样的赤铁矿（α - Fe_2O_3）微晶而呈现黄兔毫的外观。若釉在还原气氛下烧成，则 Fe_3O_4 析出而使釉呈银兔毫。这种机理也是形成铁红釉的物理化学基础。

其实，铁红釉是现代艺术瓷所用的一种颜色釉。在 1979 年，陈显求等发现铁红釉是唯一一种艺术形象受液相分离所控制的颜色釉。对铁红釉液相分离的研究导致了我国古代名釉如建阳兔毫釉、吉州玳瑁釉、山西红油滴釉中液相分离结构的发现，并且由此获得了古代钧釉液相分离的确凿证据。铁红釉在形成过程中经历了两次分相。第一次分相时产生的连续相具有富铁的孤立小液滴，而小液滴可作为一个孤立系统再次分相。通过粗化，小液滴聚集成团，然后发生第二次分相。结果，在富铁连续相中分相产生贫铁孤立小滴相。第二次的富铁连续相在氧化气氛下会析出 α - Fe_2O_3 晶体，进而在外观上呈现为红花状。

第三类是结晶—分相—结晶釉，比如天目釉中的金兔毫。烧成温度在 1 100～1 200℃时，大量絮状钙长石晶丛在釉中析出。这使得基质液相中富含 Fe_2O_3 而 Al_2O_3 的量相对较少。结果，液相获得不混溶性，从而分相出均匀散布于液相中的富 Fe_2O_3 液滴。在随后的冷却过程中，Fe_2O_3 和 Fe_3O_4 微晶析出。若这些微晶晶面有规则地平行于釉面排列，则会形成许多较大的闪光面，使毫纹呈金黄色，即金兔毫。

通过对以上古代瓷釉，特别是现代铁红釉的分相研究，科学家们发现 Fe_2O_3 和 P_2O_5 对釉的不混溶性起着特殊的作用。特别是 P_2O_5，不管铁质量分数的高低，少量 P_2O_5 就会引起铁红釉产生液相分离。宋均窑釉、天目釉、玳瑁釉也有类似的现象。图 9.69 为玳瑁釉的显微形貌。

分相现象不仅在玻璃和釉中出现，它在结晶陶瓷中也存在。比如，分相理论已在 ZrO_2 的提取中实现了工业化。$ZrSiO_4$ 在熔融或加热至高温再冷却时，容易分离成富 ZrO_2 和富 SiO_2 相。再将以上双相半成品浸酸处理，富 SiO_2 相被溶解而留下 ZrO_2。其他陶瓷系统（如 TiO_2 - SnO_2 系、Al_2O_3 - Cr_2O_3 系），虽然也存在 Spinodal 分解，但在生产上未被应用。那合金材料中又如何呢？其实，如前所述，分相最初是冶金学家所研究的一种相变现象，后来才广泛地应用于硅酸盐玻璃制品中。

注：黑釉瓷在东汉时期就已出现。宋代“斗茶”之风的兴起使黑釉瓷受到斗茶者的喜爱，

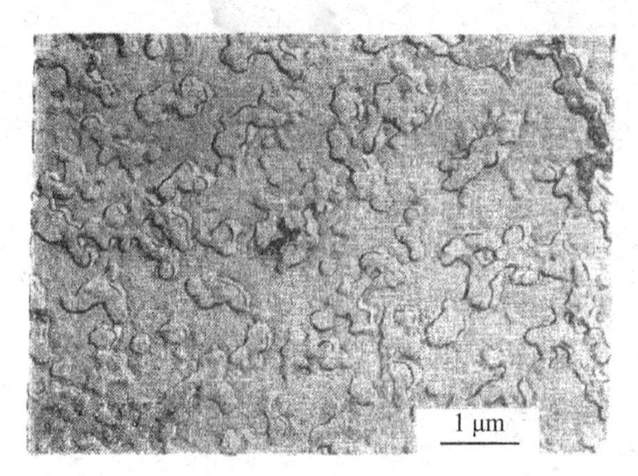

图 9.69 吉州玳瑁釉分相后的电镜形貌(引自陈显求,1981)

因为黑釉茶盏便于衬托白色茶沫以观察茶色。在今福建南平建阳区水吉镇一带的建阳窑以产黑釉瓷而著称。这里生产的茶盏(喝茶用具)最著名而称作建盏。大约在12—14世纪,日本僧人从浙江天目山将建盏带到日本并称其为“天目”。天目的英文Tenmoku或Temmoku已在国际上通用。兔毫釉、油滴釉、玳瑁釉均属于天目釉。兔毫釉:釉中的细条纹像兔毛一样,还会闪银光。玳瑁釉:以黑、黄等色交织混合在一起的釉色,如海龟的色调。油滴釉:釉里有许多银灰色金属光泽的小圆点,形似油滴、大小不一。

9.7.6 合金中的Spinodal分解

Spinodal分解是过饱和固溶体无需形核的一种脱溶分解形式。同玻璃中的Spinodal分解一样,分解产物有溶质的富区和贫区,两者之间无清晰相界面。在合金的形核-长大型脱溶沉淀过程中,沉淀相与母相的共格关系逐渐消失。最后,析出平衡相时,共格关系完全丧失。而在合金的Spinodal分解中,新相与母相结构相同、仅成分有差异,故Spinodal分解在合金中产生的应力、应变较小,结构总是保持完全共格关系。

合金中的Spinodal分解首先是在Ni基、Al基和Cu基等有色合金中被发现的。比如Ti质量分数为4%的Cu-4Ti合金,Spinodal分解是其时效早期的相变过程之一,而且现有的淬火速率(盐水冷却)难以抑制Cu-4Ti合金Spinodal分解的发生。

后来,人们发现Fe基合金和铁碳二元合金中也存在Spinodal分解。比如,任晓兵等将C质量分数为1.83%的铁碳二元合金Fe-1.83C,在1 403 K的温度下加热后淬成马氏体。他们发现Fe-1.83C中的马氏体在时效过程中发生了Spinodal分解;而且马氏体在时效数月后,仍未有明显的组织长大现象。他们认为这是由于在马氏体Spinodal分解的早期阶段,贫碳区和富碳区产生了强大的共格应力。该应力引起的弹性交互作用使调幅结构的长大陷于停止。

Spinodal分解后的调幅组织,其弥散度非常大,尤其是在分解初期。这种分布均匀的调幅组织具有很好的强韧性。Spinodal分解所形成的调幅组织,其强化机制主要有三类:位错与调幅组织共格内应力场的交互作用产生强化;调幅组织的内应力导致强化;混合位错与共格内应力的交互作用产生强化。这三类机制的具体情况请参阅本章的推荐读物(徐祖耀,2011)。

调幅组织对合金其他性能也有影响。因调幅组织可形成富区和贫区,故人们把Alnico合金放在磁场中进行Spinodal分解,从而形成具有方向性的调幅组织,如富Fe、富Co区和富Ni、富Al区,这些富区能提高合金的硬磁性能(Alnico合金是一种铁基合金,主要合金元素为Al、Ni、Co)。

前文介绍的相变主要涉及材料(尤其是碳钢和其他合金)力学性能的应用,而在其他物理性能方面的应用相对较少。因此,我们在下文简介相变在能源方面的应用。

9.8 相变储能材料简介

9.8.1 储存能量的原因及方式

1. 储存能量的原因

1970年代,人们就把能源、材料和信息誉为是当代文明的三大支柱。随着社会经济的发展、工业化水平的提高,人们对能源的需求越来越大。大量使用的化石燃料不仅不可再生、资源面临枯竭,而且还带来一系列如温室效应、酸雨等问题。因此,许多国家都在积极开发新能源,如风能、太阳能等清洁能源。然而,这些可再生新能源具有不连续、不稳定、不可控的特性,而且还受地域环境的影响,所以除了积极开发新能源外,各国都在采取储能、节能和提高能源利用效益等策略。而大规模储能技术可调控风能、太阳能等新能源发电的不稳定和不连续性。因此,我国在2014年发布的《能源发展战略行动计划(2014—2020年)》把储能列为9个重点创新领域之一。

2. 储存能量的方式

能量储存主要有机械能、电磁能、化学能和热能储存等方式。其中热能储存是能源科学与技术的一个重要分支,它包括显热储存和潜热储存。显热(sensible heat)是指物体或热力学系统只发生温度变化而不发生相变时,所吸收或释放的热量。显热可用以下公式计算:$Q = cm\Delta T$,其中Q为显热,c为比热容,ΔT为温差。我们在中学学过这种计算显热的方法。潜热(latent heat)是物体或热力学系统发生相变时,所吸收或释放的热量。在此过程中,物体或热力学系统的温度没有变化。许多物质在一定条件下的相变潜热可在化学、化工手册中查到。

以上两种热能储存方式,哪种较好呢?显热储存的最大优点是在系统的使用寿命期内,储能和释放能量是完全可逆的,而且这种储能系统结构简单、运行方便。但其单位体积储存的能量少,即储能密度小。比如,在101.325 kPa的压力下,将水从20℃升温到40℃,储存的显热约为84 kJ/kg。而在同样的压力下,冰熔化释放的潜热为355 kJ/kg,水沸腾成水蒸气储存的潜热为2 260 kJ/kg。由此可见,潜热储存(即相变储能)的储能密度比显热储存高得多,这也是开发相变储能材料的一个原因。

9.8.2 相变储能的方式

理论上,所有相变都可作为储能的方式。这些方式有:固气间的相变,即升华和凝华;固液间的相变,即熔化和凝固;液气间的蒸发和凝结。此外,还有固固相变,比如物质从一种晶体结构转变为另一种晶体结构。

对同一物质来说,液相"分子"比固相"分子"有更多的能量。而气相"分子"间的作用力更小,活动范围更宽,所具有的能量更多。因此,物质相变潜热的递减顺序依次为气固、气液、液固。但气体占据的体积通常较大,所以虽然它们的相变潜热大,实际上却很少使用。固固相变虽然体积小,但潜热也小。因此,最可行的相变储能的方式还是液固相变。液固相变中的熔化过程除了有我们已知的共熔、转熔相变外,还有溶液中的溶解。综上所述,相变储能的基本原理主要是:盛装相变材料的元件将物质在相变时的潜热储存起来,需要时再将其以一定的形式释放出来。这里的储能包括储热和储冷。

9.8.3 几种相变储能材料

相变储能材料也叫相变材料(Phase Change Materials, PCM)主要是指液固相变材料。

它有无机非金属、金属、有机相变材料，以及有机与无机混合相变材料。这里，我们选取几种无机(非金属和金属)相变材料做介绍。

1. 无机结晶水合盐

用 $AB \cdot nH_2O$ 表示结晶水合盐。稳定水合盐在熔点熔化时，发生下面的过程：

$$AB \cdot nH_2O \rightleftharpoons AB + nH_2O - Q \tag{9-76}$$

不稳定水合盐熔化时的过程为

$$AB \cdot nH_2O \rightleftharpoons AB \cdot mH_2O + (n-m)\, H_2O - Q \tag{9-77}$$

以上两式中，n 和 m 为结晶水前的系数，Q 是反应热。它们所示的过程中，结晶水合盐熔化吸热储能，反之则凝固释能。这类材料属于常温、低温相变储能材料(相变温度在−50～90℃左右)。比如 $Na_2SO_4 \cdot 10H_2O$，相变温度为 32℃，相变潜热为 251 kJ/kg，它是蓄冷空调的一种重要相变材料。

中温相变储热材料的相变温度范围在 90～400℃。比如 $NH_4Al(SO_4)_2 \cdot 12H_2O$，相变温度为 94℃，相变潜热为 269 kJ/kg。它已被用于一些储能式电热水器的相变材料。此外还有 $MgCl_2 \cdot 6H_2O$，它的相变温度为 117℃，相变潜热为 168.6 kJ/kg。

2. 金属及合金相变材料

科学家们研究发现，含有较多 Si 或 Al 元素的合金具有较大的相变潜热。相变温度在 780～850 K 时，这些合金的储能密度最大。Mg_2Si-Si 共晶合金具有高储能密度的温度为 1 219 K，相变潜热为 774 kJ/kg。Al-Si 合金 852 K 时的相变潜热为 515 kJ/kg。Al-Si-Mg 合金在 833 K 时的相变潜热为 545 kJ/kg。由此可见，金属及其合金的相变潜热大。此外，合金的热导率是其他储能材料的几十倍甚至几百倍，传热容易，而且金属相变储能材料在使用和废弃后对环境无污染。故金属相变材料受到人们的青睐。

3. 无机盐/陶瓷基复合储能材料

无机盐/陶瓷基复合储能材料的基体为具有多孔结构的陶瓷，其中的空隙尺寸在微米级。在这些微米级空隙构成的网络中分布着许多无机盐。复合材料受热时，无机盐吸收热量熔化。由于毛细管力的作用，熔盐不会流出。这种储热系统既可利用熔盐的潜热，也可利用陶瓷和无机盐的显热。因此，该储热系统具有以下优点：潜热储能密度大，输出稳定；而显热储能元件可与换热流体直接接触换热；克服了潜热储能成本高、材料容易被熔盐腐蚀的缺点。

这种储能材料可用在工业炉的蓄热器上，如作为玻璃池窑蓄热室的耐火砖材质。用这种材料来代替传统蓄热器和热风炉的耐火砖时，蓄热量可大 2～2.5 倍，而体积减小 35%，造价降低 11%。这类材料如 $Na_2CO_3 + BaCO_3/MgO$，相变温度为 686℃，相变潜热为 73.6 kJ/kg；Na_2SO_4/SiO_2，相变温度为 880℃，相变潜热为 76.4～92.67 kJ/kg。

以上金属及合金相变材料、无机盐/陶瓷基复合储能材料属于高温相变储热材料。高温相变储热材料的相变温度在 400℃以上。它们主要用于工业余热回收、太阳能发电和小功率电站等方面。

本章结语

我们在本章向读者介绍了相变的一些基础理论。对形核-长大型相变来说，非均匀形核所需的能量比均匀形核少，因此非均匀形核比较普遍。在我们介绍的相变中，只有 G.P. 区是依靠浓度起伏的均匀形核方式形核的。而无需形核即可发生相变的是Spinodal分解。Spinodal分解和亚稳分解统称分相。处于分相区的系统分为两相后，系统的自由能更低。简言之，相变使材料形成了不同的显微结构，进而导致性能的不同。这一点在碳钢的固态相变中表现得特别明显。比如采取不同的冷却方式，共析钢的相变组织可能是珠光体、索氏体、屈氏体，也可能是贝氏体或马氏体。这些不同的组织赋予共析钢不同的强度、韧性或硬度等性能。

对多晶材料而言，当相变完成后，其中的晶粒在一定条件下会发生再结晶。此外，在陶瓷或粉末冶金的制备过程中，有晶粒生长和二次再结晶现象。晶粒生长和再结晶如何影响显微结构？烧结又是怎么回事呢？请继续学习下一章。

推荐读物

[1] Jaeger G. The ehrenfest classification of phase transitions: introduction and evolution [J]. Archive for History of Exact Sciences, 1998,53:51-81.

[2] 潘振甦，张惠丰，郭景坤. 定向凝固共晶多相复合陶瓷的研究现状[J]. 无机材料学报，1999，14(4)：513-519.

[3] 徐祖耀. 无机非金属材料的马氏体相变（Ⅰ～Ⅲ）[J]. 机械工程材料，1997，(4-6).

[4] 刘平，陈显求，许淑惠. 玻璃的分相与结晶(一～六)[J]. 玻璃与搪瓷，1994，22(1-6).

[5] 徐祖耀. Spinodal分解始发形成调幅组织的强化机制[J]. 金属学报，2011，47(1)：1-6.

[6] 叶锋，曲江兰，仲俊瑜，等. 相变储热材料研究进展[J]. 过程工程学报，2010，10(6)：1231-1241.

第 10 章　烧结、再结晶与晶粒生长

读者朋友，你可能不相信，瓷杯、车床上坚硬的刀具及一些水龙头是将粉末成型为坯体后，再在一定的温度下加工而成的。松散的粉末怎么就变成了具有一定强度的致密体呢？另外，松散粉末变成致密体的过程还涉及晶粒的生长。而晶粒生长同样也出现在经冷塑性变形的金属材料的退火过程中。碳钢在完成奥氏体化后也存在晶粒生长。什么是晶粒生长？它属于相变吗？

10.1　什么是烧结

10.1.1　粉末成型概述

1. 陶瓷制备中的粉末成型

其实，人类利用粉末成型工艺的历史非常久远，它与陶器的出现密不可分。早在一万多年前，人们已经认识到黏土粉末掺水后可被捏成各种形状的东西。而且，人们在使用火的过程中，可能偶然发现成块的黏土经火烧之后可变成硬块。这些发现为后来陶器的发明奠定了基础。随着农业社会的出现，粮食的储藏和饮水的搬运，迫切需要一种容器。于是，人们开始有目的地用黏土粉末加水来塑造各种容器。最初，人们是将黏土涂抹在编制或木制的容器上而成型的。后来他们发现只用黏土和水的混合物也可成型。然后，成型黏土经火烧之后，陶器就出现了。陶器的出现标志人类进入了新石器时代。后来，原料的精选使得陶器的烧制需要更高的温度。烧制温度的提高得益于窑炉的改进，而窑炉的改进又为金属的冶炼奠定了基础。因此，陶器的出现开辟了人类历史的新纪元。如今，无论是普通陶瓷，还是特种陶瓷的成型器件，它们的制备大都离不开粉末成型这一工序。

但粉末经成型后再经热加工的工艺并不仅限于陶瓷材料。该工艺在金属器件的加工中也得到了使用。为什么这么说呢？我们先看看金属成型常用的铸造(casting)。

2. 金属材料的铸造与块炼铁技术

在很长一段时间里，铸造是金属制品主要的成型方法。利用这种方法，人们将金属熔化为液体——熔液，然后将熔液倒入具有一定形状的模具空腔中凝固成铸件，如古代的青铜器。铸造工艺至今有约 6 000 年的历史了。如今，铸件在许多机械产品中仍占有较高的比例，如在内燃机中，铸件的质量分数高达 80%。

但对熔点较高的金属，如 Fe(熔点 1 538℃)，古时候的窑炉，其内部温度很难达到将其熔化的程度。于是，人们采用还原再锻打的方法代替铸造。这种方法(史称块炼铁技术)在约公元前 3000 年的埃及就已存在。那时，人们先将 Fe_2O_3或铁矿石还原为 Fe，再将 Fe 在较低温度下加热并锻打来制备铁器件。19 世纪，伦敦的 Willianm Hyde Wollaston(1766—1828 年)在去世前找到了“可锻铂”的方法。Pt 的熔点为 1 770℃。Wollaston 先获得 Pt 的粉末，再加热和锻打而制备出铂器件。像 W(熔点 3 442℃)一类的高熔点金属，要采取铸造对其冶炼、成型就更加困难。1911 年，通用电气公司的 William David Coolidge(1873—1975 年)利用掺杂 W 粉制备出了白炽灯灯丝。这种灯丝工艺影响了人类的照明几十年。1920 年代，德国的 Krupp

公司开发出了WC粉和Co组成的复合材料，并很快将其商品化。这是最先出现且力学性能出众的一种金属陶瓷。如今，WC-Co金属陶瓷已被广泛用作切削金属的刀具材料。以上这些将金属粉成型再煅烧成金属制品的方法称为粉末冶金工艺。

3. 粉末冶金工艺

粉末冶金工艺(powder metallurgy)的基本流程为以金属粉末或掺有非金属的金属粉为原料；将原料粉装于模具中，于一定压力下成型为坯体；然后置坯体于可控气氛炉中，在低于基体材料熔点的温度下煅烧；最后为后处理工序。这种工艺与陶瓷材料的制备工艺大致相同。如今，粉末冶金学已成为冶金和材料科学的一个分支学科。

粉末冶金制品的应用范围十分广泛，从普通机械制造到精密仪器；从一般技术到尖端高技术，均能见到粉末冶金工艺的身影。与铸造工艺相比，粉末冶金工艺主要有以下特点：切削加工少，零件尺寸接近最终要求的尺寸；材料利用率高达97%；零件表面光洁；可制造其他金属成型工艺不能制造的零件；但粉末冶金产品的空隙率较铸造产品大。

综上所述，铸造、塑性加工、粉末成型及新兴的3D技术已成为材料成型的几种重要方法。对陶瓷材料来说，塑性加工和铸造几乎不可能；3D技术还未成熟，故粉末成型工艺对陶瓷材料来说非常重要。成型的陶瓷或金属坯体，其强度很低。在受到较小的外力作用时，坯体容易破损。若将坯体置于一定的高温下煅烧一段时间，坯体的强度会大大增加，因为坯体在高温下经历了烧结的过程。

10.1.2 烧结的定义

烧结(sintering)是指：松散的粉末或成型的粉料坯体在低于组分熔点的温度下，粉末颗粒通过相互黏结和物质传递使坯体中的气孔率下降、体积收缩，进而使粉末或坯体变成坚实致密体的过程。据此定义，我们可知烧结有以下几个特点。

(1) 烧结温度低于粉末组分的熔点

也即液相不是烧结所必需的相。纯固相同样可以被烧结，但少量液相的存在有利于烧结。对成型坯体来说，过多的液相反而容易使坯体变形。

(2) 烧结后，产品性能发生较大变化

烧结后，产品的机械性能(如强度、硬度)得到提高，粉末间的气孔率下降。因此，我们可以用收缩率、气孔率，体积密度与理论密度之比来衡量烧结程度。系统的其他物理性能在烧结后也有很大变化。

(3) 能否烧结与粉末是否成型没有必然联系

未成型的松散粉末在一定温度下煅烧，也会出现烧结现象。比如，煤粉在炉内燃烧时，其灰烬会团聚成块状炉渣；粉状生料在回转窑中煅烧成的水泥熟料也因烧结而呈大块状。

烧结是粉末、粉末制品在高温煅烧时的一个过程。它已在陶瓷制备、粉末冶金工艺及金属的火法冶炼中得到了广泛应用。近年来，烧结也开始在聚合物材料中得到应用。烧结的结果是粉末体成为具有一定强度的致密体。它与熔融、固相反应有所不同。

10.1.3 烧结与熔融

如前所述，烧结不需要液相，纯固相就可发生。但冶金学家Gustav Tammann(1861—1938年)发现粉末的开始烧结温度T_s与熔点T_m有一定的规律。T_s与T_m的近似关系为：金属粉末$T_s \approx (0.3 \sim 0.4) T_m$；硅酸盐粉末$T_s \approx (0.8 \sim 0.9) T_m$。由于烧结与粉末的细度、组成等因素有关，故对某些材料、某种细度的粉末来说，T_s与T_m的关系与以上的近似关系可能不一致。比如，1922年，F. Sauervald观察到一些金属的$T_s \approx (0.66 \sim 0.8) T_m$。但有一点是一致的：

烧结起始温度低于熔点。

10.1.4 烧结与固相反应

烧结与固相反应的共同点是至少有一相是固相，而且都是在低于材料熔点的温度下进行的。在烧结过程中，一种及一种以上的物质都可发生烧结；而且无新物质生成。因此，纯粹的烧结是一个物理过程。而固相反应，除了分解反应外，都需要两种以上的物质才可以发生；固相反应结束后，有新物质生成。因而，固相反应是一个化学过程。

虽然人类应用烧结已经很长时间了，但为什么粉末经烧结后，能成为致密的烧结体却一直困扰着人们。至今，人们对烧结做系统的理论研究还不到100年的时间。

10.1.5 烧结理论的研究对象和目的

1. 研究对象

烧结理论的研究对象是粉末和颗粒的致密化过程。这些粉末和颗粒包括金属、陶瓷、玻璃、聚合物及多元复合粉末等。

2. 研究目的和内容

研究烧结的目的在于揭示粉末烧结过程的本质。其内容包括：烧结为什么会发生；烧结过程中，物质是如何传递的；粉末颗粒是如何黏结在一起的；粉末间的空隙是怎么消除的；多元粉末的成分是怎么达到均匀化的；晶粒是如何长大的等。

10.1.6 烧结理论的发展历程

19世纪末期，科学家们陆续开始做实验研究烧结。第一位对烧结过程提出理论问题的是F. Sauervald。他发现金属粉末的起始烧结温度高于再结晶温度，因此他认为粉末多孔坯体在烧结时，颗粒的长大与致密金属加热产生的再结晶不完全相同。Sauerwald发表于1931年的文章是第一篇从科学的角度来考虑烧结的论文。1934年，V. Trzebyatovski研究了金属Cu粉的烧结。他发现坯体产生了收缩，并认为烧结是颗粒黏结和长大的过程。1938年，科学家们又认为烧结过程中若有液相出现，则小颗粒溶解；然后熔液中的物质又沉淀到大颗粒上；于是，大颗粒长大。1942年左右，物理化学家Hutting系统地研究了金属粉末在缓慢升温过程中依次发生的物理化学和显微组织的变化：气体脱附、表面原子的重排、金属颗粒内部的重结晶。

随后，苏联的Yakov Frenkel（即提出Frenkel缺陷之人）将烧结理论的研究推向了当时的顶点，从而开始了烧结理论研究的第一次飞跃。Frenkel首先把复杂形状的粉末简化为球形，从而导出接触颈长大速率的动力学方程。而且，在他的论文《Viscous flow of crystalline bodies under action of surface tension》中，Frenkel采用Gibbs表面能揭示了烧结的原因，并定义了烧结的驱动力。在Frenkel研究的基础上，G. C. Kuczynski研究了金属颗粒在烧结过程中的自扩散。他运用球-板模型建立了烧结初期，接触颈长大时的体积扩散、表面扩散、晶界扩散和蒸发凝聚等微观物质的迁移机制。Kuczynski的研究奠定了烧结扩散的理论基础，完成了烧结理论的第一次飞跃。在接下来的二三十年时间里，烧结理论不断得到充实，并逐渐从物质迁移扩展到粉末的致密化理论上。在粉末致密化理论的研究中，美国陶瓷学家Robert L. Coble（1928—1992年）功不可没。

进入1970年代，科学家们开始针对某一类的烧结过程做深入的纵向研究。这得力于当时一大批金属陶瓷复合材料的开发，因为这些材料需要采用粉末成型再烧结的工艺。这一时期的理论主要涉及烧结的动力学问题，如物质的塑性流动机制、烧结的拓扑和统计理论、热压下的蠕变等。这些理论有助于对致密化过程的描述和对显微组织发展的评估。这段时期的理论被认为是烧结理论的第二次飞跃。烧结理论的第三次飞跃与计算机和计算技术的进步分不开。1980 年代后，人们开始用计算机模拟烧结过程，如接触颈的发展、晶粒生长等。

当然，烧结理论与其他科学理论一样，其发展是无止境的。当前的理论并非终结理论，也不可能有终结理论。随着人类认识水平的提高，人们对烧结的认识也会更加深入和透彻、对烧结的控制也将更加有效。本章主要介绍烧结理论的部分基础内容。我们首先从热力学角度简要分析烧结为什么会发生。

10.2　烧结驱动力

10.2.1　烧结的一般过程

松散粉末或粉末成型后的坯体中，粉末之间的接触面积较小且存在较多的气孔。这些气孔或多或少地相互连通。随着烧结的进行，物质通过不同的途径向粉末颗粒间的气孔扩散。这种扩散使气孔的形状逐渐改变、气孔率逐渐减小。原来连通的较大气孔不断缩小，最后彼此分开成孤立气孔。在此过程中，细小颗粒之间开始形成晶界，并不断扩大晶界的面积，进而使坯体得以致密化。其间，晶界两两相遇时构成晶界网络。图 10.1 示意了这种过程。

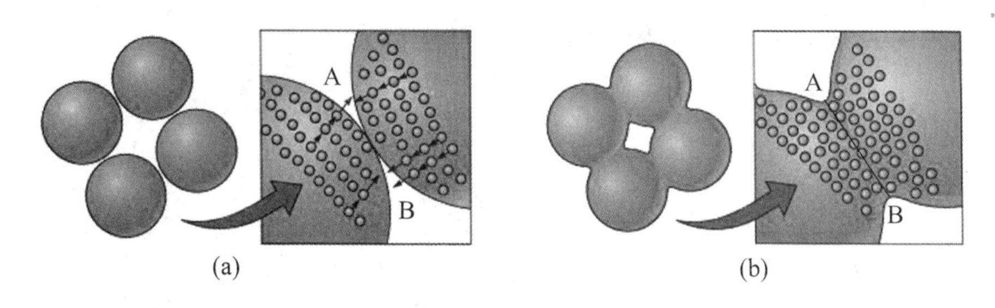

图 10.1　烧结过程示意图(引自 Askeland, 2005)

(a)烧结前颗粒间的点接触(A、B 处为固气界面)；
(b)烧结后晶界 AB 取代固气界面(颗粒中的小球表示晶体中的原子)

晶界处的原子排列稀疏，故气体容易从晶界向晶体外扩散。这样，孤立气孔扩散到晶界而得以消除，致密化程度进一步提高，同时晶粒也在长大。由此可见，烧结过程中的变化包括：气孔形状和尺寸变化、晶粒尺寸和形状的变化、原来粉末与空气的界面被晶界所取代。

10.2.2　粉末的烧结驱动力

在第 5 章，我们说到相对于晶体内部而言，表面是一种面缺陷。在表面，原子配位不足、表面受力不均匀、存在各种缺陷和晶格畸变等。这些因素使得材料表面的原子有较高的活性。虽然表面原子可通过弛豫、重建及吸附外来物质等措施降低表面原子的活性，但表面原子仍然比内部原子有多余的自由能——表面自由能或表面能。因此，固体材料被分开或破碎为粉末颗粒后，必然处于一个高能状态。破碎后的粉末，其比表面积越大，粉末系统所具有的表面能越多。简言之，块状物变成粉末颗粒后能量升高、粉末系统处于能量不稳定状态。

表面能属于界面能的一种。界面能与物质接触的介质有关。同一物质与不同性质的其他物质接触时，因界面原子所处的力场不同，故界面能也不同。通常，人们所说的表面能是指物质与空气接触时的界面能，如粉末的表面能。表面能定义为恒温、恒压及组成不变时，增加单位面积，系统增加的 Gibbs 自由能。因此，对某一粉末系统来说，其总的表面能G_S可表示为$G_S=\gamma_S A$，其中 A 为接触面面积，γ_S为粉末与空气接触时的表面能。

假设表面能γ_S与温度无关,在烧结过程中,因粉末与空气的接触面面积A减小,故粉末系统的G_S减小。原来粉末与空气的界面被晶界所取代。取代后,系统的Gibbs自由能$G_B=\gamma_B A'$,γ_B为晶界能,A'为晶界面积。若原面积A完全被晶界取代,则两个表面合成为一个晶界,面积减少一半$A'=0.5A$。故烧结后,系统Gibbs自由能的变化ΔG为

$$\Delta G = G_B - G_S = (0.5\gamma_B - \gamma_S)A \tag{10-1}$$

晶界能γ_B比表面能γ_S低,因此$\Delta G<0$。

除了以上过剩表面能与晶界能之差ΔG推动烧结以外,粉末表面的曲率半径引起的Laplace应力也会促使物质迁移而使粉末系统致密化。但相比而言,过剩表面能与晶界能之差要大得多,故粉末系统本征的过剩表面能与晶界能之差为烧结过程的主要驱动力。

10.2.3 验证烧结驱动力的实验

1950年,Thornton Read和发明晶体管的William Bradford Shockley(1910—1989年)发现晶界两侧晶粒的取向差有如图10.2(a)所示的关系。但美国冶金学家Paul Shewmon研究后认为晶粒的取向差达到某个值时,晶界能可能存在一个极小值。他于1965年预测分散在单晶平面上的一个单晶小球会在平面上滚动,直至达到一个特殊取向,以使烧结形成的晶界能达到最低(单晶平面与单晶小球是同种金属)。

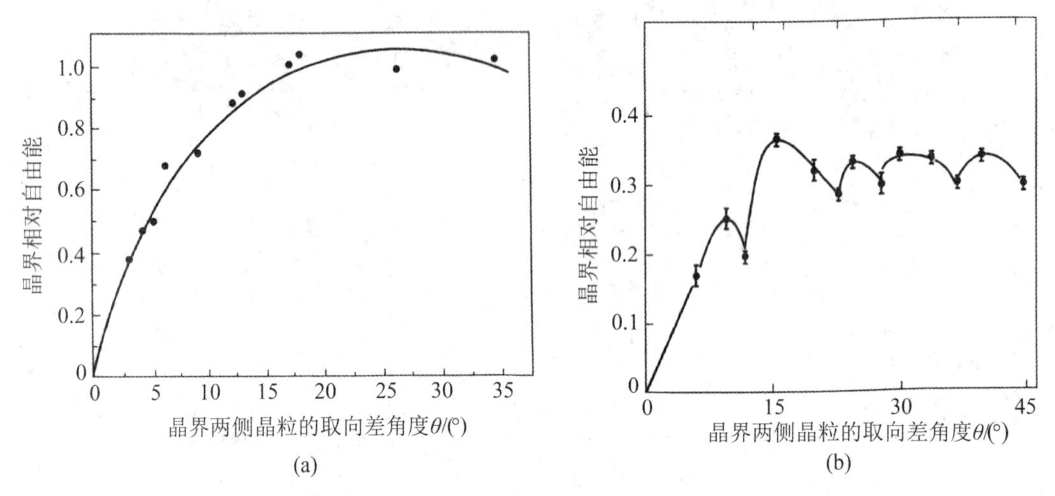

图10.2 (a)晶界相对自由能随晶粒取向的变化,其中实线为理论曲线,实心点数据为实验测试值;(b)Cu晶界相对于[100]的各种取向差与晶界相对自由能的关系(引自Cahn, 2008)

1976年,Herrmann等将直径大约为0.1 mm的Cu晶体小球放到单晶Cu板上。Cu板表面平行于一个简单晶面,结果显示在1 060℃保温几百小时后,小球都烧结到了Cu板上,而且XRD数据表明约8 000个小球都具有完全相同的取向。后来,其他人的实验也表明晶界能随取向差的变化与图10.2(a)不同,而是图10.2(b)所示的情形。这些实验证实了晶界能在某个晶粒取向上存在局部极小值。在烧结过程中,粉末与空气的表面被某个取向且具有更低能量的晶界所取代,从而达到烧结的目的。图10.3和图10.4为实际烧结后的小球。这两个电镜照片显示粉末与空气的表面确实被晶界所取代了,故Herrmann等的实验揭示了过剩表面能与晶界能之差是烧结的驱动力。

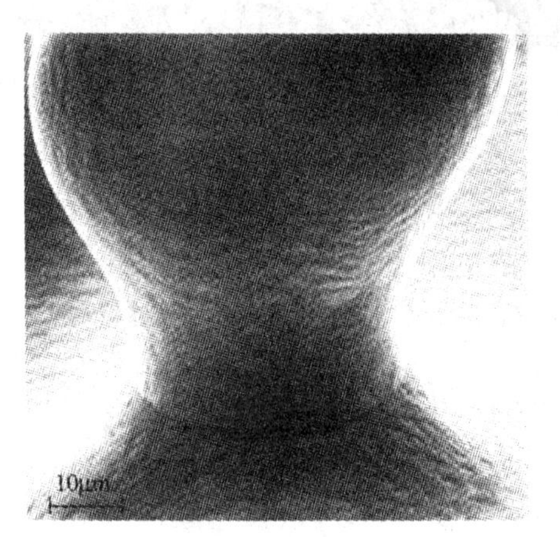

图10.3　烧结在Cu板上的Cu球电镜照片(引自Cahn, 2008)

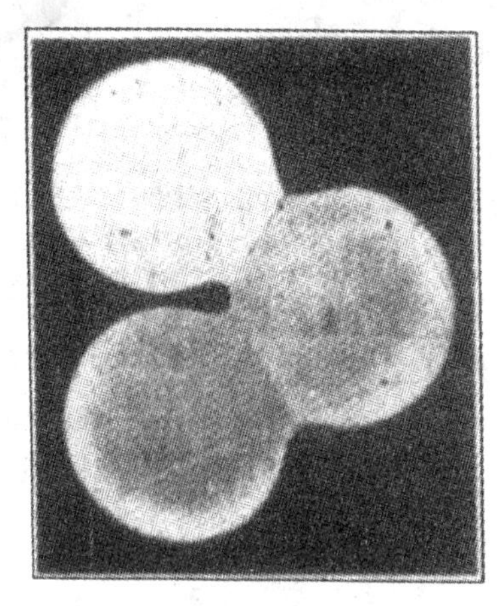

图10.4　Cu颗粒烧结后的截面(颈缩处为晶界)(引自Cahn, 2008)

10.3　烧结的扩散理论基础

扩散理论是烧结极为重要的一个基本理论。该理论主要涉及：物质迁移机制、晶粒生长，烧结驱动力等内容。粉末在烧结时，原子在晶粒内部的扩散为体扩散，扩散系数为D_b；在晶体表面的扩散为表面扩散，扩散系数为D_s；沿晶界的扩散为晶界扩散，扩散系数为D_B。在原子的扩散过程中，空位往往作为原子的扩散阱而对物质迁移起到重要作用。通过扩散，原子将空位、空隙逐渐填满而达到致密化。要找到影响粉末致密化的因素，我们就需建立模型来探寻烧结机制。在此过程中，如何抽象、简化各种形状的实际粉末，以及如何衡量致密化快慢的程度(即烧结的速率)是需要首先解决的关键问题。

10.3.1　描述烧结速率的方法

在Frenkel把各种形状的粉末简化为球形后，Kuczynski采用球-板模型、双等径球模型研究了烧结过程中物质的扩散，如图10.5所示。在这些模型中，Kuczynski称球板接触区、球-球接触区为颈，即接触颈。图10.5中，x为接触颈的半径，ω为接触颈的曲率半径，r为粉末球的半径。接触颈的长大速率可反映烧结初期的动力学关系。因此，人们常用x/r与时间t的关系描述烧结初期的速率。

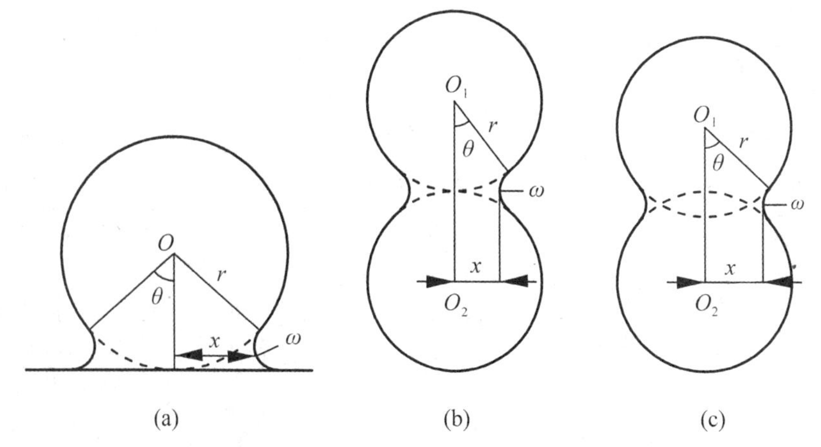

图10.5　几种烧结模型(引自果世驹,1998和徐祖耀1986)

(a)球-板模型；(b)无收缩的双球模型；(c)有收缩的双球模型

烧结过程中，气孔率不断减小，致密化程度得以提高。为衡量粉末体在烧结过程中的致密化程度，人们引入了相对密度 ρ' 的概念：

$$\rho' = \frac{\rho}{\rho_0} \tag{10-2}$$

式中，ρ 为烧结体(含空隙)的密度；ρ_0 为该烧结体在无孔状态下的密度，即理论密度。一般 $\rho < \rho_0$，故 ρ' 越接近 1，烧结体越致密。人们还用体积、线尺寸的变化来表示衡量粉末烧结过程。

对接触颈的生长，Kuczynski 在 1949 年就已推导出扩散机制的颈部稳定生长动力学方程。在扩散机制中，物质的传递主要有蒸发-凝聚、体积扩散、表面扩散和晶界扩散等方式。

10.3.2 蒸发-凝聚机制

根据开尔文公式：

$$\ln \frac{p_r}{p} = \frac{2\gamma M}{RT\rho'' r} \tag{10-3}$$

式中，p_r 是半径为 r 的液滴或气泡的蒸气压；p 为平液面的蒸气压；γ 为液体表面张力；M 为液体相对分子质量；ρ'' 为液体密度；R 为摩尔气体常数；T 为热力学温度。凸液面的 $r>0$，$p_r>p$，即液滴等凸液面的饱和蒸气压大于平液面的饱和蒸气压；凹液面的 $r<0$，$p_r<p$，即凹液面(如气泡)的饱和蒸气压小于平液面的饱和蒸气压。因此，毛细管内的蒸气容易凝聚成液体。虽然以上情形针对的是液体，但开尔文公式对固体，尤其是高温下容易挥发的物质，如 PbO、BeO 仍然适用。

图 10.5 中，接触颈为凹面，其曲率半径 ω 为负；其他部位为凸面，曲率半径 r 为正。颈部凹面处的蒸气压 p_1 用开尔文公式表示为

$$\ln \frac{p_1}{p_0} = \frac{\gamma_{sv} M}{RT\rho'''}\left(\frac{1}{x} - \frac{1}{\omega}\right) \tag{10-4}$$

式中，p_0 为平表面蒸气压；γ_{sv} 为粉末的表面能；ρ''' 为密度；其余符号的意义同前。

$$\ln \frac{p_1}{p_0} = \ln\left(1 + \frac{p_1}{p_0} - 1\right) = \ln\left(1 + \frac{p_1 - p_0}{p_0}\right) = \ln\left(1 + \frac{\Delta p}{p_0}\right) \tag{10-5}$$

根据数学知识，当 x 很小时，$\ln(1+x) \approx x$。在式(10-5)中，压差 Δp 很小，故 $\ln(p_1/p_0) \approx \Delta p/p_0$。又因为接触颈半径 $x \gg \omega$，所以式(10-4)可简化为

$$\Delta p = -\frac{\gamma_{sv} M}{RT\rho'''}\frac{p_0}{\omega} \tag{10-6}$$

式(10-6)表明 $\Delta p = p_1 - p_0 < 0$，即原子在接触颈凹面处的蒸气压小于平表面的平衡蒸气压。同理也可得出，原子在接触颈凸面处的蒸气压大于平表面的平衡蒸气压，故原子在粉末颗粒凸表面处蒸发，而在凹面处凝聚，从而使颈部逐渐被填充，如图 10.6 所示。

凸面原子蒸发产生的气态物质在凹面凝聚，该情形可近似地用固体对气体吸附的 Langmuir 方程描述。这样可得出气态物质在单位时间、单位面积上的凝聚速率 v 与压差 Δp 的关系：

$$v = \alpha \Delta p \left(\frac{M}{2\pi RT}\right)^{1/2} (\mathrm{g \cdot cm^{-2} \cdot s^{-1}}) \tag{10-7}$$

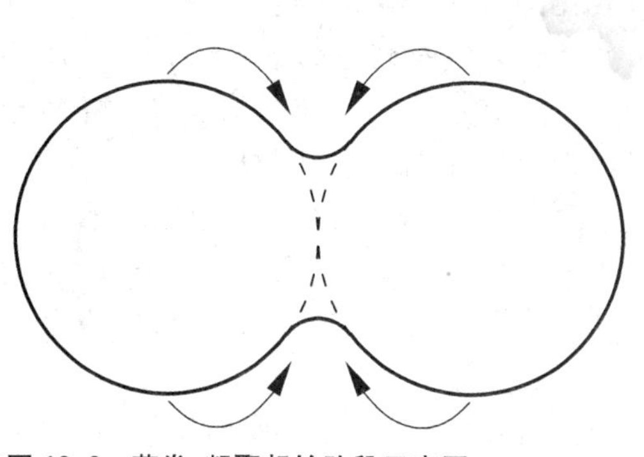

图 10.6　蒸发-凝聚起始阶段示意图
(引自 Kingery, 2010)

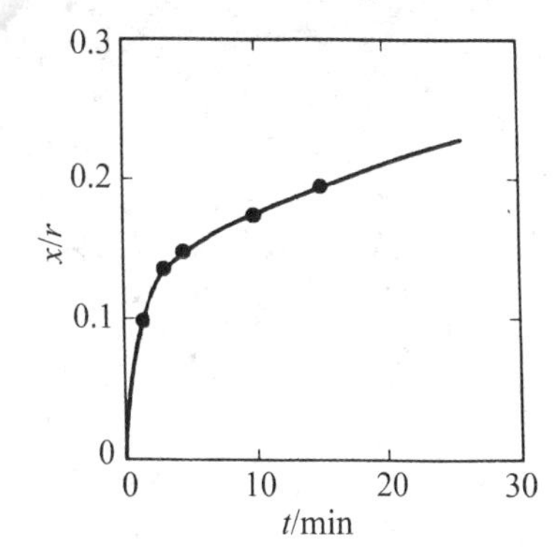

图 10.7　725℃时，NaCl 球形颗粒颈部长大曲线(引自 Kingery, 2010)

其中 α 为调节系数，$\alpha \approx 1$。单位时间内，物质在颈部的凝聚量等于颈部物质体积的增加速率时，有：

$$\frac{v(\mathrm{g \cdot cm^{-2} \cdot s^{-1}}) \cdot A(\mathrm{cm^2})}{\rho(\mathrm{g \cdot cm^{-3}})} = \frac{\mathrm{d}V}{\mathrm{d}t}(\mathrm{cm^3 \cdot s^{-1}}) \tag{10-8}$$

为使读者清楚式(10－8)的意义，我们引入了各量的单位，并将单位置于括号内。

图 10.5(b)中，$x/r < 0.3$ 时，接触颈半径 $\omega \approx x^2/(2r)$，接触颈透镜(图 10.6 中虚线所示)表面积约为 $A = \pi^2 x^3/r$，接触颈体积约为 $V = \pi x^4/2r$。将这些近似值及式(10－6)和式(10－7)代入式(10－8)，整理、积分后得

$$\frac{x}{r} = \left(\frac{3\sqrt{\pi}\ \gamma_{sv}\ M^{3/2}\ p_0}{\sqrt{2}\ R^{3/2}\ T^{3/2}\ \rho^2}\right)^{1/3} r^{-2/3}\ t^{1/3} \tag{10-9}$$

上式是 Kingery 等用双球模型推出的。它表明了颗粒间接触面的半径和影响其生长速率的变量(r, t, p_0)之间的关系。若把式(10－9)中的括号部分和 r 看作是常数的话，则接触颈的生长 x/r 随时间 t 的变化如图 10.7 所示。

图 10.7 表明粉末接触颈在烧结初期增长较快。随着烧结时间的延长，接触颈的增长逐渐减缓，而延长烧结还会带来后续晶粒生长等问题。因此，企图采用无限延长时间来促进致密化是不可取的。式(10－9)还表明，粉末起始粒径 r 小，则接触颈增长快，这可促进粉末的致密化。而粉末起始粒径 r 和烧结时间 t 是两个在粉末体烧结时容易控制的参数。

采用蒸发-凝聚传质时，原子从粉末凸面蒸发，在凹面处凝聚。在此过程中，粉末颗粒的中心距并未受到蒸发-凝聚传质的影响，即烧结时，粉末坯体不产生收缩。NaCl 在 750℃烧结时没有发生收缩表明了蒸发-凝聚具有一定的合理性。

蒸发-凝聚需要物质具有可观的蒸气压。对微米级颗粒而言，蒸气压的数量级要大于1.01～10.13 Pa。然而，大多数氧化物、金属和硅酸盐等固体物质在高温下的蒸气压都低于这个值。因此，这些蒸气压很低的粉末，其烧结致密化主要不是由蒸发-凝聚机制引起的气相传质，而是由粉末体内的质点扩散引起的。这类扩散传质主要有体积扩散、表面扩散、晶界扩散和位错扩散等。

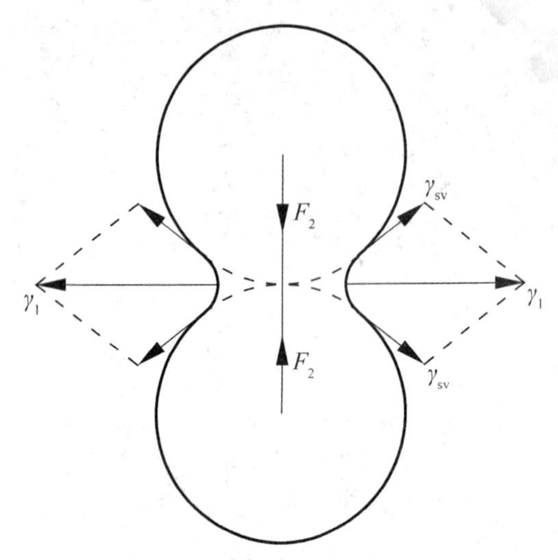

图 10.8 粉末双球模型中的应力示意图

10.3.3 扩散传质机制

1. 应力作用下的空位摩尔分数

图 10.8 为粉末烧结的双球模型。接触颈凹面为固-气界面。由于界面张力γ_{sv}的作用，颈部受到的合力γ_1为张力，其方向如图 10.8 所示。该张力产生的应力(即压强)为张应力。张应力使双球中心距缩小。在张应力的作用下，双球接触面产生静压力 F_2，F_2在接触面的应力为压应力。压应力促使物质的定向迁移，即物质向空位处扩散，或者说空位向物质扩散。

在压应力区(双球模型的接触面处)，一个空位的形成能 E_v 可表示为 $E_v = E_0 + \sigma\Omega$，其中 E_0 为无应力时的空位形成能，Ω 为扩散空位处的原子体积。张应力区(接触颈处)的空位形成能 $E_v = E_0 - \sigma\Omega$。其中 $+\sigma$ 表示压应力，$-\sigma$ 表示张应力。

无应力区，空位的摩尔分数为

$$C_0 = \frac{n}{N} = \exp\left(-\frac{E_0}{k_B T}\right) \tag{10-10}$$

式中，n 为晶体中的空位数；N 为晶体中的原子总数；k_B为玻耳兹曼常数；T 为热力学温度。据此，在压应力区(如双球接触面处)，空位的摩尔分数C_e可表示为：$C_e = \exp\left(-\frac{E_v}{k_B T}\right)$。将 $E_v = E_0 + \sigma\Omega$ 代入，整理后得

$$C_e = C_0 \exp\left(-\frac{\sigma\Omega}{k_B T}\right) \tag{10-11}$$

因为 $\sigma\Omega/(k_B T) \ll 1$，有 $\exp[-\sigma\Omega/(k_B T)] \approx 1 - \sigma\Omega/(k_B T)$，所以式(10-11)可简化为

$$C_e \approx C_0 \left(1 - \frac{\sigma\Omega}{k_B T}\right) \tag{10-12}$$

同理，在张应力 σ 作用时，用 $E_v = E_0 - \sigma\Omega$ 取代式(10-10)中的 E_0，则在张应力区，空位的摩尔分数C_t 为

$$C_t \approx C_0 \left(1 + \frac{\sigma\Omega}{k_B T}\right) \tag{10-13}$$

由式(10-12)和式(10-13)，接触颈(张应力区)和接触面(压应力区)之间的空位摩尔分数之差为

$$\Delta_1 C = C_t - C_e = 2\, C_0 \frac{\sigma\Omega}{k_B T} \tag{10-14}$$

接触颈(张应力区)与颗粒中心(无应力区)之间的空位摩尔分数之差为

$$\Delta_2 C = C_t - C_0 = C_0 \frac{\sigma\Omega}{k_B T} \tag{10-15}$$

以上计算得出 $C_t > C_0 > C_e$，$\Delta_1 C > \Delta_2 C$，这表明粉末颗粒不同受力部位的空位摩尔分数不同。接触颈部的张应力区空位摩尔分数大于无应力区的。而在接触面的压应力区，空位摩尔分数最小，故空位容易首先从接触颈向接触面处扩散，其次才从颈部向颗粒中心扩散。这种空位扩散也是原子等物质的反向扩散，即原子容易首先从接触面向接触颈扩散，其次才从颗粒中心向颈部扩散。图 10.9 示意了烧结初期可能的原子扩散路径。

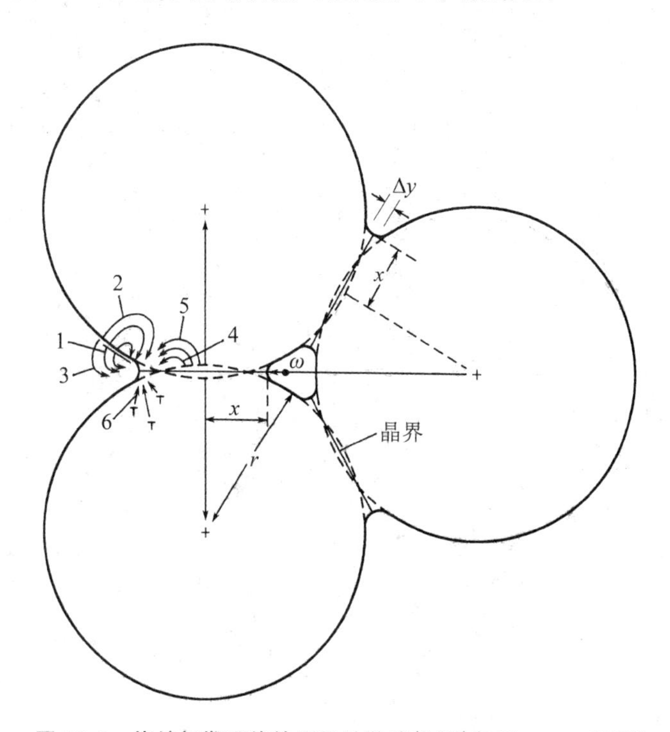

图 10.9 烧结初期可能的原子扩散路径(引自 Kingery, 2010)

1—表面扩散(表面至颈部)；2—晶格扩散(表面至颈部)；3—气相传质(表面至颈部)；4—晶界扩散(晶界至颈部)；5—晶格扩散(晶界至颈部)；6—晶格扩散(位错至颈部)

2. 烧结初期的颈部增长动力学方程

以图 10.9 中机理 5—晶格扩散(晶界至颈部)为例。原子首先向无应力颗粒中心扩散，再向接触颈扩散。该过程的动力学计算方法与蒸发-凝聚一样，即表面物质的迁出速率等于使物质体积增长的迁入速率。但与蒸发-凝聚模型不同，此时采用图 10.5(c)模型。该模型的接触颈曲率半径 ω、颈部面积 A 及颈部体积 V 分别为

$$\omega = \frac{x^2}{4r} \quad A = \frac{\pi x^3}{2r} \quad V = \frac{\pi x^4}{4r} \tag{10-16}$$

因为原子首先向无应力颗粒中心扩散，所以应采用式(10-15)表示的接触颈部与颗粒中心(无应力区)之间的空位摩尔分数之差为 $\Delta_2 C$。张应力 $\sigma(\mathrm{N/m^2})$ 可表示为

$$\sigma = \frac{\gamma_{sv}(\mathrm{N/m})}{\omega(\mathrm{m})}$$

上式括号内为单位，故 $\Delta_2 C$ 可表示为

$$\Delta_2 C = C_0 \frac{\gamma_{sv}\Omega}{k_B T\omega} \tag{10-17}$$

在此空位摩尔分数差的条件下，设空位在单位时间内、沿颈部圆周单位长度向晶界扩散的量为 J(个 • s^{-1} • cm^{-1})，$J=4D_v\Delta C$，其中D_v为空位扩散系数，若D^*为自扩散系数，则$D_v=D^*/(\Omega C_0)$。

根据图 10.5(c)，接触颈周长为 $2\pi x$。因此，单位时间内从接触颈部传出的空位体积为

$$\frac{dV}{dt} = J(个 \cdot s^{-1} \cdot cm^{-1}) \cdot 2\pi x(cm) \cdot \Omega(cm^3/个) \tag{10-18}$$

将 $J=4D_v\Delta C$ 和$D_v=D^*/(\Omega C_0)$ 代入式(10-18)，并用式(10-17) 取代 J 中的 ΔC，得

$$\frac{dV}{dt} = 8\frac{\pi D^* \gamma_{sv}\Omega x}{k_B T\omega} \tag{10-19}$$

将 $dV=Adx$ 和式(10-16)中的 A、ω 代入式(10-19)，整理后有

$$\frac{x^4}{r^2}dx = 64\frac{D^*\gamma_{sv}\Omega}{k_B T}dt \tag{10-20}$$

对式(10-20)进行积分

$$\int_0^x \frac{x^4}{r^2}dx = \int_0^t 64\frac{D^*\gamma_{sv}\Omega}{k_B T}dt \tag{10-21}$$

得

$$\frac{x^5}{r^2} = 320\frac{D^*\gamma_{sv}\Omega}{k_B T}t \tag{10-22}$$

在式(10-22)两边同乘以 $1/r^3$，得

$$\frac{x^5}{r^5} = 320\frac{D^*\gamma_{sv}\Omega}{k_B T}\frac{1}{r^3}t \tag{10-23}$$

将式(10-23)两边同时开方得

$$\frac{x}{r} = \left(320\frac{D^*\gamma_{sv}\Omega}{k_B T}\right)^{1/5} r^{-3/5}\ t^{1/5} \tag{10-24}$$

式(10-24)为烧结前期，由晶格扩散控制的接触颈之长大速率方程。它的变化趋势与式(10-9)所示蒸发-凝聚控制的颈部长大速率相似，而且其颈部长大曲线的图形也与图 10.7 类似，即接触颈在烧结初期增长较快，后期较慢，但扩散控制的接触颈生长时有收缩现象。

实际上，在应用式(10-24)的过程中，测定 x/r 比较困难，故常用粉末体的体积收缩率或线收缩率来代替。设两颗粒原来的中心距为L_0，中心缩短的距离 ΔL(或原来的粉末体体积 V_0，收缩后的体积减小量 ΔV)，结果有：

$$\frac{\Delta V}{V} = 3\frac{\Delta L}{L} \propto r^{-6/5}\ t^{2/5} \tag{10-25}$$

美国陶瓷学家 Robert L. Coble 详细研究了 Al_2O_3的烧结，结果表明 x/r、$\Delta L/L$ 与时间的关系分别符合式(10-24)和式(10-25)。根据图 10.9，扩散机制除了 5 所示的晶格扩散(或体积扩散)，其他机制也可导出与式(10-24)类似的关系。比如：表面扩散机制，颈部增长的

速率有以下关系：

$$\frac{x}{r} \propto r^{-4/7}\, t^{1/7} \tag{10-26}$$

晶界扩散机制，颈部增长的速率关系为

$$\frac{x}{r} \propto r^{-4/6}\, t^{1/6} \tag{10-27}$$

虽然文献表明，不同人推导出的速率方程略有差异，但 x/r 随起始粒径 r 和时间 t 的变化趋势还是一致的。因此，扩散控制的颈部增长动力学方程(包括蒸发-凝聚机制)可统一写为

$$\frac{x}{r} = F(T) r^{-n/m}\, t^{1/m} \tag{10-28}$$

其中 $F(T)$表示与温度的函数关系。

以上这些颈部增长的速率方程主要适用于烧结初期。在这一时期，原子等质点从粉末颗粒的表面、晶格和晶界等位置向接触颈扩散。其间，颗粒发生重排、空位扩散至晶界等处而消失。在此过程中，颈部体积的增长速率与扩散传质的速率相等。虽然这些扩散传质机制比较符合许多粉末在初期烧结的情况，但它们引起的颗粒和空隙形状的变化较小、收缩也小(线收缩率 $\Delta L/L<0.06$)。当颈部增长 $x/r \approx 0.3$ 时，人们通常认为烧结中期开始了。

3. 烧结中期的动力学方程

经过烧结初期的发展，原来的球形颗粒逐渐变成多面体。为此，Robert L. Coble 于 1961 年提出了著名的简单连通孔模型。

Coble 假定烧结体由十四面体和孔洞堆积而成。这种十四面体实际为一个截角八面体(即八面体的六个顶点分别被一平面所截)，如图 10.10 所示。十四面体的每一条棱边由三个颗粒共有。图中的粗线表示简单的圆柱形孔洞。这些孔洞相互连通，而且是空位源。图中的圆表示烧结末期的封闭孔洞。据此模型，Coble 得到孔洞的体积分数 f(即空隙率)与烧结时间的关系为

$$f = \frac{10\pi D^{*} \Omega \gamma_{sv}}{k_B T l^3}(t_f - t) \tag{10-29}$$

式中，l 为圆柱形孔洞的长度；t_f 为孔洞完全消除所需时间；其余符号的意义同前。式(10-29)为简单连通孔洞模型中，体积扩散机制引起的烧结中期致密化动力学方程。Coble 指出式(10-29)适用于孔洞没有完全消失或晶粒生长还未开始，孔洞呈连通状的情形。

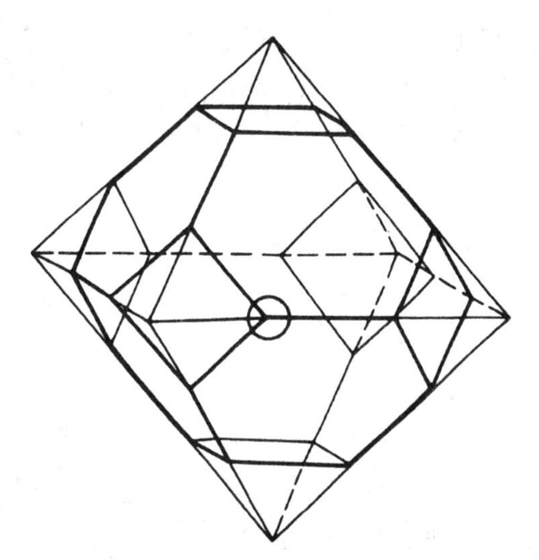

图 10.10 十四面体单颗粒及简单孔洞模型(引自果世驹，1998)

若在烧结初期，晶界扩散起主要作用，则空隙率 f 的表达式为

$$f = \left(\frac{2\pi D_{gb} w \Omega \gamma_{ss}}{k_B T l^4}\right)^{2/3}(t_f - t) \tag{10-30}$$

式中，w 为晶界宽度；D_{gb}为空位在晶界的扩散系数；γ_{ss}为晶界能。式(10－29)和式(10－30)表明：无论是体积扩散，还是晶界扩散机制起主导作用，粉末体在烧结中期的孔洞体积分数 f 与时间 t 都呈一次方线性关系，也即空隙率随烧结时间而线性地减少，故致密化速率较大。

烧结中期的特点主要有：颈部进一步扩大、颗粒变形大；气孔由不规则形状逐渐变成由三个颗粒包围的近似圆柱形气孔，且气孔间相互连通；致密化程度比烧结初期显著，收缩率达80%～90%，坯体气孔率降低到50%左右；晶界开始移动而导致晶粒生长。这一时期，传质机制主要是原子以晶格扩散和晶界扩散的方式向气孔迁移。随着烧结的进行，孔洞的体积分数 f 减小，而且原来连通的孔洞开始分开呈不连通状。此时，烧结进入后期。

4. 烧结后期动力学方程

图 10.10 中，粗线表示简单的圆柱形孔洞分别向十四面体的顶点退缩，直至分开呈孤立、不连通状，进入烧结末期。图 10.10 用小圆示意了一个封闭孔洞。其实，十四面体的 24 个顶点都有一个这样的封闭气孔，且形状近似球形。据此，Coble 得出烧结后期，孔洞的体积分数 f_s(即空隙率)与烧结时间的关系为

$$f_s = \frac{6\pi D^* \Omega \gamma_{sv}}{\sqrt{2}\, k_B T l^3}(t_f - t) \tag{10-31}$$

式(10－31)表明粉末体在烧结后期的孔洞体积分数 f_s 与时间 t 也呈线性关系。这说明烧结中、后期的致密化无显著差异。Al_2O_3 的相对密度在低于 95%的理论密度时，坯体的相对密度与时间近似呈直线关系，这表明式(10－31)在一定范围内的正确性。若烧结时间继续延长，封闭气孔率并不会进一步减小，甚至为零。相反，若烧结时间过长，烧结体中的晶粒会出现生长过大等削弱材料某些性能的现象。这方面的问题，我们将在后文介绍。

烧结后期的特点：气孔完全孤立而呈近似球状；质点主要通过晶界扩散和体积扩散进入气孔，而达到致密化；坯体收缩率达 90%以上，相对密度也在理论值的 95%以上；与前一阶段相比，晶粒明显长大；烧结体的强度得到提高。

蒸发-凝聚和扩散传质机制主要针对纯固相粉末烧结中的传质。在此传质过程中，物质没有受到外部施加的应力作用，而且也无液相的出现。若粉末坯体在烧结时，受到外部应力，或出现少量液相，则烧结过程的传质机制可以用流动理论来描述。

10.4 烧结的流动理论基础

其实，在烧结的扩散模型出现之前，Frenkel 在 1945 年就用液体黏性流动的理论分析了粉末中空位团的移动，从而形成了 Frenkel 黏性流动模型。在该模型的基础上，烧结的流动理论得到了发展。

烧结的流动理论主要描述了粉末体处于应力状态时，其物质的流动规律。这些应力包括粉末体中的内应力及外部施加应力。在这些应力作用下，原子团、空位团，甚至粉末体产生流动。流动形式主要有黏性流动、塑性流动和蠕变流动等。这些流动是流变学中的概念。为此，我们先介绍这几种概念的定义，以便读者更易理解烧结体中的流动。

10.4.1 几个流变学概念

首先，我们来看刚性物体，简称刚体。刚体是指无论受到多大的外力，形状和大小都保持不变的物体。但物体在受到一定的外力作用时，总会变形，甚至流动。流变学(rheology)是研究物体变形和流动的一门学科。

1. 弹性物体

物体在受到外力时发生变形，去掉外力又恢复原状；应力 σ、应变 ε 符合 $\sigma=\varepsilon E$ 或剪切应力 τ、剪应变 γ 符合 $\tau=G\gamma$（E、G 分别为弹性模量、剪切模量）。

2. 黏性流动

物质在受到剪切应力 τ 的作用时，产生一定的流动速度 v。若 τ 与速度梯度 $\mathrm{d}v/\mathrm{d}x$ 成正比：

$$\tau=\eta\frac{\mathrm{d}v}{\mathrm{d}x} \tag{10-32}$$

则这种流动为黏性流动（viscous flow）。式（10－32）中的比例常数 η 为物质黏度，它表示物质在流动过程中的黏性。黏性主要是由于物质原子等质点间存在一定的作用而引起的。运动较快的质点受到较慢质点的吸引而减速、运动较慢的质点受到较快质点的吸引而增速。尽管如此，物质在运动过程中，各层质点的运动速度还是不一样，即存在速度梯度。在剪切应力作用下，高温玻璃相、多晶材料晶界处会发生不同程度的黏性流动。在热压过程中，粉末的烧结致密化可看成是黏性流动。符合式（10－32）的物体称为牛顿型流体（Newtonian fluids）。这种物体受到剪切应力作用而开始流动，且速度梯度与剪切应力成正比，如图 10.11 所示。但应力消除后，变形不再复原。

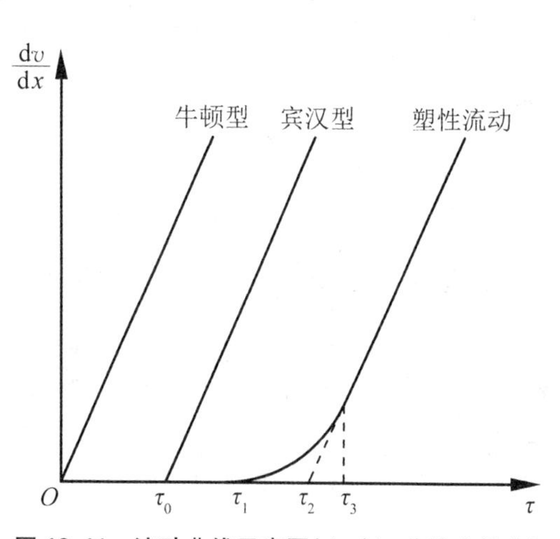

图 10.11　流动曲线示意图（dv/dx 为速度梯度）

然而很多实际物体并不具有牛顿型流体的行为。这些物体的速度梯度与剪切应力不成正比，而被称为非牛顿型流体。非牛顿型流体的流动种类较多，我们介绍其中两种。

宾汉型流动（Bingham flow）。物体所受剪应力 τ 必须大于流动极限值 τ_0 后才开始流动。开始流动后的情形又与牛顿型相同。这种流动可表示成

$$\tau-\tau_0=\eta\frac{\mathrm{d}v}{\mathrm{d}x} \tag{10-33}$$

新拌混凝土的流动接近宾汉型。

塑性流动（plastic flow）。所受剪应力 τ 必须超过某一最低值——屈服值 τ_1 时，物体才可流动。当剪应力达到一定值（τ_3）时，物体也发生牛顿型流动，属于这类流动的物体有泥浆、高温烧结时的硅酸盐材料。此外，晶界滑移也属于这类流动。

3. 黏弹性

在某些特定情况下，一些非晶体和多晶体在受到较小的应力作用时，可同时表现出弹性和黏性。人们称这些物体具有黏弹性（vicoelasticity）。烧结中的粉末可视为黏弹性体而用流变学理论加以讨论。

对具有黏弹性的物体施加应力 σ 或剪切应力 τ 时，物体的应变随时间而增加，这种现象称为蠕变（creep）。研究发现，烧结蠕变是金属和陶瓷粉末的一种物质迁移机制。

综上所述，烧结的流动理论涉及的物质流动主要是黏性流动、塑性流动和蠕变流动。

10.4.2 黏性流动机制

可用黏性流动机制描述的系统有：剪切应力作用下的高温玻璃相、热压烧结过程中的粉末。此外，高温下依靠黏性液体的流动来达到致密化的液相烧结也可用黏性流动来讨论。

从扩散机制来看，由液体或固体的黏性流动引起的烧结是由空穴或空位的扩散引起的。于是，Frenkel 用非晶态物质的黏性流动来解释这种空位的运动。而且他还强调，晶体的黏性流动机制和晶体在滑移面上的塑性变形机制不同。黏性流动是一慢过程、一个空位在应力（如毛细管力）作用下的运动，且这种运动和扩散有关；而塑性变形是一快过程、一个不需要热激活的最终变形。

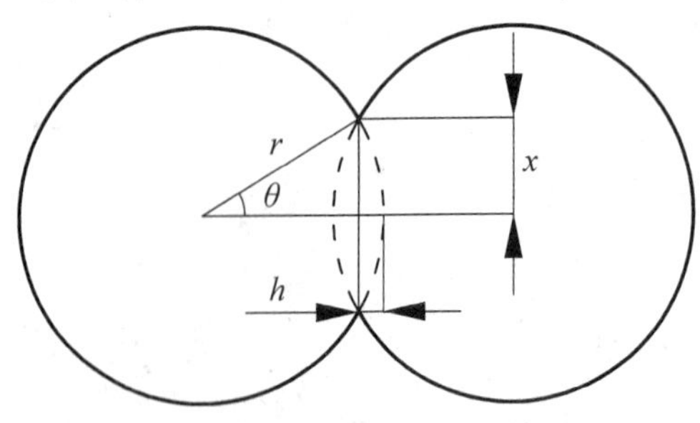

图 10.12 Frenkel 两液滴“黏结”模型（引自果世驹，1998）

接着，Frenkel 将粉末简化为球形。然后，他用球形液滴的对心运动模拟了粉末颗粒的黏结过程，进而得出粉末在黏性流动机制下的颈长方程。Kuczynski 称 Frenkel 的这项研究为第一个烧结科学方面的理论工作。图 10.12 为 Frenkel 两液滴模型。开始时，单位时间内，表面张力 γ 作用于一个液滴表面所做的功为

$$W_1 = 4\pi r_0^2 \gamma \tag{10-34}$$

其中 r_0 为液滴的起始半径。与此同时，物质的流动因黏性而受到内摩擦力的阻碍。单位时间内，该内摩擦力所做的功为

$$W_2 = \frac{16}{3}\pi r^3 \eta \delta \tag{10-35}$$

式中，η 为物质黏度；δ 为速度梯度。

表面张力 γ 作用于液滴表面所做的功 W_1 与流体因黏性流动造成的能量消耗速率 W_2 相等：

$$W_1 = W_2 \Rightarrow 4\pi r_0^2 \gamma = \frac{16}{3}\pi r^3 \eta \delta \tag{10-36}$$

通常 $r \neq r_0$。但在黏结初期，靠近的距离小，故近似认为 $r = r_0$，则式(10-36)变为

$$\delta = \frac{3\gamma}{4r\eta} \tag{10-37}$$

下面我们求速度梯度 δ。图 10.12 中，$\mathrm{d}t$ 时间内，两液滴靠近的距离 h 可表示为

$$h = r - r\cos\theta = 2r\sin^2\frac{\theta}{2}$$

θ 很小时，$\sin(\theta/2) \approx \theta/2$，故

$$h = 2r\frac{\theta^2}{4}$$

沿球的径向方向，单位径向长度上的速度变化，即速度梯度为 $\mathrm{d}v/r$，因为在 $\mathrm{d}t$ 时间内，靠近的距离为 h，故 $\mathrm{d}v = \mathrm{d}h/\mathrm{d}t$，因此速度梯度 δ 为

$$\delta = \frac{\mathrm{d}v}{r} = \frac{\mathrm{d}h/\mathrm{d}t}{r} = \frac{\mathrm{d}\left(2r\frac{\theta^2}{4}\right)/\mathrm{d}t}{r} = \frac{\theta\mathrm{d}\theta}{\mathrm{d}t} \tag{10-38}$$

将式(10－38)代入式(10－37)得

$$\theta\mathrm{d}\theta = \frac{3\gamma}{4r\eta}\mathrm{d}t \tag{10-39}$$

积分得

$$\int_0^\theta \theta\mathrm{d}\theta = \int_0^t \frac{3\gamma}{4r\eta}\mathrm{d}t \tag{10-40}$$

若 γ、r 和 η 与时间无关，则积分得

$$\theta^2 = \frac{3\gamma}{2r\eta}t \tag{10-41}$$

由图 10.12 所示模型可知，两液滴间的接触面积 $\pi x^2 = \pi(r\sin\theta)^2$。同样，当 θ 很小时，$\sin\theta \approx \theta$，故 $\pi x^2 = \pi r^2\theta^2$。由此得到

$$\frac{x^2}{r^2} = \theta^2 \tag{10-42}$$

合并式(10－41)和式(10－42)得

$$\frac{x^2}{r^2} = \frac{3\gamma}{2r\eta}t \tag{10-43}$$

开方得

$$\frac{x}{r} = \left(\frac{3\gamma}{2\eta}\right)^{1/2} r^{-1/2}\, t^{1/2} \tag{10-44}$$

式(10－44)是不是与前文介绍的扩散传质机制的颈长方程类似，只是 r 和 t 的指数不同？式(10－44)表明黏性流动机制引起的粉末接触颈生长也与粉末颗粒尺寸 r 和烧结时间 t 有关。由于接触颈生长与时间的 1/2 次方成正比，故与上节的扩散机制相比，黏性流动机制引起的接触颈生长较快、致密化速率较大。除此以外，粉末接触颈生长还受物料表面张力 γ 和黏度 η 的影响。

黏性流动引起粉末接触颈生长的同时，还使粉末颗粒的中心靠近而产生收缩。由此引起的收缩率为

$$\frac{\Delta V}{V} = 3\frac{\Delta L}{L} = \frac{9\gamma}{4\eta r}t \tag{10-45}$$

式(10－45)表明粉末体的收缩率与表面张力成正比，而与黏度和颗粒尺寸成反比。

式(10－44)和式(10－45)主要描述粉末在黏性流动初期的情形。随着烧结的进行，原来连通的气孔会缩小为孤立封闭气孔。根据 Laplace 方程，每一个球形气孔有一个指向气孔曲率中心的附加压强，其大小为 $-2\gamma/r$。这相当于有一个大小为 $-2\gamma/r$ 的压强作用于气孔使其缩小而达到致密化。具有大小相等孤立气孔的黏性流动坯体，其收缩速率可表示为

$$\frac{\mathrm{d}\rho'}{\mathrm{d}t}=\frac{2}{3}\left(\frac{4\pi}{3}\right)^{1/3}n'^{1/3}\frac{\gamma}{\eta}(1-\rho')^{2/3}\rho'^{1/3} \tag{11-46}$$

式中，ρ'为相对密度；n'为单位体积无孔固体中的气孔数。

如何理解n'的意义呢？假设一个体积为V的实际物体。我们将其想象成两部分：气孔体积V'、完全致密的无孔固体，体积为V''，则$V=V'+V''$。这就相当于V''体积的无孔固体具有V'体积的气孔，故单位体积无孔固体所含气孔体积可表示为V'/V''。若单位无孔固体含有的气孔数为n'，一个气孔的体积为$4\pi r'^3/3$，r'为气孔半径，则单位体积无孔固体中的所有气孔体积就为$n'4\pi r'^3/3$，即：

$$n'\frac{4\pi r'^3}{3}=\frac{V'}{V''}=\frac{V-V''}{V''}=\frac{V}{V''}-1 \tag{10-47}$$

设这个体积为V的实际物体质量为m。因气孔质量可忽略，故m实际上也是其中无孔固体的质量。由密度定义式，实际物体的$V=m/\rho$（ρ为含有气孔的物体密度）。同理，无孔固体的体积$V''=m/\rho_0$（ρ_0为不含气孔的物体密度，即理论密度）。将V、V''的表达式代入式(10－47)得

$$n'\frac{4\pi r'^3}{3}=\frac{1}{\dfrac{\rho}{\rho_0}}-1 \tag{10-48}$$

根据式(10－2)，式(10－48)可改写为

$$n'\frac{4\pi r'^3}{3}=\frac{1}{\rho'}-1 \tag{10-49}$$

将式(10－49)整理成$n'^{1/3}$的表达式：

$$n'^{1/3}=\left(\frac{1-\rho'}{\rho'}\right)^{1/3}\left(\frac{3}{4\pi}\right)^{1/3}\frac{1}{r'} \tag{10-50}$$

将式(10－50)代入式(10－46)，得

$$\frac{\mathrm{d}\rho'}{\mathrm{d}t}=\frac{2}{3}\frac{\gamma}{r'\eta}(1-\rho') \tag{10-51}$$

若做近似考虑，气孔尺寸r'与颗粒起始半径r_0的关系为$r'\approx 0.41r_0$，则式(10－51)变为

$$\frac{\mathrm{d}\rho'}{\mathrm{d}t}\approx\frac{3}{2}\frac{\gamma}{r_0\eta}(1-\rho') \tag{10-52}$$

式(10－52)表明颗粒起始半径r_0小，黏度小，表面张力大，则致密化速率大。

图10.13表示了粉末在高温下形成黏性硅酸盐液体时相对密度随时间的变化情况。同样的时间，温度高，则液体的黏度低而容易流动以填充粉末间的空隙，故致密化速度大。从图10.13可看出实验值与实线非常吻合，这说明式(10－46)或式(10－52)可用于描述黏性流动的致密化过程。

10.4.3 塑性流动机制

粉末坯体在高温下的液相量少时，其流动传质属于塑性流动型。而粉体中的内应力或外部施加应力超过屈服值τ_1时，粉体才可产生塑性流动(图10.11)。在纯固体粉末的烧结初期，粉体较大的表面张力也可使位错迁移而产生塑性流动。产生塑性流动的粉体，其相对密度的

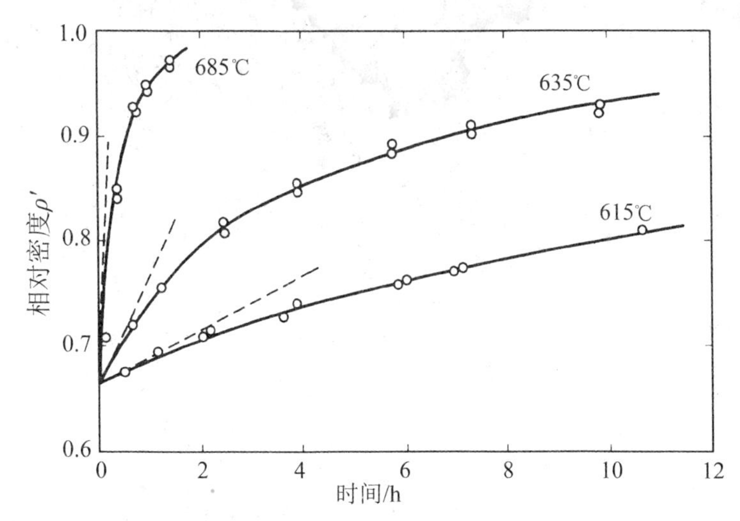

图 10.13 钠-钙-硅酸盐玻璃的致密化曲线[虚线值由式(10-45)计算得到;实线值由式(10-46)计算得到;圆圈点为实验值数据](引自 Kingery, 2010)

变化可表示为

$$\frac{\mathrm{d}\rho'}{\mathrm{d}t} \approx \frac{3}{2}\frac{\gamma}{r_0\eta}(1-\rho')\left(1-\frac{\tau_1}{\sqrt{2}\gamma}\ln\frac{1}{1-\rho'}\right) \tag{10-53}$$

其中τ_1为产生塑性流动的屈服应力值,其余符号的意义同式(10-52)。式(10-53)表明屈服值τ_1大,则致密化速率低。当$\tau_1=0$时,式(10-53)成为式(10-52)。当后面方括号中的值为零时,致密化速率 $\mathrm{d}\rho'/\mathrm{d}t$ 也为零,此时的密度为坯体在所处烧结条件下的终点密度。

式(10-52)和式(10-53)都表明了一个共同点:要使粉末体尽可能达到致密烧结,应选择起始颗粒小的粉末,而且液体或粉末体的黏度要小,表面张力要大。除了以上几种烧结传质机制外,还有蠕变流动机制,尤其是在热压烧结过程中。

10.4.4 蠕变流动机制

当 Frenkel 提出黏性流动的两液滴模型后,Reginald Nunes Nabarro(1916—2006 年)认为单个空位不能在单一的应力(如只有拉应力)下运动。1948 年,Nabarro 建立了空位在拉应力-压应力下运动的扩散蠕变模型。

1. 体积扩散蠕变

Nabarro 指出,多晶材料在剪应力作用下可通过自扩散而变形或屈服。这种变形使多晶材料产生像黏性流体一样的宏观行为。这是由于在剪切应力作用下,多晶材料中受压应力的晶界与受拉应力的晶界之间同时存在浓度梯度和应力梯度,故原子(或空位)产生定向扩散流动。原子从受压应力的晶界处先向晶粒内部扩散,然后再向受拉应力的晶界处扩散,可见体积扩散蠕变传质是整排原子沿应力方向的移动。这种传质在高温、低应力下是可能发生的。它与前文叙述的扩散传质不同,单纯的扩散传质仅仅针对单个质点的迁移。

1950 年,Conyers Herring(1914—2009 年)以图 10.14 为例计算了应力-应变关系,并认为多晶材料具有“扩散黏度”。描述这种体积扩散的蠕变方程称为 Nabarro-Herring 方程,即

$$\varepsilon = \frac{8D^*\Omega}{k_\mathrm{B}TG^2}\sigma \tag{10-54}$$

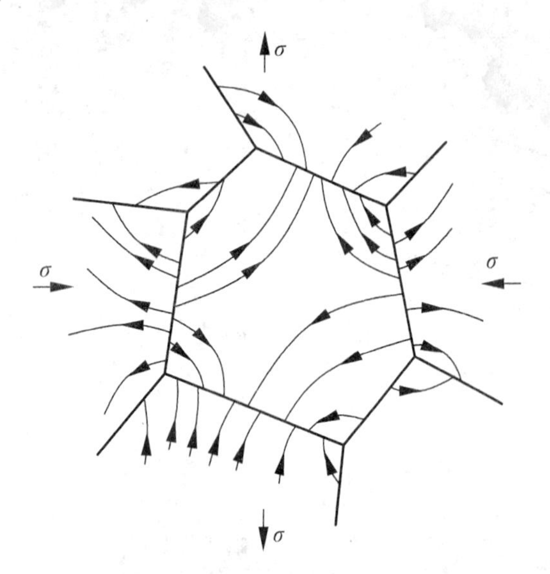

图 10.14 应力作用下，多晶体晶界上的原子自扩散流(粗实线表示晶界；细实线及箭头表示扩散方向；σ 为宏观应力)(引自 Herring，1950)

式中，ε 为均匀剪切应变速率，或称作黏性蠕变速率；D^* 为自扩散系数；Ω 为原子体积；G 为晶粒尺寸；σ 为平均宏观应力。Herring 还得到多晶材料的宏观“扩散黏度”η：

$$\eta=\frac{k_B T G^2}{16 D^* \Omega} \tag{10-55}$$

式(10－54)和式(10－55)表明，晶粒尺寸 G 大，原子扩散路径长，则晶体的扩散黏度 η 大，蠕变速率 ε 低。因此，黏性蠕变传质常常局限于如晶界、位错等局部区域，尤其是在无外力作用时更是如此。

2. 晶界扩散蠕变

多晶材料有许多晶界。高温下，晶界黏度会迅速下降。此时，应力使晶界产生黏滞流动，而且晶界处的空位扩散和位错攀移也比晶粒内部更容易(见 4.4.6 节)。因此，晶界对蠕变有重要影响。1963 年，Coble 提出：原子的晶界扩散系数大于体积扩散系数。若原子在晶界的扩散影响材料的形变，则晶界扩散可能会控制材料的蠕变速率。他以多晶 Al_2O_3 为例，得处了晶界扩散控制的蠕变方程：

$$\varepsilon=\frac{148\, D_B w \Omega}{k_B T G^3}\sigma \tag{10-56}$$

式中，D_B为晶界扩散系数；w 为晶界宽度。其余符号意义同式(10－54)。这种由晶界扩散控制的蠕变被称为 Coble 蠕变，其蠕变速率 ε 与应力 σ 的一次方成正比。而式(10－54)描述的 Nabarro-Herring 蠕变主要发生在晶粒内部，即晶格蠕变。

对比式(10－54)和式(10－56)，我们可知 Nabarro-Herring 蠕变速率 $\varepsilon\propto 1/G^2$，Coble 蠕变速率 $\varepsilon\propto 1/G^3$，故 Coble 蠕变比 Nabarro-Herring 蠕变对晶粒尺寸 G 的依赖性更大。这两类蠕变大多发生在高温及应力低于 10 MPa，或中低温低应力环境中。

除了 Nabarro-Herring 蠕变外，晶格蠕变还有位错滑移蠕变。这种蠕变的速率受位错间空位扩散机制的控制，而刃位错通过攀移会使空位消失，故位错滑移蠕变主要发生在中高温且承受 10～1 000 MPa 拉应力的材料中。

在学习本节时，读者可能有这样一个疑问：蠕变与粉末烧结有什么关系呢？把蠕变和烧结联系起来的主要原因是科学家们发现金属粉末的加压烧结过程与金属的蠕变过程极为相似。而且，粉末体在烧结过程中，原来粉末间的固气界面逐渐被晶界所取代(图 10.1)。如前所述，晶界和晶格扩散在蠕变过程中有很重要的影响。因此，将蠕变理论引入烧结过程的研究中是可行的。

当粉末坯体在一定温度下受到外压作用时，坯体内会产生一定的应力分布。而且，这些应力在坯体中的分布是不均匀的。由于应力集中现象，在孔洞处的应力较大，特别是在烧结初期，外部压力通过颗粒接触点进行传递。此时，接触点的应力在理论上可趋于无穷大。随着烧结的进行，粉末间的接触面积增大，此处应力逐渐下降。在这些应力及高温的作用下，粉末坯体以晶界蠕变和晶格蠕变的传质形式使原子产生迁移消除气孔而达到致密化。如今，烧结蠕变已成为粉末物质的一种重要传质机制。

至此，我们介绍了烧结的两种基本理论（扩散理论和流动理论）。它们是所有粉末烧结理论的基础。利用这些理论作指导，人们可采取一些措施控制粉末的烧结过程。但在实际生产中，往往不是单一机制控制整个烧结过程。有时是其中某种机制起主要作用，有时是多种传质机制共同作用。比如，有液相出现的烧结，初期流动传质是主要的，后期扩散传质变得重要。此外，烧结条件改变，传质机制也会改变。因而，这些烧结基本理论虽然能对材料的烧结提供一定的指导，但很多时候仍满足不了某些新型材料低温、快速烧结的需求。为此，人们提出了强化烧结的概念。

10.5　强化烧结的措施

强化烧结的概念出现于 1980 年代中后期。它主要是指使烧结温度降低、提高烧结速率及提高烧结体性能（如合金化和抑制晶粒生长）的烧结过程。强化烧结的措施有多种，如液相烧结、热压烧结、活化烧结等。

10.5.1　液相强化

根据烧结的流动理论，我们可知黏性流动、塑性流动和蠕变流动机制引起的粉末致密化需要一定应力。这种应力可以是内部应力，也可以是外部应力，而坯体在烧结时产生塑性流动和蠕变流动往往需要外力。若无外力，粉末体在烧结时有一定量的液相，则液相的黏性流动及其表面张力也可使粉末坯体达到致密。这种有液相参与的烧结称作液相烧结。与纯固相烧结相比，液相烧结的传质速率和致密化速率都较大，而且可以不施加外力，故液相烧结是一种具有吸引力的强化烧结。因此，尽管前面我们介绍的流动机制包括了液相烧结，但我们还需再对液相烧结做进一步讨论。

生产上，为降低材料的制备温度、改善材料的性能或反应形成一定的晶相等原因，材料的配方大都不是单一组分。这些多组分粉末可能形成低共熔组分，而在较低温度下产生液相；或者液相由粉末中熔点较低的组元熔融产生。因此，在大多数材料的烧结过程中，液相是一个普遍存在的相。物质在液相中的扩散传质较纯固相中容易。引入添加剂的话，粉末坯体可在较低的温度下出现液相以达到低温快速致密化。再就是，具有复杂形状的坯体，通常难以在烧结的同时施加压力，所以烧结过程出现一定量的液相也往往是人们在制备陶瓷和粉末冶金制品时的期待。

1. 液相烧结的过程

液相烧结可人为地分为三个阶段。第一阶段是颗粒重排阶段。在这个阶段，液相产生并流入粉末间的空隙。在液相表面张力的作用下，粉末颗粒发生滑动、旋转和重排。这种颗粒重排形式是液相强化烧结作用最显著、最关键的体现。因液相的流动和表面张力可使粉末系统达到致密化，故液相烧结可以不施加外压。液相除了流入粉末间的空隙外，还可沿晶界渗入（图 5.17）。第二阶段是溶解-析出阶段。这是扩散过程被强化的阶段。固相粉末中的棱角、微凸面、微细颗粒，以及在液相中有一定溶解度的成分溶解于液相中。物质在液相中扩散或在液相流动的作用下被带到其他地方。在那些地方的液相中达到过饱和时，物质发生相变而析出，从而使晶粒尺寸和坯体致密度增大。比如含有少量液相的 MgO 陶瓷具有这种溶解-析出过程。第三阶段是固相烧结阶段，其中涉及接触颈进一步长大、晶粒生长等过程。

2. 影响液相烧结致密化的条件

要使液相烧结过程中的致密化迅速发生,需要具备以下一些条件。

首先,要有显著数量的液相。液相量不足,颗粒重排阶段不明显或不发生;溶解-析出作用更弱,但过多的液相对陶瓷和粉末冶金制品是不利的,因为坯体会变形。

其次,固相在液相中的溶解度较大。这样,传质作用更明显,有利于气孔的进一步消除。

第三,液相能润湿固体。最初,固体粉末间存在空隙。这些较小而且连通的空隙可看作毛细管(图 10.10),形成的液相会填充在这些毛细管中。若液相能润湿固体,则液相在毛细管中呈凹液面状。根据 Laplace 方程,液相的表面张力 γ 在凹液面产生一定的附加压力 $-2\gamma/r$。毛细管空隙的尺寸 r 越小,毛细管力越大。在这种毛细管力的作用下,颗粒相互靠近、重排,并促使液相在孔洞中的进一步流动。因而,在烧结时,人们常常通过选择添加剂或黏结剂来形成能较好地润湿固体的液体。比如 WC 常用 Co 作黏结剂,因为金属 Co 的液相在 WC 颗粒表面润湿后的二面角为零,能完全润湿 WC。TiC 选用 Ni 和 Mo 也是如此。有关润湿角的情况,请参见图 5.18。

3. *无机材料中液相烧结的一些例子*

在 3.7.1 节,我们介绍了氧化锆能提高氧化铝的韧性。但氧化锆增韧氧化铝陶瓷(Y-TZP/Al_2O_3)的烧结温度通常在 1 600℃以上。为降低烧结温度,人们常采用减小粉料颗粒尺寸的方法。然而这种方法的工艺复杂,成本高。中科院上海硅酸盐研究所的张玉峰等引入5%体积分数的硅酸盐作添加剂。他们发现:在 1 300℃时,Y-TZP/Al_2O_3复相陶瓷的相对密度达到 97.3%;而在 1 350℃时,这种材料的相对密度可达 99.2%。并且,他们还获得了有利于材料力学性能的显微结构。由此可见,采用液相烧结,氧化锆增韧氧化铝陶瓷的烧结温度可大幅度降低。

超高温硼化物陶瓷(如 ZrB_2、HfB_2)的共价性较强而较难达到烧结。1960 年代,为细化 ZrB_2、HfB_2的晶粒来提高强度,科学家们将 SiC 引入这些硼化物材料中。没想到的是,SiC 的引入还带来了另一个重要影响。那就是,在高温下,液态硼硅酸盐玻璃的形成促进了硼化物陶瓷和表层 Zr、Hf 氧化物膜的烧结。这使得硼化物陶瓷的抗氧化性得到了提高。虽然,后来人们还引入了其他可产生液相的物质($MoSi_2$)而且还将热压烧结、热等静压烧结等手段用于硼化物陶瓷的制备中,但 SiC 仍是制备高致密 ZrB_2、HfB_2的一种重要的第二相和烧结助剂。

10.5.2 压力强化

通常,我们称不施加外压的烧结为无压烧结(pressureless sintering)。就无压烧结而言,无论是扩散机制,还是流动机制引起的致密化,随着烧结的进行,原来连通的气孔都会逐渐成为孤立的封闭气孔。根据 Laplace 方程,气孔界面的弯曲导致一个指向气孔曲率中心的附加压强 Δp,其大小为 $\Delta p=-2\gamma/r$。气孔尺寸 r 越小,该附加压强 Δp 越大。随着气孔体积的减小,封闭气孔中的气体压强 p 增大,而且与 Δp 的方向相反。当 Δp 与 p 达到平衡时,气孔不再缩小。因此,普通无压烧结制品通常残存有体积分数在 5%以内的气孔。气孔的存在是粉末冶金制品与同成分铸造制品相比的一个不足之处。

例 10.1 一种粉料在 1 300℃时的表面能为 0.6 J/m^2。若直径为 5 μm 大小的气孔在常压下的空气中被封闭。设气孔中只有氧可以扩散或者被吸收。当孔内气压与孔壁收缩产生的附加压强达到平衡时,残存气孔的直径为多大?常压设为 100 kPa。

解:由于氧可扩散进入晶格,所以孔内气压只与 N_2 有关。气孔初始半径$r_0=5/2=2.5$ μm。起初,孔内 N_2压力为$p_N=79\%\times p_a$,其中p_a为大气压。

设残存气孔的半径为 r，则应用气体状态方程可得到半径为 r 的气孔内，气体压强 p_r 为

$$p_N \times V_N = p_r \times \frac{4}{3}\pi r^3 \Rightarrow p_r = \frac{p_N \times r_0^3}{r^3}$$

再由 Laplace 方程 $\Delta p = -2\gamma/r$，γ 为粉料表面能。压强达到平衡时，$p_r = \Delta p$，由此得出：$r = 1.01\ \mu m$，则气孔直径 $2r = 2.02\ \mu m$。

当这两个压强达到平衡时，若对粉末体施加一个外压，则可抵消气孔内的部分气压。这样，气孔体积可进一步缩小，直至下一次的压强平衡为止。这种施加外压的烧结称为压力烧结。当然，实际烧结中，施加外压也并不仅仅是从后期开始的。根据前文的烧结理论，粉末在开始烧结时就受到一定压力，则流动和扩散传质机制可得到充分利用。到了后期，施加的外压还可克服气孔中的气压。

根据以上分析，读者可能想到提高外压至很大应该可以消除空隙。初看起来的确如此。但事实上仅仅依靠施加外压、提高外压，往往并不能使气孔完全消除。相反，过大的外力，一方面使封闭气孔中的压强 p 非常大，在外力释放后，气孔中很大的压强易使坯体开裂；另一方面，过大的外压可能会使气孔中的气体进入晶格而更难消除，进而影响材料的力学、电学等性能。

因此，为提高烧结制品的致密度，人们除了施加压力，还往往引入其他致密机制(如液相机制)。除了产生液相、施加外压外，人们还采用了一种叫活化烧结的方式来强化烧结。

10.5.3　活化强化

活化烧结(activated sintering)是强化烧结的方式之一。它主要是指通过适当的方法使烧结过程的活化能降低，以达到在较低温度下快速致密化、提高材料性能的一种烧结。

为降低烧结活化能，人们常采用一定的物理、化学方法来使部分化学键断裂，增加粉末中的缺陷(如粉末粗糙度、微裂纹和其他点、线、面缺陷)。

最常使用的物理方法是机械法。粉料加工得越细，则表面原子越多、缺陷多，因此烧结容易。比如，共价成分较多的 AlN 粉很难达到致密。采用机加工将其粉碎至比表面积为 7.5 m^2/g 时，在 1 800～2 000℃的 N_2 气氛中，AlN 可无压烧结至接近理论密度的制品。这主要是由于粉末在机加工过程中，不断地反复被破碎，表层原子、离子的重排和极化使晶格畸变程度增大、有序性降低，结果缺陷增多、粉末的表面 Gibbs 自由能增大。如图 10.15 所示，若烧结后的晶界自由能 G_B、最高势垒处的 G 不变，粉末表面自由能 G_S 的增加意味着活化能 E_a 的下降，烧结驱动力 $\Delta G = G_B - G_S$ 的增大。

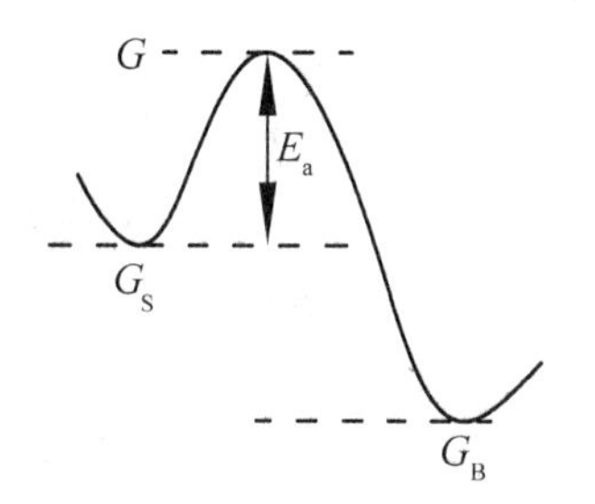

图 10.15　烧结活化能示意图

化学活化法主要是指利用化学反应获得缺陷结构的方法。在化学反应过程中，固溶体等多种缺陷可以形成。尤其是新生成的产物，其结构缺陷多、晶格松弛，扩散能力强。因此，人们往往在配料粉末中加入一些添加剂来促进烧结，如在制备 Al_2O_3 陶瓷时，引入少量 MgO、CaO 等物质。

金属材料中，W 的熔点在 3 000℃以上。在 1 400～1 500℃间烧结时，烧结过程的活化能较大(382.26 kJ/mol)，且 W 的自扩散系数又低($1.1 \times 10^{-19}\ m^2/s$)。引入 Ni 以后，W－Ni 在 970℃以上的活化能降低至 212 kJ/mol。这主要是由于部分 W 在 Ni 中溶解而在 W 体内形成过剩空位，空位又促进了位错攀移，因此 W 的烧结过程得到活化和促进。

如今的反应烧结(reaction sintering)、火花等离子烧结(Spark Plasma Sintering)等形式的烧结都可归为活化烧结。

本节介绍了三类常用于强化烧结的措施。事实上,在烧结理论的指导下,对烧结进行强化还是有规律可循的。但烧结过程不仅有粉末坯体的致密化,还有晶粒生长等诸多复杂现象。因而,在烧结材料时,除了考虑坯体的致密化,还需注意晶粒生长带来的影响。

在烧结时,粉末与空气的固-气界面逐渐被晶界所取代。随着烧结的进行,固-气界面减少、晶界增多。因此,在烧结的中、后期,晶界的影响开始变得显著。其中,晶界对晶粒生长的影响最终不仅涉及致密化,还影响到产品晶粒的粗细。若要采用细晶强化提高材料性能,则晶粒生长必须得到控制。

晶粒的生长不仅仅发生在烧结过程中。比如,共析钢中的珠光体在 A_{c_1} 温度以上转变为奥氏体后,随着保温时间的延长或温度的升高,奥氏体晶粒会长大、粗化。奥氏体起始晶粒的大小对后期冷却组织的大小、性能有很大影响(见 9.6.2 节),故要控制奥氏体起始晶粒的生长。此外,冷加工成型的金属材料,经再结晶后,也存在晶粒生长现象。

材料的再结晶和晶粒生长是 19 世纪晚期,人们在金属材料的加工和热处理过程中发现的。随后,人们对其做了研究,很快对晶粒生长的研究拓展到粉末的烧结过程。因此,我们先介绍材料的再结晶,而后介绍材料中的晶粒生长。而材料在再结晶之前,往往还有一个回复过程。

10.6 材料的回复

回复(recovery)是材料,特别是金属材料,在退火时的一个过程。要了解什么是回复,首先得弄清楚为什么要对金属材料退火。

10.6.1 塑性变形材料退火的原因

在常规加工技术中,能发生塑性变形的无机材料主要是金属。陶瓷等无机非金属材料中的位错在低温下较难移动而很少发生塑性变形,故欲对其做像金属那样的冷加工是不现实的。但有些无机非金属材料在高温下可以发生塑性变形,如 CaF_2、Al_2O_3 等。因此,尽管接下来我们以金属为例说明回复和再结晶现象,但其中涉及的基本理论对能发生塑性变形的无机非金属材料仍是适用的。

金属经塑性变形,尤其是冷变形后会产生大量的位错等缺陷。位错与各缺陷的作用使位错很难运动,进而导致材料强度和硬度的增大、塑性降低,这称为加工硬化。除了产生诸多缺陷外,金属材料在塑性变形过程中,每个晶粒内部还出现滑移带或孪晶带。随着变形程度的增加,原来的等轴晶粒逐渐沿变形方向拉长,这导致各晶粒在空间取向上有一定程度的规律性,即择优取向。若塑性变形很大,晶粒还可呈现纤维状条纹。图 10.16 为低碳钢经冷变形后的晶粒取向。但过大的变形会导致晶粒破碎。

金属材料在塑性变形(尤其是冷变形)后,外力对其所做的一部分功以畸变能的形式储存在变形材料内部(如图 10.16 中的变形晶粒内)。这部分储存起来的畸变能(也叫储存能)主要表现为残余应力和点阵畸变。残余应力有两种形式。一是宏观残余应力,它是因材料各部分的不均匀宏观变形引起的,比如工件在弯曲时,其外围受拉,内部受压;将金属从模具里拉拔出来时,金属与模壁的摩擦力和外力使工件表面受拉,而工件心部受压。这类残余应力对应的畸变能仅占总储存能的 0.1%左右。二是微观残余应力,它是因晶粒或亚晶粒之间的变形不均匀产生的。除了残余应力外,大部分储存能是以点阵畸变的形式存在于变形材料中。总之,以

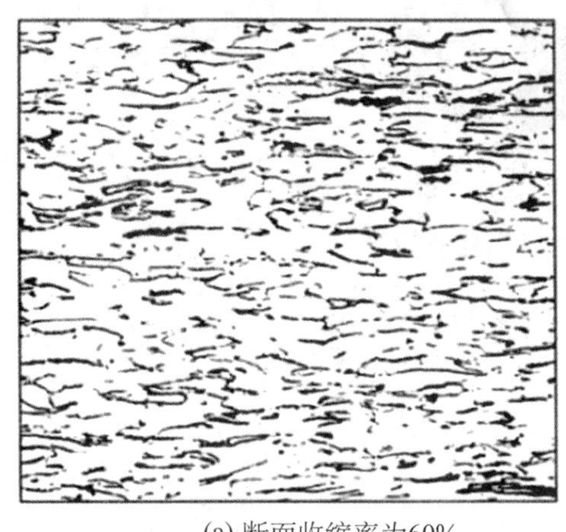

(a) 断面收缩率为60%

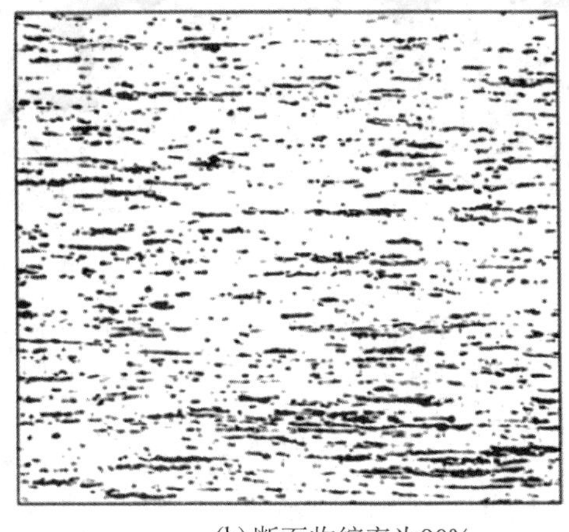

(b) 断面收缩率为90%

图 10.16　低碳钢经冷变形后形成的晶粒形貌(引自 Askeland, 2005)

残余应力和点阵畸变为表现形式的储存能使材料处于热力学不稳定状态。残余应力对材料的使用有一定的危害。当这些残余应力超过材料的强度极限时,材料会开裂,也会被加速腐蚀。因此,要采取措施消除或减弱这些残余应力、提高材料的塑性、使工件能进一步变形,这种措施就是退火(anneal)。

退火是金属材料常用的一种热处理工艺。退火有多种形式,为消除残余应力的退火称为去应力退火(stress relief anneal)。材料在去应力退火过程中被连续加热到适当温度,并保温一段时间,随后缓冷而获得使材料硬度下降、延展性增加的组织。去应力退火常用于减弱或消除金属材料在冷变形、铸造和焊接等过程中产生的残余应力。此外,去应力退火也用于消除玻璃制品中的应力。材料的去应力退火过程可分为三个阶段:回复、再结晶和晶粒生长。

10.6.2　回复机制

经冷变形的材料在被连续加热到退火温度时,首先在低温段发生回复现象。回复是指新的无畸变晶粒出现前产生亚结构与性能变化的阶段,或者说它是冷变形材料在退火时发生组织和性能变化的早期阶段。一般地,冷变形材料的加热温度不同,其回复机制也不同。

低温回复。在一定温度下,空位有一定的平衡摩尔分数,见式(10-10)。但材料在冷变形时会产生多于平衡时的空位(即过饱和空位)、间隙原子和位错等缺陷。点缺陷的热激活能较位错低,故在较低温度下,这些点缺陷可移动。其中空位通过与间隙原子、位错、晶界的相互作用而消失,因此点缺陷的密度显著下降。但在低温回复阶段,位错的密度并无显著变化,故力学性能变化不大。

中高温回复。一方面,温度升高,各质点也更加活跃(即热激活);另一方面,变形材料的储存能使材料自由能升高至G_1,而材料有向低自由能G_0变化的趋势,这两个自由能之差($\Delta G=G_0-G_1$)为位错运动的驱动力。因此,在同一滑移面上的异号位错在热激活和驱动力作用下,相互吸引、会聚而消失。不在同一滑移面上的异号位错可通过攀移而使位错消失。位错的滑移、攀移使位错重新分布,这种分布可显著降低位错的弹性畸变能,还可形成取向差很小的位错墙,这些位错墙实为小角度倾斜晶界的一部分。由此产生亚晶界,即多边化位错结构,如图 10.17 所示(关于亚晶粒和亚晶界,详见 4.4.1 节)。具有多边化结构亚晶粒的形成为下

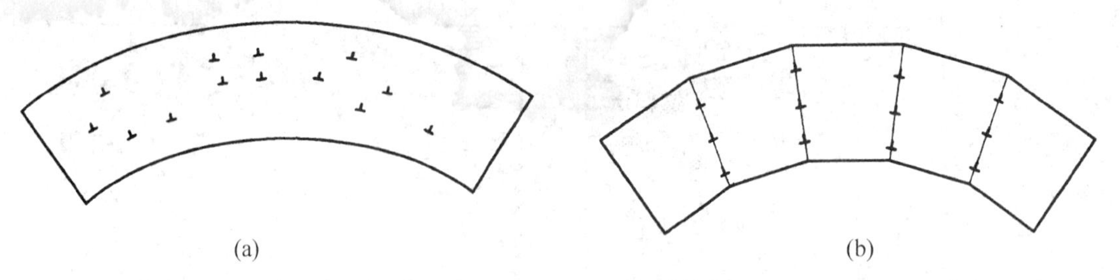

图 10.17 (a)过剩的同号刃位错导致晶粒弯曲;(b)同号刃位错通过攀移和短程滑移形成位错墙(这种重排使晶粒多边形化)(引自 Mittemeijer, 2013)

一步的再结晶做了一定的准备。

10.6.3 回复过程的特点

经过中高温回复后,位错密度有所下降,残余应力显著下降。回复过程有以下特点:冷变形金属在回复过程中晶粒尺寸无改变、晶粒形貌仍维持变形伸长态、晶界也无变化;宏观残余应力全部得以消除,而微观残余应力只是大部分被消除;储存能部分释放;较高温度下的回复使位错重排产生亚晶界。而在较低温度下回复时,材料力学性能变化不大:强度和硬度稍有降低,塑性稍有提高。图 10.18(a)(b)分别示意了回复前后的组织形貌。

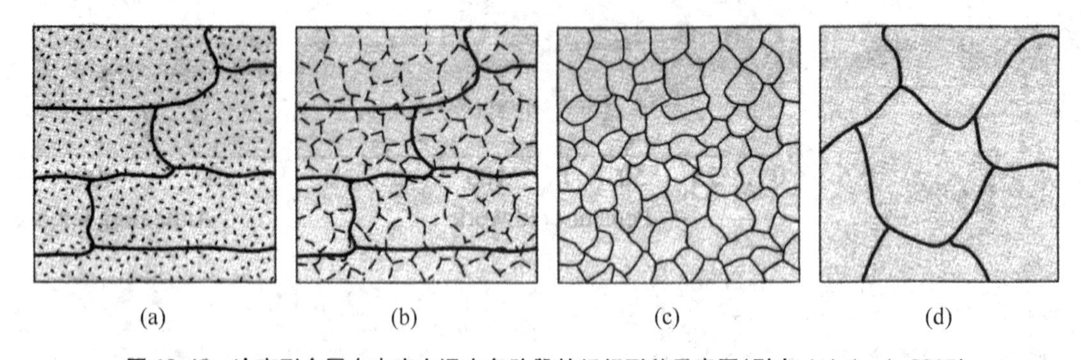

图 10.18 冷变形金属在去应力退火各阶段的组织形貌示意图(引自 Askeland, 2005)

(a)冷变形后的组织,粗实线为晶界,小黑点为位错;(b)回复后的组织,虚线为位错重排形成的亚晶界;(c)重结晶后的组织;(d)晶粒生长后的组织

尽管经过回复阶段后,晶粒的大部分残余应力得以消除、位错得到重排,但冷变形产生的晶粒仍有应变,而且位错还是比较多、点阵畸变大。因此,材料的力学性能如塑性没有显著改善,故还需减小位错密度和点阵畸变。这可通过再结晶过程来实现。

10.7 再结晶

再结晶(recrystallization)是指无畸变等轴晶粒逐步取代原来变形晶粒的过程,也是材料显微组织改组的过程。冷变形金属被连续加热到退火温度时,回复在低温段发生。温度超过一定值时,再结晶过程发生。若在较低温度下长时间保温,再结晶也会发生。再结晶完成后,材料中的储存能得以释放、性能恢复到变形前的状况。再结晶之所以发生,主要是由于变形材料的储存能使体系能量升高。经过回复后,大部分储存能(约 90%)还未得到消除。剩下的这部分储存能作为驱动力促使再结晶发生。再结晶属于形核-长大过程。在此过程中,新的无畸变晶核在变形组织基体上形成,然后无畸变晶核逐渐长大,直到全部取代畸变晶粒。

10.7.1　再结晶形核

既然再结晶是形核-长大过程，而相变也有此过程，于是人们就按照相变形核的经典热力学理论判断晶核在何处容易形成，并计算出临近晶核半径。由于变形材料有畸变严重的高能区，如滑移带和晶界，因此再结晶晶核应首先在这些地方发生非均匀形核。但科学家们研究后发现，按照相变热力学计算的临界再结晶晶核半径 r_k^* 较大，仅仅依靠热激活不足以形成 r_k^* 大小的无畸变区。更重要的是，人们在实验中没有观察到再结晶有像相变那样的形核过程。

后来在实验的基础上，人们认为再结晶晶核是在靠近畸变最严重的无畸变或低畸变区形成的。其方式主要有以下几种。

1. 晶界弓出形核

多晶材料在变形时，形变组织不均匀，各晶粒的位错密度不同。如图 10.19 所示，两相邻晶粒Ⅰ和Ⅱ，设晶粒Ⅰ的位错密度低于晶粒Ⅱ且它们之间有大角度晶界 AB（即晶粒Ⅰ和Ⅱ有较大的晶粒取向差）。

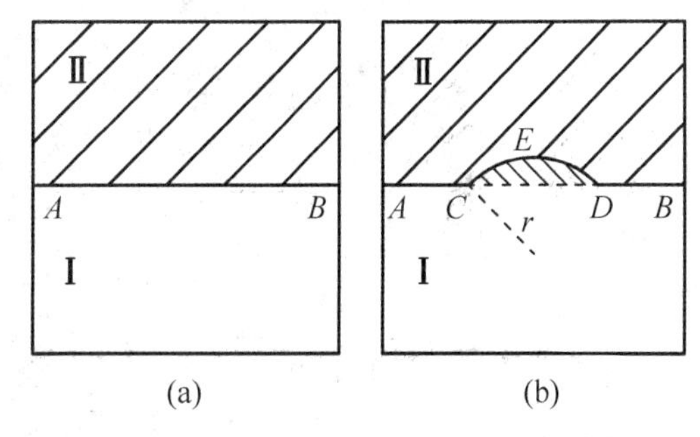

图 10.19　再结晶弓出形核示意图（引自潘金生，2011）

由于晶粒Ⅱ的位错密度大，其储存能高于晶粒Ⅰ。按照能量最低原理，晶粒Ⅰ、Ⅱ组成的系统，其能量有降低趋势。因此，在一定的温度下，大角度晶界 AB 上的某一段 CD 会突然向晶粒Ⅱ一侧弓形凸出。被弓形晶界 CED 掠过的面积中，位错密度下降，储存能得到释放，系统能量也下降。弓形晶界 CED 的曲率半径为 r。储存能引起的驱动力 ΔG_1 使晶界 CED 向晶粒Ⅱ扩展。CED 扩展的同时，其面积增加导致界面能增加，故 CED 曲率引起的驱动力 $\Delta G_2 = 2\gamma/r$ 使其背离晶粒Ⅱ向曲率中心移动。当 CED 的曲率半径为 r 很小时，曲率引起的驱动力 ΔG_2 很大。此时已弓出的 CED 晶界不稳定而向晶粒Ⅰ回迁，即再结晶晶核不能稳定存在。只有当储存能引起的驱动力 $\Delta G_1 > \Delta G_2$ 时，CED 晶界才能稳定存在，并产生再结晶过程。当以上两个驱动力达成平衡时，CED 处于临界状态。根据临界状态，人们计算了再结晶临界晶核半径 $r_k^* = 2\gamma/\Delta G_1$（严格地说，$\Delta G_1$ 为冷变形晶粒中单位体积的储存能）。

晶界弓出形核一般发生在形变较小的金属中，发生凸出的晶界均是迁移率较大的大角度晶界。而形变较大的金属，其再结晶晶核的形成往往与亚晶合并和迁移有关。

2. 亚晶合并、亚晶生长形核

我们在回复一节已经知道变形材料在回复时，位错会重排并产生亚晶界或多边形化。多边形化的亚晶粒很小、亚晶界的曲率半径大而不易迁移。但某些亚晶界处的位错可通过攀移、交滑移而迁出，这导致亚晶界的缩短甚至消失。如图 10.20(a)所示，亚晶粒 A、B 间的亚晶界消失后，亚晶粒 A、B 合并为亚晶 AB，还可进一步合并成亚晶 ABC。合并后的较大亚晶与周围较小亚晶的取向差增大，并逐渐形成大角度晶界。当合并的亚晶达到临界尺寸时，再结晶形核的核心就产生了。这种形核主要发生在变形较大或层错能较高的材料中。

若材料变形大，位错密度高等原因导致亚晶界的曲率半径小，则晶界容易移动。亚晶界在移动过程中，清除并吸收掠过区域亚晶粒中的位错，进而导致移动中的亚晶界有更多的位错，这也使得相邻亚晶粒的取向差增大，并逐渐发展成大角度晶界。当这种大角度晶界包围的晶粒达到临界值时，同样也成为再结晶形核的核心，如图 10.20(b)所示。

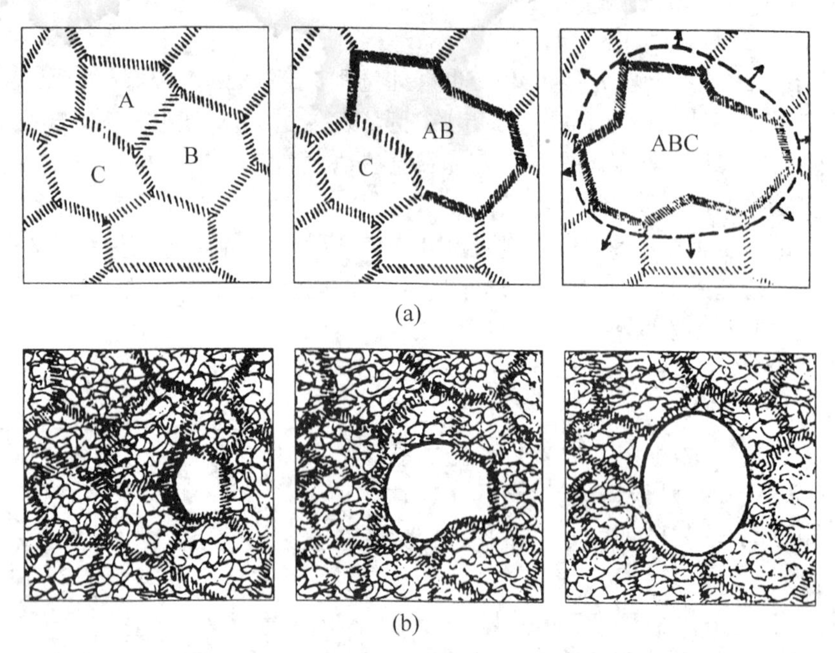

图 10.20 (a)亚晶合并形核示意图;(b)亚晶长大形核示意图(引自徐祖耀,1986)

亚晶合并和亚晶生长形成再结晶核心是在提出多年后才被实验证实的。1941 年,物理冶金学家 Wilhelm Gerard Burgers(1897—1988 年)在位错概念的基础上,提出了两种再结晶萌生机制:①再结晶在高度变形的过渡区真正形核;②与周围的应变"块"相比,预先存在于变形组织中且应变能较低的"块",可在其周围组织应变储存能释放的驱动下,于退火过程中长大。但由于当时位错还未被实验证实及实验条件所限,W. G. Burgers 也无法确定究竟上述哪种机制导致了再结晶的发生。直到 1956 年,科学家们才第一次通过透射电镜观察到了位错。随后,其他实验和表征手段才逐步确定上述第二种说法,即位错胞或亚晶粒是再结晶的起源。

与相变的形核速率相类似,再结晶也有形核速率。再结晶形核速率是指单位时间内,单位体积中产生的再结晶晶核数目,我们仍以I_v表示。

3. 影响再结晶形核速率的主要因素

(1) 变形程度。材料的变形程度大,位错密度也大,储存能ΔG_1升高。由再结晶临界晶核半径 $r_k^* = 2\gamma/\Delta G_1$知,晶核临界半径 r_k^* 减小,故单位体积中的核心数目增多,即I_v增大。

(2) 材料的纯度。纯度低,则杂质原子多。杂质原子一方面阻碍变形、增大储存能而增加形核率;另一方面,杂质在晶界处的偏聚会阻碍界面移动、钉扎位错而阻碍位错攀移和亚晶粒长大,这导致I_v的下降。

(3) 晶粒大小。晶粒细小,则晶界多。在相同变形量的情况下,位错塞积严重、畸变区多、储存能大;而且,晶界多,晶界面积大,形核区域也多,故晶粒细小,再结晶形核速率大。

(4) 温度。温度高,则位错易攀移、亚晶界容易移动,故亚晶容易合并达到临界半径,即形核速率I_v大。

10.7.2 再结晶晶核长大

再结晶的临界晶核形成后,其周围的大角度晶界将向变形基体移动而消耗变形基体。当再结晶晶粒相遇时,其间的变形基体消失。理论上,所有变形基体都消失时,再结晶过程结束。再结晶结束后,原来变形、畸变晶粒被无畸变晶粒所取代。再结晶晶核的长大速率 u 可用单位时间内晶核周围的晶界迁移长度来表示。晶界处的自扩散系数大，u 大；变形程度大、再结晶前的原始晶粒细小，则储存能增大。储存能大，驱动力大，故大变形和细小原始晶粒使再结晶晶核的生长速率大。此外较高温度会增大原子在晶界的扩散，故温度高，u 大。但杂质原子会阻碍晶界的迁移而降低 u。再结晶获得的晶粒大小对材料的性能有重要影响，故需要控制再结晶晶粒尺寸。

10.7.3 影响再结晶晶粒大小的主要因素

若以 d 表示再结晶晶粒的平均直径，则有

$$d \propto \left(\frac{u}{I_v}\right)^{1/4} \tag{10-57}$$

因此，影响形核速率 I_v 和长大速率 u 的因素都会影响再结晶晶粒大小。

1. 变形程度的影响

图 10.21 示意了变形程度与晶粒尺寸 d 的关系。变形程度很小时，储存能小，驱动力小，晶核难以形成，故材料不发生再结晶。变形程度增大到可以发生再结晶时，I_v 较小，生长速率 u 较大，故形成的晶粒较粗。继续增大变形量，u/I_v 之值下降，晶粒尺寸减小。

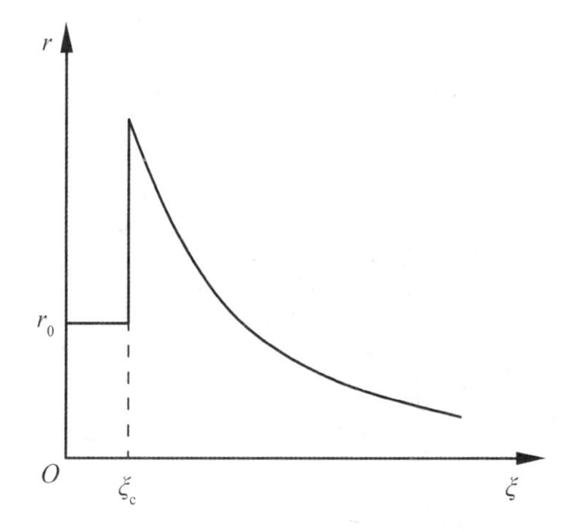

图 10.21 再结晶晶粒尺寸 r 与变形量 ξ 的关系示意图（ξ_c 为临界变形度，r_0 为原始晶粒尺寸）（引自蔡珣，2010）

由于再结晶晶粒尺寸具有峰值，人们将形成较粗再结晶晶粒的变形程度称为临界变形度 ξ_c。一般金属的临界变形度在 2%～8%，这是在生产上往往要避免的变形度。因此，要通过再结晶获得细小晶粒以提高材料的强韧性，则应预先对其做较大程度的变形。当然，要通过再结晶形成粗大晶粒，甚至单晶，则应采用临界变形度来加工材料。

2. 退火温度的影响

在再结晶阶段，退火温度对晶粒大小的影响不很明显，因为它对 u/I_v 之值的影响微弱。但退火温度会影响临界变形度 ξ_c。通常，退火温度高，临界变形度 ξ_c 下降。若再结晶已完成，则处于较高退火温度下，晶粒会粗大。这一点，我们在后文晶粒生长中介绍。

此外，影响因素还有原始晶粒大小、第二相质量分数、变形温度等，那材料的再结晶温度究竟是多少？

10.7.4 再结晶温度及影响因素

其实，再结晶发生的温度不是一个定值，而是有一个开始和完成温度。开始再结晶的温度是指变形材料中出现第一个无应变新晶粒，或观察到凸出形核、晶界出现锯齿状边缘的最低温度。而完成再结晶的温度是指退火 1 h，有体积分数为 95%以上的冷变形材料发生了再结晶，或者退火 1 h，变形材料的硬度下降 50%所对应的温度。再结晶温度通常指的是再结晶的开始温度。与烧结相比，金属粉的起始烧结温度往往高于再结晶温度，故烧结与再结晶不同（见 10.1.6 节）。而再结晶开始温度往往也不是定值，它往往受以下一些主要因素的影响。

1. 变形程度的影响

变形程度增大，储存能增多。形核速率 I_v 和长大速率 u 都增大，再结晶容易发生，故再结

晶温度低。当变形程度达到一定程度时，开始再结晶的温度逐渐稳定而趋于一稳定值。人们常常以该稳定值为再结晶最低温度。表 10.1 列出了一些金属的最低再结晶温度和熔点。

表 10.1 一些金属的最低再结晶温度和熔点(引自 Askeland, 2005 和 Henkel, 2008)

金属	最低再结晶温度/℃	熔点/℃	金属	最低再结晶温度/℃	熔点/℃
Sn	−4	232	Au	200	1 063
Pb	−4	327	Cu	200	1 085
Zn	10	420	Fe	450	1 538
Al	150	660	Ni	600	1 453
Mg	200	650	Mo	900	2 610
Ag	200	962	W	1 200	3 410

2. 原始晶粒大小的影响

在其他条件相同的情况下，原始晶粒较细，则抵抗变形能力高，冷变形储存能高。因此，再结晶容易发生，再结晶温度也低。

3. 微量溶质原子的影响

这些原子的存在，阻碍晶界迁移，而再结晶的过程是大角度晶界的移动。因此，要使晶界移动，只有升高温度。

4. 第二相粒子的影响

金属在塑性变形过程中，第二相粒子阻碍位错的运动而引起位错的塞积，这会增加变形储存能，促进再结晶而降低再结晶温度。然而变形材料在退火时，第二相粒子又会阻碍位错重排成大角度晶界、阻碍大角度晶界迁移形成再结晶晶核。以上两种作用究竟哪种是主要的，通常取决于第二相粒子的尺寸和间距。若第二相粒子小而且多时，它会阻碍再结晶形核而提高再结晶温度。

5. 退火时间的影响

实验数据表明，退火时间增加，再结晶温度下降(表 10.2)。这主要是由于温度高于 0 K 时，材料中的原子都具有一定的扩散能力。温度高，原子的扩散能力强；温度低，原子的扩散能力弱。在较低温度下，原子经长时间扩散仍然可以形核而发生再结晶。

表 10.2 纯铝的再结晶温度与时间的关系(引自潘金生，2011)

时间	5 s	1 min	6 h	40 h	336 h	48 d
最低再结晶温度/℃	150	100	60	40	25	0

10.7.5 再结晶过程特点

再结晶过程有以下两个重要特点：①组织发生变化。原来的冷变形晶粒逐渐变成无应变的晶粒。②由于储存能全部得到释放，点阵畸变得到消除，位错密度大大降低，故材料的力学性能发生急剧变化：强度、硬度急剧降低，塑性得到提高而恢复至变形前的状态。

在学习了再结晶过程后，不知读者是否发现了再结晶与相变之间的不同。

10.7.6 再结晶与相变

再结晶属于相变吗？要回答再结晶是否属于相变，首先得回顾一下晶界的概念。在 4.4.

1 节中，我们提到晶界首先是一个边界，这个边界两边为成分和晶体结构都相同，但结构取向不同的晶粒，则这个边界称为晶界。

以再结晶晶界弓出形核为例(图 10.19)，晶粒Ⅰ和晶粒Ⅱ的成分和晶体结构相同，只是它们的取向不同而具有晶界 AB。弓出形核后，CED 掠过的区域，其结构在再结晶前是晶粒Ⅱ的结构，再结晶后成为晶粒Ⅰ的结构。也就是说再结晶后，CED 掠过的区域，其晶格结构类型和成分都没有变化，也就没有新相的生成。亚晶合并、亚晶生长形核也与此类似。后期的晶核生长也只是晶界的移动，并未涉及晶体结构和成分的改变。比如，将冷变形后的 α - Fe 进行再结晶，结果获得的无应变晶粒仍是 α - Fe，而非 γ - Fe 或其他晶型，故再结晶不属于相变。

但需注意，回复过程中，位错重排形成亚晶粒、亚晶界的过程却不是再结晶。因为亚晶界是小角度晶界，其两边的亚晶粒在形成时，并没有晶粒取向的显著改变，而再结晶过程要形成大角度晶界，大角度晶界两侧的晶粒取向差很大。

有了再结晶作铺垫，下面我们对材料的冷、热加工做一区分。

10.7.7 材料的冷、热加工

冷加工(cold working)和热加工(hot working)都可通过塑性变形来成型金属器件。人们主要是以材料的再结晶温度区分这两者。热加工是指材料在再结晶温度以上发生塑性变形的一种加工方法，而冷加工是材料在再结晶温度以下而又不加热时发生塑性变形的加工方法。若材料塑性变形的加工温度在再结晶温度以下，而又高于室温，则这种加工常称为温加工。

不同的材料，再结晶温度不同(表 10.1)。因此，同一温度，对某种材料来说是冷加工，但对另一材料来说却可能是热加工。比如，Pb 的再结晶温度为－4℃，通常的室温高于此温度。故将 Pb 在室温下做塑性变形属于热加工。W 的再结晶温度为 1 200℃。我们在 1 000℃时，将 W 拉制成 W 丝的加工不是热加工而是温加工。

材料在热加工过程中，由于温度相对较高，位错容易重排、晶界容易移动，故变形晶粒会很快发生回复和再结晶。热加工过程中的回复和再结晶常称为动态回复和动态再结晶。因此，热加工的材料无变形储存能，材料不会产生加工硬化现象。比如 Pb 在室温下发生塑性变形时，没有应变硬化现象，而仍具有塑性和延展性。

但热加工可消除材料中的某些缺陷，如气孔。热加工还可改善材料中的夹杂物和脆性相的形状、大小及分布。热加工过程中施加的外力还可将粗大的柱状晶、树枝晶变为细小和均匀的等轴晶粒。这些都可使材料的致密度和力学性能得到提高，故经热加工的金属材料比铸态材料有更佳的力学性能。

说到材料在热加工过程的塑性变形，读者可能会想到我们在介绍烧结机制时，提到过的一种过程——蠕变。蠕变是不是热加工？蠕变(creep)是材料在一定温度下，受到恒定应力作用时，材料的应变随时间而增加(或发生缓慢而连续的塑性变形)的现象。若材料发生蠕变时的温度在再结晶温度以上，应该说蠕变与热加工没有本质上的差异；若温度在再结晶温度以下，蠕变又与冷加工或温加工相同。

蠕变与热加工或冷加工的不同体现在以下几方面：一是蠕变时，材料受到的应力较小。对拉应力 σ 来说，通常 σ 比材料的屈服应力σ_s小很多，即 $\sigma \ll \sigma_s$。二是应变速率$\dot{\varepsilon}$小，发生应变的时间长。应变速率$\dot{\varepsilon}$是指材料在单位时间内的应变$\dot{\varepsilon} = d\varepsilon/dt$，其中 ε 为材料的应变。蠕变的应变速率约在$10^{-10} \sim 10^{-3}\,s^{-1}$内。三是冷加工或温加工通常是人们有目的的行为。而蠕变很多时候是需要减缓和克服的，如我们常需要减缓和克服窑炉耐火材料的蠕变、长期在高温下工作的金属部件发生的蠕变。当然，粉末在烧结时，利用蠕变机制可促进其致密化。

小结一下回复和再结晶。回复可消除残余应力，同时形成亚晶；再结晶需要一个最小的形变量；形变程度小，再结晶发生的温度较高；延长退火时间能降低再结晶的温度；再结晶晶粒的大小往往与形变程度、再结晶前的原始晶粒尺寸和再结晶温度有关。以上这些表明只要材料有一定的塑性变形而且材料内有残余应力，在合适的温度下，皆可发生回复和再结晶。因此，回复和再结晶并不只发生在变形金属材料中。

金属材料在发生固态相变时，母相和新相之间往往具有不同的密度。同样质量的母相发生相变生成的新相，其体积或大或小。体积的变化导致相变应力和应变的产生。在一定的温度下，相变应力和应变得以释放，即回复和再结晶会发生。比如，金属材料的多晶转变、过饱和固溶体的脱溶过程都有这种相变强化再结晶的组织。

比较软的陶瓷材料易发生形变，故也会发生回复和再结晶。比如，人们已观察到 NaCl 单晶可在 400℃产生形变，在 470℃退火时产生再结晶现象。CaF_2 和 MgO 也有形变和再结晶发生。Al_2O_3 单晶在高温下形成的正刃位错比负刃位错多。退火后过剩的正刃位错彼此上下排列成行而形成小角度晶界。这与图 10.17 描述的位错重排而多边形化的情形类似。总之，回复和再结晶是具有一定应变和应力的材料所共有的现象。只是因金属材料容易发生塑性变形，回复和再结晶在金属材料中表现得比较普遍而已。

再结晶完成以后，若材料继续被加热，则再结晶形成的无畸变晶粒会长大。但再结晶不是晶粒长大的必要条件。无再结晶过程，细晶粒晶体在高温下仍有晶粒长大现象。比如共析钢奥氏体化后的晶粒生长，以及烧结过程中后期的晶粒生长。这些晶粒生长与再结晶后的晶粒生长并无本质区别，故我们将其合在一起介绍。晶粒生长会导致晶粒的粗大。粗大晶粒往往导致多晶材料的强度等性能的下降。因此，控制晶粒生长是制备多晶材料很重要的一个环节。

10.8 晶粒生长

10.8.1 晶粒生长的驱动力

1. 晶界移动与晶粒生长

当晶界两侧原子的自由能有差异时，晶界上的原子要迁移，进而导致晶界的移动。在扩散一章，我们已经知道，质点跃入空位产生扩散，质点的扩散方向与空位的扩散方向相反、速率相等。与此类似，晶界上原子的净扩散方向与晶界移动的方向相反、速率相等。比如图 10.22 中，晶界 AB 两侧分别为晶粒 1 和晶粒 2。一定条件下，晶粒 1 的原子跃入晶粒 2，同时晶粒 2 的原子也跃入晶粒 1。若从晶粒 1 跃入晶粒 2 的原子数等于从晶粒 2 跃入晶粒 1 的原子数，则

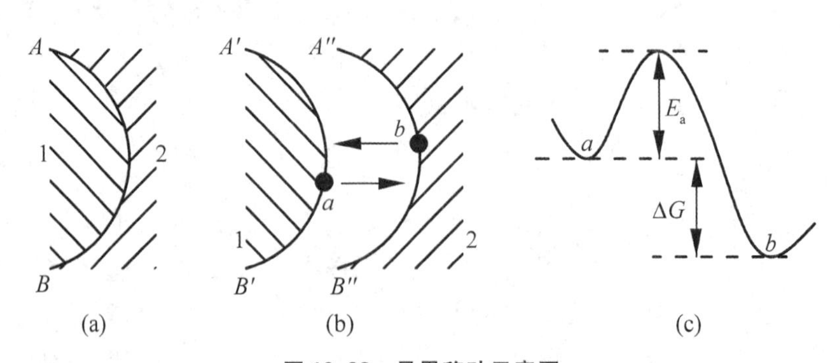

图 10.22 晶界移动示意图

(a)晶界；(b)晶界放大图；(c)原子跃迁能量变化

晶界不会移动。但若从晶粒 1 跃入晶粒 2 的原子数大于从晶粒 2 跃入晶粒 1 的原子数，则晶粒 2 有净增原子数，晶界 AB 往左移动，即晶粒 2 长大；反之，晶界 AB 往右移动，晶粒 1 长大。可见，晶界的移动会导致晶粒的长大。那晶界 AB 究竟应往哪边移动呢？

2. 晶界移动的驱动力

通常，晶界的厚度可忽略不计，如图 10.22(a)中的晶界 AB。但为了说明晶界处原子的跃迁，我们有意将晶界厚度放大，如图 10.22(b)所示。图 10.22(b)中 $A'B'B''A''$之间的区域构成图 10.22(a)中的晶界 AB。$A'B'$属于晶粒 1，$A''B''$属于晶粒 2。$A'B'$与 $A''B''$上的原子可相互跃迁。现在，我们不知道究竟哪边晶粒有净增原子。假设 $A'B'$处的原子 a 跃入 $A''B''$所需激活能低，如图 10.22(c)所示。这样，从 $A'B'$跃入 $A''B''$的原子数多于从 $A''B''$跃入 $A'B'$的原子数。原子的这种跃迁实际为扩散。因此，我们可利用扩散对其做分析。

原子的扩散驱动力为化学势梯度即 $-\partial\mu/\partial x$(见 7.4.2 节)。原子扩散的平均速率 v_1 与化学势梯度的关系为

$$v_1 = -B\frac{\partial\mu}{\partial x} \tag{10-58}$$

其中 B 为迁移率，它表示原子在单位驱动力($\partial\mu/\partial x=1$)作用下的速率。假设晶界的厚度为 λ，且化学势只沿厚度方向发生变化，则式(10－58)变为

$$v_1 = -B\frac{\Delta\mu}{\lambda} \tag{10-59}$$

根据上文的分析，晶界上原子的净扩散方向与晶界移动方向相反、大小相等，故晶界的移动速度 v_2 为

$$v_2 = -v_1 = B\frac{\Delta\mu}{\lambda} \tag{10-60}$$

式(10－60)表明晶界移动的驱动力为晶界两侧的化学势梯度。晶界总是朝系统化学势降低的方向移动。

晶界两侧化学势梯度发生变化，则晶界移动的驱动力也会发生变化。能引起晶界两侧化学势梯度变化的主要是外加机械作用力及化学力。化学力往往是主要的，比如加热时的晶粒长大、再结晶时晶界的移动，以及相变时相界面的移动都是由化学力引起的界面移动。

3. 影响化学势梯度的化学力

化学力的表现形式主要有两种：储存能和界面曲率。

(1) 储存能。这一点我们在回复和再结晶时做过介绍。有应变的材料具有储存能 ΔG_1。该储存能引起的一个原子的自由能变化，即化学势差为 $\Delta\mu=\Delta G_1/L$(L 为 Avogadro 常数)。将其代入式(10－60)：

$$v_2 = B\frac{\Delta\mu}{\lambda} = B\frac{\Delta G_1/L}{\lambda} \tag{10-61}$$

式(10－61)表明晶界的移动速率与冷加工产生的储存能呈线性关系。晶界将向储存能高(即化学势高，也是冷加工后位错密度大)的一侧移动，以降低系统能量。

(2) 界面曲率。弯曲位错线受到线张力的作用(见 4.3.7 节)。若晶界不是平直的，则晶界受到的作用力与位错受到的线张力及球形液滴或气泡表面的受力具有相似之处。

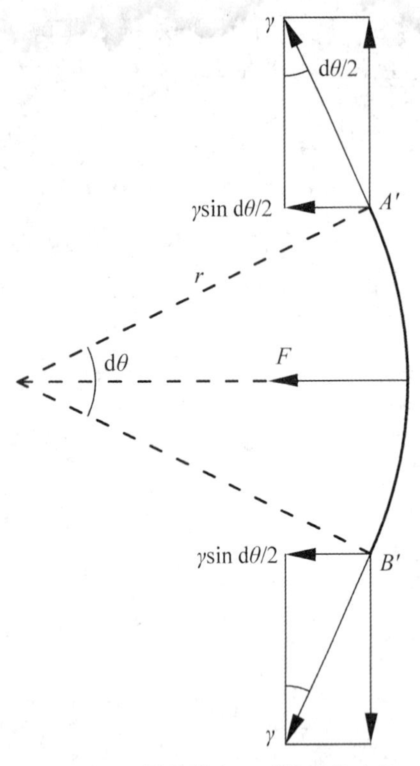

图 10.23 晶界张力 γ 对晶界移动的影响示意图

图 10.23 示意了图 10.22(b)中 $A'B'$ 在晶界张力 γ 作用下的受力情况。$A'B'$ 为圆柱形晶界面的投影图。晶界张力 γ 与晶界面相切。我们可将晶界张力 γ 分解为两个方向的力：一个水平，另一个竖直。竖直方向的分力大小相等、方向相反，是平衡力。虽然，竖直方向的分力对晶界的移动无贡献，但可使晶界面趋于平直化。水平方向的合力 F 方向向左，故其使晶界具有向左移动的趋势。

合力 F 会产生一个附加压强 Δp。该附加压强的大小 $\Delta p = 2\gamma/r$，即 Laplace 方程。由 $\Delta G = -S\Delta T + V\Delta p$，温度不变时，$\Delta G = V\Delta p$，将附加压强 Δp 代入，有：

$$\Delta G = V\frac{2\gamma}{r} \tag{10-62}$$

若物质的量 $n = 1$ mol，则 ΔG 可用化学势表示($\mu = \partial G/\partial n$)，故式(10-62) 成为

$$\Delta \mu = V_{\mathrm{m}}\frac{2\gamma}{r} \tag{10-63}$$

其中V_{m}为摩尔体积。代入式(10-60)得晶界的移动速率：

$$v_2 = B\frac{V_{\mathrm{m}}2\gamma}{\lambda r} \tag{10-64}$$

也就是说，图 10.23 中的晶界 $A'B'$ 向左移动是由其曲率引起的。曲率半径 r 越小，晶界移动越快。

图 10.23 展示了晶界面 $A'B'$ 是凸面。晶界往凸面中心这边移动。$A'B'$ 上的原子往相反方向移动，即离开凸面中心的方向。图 10.22(b)中的晶界面投影 $A''B''$，它不像 $A'B'$ 是凸面，而是凹面。同样，它也会受到界面张力的作用。$A''B''$ 受到的合力也使 $A''B''$ 往左边迁移，即凹面晶界的移动方向也是指向其曲率中心。请读者结合物理化学表面部分自行分析。

综合 $A'B'$ 和 $A''B''$ 的受力和移动方向，我们可知图 10.22(b)中凹晶界面 $A''B''$ 上原子的化学势低，凸晶界面 $A'B'$ 上的化学势高，故原子从凸晶界面往凹晶界面迁移，以降低系统自由能。晶界的移动方向与此相反，即晶界朝其曲率中心方向移动。图 10.22(a)中，晶界从右往左移动。当晶界的曲率半径 r 趋于无穷大(即平直晶界)时，根据式(10-64)可知，晶界的移动速率 v_2 趋近于零。晶界不移动，晶粒生长也就停止了。而小晶粒的曲率半径 r 小，其晶界呈凸面状，因而晶界向小晶粒的中心方向的移动速率大，所以小晶粒会随时间的延长而较快地缩小，甚至消失。

从另一角度来看，晶粒越小，比表面积 A 越大，所含的晶界能 γA(γ 为单位晶界面积的自由能)也越多。小晶粒的缩小或消失导致晶界比表面积 A 的减小，晶粒所含晶界能 γA 的下降。从这个角度来看，细小晶粒和大晶粒之间的能量差为晶粒生长的驱动力。这一能量差来自晶界面积的减小和总界面能的降低。

当然,在实际情形中,界面曲率和储存能引起的晶界移动要综合考虑。初期,晶核很小,即晶核曲率半径小,此时晶核曲率的影响是主要的。曲率半径 r 越小,晶界向曲率中心移动的速率越大,故晶核不能稳定存在。只有当晶核大于临界半径时,曲率的影响才下降。

储存能使晶界朝位错密度大的方向移动,以降低系统自由能。再结晶完成后,晶粒已无畸变,储存能对晶界移动的影响已消除。其他无应变的晶粒(烧结后期的晶粒、奥氏体化后的起始晶粒)同样也无储存能的影响。此时,晶界的移动主要受其曲率的影响。只要晶界不是平直的,而且又处于一定的温度,晶界就会移动,并使晶粒长大,故晶粒的长大或缩小与晶界曲率有关。简言之,晶粒生长和再结晶是晶界移动的结果,它们都不属于相变。

10.8.2 晶界几何构型

在5.4.2节,我们分析了二维面上的固固界面。要使晶界受力平衡、达到平直化,多晶体的晶界应互成120°。在二维投影图上,六边形的晶粒才满足此要求。当一个晶粒的二维投影显示其周围的晶界边数小于6时,为满足晶界互成120°角,这些晶界应往该晶粒周围凸出,也就是晶界边数小于6的晶粒具有外凸晶界。同理,为满足晶界互成120°角的要求,晶界边数大于6的晶粒具有内凹晶界。图5.16和图10.24示意了这些晶界的形状。图10.25为多晶 CaF_2 的晶界形貌。

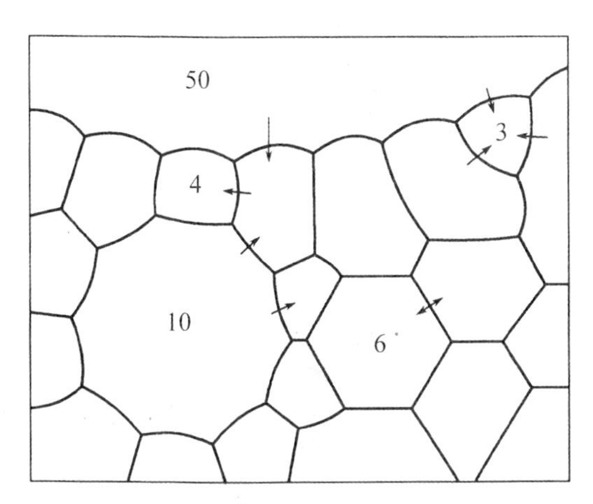

图10.24 多晶试件示意图(图中数字表示其所处晶粒的晶界数;箭头表示晶界移动方向)(引自Kingery, 2010)

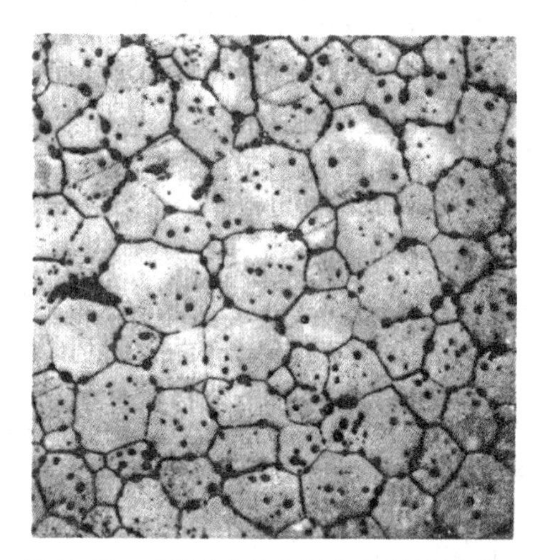

图10.25 正常长大的多晶 CaF_2(晶界处的平均角度为120°;黑色斑点为气孔)(引自Kingery, 2010)

晶界形状的几何规则主要表现为:①晶界处有晶界能的作用。晶粒形成一个在几何学上与肥皂泡相似的三维阵列,而晶界在二维面上的投影构成平面网络。②若各晶界的界面张力相同,则晶界夹角为120°。或者说,若晶界的界面张力相同,则三条晶界相遇,其夹角最终为120°。③多晶系统中,晶粒间的界面张力往往不等,故晶界都有一定的曲率半径 r,且 r 是有限的、不是无穷大的,所以在二维面上,一个晶粒周围的晶界边数往往不是6。当晶粒的晶界边数小于6时,晶界为外凸界面;边数大于6时,晶界为内凹界面。

对无应变的晶粒而言,其晶界在驱动力作用下总是朝晶界曲率中心的方向移动,故晶界边数小于6的晶粒(往往是细小晶粒,如图10.24所示)逐渐缩小,甚至消失,而晶界边数大于6的晶粒逐渐长大。

10.8.3 影响晶粒生长的因素

除了晶界曲率引起的化学势梯度导致晶界移动外，晶界迁移率 B 对晶界的移动速率同样有影响[见式(10 - 60)]，因而影响晶界迁移率的因素也将影响晶界的移动，这些因素有晶界的曲率、温度、第二相粒子、气孔等。

1. 晶界的曲率。这方面的影响不再赘述。

2. 温度

温度对晶界迁移率 B 的影响主要是通过影响晶界扩散系数D_B来实现的。B 与D_B有如下关系：

$$B = \frac{D_B}{k_B T} \tag{10-65}$$

而D_B又可表示为

$$D_B = D_0 \exp\left(-\frac{E_a}{k_B T}\right) \tag{10-66}$$

其中D_0为指前因子，E_a为活化能。综合以上两式，得

$$B = \frac{D_0}{k_B T} \exp\left(-\frac{E_a}{k_B T}\right) \tag{10-67}$$

式(10 - 67)中，指数项的影响大于 $1/T$，故温度升高，晶界迁移率增大。既然晶界的移动导致晶粒的生长，那么温度对晶粒尺寸就有直接的影响。

式(10 - 64)表示了晶界移动速率v_2：

$$v_2 = B\frac{V_m 2\gamma}{\lambda r}$$

v_2与晶界的曲率半径 r 成反比，即小晶粒的曲率半径 r 小，晶界移动速率大；晶粒尺寸大，晶界移动速率小。设 dt 时间内，晶粒平均半径 R 的变化为 dR，则 dR/dt 可表示较大晶粒平均半径的长大速率。由于晶界的移动速率v_2大，较大晶粒生长也快，故可用晶界移动速率表示较大晶粒平均半径的长大速率：

$$\frac{dR}{dt} = v_2 = B\frac{V_m 2\gamma}{\lambda r} \tag{10-68}$$

用晶粒平均半径 R 代替上式中的晶界的曲率半径 r，V_m、γ、λ 为常数。在一定的温度下，由式(10 - 67)我们可知 B 也为常数。将这些常数合并到新常数K_1中，整理后得

$$\frac{dR}{dt} = K_1 \frac{1}{R} \tag{10-69}$$

积分式(10 - 69)得

$$R_t^2 - R_0^2 = K_2 t \tag{10-70}$$

其中K_2为积分后获得的常数，R_t为经时间 t 后的平均晶粒半径，R_0为恒温下的起始晶粒平均半径。

我们在前面把晶界迁移率 B 当成常数，而将其合并到式(10 - 70)中的常数项K_2中。若把

含温度的指数项列出($1/T$ 的影响较指数项小而合并到常数项中),则积分后有

$$R_t^2 - R_0^2 = K_3 t \cdot \exp\left(-\frac{E_a}{k_B T}\right) \qquad (10-71)$$

其中K_3为另一常数。对特定材料而言,起始晶粒平均半径R_0往往是定值,故($R_t^2 - R_0^2$)可反映晶粒尺寸的长大情况。这样,式(10－71)就能粗略地表示晶粒的平均尺寸R_t随温度呈指数增大。

在晶粒生长到后期,$R_t \gg R_0$,故式(10－70)变为

$$R_t = \sqrt{K_2}\, t^{1/2} = K_4\, t^{1/2} \qquad (10-72)$$

其中$K_4 = \sqrt{K_2}$。式(10－72)为晶粒正常生长的经典抛物线方程,它表明晶粒的平均尺寸随保温时间的 1/2 次方增大。这符合一些实验结果。结合式(10－71),可得出结论:在影响晶粒长大方面,升温比延长保温时间有更显著的影响。

但一些氧化物(Al_2O_3、UO_2)的晶粒生长表明,式(10－72)中时间 t 的指数处于 1/3～1/2 之间,且接近 1/3 的情况居多。这主要是由于晶界在移动过程中会受到第二相粒子、气孔等的阻碍,故式(10－71)和式(10－72)的一般表达式为

$$R_t^n - R_0^n = K_3 \exp\left(-\frac{E_a}{k_B T}\right) t \qquad (10-73)$$

$$R_t = K_4\, t^{1/n} \qquad (10-74)$$

其中 $n = 2$ 或 $n = 3$。

3. 第二相粒子

当一个晶界在运动中遇到第二相时,第二相质点对晶界产生一定的阻力而拖住晶界。这导致晶界的运动减缓,甚至使晶界停止运动。

设第二相质点为球形粒子。如图 10.26(a)所示,当晶界在下半球面与球形粒子相遇时,随着晶界往上移动,晶界面积 A 减小,晶界能 γA 降低。晶界上升到球心位置时,面积减少 πr^2,晶界能减少 $\gamma\pi r^2$。此时晶界能最小,粒子与晶界处于力学平衡态。若晶界继续往上移动,则晶界面积增大,晶界能增加。在晶界表面张力的作用下,晶界发生弯曲,以尽可能使晶界与粒子表面相垂直。晶界表面张力对晶界的作用力 F 可表示为

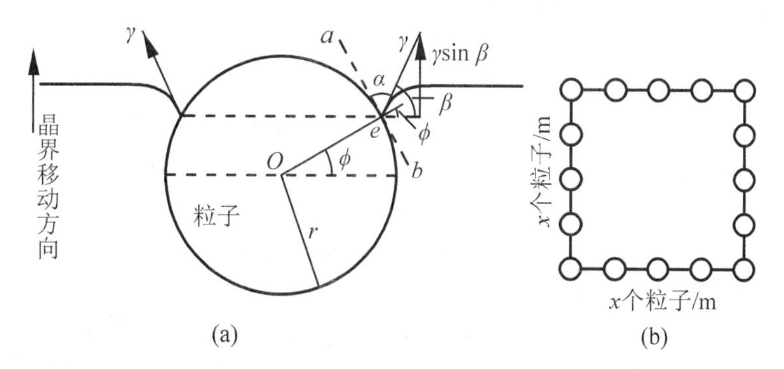

图 10.26 (a)球状第二相粒子与晶界作用示意图(引自徐祖耀,1986);(b)单位面积上粒子分布的示意图,只表示出了每边的粒子数,面积中部未示出原子

$$F(\mathrm{N}) = \gamma(\mathrm{N/m}) \cdot l(\mathrm{m}) \tag{10-75}$$

为使读者明白拉力的计算，我们将各物理量的单位表示在公式的括号中。l 为晶界与第二相粒子接触的周长。

当晶界处于图 10.26(a)所示位置时，粒子与晶界接触的周长 $l=2\pi r\cos\phi$。在晶界运动方向上，晶界表面张力 γ 对粒子施加的拉力 F 为 γ 沿晶界运动方向的分力 $\gamma\sin\beta$。故晶界沿其运动方向对粒子的拉力为

$$F(\mathrm{N}) = \gamma(\mathrm{N/m})l(\mathrm{m}) = \gamma\sin\beta \cdot 2\pi r\cos\phi \tag{10-76}$$

根据作用力与反作用力的原理，晶界对粒子的拉力也是粒子对晶界运动的阻力。结合图 10.26(a)中所示关系，ab 与 oe 线相垂直，故 $\beta=90°+\phi-\alpha$。再利用三角关系整理 $\sin\beta$，则第二相粒子对晶界的阻力可进一步表示为

$$F = \gamma\cos[90° - (90° + \phi - \alpha)] \cdot 2\pi r\cos\phi = 2\pi r\gamma\cos\phi\cos(\alpha - \phi) \tag{10-77}$$

一定条件下，给定材料的晶界表面张力 γ 是定值。那在什么情况下，第二相粒子对晶界的阻力达到极大值呢？这实际是在问晶界在何处或 ϕ 为何值时，阻力 F 具有极大值。因此，将 F 对 ϕ 求导：

$$\frac{\mathrm{d}F}{\mathrm{d}\phi} = \frac{\mathrm{d}[2\pi r\gamma\cos\phi\cos(\alpha-\phi)]}{\mathrm{d}\phi} \tag{10-78}$$

再用三角函数的转换关系整理后得

$$\frac{\mathrm{d}F}{\mathrm{d}\phi} = 2\pi r\gamma\sin(\alpha - 2\phi) \tag{10-79}$$

$\mathrm{d}F/\mathrm{d}\phi=0$ 时可求得使 F 获得极大值的 ϕ，即 $\sin(\alpha-2\phi)=0$，$\alpha-2\phi=0$。因此，当 $\phi=\alpha/2$ 时，第二相粒子对晶界的阻力达到极大值。将 $\phi=\alpha/2$ 代入式(10-77)得到此时的阻力极大值为

$$F_{\max} = \pi r\gamma(1 + \cos\alpha) \tag{10-80}$$

式(10-80)表示了一个第二相粒子对晶界的阻力极大值。若有多个粒子，其阻力极大值又是多少呢？

因晶界是一个二维面，故假设单位晶界面积上的粒子数为 n_s，则这些粒子在单位面积上对晶界的总阻力为

$$\sum F = \pi r\gamma(1 + \cos\alpha) \cdot n_s \tag{10-81}$$

下面我们求 n_s。再假设粒子是均匀分布的，单位长度上有 x 个粒子，即 x(个/m)，如图 10.26(b)所示，则单位面积上的粒子个数为 x^2 个，即 $n_s=x^2$。假设每个粒子是球形，其半径为 r(m)，直径为 $2r$(m)(括号内为单位)。也就是一个粒子在晶界面上占据的长度为 $2r$(m/个)。该粒子直径的倒数 $1/2r$(个/m)实际就为单位长度上的粒子数 x，则

$$x = \frac{1}{2r} \tag{10-82}$$

这样看来，单位体积的多晶材料中，第二相粒子的个数 n_V 就为 x^3 个。

$$n_V = n_s \cdot x \tag{10-83}$$

将式(10－82)代入式(10－83)得

$$n_s = 2r n_V \tag{10-84}$$

有了n_s，但n_V又不知道，也不容易在实际中操作，故将n_V转化为容易操作的体积分数。n_V个第二相粒子在单位体积($V=1$)多晶材料中所占的体积分数 f 为

$$f = \frac{n_V \cdot \frac{4}{3}\pi r^3}{V} = \frac{n_V \cdot \frac{4}{3}\pi r^3}{1} = \frac{4}{3}\pi r^3 n_V \tag{10-85}$$

由式(10－85)得出

$$n_V = \frac{3f}{4\pi r^3} \tag{10-86}$$

将式(10－86)代入式(10－84)：

$$n_s = 2r n_V = 2r \frac{3f}{4\pi r^3} = \frac{3}{2} \cdot \frac{f}{\pi r^2} \tag{10-87}$$

将式(10－87)代入式(10－81)求出单位面积上，第二相粒子对晶界的阻力：

$$\sum F = \pi r \gamma (1 + \cos\alpha) \cdot \frac{3}{2} \cdot \frac{f}{\pi r^2} \tag{10-88}$$

化简得晶界受到的阻力：

$$\sum F = \frac{3f}{2r}\gamma(1 + \cos\alpha) \tag{10-89}$$

这里的$\sum F$是单位晶界面积上，晶界受到的阻力，而单位面积上的力为压强(或应力)。因此，应力$\sum F$是第二相粒子对晶界的阻力。

而晶界还有驱动力。晶界曲率引起晶界的移动，而且是向晶界的曲率中心方向移动。如图 10.23 所示，单位晶界面上晶界的驱动力实际为曲率引起的附加压强 $2\gamma/R^*$ 。R^* 为晶界曲率半径，若晶粒是球形，则R^*为晶粒半径。在此，我们假设多晶材料中的晶粒为球形，故R^*为基体晶粒尺寸。当晶界的驱动力和阻力相等而达到平衡时 $2\gamma/R^* = \sum F$，晶界停止运动，此时晶粒达到稳定尺寸 R：

$$\frac{2\gamma}{R} = \frac{3f}{2r}\gamma(1 + \cos\alpha) \tag{10-90}$$

整理式(10－90)后得

$$R = \frac{4r}{3f(1 + \cos\alpha)} \tag{10-91}$$

图 10.26 中，若 α 在晶界运动过程中保持不变，则式(10－91)又可写为

$$R \propto \frac{r}{f} \tag{10-92}$$

式(10－91)和式(10－92)表明晶粒长大的极限尺寸 R 与第二相粒子的大小 r 成正比，与其体积分数 f 成反比。第二相粒子小、数量多，则晶界受到的阻力大、晶粒的稳定尺寸 R 小，晶粒

细。正因如此,在陶瓷材料和粉末冶金制品中往往加入第二相物质作为晶粒长大抑制剂。比如在 WC-Co 金属陶瓷材料的烧结中,人们常引入 VC 或 Cr_2C_3 来抑制 WC 晶粒的长大。由于获得了细晶组织,材料的强度得到了提高,因此,在烧结中引入第二相可使材料得到强化。这与我们在上一章提到的从过饱和材料中析出沉淀颗粒、阻止位错移动来强化材料一样,都属于第二相强化。若第二相是从过饱和材料沉淀析出则常称为析出硬化、沉淀强化或时效硬化;若第二相是人为加入的(比如粉末烧结时加入)则常称为弥散强化。

4. 气孔

与第二相粒子相似,气孔对晶界也有一定的影响。比如,气孔也能钉住晶界,从而抑制晶粒生长。若晶界的驱动力大于气孔对晶界的阻力,则晶界有可能脱离气孔而继续前进,也有可能晶界拖着气孔一起前进。在气孔与晶界一起前进的过程中,原子可通过界面扩散、表面扩散、体积扩散或黏滞流动、溶解-沉淀及蒸发-凝聚机制传质。这里,我们用v_P表示气孔的迁移速率。气孔随晶界移动并逐渐集中到界面交接处,并随着晶粒长大而聚集成较大空隙,如图 10.27 所示。

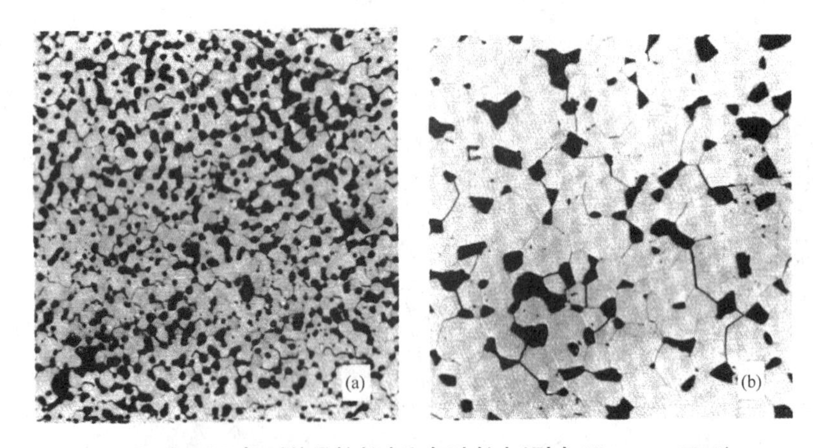

图 10.27 UO_2 在 1 600℃时的晶粒长大和气孔长大(引自 Kingery, 2010)

(a)处理 2 min 后的情形,相对密度 91.5%;(b)处理 5 h 后的情形,相对密度 91.9%(黑色斑块为气孔,它们几乎都在多个晶粒交汇的角落处)

在粉末烧结过程中,晶界与气孔的移动速率对烧结体的致密化有重要影响。烧结初期,气孔的体积分数大而抑制了晶界的移动。在此阶段,晶界的移动速率$v_2 \approx 0$,如图 10.28(a)所示。由于晶界结构疏松,原子以晶界为快速扩散通道作扩散传质。聚集于晶界处的气孔利用晶界完成汇集和排气,结果气孔率下降,粉末坯体的致密化程度提高。

到了烧结中、后期,坯体中的气孔率下降。这时,可以出现晶界的移动速率v_2与气孔移动速率v_P相等即$v_2 = v_P$,如图 10.28(b)所示。当这两个速率相等时,气孔仍与晶界结合在一起。因而,气孔也容易通过晶界达到排除。此时,应适当保温,以进一步降低气孔率。但是,若再继续升高温度,就很容易导致$v_2 > v_P$。这是由于晶界的移动速率v_2是随温度呈指数增大的,见式(10-67)。在此情况下,晶界很快脱离气孔向曲率中心方向移动,气孔则留在长大了的晶体中,如图 10.28(c)所示。这种气孔只能通过体积扩散来加以排除,而体积扩散系数比晶界扩散系数小得多,故留在晶体中的气孔很难得到排除。图 10.25 显示了正常长大的多晶 CaF_2 晶体中有明显的气孔存在。这种现象也可以发生在粉末的烧结初期。比如,粉末中非常细小的晶粒,其曲率半径小,晶界移动快,从而容易将气孔留在个别较大晶粒中。因此,在粉末制品的烧结过程中,常采用控制温度、晶粒大小等措施来尽量避免将气孔留在晶体中。

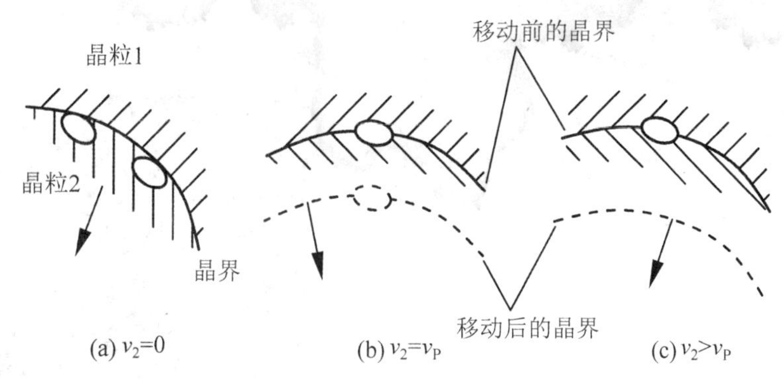

图 10.28　晶界遇到气孔时的情况(箭头所示为晶界移动方向,空心椭圆形球代表气孔)(引自陆佩文,1991)

5. 杂质、溶质原子和液相

微量的杂质、固溶原子往往富集于晶界附近形成“气团”。晶界移动时将拖着“气团”一起运动。若杂质、固溶原子的扩散较慢,则会对晶界的运动产生阻碍,甚至脱离晶界。这些物质与晶界的作用类似于晶界与第二相颗粒或气孔的作用。

此外,晶界处有少量液相时,两个新的固液界面会形成。这种界面的形成会降低晶界能量,进而降低晶界移动的驱动力、使晶界生长得到抑制。但液相过多时,原子的扩散传质容易,这反而促进晶粒生长,如下文的 Ostwald 熟化。

6. 相邻晶粒的取向差

晶粒间的取向差主要影响晶界的结构。取向差大,晶界处的结构比较疏松,原子的扩散系数大。取向差小(如小角度晶界)说明晶界两侧的晶粒在晶界处结合得较好,晶界结构较致密。特别地,取向差为零时,晶界消失。原子在取向差为零之处的扩散实际上是晶格扩散。因此,小角度晶界的迁移率要低于大角度晶界的迁移率。

晶界结构不同,杂质和溶质原子在晶界的吸附成“气团”的能力也不同。无杂质和溶质原子时,如上文所述,大角度晶界的迁移率大。但大角度晶界又容易吸附杂质和溶质原子,故有杂质存在时,大角度晶界的迁移率通常要下降。

总之,晶界移动导致晶粒长大。影响晶界移动的因素都会影响晶粒的生长。在了解了晶粒生长的基本情况后,还有一个重要问题未解决:究竟什么是晶粒生长?再结晶也是晶界移动的结果。晶粒生长与再结晶有何不同?

10.8.4　晶粒生长的方式

晶粒生长有正常生长和异常生长两种方式。

1. 晶粒的正常生长

对致密材料和粉末烧结材料来说,晶粒正常生长的概念略有差异。致密材料一般是指不是采用粉末成型再烧结的方法获得的材料,如铸造成型制备的金属材料。致密材料的正常晶粒生长(normal grain growth)是这样一个过程:无应变晶粒组成的材料在一定温度下,晶粒在其尺寸分布无明显变化的情况下连续而均匀地长大。图 10.29 示意了正常晶粒生长的晶粒尺寸分布(晶粒的尺寸分布反映整个多晶系统中,不同晶粒尺寸R_i的数目n_i)。经正常生长后,各晶粒的尺寸比较均匀且没有特别大的晶粒。图 10.18(c)(d)示意了晶粒正常生长前后的形貌。图 10.30 为正常生长的$\alpha-Al_2O_3$晶粒在扫描电镜下的形貌。许多学者还在试验的基础上用计算方法模拟了晶粒的正常生长,模拟结果与实际比较符合(图 10.31)。

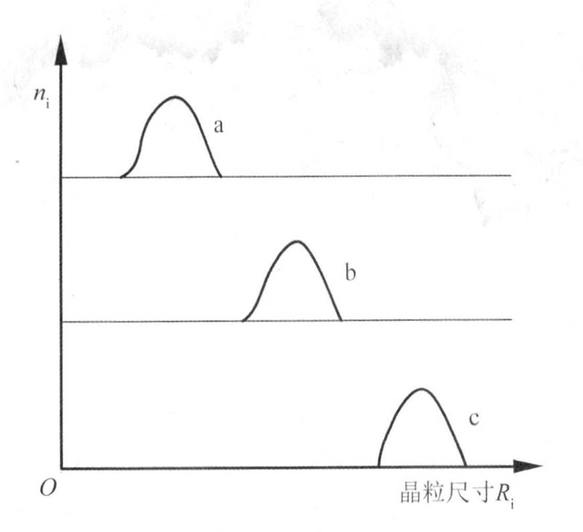

图 10.29 正常晶粒生长的晶粒尺寸分布示意图(a是初始时的分布,晶粒长大时的分布先后变为 b、c;n_i 为晶粒尺寸为 R_i 的晶粒数)(引自潘金生,2011)

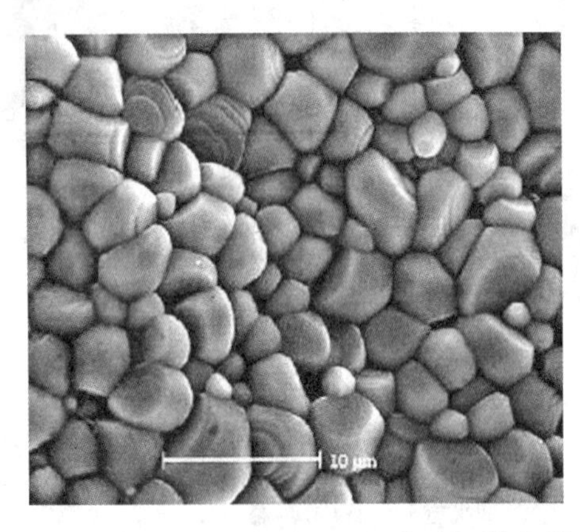

图 10.30 600 nm 的 $\alpha-Al_2O_3$ 在 1 550℃ 加热 9 min 后,其晶粒在扫描电镜下的形貌,平均晶粒尺寸 4 μm(图中标尺长 10 μm)(引自 *Meng*, 2010)

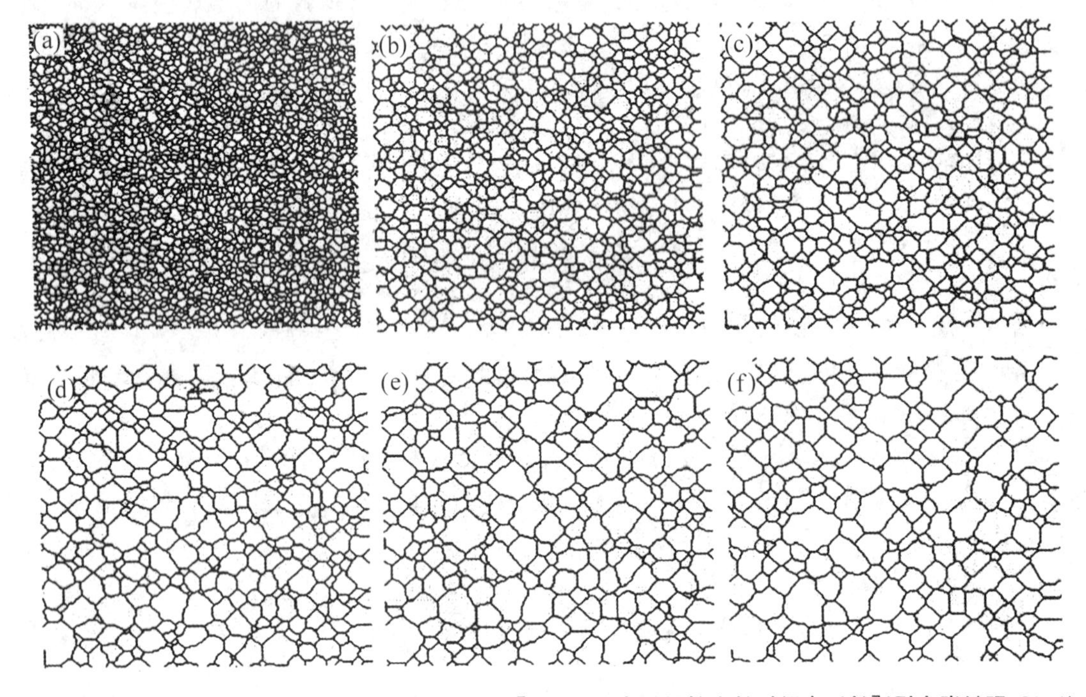

图 10.31 晶粒正常长大过程的 Monte Carlo 模拟[(a)到(f)表示晶粒生长时间在延长](引自张继强,2004)

在粉末烧结中,晶粒正常生长时,其尺寸分布也无明显变化、晶粒也是连续而均匀地长大。但粉末之间存在许多气孔,而烧结的一个目的是要除去气孔。1965 年,陶瓷学家 William David Kingery(1926—2000 年)与其合作者提出:多孔烧结体中的晶粒在正常生长时,孔洞应始终保持在晶界上,尤其是在晶界的交汇处。也就是在烧结过程中,晶粒正常生长时,孔洞要和晶界一起运动,如图 10.28(b)所示。当孔隙率接近零时,烧结体中的正常晶粒生长与致密材料中的正常晶粒生长相同。

2. 晶粒的异常生长

与晶粒的正常生长不同，晶粒的异常生长(abnormal grain growth)是指少数晶粒优先长大成为特别粗大的晶粒，而其余晶粒则保持相对较小的尺寸。该过程的非均匀性和动力学描述与应变晶粒再结晶过程相似，故将晶粒的异常生长叫作二次再结晶，而应变晶粒的回复再结晶称为初次再结晶。

异常生长后的晶粒，其尺寸分布明显与正常生长后的晶粒尺寸分布不同。正常生长时的晶粒尺寸保持单峰分布，如图 10.29 所示。而异常生长后的晶粒尺寸却成为双峰分布，如图 10.32 所示。这表明：晶粒在异常生长过程中，两组尺寸明显不同的晶粒开始出现；而且在后续过程中，较大晶粒的尺寸连续增大、其他晶粒的尺寸保持不变，但数目减少。结果这两种晶粒的尺寸差别越来越大，最后可能全部形成大晶粒。图 10.33 为 Al_2O_3 陶瓷中异常生长的大晶粒与较细晶粒在电镜下的形貌。图 10.34 为晶粒异常生长的计算模拟形貌图。

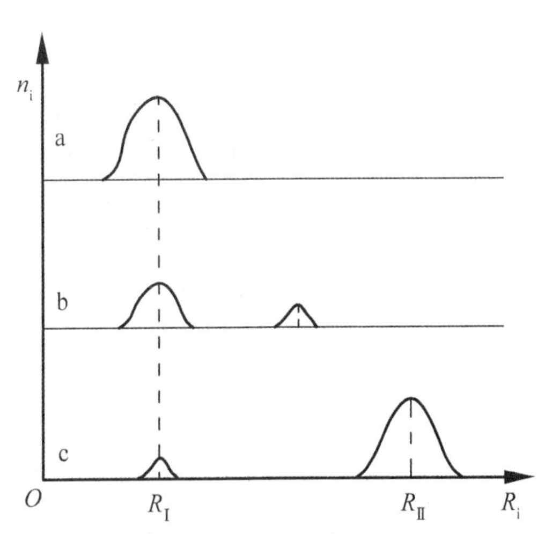

图 10.32 晶粒异常生长时的尺寸分布示意图(a 是初始时的分布，异常生长后分布先后变为 b、c；n_i 为晶粒尺寸为 R_i 的晶粒数；R_{I}、R_{II} 分别是异常生长产生的两组晶粒中，数目最多的晶粒的尺寸)(引自潘金生，2011)

图 10.33 异常生长的 Al_2O_3 晶粒形貌(细晶粒的尺寸在 5～10 μm 间，图的上部分为异常生长的大晶粒，其尺寸在 200 μm 左右)(引自 *MacLaren*，2003)

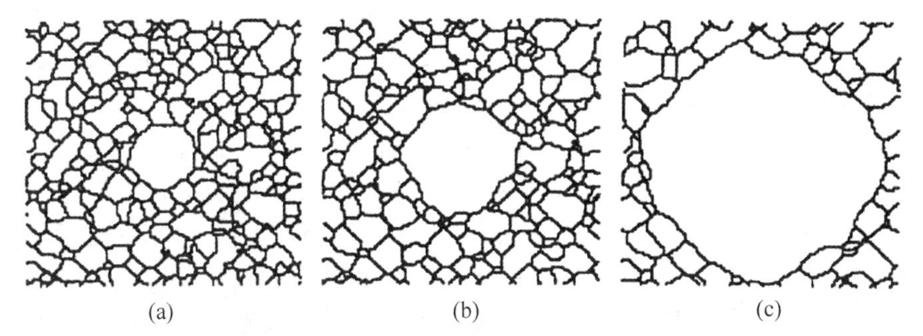

图 10.34 晶粒异常长大过程的 Monte Carlo 模拟[(a)～(c)表示晶粒生长时间在延长](引自 Grest，1990)

实验观察到：晶粒异常生长或二次再结晶也可在大晶粒界面十分平直的情况下发生，故其推动力与界面曲率引起的正常生长有所不同。大晶粒的晶面有较低的表面能G_s，而其邻近晶粒具有较高的表面能G_g，这两者之差 $\Delta G=G_s-G_g$ 为晶粒发生二次再结晶的推动力。在此表面能的驱动下，大晶粒晶面向高表面能的晶粒或小曲率半径的晶粒中心推进，进而导致大晶粒长大，小晶粒消失。

二次再结晶的发生往往需要具备一些基本条件，如稳定的基体和高温加热等。

(1) 稳定细晶粒基体中阻碍晶界移动的作用力差异较大。粉末在烧结时，晶粒按照式(10-70)所示的方式长大，直至达到式(10-92)所示的极限尺寸。在此过程中，晶界受到阻碍，大部分晶粒长大缓慢。与此类似，材料中应变晶粒的初次再结晶完成后，晶粒在生长时，晶界也会受到一定的阻碍。因此，当以上过程完成后，晶界的曲率都不大，因而不能越过障碍物。结果整个材料在整体上形成稳定的细晶粒基体——稳定的基体。晶界在以上过程中受到阻碍有：弥散的第二相粒子、晶界取相差小导致晶界迁移率低及热蚀沟等。

然而，晶粒中不同地方的晶界可能受到不同的阻力。比如，第二相粒子在基体材料中的不均匀分布可能导致有些晶界受到的阻力大，而另一些晶界受到的阻力较小。在热处理过程中，阻力较小的晶界可能摆脱第二相粒子而较快地移动，这导致一些晶粒优先长大。而其余大部分晶界仍受阻碍。研究表明，Fe-3%Si(质量分数)软磁材料中的细小 MnS 使初次再结晶的晶粒尺寸稳定在一定范围。然而，当温度升到一定值时，少数晶粒开始突然长大。该温度正是 MnS 在钢中开始溶解的温度。这是由于 MnS 溶解后，它对晶界的阻力消除了，晶界快速移动导致晶粒长大。用 Al 脱氧的镇静钢中，AlN 开始溶解于钢中的温度也正好对应晶粒突然长大的温度。因此，凡是由弥散第二相阻碍晶界来获得细晶的材料，尤其是金属，均应考虑这种晶粒长大的特点。

(2) 存在二次再结晶的核心。第二相粒子的不均匀分布和不均匀溶解导致基体中少量晶粒容易长大。对烧结坯体而言，其很细的原始粉末可能夹杂个别较粗大的晶粒。在细晶粒基体中，这些大晶粒被细晶粒包围。而大晶粒的晶界往往多于 6 个且具有内凹界面(图 10.24)。因而这些少量的大晶粒往往成为二次再结晶的核心。当长大到一定程度时，大晶粒尺寸远大于基体细晶粒的尺寸。大晶粒长大的驱动力还随着晶粒长大而增加，故大晶粒就更加粗大。在粉末制品的烧结中，若发生二次再结晶，则晶界移动速率v_2大于气孔移动速率v_P，从而将气孔留在大晶粒中很难排除。因而，晶粒尺寸或粉末粒度的不均匀性往往是导致二次再结晶的一个主要原因。

此外，个别大角度晶界的存在也容易导致二次再结晶。比如，经强烈变形后的金属出现择优取向。它在退火后，其中的大多数再结晶晶粒间可能有较小的取向差，但少部分晶粒与邻近晶粒间的晶界取向差可能较大，晶界容易移动而导致晶粒异常长大。

(3) 高温。温度升高，第二相粒子溶解而减弱对晶界的阻力、原来容易移动的晶界就更易移动，故温度的升高使具有有利条件的晶粒很快长大而发生二次再结晶。

二次再结晶会导致个别粗大晶粒的出现、使气孔残留于粉末烧结体的晶格中而难以排除。这些缺点使材料的力学性能、电学性能恶化，故应尽量避免。防止二次再结晶的办法可根据上文介绍的引起二次再结晶的原因来做选择。常用的方法是引入第二相粒子并均匀分布、合适的添加剂、温度不宜过高和保温时间不要过长。比如，把 MgO 作添加剂加入 Al_2O_3 中可抑制晶界移动、加速气孔排除而获得接近理论密度的 Al_2O_3 陶瓷。

二次再结晶也有一定的利用价值。人们利用它可生产出晶粒粗大、具有一定择优取向的软磁材料，如上文的 Fe－3%Si 软磁材料。此外，在烧结硬瓷铁氧体 $BaFe_{12}O_{14}$时，控制大晶粒为二次再结晶的核心可获得高度取向、高导磁率的材料。

3. 晶粒的正常生长与异常生长比较

表 10.3 简单比较了晶粒的正常生长与异常生长。

表 10.3　晶粒的正常生长与异常生长比较

正常生长	异常生长或二次再结晶
无明确的长大核心，晶粒平均尺寸均匀地长大	以少数大晶粒为核心，大晶粒增大
晶粒长大符合$R_t^2-R_0^2=K_2t$ 或$R_t^3-R_0^3=K_2t$ 极限尺寸符合 $R\propto r/f$	极限尺寸不符合 $R\propto r/f$
晶粒尺寸分布为单峰	晶粒尺寸分布为双峰
界面平衡、无应力	大晶粒界面上存在一定应力
烧结时，气孔在晶界或其交汇处	烧结时，气孔被包裹到晶粒内部

尽管晶粒的正常生长看起来是材料制备所需要的，但在大多数材料的制备过程中，无论是晶粒正常生长还是异常生长往往都需要控制。这是由于在许多情况下，人们需要材料具有一定的细晶组织，以使其具有一定的机电性能。比如，珠光体完成奥氏体化后形成细小的奥氏体晶粒。若将这些细小的奥氏体晶粒继续升温或延长保温时间，则奥氏体晶粒会自发地长大。而粗大的奥氏体晶粒，其冷却产物的组织也粗大，这会导致钢的力学性能变差，特别是冲击韧性明显降低，故严格控制奥氏体晶粒的大小是热处理生产中的一个重要环节。

在晶粒正常生长和异常生长之外，还有一种比较特殊的晶粒生长。它在粉末烧结和固溶体致密材料中都会出现。我们用单独一节对其做介绍。

10.8.5　Ostwald 熟化

1896 年，物理化学的奠基人 Friedrich Wilhelm Ostwald(1853—1932 年)首先系统地研究了颗粒粒度对颗粒在液相中的溶解度的影响。他发现小晶粒在液相中溶解，然后在大晶粒表面沉积。这可根据式(10－3)所示的开尔文公式得到解释。将式(10－3)中的蒸气压p_r、p 分别换为溶解度S_r、S 后有以下关系：

$$\ln\frac{S_r}{S}\propto\frac{1}{r}$$

式中，S_r为半径为 r 的颗粒溶解度；S 为普通大颗粒的溶解度(在一定温度等条件下，一般为常数)；r 为颗粒粒径。由此可见，颗粒小(r 小)，则其溶解度S_r大，而大颗粒的溶解度小。小颗粒溶解后，通过传质达到大颗粒表面。大颗粒表面处，因溶解度小，物质易达到过饱和而析出，进而使大颗粒变大、粗化。颗粒的这种粗化过程常称为 Ostwald 熟化(Ostwald Ripening)。1938 年，Ostwald 的这个发现被用于解释 W－Cu－Ni 和 W－Ni 高比重合金的大颗粒生长。

后来，Ostwald 熟化或颗粒溶解析出长大成了液相烧结的一种重要机制。这就是我们在 10.5.1 节提到的溶解-析出过程。1959 年，Kingery 指出粉末在烧结过程中有少量液相时，固相颗粒的接触区有较高的应力，这种应力使接触区物质的溶解度高于其他地方而首先溶解。然后，溶解的物质扩散到其他溶解度低的区域(如粉末除接触区外的其他地方)而沉积下来，从而使接触面平直化。这可由以下的实验数据得到证实：将直径在 200～250 μm 间的单晶 W 球(大颗粒)、10 μm 的 W 粉(小颗粒)和更细的 Ni 粉(产生液相)以不同比例均匀混合后，在1 670℃松散烧结。结果表明，若烧结过程中，粉末系统出现的液相量适当，没有经过压制的松散粉末仍能获得完全的致密化，同时伴随有小 W 颗粒的溶解和大 W 颗粒的生长。而且，液相量较少时，晶粒形状的变化总是从颗粒接触区开始，并发展成平直化的晶界。

1958—1961 年，Lifshiz、Slyozov 和 Wangner 将 Ostwald 提出的小颗粒溶解和大颗粒长大机理引入固体材料中，并用数学模型做理论化处理。粗化后的颗粒尺寸与式(10－70)相似：

$$R_t^3 - R_0^3 = K_5 t \tag{10-93}$$

式中，K_5为常数；R_0为初始粗颗粒的尺寸；R_t为 t 时刻时粗颗粒的尺寸。式(10－93)称为 Lifshiz-Slyozov-Wangner 方程(简称 LSW 方程)。许多有液相的烧结系统，其数据与式(10－93)相符。比如 UO_2－Al_2O_3有少量共晶液相存在时的烧结、W－Cu－Ni 及 TiC、HfC、TaC 等碳化物以 Co 作液相时的烧结。

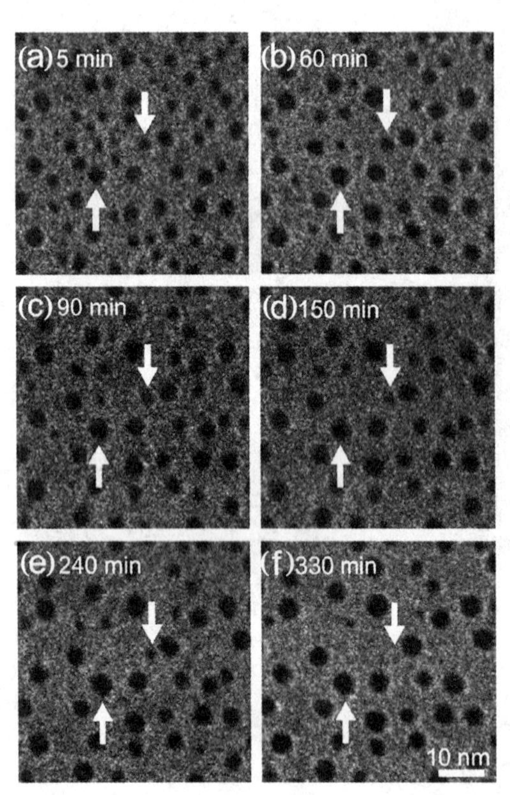

图 10.35 纳米 Pt 在 SiO_2 基底的 Ostwald 熟化(箭头分别指示了相应粒子的长大和消失)(引自 Simonsen, 2011)

图 10.35 为纳米 Pt 在 SiO_2基底沉积后于 650℃下进行烧结时，在透射电镜下显示的 Ostwald 熟化。Ostwald 熟化不仅出现在有液相的体系中，在固溶体中也存在。在 9.6.3 节，我们介绍了材料的脱溶沉淀，即第二相(β相)从过饱和固溶体α相中沉淀析出，并在基体α'相中弥散分布。该过程的反应式$\alpha \longrightarrow \beta + \alpha'$。理论上，$\beta$相为平衡相。但由于$\beta$相的颗粒大小不同而无法达到真正的平衡。

设β相为球形颗粒，则其球形界面使粒子的自由能或化学势升高。球形界面产生的附加压强可由 Laplace 方程$\Delta p = 2\gamma / r$求出。大颗粒(曲率半径r_1)和小颗粒(曲率半径r_2)之间的化学势可写作：

$$\Delta\mu = 2\gamma V_m \left(\frac{1}{r_2} - \frac{1}{r_1}\right) \tag{10-94}$$

其中γ为界面能，V_m为摩尔体积。以上$\Delta\mu$正是溶质原子从小颗粒向大颗粒扩散而造成粗化(或 Ostwald 熟化)的驱动力。通过粗化，界面面积减小，进而界面能下降。大、小颗粒的尺寸相差越大，驱动力也越大。

Ostwald 熟化的驱动力还可从浓度的角度来分析。将固溶体系统近似当作稀溶液，则其中某个组元在大颗粒 1 界面处的化学势μ_1为

$$\mu_1 = \mu_1^{\ominus} + RT\ln c_1 \tag{10-95}$$

其中$\mu_1^{\ominus}$为标态化学势，R为摩尔气体常数，c_1为组元在颗粒 1 中的浓度。同样一个组元在另一个小颗粒 2 界面处的化学势也有与式(10－95)类似的表达式。则该组元在这两个颗粒之间的化学势差为

$$\Delta\mu = \mu_2 - \mu_1 = RT\ln\frac{c_2}{c_1} = RT\ln\left(1+\frac{c_2-c_1}{c_1}\right) \tag{10-96}$$

对稀溶液而言，因为(c_2-c_1)与c_1相比很小，故$(c_2-c_1)/c_1$也很小。我们利用 $\ln(1+x)\approx x$(x很小) 后，式(10-96)可近似为

$$\Delta\mu = RT\frac{c_2-c_1}{c_1} \tag{10-97}$$

合并式(10-94)和式(10-97)，整理得基体相中小颗粒附近与大颗粒附近的浓度差为

$$c_2-c_1=\Delta c=\frac{2\gamma V_m c_1}{RT}\left(\frac{1}{r_2}-\frac{1}{r_1}\right) \tag{10-98}$$

设大颗粒的半径 $r_1\to\infty$，其界面附近的溶质浓度$c_1=c(\infty)$；小颗粒的半径$r_2=r$，其界面附近的溶质浓度$c_2=c(r)$，则式(10-98)变为

$$c(r)=c(\infty)\left(1+\frac{2\gamma V_m}{RTr}\right) \tag{10-99}$$

由上述可见，颗粒半径 r 越小，其表面附近的溶质浓度或固溶度越大，化学势也升高越多。这种因界面曲率半径减小而引起的自由能升高、溶解度增大，甚至熔点下降等现象称为 Gibbs-Thomson 效应(Gibbs-Thomson effects)。在纳米级颗粒中，这种效应尤为显著。因此，当过饱和固溶体析出大小不等的第二相(β 相)粒子时，由于 Gibbs-Thomson 效应，在大颗粒 β 相与小颗粒 β 相之间的基体中，溶质(B 组分)存在一定的浓度梯度。在此浓度梯度的作用下，溶质从 β 相的小颗粒流向 β 相的大颗粒。结果，β 相小颗粒变得更小，甚至消失。也就是说，较大的 β 相颗粒通过消耗小颗粒 β 相而长大，发生粗化，即 Ostwald 熟化。

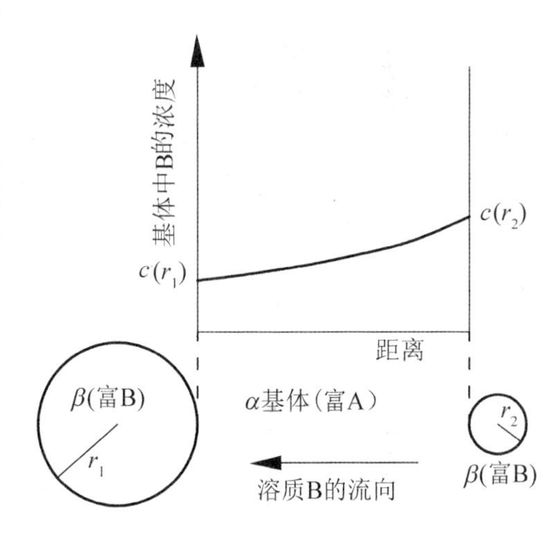

图 10.36　不同大小的第二相颗粒 β 相的 Ostwald 熟化示意图(这是一个 A、B 组元构成的二元系统。固溶体 α 和 β 分别是富 A 和富 B 相。图的上部分示意了随着大颗粒到小颗粒距离的增大，溶质 B 的浓度变化情况)(引自 Mittemeijer, 2013)

图 10.36 示意了沉淀颗粒之间的溶质浓度变化。在固溶体的脱溶沉淀中，主要是第二相粒子发生粗化，故这种情形中的 Ostwald 熟化也叫第二相粒子粗化。粗化后的尺寸可用式(10-93)所示的 LSW 方程得到。

通过对本章及前面章节的学习，读者可能已经了解到烧结、晶粒生长、相变与相平衡对材料显微结构的影响。在 9.1.3 节，我们介绍了材料的显微结构有晶粒、晶界、相、缺陷(如裂纹、气孔)等。这还不能完全表达显微结构的特征。材料显微结构的特征通常还包括材料所含空隙的大小、数目；每一个晶粒的相对数量、大小、形状和取向。前面章节未涉及晶粒取向。若材料中的晶粒取向具有一定的规律性或择优分布，则构成显微结构的一种特殊形式——织构。

10.9 材料中的织构

10.9.1 织构及其形成

1. 什么是织构

一般地，在多晶材料中，各晶粒在空间的取向是任意的，即各晶粒之间没有特定的位相关系。晶粒的这种取向分布叫无规分布或紊乱分布。相反，若各晶粒之间的取向具有一定的关联、晶粒的取向分布有一定的规律性，则晶粒的这种取向分布称为择优取向，简称织构(texture)。比如，金属经冷加工后，原来的等轴晶粒逐渐沿变形方向拉长而产生织构形貌，如图10.16所示。晶粒产生织构后，某些晶面或晶向彼此平行，且都平行于零件的某一外部参考方向(如棒的轴向、板的表面)。材料在拉拔时，若晶粒沿变形方向呈纤维状条纹分布，则构成纤维织构或丝织构(fiber texture)。若各晶粒在受轧制时，这些晶粒的某一晶面和晶向分别趋于与轧制平面和轧制方向相平行，则构成片层织构或板织构(sheet texture)。

2. 织构的形成

材料在发生变形时，晶粒发生转动而导致织构的形成。这种由材料变形而引起的织构称为形变织构，如上文提到的丝织构和板织构。下面我们对形变织构的形成做一说明。

在4.3.1节，我们提到金属单晶体在外加应力的作用下会产生滑移。滑移导致晶体表面形成滑移带、滑移线，如图10.37(a)及图4.11所示。当然，晶体在压应力的作用下也有滑移，如图10.37(b)所示。图10.37示意了单晶体在被拉伸时，滑移方向逐渐转到与应力方向相平行；而被压缩时，滑移面逐渐转到与应力方向相垂直。

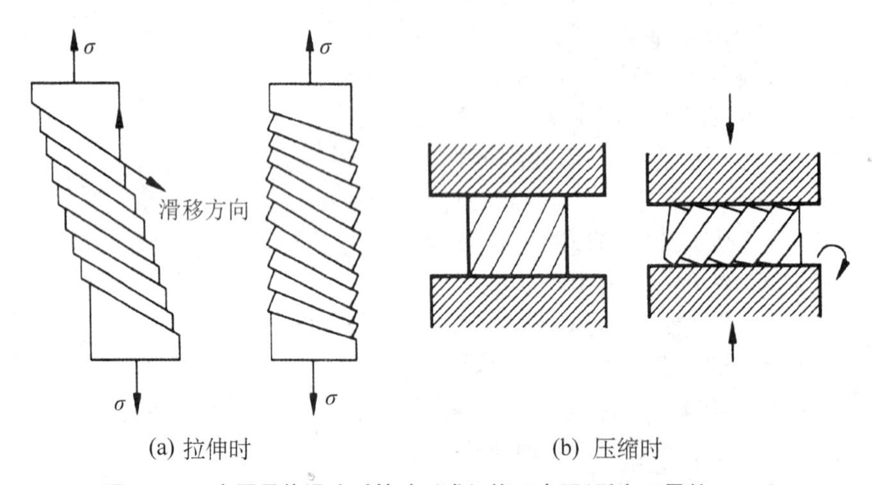

图10.37 金属晶体滑移时转动形成织构示意图(引自王昆林，2003)

现以拉伸为例介绍金属晶体在滑移时产生转动的原因。从图10.37(a)的中部取出相邻三层A、B和C层，如图10.38(a)所示。图中虚线表示滑移前的情形，滑移后的分层情形用实线表示。滑移前，B层的受力点分别在O_1、O_2点，这两点都在外加应力的轴上。根据对图4.12的分析，我们知道外加应力σ在滑移面上产生分切应力τ，在滑移面法线方向上也有一个拉应力σ_n，因而各层在分切应力的作用下产生滑移。B层产生滑移后，其受力点分别移动到O_1'、O_2'点。作用在O_1'的外加应力σ_1可分解为滑移面上的分切应力τ_1和法线方向的拉应力σ_{n1}。同理，作用在O_2'的外加应力σ_2也可分解为τ_2、σ_{n2}。这时，法线方向的两个拉应力σ_{n1}和σ_{n2}组成一对力偶。这对力偶使B层发生转向，并使滑移方向（或滑移面）与外力方向趋于平行。若滑移面上最大剪切应力方向与滑移方向不一致，如图10.38(b)所示，则垂直于滑移方向的分切应力τ_b和τ_b'组成力偶。这对力偶也会使晶粒转动而使其滑移方向趋于与最大剪切应力方向平行。

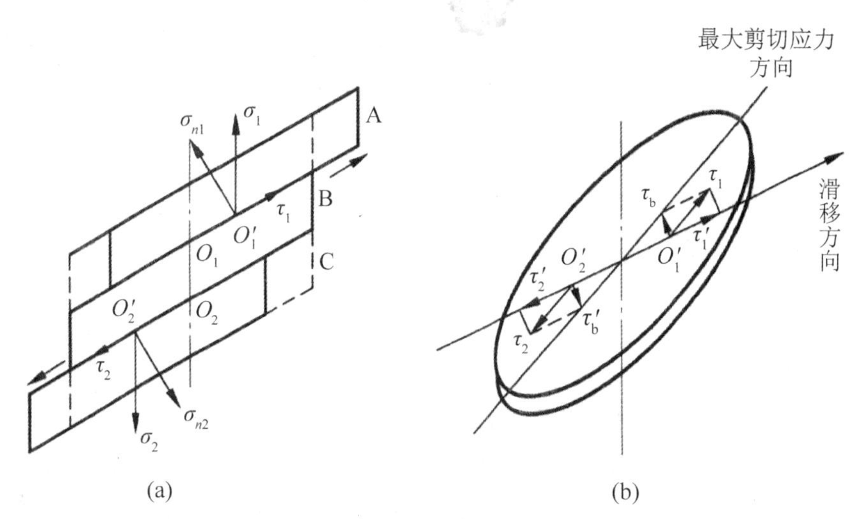

图10.38　金属晶体在拉伸时发生转动的机制示意图(引自王昆林,2003)

以上转动是针对单晶体来分析的。对多晶体而言，各晶粒在滑移的同时都有转动而与力轴平行或垂直的趋势。当多晶材料的变形量很大(70%～80%)时，各晶粒的取向几乎一致，从而产生择优取向，即产生织构。

形成织构的原因除了材料的变形（如冷加工）外，还有其他方法，如铸造、定向凝固、电镀、气相沉积、热加工、再结晶、模板法、流延法及磁化等，其中磁场取向技术已成为织构化陶瓷材料的制备方法之一。采用强磁场结合无压烧结的技术，人们已制备出具有织构的Si_3N_4陶瓷。

10.9.2　织构的描述

要描述织构，则需指出某个（或某些）晶向、晶面与试样的参考方向、参考面的关系。这些方法有以下几种（主要针对形变织构而言）。

1. 用晶向和晶面指数表示

对纤维织构或丝织构来说，人们以与线轴方向平行的晶向$\langle uvw\rangle$来表示织构。比如冷拉体心立方金属线材（如α-Fe）产生的$\langle 110\rangle$织构，这表示Fe丝中Fe晶粒的$\langle 110\rangle$方向平行于Fe丝的轴向。冷拉面心立方金属线材（如Cu）产生$\langle 111\rangle+\langle 100\rangle$织构。这表示有些晶粒的$\langle 111\rangle$∥丝轴，另一些晶粒的$\langle 100\rangle$∥丝轴。密排六方晶体的丝织构为$\langle 10\bar{1}0\rangle$。

对片层织构或板织构来说，人们以与轧制平面平行的晶面$\{hkl\}$和与轧制方向平行的$\langle uvw\rangle$晶向表示这类织构，记为$\{hkl\}\langle uvw\rangle$。比如，面心立方金属的典型板织构$\{110\}\langle 112\rangle$。这表明$\{110\}$面平行于轧制面，$\langle 112\rangle$晶向平行于轧制方向。面心立方的$\{110\}\langle 112\rangle$织构称为黄铜型织构。面心立方还有一种织构叫铜型织构，表示为$\{112\}\langle 111\rangle$。密排六方晶体的板织构为$\{0001\}\langle 11\bar{2}0\rangle$。

完全理想的织构中，晶粒取向如同单晶。但实际材料的织构中，晶粒取向在不同区域呈现不同程度的集中。这种织构可用极图表示。

2. 用正极图表示

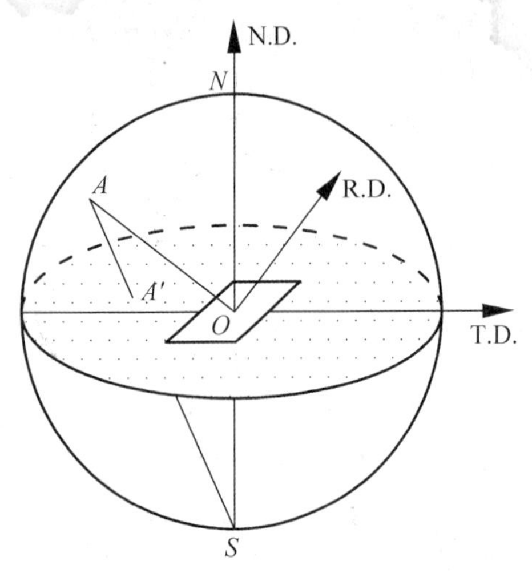

图 10.39 {hkl}面织构极图形成示意图

这是一种用极射赤道平面投影(简称极射赤面投影)表示在一定织构下某任意晶向或晶面在空间分布的方法。

取一参考球或投影球,如图 10.39 所示。以多晶材料的特征外观方向作为宏观参考系的三个坐标轴:如轧制平面的法线方向为 N. D.、轧制方向为 R. D. 及横向为 T. D.。这三个方向两两垂直。将轧制试样放在参考球的中心,并使投影球的赤道大圆平面(图 10.39 中的阴影面也是投影面)与试样压制面重合。由于我们只关注其中各晶面或晶向的取向,而不是它们的绝对位置,因此假定参考球的半径远大于晶体尺寸。这样,我们就可以认为所有晶面或晶向都通过球心。

对处于球心的晶体,我们从球心出发引某一晶面(hkl)的法线,并使法线与投影球面相交。图 10.39 中,某一晶面的法线 OA 与投影球相交于投影面上方的 A 点。将 A 点与投影面下方的 S 点连接后,与投影面交于 A'点。若法线与球面相交于投影面的下方,则将其与投影面上方的 N 点相连。对晶向来说,作法与此相同。比如,在做织构中的晶向取向时,读者可将图 10.39 中的 OA 当作某晶向,同样可作出晶向投影 A'点。

若材料中无织构,则各晶粒的取向是随机的。这样,该晶面的极点投影(A'点)均匀分布在整个投影面中。相反,若材料具有$\{hkl\}$或$\langle uvw\rangle$的织构或择优取向,其极点在投影圆上将集中分布在一定范围内。为此,人们常用影线在投影面上表示织构中的极点分布区域。影线越密的区域表示有很多晶粒的$\{hkl\}$晶面或$\langle uvw\rangle$晶向出现在该区域。影线稀疏则意思相反。若某区域没有影线,则说明没有几个晶粒的$\{hkl\}$或$\langle uvw\rangle$出现在该区域。图 10.40 表示了冷轧 Mg 板的$\{10\bar{1}1\}$极图。

织构极图还可用 X 射线衍射法测定,如图 10.41 所示。这种图主要是通过 X 射线衍射的等强度线来反映晶粒取向的集中程度。图 10.41 中的数值是 X 射线衍射强度的相对大小,它正比于该区的影线稀疏程度。数值大,则有很多晶粒的$\{hkl\}$晶面或$\langle uvw\rangle$晶向出现在该区域。再比如,XRD 及 X 射线极图表明 3Y - ZrO_2/Al_2O_3陶瓷经压缩后{110}、{113}、{300}有明显的织构特征。

织构还有其他描述法,如反极图。请读者查阅资料自学。

10.9.3 织构对材料性能的影响

由于质点排布的方向性,单晶体是各向异性的。实际使用中的材料很多是多晶材料。通常,多晶体中的晶粒取向在空间上是任意分布的。因而,人们称多晶材料的性质是准各向同性。而具有织构的多晶材料,由于晶粒取向趋于一致而具有各向异性的特点。但织构中的晶粒取向并非完全相同,故各向异性的程度又不如单晶体那么显著。因此,织构多晶材料的性能介于单晶材料和完全紊乱取向的多晶材料之间。

在性能方面,织构往往给金属的加工和使用带来麻烦,比如采用深冲压技术制备金属杯

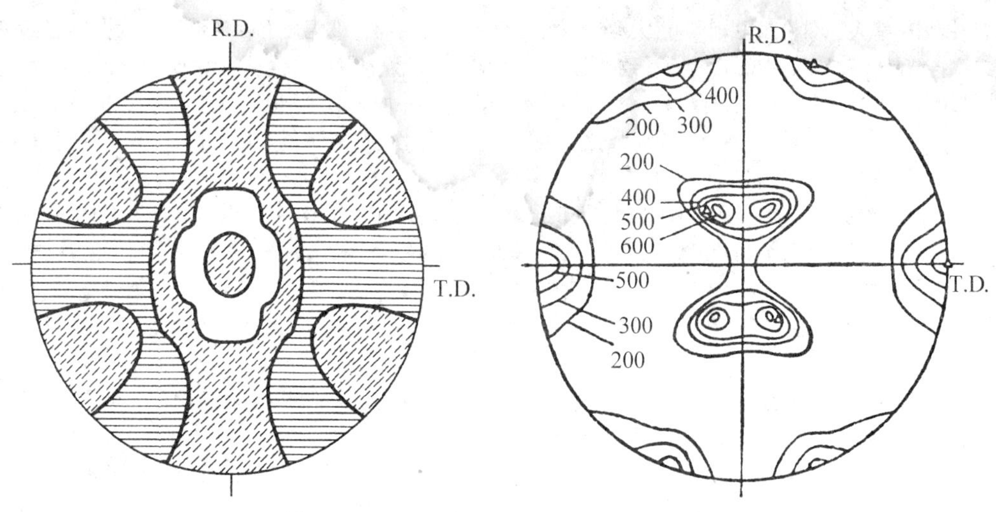

图 10.40 冷轧 Mg 板的{10$\bar{1}$1}极图(引自潘金生,2011)

图 10.41 Cu－30% Zn 合金经 95% 轧制后的(111)极图(引自徐祖耀,1986)

时,织构的产生会导致杯口具有凸起而不平整的"制耳"现象。具有形变织构的材料在再结晶时,可形成再结晶织构。再结晶织构中的各晶粒取向接近、取向差小,因而晶界迁移率低,这可以阻碍晶粒长大。若这类再结晶织构的材料中,有个别大角度晶界,则容易引起二次再结晶(即晶粒异常长大)。

人们在认识到了织构现象以后,如今更多的是利用织构制备出具有某种性能的材料。比如密排六方结构的 α－Ti 合金,若棒材中存在〈0001〉丝织构时,则所需的临界剪切应力较大,这导致合金的强度较高;当棒材存在〈10$\bar{1}$0〉丝织构时,需要的临界剪切应力较小,合金的强度较低,但塑性较好。

织构的利用实际是人们有意地利用材料的各向异性。比如,某晶粒(111)面或[110]方向具有某种特别的性能(如硬度、热膨胀性、磁性、导电性和透光性等)。多晶材料中,这些晶面或晶向是紊乱分布的,故(111)面或[110]方向特有的性能无法充分得到展现而被加以利用。若使晶粒的这些晶面或晶向择优取向,即形成织构,则其特有性能就能较充分地展示出来并得到利用。比如前文提到的 Fe－3%Si 硅钢片软磁材料,具有{011}〈100〉织构的多晶硅钢片能显著提高变压器的功率。利用 9.5.2 节介绍的定向凝固,人们也可获得轴向性能较其他方向好的柱状晶。

在陶瓷材料方面,织构化工艺已成为提高陶瓷性能的一个独辟蹊径的方法。在织构化过程中,陶瓷的显微结构得到控制而使其内部晶粒定向排列,从而有效地提高材料的介电、铁电、压电及力学性能。比如,织构化的 Al_2O_3 陶瓷,其弯曲强度和断裂韧性比非织构化的 Al_2O_3 陶瓷高出 30%以上。中科院上海硅酸盐研究所先进非氧化物陶瓷课题组的研究表明:织构化的 ZrB_2 基超高温陶瓷,其硬度、热导率和抗氧化等性能在特定方向得到显著改善;在垂直热锻压力的方向上,该陶瓷的抗弯强度与未织构化的样品相比,强度提高了 52%。

本章结语

本章主要介绍了烧结驱动力和机制、再结晶和晶粒生长基本过程。烧结是晶界逐渐取代粉末间的气固界面,并消除气孔的过程。其驱动力主要来自过剩表面能与晶界能之差。对烧结过程的描述主要有扩散理论和流动理论,其中扩散理论是基础。根据烧结理论,我们可找出影响烧结的主要因素:①原始粉料的粒度。粉料越细，致密化速率大。细粉料中，个别粗大颗粒容易导致二次再结晶。②温度和保温时间。为获得细晶组织、防止二次再结晶，高温短时间烧结是制备致密陶瓷和粉末冶金制品的较好方法。③添加剂的作用。引入少量添加剂形成的液相或固溶体可促进烧结。④外加压力的作用。外加压力可加速粉末体间气孔的排除，促进致密化。添加剂和压力在烧结中的使用属于强化烧结的内容。强化烧结能降低烧结温度、提高烧结速率和强化烧结体性能（包括合金化或抑制晶粒生长）。

烧结中后期涉及晶粒生长，而晶粒生长不仅仅出现在烧结过程中。有残余应力和储存能的材料在去应力退火时，先后经历回复和再结晶而形成无畸变晶粒。无畸变晶粒的长大为晶粒生长。无畸变晶粒均匀长大叫正常生长。在此过程中个别晶粒的异常长大称为二次再结晶。许多情况下，二次再结晶会削弱材料的机电性能。再结晶、晶粒的正常生长或异常生长都是晶界移动的结果。再结晶、晶粒的生长前后因无结构和成分的变化，故不属于相变。

本章最后，我们简介了显微结构中晶粒的择优取向形成的织构。尽管织构给材料的制备带来一些不利影响，但如今人们却在利用织构制备具有特殊性能的材料。

至此，本书已将材料科学得以诞生的三个必要条件：原子和晶体学说、相平衡和显微组织所涉及的一些基本理论向读者做了介绍。这些理论主要是通过实验建立起来的。如同我们在第 1 章提到的，在理论和实验的基础上，人们已经开始采用预先设计再计算的方法来预测材料的结构和性能，而材料信息学、材料基因组计划为缩短材料设计周期、提高制备材料的成功率带来一线生机。但按需制备具有特定结构的材料仍是任重道远。请有兴趣的读者查阅相关资料来自行学习。

推荐读物

[1] 高濂，宫本大树. 高温等静压烧结 Al_2O_3 - ZrO_2 纳米陶瓷[J]. 无机材料学报，1999，14(3)：495 - 498.

[2] 王焕平，张斌，马红萍，等. CuO - TiO_2 复合助剂低温烧结氧化铝陶瓷的机理（Ⅱ）[J]. 材料研究学报，2010，24(1)：37 - 43.

[3] 范景莲，陈玉柏，韩勇，等. 超细 Mo - 30Cu 复合粉末的烧结行为[J]. 材料研究学报，2009，23(4)：363 - 368.

[4] Burke J E, Turnbull D. Recrystallization and grain growth [J]. Progress in Metal Physics, 1952, 3：220 - 244.

[5] 王非，张凯锋，王国峰. Al_2O_3 - ZrO_2 复相陶瓷压缩变形织构及其对组织性能的影响[J]. 无机材料学报，2008，23(6)：1141 - 1146.

附　录

附录 1　晶体的对称分类

晶族	晶系	对称特点	对称型	晶体实例
低级	三斜	无 P 和L^2	L^1	高岭石
			C	蓝晶石
	单斜	L^2或 P 不多于一个	L^2	斜长石
			P	埃洛石
			L^2PC	正长石
	正交	L^2或 P 多于一个	$3L^2$	泻利盐
			L^22P	异极矿
			$3L^23PC$	橄榄石
中级	三方	1 个三次轴L^3或L_i^3	L^3	细硫砷铅矿
			L^33L^2	α-石英
			$L^3C=L_i^3$	白云石
			L^33P	电气石
			L^33L^23PC	方解石
	四方	1 个四次轴L^4或L_i^4	L^4	彩钼铅矿
			L^44L^2	镍矾
			L^4PC	方柱石
			L^44P	轻铜铅矿
			L^44L^25PC	金红石
			L_i^4	铅硅酸钙
			$L_i^42L^22P$	黄铜矿
	六方	1 个六次轴L^6或L_i^6	L^6	霞石
			L^66L^2	β-石英
			L^6PC	磷灰石
			L^66P	红锌矿
			L^66L^27PC	绿柱石
			$L_i^6=L^3P$	酒石酸锑锶
			$L_i^63L^23P=L^33L^24P$	兰锥石

续表

晶族	晶系	对称特点	对称型	晶体实例
高级	立方	4 个三次轴L^3	$3L^2 4L^3$	香花石
			$3L^2 4L^3 3PC$	黄铁矿
			$3L_i^4 4L^3 6P$	闪锌矿
			$3L^4 4L^3 6L^2$	赤铜矿
			$3L^4 4L^3 6L^2 9PC$	萤石

附录 2　14 种布拉维格子

	简单格子 P	底心格子 C	体心格子 I	面心格子 F
三斜晶系 (Triclinic)	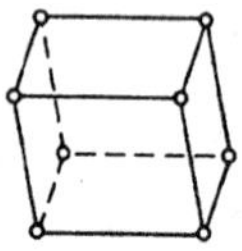 简单三斜	$C=P$	$I=P$	$F=P$
单斜晶系 (Monoclinic)	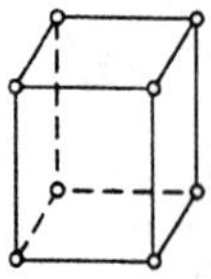 简单单斜	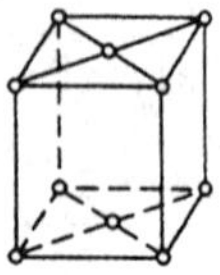 底心单斜	$I=C$	$F=C$
正交晶系 (Orthorhombic)	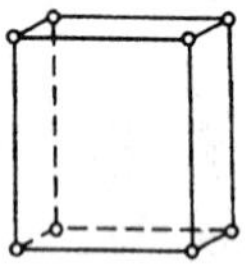 简单正交	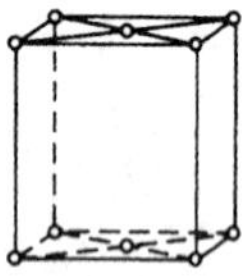 底心正交	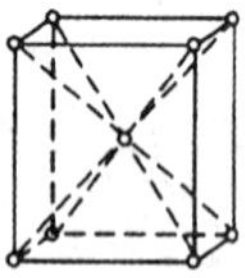 体心正交	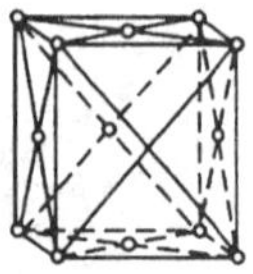 面心正交
三方晶系 (Trigonal)	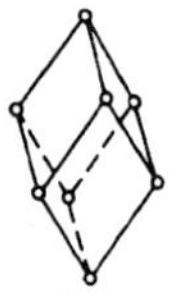 菱方	与本晶系对称不符	$I=P$	$F=P$
四方晶系 (Tetragonal)	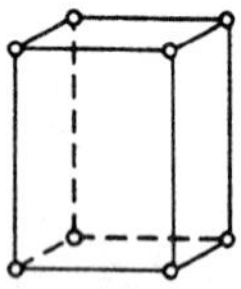 简单四方	$C=P$	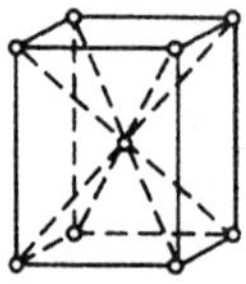 体心正方	$F=I$
六方晶系 (Hexagonal)	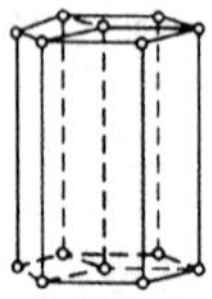 简单六方	与本晶系对称不符	$I=P$	$F=P$

续表

	简单格子 *P*	底心格子 *C*	体心格子 *I*	面心格子 *F*
立方晶系（Cubic）	简单立方	与本晶系对称不符	体心立方	面心立方

附录 3　部分常见离子的半径

离子	配位数	半径/Å	离子	配位数	半径/Å	离子	配位数	半径/Å
Ag^{+}	2	0.67	Ce^{4+}	6	0.87		6	0.62
	4	1.00		8	0.97	Gd^{3+}	6	0.94
	6	1.15	Cl^{-}	6	1.81		8	1.05
	8	1.28	Co^{2+}	4	0.56	Hf^{4+}	4	0.58
Al^{3+}	4	0.39		6 LS	0.65		6	0.71
	6	0.54	Co^{3+}	6 LS	0.55		8	0.83
As^{3+}	6	0.58	Cr^{3+}	6	0.62	In^{3+}	4	0.62
As^{5+}	4	0.34	Cs^{+}	6	1.67		6	0.80
	6	0.46		8	1.74	K^{+}	4	1.37
B^{3+}	3	0.01	Cu^{+}	2	0.46		6	1.38
Ba^{2+}	6	1.35		4	0.60		8	1.51
	8	1.42	Cu^{2+}	4	0.57	Mg^{2+}	4	0.57
Be^{2+}	4	0.27		6	0.73		6	0.72
	6	0.45	F^{-}	2	1.29		8	0.89
C^{4+}	4	0.15		4	1.31	Mn^{2+}	4	0.66
	6	0.16		6	1.33		6	0.83
Ca^{2+}	6	1.00	Fe^{2+}	4	0.63		6 LS	0.67
	8	1.12		6	0.78	Mn^{3+}	6	0.65
Cd^{2+}	4	0.78		6 LS	0.61		6 LS	0.58
	6	0.95	Fe^{3+}	4	0.49	Mn^{4+}	4	0.39
Ce^{3+}	6	1.01		6	0.65		6	0.53
	8	1.14		6 LS	0.55	N^{3+}	6	0.16
	9	1.20	Ga^{3+}	4	0.47	N^{5+}	6	0.13

续表

离子	配位数	半径/Å	离子	配位数	半径/Å	离子	配位数	半径/Å
Na^{+}	4	0.99	Sb^{3+}	4 Py	0.76		8	1.00
	6	1.02		6	0.76		12	1.17
	8	1.18	Sb^{5+}	6	0.60	V^{2+}	6	0.79
Nb^{3+}	6	0.72	Se^{4+}	6	0.50	V^{3+}	6	0.64
Nb^{5+}	4	0.48	Se^{6+}	4	0.28	V^{4+}	5	0.53
	6	0.64		6	0.42		6	0.58
	8	0.74	Si^{4+}	4	0.26		8	0.72
Ni^{2+}	4	0.55		6	0.40	V^{5+}	4	0.36
	4 Sq	0.49	Sn^{2+}	6	0.96		5	0.46
	6	0.69	Sn^{4+}	4	0.55		6	0.54
Ni^{3+}	6	0.56		6	0.69	W^{4+}	6	0.66
O^{2-}	2	1.35		8	0.81	W^{5+}	6	0.62
	4	1.38	Sr^{2+}	6	1.18	W^{6+}	4	0.42
	6	1.40		8	1.26		5	0.51
OH^{2-}	2	1.32		10	1.36		6	0.60
	4	1.35		12	1.44	Y^{3+}	6	0.90
	6	1.37	Ta^{3+}	6	0.72		8	1.02
P^{5+}	4	0.17	Ta^{4+}	6	0.68		9	1.08
	5	0.29	Ta^{5+}	6	0.64	Zn^{2+}	4	0.60
	6	0.38		7	0.69		6	0.74
Pb^{2+}	4 Py	0.98		8	0.74		8	0.90
	6	1.19	Ti^{2+}	6	0.86	Zr^{4+}	4	0.59
	8	1.29	Ti^{3+}	6	0.67		6	0.72
Pb^{4+}	4	0.65	Ti^{4+}	4	0.42		8	0.84
	6	0.78		6	0.61		9	0.89
	8	0.94		8	0.74			
S^{2-}	6	1.84	U^{4+}	6	0.89			

注：据 R. D. Shannon，Acta Crystallographica Section A，32，1976：751－767.

LS 为低自旋态(low-spin state)，Sq 为平面正方形配位(square configuration)，Py 为锥状配位(pyramidal)。

附录 4　部分晶体结构的 Strukturbericht 结构编号和 Pearson 符号

结构编号	Pearson 符号	晶体结构类型	结构编号	Pearson 符号	晶体结构类型	结构编号	Pearson 符号	晶体结构类型
A1	cF4	Cu	B10	tP4	PbO	C32	hP3	AlB_2
A2	cI2	W	B11	tP4	γ-CuTi	C33	hR5	Bi_2Te_2S
A3	hP2	Mg	B13	hR6	NiS	C34	mC6	$AuTe_2$
A4	cF8	金刚石	B16	oP8	GeS	C36	hP24	$MgNi_2$
A5	tI4	β-Sn	B17	tP4	PtS	C37	oP12	Co_2Si
A6	tI2	In	B18	hP12	CuS	C38	tP6	Cu_2Sb
A7	hR2	α-As	B19	oP4	AuCd	C40	hP9	$CrSi_2$
A8	hP3	γ-Se	B20	cP8	FeSi	C49	oC12	$ZrSi_2$
A9	hP4	石墨	B27	oP8	FeB	C54	oF24	$TiSi_2$
A10	hR1	α-Hg	B29	oP8	SnS	$D0_2$	cI32	$CoAs_3$
A11	oC8	α-Ga	B31	oP8	MnP	$D0_3$	cF16	BiF_3
A12	cI58	α-Mn	B34	tP16	PbS	$D0_9$	cP4	ReO_3
A13	cP20	β-Mn	B35	hP6	CoSn	$D0_{11}$	oP16	Fe_3C
B1	cF8	NaCl	B37	tI16	TlSe	$D0_{22}$	tI8	$TiAl_3$
B2	cP2	CsCl	C1	cF12	CaF_2	$D2_1$	cP7	CaB_6
B3	cF8	闪锌矿	C2	cP12	黄铁矿	$D5_1$	hR10	α-Al_2O_3
B4	hP4	纤锌矿	C3	cP6	赤铜矿	$D10_1$	oP40	Cr_7C_3
$B8_1$	hP4	NiAs	C4	tP6	金红石	$E2_1$	cP5	钙钛矿
$B8_2$	hP6	Ni_2In	C6	hP3	CdI_2	$H1_1$	cF56	$MgAl_2O_4$
B9	hP6	HgS	C7	hP6	MoS_2	$L1_1$	hR32	CuPt

附录 5　材料学科部分中英文期刊

全　称	缩　写	数据库或网址
Journal of the American Ceramic Society	J. Am. Ceram. Sco.	Wiley
Advanced Materials	Adv. Mater.	Wiley
Advanced Engeering Materials	Adv. Eng. Mater.	Wiley
Materials and Corrosion	Mater. Corros.	Wiley
Advanced Materials Interfaces	Adv. Mater. Interfaces	Wiley
International Journal of Applied Ceramic Technology	Int. J. Appl. Ceram. Tec.	Wiley
International Journal of Applied Glass Science	Int. J. Appl. Glass Sci.	Wiley
Progress in Materials Science	Prog. Mater. Sci.	Sciencedirect
Acta Materialia	Acta. Mater.	Sciencedirect
Scripta Materialia	Scripta. Mater.	Sciencedirect
Materials Chemistry and Physics	Mater. Chem. Phys.	Sciencedirect

续表

全　称	缩　写	数据库或网址
Materials Letters	Mater. Lett.	Sciencedirect
Journal of the European Ceramic Society	J. Eur. Ceram. Soc.	Sciencedirect
Materials Science and Engineering A	Mat. Sci. Eng. A-struct.	Sciencedirect
Ceramics International	Ceram. Int.	Sciencedirect
Computational Materials Science	Comp. Mater. Sci.	Sciencedirect
Carbon	Carbon	Sciencedirect
Materials Research Bulletin	Mater. Res. Bull.	Sciencedirect
Cement and Concrete Research	Cement Concrete Res.	Sciencedirect
Construction and Building Materials	Constr. Build Mater.	Sciencedirect
Corrosion Science	Corros. Sci.	Sciencedirect
Surface Science	Surf. Sci.	Sciencedirect
Applied Surface Science	Appl. Surf. Sci.	Sciencedirect
Physica B：Condensed Matter	Physica B Condens. Matter.	Sciencedirect
Materials Science	Mater. Sci.	Springerlink
Journal of Materials Science	J. Mater. Sci.	Springerlink
Bulletin of Materials Science	Bull. Mater. Sci.	Springerlink
Glass and Ceramics	Glass Ceram.	Springerlink
Applied Composite Materials	Appl. Compos. Mater.	Springerlink
Oxidation of Metals	Oxid. Met.	Springerlink
Inorganic Materials	Inorg. Mater.	Springerlink
Journal of Advanced Ceramics	J. Adv. Ceram.	Springerlink
Inorganic Materials：Applied Research	Inorg. Mater. Appl. Res.	Springerlink
Glass Physics and Chemistry	Glass Phys. Chem.	Springerlink
Refractories and Industrial Ceramics	Refract. Ind. Ceram.	Springerlink
Metal Science and Heat Treatment	Met. Sci. Heat Treat	Springerlink
Journal of Polymer Research	J. Polym. Res.	Springerlink
Chemistry of Materials	Chem. Mater.	American Chemical Society，ACS
Physical Review B	Phys. Rev. B	American Physical Society，APS
Journal of Physics：Condensed Matter	J. Phys-Condens Mat.	IOPscience
Journal of Materials Chemistry	J. Mater. Chem.	Royal Society of Chemistry，RSC
Nature Material	Nat. Mater.	www. nature. com/nmat/index. html
Science	Science	Science
无机材料学报		http://www. jim. org. cn
金属学报		http://www. ams. org. cn
材料研究学报		http://www. cjmr. org
新型碳材料		http://xxtcl. sxicc. ac. cn
其他中文期刊	材料工程、金属加工、钢铁研究学报、钢铁、稀有金属材料与工程、高分子材料科学与工程、玻璃、玻璃与搪瓷、水泥、混凝土与水泥制品、水泥工程、陶瓷工程、建筑卫生陶瓷、硅酸盐学报、硅酸盐通报、人工晶体学报	

参考文献

[1] Kittle C. 固体物理导论[M]. 项金钟，吴兴惠，译. 北京：化学工业出版社，2005.

[2] 赵珊茸，边秋娟，凌其聪. 结晶学与矿物学[M]. 北京：高等教育出版社，2004.

[3] 方俊兴，陆栋. 固体物理学(上册)[M]. 上海：上海科学技术出版社，1980.

[4] Moses A J. Haüy's law of rational intercepts [J]. American Mineralogist, 1918,3:132 - 133.

[5] 冯端，金国均. 凝聚态物理学(上卷)[M]. 北京：高等教育出版社，2003.

[6] 杨坤光，袁晏明. 地质学基础[M]. 武汉：中国地质大学出版社，2009.

[7] 王萍，李国昌. 结晶学教程[M]. 北京：国防工业出版社，2006.

[8] 蔡珣. 材料科学与工程基础[M]. 上海：上海交通大学出版社，2010.

[9] 周公度. 关于晶体学的一些概念[J]. 大学化学，2006,21(6):12 - 19.

[10] 陈敬中. 晶体学、准晶体学的发生和发展[J]. 地球科学(中国地质大学学报)，1993,18(S):1 - 12.

[11] 中国科学院. 中国学科发展战略——材料科学[M]. 北京：科学出版社，2013.

[12] 关振铎，张中太，焦金生. 无机材料物理性能[M]. 2版. 北京：清华大学出版社，2011.

[13] 陈波. 从“荒谬”到科学：准晶体的发现及研究进展[J]. 化学教学，2012(1):3 - 7.

[14] 郭可信. 准晶的晶体学特征[J]. 化学进展，1994,6(4):266 - 279.

[15] Bindi L, Steinhardt P J, Yao N, et al. Natural quasicrystals [J]. Science, 2009, 324(5932): 1306 - 1309.

[16] Mackay A L. Generalized crystallography [J]. Structural Chemistry, 2002,13(3 - 4):215 - 220.

[17] Cahn R W. 走进材料科学[M]. 杨柯，等译. 北京：化学工业出版社，2008.

[18] Weintraub B. Victor moritz goldschmidt: father of modern geochemistry and of crystal chemistry [J]. Chemistry in Israel, Bulletin Israel Chemistry Society, 2005(2):42 - 46.

[19] Pauling L. The principles determining the structure of complex ionic crystals [J]. Journal of the American Chemical Society, 1929,51(4):1010 - 1026.

[20] 冯端. 金属物理学[M]. 北京：科学出版社，1987.

[21] 宋晓岚，黄学辉. 无机材料科学基础[M]. 北京：化学工业出版社，2006.

[22] 陆佩文. 硅酸盐物理化学[M]. 南京：东南大学出版社，1991.

[23] Kingery W D, Bowen H K, Uhlmann D R. 陶瓷导论[M]. 北京：高等教育出版社，2010.

[24] 冯端，师昌绪，刘治国. 材料科学导论[M]. 北京：化学工业出版社，2002.

[25] Wasastjerna J A. On the radii of ions [J]. Commentationes Physico-Mathematicae, Soc. Scientiarum Fennica, 1923,1(38):1 - 25.

[26] Shannon R D. Revised effective ionic radii and systematic studies of interatomic distances in halides and chalcogenides [J]. Acta Crystal A, 1976,32: 751 - 767.

[27] 田荷珍. 鲍林与现代化学[J]. 大学化学，1987,2(2):56 - 59.

[28] Henkel D, Pense A W. Structure and properties of engineering materials [M]. fifth edition. 北京：清华大学出版社，2008.

[29] Mittemeijer E J. 材料科学基础[M]. 刘永长，余黎明，马宗青，译. 北京：机械工业出版社，2013.

[30] 毛卫民. 晶体的结构原理[M]. 北京：冶金工业出版社，2007.

[31] 潘金生，仝建民，田永波. 材料科学基础[M]. 北京：清华大学出版社，2011.

[32] Wei L, Kuo P K, Thomas R L, et al. Thermal conductivity of isotopically modified single crystal diamond [J]. Physical Review Letters, 1993,70(24):3764 - 3767.

[33] Askeland D R, Phule P P. The science and engineering of materials [M]. fourth edition. 北京：清华大学出版社，2005.
[34] Ross I M. The invention of the transistor [J]. Proceedings of the IEEE, 1998,86(1):7-28.
[35] 马仁志，魏秉庆，徐才录，等. 基于碳纳米管的超级电容器[J]. 中国科学(E辑)，2000(2):112-116.
[36] Heiney P A, Fischer J E, McGhie A R, et al. Orientational ordering transition in solid C60 [J]. Physical Review Letters, 1991,66(22):2911-2914.
[37] Krätschmer W, Lamb L D, Fostiropoulos K, et al. Solid C_{60}: a new form of carbon [J]. Nature, 1990, 347:354-358.
[38] 熊家炯. 材料设计[M]. 天津：天津大学出版社，2000.
[39] The Royal Swedish Academy of Sciences. Graphene [R]. 2010.
[40] Geim A K, Novoselov K S. The rise of graphene [J]. Nature Materials, 2007,6(3):183-191.
[41] Kobayashi K. First-principles study of the electronic properties of transition metal nitride surfaces [J]. Surface Science, 2001,493:665-670.
[42] Zaoui A, Bouhafs B, Ruterana P. First-principles calculations on the electronic structure of TiC_xN_{1-x}, $Zr_xNb_{1-x}C$ and HfC_xN_{1-x} alloys [J]. Materials Chemistry and Physics, 2005,91(1):108-115.
[43] Zaoui A, Kacimi S, Bouhafs B, Roula A, First-principles study of bonding mechanisms in the series of Ti, V, Cr, Mo, and their carbides and nitrides [J]. Physica B, 2005,358:63-71.
[44] Sahnoun M, Daul C, Driz M, et al. FP-LAPW investigation of electronic structure of TaN and TaC compounds [J]. Computational Materials Science, 2005,33(1-3):175-183.
[45] Amriou T, Bouhafs B, Aourag H, et al. FP-LAPW investigations of electronic structure and bonding mechanism of NbC and NbN compounds [J]. Physica B, 2003,325:46-56.
[46] 国家自然科学基金委员会工程与材料学部. 无机非金属材料科学[M]. 北京：科学出版社，2006.
[47] 谢志鹏. 结构陶瓷[M]. 北京：清华大学出版社，2011.
[48] Bellamy B, Baker T W, Livey D T, et al. The lattice parameter and density of beryllium oxide determined by precise X-ray methods [J]. Journal of Nuclear Materials, 1962,6(1):1-4.
[49] 章永凡，林伟，王文峰，等. 3d 过渡金属碳化物相稳定性和化学键的第一性原理研究[J]. 化学学报，2004,62(11):1041-1048.
[50] Upadhya K, Yang J M, Hoffman W. Advanced materials for ultrahigh temperature structural applications above 2000℃ [R]. Edwards AFB: 1998, AFRL-PR-ED-TP-1998-007.
[51] 刘东亮，金永中，邓建国. 超高温陶瓷材料的抗氧化性[J]. 陶瓷学报，2010,31(1):151-157.
[52] Bongiorno A, Först C J, Kalia R K, et al. A perspective on modeling materials in extreme environments: oxidation of ultrahigh-temperature ceramics [J]. MRS Bulletin, 2006,31:410-418.
[53] Clougherty E V, Pober R L, Kaufman L. Synthesis of oxidation resistant metal diboride composites [J]. Transaction of the Metallurgic Society of AIME, 1968,242:1077-1082.
[54] Justin J F, Jankowiak A. Ultra high temperature ceramics: densification, properties and thermal stability [J]. Journal AerospaceLab, 2011(3):1-11.
[55] 周玉. 陶瓷材料学[M]. 2 版. 北京：科学出版社，2004.
[56] 殷之文. 电介质物理[M]. 2 版. 北京：科学出版社，2003.
[57] Sugimoto M. Multiferroics: past, present and future [J]. Journal of the American Ceramic Society, 1999,82(2):269-280.
[58] Jiang C, Srinivasan S G, Caro A, et al. Structural, elastic and electronic properties of Fe_3C from first principles [J]. Journal of Applied Physics, 2008,103,043502.
[59] Schneider H, Schreuer J, Hildmann B. Structure and properties of mullite — A review [J]. Journal of the European Ceramic Society, 2008,28:329-344.
[60] Angel R J, Prewitt C T. Crystal structure of mullite: A re-examination of the average structure [J]. American Mineralogist, 1986,71:476-1482.

[61] 蒋平.层状结构化合物研究的进展[J].物理学进展,1982,2(2):202-227.
[62] 李新禄,康飞宇.从第13届国际插层化合物大会看插层化合物的最新发展趋势[J].新型炭材料,2005,20(3):286-288.
[63] LeBaron P C, Wang Z, Pinnavaia T J. Polymer-layered silicate nanocomposites: an overview [J]. Applied Clay Science, 1999,15:11-29.
[64] 王世敏,许祖勋,傅晶.纳米材料制备技术[M].北京:化学工业出版社,2002.
[65] 王中林,康振川.功能材料与智能材料[M].北京:科学出版社,2002.
[66] 时东陆.关于纳米随想两则[J].科学,2008(2):2-4.
[67] 刘培生.晶体点缺陷基础[M].北京:科学出版社,2010.
[68] 钱临照.晶体缺陷研究的历史回顾[J].物理,1980,9(4):289-296.
[69] Smyth D M. The defect chemistry of metal oxides [M].西安:西安交通大学出版社,2006.
[70] Kröger F A, Vink H J. Relations between the concentrations of imperfections in crystalline solids [J]. Solid State Physics, 1956,3:307-435.
[71] 梁秀兵,魏敏,程江波,等.高熵合金新材料的研究进展[J].材料工程,2009(12):75-79.
[72] 张勇,周云军,陈国良.快速发展中的高熵溶体合金[J].物理,2008,37(8):600-605.
[73] Basu B. Toughening of yttria-stabilised tetragonal zirconia ceramics [J]. International Materials Reviews, 2005,50(4):239-256.
[74] 杨顺华.晶体位错理论基础(第1卷)[M].北京:科学出版社,2000.
[75] Wilde J, Cerezoa A, Smith G D W. Three-dimensional atomic-scale mapping of a cottrell atmosphere around a dislocation in iron [J]. Scripta Materialia, 2000,43(1):39-48.
[76] 袁建军,方琪,刘智恩.晶须的研究进展[J].材料科学与工程,1996,14(4):1-7.
[77] Vogel F L, Pfann W G, Corey H E, et al. Observations of dislocations in lineage boundaries in germanium [J]. Physics Review, 1953,90(3):489-490.
[78] Hardouin Duparc O B M. A review of some elements in the history of grain boundaries, centered on georges friedel, the coincident "site" lattice and the twin index [J]. Journal of Materials Science, 2011, 46(12):4116-4134.
[79] 葛庭燧.固体内耗理论基础——晶界弛豫与晶界结构[M].北京:科学出版社,2000.
[80] 李红军,赵广军,曾雄辉,等.高温闪烁晶体中Ce:YAP中的小角度晶界[J].无机材料学报,2004,19(5):1186-1190.
[81] Hansen N, Huang X, Winther G. Effect of grain boundaries and grain orientation on structure and properties [J]. Metallurgical and Materials Transactions A, 2011,42(3):613-625.
[82] 曹立礼.材料表面科学[M].北京:清华大学出版社,2007.
[83] 许并社.材料界面的物理与化学[M].北京:化学工业出版社,2006.
[84] Bechstedt F.表面物理原理[M].北京:科学出版社,2007.
[85] 孙牧,谢仿卿,王恩哥.表面科学研究回顾与21世纪发展展望[J].物理,1999,28(8):475-479.
[86] 徐滨士,马世宁,刘世参,等.表面工程技术的发展和应用[J].物理,1999,28(8):494-499.
[87] Ruberto C, Lundqvist B I. Nature of adsorption on TiC (111) investigated with density-functional calculations [J]. Physical Review B, 2007,75:235438.
[88] 徐野川,刘邦贵.半导体硅重构表面及其相变动力学的研究进展[J].物理,2008,37(9):628-630.
[89] 沈毓沂.晶体表面的几何结构[J].物理,1981,10(3):166-171.
[90] Jiang D E. Carter E A. Carbon atom adsorption on and diffusion into Fe(110) and Fe(100) from first principles [J]. Physical Review B, 2005,71:045402.
[91] Vines F, Sousa C, Illas F, et al. A systematic density functional study of molecular oxygen adsorption and dissociation on the (001) surface of group Ⅳ-Ⅵ transition metal carbides [J]. Journal of Physical Chemistry C, 2007,111:16982-16989.
[92] Rodriguez J A, Liu P, Dvorak J, et al. The interaction of oxygen with TiC (001): photoemission and

first-principles studies [J]. Journal of Chemical Physics, 2004,121(1):465 - 474.
[93] 曲哲,谢天生. 磷的偏聚与 Ni - P 非晶的退火脆性[J]. 金属学报,1990,23(5): B331 - B335.
[94] Liu W, Liu X, Zheng W T, et al. Surface energies of several ceramics with NaCl structure [J]. Surface Science, 2006,600:257 - 264.
[95] 洪广言. 无机固体化学[M]. 北京: 科学出版社,2002.
[96] 许金泉. 界面力学[M]. 北京: 科学出版社,2006.
[97] Cao X Q, Vassen R, Stoever D. Ceramic materials for thermal barrier coatings[J]. Journal of the European Ceramic Society, 2004,24:1 - 10.
[98] Cho J R, Ha D Y. Volume fraction optimization for minimizing thermal stress in Ni - Al_2O_3 functionally graded materials [J]. Materials Science and Engineering A, 2002,334:147 - 155.
[99] Widjaja S, Limarga A M, Yip T H. Modeling of residual stresses in a plasma-sprayed zirconia/alumina functionally graded-thermal barrier coating [J]. Thin Solid Film, 2003,434:216 - 227.
[100] 朱贵宏,杜昊,贺春林. 硬质与超硬涂层[M]. 北京: 化学工业出版社,2007.
[101] 汪卫华. 非晶态物质的本质和特性[J]. 物理学进展,2013,33(5):177 - 351.
[102] 干福熹. 中国古代玻璃的起源和发展[J]. 自然杂志,2006(4):187 - 193.
[103] Zacharmsen W H. The atomic arrangement in glass [J]. Journal of the American Chemical Society, 1932:3841 - 3851.
[104] Muldawer L. Bertram Eugene Warren (1902—1991) [J]. Journal of Applied Crystallography, 1996, 29:309 - 310.
[105] Warren B E. X-Ray determination of the structure of glass [J]. Journal of the American Ceramic Society, 1934,17:249 - 254.
[106] Warren B E. X-Ray determination of the structure of liquids and glass [J]. Journal of Applied Physics, 1937,8(10):645 - 654.
[107] Warren B E, Biscce J. The structure of silica glass by x-ray diffraction studies [J]. Journal of the American Ceramic Society, 1938,21(2):49 - 54.
[108] 王文采,陈玉. Fe - Ge 非晶薄膜的短程序结构[J]. 金属学报,1989,25(1): B31 - B36.
[109] Dislich H, Hinz P. History and principles of the sol gel process and some new multicomponent oxide coatings [J]. Journal of Non-Crystalline Solids, 1982(48):11 - 16.
[110] Lu K. Nanocrystalline metals crystallized from amorphous solids: nanocrystallization, structure and properties [J]. Materials Science and Engineering, 1996,R16:161 - 221.
[111] Sun K H. Fundamental condition of glass formation [J]. Journal of the American Ceramic Society, 1947,30(9):277 - 281.
[112] Hench L L. The story of Bioglass® [J]. Journal of Materials Science: Materials in Medicine, 2006, (17):967 - 978.
[113] Nakajima H. The discovery and acceptance of the kirkendall effect: The result of a short research career [J]. JOM, 1997,49(6):15 - 19.
[114] Darken L S. Diffusion of carbon in austenite with a discontinuity in composition [J]. Transactions of the American Institute of Mining and Metallurgical Engineers, 1949,180:430 - 438.
[115] 唐建新,程继红,曾照强,等. Ti - B_4C 反应机理和扩散路径的研究[J]. 无机材料学报,2000,15(5): 884 - 888.
[116] Zener C. Ring diffusion in metals [J]. Acta Crystallographica, 1950,3:346 - 354.
[117] 赵慕愚,肖良质. 不求闻达、惟求真知的一生——美国物理学家吉布斯传略[J]. 自然杂志,1985,8(6): 466 - 468.
[118] 刘玉芹. 硅酸盐陶瓷相图[M]. 北京: 化学工业出版社,2011.
[119] Oganov A R, Ono S. The high-pressure phase of alumina and implications for Earth's D"layer [J]. PNAS, 2005,102(31):10828 - 10831.

[120] Marton F C, Cohen R E. Prediction of a high-pressure phase transformation in Al_2O_3 [J]. American Mineralogist, 1994,79: 789 - 792.

[121] Duan W H, Wentzcovitch R M, Thomson K T. First-principles study of high-pressure alumina polymorphs [J]. Physical Review B, 1998,57(17):10363 - 10369.

[122] Liu D, Jin Y, Deng J. Ab initio calculations of the relationship between the alpha alumina toughness and its electronic structure under pressure [J]. Computational Materials Science, 2009,45:310 - 314.

[123] 傅献彩,陈瑞华. 物理化学(上册)[M]. 北京:人民教育出版社,1979.

[124] Nikanorov S P, Volkov M P, Gurin V N, et al. Structural and mechanical properties of Al - Si alloys obtained by fast cooling of a levitated melt [J]. Materials Science and Engineering A [J]. 2005,390: 63 - 69.

[125] 苏海军,张军,刘林,等. 定向凝固 Al_2O_3/YAG 共晶自生复合材料的组织形态及非规则共晶生长[J]. 金属学报,2008,44(4):457 - 462.

[126] 王昆林. 材料工程基础[M]. 北京:清华大学出版社,2003.

[127] 刘康时. 陶瓷工艺原理[M]. 广州:华南理工大学出版社,1990.

[128] Czichos H, Saito T, Smith L. Springer handbook of materials measurement methods [M]. Springer, 2006.

[129] ASM Handbook Committee. Metals Handbook, Ninth Edition, Volume 9, Metallography and Microstructures [M]. Ohio: American Society for Metals, Materials Park, 1985.

[130] 徐祖耀,李麟. 材料热力学[M]. 3 版. 北京:科学出版社,2005.

[131] Kaya H, Engin S, Böyük U, et al. Unidirectional solidification of Zn-rich Zn - Cu hypoperitectic alloy [J]. Journal of Materials Research, 2009,24(11):3422 - 3431.

[132] 潘振甦,张惠丰,郭景坤. 定向凝固共晶多相复合陶瓷的研究现状[J]. 无机材料学报,1999,14(4): 513 - 519.

[133] 罗大金. 材料工程基础[M]. 北京:化学工业出版社,2007.

[134] Abbaszadeh K, Saghafian H, Kheirandish S. Effect of bainite morphology on mechanical properties of the mixed bainite-martensite microstructure in D6AC steel [J]. Journal of Materials Science and Technology, 2012,28(4):336 - 342.

[135] 赵连城. 金属热处理原理[M]. 哈尔滨:哈尔滨工业大学出版社,1987.

[136] 徐洲,赵连城. 金属固态相变原理[M]. 北京:科学出版社,2004.

[137] Elmer T H, Nordberg M E, Carrier G B, et al. Phase separation in borosilicate glasses as seen by electron microscopy and scanning electron microscopy [J]. Journal of the American Ceramic Society, 1970,53(4):171 - 175.

[138] Elmer T H. Engineered Materials Handbook, Volume 4, Porous and Reconstructed Glasses [M]. Ohio: American Society for Metals, Materials Park, 1992.

[139] 陈显求,黄瑞福,孙荆,等. 铁红釉中多次液相分离的形态和各相的组成[J]. 硅酸盐学报,1984,12(2): 236 - 242.

[140] 陈显求,黄瑞福,陈士萍,等. 宋代天目名釉中液相分离现象的发现[J]. 景德镇陶瓷,1981(1):4 - 12.

[141] 陈显求,黄瑞福,陈士萍,等. 河南均窑古瓷的结构特征及其两类物相分离的确证[J]. 硅酸盐学报, 1981,9(3):245 - 252.

[142] 李家治,陈显求,黄瑞福,等. 唐、宋、元浙江婺州窑系分相釉的研究[J]. 无机材料学报,1986,1(3): 269 - 273.

[143] 孙洪魏,陈显求,黄瑞福,等. 中国历代分相釉再现的工艺基础[J]. 陶瓷,1994(2):8 - 15.

[144] 卫英慧,王笑天. Cu - 4Ti 合金调幅分解的 TEM 研究[J]. 稀有金属材料与工程,1997,26(3):5 - 8.

[145] 任晓兵,王笑天,清水谦一,等. Fe - C 马氏体室温时效转变的研究 Ⅱ——调幅分解[J]. 西安交通大学学报,1994,28(7):21 - 25.

[146] 徐祖耀. Spinodal 分解始发形成调幅组织的强化机制[J]. 金属学报,2011,47(1):1 - 6.

[147] 张仁远. 相变材料与相变储能技术[M]. 北京：科学出版社，2009.
[148] 果世驹. 粉末烧结理论[M]. 北京：冶金工业出版社，1998.
[149] 张玉峰，郭景坤，黄校先，等. Y－TZP/Al_2O_3复相陶瓷的液相烧结及显微结构[J]. 无机材料学报，1998，13(4)：599－602.
[150] Herring C. Diffusional viscosity of a polycrystalline solid [J]. Journal of Applied Physics，1950，21：437－445.
[151] 张继强，关小军，孙胜. 一种改进的晶粒长大 Monte Carlo 模拟方法[J]. 金属学报，2004，40(5)：457－461.
[152] Meng F，Fu Z，Wang W，et al. Microstructural evolution of nanocrystalline Al_2O_3 sintered at a high heating rate [J]. Ceramics International，2010，36：555－559.
[153] MacLaren I，Cannon R M，Gülgün M A，et al. Abnormal grain growth in alumina：synergistic effects of yttria and silica [J]. Journal of the American Ceramic Society，2003，86(4)：650－659.
[154] Grest G S，Anderson M P，Srolovitz D J，et al. Abnormal grain growth in three dimensions [J]. Scripta Metallurgica et Materialia，1990，24(4)：661－665.
[155] Simonsen S B，Chorkendorff I，Dahl S，et al. Ostwald ripening in a Pt/SiO_2 model catalyst studied by in situ TEM [J]. Journal of Catalysis，2011，281：147－155.
[156] 赵子博，王清江，刘建荣，等. Ti60 合金棒材中的织构及其对拉伸性能的影响[J]. 金属学报，2015，51(5)：561－568.
[157] Liu H T，Zou J，Ni D W，et al. Textured and platelet-reinforced ZrB_2－based ultra-high-temperature ceramics [J]. Scripta Materialia，2011，65(1)：37－40.
[158] 郑子樵. 材料科学基础[M]. 长沙：中南大学出版社，2005.
[159] 徐祖耀，李鹏兴. 材料科学导论[M]. 上海：上海科学技术出版社，1986.
[160] 张联盟，黄学辉，宋晓岚. 材料科学基础[M]. 2 版. 武汉：武汉理工大学出版社，2008.
[161] 李世普. 特种陶瓷工艺学[M]. 武汉：武汉工业大学出版社，1990.

内容提要

本书从晶体结构、显微结构与相平衡这三方面着重介绍了无机材料(金属和无机非金属材料)结构方面的基础理论。全书共10章,包括几何晶体学,晶体结构,晶体结构中的缺陷,表面与界面,玻璃结构,扩散,相平衡,相变,烧结,再结晶与晶粒生长。

本书可作为高等院校材料类本科专业的教材或作为报考材料类研究生的参考资料,也可供材料工作者学习参考。